Zur Deekung pereönliecher Verlnsto beim Umzug Thorn-Strelsund überlassen

i.A. Göbel

Strelsund, don 3.2.45 Leiter der Bücherei

HANDBUCH

der

chemisch-technischen Apparate

maschinellen Hilfsmittel und Werkstoffe

Ein lexikalisches Nachschlagewerk
für Chemiker und Ingenieure

Herausgegeben von

Dr. A. J. KIESER

Unter Mitarbeit von

Dr. Gerhard Bähr, Dipl.-Ing. Erich Hirschbrich, Dr.-Ing. Ernst Krause, Ziv.-Ing. Theodor Möhrle VDI, Dipl.-Ing. Ferdinand Moser VDI, Ziv.-Ing. Carl Naske VDI, Dr. Erich Rabald, Dr. Hans Riesenberg, Ing. Gerhard Rothe VDI, Ob.-Ing. Ekkehard Schauffele VDI, Dr.-Ing. Dr. phil. Hanns Schmidt, Prof. Dr.-Ing. Kurt Thormann VDI

Dritter Band: K. S.—Schl

Mit 568 Abbildungen

Berlin
Verlag von Julius Springer
1939

Aus dem Inhalt dieses Werkes (in Wort und Bild) kann in keiner Weise auf Vorliegen oder Nichtvorliegen von Rechtsschutz geschlossen werden (angeführte Patentschriften z. B. sind hier lediglich als Literaturangaben zu betrachten).

Wird ein zusammengesetztes Stichwort (Kompositum) vermißt, so suche man bei dem entsprechenden einfachen Stichwort (Simplex). Auch denke man an die verschiedenen Schreibweisen bei C, K, Z!

ISBN-13: 978-3-642-89940-9 e-ISBN-13: 978-3-642-91797-4
DOI: 10.1007/978-3-642-91797-4

Softcover reprint of the hardcover 1st edition 1939

K. S.-Seewasser, s. Aluminiumlegierungen.

Kugelbehälter, s. Gasbehälter.

Kugelmühlen *(s. auch Kolloidmühlen, Mühlen, Zerkleinerungsmaschinen)* sind Mahlmühlen, d. h. sie wirken durch Stoß und Reibung der — wie der Name sagt — kugelförmigen Mahlkörper. Die Mahlfeinheit reicht von der Verschrotung bis zum feinsten Mehl für Mahlgut von etwa 150 mm Stückgröße, wie es vom Backenbrecher oder Rundbrecher kommt, herab bis zum feinsten Korn. Die Kugelmühlen dienen sowohl zur Trocken- als auch zur Naßvermahlung und werden in zwei Bauarten hergestellt, nämlich als Kugelfallmühlen (kurz auch Fallmühlen genannt) und als Rohrmühlen. Erstere besitzen eine trommelförmige Mahlbahn, die aus stufenförmig angeordneten Mahlplatten besteht, so daß die Mahlkörper beim langsamen Umlaufen der Mahlbahn angehoben werden und von einer Stufe auf die nächste herabfallen. Beim Herabrollen wirken sie reibend auf das Mahlgut ein, beim Herabfallen üben sie eine Stoß- bzw. Schlagwirkung aus. Es ist einleuchtend, daß die Stoß- und Schlagwirkung die Grobzerkleinerung (Vorschroten, Grieß), die reibende Wirkung die Feinzerkleinerung (Mehl) besorgt. Die Rohrmühlen bestehen lediglich aus einer im Verhältnis zum Durchmesser langen Trommel, in der die Mahlkugeln nur durch Reibung mitgenommen werden und darum vornehmlich eine reibende Wirkung ausüben, was eine Feinmahlung zur Folge hat. Es ist aber durch Versuche nachgewiesen worden, daß auch bei Rohrmühlen eine schlagende und stoßende Wirkung auf das Mahlgut ausgeübt wird, wie später gezeigt werden wird, so daß sich die beiden Arten von Kugelmühlen nur nach ihrer Bauweise unterscheiden.

Die Kugelmühlen sind teils stetig, teils absatzweise arbeitende Zerkleinerungsvorrichtungen. Bei den stetig arbeitenden Kugelmühlen geschieht die Austragung des fertigen Mahlgutes entweder durch Siebe oder besondere Austragsöffnungen, die so klein sind, daß nur Mahlgut von bestimmter Feinheit durchgeht, während gröberes Mahlgut in den Mahlraum zurückbefördert wird. Die absatzweise arbeitenden Kugelmühlen haben keine Siebe oder ständig offene Austragsöffnungen, sondern eine während des Mahlens geschlossene Mahlbahn, die bis zur Erreichung der gewünschten Feinheit des Mahlgutes umläuft und zur Austragung desselben stillgesetzt und geöffnet wird. Wegen der geringen Leistungsfähigkeit finden diese Mahlvorrichtungen nur beschränkte Anwendung, z. B. für Farben und Holzkohle, die hier jedoch bis zu unfühlbarem Pulver gemahlen werden können. Vor allem eignen sich also diese Mahlmühlen für geringe Leistungen und für Handbetrieb.

Als Mahlkörper empfiehlt die G. Polysius A.-G., Dessau, in der Hauptsache Stahlkugeln, Stahlcylpebse, Stahlwürfel, Lochbutzen und Flintsteine, deren Anwendungsgebiete etwa folgende sind: Größere Stahlkugeln zum Vorschroten und Grobzerkleinern, kleine Stahlkugeln und Stahlwürfel zur Grießmahlung, Stahlcylpebse und kleine Stahlwürfel zur Feinmahlung harter Stoffe, Lochputzen in besonderen Fällen zur Feinmahlung weicher Stoffe, beispielsweise von Kohle, und Flintsteine zur eisenfreien Vermahlung von Materialien, wie Quarz und chemische Produkte.

Flintsteine sind ein Naturprodukt und werden hauptsächlich an der nordfranzösischen Küste gefunden (Strandkugelflintsteine); sie bestehen nahezu aus reiner Kieselsäure und werden sortiert in den Handel gebracht. Als Mahlkörper werden sie für Rohrmühlen in der Zementindustrie und für Trommelmühlen (s. S. 669) in der feinkeramischen und in der chemischen Industrie verwendet. — Stählerne Mahlkörper sind z. B. geschmiedete, naturharte Stahlkugeln von 20—150 mm Durchm. (Abb. 1289*a*), zylindrische Körper von 6—30 mm Durchm. (Cylpebse oder Rollmöpse für Feinmahlkammern; Abb. 1289*b*), Stahlwürfel mit scharfen oder runden Kanten (Abb. 1289*c*), die sich zur Feinmahlung sehr gut bewährt haben und die Cylpebse hinsichtlich der Mahlmengen- und Mahlfeinheitsleistung um 15—20 Proz. übertreffen und wobei außerdem der Mühlenrückstand um etwa 30 Proz. verringert wird, „Kordt“-Kugeln (Abb. 1289*d*), d. s. Kugeln mit zwei seitlich angedrückten, ebenen Flächen, die durch ihre höhere Schlag- und größere Punkt-

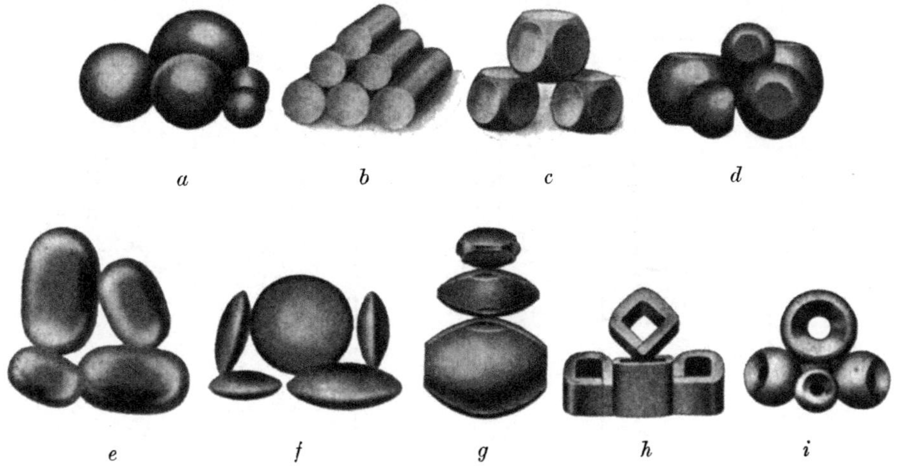

Abb. 1289. Mahlkörper für Kugelmühlen (Kordt & Rosch A.-G., Wipperfürth, Rhld.).
a geschmiedete, naturharte Stahlkugeln, *b* Cylpebse (Rollmöpse), *c* geschmiedete Stahlwürfel (mit scharfen oder runden Kanten), *d* geschmiedete Kugeln mit zwei seitlich angedrückten Flächen, *e* geschmiedete Stahleier, *f* geschmiedete Stahllinsen, *g* geschmiedete Stahlellipsoide, *h* geschmiedete quadratische Ringe, *i* geschmiedete kugelförmige Ringe.

berührung und durch ihre Flächenreibung den runden Stahlkugeln hinsichtlich der Mengenleistung überlegen sind, wie sich aus Mahlversuchen in Zementfabriken ergeben hat. Die Stahleier (Abb. 1289*e*) eignen sich zufolge der Vereinigung von Kugel- und Zylindergestalt besonders für Feinmahlzwecke; die Stahllinsen (Abb. 1289*f*) zeichnen sich durch ihre großen Berührungsflächen aus und erhöhen dadurch die Arbeitsleistung der Mühle; die Stahlellipsoide (Abb. 1289*g*) ähneln in ihrer Wirkungsweise den Stahllinsen. Die quadr. Ringe (Abb. 1289*h*) sind für Feinmahlzwecke bestimmt und erfordern einen geringeren Kraftverbrauch als andere Stahlmahlkörper bei gleicher Füllhöhe. Die kugelförm. Ringe (Abb. 1289*i*) sind für die Mittel- und Feinmahlkammern von Verbundmühlen bestimmt und bewirken infolge ihrer vielen Berührungsflächen bei gleicher Mahlmengenleistung eine bessere Mahlgutverfeinerung als runde Kugeln; sie sind um 15—30 Proz. leichter als Vollkugeln.

1. Kugelfallmühlen.

Hierbei unterscheidet man solche zur Trocken- und zur Naßvermahlung. Die Mühlen für Trockenvermahlung dienen zum gleichmäßigen Feinmahlen von Materialien jeder Härte, z. B. von Erzen und Mineralien aller Art, Gußeisenspänen, Thomasschlacke, Kalk, Ton, Schamotte, Kohlen, Chemikalien usw.; sie finden daher in Bergwerksbetrieben, Hütten und Stahlwerken, zur Gips- und Zementerzeugung in Kalkwerken, in der chemischen Industrie usw. Anwendung. Die Mühlen für Naßvermahlung kommen hauptsächlich für die Feinzerkleinerung von Erzen und sonstigen harten Mineralien, die unter Wasserzufluß auf grießiges Korn vermahlen werden sollen, in Betracht, teils zum Ausschwemmen des genügend Gefeinten, teils zur leichteren Mischbarkeit der Rohmassen, wohl auch zur Verringerung des

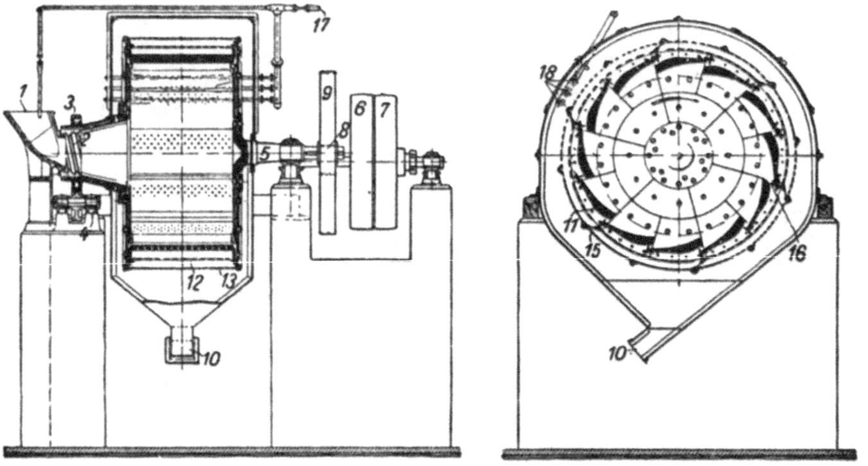

Abb. 1290. Siebkugelmühle (Krupp-Gruson).

Kraftbedarfs und zur Verhütung der Staubentwicklung. Diesen verschiedenen Anwendungsgebieten ist die Ausführung der Mühlen angepaßt, sowohl hinsichtlich der Abmessungen der arbeitenden Teile (Größe der Kugeln, Stärke der Mahlplatten), als auch hinsichtlich der Widerstandsfähigkeit gegen Korrosion (Baustoff der Mahlplatten).

Eine Siebkugelmühle für Naßvermahlung in der Bauart der Fried. Krupp-Grusonwerk A.-G., Magdeburg-Buckau, zeigt Abb. 1290. Sie ist trommelförmig gestaltet und hat zentralen Einlauf *1* durch einen hohlen Zapfen *2*, der mittels Laufringes *3* auf einem Rollenlager *4* ruht. Der Antrieb geschieht durch den Vollzapfen *5*, der von einer Fest- und Losscheibe *6* und *7* über eine Zahnradübersetzung *8* und *9* getrieben wird. Die Trommel ist in einem Gehäuse eingeschlossen, dessen Unterteil sich trichterförmig verengt und in einen Auslaufstutzen *10* endigt, durch den das fertige Mahlgut abgeführt werden kann. Die Trommel ist aus Mahlplatten *11* zusammengesetzt, die exzentrisch angeordnet sind und Löcher besitzen, durch die das zerkleinerte Mahlgut in den ringförmigen Raum zwischen der Trommel und dem aus gelochtem Blech bestehenden Vorsieb *12* eintreten kann. Dieses zylindrische Vorsieb ist von einem Feinsieb *13* umgeben, das von einzelnen, mit Drahtgewebe bespannten Rahmen gebildet wird. Beide Siebe sind mit der Trommel fest verbunden und drehen sich mit ihr. Wie aus Abb. 1291 ersichtlich ist, sind die Mahlplatten *11*, in Umlaufrichtung betrachtet, in ihrem vorderen Teile *14* gelocht und tragen Rückleitschaufeln *15*, die das ungenügend zerkleinerte Mahlgut durch die Rücklaufsiebe *16* mit weiter Lochung ins Innere der Mahltrommel zur wiederholten Bearbeitung zurückführen. Die Mahlplatten können auch zweiteilig ausgeführt sein (Abb. 1292), um bei der im Verhältnis zum Durchmesser großen Mühlenbreite den Zusammenbau zu erleichtern. In Abb. 1292 ist *1* der Buckelteil, *2* der gelochte Teil. Die Lochweite der Mahlplatten, Vorsiebe und Rücklaufsiebe sowie die Maschendichte des Feinsiebes werden entsprechend dem gewünschten Grad der Ausmahlung gewählt. Auch die Seitenwände der Mahltrommel sind mit Stahlplatten oder Hartguß- (Schalenguß-)Platten ausgekleidet, um den Verschleiß auf das geringstmögliche Maß zu beschränken und die Trommel selbst zu schützen.

In der Erzaufbereitung werden die Siebkugelmühlen zumeist für Naßvermahlung eingerichtet, um die durch Stein- oder Rundbrecher bzw. Backen-

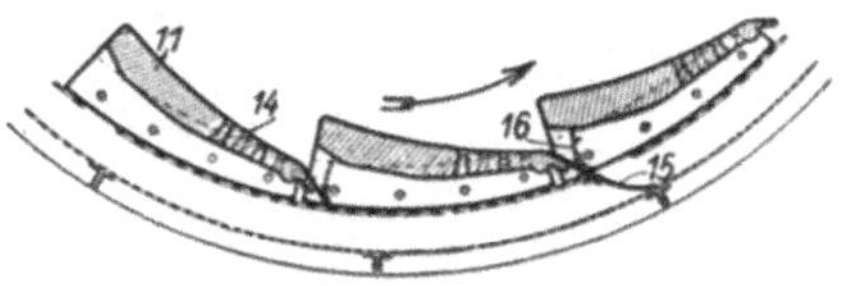

Abb. 1291. Einfache Mahlplatten der Siebkugelmühle nach Abb. 1290.

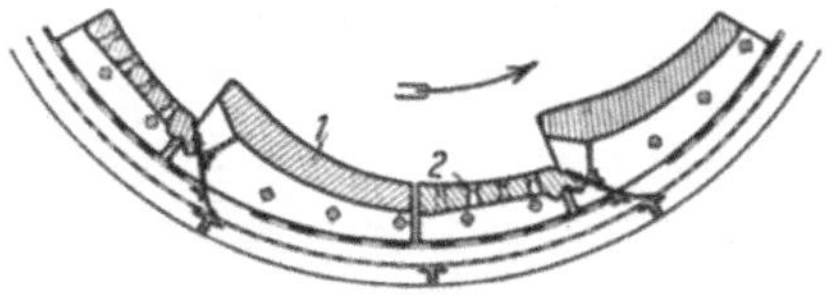

Abb. 1292. Geteilte Mahlplatten der Siebkugelmühle nach Abb. 1290.

oder Kegelbrecher vorzerkleinerten Erze auf naßmechanischem Wege anzureichern. Sie eignen sich besonders gut zum Aufschließen von Zwischengut der Setzwäschen, da sie bei geringem Wasserverbrauch ein sehr gleichmäßig gemahlenes Gut ohne Überkorn und mit wenig Schlämmen liefern, und da das aufgeschlossene Gut mit dem Mahlwasser durch die Siebe rasch ausgetragen wird. Das Mahlwasser tritt durch das Zuführungsrohr *17* (Abb. 1290) ein und verteilt sich in einer Leitung zum Einlauftrichter *1* und in einer zweiten Leitung, von der Rohre mit Löchern (Brausen *18*) abzweigen, um die Siebe abzuspülen und reinzuhalten. Für metallhaltige Schlacken, Gekrätz u. dgl. werden die Mühlen mit Schlot versehen. — Die als Mahlkörper dienenden Stahlkugeln haben verschiedene Größe und ein der Größe der Mühle entsprechendes Gesamtgewicht. Die Größe der Kugeln und damit das Gesamtgewicht derselben nimmt nach Maßgabe des natürlichen Verschleißes ab; um eine immer gleichbleibende Mahlwirkung zu erzielen, fügt man durch den Einlauftrichter von Zeit zu Zeit eine neue Kugel hinzu, wodurch das Gesamtgewicht wieder auf das ursprüngliche Maß gebracht wird.

Die Zuführung des Mahlgutes kann entweder von Hand aus oder mittels selbsttätiger Speisevorrichtungen geschehen; letztere sind vorzuziehen, da die Beschickung mit diesen gleichmäßiger ist und der Gesamtleistung der Mühle genauer angepaßt werden kann. Diese hängt von der Größe der Mühle, von der Feinheit des Siebgewebes (Maschenzahl auf 1 engl. Zoll) und von der

Art des Gutes ab. So gibt beispielsweise die Fried. Krupp-Grusonwerk A.-G. für eine Mühle von 1700 mm Durchmesser, 1000 mm Breite und 30 U/min bei einer DIN-Siebnummer 20 für serbische Golderze die stündliche Leistung mit 850 kg, für Wismuterze mit 2100 kg, für nickelhaltige Kupfererze mit 1300 kg, für Bleizinkerze mit 1500 kg, für Wolframerze mit 1300 kg, für Manganerze mit 1250 kg, für Steinschotter mit 1670 kg an. Die zulässige Stückgröße des aufzugebenden Erzes ist für diese Mühlengröße 6 cm Breite und 7 cm Länge, der Kraftbedarf 11 PS, der Wasserverbrauch 4—6 m^3 für je 1000 kg gemahlenes Erz, das Gewicht eines Satzes Stahlkugeln 450—500 kg.

Grundsätzlich ähnlich, nur in konstruktiven Einzelheiten verschieden ausgeführt, ist die Siebkugelmühle der Humboldt-Deutz-Motoren-A.-G., Köln-Deutz (Abb. 1293). Die Trommel sitzt auf der durchgehenden Welle *a*, die sich in den Lagern *b* dreht und einerseits die durchbrochene Einlaufnabe *c*,

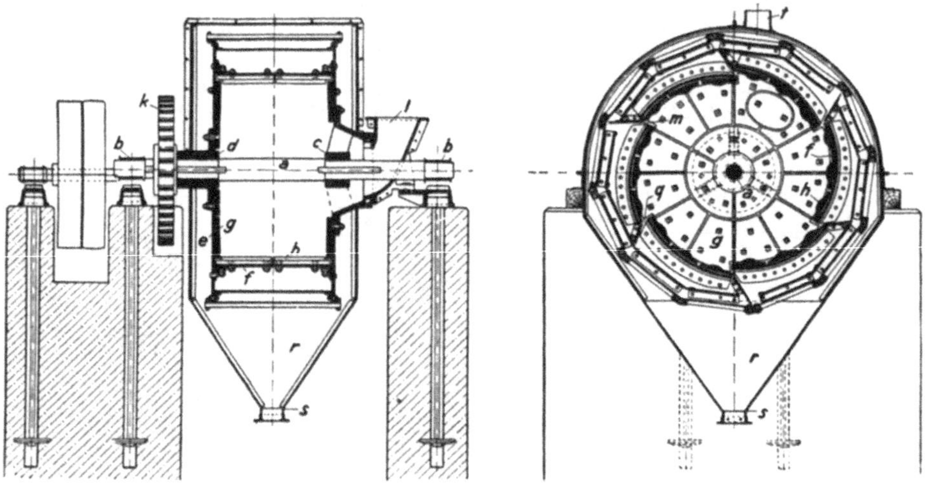

Abb. 1293. Siebkugelmühle (Humboldt-Deutz).

andererseits die Antriebsnabe *d* trägt. Die Mahltrommel besteht aus zwei vieleckigen Seitenschilden *e*, die mit Stahlplatten *g* gepanzert und durch die exzentrischen, d. h. stufenförmig angeordneten Mahlplatten *h* miteinander verbunden sind. Diese Platten sind nebst der Stufenanordnung gewellt, so daß leichte und schwere Stöße durch die Mahlkugeln erzielt werden, die im Verein mit der reibenden Wirkung einen sehr großen Mahlerfolg gewährleisten. Auch hier sind Vor- und Feinsiebe konzentrisch um die Mahltrommel angeordnet und mit dieser starr verbunden; die Vorsiebe können bei Vermahlung von grobem Korn, von 3 mm an aufwärts, wegfallen. Der Antrieb erfolgt mittels des Zahnrades *k*, das aber nicht auf der Welle *a* aufgekeilt, sondern mit der Antriebsnabe *d* verschraubt ist; dies hat eine beträchtliche Entlastung der Antriebswelle *a*, die hierdurch nur auf Biegung und nicht auf Verdrehung beansprucht wird, und eine stabilere Verbindung der beiden Naben *c* und *d* zur Folge. Das Mahlgut wird durch den Einlauftrichter *l* aufgegeben. Die durch die Vertiefungen *f* gebildete Wellenform der Mahlplatten bewirkt, daß die Mahlkugeln höher angehoben werden und dadurch beim Fall eine kräftigere

Stoßwirkung ausüben bei gleichzeitiger Schonung der Mahlflächen und Seitenschilde. Das zerkleinerte Mahlgut fällt durch die nach außen erweiterten Spalten *m* in den Siebraum. Die Siebe erhalten durch die polygonale Form eine Erschütterung, die die Siebung günstig beeinflußt und die Reinhaltung der Siebe erleichtert. Der Überschlag (Siebrückstand) wird mittels Rückleitplatten durch die Öffnungen *q* in den Mahlraum zurückgebracht. Das fertige Mahlgut wird durch den Trichter *r* ausgetragen, der durch einen Schieber *s* verschlossen werden kann, wenn es die Abfüllung in Fässer, Säcke oder sonstige Behälter erfordert. Die Staubhaube mit dem Saugstutzen *t* dient zum Absaugen des Feinstaubes. — Anstatt der durchgehenden Welle kann, wie in Abb. 1290, auf der Antriebsseite ein Wellenzapfen durch Rädervorgelege angetrieben, auf der Einlaufseite die hohle Nabe mittels eines Laufringes auf Rollen gelagert werden, was für großstückiges Mahlgut (Thomasschlacke, sonstige Schlacken und Gießereirückstände), das oft größere Eisenstücke enthält, besser als die durchgehende Welle ist. Für Naßvermahlung sind auch diese Siebkugelmühlen mit Wasserzuleitungsrohren und Brausen für die äußeren (Fein-) Siebe ausgestattet.

Bei den Kugelfallmühlen der G. Polysius A.-G., Dessau, geschieht die Rückführung der Grieße nicht mittels Rücklaufsieben, sondern die Verbindung zwischen Mahltrommel und Sieb ist in der Weise getroffen, daß das gröbere Material nur mit gröberen, das feinere Material nur mit feineren Sieben in Berührung kommt. Die Rückführung der Siebrückstände erfolgt dadurch, daß sie sich in der vollen Breite der Mahlbahn über die ganze Kugelfüllung ergießen, diese durchwandern und erst dann auf die eigentliche Mahlbahn gelangen.

2. Rohrmühlen.

Die Bezeichnung Rohrmühle rührt daher, daß die Länge im Verhältnis zum Durchmesser der Mahltrommel größer als bei den Kugelfallmühlen ist. Außerdem ist das Kennzeichen der Rohrmühlen der axiale Durchgang des Mahlgutes durch die Mahltrommel und das Fehlen von Sieben, wonach diese Mühlen auch als sieblose Kugelmühlen bezeichnet werden. Wie Abb. 1294 (nach Versuchen von *H. Fischer* in der Versuchsanstalt der Fried. Krupp-Grusonwerk A.-G., Magdeburg) zeigt, werden die Kugeln von der Trommelwandung durch Reibung bis zu einem gewissen Punkte *A* bzw. *B* und *C* mitgenommen, dessen Höhenlage durch die Fliehkraft bestimmt wird. Da die Fliehkraft $\frac{m v^2}{r}$ von der Umlaufgeschwindigkeit der Trommel abhängt, laufen die Rohrmühlen mit höherer Geschwindigkeit als die Kugelfallmühlen. In der Höchstlage *A* bzw. *B* und *C* überwiegt das Gewicht *mg* der Kugeln, so daß diese in einer parabolischen Wurflinie herabfallen und dabei auf das Mahlgut schlagend einwirken. *D* ist der unwirksame (tote) Raum. Eine reibende Wirkung findet wohl auch, aber nicht in nennenswertem Maße statt. Der Durchmesser und die Umfangsgeschwindigkeit der Mahltrommel einerseits, die Anzahl und das Gewicht der Mahlkörper andererseits bestimmen die Mahlfeinheit des ausgetragenen Gutes, wozu auch die Korngröße des aufgegebenen, d. h. vorzerkleinerten Gutes beiträgt. Danach unterscheidet man drei Hauptarten von Rohrmühlen:

a) Kurze Rohrmühlen (Kugelrohrmühlen) als Grieß- oder Vormühlen, wenn das vom Steinbrecher vorzerkleinerte Gut nur gegrießt werden soll. Hier genügt ein kurzer Mahlweg, aber man benötigt einen großen Durchmesser, um eine große Fallhöhe, also große Schlagwirkung der Mahlkörper zu erhalten. Diese Mühlen heißen auch Trommelmühlen.

b) Lange Rohrmühlen als Feinmühlen zur Erzeugung von Feinmehl aus vorgemahlenem oder von Natur aus grießigem Gut, wie Sand, Puzzolana u. dgl. Hier benötigt man einen langen Mahlweg, aber geringere Schlagwirkung der Mahlkörper, also kleinere Rohrdurchmesser.

c) Verbund-Rohrmühlen, die aus einer Verbindung beider vorbenannter Rohrmühlen bestehen und dazu dienen, kleinstückiges oder auf dem Steinbrecher vorzerkleinertes Gut in einem Arbeitsgang auf Mehlfeinheit zu bringen.

Alle drei Arten eignen sich zur Vermahlung harter und härtester Stoffe, wie Kalkstein, Thomasschlacke, Schacht- und Drehofenklinker usw. Die Trommelwandungen müssen sehr widerstandsfähig sein und werden aus diesem Grunde mit Stahlplatten oder Schalengußplatten, für eisenfreies Vermahlen mit Silexsteinen (harten Quarzsteinen), ausgekleidet; als Mahlkörper dienen, wie bei den Kugelfallmühlen, Stahlkugeln, Stahlwürfel, Cylpebse, Lochbutzen oder Flintsteine, letztere für eisenfreies Vermahlen. An Stelle dieser kugelförmigen, würfeligen oder zylindrischen Mahlkörper finden auch Stahlstäbe Anwendung, nach denen diese Rohrmühlen dann auch Stabrohrmühlen genannt werden.

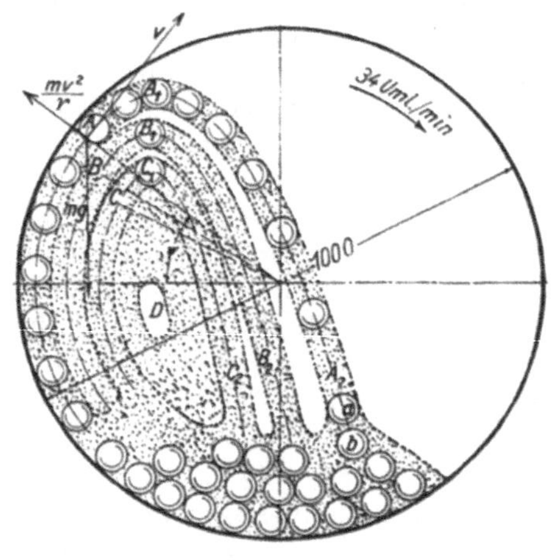

Abb. 1294. Wirkungsweise der Rohrmühle. (Nach *Naske*, Zerkleinerungsvorrichtungen.)

Eine Kugelrohrmühle (Trommelmühle) der Westfalia-Dinnendahl-Gröppel A.-G., Bochum, zeigt Abb. 1295 in einem Längs- und Querschnitt, sowie in einer Ansicht von links. Die Mahltrommel hat zwei Hohlzapfen, durch deren einen die Aufgabe des stückigen Mahlgutes und durch deren anderen der Austrag des gemahlenen Gutes erfolgt. Der Hohlzapfen *a* ist mit einem Schöpfrüssel *b* versehen, der sich in dem Schöpfkasten *c* dreht. In dem stetig durch eine Aufgabevorrichtung beschickten Schöpfkasten sammelt sich das Stückgut an dessen unterstem Teile an, aus dem es der Schöpfrüssel *b* anhebt und in den Hohlraum des Zapfens *a* befördert, von wo es, unterstützt durch die kegelförmige Erweiterung des Zapfens oder durch Schraubengänge oder durch schräg gestellte Flügel, in die Mahltrommel *d* gelangt. Diese ist mit den exzentrisch (keilförmig) gestalteten Mahlplatten *e* ausgekleidet und an der Austragsseite von dem Seitenschild *f* abgeschlossen, das mit Schlitzen *g* versehen ist, durch die das gefeinte Mahlgut in die Austragskammer *h* austreten kann. Der nach außen kegelförmig erweiterte Hohlzapfen *i* dient als Auslauftrichter, an den auch eine Entstäubungsvorrichtung angeschlossen werden kann. Die

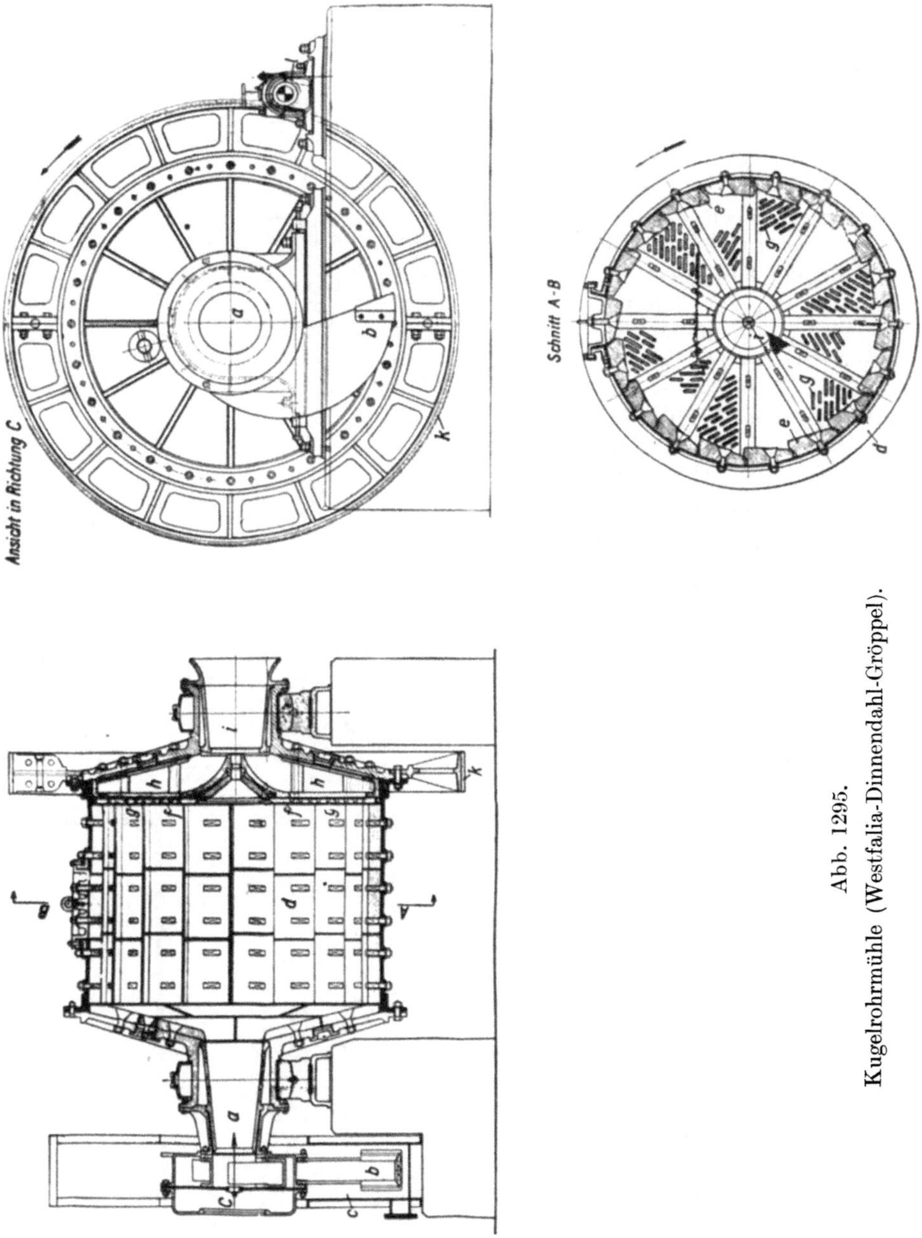

Abb. 1295.
Kugelrohrmühle (Westfalia-Dinnendahl-Gröppel).

Kammer h trägt außen den Zahnkranz k angeschraubt, der mit dem Ritzel l kämmt und der Mahltrommel den Antrieb erteilt. Die Hauptabmessungen der Mahltrommel sind 2000 mm Durchmesser und 1500 mm axiale Länge. Das Ritzel l läuft mit 365 U/min, die Trommel mit etwa 22 U/min.

Die Stabrohrmühlen sind in konstruktiver Hinsicht grundsätzlich ähnlich eingerichtet und unterscheiden sich von den Kugelrohrmühlen hauptsächlich durch die größere Länge der Mahltrommel (z. B. 1300 mm Durchmesser, 2450 mm axiale Länge) und durch die Form der Mahlplatten, die so gestaltet sind, daß eine in der Umfangsrichtung wellenförmige Mahlfläche entsteht. In der Ausführung der Westfalia-Dinnendahl-Gröppel A.-G. (Abb. 1296) ist der linke Hohlzapfen *a* (Einlaufzapfen) mit einem Schneckengewinde versehen, das die axiale Zufuhr des Mahlgutes bewirkt und einen Rücklauf desselben verhindert. Im übrigen bezeichnen die gleichen Buchstaben auch die gleichen Bestandteile wie in Abb. 1295. Das durch Fest- und Losscheibe angetriebene Ritzel *l* läuft mit 148 U/min, die Mahltrommel mit 25 U/min. Der Hohlzapfen *i* ist zu einem Auslauftrichter *m* kegelförmig erweitert; ein dazu passender Kegel *n* ist schwenkbar angeordnet und läßt sich mittels der Schraubenspindel *o* und des Handrades *p* axial verstellen, um die Austragsweite der gewünschten Mahlfeinheit anpassen und den Auslauf überhaupt verschließen zu können.

Die Stabrohr- oder kurz Stabmühlen eignen sich zum Vermahlen von Stückgut von mittlerer Korn-

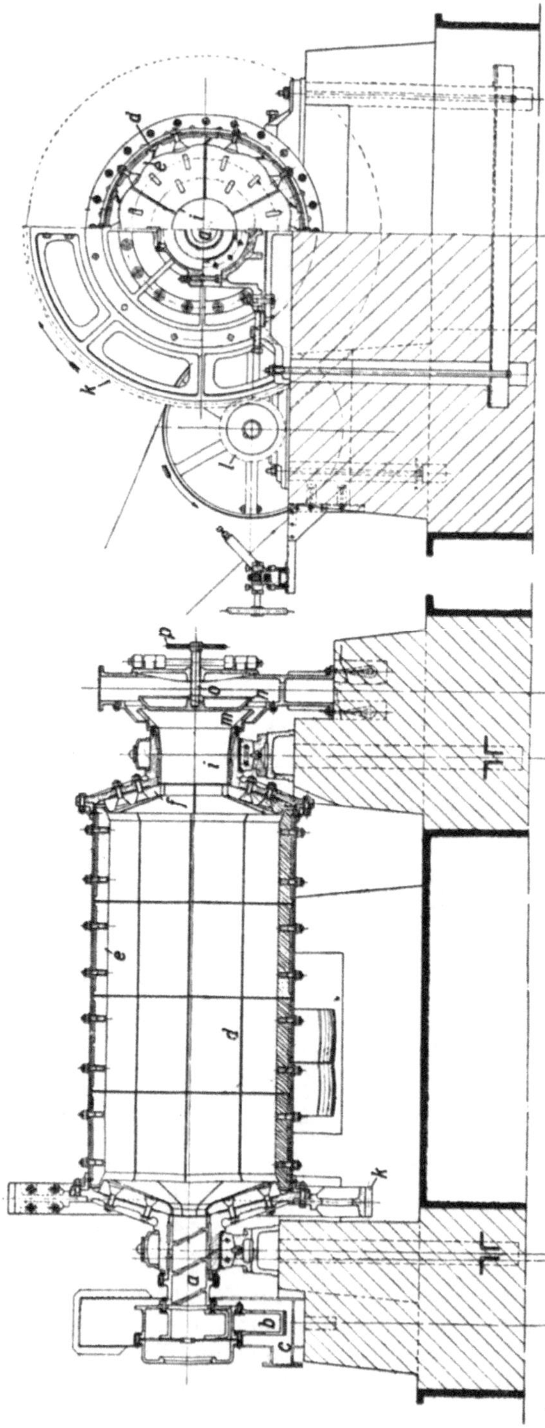

Abb. 1296. Stabrohrmühle (Westfalia-Dinnendahl-Gröppel).

größe (12—25 mm) bis auf eine Feinheit von etwa 40 Maschen auf 1 engl. Zoll. Da die Stäbe gegen das Austragsende zu immer näher zueinander stehen, treffen sie an der Aufgabeseite vorwiegend das gröbere Gut, während die kleineren Teilchen zwischen den gröberen Körnern dem Austrag

Abb. 1297. Inneres einer Stabmühle (Krupp-Gruson).

Abb. 1298. Mahltrommel mit gewellter Mahlplattenpanzerung (Krupp-Gruson).

zuwandern und auf diese Weise gegen übermäßige Zerkleinerung geschützt sind. Das Innere einer Stabmühle in der Ausführung der Fried. Krupp-Grusonwerk A.-G. zeigt Abb. 1297. Die Auspanzerung der Mahltrommel ist hier

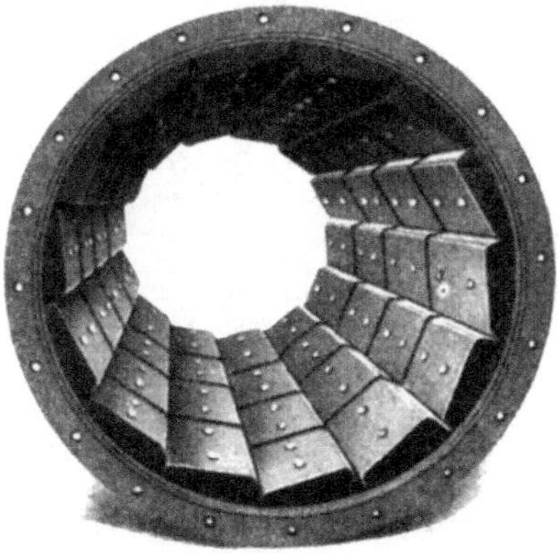

Abb. 1299. Mahltrommel mit stufenförmig ausgebildeter Mahlplattenpanzerung (Krupp-Gruson).

Abb. 1300. Mahltrommel, teils mit glatter, teils mit gewellter Mahlplattenpanzerung (Krupp-Gruson).

mit glatten Platten vorgesehen, sie kann aber auch nach Abb. 1298 mit gewellten, nach Abb. 1299 mit stufenförmig ausgebildeten oder nach Abb. 1300 teils mit glatten, teils mit gewellten Mahlplatten erfolgen. Diese Platten bestehen aus Stahlguß, Chromstahl, Schalenhartguß oder Manganhartstahl. Bei Rohrmühlen mit Flintsteinfüllung besteht die Auspanzerung im allgemeinen aus Silexsteinen, die in den Trommelmantel eingelegt und vergossen werden. Die Austragsbüchse kann dem zu zerkleinernden Gut und der Vermahlung angepaßt werden; Abb. 1301 zeigt eine Büchse mit mittelgroßer Austragsöffnung.

Eine Naßrohrmühle für Stahlkugel-, Flintstein- oder Stabfüllung ist in Abb. 1302 (Fried. Krupp-Grusonwerk A.-G.) dargestellt. Hierin bedeuten:

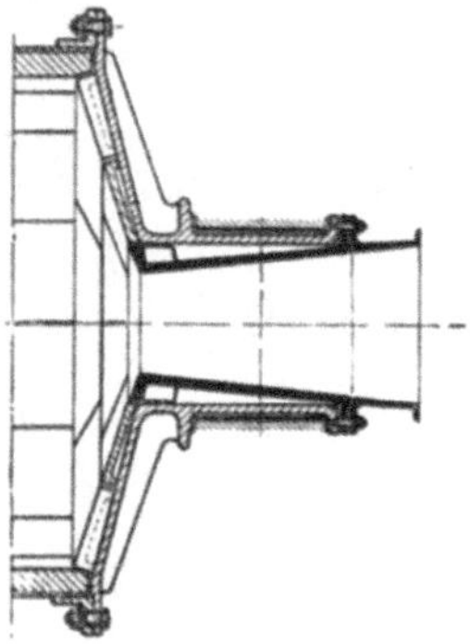

Abb. 1301. Austragsbüchse zu Abb. 1297.

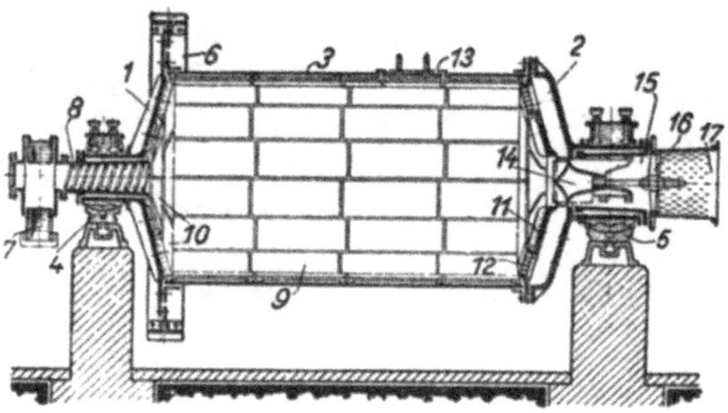

Abb. 1302. Naßrohrmühle (Krupp-Gruson).

1 Einlaufkopfwand, *2* Auslaufkopfwand mit Austragskammer, *3* Mahltrommel, *4* Halslager am Einlauf, *5* Halslager am Auslauf, *6* Zahnkranz, *7* Schöpfaufgabe, *8* Einsatzbüchse mit Schneckengewinde, *9* Mahlplatten, *10* vordere Kopfwandplatte, *11* hintere Kopfwandplatte, *12* Schlitze in der Kopfwandplatte, *13* Mannlochdeckel, *14* verstellbarer Austragskegel, *15* kegelförmige Austragsbüchse, *16* Ringkreuz, *17* Austragssieb. Die Wirkungsweise des Austragskegels *14* ist aus Abb. 1303 ersichtlich. In der Stellung *A* (Rücktragsstellung) gelangt das in der Austragskammer *2* (Abb. 1302) von den Rippen gehobene Gut nochmals in den Mahlraum zur neuerlichen Vermahlung, in der Stellung *B* (Austragsstellung) wird das angehobene Gut möglichst vollständig dem Austragskegel *14* (Abb. 1302) zugeführt und mit ausgetragen. In den Zwischenstellungen gelangt das Mahlgut teils in den Mahlraum zurück, teils in den Austrag. Die Verstellung des Austragskegels geschieht wie bei einem Ventil durch eine mit Schraubengewinde versehene Ventilspindel, die am Ende mit einem Vierkant zum Aufstecken eines Handrades oder einer Handkurbel ver-

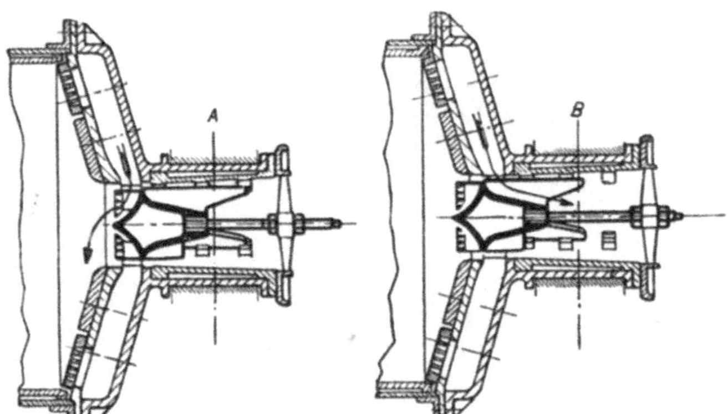

Abb. 1303. Austragsbüchse zu Abb. 1302.

sehen ist. — Eine Trommelmühle mit Elektroantrieb und Aufgabevorrichtung mit Schöpfrüssel ist aus Abb. 1304 (Krupp-Grusonwerk) ersichtlich.

Abb. 1304. Trommelmühle mit Elektroantrieb (Krupp-Gruson).

Die Verbundrohrmühlen (Mehrkammermühlen) haben als arbeitenden Teil ein überlappt oder nahtlos geschweißtes Rohr aus Siemens-Martin-Stahl, das durch Zwischenwände in zwei oder drei Kammern geteilt ist und z. B., wie Abb. 1305 (G. Polysius A.-G.) zeigt, eine Vorschrotkammer *A*, eine Grießmahlkammer *B* und eine Feinmahlkammer *C* enthält. Das Rohr kann entweder mittels Hohlzapfen in Zapfenlagern oder mittels Laufkränzen auf Laufrollen gelagert sein. In Abb. 1305 sind a_1 und a_2 die an der Rohrwand aufgenieteten Laufkränze (Laufringe), die auf je zwei Laufrollen b_1 und b_2 ruhen. Der Antrieb erfolgt durch den Zahnkranz *c*, der über ein Zahnritzel (in der Zeichnung nicht sichtbar) von der Transmission oder von einem Elektromotor aus mit etwa 25—30 U/min gedreht wird. Das Mahlgut wird durch den Einlauftrichter *d* in den ersten Mahlraum *A* eingeführt und daselbst der Schlag- und Mahlwirkung der Vorschrotmahlkörper unterworfen. Dieses vorzerkleinerte Gut läuft durch die Schlitze der ersten Rostwand *e* in eine Sieb-

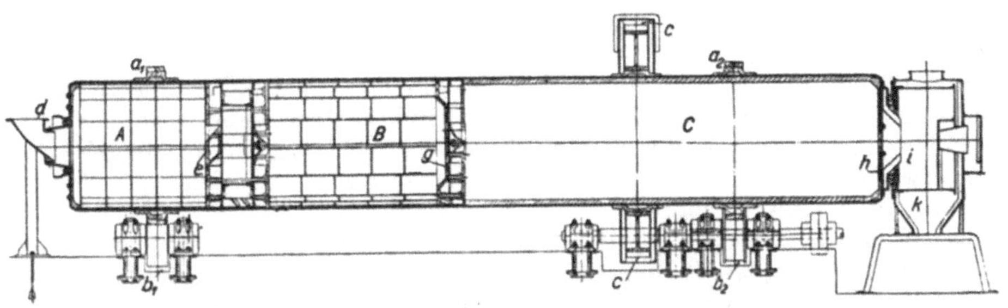

Abb. 1305. Verbundrohrmühle (Polysius).

kammer, in der es durch ein System von Transportschaufeln auf das Siebpolygon gefördert wird. Das genügend feine Gut wird ausgeschieden und der zweiten Mahlkammer *B* (Grießmahlkammer) zugeleitet, während die gröberen, auf dem Sieb zurückbleibenden Stücke zur weiteren Zerkleinerung in den ersten Mahlraum zurückgeführt werden. Am Ende des zweiten Mahlraumes befindet sich ebenfalls eine Rostwand *g*, durch die das ziemlich fein zerkleinerte Mahlgut in die Feinmahlkammer *C* gelangt, in der die Endmahlung bis zur höchsten Feinheit (Pulver, Mehl) erfolgt. Die Rostwand *g* zwischen dem zweiten und dritten Mahlraum ist verschiebbar, um die Länge des Grießmahlraumes verändern zu können. Der erste Mahlraum ist mit stufenförmigen Mahlplatten ausgepanzert, die Auskleidung des zweiten Mahlraumes entspricht in Form und Größe den jeweiligen Betriebsbedingungen, während der Feinmahlraum fast ausschließlich mit dem billigen, verschleißfesten und wirksamen Silexfutter ausgekleidet ist. Die Rostwand *h* am Ende des dritten Mahlraumes läßt das Mahlgut nach dem anschließenden Siebzylinder *i* durch, hält aber die Mahlkörper zurück. Etwa mitgenommene abgenutzte Mahlkörper im Siebzylinder werden nach außen befördert; letzterer ist von einem feststehenden, gegen das umlaufende Mühlenrohr abgedichteten Auslaufgehäuse *k* umgeben, das oben mit einem Rohrstutzen für den Anschluß an eine Entstäubungseinrichtung versehen ist. — Diese Verbundmühle führt den Namen „Dreikammer-Solomühle", weil sich der gesamte Arbeitsgang: Vorschrotung, Grieß- und Feinmahlung, in einem einzigen, geschlossenen

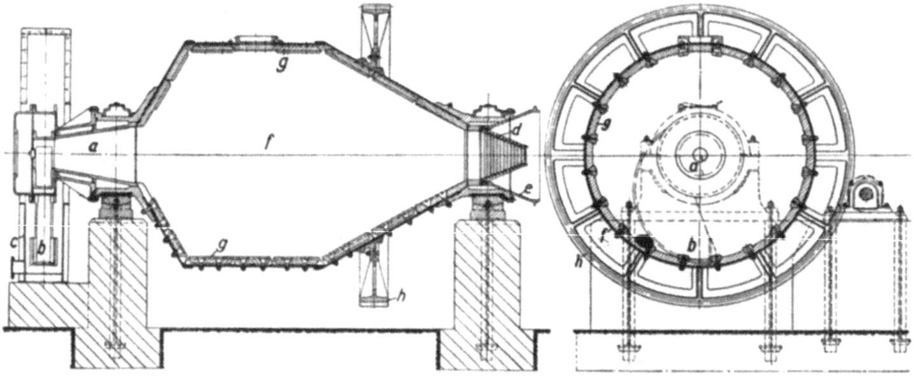

Abb. 1306. *Hardinge*-Mühle (Polysius).

Mühlenkörper abspielt. Man kann die verschiedenartigsten Materialien, z. B. Zementrohstoffe, Dreh- und Schachtofenklinker, Hochofen- und Thomasschlacke, Kohle trocken, Kalkstein, Kreide, Ton, Tonschiefer, Mergel naß, von etwa Walnußgröße, wie sie von der Vorzerkleinerung geliefert werden, bis auf die höchste geforderte Feinheit vermahlen.

Die G. Polysius A.-G. stellt Rohrmühlen auch zum Vorschroten von harten Materialien, wie Zementrohstoffe, Schacht- und Drehofenklinker usw., allein her, die Rotatoren genannt werden und Stücke von Walnußgröße auf Grießfeinheit vermahlen. Die Feinmahlung geschieht sodann auf Finitoren, die sich von den Rotatoren hauptsächlich durch die größere Rohrlänge und die feinere Ausführung der Konstruktionsteile unterscheiden.

Während die meisten Verbundmühlen grundsätzlich die gleiche Bauweise wie Abb. 1305 aufweisen, weicht die *Hardinge*-Mühle (Abb. 1306, gebaut von G. Polysius A.-G.) vollkommen davon ab. Sie besteht nur aus einer Kammer, die in ihrem zylindrischen Teil die Vorschrotung und in ihrem kegelförmigen Teil die Feinmahlung besorgt. Der zylindrische Teil ist mit großen, der kegelförmige mit kleineren Stahlkugeln gefüllt, so daß im zylindrischen Teil die Schlagwirkung, im kegelförmigen die Mahlwirkung überwiegt. Der

Einlaufzapfen *a* ist in einem Halslager gelagert und mit dem Schöpfrüssel *b* verbunden, der das im Schöpfkasten *c* aufgegebene Mahlgut dem Einlaufzapfen zuführt. Die Austragung des feingemahlenen Gutes geschieht durch

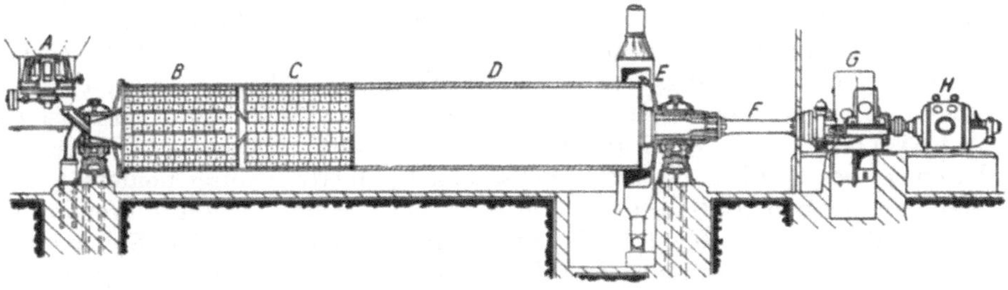

Abb. 1307. Verbundrohrmühle mit Centra-Antrieb (Krupp-Gruson).

den Rostkegel *d* nach dem Auslauftrichter *e*. Die Auspanzerung der Mahltrommel *f* erfolgt wie bei den anderen Rohrmühlen je nach der Beschaffenheit des Mahlgutes und der zu erzielenden Feinheit des Ausgutes durch entsprechende Platten *g*. Der zum Antrieb dienende Zahnkranz *h* ist an einem am Trommelmantel angenieteten Ring angeschraubt. Der Austragszapfen ist ebenfalls

Abb. 1308. Unionmühle (Vögele).

in einem Halslager gelagert. Die hier abgebildete Trommel hat im zylindrischen Teil einen Durchmesser von 2440 mm und eine Länge von 1520 mm; sie wird mit 19,4 U/min angetrieben und benötigt einen 200 PS-Motor.

Eine bedeutsame Verbesserung des Antriebes der Rohrmühlen, besonders der Verbundmühlen mit ihrer großen Baulänge, ist der Centra-Antrieb der Fried. Krupp-Grusonwerk A.-G., der die großen Zahnkränze mit ihrem geringen Wirkungsgrad, den häufigen Zahnbrüchen, Erneuerungsarbeiten und Betriebsstillständen entbehrlich macht. Er besteht aus einer Kuppelspindel *F* (Abb. 1307), die einerseits mit dem Austragszapfen der Austragskammer *E*, andererseits mit der Achse des Antriebsrades des Rädergetriebes *G* elastisch gekuppelt ist und keiner Abnutzung unterliegt. Sie stellt also keine starre Verbindung des Getriebes mit der Mahltrommel dar, sondern läßt gewisse Bewegungen in der Längsrichtung und auch in der Höhenlage zu. Abb. 1307 läßt auch einen Blick in das Innere der Dreikammermühle zu. Bei *A* ist die Aufgabevorrichtung, bei *B* die erste, mit Hartstahl ausgepanzerte Vorschrotkammer, bei *C* die zweite, mit Schalenhartgußplatten ausgekleidete Grießmahlkammer und bei *D* die dritte mit Silex oder Schalenhartguß ausgepanzerte Feinmahlkammer zu sehen. *E* ist die Austragskammer mit dem Siebzylinder und dem Entstäubungsrohr; *F* ist die Kuppelspindel, *G* das zweistufige Rädergetriebe und *H* der direkt gekuppelte Elektromotor.

Die Rohrmühlen können auch mit anderen Zerkleinerungsmaschinen kombiniert werden. So baut die Joseph Vögele A.-G., Mannheim, eine sieblose Feinmahlmühle „Union-Mühle" (Abb. 1308), die aus einer Schlagkreuzmühle (s. d.) *A* als Vormahlapparat und einer Rohrmühle *B* als Feinmühle besteht. Beide Mühlen sind durch einen Sammelkopf *C* miteinander verbunden, in den eine Transportschnecke für die Rohrmühle eingebaut ist. Durch Einfügung einer Stellklappe im Sammelkopf kann die Mühle auch als Grießmühle verwendet werden. *D* ist die Aufgabevorrichtung. Diese Mühle eignet sich zur Vermahlung von mittelharten Stoffen, die zweckmäßigerweise in hühnereigroßen Stücken aufgegeben werden; größere Stücke müssen einer Vorzerkleinerung unterworfen werden. Soll nur auf Grieß zerkleinert werden, so wird die Klappe im Sammelkopf so gestellt, daß der Austrag am Rohrstutzen *E* erfolgt, an den sodann der Abnahmesack für Grieß befestigt wird; sonst erfolgt die Mehlabnahme am Stutzen *F*.

3. Absatzweise arbeitende Kugelmühlen.

Die absatzweise arbeitenden Kugelmühlen finden fast nur noch in solchen Fällen Anwendung, wo kleine Stoffmengen mit geringem Kraftaufwand zu unfühlbar feinem Pulver vermahlen werden sollen. Farben, Chemikalien, Gewürze, Kohle, Emaille, Schellack usw. können auf solchen Kugelmühlen trocken und naß vermahlen werden. Die Bauart einer dieser Mühlen für Riemenantrieb ist aus Abb. 1309 ersichtlich. Auf der in einem Lagerbock von zwei Augenlagern gehaltenen Welle *a* ist die mit einem Deckel *e* verschlossene Mahltrommel *b* aus Hart- oder Stahlguß aufgeschraubt, in deren unterem Teil die Stahlkugeln *c* von verschiedener Größe eingefüllt sind. Der Antrieb erfolgt mittels Fest- und Losscheiben *d*.

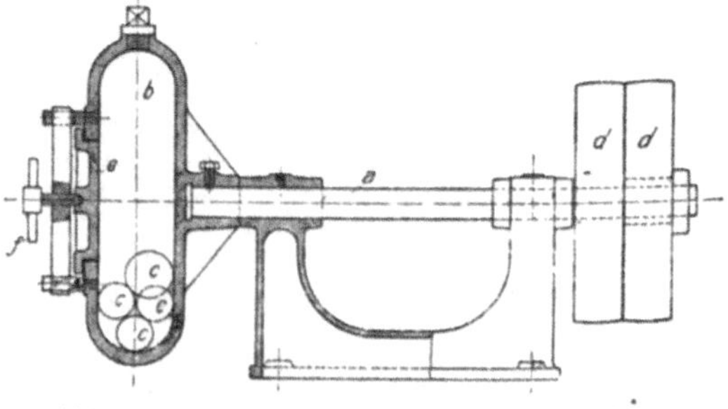

Abb. 1309. Kugelmühle für absatzweise Vermahlung. (Nach *Naske*.)

Nach Erreichung der gewünschten Mahlfeinheit wird der Deckel *e* nach Lösen der Verschlußschraube *f* durch einen Rostdeckel ersetzt und das Mahlgut durch diesen ausgetragen, während die Mahlkugeln durch die Roststäbe zurückgehalten werden. Für Mahlgut, das mit Eisen nicht in Berührung kommen darf, ist die Trommel mit Holz, Granit, Porzellan u. dgl. ausgefüttert oder besteht aus Rotguß; auch die Kugeln können aus Rotguß hergestellt sein, oder man verwendet Flintsteine. Nach *Naske* (Zerkleinerungsvorrichtungen und Mahlanlagen) können mit einer entsprechenden, handbetriebenen Kugelmühle von 500 mm Durchmesser und 130 mm Breite 5 kg Holzkohle/std zu einem unfühlbaren Pulver vermahlen werden. — Eine mit Riemen angetriebene Kugelmühle von 1000 mm Durchmesser und 1000 mm Breite beansprucht für 75 kg/std 1,5 PS. Eine solche Kugelmühle zeigt Abb. 1310 in einer Bauart der Fried.

Abb. 1310. Kugelmühle für absatzweise Vermahlung mit waagerecht gelagerter Mahltrommel (Krupp-Gruson).

Abb. 1311. Kugelmühle mit schräg gelagerter Mahltrommel (Krupp-Gruson).

Krupp-Grusonwerk A.-G., die bei 160 U/min der Mahltrommel etwa 10 PS erfordert. Sie dient zum Feinmahlen auf trockenem oder nassem Wege von Schmirgel, Erz, Kalkstein, Tonrohr- und Kapselscherben, Erden, Salzen, Steinkohle, Holzkohle, Emaille, Glasur, Farben, Chemikalien, Schellack, Drogen und Gewürzen. — Zum leichteren Ein- und Austragen des Mahlgutes wird die Mahltrommel auch nach Abb. 1311 mit schräg gelagerter Mahltrommelwelle ausgeführt. Eine solche Kugelmühle von 1000 mm Durchmesser und 400 mm Breite der Mahltrommel erfordert bei 80 U/min etwa 3 PS.

Lit.: *C. Naske*, Zerkleinerungsvorrichtungen und Mahlanlagen (4. Aufl., Leipzig 1926, Spamer); Die Portlandzementfabrikation (Leipzig 1922, Spamer). — *M. Dolch*, Betriebsmittelkunde für Chemiker (Leipzig 1929, Spamer). — *D. Steiner*, Feinmahlung in Kugelmühlen (Berlin 1937, Tonind.-Ztg.). — *O. Pomnitz sen.*, Trommelmühlen für feinste Naßvermahlung (Berlin 1937, Union). — Spirolen, neuartige Mahlkörper für Rohrmühlen (Chem. Apparatur 1927, S. 268). — Über Untersuchungen an Rohrmühlen (Chem. Apparatur 1931, S. 115). — Über das Mahlen in Trommelmühlen (Chem. Apparatur 1933, S. 86). — Fortschritte im Bau von Zerkleinerungsvorrichtungen (Chem. Fabrik 1929, S. 507). — *E. Rammler*, Versuche über die Arbeitsweise einer Windsichter-Rohrmühle (Chem. Fabrik 1934, S. 116).

Kugelwascher, s. Standardwascher.

Kühler *(s. auch Vakuumkühler, Krystallisierapparate, Vorwärmer, Scheibenverdampfer)* im Sinne der folgenden Ausführungen sind Vorrichtungen, die durch Wärmeübertragung auf einen kälteren Körper Flüssigkeiten oder feste Stoffe mit Hilfe eines gegebenen Kühlmittels kühlen. Das Niederschlagen von Dämpfen durch Kühlung bezeichnet man als Kondensation, die hierzu dienenden Apparate als Kondensatoren (s. d.). Zur Kühlung von Gasen dienen die Gaskühler (s. d.). — Die Kältemaschinen (s. d.) erzeugen durch einen Druckunterschied ein Temperaturgefälle und liefern ein Kältemittel von tiefen Temperaturen für Kühlzwecke.

Der Kühlvorgang kann so vorgenommen werden, daß eine bestimmte Menge des erwärmten Gutes gleichzeitig für nahezu alle Teilchen die aufgespeicherte Wärme abgibt, nach der Kühlung die Apparatur verläßt, durch eine gleiche Menge wieder ersetzt wird, und dieses Spiel sich fortlaufend wiederholt. Da die Temperatur des in die Apparatur eintretenden Kühlmittels in der Regel dabei unveränderlich ist, sinkt die Temperatur des zu kühlenden Stoffes zunächst sehr schnell, dann immer langsamer. Diese absatzweise Kühlung in gleichmäßigen Posten kommt nur bei bestimmten Verfahren in Betracht, beispielsweise bei der Krystallisation, bei chemischen Reaktionen, bei der Kühlung erstarrender Massen wie bei der Seifenkühlung usw. In allen anderen Fällen führt man die Kühlung stetig im Gegen-, Gleich- oder Kreuzstromverfahren (s. Gegen-, Gleich-, Kreuzstromapparate) durch, indem man Kühlmittel und zu kühlende Stoffe gegeneinander, miteinander oder quer zur Bewegungsrichtung des anderen Stoffs vorbeiführt. Je kälter das Kühlmittel dabei ist, um so kleiner fallen die erforderlichen Apparaturen aus. Eine wesentliche Rolle spielen bei der Kühlung die Geschwindigkeiten des Kühlmittels und des zu kühlenden Stoffs, da die Wärmeübertragung in der Regel immer besser ist, je höher die Geschwindigkeiten sind. Wählt man höhere Geschwindigkeiten, so werden also die zum Wärmeübergang erforderlichen Flächen geringer. Gleichzeitig werden mit höheren Geschwindigkeiten alle Durchgangsquerschnitte geringer, so daß man kleinere Apparaturen erhält. In einzelnen Fällen kann es jedoch auch vorteilhaft sein, mit geringeren Geschwindigkeiten, größeren Apparateräumen und entsprechend größeren Stoffinhalten zu arbeiten, weil dann die Apparatur unempfindlicher gegen Schwankungen der Temperatur und andere Störungen ist. Dies gilt z. B. für verwickelte, stetig betriebene Apparaturen, bei denen es auf genaue Einhaltung der Kühlleistung ankommt. Ist ein Kühlmittel mit ausreichend niedriger Temperatur nicht vorhanden, so wird der Einsatz einer Kältemaschine (s. d.) erforderlich.

Die Kühlung von Flüssigkeiten können folgende Mittel bewirken:

1. Zumischen kalter Flüssigkeiten. Bezeichnet man mit G_1, t_1 die Menge und Temperatur der einen Flüssigkeit, mit G_2, t_2 die der anderen Flüssigkeit, so ergibt sich die Mischtemperatur t unter der Voraussetzung, daß die Flüssigkeiten gleiche spezifische Wärmen haben, aus der Gleichung:

$$t = \frac{G_1 t_1 + G_2 t_2}{G_1 + G_2}.$$

Die erzielbare Kühlung ist gering, die notwendige Wasserzumischung groß, so daß das Verfahren wenig angewendet wird.

2. Schmelzendes Eis. Die Schmelzwärme des Eises beträgt 80 kcal. Hieraus ergibt sich die Eismenge E, die zur Kühlung der Flüssigkeitsmenge G mit der spez. Wärme c von der Temperatur t_1 auf die Temperatur t_2 nötig ist:

$$E = \frac{G\,c\,(t_1 - t_2)}{80 + t_2}.$$

Die Kühlung mit schmelzendem Eis wird oft mit Apparaten nach Abb. 1312 ausgeführt. Das Eis wird in einen mit Querwänden versehenen Trog geschüttet, durch den die zu kühlende Flüssigkeit in Schlangenlinien strömt. In der Farbenindustrie wird die Eiskühlung in großem Umfang angewendet, wobei man das Eis in stückiger Form unmittelbar in die Rühr- und Mischbottiche gibt.

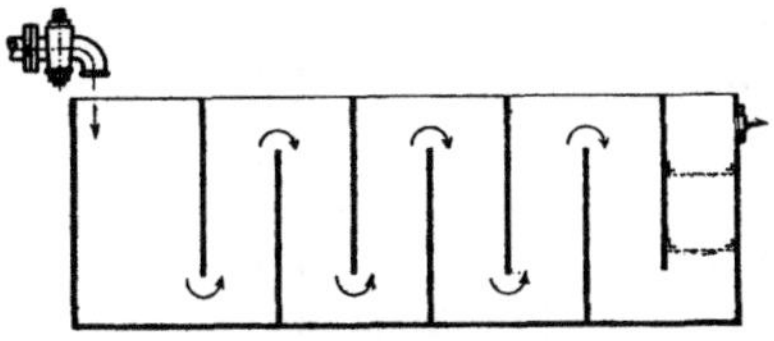

Abb. 1312. Eiskühler.

3. Verdampfung. Die Flüssigkeit wird in ein Gefäß, das luftleer gepumpt wird, gebracht und durch Verdampfung eines Teiles davon, der in einem Kondensator niedergeschlagen wird, gekühlt. Die Temperatur, bis auf welche die Flüssigkeit gekühlt werden kann, ist die dem Druck im Gefäß entsprechende Siedetemperatur. Das Gewicht D, das aus der Flüssigkeit verdampft werden muß, ergibt sich angenähert aus der Formel:

$$D = \frac{G\,(t_1 - t_2)}{640 - \frac{(t_1 + t_2)}{2}}.$$

Über die zur Kühlung durch Einführung der Flüssigkeit in ein Vakuum notwendige Apparatur s. Vakuumkühler.

4. Gekühlte Flächen. Hierbei werden Kühlmäntel (s. auch Doppelböden), Rohrschlangen, in ebenen, gewölbten oder kegeligen Böden angeordnete Röhrenbündel, Doppelrohre (s. d.) und ähnliche Wärmeaustauschvorrichtungen (s. Wärmeaustauscher) verwendet. Auch Apparate mit gekühlten Platten werden (z. B. zur Kühlung von Seife) gebaut. Zur Kühlung dickflüssiger Stoffe oder eingedickter Laugen werden Walzenkühler, die den Walzentrocknern (s. d.) ähnlich sind, viel verwendet.

Einen einfachen Röhrenkühler, wie er an Destillier- und Rektifizierapparaten benutzt wird, zeigt Abb. 1313. Da beim Wärmeaustausch zwischen zwei Flüssigkeiten ebensogut die Erwärmung einer Flüssigkeit durch Kühlung der anderen der Hauptzweck sein kann, sind die Kühler in ihrer Bauart oft den Vorwärmern (s. d.) gleich.

Kennzeichnet man die beiden Flüssigkeiten durch die Buchstaben a und b, so erhält man für die übertragene Wärmemenge Q:

$$Q = G_a\,c_a\,(t_{a1} - t_{a2}) = G_b\,c_b\,(t_{b2} - t_{b1}).$$

Die Kühlfläche F in m^2 ergibt sich aus der Gleichung $Q = F\,k\,\Delta t$. Hierin ist Δt der mittlere Temperaturunterschied (s. Vorwärmer) und k die Wärmedurchgangszahl in kcal/m² · std · Grad, die nach *Mollier* für kupferne und messingene Rohre für Flüssigkeiten von mittlerer Zähigkeit aus folgender Gleichung erhalten werden kann:

$$k = \frac{200}{\frac{1}{1 + 6\sqrt{v_a}} + \frac{1}{1 + 6\sqrt{v_b}}}.$$

v_a und v_b sind die Geschwindigkeiten der beiden Flüssigkeiten in m/sek. Für eiserne Rohre und zähe Flüssigkeiten sind die Kühlflächen entsprechend größer zu bemessen. (Siehe auch Oberflächenkondensatoren.) Bei der Wärmeübertragung von Wasser auf Wasser ergeben sich z. B. für eine Wand aus Eisen von 8 mm Stärke für die Wärmedurchgangszahl k Werte, die je nach den Strömungsverhältnissen zwischen 100 und 1000 kcal/m² · std · Grad, unter besonders günstigen Verhältnissen zwischen 1000 und 2500 kcal/m² · std · Grad liegen. Die Wärmeübertragung zwischen Wasser und Öl durch eine eiserne Wand von 8 mm ergibt Wärmedurchgangszahlen von 40—400 kcal/m² · std · Grad. Unter sonst gleichen Umständen ergeben größere Rohrdurchmesser in Röhrenkühlern höhere Wärmeübergangswiderstände. In gleicher Richtung wirkt sich eine Vergrößerung des Rohrabstandes eines Röhrenbündels aus. Ordnet man mehrere Rohrreihen hintereinander an, so sind die aufeinanderfolgenden Rohre zu versetzen, damit diese nicht im Strömungsschatten der vorderen Rohre liegen.

5. Rieselkühler. Um das Kühlwasser möglichst gut auszunutzen, ordnet man die Rohre, durch welche die zu kühlende Flüssigkeit geht, oft in senkrechten Ebenen an und läßt von oben, gleichmäßig verteilt, Wasser über die Rohrreihen rieseln. Die Rieselgeschwindigkeit des Wassers beträgt etwa 0,2—0,5 m/sek. Die Wärmeübertragung ist in diesen Apparaten recht günstig, zumal ein Teil der Wärme durch Verdunstung abgeführt wird, wodurch die Kühlung wirksam unterstützt wird. Um den Anteil der Verdunstung an der Kühlung möglichst hoch werden zu lassen, werden die Rieselkühler im Freien oder in gut gelüfteten Gebäuden aufgestellt. — Die Wärmedurchgangszahl für Kupfer- und Messingrohre beträgt bei dieser Bauart etwa 800—1000 kcal/m² · std · Grad.

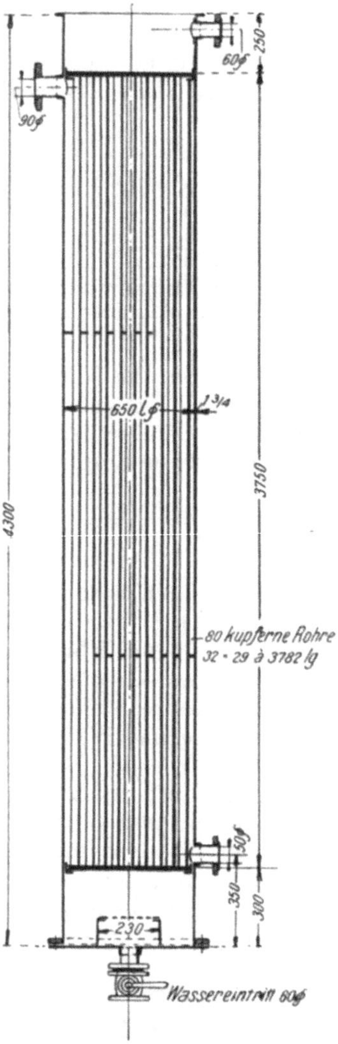

Abb. 1313. Kühler (25 m² Kühlfläche).

Einen Rieselkühler zur Kühlung von Säuren mit Rohren aus säurefestem Guß, die in einem schmiedeeisernen Gestell untergebracht sind, zeigt Abb. 1314. Derartige Kühler haben sich besonders als Zwischenkühler in Absorptionsanlagen für Salpetersäure bewährt, wobei im Mittel etwa 2,3 m² Kühlfläche für 1 m³ 36 grädige Säure/Tag erforderlich sind.

Man kann eine geringere Kühlwirkung auch ohne das Kühlwasser lediglich durch die Luft erzielen. In der Apparatetechnik werden luftgekühlte Apparate jedoch fast nur zur Kühlung von Gasen (s. Gaskühler) und zur Kondensation von Dämpfen benutzt (s. Destillierapparate, Dephlegmatoren).

6. Kühlung durch Verdunstung. Die Luft kann eine Flüssigkeit entweder dadurch kühlen, daß sie sich selbst erwärmt, oder dadurch, daß sie einen Teil des Wassers verdunstet. Dieser Vorgang entspricht einer Verdampfung unter vermindertem Druck, wie er ähnlich auch bei der Trocknung auftritt (s. Trockner). Der Gesamtdruck setzt sich dabei aus dem Teildruck

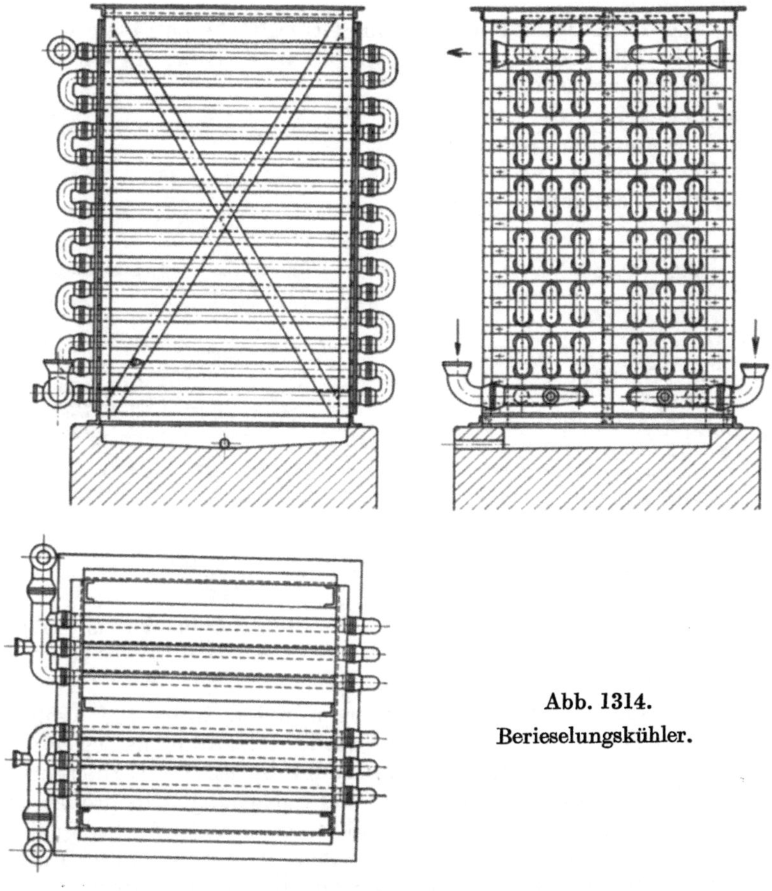

Abb. 1314.
Berieselungskühler.

der Luft und dem des Wasserdampfes zusammen. Man läßt die Flüssigkeit entweder in flachen Behältern stehen, wobei die Kühlung sehr lange dauert, oder zerstäubt die Flüssigkeit mit Zerstäubern (s. d.) oder geeigneten Düsen (s. d.), wobei erhebliche Wasserverluste durch Verwehen eintreten und die Flüssigkeit auf einen Druck von 1—2 at gebracht werden muß, die Anschaffungskosten jedoch geringer sind, oder man läßt die Flüssigkeit in einem Turm über Einbauten rieseln. Derartige Kühltürme, auch Kaminkühler genannt, werden am meisten zur Kühlung großer Flüssigkeitsmengen und, besonders auch bei Wassermangel, zur Rückkühlung von warmem Kühlwasser verwendet. Die Einbauten bestehen meist aus Holzhorden. Sie werden entweder in dem Turm selbst oder auch in besonderen Anbauten untergebracht. Von unten strömt Luft durch den Einbau, die einen Teil des Wassers verdunstet, wobei dieses sich abkühlt. Die Luft erwärmt sich und wird so leichter als die Außenluft, so daß der zum Durchtrieb der Luft erforderliche Zug mit Hilfe des Kamins selbsttätig entsteht.

Einen einfachen Kaminkühler zeigt Abb. 1315, eine andere Ausführung, bei der besonders auf geeignete Luftzuführung geachtet ist, Abb. 1316. (Chem. Apparatur 1915, S. 104).

Die Leistung der Kaminkühler für 1 m² Grundfläche beträgt etwa 3—12 m³ Wasser/std, die Höhe des Turmes etwa 15—40 m, die Höhe des Wassereinlaufes in die Verteilungsrinne über dem Wassersammelbehälter 5—7 m.

Kaminkühler sind auch zum Kühlen von Salzlösungen verwendet worden. Hierbei entstehen jedoch Schwierigkeiten durch die Salzausscheidungen in den Einbauten, weshalb man hierfür besondere Bauarten, wie kippbare Horden oder ähnliche bewegliche Einrichtungen, vorgesehen hat. Dagegen wurden mit Spritzdüsen arbeitende Kühltürme mit Erfolg gebaut. Zur Kühlung von Salzlösungen in großen Mengen dürften jedoch in den meisten Fällen Vakuumkühler (s. d.) geeigneter sein.

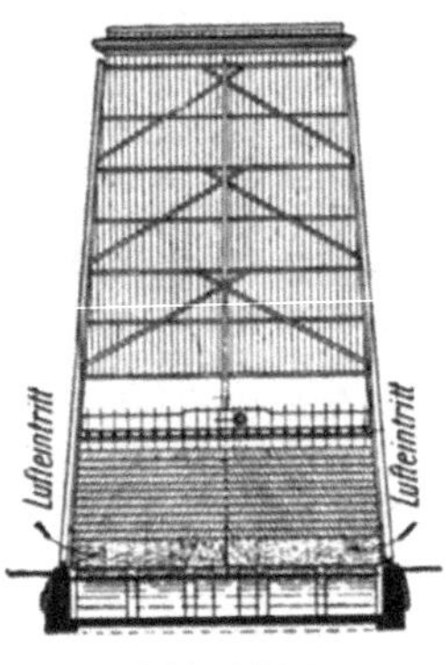

Abb. 1315. Kaminkühler.

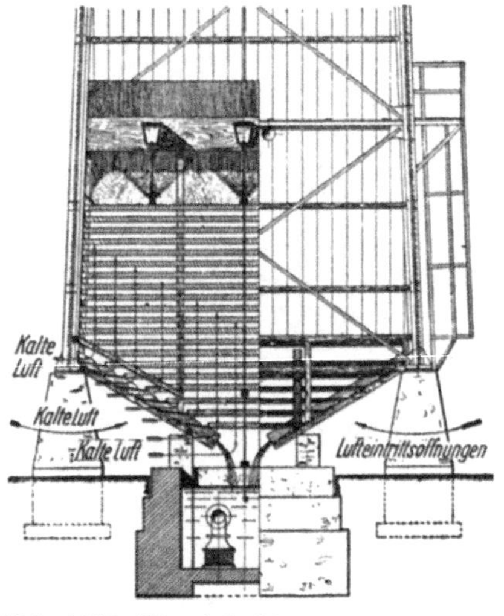

Abb. 1316. Kaminkühler mit Treppenrost-Luftzuführung.

F e s t e S t o f f e setzt man zur Kühlung einer Strömung kalter Luft unter stetiger Bewegung aus. Hierzu eignen sich die Drehtrommeln besonders, die man mit oder ohne Rieseleinbauten für diese Zwecke verwenden kann. Die zu kühlenden Stoffe durchwandern das in geringer Neigung gelagerte Drehrohr im Gegenstrom zur Kühlluft. Das Kühlgut kommt daher auf seinem Weg durch die Trommel mit immer kälterer Luft in Berührung. Als Ausführungsbeispiel zeigt Abb. 1317 eine Kühltrommel (Benno Schilde A.G., Hersfeld) mit Ventilator zum Durchsaugen der Kühlluft, Staubabscheidebehälter (Zyklon) und Ausfallgehäuse für das gekühlte Gut. — Bisweilen verwendet man zur Kühlung fester Stoffe auch hin- und herschwingende Rutschen oder Rinnen, auf denen das Gut langsam zum Austrag wandert.

Besondere Bauarten sind erforderlich, wenn eine Lösung oder eine Lauge während der Kühlung erstarrt und auch der erhärtende Stoff noch auf tiefere Temperaturen gekühlt werden soll. In vielen Fällen genügt es, die zu kühlenden Stoffe in flachen Gefäßen oder Schalen auf geeigneten Gestellen in einem kühlen, gut durchlüfteten Raum aufzustellen. Bei größeren Leistungen sieht man wassergekühlte Flächen zum Wärmeentzug vor, die so gestaltet sein müssen, daß die erstarrte Masse in einfacher Weise der Apparatur entnommen werden kann. — Als Beispiel zeigt Abb. 1318 eine Seifenkühlpresse (Joh. Hauff, Berlin-Lichtenberg), die nach Art einer Filterpresse (s. Filter) aus zahlreichen, nebeneinander angeordneten und zusammenschiebbar eingerichteten Kammern besteht. Zwischen den Kammern befinden sich wassergekühlte,

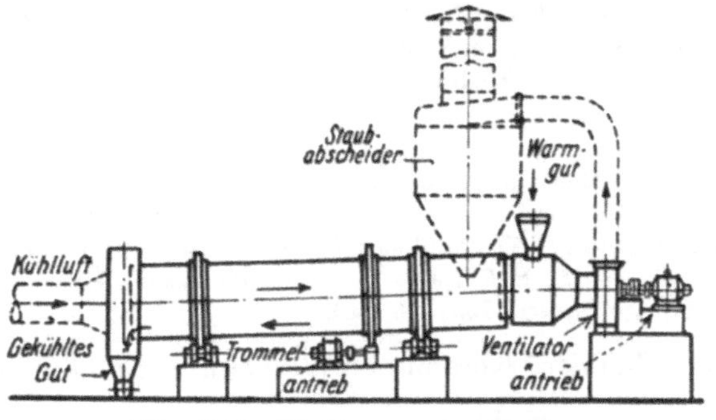

Abb. 1317. Kühltrommel (Schilde).

Abb. 1318. Seifenkühlpresse (Hauff).

aus Blechen zusammengesetzte Kühlplatten. Das erwärmte Wasser läuft oben aus den Platten durch Überlaufrohre in eine Sammelrinne. Die warme Seifenlauge wird aus einem mit Rührwerk versehenen Druckfaß in der Regel durch Preßluft in die Kammern gedrückt. Die erstarrten Seifenplatten werden nach dem Auseinanderziehen der Kammern diesen von Hand entnommen.

Lit.: *E. Hausbrand*, Verdampfen, Kondensieren, Kühlen (6. Aufl., Berlin 1920, Julius Springer). — *F. Merkel*, Verdunstungskühlung. VDI-Forschungsheft 275 (Berlin 1925,

VDI-Verlag). — *C. Geibel*, Über die Wasserrückkühlung mit selbstventilierendem Turmkühler. VDI-Forschungsheft 242 (Berlin 1921, VDI-Verlag). — *W. Nusselt*, Der Wärmeaustausch am Berieselungskühler (Z. VDI 1923, S. 206). — *C. Geibel*, Berechnung von Kühltürmen (Z. VDI 1924, S. 152). — *Barck*, Neue Bauart von Kühltürmen (Z. VDI 1925, S. 18). — *E. Hausbrand* u. *M. Hirsch*, Verdampfen, Kondensieren und Kühlen (7. Aufl., (Berlin 1931, Julius Springer). — *O. Bohres*, Planmäßige Überwachung von Kaminkühlern (Glückauf 1937, S. 334).

Thormann.

Lit. Chem. Apparatur: *Bst.*, Hocheffekt-Kaminkühler mit Treppenrost-Luftzuführung (1915, S. 104). — *F. Ludwig*, Vorrichtung zur dauernden Reinhaltung der Röhren von Kondensatoren und anderen Röhrenkühlern (1918, S. 121). — *H. Hille*, Bauten für maschinelle Kühlanlagen (1930, S. 73, 99). — *E. Gundermann*, Über die Abkühlung von Rohzucker auf Schüttelrinnen (1931, S. 166).

Kühlrohre, Kühlschlangen, s. Kühler, Keramische Werkstoffe (Abschn. 4).

Kühltröge, s. Krystallisierapparate, Kühler.

Kühltrommeln dienen zum Kühlen von festen Stoffen (s. Kühler) oder auch bei der Krystallisation zur Kühlung unter gleichzeitiger Verdunstung des Lösungsmittels (s. Krystallisierapparate). Ihrer Bauart nach gehören sie zu den Drehtrommelapparaten (s. d.). Beim Betrieb von Kühltrommeln wendet man meist das Gegenstromverfahren an (s. Gegenstromapparate). Oft werden die Kühltrommeln unmittelbar mit Brennöfen verbunden, wie es bei den Zementdrehöfen (s. Öfen) der Fall ist.

Th.

Kühltürme, s. Kühler, Berieselungsvorrichtungen.

Küken, s. Hähne.

Kunstfasererzeuger *(s. auch Spinndüsen, Spinnpumpen, Spinnzentrifugen).* Zum Überführen zähflüssiger Lösungen organischer Naturstoffe in Fadenform zwecks Erzeugung von Kunstseide, Kunststapelfaser (Zellwolle), Kunstroßhaar, Kunststroh usw. werden sog. Kunstfaserspinnmaschinen benutzt, die von den Textilspinnmaschinen gänzlich verschieden sind. Kunstfasererzeuger haben bei geringem Kraftverbrauch und Abfall an Spinnmasse auf kleinem Raum eine große Menge an möglichst feinen, sowie gleichmäßig dicken und gespannten Fäden zu liefern.

Der gußeiserne, langgestreckte Rahmen der Spinnmaschinen ist ein- oder doppelseitig in 50—100 Spinnstellen unterteilt, von denen jede mittels einer Spinndüse (s. d.) die Ausfällung der Spinnflüssigkeit in feste Fadenform ausführt und somit eine selbständige chemische Produktionsstätte darstellt. Die Apparatur zur Förderung und Ausfällung der Spinnflüssigkeit sowie zum Aufsammeln der erzeugten Fasern wird so angeordnet, daß die Spinnstelle möglichst geringe Breite und Tiefe erfordert und zu diesem Zwecke in den meisten Fällen in senkrechter Richtung langgestreckt hoch aufgebaut ist.

Die Fördervorrichtung für die Spinnflüssigkeit besteht aus dem von der Hauptleitung zu jeder Maschine abzweigenden Rohr und den Abzweigungen zu den einzelnen Spinndüsen, wobei in diese Spinnrohre meistens Spinnpumpen (s. d.) und -filter (s. Spinndüsen) eingeschaltet sind.

Der übrige Aufbau wird erstens durch die Art der Ausfällung der Spinnmasse und zweitens durch die Aufsammelweise der Fäden bedingt. Bei den

Fäll- oder Spinnvorrichtungen befindet sich die Spinndüse entweder in einer wässerigen bzw. mit Wasser mischbaren Fällflüssigkeit, welche die Fadenmasse aus ihrer wässerigen Auflösung ausfällt (Naßspinnvorrichtungen), oder aber in einem warmen Luftstrom, der die Verdunstung der für die Fadenmasse benutzten organischen Lösungsmittel bewirkt (Trockenspinnvorrichtungen).

Die Fällbadapparatur der Naßspinnvorrichtungen ist bei schwachem Ausziehen der Fäden offen (Schrumpfspinnvorrichtung) und bei starkem Strecken geschlossen (Streckspinnvorrichtung). Die in den meisten Fällen benutzte Schrumpfspinnvorrichtung besteht aus einem Spinntrog aus mit Blei ausgeschlagenem Holz oder Eisenblech, neuerdings auch aus Haveg (Säureschutz G. m. b. H., Berlin; vgl. Z. ges. Textilind. 1928, S. 673). Die Trogabmessungen sind entweder für einen mehr senkrechten oder mehr waagerechten Lauf des Fadens in der Fällflüssigkeit und für einen entsprechenden Abzug aus dem Bad gewählt. Das Schema der hauptsächlich angewandten Tiefspinnvorrichtung zeigt Abb. 1319a (Bureau Technique pour les Appli-

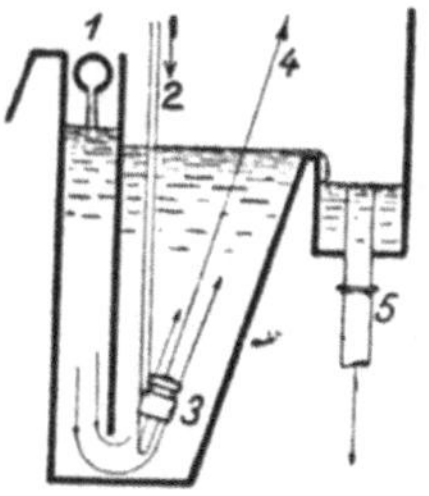

a

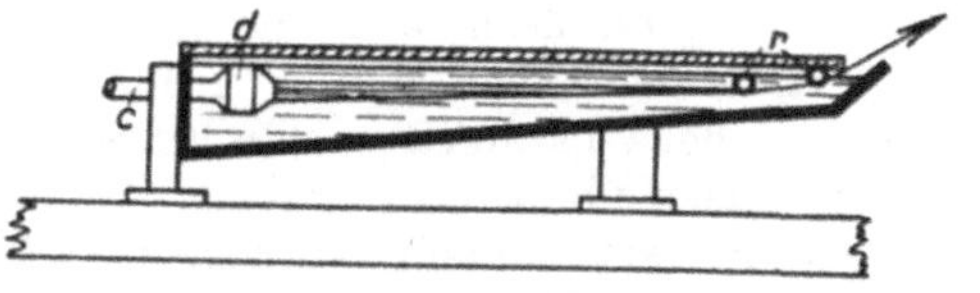

b

Abb. 1319. Spinntröge der Schrumpfspinnmaschinen (a Tiefspinnvorrichtung [Bureau Technique], b Flachspinnvorrichtung [nach *Cochius*]).

cations de la Cellulose, Paris; DRP. 500181), nämlich den Zufluß der Spinnflüssigkeit (Viscose) durch das Spinnrohr, die sog. Spinnpfeife *2*, zur Düse *3*, den Abzug des entstandenen Fadens *4* (Viscoseseide) und eine derartige Strömung der Fällflüssigkeit aus der Leitung *1* zum Überlauf *5*, daß zu der aus der Düse herausgepreßten Spinnmasse dauernd frisches Fällbad zuläuft (vgl. Abb. 1323, 1326, 1328). Bei der Flachspinnvorrichtung (*Cochius*, DRP. 163293) (Abb. 1319b) wird die Spinnmasse aus dem Rohr *c* zur Düse *d* gedrückt und das Fadenbündel waagerecht über die Fadenführer *r* abgezogen, wodurch die Wechselwirkung mit der Fällflüssigkeit begünstigt wird (vgl. Abb. 1322, 1335).

Die Streckspinnvorrichtung (vgl. DRP. 154507, 157157, 173628, 220051, 303047, 408447, 408889, 413790/1) besteht dagegen aus einem Spinntrichter aus Glas (vgl. DRP. 415798, 421426, 421743, 500742, 509294), bei dem die mit der Verengung des Trichters zunehmende Strömungsgeschwindigkeit eine starke Ausziehung der Fasern zu äußerst feinen Fädchen bewirkt. Der Bau der Trichter muß jegliche Wirbelbildung in der Fällflüssigkeit ausschließen (vgl. *E. Schurz*, Kunstseide 1930, S. 103, 234. — *E. A. Anke*, Melliand Textilber. 1930, S. 95; DRP. 423139, 423369, 464384, 500742). Die Streckspinnvorrichtung der J. P. Bemberg A.-G., Barmen (Bemberg) (Abb. 1320a), weist um den Trichter *e* einen Glaszylinder *d* auf. Die

Spinnlösung (Celluloseauflösung in Kupferoxydammoniak) fließt durch das Rohr *a* und den Spinnkopf *b* zu einer verhältnismäßig großen Düse *c*; das Fadenbündel (Kupferseide) wird von der aus dem Ringkanal *p* austretenden Fällflüssigkeit durch den Führungsring *s* in den Trichter gespült, worauf die aus dem Zylinderfuß eintretende, stark strömende Flüssigkeit die Ausstreckung der Fäden bewirkt. Die Anordnung von *Tschirch* (DRP. 478928) (Abb. 1320b) stellt nur einen einfachen Trichter *5* dar, dem die Fällflüssigkeit durch die Öffnungen *6* und den Ringkanal *7* oberhalb der am leicht herausnehmbaren Düsenkopf *1* befestigten Düse *4* zufließt (vgl. Abb. 1324, 1331, 1334). Bei der Vorrichtung der Oskar Kohorn & Co., Chemnitz (Kohorn) (Abb. 1320c), wird z. B. aus dem Zylinder *1* der Faden *2* über einen Fadenführer *3* (vgl. DRP. 483238, DRGM. 1057913) und eine Waschrinne *4* (vgl. DRP. 423645, 432285, 438641, 440664, 444530, 468637, 475923, 487889, 489480, 498419) zu der Aufnahmevorrichtung geleitet. — Der Vorteil der Schrumpfspinnapparatur besteht in der Möglichkeit, aus weiten Düsenlöchern (s. Spinndüsen) auf eine denkbar vorsichtige Weise Fäden großer Feinheit ziehen zu können, so daß Filter vor den Düsen überflüssig sind.

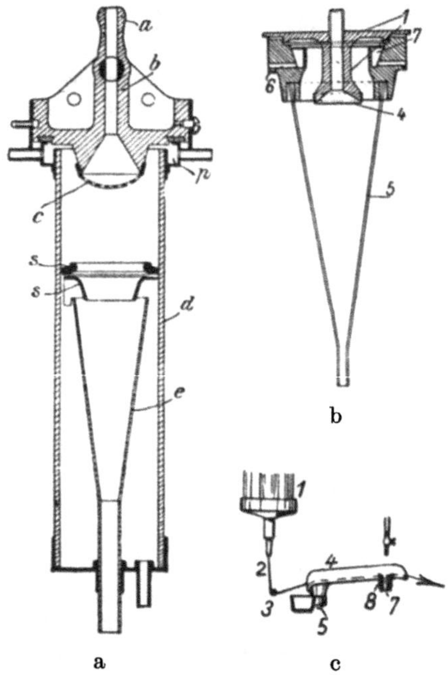

Abb. 1320. Streckspinnvorrichtungen. (a Spinntrichter [Bemberg]; b Spinntrichter [nach *Tschirch*]; c Waschvorrichtung [Kohorn].)

Gegenüber den Naßspinnvorrichtungen weisen die Trockenspinnvorrichtungen weit größere Abmessungen auf; sie stellen eine hohe Spinnzelle (Abb. 1321, 1325, 1332) dar, bei der im oberen Stockwerk der Eintritt der Spinnlösung (Celluloseester) (vgl. DRP. 496380), im unteren der Austritt der Fäden erfolgt (vgl. Rev. univ. Soies et Soies artif. 1930, S. 1823, 2007; DRP. 490507, 496380, 498418, 508113). Eine oder mehrere Spinnstellen befinden sich in einem runden oder viereckigen, etwa 230 cm hohen Spinnschacht. Die gebildeten Fäden werden nach unten abgezogen, während die Trockenluft von unten nach oben dem Faserbündel entgegengeführt wird, wobei ein Gasdruck von 10—20 cm Wassersäule aufrechterhalten werden muß (vgl. DRP. 502320). Die einfach gebauten Trockenspinnvorrichtungen haben gegenüber Fällbadapparaturen den Hauptvorteil, daß man mit doppelter Spinngeschwindigkeit arbeiten kann, verlangen aber weit höhere Konzentrationen und folglich auch hohe Drücke für die Spinnflüssigkeit (40—50 at), stärkeren Maschinenbau und kompliziertere Wiedergewinnungsapparaturen für die Lösungsmittel. Die benutzte Luft wird entweder außerhalb oder im Schacht vorgewärmt. Die Zelle *a* auf Abb. 1321a der Aceta G. m. b. H., Berlin (Aceta) (DRP. 486369), ist mit einem Heizmantel *b* umgeben, der die durch einen zweiten, gegen

Wärmeverlust nach außen ausgekleideten Mantel *c* zuströmende Luft vorwärmt und gleichzeitig die Temperatur (etwa 60°) in der Zelle aufrechterhält. Abb. 1321b zeigt einen Aceta-Schacht (DRP. 474043) mit zwei inneren, unabhängig voneinander regelbaren Heizsystemen *g*, *h* und mit einer Unterteilung in zwei Zellen *a*, *b*, aus deren Oberteil jeweils ein bestimmter Teil der Dämpfe abgesaugt wird, wodurch man die Gas- und Temperaturverhältnisse besser in der Hand hat (vgl. DRP. 403736, 410723, 428745, 476786, 483000, 508591). In allen Fällen sind die Wandungen der Schächte gegen Wärmeabgabe mit Kork od. dgl. sorgfältig ausgekleidet, da die Trockenspinnapparatur gegen atmosphärische Schwankungen sehr empfindlich ist. Das Spinnen in Luft

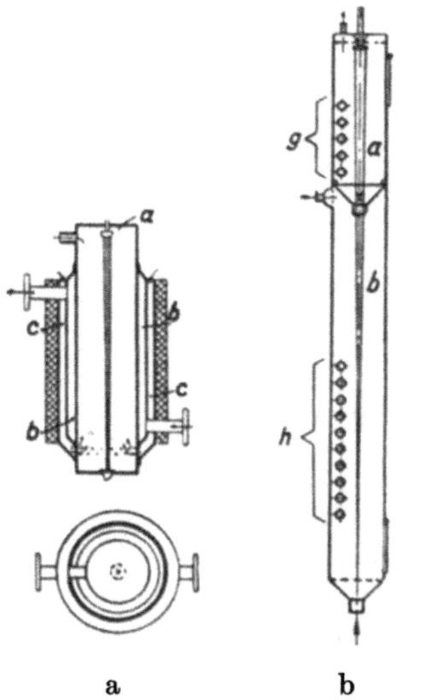

Abb. 1321. Spinnzellen der Trockenspinnmaschinen (Aceta), a mit Heizmantel, b mit Innenheizung.

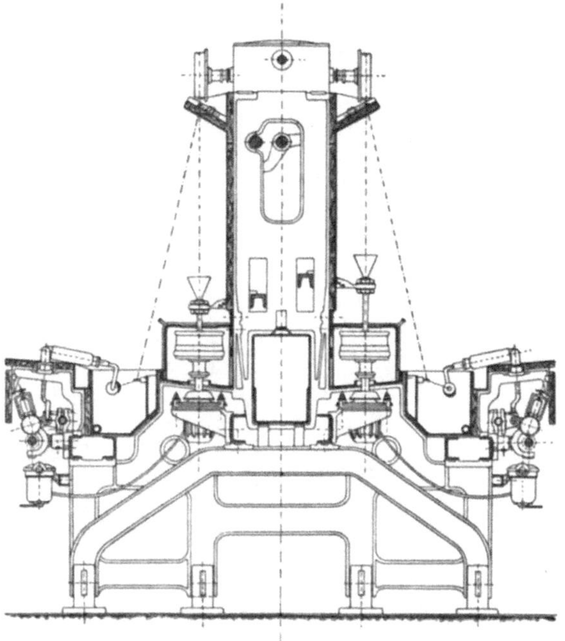

Abb. 1322. Topfspinnmaschine mit Schrumpfspinnapparatur (Kohorn).

erlaubt sehr hohe Abzugsgeschwindigkeiten, die 150—200 m/min und mehr betragen, wodurch man hier von allen Spinnapparaturen die höchste Leistung erreicht.

In bezug auf das Fortführen und Aufsammeln der aus den Fällapparaturen austretenden Fadenbündel werden vier verschiedene Bauarten von Kunstfasererzeugern verwandt, nämlich Topf-, Spulen-, Haspel- und Band-Spinnmaschinen.

Die technisch am kompliziertesten und vollkommensten ausgestalteten Topf- oder Zentrifugen-Spinnmaschinen (Abb. 1322—1324; vgl. *H. Schmidt*, Umschau 1931, S. 636) tragen für jede Spinnstelle eine mit großer Geschwindigkeit sich drehende Spinnzentrifuge (s. d.), in der das Fadenbündel unter Drallbildung zu einem festen sog. Spinnkuchen eingerollt wird, und werden fast ausschließlich nur mit Naßspinnvorrichtungen, hauptsächlich mit Schrumpfspinnvorrichtungen (Abb. 1322 u. 1323), versehen. An den Außenseiten befinden sich in mittlerer Höhe des Badtroges die Zuleitungsrohre für die Spinnflüssigkeit, darunter die durch Wechselräder vom Hauptmotor betriebene Förderwelle für die Pumpen, darüber die Filter und Spinnrohre. Die Fäden werden von Abzugsrollen (Galetten) von 150—180 mm Durchmesser abgezogen, die aus einem glatten, besser geriffelten, Glaskranz und meist einer Preßmaterialnabe bestehen (vgl. DRP. 499215), und deren Geschwindigkeit (25—40 U/min) der Hauptmotor ebenfalls durch Zahnradübersetzungen regelt. Während bei den Maschinen von Kohorn & Co., Chemnitz

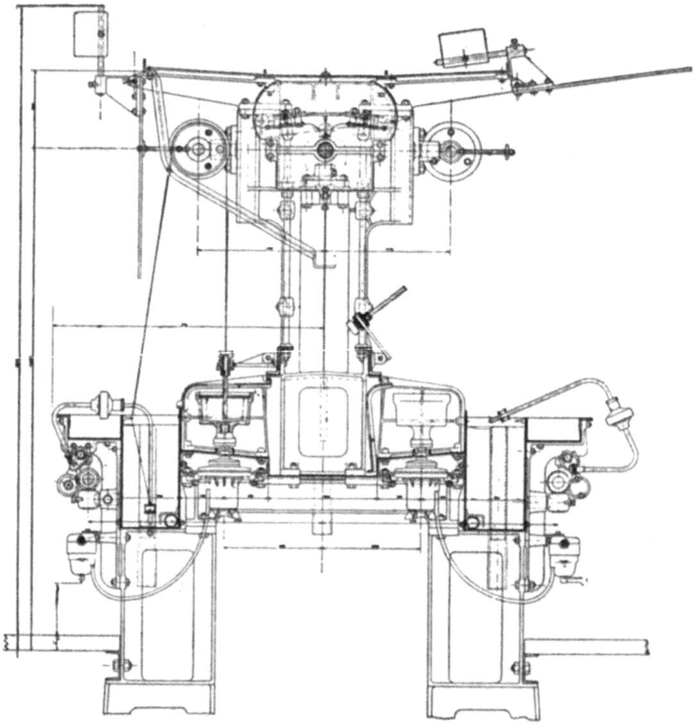

Abb. 1323. Topfspinnmaschine mit Schrumpfspinnapparatur und gleichgerichteten Maschinen- und Galettenachsen (Blaschke).

(Abb. 1322, DRP. 440004), der Düsseldorf-Ratinger Maschinen- und Apparatebau A.-G. (Ratingen) (DRP. 453090), der Dobson & Barlow Ltd., Bolton/Lancs., der Ateliers mécaniques de Courbevoie/Seine (Courbevoie) u. a. die Achsen der Glaswalzen quer zur Maschinenachse stehen, sind beide Achsen bei den Maschinen der Firmen Emil Blaschke, Berlin (Blaschke) (Abb. 1323), und Textiles artificiels Ing. A. Maurer, Mailand (Maurer), gleichgerichtet und geben dadurch dem Faden einen geradlinigeren Lauf, der Fadenführer entbehrlich macht; die C. G. Haubold A.-G., Chemnitz (Haubold), hat diese Anordnung noch dadurch verbessert, daß jede Galette statt von der gemeinsamen, das Anspinnen hindernden Welle, von je einer Sonderwelle angetrieben wird, wodurch die Maschinenkosten jedoch vermehrt werden. Von den Glasrollen fällt der Faden in einen auf- und abgehenden Führungstrichter (s. Spinnzentrifugen) und durch diesen in die Spinntöpfe; die Changiervorrichtung für den Trichter besteht aus Herzexzentern, die durch einfache Schwinghebel ihre Bewegung auf die Trichterführungsbalken übertragen, und die ihrerseits zuweilen von einem besonderen Motor betrieben werden (Kohorn).

Der Düsenabstand beträgt bei Töpfen von 160 mm li. W. 250 mm, der Weg des Fadens vom Fällbad zum Topf 2 m und mehr. Die Maschine von Blaschke (Abb. 1323) zeichnet sich durch einen bequemen Bedienungsgang unter den Spinnzentrifugen aus, die dadurch während des Betriebes ausgewechselt werden können; dagegen legen andere Maschinenbauer auf eine schmale, gedrungene Bauart Wert, die geringen Raum beansprucht. — Die Fällbaddämpfe und entstehenden Gase werden einerseits über den Galetten, andererseits neben den Spinntöpfen abgesaugt. Zum Schutz gegen Fällbadspritzer sind an den Glasrollen entweder kleine, zur Seite klappbare (Haubold) oder große, hochklappbare, durchsichtige Cellonscheiben angebracht (Abb. 1323). — Die Leistung einer Spinnstelle beträgt 0,5 bis 2,5 kg/Tag, der Kraftbedarf einer Maschine mit 50 Spinnstellen etwa 1 PS, wobei die Zentrifugenantriebe ausgenommen sind; 100 Spinnstellen benötigen einen 3 PS-Motor mit 1450 U/min.

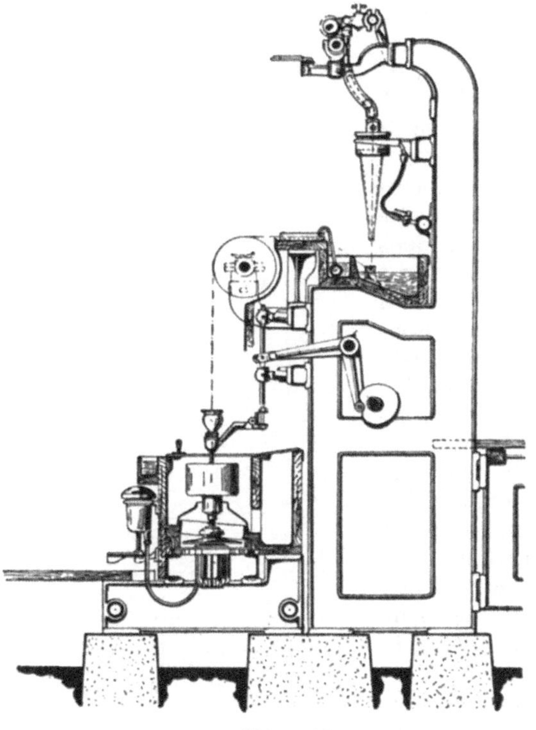

Abb. 1324.
Topfspinnmaschine mit Streckspinnapparatur (Haubold).

Eine Topfspinnmaschine mit Streckspinnvorrichtung von Haubold zeigt Abb. 1324. Die Fällapparatur befindet sich an der oberen Maschinenhälfte und ist von hinten mit Hilfe eines erhöhten Gangs (deshalb schwieriger als bei Schrumpfspinnapparaturen) zu bedienen; der Abstand der Spinntrichter beträgt 250 mm. Die Fäden werden von Glaswalzen mit einer Geschwindigkeit von 25—35 m/min in die Spinntöpfe abgezogen (vgl. DRP. 441404, 456010, 490508), deren Drehzahl 3000 bis 6000 U/min ist, so daß die Leistung einer Spinnstelle 0,4—0,6 kg/Tag beträgt (s. Spinnzentrifugen).

Trockenspinnvorrichtungen werden nicht mit Spinnzentrifugen ausgerüstet, da die gebräuchliche hohe Abzugsgeschwindigkeit der Fäden eine unerreichbar hohe Topfdrehzahl erfordern würde (s. Spinnzentrifugen). Mit Vorteil werden dagegen Flyer-Zwirnvorrichtungen (British Celanese Ltd.,

London, Abb. 1325) oder auch Ringzwirnspindeln benutzt (vgl. DRP. 441014, 480348; Franz. P. 651897); diese Zwirnanordnung eignet sich wegen der Korrosionsgefahr nicht für Naßspinnvorrichtungen.

Weit einfacher und billiger sind die Spulen- oder Bobinen-Spinnmaschinen (Abb. 1326—1332), auf denen die Fadenbündel keine Zwirnung erfahren, sondern unmittelbar von runden, 130 oder 150 mm langen Walzen oder gelochten Spulen abgezogen werden. Meist sind für jede Spinnstelle zwei, auf Spulenhalter aufgesteckte Spulen vorhanden, von denen sich eine jeweilig in Bewicklung befindet. Bei den meisten Bauarten mit waagerechter Anordnung der Spulenpaare (Abb. 1328, 1331) sind zwei gegenüberliegende Spulenhalter auf einer Welle befestigt, die durch Zahnräder von einer durch die Maschine laufenden Welle angetrieben wird, und zwar jede Spulenserie von einer besonderen Welle (vgl. DRP. 464382, 485792). Während der Drehzeit jeder Spulenserie wird die Drehzahl entsprechend der Vergrößerung des Spulendurchmessers durch ein Konchoidengetriebe oder auf andere Weise verringert (s. S. 993). Das Umlegen des Fadens von der vollen auf die leere Spule geschieht bei nebeneinander angebrachten Spulenhaltern von Hand, bei übereinander an einer Drehscheibe befestigten Spulenhaltern (Abb. 1326, 1332) durch selbsttätige Drehung der Scheibe um 180°, wobei der Faden von der vollbesponnenen Spule abreißt und auf die leere Hülse aufläuft (Abb. 1327); das Anlaufenlassen der leeren Spulen vor einer Umschaltung und das Stillsetzen der vollen, nach oben geschwenkten Spulen geschieht ebenfalls selbsttätig. Die Vorrichtung erspart demnach das Fadenumlegen beim Spulenwechsel von Hand und erreicht für jede Spulenserie eine Bewicklung von völlig gleicher Meterzahl.

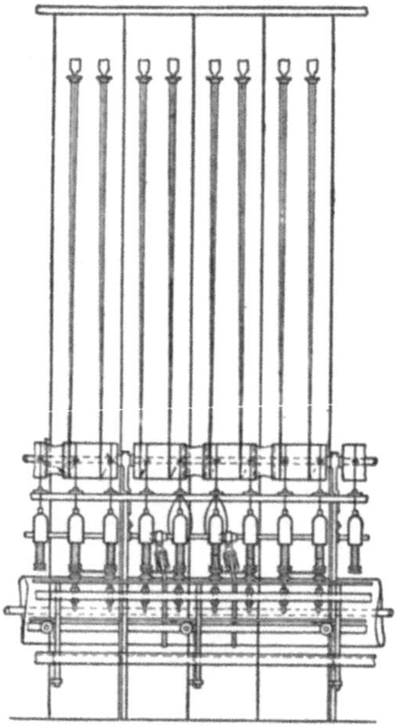

Abb. 1325. Flyer-Spinnmaschine mit Trockenspinnapparatur (Vorderansicht) (Celanese Ltd.).

Die selbsttätige Spulenumschaltung stammt von *A. Maurer* (Franz. P. 662600) und wird von seiner Gesellschaft (Textiles artificiels, Mailand) und den Chemnitzer Firmen Carl Hamel A.-G. (Hamel) (DRP. 486024, 496381, 499459, 505525, 506976; DRGM. 1109036) und C. G. Haubold A.-G. (DRP. 497142) gebaut.

Abb. 1329 u. 1330 zeigen das Antriebsende einer Hamel-Spulenspinnmaschine mit Schrumpfspinnvorrichtungen, deren Antrieb von der Welle *1* über das Zahnradgetriebe *2*—*4* geschieht. Auf dem Maschinenrahmen *5* sind nebeneinander die geschlossenen Gehäuse *6* der Spulenumschaltvorrichtungen angeordnet und in diesen die Spulenspindeln *7*, *8* mit den Spulen in den drehbaren Deckeln *10* gelagert; die Spulen ziehen die Fäden von den Spinndüsen *11* über die Fadenführer *12* ab. Die unter den Spindelkästen durchlaufende Welle *13* treibt sämtliche unteren Spindeln *7* an, wobei die Antriebsgeschwindigkeit durch die Lage des antreibenden Riemens *14* oder *15* des Trommelpaares *16, 17* oder *18, 19* (Kegelrollen, Konchoiden; vgl. Oskar Kohorn & Co., DRP. 485792) bestimmt wird. Die Hin- und Herbewegung der F a d e n f ü h r e r *12* erfolgt mittels der Arme einer durchlaufenden Welle. Im Augenblick der Spulenumschaltung wird von der Schaltwelle aus durch ein Getriebe eine ebenfalls durchgehende Welle derart angetrieben, daß in jedem Gehäuse die darin gelagerten Spindeln mitsamt den Deckeln *10* eine halbe Umdrehung ausführen. Dabei gelangen die Räder der Spindeln *7* außer Eingriff mit den Antriebsrädern der Welle *13*, und an ihrer Stelle gelangen gleichartige Schraubenräder der Spindeln *8* in Eingriff mit den Antriebsrädern, so daß nunmehr die Spindeln *7* mit den vollen Spulen stillgesetzt und die leeren Spulen der Spindeln *8* angetrieben werden. Im gleichen Augenblick ist die Kupplung der Kegeltrommel *17* ausgerückt und die Kupplung auf der Welle der Kegeltrommel *19* eingerückt. Nunmehr wird von dieser Welle aus die Welle *13* über mehrere Getrieberäder angetrieben. Dieser Vorgang dauert so lange an, bis der in Verbindung mit dem Riemenführer *21* jetzt nach rechts wandernde Ausschlag gegen einen Anschlag (bei *20*) trifft, der eine erneute halbe Drehung der Schaltwelle veranlaßt. Das Kegelrollengetriebe ist zwecks gleichmäßigen Riemendurchzuges mit Riemenspannrollen versehen; die Fortschaffung des Riemens geschieht fortlaufend durch Schraubspindel *20* und Riemenführer *21*; nach Ausschaltung der Kupplung ist auch eine Fortschaffung durch Handrad möglich. Ohne die Konchoiden würde der Spulendurchmesser während des Bespinnens um mindestens 10 Proz. größer, und es würden folglich Unterschiede in der Fadenabzugsgeschwindigkeit von etwa 20 Proz. entstehen; die Konchoiden bewirken demnach bei Beginn des Aufspulens eine größere Umdrehungszahl der Spulen und mit der Zunahme des Spulendurchmessers deren allmähliche Abnahme, so daß die Abzugsgeschwindigkeit gleichbleibt (vgl. DRP. 464382). Die Wickelperiode der Spindeln kann bei 70 mm Spulendurchmesser von 15—190 Minuten,

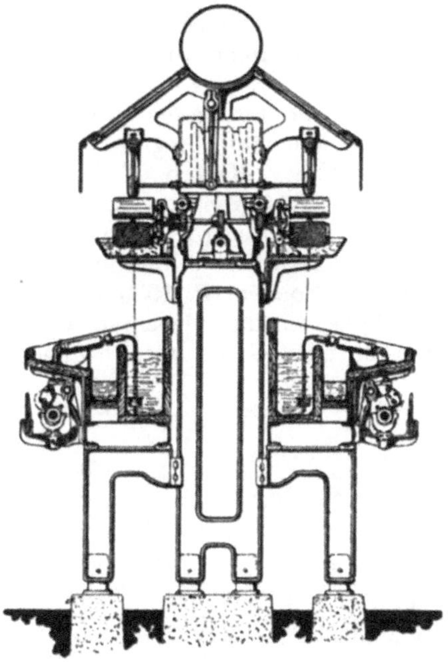

Abb. 1326. Spulenspinnmaschine mit Schrumpfspinnapparatur und selbsttätiger Spulenumschaltung (Haubold).

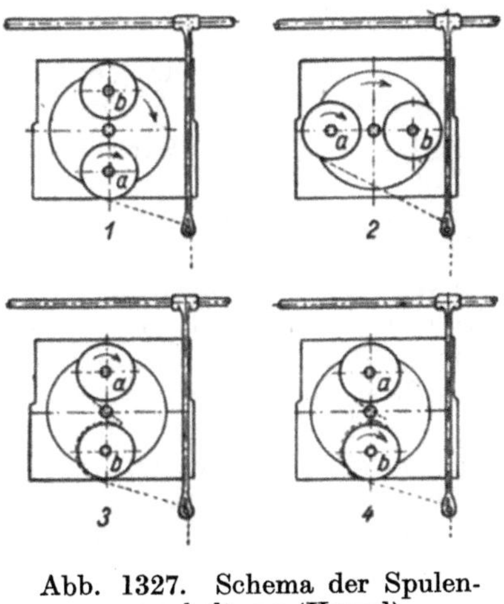

Abb. 1327. Schema der Spulenumschaltung (Hamel).

bei 90 mm Durchmesser von 20—250 Minuten Dauer geregelt werden; durchschnittlich beträgt die Zeit 150 Minuten, und fast stets mindestens 45 Minuten.

Die Haubold-Spulenumschalter (vgl. Abb. 1326, 1332) weisen eine mittlere Welle zum Umschalten der Drehscheiben und seitlich darüber je eine Welle zum Antrieb der Spulenspindeln auf, die nicht durchgehend wie bei Hamel, sondern lediglich in der Drehscheibe gelagert sind.

Das Konchoidengetriebe wird vorteilhaft durch die geringeren Raum beanspruchenden, von besonderen Zählwerken gesteuerten Reguliermotore oder durch stufenlose Reguliergetriebe ersetzt (P. J. V. Ketten u. Getriebe G. m. b. H., Homburg v. d. H.; Allgemeine Elektrizitätsgesellschaft, Berlin; Pittler-Thoma-Getriebe der Pittler Werkzeugmaschinenfabrik A.-G., Leipzig; Schwartzkopff-Huwiler-Getriebe; Reeves Pulley Co., Columbus/Indiana; vgl. Wbl. Papierfabr. 1930, S. 1134; Rev. univ. Soies et Soies artif. 1930, S. 641).

Die Fadenführer werden durch ein besonderes, in der Maschine angebrachtes Exzenter- oder Kurvenscheibengetriebe entweder mittels Stangen

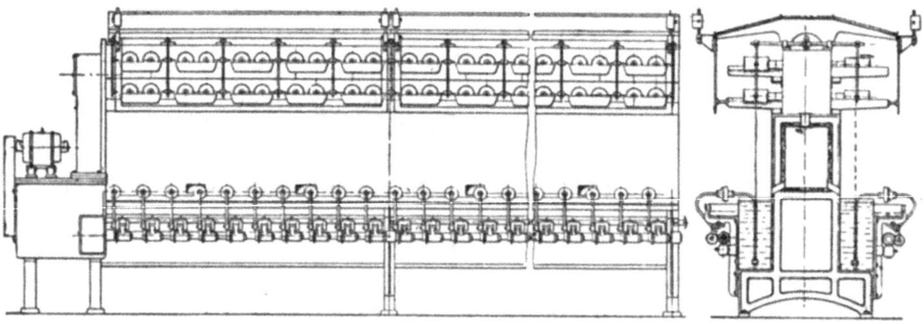

Abb. 1328. Spulenspinnmaschine mit Schrumpfspinnapparatur und waagerechter, doppelreihiger Spulenanordnung (Blaschke).

waagerecht hin- und herbewegt (Abb. 1328) oder mittels Pendelgetriebe (Abb. 1326, 1332) in Schwingungen versetzt; der Hub ist von 80—150 mm verstellbar und wird zwecks Bildung einer bombierten Spulenwicklung periodisch verkleinert und vergrößert (vgl. DRGM. 1083319). Sämtliche Wellen werden durch Zahnradgetriebe vom Antriebsmotor betrieben, wobei der Kraftbedarf einer Maschine mit 100 Spinnstellen (ohne Absaugevorrichtung) 1,5—2 PS ausmacht. Zwecks guter Entlüftung wird die verbrauchte Luft in das Maschineninnere eingesaugt und durch Abluftleitungen mittels Exhaustoren abgeführt. Die Spindelteilung beträgt bei Spulen von 70 mm Durchmesser 240, von 90 mm Durchmesser 280—300 mm; bei senkrechter Anordnung des Spulenpaares sind es dagegen nur 200 und 250 mm, während bei amerikanischen Maschinen mit einer Spule von 125 mm Durchmesser der Abstand 160 mm beträgt. Die Spulen laufen öfters in kleinen Wannen (Oberbädern, vgl. Abb. 1326 u. 1331), von denen die Haubold-Ausführung (DRP. 501749, DRGM. 1075839) an einer Spulenspinnmaschine mit selbsttätiger Spulenumschaltung angebracht ist. — Das Spulenmaterial ist Aluminium (Berlin-Karlsruher Industrie-Werke A.-G., Karlsruhe i. B.; Sigg A.-G., Frauenfeld/Schweiz), das zum Schutz gegen Chemikalien mit Lack (vgl. DRP. 487011, 488997), besser mit Hartgummi überzogen (Brit. P. 294657) ist; meistens wird eine Einbrennung von

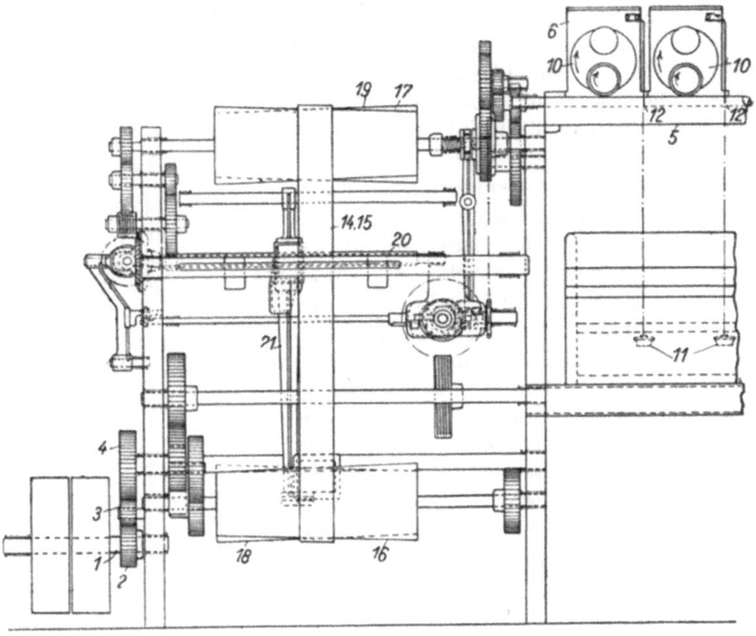

Abb. 1329. Antrieb einer Spulenspinnmaschine mit Spulenumschaltung (Hamel).

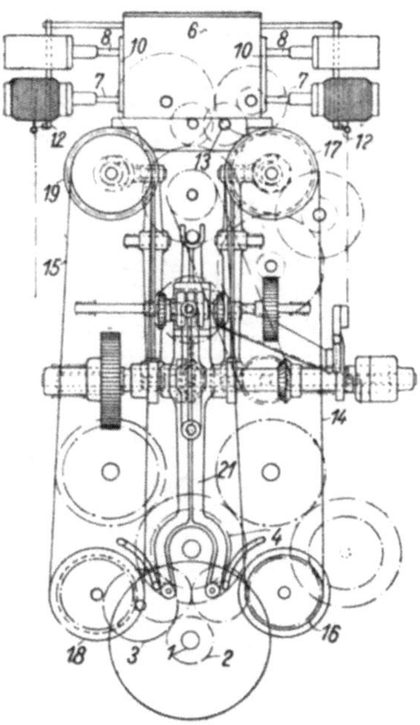

Abb. 1330. Antrieb einer Spulenspinnmaschine (Querschnitt) (Hamel).

billigerem Bakelite angewandt. Neuerdings versucht man Reinmetallspulen einzuführen, z. B. aus V 2 A- und V 4 A-Stahl (Bimetall; Varinvar, C. Kuhbier & Sohn, Dahlerbrück, Westf.) oder aus salpetersäurebeständigen Legierungen, die z. B. aus 70 Proz. Eisen, 19 Proz. Chrom, 6,6 Proz. Nickel und 3,6 Proz. Molybdän bestehen (Franz. P. 636893). Auch aus Hartpapiergewebe (DRGM. 1065754, 1072064; Franz. P. 668931) und Preßmassen auf Bakelitegrundlage (DRGM. 1683307) oder aus anderen Kunststoffen, wie Trolit-Spezial der Rhein.-Westfäl. Sprengstoff A.-G., Troisdorf (Troisdorf), werden Spulen gefertigt.

An Spulenspinnmaschinen mit Schrumpfspinnvorrichtung sind die Spulen über dem Spinntrog in einer Entfernung von 40 bis 100 mm angebracht. Bei der Haubold-Maschine (Abb. 1326) liegt das Abluftrohr, wie meistens üblich, zu oberst der Maschine, während die Blaschke-Maschine (Abb. 1328) über dem Fällbad zu dem in der Maschinenmitte befindlichen Abluftkanal Absaugeschlitze und nebeneinander gelagerte Spulen aufweist. Eine sehr dichte Lagerung der Spinnstellen weist die Blaschke-Maschine mit ihren zwei übereinander angeordneten Spulenreihen auf (vgl. DRGM. 1077987, 1082544); dasselbe Ziel erreichen amerikanische Maschinen durch Anbringung nur einer Spule für jede Spinnstelle (*F. Kerl*, Kunstseide 1930, S. 317). Der Spulenabzug beträgt meistens 45—75 m/min, höchstens jedoch 120 m/min.

Ebenso baut man für Streckspinnvorrichtungen Spulenspinnmaschinen (Maschinenfabrik C. Oswald Liebscher, Chemnitz; Abb. 1331). — Abb. 1332 zeigt eine Haubold-Maschine mit Trockenspinnapparatur und selbstumschaltenden Spulen, deren Drehzahl bei 90 mm Durchmesser 540 bis 720 U/min beträgt. Die Frischluft wird hier in der unteren Maschinenmitte durch Heizrohre vorgewärmt und in der oberen Maschinenmitte wieder abgesaugt. Die Kohorn-Maschinen tragen feststehende

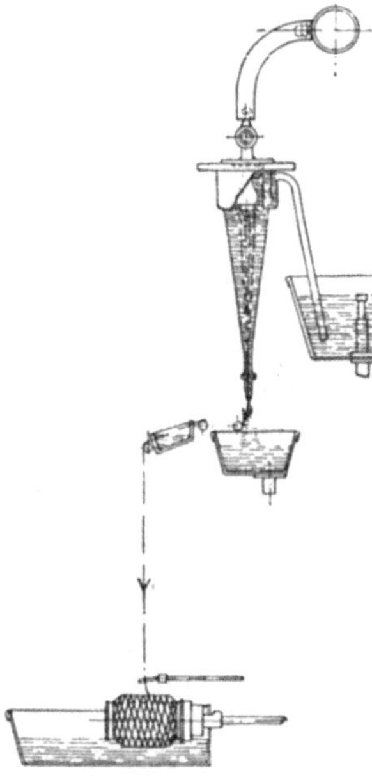

Abb. 1331. Schema einer Spulenspinnmaschine mit Streckspinnapparatur (Liebscher).

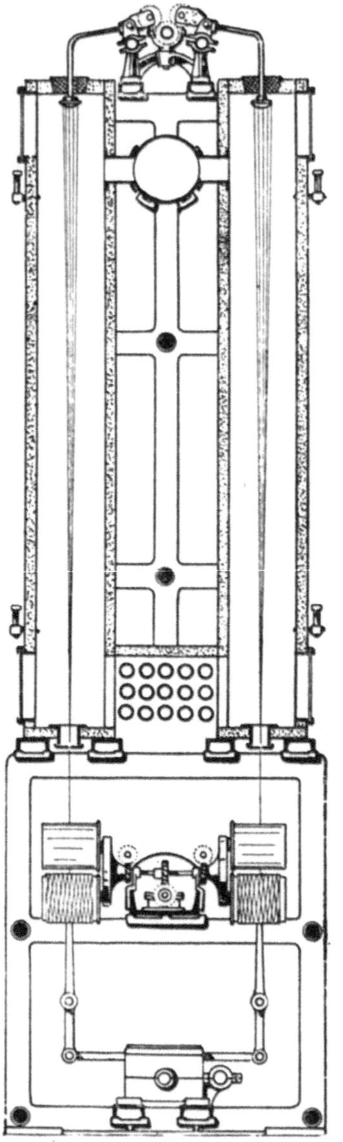

Abb. 1332. Spulenspinnmaschine mit Trockenspinnapparatur (Haubold).

Spulenpaare. Die Leistung einer Spinnstelle der Trockenspinnmaschinen beträgt 1,5—2,5 kg/Tag.

Die Haspelspinnmaschinen (Abb. 1333, 1334; vgl. *H. Schmidt*, Seide

1930, S. 80) tragen für mehrere Spinnstellen je eine oder zwei Haspelkronen, deren hölzerne Holme mit Cellon u. ä. überzogen sind, oder die aus V2A-, V4A-Stahl, Varinvar, Silumin (Metallgesellschaft A.-G., Frankfurt a. M.) bestehen. Mit Schrumpfspinnapparaturen versehen, dienen sie zur Herstellung großer Stapelfasermengen auf geringem Raum, wozu Düsen mit hoher Lochzahl benutzt werden (vgl. DRP. 494337). Die Haspelspinnmaschinen werden zum großen Teil von den Werken selbst gebaut und sind deshalb in sehr verschiedenartiger Ausführung in Betrieb; der Haspelumfang beträgt 24, 50, 80, 120 und 130 cm. Die Maschinen tragen entweder in Anlehnung an die Spulenmaschinen quer zur Maschinenachse angeordnete Kurzhaspelpaare, welche die Faserbündel von zwei (Courbevoie; Ratingen, Abb. 1333) oder drei Spinnstellen (Haubold; vgl. Rayon Record 1930, S. 1183) abziehen, oder aber sie haben mit der Maschinenachse gleichlaufende, übereinanderliegende Langhaspel (Hamel; Nasco Maschinenfabrik G. m. b. H., Breslau; Maurer), die die Fäden von 10—20 Spinnstellen aufnehmen (DRP. 244375). Die Haspelkronen von etwa 1100 mm Durchmesser und 35—70 U/min üben eine Abzugsgeschwindigkeit von 40—80, bei dickeren Fadenbündeln auch bis zu 120 m/min aus, so daß die Leistung einer Spinnstelle 5—10 kg/Tag beträgt. Der Haspelwechsel geschieht etwa alle 20 Minuten, wobei die Kronen entweder herausnehmbar oder nur zusammenklappbar sind (vgl. DRP. 494337).

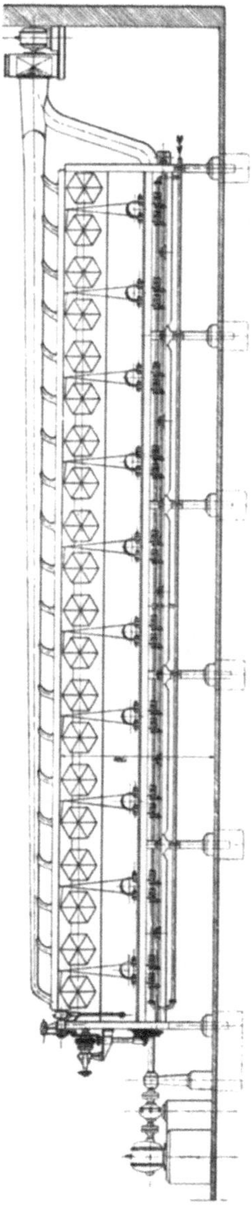

Abb. 1333. Haspelspinnmaschine mit Schrumpfspinnapparatur nach *Wurtz* (Ratingen).

Für Streckspinnvorrichtungen werden meist Maschinen mit einer herausnehmbaren Haspel von 1120 mm Durchmesser für je zehn Spinnstellen benutzt (Abb. 1334), deren Drehzahl 22—31 U/min und Düsenabstand 150—180 mm beträgt.

Den Höhepunkt der Einfachheit und Wirtschaftlichkeit haben die sog. „Band“-Spinnmaschinen (Abb. 1335 u. 1336) erreicht, an denen die Faserbündel zahlreicher Spinnstellen zu einem dicken, endlosen Strange vereinigt und fortlaufend zur Nachbehandlung abgezogen werden. Abb. 1335 zeigt eine Flachspinnapparatur der I. G. Farbenindustrie A.-G. (I. G.) für zehn Spinnstellen (DRP. 491620), bei der die Spinnflüssigkeit aus der Leitung *a* lediglich durch Druckluft den in Bogenform *b* angeordneten zehn Düsen zugeführt wird, während die unter völlig gleichen Spannungsbedingungen erzeugten Fäden *c* im Punkt *d* vereinigt werden. Den von den einzelnen Spinnstellen oder -aggregaten *D* (Abb. 1336) mit einer Geschwindigkeit von etwa 50 m/min abgezogenen Strang *B*, verspleißt man zu einem dicken Bande (DRP. 500008, 507351,

508983), das über die Hilfs- und Anspinntrommel *E* zu den Nachbehandlungswannen und mittels Walzen weiter zur Aufdocktrommel bzw. Schneidvorrichtung, in ähnlicher Weise wie die Folienbahn bei dem für das

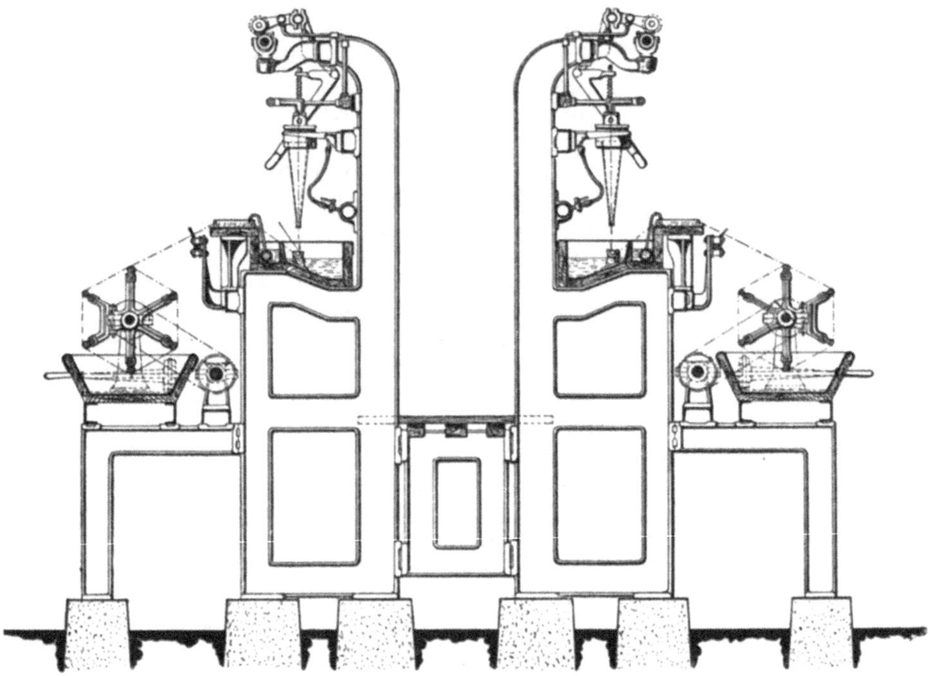

Abb. 1334. Haspelspinnmaschine mit Streckspinnapparatur (Haubold).

Naßverfahren gebauten Folienerzeuger (s. d.), geführt wird. Die Leistung einer Spinnstelle mit einer 2000-Loch-Düse beträgt 25—35 kg Viscosefasern in Bandform oder als Zellwolle/Tag.

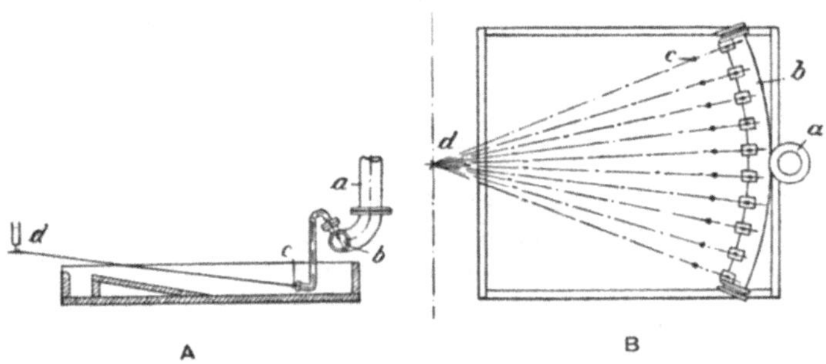

Abb. 1335. Flachspinnvorrichtung der Bandspinnmaschine nach *Melms* (I. G.). A Längsschnitt, B Grundriß.

Die mit den Spinn- und Fällflüssigkeiten in Berührung kommenden Teile der Naßspinnmaschinen werden mit Blei ausgekleidet (vgl. DRGM. 1095775; *J. Eggert,* Korrosion u. Metallschutz 1928, S. 45; 1929, S. 13; *Maas,* Chem. Fabrik

1928, S. 417; *Clotworthy*, Ind. Chemist Chem. Manufacturer 1930, S. 445), wogegen einzelne Ausrüstungsteile aus den leichten, aber sehr widerstandsfähigen Kunstpreßmassen, wie Bakelite (Jaroslav, Berlin; H. Römmler A.-G., Spremberg, N.-L.), Formolit (Dr. Heinr. Traun & Söhne, Hamburg), Trollit, Trollon (Troisdorf), oder aus Hartgummi (Traun; Ungar. Gummiwarenfabrik A.-G., Budapest; Établissements Palladium, Argenteuil) bestehen bzw. mit Bakelitelack oder Hartgummi überzogen sind (z. B. Isoémail der Soc. des Laques et Isolants, Lyon; Vulcoferran der Harzer Achsenwerke G. m. b. H., Bornum, Harz). Neuerdings werden mit Erfolg Monel-Metall, VA-Stähle und Silumin verwandt. Da auch die inneren Maschinenteile der Einwirkung korrodierender Dämpfe in hohem Maße ausgesetzt sind, müssen sämtliche Getriebe in Öl laufen bzw. zumindest mit starker Öl- oder Fettschmierung versehen, die äußeren Metallteile dagegen öfters gestrichen werden.

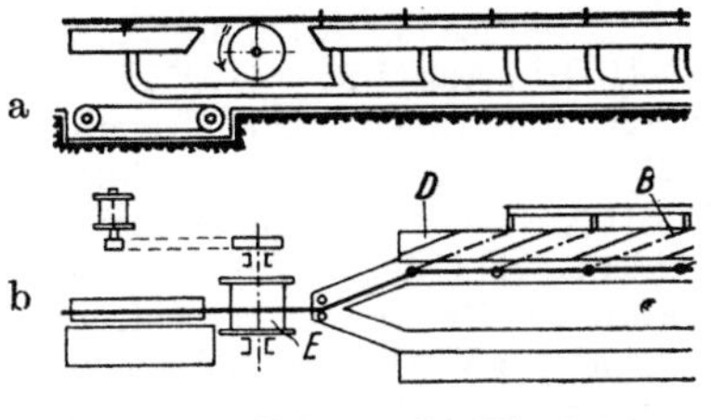

Abb. 1336. Schema der Flachspinn- und Abziehvorrichtung der Bandspinnmaschine nach *Kämpf* (I. G.). a Seitenansicht, b Grundriß.

Lit.: *H. Avram*, The Rayon Industry (New York 1927, van Nostrand Co.). — *J. Eggert*, Die Herstellung und Verarbeitung von Viscose (2. Aufl., Berlin 1931, Julius Springer). — *O. Faust*, Kunstseide (5. Aufl., Leipzig 1931, Steinkopff). — *A. J. Hall*, The Chemistry and Technology of Artificial Silk (1928). — *R. O. Herzog*, Kunstseide (Berlin 1927, Julius Springer). — *V. Hottenroth*, Die Kunstseide (2. Aufl., Leipzig 1930, Hirzel). — *R. Mortgat*, La fabrication de la soie artificielle par le procédé viscose (Paris 1930, L'édition Textile). — *G. Sandoz* u. *G. Tocco*, Fabricazzione dei tessuti artificiali col procediamento della viscosa (1927). — *K. Süvern*, Die künstliche Seide (Berlin 1926, Erg.-Bd. 1931, Julius Springer). — *W. Weltzien*, Chemische und physikalische Technologie der Kunstseide (Leipzig 1930, Akad. Verlagsges.). — *E. Wheeler*, The Manufacture of Artificial Silk (London 1928, Chapman). — *Th. Woodhouse*, Artificial Silk, its Manufacture and Uses (London 1930, Pitman & Sons). — *E. Wurtz*, Die Viscosekunstseidefabrik, ihre Maschinen und Apparate (Leipzig 1927, Spamer). — *A. L. Wykes*, The Working of Viscose Silk (1926). — *E. Elöd*, Achema VI, Kunstseide (Chem. Fabrik 1930, S. 481). — *F. Ohl*, Die Kunstseiden (Leipzig 1930). — *A. Zart*, Herstellung und Eigenschaften der Kunstseide und Stapelfaser (1935). — *H. G. Bodenbender*, Zellwolle, Kunstspinnfasern (1936). — *H. Jentgen*, Maschinelle Probleme in der Kunstseiden-Industrie (Achema-Jahrbuch 1928/30, S. 91). — *H. Schmidt*, Chem. Apparatur 1930, S. 205, 230; 1931, S. 123; Chem. Fabrik 1931, S. 73, 85, 97; Chem.-Ztg. 1931, S. 265, 286. — *E. Smolla*, Fortschritte in der Technologie der Kunstseide (Z. angew. Chem. 1930, S. 462). — *Ch. Mullin*, Ind. Engng. Chem. 1930, S. 461; L'Industrie Textile; Techn. mod., Paris 1930, S. 521. — Zahlreiche Aufsätze in den Zeitschriften: Kunstseide, Melliand Textilber., Rev. univ. Soies et Soies artif., Rayon Record usw.

Schmidt.

Lit. Chem. Apparatur über Kunstfasern: *E. Wurtz*, Die Viscosekunstseide (1925, S. 13, 36); Die Kunstseide (1925, S. 84); Die Viscosekunstseidefabrik. I. Die Vorbereitung und Trocknung des Zellstoffes ($C_6H_{10}O_5$) (1925, S. 159); II. Die Herstellung der Alkalicellulose (1926, S. 25, 39); III. Die Herstellung des Xanthogenat (1926, S. 126); IV. Lagerung und Aufbewahrung des Schwefelkohlenstoffes (CS_2) (1926, S. 165); V. Die Rührwerks- bzw. Löseanlage zur Überführung des Xanthates in Viscose (1926, S. 185); VI. Der Viscosekeller. Das Filtern und Reifen (1926, S. 200); VIIa. Der Spinnsaal und die Schleuder-Spinnmaschinen (1926, S. 225); VIIb. Die Spinnpumpen für die Spinnmaschinen (1926, S. 237); VIIc. Die Spinnmaschinen mit mehreren Düsen (1926, S. 248);

VIII. Fällbadbereitung, Kuchenbefeuchtung, Haspelei (1926, S. 262); IX. Die Wäscherei und die Bedeutung des Wassers in der Kunstseide-Fabrik (1926, S. 271); X. Das Trocknen der gewaschenen ungebleichten Seide (1926, S. 282); XI. Die Bleicherei und Färberei der künstlichen Seide (1927, S. 3); XII. Abwässer und Kläranlage (1927, S. 14); XIII. Nachtrocknung, Sortierung und Versand (1927, S. 64); XIV. Arbeiterzahl. XV. Kraftbedarf und Dampfanlage. XVI. Kühlanlage. XVII. Druckluftanlage (1927, S. 75); XVIII. Die Selbstkosten. XIX. Die Fabrikanlage (1927, S. 88); XX. Antriebsverhältnisse der Kunstseide-Spinnmaschinen (1927, S. 100, 125); Die Spinnmaschinenentlüftung durch Ozonisierung in der Kunstseidenfabrik (1931, S. 6); Verbesserungen und Ergänzungen der Rührwerks- oder Löseanlage in der Kunstseidenfabrik (1931, S. 25); Die künstliche Seide. Beschreibung einiger Maschinen und Apparate zur Herstellung verschiedener Kunstseidearten (1931, S. 61, 99); Anwendung säurebeständiger Werkstoffe in der Kunstseidenfabrik (1931, Beil. Korr., S. 21); Das Kupferoxydammoniakverfahren zur Herstellung von Kunstseide (Kupferseide) (1932, S. 92); Die Rohstoffverarbeitung zur Herstellung von Kupferseide (1932, S. 101); Der Lösevorgang und die Filtration bei der Herstellung von Kupferseide (1932, S. 123); Der Spinnvorgang und die Nachbehandlung der Kupferseide (1932, S. 147). — *F. Simion*, 25 Jahre „Glanzstoff" (1925, S. 33). — *P.*, Schneckenantriebe für Spinnschleudern zur Herstellung von Kunstseide (1925, S. 53). — *D. Kolb*, Haspelmaschinen für Kunstseide (1927, S. 113). — *J. Eggert*, Die Korrosion von Maschinen in der Viscose-Kunstseidenfabrik und ihre Beseitigung bzw. Bekämpfung (1928, Beil. Korr., S. 45; 1929, Beil. Korr., S. 13); Die Beschaffenheit der Spinnarbeitsräume der Viscose verarbeitenden Kunstseidefabriken (1930, Beil. Korr., S. 41, 46). — *G. Kippe*, Das Trocknen der Kunstseide (1929, S. 57). — *H. Schmidt*, Maschinelle Fortschritte in der Kunstseidenindustrie auf der Achema VI (1930, S. 205, 230); Druckregeleinrichtung für Kunstseidespinnmaschinen (1931, S. 123); Das Steinfilter in der Industrie (unter besonderer Berücksichtigung der Kunstfaserindustrie) (1931, S. 222, 233). — *F. Ohl*, Baustoffe und Korrosionserscheinungen in der Kunstseidenindustrie (1932, Beil. Korr., S. 29); Eisen und Eisenlegierungen als Baustoffe in der Kunstseidenindustrie (1932, Beil. Korr., S. 33); Trockenspinnen von Kunstfäden und Trockenspinnapparaturen nach Reichspatenten (1933, S. 41); Haveg, Steinzeug, Holz nebst Zusammenstellung über in der Kunstseidenindustrie bewährte Baustoffe (1933, Beil. Korr., S. 9); Bau- und Werkstoffe für die Maschinen und Apparate der Acetylcellulose verarbeitenden Industrie (1933, Beil. Korr., S. 25). — *A. Wehrung*, Die schädlichen Gase in der Viscosekunstseiden-Industrie, ihre Untersuchung und Beseitigung (1937, S. 218).

Kunstfaserwäscher. Zum Behandeln des aus den Kunstfasererzeugern (s. d.) kommenden Fasermaterials mit Flüssigkeiten werden Vorrichtungen benutzt, mit denen nach Möglichkeit eine selbsttätige Wirkungsweise und, bei größter mechanischer Schonung der Einzelfasern, eine einfache, schnelle und vor allem gleichmäßige Behandlung erzielt werden muß. Die umfangreichsten Anlagen benötigen aus chemischen Gründen die aus Schrumpfspinnapparaturen stammenden Kunstfasern, die kleinsten diejenigen aus Trockenspinnvorrichtungen (s. Kunstfasererzeuger). Entsprechend der Form, in der das Kunstfasermaterial vorliegt, baut man Strangwäscher mit Berieselungsvorrichtungen, Spulen-, Kuchen- und Stapelfaser-Wäscher nach dem Zirkulations-, auch Zentrifugal-, seltener nach dem Berieselungssystem.

Die am meisten gebrauchten Strangwäscher (vgl. *H. Schmidt*, Kunstseide 1931, S. 89, 129, 178, 216) stellen Vorrichtungen zum selbsttätigen Fortbewegen der fortlaufend zu behandelnden Stränge dar. Die Länge der Maschinen richtet sich nach der gewünschten Leistung, der Zahl der Behandlungsflüssigkeiten und der notwendigen Behandlungsdauer. Die Wahl der Garnträgerart hat zwei Bauarten gezeitigt: Walzen- und Stabwäscher. Die

Walzenwäscher, wie diejenigen der Maschinenfabriken Tillm. Gerber Söhne und Gebr. Wansleben, Krefeld (Gerber) (Abb. 1337), sind aus den in der Textilindustrie üblichen Färbmaschinen entstanden und weisen an ölgefüllten Getriebekästen *2* gruppenweise in Abständen von 230 mm 32—50 festgelagerte

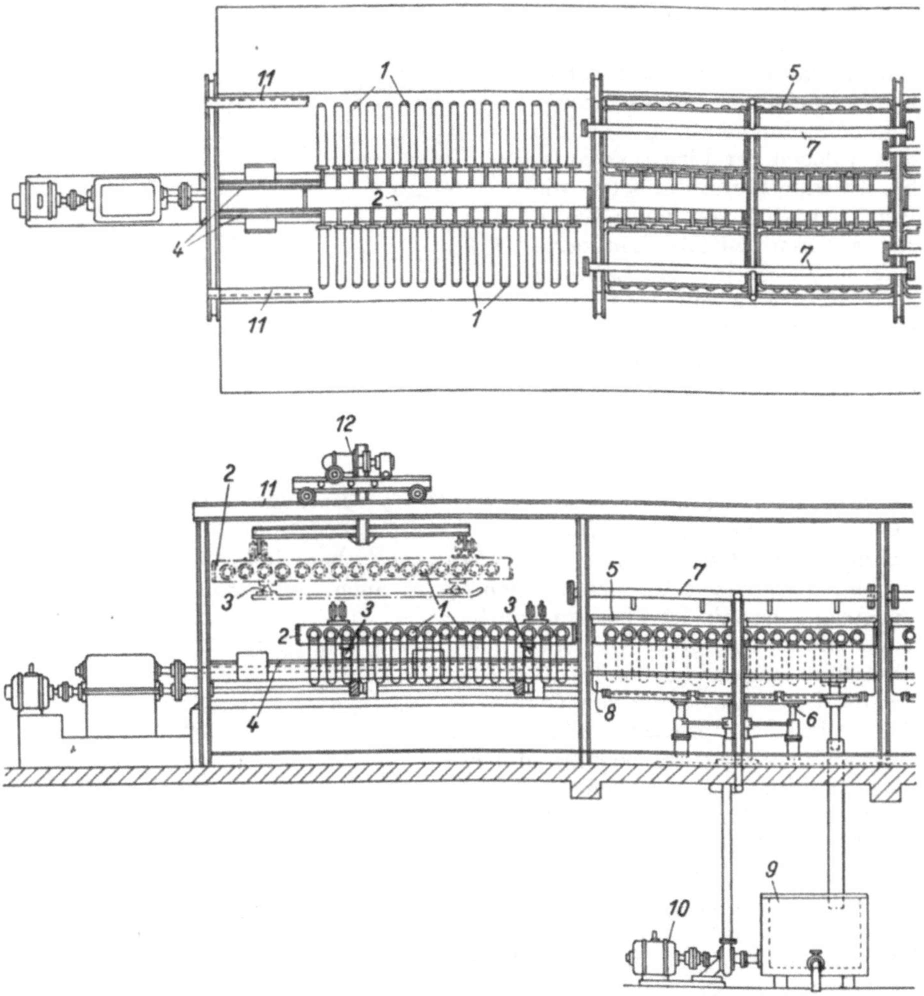

Abb. 1337. Walzenstrangwäscher (Einlauf) (Gerber).

Garnträger, und zwar geriffelte, oft exzentrisch angebrachte Umzugswalzen *1* aus emailliertem Porzellan auf (vgl. DRP. 423263, 493112), die auf eine nutzbare Länge von 700 mm mit 1,5—2 kg Stranggut behangen werden. Während der Behandlung laufen die Walzen mit einer Geschwindigkeit von 4, 8, 12 oder 16 U/min abwechselnd rechts und links herum, oft heben und senken sie sich dabei gleichzeitig. Die aus den Leitungen *7* durch die Siebkästen *6* herabrieselnden Flüssigkeiten fließen durch die Überläufe der

Barken *8* in die Sammelbehälter *9* und werden mittels Pumpe *10* wieder hochgepumpt. In bestimmten Abständen werden die Getriebekästen mittels einer selbsttätig ein- und ausrückbaren Schneckenwelle und der Rollen *3* gemeinsam auf zwei Profilschienen *4* längsverschoben, währenddessen die Barken mittels der Kolben *6* hydraulisch gesenkt werden; der am Maschinenende entleerte Kasten gelangt mittels eines auf Schienen *11* fahrbaren Kranes *12* wieder zum Maschinenanfang. — Bei den Anlagen der Firma Mayoux, St. Étienne/Loire, müssen die Getriebekästen von einer Barke zur anderen mittels Laufkatze befördert werden. Die Leistung eines Aggregats mit 48 Walzen beträgt 8,1—10,8 t/Tag.

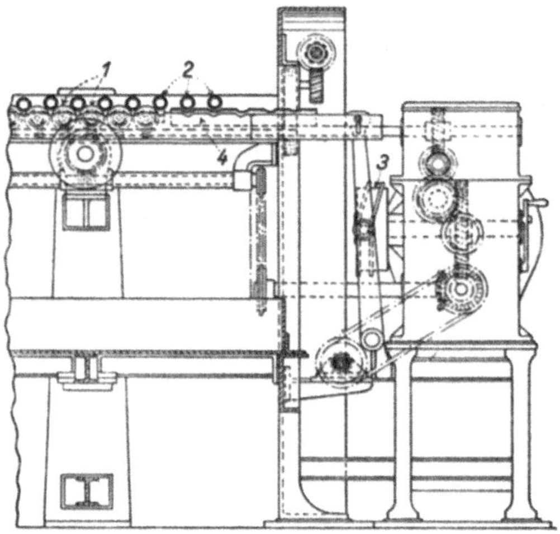

Abb. 1338. Stabstrangwäscher (Dobson & Barlow).

Die Stabwäscher (Abb. 1338 bis 1341) führen lose aufliegende, mit Hartgummiüberzug versehene Stahlrohre absatzweise, besser stetig, durch die Maschine unter gleichzeitiger Drehung der Stäbe nach vorn und zurück. Diese Maschinen besitzen gegenüber den Walzenwäschern den Vorteil der feststehenden Getriebe; für den Betrieb ist es auch bedeutend bequemer, die Garnträger fernab der Maschine zu beladen und zu entleeren. Die Stäbe sind 70—180 cm lang und nehmen je 1,5—2,5 kg Garn auf. Die Maschine von Dobson & Barlow Ltd., Bolton/Lancs. (Abb. 1338, DRP. 494535), trägt auf jeder Maschinenseite eine Reihe von Rollen *1*, die die Tragstangen *2* durch Reibung in Drehung versetzen, während die mittels der Nuttrommel *3* bewegten Schaltschienen *4* die Stäbe abheben, vorbewegen und zwischen die nächsten Rollen legen ($1^1/_2$, 2 oder $2^1/_2$ Umsetzungen/min). Ähnlich gebaut sind die Wäscher von Courtaulds Ltd., London (DRP. 321252), Petrie & Mc Naught Ltd., Rochdale/England, und J. Brandwood, Waban/Mass. (DRP. 479102). Oskar Kohorn & Co., Chemnitz (Abb. 1339) (DRP. 481247, 489584), wenden zum Fortbewegen der Stäbe *1* komplizierte, mittels Schaltschiene *2* bewegte Einzelhebel *3* an (*H. Schupp*, Kunstseide 1930, Achemaheft). Alle 43 Sekunden macht jeder Stab eine Vorwärtsbewegung, dazwischen eine Drehung um sich selbst, und zwar drehen sich abwechselnd je zwei benachbarte Stäbe im Uhrzeigersinn, zwei entgegengesetzt, während dazwischen

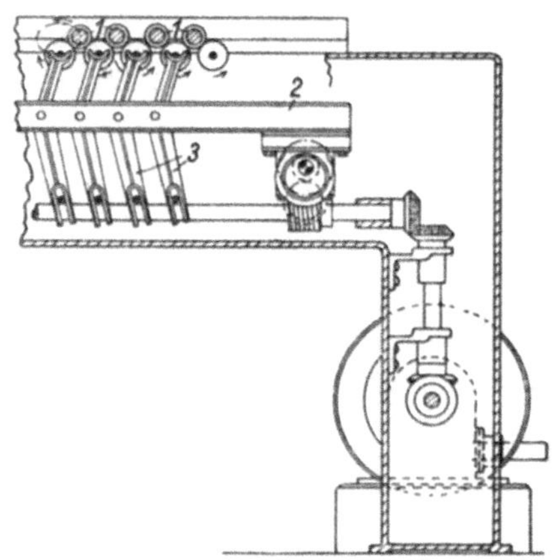

Abb. 1339. Stabstrangwäscher (Kohorn).

ein Stab sich in Ruhe befindet. Demgegenüber führen die C. G. Haubold A.-G., Chemnitz, und die Sächsische Maschinenfabrik vorm. Rich. Hartmann A.-G., Chemnitz, das Drehen und Vorbewegen der Tragstangen gleichzeitig durch Beförderungsschnecken aus Gußeisen aus, in deren Nut die Bronzeköpfe der Stangen liegen (DRP. 504250); der Nachteil liegt hier in der dauernd gleichförmigen Drehbewegung der Stäbe. Die Bauweise der Firma Emil Blaschke, Berlin, zeichnet sich ebenfalls durch fortlaufende Vorwärtsbewegung, jedoch verschiedenartigen Drehsinn der Stäbe (vgl. DRP. 471017 der Nuera Art-Silk Co. Ltd.) und vor allem durch Verwendung der einfachsten, sowohl billigen, als auch wenig abnutzbaren Maschinenelemente aus (Abb. 1340). Glatte, 70—180 cm lange Rundstäbe werden mittels einer endlosen Trans-

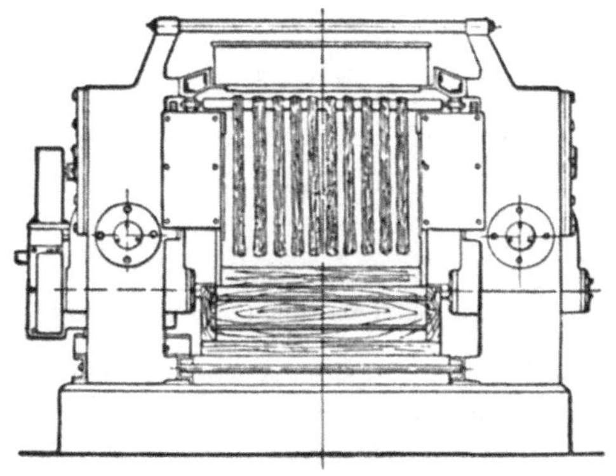

Abb. 1340. Stabstrangwäscher (Einlauf mit Antrieb) (Blaschke).

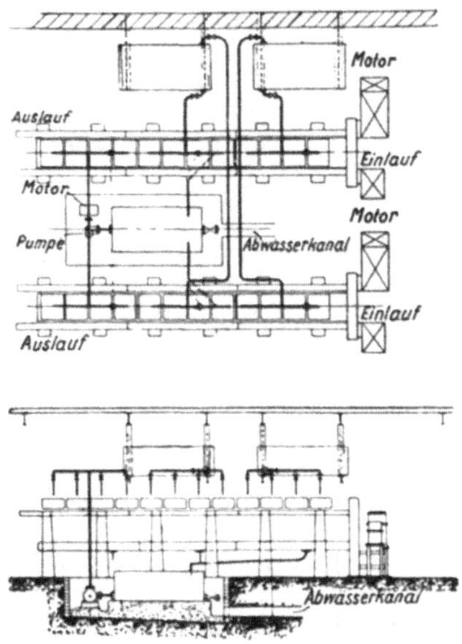

Abb. 1341. Anlage mit zwei Stabwäschern zur Strangwässerung (Dobson & Barlow).

portkette nacheinander auf feststehenden und beweglichen Schienen bzw. Gummibändern abgerollt, wodurch abwechselnd eine Vor- und Rückwärtsbewegung, aber keine Drehung der Stäbe stattfindet.

Die Stabwäscher sind bis zu 24—30 m lang und tragen 230—267 Stäbe, deren Beweglänge 1200 mm und Aufnahmefähigkeit bis zu 55—60 Stränge zu je 50—75 g ist. Die Geschwindigkeit der Vorwärtsbewegung sowie die Maschinen- und Stablänge wird einer Leistung von 35—350 kg/std angepaßt. Ein 5-PS-Motor mit 720 U/min genügt für die größten Maschinen. Abb. 1341 zeigt eine Anlage mit zwei kleineren Wäschern zum Entsäuern frisch gesponnener Kunstfasern, Abb. 1342 eine übliche Anlage zum Fertigbehandeln von Garnen aus Schrumpfspinnapparaturen. Das Material der Berieselungströge, von denen eine Maschine bis zu 27 Stück aufnimmt, ist Holz oder Eisen mit Hartgummibekleidung, auch Nickel (für Schwefelnatrium), wogegen man die Auffangtröge aus Eisen, Holz oder keramischen Platten baut. Die Siebplatten bestehen aus Hartgummi, für Wasser auch aus Reinaluminiumblech von 5—6 mm Stärke, und tragen Löcher von 1,0—1,5 mm Durchmesser, die auf der Austrittsseite auf 2,0—2,5 mm konisch erweitert sind; bei zweckmäßiger

Verteilung der Löcher und Kastenhöhe über den Stäben können 250 l Wasser in 15 Minuten 1 kg nasser Rohkunstfasern von Fällbadresten befreien.

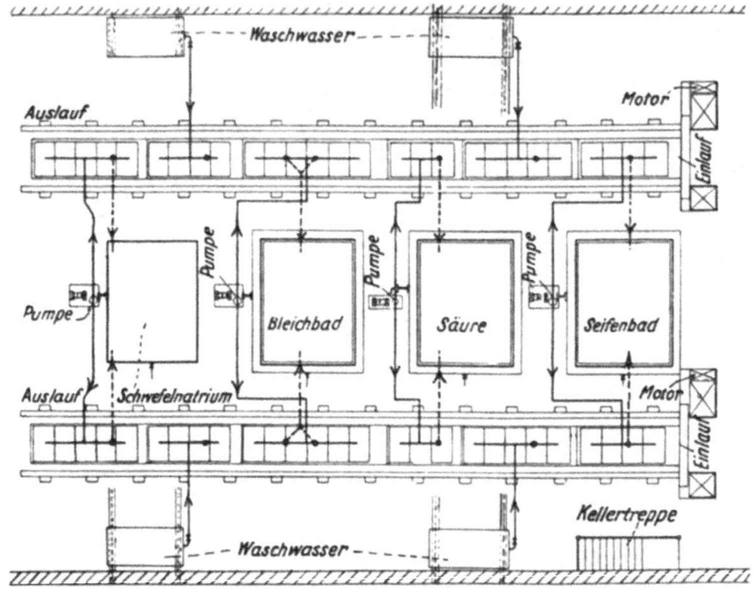

Abb. 1342. Anlage mit zwei Stabwäschern zur Strangfertigbehandlung (Dobson & Barlow).

Die **Spulenwäscher** (Abb. 1343—1345) stellen dagegen Apparate kleinerer Abmessungen, und zwar mit Flüssigkeiten gefüllte Kästen dar (vgl. *O. Kohorn*, DRP. 420695; Brit. P. 239482; Schweiz. P. 115282, 117541), in denen die mit Fasern bewickelten, gelochten Spulen mittels Dichtungsscheiben an eine Vakuumleitung oder Saugpumpe angeschlossen sind, wodurch die Flüssigkeiten von außen nach innen durchgesaugt werden; beim einfachen Waschen, das 45—75 Minuten dauert, wird dazu meistens ein barometrisch wirkendes Fallrohr (Abb. 1343) oder ein Wasserinjektor verwandt. Zahlreiche Ausführungsformen von Spulenwäschern werden von der Kunstfaserindustrie selbst gebaut. Eine Vorrichtung für eine größere Anzahl von Spulen zeigt Abb. 1344 der I. G. Farbenindustrie A.-G. (DRP. 487264). Der vielstöckige, durch Greifer einer Laufkatze heraushebbare Spulenaufbau wird durch die die Deckel- und Zwischenstücke F, F_1 (Abb. 1345) zusammenfassenden Führungsplatten A, A_1 gehalten, in denen die mit Gummidichtungen G, H versehenen Dichtungsstücke lose beweglich sind. Sämtliche Teile sind mit Hartgummi überzogen (vgl. *A. Bresser*, Kunstseide 1928, S. 417). Amerikanische Maschinen bestehen aus einer langsam umlaufenden Trommel, auf der die Spulen gut abgedichtet aufgesteckt und in deren Inneres die Flüssigkeiten gesaugt werden. Zwecks beschleunigter Einwirkung der Flüssigkeiten werden neuere Anlagen für

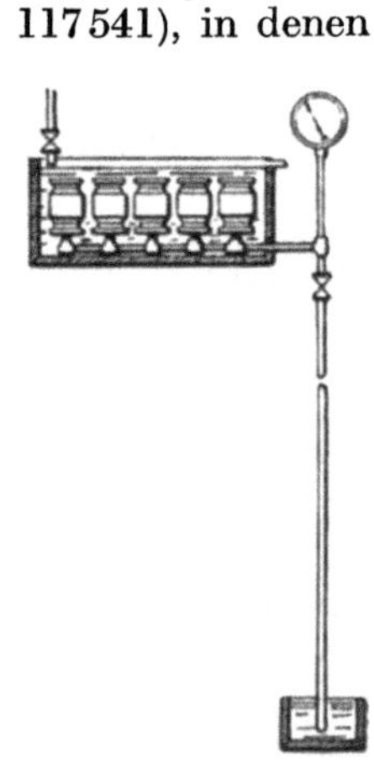

Abb. 1343. Spulenwäscher mit Fallrohr.

eine abwechselnde Durchsaugung von Flüssigkeit und Luft sowie von Flüssigkeit allein in beiden Richtungen eingerichtet (vgl. DRP. 475247; Schweiz. P. 119877 der Ges. f. Patentverwertung, Zürich). Da neuerdings in Spulenwäschern das Nachbehandeln, Avivieren und Färben der Kunstfasern ausge-

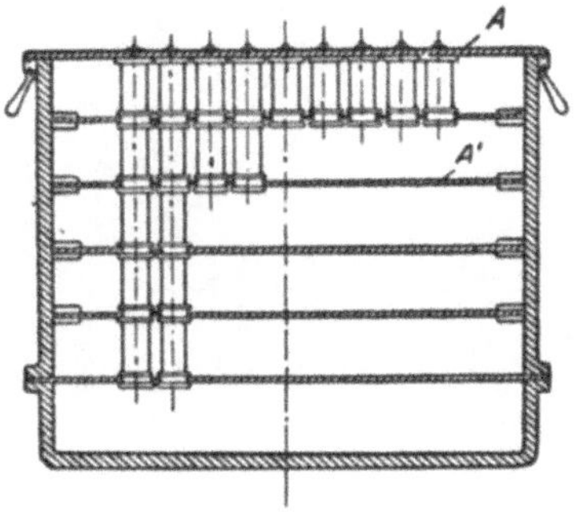

Abb. 1344. Spulenwäscher nach *Hofstadt* u. *Eller* (I. G.).

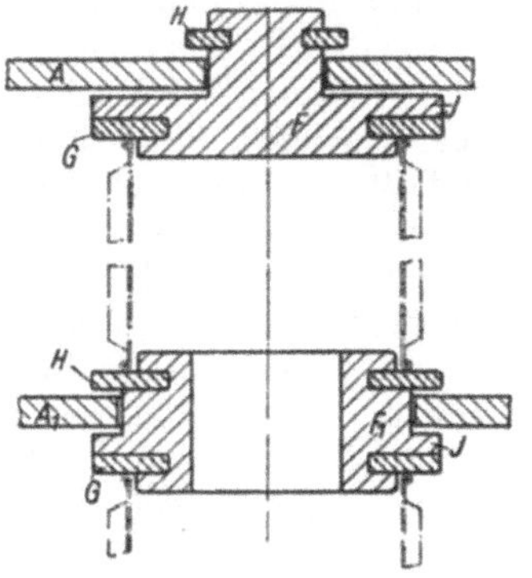

Abb. 1345. Dichtungsteile am Spulwäscher nach *Hofstadt* u. *Eller* (I. G.).

führt wird (vgl. *W. A. Dyes*, Kunstseide 1929, S. 217; Artif. Silk World 1928, S. 723; DRP. 457472, 466385, 475247; Brit. P. 206492, 225559, 239482, 242612, 261778, 268783, 298688, 320025; Franz. P. 527270, 547834; Schweiz. P. 115282), legt man auf ein vielseitig chemisch widerstandsfähiges Spulenmaterial besonderen Wert (vgl. Spulenspinnmaschinen, s. Kunstfasererzeuger). — Auch die Schleuderkraft wird bei Spulenwäschern verwandt, bei denen die Flüssigkeiten ins Spuleninnere eingeführt werden (*Brandwood*, Brit. P. 261778, 311803, 329494; vgl. DRP. 456190, 461456, 479621, 509729).

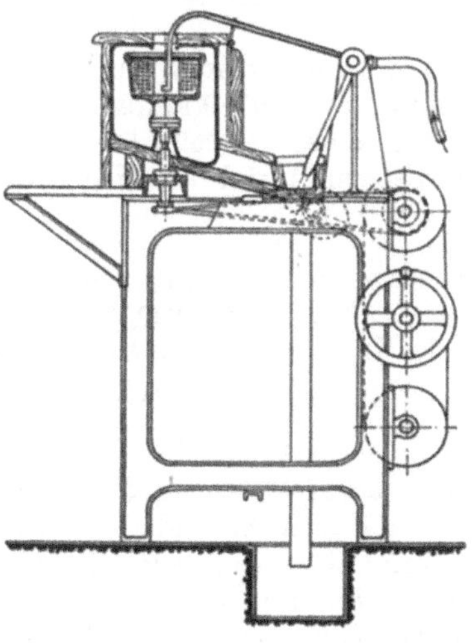

Abb. 1346. Spinnkuchenwäscher mit Spinntöpfen (Courbevoie).

Die Spinnkuchenwäscher (Abb. 1346 bis 1348) benutzen als Kuchenaufnahmevorrichtung entweder die Spinntöpfe (s. Spinnzentrifugen) oder besondere Rahmen. Bei Topfwäschern werden in die Töpfe zwecks Zerstäubung der Flüssigkeiten Leitungen mit Düsen, z. B. Schlickdüsen „Turbo", eingeführt (vgl. DRP. 454428, 461456, 482067, 495120, 501874, 508012). Die Töpfe werden dabei durch elektrische Einzelmotore, ähnlich wie bei Topfspinnmaschinen (s. Kunstfasererzeuger), oder auf wirtschaftlichere Weise durch mechanische Antriebe, wie bei der Maschine der Ateliers mécaniques de Courbevoie/Seine (Abb. 1346), auf eine Drehzahl von 1000—2000 U/min, beim letzten Ausschleudern zur Beschleunigung der Austrocknung zweckmäßig auf 3000—4000 U/min, gebracht, so daß bei 2—3 cm dicken Kuchen die hauptsächlich ausgeführte Entsäuerung 15 Minuten dauert. Zwecks Schonung des Spinnkuchens wird vor dessen Innenfläche eine gelochte Hülse angeordnet (vgl. DRP. 509728). Der Kuchenwäscher von Gerber (DRP. 485599) (Abb. 1347, 1348) besteht aus einem mit 12 gummierten und ringsum gelochten Horden versehenen Gestell, das auf jeder Horde 20, mit einer Einlage (DRGM. 1139644) versehene, flachgedrückte Kuchen von je 200 g faßt und mittels einer Elektrokatze nacheinander in die einzelnen Bottiche eingesetzt wird; die Bottiche sind abwechselnd als Zirkulationsapparate, in denen mittels Pumpe eine Durchflutung der Kuchen mit der Flüssigkeit bewirkt wird, und als einfache Waschapparate gebaut, in denen

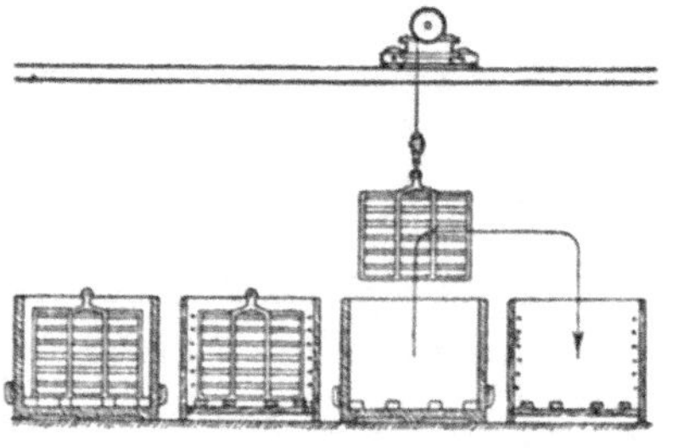

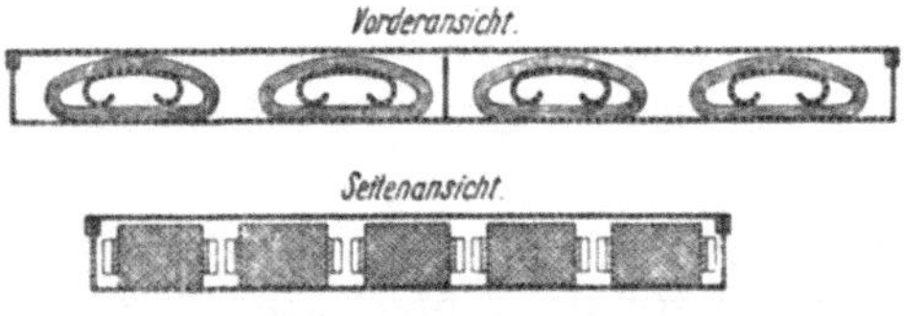

Abb. 1347. Horden eines Spinnkuchenwäschers (Gerber).

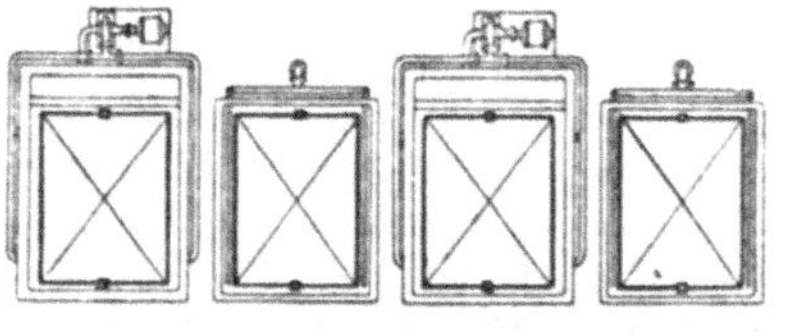

Abb. 1348. Hordenwaschanlage für Spinnkuchen und Stapelfasern (Gerber).

Wasser von beiden Seiten zwischen die Horden eingespritzt wird (vgl. DRP. 474789, 494336). Bei einer mittleren Baddauer von 10 Minuten und einer Umsetzzeit von 2 Minuten ist die Leistung eines Gestells 5,4 t/Tag. Dieselbe Anlage eignet sich ebenfalls für loses Fasermaterial (Stapelfasern, Kunstfaserabfälle; vgl. DRP. 501584).

Lit. (s. auch bei Kunstfasererzeuger): *J. Eggert,* Saure Rohkunstseide und ihre Weiterbehandlung (Melliand Textilber. 1930, S. 369). — *X.*, Monit. Maille 1929, S. 127. — *H. Schmidt,* Entwicklung der Behandlungsmaschinen für Kunstseidesträhngarn (Kunstseide 1931, S. 89, 129, 178, 216).

Schmidt.

Kunstharze u. Kunstharzmassen *(s. auch Hartpapiere, Plastische Massen, Schutzüberzüge)* sind Werkstoffe, die sich durch besondere Säurefestigkeit, namentlich gegenüber Salzsäure, auszeichnen. Am bekanntesten ist das Haveg-Material (der Säureschutz Ges. m. b. H., Berlin-Altglienicke), das auf der Grundlage von Phenol-Formaldehyd-Kondensationsprodukten (z. B. Bakelite) und Asbest aufgebaut ist. Man unterscheidet:

Haveg 41,	das normale Produkt des Handels,
Haveg 418,	billiger als Qualität 41, aber nicht so säurefest,
Haveg 41 A,	für pharmazeutische Produkte,
Haveg 43,	gegen Fluorverbindungen beständig,
Havegit	säurefester Kitt.

In neuester Zeit haben Kunstharzwerkstoffe, die aus Phenol-Formaldehyd-Kondensationsprodukten mit Sondergewebeeinlagen bestehen, an Bedeutung gewonnen. Sind es auch zunächst noch spezielle Verwendungsgebiete, wie Zahnräder, Ritzel und Lagerschalen, auf denen sie hervortreten, so ist doch vorauszusehen, daß sich ihre Anwendungsmöglichkeiten noch sehr vergrößern werden. Diese Werkstoffe haben den Vorteil hoher chemischer Beständigkeit und sehr guter mechanischer Festigkeit; als einziger Nachteil ist zu verzeichnen, daß ihre Anwendung auf Temperaturen bis zu etwa 140° beschränkt ist. Sie kommen unter den Namen Ferrozell (Deutsche Ferrozell-Ges., Augsburg), Novotext (A. E. G., Berlin, Druckschriften Hdf/IV 3088 [Jan. 1937], Hdf/NV 3089 [Dez. 1936]; *A. Schiffers*, Stahl u. Eisen 1937, S. 500; *H. Frank*, Werkst.-Techn. u. Werksleiter 1937, S. 208), Turbax, Unitex usw. in den Handel. Ihrer geschichteten Struktur entsprechend sind ihre Eigenschaften nicht nach allen Richtungen hin gleichartig, und ihre Verarbeitung hat dieser Eigenart Rechnung zu tragen. Stärkere Schubbeanspruchungen parallel zur Schichtebene und Zug- und Biegebeanspruchungen senkrecht zur Schichtebene sind möglichst zu vermeiden. Für besonders hoch beanspruchte Lager sind Sonderkonstruktionen zu empfehlen.

	Turbax	Ferrozell	Novotext
Dichte	etwa 1,4	1,38	1,35
Wärmeleitfähigkeit	0,005—0,008 kcal/cm · sek · Grad	—	—
Wärmeausdehnungskoeff.	$1{,}7 \times 10^{-5}$	—	—
Elektr. Durchschlagsfestigkeit	—	19000 Volt (1 mm Wandstärke)	—
Wasseraufnahme	—	etwa 1% (nach 10 Tagen der Einlage)	—
Zugfestigkeit	etwa 800 kg/cm²	800 kg/cm²	—
Dehnung	etwa 2,5%	—	—
Schlagbiegefestigkeit	etwa 55 kg/cm²	30—65 kg/cm² (je nach Schichtrichtung)	—
Druckfestigkeit	etwa 3000 cmkg/cm² (⊥ zur Schichtebene)	1800—2800 cmkg/cm² (je nach Lage zur Schichtebene)	2200—2700 cmkg/cm² (je nach verwendeter Einlage)
Brinell-Härte	35 kg/mm² (500 kg bei 10 mm Kugeldurchmesser)	40 kg/mm² (1000 kg bei 10 mm Kugeldurchmesser)	35—40 kg/mm² (1000 kg bei 10 mm Kugeldurchmesser)

Die Verarbeitung der Werkstoffe ist ähnlich wie bei Hartholz. Die Schmierung der Lager kann mit Wasser (gegebenenfalls mit Fettzusatz) oder mit Fett-Graphit (Rindertalg + 10 Proz. Graphit) erfolgen. Ein Festfressen der Lager tritt nicht auf. Die Werkstoffe sind ölfest.

Physikalische Eigenschaften von Haveg: Dichte 1,6—2,0; Druckfestigkeit 800 kg/cm² (gleicht etwa der des Gußeisens); Biegefestigkeit 440 kg/cm²; Temperaturbeständigkeit bis 130°; Temperaturwechselbeständigkeit sehr gut; Bearbeitungsmöglichkeit gut (Behälter bis zu 1800 kg Gewicht und 3 m ⌀ fugenlos aus einem Stück); durch Zusatz von Graphit ist es gelungen, die geringe Wärmeleitfähigkeit wesentlich zu verbessern.

Korrosion. Die Kunstharzmassen sind, wie schon angedeutet, gegen die meisten Chemikalien völlig beständig. Es sind deshalb nachstehend hauptsächlich nur die Agenzien angeführt, die in allen oder in bestimmten Konzentrationen angreifen. Meist sind das oxydierende Substanzen oder solche, die quellend oder lösend auf das Kunstharz einwirken. Was für Haveg gilt, ist auch in fast allen Fällen für Ferrozell, Unitex, Turbax usw. gültig.

Anilin: Haveg wird angegriffen.

Anilinsalzlösungen: Anilinsalzlösungen, die keine freie Base enthalten, greifen nicht an. Man benutzt zweckmäßig Haveggefäße für die Gewinnung von salzsaurem Anilin, da Steinzeuggefäße durch die entstehende Neutralisationswärme häufig springen. Nur muß man das Anilin in die Salzsäure fließen lassen.

Brom: Haveg ist nicht widerstandsfähig.

Chromsäure: Haveg wird angegriffen.

Essigsäure: Haveg ist gegen kochende 80proz. Säure beständig.

Flußsäure: Das gewöhnliche Havegmaterial ist nicht widerstandsfähig, da die Flußsäure auf den Asbest einwirkt; dagegen ist für diesen Fall eine Sonderqualität (Haveg 43; s. oben) brauchbar.

Kaliumhydroxydlösungen: Haveg ist nicht beständig.

Organische Lösungsmittel: Von Pyridin, Aceton, Essigsäureanhydrid wird Haveg angegriffen, dagegen ist es gegen Alkohol, Petroleum, Öle, Chlorkohlenwasserstoffe beständig.

Phenol: Ferrozell ist nicht brauchbar.

Phosphorsäure: Haveg ist für alle Konzentrationen dieser Säure brauchbar.

Salpetersäure: Gegen konzentrierte (oxydierende) Säure ist Haveg nicht beständig.

Schwefelsäure: Haveg ist nur für Säuren unter 50 Proz. brauchbar.

Verwendung findet Haveg als Werkstoff für Säuretransportgefäße, Säure- und Waschbehälter, Reaktionstürme, Trockenschalen, Rohrleitungen, Armaturen, Krystallisationsschalen, Filterpressen, ferner als Auskleidungsmaterial bei Aufschließkammern in der Superphosphatindustrie, für Rührer (evtl. durch Steinplättchen gegen Abrieb geschützt), als Überzug (Haveg, Silasit) bei Kühlern, Spinntöpfen (in der Kunstseidenindustrie) u. a. m. — Mit Vorteil werden Kunstharzlösungen zum Dichten poröser Metallgußteile verwendet, die hohe Drücke und Temperaturen bis 200° aushalten müssen (*W. M. Corse*, Met. & Alloys 1932, S. 255).

Lit.: Säureschutz Ges. m. b. H., Berlin-Altglienicke, Werbeschriften. — Bakelite Ges. m. b. H., Erkner b. Berlin, Bakelite-Handbuch (Berlin 1937, Mann). — *E. Rabald*, Werkstoffe u. Korrosion II (Leipzig 1931, Spamer). — *J. Scheiber* u. *K. Sändig*, Die künstlichen Harze (Stuttgart 1929, Wissensch. Verlagsanstalt). — *J. Scheiber*, Kunststoffe (Leipzig 1934, Akad. Verlagsges.). — *H. Bürgel*, Deutsche Austausch-Werkstoffe (Berlin 1937, Julius Springer). — *O. Nouvel*, Die Industrie der Phenol-Aldehyd-Harze (Halle 1931, Knapp). — *O. Kausch*, Handbuch der künstlichen plastischen Massen (München 1931, Lehmann). — *A. Sommerfeld*, Plastische Massen (Berlin 1934, Julius Springer). — *W. Mehdorn*, Kunstharzpreßstoffe (Berlin 1934, VDI-Verlag). — *K. Brandenburger*, Herstellung und Verarbeitung von Kunstharzpreßmassen (München 1936, Lehmann). — *J. K. Wirth*, Chem.-Ztg. 1925, S. 653; 1927, S. 349. — *E. Kalman*, Chem. Fabrik 1929, S. 169. — *J. Wehn*, Z. VDI 1934, S. 16. — Die Kunststoffe (Zeitschrift; München, Lehmann; seit 1910).

Rabald.

Lit. Chem. Apparatur: *B. Block*, Emaille, Lack, Bakelite u. dgl. für die Trommeln der Siebschleudern (1931, Beil. Korr., S. 57). — *F. Ohl*, Haveg, Steinzeug, Holz nebst Zusammenstellung über in der Kunstseidenindustrie bewährte Baustoffe (1933, Beil. Korr., S. 9). — *K. Thormann*, Bodenständige Werkstoffe. Sparbeiwert, Aluminium, Gußeisen, Keramische Werkstoffe, Porzellan, Kunstharz, Deckschichten (1936, Beil. Korr., S. 36).

Kunstseidespinnmaschinen, s. Kunstfasererzeuger.

Kunstseidewaschmaschinen, s. Kunstfaserwäscher.

Kunststeine, s. Bausteine, Steinholz, Eternit, Schmelzbasalt.

Kunststoffe *(s. auch Kunstharze, Hartpapiere, Prodorit, Plastische Massen, Acetylcellulose, Celluloid)* heißen Werkstoffe vorwiegend organischer Natur, die auf synthetischem Wege (Kondensation, Polymerisation; Veresterung von Naturstoffen) hergestellt worden sind. Ihr Feingefüge ist amorph. Sie zeichnen sich in den meisten Fällen durch gute chemische Beständigkeit (namentlich gegen Salzsäure) aus, so daß nur stark wasserentziehende Säuren, wie konzentrierte Schwefelsäure, stark oxydierende Substanzen (z. B. konzentrierte Salpetersäure), organische Lösungsmittel, sowie Eisessig einwirken. Für die chemische Industrie kommen vorwiegend die Phenol-Formaldehyd-Kondensationsprodukte (Phenoplaste) in Frage.

Ra.

Kupfer. Über die Handelssorten gibt der nachstehend abgedruckte Auszug aus DIN-Blatt 1708 Auskunft:

Benennung	Kurzzeichen	Cu mindestens Proz.
Hüttenkupfer A (arsen- und nickelhaltig)	A-Cu	99,0
Hüttenkupfer B (arsenarm)	B-Cu	99,0
Hüttenkupfer C	C-Cu	99,4
Hüttenkupfer D	D-Cu	99,6
Elektrolytkupfer E	E-Cu	—*

Über Halbzeug aus Kupfer s. DIN-Blätter 1752 (Blech), 1792 (Band), 1754 (Rohre), 1766 (Draht), 1767 (Stangen), 1768 (Flachkupfer), 1773 (Kupfer-Vollprofile), DIN HNAR 6 (Kupferrohre für Dampfleitungen).

Sehr ausführliche Angaben über Handelsmarken und Lieferungsbedingungen sind in dem vortrefflich zusammengestellten „Circular No. 73 Copper" des Bureau of Standards, Washington, zu finden.

An Verunreinigungen des Kupfers kommen vor: Silber, Arsen, Wismut, Eisen, Nickel, Sauerstoff, Blei, Antimon, Zink, Schwefel, Tellur, Selen und Phosphor. Die bei weitem wichtigste Verunreinigung ist der Sauerstoff, der in fast jedem Handelskupfer in Form von Kupferoxydul (Cu_2O) vorhanden ist. Nur besonders im Vakuum umgeschmolzenes Kathodenkupfer ist sauerstofffrei. Das Kupferoxydul, das sich bei der Gewinnung des Kupfers bildet,

* Für die Beurteilung des Elektrolytkupfers für elektrische Leitungen ist lediglich die elektrische Leitfähigkeit maßgebend. Eine sachgemäß entnommene, bei etwa 600° geglühte Elektrolytkupfer-Drahtprobe darf für 1 km Länge und 1 mm² Querschnitt bei 20° keinen höheren Widerstand haben als 17,84 Ohm. Im übrigen gelten die Kupfernormen in dem Vorschriftenbuch des VDE, 12. Auflage 1925, Abschnitt 12.

ist in flüssigem Kupfer löslich und scheidet sich beim Erstarren desselben vollkommen wieder aus. Kupfer und Kupferoxydul bilden ein Eutektikum mit einem Gehalt von 3,45 Proz. Cu_2O, dessen Schmelzpunkt bei 1064° liegt. Da der Gehalt an Sauerstoff im allgemeinen zwischen 0,05 bis 0,20 Proz. entsprechend 0,4 bis 1,6 Proz. Cu_2O liegt, so werden wir praktisch immer Kupferkrystallite haben, in die Krystallite des Eutektikums eingebettet sind. Der Gehalt an Sauerstoff wirkt sich ungünstig aus, wenn das Kupfer mit wasserstoffenthaltenden oder -abgebenden Gasen bei höherer Temperatur in Berührung kommt. Es tritt dann, da der Wasserstoff durch das Kupfer diffundieren kann, Reduktion des Oxyduls zu Kupfer unter Wasserbildung ein. Da der Wasserdampf aber nicht die Fähigkeit hat, durch das Kupfer zu diffundieren, so entstehen bei dem gewaltsamen Entweichen Risse („Wasserstoffkrankheit des Kupfers").

Physikalische Eigenschaften. Dichte: 8,300—8,921 (gegossen), 8,930 bis 8,949 (Draht), 8,919—8,959 (gehämmert).

Schmelzpunkt: 1084°. Da sich bei Luftzutritt dauernd Cu_2O bildet, kann der Schmelzpunkt bis auf 1064° (Eutektikum) sinken.

Spez. Wärme: 0,104.

Wärmeausdehnungskoeffizient: 0,000017.

Wärmeleitfähigkeit: 0,938 cal/cm · sek · Grad bei 0° (sehr reines Kupfer).

Elektrische Leitfähigkeit: 56,05 bzw. 58 m/Ohm · mm² bei 20° (internationale Norm); Verunreinigungen haben großen Einfluß.

Zugfestigkeit: 22,8 kg/mm² bei Kontraktion von 67 Proz. und Dehnung von 32 Proz. In der Dampffaßverordnung ist die Belastung für Kupfer mit 22 kg/mm² vorgesehen (bis 120°). Bei stark überhitztem Wasserdampf wird besser von der Verwendung von Kupfer abgesehen.

Härte: 40—90 Brinell je nach der vorangegangenen Kaltbearbeitung und der Anwesenheit von Beimengungen.

Bearbeitbarkeit: Sehr gut. Das Schweißen gestaltet sich infolge der guten Wärmeleitfähigkeit und der großen Oxydationsgeschwindigkeit noch schwierig. Meist wird dann die autogene Schweißung angewendet. Die Zuhilfenahme von Flußmitteln ist unbedingt nötig. Hauptsächlich werden aber Kupferteile durch Löten verbunden. Aus korrosionschemischen Gründen ist für hochbeanspruchte Teile Silberlot zu empfehlen, da es bei etwa gleichen Festigkeitseigenschaften wie Messinglot die bessere chemische Beständigkeit besitzt. In vielen Fällen genügt aber auch das übliche Weichlot.

Korrosion.

Kupfer verhält sich bei der Korrosion recht verschieden. Es ist gegen viele Chemikalien sehr beständig, wenn kein Sauerstoff hinzutreten kann; sobald aber Luft gegenwärtig ist, setzt der Angriff ein. Sehr wichtig ist der Zustand der Oberfläche. Durch Abhämmern verdichtetes Kupfer ist z. B. wesentlich widerstandsfähiger gegen organische Säuren als weiches Kupfer. Geschweißte Stellen müssen stets gut gehämmert werden.

Acetylen: Ganz reines, trockenes Gas wirkt kaum auf Kupfer, dagegen erfolgt durch feuchtes Gas nach 6 Monaten eine Zunahme des Gewichtes um 92 Proz. Es entstehen humoide Substanzen. Explosionsgefahr ist nach *Reckleben* und *Scheiber* nicht vorhanden, trotzdem soll Kupfer nicht verwendet werden.

Ammoniak: Kupfer wird von Ammoniakgas und Ammoniaklösungen stark angegriffen.

Ammoniumsalze: Ammoniumsalzlösungen lösen Kupfer unter Komplexsalzbildung. Dämpfe von Ammonchlorid greifen Kupfer bei höheren Temperaturen 140mal so stark an wie Salzsäure in der Konzentration, wie sie durch Dissoziation des Ammonchlorids entstehen würde.

Atmosphäre: Durch *Vernon* sind sehr ausgedehnte Versuche über das Verhalten des Kupfers in der Atmosphäre unternommen worden. Verfolgt man die Gewichtszunahme, so erhält man die Kurve nach Abb. 1349.

Diese Kurve hat die Gestalt einer Parabel und besagt, daß sich die Gewichtszunahme wie die Quadratwurzel aus der Versuchsdauer verhält. Dieses Gesetz gilt innerhalb weiter Luftfeuchtigkeitsgrenzen. Bei Gegenwart von Schwefelwasserstoff tritt Veränderung ein durch Bildung isomorpher Gemische von Oxyd und Sulfid. Ist der Einwirkung des Schwefelwasserstoffs eine Oxydation vorausgegangen, so ist der Angriff viel geringer, da durch Eintritt von Sauerstoffatomen in das Gitter des Kupfers der Eintritt von Schwefelatomen gehemmt wird. Von *Fowler* sind noch Korrosionsversuche über die Wirkung von Braunkohlenrauch und Sprühregen auf Kupfer gemacht worden, die eine gute Beständigkeit ergaben.

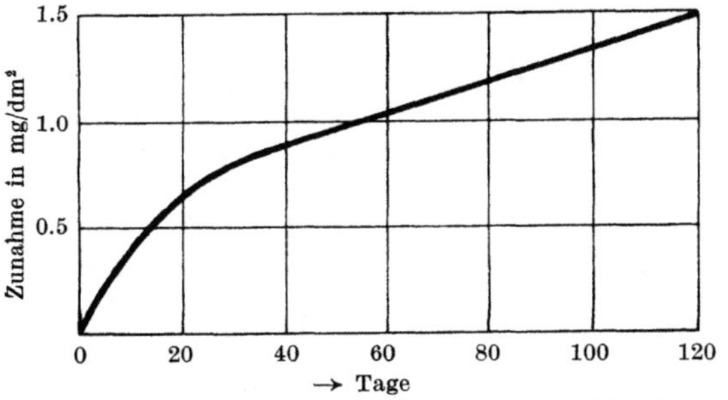

Abb. 1349. Atmosphärische Korrosion von Kupfer. (Nach *Vernon*.)

Benzol: Reines Benzol greift nicht an, dagegen erfolgt durch Schwefel enthaltendes Korrosion.

Brom: Brom greift Kupfer an. Verdünnter, trockener Bromdampf wirkt nur langsam ein.

Chlor: Wie Brom.

Essigsäure: Kupfer ist im Gegensatz zu Aluminium das geeignete Material für die Destillation von roher Essigsäure, die Ameisensäure enthält. Nur anfangs, solange noch Luft vorhanden ist, löst sich etwas Kupfer auf, und das Destillat, das Kupferkühler durchlaufen hat, sieht grün aus. Über den Einfluß von Sauerstoff machen *Whitman* und *Russell* folgende Angaben: Bei 50proz. Essigsäure ist bei fortwährender Sättigung mit Sauerstoff der Angriff 24mal so stark wie beim Durchleiten von Wasserstoff. Beim Absinken der Konzentration auf 6 Proz. ist das Verhältnis noch 18 : 1. Der Angriff von kaltem Eisessig wird nach *Whitman* und *Russell* durch Durchperlen von Sauerstoff nicht geändert. Siedender Eisessig greift in geringem Maße an. Sehr erheblich vergrößert wird dieser Angriff aber, wenn Spuren von Salzsäure oder geringe Mengen anorganischer Salze zugegen sind. Bei gleicher Sauerstoffkonzentration wirken verdünnte Essigsäure und Schwefelsäure gleich schnell auf Kupfer ein.

Essigsäureanhydrid: Bei 25° wird durch Essigsäureanhydrid eine Schicht von 0,00508 mm/Monat weggelöst. Bei Steigerung der Temperatur auf 75° verzwanzigfacht sich der Angriff. Durch Vermischen mit Eisessig wird die Korrosion geringer (Zusatz von 40 Proz. Eisessig: 0,00201 mm/Monat bei 25° gelöst). Überhitzte Dämpfe des Anhydrids greifen nicht an.

Gelatinelösungen (Spur salzsauer): *Horst* erhält nach je 10 Suden Gewichtsabnahmen von 34,2 bzw. 26,8 bzw. 21,5 bzw. 21,0 bzw. 15,8 g/m².

Kaliumsalzlösungen: Durch *Jander* und *Banthien* wurde nachgewiesen, daß der Angriff der kupfernen Vorwärmerrohre weniger auf die lösende Wirkung des Kaliumchlorids der Sole als auf das in dieser enthaltene Eisenchlorid zurückzuführen ist. Das Kupfer befand sich nach der Auflösung in komplexer Form in den Lösungen und konnte durch Schwefelwasserstoff nur unvollständig gefällt werden.

Leinöl: Kupferne Apparate zum Kochen von Leinöl finden schon seit langem Verwendung.

Leuchtgas: Leuchtgas, das Wasserstoff enthält, bewirkt bei höheren Temperaturen (600°) Zerstörungen (s. S. 1009 bei „Wasserstoffkrankheit"). Man schützt sich dagegen dadurch, daß man desoxydiertes Kupfer verwendet.

Natriumsalzlösungen: Chloridlösungen greifen bei Gegenwart von Luft an. *Evans* bemerkte bei Versuchen, daß namentlich die Stellen angefressen waren, die auf Glas auflagen und so der Belüftung nicht zugänglich waren. Von *Ost* wird angegeben, daß eine 5proz. Natriumchloridlösung bei 183° (10 at) Kupfer angreift, während *Calcott, Whetzel* und *Whittaker* eine siedende 10proz. Lösung für ungefährlich halten. Natriumnitrat- und Natriumsulfatlösungen zeigen nur recht geringe Einwirkung.

Salpetersäure: Kupfer wird von Salpetersäure in allen Konzentrationen stark angegriffen. Eine völlig salpetrigsäurefreie Salpetersäure greift zunächst sehr langsam an. Durch Beseitigung (Harnstoff, Wasserstoffsuperoxyd) oder Verdünnung (Rühren) der sich bildenden Salpetrigen Säure kann der Angriff wesentlich eingeschränkt werden.

Salzsäure: Verdünnte Salzsäure greift Kupfer an. Bei der Salzsäure zeigt sich in besonders krassem Maße der Sauerstoffeinfluß. Eine 20proz. Salzsäure greift beim Durchperlen von Sauerstoff 179mal so stark an wie beim Durchleiten von Wasserstoff.

Sauerstoff: Für Angriff durch Sauerstoff gilt auch bei höheren Temperaturen (150°, 800°) die schon oben bei atmosphärischem Angriff (s. Abb. 1349) angedeutete parabolische Beziehung

$$W^2 = K \cdot t.$$

(W = aufgenommene Sauerstoffmenge, t = Zeit, K = Konstante.) Kurz vor dem Schmelzpunkt wird aber die Reaktion sehr beschleunigt (Rißbildung, Lösung des Cu_2O im Kupfer?).

Schwefel und Schwefelverbindungen: Kupfer wird von Schwefel und Schwefelverbindungen stark angegriffen. Eine Mischung von Kupfer- und Schwefelpulver gibt bereits bei 40° eine lebhafte Reaktion unter Wärmeentwicklung.

Schwefelsäure: Gegen verdünnte Schwefelsäure ist Kupfer leidlich beständig. Das Einleiten von Sauerstoff vergrößert auch hier die Korrosion außerordentlich (6proz. sauerstoffhaltige Schwefelsäure greift 43mal so stark an wie bei Sauerstoffausschluß). Konzentrierte Schwefelsäure löst in der Hitze Kupfer glatt auf.

S c h w e f e l w a s s e r s t o f f: Namentlich feuchter Schwefelwasserstoff greift Kupfer an. Siehe oben bei Atmosphäre.

W a s s e r: Kupfer wird in ganz geringer Menge von Wasser gelöst. Im übrigen ist Kupfer gegen Wasser außerordentlich beständig. Als Kondensleitungen haben Kupferrohre die längste Lebensdauer.

Kupferüberzüge.

Kupferüberzüge werden häufig nicht als äußere Deckschichten, sondern als Zwischenschicht für die Auflage anderer Metalle verwendet. Besonders das Aluminium muß vorverkupfert werden, damit andere Überzüge haften. Die Verkupferung wird auf elektrochemischem Wege und durch Aufschweißen durchgeführt. Die elektrochemischen Überzüge werden meist nur dünn ausgeführt, es können aber auch sehr dicke Schichten erzielt werden (z. B. Verfahren der Elmores A.-G., Schladern/Sieg; s. *E. Rabald*, Chem. Fabrik 1935, S. 155). In neuerer Zeit haben sich die kupferplattierten Bleche der Deutschen Röhren-Werke (Werk Thyssen, Mülheim/Ruhr) in der Praxis eingeführt. Es handelt sich hier um Stahlbleche, die beiderseitig mit Kupferblech verschweißt sind, wobei die Stärke der Kupferüberzüge 5—60 Proz. (meist 10 Proz.) der Gesamtblechstärke beträgt. Die Bleche sind in großen Ausmaßen lieferbar. Sie verbinden die gute Festigkeit des Stahlblechs mit der Beständigkeit des Kupfers. Sie lassen sich gut verarbeiten und sind auch schweißbar (s. z. B. *E. Schöne*, Metallwirtsch. 1936, S. 232).

L i t.: Copper Development Association, Copper in Chemical Plant (London 1936, Thames House). — Kupfer, Circular Nr. 73 des Bureau of Standards, Washington, übers. von *P. Siebe* (Berlin 1926, VDI-Verlag). — *Deutsche Gesellschaft für Metallkunde*, Werkstoffhandbuch (Nichteisenmetalle), herausg. v. *Masing Wunder*, u. *Groeck* (Berlin 1928, Beuth-Verlag). — *P. Krais*, Werkstoffe, Stichwort Kupfer, bearb. v. *E. H. Schulz* (Leipzig 1921, Barth). — *H. Landolt* u. *R. Börnstein*, Physikal.-chem. Tabellen (Berlin 1923, Julius Springer). — *E. Rabald*, Werkstoffe und Korrosion I (Leipzig 1931, Spamer). — *Calcott, Whetzel* u. *Whittaker*, Corrosion Tests and Materials of Construction (New York 1923, van Nostrand). — *U. R. Evans*, Korrosion der Metalle, deutsche Bearb. von *E. Honegger* (Zürich 1926, Füssli). — *S. J. Tungay*, Acid-Resisting Metals (London 1925, Benn). — *O. P. Watts*, Trans Amer. electrochem. Soc. 1922, S. 1917. — *Reckleben* u. *Scheiber*, Chem.-Ztg. 1915, S. 42. — *P. D. Merica*, Chem. metallurg. Engng. 1911, S. 303, 357. — *O. Bauer* u. *Vollenbruck*, Z. Metallkde. 1922, S. 296. — *W. H. I. Vernon*, Met. Ind., Lond. Bd. 24, S. 7, Ref. Korrosion u. Metallschutz 1926, S. 103; Trans. Faraday Soc. 1922, S. 113. — *Jander* u. *Banthien*, Z. angew. Chem. 1927, S. 287. — *F. W. Horst*, Chem. Apparatur 1924, S. 105. — *O. Wawrziniok*, Autotechn. 1925, S. 36. — *H. Winkelmann*, Chem. Apparatur 1925, S. 206. — *U. R. Evans*, J. Soc. chem. Ind. 1924, T, S. 129. — *K. Fischbeck*, Z. anorg. allg. Chem. 1926, S. 261. — *W. G. Whitman* u. *A. S. Russell*, Ind. Engng. Chem. 1925, S. 348. — *Tammann* u. *Köster*, Z. anorg. allg. Chem. 1923, S. 196. — *Fowler*, Proc. Amer. Soc. Test. Mat. 1925, S. 137. — *H. Abel*, Z. Elektrochem. 1913, S. 477. — *Ch. H. Proctor*, Met. Ind., New York 1920, S. 414. — *H. Melhardt*, Chem. Apparatur 1927, S. 249, 263; 1928, S. 4, 15, 37, 63, 87, 110, 136, 147, 171, 207, 243.

Kupferlegierungen, s. Messinge, Kupfer-Nickel-Legierungen, Bronzen, Aluminiumbronzen, Lote, Manganin, Manganbronzen.

Kupfer-Nickel-Legierungen *(s. auch Nickel-Kupfer-Legierungen).*

Die nachfolgende Tabelle gibt eine kurze Übersicht über hierher gehörige (Cu ist der prozentual höchste Bestandteil), bekanntere Legierungen.

Name	Proz. Cu	Proz. Ni	Proz. Al	Proz. Zn	Proz. Fe	Proz. Mn	Proz. Sn
Münzennickel	75	25	—	—	—	—	—
Konstantan	56,7	42,7	—	—	0,2	0,4	—
Benedict-Nickel	86	14	—	—	—	—	—
Neusilber, Argentan, Alfenide Packfong	50 bis 69	12 bis 29	—	15 bis 40	—	—	—
Ambrac	75	20	—	5	—	—	—
Adnic, Marinenickel *)	69 bis 70	28 bis 29	—	—	—	—	1
Aterite *)	55 bis 61	11 bis 35	—	—	5	—	—
Rheotan	50,4	25,3	—	16,9	4,5	—	—
Nickelin	55 bis 62	19 bis 25	—	20	0,2 bis 0,6	0,18bis 0,27	—
Platinoid	55	22	—	22	—	—	1,0 Wolfram
Viktormetall	50	15	0,5	34	0,5	—	—

*) Zusammensetzung wird im Schrifttum verschieden angegeben.

Physikalische Eigenschaften. Farbe: Von rot bis rosa, bei über 20 Proz. Nickel weiß. Dichte: Konstantan 8,8; Neusilber 8,4—8,7; Ambrac 8,84. Schmelzpunkt: 1000—1200° (Neusilber). Wärmeausdehnungskoeffizient: 0,00001523 (Konstantan). Zugfestigkeit: 20—40 kg/mm². Härte: 50—70 Brinell. Verarbeitbarkeit: Ausgezeichnet.

Korrosion. Ammoniak: Die Legierungen werden nicht unerheblich angegriffen.

Bleichlösungen: Ambrac und Adnic sind gegen Chlorwasser und Chlorkalklösungen beständig.

Essigsäure: Kalte Säure greift Kupfer-Nickel-Legierungen nur wenig an, dagegen korrodiert heiße konzentrierte Säure merklich.

Kaliumhydroxydlösungen: Die Legierungen sind beständig.

Kaliumsalzlösungen: Gegen Sulfat- und Nitratlösungen sind die Legierungen sehr widerstandsfähig.

Natriumhydroxydlösungen: Wie Kaliumhydroxydlösungen.

Natriumsalzlösungen: Chlorid- und Carbonatlösung haben nur sehr geringe Einwirkung.

Salpetersäure: Die Legierungen sind nicht beständig.

Salzsäure: Die Legierungen werden korrodiert.

Schwefelsäure: Aterite ist gegen Schwefelsäure (20proz.) sehr gut beständig. Ambrac ist gegen Schwefelsäure ebenfalls widerstandsfähig.

Schweflige Säure: Aterite ist beständig.

Wasser: Die Kupfer-Nickel-Legierungen werden kaum angegriffen.

Lit.: *P. Reinglass*, Chemische Technologie der Legierungen (2. Aufl., Leipzig 1926, Spamer). — *Deutsche Gesellschaft für Metallkunde*, Werkstoffhandbuch (Nichteisenmetalle), herausg. v. *Masing*, *Wunder* u. *Groeck* (Berlin 1928, Beuth-Verlag). — *H. Landolt* u. *R. Börnstein*, Physikal.-chem. Tabellen (Berlin 1923, Julius Springer). — *E. Rabald*, Werkstoffe und Korrosion I (Leipzig 1931, Spamer). — *Calcott*, *Whetzel* u. *Whittaker*, Corrosion Tests and Materials of Construction (New York 1923, van Nostrand). — Nickel-Handbuch; Nickel-Kupfer, 1. Teil: Legierungen unter 50 Proz. Nickel (herausg. v. Nickel-Informationsbüro G. m. b. H., Frankfurt a. M.). — *W. Denecke*, Chem. Apparatur 1926, Beil. Korr., S. 13. — *Ku.*, Chem. Apparatur 1927, Beil. Korr., S. 40. — *P. Rakowicz*, Metalltechn. 1928, S. 3.

Ra.

L

Lacke, s. Schutzüberzüge.

Lagermetalle müssen, wenn sie den an sie gestellten Anforderungen genügen sollen, folgende Eigenschaften zeigen: genügende Druckfestigkeit (Tragfähigkeit), geringe Reibung beim Gleiten, genügende Verschleißfestigkeit, Wärmeleitfähigkeit, sowie gute Vergießbarkeit und nicht zu niederen Schmelzpunkt. Die drei ersten Bedingungen werden von Legierungen erfüllt, die harte Gefügeteile in einer verhältnismäßig weichen Grundmasse haben. Für gewisse Fälle ist in dieser Hinsicht schon Gußeisen (namentlich Perlitgußeisen), das in einer weicheren Grundmasse harte Zementitkrystalle hat, brauchbar. Ein wesentlich größeres Anwendungsgebiet umfassen Rotguß, Bronzen und die sog. Lagerweißmetalle, die Zinn-, Zink- und Bleilegierungen mit Kupfer und Antimon darstellen. Neuerdings kommen weiterhin auch Lagermetalle auf Aluminiumbasis in Gebrauch. — Über Lagerwerkstoffe s. auch Kunstharze.

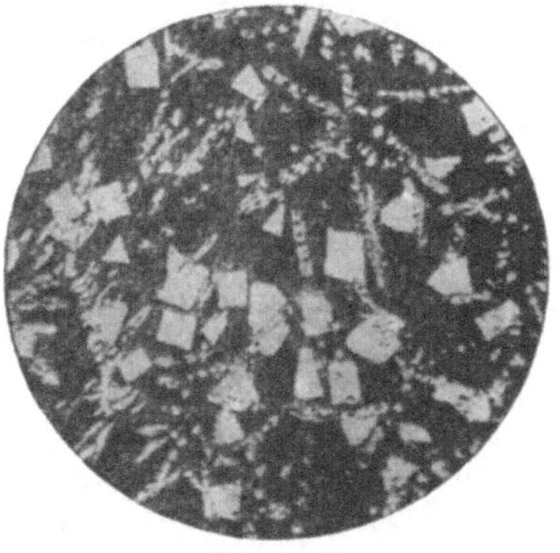

Abb. 1350. Gefüge einer Legierung aus 83 Proz. Zinn + 11 Proz. Antimon + 6 Proz. Kupfer, rasch abgekühlt. (Nach *Reinglass*, Chem. Technol. der Legierungen.)

Bei den von *Babbitt* in die Technik eingeführten Zinnlagermetallen mit Kupfer- und Antimonzusätzen verkörpern die in Abb. 1350 ersichtlichen würfelförmigen Krystalle der Verbindungen SbSn und Sb_2Cu_2 die besonders harten Gefügebestandteile. Um deren möglichst gleichmäßige Verteilung zu erzielen, wird nach dem Guß für rasche Abkühlung gesorgt.

Eine Reihe gebräuchlicher Weißmetalle sind im Normenblatt DIN 1703 vom Februar 1936 und im Normenblattentwurf DIN E 1703 U (Z. Metallkde. 1936, S. 46) angegeben, von denen der letztere die Umstellung auf zinnarme bzw. zinnfreie Lagermetalle zum Gegenstand hat. Besonders hinzuweisen ist dabei auf die Bleilagermetalle, die zum allergrößten Teil aus Blei mit nur geringen Zusätzen von Barium, Calcium, Lithium und Natrium bestehen; die intermetallischen Verbindungen zwischen Blei und den Alkali- bzw. Erdalkalimetallen sind hierbei die harten Gefügeteile. Die Bleilagermetalle haben vor den zinnhaltigen Lagermetallen den Vorteil, daß sie höher schmelzen, so daß die Gefahr des Auslaufens beim Heißwerden geringer ist. Zum Schutz gegen Korrosionen werden sie gut eingeölt.

Lit.: *P. Reinglass*, Chemische Technologie der Legierungen (2. Aufl., Leipzig 1926, Spamer). — *H. Müller*, Technologie der Lagermetalle (Z. VDI 1928, S. 879); Z. Metallkde. 1929, S. 305. — *W. M. Corse*, Bearing-Metals and Bearings (New York 1930, Chemical Catalogue Co.).

Ra.

Lagervorrichtungen, s. Bunker, Silos, Speichervorrichtungen.

Lamellenheizkörper, s. Lufterhitzer.

Laternen (Schaugläser; *s. auch Durchflußprüfer).* In chemischen Apparaturen muß oft die Strömung von Gasen, Dämpfen oder Flüssigkeiten sichtbar gemacht werden, damit man aus deren Färbung, Trübung oder anderen Erscheinungen Rückschlüsse auf die Arbeitsweise der Apparatur ziehen kann. Hierzu baut man in die Rohrleitungen an geeigneten Stellen sog. Laternen oder Schaugläser ein. Sie bestehen entweder aus einem Gehäuse, in dessen Wandungen Glasscheiben eingebaut sind, oder aus einem Glasrohr, das mit beiderseitigen Anschlußplatten in die Leitung eingesetzt ist. Damit die Strömung deutlich sichtbar wird, muß das Licht durchfallen können. Es ist daher zweckmäßig, entweder zwei gegenüberliegende Glasscheiben oder ein Glasrohr zu verwenden. — Beispielsweise sei die Sichtbarmachung der Lösungsmittel in Adsorptions- (s. d., Abb. 41, S. 29) oder in Extraktionsapparaten (s. d., Abb. 527, S. 438) und der Gase und Dämpfe in Schwefelsäurefabriken (s. Gasreaktionsapparate) erwähnt.

Th.

Lautal, s. Aluminiumlegierungen.

Läutervorrichtungen, Bezeichnung für Dekantierapparate (s. d.).

Lava, s. Bausteine.

Lavasul, s. Schwefel.

Leder kommt in der chemischen Industrie hauptsächlich als Werkstoff für Treibriemen und Dichtungen zur Anwendung. Die Ledersorten unterscheiden sich nach der Herkunft der Haut und dem durchgemachten Gerbprozeß (Lohgerberei, Mineralgerberei). Auch ihre Eigenschaften sind durch diese Faktoren bestimmt. Zur besseren Erhaltung und Erzielung größerer Geschmeidigkeit wird das Leder gefettet (benutzt wird ein Gemisch aus Tran + Talg + Dégras, gegebenenfalls noch Stearin oder Paraffin). An feuchter Luft nimmt Leder Wasser auf, und zwar Chromleder etwas mehr als lohgares Leder. Durch Fettung wird die Wasseraufnahme gemindert. In Wasser eingelegt, werden 20—50 Proz. Wasser aufgenommen. — Für Treibriemen kommt Ochsen-, Stier- und Kuhhaut in Frage, und zwar können diese lohgar oder chromgar sein; es kommt nur das beste Kernstück („Croupon") zur Verwendung. Ein einfacher Riemen kann deshalb höchstens 1 m breit und 1,5 m lang sein. Durch Vernähen und Leimen unter erhöhtem Druck werden die einzelnen Stücke zusammengepaßt. Die Lebensdauer eines gut gehaltenen Riemens wird von *Schimpke* auf 10—20 Jahre geschätzt (Einfetten, alle Jahre mit lauwarmem Wasser abwaschen).

Chemische Beständigkeit. Leder ist chemisch kein sehr widerstandsfähiger Stoff. Es ist gegen Säuren nicht beständig; so greifen Mineralsäuren und Oxalsäure (s. z. B. *V. Kubelka* u. *O. Heger*, Collegium 1935, S. 289) in der Kälte an. Auch Alkalien wirken ungünstig ein. Kochen mit 2proz. Natronlauge zerstört Leder völlig. Über den Angriff aggressiver Gase (SO_2, CO_2) s. *W. Moeller*, Cuir techn. 1934, S. 324. Für Packungen, die mit organischen Flüssigkeiten, wie Benzol, Toluol usw., in Berührung kommen, empfiehlt *Griffiths* die Durchtränkung mit geschmolzener, harter Seife, die in vielen organischen Flüssigkeiten unlöslich ist.

Lit.: *P. Schimpke*, Technologie der Maschinenbaustoffe (5. Aufl., Leipzig 1925, Hirzel). — *H. Griffiths*, Materials of Chemical Plant Constructions, Non Metals (London 1922, Benn Brothers). — Dechema Werkstoffblätter, bearb. v. *E. Rabald* (Berlin 1935/36, Verlag Chemie).

Ra.

Legierungen. Unter Legierungen werden Systeme zweier oder mehrerer elementarer Metalle verstanden, wobei diese als mechanische Gemenge, als Mischkrystalle oder als (intermetallische) Verbindungen vorliegen können. Bei den Systemen, die aus Gemengen oder aus Mischkrystallen bestehen, lassen sich die physikalischen Eigenschaften bis zu einem gewissen Grade nach der Mischungsregel voraussagen. Bei den metallischen Verbindungen ist dies nicht in gleicher Weise der Fall; zwei weiche Metalle, wie Blei und Calcium, geben beispielsweise sehr harte Krystalle von Pb_3Ca. Überhaupt zeichnen sich Legierungen aus metallischen Verbindungen oder mit hohen Gehalten an diesen durch Härte und Sprödigkeit aus und sind deshalb für die meisten technologischen Zwecke unbrauchbar. Am günstigsten verhalten sich in dieser Hinsicht die aus Mischkrystallen bestehenden oder diese in größerer Menge enthaltenden Legierungen. Bei den Gemengen ist eine möglichst feine Verteilung der Komponenten vorteilhaft. Je nachdem die Legierungen aus einer oder aus mehreren Krystallarten bestehen, werden sie als homogen oder heterogen, je nach der Anzahl der Komponenten als binär, tertiär usw. bezeichnet. Über das Gefüge von Legierungen geben die Zustandsschaubilder, die den Temperaturverlauf beim Abkühlen bzw. beim Erstarren wiedergeben, gute Auskunft. Bezüglich Aufstellung und Diskussion solcher Zustandsschaubilder wird auf das untenstehende Spezialschrifttum und die Sonderliteratur verwiesen. — Die Korrosionsbeständigkeit der Legierungen hängt außer von ihren Komponenten weitgehend von ihrem Gefüge ab. Die intermetallischen Verbindungen zeichnen sich häufig durch gute Beständigkeit aus. Als Beispiel soll die Verbindung Fe_3Si_4 genannt werden, die für die Beständigkeit des Ferrosiliciumgusses maßgebend ist. Die Legierungen mit Mischkrystallen wiederum sind korrosionsfester als die mechanischen Gemenge, deren Beständigkeit wächst, je feiner und gleichmäßiger verteilt ihre Komponenten sind. Bestehen die Mischkrystalle aus einer besonders widerstandsfähigen und einer weniger korrosionsfesten Komponente, so kommt es vor, daß durch den Zusatz der edleren Metallart die unedlere fast völlig geschützt wird. Um die Erklärung dieser Vorgänge haben sich besonders die Arbeitskreise um *G. Tamman* (Z. anorg. allg. Chem. Bd. 107 [1919], S. 1; Bd. 169 [1928], S. 151, Ann. Physik [5] Bd. 1, S. 309, Chem. Zbl. 1929 I, S. 1656) und um *M. Le Blanc* (Z. anorg. allg. Chem. Bd. 143 [1925], S. 1, Ann. Physik [4] Bd. 86, S. 929; [5] Bd. 1, S. 318, Chem. Zbl. 1928 II, S. 1739; 1929 I, S. 1656) bemüht.

Lit.: *G. Sachs*, Mechanische Technologie der Metalle (Leipzig 1925, Akad. Verlagsges.). — *P. Reinglass*, Chemische Technologie der Legierungen (2. Aufl., Leipzig 1926, Spamer). — *A. Krupp*, Legierungen (Wien 1922, Hartleben). — *J. Czochralski*, Moderne Metallkunde (Berlin 1924, Julius Springer). — *E. Rabald*, Werkstoffe u. Korrosion I (Leipzig 1931, Spamer). — *G. Tammann*, Lehrbuch der Metallkunde (4. Aufl., Leipzig 1932, Voss). — *P. Goerens*, Einführung in die Metallographie (Halle 1926, Knapp). — *E. Heyn* u. *O. Bauer*, Metallographie I, II (Leipzig 1926, Göschen). — *W. Guertler*, Metallographie (Berlin 1926, Bornträger). — *E. Jänecke*, Kurzgefaßtes Handbuch aller Legierungen (Leipzig 1937, Spamer). — *W. Claus* u. *A. H. F. Goederitz*, Gegossene Metalle und Legierungen. Grundlagen einer metallgießereitechn. Werkstoffkunde (Berlin 1933, Krayn).

Ra.

Leichtmetalle, s. Aluminium, Aluminiumlegierungen, Magnesium, Elektronmetalle.

Leinen, s. Textilien.

Leitungen, s. Rohrleitungen, Explosionssicherungen.

Letternmetalle (Schriftmetalle) sind Legierungen verschiedener Zusammensetzung aus Blei, Zinn und Antimon. Für die chemische Industrie ist ihre Beständigkeit gegenüber photographischen Fixierbädern und Entwicklern (*Crabtree, Hartt* u. *Matthews*, Ind. Engng. Chem. 1924, S. 13) bemerkenswert, die besser als die von Blei ist.

Lit.: *P. Reinglass*, Chemische Technologie der Legierungen (2. Aufl., Leipzig 1926, Spamer). — *Deutsche Gesellschaft für Metallkunde*, Werkstoffhandbuch (Nichteisenmetalle), herausg. v. *Masing, Wunder* u. *Groeck* (Berlin 1928, Beuth-Verlag).

Ra.

Linolit, s. Steinholz.

Linsen. In einzelnen Fällen wendet man zur Wärmeübertragung zwischen einer Flüssigkeit und Dämpfen Wärmeaustauschflächen in Form von linsenartigen Hohlkörpern an. Als Vorbild kann dabei die in Laboratoriumsgeräten sich oft findende Glaskugel gelten, die in einem Wasserbad ruht. Solche Linsenapparate sind wegen der geringen Austauschfläche, die diese Bauart zuläßt, nur für kleine Leistungen brauchbar. Eine Leistungssteigerung ist dadurch möglich, daß man mehrere Linsen hintereinander anordnet. Die Vorteile der Bauart beruhen auf der einfachen Herstellbarkeit und der leichten Reinigungsmöglichkeit, die sich durch die glatten und zugänglichen Flächen ergibt.

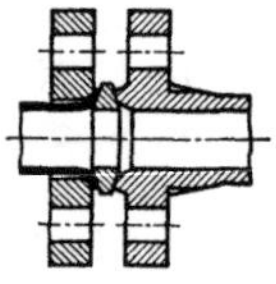

Abb. 1351. Dichtungslinse.

Zur Kondensation von Dämpfen verwendet man sie als Dephlegmatoren (s. d.) in kleineren Destillierapparaten, wo man sie auch als Dephlegmationsbecken bezeichnet. In kleineren Verdampfern (s. d.) dienen Linsenkörper als Heizflächen zum Verarbeiten von Flüssigkeiten, deren Eindampfung durch hohe Zähigkeit, Krustenbildung oder ähnliche Erscheinungen Schwierigkeiten bereitet. Um den Wärmeübergang an die zu verdampfende Flüssigkeit zu verbessern, können die Linsen sich langsam drehend angeordnet werden, was jedoch Stopfbüchsen in dem Verdampfermantel erforderlich macht. Auch in Wasserdestillierapparaten (s. d.) hat man gelegentlich Linsenheizkörper eingebaut.

Im Rohrleitungsbau bezeichnet man als Linsen ringförmige Körper mit kugeligen Anschlußflächen, die zwischen die Dichtungskanten zweier Flanschen, beispielsweise nach Abb. 1351, gepreßt werden und zur Aufnahme des Dichtungsdruckes dienen (s. auch Dichtungen).

Th.

Liparit, s. Bausteine.

Lipowitzmetall ist eine Legierung aus 50,0 Proz. Wismut + 26,7 Proz. Blei + 13,3 Proz. Zinn + 10 Proz. Cadmium mit einem sehr niedrigen Schmelzpunkt (70°). Verwendung findet es für Schmelzsicherungen (z. B. Pfropfen für Apparate, die nicht überhitzt [zu hoher Druck] werden dürfen) und als Schnellot zum Löten von Blei, Zinn, Messing, Eisen und anderen Metallen, bei denen die Lötstelle nicht thermisch beansprucht wird.

Ra.

Löschgeräte, s. Feuerlöscher.

Löseapparate (Löser). Zur Lösung fester Körper in Flüssigkeiten bringt man erstere im allgemeinen in zerkleinertem Zustand in das Lösungsmittel und beschleunigt unter Umständen durch Erwärmen und Umrühren den Lösevorgang. Als Löseapparate benutzt man entweder absatzweise arbeitende Lösebehälter, ohne oder mit Rührwerk und mit unmittelbarer oder mittelbarer Beheizung, oder stetig arbeitende Löser, bei denen am einen Ende die Aufgabe des Lösemittels und des Lösegutes, am anderen Ende der Abfluß der gesättigten Flüssigkeit und das Austragen des Rückstandes erfolgt. Als Lösebehälter

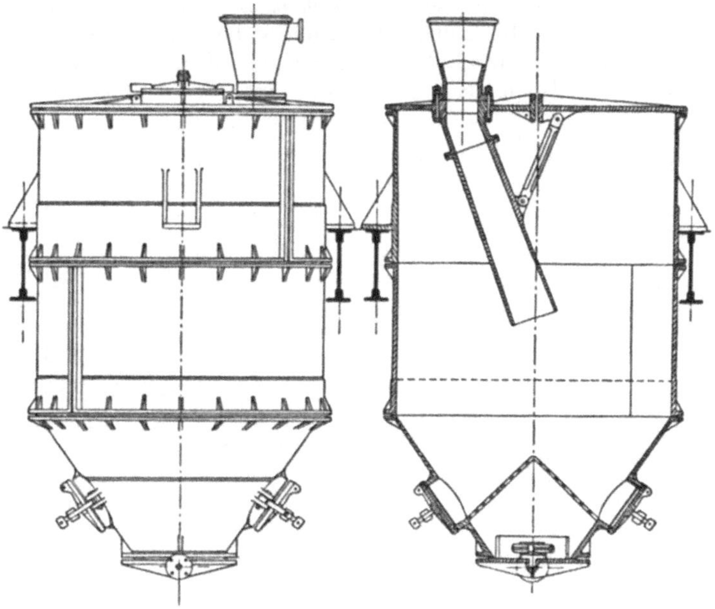

Abb. 1352. Lösebehälter ohne Rührwerk.
(Nach *Michels,* Die Kalirohsalze.)

dienen zylindrische Kessel von 5—30 m³ Inhalt aus Stahl, besser aber aus Gußeisen, da dieses von den heißen Laugen erheblich weniger angegriffen wird und daher größere Lebensdauer hat.

Die Lösebehälter ohne Rührwerk werden in der Regel unmittelbar beheizt und haben heute fast durchweg die in Abb. 1352 dargestellte Form. Sie finden ausgedehnte Anwendung in der Kaliindustrie und dienen dort in Größen von 10—12 m³ Inhalt hauptsächlich zum Lösen von Carnallit. Die Apparate erhalten meist einen Durchmesser von 2—2,5 m bei einer gesamten Höhe von 4—4,5 m. Die Wandstärke wird zweckmäßig nach oben hin verstärkt, weil das Gußeisen im Bereich der kochenden Lauge stärker angegriffen wird. Oben ist der Lösebehälter durch einen gewölbten Deckel abgeschlossen, der mit Öffnungen zum Aufsetzen des Fülltrichters, zum Ableiten des Abdampfes und zum Anbringen eines Ventils zum Regulieren des Druckes versehen ist. Die Zuleitung des Lösemittels erfolgt im Deckel oder im oberen Teil des Zylindermantels; ein ebenfalls am Mantel angebrachter Probierhahn dient zur Probeentnahme während des Lösens. Der Boden des Lösebehälters hat die Form eines Kegelstumpfes mit Mannlöchern zum Austragen der Rückstände. Zur unmittelbaren Beheizung mit Dampf dient ein Dampfverteilungsorgan, der sog. „Kocher", von dem Abb. 1353 eine Ausführung der Maschinenfabrik G. Sauerbrey, Staßfurt, zeigt. Bei diesem, als Spiralkocher bezeichneten Apparat erhält der Heizdampf bei seinem Austritt eine kreisende Bewegung; über dem Kocher ist dachförmig ein Siebboden angeordnet, der den Kocher vor dem sich ansammelnden Rückstand schützt. — Einen ebenfalls ohne Rührwerk arbeitenden Löseapparat für Cellulose-Xanthogenat nach *Duré*, bei dem die Lösung durch die im Lösekessel A erzeugte Flüssigkeitsströmung erzielt wird, zeigt Abb. 1354. Der Apparat besteht aus drei Hauptteilen: dem Lösekessel, einem Röhrenkühler und der Umlaufpumpe. Der Lösekessel A hat im Oberteil einen schrägen Siebboden oder einen Stabrost D, der um den Punkt E

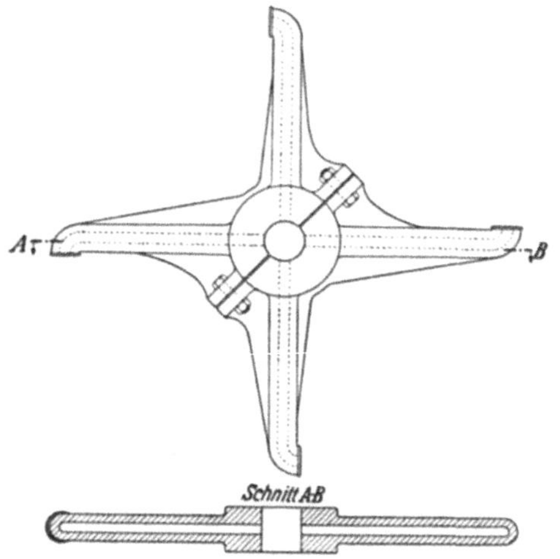

Abb. 1353. Spiralkocher (Sauerbrey). (Nach *Michels.*)

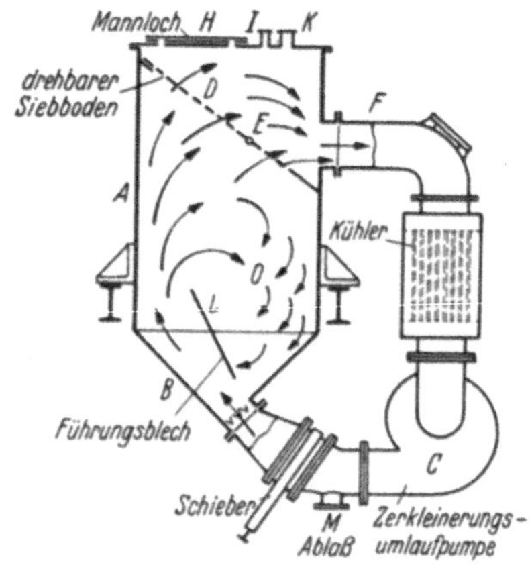

Abb. 1354. Löseapparat nach *Duré.*

geschwenkt werden kann. Das zu lösende Xanthat wird bei aufgeklapptem Siebboden durch das Mannloch H eingefüllt und das Wasser bzw. die Natronlauge durch die Stutzen I und K zugegeben. Die die Lösung bewirkende Flüssigkeitsströmung wird durch die Umlaufpumpe C erzeugt. Das im Unterteil B eingebaute Führungsblech L gibt dem Viscosestrom die Richtung. Die gelöste Masse gelangt durch das Sieb D in den Oberteil des Lösekessels, durch den Stutzen F in den Kühler und in die Pumpe C, die das Umpumpen so lange besorgt, bis die Lösung vollkommen durchgeführt ist. Der Schieber dient zur Umlaufregelung und der Stutzen M zur Entleerung der Apparatur.

Statt dieser einfachen Apparate werden heute mehr und mehr Lösekessel mit Rührwerk verwendet, die sich auch zur Lösung von schwerer löslichen Salzen (z. B. Sylvinit und Hartsalz) eignen. Diese Apparate werden in ähnlichen Abmessungen wie die einfachen Lösekessel, neuerdings aber auch mit einem Fassungsraum bis 30 m³ hergestellt. Sie sind entweder ebenfalls oben durch einen Deckel abgeschlossen (Abb. 1355) oder offen. Die Beheizung geschieht in der Regel mittelbar durch eine eingebaute Dampfschlange, deren

Heizfläche so bemessen sein muß, daß die Lösung in möglichst kurzer Zeit erfolgt; man rechnet meist 1 m^2 Heizfläche für 1 m^3 Kesselinhalt. Zur innigen Mischung des Rohsalzes mit der Lauge dient ein in üblicher Weise durch Kegelräder angetriebenes Rührwerk (s. d.), das aber wesentlich zu einem raschen Verschleiß der meist kupfernen Heizschlange beiträgt. Neuere Apparate erhalten deshalb vielfach Heizschlangen, die in den Kesselmantel eingegossen sind.

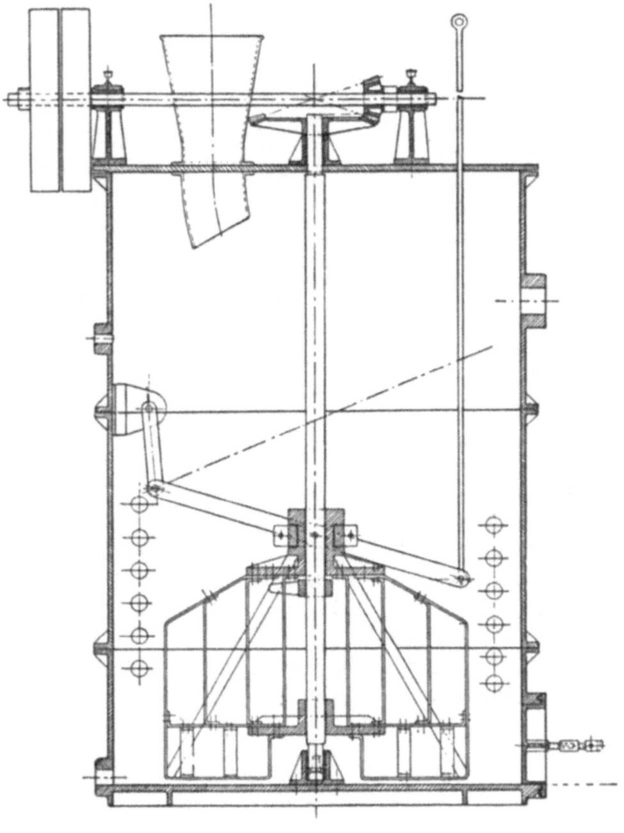

Abb. 1355. Lösekessel mit Rührwerk. (Nach *Michels.*)

Ähnliche Lösekessel mit Rührwerk werden u. a. auch bei der Herstellung der Kunstseide zur Lösung von dicker, zähflüssiger Viscose verwendet. Der in Abb. 1356 dargestellte Apparat der Sächs. Maschinenfabrik vorm. Rich. Hartmann, Chemnitz, hat mit Rücksicht auf bessere Entleerung einen kegeligen Boden und ist mit einem entsprechend bemessenen Kühlmantel versehen. Der gewölbte Deckel trägt den Antrieb mit Vorgelege und hat ein Mannloch zum Befahren des Apparates. Die stehende Rührwerkswelle wird im Unterteil des Apparates in einem Halslager geführt; das nach unten vorstehende Wellenende trägt einen kurzen, gebogenen Flügel, der den Bodenunterteil und den Ablaufstutzen freihält. Das Rührwerk besteht aus kreuzweise angeordneten Flacheisenrahmen, die mit kleinem Spiel von etwa 5 mm zwischen Gegenrechen hindurchgehen, die an der Kesselwand angebracht sind. Unterhalb des Rührwerks kreist ein schaufelartig gebogener Quetschflügel, der Klumpen und Knollen, die als ungelöste Bestandteile der Viscose niedersinken, erfaßt und zerquetscht. Der Kraftbedarf beträgt bei einem Kesselinhalt von etwa 5000 l rund 12 PS. Aus der Gesamtanordnung in Abb. 1357 geht hervor, wie der Löseapparat in die Gesamtapparatur eingegliedert wird. Die Cellulose wird nach Behandlung mit Schwefelkohlenstoff in der Sulfidiertrommel durch einen Trichter in den Lösekessel abgelassen. Nach erfolgter Lösung wird die Viscose durch Luftdruck, Vakuum oder durch eine Umlaufpumpe in den ersten Viscosekessel, von hier durch die erste, zweite und

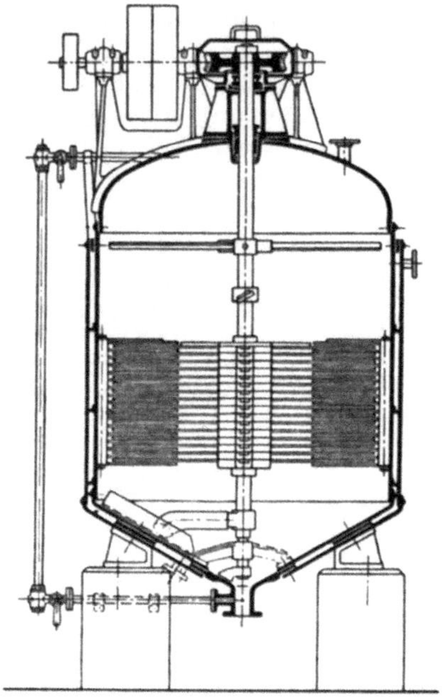

Abb. 1356. Viscoselöseapparat (Hartmann).

dritte Filtration in die Spinnkessel und nach erfolgter Reife auf die Spinnmaschine gedrückt.

Die in der Zeiteinheit in Lösung gehende Menge des festen Körpers nimmt mit steigender Konzentration des Lösemittels ab, ein Umstand, der sich namentlich bei der Herstellung hochkonzentrierter Lösungen unangenehm bemerkbar macht. Es sind daher wiederholt Apparate konstruiert worden, bei denen die Berührung des zu lösenden Stoffes mit dem schon konzentrierten Teil des Lösemittels vermieden wird. Abb. 1358 zeigt z. B. einen derartigen Apparat der Salge-Bühler-G. m. b. H., Berlin, der zur Lösung fester Ätzalkalien bestimmt ist. Der zu lösende Stoff (z. B. der Inhalt einer Ätznatrontrommel) wird ohne vorherige Zerkleinerung in den oberen Teil des Apparates eingebracht, worauf dieser bis über den Rand des Innenkessels mit Wasser gefüllt wird. Das Ätznatron beginnt sich zu lösen, und die entstehende Lösung sinkt infolge ihres höheren spez. Gewichtes durch das Verbindungsrohr nach unten, sammelt sich am Boden des unteren Behälters und drückt dadurch neues Wasser durch das äußere Steigrohr über den Rand des Innenbehälters, so daß der zu lösende Block immer von reinem Wasser bespült wird und die Lösegeschwindigkeit während des ganzen Vorgangs gleich groß bleibt. Am Auslauf des Zirkulationsrohres ist im unteren Behälter ein von außen zu bedienender Drehschieber eingebaut, der zur Regelung der Umlaufsgeschwindig-

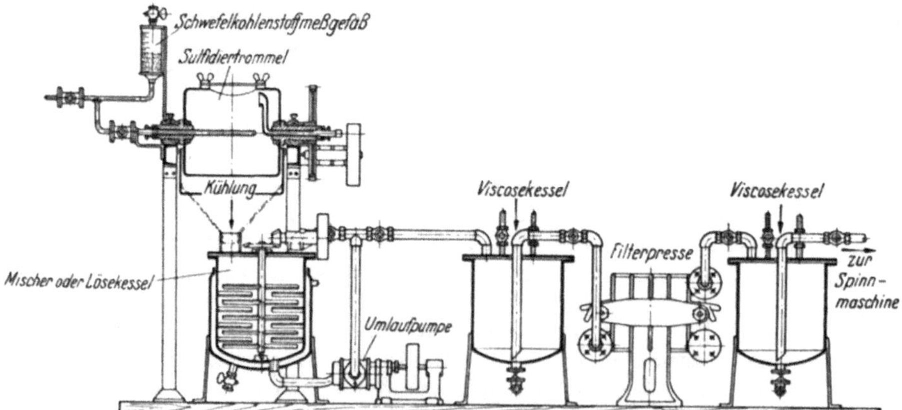

Abb. 1357. Sulfidier-, Löse- und Viscosestation für Kunstseidenherstellung.

keit der Flüssigkeit dient. Die Lösung wird durch den in beiden Rohren erfolgenden Austausch der Lösungswärme beschleunigt, so daß z. B. zum Lösen von 300 kg Ätznatron etwa $1^1/_2$ std gebraucht werden. Die Apparate werden auch in größeren Abmessungen für Leistungen bis 100 t Natronlauge in 24 std gebaut. — Einen nach ähnlichen Grundsätzen gebauten Apparat der Deutschen Ton- & Steinzeugwerke A.-G., Berlin, zur Lösung von Zucker zeigt Abb. 1359. Er besteht aus einem äußeren zylindrischen Steinzeuggefäß mit Ablaufstutzen am Boden, das innen mit einem Rand zum Auflegen einer Siebplatte versehen ist. Auf diese wird eine Schicht Filtermasse gelegt und mit einer zweiten Siebplatte beschwert. In das äußere Gefäß ist ein zweites mit gelochtem Boden eingehängt, das zur Aufnahme des Zuckers dient und durch einen Deckel geschlossen wird. Beim Aufgießen von Wasser oder Fruchtsaft löst sich der Zucker allmählich auf, die Lösung läuft durch den Boden des Einsatzgefäßes und staut sich vor dem Filter, sich dabei nach und nach anreichernd. Erst wenn der Zuckergehalt auf etwa 66 Proz. gestiegen ist, läuft die Lösung durch das Filter in den unteren Raum des Apparates. Der Apparat wird mit einem Fassungsraum von 25—300 l für eine Leistung von 12—200 kg/std hergestellt.

Abb. 1358. Löseapparat (Salge).

Für die chemische Großindustrie ist das absatzweise Lösen in einzelnen Lösekesseln besonders wegen des hohen Dampfverbrauches und der erforderlichen umständlichen Bedienung unwirtschaftlich. Man verwendet daher vielfach statt der umfangreichen Lösebehälter stetig arbeitende Löseapparate, deren Beheizung ebenfalls mittelbar oder unmittelbar erfolgen kann. Sie arbeiten in der Regel nach dem Gegenstromprinzip. Einen derartigen, sog. Schneckenlöseapparat der Fried. Krupp-Grusonwerk A.-G., Magdeburg, zeigt Abb. 1360. In einem gußeisernen Trog von 12—16 m Länge und 1,9 m li. Weite dreht sich, eng anschließend an die untere Trommelwandung, eine Rührvorrichtung, die das Lösegut dauernd umwälzt und in Bewegung hält. An den Seitenwänden des Troges sind Heizschlangen mit 6 m² Heizfläche/1 m Troglänge angebracht; statt dessen kann aber auch Dampf unmittelbar in den Trog eingeblasen werden. Um durch wiederholtes Ablenken ein gründliches Durchmischen der Löseflüssigkeit zu erreichen, werden je nach Bedarf Zwischenwände in den Trog eingehängt. Beschleunigt wird der Lösevorgang durch besondere Hebeschaufeln, die an der Förderschnecke angebracht sind.

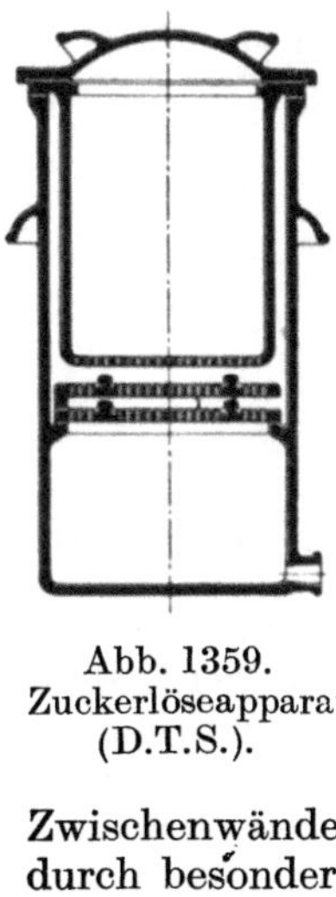

Abb. 1359. Zuckerlöseapparat (D.T.S.).

Die ungelöst mitgeführten Bestandteile und Verunreinigungen setzen sich vor dem Austritt der gesättigten Lösung ab und werden am Ende des Troges von einem ununterbrochen arbeitenden Becherwerk ausgetragen. Ähnlich arbeitende Löser werden auch für den Betrieb im Gleichstrom gebaut, bei denen, wie

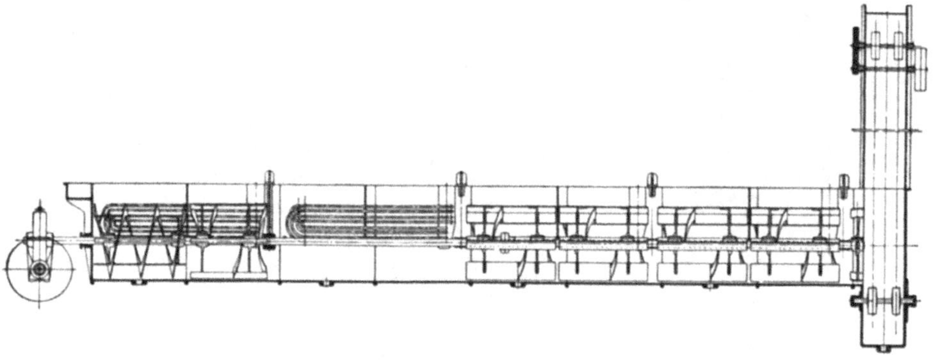

Abb. 1360. Stetig arbeitender Schneckenlöseapparat (Krupp-Grusonwerk).

das oft in Kaliwerken der Fall ist, auch mit zwei Löselaugen gearbeitet werden kann. Der Trog wird dann in zwei Abteilungen zerlegt, zwischen denen eine Hebevorrichtung eingebaut ist, die das Lösegut aus der einen Abteilung in die andere fördert. — Für Zwecke der Verarbeitung kleinerer Mengen als in den Kaliwerken dient ein Schneckenlöseapparat (Krupp-Grusonwerk) nach

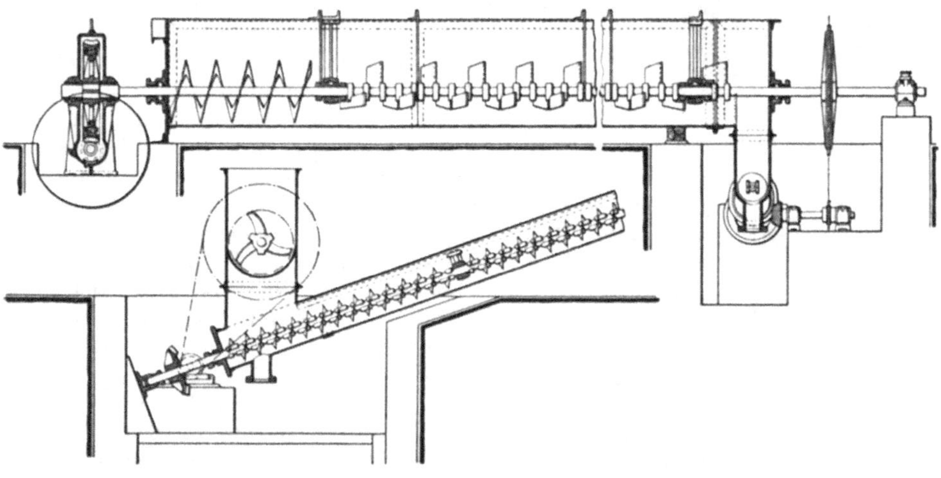

Abb. 1361. Stetig arbeitender Löseapparat für kleinere Mengen (Krupp-Grusonwerk).

Abb. 1361, der ebenfalls aus einem guß- oder schmiedeeisernen Trog von 7—12 m Länge mit eingebautem Rührwerk besteht. Die Rührflügel fördern das Lösegut nicht nur in der Längsrichtung durch den Trog, sondern durchmischen es auch dauernd mit dem Lösemittel, so daß ein gutes Auslösen erreicht wird. Das Austragen des Rückstandes erfolgt wieder durch ein Becherwerk oder durch eine Förderschnecke. — Eine eigenartige Rühr- und

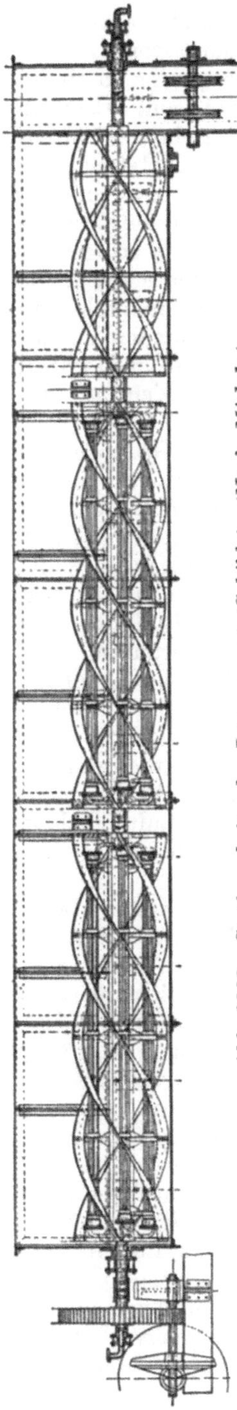

Abb. 1362. Stetig arbeitender Löseapparat (Schilde). (Nach *Michels*.)

Förderschnecke hat der in Abb. 1362 dargestellte Löseapparat der Benno Schilde A.-G., Hersfeld. Die Beförderung des Lösegutes durch den Trog geschieht hierbei durch vier auf einer Vierkantwelle angebrachte flache Schraubengänge von etwa 4 m Steigung. Die Schraubengänge werden aus Flacheisen gebildet, die muldenartig vertieft und mit Winkeleisen besetzt sind; letztere sollen den Vorwärtsgang des Lösegutes verzögern und daher ein gutes Auslösen gewährleisten.

Die Vorteile der stetig arbeitenden Löser sind vor allem der erheblich geringere Platzbedarf und die billigeren Anlagekosten; daneben stellt sich der Bedarf an Heizdampf wesentlich günstiger und die Belastung der Dampfkessel ist gleichmäßiger, weil die stoßweise Dampfentnahme der absatzweise arbeitenden Lösekessel fehlt. Außerdem ist die Bedienung der Apparate erheblich einfacher. Nachteile sind die reichliche Schlammbildung, hervorgerufen durch die starke Bewegung des Lösegutes, sowie die größere Abnutzung der vielen bewegten Teile und die damit verbundenen häufigen Reparaturen.

Lit.: *W. Michels*, Die Kalirohsalze, ihre Gewinnung und Verarbeitung (Leipzig 1916, Spamer). — Ununterbrochen im Gegenstrom arbeitender Löse- und Auslauge-Apparat (Chem. Apparatur 1920, S. 165). — *E. Wurtz*, Verbesserungen und Ergänzungen der Rührwerks- oder Löseanlage in der Kunstseidenfabrik (Chem. Apparatur 1931, S. 25); Der Lösevorgang und die Filtration bei der Herstellung von Kupferseide (Chem. Apparatur 1932, S. 123).

Moser.

Lösemittelrückgewinnungsanlagen

(s. auch Absorptionsapparate, Adsorptionsapparate, Folienerzeuger). Viele Industriezweige, wie die Kunstseiden-, Gummi-, Film-, Folien-, Leder-, Pulver-, Klebstoff-, Lack-, Asbest-, Kunstharz- und Celluloidwarenindustrie, verwenden flüchtige Lösungsmittel in Vorbereitungs- und Verarbeitungsverfahren (Quellen, Kneten, Plastizieren, Lösen, Mischen, Filtrieren, Pressen, Walzen, Streichen, Gießen, Imprägnieren, Tauchen, Spritzen, Spinnen, Trocknen), um kolloide, feste Stoffe in plastische Massen oder Lösungen zu verwandeln und auf diesem Wege Waren herzustellen, deren Erzeugung auf rein mechanische Weise zur Zeit unmöglich erscheint. Die bei diesen Verfahren freiwerdenden Lösungsmittelmengen müssen in geeigneten Anlagen der wirtschaftlichen Vorteile und der Gefahren wegen wiedergewonnen werden, die mit einem ungehinderten Austreten in die Arbeitsräume verbunden sind. Die bei den genannten Verfahren anfallenden

Lösungsmitteldämpfe sind mehr oder weniger mit Luft gemischt, je nachdem ob das Lösungsmittel bei dem Übergang aus dem flüssigen in den gasförmigen Zustand mehr verdampft oder verdunstet. In vielen Fällen beträgt der Anteil der entweichenden Lösungsmitteldämpfe mehr als die Hälfte der Lösung. Dennoch ist es bei der Rückgewinnung der Lösungsmittel schwierig, hohe Konzentrationen zu erhalten. Oft muß man mit 5 bis 20 g Lösungsmittel/m^3 Luft rechnen. Je nach Art, Menge und Preis der anfallenden Lösungsmittel ergeben sich bestimmte Mindestkonzentrationen, unterhalb deren sich die Wiedergewinnung nicht lohnt. Je flüchtiger ein Lösungsmittel ist, um so leichter läßt es sich in der Regel wiedergewinnen. — Bei allen Verfahren erhalten die Maschinen oder Apparate, an denen die Dämpfe entstehen, Ummantelungen oder Einkapselungen, deren Anlage auf die erforderliche Zugänglichkeit der Arbeitsflächen Rücksicht nehmen muß. Je dichter der Abschluß nach außen ist, um so höher wird auch der Gehalt an Lösungsmitteln in dem aus der Apparatur austretenden Dampf-Luftgemisch sein.

Zur Wiedergewinnung flüchtiger Lösungsmittel gibt es zwei Gruppen von Verfahren, die Ab- oder Adsorptionsverfahren (s. Absorptionsapparate, Adsorptionsapparate) und die Kondensationsverfahren. Die erste Gruppe arbeitet mit besonderen Mitteln, entweder mit Waschflüssigkeiten oder mit aktiven, festen Stoffen zur Trennung der Dämpfe aus der tragenden Luft. Bei der Kondensation gibt die mit Dampf angereicherte Luft infolge Kühlung durch Verflüssigung einen Teil ihres Gehaltes an Lösungsmittel ab. Die Lösungsmittel kommen daher mit anderen Stoffen nicht in Berührung.

Die Kondensationsverfahren können unter Luftleere, bei Atmosphärendruck und mit Überdruck ausgeführt werden. Bei der Kondensation unter Luftleere arbeitet man in der Regel mit absatzweise betriebenen Vakuumtrockenschränken (s. Vakuumtrockner), wobei eine Luftpumpe die Dämpfe ansaugt. Dabei ergibt sich eine schnelle Entfernung der Lösungsmittel, die in einem Kondensator niedergeschlagen werden. Die Kondensation unter Luftleere läßt sich nur durchführen, wenn man die lösungsmittelhaltigen Stoffe in einer allseitig geschlossenen, druckfesten Kammer unterbringen kann.

Die Kondensation unter Überdruck, die eine Verdichtung der Dampf-Luftgemische erforderlich macht, beruht darauf, daß sich die Konzentration der Lösungsmitteldämpfe bei einer Verringerung des Rauminhaltes unter entsprechender Drucksteigerung erhöht und bei einer Kühlung sich ein entsprechend größerer Anteil verflüssigt. Die Kosten für die Verdichtung sind jedoch so hoch, daß dieses Verfahren keine allgemeine Bedeutung erlangt hat.

Bei den nach dem Kondensationsverfahren unter Atmosphärendruck arbeitenden Wiedergewinnungsanlagen unterscheidet man:

1. Innenkondensation. Der Trockenraum, in dem die Lösungsmittel verdunsten, ist unmittelbar mit den Kondensationsräumen verbunden, so daß sich eine geschlossene Apparatur ergibt. Heiz- und Kühleinrichtungen sind darin so angeordnet, daß die in der Apparatur vorhandene Luft regelmäßig einen Kreislauf ausführt, wobei sie im Wechsel Lösungsmittel aufnimmt und wieder abgibt.

2. Außenkondensation. Trocknung und Kondensation finden in getrennten Räumen statt, die durch Kanäle oder Rohrleitungen miteinander verbunden sind. Durch Zusammenfassung mehrerer Apparate mit einer gemeinsamen Kondensation vereinfacht sich die gesamte Anlage.

3. Unmittelbare Kondensation (Einspritzkondensation). Bei diesem Verfahren wird ein Kühlmittel, beispielsweise kaltes Wasser, in den heißen Lösungsmitteldampf gespritzt (s. auch Mischkondensatoren), so daß die in den Dämpfen enthaltene Wärme durch unmittelbare Berührung mit dem Kältemittel auf dieses übergeht. Dieses Verfahren wird bei der Rückgewinnung von Lösungsmitteln nur selten angewandt, weil die Mischung des Lösungsmittels mit dem Kühlmittel in den meisten Fällen unerwünscht ist.

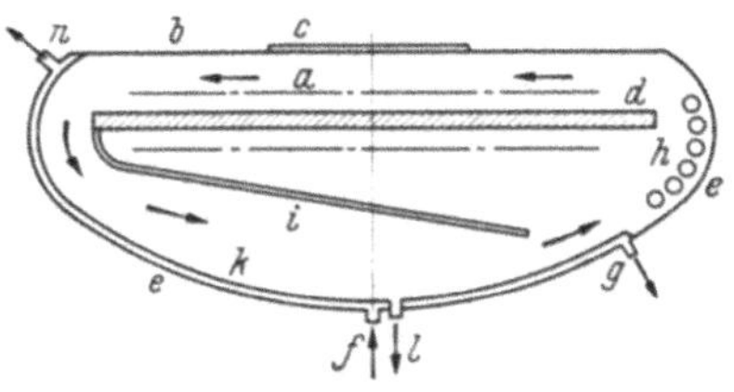

Abb. 1363. Kondensationsanlage für Lösemittelwiedergewinnung (*Boecler*).

Die Regelung des Luftumlaufs ist je nach Art und Bauweise der Arbeitsmaschinen verschieden. Bei Bandtrocken- und Gießmaschinen sieht man meist den Luftumlauf quer zum Lauf der zu streichenden Bahn vor. Die Arbeitsweise einer derartigen Anlage mit Innenkondensation zeigt Abb. 1363 (A. Boecler, Berlin). Über dem Tisch *d* läuft die Gewebebahn *a*, die von unten durch Rohre oder Wärmplatten beheizt werden kann. Die mit Klappen *c* versehene Decke *b* und die untere Ummantelung *e*, die auf der einen Seite als

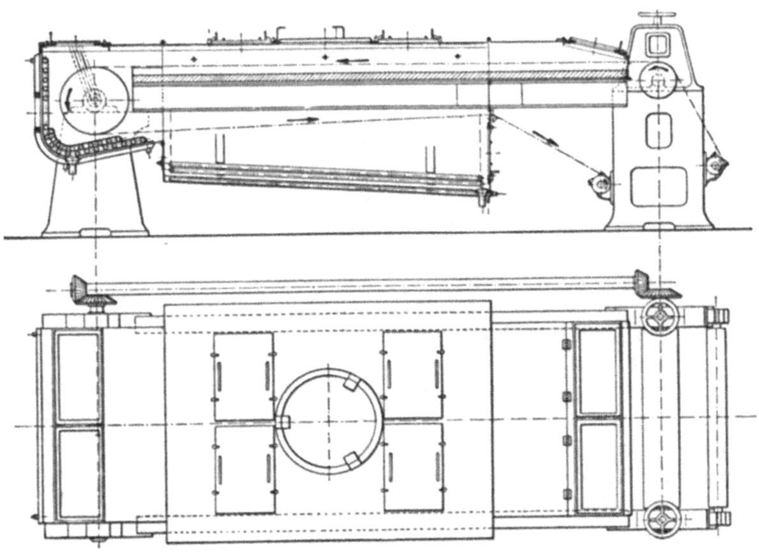

Abb. 1364. Schema einer Gummistreichmaschine mit Wiedergewinnungsanlage (Martini & Hüneke).

Kühlfläche *k* ausgebildet ist, bilden das Gehäuse. Das Kühlwasser läuft bei *f* zu und bei *g* und *n* ab. Auf der anderen Seite ist das Heizregister *h* eingebaut. Das Leitblech *i* führt die umlaufende Luft gegen die Kühlfläche. Die wiedergewonnenen Lösungsmittel laufen bei *l* ab. Die in der Anlage befindliche Luft nimmt die aus der Bahn entweichenden Lösungsmitteldämpfe auf. Da sich die Luft auf der einen Seite erwärmt und ausdehnt, auf der entgegengesetzten abkühlt und ihren Rauminhalt vermindert, entsteht auf der einen Seite ein Auftrieb, auf der anderen ein Abtrieb, so daß der gewünschte Umlauf einen ständigen Antrieb erhält. Die gesamte Kapselung des Trockentisches

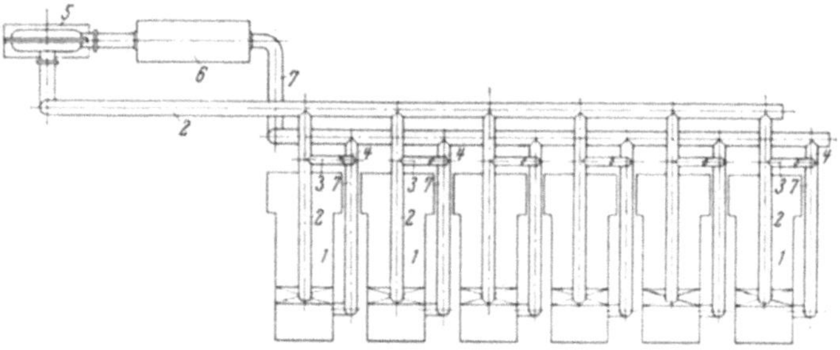

Abb. 1365. Zentralkondensationsanlage für sechs Streichmaschinen (*Boecler*).

kann man in mehrere Abschnitte unterteilen, in denen durch wechselnde Anordnung der Heiz- und Kühlsysteme Rechts- und Linksumlauf der Luft erreicht wird, wodurch eine gleichmäßige Trocknung begünstigt wird.

Auf- und Grundriß einer Gummistreichmaschine mit Innenkondensationsanlage zur Wiedergewinnung von Lösungsmitteln zeigt Abb. 1364 (Martini & Hünecke A.-G., Berlin). Die Zylinder zum Auf- und Abwickeln der Ware sind an dem Aufstreichende vorgesehen. Zur Kühlung der umlaufenden Luft dienen wasserdurchflossene Rohre. Zahlreiche Fenster und Klappen sichern einwandfreie Beobachtung und Zugänglichkeit. — Die Anordnung einer Außenkondensation in einer für sechs Streichmaschinen vorgesehenen Anlage ist auf Abb. 1365 (Bauart *A. Boecler*) dargestellt. Dabei bedeuten: *1* Streichtischkapselung, *2* Absaugleitung, *3* Luftumführung, *4* Umführungsklappen, *5* Ventilator, *6* Kondensator, *7* Rückleitung. — Einen senkrechten Trockenkanal mit Einrichtung zur Wiedergewinnung flüchtiger Lösungsmittel, der mit Innenkondensation arbeitet, zeigt Abb. 1366 (Bauart *A. Boecler*). Die mit Lösungsmitteldämpfen beladene Luft fällt in den unter dem Turm angeordneten Röhrenkondensator. Die lösungsmittelarme Luft wird durch beheizte Rohre wieder in den oberen Teil des Gehäuses geführt. Diese Bauart ist für spezifisch besonders schwere Dämpfe bestimmt. — Eine nach dem Innenkondensationsverfahren arbeitende Lösungsmittelwiedergewinnungsanlage (Bauart *A. Boecler*) für eine Trommelgießmaschine ist auf Abb. 1367 dargestellt. Die Trommel ist von zahlreichen

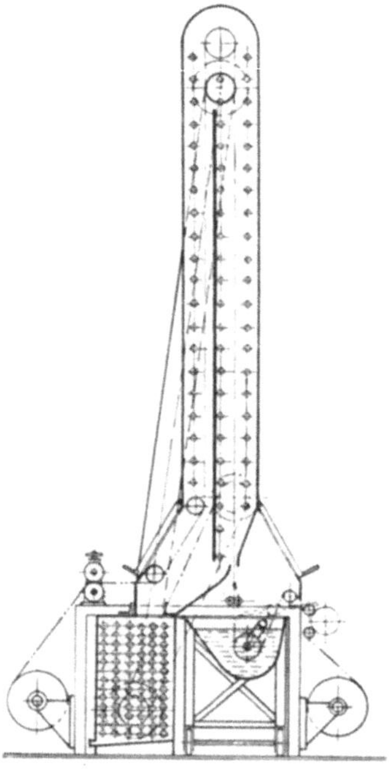

Abb. 1366. Senkrechter Trockenturm (*Boecler*).

Heizrohren umgeben. Hinter ihnen liegt eine Leitwand, die Verdampfungs- und Kondensationsraum voneinander trennt. Über diese Wand gelangt das aufsteigende Lösungsmittel-Luftgemisch in den Kühlraum. Die nachdrängende warme, angereicherte Luft drückt die absinkende kalte, lösungsmittelarme Luft nach unten zum Eingang in die Heizkanäle. Der oberste Teil der Trommel mit dem Gießer ist durch eine besondere Leitwand abgetrennt.

In ähnlicher Weise wie die beschriebenen Appaturen arbeiten auch die Tauchapparate zur Herstellung nahtloser Gummiwaren. Auf der einen Seite des Tauchkastens befinden sich Kühlrohre, auf der anderen Seite Heizrohre. Während des Verdunstungsvorganges ist der mit der Gummilösung gefüllte Kasten durch Deckel verschlossen, die nur während des Tauchens geöffnet werden.

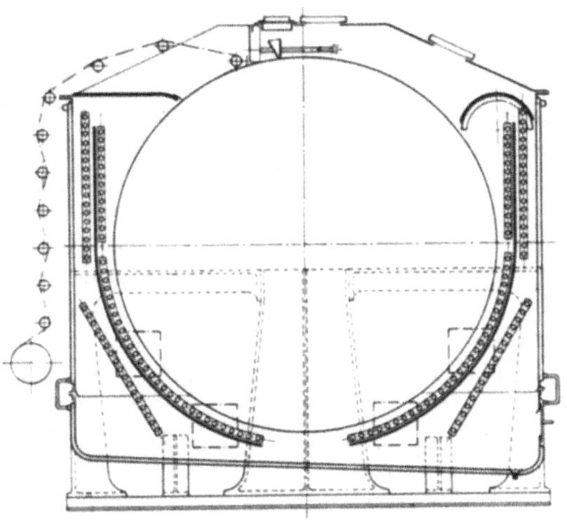

Abb. 1367. Lösemittelrückgewinnung an einer Trommelgießmaschine (*Boecler*).

Die Wiedergewinnungsanlagen mit Innenkondensation haben den Vorteil, daß sie ohne bewegte Teile arbeiten. Der Wasserdampfgehalt der Luft und der zu bearbeitenden Waren bedingt, daß sich wasserlösliche Lösungsmittel allmählich damit anreichern, so daß eine Rektifikation erforderlich wird. Das Kühlwasser selbst kommt mit den Lösungsmitteldämpfen nicht in Berührung, sondern fließt nur durch die Doppelwände und Kühlrohre. Ein gutes Arbeiten der Kondensationsanlagen bedingt, daß kaltes Kühlwasser zur Verfügung steht und daß der Betrieb möglichst wenig Unterbrechungen erfährt. Bei Arbeitsmaschinen verlangsamt warmes Kühlwasser die Verdunstung des Lösemittels. — Für die Wiedergewinnung von Benzin sind etwa 100 kg, für Alkohol 150—200 kg Wasser von 12° je kg Lösungsmittel erforderlich. Bei gemeinsamer Außenkondensation ergeben sich geringere Zahlen.

Besondere Beachtung verlangen die bei der Wiedergewinnung brennbarer Lösungsmittel möglichen Explosionsgefahren. In einzelnen Fällen können durch Reibung entstandene elektrische Aufladungen Funken erzeugen und so eine Entzündung herbeiführen. Man ist daher bestrebt, die Elektrizitätsbildung, beispielsweise durch Ionisierung der Kapselluft, Erdungsmaßnahmen, Ableitung der Aufladungen durch Leitwalzen, Anwendung von Metallbürsten, Metallrohren mit Spitzen usw., zu vermindern, oder die Explosionsgrenzen durch geeignete Zusätze zu den Lösungsmitteln herabzusetzen. Soweit erforderlich, sind die notwendigen Explosionssicherungen (s. d.) vorzusehen.

Die Wirtschaftlichkeit für den Betrieb richtet sich nach dem Anlagenpreis, der Lösungsmittelverbrauchsmenge, der Ausbeutehöhe und den Betriebskosten.

Beispiel für die Wirtschaftlichkeit einer Innenkondensationsanlage:

Preis einer Wiedergewinnungsanlage für eine Streichmaschine mit 4 × 2 m Heizplatte	RM.	3600.—
Täglicher Verbrauch an Benzin in 8 Stunden = 120 kg, Preis je kg RM. 0.20, also Gesamtwert des umgesetzten Lösungsmittels	,,	24.—
Mindestausbeute 80 Proz. = 96 kg		
Wert des wiedergewonnenen Lösungsmittels	,,	19.20
Kühlwasserverbrauch 8 m³, je RM. 0.20	,,	1.60
Dampfverbrauch 50 kg	,,	0.50
Überschuß/Tag ohne Tilgung und Zinsen	,,	17.10

Die Anlage macht sich daher betriebswirtschaftlich in kurzer Zeit bezahlt. Bei Lösungsmitteln mit höherem Einkaufswert bleiben die Betriebskosten ungefähr die gleichen, so daß die Abschreibung in noch kürzerer Zeit möglich ist.

Bei einem Vergleich mit den anderen Verfahren wird man jedoch von Fall zu Fall alle sonstigen Umstände (höhere Ausbeuten, Zahl der Arbeitsmaschinen, Art der Lösungsmittel, Einfluß auf Erzeugnisse, Arbeitsweise der Maschinen, Feuergefährlichkeit usw.) zu berücksichtigen haben, was besonders für die bekannten Adsorptionsverfahren (Carbo-Norit-Union, ausgeführt von Lurgi G.m.b.H., Frankfurt a. M., Silica-Gel G.m.b.H., Berlin, usw.) zu beachten ist. (Siehe auch Absorptionsapparate, Adsorptionsapparate.)

Lit. (s. auch bei Absorptions-, Adsorptionsapparate): *E. Schwarz*, Wie setzen wir die Verluste an flüchtigen Lösungsmitteln herab? (Berlin 1934, Allgem. Industrie-Verlag). — *O. Jordan*, Chemische Technologie der Lösungsmittel (Berlin 1932, Julius Springer). — *L. Piatti*, Die Wiedergewinnung flüchtiger Lösungsmittel (Berlin 1932, Pansegrau); Lösemitteldampf-Luftgemische (Chem. Apparatur 1929, S. 105). — *W. Herbert*, Wiedergewinnung verdunsteter Lösungsmittel (in *Ullmanns* Enzyklopädie der technischen Chemie, 2. Aufl., Bd. X, Berlin 1932, Urban & Schwarzenberg). — *W. M. Münzinger*, Das Kunstleder und seine Herstellung (München 1931, Genschel). — *Ortloph*, Die Rückgewinnung von Lösemitteln in der Industrie der plastischen Stoffe (Zbl. Gewerbehyg. 1930, S. 81). — *G. Weißenberger*, Über die Rückgewinnung flüchtiger Stoffe durch Kondensation (Kautschuk 1927, S. 162). — *E. Berl* u. *R. Bemmann*, Gewinnung und Wiedergewinnung flüchtiger Lösungsmittel (Chemische Ingenieurtechnik, Bd. III, Berlin 1935, Julius Springer).

Thormann.

Lote können nach ihrem Schmelzpunkt unterteilt werden in Weichlote (Schnellote, wie Lötzinn) und Hartlote (Schlaglote [auch Lötmessing], Silberlote [auch Lötsilber]). Die ersteren sind Blei- und Zinnlegierungen, während die letzteren Legierungen auf der Basis von Kupfer, Zink und Silber sind. Der Schmelzpunkt ist deshalb von besonderer Bedeutung, weil durch ihn die Löttemperatur festgelegt ist. An sich ist ein niederer Schmelzpunkt günstig, da dann das Gefüge des zu lötenden Metalles wenig beeinflußt wird, jedoch geben die ziemlich hochschmelzenden (über 700°) Hartlote in bezug auf Festigkeit die besseren Verbindungen. Vom mechanischen Standpunkte aus ist das Löten eine sehr brauchbare Verbindungsart, vom korrosionschemischen ist sie dagegen wesentlich ungünstiger zu beurteilen. Bei elektrochemisch so unedlen Metallen wie Aluminium sind daher, um Potentialdifferenzen zwischen Lot und Grundmetall zu vermeiden (s. Korrosion), nur Sonderlote (Al-reiche Legierungen) verwendbar. Bei Messing ist darauf hinzuweisen, daß gezogene und nicht ausgeglühte Rohre (Reckspannungen!) durch Eindringen von Lot aufreißen können. — Von den gebräuchlicheren Loten seien nachstehend die genormten Hartlote und die Normen für Lötzinn angeführt.

DIN 1710 vom April 1925.

Bezeichnung von Silberlot mit 4 Proz. Silber in Körnern: AgL 4 DIN 1710 Körner.

Die Bezeichnung ist bei Streifenlot aufzuschlagen.

Benennung	Kurzzeichen	Zusammensetzung Proz.			Schmelzpunkt	Lieferart	Verwendung
		Cu	Zn	Ag			
Silberlot 4	AgL 4	50	46	4	855	Körner	Lötung von Messing mit 58 Proz. u. mehr Cu; für feinere Arbeiten, wenn eine saubere Lötstelle ohne viel Nacharbeit erreicht werden soll, sowie für Lötung von Kupfer- und Bronzestücken.
Silberlot 9	AgL 9	43	48	9	820		
Silberlot 12	AgL 12	36	52	12	785		
Silberlot 8	AgL 8	50	42	8	830	Streifen (Stecklot)	
Silberlot 25	AgL 25	40	35	25	765		
Silberlot 45	AgL 45	30	25	45	720		

Für den Kupfer- und den Zinkgehalt ist eine Abweichung von ± 1 Proz. zulässig; der Silbergehalt darf dadurch keine Verringerung erfahren.

Bei Bestellung ist stets anzugeben, ob das Lot in Körnern oder in Streifen geliefert werden soll.

DIN 1711 vom April 1925.

Bezeichnung von Schlaglot mit 42 Proz. Kupfer: MsL 42 DIN 1711.

Benennung	Kurzzeichen	Zusammensetzung Proz.		Schmelzpunkt	Verwendung
		Cu	Zn		
Schlaglot 42	MsL 42	42	Rest	820	Lötung von Messing mit mehr als 60 Proz. Cu.
Schlaglot 45	MsL 45	45	Rest	835	2. u. 3. Lötung von Messing mit 67 Proz. Cu aufwärts.
Schlaglot 51	MsL 51	51	Rest	850	Lötung von Kupferlegierungen mit 68 Proz. und mehr.
Schlaglot 54	MsL 54	54	Rest	875	Wie MsL 51 und für Kupfer, Rotguß, Bronze, Eisen, Bandsägen.

Für den Kupfer- und den Zinkgehalt ist eine Abweichung von ± 1 Proz. zulässig. Lieferart: In Körnern.

DIN 1707 vom April 1925.

Das Lötzinn wird nach den Zinngehalten bezeichnet. Genormt werden nur Zinn-Blei-Lote, nicht dagegen Lote, die aus Blei mit anderen Stoffen: Antimon, Quecksilber, Wismut u. dgl. als Hauptbestandteil bestehen.

Bezeichnung von Lötzinn mit 50 Proz. Zinn: SnL 50 DIN 1707.

Die Bezeichnung ist einzugießen oder aufzuschlagen.

Benennung	Kurzzeichen	Zusammensetzung Proz.		Verwendung
		Sn	Pb[1])	
Lötzinn 25	SnL 25	25	75	für Flammenlötung (für Kolbenlötung nicht geeignet).
Lötzinn 30	SnL 30	30	70	Bau- und grobe Klempnerarbeit.
Lötzinn 33	SnL 33	33	67	Zinkbleche und verzinkte Bleche.
Lötzinn 40	SnL 40	40	60	Messing- und Weißblechlötung.
Lötzinn 50	SnL 50	50	50	Messing- und Weißblechlötung für Elektrizitätszähler, Gasmesser u. Konservenindustrie[2]).
Lötzinn 60	SnL 60	60	40	Lot für leichtschmelzende Metallgegenstände; feine Lötungen, z. B. in der Elektroindustrie.
Lötzinn 90	SnL 90	90	10	Besondere, durch gesundheitliche Rücksichten bedingte Anwendungen.

[1]) Antimongehalt. Als Vorlegierung zur Herstellung von Lötzinn wird in der Regel „Mischzinn“ verwendet, das aus 54,5 Proz. Zinn, 3,6 Proz. Antimon und 41,9 Proz. Blei

Um das teure Zinn zu sparen, werden neuerdings auch Legierungen von Zink mit Cadmium und von Blei mit Cadmium mit wenig Silber und Zinn verwendet.

Lit.: *P. Reinglass*, Chemische Technologie der Legierungen (2. Aufl., Leipzig 1926, Spamer). — *P. Schimpke*, Technologie der Maschinenbaustoffe (5. Aufl., Leipzig 1925, Hirzel). — *W. Burstyn*, Das Löten (Berlin 1927, Julius Springer). — *R. J. Snelling* u. *E. R. Thews*, Chem. Fabrik 1933, S. 443. — Dechema Werkstoffblätter, bearb. v. *E. Rabald* (Berlin 1935/36, Verlag Chemie).

Ra.

Lüfter, s. Ventilatoren, Gebläse.

Lufterhitzer *(s. auch Beheizungsvorrichtungen, Öfen, Wärmeaustauscher).* Apparate zur Erhitzung von Luft dienen zur Erwärmung oder zur Entnebelung von Räumen (s. Entnebelungsvorrichtungen), zur Trocknung durch Einbau in Lufttrocknern verschiedener Art (s. Trockner) und zur Erhöhung der Verbrennungstemperatur in Feuerungen, um das ausnutzbare Temperaturgefälle zu erhöhen. Nach der Art des Wärmeträgers unterscheidet man mit Dampf oder mit Heißwasser, mit elektrischer Energie oder mit Feuergasen beheizte Apparate.

Besteht das Heizmittel aus Dampf oder Heißwasser, so strömt die Luft durch ein System von runden oder elliptischen Rohren, durch die der Dampf oder das Wasser geht. Die Höchsttemperatur der Luft ist durch die Sattdampftemperatur des Heizdampfes oder durch die Höchsttemperatur des Heißwassers und das Mindesttemperaturgefälle gegeben. Mit Beheizung durch Heißwasser kann man die Temperatur besser regeln als mit Dampfbeheizung. Da in den meisten Fällen Heizmittel und Luft senkrecht zueinander strömen, gehören die Lufterhitzer in der Regel zu den Kreuzstromapparaten (s. d.).

Der elliptische Querschnitt der Rohre hat bei versetzter Anordnung den Vorteil, daß man höhere Luftgeschwindigkeiten anwenden kann als bei runden Rohren. Die gleichmäßige Strömung durch einen Erhitzer mit elliptischen Rohren, wie sie beispielsweise die GEA-Lufterhitzer G.m.b.H., Bochum, anwendet, zeigt Abb. 1368 gegenüber der Anordnung mit runden Rohren auf Abb. 1369, wo sich hinter den Rohren Wirbelfelder bilden, die einen Teil der Strömungsenergie verbrauchen. Der elliptische Querschnitt ist jedoch weniger zu empfehlen, wenn aus besonderen Gründen Steinansätze zu befürchten sind. — Die Rohre bestehen meist aus verzinktem Stahl oder verzinntem Kupfer.

Um die Wärmeübertragung der Rohre auf der Luftseite zu vergrößern, versieht man diese mit Rippen oder rechteckigen Lamellen (Lamellen-

---

besteht. Es darf daher im Lötzinn Antimon höchstens im Verhältnis von 3,6 : 54,5 zum Zinn enthalten sein. Ein geringerer Gehalt an Antimon oder Antimonfreiheit muß, wenn gewünscht, besonders ausbedungen werden.

[2]) Die Herstellung der Konservendosen findet gegenwärtig meist in der Weise statt, daß die Lötung unter Anbringung eines Falzes an der Außenseite vorgenommen wird.
Die Zusammensetzung von Außenloten unterliegt keinen gesetzlichen Bestimmungen.
Zulässige Abweichung im Zinngehalt: + 0,5 Proz. vom Zinngehalt.
Verunreinigungen: Das Lötzinn soll technisch frei sein von fremden schädlichen Bestandteilen, insbesondere von Zink, Eisen, Arsen.
Lieferart: In Blöcken, Platten oder Stangen nach Gewicht.

(Wiedergabe der Normenblätter mit Genehmigung des Deutschen Normenausschusses. Verbindlich ist jeweils die neueste Ausgabe des Normblattes im Normformat A 4, das beim Beuth-Verlag, Berlin SW 19, erhältlich ist.)

heizkörper). Je enger die Lamellen gestellt sind, um so besser ist die Wärmeabgabe und um so größer ist der Widerstand, den der Lufterhitzer der durchströmenden Luft bietet. Um das Ansetzen von Staub zu vermindern, sucht man derartige Apparate möglichst so einzubauen, daß die Lamellen senkrecht stehen.

Einen Lamellenlufterhitzer in verzinkter Ausführung der Maschinenfabrik Gg. Kiefer, Stuttgart-Feuerbach, zeigt Abb. 1370. An die beiderseitigen Rahmen

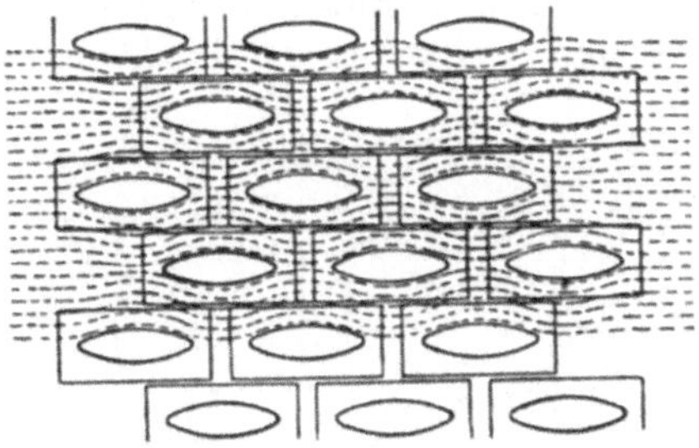

Abb. 1368.
Strömungsfeld bei elliptischen Rippenrohren (GEA-Lufterhitzer G. m. b. H.).

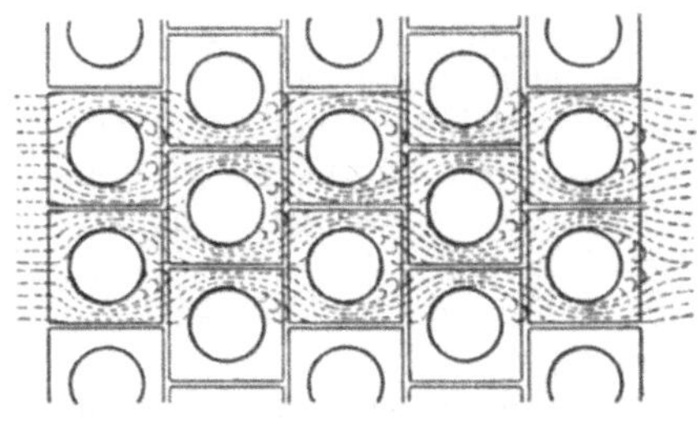

Abb. 1369.
Strömungsfeld bei runden Rippenrohren (GEA-Lufterhitzer G. m. b. H.).

werden Luftkanäle angeschlossen. Sie werden für eine stündliche Leistung von etwa 1000 kcal bis 1 000 000 kcal gebaut. — Die Rohre der Lamellenlufterhitzer sind in Reihen nebeneinander in zwei Sammelkammern oder in mehreren Sammelrohren befestigt. Es entstehen dadurch Erhitzerelemente, die durch Parallel- oder Hintereinanderschaltung jede Leistung erreichen lassen. Auf die Rohrböden aufgeschraubte Sammelkammern haben den Vorteil, daß man die Rohre leicht reinigen kann. Versieht man die einzelnen Elemente mit Absperrmitteln, so kann man in einfacher Weise die Erhitzung der Luft regeln. — Die mittleren Wärmedurchgangszahlen liegen für Lamellenrohre bei Dampfbeheizung etwa zwischen 25 und 50 kcal/m² · std · Grad und für Warmwasser zwischen 15 und 30 kcal/m² · std · Grad. Sie hängen von der Luftgeschwindigkeit ab. Die Wärmeleistung von Rippen- und Lamellenheizkörpern kann man auch auf 1 kg Gewicht des Erhitzers beziehen. Dabei ergibt sich beispielsweise, daß Rippenrohre aus Gußeisen für eine bestimmte Wärmeleistung doppelt so schwer werden als solche aus Stahl (*E. Schmidt* u. *W. Hindenburg*, Arch. Wärmewirtsch. 1931, S. 327). Statt der Lamellen oder Rippen können die Rohre auch nadelartige Erhebungen an den Heizflächen erhalten (Nadellufterhitzer, s. auch Chem. Apparatur 1934, S. 148). — In einzelnen Fällen verwendet man auch Luftröhrenkessel; sie fallen jedoch für gleiche Leistung meist erheblich teurer aus als Lamellenlufterhitzer und verursachen einen höheren Strömungswiderstand. — Für zahlreiche Zwecke genügt es, wenn

Abb. 1370.
Verzinkter Lamellenlufterhitzer für stehenden Einbau (Kiefer).

die Luft auf Temperaturen unter 100° erhitzt wird. In diesen Fällen ist die Beheizung durch Abdampf besonders vorteilhaft.

Die elektrischen Lufterhitzer bestehen aus einem Blechgehäuse, das mit den stromführenden Widerständen ausgefüllt ist. Die Luft nimmt die Wärme unmittelbar durch Leitung und Strahlung von den erhitzten Drähten oder Widerständen auf. Die Temperatur der Drähte und damit die Temperatur der erwärmten Luft kann den jeweiligen Zwecken der Lufterhitzung entsprechend in weiten Grenzen verändert und geregelt werden. Da hierbei Wärmeverluste nicht auftreten, sondern die Wärme restlos auf die Luft übergeht, ist der Wirkungsgrad der elektrischen Lufterhitzer sehr hoch. Sie eignen sich besonders dann, wenn die erforderliche Temperatur mit Dampfbeheizung nicht zu erreichen ist. — Einen Elektrolufterhitzer der Maschinenfabrik Gg. Kiefer von 58 kW Leistung zeigt Abb. 1371.

Abb. 1371. Elektrolufterhitzer von 58 kW Leistung. Schutzdeckel für die Anschlußklemmen abgenommen (Kiefer).

Zur Erwärmung der Luft mit heißen Feuergasen dienen mittelbar wirkende Apparate, die die Wärme der Feuergase mit Hilfe von Heizflächen auf die Luft übertragen, oder unmittelbar wärmeaustauschende Apparate, in denen sich die Luft mit den Feuergasen mischt.

Die mittelbar arbeitenden Apparate werden je nach der Höhe der Temperatur aus metallischen oder aus keramischen Baustoffen hergestellt. Die Art der zu verwendenden Werkstoffe richtet sich nach der gewünschten Temperatur. Im Beharrungszustand nehmen die Heizflächen eine Temperatur an, die zwischen der Temperatur der Feuergase und derjenigen der Luft liegt. Gußeisen und Flußstahl eignen sich für Temperaturen bis zu 400 oder 500°. Mit feuerbeständigen Metallen sind Temperaturen bis 700° zu erreichen. Sonderlegierungen, die jedoch verhältnismäßig teuer sind, halten Arbeitstemperaturen bis zu etwa 1300° aus.

Die Heizflächen haben bei der Feuergasbeheizung die Form von Platten oder Rohren. Die Platten- oder Taschenlufterhitzer bestehen aus einer großen Zahl nebeneinander angeordneter Bleche oder Platten, die zur Wärmeübertragung eine Anzahl von Kammern bilden, durch die abwechselnd Luft oder Heizgase strömen. Einen Ausschnitt aus einem Taschenlufterhitzer zeigt schematisch Abb. 1372 (Chem. Apparatur 1932, Beil. Korr., S. 10). Gas und

Luft strömen senkrecht zueinander, also im Kreuzstrom, durch den Wärmeaustauscher. Da der Strömungswiderstand eines einzelnen Plattenerhitzers verhältnismäßig gering ist und auch seine Heizfläche allein nicht ausreichen würde, schaltet man meist mehrere Apparate hintereinander und führt Gase und Luft im Gegenstrom durch die einzelnen Elemente, wie Abb. 1373 mit einem Beispiel zeigt (Wolf Netter & Jakobi-Werke, Berlin). (Siehe auch Gegenstromapparate.)

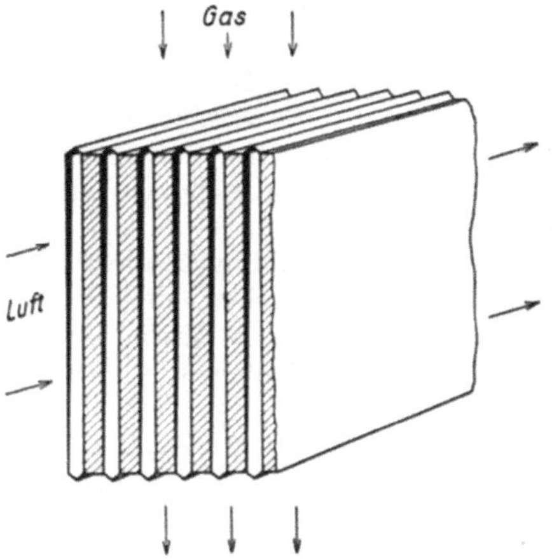

Abb. 1372.
Lufteintrittsseite eines Taschenluftvorwärmer-Elementes.

Platten- oder Taschenlufterhitzer haben den Vorteil, daß man auf beschränktem Raum eine sehr große Heizfläche unterbringen kann. Die Platten müssen so angeordnet sein, daß sich Flugasche in ihnen nicht festsetzen kann. Auf gute Reinigungsmöglichkeit muß Bedacht genommen werden.

Aus Rohren gebildete Heizflächen werden in Lufterhitzern für Feuergasbeheizung mit oder ohne Rippen verwendet (Caloriferen). Die zu erhitzende Luft strömt meist durch die Rohre (s. auch Beheizungsvorrichtungen). Damit ausreichende Temperaturen erreicht werden können, führt man die Luft meist durch mehrere Rohre, die schleifenartig hintereinander geschaltet sind. Besonders widerstandsfähig sind hängende Schleifen, die von oben in den Raum hineinragen, durch den die Heizgase strömen. Die Heizflächen müssen bei der Feuergasbeheizung so angeordnet sein, daß sie den Ausdehnungen infolge Temperaturänderungen folgen können, da sich sonst an den beanspruchten Stellen Risse bilden.

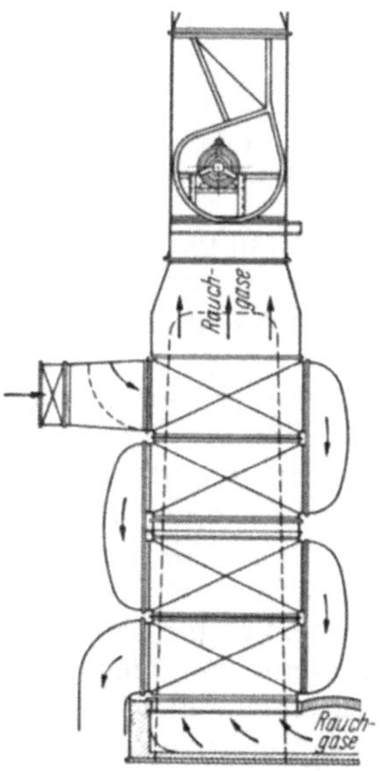

Abb. 1373. Taschenlufterhitzer mit hintereinandergeschalteten Elementen (Netter & Jacobi).

Mit Feuergasen beheizte Lufterhitzer können vorübergehend erheblich höhere Temperaturen annehmen als der mittleren Arbeitstemperatur entspricht. Wird beispielsweise ein derartiger Lufterhitzer plötzlich abgestellt, so kann das heiße Mauerwerk der Erhitzerkammer noch so viel Wärme abstrahlen, daß die Temperatur der Wandungen des Lufterhitzers erheblich steigt, da die Kühlwirkung der durch den Erhitzer strömenden Luft dann fortfällt und der Kamin unter Umständen weiter heiße Luft durch die Kammer saugt. Beim Abstellen des Lufterhitzers muß in solchen Fällen für Kühlung durch Zufuhr kalter Luft gesorgt werden.

Für hohe Temperaturen müssen keramische Werkstoffe verwendet werden. Derartige Lufterhitzer setzt man aus einzelnen Platten oder Röhrensteinen zusammen. Sie dienen vorwiegend zum Vorwärmen der

Verbrennungsluft an Öfen und werden als Rekuperatoren (s. d.) bezeichnet.

Die Lufterhitzer können auch mit Speicherung arbeiten. Die gleichen Flächen, die die zur Lufterhitzung dienende Wärme aufnehmen, geben sie auf dem umgekehrten Wege in der gleichen Weise wieder ab. Die Wärme wird also von den austauschenden Flächen gespeichert, und diese werden, wenn die Höchsttemperatur erreicht ist, der Einwirkung der heißen Gase entzogen und mit der kalten Luft in Berührung gebracht, die die gespeicherte Wärme wieder aufnimmt. Hierzu dienen zwei Bauarten:

Die Kanäle für die Heizgase und die kalte Luft stehen unverändert fest, wobei sich die Wärmeaustauschflächen ununterbrochen zwischen den Stellen bewegen, an denen der Wärmeaustausch stattfindet. Zu diesen Einrichtungen gehört der *Ljungström*-Lufterhitzer. Die Wärmeaustauschflächen sind in Form zylindrischer, gleichachsiger Bleche auf einer sich langsam drehenden Welle untergebracht. Die Austauschflächen werden an einer Stelle erhitzt und geben danach bei der weiteren Bewegung des Erhitzers ihre Wärme an die kalte Luft ab. Derartige Erhitzer verwendet vorwiegend der Dampfkesselbau in größeren Anlagen, so daß hier auf sie nicht weiter eingegangen werden soll.

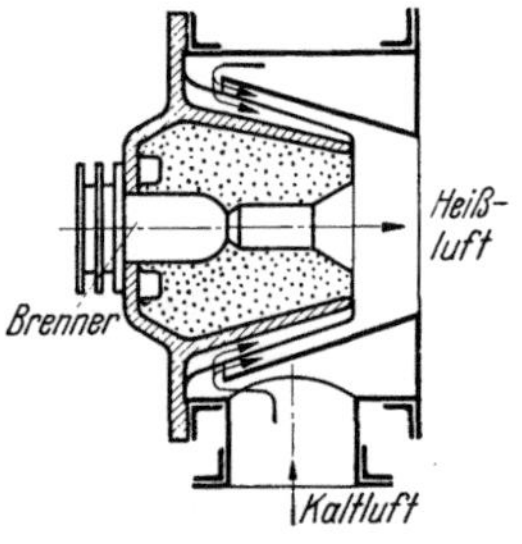

Abb. 1374. Unmittelbar wirkender Lufterhitzer (Schilde).

Bei dem zweiten Verfahren liegen die wärmeaustauschenden Flächen räumlich fest. Heizgase und Luft schaltet man in bestimmten Zeitabständen um, wenn Höchst- und Mindesttemperatur erreicht sind. Auf einen Speicherabschnitt folgt also regelmäßig eine Ausspeicherungs- oder Abgabezeit, so daß die Temperaturen in jedem Punkt periodisch zwischen bestimmten Grenzen steigen und fallen. Derartige Lufterhitzer werden nur aus keramischen Baustoffen, besonders zur Erwärmung von Gasen und Verbrennungsluft für Öfen, hergestellt und als Regeneratoren (s. d.) bezeichnet.

Die unmittelbar wirkenden Lufterhitzer bestehen aus einer Feuerung und einer geeigneten Luftzuführungsvorrichtung, in der sich Heizgase und kalte Luft mischen. Besonders eignen sich hierzu Gas- oder Ölfeuerungen. Unmittelbar wirkende Lufterhitzer wendet man zweckmäßig an, wenn die geringen, der Luft beigemischten Abgasmengen keinen schädlichen Einfluß auf das zu verarbeitende Gut ausüben. Sie können in Eisenausführung bis etwa 500° und in feuerfest ausgekleideten Bauarten bis 1000° Verwendung finden.

Bei dem auf Abb. 1374 dargestellten Lufterhitzer der Benno Schilde A.G., Hersfeld, ist der Brenner so in das Luftführungsgehäuse eingebaut, daß die zu erhitzende Luft gleichzeitig kühlend auf den Verbrennungskanal wirkt. Der Kaltluftanschluß liegt senkrecht zur Brennerachse. Die aufzuheizende Luft, die ein Ventilator zubringt, strömt, den Kasten des Verbrennungskanals kühlend und sich vorwärmend, in Form eines Kegels gleichmäßig verteilt zur Achse des Brenners in die heißen Abgase. Solche Lufterhitzer eignen sich besonders auch zur Wiederaufwärmung umgewälzter Luft- oder Gasmassen. Eine dem dauernd zugeführten Verbrennungsgas entsprechende Menge Umwälzluft entweicht dann aus einem drosselbaren Abzweig vor dem Kaltlufteintritt ins Freie.

Nahezu in allen Fällen muß ein Gebläse die gewünschten Luftmengen durch den Erhitzer drücken, da der natürliche Zug nicht ausreicht. Man versuchte daher, das fördernde Gebläse und die Heizflächen in einer einzigen Vorrichtung, einem sog. Lufterhitzergebläse, zu vereinigen (s. auch Gebläse). Dabei verwendet man sich drehende Gebläse, wobei durch die hohen Luftgeschwindigkeiten günstige Wärmeübergangszahlen erhalten werden. Bei allen Lufterhitzungsgebläsen sind besondere Abdichtungen zwischen den feststehenden und den sich drehenden Teilen erforderlich. Sie haben daher keine weite Verbreitung gefunden (vgl. *E. Schirm*, Feuerungstechn. 1935, S. 61).

Lufterhitzer können umgekehrt durch Speisung mit einem Kühlmittel auch als Luftkühler dienen. Die wichtigsten Anwendungsgebiete sind die Raumkühlung und die Kreislaufkühlung elektrischer Maschinen. Zur Kühlung von Gasen hat die chemische Technik meist Sonderbauarten entwickelt (s. auch Gaskühler).

Lit.: *F. Mode*, Ventilatoranlagen (Berlin 1931, de Gruyter). — *W. Trinks*, Industrieöfen (Berlin 1928, VDE-Verlag). — *H. Gröber*, *H. Rietschels*, Leitfaden der Heiz- und Lüftungstechnik (9. Aufl., Berlin 1930, Julius Springer). — *M. Hirsch*, Die Trockentechnik (Berlin 1932, Julius Springer). — *L. Silberberg*, Luftbehandlung in Industrie- und Gewerbebetrieben (Berlin 1932, Julius Springer). — *H. Balcke*, Die Abwärmetechnik (München/Berlin 1928, Oldenbourg). — *G. de Grahl*, Abwärmeverwertung zur Heizung und Krafterzeugung (München/Berlin 1926, Oldenbourg). — *M. Hottinger*, Heizung und Lüftung (München/Berlin 1926, Oldenbourg).

Thormann.

Luftkühler, s. Gaskühler, Kühler.

Luftpumpen *(s. auch Strahlverdichter)* dienen zur Erzeugung eines Unterdrucks in abgeschlossenen Räumen, besonders zum Zweck der Kondensation von Dämpfen bei einer geringeren Temperatur, als sie dem Atmosphärendruck entsprechen würde. Sie werden in der Hauptsache in folgenden drei Bauarten ausgeführt: 1. trockene, 2. nasse Kolbenluftpumpen, 3. Umlaufluftpumpen. — Auch die Strahlverdichter können als Luftpumpen verwendet werden. Für die Tiefdrucktechnik hat man einige Sonderbauarten entwickelt.

Die trockenen Luftpumpen saugen nur Luft an, um diese in die Atmosphäre zu stoßen. Sie sind daher in ihrer Bauweise den Kolbenkompressoren (s. d.) ähnlich. Die dort über die Bestimmung des Kraftbedarfs und die Ansaugeleistung gemachten Angaben kann man auch auf die trockenen Luftpumpen anwenden. Der größte Kraftbedarf einer Luftpumpe pro Kubikmeter tritt nicht bei dem tiefsten Vakuum, das die Luftpumpe erzeugen kann, sondern schon vorher ein. Die trockenen Luftpumpen können ein- oder mehrstufig ausgeführt werden. Einstufige Luftpumpen können ein Vakuum von 6—8 mm QS, besonders hochwertige Ausführungen auch bis zu 3 mm QS, zweistufige bis zu 0,5 mm QS erzeugen. Die Luftpumpen werden nicht nur mit selbsttätigen Ventilen, sondern vielfach mit Flach- oder Rundschiebersteuerungen ausgeführt. Luftpumpen mit Schiebersteuerung eignen sich besonders für höhere Luftleeren. Am Schieber selbst oder außerhalb des Schiebers werden Klappen angebracht, die sich öffnen, wenn der Innendruck die Spannung der Atmosphäre überschreitet. Die Luftleere, die mit Pumpen mit selbsttätigen Ventilen erzeugt wird, ist um den zur Öffnung der Saugventile notwendigen Druckabfall geringer als die mit gesteuerten Pumpen erreichte Luftleere. Mit abnehmendem Saugdruck nimmt die geförderte

Luftmenge infolge des stark sinkenden volumetrischen Wirkungsgrades und des stark zunehmenden spezifischen Volumens ab. Das angesaugte Volumen kann durch den sog. Druckausgleich vergrößert werden, indem man bei Beendigung des Druckhubs die im schädlichen Raum befindliche Luft durch einen besonderen Kanal auf die andere, unter der Saugspannung stehende Kolbenseite leitet und so durch den Luftausgleich einen Druck erzeugt, der

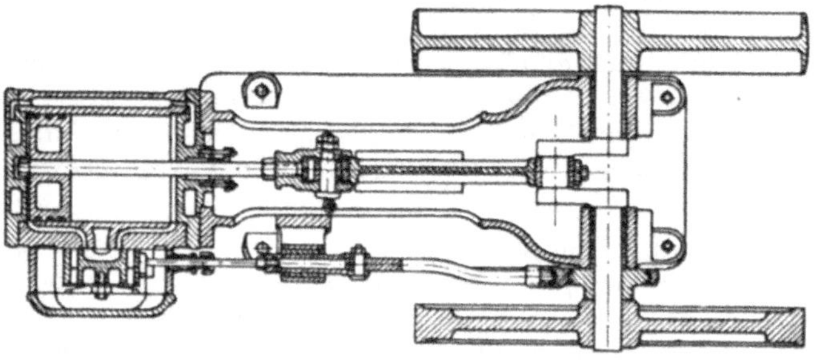

Abb. 1375. Trockene Schieberluftpumpe.

etwas höher als die Saugspannung ist. Bis zu 70 Proz. Luftleere ist der Unterschied zwischen Maschinen mit und ohne derartiger Überströmung gering. Der Druckausgleich wird besonders an Schiebersteuerungen ausgeführt, wobei der Ausgleichskanal in den Schieber eingegossen wird. Vor einer trockenen Luftpumpe muß möglichst ein Abscheider (s. d.) angeordnet sein, damit kein mitgerissenes Wasser in die Zylinder gelangt.

Eine einstufige trockene Luftpumpe amerikanischer Bauart ist auf Abb. 1375 dargestellt. Zylinder und Deckel werden durch Wasser gekühlt, das unten eingeführt und oben durch einen Ausfluß sichtbar abgeleitet wird.

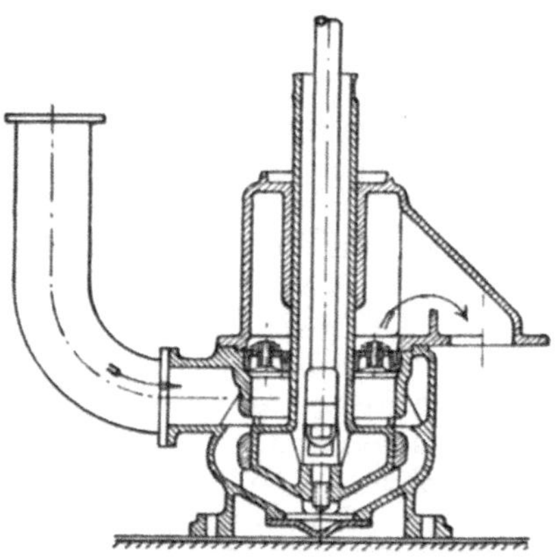

Abb. 1376. Naßluftpumpe nach *Edward* (Balcke).

Die Naßluftpumpen fördern nicht nur Luft, sondern gleichzeitig Wasser. Sie dienen besonders zum Betrieb von Mischkondensatoren, wobei die sonst notwendige Kühlwasserpumpe erspart wird. Vielfach wird der Einspritzkondensator unmittelbar an die Pumpe an- oder in diese eingebaut. Die Naßluftpumpen werden meist so ausgeführt, daß die Wasserförderung mit $^1/_4$ der Pumpenfüllung erfolgt. Sie werden ebenso wie die trockenen Pumpen ein- oder zweistufig ausgeführt. Luft- und Wassereintritt steuert man oft mit dem Kolben selbst durch Anordnung von Schlitzen.

Die *Edward*-Pumpe (Abb. 1376; Balcke) ist einfach wirkend und besitzt nur Druckventile. Die untere Seite des Kolbens steht mit dem Kondensator in Verbindung. Beim Niedergang des Kolbens wird das Kondensat, das sich unter dem Kolben befindet, in einen den Pumpenkörper umschließenden Mantel gedrückt und gelangt so in den Hubraum. — Ohne Ventile, lediglich durch einen von der Kurbelwelle betätigten und mit Schlitzen versehenen Rohrschieber arbeitet die Pumpe nach Abb. 1377 (Balcke, Bochum). Sie läßt infolge der gesteuerten Schlitze besonders große Wasserfüllungen zu.

Die Umlaufluftpumpen arbeiten meist mit sich drehenden Zellen, die während der Drehung ein bestimmtes Luftvolumen ansaugen und dann wieder verdrängen. In einem zylindrischen Gehäuse ist außermittig eine Walze angeordnet, in der sich eine Anzahl schaufelartig aus der Walze herausragender Schieber radial in Schlitzen bewegen. Diese legen sich (durch Federdruck) gegen die Innenfläche des Zylinders und bilden so die zur Förderung dienenden, bei einer Drehung der Walze einmal sich vergrößernden und wieder verkleinernden Hohlräume. Gegenüber den Kolbenluftpumpen ergeben die Umlaufluftpumpen meist geringere Wirkungsgrade.

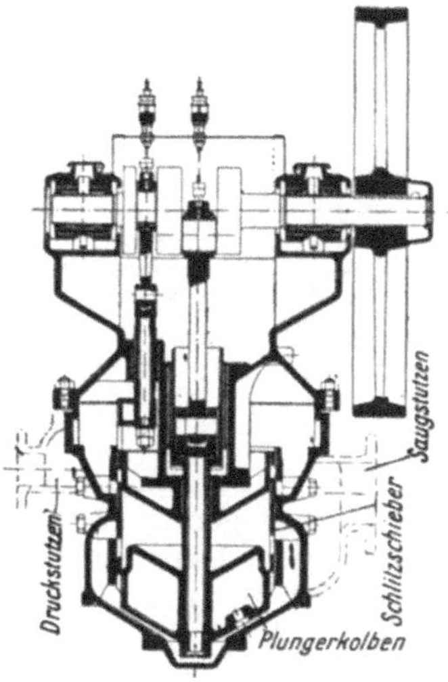

Abb. 1377. Stehende Schlitzschieber-Naßluftpumpe (Balcke).

Statt der schieberartig in der Walze beweglichen Schaufeln kann man auch feststehende anwenden, wenn man in dem Gehäuse einen Wasserring durch die Drehung sich bilden läßt (Abb. 1378). Die an den Seitenschilden angebrachten Saug- und Druckstutzen stehen durch Ein- und Austrittsöffnungen mit dem Inneren des Gehäuses in Verbindung, in dem sich ein Schaufelrad dreht, dessen Welle in den Seitenschilden außermittig zum Gehäuse gelagert ist. Durch die Drehung entsteht an der Innenwand des Gehäuses ein kreisender Wasserring, der mit seiner Innenseite zwischen den einzelnen Schaufeln Räume für die zu fördernde Luft abschließt. Weil das Schaufelrad mit seiner Achse nur parallel zur Gehäusemitte, der Wasserring aber mittig kreist, so muß sich die Größe der erwähnten Räume für die Luft während jeder Umdrehung des Schaufelrads ständig ändern. Auf der Saugseite vergrößern sich die Lufträume. Die Luft tritt infolge der durch diese Raumvergrößerung herbeigeführten Saugwirkung durch die Saugstutzen und die Eintrittsöffnungen in den Seitenschilden in die durch Schaufeln und Wasserring gebildeten Kammern ein. Diese Luft wird bei weiterer Drehung des Schaufelrades mitgenommen und auf der Druckseite, wo die Räume kleiner werden, verdichtet. Bei der Förderung von Gasen kann man an Stelle von Wasser auch andere Betriebsflüssigkeiten in der Pumpe verwenden, z. B. Natronlauge, Kalk-

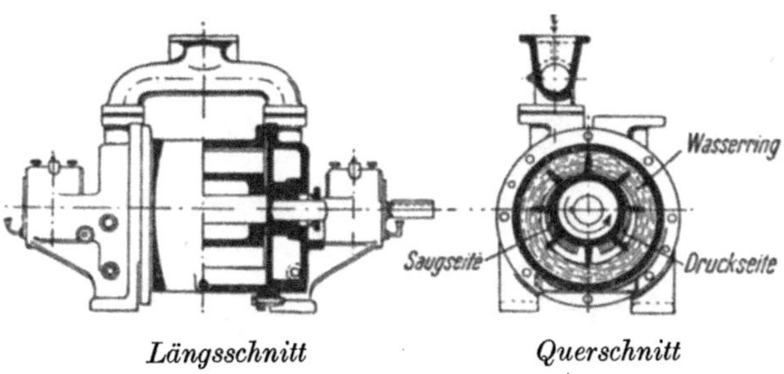

Längsschnitt *Querschnitt*

Abb. 1378. Umlaufluftpumpe (Siemens-Schuckert-Werke).

milch, Säure, und kann dadurch unter Umständen die Gase in der Pumpe selbst neutralisieren. Diese Pumpen werden für Fördermengen von 1 bis 40 m³/min gebaut. (Chem. Apparatur 1918, S. 102.)

Bei der auf Abb. 1379 dargestellten Bauart (Sihi-Pumpe der Firma Siemen & Hinsch G. m. b. H., Itzehoe) läuft das Flügelrad *b* außermittig in dem

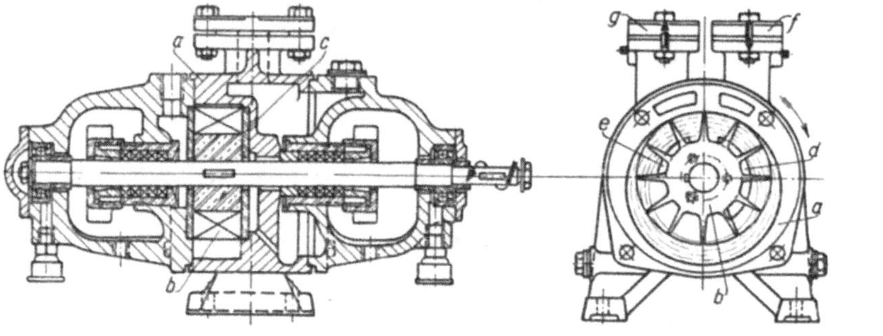

Abb. 1379. Sihi-Luftpumpe.

feststehenden Gehäuse *a*. Zur Inbetriebnahme wird das Gehäuse mit einer Hilfsflüssigkeit, meist Wasser, oder mit der Förderflüssigkeit gefüllt. Dreht sich das Laufrad, so stellt sich die Flüssigkeit gleichmittig in Ringform zur Gehäuseachse ein. Für die angegebene Drehrichtung entsteht dabei in den rechten Schaufelzellen ein Unterdruck, der Luft oder Gas durch den in der Steuerscheibe *c* angebrachten Saugschlitz *d* ansaugt. Im zweiten Teil der

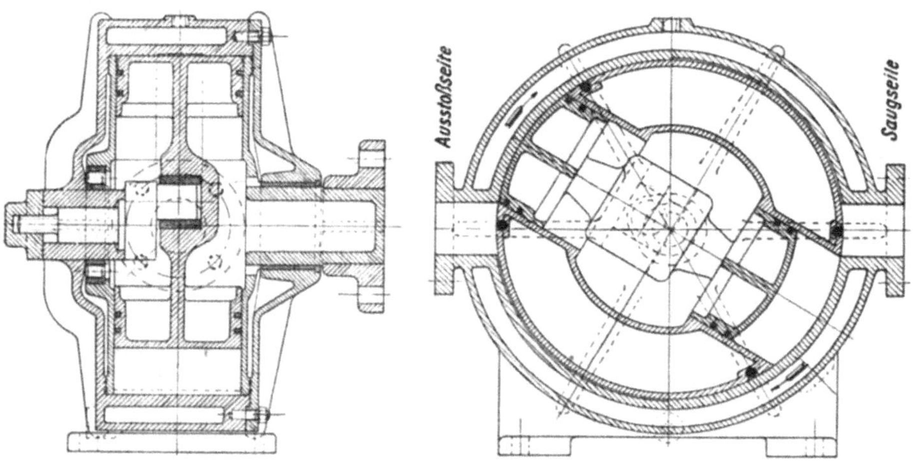

Abb. 1380. Ventillose, umlaufende Vakuumpumpe (Devine).

Raddrehung, also auf der linken Seite der dargestellten Luftpumpe, tritt die Flüssigkeit in die Schaufelzellen und drückt die geförderte Luft in den Druckschlitz *e*, der sich in der Steuerscheibe *c* befindet. Der Saugschlitz *d* ist mit dem Saugstutzen *f*, der Druckschlitz *e* mit dem Druckstutzen *g* verbunden. Auch diese Pumpe arbeitet ohne Ventile auf der Saug- oder Druckseite und bietet infolge der Drehbewegung eine bequeme Antriebsmöglichkeit durch unmittelbare Kupplung mit einem Elektromotor. Sie ergibt eine Luftleere bis zu 95 Proz. Um eine Erwärmung der Hilfsflüssigkeit im Gehäuse zu vermeiden, muß ständig Frischwasser zugeführt werden. (Siehe auch Chem. Apparatur 1933, S. 193.)

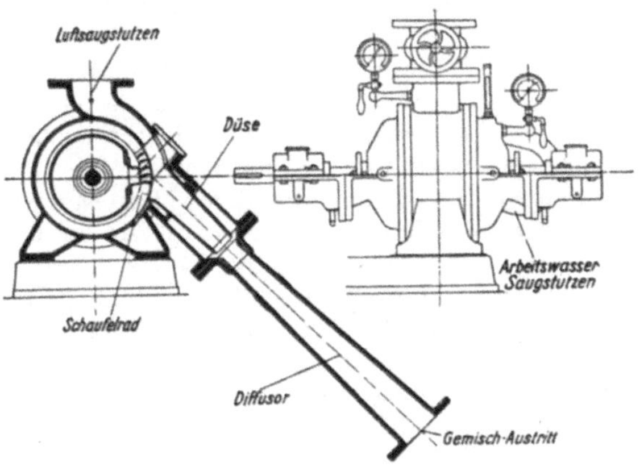

Abb. 1381. *Westinghouse-Leblanc*-Luftpumpe (Balcke).

Eine Sonderbauart, bei der in einem Drehteil zwei durch eine feststehende Kurbel hin und her bewegte Kolben die Luft ansaugen und auf der anderen Seite des Gehäuses ausstoßen, zeigt Abb. 1380 (Devine, Vernon). Die Pumpe arbeitet ohne Ventile. Alle beweglichen Teile laufen in Öl.

Die Wasserstrahl-Luftpumpen (s. auch Strahlverdichter) zeichnen sich infolge ihrer einfachen Bauart durch niedrigen Anschaffungspreis, große Betriebssicherheit, geringe Wartungskosten und kleinen Platzbedarf aus, haben jedoch ungünstige Wirkungsgrade. Sie

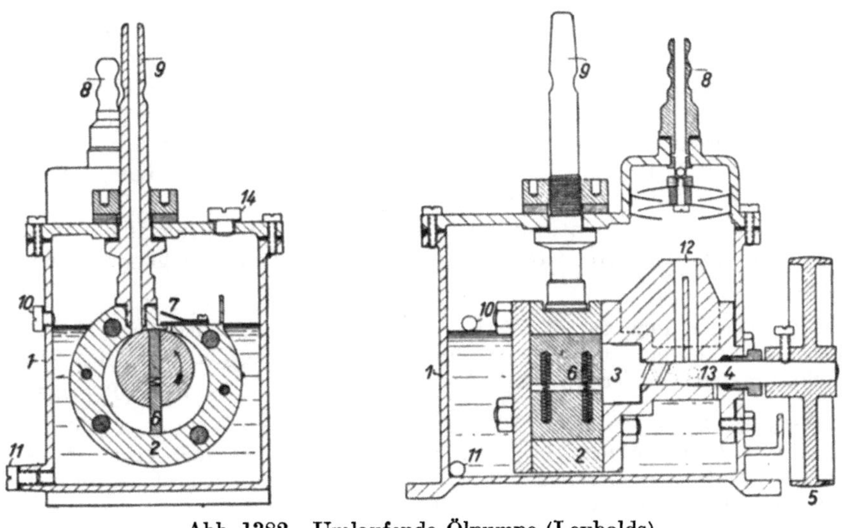

Abb. 1382. Umlaufende Ölpumpe (Leybolds).

bestehen aus einer Wasserdüse, aus der Druckwasser mit hoher Geschwindigkeit ausströmt, und einem Fangrohr, gleichen also in ihrer Bauart im allgemeinen den Strahlverdichtern. Über die Berechnung der Wasserstrahl-Luftpumpen s. *K. G. Klöne*, Untersuchungen an Wasserstrahl-Luftpumpen, Diss. Techn. Hochsch. Darmstadt 1932 (veröffentlicht 1934).

Mit Hilfe von Druckwasser arbeitet die *Westinghouse-Leblanc*-Pumpe (Abb. 1381; Balcke). Der eintretende Wasserstrahl wird durch ein Schaufelrad in viele Wasserscheiben zerlegt, die die anzusaugende Luft mitreißen, zwischen sich einschließen und verdichten. Das Luft-Wassergemisch tritt durch den Diffusor aus.

Ähnlich arbeiten Kreiselradluftpumpen. Die Luft wird von dem Arbeitswasser in einen stillstehenden Diffusor gerissen, der aus schief gestellten, strahlenförmig nach außen verjüngten Leitkanälen besteht, dort zwischen die entstehenden Wasserkolben eingeschlossen und so verdichtet.

Die beschriebenen Luftpumpen genügen im allgemeinen den Anforderungen der chemischen Technik, beispielsweise zur Erzeugung der Luftleere in bestimmten Trocknern (s. d.), Verdampfern (s. d.), Destillierapparaten (s. d.) usw., wo man meist mit einem Unterdruck von 100 bis 10 mm QS auskommt. Für besondere Trockenzwecke und für bestimmte Krystallisationsanlagen geht man bis auf etwa 1 mm QS herunter und muß dann zweistufige Luftpumpen wählen. Sind ausnahmsweise noch höhere Luftleeren erwünscht, wie es bei Versuchsanlagen vorkommen kann, so ist der Einsatz besonderer Tiefdruckpumpen erforderlich, die in der Regel aus einer Vorpumpe und der eigentlichen Tiefdruckpumpe bestehen.

Für besonders hohe Luftleere eignet sich die auf Abb. 1382 dargestellte *Gaede*sche Ölluftpumpe (E. Leybolds Nachf., Köln). Das Gehäuse *1*, dessen Deckel den Saugstutzen *9*, den Druckstutzen *8* und die Füllschraube *14* trägt, enthält in einem Ölbad die Kapsel *2*, in der das mit zwei Schlitzen versehene Drehstück *3* läuft, das durch die Riemenscheibe *5* über die Welle *4* angetrieben wird. In den Schlitzen bewegen sich zwei durch Federn nach außen gedrückte Stahlschieber *6*. Die durch *9* eintretende Luft gelangt also durch das Ventil *7* zum Druckstutzen *8*. Die Bohrungen *12* und *13* dienen zur Schmierung. Bei einer Drehzahl von etwa 550/min fördert eine derartige Pumpe etwa 1,5 m^3 Gas in der Stunde und erreicht einen Enddruck von $2 \cdot 10^{-2}$ mm QS. (Siehe auch *A. Martos*, Chem. Apparatur 1931, S. 85.)

Die sonstigen Tiefdruckpumpen haben für die chemische Technik, wenn man von den Laboratoriumsgeräten absieht, keine große Bedeutung erlangt.

Lit. (s. auch bei Pumpen): *K. Hoefer*, Untersuchungen an Luftpumpen für Kondensatoren. VDI-Forschungsheft 253 (Berlin 1922, VDI-Verlag); Die Kondensation bei Dampfkraftmaschinen (Berlin 1925, Julius Springer).

Thormann.

Lit. Chem. Apparatur: *A. Martos*, Hochvakuum in der Technik (1931, S. 85; Apparative Fortschritte der Hochvakuum- und Sorptionstechnik (1933, S. 64). — *H. Schröder*, Erreichbares Vakuum in Verdampfapparaten unter Einfluß des Kühlwassers. Luftpumpen für Hochvakuum (1933, S. 21). — *C. Ritter*, Rotierende ventillose Luftpumpen (1933, S. 193).

Lufttrockner, s. Bandtrockner, Trockner.

Lüftungsvorrichtungen, s. Dunstabzüge, Gebläse, Ventilatoren.

Lurgimetall, s. Lagermetalle.

M

Macerationsgefäße *(s. auch Digestoren, Perkolatoren).* Das Ausziehen von Drogen, Kräutern und anderen pflanzlichen Rohstoffen usw. durch Lösungsmittel (Auszugsmittel), beispielsweise Sprit, Äther usw., auf kaltem Wege bezeichnet man auch als Maceration. Die auszulaugenden Stoffe werden dabei entweder einzeln oder gemischt mit den übrigen Drogen, die auszuziehende Bestandteile enthalten, verarbeitet. Um den Übergang des Auszuges in das Lösungsmittel zu erleichtern, müssen die Rohstoffe fein zerteilt werden.

Zur Durchführung des Kaltausziehens arbeitet man meist mit einfachen Gefäßen aus Steinzeug, Holz, Glas oder verzinntem Kupferblech. Um Verluste durch Verdunsten zu verhüten, müssen die Gefäße mit einem dicht schließenden Deckel versehen sein. Unmittelbar über dem Boden des Macerationsgefäßes befindet sich ein Ablaufhahn zum Ablassen des Erzeugnisses. Ist das Gefäß mit einem vollkommen dichtenden Deckel verschlossen, beispielsweise durch eine Gummidichtung oder einen Wasserverschluß (s. Flüssigkeitsverschlüsse), so versieht man den Deckel zweckmäßig mit einem Entlüftungshahn, der vor dem Abfüllen geöffnet wird. — In der Regel erhält das Macerationsgefäß einen Siebboden, der, in der Höhe verstellbar, etwa im unteren Drittel des Gefäßes angeordnet ist und die auf ihm lagernden Drogen trägt. Unterhalb des Bodens sammelt sich die den schwereren Auszug enthaltende Lösung an. Um das Abfüllen in andere Gefäße zu erleichtern, stellt man die Macerationsgefäße in der Regel erhöht nebeneinander auf geeigneten Gestellen auf.

Die Maceration geht in der Regel um so schneller vor sich, je weniger die Drogen eingetrocknet sind, so daß sie sich leichter aufschließen lassen. Der Erfolg des Ausziehens hängt wesentlich von dem Verhältnis der Auszugsmittelmenge zur Drogenmenge und von der Art des Lösungsmittels ab, beispielsweise von dem Alkoholgehalt des lösenden Sprits, wobei mehr oder weniger wasserlösliche Stoffe ausziehen. Teilweise ist auch die Dauer der Einwirkung im Macerationsgefäß von Einfluß, da die am leichtesten löslichen Stoffe zuerst ausziehen und die schwerer löslichen Bestandteile allmählich folgen. Ist ein hoher Gehalt an Auszugsstoffen erwünscht, so wendet man das Auszugsmittel mehrfach an, wobei sich dieses immer stärker anreichert. Da nach der Maceration erhebliche Mengen des Auszugsmittels in den Rückständen verbleiben, zieht man diese vielfach noch mit Wasser aus, um die Reste zurückzugewinnen.

Macerationsgefäße wendet man nur dann an, wenn es sich um die Verarbeitung verhältnismäßig kleiner Mengen handelt, wie es bei der Herstellung von Likören und einzelnen Heilmitteln der Fall ist. Zum Kaltausziehen aus großen Stoffmengen dienen die Extraktionsapparate (s. d.). Th.

Magnesit, s. Keramische Werkstoffe.

Magnesium findet als Werkstoff für chemische Apparaturen zur Zeit noch wenig Verwendung, da es von den allermeisten Säuren und sauren Flüssigkeiten leicht angegriffen wird. Eine Ausnahme bildet die Flußsäure, gegen die Magnesium völlig beständig ist, da sich ein schützender Fluoridüberzug bildet. Gegenüber atmosphärischen Einflüssen verhält es sich ähnlich wie

Aluminium, von dem es sich sonst durch die Beständigkeit gegen alkalische Agenzien (Laugen, Seifen usw.) unterscheidet. Von Treibstoffen, neutralen Ölen und anderen neutralen organischen Flüssigkeiten wird Magnesium nicht angegriffen. — Die Reinheit des handelsüblichen Metalles ist hoch (99,7 Proz.), sein spez. Gew. ist 1,74, sein Schmelzpunkt 650°. Die Zerreißfestigkeit liegt zwischen 10,7 und 12,4 kg/mm² bei 4—5 Proz. Dehnung. Bei der Behandlung mit spanabhebenden Werkzeugen ist darauf zu achten, daß durch Überhitzung Entzündungen auftreten können.

Lit.: *Deutsche Gesellschaft für Metallkunde*, Werkstoffhandbuch (Nichteisenmetalle), herausg. v. *Masing, Wunder* u. *Groeck* (Berlin 1928, Beuth-Verlag). — *E. Rabald*, Werkstoffe u. Korrosion I (Leipzig 1931, Spamer). — Dechema-Werkstoffblätter, bearb. v. *E. Rabald* (Berlin 1935/36, Verlag Chemie). — *F. Regelsberger*, Chem. Technologie der Leichtmetalle und ihrer Legierungen (Leipzig 1926, Spamer).

Ra.

Magnesiumhartblei. Hierunter werden Legierungen des Bleis mit wenig (etwa 1 Proz.) Magnesium verstanden, die sich durch gute Härte und gute mechanische Eigenschaften auszeichnen. Ein geringer Aluminiumzusatz erhöht noch die Härte. Legierungen mit 1 Proz. Magnesium ähneln in ihren Eigenschaften dem Hartblei (s. Blei-Antimon-Legierungen). Chemisch sind sie wesentlich widerstandsfähiger als die als Lagermetalle (s. d.) benutzten Blei-Alkali-Metall-Legierungen und gleichen darin mehr dem Tellurblei (s. d.).

Ra.

Magnesiumlegierungen, s. Elektronmetalle. Duranalium ist eine Aluminium-Magnesium-Legierung, und zwar eine Aluminiumknetlegierung mit 7—9 Proz. Magnesium und 0,3—0,6 Proz. Mangan. Sie wird weich, halbhart und hart geliefert. Die Zerreißfestigkeit liegt je nach Verarbeitung zwischen 30 und 40 kg/mm² bei 4—24 Proz. Dehnung. Die Brinellhärte schwankt zwischen 80 und 100. Die Legierung ist beständig gegen Wasser und Salzlösungen.

Magnetit ist die Bezeichnung für Eisenoxyduloxyd (Fe_3O_4). Da dieses chemisch außerordentlich widerstandsfähig ist, wird es als Überzug auf Eisen oder in gegossener Form als Werkstoff für Elektroden (s. auch Elektrolyseure, S. 356) benutzt. Besondere Beständigkeit besitzt der Magnetit gegenüber anodisch entwickeltem Sauerstoff und Chlor. Die Entwicklung geeigneter Magnetitelektroden ist besonders durch die Chem. Fabrik Griesheim-Elektron erfolgt (DRP. 157122, 193367). Der guten Beständigkeit der Magnetitelektroden steht ihre ziemlich große Sprödigkeit nachteilig gegenüber. Der elektrische Widerstand des Magnetit beträgt bei 17° 0,03—0,05 Ohm/cm³, ist also erheblich höher als der der Metalle. Für die elektrolytische Herstellung von Perchloraten sind Magnetitanoden nicht günstig (*Howard*, Trans. Amer. electrochem. Soc. 1928, S. 51).

Lit.: *E. Rabald*, Werkstoffe u. Korrosion II (Leipzig 1931, Spamer). — Dechema-Werkstoffblätter, bearb. von *E. Rabald* (Berlin 1935/36, Verlag Chemie). — *F. Foerster*, Elektrochemie wässriger Lösungen (Leipzig 1922, Barth).

Ra.

Magnoliametalle, s. Lagermetalle.

Mahlgänge dienen zum Feinmahlen von Zementrohmaterial, Kalk, Kreide, Gips, Schwerspat, Ton, Farben, Kohle, Phosphaten, Salzen, Knochen,

Schamotte, Ziegelsteinbrocken, Erzen u. a., vorzugsweise in solchen Fällen, wo die Stoffe vollkommen eisenfrei vermahlen werden sollen, da die Mahlkörper aus entsprechend zugerichteten (behauenen und geschärften) Steinen bestehen und das Mahlgut mit Eisenteilen nicht in Berührung kommt. Im übrigen sind die Mahlgänge hauptsächlich durch die leistungsfähigeren Kugelmühlen (s. d.), bes. die Rohrmühlen, überholt. Zur Herstellung der Mahlsteine verwendet man hauptsächlich poröses Quarzgestein der sog. Süßwasserbildung, da es die härteste Gesteinsart ist und dem geringsten Verschleiß unterliegt.

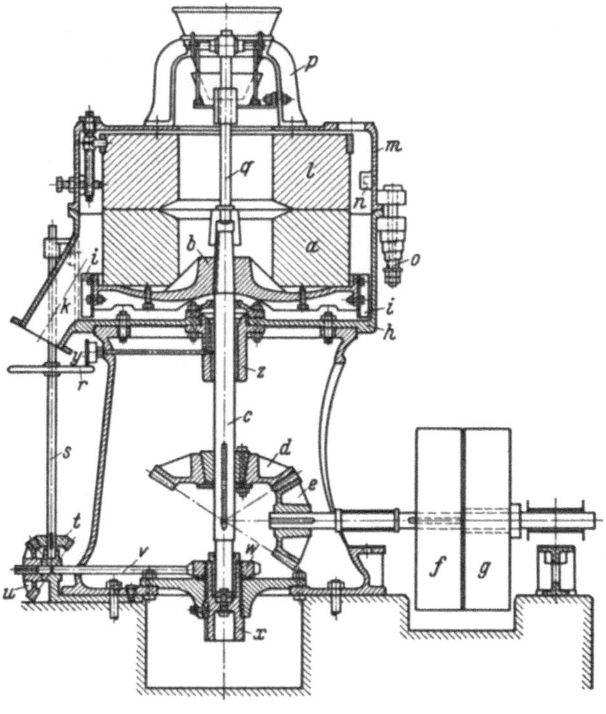

Abb. 1383. Unterläufer (Polysius).

Als Beispiel für die Einrichtung und Arbeitsweise der Mahlgänge sei ein Unterläufer in der Ausführung der G. Polysius A.-G., Dessau, beschrieben (Abb. 1383). Der Läuferstein *a* ruht auf der Mühlhaue *b*, einem tellerförmigen Gußstück, das von der stehenden Welle *c* (dem Mühleisen) getragen und in Umlauf gesetzt wird. Der Antrieb der Welle *c* erfolgt durch das Kegelräderpaar *d*, *e* von der Fest- und Losscheibe *f*, *g*. Der Läuferstein *a* ist von einer Schüssel *h* umgeben, die mit dem Gestell verschraubt ist und zur Aufnahme des Ausgutes dient. Die an der Mühlhaue *b* angebrachten Mitnehmer *i* fördern das Gefeinte zum seitlichen Auslaufstutzen *k*. Der obere, feststehende Stein *l* (Oberstein) ist an der gußeisernen Haube *m* mit drei Schrauben aufgehängt und durch Anschläge *n* gegen Verdrehung gesichert. Die Haube *m* ist mit der Schüssel *h* durch Volutfedern (Pufferfedern) *o* nachgiebig verbunden, damit der Oberstein beim Vorkommen von Eisenstücken u. dgl. nachgeben kann. Auf der Haube ist auch der Rüttelaufschütter *p* aufgeschraubt, der von der Verlängerung *q* des Mühleisens *c* betätigt wird. Beide Mühlsteine sind nachstellbar, und zwar der Oberstein durch die Aufhängeschrauben, der Unterstein (Läuferstein) durch ein Handrad *r*, Welle *s*, Kegelräderpaar *t*, *u*, Welle *v* und Schnecke mit Schneckenrad *w*, dessen Mutterngewinde auf das Schraubengewinde des Spurlagers *x* wirkt. Diese Vorrichtung nennt man Steinaufhelfung oder Lichtewerk. Bei *y* ist eine Schmiervorrichtung für das Halslager *z* vorgesehen. Gegenüber den Oberläufermahlgängen hat der Unterläufer den Vorteil, daß das aufgegebene Gut unmittelbar auf den schnell umlaufenden Unterstein gelangt, der es sofort durch seine Fliehkraftwirkung nach außen schleudert. Darauf beruht seine höhere Leistung. Im allgemeinen ist eine Sichtanlage nicht erforderlich, da das gewonnene Mehl von großer Feinheit und Gleichmäßigkeit ist. Gröbere Teilchen können nur durch unrichtige Einstellung des Obersteins oder durch Unachtsamkeit der Bedienung entstehen, so daß eine Sichtanlage höchstens als Sicherheitseinrichtung dienen kann. Die zu vermahlenden Stoffe werden dem Rüttelaufschütter in Erbsen- bis Haselnußgröße aufgegeben.

Mammutpumpen fördern mit Hilfe von Druckluft Wasser, Schlämme und andere Flüssigkeiten auch mit großen Beimengungen an festen Stoffen. Die Wirkungsweise beruht auf der Anwendung zweier unten verbundener Flüssigkeitssäulen, von denen die längere durch Einleiten von Preßluft in das untere Ende infolge der dadurch entstehenden Luftblasen leich-

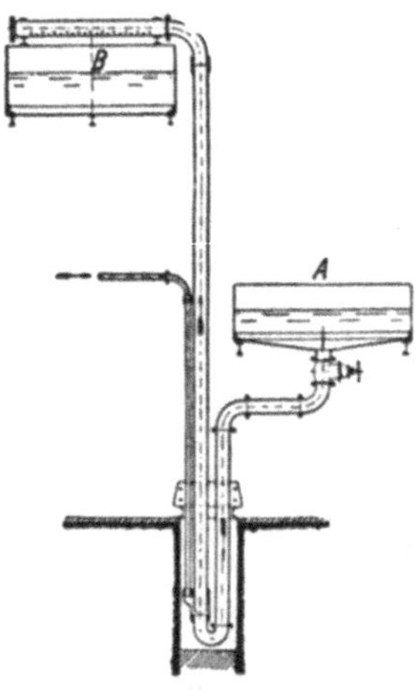

Abb. 1384.
Schema einer Mammutpumpe.

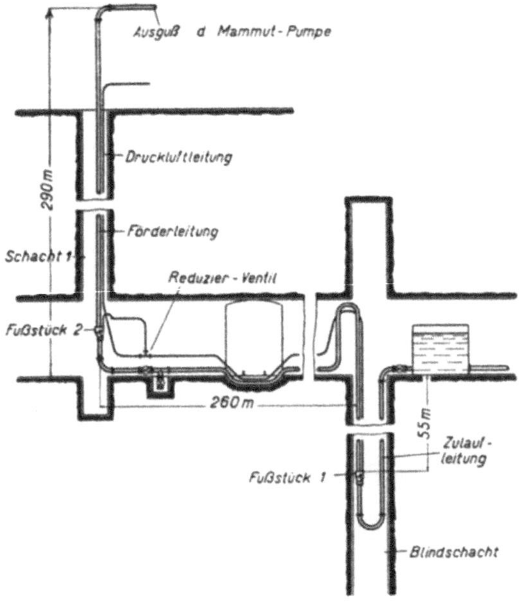

Abb. 1385. Mammutpumpe zur Förderung von Kalilösung (Borsig).

ter ist als die andere kürzere, so daß die Flüssigkeit in dem längeren Rohr hochsteigt. Eine Mammutpumpe besteht daher aus einem Kompressor mit Windkessel, der auch mehrere Pumpen gleichzeitig betreiben kann, einer senkrecht nach unten gehenden Preßluftleitung, die den eigentlichen Förderdruck erzeugt, oder einer entsprechenden Eintauchtiefe und der Förderleitung, an deren unterstem Ende die Preßluft durch ein besonderes Fußstück eingeleitet wird. In Abb. 1384 (Chem. Apparatur 1914, S. 168) ist *A* der Behälter, aus dem gefördert wird, *B* der hochstehende Sammelbehälter. Die Druckleitung von dem Behälter *A* bis zur Preßlufteinführungsstelle wird meist ungefähr ebenso lang gemacht, wie die eigentliche Förderhöhe von dem Behälter *A* bis zum Behälter *B*. Die Mammutpumpe arbeitet ohne Ventile oder sonstige bewegliche Teile, ihr Wirkungsgrad beträgt etwa 0,25—0,5, gerechnet zwischen

Luftkompressorantrieb und gehobener Flüssigkeit. Er wird bestimmt durch die Verluste, die infolge der Strömung des Wassers im Steigrohr und infolge der Strömung der Luft durch das Wasser entstehen. — Eine Ausführung der Maschinenfabrik Borsig, Berlin, mit der etwa 18—20 m³/std gesättigte Lauge, spez. Gew. 1,3, aus einem Kalibergwerk in die zugehörige chemische Fabrik geleitet werden, zeigt Abb. 1385. Die Förderverhältnisse sind auf der Abbildung angegeben. Der Luftüberdruck betrug 7,2 at. — Die Mammutpumpe kann auch als Rührpumpe verwendet werden (s. Rührvorrichtungen).

Besonderer Wert ist darauf zu legen, daß die Preßluft gleichmäßig auf den Umfang verteilt in das Förderrohr tritt und sie sich dadurch mit der Förderflüssigkeit in möglichst feiner Zerteilung mischt. Die Weite der Förderleitung hängt ab von der Förderhöhe, Eintauchtiefe, Fördermenge und den Eigenschaften der Förderflüssigkeit. Um hohe Leistungen zu erzielen, müssen die Strömungswiderstände möglichst gering sein.

Der Luftbedarf ergibt sich nach *Badger* u. *Mc Cabe* (Elemente der Chemie-Ingenieur-Technik, S. 62 [Berlin 1932, Julius Springer]) aus folgender Formel:

$$V_a = \frac{19{,}5\, H_t}{C \log \frac{H_s + 10{,}4}{10{,}4}}.$$

Hierin ist:

V_a = Luftvolumen in m³ bezogen auf Atmosphärendruck, das zur Förderung von 1 m³ Wasser erforderlich ist,

H_t = Gesamtförderhöhe, gemessen von der Oberfläche der Flüssigkeit bis zum Ausguß,

H_s = Eintauchtiefe, gemessen von der Flüssigkeitsoberfläche bis zum Lufteinlaß,

C = ein Zahlenwert, der der untenstehenden Zahlentafel zu entnehmen ist.

Förderhöhe H_t in m	C
3— 18,3	245
18,4— 61	233
62—155	216
155—198	185
199—229	156

Das Verhältnis der Eintauchtiefe zur Länge der Förderleitung $\frac{H_s}{H_s + H_t}$ soll dabei 0,66 bis 0,41 für 6 bis 150 m Förderhöhe betragen.

Lit.: *K. Hoefer,* Untersuchungen über die Strömungsvorgänge im Steigrohr eines Druckluft-Wasserhebers (Dissert. Berlin 1912, Forsch.-Arb. Ing.-Wes. 1913, Heft 138). — *F. Pickert,* Wirkungsgrad und Berechnungsgrundlagen von Druckluftwasserhebern (Dissert. Berlin 1931). — *C. N. Ward* u. *L. H. Kessler,* Experimental Study of the Air Lift-Pumps and Application of Results to Design (Bull. 1265, Univ. Wisconsin 1924). — *H. Behringer,* Die Flüssigkeitsförderung nach dem Prinzip der Mammutpumpe (Dissert. Karlsruhe 1930). — *G. J. Davis* u. *C. R. Weidner,* An Investigation of the Air Lift-Pump (Bull. 667, Univ. Wisconsin 1914). — *F. Pickert,* Einfluß der Rohrreibung auf die Wasserförderung von Druckluftwasserhebern (Z. VDI 1932, S. 638).

Th.

Manganbronzen sind Legierungen des Kupfers mit etwa 12 Proz. Mangan, die eine gute Warmfestigkeit (bei 400° 30 kg/mm² Zugfestigkeit bei 68 Proz. Dehnung) besitzen und deshalb für hochbeanspruchte Dampfleitungen und Ventile Verwendung finden.

Lit.: Dechema Werkstoffblätter, bearb. v. *E. Rabald* (Berlin 1935/36, Verlag Chemie).

Ra.

Manganin ist eine Legierung aus etwa 84 Proz. Kupfer + 12 Proz. Mangan + 4 Proz. Nickel. Es besitzt einen hohen elektrischen Widerstand (0,45 Ohm/mm² · m bei 20°), einen verschwindend kleinen Temperaturkoeffizienten der elektrischen Leitfähigkeit (0,00001) und eine kleine thermoelektrische Kraft gegenüber Kupfer und ist demgemäß besonders geeignet als Werkstoff für Präzisionswiderstände und für Heizbänder nicht zu hoch beanspruchter elektrischer Öfen.

Lit.: *P. Reinglass*, Chemische Technologie der Legierungen (2. Aufl., Leipzig 1926, Spamer). — Dechema Werkstoffblätter, bearb. v. *E. Rabald* (Berlin 1935/36, Verlag Chemie).

Ra.

Manganstähle verdanken die Anwendung hauptsächlich ihrer guten Verschleißfestigkeit. Stähle mit 10—13 Proz. Mangan (Zugfestigkeit bis 109 kg/mm² bei 80 Proz. Dehnung und 212 Brinellhärte) werden für Brechbacken, hochbeanspruchte Bolzen usw. verwendet. — Korrosionschemisch verhalten sie sich schlechter als gewöhnlicher Stahl.

Lit.: *P. Oberhoffer*, Das technische Eisen (Berlin 1925, Julius Springer). — *G. Mars*, Die Spezialstähle (Stuttgart 1922, Enke). — *E. Rabald*, Werkstoffe u. Korrosion I (Leipzig 1931, Spamer). — Dechema Werkstoffblätter, bearb. v. *E. Rabald* (Berlin 1935/36, Verlag Chemie). — *R. Schäfer*, Die Konstruktionsstähle u. ihre Wärmebehandlung (Berlin 1923, Julius Springer).

Ra.

Mannlöcher. Alle größeren, mit Druck oder Unterdruck betriebenen Apparate müssen von Zeit zu Zeit zur Prüfung, Reinigung oder Instandhaltung befahren werden (s. auch Dampffässer) und daher mit besonderen, meist ovalen Einschnitten zum Ein- und Aussteigen versehen sein, die man als Mannlöcher bezeichnet. Um ohne Gefahr durch das Mannloch gelangen zu können, muß es mindestens 300 × 400 mm weit sein. Die kleinste zulässige Weite beträgt etwa 280 × 380 mm. Der Verschlußdeckel wird in Druckgefäßen in der Regel von innen angelegt (s. Deckel). Er soll nicht aus Gußeisen bestehen. Die Dichtung muß stets so angeordnet sein, daß sie nicht durch den Innen- oder Außendruck herausgepreßt werden kann.

Die Anordnung eines Mannloches schwächt durch den großen Ausschnitt das Blech des Apparatemantels erheblich und ruft im Betriebe Spannungen hervor, die beim Entwurf zu berücksichtigen sind (s. auch Böden, Dampffässer). Soweit eine Erhöhung der Blechstärke nicht tragbar ist, hilft man sich durch Versteifungen der Ränder, durch Blechaushalsungen, Bördelungen des Mannlochrandes usw. Zur planmäßigen Entwicklung einer spannungstechnisch günstigen Form hat man Versuche ausgeführt, die gezeigt haben, daß verhältnismäßig einfache Abänderungen die Festigkeitsverhältnisse erheblich verbessern können. (Vgl. *E. Siebel*, Z. VDI 1934, S. 1149.)

In Apparaten zur Verarbeitung von festen Stoffen, wie in Extraktionsapparaten (s. d.), Auslaugapparaten (s. d.), können besondere Mannlöcher meist wegfallen, weil die Öffnungen zum Füllen und Entleeren gleichzeitig auch zum Befahren der Apparate dienen können. Eine der beiden Öffnungen muß dann jedoch mindestens die oben angegebenen Abmessungen besitzen.

Siehe auch Dampfdome, Böden. Th.

Lit. Chem. Apparatur: *H. Schröder,* Neuzeitliche Schweißkonstruktionen im chemischen Apparatebau (1934, S. 23).

Manometer, s. Druckmesser.

Mäntel, s. Doppelböden, Doppelmäntel.

Marineleim, s. Kitte.

Masken, s. Atemschutzgeräte.

Mehrkörperverdampfer (**Mehrfachverdampfer;** *s. auch Verdampfer, Einkörperverdampfer, Brüdenverdichter).* Verdampft man eine Flüssigkeit, so ist fast die gesamte zur Verdampfung zugeführte Wärmemenge in den aus der Flüssigkeit aufsteigenden Brüden vorhanden. Wenn irgend möglich, verwendet man daher diesen Dampf nochmals zur Beheizung eines anderen Körpers und diesen wieder in gleicher Weise, so daß die Wärme mehrfach ausgenutzt wird. Die Temperatur des Dampfes, mit dem der erste Körper beheizt wird, ist um den zum Wärmeübergang durch die Heizfläche notwendigen Temperaturunterschied höher als die Siedetemperatur der Flüssigkeit in diesem Körper. Der aus dem ersten Körper aufsteigende Brüdendampf, der zur Beheizung des nächsten Körpers dient, hat eine Temperatur, die um den zum Wärmeübergang in der Heizkammer des zweiten Körpers notwendigen Temperaturunterschied höher ist als die Siedetemperatur in diesem Körper. Das gleiche gilt für alle anderen, in Reihe geschalteten Körper. Das gesamte Gefälle zwischen der Temperatur des in die Heizkammer des ersten Apparates geführten Dampfes, der Frisch- oder Abdampf sein kann, und der Temperatur des aus dem letzten Körper abgehenden Brüdendampfes wird also bei der Mehrkörperverdampfung unterteilt, so daß für jeden Körper ein um so kleinerer Temperaturunterschied zur Wärmeübertragung verbleibt, je kleiner das gesamte Temperaturgefälle ist, das der Verdampfanlage zur Verfügung steht, und je größer die Körperzahl ist. Ebenso wird auch das ganze Druckgefälle entsprechend den in den einzelnen Körpern vorhandenen Siedetemperaturen derart unterteilt, daß der Druck von Körper zu Körper abnimmt. Um das Temperaturgefälle so groß wie möglich zu machen, und weil viele Stoffe besonders bei hohem Gehalt in der Flüssigkeit hohe Temperaturen nicht vertragen, legt man die untere Grenze des gesamten Temperaturgefälles so weit wie möglich nach unten, indem man den Brüdenraum des letzten Körpers an einen Kondensator anschließt. — Am zweckmäßigsten verwendet man zur Beheizung Maschinenabdampf, der in einer Kraftmaschine schon mechanische Arbeit geleistet hat. Die Forderung, den Dampf soweit wie möglich in der Maschine auszunutzen, ergibt außerdem immer eine möglichst niedrige Heizdampfspannung für den ersten Körper. Praktisch legt man die Heizdampfspannung über eine Atmosphäre (meist 0,1—0,75 at), damit das Kondensat aus dem ersten Körper mit einem gewöhnlichen Ableiter entfernt werden kann. Die nachgeschalteten Körper stehen dabei sämtlich unter teilweiser Luftleere. In größeren Anlagen werden vor die mehrstufige Vakuumverdampfanlage noch ein oder mehrere sog. Vorverdampfer geschaltet, von denen der vorderste Körper mit Frischdampf, höher gespanntem Abdampf oder mit Anzapfdampf betrieben wird. Besteht die eigentliche Vakuumverdampfanlage beispielsweise aus vier Körpern und die Vorverdampfung aus zwei Körpern, so wird der niedriggespannte Abdampf 4mal, der Frischdampf bzw. hochgespannte Anzapfdampf 6mal ausgenutzt. Erhöht man den Druck des gesamten Abdampfes auf 2—5 at oder mehr, so hat der aus dem letzten Körper kommende Dampf noch so hohe Temperaturen, daß man ihn für andere Zwecke verwerten kann und der Kondensator nur eine geringe Restdampfmenge niederzuschlagen hat (Druckverdampfung). Unter Umständen kann der Kondensator ganz wegfallen.

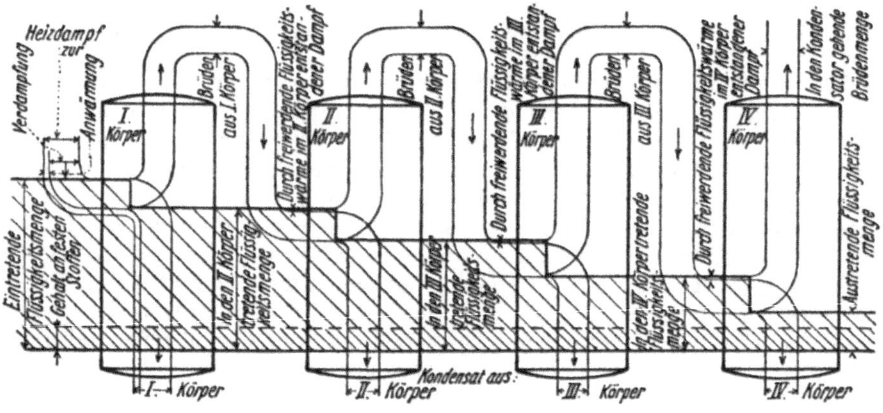

Abb. 1386. Mengenschaubild eines Vierkörperverdampfers.

Wie sich die Dampf- und Flüssigkeitsmengen in einem Vierkörperapparat verteilen, wenn die einzudampfende Flüssigkeit in den ersten Körper geführt wird, zeigt Abb. 1386. Der in den ersten Apparat geführte Heizdampf dient teilweise zur Anwärmung der einzudampfenden Flüssigkeit auf Siedetemperatur, zum größten Teil verdampft er eine entsprechende Menge der in den ersten Körper geführten Flüssigkeit. Der hierbei entstehende Brüdendampf geht als Heizdampf in die Heizkammer des zweiten Körpers, wird dort niedergeschlagen und verläßt als heißes Kondenswasser den zweiten Körper. Die aus dem ersten Körper in den zweiten übertretende Flüssigkeit hat eine höhere Temperatur als die Flüssigkeit im zweiten Körper. Diesem Temperaturunterschied entsprechend ist auch der Druck im zweiten Körper geringer. Infolgedessen muß der Wärmeinhalt der Flüssigkeit beim Übertritt von einem Körper zum anderen abnehmen, indem ein Teil der Flüssigkeit von selbst verdampft. Derselbe Vorgang wiederholt sich dann noch im nächsten und letzten Körper.

Deutlicher zeigt ein vereinfachtes Rechenbeispiel die sich in einem Mehrkörperverdampfer abspielenden Vorgänge:

Aus 100 kg einer Lösung, die 86,5 kg Wasser und 13,5 kg feste Stoffe enthält, sollen in einem Vierkörperverdampfapparat etwa 78,5 kg Wasser abgedampft werden, so daß 21,5 kg eingedickte Lösung verbleiben.

Die Lösung wird mit 100° in den Apparat geführt.
Im I. Körper verdampfte Wassermenge = 18 kg.
Temperatur des Heizdampfes = 108°.
Dampfspannung des Heizdampfes = 1,4 at abs.
Verdampfungswärme des Heizdampfes bei 108° = 534 kcal.
Verdampfungswärme bei 100° = 538 kcal.
Vom Heizdampf abgegebene Wärmemenge = 18 · 538 = 9700 kcal.
Heizdampfmenge = 9700 : 534 = 18,15 kg.
In den II. Körper übertretende Flüssigkeitsmenge = 100 — 18 = 82 kg.
Temperatur im II. Körper = 91°.
Infolge des Temperaturunterschiedes im II. Körper freiwerdende Wärmemenge = (100 — 91) · 82 = 737 kcal.
Verdampfungswärme bei 91° = 544 kcal.

Im II. Körper verdampfte Flüssigkeitsmenge $= \frac{9700 + 737}{544} = 19{,}2$ kg.

In die Heizkammer des III. Körpers gehende Wärmemenge = 10437 kcal.
In den II. Körper eingezogene Flüssigkeitsmenge = 82 — 19,2 = 62,8 kg.
Siedetemperatur im III. Körper = 80°.
Druck im III. Körper = 0,482 at abs.
Verdampfungswärme bei 80° = 551 kcal.
Infolge des Temperaturunterschiedes aus der Flüssigkeit freiwerdende Wärmemenge = 62,8 · (91 — 80) = 690 kcal.

Im III. Körper verdampfte Flüssigkeitsmenge $= \frac{10437 + 690}{551} = 20{,}2$ kg.

In die Heizkammer des IV. Körpers gehende Wärmemenge = 11130 kcal.
In den IV. Körper eingezogene Flüssigkeitsmenge = 62,8 — 20,2 = 42,6 kg.
Siedetemperatur im IV. Körper = 65°.
Druck im IV. Körper = 0,254 at abs.
Verdampfungswärme bei 65° = 559 kcal.
Infolge des Temperaturunterschiedes aus der Flüssigkeit freiwerdende Wärmemenge = 42,6 (80 — 65) = 640 kcal.

Im IV. Körper verdampfte Flüssigkeitsmenge $= \frac{11130 + 640}{559} = 21{,}1$ kg.

Im Kondensator zu vernichtende Wärmemenge = 11770 kcal.
Den Apparat verlassende Flüssigkeitsmenge = 42,6 — 21,1 = 21,5 kg.

In diesem Beispiel sind Verluste, Siedepunktserhöhungen und Dampfentnahmen für Vorwärmung oder andere Zwecke nicht berücksichtigt.

Überschläglich kann man, wenn man nicht sehr günstig rechnet, annehmen, daß der Dampfverbrauch bei vier Körpern 40, bei drei Körpern etwa 40—50, bei zwei Körpern etwa 60—70 Proz. der einzudampfenden Wassermenge beträgt.

Die Temperaturen in den einzelnen Körpern, die in dem obigen Beispiel als bekannt angenommen waren, ergeben sich aus den Temperaturunterschieden, die zum Durchgang der errechneten Wärmemenge durch die gegebenen Heizflächen notwendig sind. Bezeichnet man mit α_I die durchschnittliche Wärmedurchgangszahl in kcal/m² · std · Grad für den ersten Körper, mit α_{II} die für den zweiten usw., mit Δt_I den Temperaturunterschied zwischen Heizdampf und Flüssigkeit im ersten Körper, mit Δt_{II} den im zweiten Körper, mit Q_I, Q_{II},

Q_{III} und Q_{IV} die durch die Heizflächen der betreffenden Körper F_I, F_{II}, F_{III}, und F_{IV} in m² gehenden Wärmemengen, so ergibt sich:

$$\begin{aligned} Q_I &= F_I \Delta t_I \alpha_I, \\ Q_{II} &= F_{II} \Delta t_{II} \alpha_{II}, \\ Q_{III} &= F_{III} \Delta t_{III} \alpha_{III}, \\ Q_{IV} &= F_{IV} \Delta t_{IV} \alpha_{IV}. \end{aligned}$$

Bedenkt man, daß in der obigen Rechnung die Wärmeverluste nicht berücksichtigt waren, die die von Körper zu Körper gehende Wärmemenge verkleinern, so erkennt man, daß, wenn Dampfentnahmen aus den Körpern nicht stattfinden, angenähert $Q_I = Q_{II} = Q_{III} = Q_{IV}$ gesetzt werden kann.

Es ergibt sich daher mit einiger Annäherung:

$$F_I \Delta t_I \alpha_I = F_{II} \Delta t_{II} \alpha_{II} = F_{III} \Delta t_{III} \alpha_{III} = F_{IV} \Delta t_{IV} \alpha_{IV}.$$

Die Wärmedurchgangszahlen hängen in der Hauptsache von den Eigenschaften der einzudampfenden Lösung ab und sind daher für jeden Körper als angenähert gegeben anzusehen. Man kann daher durch geeignete Bemessung der Heizflächen der einzelnen Körper die Temperaturgefälle beeinflussen. Sind umgekehrt die Heizflächen gegeben, so stellen sich die Temperaturgefälle im Betrieb von selbst ein. Sind z. B. die Heizflächen aller Körper eines Mehrkörperverdampfapparates gleich, und ist etwa die Wärmeübergangszahl im letzten Körper ganz besonders niedrig, so verteilt sich das durch Heizdampf und Kondensatordruck gegebene gesamte Temperaturgefälle Δt selbsttätig auf die einzelnen Körper so, daß ein entsprechend großer Anteil auf den letzten Körper entfällt und geringere Temperaturunterschiede für die ersten Körper zur Verfügung stehen. Durch das auf den ersten Körper entfallende Temperaturgefälle ist aber der Verbrauch an Heizdampf, wenn dessen Druck gegeben ist, bestimmt. Ein Mehrkörperapparat regelt seinen Heizdampfverbrauch infolgedessen selbsttätig. Das Temperaturgefälle darf in keinem Verdampfkörper einen bestimmten Geringstwert unterschreiten, der in der Hauptsache von der Zähigkeit der Flüssigkeit in dem betreffenden Körper abhängt, damit durch die entstehenden Dampfblasen ein genügender Flüssigkeitsumlauf im Verdampfkörper unterhalten wird. Verglichen mit einem Einkörperverdampfapparat, der bei gleichem Temperaturgefälle dieselbe Verdampfung leistet, ist die Gesamtheizfläche eines n-stufigen Mehrfachverdampfers etwas größer als das Produkt $n \cdot F$, wenn F die Heizfläche dieses einstufigen Apparats gleicher Verdampfungsleistung bedeutet. In den Heizkörpern der Mehrfachverdampfer ergeben sich im Mittel oft für dünne Flüssigkeiten Wärmedurchgangszahlen bis zu 2000, unter günstigen Umständen bis zu 5000 kcal/m² · std · Grad, für dicke Flüssigkeiten bis zu 1000, bisweilen auch bis zu 2000 kcal/m² · std · Grad.

Die Wärmedurchgangszahlen sind vor allem von der Zähigkeit der Lösung und daher wie diese auch von der Temperatur abhängig. Nach *Hausbrand* verhalten sich die Wärmedurchgangszahlen in den einzelnen Körpern für

Zuckersäfte: Zweikörperapparat: 1 : 0,66,
Dreikörperapparat: 1 : 0,70 : 0,33,
Vierkörperapparat: 1 : 0,8 : 0,6 : 0,43;
für Salzsole: Zweikörperapparat: 1 : 0,32 bis 1 : 0,56,
Dreikörperapparat: 1 : 0,58 : 0,34.

Mit Hilfe solcher Erfahrungswerte lassen sich angenähert die sich einstellenden Temperaturunterschiede einer Mehrkörperverdampfanlage berechnen.

Als Beispiel sei die Temperaturverteilung angegeben, die sich nach *Classen* bei der Eindampfung von Zuckersäften in Mehrkörperverdampfapparaten einstellt, wenn insgesamt ein Temperaturgefälle von $112 - 60 = 52°$ zur Verfügung steht und alle Körper gleiche Heizflächen haben:

Zweikörperapparat $= 1 : 1{,}58 = 20 + 32 = 52$,
Dreikörperapparat $= 1 : 1{,}44 : 3{,}41 = 9 + 13 + 30 = 52$,
Vierkörperapparat $= 1 : 1{,}1 : 1{,}48 : 2{,}17 = 9 + 10 + 13 + 20 = 52$.

Vom Standpunkt des größtmöglichst zu erstrebenden Temperaturgefälles gesehen, sollte man darauf bedacht sein, das Vakuum in dem am letzten Körper angeschlossenen Kondensator so tief wie möglich zu halten. Wie aber auch die obigen für Zuckersaft geltenden Zahlen erkennen lassen, nimmt bei den meisten Flüssigkeiten, besonders im eingedickten Zustand, der sich im letzten Körper vorfindet, die Wärmeübergangszahl mit sinkender Tempe-

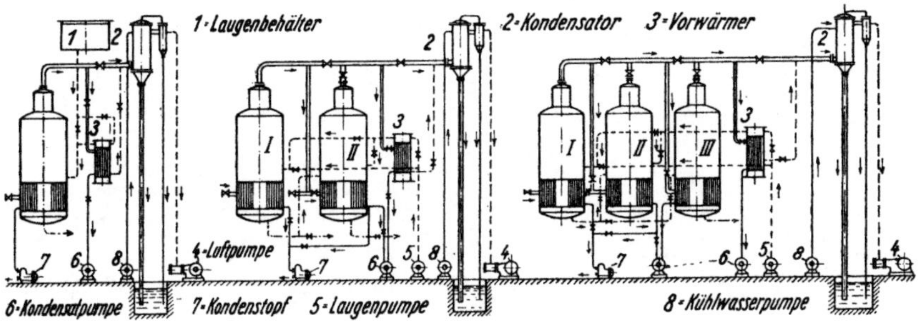

Abb. 1387. Ein-, Zwei- und Dreikörperverdampfanlagen.

ratur stark ab, so daß eine Erhöhung der Luftleere praktisch nicht viel Zweck hat, zumal eine Steigerung des Vakuums über den normalen Stand mit erheblichen Kosten verbunden ist und besonders der Kühlwasserverbrauch dabei stark gesteigert werden müßte. Im allgemeinen wird daher ein Druck von 60—100 mm QS am Kondensator die wirtschaftliche Temperaturgrenze nach unten bedeuten.

Die Vorwärmung der dem ersten Körper zuzuführenden Flüssigkeit erfolgt zweckmäßig nicht durch Frischdampf, sondern durch Dampf, der einem Verdampfkörper entnommen wird. Verwendet man hierzu Dampf aus dem letzten Körper, so ist die Wärmeausnutzung des Dampfes zwar am besten, die Vorwärmung bleibt jedoch unter der Siedetemperatur der Flüssigkeit im letzten Körper.

Die Gesamtanordnung von Verdampfanlagen mit einem, zwei und drei Körpern einschließlich des Vorwärmers, der notwendigen Leitungen, Pumpen und des Zubehörs zeigt Abb. 1387. Die Brüdenleitungen sind so geführt, daß jeder Körper zum Reinigen ausgeschaltet werden kann. Der Heizdampf kann sowohl dem ersten, als auch dem zweiten Körper zugeführt werden. Zur Entfernung des Kondensates dient ein Kondenstopf, wenn die Spannung in der Heizkammer höher als die Atmosphäre ist, und eine Pumpe, wenn sie niedriger ist.

In großen Verdampfanlagen kann man mehrere Vorwärmer verwenden, von denen der von der Flüssigkeit zuerst durchströmte mit Dampf vom letzten Körper, der nächste mit Dampf von einem höheren Körper und der letzte mit Dampf vom ersten Körper oder auch mit Frischdampf beheizt wird. Auch das heiße Kondenswasser kann teilweise zur Vorwärmung verwendet werden.

Wird an anderen Stellen der Fabrikation Dampf von niedriger Spannung gebraucht, so ist es zweckmäßig, diesen den einzelnen Körpern der Verdampfanlage zu entnehmen. Die Wärmemenge, die nutzlos in den Kondensator am letzten Körper niedergeschlagen wird, verringert sich dadurch um einen entsprechenden Betrag, wie das Mengenschaubild auf Abb. 1388 für eine Vierkörperverdampfanlage zeigt. Diese Dämpfe nennt man auch Extradämpfe.

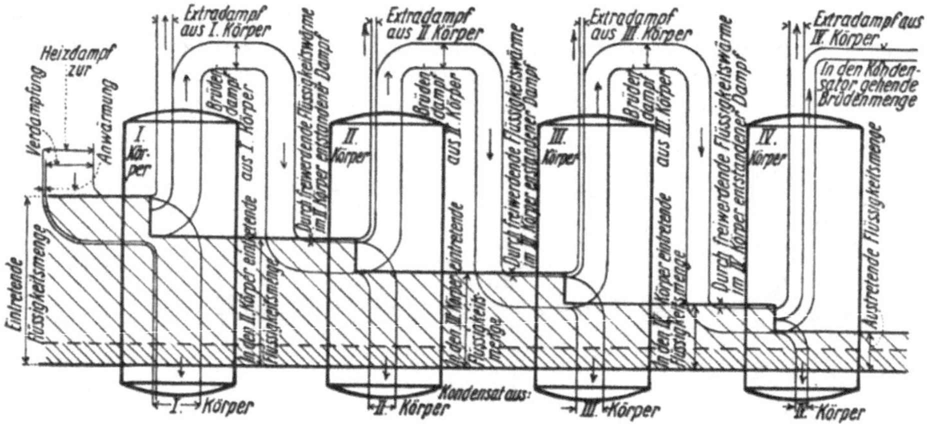

Abb. 1388. Mengenschaubild für eine Vierkörperverdampfanlage.

Bisher war angenommen, daß die Flüssigkeit nur in den ersten (heißesten) Körper eingeführt wird, was auch meistens der Fall ist. Unter Umständen kann es jedoch auch möglich und zweckmäßig sein, die einzudampfende Flüssigkeit in den letzten Körper einzuführen und dann jedesmal mit einer Pumpe in die wärmeren Körper zu drücken. Die Selbstverdampfung, die in dem obigen Beispiel erwähnt wurde, findet dann nicht statt. In jedem Körper wird vielmehr eine zusätzliche Wärmemenge zur Anwärmung der eintretenden Flüssigkeit auf Siedetemperatur gebraucht. Eine Vorwärmung der Rohflüssigkeit ist daher kaum nötig. Die eingedickte Flüssigkeit verläßt den ersten Körper mit hoher Temperatur. Die in den Kondensator gehende Dampfmenge ist geringer, als wenn Flüssigkeit und Wärme im Gleichstrom durch den Verdampfer geführt werden. Insbesondere bei zähen Flüssigkeiten, die hohe Temperaturen vertragen, kann dieses Verfahren vorteilhafter als das in dem obigen Beispiel behandelte und gewöhnlich ausgeführte sein, da die die Wärmeübertragung vermindernde Zähigkeit bei zunehmender Konzentration infolge der höheren Temperaturen nicht so groß ist. Gegenstrom der einzudampfenden Flüssigkeit in der Apparatur zur Richtung des Heizdampfes wird bisweilen beim Eindampfen von Salzlösungen angewendet, wenn die Salze eine mit der Temperatur erheblich steigende Löslichkeit besitzen und beim Eindampfen gelöst bleiben sollen.

Schließlich kann man auch jedem Körper die einzudampfende Flüssigkeit gesondert zuführen, ohne sie in einen anderen Körper überzuziehen, so daß die einzelnen Verdampfkörper bezüglich der Flüssigkeitszuführung parallel geschaltet sind. Dieses Verfahren wird beim Eindampfen von gesättigten Salzlösungen zum Auskrystallisieren oft angewendet. Bisweilen werden auch in ein und derselben Mehrfachverdampfanlage gleichzeitig Gegenstrom- und Gleichstromverfahren ausgeführt, indem man beispielsweise die einzudampfende Flüssigkeit in einen mittleren Körper einführt, dann im Gleichstrom in die kälteren Stufen zieht und zum Schluß im Gegenstrom durch die vordersten (heißesten) Körper gehen läßt.

Die Zahl der Körper, die man anwendet, hängt hauptsächlich ab von dem zur Verfügung stehenden Wärmegefälle, das durch die Heizdampftemperatur und die Luftleere im Kondensator gegeben ist. Diese wieder wird durch Kühlwassertemperatur und -menge bestimmt, wobei die ungünstigsten in einem Jahr auftretenden Verhältnisse maßgebend sind. Da der Dampfverbrauch um so kleiner ist, je höher die Körperzahl ist, wird man im allgemeinen bestrebt sein, die Körperzahl so hoch wie möglich zu halten. Von erheblicher Bedeutung ist die richtige Einordnung der Verdampfanlage in die Gesamtwärmewirtschaft des Betriebes. Ist reichlich Maschinenabdampf vorhanden, so wird man die Körperzahl nicht unnötig groß wählen. Im allgemeinen wird sich für gegebene Betriebsbedingungen eine bestimmte Körperzahl angeben lassen, bei der die aus Anlage- und Betriebskosten sich zusammensetzenden Gesamtkosten ein Minimum ergeben. Je zäher eine Lösung ist, je größer die Siedepunktserhöhung ist, je mehr die Flüssigkeit zu Krustenbildungen neigt, um so größer muß das Temperaturgefälle für jeden Körper werden, um so geringer wird die Körperzahl gewählt werden müssen. Meist begnügt man sich mit drei bis vier Körpern. Mehr als sechs Körper hintereinander werden kaum verwendet. Die höchste bei Wasserverdampfern praktisch angewendete Körperzahl beträgt etwa zwölf (s. auch Wasserdestillierapparate).

Zur Prüfung einer Verdampfanlage dient zunächst die Wasserdruckprobe, indem man die ganze Apparatur mit Wasser füllt und unter den vorgesehenen Probedruck bringt. Die Luft muß dabei vollständig entweichen können, damit sich Undichtheiten durch den Austritt von Wasser bemerkbar machen. Vorteilhaft ist ferner noch die Vakuumprobe, bei der man die Apparatur ohne Flüssigkeit, und zwar zweckmäßig jeden Körper für sich, mit Hilfe der Luftpumpe unter Luftleere setzt und diese ständig beobachtet. Undichtheiten sind dann meist hörbar oder können mit einer brennenden Kerze gefunden werden. Das Vakuum, das bei der Prüfung mit leerer Apparatur erhalten wird, ist oft schlechter als das im Betrieb erreichte, wenn kaltes Kühlwasser in genügender Menge zur Verfügung steht. Wenn sich bei neuen, gußeisernen Apparaten kein hohes Vakuum aufrechterhalten läßt, so kann dieses an teilweise porigen Gußstücken liegen und durch einen geeigneten Anstrich oder durch Spachteln der Oberfläche gebessert werden. Bevor man die Verdampfanlage mit der einzudampfenden Flüssigkeit beschickt, wird sie zweckmäßig erst noch einmal mit Wasser betrieben, um die ganze Apparatur und das Zubehör prüfen zu können. Besonders ist dabei zu beobachten, ob das Kondenswasser aus den Heizkammern schnell genug entfernt wird. Alle Körper, besonders die vordersten, sind gegen Wärmeverluste gut zu schützen.

Die Inbetriebsetzung einer normalen Mehrkörperverdampfanlage vollzieht sich etwa in folgender Weise. Zunächst werden die einzelnen Körper nicht ganz bis an den oberen Rohrboden mit Flüssigkeit gefüllt. Dann wird die Luftpumpe in Betrieb gesetzt und Kühlwasser vorerst in geringen Mengen in den Kondensator gegeben. Alle Hähne in den Entlüftungsleitungen müssen ganz geöffnet sein. Dann läßt man die Kondensatpumpen anlaufen und öffnet das Heizdampfventil an der Heizkammer des ersten Körpers. Der Dampf treibt zunächst die Luft in der Heizkammer des ersten Körpers aus und beginnt dann, die Flüssigkeit im ersten Körper anwärmend, zu kondensieren. Die Ventile in den Überzugsleitungen für die Flüssigkeiten von Körper zu Körper sind zunächst geschlossen zu halten. Die im Dauerbetrieb vorhandenen Drücke stellen sich erst allmählich ein; es kann daher vorkommen, daß auch im ersten Körper vorläufig eine geringe Luftleere vorhanden ist. In dem Maße, wie die Flüssigkeiten in den einzelnen Körpern zu sieden beginnen und die Luft aus den Heizkammern vertreiben, stellen sich die endgültigen Betriebsdrücke ein. Der Dampf, der z. B. zunächst aus dem ersten Körper aufsteigt, wird schnell an der Heizfläche des zweiten Körpers kondensiert, sobald die Luft aus diesem ausgetrieben ist. Hierbei kann der Druck in dem ersten Körper plötzlich stark sinken, so daß durch die freiwerdende Flüssigkeitswärme eine zusätzliche Selbstverdampfung eintreten kann, die zum Überreißen von Flüssigkeit und Schaumbildung führt. Es ist daher bei erster Inbetriebsetzung vorteilhaft, die Körper nicht zu hoch mit Flüssigkeit zu füllen. Derselbe Vorgang wiederholt sich dann in den nächsten Körpern. Ist die Luft aus den Heizkammern entfernt, so drosselt man die Hähne in den Entlüftungsrohren, damit keine unnötigen Dampfverluste eintreten; wie weit man drosselt, hängt von den jeweiligen Umständen ab. Drosselt man zu wenig, so treten Dampfverluste ein, drosselt man zu viel, so wird der Wärmeübergang durch sich ansammelnde Luft verschlechtert. Die Hähne sind im allgemeinen nur so weit zu öffnen, daß eine weitere Drehung die Luftleere nicht erhöht. Beginnt der letzte Körper zu sieden, so kann leicht ein Druckabfall eintreten, der zum Überreißen von Flüssigkeit in der ganzen Anlage führen kann, weshalb es vorteilhaft ist, zunächst nur wenig Wasser in den Kondensator zu geben und den letzten Körper nur zu einem Teil mit Flüssigkeit zu füllen. Da inzwischen der Flüssigkeitsspiegel im ersten Körper gesunken ist, muß allmählich in diesen Flüssigkeit eingeführt werden, so daß der Flüssigkeitsspiegel ungefähr unveränderlich bleibt. Allmählich sinken dann auch die Flüssigkeitsstände in den anderen Körpern, so daß die Ventile in den Überzugsleitungen für die Flüssigkeiten von Körper zu Körper nacheinander aufgedreht werden müssen, wobei ständig alle Flüssigkeitsstände beobachtet werden müssen. Aus dem letzten Körper wird erst Flüssigkeit abgepumpt, wenn sie die gewünschte Konzentration erhalten und der Flüssigkeitsspiegel in dem letzten Körper die gewünschte Höhe erreicht hat. Die zu erzielende Eindickung muß durch entsprechende Zufuhr von Rohflüssigkeit aufrechterhalten werden. Soweit dies nicht immer möglich ist, wird der Heizdampf entsprechend geregelt.

Von Wichtigkeit ist die Art der Flüssigkeitszuführung in jedem Körper, wenn es sich um normale Umlaufverdampfer handelt. Am besten wird diese Frage in den Durchgangsverdampfern gelöst, wo die ganze Flüssigkeit jedes Rohr nur einmal durchströmt. (Siehe auch Verdampfer.)

Ist z. B. die Einlaufstelle falsch angeordnet, so kann die in den nächsten Körper übergezogene Flüssigkeit verdünnt werden, so daß ihre Konzentration geringer ist als die mittlere Konzentration im Verdampfer, was unzweckmäßig wäre. Der Flüssigkeitszulauf kann oben über der Heizkammer oder unter ihr angebracht werden. In jedem Falle ist zu berücksichtigen, daß aus dem Einführungsrohr infolge der Selbstverdampfung der heißeren Flüssigkeit eine große Dampfmenge entweicht, weshalb diese Leitung nicht zu eng bemessen sein sollte. Bisweilen läßt man die Flüssigkeit durch ein im Dampfraum angeordnetes Verteilungsrohr eintreten.

Führt man die Flüssigkeit unter dem Heizkörper zu, so kann es vorteilhaft sein, Verteilungsvorrichtungen, z. B. gelochte Rohre, anzuwenden, damit der austretende Dampf gleichmäßig verteilt wird und einzelne Rohre nicht Flüssigkeit hochwerfen (Abb. 1389). In diesem Falle wird die beim Durchgang

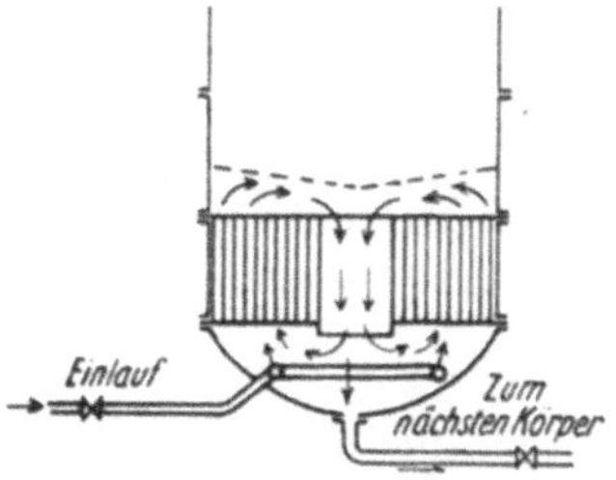

Abb. 1389. Flüssigkeitszuführung.

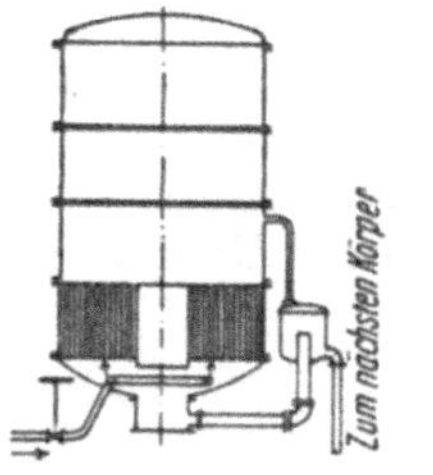

Abb. 1390. Regelung des Flüssigkeitsstandes nach *Webre*.

durch die Heizrohre eingedickte und durch das Umlaufrohr zurückgehende Flüssigkeit nicht verdünnt, so daß die den Körper verlassende Flüssigkeit die höchste Konzentration besitzt.

Der Überzug der Flüssigkeit erfolgt meist ununterbrochen, indem man die Ventile in den Überzugsleitungen entsprechend einstellt. Es gibt aber auch besondere Flüssigkeitsstandregler, die einen bestimmten Flüssigkeitsspiegel selbsttätig aufrechterhalten (s. Flüssigkeitsstandregler).

Eine einfache Vorrichtung zur Regelung der Flüssigkeitszufuhr, die von *Webre* angegeben ist, zeigt Abb. 1390. Zur Flüssigkeitszufuhr dient hier ein gelochtes Rohr. Die eingedickte Flüssigkeit geht durch ein weites Rohr (verstellbares Überlaufrohr) in eine außenliegende Kammer, in der durch ein Verbindungsrohr mit dem Brüdenraum der gleiche Druck wie dort hergestellt wird. Durch ein U-Rohr fließt die überlaufende Flüssigkeit in den nächsten Körper.

Oft ist die hier behandelte, stetige Arbeitsweise der Verdampfung nicht vorteilhaft. Handelt es sich z. B. um die Eindampfung von Holzextrakten, wo der Gehalt an festen Stoffen in der einzudampfenden Flüssigkeit sehr gering ist, so ist es nicht zweckmäßig, dem letzten Körper dauernd die eingedickte Flüssigkeit zu entnehmen. Es kann vielmehr vorteilhaft sein, den letzten Körper mit besonders großem Flüssigkeitsraum auszuführen und dort die Flüssigkeit erst dann abzulassen, wenn die gewünschte Konzentration erreicht ist. Die Regelung der Eindickung ist dabei einfacher und sicherer, auch ist der letzte Körper nicht dauernd, sondern nur zeitweise mit stark eingedickter Flüssigkeit gefüllt, so daß die Apparatur nicht so stark verschmutzt.

Eine ähnliche Arbeitsweise ermöglicht die in Abb. 1391 dargestellte Apparatur. Die einzudampfende Flüssigkeit wird durch die Leitung *4* in den Behälter *5* geleitet, dessen Flüssigkeitsspiegel durch das Schwimmerventil *3* geregelt wird. Der Inhalt des Behälters *5* wird durch die Pumpe *1* dem ersten Körper des Verdampfapparates zugeführt und aus dem letzten Körper eingedickt durch die Pumpe *10* und die Leitung *6* in den Behälter zurückgeführt, so daß die Konzentration der Flüssigkeit im Behälter allmählich steigt. Hat die aus dem letzten Körper des Verdampfapparates kommende Flüssigkeit die Endkonzentration erreicht, so wird das Ventil *2* geschlossen, damit Rohflüssigkeit nicht mehr zufließen kann. Ebenso wird das Ventil *7* geschlossen und *8* geöffnet, so daß die eingedickte Flüssigkeit die Apparatur bei *9* verläßt. Dann wird der ganze Flüssigkeitsinhalt des Behälters *5* in den ersten Körper abgepumpt. Ist der Tank geleert, so läßt man durch das Ventil *2* wieder Rohflüssigkeit in den Behälter

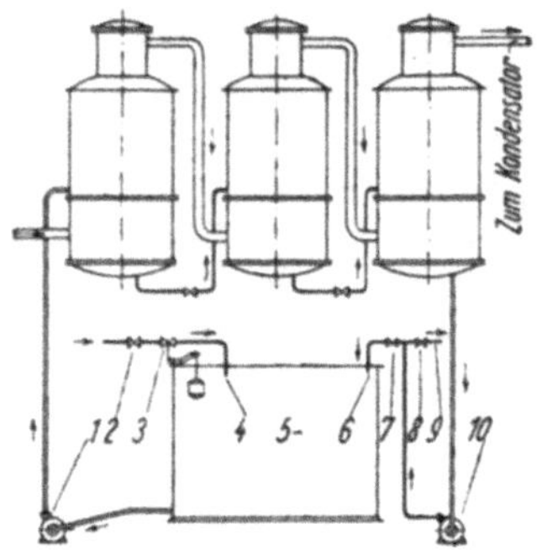

Abb. 1391. Absatzweise arbeitende Dreikörperverdampfanlage.

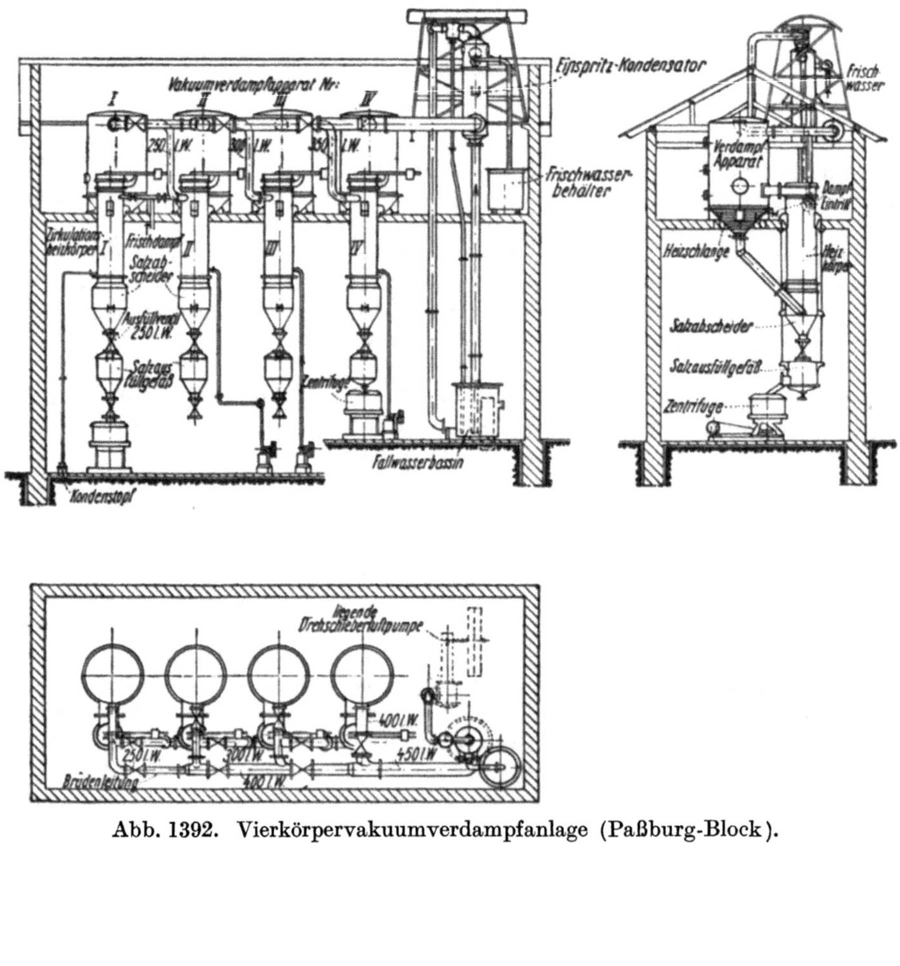

Abb. 1392. Vierkörpervakuumverdampfanlage (Paßburg-Block).

laufen. Da bei dieser Anordnung die Konzentrationen in den Verdampfkörpern in weiten Grenzen schwanken, verschmutzt die Apparatur nicht so schnell.

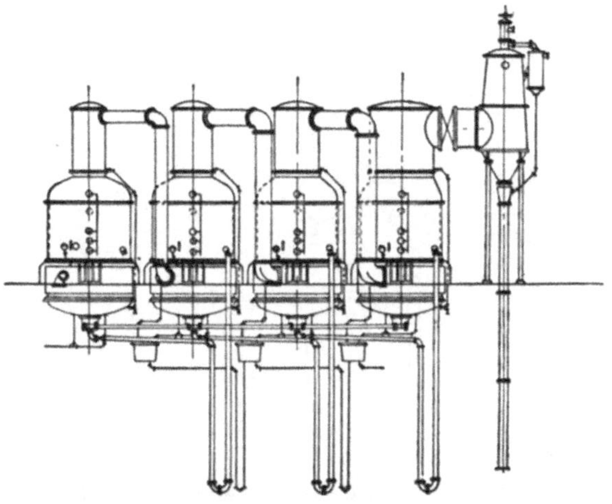

Abb. 1393. Vierkörperapparat (Buflovak).

Die einzelnen Körper eines Mehrfachverdampfapparates werden meist in einer waagerechten Ebene nebeneinandergesetzt. Bei manchen Apparaten, z. B. bei dem *Svenson-Yaryan*-Verdampfer (s. Verdampfer) und bei kleineren Wasserdestillierapparaten (s. d.), werden sie auch übereinander aufgestellt.

Eine Vierkörperverdampfanlage mit Einspritzkondensator, Salzausfüllgefäßen und den notwendigen Brüdenleitungen der Maschinenfabrik Paßburg zeigt Abb. 1392. Die einzelnen schmiedeeisernen Verdampfapparate haben außenliegende Heizkörper und sind, wie ersichtlich ist, in bequemer Weise zu reinigen.

Einen gußeisernen Vierkörperverdampfapparat (Buflovak, Buffalo) mit Einspritzkondensator zeigt Abb. 1393. Zur Überführung der einzudampfenden Flüssigkeit von Körper zu Körper dienen Überläufe und lange U-Rohre. Die Brüdenleitungen sind hier nicht umschaltbar eingerichtet. Um die in den Kondenswässern enthaltene Wärme wiederzugewinnen, sind besondere Selbstverdampfungstöpfe angeordnet, die ebenfalls mit U-Rohren untereinander verbunden sind, so daß das Kondenswasser nicht in die Heizkammern der folgenden Körper gelangt.

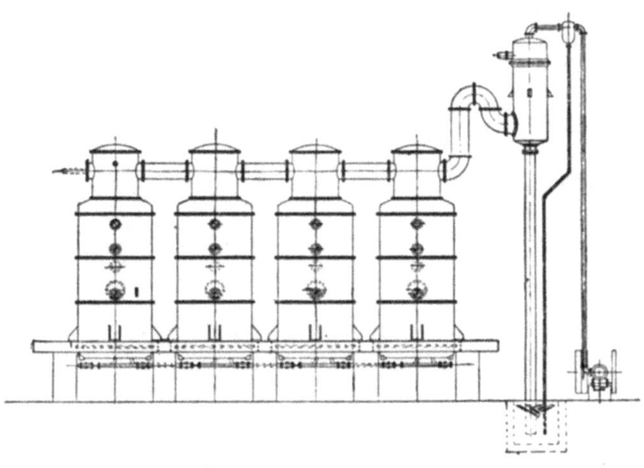

Abb. 1394. Vierkörperapparat mit geradlinigen Dampfleitungen (Devine).

Verzichtet man auf die Umschaltbarkeit der Brüdenleitungen, und verwendet man Heizkörper mit innenliegenden, zentralen Zuführungsrohren (s. Verdampfer), so ergibt sich außen eine einfache Leitungsführung. Eine derartige Vierkörperverdampfanlage zeigt Abb. 1394 (Devine, Vernon).

Einen gußeisernen Dreikörperverdampfapparat zum Eindampfen von Salzlösungen mit Salzelevatoren, welche die in jedem Körper ausgeschiedenen Salze ununterbrochen herausfördern, zeigt Abb. 1395. Die Verdampfanlage erreicht durch diese Anordnung eine Höhe von über 10 m. Die Verdampfkörper haben eingehängte Heizkörper mit ringförmigem Umlaufraum und zentralem Dampfzuführungsrohr.

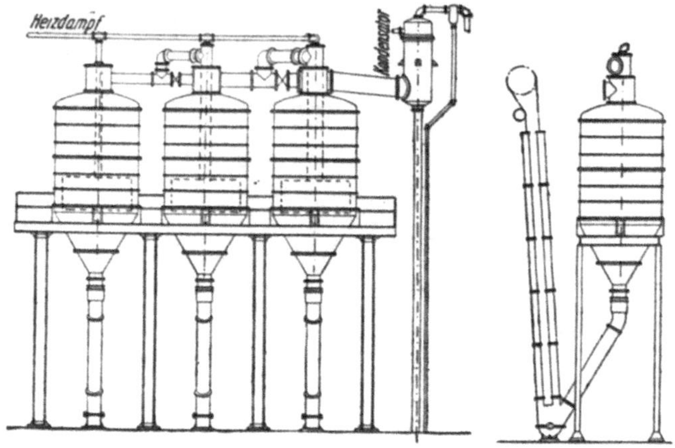

Abb. 1395. Verdampfer für Salze ausscheidende Laugen (Devine).

Einen leicht umschaltbaren Vierkörperverdampfapparat zeigt Abb. 1396. Er ist so eingerichtet, daß jeder Körper als erster, zweiter, dritter oder vierter betrieben werden kann. Man kann daher den letzten Körper, der am meisten verschmutzt, in gewissen Abständen auch als ersten einschalten, so daß die Apparatur längere Zeit betriebsfähig bleibt. Jede Heizkammer ist mit einem Frischdampfstutzen, einem Anschluß an das zu dem Einspritzkondensator führende Brüdenrohr und einer zur Heizkammer des nächsten Körpers führenden

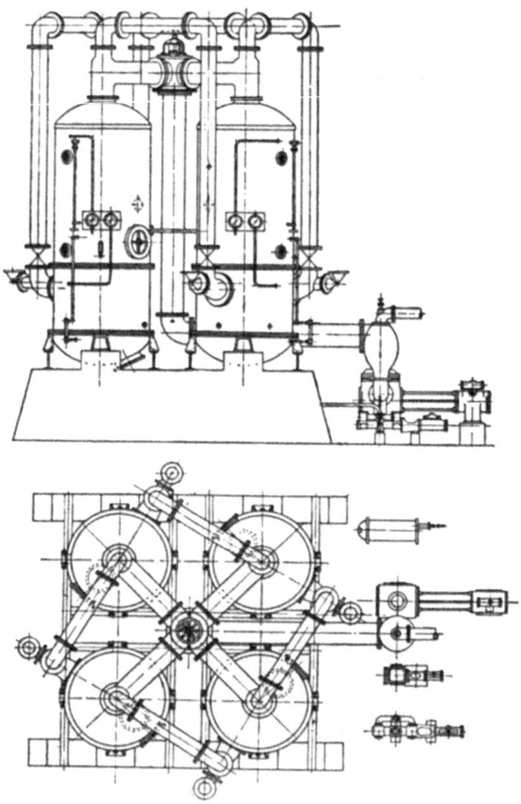
Abb. 1396. Umschaltbarer Vierkörperverdampfapparat (Devine).

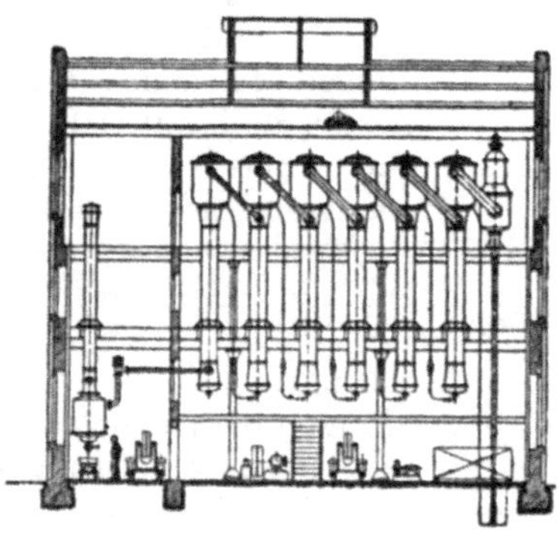
Abb. 1397. Sechskörper-*Kestner*-Apparat.

Dampfleitung versehen. Zur Verbindung mit dem Kondensator dient eine in der Mitte zwischen den vier Körpern liegende Leitung.

Einen Sechskörperapparat mit *Kestner*-Verdampfern (s. Verdampfer) zeigt Abb. 1397.

Über die für Mehrkörperverdampfer geltenden behördlichen Bestimmungen s. Dampffässer, Dampfkessel.

Lit.: *E. Hausbrand* u. *M. Hirsch*, Verdampfen, Kondensieren, Kühlen (7. Aufl., Berlin 1931, Julius Springer). — *E. Schächterle*, Vakuum-, Eindick- und Verdampfapparate (Berlin 1926, Pataky). — *W. Greiner*, Verdampfen und Verkochen (2. Aufl., Leipzig 1920, Spamer). — *W. Badger*, Heat Transfer and Evaporation (New York 1926, Chemical Catalogue Co.). — *C. Heinel*, Wege zur Berechnung von Verdampfapparaten (Apparatebau 1921, H. 15). — *A. Wehre* u. *C. Robinson*, Evaporation (New York 1926, Mc Graw Hill). — *H. Claassen*, Die Zuckerfabrikation mit besonderer Berücksichtigung des Betriebes (6. Aufl., Magdeburg 1930, Schallehn & Wollbrück). — *R. Heinzelmann*, Die Verdampfapparate (Hannover 1924, Klenke). — *P. Kohn*, Wahl der Temperaturaufteilung in den Mehrstufen-Verdampfanlagen der Zuckerindustrie (Chem. Apparatur 1929, S. 13, 37).

Thormann.

Membranen (**Schwingblätter, Schwingwände, Membrankörper**). Die chemische Technik muß in ihren Apparaturen und Geräten oft zwei benachbarte Räume durch eine in gegebenen Grenzen bewegliche oder federnde Wand voneinander trennen, um die in diesen Räumen vorhandenen flüssigen oder gasförmigen Stoffe, die meist unter verschiedenen Drücken stehen, dicht gegeneinander abzuschließen. Wenn der dabei zurückzulegende Weg ein bestimmtes Maß nicht überschreitet, verwendet man dabei zweckmäßig elastische Stoffe in Gestalt von Membranen, die den Vorteil bieten, daß sie die reibenden Flächen entbehrlich machen und die Überwindung von Reibungsarbeit durch ihre Bauart ausschließen. Außerdem erhält man damit eine besonders einfache und sichere Dichtung. Derartige Membranen verwendet man z. B. in Druckreglern (s. d.), Druckmessern (s. d.), Gasmessern (s. d.), Druckminderern (Druckminderventilen, s. d.), Pumpen (s. d.), Rohrausgleichern (s. Rohrleitungen) usw.

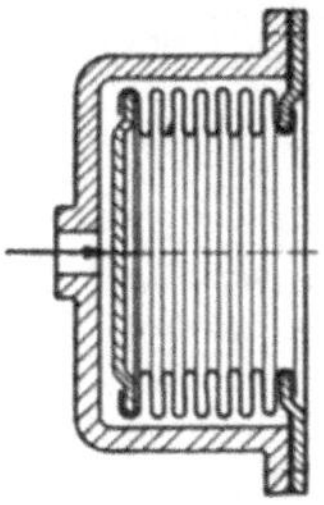

Abb. 1398. Metallfaltenbalg (Berlin-Karlsruher Industriewerke).

In der Regel sollen die Membranen dabei selbst keine Federkräfte übertragen oder ausüben. Sie kehren also entweder nach jeder Bewegung gar nicht oder nur teilweise von selbst in ihre Ausgangslage zurück.

Die Membrane kann durch eine ebene, meist kreisförmige Platte gebildet werden. Die mit einer ebenen Platte erzielbare Durchbiegung ist gering. Die Vergrößerung der Oberfläche durch Einbringen von gleichachsigen Wellen ergibt eine weitere Bewegungsmöglichkeit. Bei den Plattenfedermanometern macht man beispielsweise hiervon oft Gebrauch (s. Druckmesser).

Eine größere Durchbiegung ergibt sich, wenn man mehrere Membranen oder Platten hintereinanderschaltet, so daß ein Balg entsteht, dessen Falten sich bei jedem Hub auf einer Zylinderfläche in axialer Richtung zusammenschieben oder ausdehnen.

Einen balgartigen, von außen belasteten Membrankörper zeigt als Beispiel Abb. 1398 (Berlin-Karlsruher Industriewerke A.-G., Karlsruhe). Er besteht aus einem dünnwandigen, gewellten, nahtlosen Metallrohr.

Ein Membrankörper, der aus gleichachsig gewellten, dünnen Federscheiben aus Stahl zusammengesetzt ist und von den Berlin-Karlsruher Industriewerken entwickelt wurde, ist auf Abb. 1399 dargestellt. Als Werkstoff kommen ein gut schweißbarer Stahl, in Sonderfällen auch V2A-Stahl, und schweißbare Metalle in Betracht. An derartige Membrankörper kann man Flansche (s. d.), Böden, Ringe usw. zwecks Einbau in Apparate, Geräte, Rohrleitungen usw. anschweißen.

Neben dem dargestellten dünnwandigen Membrankörper, der sich vorwiegend für hohe Temperaturen eignet, werden auch aus stärkerem Stahlblech, besonders aus Nickelstahl, bestehende Körper für höhere Drücke gebaut, wie Abb. 1400 mit einem Ausführungsbeispiel zeigt (Berlin-Karlsruher Industriewerke). Derartig starke Bauarten können gleichzeitig auch als Federn wirken und brauchen daher keine Gegenkräfte, um in ihre ursprüngliche Lage zurückzukehren. Diese Membrankörper eignen sich beispielsweise zur Betätigung von Steuerungen durch Dampf, Druckluft oder Preßwasser.

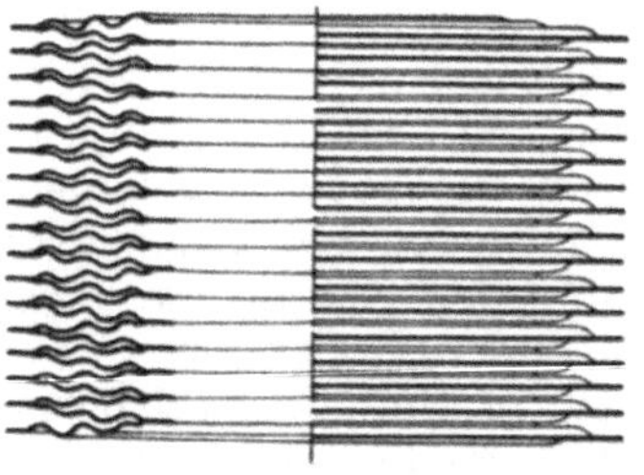

Abb. 1399. Aus gewellten Federscheiben zusammengesetzter Membrankörper (Berlin-Karlsruher Industriewerke).

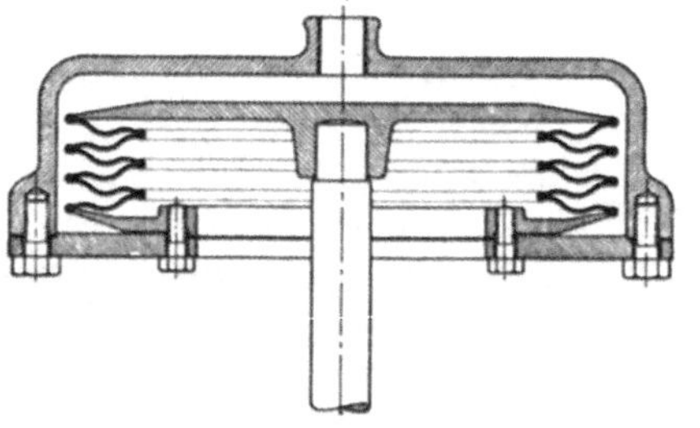

Abb. 1400. Stahl-Membrankörper (Berlin-Karlsruher Industriewerke).

Einfache ebene Membranen, die nur geringe Drücke und Temperaturen auszuhalten haben, beispielsweise für Gasmesser und Druckregler für Niederdruckgasleitungen, stellt man aus Leder oder Gummi her. — L e d e r (vgl. d.) ist gegen chemische Beanspruchungen und hohe Temperaturen empfindlich. Besonders die Einwirkung von Sauerstoff macht Leder leicht brüchig. Gute pflanzliche Gerbung oder Halbchromgerbung kann seine Verwendbarkeit für Membranen erheblich erhöhen. Besonders eignet sich das Leder von ostindischen Bastards. Da trockenes Leder wenig geschmeidig, leicht angreifbar und nicht völlig gasdicht ist, muß es imprägniert werden. — Bei der Auswahl von G u m m i für Membranen ist auf die Alterungsbeständigkeit Wert zu legen. Für hohe Temperaturen kommt Naturgummi nicht in Betracht. Die mechanische Festigkeit kann durch eine dünne Gewebeeinlage erhöht werden, die jedoch die Elastizität der Membrane beeinträchtigt. — Gummi- und Ledermembranen müssen so eingebaut werden, daß scharfe Kanten an den Rändern der Fassungen vermieden werden. Beim Einsetzen darf in der Nähe solcher Membranen nicht gelötet oder geschweißt werden, damit der Werkstoff der Membranen nicht durch Temperaturerhöhungen leidet.

Für hohe Druckunterschiede kommen als Werkstoffe nur Stähle oder meist Sondermetallegierungen, insbesondere Tombak, daneben auch Bronze, Neusilber, Monelmetall, in Betracht, die außerdem durch galvanische Überzüge geschützt werden können. Die genannten Metallegierungen sind im allgemeinen für Temperaturen bis zu 200° brauchbar und eignen sich auch für nahtlose, gewellte Membrankörper.

Bei der Auswahl der Werkstoffe ist zu beachten, daß mindestens eine Seite der Membranen während des Betriebs nicht zugängig ist und daher nicht beobachtet und gepflegt werden kann. Die Lebensdauer der Membranen hängt, abgesehen von chemischen Einwirkungen, von Druck, Temperatur, Größe des Hubes und der Hubfolge in der Zeiteinheit ab. Für die Wahl der Größe einer Membrane ist neben dem Hub und dem Druckunterschied oft auch die zur Verfügung stehende Betätigungskraft zu beachten. Bei Meßgeräten ist sie vielfach verhältnismäßig gering. — Um eine Überbeanspruchung, beispielsweise durch vorübergehende Druckstöße, zu vermeiden, muß der Hub der Membranen möglichst durch Anschläge begrenzt sein.

Neben diesen, zwei Räume trennenden und als Schwingwände wirkenden Membranen verwendet die chemische Technik für bestimmte Bedingungen durchlässige Membranen, die also Hohlräume besitzen und daher filterartig wirken können. Hierzu dienen Stoffe verschiedener Art, die je nach den Anforderungen besonders behandelt werden und dadurch die gewünschten Eigenschaften, wie Membrandicke, Hohlrauminhalt, Wasserdurchlässigkeit, capillare Aufstiegsgeschwindigkeit, elektroosmotisches Verhalten usw., erhalten. Die wichtigsten Anwendungsgebiete dieser Membranen sind die Dialysatoren (s. d.), Elektroosmosevorrichtungen (s. d.) und Membranfilter (s. Filter, Abschn. I, 5. d, S. 564).

Thormann.

Meßflansche (**Drosselflansche, Drosselgeräte, Meßdrosseln**; *s. auch Dampfmesser, Flüssigkeitsmesser, Gasmesser, Regler*) dienen als Meßdruckgeber zur Messung von strömenden Gas-, Dampf- oder auch Flüssigkeitsmengen, indem mit ihrer Hilfe ein Druckunterschied erzeugt wird, der als Maß für die durchgehende Menge benutzt wird.

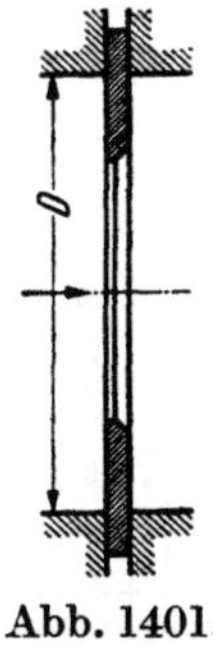

Abb. 1401. Blende.

Man führt dabei die zu messenden Flüssigkeiten oder Gase durch eine in allen Abmessungen für den mittleren Betriebszustand genau festgelegte Verengung, so daß die Strömung gedrosselt wird (Drosselgerät). Ein bestimmter Teil der statischen Druckenergie der Strömung verwandelt sich beim Durchgang in Bewegungsenergie. Der dabei entstehende Druckabfall, der sog. Wirkdruck, läßt sich dadurch, daß er von den gegebenen Strömungsverhältnissen, insbesondere von der mittleren Strömungsgeschwindigkeit, abhängt, mit einem geeigneten Druckmesser (s. d.) zur Mengenmessung ausnutzen.

Die Meßstelle wird in der Regel in eine Rohrleitung gelegt und das Gerät dort mit den vorhandenen Flanschen (s. d.) unmittelbar verbunden. Neben den Drosselgeräten in Form von Blenden oder Düsen (s. d.), die mit Hilfe von Flanschen eingebaut werden (Meßflansche), verwendet man in besonderen Fällen noch die Venturimesser (s. d.).

Die Blende (Abb. 1401), die auch als Staurand, Stauscheibe, Stauring oder Drosselscheibe bezeichnet wird, besteht aus einer Scheibe, die zwischen die Flansche der Leitung eingesetzt ist und eine Bohrung mit abgeschrägter Auslaufkante enthält. Der Druckunterschied vor und hinter der Blende gilt als Meßgröße für die durchgeflossene Menge. — Die Düse besitzt eine am Einlauf gut abgerundete Durchflußöffnung. — Der nicht wieder gewinnbare Druckverlust ist bei den Blenden etwas größer als bei den Düsen. Das Öffnungsverhältnis, d. h. das Verhältnis der offenen Fläche zum Gesamtquerschnitt, darf bestimmte Werte nicht überschreiten. Für Düsen soll es stets $<0{,}5$, für Blenden $>0{,}7$ sein.

Zur Druckentnahme ist der Meßflansch (Abb. 1402) in der Regel auf Vorder- und Rückseite mit Bohrungen oder mit Ringschlitzen (Ringkammern) versehen, von denen Leitungen zu dem Anzeigeinstrument führen. Ringschlitze oder -kammern haben den Vorteil, daß Einbaufehler durch außermittige Stellung der Öffnung des Meßflansches weniger stören. Auch dann, wenn sich die weiter unten erwähnten notwendigen geraden Einbaulängen nicht anordnen lassen, entnimmt man den Wirkdruck nicht punktförmig an einer Stelle, sondern durch einen Ringschlitz (Ringkammer), um einwandfreie Meßergebnisse zu erzielen. (Siehe auch *W. Beckmann*, Der Druckausgleich in Ringkammern von Drosselgeräten [Forschg. Ing.-Wes. 1937, S. 192].) Der erzeugte Druckunterschied wächst mit dem Quadrat der Durchflußmenge.

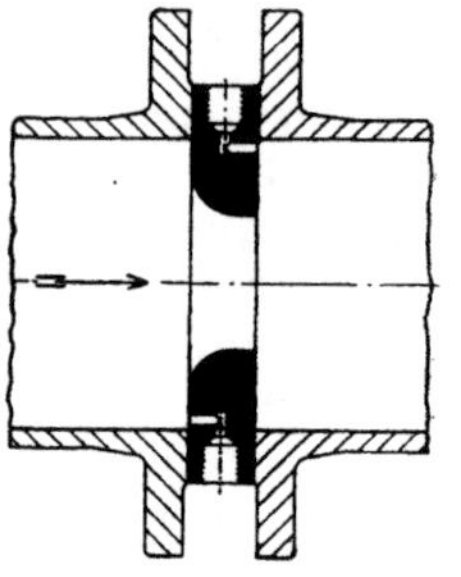

Abb. 1402. Meßflansch mit Düse.

Bezeichnet man mit

V = durchströmendes Volumen in m³/sek,
α = Durchflußziffer,
F = Querschnitt der Stauöffnung in m²,
g = Erdbeschleunigung = 9,81 m/sek²,
h = den durch den Meßflansch hervorgerufenen Druckunterschied in mm W.S.,
γ = spezifisches Gewicht der Flüssigkeit, so ist

$$V = \alpha F \sqrt{2 g \frac{h}{\gamma}}.$$

Der Wert α, der, abgesehen von der Form des Gerätes, auch von V abhängig ist, liegt etwa zwischen 0,6 und 0,8.

Ein Meßflansch ist in der Anschaffung billiger als ein Venturimesser (s. d.). Jedoch ist der Meßbereich und die erreichbare Genauigkeit geringer als bei letzterem.

Der Druckverlust hängt von der Einschnürung ab und beträgt, wie auch auf Abb. 1403 ersichtlich ist, etwa 30—80 Proz. des erzeugten Druckunterschieds. Als Abszisse ist hier das Verhältnis der Durchmesser vom engsten Querschnitt zum Rohrquerschnitt, als Ordinate das Verhältnis des Druckverlustes zu dem erzeugten Druckunterschied aufgetragen.

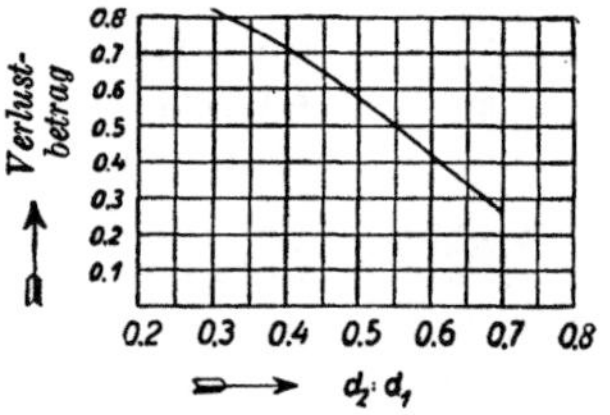

Abb. 1403. Druckverlust, bezogen auf das Verhältnis der Durchmesser.

Die Meßflansche werden am meisten für lichte Weiten von 50—250 mm verwendet, wobei die Baulänge 25—35 mm beträgt. Der Einbau ist sehr einfach, da der Meßflansch unmittelbar zwischen zwei Flansche einer Rohrleitung angeordnet werden kann. Vor und hinter dem Meßflansch muß eine gerade Strecke von mehreren Rohrdurchmessern vorhanden sein. V o r einem Meßflansch, bei dem die Druckentnahme nicht mit Einzelbohrungen, sondern durch ringförmige Kammern (Ringkammern, Ringschlitze) am ganzen Umfang vorgenommen wird, empfiehlt es sich, folgende Längen von geraden Rohrstrecken, gemessen in Rohrdurchmessern D, vorzusehen: 2—10 D hinter einfachen oder mehrfachen Krümmern, die in einer Ebene liegen, hinter einem T-Stück und hinter Rohrverengungen; 5—20 D hinter einem geöffneten Ventil, hinter in zwei Ebenen liegenden Krümmern mit dahinterliegendem Gleichrichter, hinter einer Rohrerweiterung; 10—30 D hinter in zwei Ebenen liegenden Krümmern ohne Gleichrichter; 20—50 D hinter einem halbgeschlossenen Schieber. Hinter dem Meßflansch genügt oft eine gerade Rohrstrecke von 3—4 D. — Um den Einfluß von Rohrbeschaffenheit und Unregelmäßigkeiten beim Einbau auf das Meßergebnis zu verringern, hat man auch Drosselgeräte mit Ansatzrohren von bestimmter Länge entwickelt.

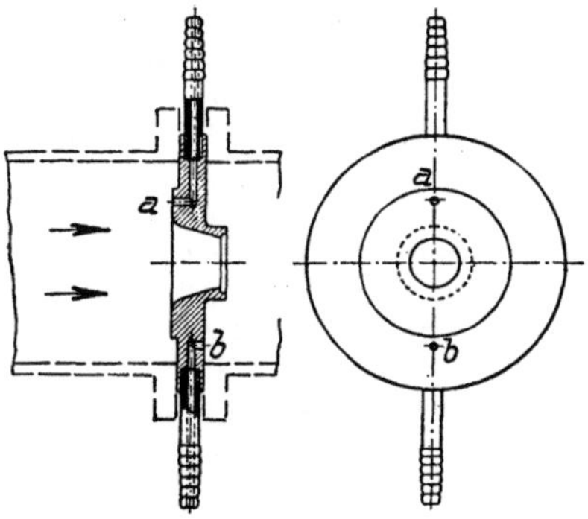

Abb. 1404. Meßflansch mit Düse für Gasleitungen.

Die Meßflansche mit Düse werden etwa nach Abb. 1404 ausgebildet. Die beiden Öffnungen *a* vor und *b* hinter der Scheibe sind mit dem Anzeigeinstrument verbunden. Derartige Düsen sind besonders für Dampfmesser (s. d.) geeignet.

Für die Blenden und Düsen hat der Strömungsmesserausschuß des VDI bestimmte Ausführungsformen genormt und in den „Regeln für die Durchflußmessung mit genormten Düsen und Blenden“ festgelegt. Diese enthalten auch die für die Messung mit diesen Geräten zu beachtenden Maßnahmen.

Meßflansche mit Normblenden und Normdüsen haben sich weitgehend auch in der chemischen Technik eingeführt, weil die Durchflußziffern für sie in engen Grenzen festliegen und oberhalb bestimmter Werte nahezu unveränderlich sind. Die festgelegten Durchflußziffern der Normblenden und -düsen geben eine zuverlässige Vergleichsgrundlage für alle Messungen ohne die Notwendigkeit, das Gerät besonders eichen zu müssen. Die Kenntnis von Dichte und Zähigkeit der zu messenden Flüssigkeiten oder Gase genügt, um eine ausreichende Zuverlässigkeit und Genauigkeit zu erhalten.

Meßflansche ergeben bei sorgfältiger Durchführung der Messung eine Genauigkeit beim Durchfluß von Flüssigkeiten von $\pm 1{,}0$ Proz., bei der Messung von Gasen und Dämpfen von $\pm 1{,}5$ Proz., wobei vorausgesetzt ist, daß die Stoffeigenschaften genau bekannt sind. Für viele Fälle der chemischen Technik genügt jedoch eine Meßgenauigkeit von 1—3 Proz. Bei kleineren Rohrdurchmessern, etwa unter 300 mm, ergibt die Düse bessere Meßergebnisse. — Verstopfungen, Krustenansätze, Niederschläge oder ungleichmäßige oder schwankende Beschaffenheit der durchströmenden Stoffe beeinträchtigen die Messung. Soweit derartige Niederschläge auf Temperaturabfall beruhen, ist die Grenztemperatur einzuhalten, oberhalb der ein Ausscheiden von Stoffen unmöglich ist. Bisweilen kann man sich auch mit Abspritzvorrichtungen helfen. Größere Meßfehler können durch Fehler in den Leitungen zum Druckmesser verursacht werden. Die beiden Zuleitungen zum Meßgerät müssen gleich hohe Drucksäulen enthalten und völlig dicht sein, damit der geringe, vom Meßflansch gegebene Druckunterschied auch richtig auf den Messer übertragen wird.

Die Meßflansche müssen aus einem Werkstoff bestehen, der den zu messenden Stoff nicht angreift. Düsen fertigt man oft aus Bronzen an. Bei teerhaltigen Gasen sind die Blenden den Düsen vorzuziehen, da sie leichter sauber bleiben. (Siehe auch Meßvorrichtungen, Kontrollapparate.)

Lit.: *A. Gramberg*, Maschinentechnisches Versuchswesen (5. Aufl., Berlin 1923, Julius Springer). — Regeln für die Durchflußmessung mit genormten Düsen und Blenden (4. Aufl., Berlin 1936, VDI-Verlag). — *S. Kreuzer*, Statische und dynamische Untersuchungen von Mündungsdampfmengenmessern. VDI-Forschungsheft 297 (Berlin 1928, VDI-Verlag). — *W. Pflaum*, Beitrag zur Mengenmessung strömenden Dampfes mittels Stauringen. VDI-Forschungsheft 298 (Berlin 1928, VDI-Verlag). — *R. Witte*, Durchflußbeiwerte der I.G.-Meßmündungen (Z. VDI 1928, S. 1493); Die Strömung durch Düsen und Blenden (Forschg. Ing.-Wes. 1931, S. 245). — *H. Richter*, Versuche mit neuen Formen von Durchflußdüsen (Forschg. Ing.-Wes. 1931, S. 207). — *G. Ruppel*, Die Durchflußzahlen von Normblenden (Z. VDI 1936, S. 1381); Drosselgeräte als Meßdruckgeber (Arch. techn. Messen 1931, Lief. T 3; München 1931, Oldenbourg). — *G. Ruppel* u. *H. Jordan*, Die Durchflußzahlen von Normblenden mit und ohne Störung des Zuflusses (Forschg. Ing.-Wes. 1931, S. 207). — *E. Smith*, Fluid Motors (Trans. Amer. Soc. mech. Engr. 1930, Nr. 30). — *H. Müller* u. *H. Peters*, Durchflußzahlen der Normaldüse (Z. VDI 1929, S. 967). — *G. Wünsch* u. *H. Rühle*, Meßgeräte im Industriegebiet (Berlin 1936, Julius Springer).

Thormann.

Messinge. Von den außerordentlich vielen Spielarten von Messingen sollen an dieser Stelle nur die in den Normen vorgesehenen angegeben werden.

Messing DIN 1709, Bl. 1, Juli 1930 (2. Ausg.).
Bezeichnung von Gußmessing mit 67 Proz. Kupfer:
GMs 67 DIN 1709.
Die Bezeichnung ist einzugießen oder aufzuschlagen.

1. Gußmessing.

Benennung	Kurzzeichen	Ungefähre Zusammensetzung in Proz.			Behandlung	Verwendungsbeispiele
		Cu	Zusätze	Zn		
Gußmessing 63	GMs63	63	< 3 Pb	Rest	Bearbeiten mit spanabhebenden Werkzeugen	Gehäuse, Armaturen usw.
Gußmessing 67	GMs67	67	< 3 Pb	Rest	Bearbeiten mit spanabhebenden Werkzeugen, Hartlöten	Gehäuse, Armaturen usw.
Sondermessing* gegossen	So-GMs A So-GMs B	54 bis 62	Mn + Al + Fe + Sn bis zu 7,5 Proz. nach Wahl	Rest	Bearbeiten mit spanabhebenden Werkzeugen	Kleine Lager, Überwurfmuttern, Grundringe, Beschlagteile, Gußstücke von hoher Festigkeit

* Zu beachten ist, daß innerhalb des Bereiches gesetzlich geschützte Legierungen bestehen.

2. Walz- und Schmiedemessing.

Benennung	Kurzzeichen	Ungefähre Zusammenstellung in Proz. Cu	Zusätze	Zn	Behandlung	Verwendungsbeispiele
Hartmessing (Schraubenmessing)	Ms 58	58	2 Pb	Rest	Warmpressen, Schmieden, Bearbeiten mit spanabhebenden Werkzeugen	Stangen f. Schrauben, Drehteile, Bauteile, Warmpreßstücke (Armaturen, Beschläge, Ersatz für Guß) zu den mannigfaltigsten Arbeiten
Schmiedemessing (Muntz-Metall)	Ms 60	60	—	Rest	Warmpressen, Schmieden, Bearbeiten mit spanabhebenden Werkzeugen, mäßiges Biegen und Prägen	Stangen, Drähte, Bleche und Rohre für mannigfaltige Zwecke, zu Kondensatorrohrplatten, Vorwärmer- und Kühlerrohren
Druckmessing	Ms 63	63	—	Rest	Ziehen, Drücken, Prägen, Hartlöten mit leichtflüssigem Schlaglot oder mit Silberlot	Bleche, Bänder, Drähte, Stangen, Profile für Apparatebau, Rohre
Halbtombak (Lötmessing)	Ms 67	67	—	Rest	Ziehen, Drücken (Kaltbearbeiten), Hartlöten bei hohen Anforderungen	Bleche, Rohre, Stangen, Profile, Drähte, Holzschrauben
Gelbtombak (Schaufelmessing)	Ms 72	72	—	Rest	Ziehen, Drücken, Prägen (Kaltbearbeiten) bei höchsten Anforderungen an Dehn- und Haltbarkeit	Drähte, Bleche, Profile für Turbinenschaufeln
Hellrottombak	Ms 80	80	—	Rest	Kaltbearbeiten	Bleche, Metalltücher
Mittelrottombak (Goldtombak)	Ms 85	85	—	Rest	Kaltbearbeiten	Bleche, Metalltücher
Rottombak	Ms 90	90	—	Rest	Kaltbearbeiten	Bleche, Metalltücher
Sondermessing* gewalzt	So-Ms	55 bis 60	Mn + Al + Fe + Sn bis zu 7,5 Proz. nach Wahl, bezüglich Ni vgl. Halbzeugblätter	Rest	Warmpressen, Schmieden	Kolbenstangen, Verschraubungen, Stangen zu Ventilspindeln, Profile, Dampfturbinenschaufeln für ND-Stufen, Bleche, Rohre, Warmpreßteile von hoher Festigkeit

Güte und Leistungen s. DIN 1709, Bl. 2 u. Halbzeugblätter DIN 1774—76 u. 1778.

* Zu beachten ist, daß innerhalb des Bereiches gesetzlich geschützte Legierungen bestehen.

(Wiedergabe der Normenblätter mit Genehmigung des Deutschen Normenausschusses. Verbindlich ist jeweils die neueste Ausgabe des Normblattes im Normformat A 4, das beim Beuth-Verlag, Berlin SW 19, erhältlich ist.)

Weitere, namentlich im Ausland gebrauchte Sorten sind Nergandinmessing und Marinemessing. Ferner kommen noch die Sondermessinge hinzu, die außer Kupfer und Zink noch andere Metalle (Nickel [s. Nickel-Handbuch, herausg. vom Nickel-Informationsbüro, Frankfurt a. M.], Mangan usw.) enthalten. Zu den letzteren gehören z. B. Deltametall: 55,94 Proz. Cu + 41,6 Proz. Zn + 0,72 Proz. Pb + 0,81 Proz. Mn + 0,87 Proz. Fe; Durana-Metall: 58,65 Proz. Cu + 39,61 Proz. Zn + 0,42 Proz. Pb + 0,97 Proz. Sn + 0,013 Proz. P; Parsons Manganbronze: 58 Proz. Cu + 40 Proz. Zn + 1 Proz. Al + 1 Proz. Mn; Rübelbronze: 56,4 Proz. Cu + 40,0 Proz. Zn + 1,08 Proz. Ni + 2,07 Proz. Fe + 0,50 Proz. Al.

Physikalische Eigenschaften.

Dichte:

Proz. Cu	Dichte	Proz. Cu	Dichte
97,8	8,791	60,9	8,405
73,2	8,465	58,5	8,363
66,2	8,371	55,1	8,283

Struktur: Bis zu einem Gehalt von 32,5 Proz. Zink besteht das Messing aus α-Krystallen. Ist mehr Zink vorhanden, so reagieren die ausgeschiedenen α-Krystalle mit der zinkreicheren Schmelze unter Bildung von β-Krystallen. Schreckt man jetzt ab, so erhält man ein Gemisch von α- und β-Krystallen. Nun steigt aber mit sinkender Temperatur das Lösungsvermögen des Kupfers für Zink, so daß 39 Proz. Zink gelöst werden können. Durch sehr langsames Abkühlen oder Tempern bei 450° können die β-Krystalle wieder in α-Krystalle umgewandelt werden. Praktisch wird eine völlige Homogenisierung nicht erreicht. Es finden sich vielmehr immer noch β- neben α-Krystallen.

Wärmeleitfähigkeit:

Proz. Cu	Proz. Zn	Wärmeleitfähigkeit in $\frac{\text{cal}}{\text{cm} \cdot \text{sek} \cdot \text{Grad}}$	Temperatur in Grad
89	11	0,275	18
82	18	0,313	18
68	32	0,260	18

Wärmeausdehnungskoeffizient: 71,5 Proz. Cu + 27,7 Proz. Zn + 0,3 Proz. Sn + 0,5 Proz. Pb: 0,00001859 bei 40°; Muntzmetall: 0,0000198; Marinemessing (62 Proz. Cu + 36,7 Proz. Zn + 0.23 Proz. Pb + 1,0 Proz. Sn): 0,0000202.

Schmelzpunkt der gebräuchlichsten Sorten: Je nach dem Zinkgehalt zwischen 850 und 1000°.

Zugfestigkeit:

Kaltbearbeitetes Messing.

Proz. Cu	Proz. Zn	Zugfestigkeit	Relative Dehnbarkeit
71,2	28,5	21,45 kg/mm²	77,8
66,2	33,5	26,57 „	72,8
63,4	36,3	33,94 „	60,6
60,9	38,6	28,87 „	49,0
55,1	44,1	31,13 „	19,5

Für Gußmessing (59 Proz. Cu + 40,4 Proz. Zn + Rest Sn + Pb): 38,6 kg/mm²; für Sondermessinge: 30—50 kg/mm².

Härte:

Proz. Cu	Gefüge	Brinell-Härte
66,80	α	32
59,72	$\alpha + \beta$	61
54,69	β	83

Für Sondermessinge: Z. B. Bleimessing: Brinell-Härte 39; Aluminiummessing: 153.

Die Messinge zeichnen sich durch gute Verarbeitbarkeit aus.

Bei der Verbindung von Messingteilen durch Löten bestehen gewisse Gefahren, da das Zinn der Lötmetalle auf das Messing unter Bildung einer spröden Legierung (43 Proz. Cu + 45 Proz. Zn + 12 Proz. Sn) einwirkt. Namentlich das β-Messing unterliegt diesem Angriff, der zu einem Aufreißen des Materials führen kann. Durch Kaltbearbeitung entstehen im Messing Spannungen, die oft beim Lagern ebenfalls zum Aufreißen führen („season cracking"). Durch korrodierende Einflüsse (z. B. durch Ammoniak und Ammonsalze) wird diese Wirkung besonders leicht ausgelöst, die man auch durch Aufbringen von Quecksilbersalzlösungen künstlich erzeugen kann. Völlige Aufhebung dieser „Reckspannungen" wird erst bei Erhitzung auf 600—800° erzielt (über 800° „Verbrennen" des Messings). Durch so hohe Temperaturen werden aber dem Messing auch unerwünschte Eigenschaften (Kornvergröberung, zu große Weichheit) erteilt. In der Praxis begnügt man sich daher mit einer Wärmebehandlung bei 200—300°, die ausreicht, die größeren Spannungen zu beseitigen, die aber die durch Kaltreckung erfolgte Verfestigung nicht allzusehr vermindert. Nicht wärmebehandeltes, kalt verformtes Messing soll nicht verarbeitet werden.

Korrosion.

Die Korrosion von Messingsorten ist sehr eingehend untersucht worden, da die Verwendung des Messings als Material für Kondensatoren häufig zu Angriffen geführt hat, deren Ursache man zu erforschen versuchte, um Abhilfe zu schaffen. Trotz der vielen, mit großem Geschick und großem Scharfsinn ausgeführten Untersuchungen ist man noch nicht zu völlig eindeutigen Ergebnissen gelangt. Freilich ist das zu untersuchende System auch reichlich verwickelt, da Struktur, chemische Zusammensetzung, physikalischer Zustand (Spannungen, Oberfläche) und Verarbeitung verschiedenartig sein können. — Kaltgerecktes Messing ist unedler als weichgeglühtes, fast spannungsfreies, und wird demgemäß stärker angegriffen. Gefährliche Stellen des örtlichen Angriffes sind Ziehriefen und mechanische Verletzungen der Oberfläche. — Abgeschreckte oder bei hoher Temperatur (600°) ausgeglühte Messinge besitzen nicht die Korrosionsbeständigkeit der bei niedriger Temperatur (300°) spannungsfrei gemachten Sorten. — Zuweilen sind auf Messinggegenständen rote Flecken, die nach *Bolton* entstehen durch: Berührung mit Flammen und heißen Gasen beim Anlassen (SO_2!); schlechtes Waschen nach dem Ätzen; Gebrauch von unreinem Walzöl; Berührung mit Eisen beim Anlassen oder Ätzen; Spritzen von Wasser auf das rotglühende Metall. Diese roten Flecken (Cu) können Zentren für die Korrosion werden, so daß man sie am besten durch Anlassen auf 600° oder durch Ätzen mit oxydierenden Substanzen (Kaliumbichromat, Kaliumpermanganat, Wasserstoffsuperoxyd + wenig Säure) beseitigt.

Ammoniak: Ammoniaklösungen und Ammoniakgas wirken stark auf Messing ein. Bei der Besprechung der physikalischen Eigenschaften ist bereits auf die eigentümliche Rißbildung durch Ammoniakkorrosion hingewiesen worden. Schon Spuren von Ammoniak greifen Messing an, wobei sie besonders die interkrystallinen Schichten zerstören.

Ammonsalzlösungen: Ammonsalzlösungen greifen an.

Atmosphärische Korrosion: In verhältnismäßig wenig feuchter Luft, die Schwefelverbindungen enthält, überzieht sich Messing (70 : 30 und 60 : 40) mit einer Schicht, die vor weiteren Angriffen wenig schützt.

Benzin, Benzol: Beständig.

Essigsäure: Langsamer Angriff.

Kühlerflüssigkeiten: Mit Ausnahme der nur aus Wasser und Alkohol (rein oder Brennspiritus) zusammengesetzten Mischungen wird Messing von Kühlerflüssigkeiten angegriffen. Es sei darauf hingewiesen, daß schon ein Zusatz von Glycerin korrodierend wirkt.

Magnesiumchloridlösungen: Nicht widerstandsfähig.

Natriumhydroxydlösungen: Sehr geringer Angriff, selbst durch konzentrierte Lösungen.

Ofengase: Gase, die Stickoxyde und Schwefeldioxyd enthalten, greifen an, besonders, wenn Kondensation des Wasserdampfes möglich ist.

Salpetersäure: Starke Korrosion.

Salzsäure: Greift langsam an. Durch das Niederschlagen von gelöstem Kupfer wird der Korrosionsvorgang beschleunigt.

Sauerstoff: Beim Erhitzen in Luft treten bei 200° sichtbare Farbänderungen auf, und bei 425° sind weiße Flecken von Zinkoxyd zu bemerken. Der Angriff verläuft nach der Gleichung: $y^2 = 2\,pt$ (y = Dicke der Korrosionsschicht, t = Zeit, p = Konstante) (nach *Pilling* und *Bedworth*).

Wasser: Bei Süßwasser sind die kupferreicheren Legierungen weniger gefährdet. *Hofer* empfiehlt besonders die wärmebehandelte Legierung mit 70 Proz. Cu + 29 Proz. Zn + 1 Proz. Sn, die sich auch gegen saure Grubenwässer bewährt haben soll. Gegen Wässer mit aggressiver Kohlensäure ist Tombak (85 Proz. Cu + 15 Proz. Zn) recht beständig. *Masing* erscheint es notwendig, die Messingteile von Wassermessern vor der direkten Berührung mit Wasser zu schützen. *Schwarz* und *Aberson* berichten von starken Angriffen durch ein natriumbicarbonat- und huminsäurehaltiges Wasser bzw. durch ein Quellwasser mit 4,5 mg Salpetersäure + 8 mg Chlor + 10 mg Kalk + 2,1 mg Sauerstoff + 22,4 mg Gesamtkohlensäure. Von *Bauer*, *Vogel* und *Zepf* sind die Einflüsse des Gehaltes an verschiedenen Salzen sowie von Flußwasser eingehend untersucht worden.

Lit.: *O. Bauer* u. *M. Hansen*, Mitt. dtsch. Mat.-Prüf.-Anst., Sonderheft IV (Berlin 1927, Julius Springer). — *O. Bauer* u. *K. Memmler*, Die Eigenschaften des Hartmessings. Mitt. dtsch. Mat.-Prüf.-Anst., Sonderheft VIII (Berlin 1929, Julius Springer). — *O. Bauer*, *O. Vogel* u. *K. Zepf*, ebenda, Sonderheft I (Berlin 1925, Julius Springer). — *Calcott*, *Whetzel* u. *Whittacker*, Corrosion Tests and Materials of Construction (New York 1923, van Nostrand). — *U. R. Evans*, Korrosion der Metalle. Deutsche Bearb. von *E. Honegger* (Zürich 1926, Füßli); Metallic Corrosion, Passivity and Protection (London

1937, Arnold). — *P. Krais*, Werkstoffe, Stichwort Legierungen, bearb. von *E. H. Schulz* (Leipzig 1921, Barth). — *H. Landolt* u. *R. Börnstein*, Phys.-Chem. Tabellen (5. Aufl., Berlin 1923, Julius Springer). — *Deutsche Gesellschaft für Metallkunde*, Werkstoffhandbuch (Nichteisenmetalle), herausg. v. *Masing, Wunder* u. *Groeck*, (Berlin 1928, Beuth-Verlag). — *E. Rabald*, Werkstoffe und Korrosion I (Leipzig 1931, Spamer). — *P. Reinglass*, Chemische Technologie der Legierungen (2. Aufl., Leipzig 1926, Spamer). — *Aberson*, Chem. Weekbl. 1907, S. 32. — *E. A. Bolton*, Met. Ind., Lond. 1923, S. 213. — *J. N. Friend*, Met. Ind., Lond. 1924, S. 275. — *Hofer*, Arch. Wärmewirtsch. 1925, S. 217. — *G. Masing*, Wass. u. Gas 1926, S. 301. — *E. Maas* u. *E. Liebreich*, Z. Metallkde. 1923, S. 245. — *N. B. Pilling* u. *R. E. Bedworth*, Chem. metallurg. Engng. 1922, S. 72. — *J. Scott*, Met. Ind., Lond. 1916, S. 319. — *H. N. Vaudrey* u. *W. E. Ballard*, Met. Ind., Lond. 1918, S. 290. — *W. H. J. Vernon*, Met. Ind., Lond. 1925, S. 7; Trans. Faraday Soc. 1927, S. 113; Korrosion u. Metallschutz 1927, S. 232. — *Wawrziniok*, Autotechn. 1925, S. 33. — *M. v. Schwarz*, Korrosion u. Metallschutz 1926, S. 8, 152.

Rabald.

Meßvorrichtungen *(s. auch Armaturen, Kontrollapparate, Regler)*. Die Forderungen nach wirtschaftlicher Betriebsführung und höchster Betriebssicherheit durch laufende Betriebsüberwachung haben in der chemischen Technik zu einer hohen Entwicklung des Meßwesens durch Schaffung von zuverlässigen Meßvorrichtungen geführt, die das Meßergebnis selbsttätig und quantitativ angeben oder aufzeichnen. Für Einzelmessungen und laufende Aufzeichnungen der Meßwerte kommen in der chemischen Technik als Meßgrößen besonders in Betracht:

a) mechanische Größen, wie Mengen, Gewichte, Rauminhalte, Zugkräfte, Drücke, Zeiten, Geschwindigkeiten, Drehzahlen, Arbeit, Korngrößen; b) thermische Größen, wie Wärmegrade, Wärmemengen, Wärmedurchgangszahlen; c) chemische Größen, wie Analysen von Verbindungen und von Gemischen; d) Stoffeigenschaften, wie Feuchtigkeit, Zähigkeit, Polarisation, Dichte; e) elektrische Größen, wie Stromstärke, Spannung, Leistung, Widerstände, Wechselzahl, Wellenform, Phase, Leistungsfaktor, magnetische Größen.

Im Rahmen dieses Handbuchs sind hier und in den betreffenden Artikeln die Meßvorrichtungen nur insoweit behandelt, als sie für die Betriebe der chemischen Technik und der verwandten Gewerbezweige eine besondere, über die allgemeine Anwendung hinausgehende Bedeutung haben und nicht ausschließlich in Laboratorien oder für die Stoffprüfung Verwendung finden.

Die Anwendung einer Meßvorrichtung setzt voraus, daß man den die Zustandsänderung aufnehmenden Geräteteil an die zu messenden Stoffe heranbringen kann. In den Apparaturen sind daher beim Bau oder Entwurf geeignete Öffnungen, Stutzen (s. d.) usw. vorzusehen. Die Meßstellen für Dämpfe, Gase und Flüssigkeiten legt man vorzugsweise in Rohrleitungen an, da diese die Strömung in einem verhältnismäßig engen Querschnitt zusammenfassen, so daß sich alle Zustandsänderungen leicht auf ein Meßgerät übertragen lassen.

Die zu beobachtenden Größen werden oft nicht unmittelbar gemessen, sondern mittelbar durch Messung anderer Größen, deren Veränderung nach einem bestimmten und bekannten Gesetz von der Meßgröße abhängt. So kann man z. B. bestimmte Gaszusammensetzungen durch Messen der Wärmeleitfähigkeit der Gase auf elektrischem Wege in einfacher Weise bestimmen (s. Gasuntersuchungsapparate). Die durch eine Leitung strömende Gasmenge läßt sich mittelbar durch eine Temperaturerhöhung mit Hilfe einer geringen Erwärmung feststellen (Thomasmesser; s. Gasmesser). Die Drosselgeräte, wie die Meßflansche (s. d.) und Venturimesser (s. d.), die zur Mengenmessung von Dämpfen, Gasen und Flüssigkeiten dienen, beruhen auf der Wirkung eines Druckunterschiedes, der durch eine Querschnittsverengerung hervorgerufen wird.

Eine Meßvorrichtung besteht in der Regel aus einem Geber oder Fühler, dem eigentlichen Meßsystem, und der Anzeigevorrichtung. Dabei sind diese Teile nicht in jedem Fall an einer gegebenen Meßvorrichtung scharf voneinander zu unterscheiden. Der Geber oder Fühler nimmt die an der Meßstelle vorhandenen Zustandsänderungen der Meßgröße auf und erzeugt damit eine zur Messung geeignete Wirkung. Diese setzt das eigentliche Meßsystem in den Anzeigewert um und überträgt sie dann, soweit erforderlich, auf die Anzeigevorrichtung. Die unmittelbar wirkende Anzeigevorrichtung kann auch durch eine aufschreibende Registriervorrichtung (s. Kontrollapparate), durch ein Zählwerk oder durch eine Mittelwerte bildende Einrichtung ersetzt werden. — Die Kraft, welche die Anzeigevorrichtung in die Meßstellung bringt, bezeichnet man als Verstellkraft. Sie ist in der Meßstellung gleich der inneren Gegenrichtkraft, die entweder durch die Schwerkraft, durch eine Federkraft oder durch eine elektromagnetische Wirkung erzeugt wird. Die Meßkraft steigt daher mit dem Meßwert und ist in der Nähe des Nullpunkts sehr gering. Kleine Reibungskräfte in allen Teilen des Meßgeräts sind daher für ein gutes Meßergebnis wichtig.

Das Verhalten einer Meßvorrichtung während der Bewegung des Systems infolge Änderung des Meßwertes hängt von der Stärke der Verstellkraft und der Größe der Systemmasse ab. Das Anzeigegerät soll bei der Einstellung möglichst schnell die dem Meßwert entsprechende Stellung erreichen und nicht pendeln. Es muß also eine gute Ansprechgeschwindigkeit und Dämpfung besitzen.

Muß die anzeigende Vorrichtung räumlich von der Meßstelle getrennt werden, so bedient man sich zur Übermittelung des Meßergebnisses einer Fernübertragung, die auf elektrischem, hydraulischem, pneumatischem oder mechanischem Wege möglich ist. Oberhalb einer bestimmten Grenze, die je nach den vorliegenden Verhältnissen bei etwa 200—500 m liegt, sind die elektrischen Fernmeßverfahren den übrigen weit überlegen. Während bei der elektrischen Temperaturmessung die Möglichkeit einer Fernanzeige durch das Meßverfahren an sich gegeben ist, müssen zur Fernübertragung von Meßgrößen, die mit mechanisch wirkenden Meßsystemen erfaßt werden, besondere elektrische Hilfseinrichtungen verwendet werden. Für diese Zwecke hat die Meßtechnik spannungsunabhängige Fernsender entwickelt, die unmittelbar an das Netz angeschlossen werden können. Hierzu dienen besonders Vorrichtungen, bei denen ein oder mehrere Widerstände an der Meßstelle durch das mechanische Meßsystem entsprechend dem zu übertragenden Meßwert verändert werden. Siehe auch Kontrollapparate.

Der Energieverbrauch der Meßvorrichtungen ist im allgemeinen unerheblich. Lediglich bei einzelnen Mengenmessungen, insbesondere bei den Meßflanschen (s. d.) und einzelnen Gasmessern (s. d.), treten einige Energieverluste auf.

Alle Meßvorrichtungen arbeiten nur mit einer bestimmten Genauigkeit, die durch die größte Abweichung der Anzeige oder den größten Fehler beim Ablesen im Betriebe gegeben ist und in Prozenten auf eine Richtgröße bezogen wird. Um Kosten zu sparen, soll die geforderte Genauigkeit nicht höher sein, als es der Meßzweck notwendig macht. Zeigt eine Meßvorrichtung falsch an, so ist sie dennoch brauchbar, wenn bei mehrmaligen Einstellungen auf die gleichen Meßwerte keine unzulässigen Ungenauigkeiten zwischen den einzelnen Ergebnissen auftreten und der Fehler durch eine Eichtafel oder durch Umeichung des Geräts ausgeglichen wird.

Je vielteiliger eine Meßvorrichtung ist, um so größer wird der insgesamt auftretende Meßfehler sein, da sich dieser aus den Fehlern der einzelnen Teile zusammensetzt. Dieser größtmögliche Fehler wird jedoch bei den üblichen Meßinstrumenten nicht erreicht, da sich die Fehler der einzelnen Teile in erheblichem Umfang selbst ausgleichen und daher im Meßergebnis nicht erscheinen. Der wirkliche Fehler ist meist auch kleiner als der mittlere Fehler der einzelnen Teile, der sich als Wurzel aus der Summe der Quadrate der Einzelfehler ergibt. Grundsätzlich sind die Fehlerquellen um so geringer, je unmittelbarer und zwangsläufiger Meßvorgang und Anzeige miteinander verbunden sind. — Um Fehler rechtzeitig erkennen zu können, müssen alle wichtigeren Meßinstrumente in regelmäßigen Abständen geprüft und, soweit erforderlich, nachgeeicht werden. Mengenmesser für Dämpfe, Gase und Flüssigkeiten müssen dabei mit den gleichen Stoffen geeicht werden, für die sie im Betrieb bestimmt sind. Ebenso sind Flüssigkeitssäulen mit den gleichen Flüssigkeiten zu eichen, mit denen sie im Betrieb arbeiten. — Da der Ausbau der Meßvorrichtungen aus den Leitungen und Apparaturen oft Schwierigkeiten bereitet, hält man z. B. für Druckmesser Prüfgeräte bereit und sieht hierfür geeignete Prüfflansche vor. Siehe auch *B. Block*, Fehler bei der Anordnung der Prüfhähne an Manometern (Chem. Apparatur 1930, S. 111). — Um Fehler sofort feststellen zu können, empfiehlt es sich häufig, die Meßgröße doppelt zu bestimmen, indem man sie auf zwei verschiedene Arten feststellt. So kann man z. B. den Dampfverbrauch eines Apparates, der mit mittelbarer Wärmeübertragung beheizt wird, sowohl durch Messung des Dampfes als auch durch Messung des Kondensats erhalten. — Die Fehler, die bei der Messung vorkommen, entstehen entweder im Meßsystem oder in der Übertragungseinrichtung, z. B. durch Reibung, Erwärmungen, Alterungserscheinungen, oder auch durch unzweckmäßigen Einbau, Mängel bei der Inbetriebsetzung, beim Ablesen oder durch äußere Umstände, wie Korrosionen, Erschütterungen usw. Bei Meßvorrichtungen für die chemische Technik ist besonders auf Vermeidung von Einbaufehlern zu achten. Alle Meßgeräte sind möglichst in der Lage einzubauen, in der sie geeicht sind. Der günstigste Einbauort muß je nach den Verhältnissen sorgfältig ermittelt werden. Temperaturmesser z. B. dürfen nicht in toten Ecken liegen, sondern müssen möglichst in der Strömung oder im Schwerpunkt der zu messenden Massen liegen, damit eine gute Berührung mit dem Wärmeträger gesichert ist. Bei der Übertragung von Drücken ist auf die Möglichkeit von Verstopfungen zu achten. Stoßweise Änderungen der Meßgröße können erhebliche Falschanzeigen ergeben. Wird eine Zustandsgröße bei der Messung als unveränderlich angesehen, z. B. bei einer Mengenmessung die Dichte, so ist stets nachzuprüfen, ob dies im Laufe der Zeit auch tatsächlich noch der Fall ist, oder ob Berichtigungen erforderlich werden. Dauert der Meßvorgang einige Zeit, so muß beim Ablesen hierauf unter Umständen Rücksicht genommen werden. — Geräte mit Federn oder Membranen (s. d.) dürfen nicht überlastet werden.

Jede Bauart einer Meßvorrichtung ist nur für bestimmte Grenzen, den sog. Meßbereich, brauchbar. Die Wahl eines zu großen Meßbereichs verringert im allgemeinen die Genauigkeit der Messungen. Ein zu geringer Meßbereich kann Überlastungen des Geräts zur Folge haben. — Bei Mengenmessungen ist eine erhebliche Erweiterung des Meßbereichs durch das sog. Teilstromverfahren möglich. Hierbei wird vor einem in die Hauptleitung eingeschalteten Staugerät (s. Meßflansche, Flüssigkeitsmesser, Gasmesser) eine Zweigleitung angeordnet, in der sich eine kleine Drosselstelle befindet, deren Durchflußzahl zu der in der Hauptleitung befindlichen Drosselung in einem bekannten, gleichbleibenden Verhältnis steht (Strömungsteiler). Der Zweigstrom wird gemessen und in die Hauptleitung zurückgeführt. Dabei ist darauf zu achten, daß die Zweigdrosselstelle, die nur einen geringen Durchmesser besitzt, ständig sauber bleibt, da sonst erhebliche Fehler auftreten können.

Der geringste Wert der Meßgröße, den die Meßvorrichtung noch dauernd anzeigt, bezeichnet man auch als Empfindlichkeit.

Da bestimmte Meßvorrichtungen von den kleinsten bis zu den größten Meßwerten gebraucht werden, hat man für verschiedene Gerätearten und für die einzelnen Meßbereiche teilweise verschiedene Bauarten entwickelt. Bei einzelnen Meßvorrichtungen unterscheidet man dementsprechend Klein- und Großmesser.

Beim Betrieb verwickelter Apparaturen genügt oft die Anzeige eines einzelnen Instrumentes allein nicht, sondern mehrere in betrieblichem Zusammenhang stehende Meßgrößen müssen bekannt sein, um ein sicheres Bild von dem Betriebszustand einer Apparatur zu geben. In solchen Fällen ordnet man zweckmäßig alle zusammengehörigen Meßvorrichtungen gemeinsam an einer geeigneten Stelle an, z. B. auf einer gemeinsamen Tafel. In einzelnen Fällen ist es möglich, die Meßvorrichtungen in unmittelbarer Nähe der zur gleichen Apparatur gehörigen Bedienungseinrichtungen, wie Rohrleitungsschalter (Hähne, Schieber, Ventile usw.), Betätigungseinrichtungen für Bunkerausläufe, Schalter für Antriebsmotoren usw., anzuordnen. In kleineren Anlagen führt man bisweilen die Rohrleitungen so aus, daß sie an einer geeigneten Stelle zusammenlaufen und die zugehörigen Absperrvorrichtungen möglichst nahe dort beieinander liegen, so daß sich ein geeigneter Platz für die Anordnung der Meßvorrichtungen ergibt.

Zahlreiche Meßwerte gleicher Art und Größenordnung, die im Betrieb einer Apparatur zu beobachten sind, brauchen nicht dauernd und nicht genau gleichzeitig angezeigt werden. Man benutzt dann für alle Meßstellen dieser Art ein einziges Anzeigegerät und schaltet es nach Bedarf auf die einzelnen Stellen um. Sollen z. B. in einer großen Trockenanlage die Temperaturen an mehreren verschiedenen Orten gemessen werden, so können die zahlreichen Meßstellen durch elektrische Fernübertragung über eine Umschalteeinrichtung mit einem einzigen Anzeigegerät verbunden werden. In gleicher Weise kann man Druckmesser durch Mehrwegehähne auf die einzelnen Meßstellen schalten. — Hängen dagegen zwei verschiedene Meßwerte nach bestimmten Gesetzen voneinander ab, so daß die Änderung eines Meßwerts im normalen

Betrieb der des anderen folgt, so kann es vorteilhaft sein, die Anzeigegeräte möglichst nebeneinander zu vereinigen und die Zeiger in einem Gerät zusammen anzuordnen, um Unregelmäßigkeiten schnell erkennen zu können. Als Beispiel für eine derartige Sonderausführung seien hier die Vorrichtungen zur Dampfzustandsmessung erwähnt, bei der es auf die Feststellung ankommt, ob der Dampf in einer Leitung oder einer Apparatur gesättigt oder überhitzt ist. Hierzu sind ein Druck- und ein Temperaturmesser in einem Anzeigegerät vereinigt, wobei die Skalen so eingeteilt sind, daß Druck und zugehörige Sättigungstemperatur übereinstimmen. Solange der Dampf in der fraglichen Leitung oder in der Apparatur gesättigt ist, liegen beide Zeiger übereinander. Ist der Dampf überhitzt, so gehen die Zeiger auseinander.

Oft kommt es nur auf die Summe, den Unterschied, das Produkt oder den Quotienten mehrerer Meßgrößen an. Als Beispiel von Summierungen seien die Messung des gesamten Dampfverbrauchs von mehreren Apparaten oder Apparategruppen oder der Gasverbrauch in einer Gasverteilungsanlage genannt. Derartige Umformungen der Meßwerte nimmt man in der Regel auf elektrischem Wege vor. — Die Wurzelbildung läßt sich auf hydraulischem Wege durchführen, wie es z. B. bei den Schwimmermanometern der Venturimesser (s. d.) üblich ist. Dabei verwendet man doppelschenklige Quecksilbermanometer, bei denen das eine Gefäß so gestaltet ist, daß der Ausschlag eines Schwimmers in dem andern Gefäß dem zu messenden Durchfluß verhältnisgleich ist.

Die Zusammenfassung zahlreicher Meß- und Schaltvorrichtungen an einer Stelle kann unter Umständen die Übersicht über die Einzelheiten einer Anlage erschweren. Im Betriebe verwickelter Apparaturen mit zahlreichen Bedienungselementen und Meßvorrichtungen erleichtert man daher die notwendige Übersicht durch vereinfachte sinnbildliche Darstellung der zusammenhängenden Teile und der zugehörigen Meßstellen. So ordnet man z. B. schematisch dargestellte Leuchtschaltbilder an, in denen die im Betrieb befindlichen Rohrleitungen und Apparaturen in bestimmten Farben leuchten, während die stilliegenden Teile dunkel bleiben. Siehe auch Kontrollapparate.

Die Druckmessungen sind im Gegensatz zu anderen Messungen, wie z. B. zu den Mengenmessungen, nur Relativmessungen, da lediglich Druckunterschiede gemessen werden. Dabei dient als Bezugsdruck in den meisten Fällen der Druck der umgebenden Atmosphäre, wobei als Normalwert der Druck von 760 mm Q.S. bei 0° festgelegt ist. Zur Messung dienen die zahlreichen Bauarten der Druckmesser (s. d.). — Geräte, die einen unmittelbar auf den absoluten Nullpunkt bezogenen Druck angeben, bezeichnet man als Vakuummeter (s. d.).

Für die Temperaturmessungen hat sich der Grad Celsius als Einheit durchgesetzt, wobei der Schmelz- oder Gefrierpunkt des Wassers als Nullpunkt dient. Mit diesem Punkt und dem Siedepunkt des Wassers ist die Temperaturskala unter Benutzung der Erscheinung des Ausdehnens von Stoffen in Abhängigkeit von der Temperatur festgelegt. Da die Ausdehnung der Stoffe jedoch verschieden ist, gilt als stoffunabhängige Skala die thermodynamische Temperaturskala, die mit der Anzeige eines Thermometers mit idealem Gas übereinstimmt und sich durch den zweiten Hauptsatz der Wärmelehre ergibt. — Zur Temperaturmessung verwendet die Technik die

Ausdehnung von Stoffen, die Änderung eines elektrischen Widerstandes, thermoelektrische Kräfte und die Wärmestrahlung. Die Temperaturmesser kann man daher nach ihrer Wirkungsweise in mechanische Temperaturmesser, elektrische Widerstandstemperaturmesser, thermoelektrische Messer und Strahlungsmesser einteilen. Die beiden ersten Gruppen, die vorwiegend für Temperaturen bis 500° brauchbar sind, bezeichnet man meist als Thermometer (s. d.), die beiden anderen Gruppen, die besonders für hohe Temperaturen bestimmt sind, als Pyrometer (s. d.).

Für die chemische Technik ist die Mengenmessung strömender Stoffe von besonderer Bedeutung. Je nach der Verwendungsart unterscheidet man Dampfmesser (s. d.), Flüssigkeitsmesser (s. d.) und Gasmesser (s. d.), wobei diese Unterscheidung nicht immer bestimmte Bauarten umfaßt, da einzelne Meßvorrichtungen sowohl für Gase oder Dämpfe als auch für Flüssigkeiten brauchbar sind. Die wichtigsten Meßverfahren sind dabei die Volumenmessung, die mit motorischen, die Literzahl angebenden Zählern arbeitet, die Durchflußschwimmermessung, die durch die Stellung eines Schwimmers den jeweiligen Durchfluß einer Strömung anzeigt (s. Schwimmermesser), die Staurohrmessung (s. Staurohre) und die Druckunterschiedsmessung, die Drosselgeräte verschiedener Art benutzt. Die wichtigsten Drosselgeräte, die sich für die Messung von Dämpfen, Gasen und von Flüssigkeiten als brauchbar erwiesen haben, sind die Blenden und die Meßflansche (s. d.), die Düsen (s. d.) und die Venturimesser (s. d.). Hierzu kommen noch einige Sondermeßverfahren, wie die Wehrmessung zur Messung großer Flüssigkeitsmengen (s. Wehrmesser) und die Thomasmesser (s. Gasmesser). Zur Mengenmessung fester Stoffe dienen teilweise auch die Dosiermaschinen (s. d.). — Mit den genannten Vorrichtungen sind auch die Wärmemengenmesser (s. d.) verwandt.

Zur Angabe der Höhe eines Flüssigkeitsspiegels dienen die Flüssigkeitsstandanzeiger (s. d.). Ähnliche Vorrichtungen verwendet man zur Messung des Inhalts von Gasbehältern (s. d.).

Für den Betrieb von chemischen Apparaturen haben die Vorrichtungen zur Messung von Stoffeigenschaften besondere Bedeutung. Hierzu gehören z. B. die Feuchtigkeitsmesser (s. d.), die Dichtemesser (s. d.), die Spindeln (s. d.) und die Gasuntersuchungsapparate (s. d.).

Die chemische Technik stellt für bestimmte Bedingungen besondere Anforderungen an die Werkstoffe der Meßvorrichtungen. Oft genügt es, lediglich den Fühler oder Geber durch Verwendung hochwertiger, widerstandsfester Werkstoffe gegen Korrosionen zu schützen und die übrigen Teile der Meßvorrichtung aus den allgemein üblichen Stoffen auszuführen. Nur in einzelnen Fällen, z. B. bei Flüssigkeitsmessern, ist es erforderlich, die gesamte Meßvorrichtung aus widerstandsfestem Werkstoff, z. B. Steinzeug, herzustellen.

Um eine einheitliche Durchführung von Messungen besonders für Abnahmeversuche zu sichern, haben die zuständigen technischen Organisationen für die Grundmeßverfahren Regeln aufgestellt, z. B. Regeln für Temperaturmessungen oder Regeln für die Durchflußmessung mit genormten Düsen und Blenden. Für einzelne Meßvorrichtungen besteht im Gebiet des Deutschen Reiches Eichpflicht nach den Bestimmungen des Maß- und Gewichtsgesetzes vom 13. Dez. 1935. Dieses Gesetz legt auch die grundlegenden Maßeinheiten fest. — Auch einzelne polizeiliche Vorschriften, wie die Dampffaßverordnung (s. Dampffässer), enthalten Bestimmungen über die Anordnung von Meßvorrichtungen, so z. B. für Autoklaven (s. d.).

Lit.: Siehe Kontrollapparate.

Thormann.

Metallfilter *(s. auch Gas- und Luftreiniger).* Die Metallfilter, 1915 von der Deutschen Luftfilter-Baugesellschaft m. b. H. (Delbag), Berlin, zunächst als Ersatz für die nicht zu beschaffenden Tuchfilter (s. Stoffgasfilter) eingeführt, haben seitdem immer mehr Verbreitung gefunden, da sie viele den Tuchfiltern anhaftende Übelstände vermeiden; sie werden heute nicht nur von der Delbag selbst, sondern auch von einer Reihe anderer Firmen in verschiedenen Bauarten auf den Markt gebracht. Sie lassen sich grundsätzlich in zwei Gruppen einteilen: Filter mit Schüttgut (in der Regel verkupferte Raschigringe von 12—25 mm Durchmesser) und Plattenfilter; diese letzteren werden wieder mit ruhenden oder mit beweglichen, profilierten Platten hergestellt.

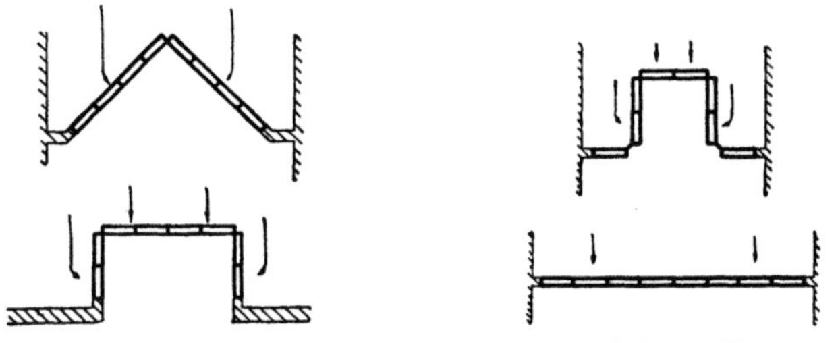

Abb. 1405—1408. Anordnung der Metallfilterzellen.

Die von der Delbag hergestellten Filter mit Schüttgut bestehen aus einzelnen Filterzellen für einen normalen Gasdurchgang von 1000 m³/std, die in einem eisernen Gehäuse von 50 × 50 cm zwischen zwei parallelen Siebwänden aus Stahl hergestellte, verkupferte Raschigringe enthalten. Die Adhäsionsfähigkeit der Metallflächen wird durch Benetzung mit einem sehr viscosen, stark staubbindenden Mineralöl „Viscinol" erheblich gesteigert. Wegen der hohen Viscosität dieser Netzflüssigkeit haben die Filter den Namen „Viscinfilter" erhalten. Das Viscinol verdunstet nicht, ist harz- und säurefrei, geruchlos, in dünner Schicht nicht entflammbar und wirkt auf längere Zeit stark staubbindend, so daß die einzelne Filterzelle bis zu 1,6 l Staub aufnehmen kann. Der Widerstand einer Zelle beträgt bei der Normalbelastung nahezu konstant 8 mm W.S.; hinter dem Filter kann ein Reinheitsgrad bis 0,1 mg/m³ erreicht werden.

Zu jeder Zelle gehört ein eiserner Rahmen mit seitlichen Bohrungen zum Durchstecken von Schraubenbolzen. Auf diese Weise können die Normalzellen in beliebiger Anzahl neben- und übereinander zu Filterflächen gewünschter Größe zusammengesetzt werden. Die Zellenrahmen gestatten einen bequemen Ein- und Ausbau der Filterzellen für die Reinigung. Einige der üblichen Zellenanordnungen für eingebaute Filter zeigen Abb. 1405—1408, doch können die Zellen auch zu freistehenden Gehäusefiltern zusammengestellt werden. Der Raumbedarf eines Viscinfilters beträgt etwa ein Achtel desjenigen für ein Tuchfilter gleicher Leistung. Zum Entfernen größerer

Staubmengen empfiehlt es sich, die Filterzellen so anzuordnen, daß zwei Filter hintereinander zur Wirkung kommen.

Für diejenigen Fälle, wo der senkrechte Aufbau der Zellenfilter wegen der bestehenden Raumverhältnisse nicht durchführbar ist, wird das Viscinfilter nach Abb. **1409** als Schrägstromfilter gebaut, wobei sich die Bautiefe von 250 mm des normalen Zellenfilters auf 500 mm erhöht. Die Schräglage der Zellen erlaubt, in einen gegebenen Querschnitt etwa 150 Proz. mehr Filterfläche unterzubringen als bei senkrechter Anordnung. Auch bei dieser Bauart werden

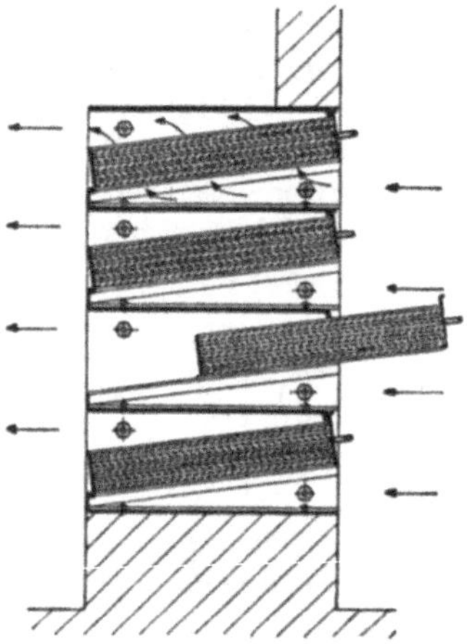

Abb. 1409. Schrägstromfilter (Delbag).

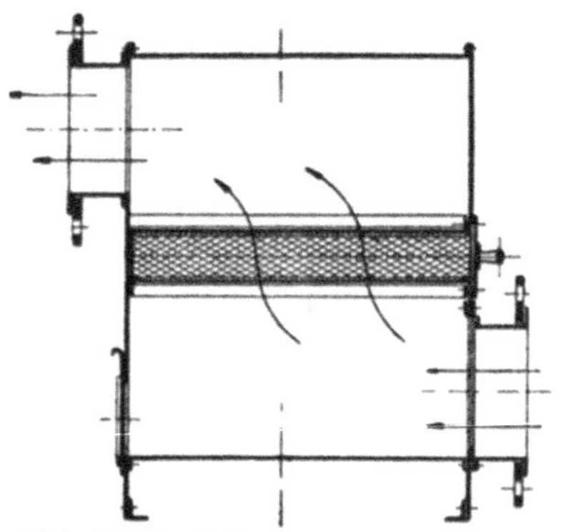

Abb. 1410. Gehäusefilter (Delbag).

die Zellenrahmen zu einem festen Gerüst zusammengestellt; die Filterzellen selbst werden nach Art von Schubladen in die Rahmen eingesetzt und können zwecks Reinigung leicht aus dem Gerüst herausgezogen werden.

In vielen Fällen, z. B. bei der Entstaubung von Gasen, ist es wünschenswert, das Filter unmittelbar in die Rohrleitung einzubauen; für diese Zwecke wird das Viscinfilter als Gehäusefilter nach Abb. **1410** gebaut. Die Anschlußstutzen für die Rohrleitung können entweder an dem zylindrischen Blechgehäuse oder an den beiden Stirnwänden angeordnet werden. Die in verschiedenen Größen hergestellten Filterzellen sind in ähnlicher Weise ausgebildet wie die Normalzellen und werden wieder schubladenartig durch die Stirnwand des Gehäuses in genau passenden Führungen in dieses eingeführt, so daß sie das Gehäuse in einen Rohluft- und einen Reinluftraum unterteilen. Die Luft strömt von unten nach oben durch das Schüttgut. Bei größeren Filtern dieser Art werden die Zellen in mehrere nebeneinander liegende unterteilt, damit sich die Zellen beim Ein- und Ausbau leichter handhaben lassen. Für den Anbau an das Ende einer Rohrleitung werden die Gehäusefilter als Rundzellenfilter nach Abb. **1411** gebaut, das senkrecht (stehend oder hängend) an den Luftsaugestutzen angeschraubt wird.

Die Zeitdauer, nach der eine Reinigung der Filterzellen notwendig wird, richtet sich nach dem Staubgehalt des zu reinigenden Gases und der Belastung des Filters. Im allgemeinen macht sich eine Reinigung nach etwa 1000—1500 Betriebsstunden erforderlich. Dazu werden die Zellen aus dem

Rahmen gehoben und in geeigneten Behältern oder in besonders zu diesem Zweck gebauten Drehwaschern ausgewaschen und neu mit Viscinol benetzt. Bei besonders hohem Staubanfall können die Viscinfilter mit selbsttätiger Reinigungseinrichtung ausgerüstet werden. Hierbei treten die Raschigringe unten aus dem Filter aus, werden durch Saugluft dem Reinigungsapparat zugeführt und nach erfolgter Reinigung und Wiederbenetzung mit Viscinol wieder selbsttätig oben in das Filter eingeführt. Das zu reinigende Filterabteil muß natürlich während der Reinigung durch einen Absperrschieber außer Betrieb genommen werden.

Wenn die zu reinigende Luft nicht nur entstaubt, sondern auch keimfrei gemacht werden soll, wird zur Benetzung der Filterkörper statt Viscinol eine

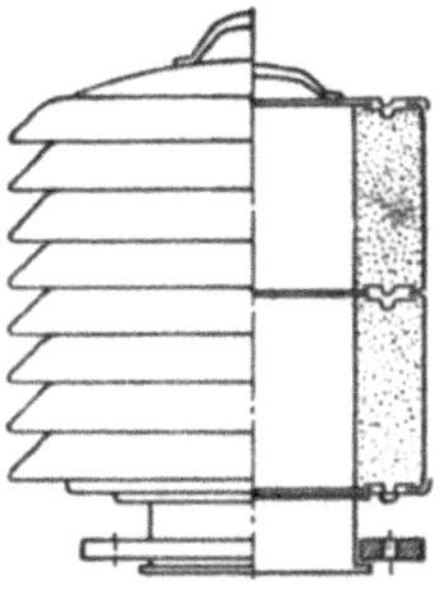

Abb. 1411. Rundzellenfilter (Delbag).

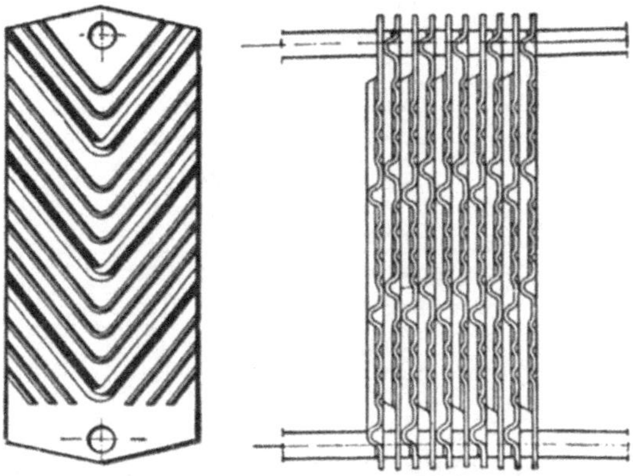

Abb. 1412. Filterplatten (Möller).

„Baktericidol“ genannte Flüssigkeit benutzt, die nach einem Urteil der „Wissenschaftlichen Station für Brauereien, München“, eine vollkommene Entkeimung der Luft gewährleistet.

Bei den Plattenfiltern werden profilierte Platten als Füllstoff verwendet, die entweder gewellt oder mit eingepreßten Nuten versehen sind. Die Filterplatten der K. & Th. Möller G. m. b. H., Brackwede, sind aus Blech gepreßt und nach Abb. 1412 mit mehreren, quer zur Luftrichtung verlaufenden Erhöhungen versehen; sie werden an Querstangen so übereinander aufgereiht, daß die winkelförmigen Erhöhungen abwechselnd nach oben und nach unten gerichtet sind. Gleichzeitig sorgen diese Erhöhungen für einen gleichmäßigen Abstand der aneinandergereihten Platten. Die für den Gebrauch ebenfalls mit einem staubbindenden Öl benetzten Platten bilden, in drei Reihen nebeneinander angeordnet, die Filterzellen, die seitlich mit Eisenblech eingefaßt sind und zum bequemen Ein- und Ausbau vorn Handgriffe erhalten. Die Filterzellen werden einfach oder doppelt in Einbaurahmen aus Eisen eingesetzt. Abb. 1413 zeigt ein Doppelzellenfilter, bei dem die Luft von unten nach oben durch die beiden Zellen hindurchtritt und dabei den Staub an die benetzten Filterplatten abgibt. Der Widerstand einer Doppelzelle beträgt 8—10 mm W.S. bei einer normalen Belastung von etwa 2000 m³/std. Diese Doppelzellenfilter werden auch in einem Blechgehäuse mit Anschlußstutzen für den Einbau in eine Rohrleitung geliefert.

Das Puratorfilter der A. Budil G. m. b. H., Berlin, ist ebenfalls ein Plattenfilter, bestehend aus einzelnen Filterzellen, die wieder für eine Einheits-

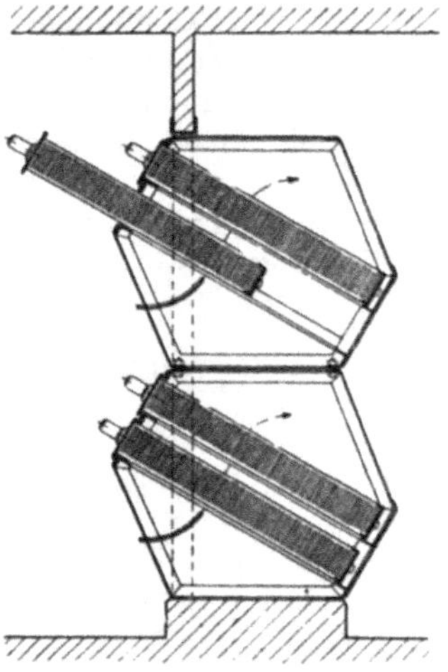

Abb. 1413.
Doppelzellenfilter (Möller).

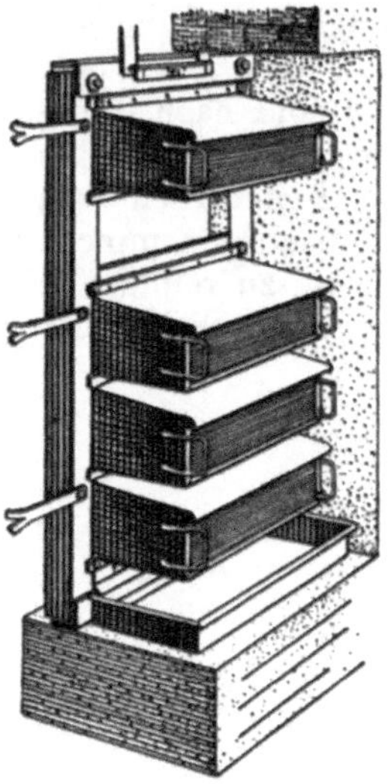

Abb. 1414. Puratorfilter;
eine Zelle ausgebaut (Budil).

leistung von 1000 m³/std bemessen werden. Um das Filter auch bei beschränkten Platzverhältnissen unterzubringen, werden die Zellen nach Abb. 1414 waagerecht übereinander angeordnet. — Hierher gehört auch das Purator-Turbofilter, bei dem die einzelne Filterzelle aus drei übereinander angeordneten, schwach geneigten Kassetten besteht. Die Kassetten selbst werden nach Abb. 1415 aus einer Anzahl besonders gebogener Bleche gebildet und dadurch in kleine Turbozellen unterteilt, in denen die Staubteilchen durch Zentrifugalkraft ausgewirbelt werden. Der feinste Staub wird an den mit hochviscosem Öl benetzten Prallflächen gebunden; der ausgeschiedene Staub lagert sich in den Staubecken *a* und wird dort festgehalten, da diese Staubecken außerhalb des Luftstroms liegen.

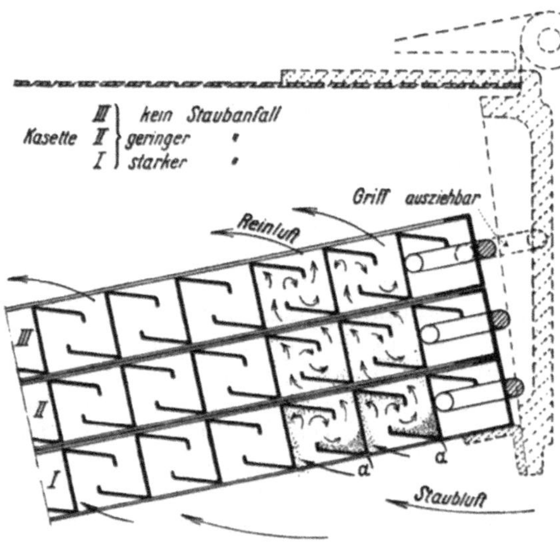

Abb. 1415. Purator-Turbofilter (Budil).

Die Anordnung von zwei oder drei Filterzellen in einem gemeinsamen Rahmen bietet insofern gewisse Vorteile, als die Herausnahme einzelner Filterzellen zur Reinigung auch während des Betriebes ohne Stillsetzen des Filters möglich ist. Bei einzelligen Filtern müssen zu diesem Zweck mehrere Reservezellen zum Auswechseln zur Verfügung stehen.

Das oben beschriebene Plattenfilter von Möller wird zur Vereinfachung der Reinigung auch mit beweglichen Platten hergestellt (Phönixfilter). Dabei werden die einzelnen Filterplatten nach Art einer *Gall*schen Kette zu einem endlosen Band zusammengestellt, das oben und unten über je zwei auf einer gemeinsamen Welle sitzende Umlaufrollen geführt ist (Abb. 1416). Die obere

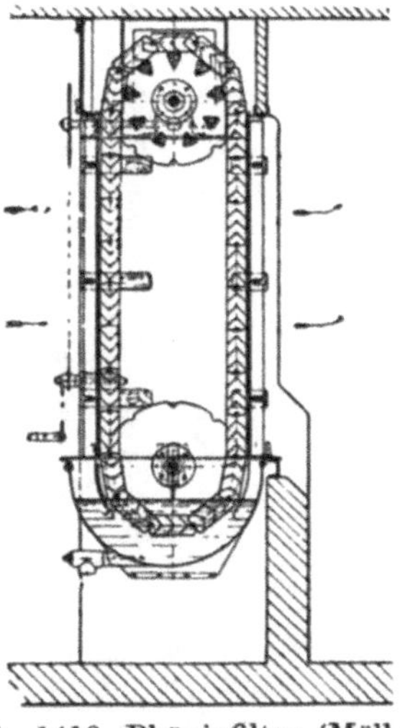

Abb. 1416. Phönixfilter (Möller).

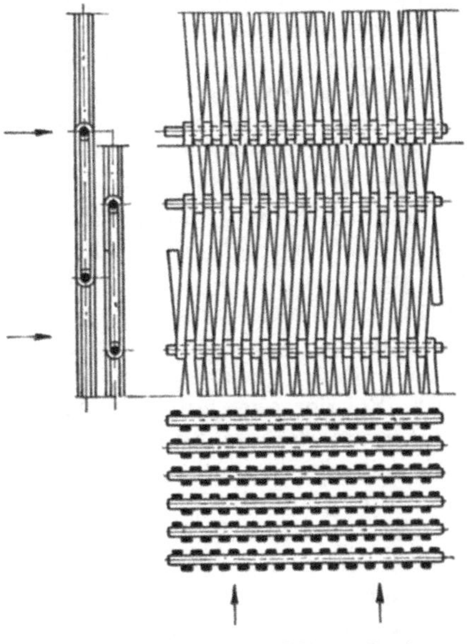

Abb. 1417. Gliederbandfilter (Delbag).

Welle wird von Hand ab und zu oder durch einen kleinen Elektromotor ununterbrochen langsam gedreht. Bei dieser Drehung taucht das Filterband unten in ein Gefäß mit dem staubbindenden Öl und wird so beim Durchgang selbsttätig gereinigt und mit Öl benetzt. Der Ölbehälter selbst kann zur Reinigung leicht ausgebaut werden. Die Abdichtung des Filterbandes nach außen erfolgt durch Lederstreifen. Die zu reinigende Luft wird in waagerechter Richtung durch das Filterband gesaugt, durchströmt zunächst die vordere Bandhälfte, die so als Vorfilter wirkt, und wird dann in der hinteren Bandhälfte einer zweiten Reinigung unterzogen. Infolge der sehr langsamen Drehung des Filterbandes wirkt das Öl im Behälter genügend lange auf die Filterplatten ein, um sie gründlich von dem anhaftenden Staub zu befreien. Bei elektrischem Antrieb des Filterbandes arbeitet das Phönixfilter vollkommen selbsttätig, der Aus- und Einbau einzelner Filterzellen für die Reinigung ist daher nicht erforderlich. Der Entstaubungsgrad des Filters

$$\varepsilon = \frac{\text{Rohstaub} - \text{Reststaub}}{\text{Rohstaub}} \cdot 100$$

wurde von *Berlowitz* im Mittel zu 80 Proz. gefunden, d. h. es werden im Phönixfilter 80 Proz. der in der Luft enthaltenen Staubteilchen ausgeschieden. Der Widerstand des Filters beträgt je nach der Belastung 5—9 mm W.S.

Als Vorfilter bei großen Staubmengen wird, besonders wenn in der zu entstaubenden Luft Haar- oder Faserstoffe enthalten sind, von der Delbag ein Gliederbandfilter hergestellt, das auch als bewegliches Filter mit umlaufendem Gliederband eingerichtet werden kann. Das Gliederband besteht nach Abb. 1417 aus mehreren Drahtlagen, die bei ruhenden Filtern bis zu sieben Stück hintereinander vorhangartig in einen gemeinsamen Rahmen eingehängt werden. Im Betriebe bleiben die beiden ersten Bänder trocken, während die dahinterliegenden fünf Schichten mit viscosem Öl benetzt werden. Durch diese Anordnung ist es möglich geworden, selbst in stark stauberzeugenden Betrieben die einmal angewärmte Arbeitsluft, bis zu 4—5mal gereinigt, den Arbeitsräumen wieder zuzuführen. Der Widerstand dieser Gliederbandfilter ist annähernd konstant und beträgt bei einer Belastung von 5000 m^3/m^2 etwa 1 mm W.S. für jedes der vier bis sieben hintereinander angeordneten Gliederbänder. Die Anzahl der verwendeten Gliederbänder richtet sich nach dem gewünschten Reinheitsgrad der Reinluft. Bei der oben angegebenen Belastung und fünf hintereinandergeschalteten Gliederbändern wird ein Reinheitsgrad von 0,3—0,5 mg/m^3 erzielt. Bei der Anordnung mit beweglichem Gliederband wird das Filter entweder mit einem endlosen Band mit Bürstenreinigung unterhalb der wirksamen Filterschicht oder als Schuppenbandfilter ausgeführt. Bei dieser letzteren Ausführung liegen nach Abb. 1418 einzelne Gliederbandplatten dachziegelartig übereinander und sind an ihren Längskanten um Bolzen drehbar. Das endlose Band geht über obere (angetriebene) und untere Rollen durch ein unten vorgesehenes Reinigungs- und Wiederbenetzungsbad. An der tiefsten Stelle hängt jede Gliederbandplatte frei im Ölbad und erfährt bei dem langsamen Durchgang durch dieses eine gründliche Reinigung von dem anhaftenden Staub.

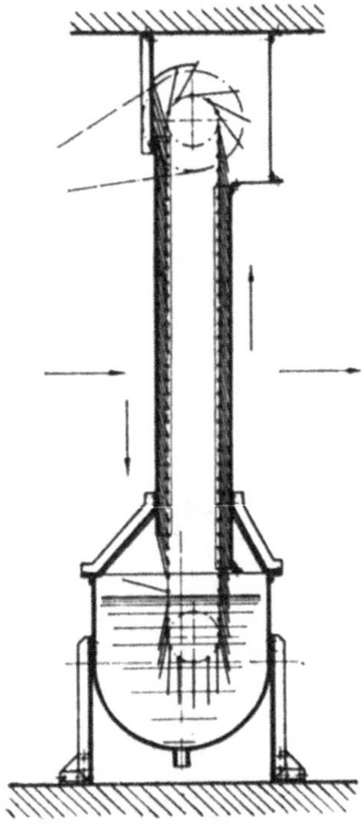
Abb. 1418. Schuppenbandfilter (Delbag).

Lit.: *M. Berlowitz*, Versuche an Metallfiltern zur Luftentstaubung (Gesundh.-Ing. 1925, S. 395, 403).

Moser.

Metallacke, Metallüberzüge, s. Schutzüberzüge.

Métillure, s. Ferrosilicium.

Mipolam ist ein aus Vinylpolymerisaten bestehender thermoplastischer Kunststoff. Eine wie Glas durchsichtige und härtere Spielart wird als Astralon bezeichnet. Das spez. Gew. dieser Kunststoffe beträgt 1,34—1,37, ihre Zugfestigkeit (gemessen an Flachstäben von 5 mm Dicke) etwa 600 kg/cm^2

bei 40 Proz. Dehnung, der Härtegrad 1000 kg/cm². Die Produkte sind fast unbrennbar, erweichen aber schon bei 60°, so daß sie nur bis 40° verwendet werden können. Die Feuchtigkeitsaufnahme beträgt für 100 cm² Oberfläche bei 24° etwa 80 mg. Gegen 50proz. Mineralsäuren, gegen Essigsäure, Ammoniak, Alkalien und Salzlösungen sind Mipolam und Astralon bei gewöhnlicher Temperatur beständig. Vegetabilische und mineralische Öle sowie Benzin sind gleichfalls ohne Einwirkung, dagegen greifen organische Lösungsmittel (Ester, Chlorkohlenwasserstoffe, Ketone, Äther, Pyridin usw.) mit Ausnahme von Alkohol mehr oder weniger stark an. — Die Verarbeitbarkeit der Produkte ist gut. Die Verbindung von Mipolamrohren kann durch Verkleben mit einer Lösung von Astralon (10 Proz.) in Methylenchlorid oder von Astralon (5 Proz.) in Methylenchlorid + Aceton + Toluol = 1 : 1 : 1 durchgeführt werden. Die Verbindung mit Metallen und keramischen Werkstoffen ist mit Schwierigkeiten verknüpft.

Lit.: *E. Rabald,* Dechema-Werkstoffblätter 1935, 1936 (Berlin, Verlag Chemie). — Kunststoffe 1936, S. 171. — *H. Lutz,* Wärme 1937, S. 428; ref. Chem. Apparatur 1937, S. 290.

Ra.

Minderdruckapparate, s. Vakuumapparate.

Mischer, s. Mischvorrichtungen.

Mischkondensatoren (**Einspritzkondensatoren;** *s. auch Kondensatoren, Oberflächenkondensatoren, Kühler, Mehrkörperverdampfer)* dienen in der chemischen Technik meist dazu, eine Verdampfung unter Luftleere durch Verflüssigung der dabei entstehenden Dämpfe zu ermöglichen. Sie werden fast ausschließlich an Verdampfapparaten, bisweilen auch an Vakuumtrocknern (bei diesen besonders, wenn es sich um höhere Leistungen handelt) angewendet. Während das Kühlwasser in den Oberflächenkondensatoren unter jedem beliebigen Druck stehen kann, der in der Regel etwas größer als der Atmosphärendruck ist, gelangt das Kühlwasser der Einspritzkondensatoren in einen luftleeren Raum, wobei ein Teil der in ihm gelösten Gase frei wird, so daß die von der Luftpumpe abzusaugende Gasmenge dadurch vergrößert wird. Da die Kondensationstemparatur der dem Sättigungsdruck zugeordneten Siedetemperatur entspricht und das zur Verfügung stehende Grundwasser eine Temperatur von 10° selten unterschreitet, kann Wasserdampf unter 0,0125 at abs entsprechend einer Kondensationstemperatur von 10° nicht niedergeschlagen werden.

Man unterscheidet nasse und trockene Kondensatoren. Die nassen Kondensatoren arbeiten meist im Gleichstromverfahren. Die Luftpumpe (s. d.) fördert sowohl die Luft als auch das erwärmte Einspritzwasser. Da das gesamte Kühlwasser durch die Pumpe im erwärmten Zustand gehen muß, neigen die dabei anzuwendenden Naßluftpumpen bei schlechter Wasserbeschaffenheit zum Steinansatz, außerdem sind sie größer als die trockenen Luftpumpen. In den trockenen Kondensatoren wird Kühlwasser und Dampf meist im Gegenstrom zueinander geführt. Die Luftpumpe fördert nur die nicht kondensierbaren Gase aus dem Kondensator. Das Kühlwasser wird in der Regel durch ein Fallrohr ununterbrochen und selbsttätig abgeleitet, was zur Folge hat, daß der Kondensator mit seiner Unterkante 10 m über dem Wasserspiegel des

Fallwasserkastens stehen muß. Zum Herausfördern der Gas- und Luftmengen bei der Mischkondensation eignen sind auch Strahlpumpen (s. d.).

Bei allen Einspritzkondensatoren entspricht die Dampftemperatur nur am Brüdeneintritt dem vorhandenen Druck, da hier der Anteil der Gase sehr klein ist. Sobald die Dämpfe mit dem Kühlwasser in Berührung gekommen sind und der Dampfgehalt sich vermindert hat, ist auch der Dampfteildruck geringer, weil der Gesamtdruck im Kondensator an allen Stellen gleich ist und sich aus dem Teildruck der Luft und dem des Dampfes zusammensetzt. Bei hohen Strömungsgeschwindigkeiten ist außerdem ein geringer Druckabfall zu berücksichtigen. Das von der Luftpumpe anzusaugende Volumen ist um so kleiner, je geringer der Dampfteildruck in dem Gemisch ist, d. h. je geringer seine Temperatur ist. Man saugt daher die Luft immer an der kältesten Stelle ab, die z. B. bei den Gegenstromkondensatoren an der höchsten Stelle des Apparates liegt, weil dort das kalte Wasser eintritt. Je größer das von der Luftpumpe abgesaugte Volumen ist, um so dampfhaltiger wird unter sonst gleichen Bedingungen das abgesaugte Gemisch sein, um so besser ist der Wärmeübergang zwischen Wasser und Dampf und um so geringer ist der Temperaturunterschied zwischen eintretendem Dampf und austretendem Wasser. Ist das abgesaugte Gasvolumen zu gering, so wird die Wärmeübertragung durch gashaltige Zonen vermindert. Im ersten Fall ist der Kraftbedarf der Luftpumpe größer als nötig, im zweiten verschlechtert sich das Vakuum. Eine Vergrößerung des von der Luftpumpe abgesaugten Volumens, die z. B. durch Anwendung einer größeren Pumpe erreicht werden kann, hat nur bis zu einer bestimmten Grenze Zweck, da das im günstigsten Fall zu erzielende Vakuum durch die Austrittstemperatur des Wassers begrenzt ist. Ist andererseits die Leistung der Luftpumpe nicht genügend, so nützt auch eine Vergrößerung der Kühlwassermenge nur bis zu einer bestimmten Grenze. Da in diesem Fall die niedergeschlagene Dampfmenge größer wird, steigt auch die aus den Dämpfen ausgeschiedene Gasmenge; gleichzeitig werden größere Gasmengen aus dem Kühlwasser frei, so daß der Gasgehalt im Kondensator zunimmt. Das Vakuum kann sich aber verschlechtern, wenn bei ungenügender Luftpumpenleistung die Kühlwassermenge gesteigert wird. Sowohl die anzuwendende Kühlwassermenge als auch die abzusaugende Luftmenge müssen daher in einem bestimmten, von den jeweiligen Umständen abhängigen Verhältnis stehen, wenn der Kondensator so günstig wie möglich arbeiten soll. Einen Maßstab zur Beurteilung kann der Temperaturunterschied zwischen der abgesaugten Luft und dem aus dem Kondensator tretenden Wasser geben.

Bezeichnet man mit W die Kühlwassermenge in kg, mit i die Gesamtwärme von 1 kg Dampf in kcal/kg, mit G das niederzuschlagende Dampfgewicht in kg, mit t_a die Anfangstemperatur des Wassers und mit t_e die Endtemperatur des Wassers, so ergibt sich das Kühlwassergewicht aus der Beziehung: $W = \frac{G(i - t_e)}{(t_e - t_a)}$. Die Endtemperatur des Wassers t_e liegt meist etwa 10—15° unter der Brüdentemperatur. Die Brüdentemperatur ist durch den Druck des Dampfes beim Eintritt in den Kondensator gegeben. Bei Verdampfapparaten begnügt man sich in vielen Fällen mit einer Luftleere von 600 mm Q.S. Bei Trocknern sind jedoch vielfach größere Luftleeren erwünscht. Für die meisten Fälle wird man mit etwa 15—25 kg Kühlwasser auf 1 kg zu kondensierenden Dampfes rechnen müssen.

Werden mehrere Kondensatoren durch eine Pumpe mit Kühlwasser versorgt, so sind in die einzelnen Leitungen je ein Regelorgan, z. B. ein Schieber, einzubauen, damit man das Kühlwasser auf die einzelnen Kondensatoren richtig verteilen kann; noch besser sind aber zwei, von denen ein Schieber durch Probieren genau eingestellt wird und dann in seiner Stellung verbleibt, während der andere zum Öffnen und Schließen dient. — Vielfach wird ein hochgestellter Wasserbehälter zur Versorgung der Kondensatoren mit Kühlwasser verwendet. Werden mehrere Kondensatoren mit einer gemeinsamen Luftpumpe betrieben, so müssen ebenfalls in die Leitungen Regelorgane eingebaut werden. Sind in die Luftleitungen Thermometer eingesetzt, so kann man nach diesen die aus den Einzelkondensatoren abzusaugenden Luftmengen in zweckentsprechender Weise regeln. Bei dieser Anordnung ist darauf zu achten, daß beim Zuschalten eines anderen Kondensators langsam verfahren wird, da sonst Druckschwankungen entstehen können, die sich auf alle Apparate übertragen.

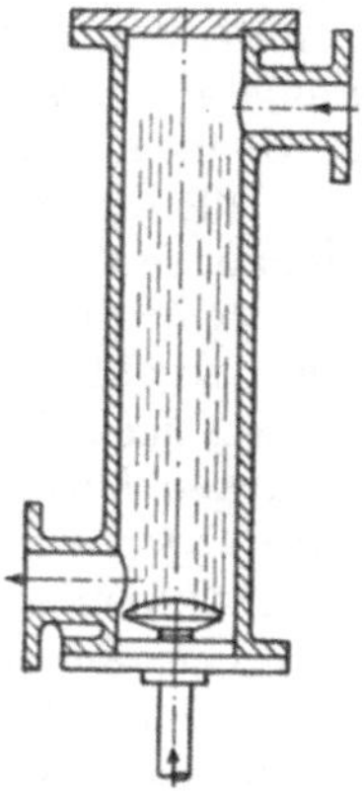

Abb. 1419. Einspritzkondensator.

Die nassen Mischkondensatoren werden besonders für kleinere und mittlere Leistungen, etwa von 100—3000 kg Dampf/std, verwendet, da die trockenen Kondensatoren größere Baulichkeiten für die Unterbringung des hochstehenden Apparates und der Rohrleitungen verlangen und die Aufwendungen dafür in diesem Bereich größer sind als die Mehrkosten, die bei Anschaffung der Naßluftpumpe entstehen.

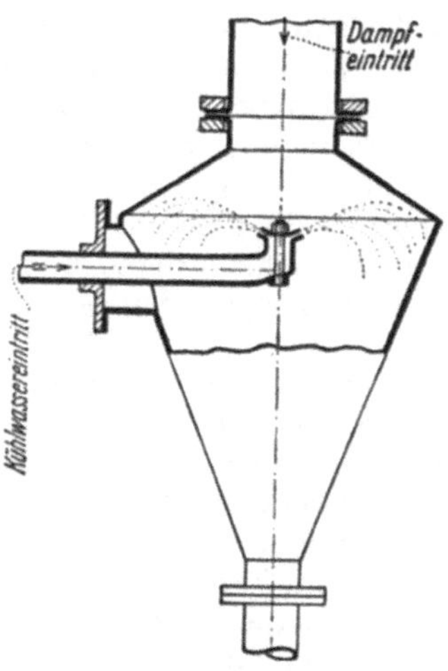

Abb. 1420.
Einspritzkondensator mit scheibenartigem Wasserschleier.

Einen einfachen nassen Mischkondensator zeigt Abb. 1419. Im unteren Teil ist eine Brause eingesetzt, die das Wasser nach oben spritzt, während der Dampf ihm von oben entgegenströmt. Zweckmäßiger ist es wohl, den Querschnitt etwas zu verbreitern, damit sich die Dampfgeschwindigkeiten verringern. Einen derartigen nassen Einspritzkondensator zeigt Abb. 1420, wo das Wasser schräg nach außen gespritzt wird, so daß der Dampf auf einen scheibenförmigen Wasserschleier trifft. Vielfach verwendet man auch gelochte Rohre zur Wasserverteilung. Bei schlechter Wasserbeschaffenheit verstopfen sich die Löcher jedoch sehr leicht.

Die Mischkondensatoren werden auch als Strahlapparate gebaut, bei denen die kinetische Energie des Wassers gleichzeitig dazu benutzt wird, die nicht kondensierbaren Gase zu entfernen, so daß die Luftpumpen gänzlich in Fortfall kommen.

Die trockenen Mischkondensatoren werden hauptsächlich für größere Leistungen gebaut. In den einfachsten Ausführungen läßt man das Wasser über eine Anzahl Stufen (meist fünf bis sechs) fließen. Die Gesamthöhe derartiger Kondensatoren beträgt bis zu 3 m. Hierzu kommt noch die Höhe des Fallrohrs mit etwa 10 m. Statt das Wasser über Stufen laufen zu lassen, werden auch Überfälle in verschiedener Weise und gelochte Böden angewendet, die das Wasser in viele Strahlen zerteilen, um dadurch eine möglichst große Berührungsfläche zwischen Wasser und Dampf zu schaffen. Für die Größenbemessung der trockenen Kondensatoren rechnet man für den untersten verengten Querschnitt bei 700 mm Vakuum etwa mit einer Dampfgeschwindigkeit bis zu 50 m/sek. Da die Einbauten etwa die Hälfte des Querschnittes einnehmen, wird der gesamte Querschnitt etwa doppelt so groß als der mit dieser Angabe errechnete. Da die Querschnitte bei manchen Bauarten durch dicke Wasserstrahlen weiter verengt werden, tritt oft zwischen dem oberen und unteren Teil des Kondensators ein erheblicher Druckabfall ein, so daß der Druck der von der Pumpe abgesaugten Gase geringer ist als der Druck der unten eintretenden Brüdendämpfe, was besonders für die einfachen Mischkondensatoren mit vielen Stufen zutrifft. Für die Leistung der Luftpumpe rechnet man bei Mehrkörperverdampfern oft mit etwa 2,5—5 kg unkondensierbarer Gase auf 1000 kg Vakuumdampf. Unter ungünstigen Umständen können die abzusaugenden Gas- und Luftmengen auch höher werden, wozu z. B. Undichtheiten in der Apparatur beitragen können. — Die Dampfgeschwindigkeit im Brüdenrohr beträgt etwa 40—50 m/sek.

Die Wassergeschwindigkeit im Fallrohr kann bis zu 2 oder 3 m/sek betragen. Hohe Wassergeschwindigkeiten im Fallrohr haben bei entsprechender Ausbildung des Kondensators den Vorteil, daß auch ein Teil der Gase mitgerissen wird, wodurch die Luftpumpe entlastet wird. Sowohl das Kühlwasser in der Kühlwasserzuleitung als auch das erwärmte Wasser im Fallrohr werden von dem Gegendruck der Atmosphäre hochgedrückt. Zur Bewegung des Kühlwassers in den Kondensator und des Fallwassers aus diesem sind noch zusätzliche Druckhöhen notwendig, um die Widerstände in den Leitungen usw. zu überwinden. Der Kraftbedarf zur Förderung des Kühlwassers im Betrieb ist also nur durch die Widerstände und die zusätzlichen Druckhöhen gegeben. Anders ist es bei der Inbetriebsetzung, wo die Kühlwasserpumpe die gesamte Druckhöhe zu überwinden hat, da dann das Vakuum noch nicht vorhanden ist; dies ist besonders bei Kreiselpumpen mit elektromotorischem Antrieb zu beachten.

An allen Gegenstromkondensatoren muß ein Wasserabscheider vorgesehen werden, da die von der Pumpe angesaugten Gasmassen Wassertropfen mitreißen. Dies ist um so wichtiger, je größer die abzusaugenden Gasmengen sind, weil dann die Gefahr des Mitreißens größer ist, und je schneller die Luftpumpe läuft, da diese dann besonders empfindlich gegen hineingeratene Wasserteilchen ist. — Der Kondensator selbst wird nicht gegen Wärmeverluste geschützt. Es ist jedoch zweckmäßig, bei Verdampfanlagen die Brüdenleitung bis zum Kondensator mit einem Wärmeschutz zu versehen, damit das hier durch Wärmeverluste niedergeschlagene Wasser nicht in den letzten Körper zurückläuft und dort nochmals verdampft werden muß.

Einen einfachen trockenen Mischkondensator, in dem das Wasser über eine Anzahl Stufen geht, zeigt Abb. 1421. Eine Ausführung (Devine Vernon), bei der abwechselnd ring- und scheibenförmige Stufen mit gezackten Überlaufrändern angewendet werden, ist auf Abb. 1422 dargestellt.

Einen einfachen Überlauf und Prelleinbauten verwendet der auf Abb. 1423 dargestellte Kondensator, bei dem auch das Bestreben zu erkennen ist, den

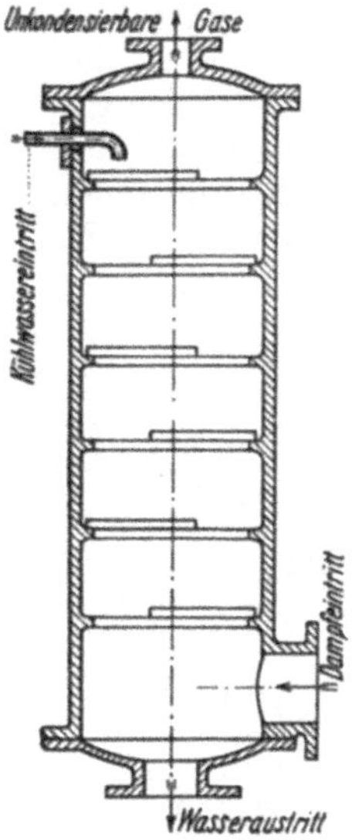

Abb. 1421. Gegenstromkondensator.

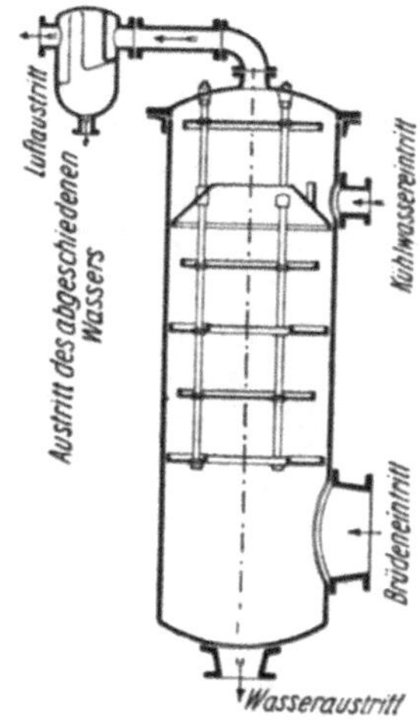

Abb. 1422. Gegenstromkondensator (Devine).

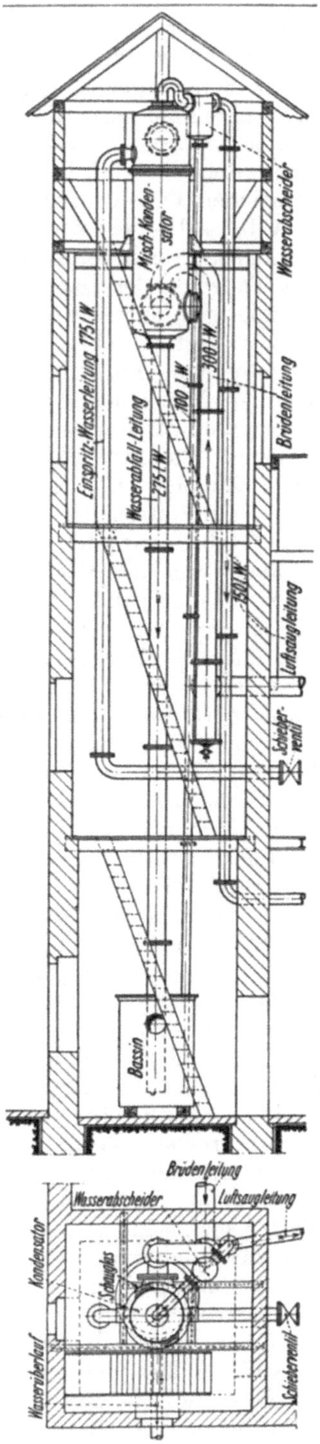

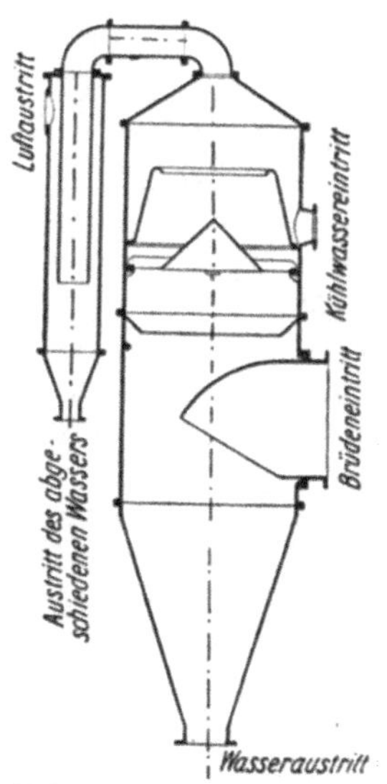

Abb. 1423. Gegenstromkondensator (Devine).

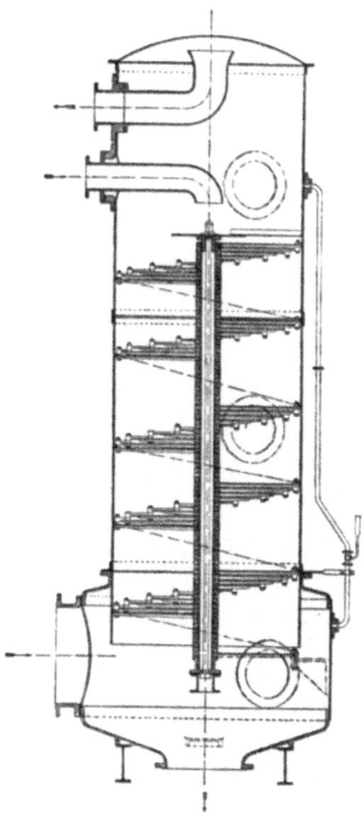

Abb. 1424. **Gegenstromkondensator (Maschinenfabrik Sangerhausen).**

Abb. 1425. Fallrohrkondensator (Paßburg-Block).

Druckverlust im Kondensator möglichst herabzusetzen und Gase mit dem Fallrohr mitreißen zu lassen. — Einen Gegenstromkondensator der Maschinenfabrik Sangerhausen, bei dem das Wasser über Stufen geht, die auf einer Schraubenlinie angeordnet sind, zeigt Abb. 1424. — Vielfach werden die Einbauten auch mit Sieblöchern versehen. Diese haben jedoch wie die gelochten Rohre den Nachteil, daß sie sich bei unreinem Kühlwasser leicht verstopfen. In solchen Fällen bringt man daher zweckmäßig nur Überläufe an. — Die in Abb. 1421—1424 dargestellten Kondensatoren arbeiten sämtlich mit Fallrohr, der Dampfeintritt befindet sich unten, Kühlwassereintritt und Anschluß zur Absaugung von Luft und Gasen oben. — Eine vollständige Fallrohrkondensationsanlage (Ausführung Paßburg-Block) mit allem Zubehör für einen großen Vakuumtrockner ist auf Abb. 1425 dargestellt.

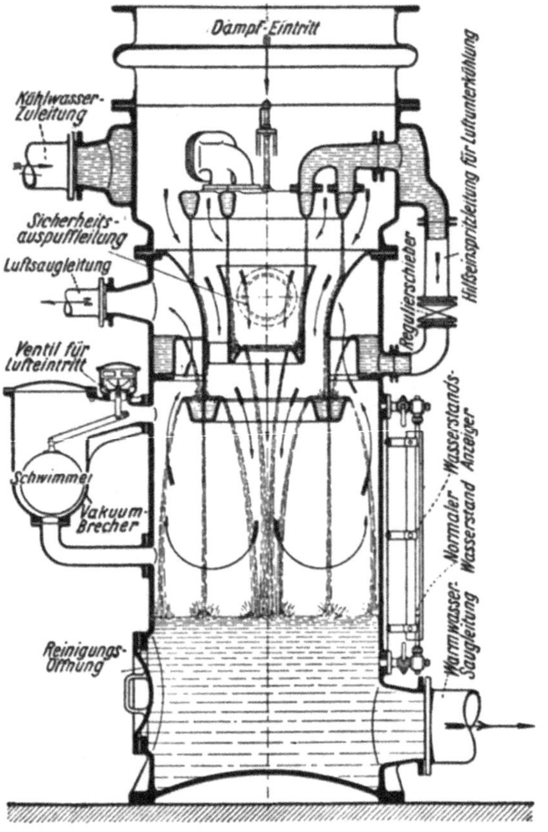

Abb. 1426.
Mischkondensator (M.A.N.).

Einen trockenen Mischkondensator, bei dem jedoch das warme Wasser ohne barometrisches Fallrohr mit einer Pumpe abgesaugt wird, zeigt Abb. 1426. Das Kühlwasser tritt durch eine doppelte oder mehrfache Ringdüse ein; dadurch bilden sich zwei oder mehr konzentrische, zylindrische Wasservorhänge, die ein Teil des Dampfes durchstreichen muß, wobei er sich niederzuschlagen beginnt. Dann strömt das Kühlwasser gegen konzentrische Leitflächen, wo sich der Dampf an der Oberfläche der entstehenden Wasserschleier weiter verdichtet. Aus den Umbördelungen am Ende der Leitzylinder fließt das Wasser schließlich in langsamem, ununterbrochenem Strom in Form zweier oder mehrfacher, ineinanderstehender Kegelmäntel dem Boden des Kondensators zu. Luft und Dampf werden in diesem Teil angesaugt und innig mit Wasser gemischt, wobei der Rest des Dampfes verflüssigt wird. Die Luft muß zur Abkühlung noch einen Kranz senkrechter Strahlen durchlaufen und zum Schluß durch einen Wasserschleier hindurch, den der Ausfluß aus einem Ringkanal bildet; diesem wird durch eine Hilfseinspritzleitung kaltes Wasser zugeführt. Damit das Wasser nicht zu hoch steigt, ist ein Vakuumbrecher angeordnet. Das hochsteigende Wasser hebt einen Schwimmer an, der durch Hebelwerk ein Belüftungsventil öffnet.

Die Mischkondensatoren bieten gegenüber den Oberflächenkondensatoren besonders dann Vorteile, wenn die Brüdendämpfe die Werkstoffe der Rohre angreifen, wie es in der chemischen Technik häufig der Fall ist.

Lit.: *E. Hausbrand* u. *M. Hirsch*, Verdampfen, Kondensieren, Kühlen (7. Aufl., Berlin 1931, Julius Springer). — *W. Greiner*, Verdampfen und Verkochen (2. Aufl., Leipzig 1925, Spamer). — *K. Hoefer*, Untersuchungen an Luftpumpen für Kondensatoren. VDI-Forschungsheft 253 (Berlin 1922, VDI-Verlag); Die Kondensation bei Dampfkraftanlagen (Berlin 1925, Julius Springer). — *J. Sim*, Steam Condensing Plant in Theory and Practice (London 1925, Blackie & Sons). — *A. Wright*, Modern Practice in Steam Condensing (London 1925, Crosby Lockwood & Son). — *W. Badger*, Heat Transfer and Evaporation (New York 1926, Reinhold Publishing Company). — *J. Weiß*, Kondensation (Berlin 1910, Julius Springer). — *Robinson*, Condensing Plant (London 1926, Pitman).

Thormann.

Mischvorrichtungen (Mischer; *s. auch Knetmaschinen, Kreiselmischer, Rührvorrichtungen)* dienen besonders zum Mischen fester, schaufelbarer Stoffe miteinander zu einem gleichartigen Gemenge, so daß dieses in allen Teilen möglichst die gleiche Zusammensetzung hat. Die Vorrichtungen zum Vermischen

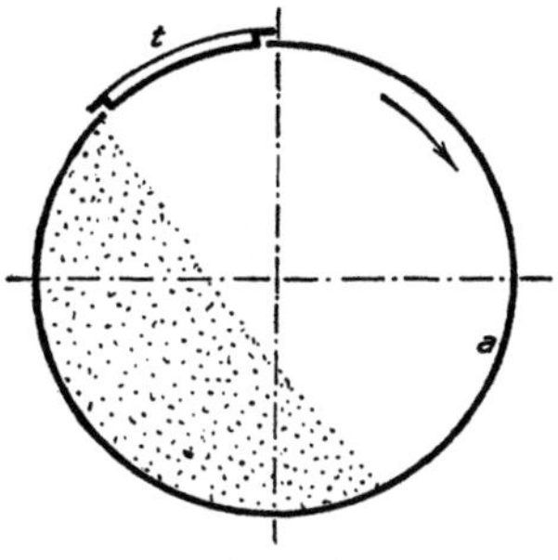

Abb. 1427.
Einfache Mischtrommel.
a Trommelmantel, *t* Deckel zum Füllen und Entleeren.

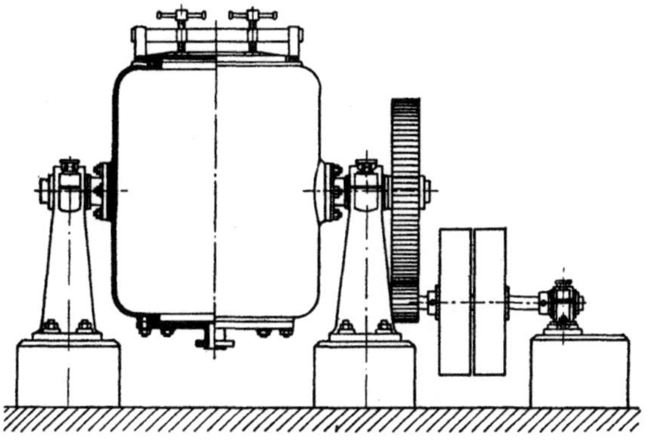

Abb. 1428. Mischtrommel.

zäher, teigiger Stoffe mit geringen Flüssigkeitsmengen werden meist als Knetmaschinen, die zum Vermischen flüssiger Stoffe mit Flüssigkeiten oder mit geringen Mengen fester Stoffe als Rührvorrichtungen bezeichnet. Mischmaschinen, die ein besonders gleichmäßiges Gemisch erzielen, bezeichnet man bisweilen auch als Egalisiervorrichtungen. — Die Mischung von Stoffen erfolgt entweder absatz-(posten-)weise, indem die zu vermischenden Stoffe mit einem Mal in die Vorrichtung gebracht, darin verarbeitet und dann vermischt entnommen werden, oder stetig derart, daß die Stoffe ständig in gleicher Menge zugeführt, vermischt und ununterbrochen abgeführt werden.

Zum satzweisen Mischen fester Stoffe werden oft drehbare Gefäße, Trommeln usw. verwendet. Das Gut steigt etwa nach Abb. 1427 infolge der Drehung an der einen Seite hoch, bis der Böschungswinkel überschritten ist. Dann fällt es von oben herab, wobei sich die Stoffe untereinander mischen. Derartige Mischvorrichtungen werden besonders in der Steinzeug-, Porzellan- und Glasindustrie verwendet. Eine einfache, durch ein Zahnradvorgelege angetriebene Mischtrommel, bei der die Trommelachse senkrecht zur Drehachse gelegt ist, zeigt Abb. 1428. Wird die Trommelachse in die Drehachse gelegt, so werden oft nach Abb. 1429 Hubschaufeln oder Leisten im Innern angebracht, die das Gut heben und durcheinanderwerfen. Letzteres verbleibt bei dieser Anordnung jedoch immer nahezu in der gleichen Querschnittsebene, so daß die in verschiedenen Ebenen befindlichen Gutteile nur wenig durcheinandergebracht werden, wenn nicht die Trommel im Verhältnis zu ihrem Durchmesser sehr kurz gehalten wird.

Um die notwendige Quermischung zu erreichen, werden die Leisten auch mit Leitblechen versehen, die abwechselnd schräg zur Trommelachse gelegt sind, so daß das Gut bald nach der einen, bald nach der anderen Seite geworfen wird. Die Entleerung dieser Trommeln ist jedoch schwierig.

Der günstigste Füllinhalt der Trommelmischer beträgt meist 20 bis 30 Proz. des Rauminhaltes. Zu große oder zu geringe Füllung beeinträchtigen die Mischung. In einfachen Trommelmischern, in denen das Gut regelmäßig den gleichen Weg ausführt, können Entmischungen auftreten, wenn der Mischvorgang zu lange dauert. Grundsätzlich hängt die Mischwirkung immer von den relativen Bewegungen der Gemengeteilchen gegeneinander ab. Je größer die Wegunterschiede der Teilchen sind, um so besser ist der Mischvorgang.

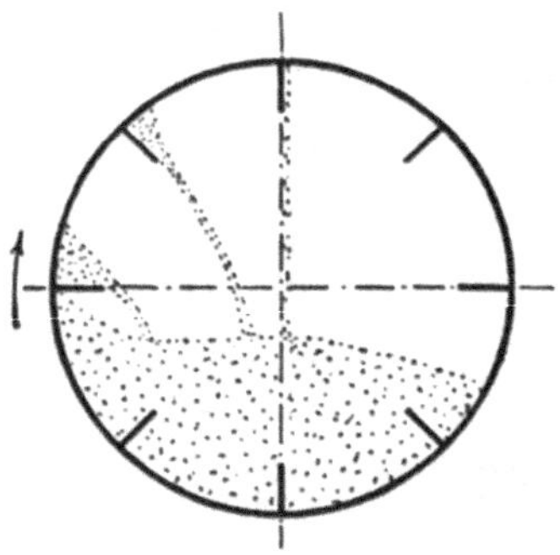

Abb. 1429. Hubleistentrommel.

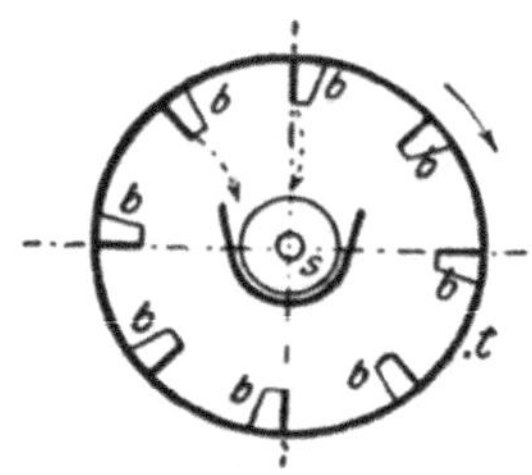

Abb. 1430. Mischtrommelentleerung mit Schnecke.
t Trommelmantel, *s* Austragsschnecke, *b* Hubschaufeln.

Die Mischgeschwindigkeit von Trommelmischern kann man mit Rücksicht auf die dabei zunehmenden Wirkungen der Zentrifugalkraft nicht beliebig steigern. Im allgemeinen arbeitet eine Trommel bei einer bestimmten Drehzahl am günstigsten. Die Mischzeit hängt von den Eigenschaften der Rohstoffe ab. Der Mischungsgrad steigt unter sonst gleichen Umständen zunächst rasch an und nähert sich dann asymptotisch der Grenze, die der bestmöglichen Gleichverteilung entspricht. Man kann daher in der Regel das Mischergebnis durch Verlängerung der Mischzeit nur bis zu einem bestimmten Punkt verbessern. Im übrigen kommt es bei allen Trommelmischern auf schnelles Füllen und Entleeren, leichtes Reinigen und auf die Verhütung von Klumpenbildungen besonders an. (Vgl. *G. Garbotz* u. *O. Graf*, Leistungsversuche an Mischmaschinen, [Berlin 1931, VDI-Verlag].)

Die minutliche Trommeldrehzahl muß zwischen $32\sqrt{D}$ und $42\sqrt{D}$ liegen, damit die Mischwirkung möglichst groß ist. Bei Überschreitung der angegebenen Grenze wird das Gut durch die Zentrifugalkraft an die Trommelwandung gepreßt, bei bestimmter Unterschreitung der Grenzen wird es nur mäßig gehoben und durcheinandergeworfen.

Bei der auf Abb. 1430 dargestellten Trommel ist, um diese schnell entleeren zu können, um die Mittelachse ein Trog angeordnet, der um 180° geschwenkt werden kann. In dem Trog läuft eine Schnecke *s*. Während des Betriebes liegt der Trog mit der Öffnung nach unten, so daß das Gut auf den Trogboden prallt. Zur Entleerung wird der Trog von außen gedreht, so daß das Gut aus den Hubleisten *b* in ihn hineinfällt und von der Schnecke herausgefördert werden kann. Die beschriebenen einfachen und satzweise betriebenen Trommelmischer sind besonders für die Glasindustrie und für keramische Betriebe geeignet.

Anders wird die Quermischung und Entleerung in der Mischtrommel Bauart *Häberle* von Ernst Bergmüller, Vaihingen b. Stuttgart (Abb. **1431**, **1432**), gelöst. Die an der Innenwand *b* der Mischtrommel angeordneten Hubschaufeln *c* sind so gerichtet, daß sie das durch den Einlaufstutzen *a* in die Trommel gelangende Mischgut ständig nach dem gegenüberliegenden Trommelende zur

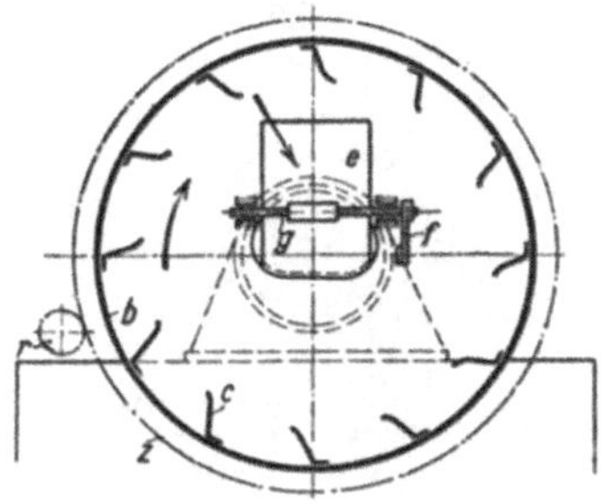

Abb. 1431. Schematischer Querschnitt der Mischmaschine (Bauart *Häberle*).

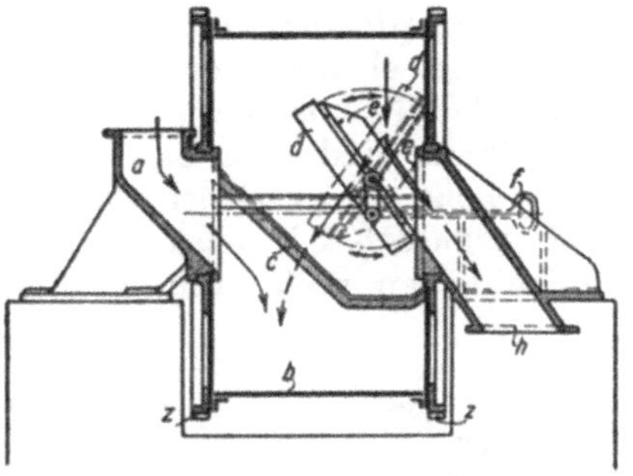

Abb. 1432. Längsschnitt der Mischmaschine (Bauart *Häberle*).

Auslaufseite fördern, diesem also außer der Hubbewegung auch eine Querbewegung erteilen. Das von den Hubschaufeln abstürzende Gut fällt auf die schwenkbar auf der Achse *p* angeordnete Doppelschurre *d*, die während des Mischens die punktiert gezeichnete Stellung hat, und wird von dieser in der Richtung der punktierten Pfeile wieder an das Einlaufende der Trommel zurückbefördert, wo es die Hubschaufeln wieder emporheben und dem Auslaufende zufördern, auf die Schurre abwerfen usw. Nach genügender Durchmischung des Gutes wird die Schurre von außen durch den Hebel *f* umgestellt und in die auf Abb. **1432** gezeichnete Lage gebracht. Die Entleerung erfolgt dann beim Weitergang der Trommel selbsttätig dadurch, daß das gesamte Gut von den Hubschaufeln auf die Schurre abgeworfen und von dieser durch die Öffnung *e* und den Ablaufstutzen *h* nach außen geleitet wird. Die Trommel ist auf zwei schmierbaren, mit dem Ein- und Auslaufstutzen verbundenen Lagerstellen angeordnet. Zum Antrieb dienen die beiden Zahnkränze *z*, in die die auf der Vorgelegewelle sitzenden Ritzel *r* eingreifen. Ein- und Auslaufstutzen werden während des Mischens durch Drehklappen geschlossen, so daß kein Staub nach außen dringen kann. Die Bedienung der Trommel beschränkt sich auf das bei jeder Mischung erforderliche Umstellen der Schurre durch Bewegung des Hebels *f*.

Am einfachsten wird die Quermischung dadurch erreicht, daß man die Trommel schräg zur Drehachse legt. Das Gut wird bei dieser Bauart (Abb. **1433**) bei jeder Drehung einmal in der Längsachse hin- und hergeworfen. Hierdurch wird jedoch die mechanische Beanspruchung der Trommel, insbesondere auch die der Lagerzapfen, recht bedeutend. (Siehe auch Chem. Apparatur 1918, S. 66.)

Um die Stoßwirkung zu mildern, sind in der Mischtrommel Bauart *Prosper* des Ingenieurbüros Prosper, Altona (Abb. 1434), zwei gegeneinandergerichtete Kegelmäntel angeordnet. Das Mischgut wird durch den Trichter F aufgegeben und erfährt in den beiden Kegeln K und K_i zunächst einmal die Mischung durch das bei der Drehung eintretende Überstürzen. Im Gegensatz zu den zylindrischen Mischtrommeln erfolgt aber dieses Überstürzen nicht nur in der Querebene, sondern infolge der kegeligen Gestalt der beiden Trommeln auch in der Richtung des größeren Durchmessers, also nach der Mitte der ganzen Trommel zu. Dazu kommt noch die Wirkung der an der Stirnwand der Einlaufseite angeordneten Hubschaufeln, die ebenfalls das Gut nach der Trommelmitte zu überstürzen, und zwar in kleineren Mengen, was wieder ein sehr gründliches Mischen zur Folge haben muß. Ein

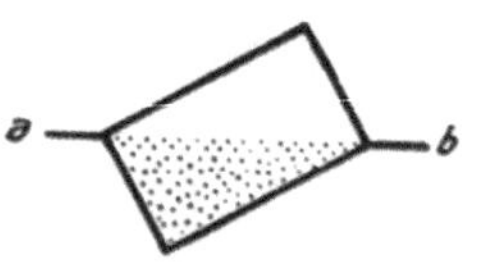

Abb. 1433. Schrägtrommelmischer.

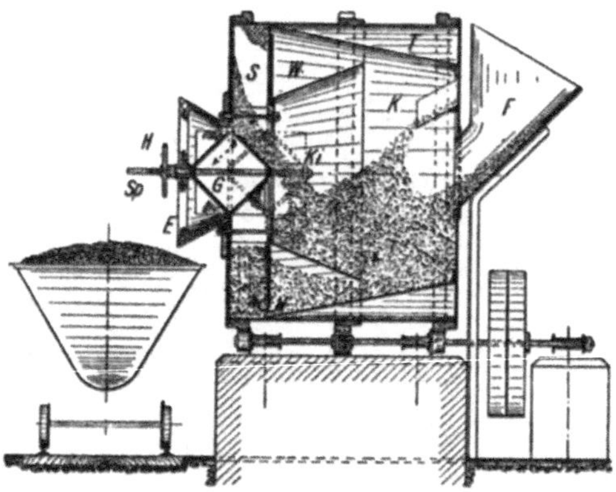

Abb. 1434. Mischtrommel mit kegeligen Einbauten (Bauart *Prosper*).

Überstürzen des Gutes in kleineren Mengen in entgegengesetzter Richtung wird dadurch erreicht, daß das zwischen dem äußeren Rande des Kegels K_i und dem Mantel von K nach der Auslaufseite zu durchtretende Gut in der Pfeilrichtung in einen durch die Wand W abgeteilten Raum gelangt, in dem es von Hubschaufeln S emporgehoben und auf den Kegel G wieder abgeworfen wird. Von diesem aus muß es wieder nach der Mitte der Trommel zu in den Kegel K_i stürzen, um hier wieder überstürzt und mit dem vom Einlauftrichter kommenden, im Kegel K überstürzenden und aus den Hubschaufeln herabfallenden Gut gemischt zu werden, und um von neuem den Weg zum Auslaufende der Trommel und über die Hubschaufeln S und den Kegel G anzutreten. Infolge dieser vielfachen, immer gegeneinander gerichteten, aber bestimmt geregelten Bewegungen des Gutes muß naturgemäß eine vorzügliche Mischwirkung schon in recht kurzer Zeit erzielt werden. Zur Entleerung der Mischtrommel wird der durch das Handrad H auf der Spindel S_p bewegliche Kegel G in die in Abb. 1434 punktiert gezeichnete Stellung verschoben, so daß er die Öffnung in der Wand W gegen das Trommelinnere zu abschließt und das von den Schaufeln S emporgehobene Mischgut in der Richtung des punktierten Pfeiles durch E nach außen entleert. Der Kegel G dient gleichzeitig auch als Probenehmer, da bei einer nur kurzen Verschiebung von G nach innen eine geringe Menge des Mischgutes ausgetragen wird, an der man den Grad der Mischung leicht erkennen kann, so daß eine ständige Überwachung des Mischvorganges sehr bequem durchführbar ist, und das Mischgut nicht länger als unbedingt erforderlich in der Mischtrommel zu verbleiben braucht. Füllen und Entleeren der Mischtrommel erfolgen während der Drehung der Trommel. Diese kann also sowohl zum absatzweisen, als auch zum stetigen Mischen verwendet werden. Im letzteren Falle wird ein Teil der Hubschaufeln S kürzer ausgeführt, so daß sie nicht bis auf den Trommelmantel reichen. Diese kurzen Entleerungsschaufeln fassen dann erst das Mischgut, wenn sich die Trommel schon zum Teil gefüllt hat. Bis zu diesem Zeitpunkt wird das gesamte in der Trommel befindliche Material von den längeren Hubschaufeln S gehoben und wieder in die Mitte der Trommel hineingeworfen; erst wenn die Füllung steigt, wenn also das Mischgut schon stark durchmischt ist, beginnen die kürzeren Entleerungsschaufeln zu arbeiten und fördern das über die normale Trommelfüllung hinaus vorhandene durchgemischte Material nach außen über den etwas anders ausgebildeten Kegel G. Dieser kann durch das Handrad H so gedreht werden, daß auch das von den langen Hubschaufeln S emporgehobene Mischgut nicht mehr in die Trommel zurückfällt, sondern zwecks Entleerung der ganzen Trommel ausgetragen wird. Auch beim stetigen Mischen besteht nicht die Gefahr, daß etwa Teilchen des Gutes auf kürzestem Wege, d. h. mehr oder weniger unvollkommen gemischt, von den Entleerungsschaufeln gefaßt und ausgetragen werden; denn ehe ein Teil des Mischgutes von diesen gefaßt werden kann, muß es durch die ganze normale Trommelfüllung hindurchgewandert sein. Auf diesem Wege wird es von den verschiedenen, zusammenwirkenden Mischwerkzeugen der Trommel, den beiden Kegeln K und K_i, den Hubschaufeln S und denen an der Einlaufstirnseite, wiederholt in verschiedenen Richtungen überstürzt und durcheinandergeworfen. Der Kegel G ist leicht auswechselbar. — Zur Vermeidung von Klumpenbildung während des Mischens können für dazu neigendes Mischgut Mahlkugeln wie bei Kugelmühlen (s. d.) in die Mischtrommel gegeben werden, die dann in dem durch K, K_i und W gebildeten Ringraume arbeiten, ohne den Mischvorgang zu stören. (Siehe auch Chem. Apparatur 1918, S. 66.)

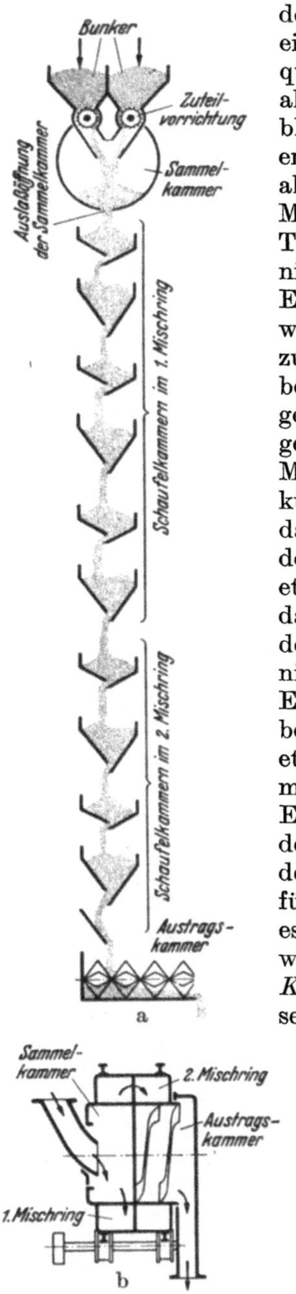

Abb. 1435. Ringmischer (Krupp-Gruson) a Wirkungsweise, b schematische Darstellung.

Zu den Trommelmischern gehört auch der sog. Ringmischer der Fried. Krupp-Grusonwerk A.-G., Magdeburg, dessen Wirkungsweise schematisch auf Abb. 1435a dargestellt ist, wobei die nacheinanderfolgenden Vorgänge auseinandergezogen sind. Die einzelnen Schaufeln und Mischkammern befinden sich in einer langsam umlaufenden Mischtrommel, welche die aus Bunkern zulaufenden, zu mischenden Stoffe in bestimmtem Verhältnis ununterbrochen aufnimmt, in mehreren Arbeitsgängen mischt und das fertige Gemisch wieder stetig ablaufen läßt (Abb. 1435b). Die von Teilvorrichtungen (s. d.) stetig aufgegebenen Stoffe gelangen zunächst in eine Sammelkammer, wo sie sich während einer Umdrehung vormischen, bis die Auslaßöffnung der Sammelkammer in den Bereich des Mischgutes gelangt und den Mischsatz in den ersten Mischring übertreten läßt. Während einer weiteren Umdrehung durchläuft das Gut die in diesem Mischring angebrachten Schaufelkammergruppen, von denen jeweils zwei Paare zusammenarbeiten. Im Verlauf der dritten Umdrehung durchläuft der Mischsatz in gleicher Weise den zweiten Mischring, um dann in die Austragskammer zu treten, die im Innern der Trommel neben der Sammelkammer angeordnet ist. Während der vierten Umdrehung wird das Gut durch schraubenförmige Einbauten zum Ausfall gebracht. Da sich bei jeder Umdrehung in der Sammelkammer ein Mischsatz bildet, befinden sich dauernd vier Mischsätze in der Trommel, die nacheinander die einzelnen Abteilungen durchlaufen. Eingebaute Leitbleche sorgen für den Übergang des Gutes vom ersten Mischring in den zweiten und von dort in die Austragskammer. — Für den Fall, daß die stetige Aufgabe des Gutes nicht angängig erscheint, ist auch eine Sonderausführung durchgebildet, bei der die zu mischenden Stoffe als Gesamtmenge in die Mischmaschine gebracht werden. Hierzu ist die Mischtrommel in eine umlaufende Behältertrommel eingebaut, aus der die Sammelkammern der Mischtrommel stetig beschickt werden. Die Behältertrommel hat dabei die Form eines liegenden Doppelkegels und enthält an der Stelle des größten Umfangs Hubschaufeln, die das Gut in die Sammelkammern bringen. (Siehe auch Ringmischer, Z. VDI 1934, S. 1356; 1935, S. 145.)

Eine andere Mischtrommel, Bauart Höchst, bei der auf möglichst geringe Staubentwicklung geachtet ist, zeigt Abb. 1436; Abb. 1437 zeigt diese Mischtrommel in einer ausgeführten Anlage. Die Zerkleinerungsmaschine *A* (Abb. 1437) saugt an dem Einlauf *a* Luft ein, so daß an diesem kein Staub entstehen kann. In dem Filter *B* wird die bei *a* eingesaugte Luft von dem Staub getrennt. Bisweilen wird der Staub aus solchen Filtern zunächst in Fässern oder Kästen aufgefangen; man hat bei diesem Verfahren die unangenehme und staubentwickelnde Arbeit des Einfüllens des im Filter bodengesammelten Staubes in der Maschine durchzuführen. Hier ist nun die Einrichtung getroffen, daß der in dem Filter befindliche Überdruck den unten im Staubfilter sich sammelnden Staub unmittelbar durch das Rohr *b* wieder in den Einlauf der Zerkleinerungsmaschine hineinbläst. Von der Zerkleinerungsmaschine fällt das gemahlene Gut in die Mischmaschine *C*, aus der nach erfolgter Mischung ein selbsttätiges, staubloses Entleeren in die Fässer erfolgt. Das zu mischende Gut gelangt mittels eines Elevators, einer Transportschnecke oder unmittelbar aus der über der Mischmaschine angeordneten Zerkleinerungsmaschine durch Öffnung *e* (Abb. 1436) und Schnecke *s* in die Mischvorrichtung, wobei diese ungefähr bis zur Hälfte gefüllt wird. Beim Drehen der Maschine wird das Gut von den im Inneren des Mantels *z* angebrachten Schneckengängen *t* nach rechts getrieben, während die Bleche *c* mit den Rippen *d* das Gut hochheben und beim Herunterfallen nach der linken Seite schieben. Durch diesen von *t* und *d* bewirkten

70*

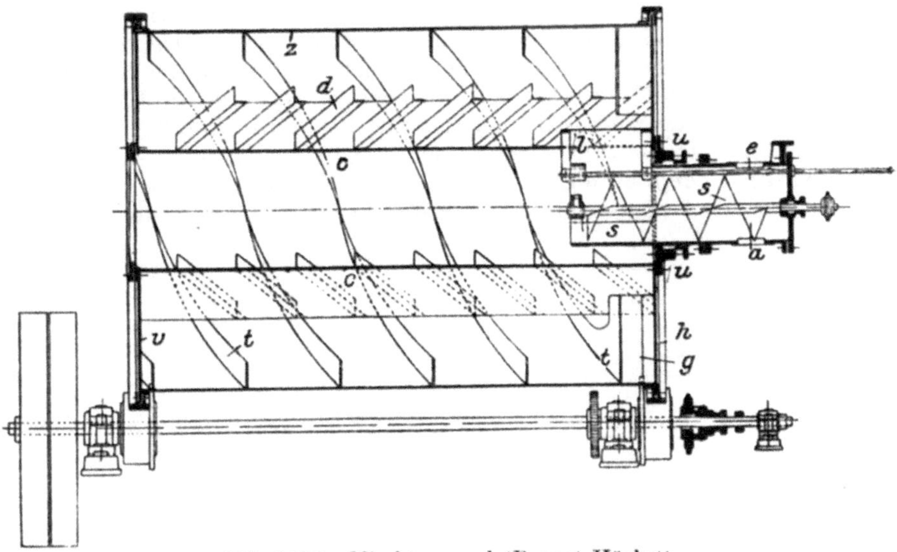

Abb. 1436. Mischtrommel (Bauart Höchst).

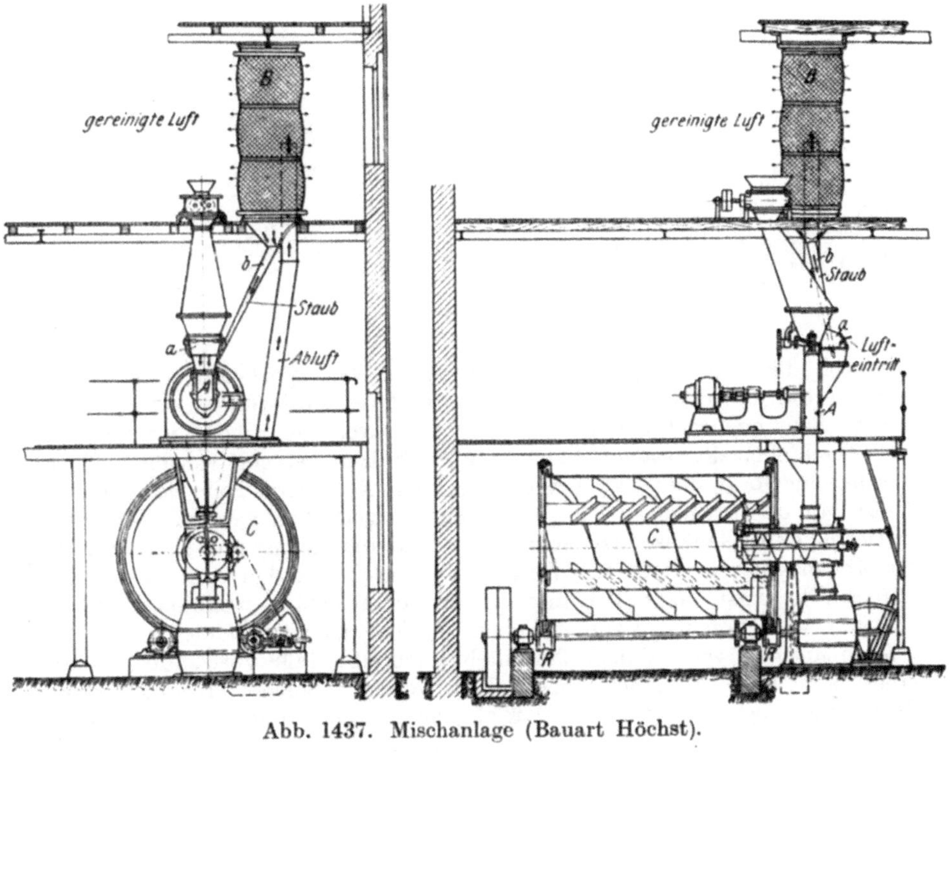

Abb. 1437. Mischanlage (Bauart Höchst).

Kreislauf des zu mischenden Gutes und durch das gleichzeitige Durcheinanderschaufeln wird eine gute und schnelle Mischung erzielt. Die Schnecken *t* endigen in einer an der Stirnwand *h* angebrachten Tasche *g*, die beim Mischvorgang das Gut auf das über der Schnecke *s* angebrachte Dach *l* wirft und in die Maschine zurückfallen läßt. Auf der anderen Seite reichen die Schnecken *t* bis an die Stirnwand *v* heran. Soll die Maschine entleert werden, so wird die Drehrichtung der Schnecke *s*, während die Maschine weiterläuft, umgeschaltet und das Dach *l* durch Schieberstangen zurückgeschoben,

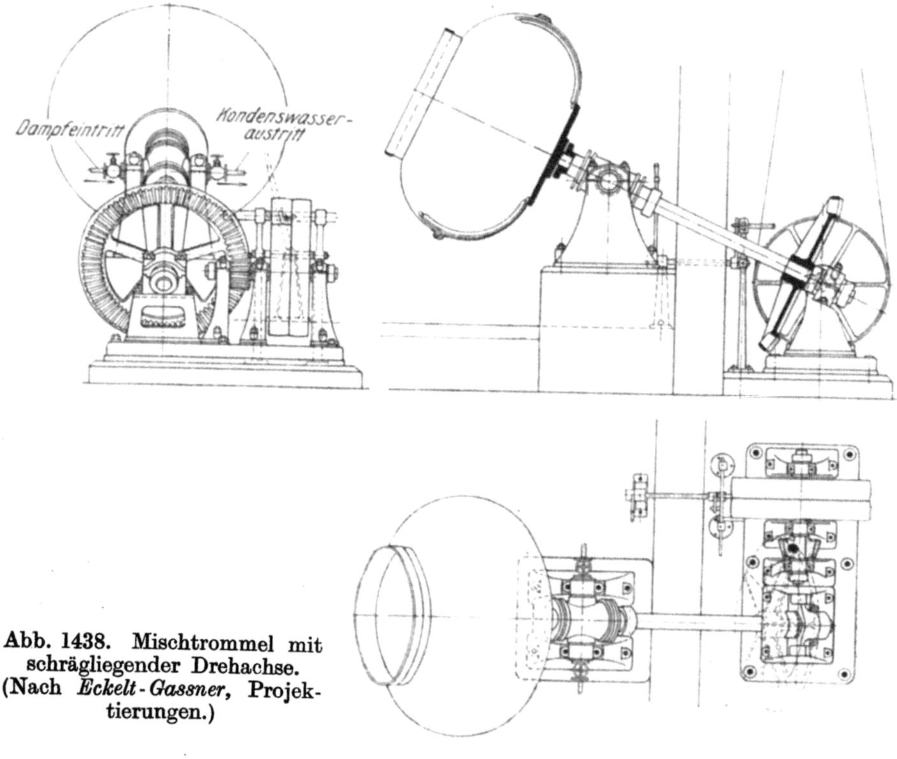

Abb. 1438. Mischtrommel mit schrägliegender Drehachse. (Nach *Eckelt-Gassner*, Projektierungen.)

wodurch die Taschen *g* ihren Inhalt in die Transportschnecke *s* entleeren können, die nun das Gut durch *a* in ein anderes Fördermittel oder in unter *a* staubdicht angebrachte Behälter fördert. Durch mehr oder weniger weites Zurückschieben des Daches *l* kann die Ausfüllzeit geregelt werden. Die Entleerung der Maschine ist vollständig, da auch die letzten Teile des gemischten Gutes von den Schnecken *t* in die Taschen *g* getrieben werden. Die Öffnung zwischen dem Gehäuse der Schnecke *s* und der Stirnwand *g* ist durch die Stopfbüchse *u* abgedichtet. Werden die Anschlüsse bei *e* und *a* staubdicht hergestellt, so ist das Füllen und Leeren der Maschine staublos. Diese Vorrichtung wird besonders zum Mischen von Farben verwendet.

Zum Mischen werden auch Trommeln nach Abb. 1438 verwendet, die durch eine schräggestellte Achse angetrieben werden. Solche Trommeln können durch umgelegte Rohre mit Dampf beheizt und besonders in der pharmazeutischen, Pulver- und Zuckerwarenindustrie verwendet werden. (Nach *Eckelt-Gassner*, Projektierungen.)

Neben den Trommelmischern dienen zum satzweisen Mischen auch die Schaufelmischer. Die Schaufeln drehen sich um waagerechte oder senkrechte Wellen. Entsprechend unterscheidet man Trog- oder Muldenmischer und Tellermischer. Das Gut wird durch eine Klappe im Boden der Mulde oder des Tellers entleert. Die Tellermischer arbeiten besonders günstig, da die Schaufeln bei dieser Bauart dauernd wechselnde Bahnen beschreiben. Dies wird z. B. dadurch erreicht, daß sich sowohl die Schaufeln als auch der Teller drehen.

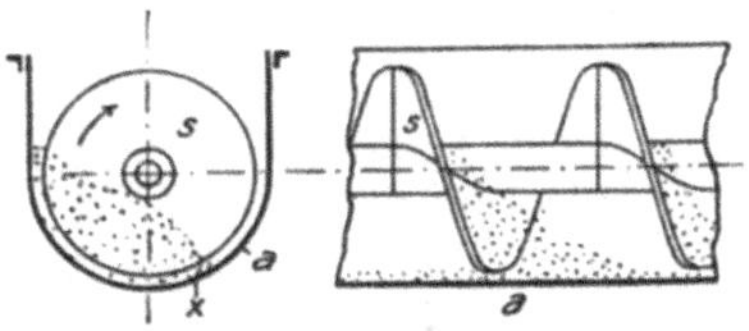

Abb. 1439. Mischschnecke. (Nach *Fischer* und *Nachtweh*, Mischen, Rühren, Kneten.)
a Trog, *s* Schnecke.

Sind dauernd große Mengen zu vermischen, so führt man dies zweckmäßig mit stetig arbeitenden Vorrichtungen aus. Sehr einfach gestaltet sich der Mischvorgang, wenn man zum Mischen Schnecken (Schrauben) etwa nach Abb. 1439 verwendet. Die Schraube *s* schiebt das Gut teilweise über den Boden des Troges *a* hinweg. Zum Teil wird das Gut durch die Reibung an den Schraubenflächen emporgehoben, um dann abzustürzen. Infolge des Spiels *x* berühren die Gänge der Schrauben die Rinnen- oder Trogwände nicht, es bleibt also ein Teil des Gutes liegen. Dadurch können geringe Fehler in das Mischungsverhältnis hineinkommen, die sich jedoch bei Verwendung

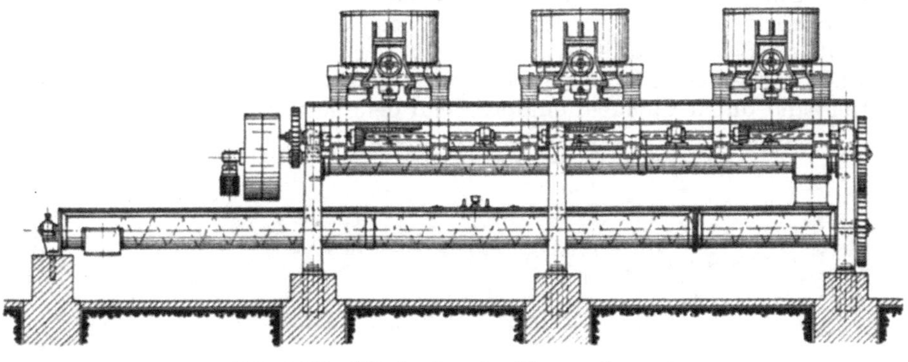

Abb. 1440. Mischschnecke (Krupp-Gruson).

längerer Schrauben ausgleichen werden. Für harte, grobkörnige Stoffe eignen sich die Schrauben weniger, da diese durch in den Spielraum gelangende Körner beschädigt werden können.

Die Schraube wird fast immer in Verbindung mit zwei bis fünf Teilvorrichtungen (s. d.) verwendet. Eine derartige Anlage der Krupp-Grusonwerk A.-G. mit drei Teilvorrichtungen ist auf Abb. 1440 dargestellt. Über den Teilmaschinen befinden sich die Behälter zur Aufnahme der zu vermischenden Stoffe. Die Teilvorrichtungen führen diese dann in regelmäßigem Strom in die obere Schnecke, aus dieser gelangt das Gut am Ende derselben in die zweite eigentliche, darunterliegende Mischschnecke, wo die drei Stoffe ununterbrochen vermischt werden. Derartige Vorrichtungen werden besonders zum Vermischen von Zement- und Schamotterohstoffen verwendet.

Eine ähnliche Wirkungsweise zeigt auch der auf Abb. **1441** dargestellte Erko-Mischer (Maschinenfabrik Karl Besten, Ratingen), der sich für die Mischung von trockenen und nassen, grob- und feinkörnigen Rohstoffen

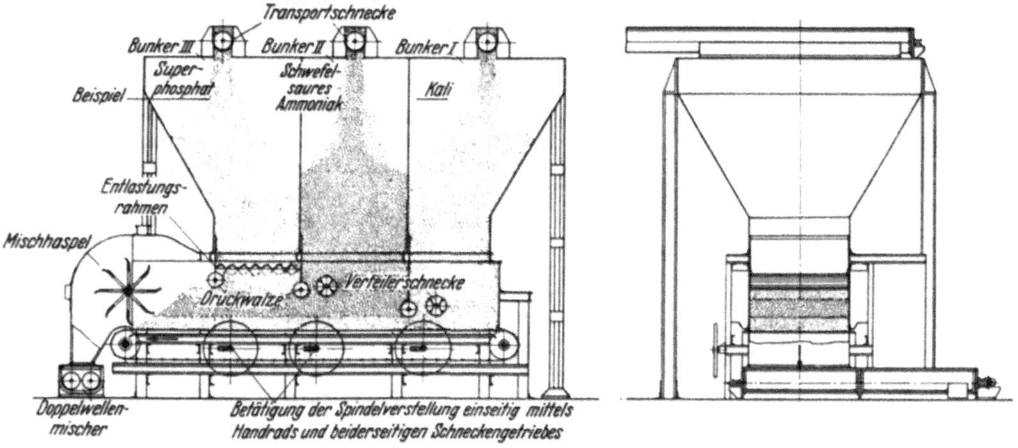

Abb. 1441. Erko-Mischer mit Plattenband (Besten).

eignet. Ein umlaufendes, dichtschließendes Plattenband nimmt das aus Bunkern zuströmende Gut in übereinanderliegenden Strängen von bestimmter, einstellbarer Schichtstärke mit. Unterhalb der Zwischenwände befinden sich zwischen den einzelnen Stoffabteilungen Druckwalzen, deren Abstand vom Plattenband durch Spindeln entsprechend dem gewünschten Mengenverhält-

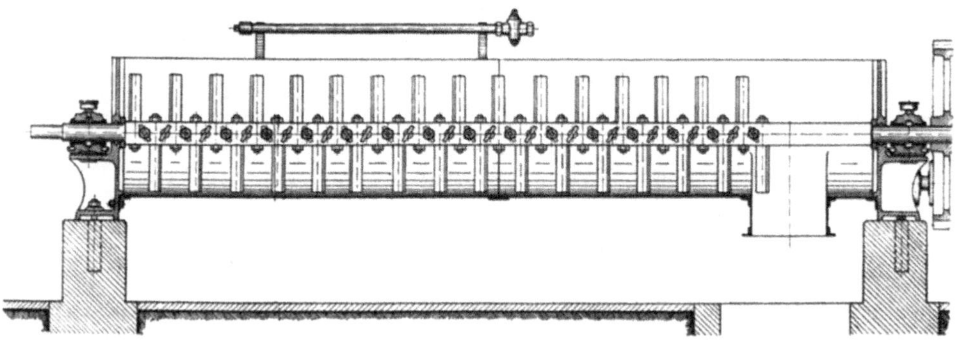

Abb. 1442. Trogmischmaschine (Krupp-Gruson).

nis geregelt werden kann. Vor den Druckwalzen sind Verteilerschnecken eingebaut, die das Gut von der Mitte aus nach beiden Seiten über die ganze Breite des Füllkastens verteilen, so daß sich ein dichter und lückenfreier Stoffstrang ergibt. Bei Aufgabe von feinkörnigen Stoffen erhalten die dafür bestimmten Abteile Entlastungsrahmen, die das Gewicht der in den Bunkern lagernden Massen aufnehmen, diese gleichmäßig nachlaufen lassen und in der Höhe so eingestellt werden, daß sie über der Oberfläche des aus dem voraufgehenden Abteil kommenden Stranges liegen. Am Austritt des Plattenbandes läuft eine Abstechvorrichtung (Mischhaspel) schnell um, die das abgetragene Gut der einzelnen Schichten durcheinanderwirbelt, innig mischt und zum Austrag oder in eine nachgeschaltete Mischschnecke wirft.

Zum Vermischen von Kalkmehl, Tonschlamm, Mörtel, Kunststeinmasse und anderen körnigen Stoffen werden auch für stetigen Betrieb Trogmischmaschinen nach Abb. 1442 gebaut. In einem eisernen Trog dreht sich eine mit Messern oder Schraubenflügeln besetzte Welle. Um das Mischgut mit Wasser anfeuchten zu können, ist über dem Trog ein Spritzrohr angebracht.

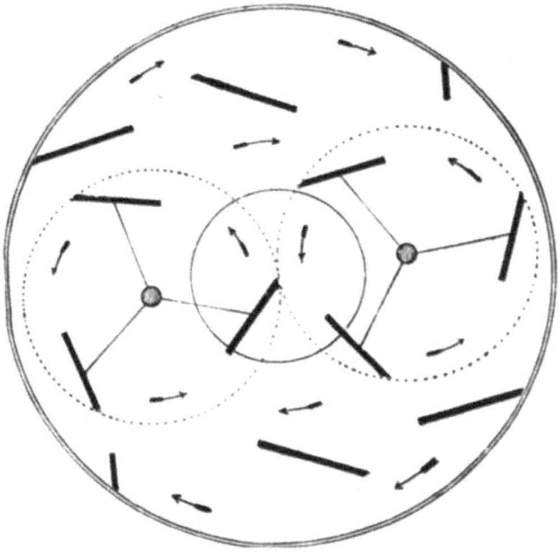

Abb. 1443. Bewegungsbild eines Schaufelmischers mit zwei Mischsternen.

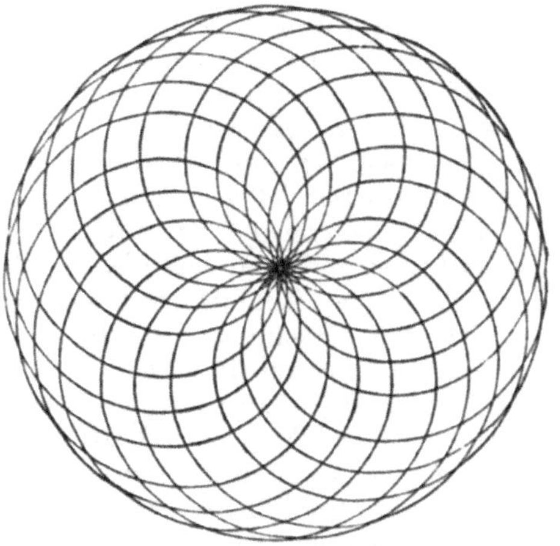

Abb. 1444. Darstellung der Schaufelwege eines doppelt wirkenden Schaufelmischers.

Das Gut wird an dem einen Ende in den Trog gebracht, wird von den schräggestellten Schaufeln allmählich weitergeführt und tritt an dem anderen Ende unten heraus.

Gute Mischergebnisse liefern die Schaufelmischer mit senkrechten Schaufelwellen. Die Schaufeln bewegen sich dabei in Kreisbahnen über einem feststehenden oder sich drehenden, waagerechten Teller (Schüssel). Bei der Gegenstrommischung befindet sich das Mischgut in einem flachen Stahlteller, über dem sich ein oder mehrere Mischsterne bewegen. Der das Mischgut tragende Teller dreht sich ebenfalls, so daß das auf Abb. 1443 dargestellte Bewegungsbild entsteht, das für eine Maschine mit zwei Mischsternen gilt (Chem. Apparatur 1933, S. 141). Die an der äußeren Tellerwand angeordneten Schaufeln drehen sich nicht mit, sondern dienen dazu, das Mischgut von der Seitenwand abzustreifen. Den verschlungenen Weg einer einzelnen Schaufel in einem doppelt wirkenden Gegenstromschaufelmischer zeigt Abb. 1444. (Siehe auch Chem. Apparatur 1933, S. 141.) Die Wirkung der Wandabstreifer einer Maschine mit nur einem Stern ist auf Abb. 1445 (nach der gleichen Quelle) dargestellt. Die Schaufeln der Mischsterne stehen schräg, so daß das an ihnen sich aufwärts bewegende Gut gewendet und auch geteilt wird. Besonders wälzt sich das Gut in den durch *a* und *b* gekennzeichneten Räumen infolge der entgegengesetzten Drehrichtung von Schüssel und Schaufel mehrfach um. Die zahlreichen Bewegungs- und Berührungsmöglichkeiten sichern eine gleichmäßige und schnelle Mischung. Kleine Kollerräder, die auf dem Teller laufen, können die Wirkung der Schaufeln unterstützen und sich bildende Klumpen und Knollen zerdrücken. Die Koller können auf eine bestimmte Schichthöhe einstellbar eingerichtet werden, damit eine unerwünschte Zerkleinerung des Gutes verhindert werden kann. Einen Tellermischer mit einem Mischstern zeigt Abb. 1446. Durch Wahl der Drehzahl für Teller und Armstern, Stellung der Schaufeln und Abstreifer und durch Einstellung der Kollerwalze läßt sich die Maschine, die von der Maschinenfabrik G. Eirich G. m. b. H., Waldheim, gebaut wird, leicht dem Mischgut anpassen. (Siehe auch Chem. Apparatur 1931, S. 194.)

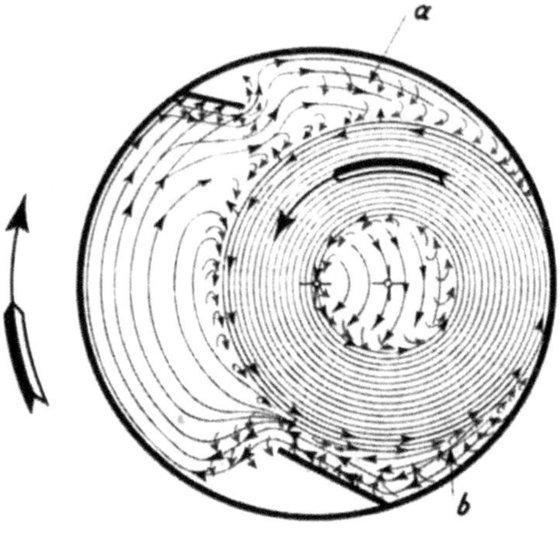

Abb. 1445. Wirkung von Wandabstreifern in einem Schaufelmischer mit einem Mischstern.

Die Schaufelmischer bezeichnet man auch als Zwangsmischer, da sie das Gut mit ihren Schaufeln zwangsläufig durcheinander bringen, was für die mit freiem Fall des Gutes arbeitenden Maschinen (Freifallmischer) nicht in gleicher Weise zutrifft.

Auch die ununterbrochen arbeitende, rohrförmige, drehbare Wälztrommel (Drehtrommelapparat) kann zum Mischen mit stetigem Durchlauf eingerichtet werden, indem man sie geneigt anordnet, oder dadurch, daß man schrägliegende Vorsprünge im Innern vorsieht, oder dadurch, daß man die Trommel am Eingangsende höher gefüllt hält als am Austragsende. Das Gut wird stetig an der einen Seite der Trommel zugeführt und auf der anderen Seite ausgetragen.

Abb. 1446. Tellermischer mit einem Mischstern (Eirich).

Bei der Bauart nach Abb. 1447 trägt die Welle *a* die Trommel *b* mittels einiger Armkreuze. Sie wird durch ein Kegelradvorgelege angetrieben. Durch das Rohr *c* wird das Mischgut eingetragen, durch *d* am anderen Ende der Trommel abgeführt.

In manchen Fällen, z. B. bei der Vermischung von Öl, kann man den Mischvorgang auch unmittelbar in den Versandgefäßen vornehmen. Zum Mischen von Ölen, Lacken, streichfertigen Farben usw. in Fässern dienen Rollvorrichtungen nach Abb. 1448. Diese bestehen aus einem Gerüst mit Rollen und Antrieb. Die zu

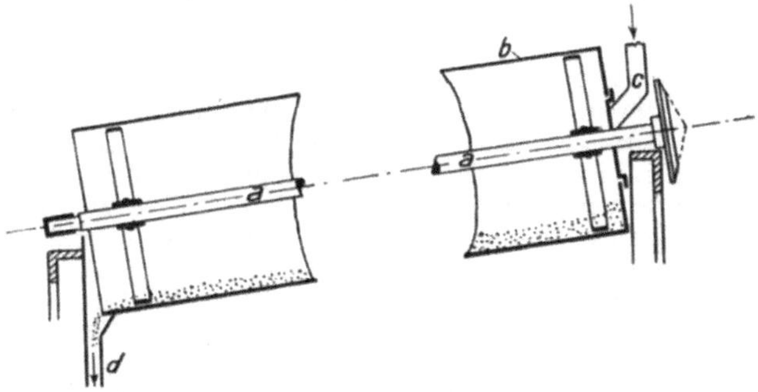

Abb. 1447. Einfache, rohrförmige Mischtrommel für stetigen Betrieb. (Nach *Fischer* u. *Nachtweh*, Mischen, Rühren, Kneten.)
a Welle, *b* Trommel, *c* Zulauf, *d* Auslauf.

mischenden Öle werden in ein Faß gebracht, dieses wird gut verschlossen und dann auf die Rollen gelegt, die alsdann in Drehung versetzt werden. Der Hauptvorteil dieser Vorrichtung besteht darin, daß das Umfüllen der Öle beschränkt wird und Ölverluste verringert werden. Je nach der Größe des Apparates können mehrere Fässer zugleich aufgelegt werden. Damit die

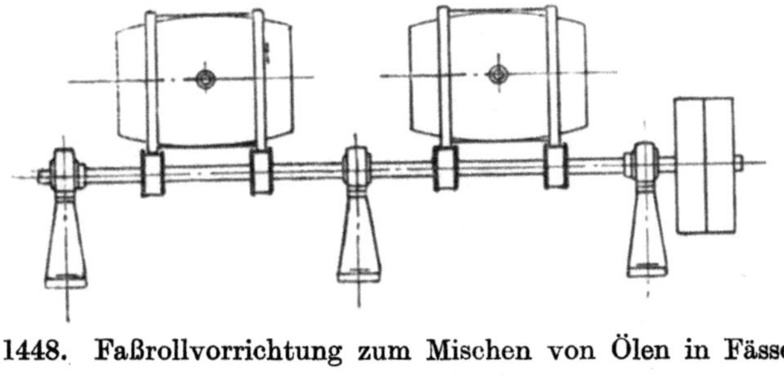

Abb. 1448. Faßrollvorrichtung zum Mischen von Ölen in Fässern.

Fässer nicht beschädigt werden, versieht man sie mit zwei Laufringen, die sich in Aussparungen der Rollen bewegen. Die Laufringe werden, um ein Abfallen von dem Faß unmöglich zu machen, mit Spannschrauben fest angezogen. Um Arbeit zu sparen, kann man auch, wenn ein Umfüllen in kleinere Behälter hinterher erforderlich ist, besondere, große Mischfässer verwenden.

Zum Mischen können ferner trommelartige Gefäße verwendet werden, die in einem drehbaren Gestell herausnehmbar angeordnet sind. Sehr oft lassen sich manche Zerkleinerungsmaschinen zum Mischen verwenden, da in vielen Fällen außer der Mischwirkung gleichzeitig noch eine Mahlwirkung erreicht werden soll; so benutzt man zum gleichzeitigen Mischen und Zerkleinern

Kugelmühlen (s. d.), Stiftmühlen, Walzenmühlen, Kollergänge (s. d.), Trommelmühlen und Walzwerke (s. d.) verschiedenster Bauart. In vielen Fällen kann man zum Mischen auch verwandte Maschinen, wie die Knetmaschinen (s. d.) oder die Kreiselmischer (s. d.), benutzen, die in ihrer Bauart mehr zu den Rührvorrichtungen (s. d.) gehören. Solche Maschinen verarbeiten oft flüssigkeitshaltige Massen, die mehr oder weniger teigige, plastische Eigenschaften haben, und werden daher auch oft als Emulgiervorrichtungen bezeichnet. — Zum Zerkleinern und Mischen faserhaltiger Massen dienen die Holländer (s. d.).

Lit.: *H. Fischer* u. *A. Nachtweh*, Mischen, Rühren, Kneten (2. Aufl., Leipzig 1923, Spamer). — *Eckelt Gassner*, Projektierungen und Apparaturen für die chemische Industrie. I. Gruppe: Nitrocellulose, synthet. Campher, Pulver (Leipzig 1926, Spamer). — *G. Garbotz*, Leistungsversuche an Betonmischmaschinen (Z. VDI 1929, S. 734, 774). — *Schwenninger*, Gegenstrommischer (Z. VDI 1928, S. 1727). — *H. E. de Weerdt*, Glasgemenge-Mischmaschinen (Glastechn. Ber. 1929, S. 125). — *F. H. Zschenke*, Über die Homogenisierung der Gemenge (Glastechn. Ber. 1928/29, S. 590). — *E. A. Küppers*, Über Mischtrommeln für trockene Stoffe (Chem. Apparatur 1918, S. 65). — *P. Wießner*, Gegenstrom-Schnellmischung (Chem. Apparatur 1933, S. 141).

Thormann.

Lit. Chem. Apparatur: Universal-Mischmaschine, System „Farbwerke Höchst", sowie Mahleinrichtung zum Feinmahlen von Farbstoffen (1914, S. 70). — *O. Nagel*, Bemerkungen über Mischapparate (1915, S. 35). — *H. Fischer*, Das Mischen im allgemeinen (1920, S. 19).

Misco-Metal, s. Chrom-Nickel-Stähle.

Monel-Gußeisen, s. Gußeisenlegierungen u. legierter Stahlguß.

Monelmetall, s. Nickel-Kupfer-Legierungen.

Montejus (Druckbirnen), s. Druckbirnen, Dampffässer, Pulsometer, Rückleiter.

Mörtel. Unter die Mörtel sollen hier im weiteren Sinne außer dem eigentlichen Mörtel (Gemisch von gelöschtem Kalk und Sand) noch Zemente, Beton und Eisenbeton gerechnet werden. Man kann diese unterteilen in:

A. Luftmörtel.

Erhärten an der Luft und verlieren in Wasser sehr stark an Festigkeit. Beispiele: Estrichgips, Lehm- und Luftkalkmörtel.

B. Hydraulische Mörtel.

Erhärten an der Luft und in Wasser und behalten in letzterem ihre Festigkeit. Es werden unterschieden:

a) Ungesinterte Mörtel. 1. Löschbare Mörtel, wie hydraulische Kalke, Schwarz- oder Graukalke. 2. Nicht löschbare Mörtel, wie Romanzemente, Magnesiakalke, dolomitische Zemente.

b) Gesinterte Mörtel entstehen durch Erhitzen von Gemischen aus Kalk und Ton auf etwa 1400°, wobei Sinterung eintritt und der sog. Klinker entsteht, der dann gemahlen wird. Hier werden unterschieden: der erst seit neuerer Zeit hergestellte Tonerdezement, Natur-Portlandzement und künstliche Portlandzemente, die eingeteilt werden in kieselsäurereiche Zemente, tonerdereiche

Zemente und eisenoxydreiche Zemente (Erzzemente). — Durch Zusatz von Steinschlag oder Einfügen von Eisen entstehen die Betone.

Von *Platzmann* werden für die verschiedenen Sorten folgende kleine Übersichtstabellen gegeben:

Zemente mit Portlandzementcharakter	Mischzemente	Tonerdezement
Portlandzement Hochwertiger Portlandzement Höchstwertiger Portlandzement Weißer Portlandzement Erzzement	Eisenportlandzement Hochwertiger Eisenportlandzement Hochofenzement Hochwertiger Hochofenzement Traßzement	Tonerde- oder Schmelzzement

Gehalt an	Portlandzement	Eisenportlandzement	Hochofenzement	Tonerdezement
SiO_2	19—24 Proz.	22—27 Proz.	25—33 Proz.	7—17
$Al_2O_3 + Fe_2O_3$	8—15	9—15	11—18	39—53
$CaO + MgO$	66—71	61—66	52—60	36—47

Die sog. Hüttenzemente (Hochofenzement und Eisenportlandzement) sind durch einen geringen Sulfidgehalt kenntlich, den sie infolge des Schlackenzuschlages enthalten.

Für den Portlandzement schreiben die deutschen Normen folgendes vor:

„Portlandzement ist ein hydraulisches Bindemittel mit nicht weniger als 1,7 Gewichtsteilen Kalk (CaO) auf 1 Gewichtsteil lösliche Kieselsäure (SiO_2) + Tonerde (Al_2O_3) + Eisenoxyd (Fe_2O_3), hergestellt durch feine Zerkleinerung und innige Mischung der Rohstoffe, Brennen bis zur Sinterung und Feinmahlen. Dem Portlandzement dürfen nicht mehr als 3 Proz. Zusätze zu besonderen Zwecken zugegeben sein. — Der Magnesiagehalt (MgO) darf höchstens 5 Proz., der Gehalt an Schwefelsäureanhydrid (SO_3) nicht mehr als 2,5 Proz. im geglühten Portlandzement betragen. — Der Erhärtungsbeginn von normalbindendem Portlandzement (und Eisenportlandzement) soll nicht früher als eine Stunde nach dem Anmachen eintreten. Für besondere Zwecke kann rascher bindender Portlandzement verlangt werden, der als solcher gekennzeichnet sein muß. Der Zement ist als abgebunden zu betrachten, wenn der mit einem Wasserzusatz von 27—30 Proz. hergestellte Kuchen aus reinem Zement so weit erstarrt ist, daß die 300 g schwere Normalnadel keinen merklichen Eindruck mehr darauf hinterläßt. — Der auf eines Glarplatte hergestellte und vor der Austrocknung geschützte Zementkuchen darf nach 24 Stunden, unter Wasser gelegt, keine Verkrümmungen oder Kantenrisse zeigen, die auf das Treiben des Zementes hinweisen; Beobachtungszeit 3—28 Tage. Schwindrisse, in der Mitte des Kuchens auftretend, sind ungefährlich. — Auf einem Sieb von 900 Maschen auf 1 cm^2 dürfen höchstens 5 Proz. Rückstände bleiben. — Langsam bindender Portlandzement mit Zusatz von 3 Gewichtsteilen Normensand soll nach siebentägiger Erhärtung (1 Tag in feuchter Luft und 6 Tage unter Wasser) mindestens 12 kg/cm^2 Zugfestigkeit aufweisen; die Druckfestigkeit sei mindestens 120 kg/cm^2. Nach weiterer Erhärtung von 21 Tagen in der Luft sei die Druckfestigkeit mindestens 250 kg/cm^2, unter Wasser gelegen, 200 kg/cm^2."

Die Menge und Beschaffenheit des Anmachwassers ist von größter Bedeutung für die zu erwartende Festigkeit des Zementes. Mit der Menge des zugesetzten Wassers fällt im allgemeinen die Festigkeit. Wenn man aber nicht allzu sparsam ist, gewinnt man den Vorteil einer besseren Durcharbeitung der Massen, so daß am besten eine mittlere Linie eingehalten wird. Durch (gewollte und nichtgewollte) Beimengungen im Wasser kann die Abbindezeit und die Festigkeit geändert werden, so wird z. B. durch Anwesenheit von Salzen, wie Calciumchlorid und Magnesiumchlorid, die Abbindezeit verkürzt. Das Wasser soll möglichst rein sein, doch genügt meist ein gewöhnliches Flußwasser. — Durch Frost (Arbeiten bei Temperaturen unter —3° ist nicht angängig) wird die Abbindezeit wesentlich verlängert.

Im allgemeinen genügen die Normenzemente für die meisten Zwecke. Es sind aber eine ganze Reihe von Sonderzementen im Handel, die für Sonderzwecke besonders günstige Eigenschaften entwickeln. Für chemisch stärker beanspruchte Bauteile sind die schnell (z. B. 3 Tage) gute Festigkeit erlangenden und besonders druckfesten Sonderzemente weniger zu empfehlen, da diese Eigenschaften durch Erhöhung des Kalkgehaltes erzielt werden. Dagegen sind der tonerdearme Erzzement (höherer Eisenoxydgehalt) und der durch Schmelzen (nicht nur Sinterung wie bei den anderen Zementen) von Bauxit und Kalk hergestellte Tonerde- oder Schmelzzement gegen den Angriff aggressiver Wässer weniger empfindlich. Der Tonerdezement zeigt noch die Vorteile rascher Erhärtung (aber langsames Abbinden), guter Lagerbeständigkeit und geringer Empfindlichkeit des Abbinde- und Erhärtungsvorganges bei kalter Witterung. Größere Dichtigkeit und erhöhte Widerstandsfähigkeit haben Zemente mit Zuschlägen von Traß, Puzzolan, Si-Stoffen (Abfallprodukt bei der Alaunfabrikation). Beim Traßzement werden in Deutschland fertige Mischungen mit 30 bzw. 50 Proz. Traß hergestellt. Die anderen Zuschläge müssen vom Verbraucher selbst zugesetzt werden.

Beim Eisenbeton kommt korrosionstechnisch noch die Schwierigkeit hinzu, die Bewehrung vor Angriffen zu schützen. Rostiges Eisen wird zwar durch Zement entrostet; können aber dauernd Wasser, Luft und andere Eisen korrodierende Stoffe an das Eisen gelangen, so entstehen außerordentlich schwere Zerstörungen. Es ist deshalb zu sorgen, daß das eingelagerte Eisen gut und nicht zu mager eingebettet wird.

Die nun folgenden Angaben gelten, wenn nichts anderes vermerkt, für alle Zementsorten und Betonarten, sowie für den gewöhnlichen Luftkalkmörtel.

Korrosion. Den guten Festigkeitseigenschaften der Zemente und Betone steht infolge ihrer chemischen Zusammensetzung die leichte Angreifbarkeit durch viele chemische Stoffe gegenüber. Wichtig für gute Beständigkeit sind möglichste Dichtigkeit und Vermeidung eines Gehaltes an freiem Calciumhydroxyd.

Ammoniaklösungen: Beim Abbruch eines 75 m³ fassenden, 1905 erbauten Eisenbetonbehälters für Ammoniakwasser konnten 1920 keinerlei Beschädigungen, auch nicht an der Bewehrung, festgestellt werden. (Siehe auch *A. Kleinlogel*, Einflüsse auf Beton.)

Ammonsalzlösungen: Ammonsalze, deren Säuren mit Calcium lösliche Salze geben, greifen Zement an (Ammonnitrat, Ammonchlorid, Ammonbicarbonat usw.). Über Ammonsulfatlösungen vgl. unten bei Sulfatlösungen. Ammoncarbonatlösungen greifen nicht an.

Fette, Öle: Durch Öle, die freie Säure enthalten oder mit der Zeit abspalten, wird Beton angegriffen (Kopraöl, Specköl, Knochenöl, Klauenöl, gekochtes und rohes Leinöl, Rüböl, Olivenöl). Neutrale Öle greifen namentlich fetten Zement kaum an. Schmelzzement wird besonders stark angegriffen. (Chem. Apparatur 1921, S. 80. — *C. Platzmann*, Zement 1920, S. 396; Chem.

Zbl. 1920 IV, S. 364. — *Deutscher Beton-Verein*, Zement 1920, S. 328; Chem. Zbl. 1920 IV, S. 283. — *W. Obst*, Zement 1926, S. 112; Korrosion u. Metallschutz 1926, S. 174.)

Gas: Beton wird durch Leuchtgas nicht korrodiert. (*Roßberg*, Gas- u. Wasserfach 1923, S. 154.)

Gasolin: Kein Angriff, aber Durchsickern.

Gaswasser: Da Ammoniak (vgl. oben) nicht angreift, kommt nur den gelösten Ammonsalzen eine Wirkung zu. Ist deren Konzentration (namentlich von Sulfat und Chlorid) nicht sehr groß, so leistet Beton genügend Widerstand. Der Beton soll möglichst dicht sein und längere Zeit feucht erhärten. (Siehe *A. Kleinlogel*, Wass. u. Gas 1919, S. 117.)

Kaliumsalzlösungen: Unschädlich für Beton sind Kaliumcarbonat-, Kaliumnitrat-, Kaliumpermanganat-, Kaliumchromatlösungen. Über die Einwirkung von Kaliumchloridlösungen sind die Meinungen noch geteilt. Sicher ist, daß diese wesentlich stärker wirken als Natriumchloridlösungen, und daß der Beton durch langes Liegen in Kaliumchloridlösungen an Festigkeit verliert. Siehe auch unten bei Sulfatlösungen.

Magnesiumsalzlösungen: Magnesiumchloridlösungen haben auf Beton, der eine schützende Carbonatschicht besitzt, keinen Einfluß. Trifft aber Magnesiumchloridlösung auf noch vorhandenes Calciumhydroxyd, so werden Magnesiumhydroxyd und Calciumchlorid gebildet. Noch stärker wird der Angriff, wenn Magnesiumchlorid in Gegenwart von Luft auf das Eisen der Bewehrung wirken kann. Dann tritt eine völlige Zerstörung ein. Solche Fälle treten besonders oft auf, wenn Beton mit Steinholz zusammentrifft, das mit zuviel Magnesiumchloridlösung angemacht worden ist. (*Mohr*, Z. VDI 1925, S. 588; s. auch *A. Kleinlogel*, Einflüsse auf Beton.)

Mineralöle: Eine chemische Wirkung üben Mineralöle, sofern sie nicht, wie manche Steinkohlenteeröle, Phenole und andere saure Bestandteile enthalten, kaum aus. Nur kommt bei den leichtbeweglichen, niedersiedenden Petroleumdestillaten (Benzin usw.) die Gefahr des Durchsickerns in Frage. Beton verliert durch das Durchtränken mit Mineralölen (Petroleum, Steinkohlenteeröl) an Festigkeit. (*Fruchthändler*, Tonind.-Ztg. 1921, S. 1273. — *Guttmann*, Tonind.-Ztg. 1920, S. 1116. — *Calamé* u. *Beck*, Zement 1920, S. 517, 528, 544, 550.)

Natriumhydroxydlösungen: Beton ist beständig.

Natriumsalzlösungen: Natriumphosphat-, Natriumnitrat- und Natriumchloridlösungen greifen Beton nicht an. Betonpfannen zum Sieden des Kochsalzes haben sich gut eingeführt. Wenn ein Angriff von Kochsalzlösungen festgestellt worden ist, so ist das auf deren Verunreinigungen (Magnesiumchlorid) zurückzuführen. Reine Sodalösungen greifen Beton nicht an, wenn dieser kalkarm gehalten wird. Schmelzzemente sind in Sodalösung gefährdet. Natriumbicarbonatlösungen korrodieren. Vgl. auch unten bei Sulfatlösungen.

Quecksilbersalzlösungen: Stärkere Sublimatlösungen (6 Proz.) greifen Beton an. Die Cyanisierungsmischungen (0,4 Proz. Sublimat + 1,26 Proz. Natriumfluorid) sind ohne Wirkung (Tränkungströge fast ausschließlich aus Beton; *F. Moll*, Chem. Apparatur 1915, S. 58; 1923, S. 71).

Sulfatlösungen: Von allen Salzlösungen haben Sulfatlösungen die stärkste Einwirkung auf Zement. Durch den Umsatz des Calciumhydroxyds mit dem

Sulfat entsteht Gips. Die unter Volumenvermehrung vor sich gehende Reaktion verursacht das „Treiben" des Zements. Noch katastrophaler ist die Bildung von Calciumsulfaluminat („Zementbazillus"), eines mit außerordentlich viel Krystallwasser krystallisierenden Salzes, das ebenfalls durch starke Volumenvermehrung den Zement zersprengt und durch Bildung von Rissen die weitere Zerstörung außerordentlich fördert. Am stärksten von den Sulfaten wirkt Magnesiumsulfat. Schon geringe Mengen Sulfat (z. B. entsprechend 1,7 g SO_3 im Liter), die aber stetig den Zement bespülen, führen zu einer starken Zersetzung. Um diesem Angriff zu begegnen, wählt man kalkarme und tonerdearme Zemente. Es wird über verhältnismäßig gute Erfahrungen mit Erzzement und namentlich mit Schmelzzement berichtet.

Wasser: Nach *Klut* (Korrosion u. Metallschutz 1925, S. 232; 1927, S. 101) greifen folgende Wässer Zement und Mörtel an: 1. Weiches, mit Luft gesättigtes Wasser. 2. Wässer, die gegen Rosolsäure neutral oder sauer reagieren (p_H 6,9—8,0). 3. Schwefelwasserstoffhaltige Wässer. 4. Wässer mit aggressiver (marmorauflösender) Kohlensäure. 5. Wässer mit weniger als 7° deutscher Härte. 6. Salzreiche Wässer (Sulfate, Magnesiumsalze).

Lit.: *G. A. Hool*, Concrete Engineer's Handbook (New York 1918, Mc Graw Hill Publ. Comp.). — *H. Lafuma*, Z. angew. Chem. 1927, S. 1574. — *F. Killig*, Laboratoriumsbuch für die Portlandzementfabrik (2. Aufl., Berlin 1925, Zementverlag). — *Lunge-Berl*, Chem.-techn. Untersuchungsmethoden, Bd. III, Abschnitt Mörtelbindemittel von *R. A. Grün* (8. Aufl., Berlin 1932, Julius Springer). — *E. Rabald*, Dechema-Werkstoffblätter (Berlin 1935/1936, Verlag Chemie); Werkstoffe und Korrosion II (Leipzig 1931, Spamer). — *F. Ullmann*, Enzyklopädie der techn. Chemie, Bd. 7, Abschnitt Mörtelstoffe, bearb. von *H. Kühl* (2. Aufl., Berlin 1931, Urban & Schwarzenberg). — *K. Schoch*, Die Mörtelbindestoffe, Zement, Kalk, Gips (4. Aufl., Berlin 1928, Tonindustriezeitung), — *Deutsche Reichsbahn*, Anweisung für Mörtel und Beton (Berlin 1928, Ernst & Sohn). — *Tsountas*, Guide practique dans l'industrie du ciment (Paris 1921, Librairie Dunod). — *R. A. Grün*, Der Zement, Herstellung, Eigenschaften, Verwendung (Berlin 1927, Julius Springer); Beton, Herstellung, Gefüge und Widerstandsfähigkeit gegen physikalische und chemische Einwirkungen (2. Aufl., Berlin 1937, Julius Springer); Schädliche Einwirkungen auf Beton und ihre Verhütung (Berlin 1926, Zementverlag). — *Wecke*, Handbuch der Zementliteratur (Berlin 1927, Zementverlag). — *A. Kleinlogel*, Einflüsse auf Beton (3. Aufl., Berlin 1930, Ernst & Sohn). — *K. E. Dorsch*, Erhärtung und Korrosion der Zemente (Berlin 1932, Julius Springer). — *H. Vetter* u. *E. Rissel*, Materialauswahl für Betonbauten (Berlin 1933, Julius Springer). — *O. Graf*, Der Aufbau des Mörtels und des Betons (3. Aufl., Berlin 1930, Julius Springer). — *G. Merkle*, Wasserdurchlässigkeit von Beton (Berlin 1927, Julius Springer). — *M. Toch*, Chem. metallurg. Engng. Bd. 20, S. 222; Chem. Apparatur 1923, S. 191. — *E. Hausmann*, Chem. Apparatur 1919, S. 35. — *H. Kühl*, Tonind.-Ztg. 1926, S. 47; 1922, S. 215; Zement 1924, S. 57. — *M. Gary*, Tonind.-Ztg. 1921, S. 743. — *H. Burchartz*, Zement 1923, S. 186, 193; 1927, S. 538; Tonind.-Ztg. 1922, S. 6. — *C. R. Platzmann*, Chem. Apparatur 1923, S. 87; 1935, Beil. Korr., S. 53; 1936, Beil. Korr., S. 17. — Hauptversammlung des Dtsch. Betonvereins, Korrosion u. Metallschutz 1926, S. 142. — *W. Petry*, Chem. Apparatur 1920, S. 46. — *A. Splittgerber*, Wass. u. Gas 1920, S. 677. — *F. M.*, Chem. Apparatur 1927, Beil. Korr., S. 31. — *H. Nitzsche*, Z. angew. Chem. 1919, S. 21. — *Ruhland*, Tonind.-Ztg. 1908, S. 2049. — *F. Moll*, Chem. Apparatur 1930, S. 21. — *H. Hille*, Chem. Apparatur 1936, Beil. Korr., S. 25, 39).

Rabald.

Muffen. Rohrleitungen (s. d.), Stutzen, Armaturen usw. kann man miteinander verbinden durch eine zylindrische Erweiterung des einen Teils zu einer sog. Muffe, Einführen des anderen Rohrendes und Abdichten des Zwischenraumes durch Ausfüllen mit einem dichten Werkstoff. Je nach der Lagerung des Rohrendes in der Muffe und nach der Art des Muffenverschlusses ergibt sich eine starre oder bewegliche Bauweise. Die Dichtung gegen den Innendruck kann durch die Reibung oder durch die Elastizität der in die Muffe gebrachten Füllung allein erfolgen. Letztere kann außerdem durch eine Schraubmuffe oder Stopfbüchse besonders angedrückt werden. Muffenverbindungen eignen sich nicht zur Übertragung von größeren Biegungsspannungen. Die Rohre und ihre Verbindungen sollen daher möglichst spannungslos verlegt werden. Eine geringe Beweglichkeit in der Längs- und Querrichtung läßt diesen Zustand auch nach dem Einbau erhalten. — Gegenüber den Flanschverbindungen (s. Flansche) zeichnen sich die Muffenverbindungen durch einfache, geschlossene Bauweise aus, so daß sie sich besonders für Rohre und Teile eignen, die in die Erde zu verlegen sind oder in anderer Weise durch Korrosionen gefährdet sind. Außerdem ist bei ihnen die allseitige

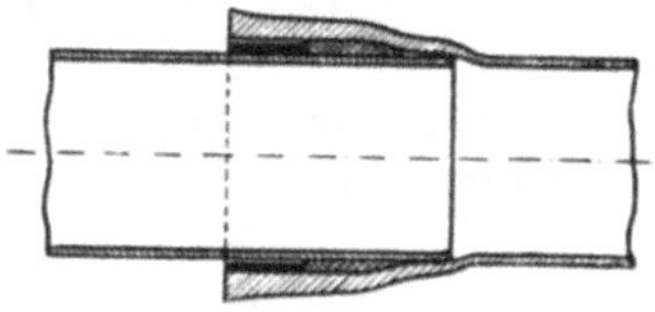

Abb. 1449.
Normale Muffenverbindung (Bamag-Meguin).

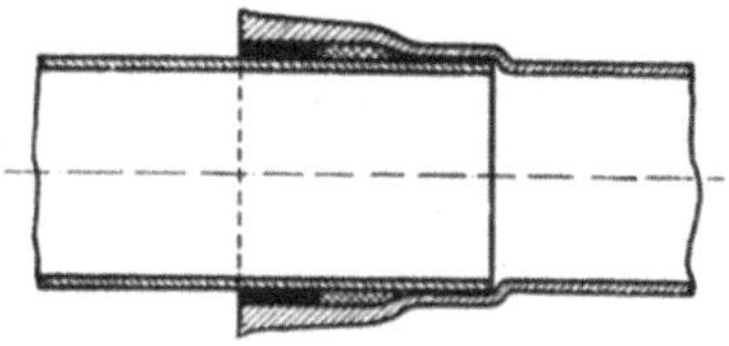

Abb. 1450.
Starre Muffe (Bamag-Meguin).

Zugänglichkeit nicht in dem gleichen Umfang erforderlich wie bei den Flanschverbindungen. — Das wichtigste Anwendungsgebiet für Muffenverbindungen sind die Rohrleitungen für Gase und Wasser, besonders im Bereich geringerer Drücke. Einzelne Muffenverbindungen, wie die Schraubverbindungen, eignen sich jedoch auch für höhere Drücke. Alle Muffen werden durch den Druck der eingepreßten Dichtung von innen, bei starren Verbindungen außerdem zusätzlich durch äußere Biegungskräfte, beansprucht und müssen daher an ihrem Ende verstärkt werden.

Eine einfache Muffenverbindung zeigt Abb. 1449. Als Dichtung dient ein mit Teer getränkter Hanfstrick, vor den ein Bleiring mit Setzeisen und Hammer eingestemmt ist. Die Rohre können nach Abb. 1449 entweder nur auf einem kurzen Stück geführt sein oder, wenn eine besonders starre Verbindung gewünscht wird oder der Betriebsdruck sehr hoch ist, auf einer größeren Fläche ineinander ruhen, wie es in Abb. 1450 mit einem Beispiel dargestellt ist. — Eine Muffe, bei der vor und hinter der Hanfpackung Bleiwolle eingestemmt und im vordersten Teil noch ein Gußbleiring zur Sicherung eingelegt ist, zeigt Abb. 1451 (*Schalker*-Bauart). Bisweilen bringt man vor dem Hanfstrick einen Gummiring ein, um die Hanfeinlage zu schützen. — Statt des Hanfstrickes hat man auch andere Füllungen eingeführt, beispielsweise Holzwolle nach der auf Abb. 1452 wiedergegebenen Bauart (Hamburger Wasserwerke G. m. b. H.). Die Dichtung ist mit Riffelblei verstemmt und braucht etwa 40 Proz. weniger Blei als die normalen Gußbleidichtungen. — In anderen Muffenpackungen finden sich Zement, Asphalt, Aluminiumwolle, Blattaluminium, Eisendraht usw.

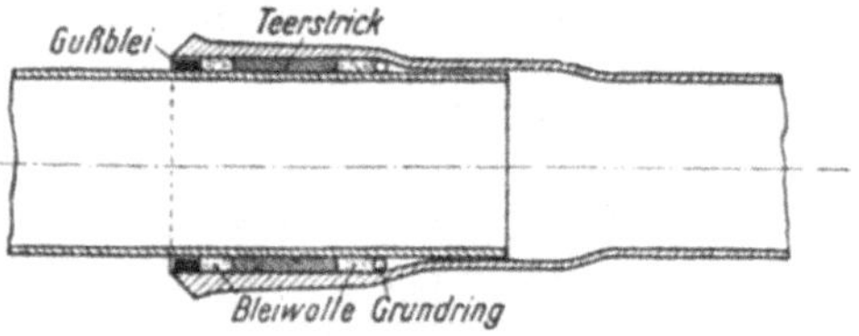

Abb. 1451.
Schalker-Muffe (Bamag-Meguin).

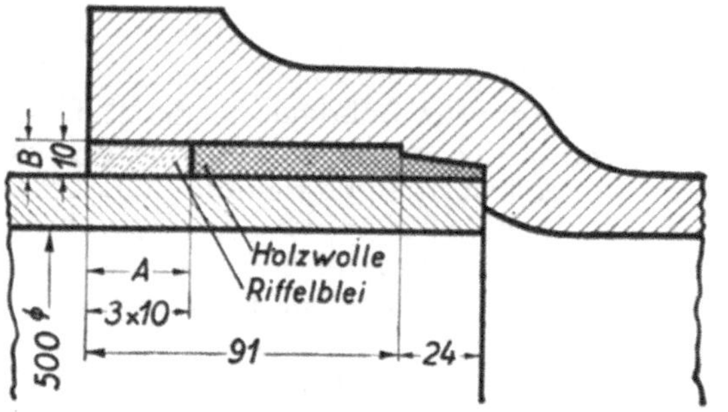

Abb. 1452. Gußrohrmuffe, mit Holzwolle und Riffelblei verstemmt. Tiefe des verstemmten Riffelbleis $A = 3 \cdot B$ (B = Stärke der Dichtungsfuge).

Aus einer zweiteiligen Packung besteht die Verbindung nach *Schomburg* (Abb. 1453), wobei eine Bohrung mit Gewinde für Prüfzwecke angebracht sein kann. Die dargestellte Ausführung ist völlig starr und verhältnismäßig teuer. — Um die Packung sicher zu halten, kann im vorderen Muffenteil nach Abb. 1454 eine Innenrille angeordnet sein.

Für **Stahlrohre** hat man zahlreiche Sonderbauarten entwickelt. Die Muffe wird dabei in der Regel nach Abb. 1455 durch eine Bördelung, durch

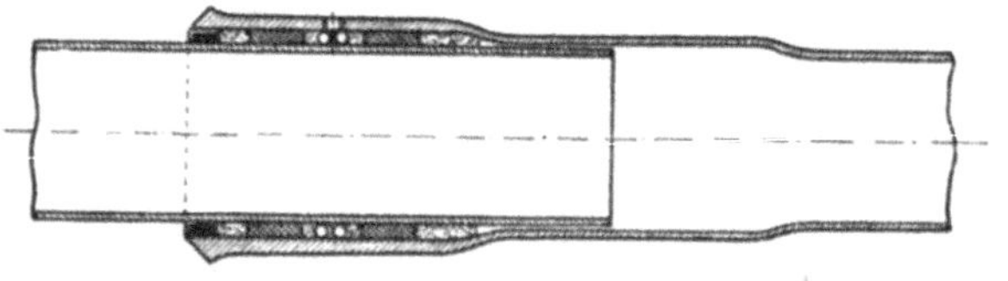

Abb. 1453.
Muffenverbindung nach *Schomburg* (Bamag-Meguin).

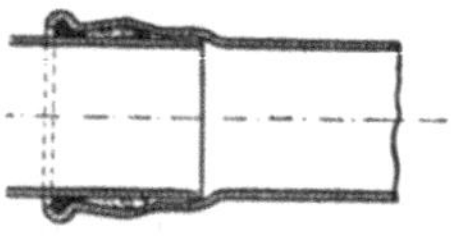

Abb. 1454.
Muffe mit Innenrille.

einen Ring (Abb. 1456), durch ein rohrartiges Formstück (Abb. 1457) oder durch ähnliche Bauarten verstärkt, damit sie dem Innendruck gewachsen ist.

Abb. 1455. Bördelmuffe.

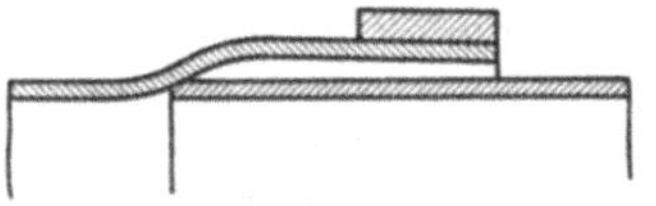

Abb. 1456. Ringverstärkte Muffe.

— Stahlrohrmuffen geben die Möglichkeit, die Dichtung durch eine Schweißnaht herzustellen, wobei man eine völlig starre Verbindung erhält. Eine

Abb. 1457.
Langverstärkte Muffe mit Führung.

Abb. 1458.
Schweißmuffe.

einfache Schweißmuffe ist auf Abb. 1458 dargestellt. Die muffenartige Verbindung nach Abb. 1459, die ebenfalls nach der Verlegung verschweißt wird, gestattet auch eine Anordnung zweier Rohrstücke in einem Winkel bis zu 6°,

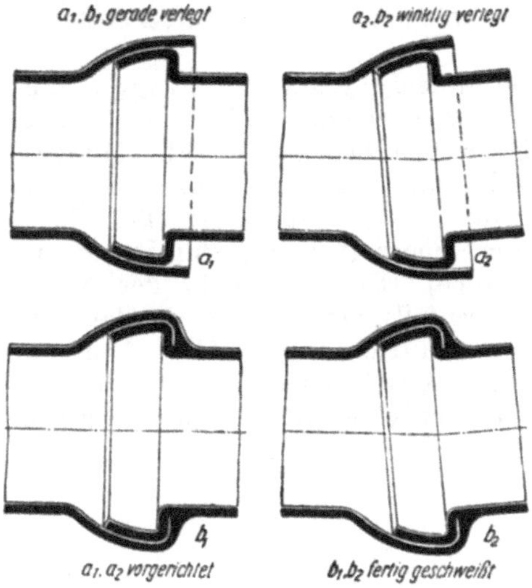

Abb. 1459. Schweißverbindung (Deutsche Rohrleitungsbau A.-G.).

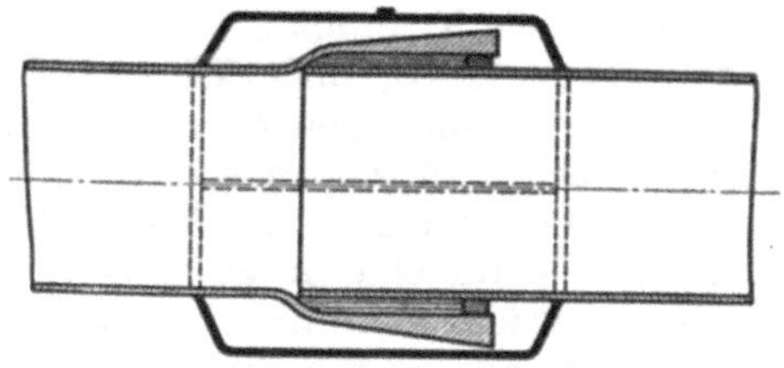

Abb. 1461. Kieler Kappe für Stahlmuffenrohre.

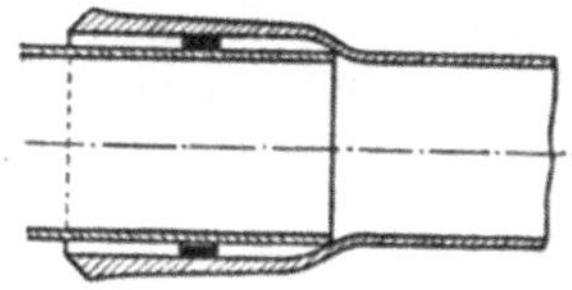

Abb. 1462. Muffenverbindung mit Gummidichtung (Bamag-Meguin).

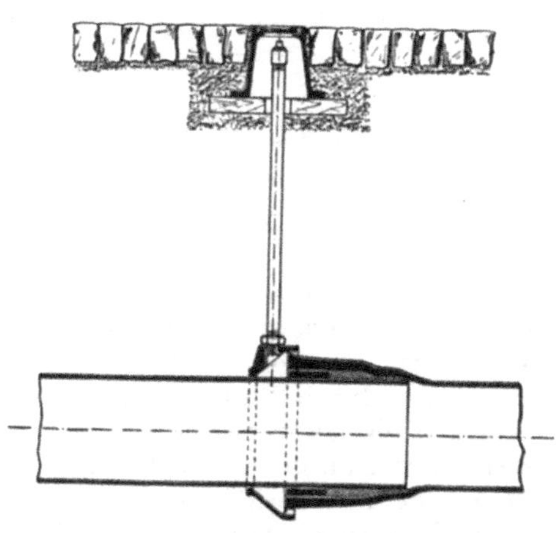

Abb. 1460. Muffenverbindung mit Gasfangring und Prüfrohr (Bamag-Meguin).

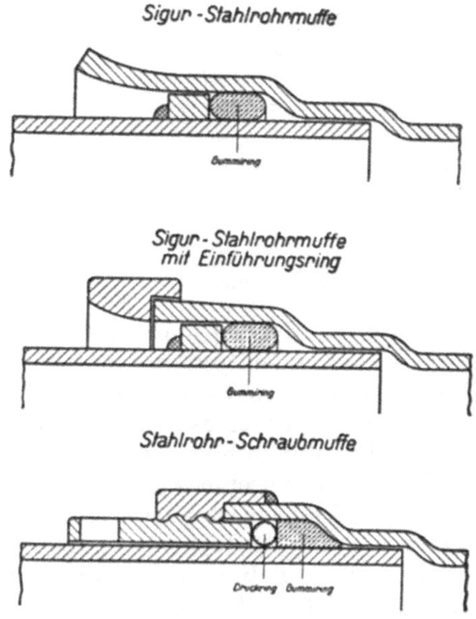

Abb. 1463—1465. Muffenverbindungen mit gesichertem Gummiring (Buderus).

Abb. 1466. Schnellmuffe „Iso“ (Buderus).

so daß auch Krümmungen ohne weiteres herstellbar sind (Deutsche Rohrleitungsbau A.-G., Bitterfeld).

Muffenverbindungen erhalten bisweilen einfache Ummantelungen, um die Sicherheit für völlige Dichtheit zu erhöhen, oder um eine Prüfmöglichkeit für die Verbindung zu schaffen. — Vor der in Abb. 1460 dargestellten Muffenverbindung für eine unter Erde verlegte Leitung liegt ein Gasfangring, von dem ein Prüfrohr an die Erdoberfläche führt. — Eine aufgeschweißte Überwurfkappe aus zwei gepreßten Hälften zur Sicherung einer Stahlrohrmuffenverbindung zeigt Abb. 1461 (Kieler Kappe). Die beiden in der Mitte liegenden, waagerechten Nähte werden ebenfalls verschweißt, so daß die Kappe einen dichten, die Muffe umgebenden Hohlraum bildet. Um die Muffendichtung prüfen zu können, ist oben eine Öffnung vorgesehen, die mit einem Gewindestopfen verschlossen ist. Um an eine undichte Muffe zu gelangen, muß die Leitung außer Betrieb gesetzt und die Kappe mit dem Brenner aufgeschnitten werden.

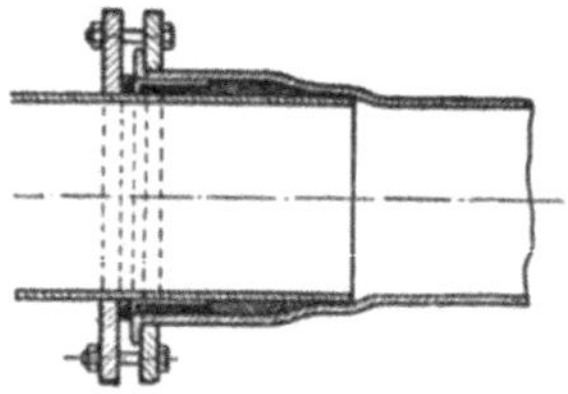

Abb. 1467. Muffenflanschverbindung (Bamag-Meguin).

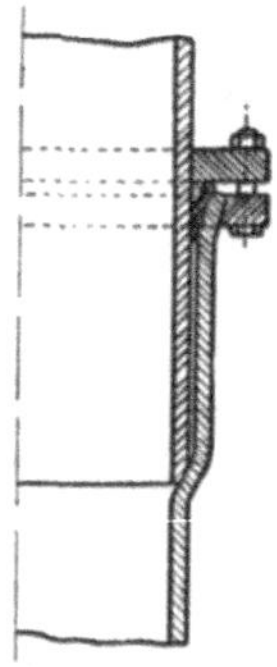

Abb. 1468. Muffenverbindung (Bamag-Meguin).

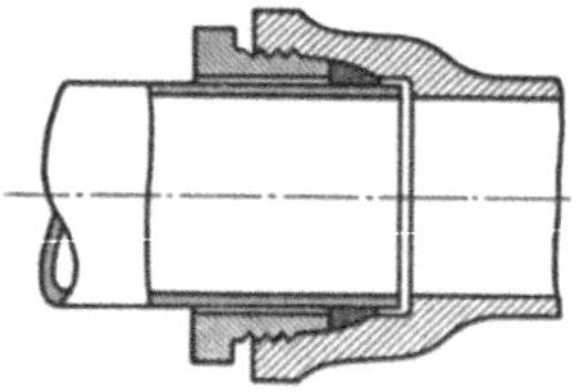

Abb. 1469. Union-Schraubmuffe (Buderus).

Eine einfache, bewegliche und schnell herzustellende Bauweise erhält man durch Einbringen eines Gummiringes in die Muffe nach Abb. 1462. Beim Einschieben des Rohrendes rollt sich der Ring in seine endgültige Lage. Bei größeren Rohrdurchmessern muß der Gummiring durch Unterkeilen des inneren Rohres entlastet werden. Um die Dichtfläche zu vergrößern, kann man in der Muffe Rillen vorsehen, in die sich der Gummi eindrückt. Um zu verhindern, daß sich der Gummiring durch eine Druckerhöhung herausschiebt, erhält das Rohrende bisweilen einen Bund oder nach Abb. 1463—1465 einen aufgeschweißten Ring oder eine Sicherung durch eine Stahlrohrschraubmuffe (Buderus'sche Eisenwerke, Wetzlar). Andere Sicherungen gegen das Heraustreten des Gummirings bestehen aus einem Vorlagering, den eine eingestemmte Bleieinlage in einer Aussparung an der inneren Muffenkante hält. Eine andere Bauart arbeitet mit zwei Gummiringen, und zwar mit einem weichen Ring, der eingerollt wird, und einem härteren Ring, der zur Sicherung in eine Rille an der Muffenkante eingeschoben wird. — Einen manschettenartigen Gummiring verwendet die Muffenverbindung nach Abb. 1466. Der Gummiring besitzt vorn einen nach innen ragenden Rand, der gleichzeitig die Rohre elektrisch voneinander isoliert und den Ring gegen Herausdrücken sichert (Schnellmuffe „Iso" der Buderus'schen Eisenwerke). Da sich der Gummiring bei dieser Bauart nicht einrollt, muß er beim Einbringen des Rohrendes mit Glycerin und Graphit geschmiert werden. — Da Gummi sehr widerstandsfähig ist, haben sich derartige Gummidichtungen für Gas-, Wasser- und Abwasserleitungen meist gut bewährt.

Die mit Stopfbüchsen ausgerüsten Muffenverbindungen benutzen ebenfalls meist einen Gummiring als Dichtung. Ein Stahlring, der durch Schrauben angezogen wird, preßt den Gummi in die dichtende Fuge. Derartige Stopfbüchsenmuffen eignen sich wegen der Schrauben, die schwer gegen Rosten zu schützen sind, wenig zur Verlegung in der Erde. Einfache Muffenverbindungen mit Stopfbüchsen zeigen Abb. 1467 und Abb. 1468. Diese Bauarten lassen sich leicht auch beweglich gestalten.

Die Schraubmuffenverbindungen benutzen nur Gummi als Dichtungsmittel. Der Schraubring trägt ein Gewinde, das so flachgängig sein muß, daß es sich nicht selbst lockern kann. Schraubmuffenverbindungen lassen sich so ausführen, daß die Rohrenden längs und quer beweglich sind, so daß leichte Krümmungen keine Formstücke erforderlich machen. Sie eignen sich auch für hohe Drücke. Eine einfache Bauart (Buderus'sche Eisenwerke) zeigt Abb. 1469. Für Gasleitungen erhalten die Gummiringe von Schraubmuffen bisweilen Bleiummantelungen. (Siehe auch Rohrleitungen.)

Thormann.

Muffendichtungen, Muffenrohre, s. Muffen, Rohrleitungen.

Mühlen *(s. auch Glockenmühlen, Hammermühlen, Kollergänge, Kugelmühlen, Pochwerke [Stampfmühlen], Ringwalzenmühlen, Schlagmühlen, Schleudermühlen, Schneckenbrecher [Schraubenmühlen], Schwingmühlen, Zerkleinerungsmaschinen)* sind Maschinen und Anlagen zum Zerkleinern grobkörniger (vorgebrochener) Materialien, wie sie von den Vorbrechern (Backenbrecher, Granulatoren, Hammer-, Kegel-, Walzenbrecher) geliefert werden. Je nach der erzielten Korngröße unterscheidet man Schrotmühlen (bis zu 1 mm Korngröße) und Mahlmühlen (unter 1 mm bis zu Mehl und unfühlbarem Pulver). Bei den absatzweise arbeitenden Mühlen bleibt das Mahlgut solange im geschlossenen Mahlraum, bis die erforderliche oder gewünschte Korngröße (Feinheit) erreicht ist. Wegen der geringen Leistungsfähigkeit dieser Mühlen zieht man die stetig arbeitenden Mühlen vor, bei denen das genügend Gefeinte entweder durch Siebe oder durch Sichtvorrichtungen ausgetragen und das nicht genügend zerkleinerte Mahlgut in den Mahlraum zur weiteren Bearbeitung zurückbefördert wird. Bei den sieblosen Kugelmühlen (s. S. 968) erfolgt das Austragen des genügend Gefeinten durch eine besondere Austragskammer.

Soweit die Zerkleinerung nicht Selbstzweck, sondern eine Vorbereitungsarbeit für nachfolgende chemische oder physikalische Vorgänge ist, die eine möglichst große Reaktionsoberfläche erheischen, strebt nach *Rosin* u. *Rammler* (Über die Mahlung und Mahlmaschinen, Chem. Fabrik 1933, S. 395) die Zerkleinerung an:

1. Die Korngröße des Aufgabegutes auf einen gewünschten maximalen Grenzwert zu reduzieren, während die Zusammensetzung des Mahlgutes an sich gleichgültig ist; 2. eine für die nachfolgende Reaktion wünschenswerte Gesamtfeinheit, d. h. eine bestimmte Oberflächenentwicklung je Kilogramm

Mahlgut zu erzielen; 3. ein Mahlgut von gewünschter, meist maximaler Lagerungs- bzw. Packungsdichte zu erzeugen; 4. eine innige Mischung verschiedenartiger Reaktionsteilnehmer zu ermöglichen.

Da jedes zerkleinerte Gut „polydispers" (vielgrößig) ist, d. h. zwischen zwei Größen sämtliche Korngrößen enthält, und da keine Zerkleinerungsmaschine „isodisperses" (eingrößiges) Mahlgut herstellen kann, was erst durch Klassierer (s. d.) möglich ist, muß man Fraktionen herstellen und mischen, um ein,

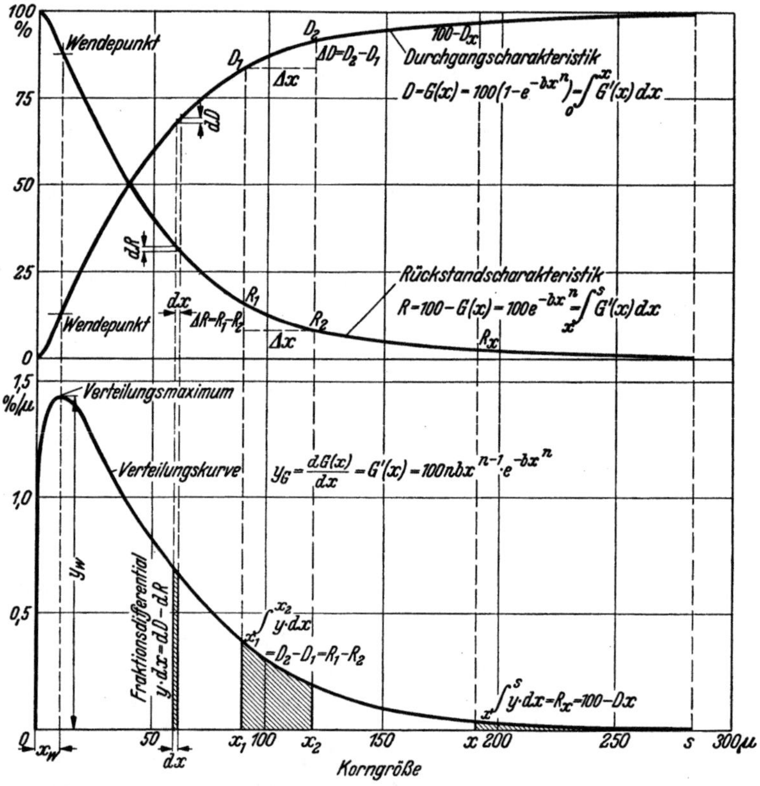

Abb. 1470. Zusammenhang zwischen Charakteristik und Verteilungskurve für Quarzsand und Kugelmühle. (Nach *Rosin* u. *Rammler*, Chem. Fabrik 1933, S. 396.)

wenn auch nicht vollkommen, so doch möglichst isodisperses Mahlgut zu erhalten, falls dies überhaupt nötig oder erwünscht ist.

Die Feinheitsanalyse durch Sieben, Sichten, Schlämmen und Sedimentieren gibt Aufschluß über die Kornzusammensetzung und liefert Werte zur Kennzeichnung des Zusammenhanges von Gewichtsanteil und Korngröße. Dieser Zusammenhang ergibt sich am besten aus einer schaubildlichen Darstellung (Abb. 1470), in der die Korngröße in μ als Abszisse und der Rückstand sowie der Durchgang in Prozent als Ordinaten aufgetragen sind. Das Gesamtgewicht des Mahlgutes setzt sich aus dem Durchgang D und dem Rückstand R zusammen, die sich demnach zu 100 Proz. ergänzen. Die beiden

Linien für D und R bilden die „Feinheitscharakteristiken" oder „Kennlinien" des Mahlgutes bzw. der Mahlvorrichtung. Bei einer Höchstkorngröße s umfaßt für irgendeine Korngröße x der Durchgang den Korngrößenbereich 0 bis x, der Rückstand den Korngrößenbereich x bis s. Die Verteilungskurve (Abb. 1470 unten) erhält man durch Differentiation der Charakteristik; sie zeigt den Anteil der Körner von der der Abszisse entsprechenden Korngröße am Gesamtgewicht des Mahlgutes. Der Flächeninhalt dieser Kurve $\int_0^s y \cdot dx$ muß 100 (Proz.) ergeben; an einer beliebigen Stelle x ist er $\int_x^s y \cdot dx = R_x = 100 - D_x$, wie auch aus der Zeichnung ersichtlich ist. Für die Feinmahlung fanden nun *Rosin* u. *Rammler* zusammen mit *Sperling* (Korngrößenprobleme des Kohlenstaubes und ihre Bedeutung für die Vermahlung [Bericht C 52 des Reichskohlenrates, Berlin 1933]; vgl. auch *Rosin* u. *Rammler*, Gesetzmäßigkeiten in der Kornzusammensetzung des Zements [Zement 1933, S. 427]) das Gesetz des quasi-stetigen Zusammenhanges zwischen Gewichtsanteil und Korngröße für den Rückstand R bzw. Durchgang D in folgenden Formeln:

$$R = 100\, e^{-b \cdot x^n} \quad \text{und} \quad D = 100 - R = 100\left(1 - e^{-b \cdot x^n}\right).$$

In diesen Formeln bedeuten: x die Korngröße, b und n Erfahrungswerte (Konstante) und e die Basis des natürlichen Logarithmensystems. Durch Differentiation erhält man die Formel für die Kornverteilungskurve:

$$y = \frac{dD}{dx} = 100\, n \cdot b \cdot x^{n-1} \cdot e^{-b \cdot x^n}.$$

Dieses Gesetz wurde hinsichtlich der Art des Mahlgutes ziemlich allgemein gültig befunden, z. B. für Kohle, Zement, Feldspat, Quarz, Flint, Baryt, Glas, Ton, Gips, gebrannten Magnesit und Farben; hinsichtlich der Mahlvorrichtung trifft es aber nur für Feinmahlung, z. B. in Ringwalzen-, Trommel- und Schleudermühlen, zu, wogegen für Grobkörnung, z. B. in Backen- und Walzenbrechern, verwickeltere Gesetze gelten.

Durch zweimaliges Logarithmieren der Formel für R erhält man

$$\log\left(\log\frac{100}{R}\right) = \log b + \log(\log e) + n \cdot \log x\,;$$

das ist eine Gerade, die es ermöglicht, aus zwei sorgfältig aufgenommenen Punkten die ganze Kennlinie zu ermitteln. Sind z. B. für zwei Korngrößen x_1 und x_2 die zugehörigen Rückstände R_1 und R_2 ermittelt worden, so ist:

$$n = \frac{\log\left(\log\frac{100}{R_1}\right) - \log\left(\log\frac{100}{R_2}\right)}{\log x_1 - \log x_2}$$

und $$C = \log b + \log(\log e) = \log\left(\log\frac{100}{R_1}\right) - n \cdot \log x_1.$$

Für irgendeine Korngröße x_i ist sodann der Rückstand R_i nach folgender Gleichung zu berechnen:

$$\log R_i = 2 - \text{Numerus}\,(C + n \cdot \log x_i).$$

Die Kennlinie ermöglicht auch die Berechnung der „spezifischen Oberfläche", d. i. die Oberfläche in Quadratmeter aus 1 kg Mahlgut für würfelförmige oder kugelförmige Körner. In Abb. 1471 sind einige solcher Werte für würfelförmige Körner bei Anwendung des DIN-Siebes Nr. 70 (4900 Maschen je Quadratzentimeter und 0,088 mm Maschenweite) dargestellt, woraus das starke Anwachsen der Oberfläche bei fortschreitender Feinmahlung ersichtlich ist. Man erkennt daraus auch den ziemlich beträchtlichen Einfluß des spezifischen Gewichtes des Mahlgutes auf die Oberflächenentwicklung.

Zur Erzielung einer möglichst großen Lagerungsdichte ist nach *Andreasen* (mit *Andersen*, Über die Beziehung zwischen Kornabstufung und Zwischenraum in Produkten aus losen Körnern, Kolloid-Z. 1930, S. 217) eine parabelförmige Charakteristik nach der Formel $D = x^q$ anzustreben, wobei q zwischen 0,5 und 0,33 liegen muß. Dies hat sich für die Industrie der feuerfesten Steine als besonders bedeutungsvoll erwiesen.

Nach Hütte IV, S. 347 (26. Aufl., Berlin 1935, Ernst & Sohn) sind die Teilchengrößen für Seesand etwa 1 mm, Zement bis zu höchstens 60 μ, gemahlenen Tonschiefer 2 bis 20 μ, primäre Farbteilchen aus Mennige, Lithopone u. a. 0,5—5 μ, Teilchen aus Feuerungsrauch 0,3 μ.

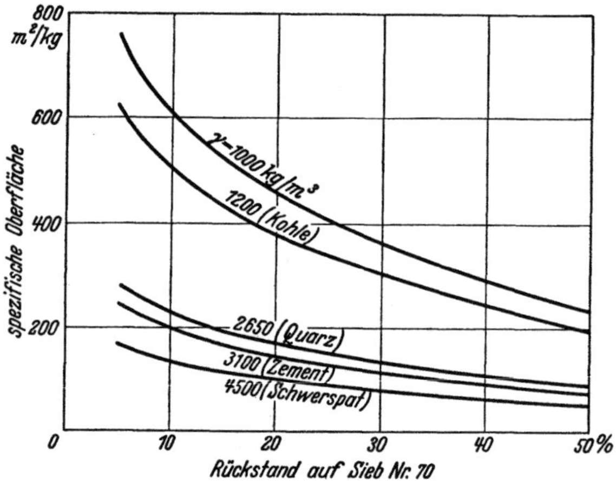

Abb. 1471. Spezifische Oberfläche in Abhängigkeit von der Feinheit für verschiedene spezifische Gewichte des Mahlgutes. (Nach *Rosin* u. *Rammler*, Chem. Fabrik 1933, S. 397.)

Die Korngröße bestimmt auch den Arbeitsbedarf und die Zerkleinerungskosten der Mühlen (s. Zerkleinerungsmaschinen). Hier sei nur eine Übersicht über die beiden eingangs erwähnten Mühlenarten gegeben. Die Schrotmühlen kann man einteilen in Grobschroter und Feinschroter, erstere für ein Ausgut, das überwiegend aus einem Gemisch von gröberen Brocken mit Grieß und nur wenig Mehl besteht, letztere für ein Ausgut, das sich überwiegend aus Grieß und etwas Mehl zusammensetzt. Mahlmühlen sind im allgemeinen solche Zerkleinerungsmaschinen, deren Ausgut als Mehl bezeichnet werden kann. Scharfe Grenzen gibt es nicht, da man teils durch die Ausführungsform der Maschinen, teils durch die Arbeitsgeschwindigkeit, teils durch die Dauer der Bearbeitung mehr oder weniger feines Ausgut erhalten kann. Als Grobschroter kann man bezeichnen: Schneckenbrecher (Brechschnecken, Schraubenmühlen), Hammermühlen, Kollergänge und Glockenmühlen (Kegelmühlen), als Feinschroter: Schlag- und Schleudermühlen. Zu den Mahlmühlen kann man zählen: Pochwerke (Stampfmühlen), Mahlgänge, Fliehkraftmühlen, Ringwalzenmühlen und Rohrmühlen bzw. Kugelmühlen.

Manche Mahlmühlen sind nach den gleichen baulichen Grundsätzen eingerichtet wie die Brechmaschinen, z. B. wie die Kegelbrecher und die Glockenmühlen oder wie die Hammerbrecher und die Hammermühlen; sie unterscheiden sich dann hauptsächlich hinsichtlich der Abmessungen der arbeitenden und der tragenden Teile. Die Grobzerkleinerung (Schroten) beruht vorwiegend auf der drückenden (quetschenden) und abscherenden Wirkung der glatt oder gezahnt ausgebildeten Mahlkörper, die Feinzerkleinerung (Mahlen) auf der reibenden Wirkung. Eine Zwischenstufe zwischen der drückenden und reibenden Wirkung ist die Schlagwirkung, wie z. B. bei den Hammermühlen und Stampfmühlen. — Über die Kenn- und Meßgrößen der Mühlen und über die Mühlencharakteristiken s. Zerkleinerungsmaschinen.

Die Mahlanlagen bestehen aus einer Vereinigung der Mühlen (Mahlmaschinen) mit einer Sichtvorrichtung und (gegebenenfalls) Trockenvorrichtung. Sie bezwecken durch Vermeidung der Fördervorrichtungen eine

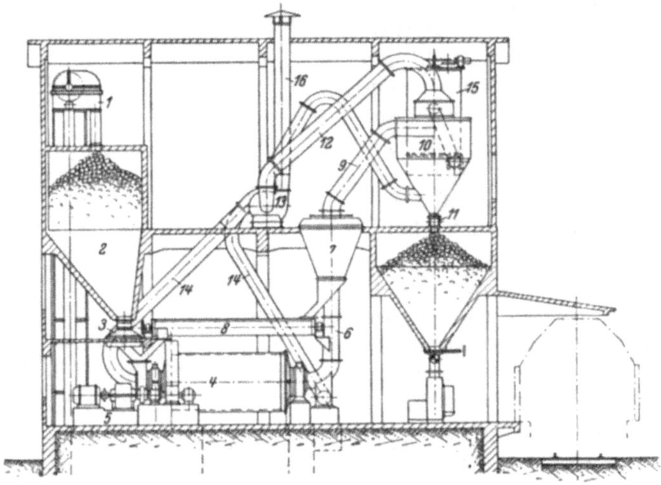

Abb. 1472. Rohrmühle mit Windsichtung (Esch).

Erhöhung der Leistung, stetige Beschickung der Verbrauchsstelle mit dem zerkleinerten Mahlgut und gänzliche Beseitigung von Staub im Mahlraum, womit auch eine Verbesserung der Luft im Mahlraum verbunden ist. Insbesondere hat sich die Windsichtung hierfür bewährt. Wie zum Beispiel aus Abb. 1472 (Anlage einer Zementfabrik in der Ausführung der Esch-Werke K.-G., Duisburg-Hochfeld) hervorgeht, besteht eine solche Anlage aus windgesichteten Rohrmühlen; sie ist für Rohmaterial und Zementklinker bestimmt. Das durch ein Becherwerk *1* von den Zufuhrwagen in den Bunker *2* geworfene Mahlgut wird von einer Telleraufgabevorrichtung *3* der Rohrmühle *4* zugeleitet, die durch den Mühlenantrieb *5* in Umlauf gesetzt wird. Das gemahlene Ausgut verläßt am anderen Ende die Rohrmühle und wird durch die Förderleitung *6* dem Stromsichter *7* zugeführt, aus dem der ungenügend zerkleinerte Grieß durch die Gießschnecke *8* zur Rohrmühle behufs neuerlicher Bearbeitung geleitet wird. Oben schließt sich an den Stromsichter *7* die Staubluftleitung *9* an, aus der das Gefeinte durch den Staubabscheider *10* und durch die Staubschleuse *11* in den Staubbunker gelangt. Die entstaubte Luft wird durch die Luftleitung *12,* den Mühlenventilator *13* und durch die Rückluftleitungen *14* der Rohrmühle zugeführt, während die Abluft durch das Filter *15* und durch die Abluftleitung *16* über das Dach ins Freie geblasen wird.

Eine Mahlanlage mit Stromsichterrohrmühle und Mahltrocknung (kombiniertes Aufbereitungssystem) der G. Polysius A.-G., Dessau, zeigt Abb. 1473. Durch den Eintragslagerzapfen der Rohrmühle *a* werden gleichzeitig das aus dem Vorratsilo *d* durch die Aufgabevorrichtung *e* aufgegebene Mahlgut geführt und die Heizgase einer Planrostfeuerung *f* gesaugt. Dadurch werden die Mahlkörper erhitzt und das Mahlgut wird durch die innige Berührung mit der heißen Luft und den heißen Mahlkörpern während des Zerkleinerungsvorganges in der Mühle getrocknet. In einem an die kurze Rohrmühle *a* anschließenden Rohr ist der Stromsichter eingebaut. Von hier gelangt das Mahlgut durch ein Steigrohr in den Feingutsammler *b*. Die Förderluft wird, ehe sie ins Freie ausgeblasen wird, durch das Rohr *g* einem Saugschlauchfilter zugeführt. Die ins Freie geführte Luftmenge entspricht derjenigen, die zur Abführung des bei der Trocknung aufgenommenen Wasserdampfes nötig ist. Die restliche Luftmenge wird vom Ventilator *c* nach dem Einlauf der Mühle zurückgeleitet. Die Mahlanlage arbeitet mit Unterdruck, wodurch Staubbelästigungen und Materialverluste verhütet werden.

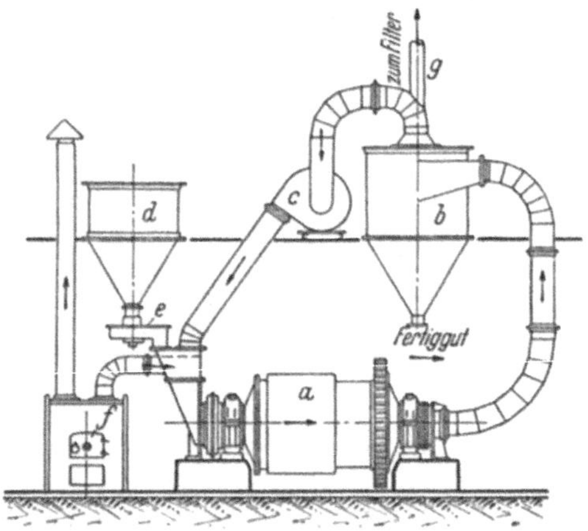

Abb. 1473. Mahlanlage mit Stromsichterrohrmühle und Mahltrocknung (Polysius).

Eine Mahlanlage der Büttner-Werke A.-G., Uerdingen, zur Verarbeitung von Kalkstein, Phosphat, Gips, Erdfarben, Schwerspat, Marmor, Dolomit, Quarz usw., sowie von Kohle der verschiedensten Sorten bis zu den Anthraziten ist in Abb. 1474 mit stromgesichteter Ringwalzenmühle dargestellt. Das Rohmaterial wird durch die Zuführungsschurre *1* aufgegeben und vom Tellerspeiser *2*, der von den Zahnrädern *3* angetrieben und vom Handrad *4* geregelt wird, in das Steigrohr *5* geleitet. Eisen und Steine werden bei *6* abgeschieden, bei *7* tritt die Warm- oder Frischluft ein. Das Steigrohr *5* mündet oben in den Stromsichter, in dem die Prallplatte *8* die schweren Bestandteile zurückwirft, während das geeignete Gut durch die Schurre *9* zur Mühle gelangt. Die Feinheit des vom Sichter angesaugten Mahlgutes kann durch die tangential angeordneten Sichterklappen *10* eingestellt werden; zur Verstellung der Sichterklappen dient der Handhebel *11*. Durch die Rohrleitung *12*, deren lichter Durchgangsquerschnitt durch die Drosselklappe *13* eingestellt werden kann, wird das Mahlgut vom Zyklon *14* angesaugt. Von hier fördert die Feinmehlaustragsschleuse *15* das fertige Mahlgut zur Verbrauchs- oder Absackstelle, während die Staubluft aus dem Ventilatorsaugstutzen *16* durch den Ventilator *17* in die Rückführungsleitung *18* geblasen wird. Die Abluft gelangt durch die Abluftleitung *19*, die durch die Drosselklappe *20* geregelt werden kann, ins Freie, während die Umluft durch die Umluftschurre *24* der Ringwalzenmühle *21* bzw. dem Stromsichter zugeleitet wird. In der vereinfachten Darstellung der Ringwalzenmühle bedeuten *22* die Mahlkörper und *23* den Mahlring (s. Ringwalzenmühlen).

Besondere Arten von Mühlen sind z. B. Kakaomühlen, Lohmühlen, Farbmühlen, Ölmühlen. Kakaomühlen dienen zum Feinmahlen der zerkleinerten Kakaobohnen; sie sind nach Art der Mahlgänge (s. d.) gebaut, und zwar sowohl nach dem Oberläufer- als auch nach dem Unterläufersystem. Das Anwärmen der Maschinen geschieht entweder durch Dampf mit Rippenheizrohren oder durch Gas. Einfache Kakaomühlen haben nur einen Mahlgang, Zwillingsmühlen zwei Mahlgänge mit stufenweise vergrößerten Mahlsteinpaaren (z. von 700 und 900 mm Durchmesser), Drillingsmühlen haben drei Mahlgänge mit ebenfalls stufenweise vergrößerten Mahlsteinen (z. B. von 800, 900 und 1000 mm Durchmesser). Die dem ersten Mahlgang folgenden Gänge sind tiefer angeordnet, um die Beschickung durch eine einfache Ablaufrinne unmittelbar vom Mantel des vorhergehenden Mahlganges zu bewerkstelligen. Die Mühlen sind mit Einlaufreglern und Magnetabscheidern versehen. — Lohmühlen sind Zerkleinerungsmaschinen zum Zerfasern der auf Häckselladen oder Lohschneidern grob zerkleinerten Fichten- oder Eichenrinde.

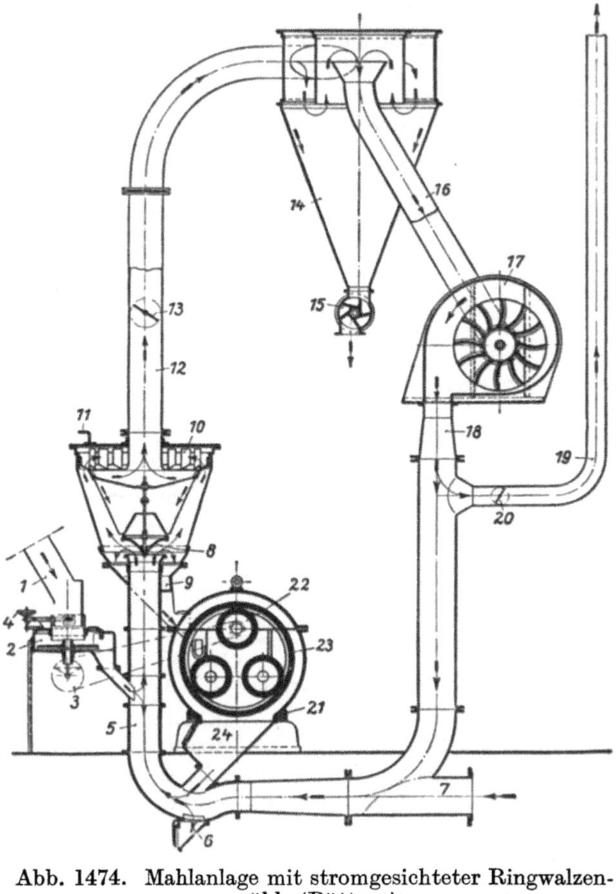

Abb. 1474. Mahlanlage mit stromgesichteter Ringwalzenmühle (Büttner).

Sie werden zumeist als Glockenmühlen (s. d.) ausgeführt. — Farbmühlen (Farbenreibmaschinen) sind zumeist Verreibwerke (s. d.), die durch Quetschen und Reiben einen hohen Grad der Zerkleinerung ermöglichen, da es sich hierbei um die Erzielung eines außerordentlich gleichmäßigen (homogenen) Erzeugnisses handelt. — Die Ölmühlen sind teils Walzenstühle (s. Walzwerke), teils Preßanlagen (s. Pressen). Erstere besorgen die Zerkleinerung der Ölfrüchte, und zwar benutzt man für Sesam, Raps und Mohn rauh geschliffene, für Erdnüsse und Sojabohnen geriffelte, für Kopra gezahnte Walzen zum Vorbrechen und geriffelte Walzen für die weitere Zerkleinerung. Man verwendet zumeist Drei- oder Fünfwalzenstühle (s. Walzwerke). Die Preßanlagen pressen das Öl aus den aufgeschlossenen Früchten und Saaten, und zwar werden Saaten, die das Öl schwerer abgeben, mehrere Male in geschlossenen Pressen gepreßt, wogegen Saaten mit geringem Ölgehalt in offenen Pressen behandelt werden. — Über Steigmühlen s. Windsichter.

Muldentrockner *(s. auch Trockner)* bestehen aus einem feststehenden Trog oder Zylinder zur Aufnahme des zu trocknenden Gutes, dem von außen oder von innen durch beheizte Rohre oder unmittelbar durch Heizgase die zur Wasserauftrocknung notwendige Wärme zugeführt wird. Sie sind stets mit einem parallel zur Muldenachse eingebauten Rühr- und Schaufelwerk versehen, welches das Gut ständig umschaufelt, damit es gleichmäßig trocknet und nicht anbrennt. Erfolgt die Beheizung durch Rohre, so dreht man diese meist mit um, um Rührwirkung und Wärmeübertragung zu

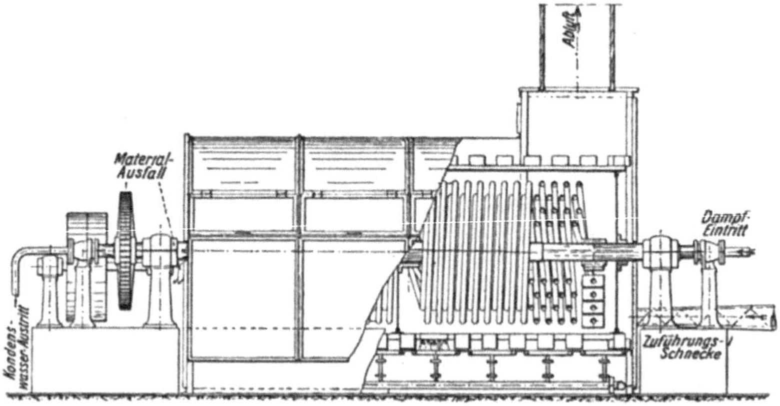

Abb. 1475. Muldentrockner mit Spiralschlangenheizkörper (T. A. G.).

verbessern. Muldenapparate mit unmittelbarer Trocknung durch Heizgase werden nur noch selten ausgeführt, da hierfür die Trommeltrockner (s. d.) meist zweckmäßiger sind. In diesen läßt sich infolge der Drehung der ganzen Trommel leichter eine gleichmäßige Trocknung bei hoher Leistung erzielen als mit feuerbeheizten Muldentrocknern.

Dampfmuldentrockner werden für alle rieselfähigen, feinkörnigen, nichtbackenden Stoffe, die schonend getrocknet werden müssen und mit Feuergasen nicht in Berührung kommen sollen, oder für solche, die nach kurzer Trocknung diese Eigenschaften annehmen, angewendet. Als Beispiele seien genannt: Treber, Trester, Hopfen, Sämereien, Schlempe, Pülpe, Kartoffelschnitzel, Stärke, Kreide, Kaolin, Knochenschrot, Blut mit Häcksel (oder einem sonstigen Trockenfutter) vermischt. Muldentrockner haben den Vorteil, daß die Luftgeschwindigkeiten beim Trocknen sehr gering sind, so daß sich nur wenig Staub entwickeln kann.

Der auf Abb. 1475 im Aufriß und auf Abb. 1476 im Seitenriß dargestellte Trockner (Trocknungs-Anlagen-Ges., Berlin) enthält in einem allseitig geschlossenen Gehäuse eine schmiedeeiserne, doppelwandige Mulde, die mit

Frisch- oder Abdampf beheizt wird. In der Mulde sind mehrere Rohrspiralen mit verschiedenen Spiraldurchmessern zu einem Bündel über einer Hohlwelle drehbar angeordnet. Die Rohrspiralen sind durch einen Dampfverteiler an die Hohlwelle angeschlossen, durch die der Heizdampf zugeleitet wird. Auf der entgegengesetzten Seite wird das Kondenswasser abgeführt. Über der äußersten Spirale sind Hubschaufeln und Bürsten angeordnet, die fortgesetzt das schaufelbare Trockengut bewegen, heben und über die Spiralen rieseln lassen. Die Spiralen und Schaufeln dienen außerdem zur Beförderung des Trockengutes in der Mulde. Ein Luftstrom, der durch einen Schlot an einer Längsseite des Trockners unterhalb der Mulde eintritt und sich an einem Rippenrohrsystem erwärmt, sorgt für die Abführung der entstehenden Wasserdämpfe. Die Verwendung von Rohrspiralen gestattet, hohe Heizflächen in kleinem Raum einzubauen. Gegenüber den in zwei Dampfverteilern eingewalzten, geraden, parallel der Welle angeordneten Rohren haben die Schlangen den Vorteil, daß sie leichter den Wärmeausdehnungen folgen können, die bei geraden Rohren oft zu Undichtheiten an den Einwalzstellen führen. Da außerdem die Rohrlängen durch die Schlangenanordnung größer gewählt werden können, ist die Zahl der Anschlüsse und damit die Möglichkeit von Undichtheiten verringert. Die Schlangen sind durch Seitenklappen zugänglich. Die Leistung der Heizfläche/Stunde schwankt je nach dem Feuchtigkeitsgrad des Trockengutes zwischen 1 und 6 kg/m² und geht bei nassem Gut bis auf etwa 8 kg/m². Hauptabmessungen, Heizflächen und Kraftbedarf von Muldentrocknern der T.A.G. für 9 verschiedene Größen gibt nachfolgende Tabelle.

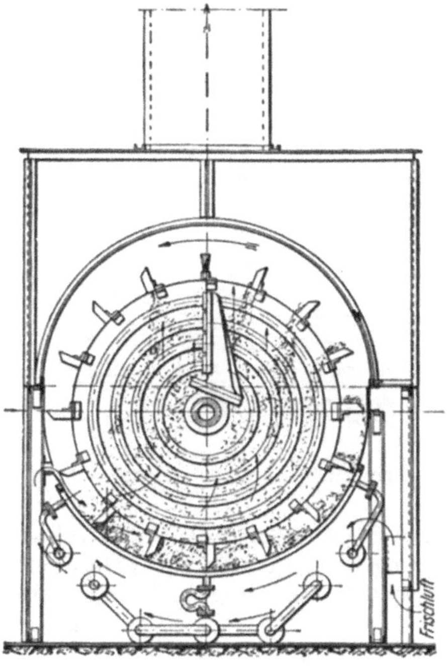

Abb. 1476.
Muldentrockner, Schnitt durch Trockner nach Abb. 1475 (T.A.G.).

Abmessungen in mm			Heizfläche	Ungefährer Kraftbedarf
Länge	Breite	Höhe	m²	PS
3800	1680	2300	10	1,5
4800	1680	2300	15	2,0
5800	1680	2300	25	2,5
4800	1900	2500	35	4,0
5800	1900	2500	45	4,5
6800	1900	2500	55	5,0
6300	2110	2770	70	9,0
6500	2400	3100	100	15,0
*7500	2400	3100	125	17,0

Einen Muldentrockner mit Flachschlangenröhrenbündel der Maschinenfabrik Friedrich Haas, Lennep, zeigt Abb. 1477. Aus den flachen Schlangen läßt sich das Kondenswasser leichter ableiten als aus den Spiralschlangen.

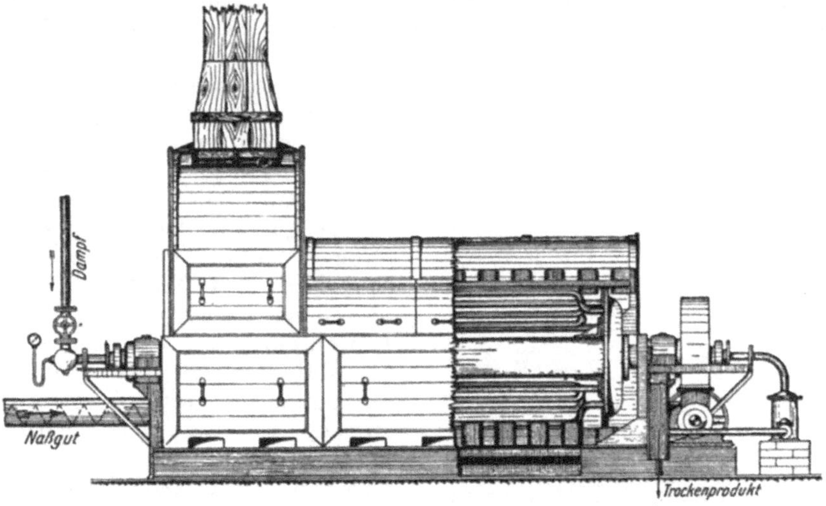

Abb. 1477. Muldentrockner mit Flachschlangenröhrenbündel (Haas).

Eine einfache Bauart der Benno Schilde Maschinenbau-A.-G., Hersfeld, mit einer Schaufelwelle zur Weiterbeförderung des zu trocknenden Gutes ist auf Abb. 1478 dargestellt. Eine von der Schaufelwelle angetriebene Zuteil-

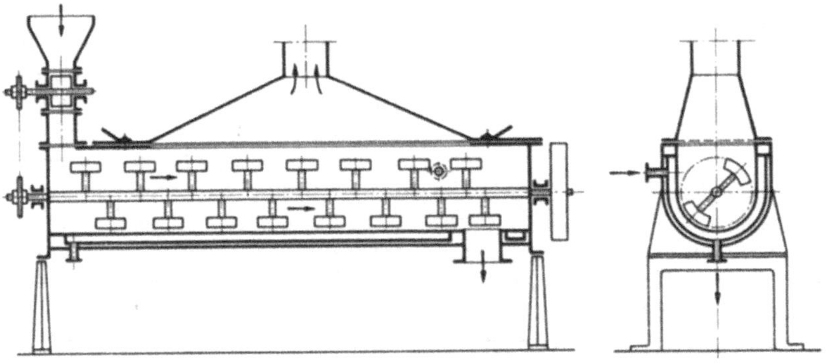

Abb. 1478. Muldentrockner mit Schaufelwelle (Schilde).

vorrichtung bringt das feuchte Gut stetig in das Eingangsende der Mulde. Allmählich trocknend gelangt es unter ständiger Umwälzung zum Auslauf. Der mengenmäßige Durchsatz läßt sich durch Verändern der Neigung der Schaufeln regeln. An den Enden der Muldenabdeckung befinden sich Klappen, mit denen man die zur Trocknung erforderliche Luftmenge einstellen kann. Der natürliche Auftrieb der erwärmten Luft bewegt diese durch den Trockner ohne Hilfe eines Ventilators. Da die an der Mulde unterzubringende Heizfläche beschränkt ist, eignet sich diese Bauart nur für kleinere Leistungen und für Ausführungen bis etwa 500 mm Trogbreite.

Um größere Heizflächen zur Wirkung zu bringen, werden auch mehrere Mulden übereinander angeordnet. Einen kleinen Trockner mit zwei übereinanderliegenden, nur durch Dampfmäntel von außen beheizten Mulden

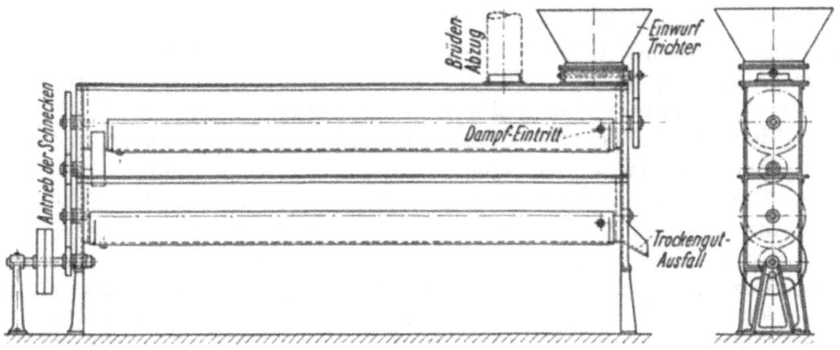

Abb. 1479. Trockner mit zwei übereinanderliegenden Mulden.

zeigt Abb. 1479. Die Förderung des Gutes erfolgt durch zwei Schnecken. Die Länge der Mulden beträgt etwa 4 m. — Einfache Muldentrockner dieser Bauart schaltet man oft hinter andere Trockner, um den letzten Feuchtigkeitsrest zu entfernen und um einen gleichmäßigen Trocknungsgrad im Erzeugnis zu erreichen.

Siehe auch Thelenapparate. Thormann.

Muntzmetall, s. Messinge.

N

Nähte *(s. auch Dampffässer).* Die Haut aller nicht ausschließlich durch Guß-, Zieh- oder Schmiedeverfahren hergestellten Apparate, Behälter, Rohre usw. wird aus Blechen und Formstücken (z. B. Hauben, Böden, Stutzen) zusammengesetzt, die durch Nähte, und zwar meist durch Längs- und Rundnähte, verbunden werden. Die Art der Ausführung der Nähte richtet sich nach dem Baustoff der zu verbindenden Bleche, deren Stärke, der Beanspruchung der Naht in mechanischer und chemischer Beziehung und, soweit bestimmte Anforderungen durch diese Bedingungen nicht gegeben sind, nach den durch das Herstellungsverfahren bedingten Kosten. Außerdem sind für die meisten Fälle die behördlichen Bestimmungen zu beachten, die in Deutschland durch die Dampffaßverordnung (s. Dampffässer), die Werkstoff- und Bauvorschriften für Landdampfkessel und die hierzu vom Deutschen Dampfkesselausschuß herausgegebenen Erläuterungen gegeben sind. Die wichtigsten Verbindungsverfahren zur Herstellung einer Naht sind: Nieten, Schweißen und Löten.

Die Ausführung einer Naht bedingt, daß die Festigkeitseigenschaften des Bleches an der Naht verändert, und zwar meist verringert werden. Das Verhältnis der Festigkeit des durch die Eigenart der Naht geschwächten

Blechquerschnitts zu der des vollen Querschnitts bezeichnet man als das Güte- oder Festigkeitsverhältnis φ. — Nach dem Verwendungszweck unterscheidet man Nähte, die nur dicht sein müssen, und solche, die dicht und fest sein sollen. Nach der Lage der Naht unterscheidet man die Längs- oder Hochnaht und die Rundnaht.

Die Nietnaht wird dadurch gebildet, daß die Bleche entweder mit ihren Endflächen übereinander gelegt werden (Überlappung), oder daß auf die aneinandergelegten Bleche auf beide oder nur auf eine Seite Blechstreifen, die sog. Laschen, aufgelegt werden; die so entstandenen Blechlagen werden in bestimmten Abständen — der Teilung t — durchbohrt und durch eingezogene und geschlagene oder gepreßte Niete verbunden. Hierdurch werden die Bleche fest aufeinandergedrückt, so daß eine gegenseitige Verschiebung durch den so erzielten Gleitwiderstand in Verbindung mit den durch die Schaftflächen aufgenommenen Scherkräften unmöglich ist. Die durch Normung festgelegten Niete bestehen aus dem Schaft, an dessen einem Ende sich der in verschiedenen Formen ausgeführte Setzkopf befindet. Nach dem Einziehen des Niets wird an dem anderen Ende aus dem über dem Blechstoß hervorstehenden Schaftende der Schließkopf angestaucht. Verbindungen mit einem Nietdurchmesser von 10 mm und mehr müssen mit warmen Nieten hergestellt werden. Nach der Ausführung des Stauchvorgangs zur Bildung des Schließkopfes unterscheidet man Maschinen- und Handnietung. Letztere ist bis etwa 26 mm Nietdurchmesser möglich. Die Nietlöcher werden, um ein leichtes Einbringen des Schaftes zu ermöglichen, etwa um $^1/_{20}$ des Rohnietdurchmessers größer hergestellt. Sie sollen möglichst nicht gestanzt, sondern gebohrt werden, was für Druckgefäße vorgeschrieben ist. Niete sollen möglichst so angeordnet werden, daß sie nicht auf Zug beansprucht werden. Die Länge des Bolzens soll das Vierfache des Durchmessers nicht überschreiten, da sonst der Niet leicht reißt. Auf Zeichnungen werden die Niete durch genormte Sinnbilder dargestellt. Nach der Anordnung der Niete unterscheidet man einreihige, zwei- und mehrreihige Nietverbindungen, nach der Zahl der Stellen, an denen ein Niet bei Überbeanspruchung abgeschert werden würde, ein-, zwei- und mehrschnittige Verbindungen, nach der Art des Blechstoßes überlappte, einseitige und Doppellaschennähte. Überlappte Längsnähte werden meist nur bis zu Blechstärken von 15 mm, Laschennähte in der Regel erst von 10 mm Blechstärke an verwendet. Die überlappte Naht und die einseitige Laschenverbindung haben den Nachteil, daß die Blechränder auf Biegung beansprucht werden. Günstige Festigkeitsverhältnisse können dadurch erhalten werden, daß man die Laschen wellenartig geschweift oder zickzackförmig mit 1—3 Zacken ausbildet, oder daß man sie schräg legt.

Die wichtigsten Regeln für die Anordnung von Nietnähten sind: Rechnungsmäßiger Nietdurchmesser bei Überlappungsnietung für die Blechstärke s: $\delta = \sqrt{5s} - 0{,}4$ cm. Der Randabstand a beträgt mindestens 1,5 δ, bei dünneren Blechen mindestens 1,8 δ. Es wird ferner gewählt: Reihenabstand a' im Mittel etwa $0{,}5t$, Nietteilung t etwa 2,5—3,5 δ. Diese wird außerdem noch durch die Rücksichten auf die notwendige Dichtheit bestimmt, die in der Hauptsache durch den Innendruck und die Eigenschaften der Stoffe beeinflußt wird. Die Schwierigkeit der Abdichtung steigt, wie an einigen Beispielen angegeben sei, etwa in folgender Reihe, in der entsprechend die Nietteilung enger gewählt werden muß: Lösungen, Laugen, Wasser, Gase, Öle, Petroleum,

Benzin, Dampf. Die geringstmögliche Nietteilung ist diejenige, bei der sich der Nietkopf mit den normalen Werkzeugen noch herstellen läßt.

Um die Dichtheit der Nähte zu erhöhen, werden Niete und Kanten verstemmt. Hierzu werden die Kanten dünner Bleche mit $^1/_3$, die stärkeren Bleche mit $^1/_4$ der Blechstärke abgeschrägt. Bleche unter 5 mm lassen sich nicht verstemmen. Zur Abdichtung dienen hier Zwischenlagen von Leinwand- und Papierstreifen, die mit Firnis und Mennige getränkt sind. In der Regel genügt es, wenn die Blechkanten und Nietköpfe nur auf der Außenseite verstemmt werden. Da sich Gußeisen nicht verstemmen läßt, müssen unter Stutzen (s. d.) aus Gußeisen und anderen gußeisernen Anschlußstücken Stemmscheiben aus Eisenblech angeordnet werden.

Die Abmessungen für ein- bis dreireihige Überlappungs- und einseitige Laschennietungen und für ein- bis dreireihige Doppellaschennähte sind in den nachfolgenden Zahlentafeln mit den in den Abb. 1480—1484 erläuterten Bezeichnungen nach Angaben von *G. Hönnicke* (Chem. Apparatur 1925, S. 116) zusammengestellt. Der Rechnungsnietdurchmesser δ kann für einschnittige Nähte aus der Formel: $\delta = s + \alpha$ cm errechnet werden. Für α sind dabei einzusetzen:

bei $s = 7—22$ mm: $\alpha = 0{,}8$ cm
,, $s = 23—28$ mm: $\alpha = 0{,}7$ cm
,, $s = 29—34$ mm: $\alpha = 0{,}6$ cm
,, $s = 35—40$ mm: $\alpha = 0{,}5$ cm.

Die Ausführungsdurchmesser sind in den folgenden Tafeln so gewählt, daß der DIN-Rohnietdurchmesser δ_N gleich dem betreffenden Rechnungsdurchmesser δ ist, z. B.: $s = 11$ mm, $\delta = 19$ mm, $\delta_N = 19$ mm. Bei den am häufigsten vorkommenden mittleren Blechen gilt jedes DIN-Niet für eine Gruppe von drei Blechstärken.

Bei zweischnittigen Nietungen sind folgende Rechnungsdurchmesser zu wählen:

einreihige Naht: $\delta_1 = \delta$ cm
zweireihige Naht: $\delta_2 = \delta - 0{,}1$ cm
dreireihige Naht: $\delta_3 = \delta - 0{,}2$ cm
(δ = Rechnungsnietdurchmesser für Überlappung).

Einreihige Überlappungs- und einseitige Laschennietung für DIN-Niete bei $\varphi = \text{const} = 0{,}6$. (Abb. 1480.)

$$\delta = \sqrt{5\,s} - 0{,}4 \text{ cm und } = s + \alpha; \quad t = 2{,}5\,\delta_N; \quad u = 2\,a;$$
$$a = 1{,}5\,\delta_N + 0{,}1 \text{ cm}; \quad w_t = 1 \cdot q_N \cdot 700.$$
$$q_N = \frac{\pi \cdot \delta_N^2}{4};$$

Blechstärke s mm	DIN-Nietdurchmesser $\delta_{N/L}$ mm	Nietquerschnitt q_N cm²	Teilung t mm	Randbreite a mm	Überlappung u mm	Gleitwiderstand je Teilung w_t kg
4, 5	10/11	0,785	25	16	32	550
6, 7	13/14	1,327	32,5	21	42	930
8, 9, 10	16/17	2,010	40	25	50	1407
11, 12, 13	19/20	2,835	47,5	31	62	1981
14, 15, 16	22/23	3,801	55	34	68	2660
17, 18, 19	25/26	4,908	62,5	39	78	3430
20, 21, 22, 23	28/29	6,157	70	43	86	4305

Zweireihige Überlappungs- und einseitige Laschennietung für DIN-Niete bei $\varphi = \text{const} = 0{,}667$. (Abb. 1481.)

$$\delta = s + \alpha; \quad a = 1{,}5\,\delta_N + 0{,}1\text{ cm}; \quad u = 2a + a';$$
$$t = 3\,\delta_N; \quad a' = 0{,}6\,t; \quad w_t = 2 \cdot q_N \cdot 650.$$

Blechstärke s mm	DIN-Nietdurchmesser $\delta_{N/L}$ mm	Nietquerschnitt q_N cm²	Teilung t mm	Randbreite a mm	Nietreihenabstand a' mm	Überlappung u mm	Gleitwiderstand je Teilung w_t kg
6, 7	13/14	1,327	39	21	24	66	1725
8, 9, 10	16/17	2,010	48	25	29	79	2613
11, 12, 13	19/20	2,835	57	31	35	97	3679
14, 15, 16	22/23	3,801	66	34	40	108	4940
17, 18, 19	25/26	4,908	75	39	45	123	6370
20, 21, 22, 23	28/29	6,157	84	43	51	137	7995
24, 25, 26	31/32	7,547	93	48	56	152	9802

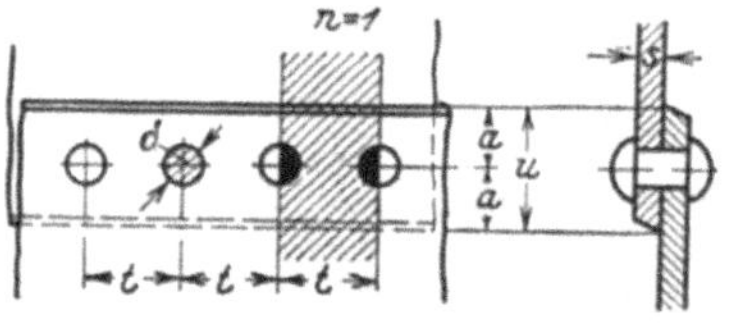

Abb. 1480.
Einreihige Überlappungsnietnaht.

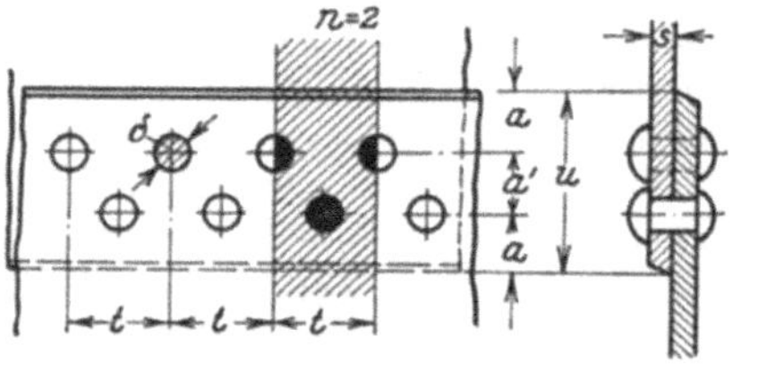

Abb. 1481.
Zweireihige Überlappungsnietnaht.

Dreireihige Überlappungs- und einseitige Laschennietung für DIN-Niete bei $\varphi = \text{const} = 0{,}75$. (Abb. 1482.)

$$\delta = s + \alpha; \quad a = 1{,}5\,\delta_N + 0{,}1\text{ cm}; \quad u = 2 \cdot (a + a');$$
$$t = 4\,\delta_N; \quad a' = 0{,}5\,t; \quad w_t = 3 \cdot q_N \cdot 600.$$

Blechstärke s mm	DIN-Nietdurchmesser $\delta_{N/L}$ mm	Nietquerschnitt q_N cm²	Teilung t mm	Randbreite a mm	Nietreihenabstand a' mm	Überlappung u mm	Gleitwiderstand je Teilung w_t kg
14, 15, 16	22/23	3,801	88	34	44	156	6841
17, 18, 19	25/26	4,908	100	39	50	178	8828
20, 21, 22, 23	28/29	6 157	112	43	56	198	11070
24, 25, 26	31/32	7,547	124	48	62	220	13572
27, 28, 29, 30	34/35	9,079	136	52	68	240	16326
31, 32, 33	37/38	10,752	148	57	74	262	19350
34, 35, 36, 37	40/41	12,566	160	61	80	282	22618

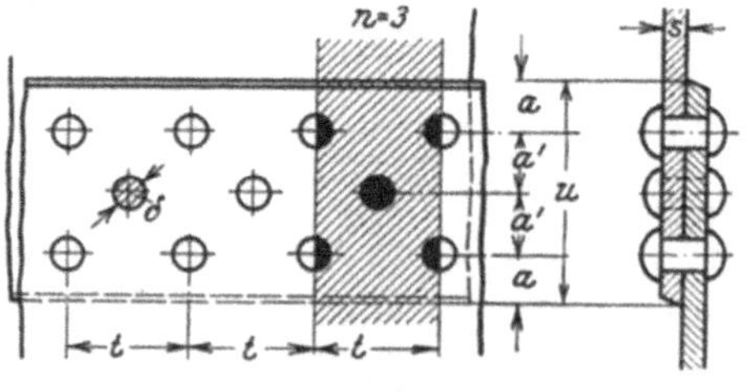

Abb. 1482. Dreireihige Überlappungsnietnaht.

Einreihige Doppellaschennietung für DIN-Niete bei $\varphi = \text{const} = 0{,}667$. (Abb. 1483.)

$\delta_1 = \delta$; $\quad a = 1{,}5\,\delta_N + 0{,}1$ cm; $\quad w_t = 2 \cdot q_N \cdot 600$.
$t = 3\,\delta_N$; $\quad u = 4\,a$;

Blechstärke s mm	DIN-Nietdurchmesser δ_N/L mm	Nietquerschnitt q_N cm²	Teilung t mm	Randbreite a mm	Laschenbreite u mm	Gleitwiderstand je Teilung w_t kg
8, 9, 10	16/17	2,010	48	25	100	2412
11, 12, 13	19/20	2,835	57	31	124	3396
14, 15, 16	22/23	3,801	66	34	136	4560
17, 18, 19	25/26	4,908	75	39	156	5880
20, 21, 22, 23	28/29	6,157	84	43	172	7380
24, 25, 26	31/32	7,547	93	48	192	9056
27, 28, 29, 30	34/35	9,079	102	52	208	10894

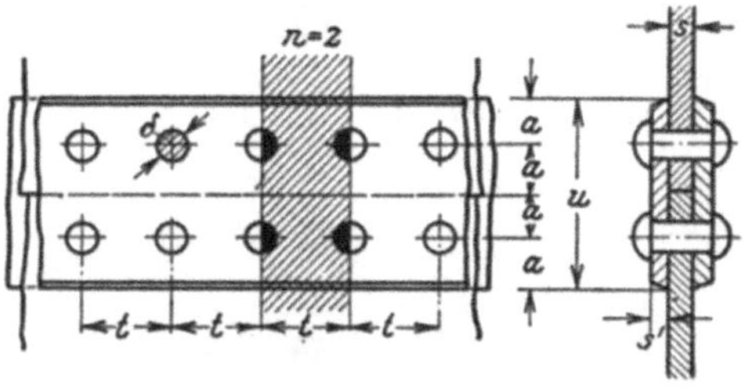

Abb. 1483. Einreihige Doppellaschennietnaht.

Zweireihige Doppellaschennietung für DIN-Niete bei $\varphi = \text{const} = 0{,}75$. (Abb. 1484.)

$\delta_2 = \delta - 0{,}1$ cm; $\quad a = 1{,}5\,\delta_N + 0{,}1$ cm; $\quad u = 2 \cdot (1{,}9\,a + a')$;
$t = 4\,\delta_N$; $\quad a' = 0{,}5\,t$; $\quad w_t = 4 \cdot q_N \cdot 575$.

Blechstärke s mm	DIN-Nietdurchmesser δ_N/L mm	Nietquerschnitt q_N cm²	Teilung t mm	Randbreite a mm	Randbreite 0,9 a mm	Nietreihenabstand a' mm	Laschenbreite u mm	Gleitwiderstand je Teilung w_t kg
12, 13, 14	19/20	2,835	76	31	28	38	194	6509
15, 16, 17	22/23	3,801	88	34	31	44	218	8740
18, 19, 20	25/26	4,908	100	39	35	50	248	11270
21, 22, 23, 24	28/29	6,157	112	43	39	56	276	11445
25, 26, 27	31/32	7,547	124	48	43	62	306	17342
28, 29, 30, 31	34/35	9,079	136	52	47	68	334	20861
32, 33, 34, 35	37/38	10,752	148	57	51	74	364	24730

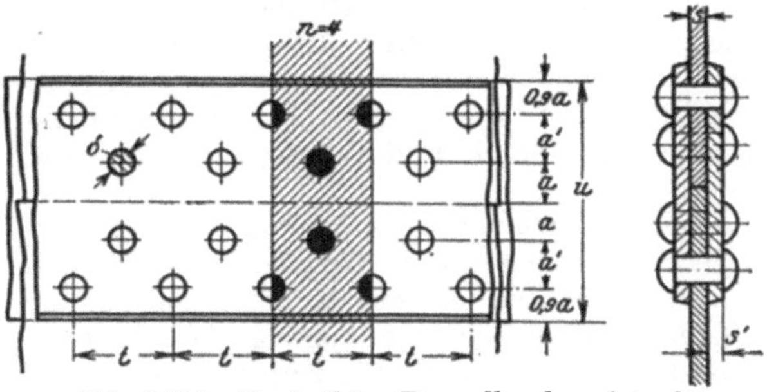

Abb. 1484. Zweireihige Doppellaschennietnaht.

Dreireihige Doppellaschennietung für DIN-Niete bei $\varphi = \text{const} = 0{,}857$. (Abb. 1485.)

$\delta_3 = \delta - 0{,}2$ cm; $a = 1{,}5\,\delta_N + 0{,}1$ cm; $w_{t_1} = 9 \cdot q_N \cdot 550$;
$t = 7\,\delta_N$; $a' = \frac{3}{8}\,t$; $w_{t_2} = 10 \cdot q_N \cdot 550$.
$u = 2 \cdot (1{,}9\,a + 2\,a')$;

Blechstärke s mm	DIN-Nietdurchmesser δ_N/L mm	Nietquerschnitt q_N cm²	Teilung t mm	Randbreite a mm	Randbreite $0{,}9\,a$ mm	Nietreihenabstand a' mm	Laschenbreite u mm	Gleitwiderstand je Teilung w_t ¹)	Gleitwiderstand je Teilung w_t ²)
16, 17, 18	22/23	3,801	154	34	31	58	362	18815	20905
19, 20, 21	25/26	4,908	175	39	35	66	412	24260	26950
22, 23, 24, 25	28/29	6,157	196	43	39	74	460	30445	33825
26, 27, 28, 29	31/32	7,547	217	48	43	82	510	37325	41470
30, 31, 32	34/35	9,079	238	52	47	90	558	44895	49885
33, 34, 35, 36	37/38	10,752	259	57	51	98	608	53210	59125
37, 38, 39	40/41	12,566	280	61	55	105	652	62200	69113

¹) Je Teilung: $n = 9$, obere Hälfte der Abb. 1485.
²) Je Teilung: $n = 10$, untere Hälfte der Abb. 1485.

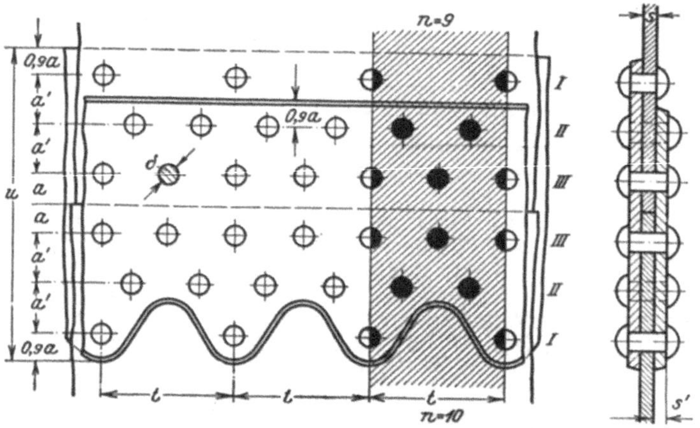

Abb. 1485. Dreireihige Doppellaschennietnaht.

An den Stellen, wo Längs- und Quernähte zusammentreffen, entsteht ein Stoß von drei Blechen (Dreiplattenstoß). Ausführungsbeispiele derartiger Stöße zeigt Abb. 1486 nach *E. Broschat*, Der Behälterbau (Leipzig 1926, Spamer). Bei überlappter Naht wird das in der Mitte liegende Blech ausgeschärft, so daß ein allmählicher Übergang entsteht (Fig. *a*). Ist eine Längsnaht gelascht (Fig. *b*), so wird das eine Laschenende keilförmig ausgeschmiedet. Vierplattenstöße sollen vermieden werden (Fig. *c*), indem die Längs- oder Hochnähte um mindestens vier bis fünf Teilungen versetzt werden. Beispiele zeigen die Fig. *d—g*.

Kupferbleche lassen sich erst von etwa 7 mm ab verstemmen. Bei dünnen Blechen erfolgt die Abdichtung durch Weichlötung (Einbrennen). Ferner gestattet die leichte Bearbeitbarkeit des Kupfers bei dünnen Blechen ein Umlegen des äußeren Bleches zur Überlappung (Durchsetzen) derart, daß die Innenfläche vollständig glatt wird. Die Kupferniete für nicht verstemmbare Nähte haben meist versenkte, flache oder schwach gewölbte Köpfe.

Die verstemmbaren Kupfernähte sind denen für Stahlblechnietung ähnlich, jedoch werden die Teilungen meist enger gewählt.

Die Schweißnähte werden dadurch gebildet, daß man die zu verbindenden Blechkanten auf Temperaturen, die in der Nähe des Schmelzpunktes liegen, erhitzt und mit oder ohne Ausübung von Druckkräften homogen ineinander übergehen läßt. Man unterscheidet: 1. Stumpf-, Keil- und verwandte Feuerschweißungen. Gütegrade (Verhältnis der Festigkeit der Schweißnaht zur Festigkeit des vollen Bleches) für Stahlblechnähte etwa 0,3—0,6. Stumpfschweißung ist weniger zuverlässig. Keilschweißung ist nur für starke Bleche notwendig. — 2. Überlappte Feuerschweißungen (Hammer- oder Preßschweißung:

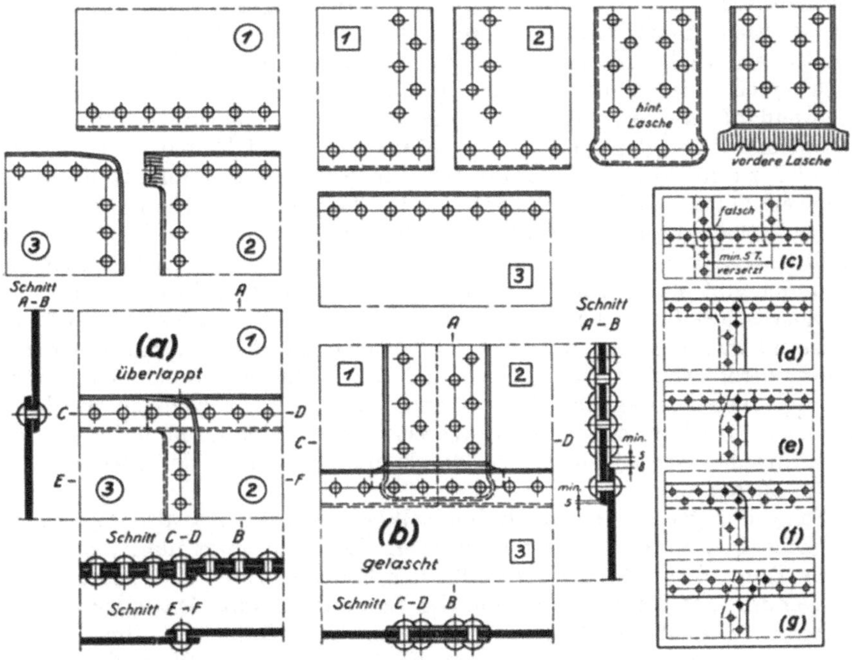

Abb. 1486. Dreiplattenstöße.

Vereinigung in teigigem Zustand unter Druck), Koks- oder Wassergasschweißung. Gütegrad = 0,7, bei Vorhandensein besonderer Einrichtungen zur Erzeugung hochwertiger Arbeit bei Koksfeuerschweißung bis 0,8, bei Wassergasschweißung bis 0,9. — 3. Elektrische Stumpfschweißung. Gütegrad hängt von den jeweiligen Umständen ab. — 4. Schmelzschweißung (mit Gas oder Elektrizität). Gütegrad = 0,5—0,7, bei Ausbesserungsarbeiten und hochwertiger Ausführung bis 1,0.

Die Schmelz- oder Autogenschweißung ist infolge ihrer Einfachheit und Billigkeit besonders beliebt und wird je nach der Lage der Bleche als Stumpf- oder Winkelschweißung ausgeführt. Eisenbleche bis etwa 2 mm werden gebördelt, ohne Spiel aneinandergelegt und durch Niederschmelzen der Bördelränder ohne Verwendung von Schweißdraht verbunden. Bleche von 2—5 mm werden ohne Vorbereitung mit Spiel von $^1/_4$ der Blechstärke unter Zulegen von Schweißdraht geschweißt. Bei einer Blechstärke von über 5 mm werden die Blechkanten unter einem Gesamtwinkel von 60—90° zur Bildung einer Schweißmulde abgeschrägt, wobei $^1/_4$ der Blechstärke rechtwinklig stehen bleibt. Bleche über 10 mm werden vor dem Schweißen zweckmäßig X-artig auf beiden Seiten abgeschrägt. An der Stoßstelle bleiben die Kanten 2—3 mm rechtwinklig stehen. Beim Schweißen abgeschrägter Bleche muß an der Stoßstelle ein Abstand von 2—3 mm vorhanden sein. Überlappungen sollen möglichst vermieden werden, da sich die Bleche beim Schweißen abheben. Bei der Winkelschweißung wird in der Regel nur eine Kante abgeschrägt.

Bei der Durchführung dichter Schweißungen an dicken Blechen, die im neuzeitlichen Apparatebau infolge der Notwendigkeit, unter hohen Drücken zu arbeiten, immer häufiger werden, sind besondere Vorsichtsmaßregeln anzuwenden. Dicke Bleche schweißt man in der Regel elektrisch. Die beim Schweißen auftretenden Spannungen sind geringer, wenn möglichst wenig Schweißgut in die Naht einzutragen ist. Die der X-Naht ähnliche Doppel-Tulpennaht bringt gegenüber der schmalen V-Naht Ersparnisse an Schweißgut bis zu 25 Proz. Die X-Naht hat jedoch bei der Herstellung hochwertiger Schweißnähte den Nachteil, daß bei ihr Fehler in der Nahtwurzel schwerer zu beseitigen sind. Das Aushauen oder Ausschleifen der Nahtwurzel an X-Nähten ist besonders bei dicken Blechen schwierig und kostspielig. Aus diesen Gründen gibt man oft der Tulpen- oder der V-Naht den Vorzug. Bei der selbsttätigen Schweißung wird eine Naht mit senkrechten Flanken gewählt. Der Abstand zwischen den Flanken ist so groß zu nehmen, daß die Elektrode einwandfrei arbeiten kann, ohne daß der Lichtbogen nach den Seiten abspringt. Die Kanten der Naht können gedreht oder gehobelt werden. Will man jede mechanische Bearbeitung vermeiden, so kann man die Kanten mit dem Brenner schneiden, sofern der Kohlenstoffgehalt der Bleche 0,3 Proz. nicht überschreitet.

Schweißungen an dicken Blechen sollen in einem Zuge, also ohne zwischenzeitliche Abkühlung, hergestellt werden. Dabei arbeitet man am besten bei einer Temperatur des zu schweißenden Stückes von 200°, indem man die Umgebung der Naht vor Beginn des Schweißens mit Gas- oder Ölbrennern erwärmt. Die oberen Lagen einer tiefen Naht kann man im allgemeinen dann rißfrei schweißen, wenn es gelingt, die unterste Wurzellage, die zum Schluß wieder fortgeschliffen wird, rißfrei zu legen. Beim Schweißen mit sehr dicken Elektroden bilden sich leicht Risse und übermäßige Schrumpfspannungen. — Beim Einschweißen starkwandiger Stutzen muß auf die richtige Reihenfolge beim Schweißen der einzelnen Nähte geachtet werden.

Die Schwierigkeiten beim Schweißen starkwandiger Bleche steigen mit der Dicke der Bleche, so daß nur besonders erfahrene Betriebe solche Arbeiten zuverlässig durchführen können. (Nach *H. Aureden*, Z.VDI 1937, S. 1080.)

Während früher nur unlegierte Flußstahlbleche als gut schweißbar galten, werden auch heute Stahlbleche höherer Festigkeit und legierte Stähle, beispielsweise auch molybdän- und kupferlegierte Stähle, einwandfrei verschweißt. Geschweißte Werkstücke für hohe Beanspruchungen, wie für Dampffässer (s. d.), müssen nach Fertigstellung der letzten Schweißnaht sachgemäß normalgeglüht werden, damit unerwünschte Spannungen beseitigt werden.

Kupfer und seine Legierungen schweißt man hauptsächlich mit der Acetylen-Sauerstoff-Flamme, während die Lichtbogenschweißung für Kupfer noch in der Entwicklung begriffen ist. Bei der Herstellung von Schweißnähten ist die Ersparnis an Kupfer durch den Fortfall der bei der Nietung erforderlichen Überlappungen besonders wertvoll. Unmittelbar heißen Feuergasen ausgesetzte Schweißnähte aus Kupfer halten bei sorgfältiger Ausführung oft länger als Nietnähte. Bei der Herstellung von Kupferschweißnähten entsteht an der Schweißstelle ein Gußgefüge mit geringer Festigkeit, die in ungehämmertem Zustand nur etwa 50 Proz. der Zugfestigkeit von Walzkupfer beträgt, sich jedoch durch Hämmern bis auf etwa 90 Proz. bringen läßt. — Messing-Schweißnähte erreichen eine Festigkeit von etwa 75 Proz. der Zugfestigkeit von weichem Walzmessing. Sie dürfen jedoch nicht gehämmert werden, da Messing in rotwarmem Zustand sehr spröde ist. (Siehe auch *C. Stieler*, Z.VDI 1936, S. 657.)

Blei schweißt man mit dem Kohlelichtbogen oder mit dem Gasbrenner, wobei Bleidraht zugesetzt wird. — Nickel und Nickellegierungen lassen sich durch Schweißung mit der Gasflamme oder mit dem Lichtbogen verbinden. Während Reinnickel schwer schweißbar ist, lassen sich Nickellegierungen besser schweißen.

Für die Herstellung von Aluminiumschweißnähten sind mehrere Verfahren entwickelt worden. Nähte von geglühten Aluminiumblechen sind nahezu ebenso fest wie der Grundwerkstoff. Das grobe Gußgefüge der Schweißnaht läßt sich durch Nachbehandlung verbessern. Bei halbharten und harten Blechen hat die Schweißnaht nur die Festigkeit des geglühten Werkstoffs. Durch Hämmern der Nähte und der benachbarten Zonen läßt sich die ursprüngliche Festigkeit nahezu wieder erreichen. — Nicht aushärtbare Aluminium-Knetlegierungen der Gattung Al-Mg lassen sich ebenso wie Reinaluminium gut schweißen.

Da die Güte der Schweißnaht meist von der Gewissenhaftigkeit und Geschicklichkeit des Schweißers abhängt, legt man die Naht möglichst so, daß sie als Außenschweißung ausgeführt und daher jederzeit nachgesehen oder nachgeschweißt werden kann, falls Fehlerstellen auftreten sollten. Die Außenschweißung kann meist besser und billiger ausgeführt werden als die Innenschweißung.

Die Schweißnähte sind immer so zu legen, daß Biegungsbeanspruchungen nicht auftreten können. Die Ränder von Deckeln und Böden müssen daher möglichst soweit umgebördelt werden, daß die Schweißnaht nicht an der Krümmung, sondern auf der Zylindermantelfläche liegt. An Druckgefäßen sind Eckschweißungen überhaupt nicht zulässig. An genieteten Gefäßen soll nicht geschweißt werden, da die Nähte dadurch gefährdet werden. Schweißnähte von Stahlblechen setzt man möglichst nicht der unmittelbaren Einwirkung von Flammen aus. Die Schweißung von Kupfer und Aluminium ist im Vergleich mit der Schweißung von Stahl wegen der höheren Wärmeleitfähigkeit und der leichten Oxydierbarkeit schwieriger auszuführen.

Die Schweißnaht hat infolge ihrer leichten, billigen und schnellen Herstellung, der dabei erzielten Gewichtsverminderung und ihrer vielseitigen Anwendbarkeit in den letzten Jahren die anderen Verbindungsarten in zunehmendem Maße verdrängt. — Zwei Ausführungsformen einer Schweißnaht zwischen Mantel und gewölbtem Boden eines Apparats zeigt Abb. 1487 nach *H. Schrö-*

der (Chem. Apparatur 1934, S. 21). Bei der Bauart *a* sind Boden und Mantel innen und außen durch Kehlnähte verschweißt. Besser ist jedoch die Form *b*, da sie Werkstoff und Arbeit erspart. Die Ausführungsart *c* ist nur für offene oder drucklose Behälter brauchbar. Die Naht nach der Form *d* eignet sich

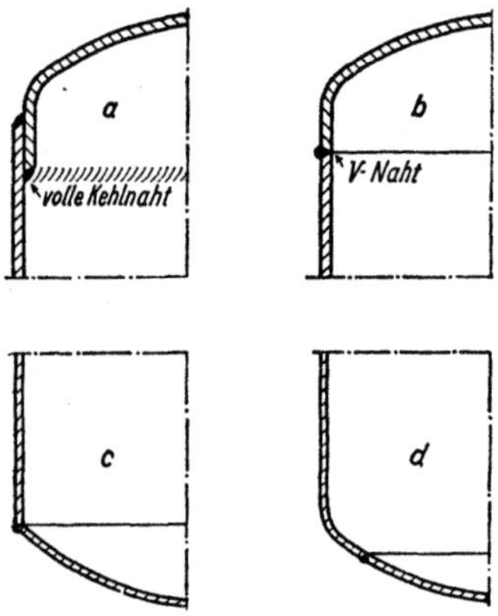

Abb. 1487. Schweißnähte für gewölbte Böden.

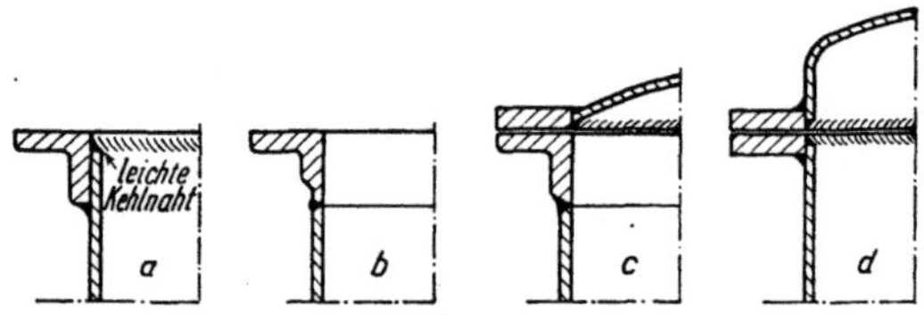

Abb. 1488. Schweißnähte an Winkelringen.

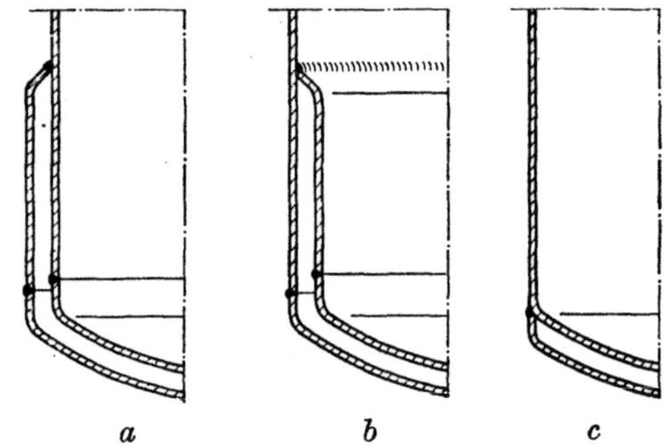

Abb. 1489. Schweißnähte an Doppelböden.

für Überdrücke bis 0,5 at. — Häufig ist im Apparatebau eine Naht zwischen einem Mantel und einem Winkeleisen oder einem Flacheisenring, besonders zur Bildung eines Flansches, erforderlich. Mehrere geschweißte Verbindungen dieser Art sind auf Abb. 1488 dargestellt. Die teure Verbindung nach *a* ist mit zwei Kehlnähten hergestellt. Einfacher sind die Nähte der Ausführungsarten *b* und *c*. Der bei *c* dargestellte Tellerboden besitzt an Stelle des üblichen schwachen Bordes einen angeschweißten stärkeren Flacheisenring, durch den eine besser abdichtbare Verflanschung geschaffen werden soll. Nach der Ausführung *d* lassen sich auch Verschraubungen beiderseits mit Flacheisenringen herstellen.

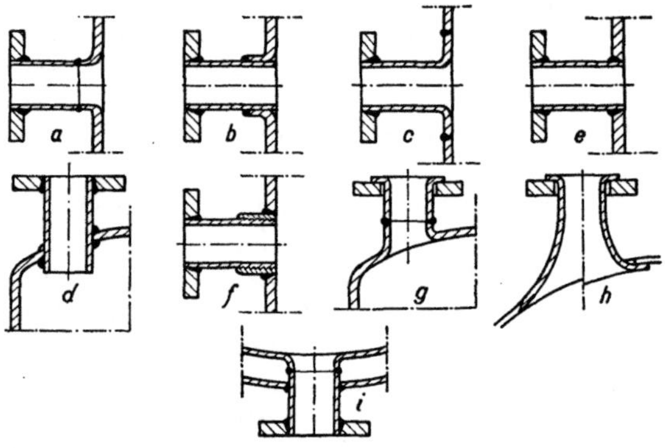

Abb. 1490. Schweißnähte an Stutzen.

Auch die Nähte zur Bildung der im Apparatebau häufig erforderlichen Doppelböden und -mäntel (s. d.) stellt man meist durch Schweißen her, wie Abb. 1489 in drei Ausführungsbeispielen zeigt, und zwar einen nach außen verlegten Doppelmantel *a*, die billigere Form *b* mit nach innen verlegtem Doppelmantel und einen einfachen Doppelboden nach *c*. Besonders deutlich erscheint die Überlegenheit von geschweißten Nähten bei der Herstellung von Stutzen (s. d.) und ihrer Verbindung mit Apparaten. Eine Reihe guter Ausführungen ist auf Abb. 1490 dargestellt. Am häufigsten finden sich die Bauarten nach *d* und *e*. Für kleine Durchmesser empfiehlt sich die Ausführungsart *f* mit eingeschweißter Gewindemuffe. Für Apparate aus Nichteisenmetallen eignen sich die Formen nach *g* und *h*. Die Nähte zur Durchführung eines Stutzens in einem Apparat mit Doppelboden zeigt die Ausführung *i*. (Siehe auch *H. Schröder*, Chem. Apparatur 1934, S. 21.)

Die leichte und billige Herstellung von Schweißnähten gibt auch die Möglichkeit, im Kessel- und Behälterbau abweichende Nahtformen in wirtschaftlicher Weise anzuwenden, wie beispielsweise die auf Abb. 1491 dargestellte, aus schräg geschnittenen Schüssen gebildete Spiralnaht (Chem. Apparatur 1933, S. 36). Es entstehen dabei zwar längere Nahtstrecken aber entsprechend geringere Beanspruchungen der Längeneinheit der Naht, so daß man die volle Blechfestigkeit in die Rechnung einsetzen und auf eine Zugabe zur Blechdicke verzichten kann.

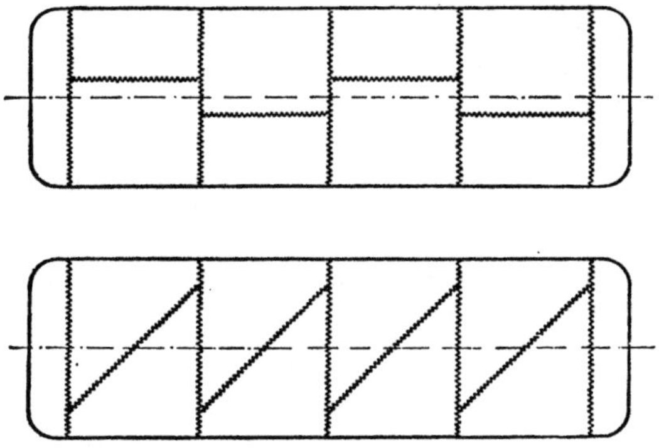

Abb. 1491.
Spiralgeschweißte Nähte an einem Behälter.

Gelötete Nähte werden besonders für dünne Messing- und Kupferbleche mit Weich- oder Hartlot ausgeführt. Weichlotnähte für Blechstärken bis etwa 3 mm werden meist gefalzt und in den Fugen verlötet, wozu die entsprechenden Blechstellen vorher verzinnt werden. Für größere Beanspruchungen werden verlötete Doppelfalze, Überlappungen und ähnliche Verbindungen verwendet. Zur Verstärkung von Rändern dienen Flacheisen oder Drahteinlagen. Das Lot ist um so besser, je mehr Zinn es enthält. Bei der Hartlötung schmilzt das Lot mit der äußeren Schicht der Bleche zusammen, so daß die Festigkeit der Naht größer ist als die der Weichlötung. Die zu verlötenden Blechränder werden zugeschärft und entweder glatt oder mit eingehauenen, versetzt angeordneten Lappen geschränkt zusammengefügt und glatt gehämmert.

Lit. (s. auch bei Behälter): *E. Höhn*, Schweißverbindungen im Kessel- und Behälterbau (Berlin 1935, Julius Springer). — Internationale Beratungsstelle für Carbid und Schweißtechnik, Sammelwerk der Autogenschweißung. Bd. 1, Rohrleitungsbau; Bd. 2, Apparate- und Behälterbau; Bd. 4, Schweißen der Nichteisenmetalle (Halle a. d. S. 1932/34, Marhold). — Anleitung zum Gas-Schmelzschweißen, I. Teil (Berlin 1932, Verlag Deutscher Ausschuß für techn. Schulwesen). — *Th. Kautny*, Leitfaden für Acetylenschweißer (11. Aufl., Halle a. d. S. 1935, Marhold). — *P. Schimpke*, Die neueren Schweißverfahren. Werkstattbücher, Heft 13 (Berlin 1932, Julius Springer). — *W. Burstyn*, Das Löten. Werkstattbücher, Heft 28 (Berlin 1927, Julius Springer). — *E. Klosse*, Das Lichtbogenschweißen. Werkstattbücher, Heft 43 (Berlin 1937, Julius Springer). — *H. Born*, Die Schweißung des Kupfers und seiner Legierungen (Berlin 1928, Julius Springer). —

F. Kagerer, Das autogene Schweißen und Schneiden (Berlin 1923, Julius Springer). — *P. Schimpke* u. *H. Horn*, Praktisches Handbuch der gesamten Schweißtechnik (Berlin 1926/30, Julius Springer). — *P. Bardtke*, Gemeinfaßliche Darstellung der gesamten Schweißtechnik (2. Aufl., Berlin 1931, VDI-Verlag). — *W. Eckermann*, Die Anwendung der autogenen und der elektrischen Schweißung beim Bau und bei der Ausbesserung von Dampfkesseln und Dampffässern (Hamburg 1925, Hanseat. Verlagsanstalt). — *K. Miller*, Elektrische Lichtbogenschweißung (2. Aufl., Leipzig 1932, Hirzel). — *O. Wundram*, Die elektrische Lichtbogenschweißung, ihre Hilfsmittel und ihre Anwendung (Hamburg 1925, Hanseat. Verlagsanstalt). — Ausgewählte Schweißkonstruktionen. Bd. 3, Rohrleitungs- und Behälterbau. Bearb. von *Holler* u. *Fink*, herausg. und gesammelt vom Fachausschuß für Schweißtechnik im VDI (Berlin 1932, VDI-Verlag). — Acetylen-Sauerstoffschweißung, herausg. vom Ausschuß für wirtschaftliche Fertigung (2. Aufl., Berlin 1933, Beuth-Verlag). — *Th. Kautny*, Handbuch der autogenen Metallbearbeitung (3. Aufl., Halle a. d. S. 1927, Marhold). — Forschungsarbeiten auf dem Gebiete des Schweißens und Schneidens, herausg. von *W. Rimarski*, 1.—10. Folge 1927 (Halle a. d. S. 1927/35, Marhold). — *R. Malisius*, Die Schrumpfung geschweißter Stumpfnähte (Braunschweig 1936, Vieweg). — *W. Fink*, Lichtbogentheorie für Elektroschweißer (Braunschweig 1936, Vieweg). — *F. Bollenrath*, Eigenspannungen bei Lichtbogen- und Gasschmelzschweißung (Berlin 1934, Julius Springer).

Thormann.

Lit. Chem. Apparatur: *E. Golz*, Über Hartlötnähte für Kupferblechverbindungen und ihre Unzulässigkeit für kupferne Dampffässer (1914, S. 305). — *W. Bergs*, Über die Anwendung der autogenen Schweißung beim Bau chemischer Apparaturen (1919, S. 9). — *H. Schneider*, Über die Anwendung der autogenen Schweißung beim Bau chemischer Apparaturen (1919, S. 41, 50). — *G. Hönnicke*, DIN-Niete für den Kessel- und Apparatebau und die Bemessung der Nietnähte (1925, S. 83, 107, 116). — *Holler*, Der Wasserabscheider für Hochdruckdampf und die Ausführung von Schweißnähten (1927, S. 28). — *H. Schröder*, Schmelzschweißung und Schweißkonstruktionen im chemischen Apparatebau. Ein Rückblick auf den Entwicklungsgang der autogenen und elektrischen Metallbearbeitung (1933, Beil. Korr., S. 29, 34, 41); Über Schmelzschweißung der legierten Stähle und der Nichteisenmetalle (1934, Beil. Korr., S. 1, 5, 9); Neuzeitliche Schweißkonstruktionen im chemischen Apparatebau (1934, S. 21); Ausführung von Schmelzschweißnähten und ihre Bewertung und Prüfung (1934, S. 61).

Naßklassierer und Naßsortierer. Kohle, Erz[1]) und andere in großem Maßstabe verwertete Mineralien, wie Graphit, Feldspat, Kaolin oder auch Farberden usw., kommen in der Natur meist nicht unmittelbar verwendbar vor; auch die bei vielen Arbeitsprozessen anfallenden Neben- oder Zwischenprodukte sind gewöhnlich nicht ohne weiteres verarbeitungsfähig, sondern bedürfen einer besonderen Behandlung, die den nachfolgenden endgültigen Verarbeitungsvorgang wirtschaftlicher gestaltet oder ihn aus technischen oder wirtschaftlichen Gründen überhaupt erst ermöglicht. Diese Behandlungsverfahren, die eine Anreicherung der nutzbaren Bestandteile bzw. die Entfernung unerwünschter Bestandteile eines Stoffes bezwecken und besonders in neuerer Zeit auch für die chemische Industrie immer mehr an Bedeutung gewinnen, fallen unter den Begriff Aufbereitung.

[1]) Beide fallen zwar aus dem Rahmen des Handbuches, doch ist gerade ihre Aufbereitung Hauptverwendungsgebiet der hier zu behandelnden Vorrichtungen und wird, entsprechend abgewandelt, wohl in steigendem Maße auf Stoffe der eigentlichen chemischen Technik angewendet.

I. Allgemeine Übersicht.

Im allgemeinen ist bei der Aufbereitung, abgesehen von verschiedenen Hilfsarbeiten (hierher gehört auch das Dekantieren [s. Dekantierapparate]), zu unterscheiden zwischen dem Klassieren, d. i. die Trennung nach der Korngröße (Klassen), dem Sortieren, d. i. die Trennung nach den Bestandteilen oder dem Gehalt (z. B. in Erz und Gangart [Berge], in Kohle und Letten oder in verschiedene Erze usw.), und dem Läutern (Abläutern), d. i. das Waschen. Klassieren und Sortieren kann auf trockenem oder nassem Wege geschehen, wobei die physikalischen (spez. Gewicht, Benetzbarkeit, Magnetismus usw.) oder die chemischen Eigenschaften der Bestandteile der behandelten Stoffe die Trennung ermöglichen. Das Läutern, das meist mit Wasser geschieht, kann sowohl als vorbereitende Arbeit für die Klassierung als auch für die Sortierung dienen; u. U. kann es aber auch unmittelbar eine Abführung feineren Kornes, also ein Klassieren, oder (z. B. bei mit Ton verunreinigten Erzen) eine Trennung nach Sorten, also ein Sortieren, bezwecken und steht daher begrifflich zwischen dem Klassieren und dem Sortieren.

A. Klassieren im engeren Sinne heißt die Trennung nach Korngrößen bei Anwendung der nassen Verfahren, im weiteren Sinne aber auch bei Anwendung der trockenen Verfahren.

1. Trockenklassierung erfolgt durch ebene oder geneigte Roste (s. d.) (Stangen- oder Stabroste in Band- oder Trommelform, auch Scheibenspalt-, Rollen- oder maschenbewegliche Roste) oder durch Siebe (s. Siebvorrichtungen), wobei letztere feststehende ebene oder schräge Plansiebe oder mechanisch bewegte Stoß-, Schwing-, Zitter- oder Bandsiebe sein können. Die Trockenklassierung ist bei der Erzaufbereitung als vorbereitende Arbeit für die nassen Verfahren wichtig und hat auch besonders für die Aufbereitung der Braunkohle vor dem Brikettieren große Bedeutung.

2. Naßklassierung wird in der Hauptsache für Korngrößen unter 1—2 mm angewendet; man unterscheidet Gleichfälligkeitsklassierung (Stromklassierung) und mechanische Naßklassierung.

a) Die Gleichfälligkeitsklassierung macht sich die Tatsache zunutze, daß sich Körper von verschiedener Form, Größe und verschiedenem spez. Gew. beim freien Fall im Wasser verschieden verhalten, da die Fallgeschwindigkeit durch den Auftrieb und den Wasserwiderstand je nach Form, Größe und spez. Gew. verschieden stark vermindert wird. Läßt man z. B. ein Gemisch von Körnern mit verschiedenem Durchmesser, aber gleichem spez. Gew. in einem Gefäß mit Wasser niederfallen, so sinken die größeren Körner schneller, die kleineren langsamer, so daß sich die größten zu unterst absetzen, die anderen nach Größenklassen abgestuft darüber. Es können aber auch Körner verschiedenen spez. Gew. trotz ihrer verschiedenen Korngröße mit gleicher Geschwindigkeit fallen (gleichfällig sein), wenn der Unterschied der spez. Gew. durch die Korngröße ausgeglichen wird. Wenn somit auch die Korngrößen in der einzelnen Gleichfälligkeitsschicht entsprechend der Verschiedenheit der spez. Gew. voneinander abweichen, so nehmen doch (im ganzen betrachtet) die Korngrößen in den aufeinanderfolgenden Schichten gesetzmäßig ab. Die Trennung nach der Gleichfälligkeit ist daher als Klassierung anzusehen. Die Trennung der einzelnen gleichfälligen Körnerschichten voneinander erfolgt am einfachsten durch die Einwirkung eines horizontalen Wasserstromes auf die fallenden Körner, da hierdurch die einzelnen Größenklassen neben- bzw. hintereinander auf den Boden des Gefäßes zu liegen kommen. Die Wirkung des horizontalen Wasserstromes wird durch Leisten (Schwelleisten) oder trichterförmige Vertiefungen am Boden des Wassergefäßes (Spitzkästen, Spitzlutten) unterstützt. Da die Geschwindigkeit eines Wasserstromes nie über den ganzen Querschnitt gleichmäßig ist, ist eine vollständig genaue Klassierung auf diese Weise nicht möglich. Die Genauigkeit der Trennung kann aber bei Verarbeitung von Sanden durch Einführung eines aufsteigenden Wasserstromes, der den freien Fall stark bremst und die Zeit für die Trennung verlängert, erhöht werden. Apparate, in denen eine Klassierung in dieser Weise vorgenommen wird, heißen Stromapparate. Diese können jedoch auch zum Sortieren verwendet werden. Besonders bei der Steinkohlenaufbereitung und der Fabrikation von Pigmenten bedient man sich in letzter Zeit vielfach der sog. Hydroseparatoren. Wenn diese auch andere Abmessungen und Wassergeschwindigkeiten aufweisen als die sonst üblichen Stromapparate, so entsprechen sie doch grundsätzlich den Stromvorrichtungen. Auch die Schwerflüssigkeitsverfahren gehören in gewissem Sinne hierher, z. B. das *Chance*-Verfahren, das mit einer Aufschlämmung von Feinsand und Wasser arbeitet, oder das nach der Grube, auf der es zuerst angewendet wurde, genannte *Sophia-Jakoba*-Verfahren (im Auslande unter dem Namen *Barvoys*-Verfahren bekannt), bei dem eine Schwerspat-Ton-Aufschlämmung in Wasser angewendet wird, oder das in Amerika weit verbreitete Schwerluftverfahren (Air-sand-process). Letzteres arbeitet zwar „trocken", da ein Sand-Luft-Gemisch verwendet wird, doch wirkt dieses Gemisch, dessen spez. Gew. etwa um 1,6 über dem der Kohle liegt, wie eine Schwerflüssigkeit, auf der die Kohle schwimmt.

b) Bei der mechanischen Naßklassierung wird, im Gegensatz zur reinen Gleichfälligkeitsklassierung, das zu klassierende Material nicht einfach nur einem gleichmäßigen Wasserstrom ausgesetzt, sondern auch mechanisch durchgearbeitet, um das feinste Gut (bis zu einer bestimmten Korngrenze) abzusondern. Ein besonderer Vorteil der mechanischen Naßklassierung besteht in der Möglichkeit der Zusammenarbeit mit Zerkleinerungsapparaten in geschlossenem Kreislauf, wobei sich die Zwischenschaltung von Transportvorrichtungen erübrigt.

B. Sortieren kann auf trockenem oder auf nassem Wege geschehen.

1. Die Trockensortierung besteht im „Scheiden", wobei mit einem Hammer von den rohen Erzstücken (Haufwerk) das taube Gestein soweit als möglich abgeschlagen und beseitigt wird, und im „Klauben", wobei man auf Lesetischen (Klaubtischen) oder auf Lesebändern unhaltige (taube) Stücke aus dem Haufwerk ausklaubt. Beide Verfahren haben naturgemäß nur begrenzte Anwendungsmöglichkeit, sind aber trotzdem in manchen Fällen, z. B. bei der Kupferschieferaufbereitung, noch immer von großer Bedeutung. — Zur Trockensortierung ist neben einigen anderen, heute kaum mehr angewandten Verfahren auch die magnetische Aufbereitung (soweit sie trocken durchgeführt wird) zu rechnen, bei der mit Hilfe von Magneten verschieden stark magnetische Erze voneinander oder von unmagnetischer Gangart getrennt werden. Anwendung findet dieses Verfahren z. B. bei der Aufbereitung von Eisen-, Nickel-, Kobalt- usw. Erzen, sowie zur Rückgewinnung von Kohle und Koks aus eisenhaltigen Feuerungsrückständen durch Entfernen der Rückstände.

Von überragender Bedeutung sind

2. die Naßsortierungsverfahren: die Setzarbeit, die Herdarbeit und ganz besonders die Schwimmaufbereitung (Flotation).

a) Bei der Setzarbeit wird meist klassiertes Gut, und zwar von etwa 0,25 bis höchstens 50 mm, verarbeitet. Die Körner stehen dabei unter der Einwirkung bewegten Wassers und werden nach dem spez. Gew. geschieden. Dies geht in der Weise vor sich, daß das auf einem Sieb in einem Wassergefäß (Setzkasten, Setzfaß) liegende Gut durch wiederholte Wasserstöße gehoben wird und nach jedem Stoß auf das Sieb zurückfällt. Da hierbei z. B. bei gleichfälligen Körnern das kleinere, spez. schwerere Korn eine größere Geschwindigkeit bekommt als das größere, spez. leichtere, geht das schwerere Korn auch schneller durch das Sieb hindurch und wird unter diesem ausgetragen, während das leichtere Korn (z. B. die Gangart) durch einen horizontalen Wasserstrom oberhalb des Siebes abgeführt wird. Die Vollständigkeit der Trennung hängt nach *Finkey* von dem Verhältnis der relativen (d. h. um 1 verminderten) spez. Gew. der einzelnen Bestandteile ab. — Für jede Kornklasse ist eine besondere Setzmaschine erforderlich; demnach unterscheidet man zwischen Grobkornsetzmaschinen (zu verarbeitendes Gut kommt meist direkt von den Klassiersieben), Mittelkornsetzmaschinen (zu verarbeitende Sande kommen meist aus Stromapparaten) und Feinkornsetzmaschinen. Nicht klassiertes Gut wird zunächst in Vorsetzmaschinen vorsortiert und dann in Nachsetzmaschinen verarbeitet. — Setzmaschinen werden entweder mit festem Sieb (wobei das Wasser durch einen in einem Raum neben der Siebabteilung liegenden Kolben od. dgl. bewegt wird) oder mit bewegtem Sieb (z. B. Stauchsieb) gebaut. Bei der letztgenannten Ausführung, die sich durch geringen Wasserverbrauch auszeichnet, wird das Sieb durch eine Hebelvorrichtung in das Wasser gestoßen (gestaucht); solche Maschinen heißen Stauchsetzmaschinen. Schließlich sind auch verschiedene kolbenlose Konstruktionen mit festem Sieb in Anwendung, bei denen die Wasserbewegung z. B. durch Pendelflügel oder durch stoßweises Einpressen von Druckluft hervorgerufen wird; diese sog. Luftsetzmaschinen werden besonders bei der Steinkohlenaufbereitung verwendet.

b) Bei der Sortierung von Mehlen oder von Schlämmen (Korn unter 1 mm bzw. unter 0,25 mm), die wegen des gewöhnlich hohen Hundertsatzes von „Haltigem" von besonderer wirtschaftlicher Bedeutung ist, tritt an Stelle der Setzarbeit die Herdarbeit. Der Herd besteht aus einer schwach (meist nicht über 8°) geneigten, ebenen oder flach kegelförmigen, glatten oder gerillten Fläche, über die gleichzeitig mit der Trübe Frischwasser fließt („Trübe" nennt man ein Gemisch von Erzschlamm und Wasser; bei der Herdarbeit enthält sie gewöhnlich 1—2 kg Schlamm auf 10 l Flüssigkeit). Hierbei findet eine Trennung nach dem spez. Gew. statt, indem, da es sich hier um gleichfälliges Korn handelt, die spez. schwereren (kleineren) Körner sich auf der Herdfläche absetzen oder sich langsamer vorwärts bewegen, während die spez. leichteren (größeren) Teilchen vom Wasserstrom mitgeführt werden. — Die Herde werden eingeteilt in (mit Unterbrechung arbeitende) Vollherde (so genannt, weil sie sich während des Betriebes mit einer dicken Materialschicht belegen, also „voll" werden) und in (ununterbrochen arbeitende) Leerherde (so genannt, weil nur eine dünne Materialschicht gebildet wird, sie also „leer" bleiben). Bei beiden Gruppen unterscheidet man feststehende und bewegte

Herde und bezeichnet die bewegten nach der Art der Bewegung als Stoß-, Schüttel-, Wurfherde usw. Nach der Größe des Kornes, das verarbeitet wird, werden unterschieden: Sand- und Schlammherde, nach der Gestalt der Herdfläche: Rund- und Planenherde, wobei die ersteren Kegel- oder Trichterherde sein können, während zu den letzteren auch Tafelherde und Herde mit endlosem Band zählen. Im allgemeinen sind bewegte ebene Herde für die Verarbeitung gröberen, Stoß- und Rundherde für Verarbeitung feineren Materiales besser geeignet; für feinste Schlämme verwendet man, soweit die Herdarbeit überhaupt in Frage kommt, meist stehende Rundherde. — Im allgemeinen ist zu sagen, daß sowohl Herd- als auch Setzarbeit in neuerer Zeit immer mehr durch die Schwimmaufbereitung verdrängt werden, da dieses Verfahren den anderen in vieler Hinsicht weit überlegen ist. Die Schwimmaufbereitung eignet sich nicht nur für allerfeinstes, sondern auch für gröberes Gut, wobei das Ausbringen und der Grad der Anreicherung wesentlich höher sind als bei anderen Verfahren. Einen weiteren, sehr bemerkenswerten Vorteil bildet die Einfachheit des Arbeitsganges, die es gestattet, mit verhältnismäßig einfacher Apparatur große Massen zu bewältigen; dementsprechend sind natürlich auch die Anlage- und Bedienungskosten niedrig.

c) Die Schwimmaufbereitung (Flotation) beruht auf dem verschieden großen Schwimmvermögen fein zerkleinerter Mineralien, das in der Hauptsache durch die verschiedene Benetzbarkeit durch Wasser, durch den Auftrieb, durch die Einwirkungen an den Grenzflächen zwischen festen Körpern, Flüssigkeiten und Gasen und durch kolloidchemische bzw. elektrostatische Vorgänge beeinflußt wird. Das spez. Gew. scheint dabei gar keine oder nur eine geringe Rolle zu spielen, denn es kommt häufig vor, daß gerade spez. schwerere Stoffe aufschwimmen und die leichteren zu Boden sinken. Bei manchen Stoffen ist die Benetzbarkeit so gering (d. h. die Schwimmfähigkeit so groß), daß die Teilchen ohne jede Behandlung oder lediglich durch Einwirkung einer dünnen Luftschicht (Luftbläschen), welche die Teilchen umhüllt, auf der Wasseroberfläche schwimmen (reine Schwimm- bzw. Filmschwimmverfahren). Andere Mineralien werden durch Zugabe von Öl unbenetzbar gemacht, wobei das Öl an manchen Teilen haftet (z. B. an Erz), an anderen (z. B. an Gangart) nicht (Ölschwimmverfahren). Es besteht ferner auch die Möglichkeit, den Auftrieb der Teilchen durch Adhäsion an Gase, die man aus den Mineralien selbst, z. B. durch Behandlung in saurer Flüssigkeit, erzeugen kann, zu erhöhen (Gasschwimmverfahren). Alle diese Verfahren wurden jedoch durch das Schaumschwimmverfahren verdrängt und haben heute so gut wie gar keine Bedeutung mehr; dies geht soweit, daß man unter der Bezeichnung „Schwimmaufbereitung" (Flotation) gewöhnlich nur das Schaumschwimmverfahren versteht. Bei diesem wird in der mit Öl oder (meist) mit anderen Flotationsmitteln versetzten Trübe durch kräftiges Umrühren und durch Einführen von Luft ein Schaum erzeugt, d. h. die Luftbläschen umgeben sich mit einer Ölhaut, vereinigen sich mit den ebenfalls geölten Körnern des Minerales und sammeln sich in dem an die Oberfläche steigenden Schaum, während die Gangartteilchen, an denen eine Ölhaut nicht adsorbiert ist, zu Boden sinken. Der Schaum wird abgezogen, mit Wasser „aufgebrochen" (in seinem Volumen stark verkleinert), durch Schleudern, Filterpressen (bes. Vakuumfilterpressen haben sich bewährt) usw. entwässert und danach getrocknet. — Je nachdem, ob es sich darum handelt, z. B. Erz von Gangart oder nutzbare Mineralien von Verunreinigungen bzw. mehrere Stoffe voneinander zu trennen, spricht man von „kollektiver“ bzw. „selektiver“ (differentieller) Flotation. — Von größter Wichtigkeit für die Betriebsergebnisse ist die Wahl der richtigen Flotationsmittel. Man unterscheidet: 1. Schwimmmittel, d. s. Schäumer, die die Bildung tragfähigen Schaumes ermöglichen (z. B. ätherische Öle, wie Pine-, Kiefer-, Eucalyptusöl, oder Steinkohlen- bzw. Holzdestillationsprodukte, wie Kreosole und Kreosotöle); Sammler, d. s. Reagenzien, die sich an den Mineralien niederschlagen, dadurch das Wasser verdrängen und das Anhaften der Teilchen an die Luftblasen und damit das Aufschwimmen ermöglichen (am häufigsten werden verwendet: Steinkohlenteeröle und Paraffine oder Xanthate, Alkalioleate u. dgl.); Sammler-Schäumer (wie z. B. Amine und Phenole), die sammelnde und schäumende Wirkung haben. — 2. Zusätze, d. s. teils „drückende“ (passivierende) Reagenzien (wie z. B. Cyanide, Natriumsulfit, Natronlauge, Soda usw.), die bestimmten Mineralien vorübergehend die Schwimmfähigkeit nehmen; teils „belebende“ (aktivierende) Reagenzien (wie z. B. Kupfersulfat, Schwefelnatrium usw.), die die Wirkung der drückenden Zusätze aufheben.

Bei den zur Schaumschwimmaufbereitung verwendeten Apparaten unterscheidet man solche, in denen 1. der Schaum durch mechanische Rührer erzeugt wird (Rührapparate); 2. die Schaumerzeugung durch Druckluft erfolgt (Druckluftapparate), wobei die Luft entweder direkt einströmt (Freiluftapparate, auch Luftheber genannt) oder zur Erzeugung vieler kleiner Bläschen durch poröse Steine, Gewebe u. dgl. eingeführt wird (pneumatische Apparate); 3. kombinierte Rühr-Druckluftapparate (in neuerer Zeit besonders verbreitet, da sie die Vorteile der beiden vorgenannten Typen miteinander vereinigen).

Die Schwimmaufbereitung, die sich ursprünglich nur auf wenige Stoffe (sulfidische Erze, Graphit, Kohle) beschränkte, findet heute auch Anwendung auf oxydische Erze, Carbonate, Phosphate, auf Schwerspat, Flußspat, Baryt, Kryolith, Magnesit, Kaolin, Bauxit usw. Auch für die Aufbereitung von Schwermetallsalzen (Kassiterite, Chromite), sowie von Abfällen der metallverarbeitenden Industrie, für die Trennung natürlich vorkommender Salzgemische und für die Reinigung von Farberden, Chemikalien usw. ist die Schwimmaufbereitung von großer, oft ausschlaggebender Bedeutung geworden.

C. Läutern kann im bloßen Abspülen mit Wasser bestehen, wenn es sich nur darum handelt, z. B. Erze von durch Wasser leicht löslichen Verunreinigungen (Humus, Erde, Staub) zu befreien oder feines Korn zu beseitigen. Ist jedoch ein Material von durch Wasser schwer löslichen Bestandteilen (Lehm, Letten, Ton) zu reinigen, so genügt ein bloßes Abspülen nicht; es werden dann besondere Waschtrommeln mit Messern u. dgl. benutzt. Häufig wird mit der Läuterung eine Klassierung verbunden.

II. Ausführungsbeispiele.

Naßklassierer. Die Stromapparate dienen im allgemeinen zum Absondern (Klassieren), u. U. aber auch zum Sortieren von Feinkorn und Mehl bis Schlammfeinheit aus den Schlämmen der Läutertrommeln, Klassiersiebe usw. nach der Gleichfälligkeit. Eine weit verbreitete Ausführung ist der Stromapparat der Humboldt-Deutz Motoren A.-G., Köln (Abb. 1492). Hier wird der Trübestrom über einen hölzernen, quer zur Gefluterrichtung auf einem spitzkastenähnlichen Behälter liegenden Rost geleitet, der die Geschwindigkeit des horizontalen Stromes verringert, wodurch der vollständige Niederschlag der feineren Teile aus der Trübe gefördert wird. Der Unterwasserstrom tritt durch *a* in den Austragsraum *b* und durch *c* in den Trichter (Menge und Geschwindigkeit des Wassers können durch Hahn *d* geregelt werden). Ein zweiter Strom wird durch *f* zugeführt, stößt gegen die Querwand *g*, wird nach unten abgelenkt und beeinflußt den aufsteigenden Wasserstrom. Durch Rohr *i* wird das klassierte Gut ausgetragen. In der Austragsöffnung steckt ein durchbohrter Holzpflock, durch den der Ausfluß erfolgt. Bei Verstopfungen kann durch Entfernung dieses Pflockes, sowie der Pflöcke bei *k* und *b* der Auslaufquerschnitt vergrößert werden. Die am Ende des Stromapparates übertretende Trübe fließt Eindickern u. dgl. zur weiteren Verarbeitung zu. — Größe und Anzahl der zusammenarbeitenden Stromapparate richtet sich nach der Beschaffenheit und Menge der zu verarbeitenden Schlammtrübe. Im allgemeinen sind soviel Apparate nötig, wie Herde und Setzmaschinen beschickt werden müssen.

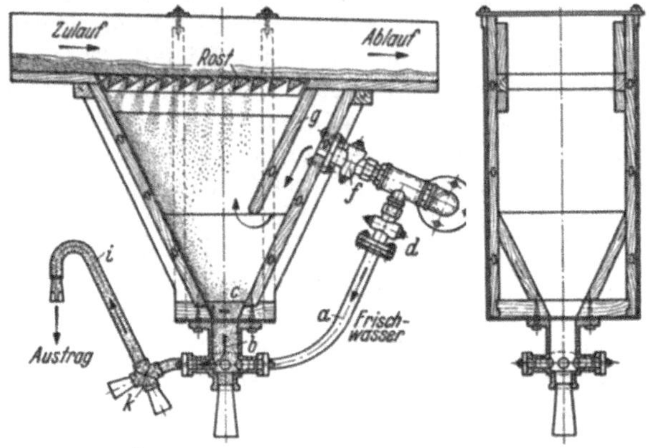

Abb. 1492. Stromapparat (Humboldt-Deutz).

Zur Klassierung eines Gutes von etwa 0,15 mm Korngröße nimmt man häufig **Rechenklassierer** (Abb. 1493, 1494, Ausführung der Westfalia-Dinnendahl-Gröppel A.-G., Bochum). Ein solcher besteht aus einem rechteckigen Behälter mit ansteigendem Boden, in dem die gröberen Bestandteile der Trübe zu Boden sinken und durch einen mechanisch bewegten Rechen (Schrapper) aus-

Abb. 1493. Rechenklassierer (Westfalia-Dinnendahl-Gröppel).

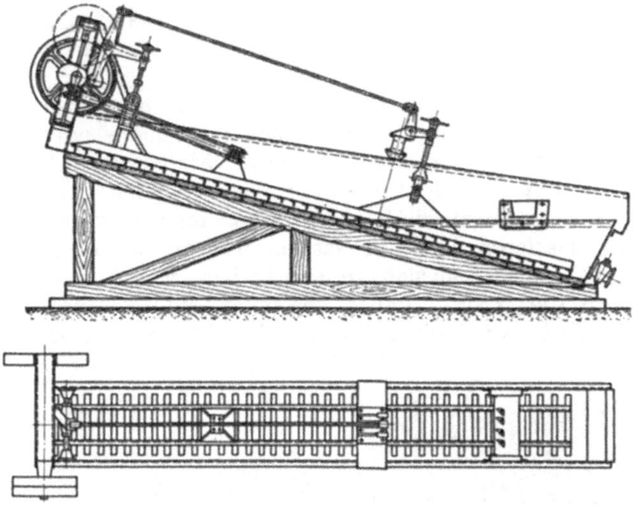

Abb. 1494. Rechenklassierer (Schnitt u. Draufsicht; Westfalia-Dinnendahl-Gröppel).

getragen werden, während der feine Schlamm über die Überlaufkante des Behälters abfließt. Der Austrag des gröberen Materials erfolgt in der Weise, daß der Rechen bei der Aufwärtsbewegung nahe dem Boden entlang geführt wird und dabei die abgesetzten Sande mitnimmt, während er bei der Abwärtsbewegung angehoben wird. Die Trübe wird, nahe dem unteren Ende des Behälters, durch eine in Höhe des Wasserspiegels liegende Verteilungsrinne zugeführt; dabei wählt man die Dichte der Trübe so, daß sie eine dicke Flüssigkeit bildet, aus der nur der grobe Sand ausgeschieden wird, während der Schlamm in Schwebe bleibt. Durch Veränderung der Dichte der Trübe kann der Gang der Klassierung geregelt werden. — Rechenklassierer sind besonders zur Zusammenarbeit mit Zerkleinerungsmaschinen, z. B. mit Kugelmühlen od. dgl., geeignet (Abb. 1495),

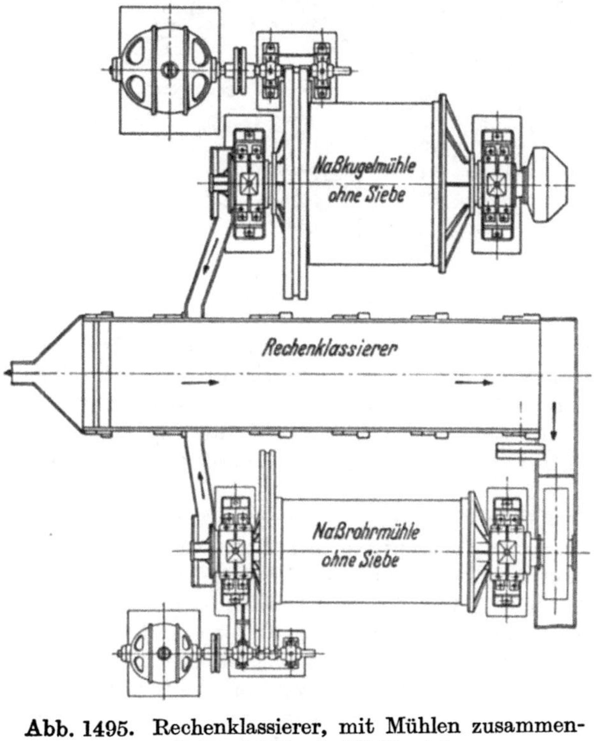

Abb. 1495. Rechenklassierer, mit Mühlen zusammenarbeitend (Humboldt-Deutz).

werden aber auch als Doppelklassierer (Abb. 1496) oder z. B. von der Dorr Gesellschaft m. b. H., Berlin, als Quadruplex-Apparat mit vier Rechen ausgeführt.

Wenn es sich um die Klassierung von Feinschlämmen unter 0,15 mm Korngröße bzw. um ein in sehr dünner Trübe vorliegendes oder sehr schlammhaltiges Gut handelt, verwendet man vorteilhaft Schüsselklassierer, die eine sehr reine Abtrennung des Sandes vom feinsten Schlamm gestatten. Die Bauart der Dorr Gesellschaft (Abb. 1497) ähnelt im wesentlichen dem einfachen Rechenklassierer. Wie dort ist der Hauptbestandteil ein Behälter mit ansteigendem Boden, in dem sich ein Rechen bewegt. Zur feineren Klassierung ist hier jedoch die Überlaufkante verlängert und zu einer Schüssel umgeformt. Die Trübe wird einer im Mittelpunkt der Schüssel angebrachten

Abb. 1496. Doppelklassierer (Krupp-Gruson).

Eintragsvorrichtung zugeführt, von der aus sie sich über die Schüssel verteilt. Die feinen Schlämme gelangen am Umfang der Schüssel in die Überlaufrinne, während die auf dem Boden sich absetzenden gröberen Teile durch eine Krählvorrichtung allmählich der Austragsöffnung in der Mitte des Schüsselbodens zugeführt und durch diese in den Klassiertrog befördert werden.

Naßsortierer. Die bereits vor 200 Jahren bekannten Setzmaschinen haben trotz aller Neuerungen und technischen Fortschritte im Aufbereitungswesen auch heute noch nicht ihre Bedeutung als Vorrichtung zur Anreicherung von Erzen verloren. Man baut sie in verschiedenen Ausführungen (Kolben- und Stauchsetzmaschinen) als Vor- (für Korn von 45—30 mm), Grobkorn- (30—10 mm), Mittelkorn- (10—3,5 mm), Feinkorn- und Sandsetzmaschinen (3,5—0 mm) und ordnet je nach Art und Zusammensetzung des zu verarbeitenden Haufwerkes zwei, drei und mehr Siebabteile (Stufen) bzw. Siebe an, oder man baut sie auch als stufenlose Setzmaschinen mit einem einzigen durchgehenden

Sieb. Zu bemerken ist noch, daß bei den Feinkornsetzmaschinen die aussortierten, spez. schwereren Teile **durch** die Maschen des Setzsiebes (durch das Bett) gehen, sich unter dem Siebe im Setzkasten sammeln und von

Abb. 1497. Schüsselklassierer (Dorr).

dort ausgetragen werden; Feinkornsetzmaschinen heißen daher auch Bettsetzmaschinen. Bei den anderen Setzmaschinen erfolgt der Austrag über dem Bett durch Schieber, Rohr usw.

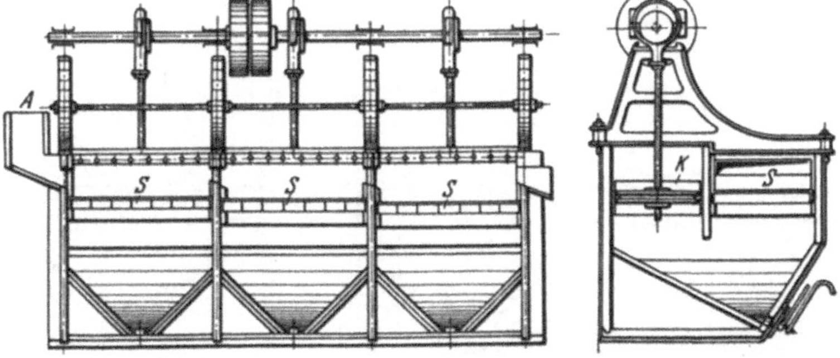

Abb. 1498. Dreistufige Stufen-Kolbensetzmaschine (Humboldt-Deutz).

Bei den **Stufen-Kolbensetzmaschinen** liegen die Siebe meist mit einem Höhenunterschied von 25—75 mm in den Siebabteilen; jedes Sieb erhält das spez. leichtere Gut vom vorhergehenden, das Unhaltige geht über die Kante des letzten Siebes in die Bergerinne.

Ein Beispiel für eine mehrstufige Stufen-Kolbensetzmaschine geben Abb. 1498 und 1499. Der Setzkasten wird meist aus Holz hergestellt; besonders beanspruchte Stellen sind durch auswechselbare Holzfutter geschützt. Der Antrieb der Kolben K erfolgt durch Exzenter. Der Austrag findet, wie erwähnt, bei Grob- und Mittelkornsetzmaschinen über dem Setzbett durch ununterbrochen arbeitende Austragsvorrichtungen statt, während das durch

Abb. 1499. Fünfstufige Stufen-Kolbensetzmaschine (Humboldt-Deutz).

das Bett gesetzte Feingut der Feinkornsetzmaschinen durch Steigrohre ausgetragen wird. Die Trübe tritt in Abb. 1498 ununterbrochen bei A ein und gelangt durch die Kolbenbewegung in die erste Siebabteilung hinüber. Hier wird das Siebgut immer wieder durch das Sieb S gedrängt und sinkt durch

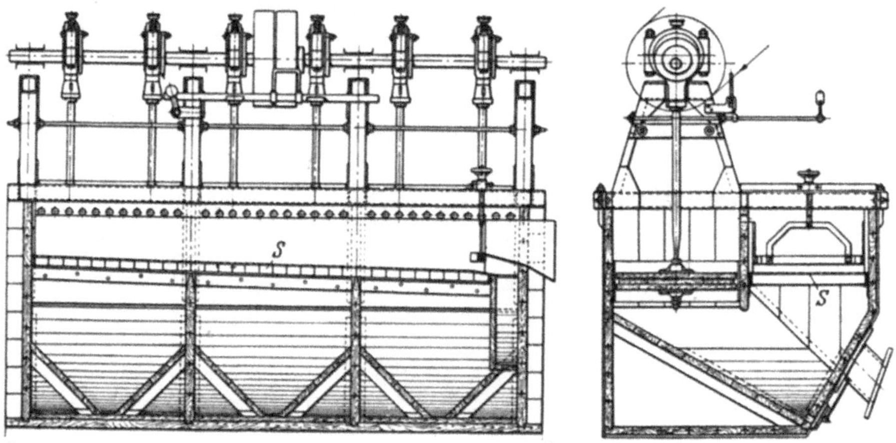

Abb. 1500. Stufenlose Kolbensetzmaschine (Humboldt-Deutz).

dieses wieder zurück, wobei die oben geschilderte Sortierung nach dem spez. Gew. stattfindet. Infolge des stetigen Trübezuflusses treten die spez. leichteren Teile des Setzgutes durch einen Schlitz auf das nächste Sieb, wo sich der Vorgang wiederholt; die spez. schwereren Teile bleiben zurück und werden ausgetragen.

Bei den Stufen-Kolbensetzmaschinen wird die bereits vollzogene Sortierung des Gutes durch die Zwischenwände (Stufen) nicht nur unterbrochen, sondern es wird beim Übergang von einer Abteilung zur anderen auch eine Aufwirbelung und teilweise Wiedervermischung der bereits getrennten Erzkomponenten herbeigeführt, so daß die Setzarbeit des vorhergehenden Siebes zum Teil wiederholt werden muß. Um diesen Nachteil zu beseitigen, hat z. B. die Humboldt-Deutz Motoren A.-G. stufenlose Kolbensetzmaschinen (Abb. 1500) gebaut, in denen ein einziges, etwas geneigtes Sieb *S* über sämtliche Setzabteilungen hinweggeht. Hierdurch konnte eine erhebliche Steigerung der Leistung erreicht werden. Die stufenlosen Setzmaschinen eignen sich für die Verarbeitung einfacher und zusammengesetzter Erze als Durchsetzmaschinen für Feinkorn und als Austragsmaschinen für gröberes Korn bis 45 mm.

Die Stauchsetzmaschinen zeichnen sich vor den eben beschriebenen Maschinen mit Kolben und mit festem Sieb durch geringen Wasserverbrauch aus und werden daher besonders in wasserarmen Gegenden vorteilhaft verwendet; sie dürften sich aber im allgemeinen besser für Verarbeitung eines einfacheren Haufwerkes eignen, aus dem nur ein Erzbestandteil herausgesetzt werden soll, oder als Vorsetzmaschine für eine Vortrennung in reiches und armes Zwischenprodukt und Berge. Abb. 1501 zeigt schematisch eine Ausführung der Krupp-Grusonwerk A.-G., Magdeburg. In dem aus Holz oder Blech bestehenden Setztrog bewegt sich ein Siebkasten. Länge und Unterteilung des Siebkastens sowie des Siebtroges richten sich nach der Anzahl der gewünschten Produkte, dem Mengenanteil, den diese Produkte im Aufgabegut haben, usw. Das Heben und Senken des Siebkastens erfolgt durch eine einfache Kniehebelvorrichtung, durch die der Kasten schneller nach unten als nach oben bewegt wird. Außerdem erhält er bei jedem Hub eine (einstellbare) Vor- oder Rückwärtsbewegung. Das Setzgut tritt bei *A* ein, die einzelnen Produkte sammeln sich in den Trichtern (Spitzkästen) und werden in der üblichen Weise ausgetragen. — Ähnlich arbeitet die Hochleistungs-Stauchsetzmaschine von Humboldt-Deutz (Abb. 1502).

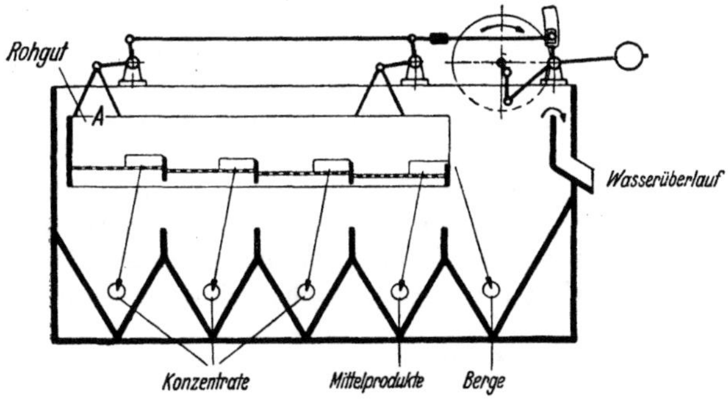

Abb. 1501.
Schema einer Stauchsetzmaschine (Krupp-Gruson).

Die Herde dienen zur Sortierung von feinkörnigen Erzen und Erzschlämmen. Wegen ihrer einfachen Bauart, Wirkungsweise und Wartung können sie im Gegensatz zu den Setzmaschinen auch von ungeschulten Arbeitern bedient werden, was mit ein Grund dafür ist, daß man neuerdings bei Erzen einfacher Art auch schon bei 3 mm Korn die Herdarbeit anwendet, während früher allgemein 0,5—0,75 mm als oberste Korngrenzen angesehen wurden.

Vollherde werden wegen der nötigen Betriebsunterbrechungen heute nur noch vereinzelt verwendet, während die Leerherde weite Verbreitung gefunden haben, besonders auch deshalb, weil sie sich bei entsprechender Bauart zur Verarbeitung sowohl von körnigen und sandigen Erzen als auch von Schlämmen eignen. Die gebräuchlichsten Ausführungen sind Rund-, Planenstoß-, Schnellstoß- und Wurfherde. Für die drei erstgenannten liegt die obere

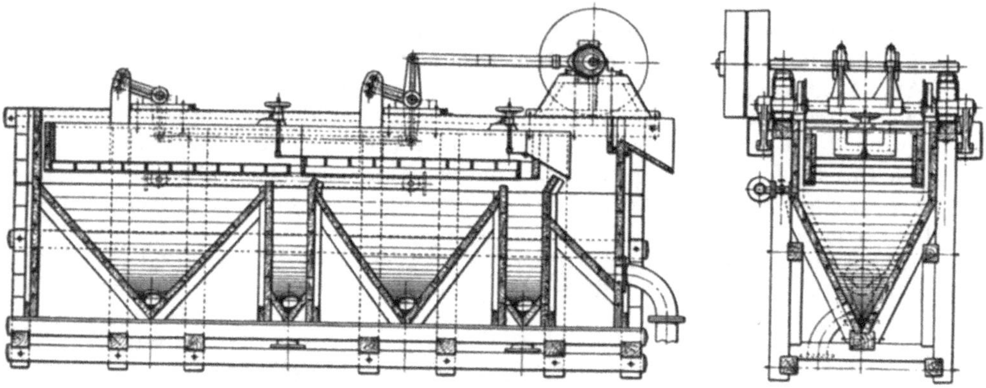

Abb. 1502. Langsiebige Hochleistungs-Stauchsetzmaschine (Humboldt-Deutz).

Grenze der Korngröße bei 200 Maschen/cm², für Wurfherde bei etwa 80 Maschen/cm². Wenn auch im allgemeinen, besonders wenn es sich um Aufbereitung von komplexen und stark verwachsenen Erzen handelt, soweit möglich, das Schwimmverfahren angewendet wird, so bedient man sich doch vielfach auch

Abb. 1503. Rundherd mit feststehendem Herd (Krupp-Gruson).

noch der Herdarbeit, und zwar in solchen Fällen, in denen sich bei der Schwimmaufbereitung Schwierigkeiten technischer oder wirtschaftlicher Art ergeben.

Die **Rundherde** sind infolge ihrer großen, flachkegelförmigen, Arbeitsfläche zum Anreichern von feinsten und besonders von lettigen Erzschlämmen geeignet. Sie werden in zwei Ausführungen gebaut: in kleineren Abmessungen bis etwa 6 m Durchmesser mit umlaufender Herdtafel und feststehenden

Brausen, in größeren Abmessungen mit feststehender Herdtafel und umlaufenden Brausen (Abb. 1503). Der Durchmesser der Herdtafel und ihre Neigung, sowie die Drehgeschwindigkeit der Tafel oder der Brausen werden der Feinheit und sonstigen Beschaffenheit der zu verwaschenden Schlämme entsprechend gewählt. Die Neigung der Herdtafel gegen die Waagerechte beträgt etwa 1 : 12 bis 1 : 15. Die Trübe wird durch eine Verteilungsrinne oder durch eine Verteilungsplatte zugeführt, breitet sich auf der Arbeitsfläche gleichmäßig aus und wird dort mit dem den Läuterbrausen entströmenden Spülwasser überwaschen. Hierbei werden die unhaltigen Schlämme auf dem kürzesten Wege von der Herdtafel abgespült, während sich die schweren, haltigen Schlämme nach ihrer Dichte sondern und durch besondere Brausen in die Sammelrinne und in entsprechende Sümpfe abgespült werden.

Abb. 1504. Planenstoßherd (Humboldt-Deutz).

Beim Planenstoßherd (Abb. 1504) ist der Herdrahmen an zwei gußeisernen Ständern aufgehängt. Auf dem Herdrahmen liegen zwei durch Spannvorrichtungen verschiebbare Holzwalzen, über die eine endlose Gummiplane mit veränderlicher Geschwindigkeit läuft. Das obere Planentrum ist über einen wasserbespülten Holztisch geführt, während das untere zur Vermeidung von Durchhang über Leitrollen gleitet. Ein auf der Antriebswelle angebrachter Hebedaumen führt gegen eine am Herdrahmen befestigte Stoßstange schnell aufeinanderfolgende Stöße aus, die sich auf den elastisch aufgehängten Herdrahmen übertragen. Die Trennung der Schlämme findet auf der umlaufenden Gummiplane statt, die eine von der Aufgabestelle nach dem Ende des Herdes zu ansteigende und nach der Produktenrinne hin abfallende Herdfläche bildet. Über der Plane liegen schräglaufende Brauserohrleitungen, die das zum Abspülen der Trübeteilchen erforderliche Klarwasser liefern. Die gute Trennung der Erzteilchen beruht dabei auf dem Zusammenwirken der durch den Herdrahmen auf die Gummiplane übertragenen schnellen Stöße mit der gleichförmigen Bewegung der Gummiplane. Durch Änderung von Stoßkraft, Hub, Planengeschwindigkeit und Längs- und Querneigung der Herdfläche kann der Trennungsvorgang, je nach Zusammensetzung und Feinheit der Schlämme, beliebig beschleunigt oder verzögert werden. Gegenüber einem Rundherd hat der Planenstoßherd den Vorteil geringeren Raumbedarfes, niedrigerer Anlagekosten und geringeren Wasserverbrauches.

Abb. 1505. Schnellstoßherd (Humboldt-Deutz).

Die Wirkung der Schnellstoßherde (Abb. 1505 und 1506) beruht darauf, daß die in Quer- und Längsrichtung leicht geneigte Herdtafel durch schnell aufeinanderfolgende, kräftige Stöße in der Längsrichtung in eine schnelle, schwingende Bewegung versetzt wird, die eine Verschiebung der Erzmehle in der Stoßrichtung herbeiführt. Je feiner die zu verarbeitende Trübesorte, desto kleiner muß die Herdneigung in der Querrichtung und desto größer die Stoßzahl in der Minute sein. Die mit Linoleum bespannte Herdtafel liegt dabei in der Stoßrichtung (Längsrichtung) schwach ansteigend, so daß sich die Erzschliche nach dem höher liegenden Ende bewegen müssen. Bei dieser einseitigen Verschiebung der Erzteilchen eilen die spez. schwereren schneller vor, so daß auch die Trennung der Erze unter sich erfolgt. Die Aufgabe der Trübe erfolgt aus einem Aufgabekasten, von dem aus sie sich quer über die mit Rillen versehene Herdtafel bewegen muß. Die Rillen sind in das Linoleum eingehobelt und an ihrer tiefsten Stelle mit einer Rundung versehen. Während die erzfreie Trübe und die Berge quer über die Rillen abgeschwemmt werden, wandern die Erzteilchen infolge der einseitig wirkenden Stöße in der Längsrichtung der schräg verlaufenden Rillen. Sie sammeln sich vor denselben zu einer breiten Erzschlichzone an und werden nach ihren spez. Gew. durch einen Klarwasserstrom getrennt, der sich über die ganze ebene Herdfläche ergießt. Die Bewegung der Herdtafel

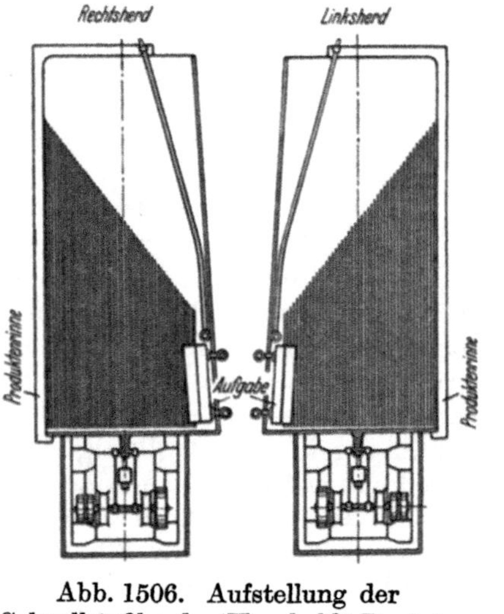

Abb. 1506. Aufstellung der Schnellstoßherde (Humboldt-Deutz).

erfolgt durch Exzenter in der Weise, daß der Vorschub langsam, das Zurückziehen rasch vor sich geht.

Beim Wurfherd (Abb. 1507) wird der Herdplatte durch Exzenterantrieb in der Längsrichtung eine hin- und hergehende und eine leicht auf- und ab-

Abb. 1507. Wurfherd (Humboldt-Deutz).

schwingende Bewegung erteilt, wobei durch einen Winkelhebel die Geschwindigkeit der Herdplatte beim Hingang gleichmäßig beschleunigt und beim Rückgang nach plötzlicher Umkehr gleichmäßig verzögert wird. Diese eigenartige Bewegung der Herdplatte ergibt eine Wurfwirkung, die infolge der Auflockerung der Schlämme eine Verbesserung der Trennung und eine Erhöhung der Leistung zur Folge hat. Die Herdtafel ist aus Kiefernholz und mit einer Linoleumdecke bespannt, in die parallellaufende Rillen eingehobelt oder auf die (bei Großherden, die für die Verarbeitung größerer Körnung geeignet sein sollen) eigenartig geschweifte Holzleisten aufgenagelt werden. An der höherliegenden Längsseite der Herdtafel ist eine zweiteilige Rinne angeordnet, deren kürzerer Teil als Trübeaufgabe dient, während der längere Teil das Spülwasser für den Herd aufnimmt. Auf der gegenüberliegenden Seite der Herdtafel ist die Produktenauffangrinne angebracht.

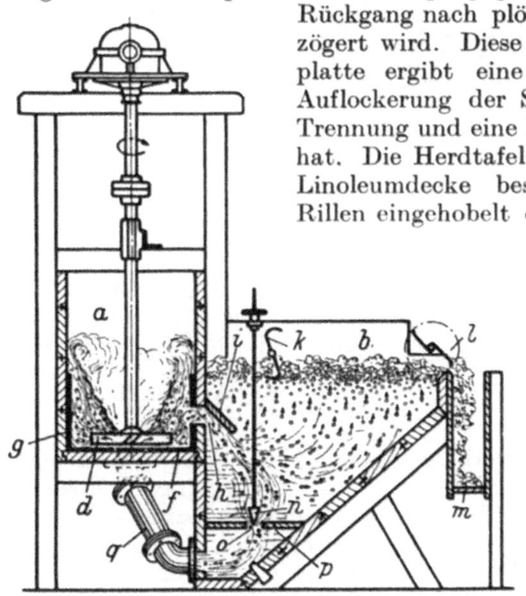

Abb. 1508. Standard-Apparat (Minerals Separation Ltd.). (Nach *Mayer-Schranz*, Flotation.)

Zum Schwimmen von Mineralien, wie Kohle und Graphit, bei denen der Anteil an schwimmfähigen Mineralien (Konzentraten) gegenüber den Bergen hoch ist, verwendet man häufig den Standard-Apparat der Minerals Separation Ltd., London (Abb. 1508), da er sich auch besonders für die Verarbeitung groben Kornes eignet. Er gehört zu den reinen Rührwerksapparaten und ist aus mehreren Einzelzellen zusammengesetzt, deren Anzahl von der geforderten Leistung und den Schwimmeigenschaften des zu verarbeitenden Gutes abhängt. Eine solche Zelle besteht aus der zur Belüftung der Trübe dienenden Rührzelle *a* mit quadratischem Grundriß und einem vorgebauten, jedoch niedriger als die Rührzelle sitzenden Spitzkasten (Schaumabscheideraum) *b*, in dem sich der Schaum bildet und reinigt. In der Rührzelle bewegt sich ein Flügelrührer *d* aus verschleißfestem Guß mit einer Umfangsgeschwindigkeit von etwa 6—7 m/sek. Die Rührerflügel sind so geformt, daß sie die

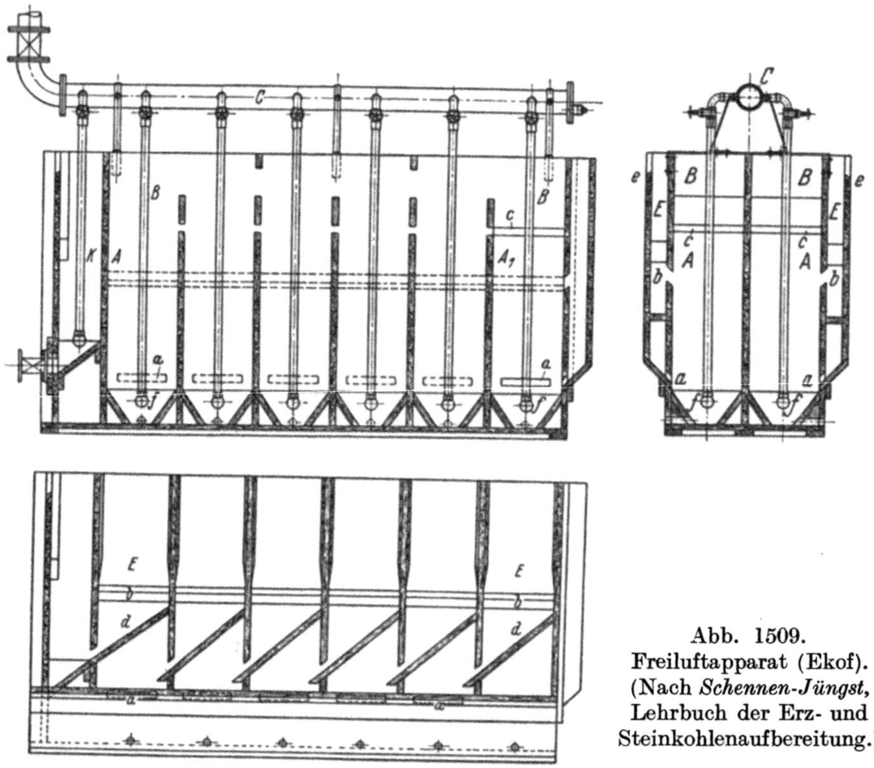

Abb. 1509. Freiluftapparat (Ekof). (Nach *Schennen-Jüngst*, Lehrbuch der Erz- und Steinkohlenaufbereitung.)

noch nicht erschöpfte Trübe der vorhergehenden Zelle ansaugen und eine genügende Durchmischung und Durchlüftung der Trübe bewirken. Boden *f* und Seitenwände *g* des meist aus Kiefernholz bestehenden Apparates sind mit auswechselbaren Verschleißbrettern oder -eisen ausgekleidet. Rührzelle *a* und Spitzkasten *b* sind durch einen Schlitz *h* miteinander verbunden, wobei eine über diesem liegende Kappe *i* die beim Trübeübertritt sich ergebenden Wirbelungen verhindert, da diese die Schaumdeckenbildung stören würden. Der gebildete und an der Oberfläche gesammelte Schaum wird durch s-förmige, sich drehende Bleche *k* und den Abstreicher *l* in die Schaumfangrinne *m* gedrückt. Der Spitzkasten ist mit der nächsten selbstansaugenden Rührzelle durch die mittels eines Striegels *n* verstellbare Öffnung *o* eines falschen Bodens *p* und durch das Rohr *q* verbunden. Die Höhe des Trübespiegels wird vor allem durch den Striegel *n* eingestellt. Der Antrieb der einzelnen Rührerwellen ist als Gruppen- oder als Einzelantrieb ausgebildet.

Ein Beispiel für die sog. Freiluft- (Air-lift-) Apparate, bei denen die Schaumerzeugung durch frei einströmende Druckluft erfolgt, ist der Ekof-Apparat (Erz-Kohle-Flotation G. m. b. H., Bochum) (Abb. 1509). Er besteht ebenfalls aus mehreren, oft bis zu 20 Zellen (Abb. 1510). Wie aus der Abbildung ersichtlich, sind den Rührzellen *A* Schaumkammern *E* in Gestalt schmaler Kästen vorgebaut. Durch ein Gerinne wird die Trübe in eine Vorkammer eingelassen und gelangt von hier durch die Schlitze *a* in die erste Rührzelle A_1. Von der über dem Apparat verlegten Preßluftleitung *C* zweigen Rohre *B* ab, die in jede Zelle bis dicht über den Boden hinabreichen und am unteren Ende eine Düse *f* tragen, durch die die Luft in kleinen Bläschen austritt. Der sich

Abb. 1510. Freiluftapparat (20 Zellen; Ekof). (Nach *Schennen-Jüngst.*)

bildende Schaum gelangt durch die oberen Schlitze *b* in die Schaumkammern *E*, wobei die Höhe der Schaumsäule durch Einsatzleisten *e* für jede Zelle gesondert eingestellt werden kann. Der über die Oberkante in lange Rinnen abfließende Schaum wird, gesondert nach ärmeren und reicheren Produkten, abgeführt, während das in der Schaumkammer *E* ausfallende Gut mit der Trübe über die schrägen Einsatzbretter *d* in den unteren Teil der nächsten Schaumkammer und durch die Schlitze *a* in die nächste Rührzelle gelangt usw. Aus der letzten Schaumkammer treten die Abgänge (Berge) durch die Auslaufkammer *K* aus. Durch die oberen Schlitze *c* in den Querwänden stehen alle Kammern miteinander in Verbindung. — Die Apparate dieser Ausführung zeichnen sich durch Billigkeit der Anschaffung und durch Einfachheit der Bedienung und Überwachung aus. Der Kraftverbrauch ist natürlicherweise niedriger als bei den Rührwerksapparaten, da hier keine mechanisch bewegten Teile vorhanden sind. Die Freiluftapparate eignen sich besonders zum Schwimmen reicher Erze, und zwar vorwiegend, wenn es sich um feine Schlämme handelt; sie können aber auch bei verhältnismäßig geringen Abänderungen für Verarbeitung ärmerer Erze verwendet werden.

Für bestimmte Erze von feinerer Körnung ist die konstruktiv sehr einfache *Callow-McIntosh*-Zelle (Abb. 1511, 1512, 1513) geeignet. Hier tritt die zur Schaumerzeugung erforderliche Druckluft (0,1—0,25 at) durch einen mit Filtertuch oder neuerdings auch mit perforiertem Gummi bespannten Rotor sehr

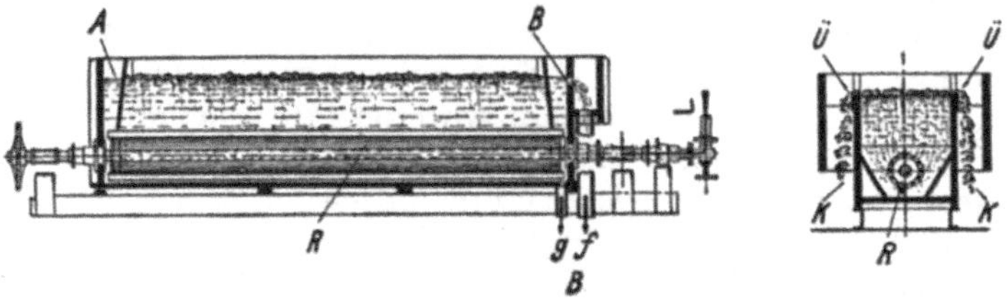

Abb. 1511. *Callow-McIntosh*-Schwimmapparat (Krupp-Gruson).

A Aufgabe
R Rotor
B Bergeüberlauf
g grobe Berge
f feine Berge
Ü Konzentratüberlauf
K Konzentrat

fein verteilt in die Trübe ein. Zur Auflockerung der sich absetzenden Schlämme (die früher bei anderen Apparaten mit festem, porösem Boden große Schwierigkeiten bereiteten) ist der Rotor mit schaberähnlichen Formeisen versehen. Er bewegt sich mit etwa 15—20 U/min in einem Troge, dessen untere Seitenwände beiderseitig abgeschrägt sind. Jede Zelle besitzt am Austragsende einen durch Holzleisten zu regelnden Bergeablauf. Infolge der gleichmäßigen Belüftung der Trübe erhält man einen sehr tragfähigen Schaum, in dem auch verhältnismäßig schwere Erzteilchen haften bleiben.

Abb. 1512. *Callow-McIntosh*-Schwimmapparat (Innenansicht einer Zelle; Krupp-Gruson).

Die kombinierten Rührwerk-Druckluftapparate, z. B. die von der Krupp-Grusonwerk A.-G. nach dem Vorbilde der Minerals Separation Ltd. gebaute Ausführung (Abb. 1514), werden mit gutem Erfolge für kollektive und selektive Schwimmaufbereitung sowohl von Erzen als auch (mit verhältnismäßig geringen Abänderungen) für Kohle verwandt, wobei das aufgegebene Gut gröber oder auch außergewöhnlich fein sein kann. Die Abbildung zeigt eine einzelne Zelle. In dem meist hölzernen Zellenkasten ist zur Verbesserung der Haltbarkeit eine Wanne aus verschleißfestem Guß eingebaut, die u. a. den Anschlußstutzen für die Trübezuflußleitung enthält. In dem Kasten bewegt sich ein motorgetriebener (Einzelantrieb), mit Pumpenflügeln versehener Rührer. Um die durch die Rührerbewegung entstehenden Flüssigkeitswirbel zu brechen, und damit die aufsteigende Trübe zur Ruhe kommt und der Schaum ungehindert aufsteigen kann, ist über dem Rührer ein einfacher oder doppelter Beruhigungsrost vorgesehen. Die Luftzuführung erfolgt von oben durch die hohle Rührerwelle als Ansaugluft oder von unten als Druckluft. — Die Zellen arbeiten, je nachdem, welche Art von Erzen geschwommen werden soll, in Gruppen (Batterien) von 10, 18 und mehr zusammen. Die

Abb. 1513. *Callow-McIntosh*-Schwimmapparat (Außenansicht; Krupp-Gruson).

mit den entsprechenden Schwimm-Mitteln bzw. Zusätzen versetzte Trübe wird durch die Pumpenflügel angesaugt, mit Luft durchmischt und seitlich durch den Beruhigungsrost hindurch in den oberen Teil der Zelle geschleudert.

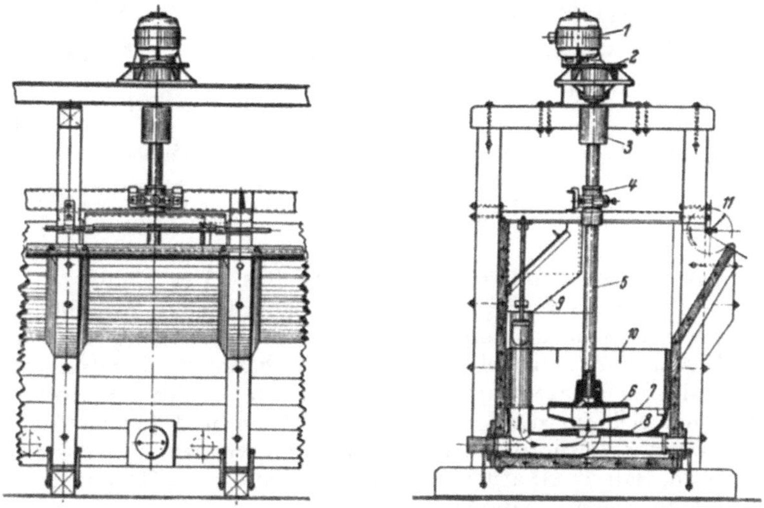

Abb. 1514. Kombinierter Rührwerks-Druckluftapparat (Krupp-Gruson).

1 Motor
2 Getriebe
3 Schalenkupplung
4 Halslager
5 Rührerwelle
6 Rührflügel
7 Wannenteil
8 Verschleißplatte
9 Überlaufkasten mit Umführung
10 Stahlblechrost
11 Schaum-Abstreicher

Von hier steigen die mit Erz beladenen Luftbläschen an die Oberfläche und sammeln sich in Form eines Schaumes, der mechanisch abgestrichen und in einer Sammelrinne abgeleitet wird. Die noch erzhaltige Trübe tritt über einen Überlauf bzw. über ein einstellbares Wehr in die nächste Zelle, wird von dem Rührer angesaugt und nochmals dem Schwimmvorgang unterworfen usw.

Eine andere Ausführung der Rührwerk-Druckluftapparate, den Vibrator-Schwimmapparat (auch Vibrator-Schwimmaschine genannt), baut Humbold-Deutz (Abb. 1515). Er besteht normalerweise aus sechs hintereinandergeschalteten, viereckigen, durch verstellbare Schlitze miteinander in Verbindung stehenden Kammern, die einen gemeinsamen, nach dem Bergeaustrag zu schräg abfallenden Boden besitzen. In der Mitte jeder Kammer befinden sich gelochte bzw. ungelochte Prallplatten, die eine vibrierende Auf- und Abwärtsbewegung erhalten. Von unten wird durch ein Rohr die für den Schwimmvorgang benötigte Druckluft gegen die Prallplatten geleitet; diese bewirken eine äußerst feine Zerstäubung der Luft und dadurch eine besonders innige Vermischung mit der in der Rührzelle vorhandenen Trübe. Der Trübespiegel wird durch ein verstellbares, am Ende des Apparates angebrachtes Überlaufwehr für Feinberge geregelt; gröbere Berge treten ebenfalls am

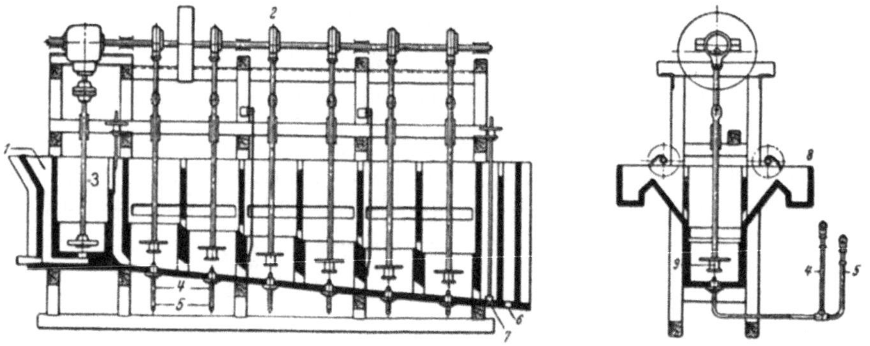

Abb. 1515. Vibrator-Schwimmapparat (Humboldt-Deutz).

1 Aufgabe
2 Antrieb
3 Misch-Zelle
4 u. *5* Gebläse- u. Wasserleitung
6 Schlammauszug
7 Sandaustrag — Berge
8 Schaumabstreicher
9 Oszillierende Prallplatten

Ende des Apparates durch ein Bodenventil aus. Der Rührer ist so ausgebildet, daß die beim Schwimmvorgang anfallenden Zwischenprodukte u. dgl. durch Ansaugen unmittelbar in den Arbeitsgang zurückgeführt werden. Der an der Oberfläche gesammelte Schaum wird durch rotierende Abstreicher in die Konzentratrinne abgestrichen. — Der Vibratorschwimmapparat eignet sich für die Verarbeitung gröberer und feinster Schlämme, besonders wenn es sich um nicht sulfidische Erze, wie Flußspat, Schwerspat, Kryolith, Siderit, Apatit usw. oder um Kohle bzw. Graphit (letztere in Körnern bis zu 3 mm), handelt.

Läuterapparate. Eine sehr einfache Läutervorrichtung, die jedoch nur für Mineralien mit geringen Verunreinigungen in Frage kommt, ist die vierstufige Spülwäsche der Humboldt-Deutz Motoren A.-G. (Abb. 1516). Sie besteht aus einem Trog, der durch Zwischenwände in verschiedene Abteilungen (Spülkammern) unterteilt ist. In diesem Trog laufen auf einer Welle vier (je nach Bedarf auch sechs) Heberäder (Schöpfräder), die das Gut gegen die Stromrichtung des Wassers von einer Spülkammer in die andere befördern. Auf diese Weise kommt das Läutergut jeweils in das nächst reinere Wasserbad, so daß es gut abgespült wird.

Eine Vereinigung dieser Spülwäsche mit einer Klassiervorrichtung zeigt Abb. 1517. Klassierung und Spülung sind auf einer gemeinsamen Welle ange-

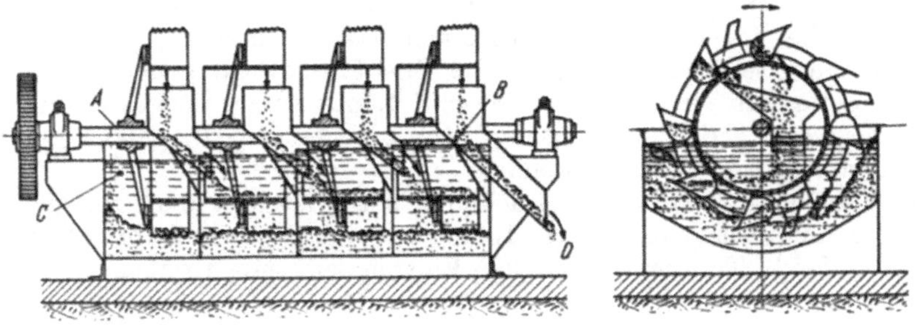

Abb. 1516. Spülwäsche mit vier Spülstufen (Humboldt-Deutz).
A Materialaufgabe *C* Schmutzwasser
B Frischwasser *D* geläutertes Material

ordnet, wobei die Schöpfräder sowohl die Spülung als auch die Beförderung des Gutes in das folgende Trogabteil bzw. in die Siebtrommel vornehmen.

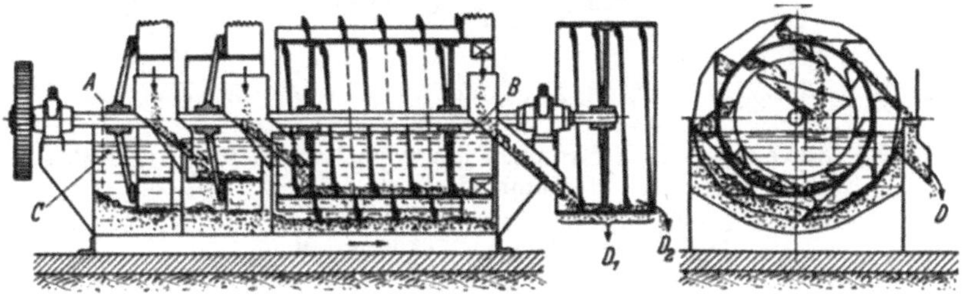

Abb. 1517. Zweistufige Spülwäsche mit Klassiertrommel und aufgesetztem Siebkopf (Humboldt-Deutz).
A Materialaufgabe *D* Feinkorn
B Frischwasser D_1 Mittelkorn
C Schmutzwasser D_2 Grobkorn

Die letzte als Siebabteil ausgebildete Spülstufe läuft im Frischwasser, da auch hier Material und Wasser im Gegenstrom laufen. Da die Absiebung

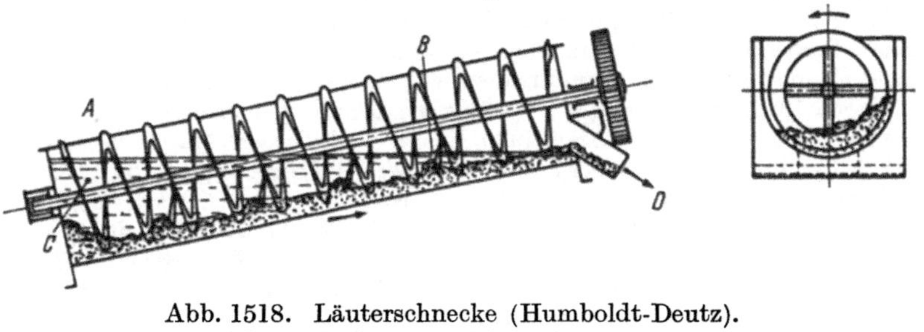

Abb. 1518. Läuterschnecke (Humboldt-Deutz).
A Materialaufgabe *C* Schmutzwasser
B Frischwasser *D* Geläutertes Material

unter Wasser erfolgt und daher die Reibung entsprechend dem Auftrieb vermindert ist, eignet sich der Apparat besonders zur Läuterung und Klassierung an und für sich weicher Mineralien.

Für ein Gut, das mit durch Wasser schwer löslichen Verunreinigungen durchsetzt ist, verwendet man z. B. eine Läuterschnecke (Abb. 1518). Die Schnecke läuft in einem steigend gelagerten Stahltrog, ist selbst rechtsgängig, weist aber bei jedem zweiten Gang einen halben Linksgang auf. Hierdurch wird eine gewisse Rückstauung bei der Vorwärtsbewegung und eine Scheuerbewegung des Gutes in sich selbst erreicht. Läuterwasser und Läutergut laufen im Gegenstrom. Zulauf des Frischwassers und Austrag des geläuterten Gutes erfolgen am oberen Schneckenende.

Für Verarbeitung eines grobstückigen, stark lettigen oder tonigen Gutes dient die Ausführung nach Abb. 1519. Die aus Stahlblech bestehende, auf Rollen laufende Trommel ist an der Eintragsseite mit Kopfsieben versehen,

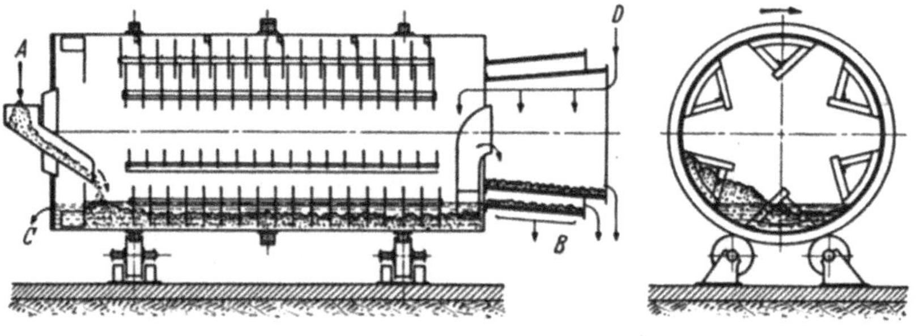

Abb. 1519. Großleistungs-Läutertrommel mit doppeltem Siebkopf und Messereinbau (Humboldt-Deutz).

A Materialaufgabe *C* Schmutzwasser
B Geläutertes Material *D* Frischwasser

durch die das Schlammwasser austritt. An der Trommelinnenwand sind, reihenweise hintereinander in einer Schraubenlinie angeordnet, hochstehende Messer angebracht, die das umwälzende Material zerteilen, durcharbeiten und langsam zum Austragsende befördern. Der Austrag erfolgt meist in einen an die Trommel-Kopfwand angeschraubten Siebkopf, wo das Gut mit Frischwasser bebraust und klassiert wird.

Lit.: *F. Peters*, Die Vorbereitung der Erze zur Verhüttung (in *O. Dammer*, Chem. Technologie der Neuzeit, Bd. II/1, Stuttgart 1932, Enke). — *H. Schranz*, Aufbereitung der Erze (in *F. Ullmann*, Enzyklopädie d. techn. Chemie, Berlin 1928, Urban & Schwarzenberg). — *E. Treptow*, Grundzüge der Bergbaukunde einschl. Aufbereitung und Brikettieren, Bd. II (6. Aufl., Berlin 1925, Julius Springer). — *Schennen-Jüngst*, Lehrbuch der Erz- und Steinkohlenaufbereitung (2. Aufl., Stuttgart 1930, Enke). — *F. Taggart*, Handbook of Ore Dressing (New York, London 1927, Wiley). — *H. Madel*, Aufbereitung (in Taschenbuch für Berg- und Hüttenleute, 2. Aufl., Berlin 1929, Ernst & Sohn). — *C. Bruchhold*, Der Flotationsprozeß (Berlin 1927, Julius Springer). — *J. Finkey*, Die wissenschaftlichen Grundlagen der nassen Erzaufbereitung (Berlin 1924, Julius Springer). — *E. W. Mayer* u. *H. Schranz*, Flotation (Leipzig 1931, Hirzel). — *W. Petersen*, Schwimmaufbereitung (Leipzig 1936, Steinkopff). — *E. W. Mayer*, Flotation (in *R. E. Liesegang*, Kolloidchem. Technologie, Leipzig 1932, Steinkopff). — *G. Gerth*, Die Aufbereitung, insbesondere von Nichterzen, durch Flotation (Chem.-Ztg. 1934, S. 757). — *G. Gerth* u. *A. Baumgarten*, Die Verwendung von Filtersteinen in Flotationsapparaten (Chem.-Ztg. 1937, S. 98). — *L. Hazen*, Schwimmaufbereitung von Alabama-Graphit (Rep. Invest. V. S. Bu. Mines 1934, Nr. 3225). — *H. Pearse*, Schwimmaufbereitung von Kupfer-Zink-Eisenerzen in Britannia, Canada

(Canad. min. metallurg. Bull. 1934, Nr. 267, 341). — *R. Glatzel*, Die Aufbereitung des Meggener Schwefelkieses und Schwerspates (Met. u. Erz 1930, S. 642; 1931, S. 7; Engng. Min. Wld. 1931, S. 479). — *S. Kusin*, Die Gewinnung von Borax und Borsäure aus Salzgemischen durch Schwimmaufbereitung (Metallbörse 1935, S. 897). — *E. W. Mayer* u. *R. Schön*, Flotation von Rohmagnesit in Radentheim, Kärnten (Met. u. Erz 1925, S. 222). — *W. Luyken* u. *E. Bierbrauer*, Gewinnung von Apatit aus Schlichabfällen durch Schwimmaufbereitung (Mitt. Kais.-Wilh.-Inst. Eisenforschg., Düsseld. 1928, S. 317; Arch. Eisenhüttenwes. 1928, S. 355; Met. u. Erz 1929, S. 202). — *G. Gerth* u. *H. Ziergiebel*, Glimmer und Feldspattrennung durch Schwimmaufbereitung (Z. VDI 1934, S. 1064; Ber. dtsch. keram. Ges. 1934, S. 517). — *H. Kirchberg*, Über die Aufbereitung keramischer Rohstoffe durch Flotation (Keramos 1930, S. 439). — *O. Sommer*, Die Flotation von Kaolin (Ber. dtsch. keram. Ges. 1934, S. 317). — *L. Usoni*, Beitrag zur mechanischen Anreicherung Beryll enthaltender Gesteine (G. Chim. ind. appl. 1933, S. 13). — *L. Hazen*, Gewinnung von Schwefel aus einer Lagerstätte in Nevada (Engng. Min. J. 1929, S. 830). — *R. Schön*, Aus der Praxis der Flotation von Graphit (Met. u. Erz 1932, S. 181). — *B. Mory*, Die Entfernung der Aschenbestandteile durch Schwimmaufbereitung (Szénkiserleti Közlemények 1927, S. 126). — *H. Pieters*, Die Flotation von Kohleschlämmen (Brennstoff-Chem. 1931, S. 325). — *A. Götte*, Die Grundlagen der Steinkohlenflotation (Glückauf 1934, S. 293). — *M. Morgans*, Schwimmaufbereitung von schwarzem Ocker bei Bideford (Inst. Min. Met., London 1930, Bull. Nr. 314). — *R. Wüster*, Neuzeitliche Steinkohlenaufbereitung (Z. VDI 1937, S. 1105).

Hirschbrich u. Schauffele.

Naßmahlanlagen (*s. auch Kugelmühlen, Mühlen, Schlämmapparate-Zerkleinerungsmaschinen*) dienen z. B. in der Erzaufbereitung, Portlandzement, fabrikation, Tonwarenindustrie u. dgl. zur Herstellung brei- oder schlammförmiger Zwischenstufen der Rohstoffe und ermöglichen eine leichter erreichbare Feinmahlung, günstigere Sichtung und Mischbarkeit verschiedener Einzelstoffe. Man vermahlt nach der einen Art die künstlich getrockneten oder an sich schon genügend trockenen Stoffe zu einem feinen Pulver und setzt dann dem Mehl das Wasser in Pfannen, Rührwerken oder ähnlichen Einrichtungen zu; nach einer anderen Art erfolgt der Wasserzusatz bereits, wenn das Gut bis zu einem gewissen Grade oder auch noch gar nicht vorzerkleinert ist. So werden z. B. weiche Stoffe, wie Lehm, Ton, Kaolin, Kreide, ohne vorhergehende Zerkleinerung in Schlämmaschinen sozusagen aufgelöst. Der Wasserzusatz ist gering, wenn nur eine Zerkleinerung vorgenommen werden soll; man erhält hierbei einen dicken, noch bewegungsfähigen Schlamm. Siebfähigen Dünnschlamm (Trübe) erzeugt man mit reichlicher Wasserzugabe, um das Mahlgut von fremden Beimengungen, wie Sand, Kies, Feuerstein, Wurzelknollen, zu befreien.

NCT-Stähle, s. Chrom-Nickel-Stähle.

Neophan, s. Acetylcellulose.

Neusilber, s. Kupfer-Nickel-Legierungen.

Neutraleisen, s. Ferrosilicium.

Nichrome, s. Nickel-Chrom-Eisen-Legierungen.

Nichrotherm, s. Chrom-Nickel-Stähle.

Nichtrostende Stähle (**Rostfreie Stähle**) zeichnen sich, wie schon der Name sagt, dadurch aus, daß sie unter den üblichen atmosphärischen Bedingungen nicht rosten, sondern blank bleiben. Zwei Gruppen: die Chrom-Stähle (s. d.) und die Chrom-Nickel-Stähle (s. d.). Die ersteren sind in England (*Brearley, Hadfield*) entwickelt worden, während die letzteren ihre Hauptförderung der Fried. Krupp A.-G. (*Maurer, Strauß*) verdanken. Beide Stahlsorten sind nicht nur gegen atmosphärische Einflüsse beständig, sondern widerstehen auch vielen chemischen Agenzien. Die rostfreien Chrom-Nickel-Stähle, die vorwiegend 18 Proz. Chrom und 8 Proz. Nickel enthalten, sind den üblichen Chromstählen (in England auch stainless steels) mit über 10 Proz. Chrom in bezug auf Widerstandsfähigkeit überlegen und haben demgemäß ein größeres Anwendungsgebiet in der chemischen Industrie. Bei beiden Stahlarten kommt es, wenn höchstmögliche Beständigkeit erzielt werden soll, nicht nur auf die richtige chemische Zusammensetzung, sondern auch auf die sachgemäße Wärmebehandlung an. Über Einzelheiten s. Chrom-Stähle und Chrom-Nickel-Stähle.

Lit.: *J. H. G. Monypenny* u. *R. Schäfer*, Rostfreie Stähle (Berlin 1928, Julius Springer). — *E. Rabald*, Werkstoffe und Korrosion I (Berlin 1931, Julius Springer). — *O. Bauer, O. Kröhnke* u. *G. Masing*, Die Korrosion des Eisens und seiner Legierungen (Leipzig 1936, Hirzel).

Ra.

Nickel. Über die Handelssorten und ihre Zusammensetzung gibt das nachfolgende Normblatt Auskunft:

Rohnickel — DIN 1701, Juli 1925.

	Benennung	Kurzwort	Zusammensetzung in Proz.									Spez. Gewicht	Verwendung für
			Mind. Reingehalt Ni[1]	Zulässige Beimengungen									
				Cu	Fe	Si	As	S	C	P	Mn + Sn + Sb		
Hüttennickel	Würfelnickel	Wüni										8,4	Schmiedestücke, Bleche, Drähte, Stangen, Rohre.
Hüttennickel	Rondellennickel	Roni										8,4	Ventilsitzringe, Guß- und Walzanoden, sämtliche Legierungszwecke.
Hüttennickel	Plattennickel	Plani	98,5	0,15	0,50	0,20	0,03	0,03	0,03	Spur	Spur	8,6	Gleiche Zwecke wie Wüni und Roni, ausgenommen Verschmelzen und Legieren im Tiegel.
Hüttennickel	Granaliennickel	Grani										8,4	Die gleichen Zwecke wie Wüni und Roni.
Kathodennickel (Elektrolytnickel)		Kani	99,5	0,10	0,30	Spur	Spur	Spur	Spur	Spur	Spur	8,9	Die gleichen Zwecke wie Wüni und Roni.
Umgeschmolzenes Nickel (in Granalienform)		Uni	96,75	0,20	1,00	0,50	0,03	0,10	1,00	Spur	Mn 0,20	8,6	Alle Legierzwecke, falls besonderer Reingehalt nicht verlangt wird.

[1]) Einschließlich Co.

Die verschiedene Benennung und Verwendung der vier Hüttennickelarten beruht auf verschiedenen physikalischen Eigenheiten, die durch die Gewinnungsarten der Hütten bedingt sind.

Geringe Mengen Eisen, Mangan, Kobalt und Kupfer haben nur einen unbedeutenden Einfluß auf die Eigenschaften des Nickels, dagegen wirken sich Kohlenstoff und noch vielmehr Sauerstoff und Schwefel bei der Verarbeitung recht ungünstig aus. So macht ein größerer Gehalt an Nickelsulfid das Schmieden des Nickels unmöglich. Durch Zusatz von Mangan und Magnesium können diese störenden Einflüsse aufgehoben werden.

Physikalische Eigenschaften.

Dichte: 8,90 (gegossen), 8,84 (Draht); s. auch das obige Normblatt.

Schmelzpunkt: 1452°. Durch Beimengungen, wie Nickeloxyd oder Kohlenstoff, sinkt der Schmelzpunkt merklich.

Wärmeleitfähigkeit: 0,142 cal/cm · sek · Grad bei 18°.

Linearer Wärmeausdehnungskoeffizient: 0,0000132 bei 20—100°.

Elektrische Leitfähigkeit: 8,5 m/Ohm · mm² bei 18°, Temperaturkoeffizient der elektrischen Leitfähigkeit 0,0063.

Zugfestigkeit: 40—50 kg/mm² (Draht) bei 40—50 Proz. Dehnung; hart gewalzt 70—80 kg/mm² bei 2 Proz. Dehnung.

Warmfestigkeit: Siehe Abb. 1520.

Härte:

Vorbehandlung	Brinellhärte bei einer Belastung von	
	500 kg	3000 kg
Kalt gewalzt (von 12,7 mm auf 3,3 mm)	—	235
Bei 250° geglüht	—	262
„ 450° „	—	248
„ 650° „	136	166

Bearbeitbarkeit: Über den Einfluß des Schwefels s. oben. — Die Walzbarkeit des Nickels ist gut. Für das Heißwalzen hat sich eine Temperatur von 1100—1200° (Vorsicht vor schwefelhaltigen Flammen!) am besten gezeigt. Beim Kaltwalzen und anderer Kaltverformung sind Zwischenglühungen bei 700 bis 900° unter Luftabschluß erforderlich, da starke Kaltverfestigung eintritt. — Nickel läßt sich ferner zu Draht und nahtlosen Rohren ausziehen. Es kann gestanzt und mit spanabhebenden Werkzeugen bearbeitet werden. — Für Formgüsse ist Nickel nicht geeignet, wenn auch durch einen Gehalt an Kohlenstoff die Gießbarkeit verbessert wird. — In schweißtechnischer Beziehung (s. dazu auch *H. Horn* u. *W. Geldbach*, Schmelzschweißg. 1932, S. 5, 40) ähnelt das Nickel dem Eisen, stellt aber an die Geschicklichkeit des Schweißers etwas höhere Anforderungen. Es läßt sich autogen und elektrisch schweißen. Korrosionschemisch ist die Hammerschweißung die günstigste, da sie ohne Zusatzmittel durchgeführt wird. Abhämmern der durch Gasschmelz- und Lichtbogenschweißung hergestellten Nähte ist von Vorteil, sowohl in bezug auf mechanische als auch auf chemische Festigkeit. Die Lichtbogenschweißung (bei Gleichstrom Arbeitsstück mit dem negativen Pol verbinden) eignet sich besonders für dicke (über 3 mm) Bleche. Verwendung geeigneter Schweißpulver schützt vor unerwünschter Oxydation. Bei der Acetylen-Sauerstoff-Schweißung ist auf neutrale Flamme zu achten. Stark korrodiertes Nickel

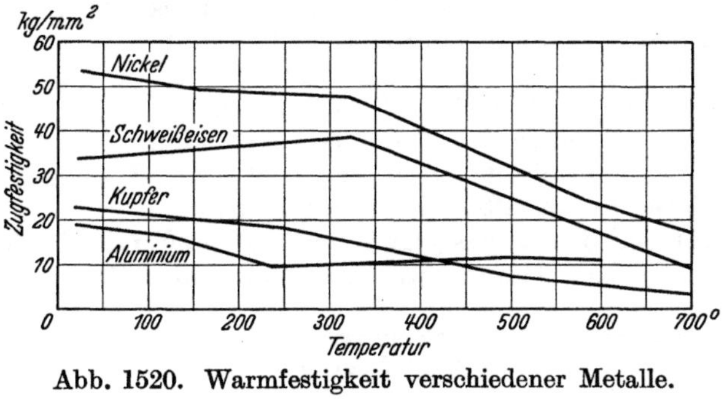

Abb. 1520. Warmfestigkeit verschiedener Metalle.

läßt sich häufig nicht mehr schweißen. — Das Löten von Nickel ergibt mechanisch feste Verbindungen, während die Korrosionsbeständigkeit der Lötstelle meist zu wünschen übrigläßt. Zum Löten können die üblichen Hart- und Weichlote (s. Lote) Verwendung finden. Vorverzinnen ist angebracht. — Zum Beizen von Nickel empfiehlt es sich, 60 proz. Schwefelsäure anzuwenden (gegebenenfalls mit Zusätzen von Ferrisulfat oder Chromsäure).

Für etwaige Anfragen über Verwendung und Verarbeitung von Nickel und Nickellegierungen wird auf das Nickel-Informationsbüro (Frankfurt a. M.) verwiesen.

Korrosion.

Nickel ist ein chemisch widerstandsfähiges Metall. Viele Agenzien greifen es nur sehr langsam oder gar nicht an. Da es ziemlich rein in den Handel kommt, ist Handelsnickel fast ebenso beständig wie chemisch reines Nickel. Oxydierenden Mitteln gegenüber ist Nickel meist empfindlich. Beim Angriff durch nichtoxydierende Säuren ist der etwa anwesende Sauerstoff von ausschlaggebender Bedeutung.

Acetylen: Wirkt bei 200—600° auf Nickel ein. Dieses wird durch Aufnahme von Kohlenstoff aus zersetztem Acetylen brüchig.

Ammoniak: Von 0,2 normalen Ammoniaklösungen wird Nickel auch nach 28 Tagen nicht angegriffen. Ist Sauerstoff zugegen, so wird die Neigung zu Korrosionen erhöht. Ammoniakgas bewirkt bei hohen Temperaturen die Bildung von Nitrid.

Atmosphäre: Gegen atmosphärische Korrosion ist Nickel sehr widerstandsfähig. Ist Gelegenheit zum Niederschlagen von Feuchtigkeit gegeben (Temperaturen unterhalb des Taupunktes), so überzieht sich Nickel langsam mit einer festhaftenden Schicht. Vgl. auch unten bei Sauerstoff.

Chlor: Trockenes Chlor wirkt nur wenig auf Nickel ein.

Chromsäure + Schwefelsäure: Nickel wird angegriffen.

Dichloräthylen: Nickel ist auch in der Siedehitze beständig.

Eisensalzlösungen: Eisenchloridlösungen greifen Nickel an. Lösungen, die Eisenalaun und Schwefelsäure enthalten, lösen ebenfalls.

Essigsäure: *Vuk* ließ 700 cm^3 5 proz. Essigsäure bei 100° während $2^1/_2$ std auf eine Nickeloberfläche von 16800 mm^2 einwirken und erhielt folgende Werte:

Nickelsorte	Angriff in $g/m^2 \cdot$ Tag
Gewalztes Nickel	15,5—16,9
Gegossenes Nickel	25,5—28,8
Elektrolytnickel	30,6—30,8
Gezogenes Nickel	33,1—39,0
Berndorfer Reinnickel	61,4—65,4

Durch Anwesenheit von Sauerstoff wird der Angriff außerordentlich verstärkt. So konnten *Whitman* und *Russel* nachweisen, daß bei konzentrierter Essigsäure beim Durchperlen von Sauerstoff der Angriff 130 mal so groß war wie beim Durchperlen von Wasserstoff.

Kaliumhydroxyd: Kaliumhydroxydlösungen und geschmolzenes Ätzkali greifen Nickel fast gar nicht an. Nickel bzw. nickelplattierter Stahl gehören zu den besten Werkstoffen für die Handhabung von starken Alkalien.

Kaliumsalze: Man verwendet Nickel beim Schmelzen von Pottasche und Salpeter, um für die Glasindustrie eisenfreie Salze zu erhalten.

Kohlenoxyd: Bei niederen Temperaturen (40—50°) und hohen Kohlenoxyddrücken bildet sich bekanntlich Nickelcarbonyl. Dieses wird aber bei 350° völlig zersetzt unter Ausscheidung von Nickel. So ist es zu erklären, daß *Charpy* bei 1000° fast keinen Angriff von Kohlenoxyd auf Nickel feststellen konnte.

Natriumhydroxyd: Verhalten wie bei Kaliumhydroxyd.

Natriumsalze: Schmelzkessel aus Nickel für Sulfat, Nitrat und Carbonat werden in der Glasindustrie verwendet, wenn es darauf ankommt, eisenfreie Produkte zu erhalten. Saures Natriumphosphat greift geschmolzenes Nickel an; es bildet sich ein Gemisch aus den Pyrophosphaten von Natrium und Nickel. $^1/_5$ normale Lösungen von Natriumchlorid und Natriumcarbonat haben in 28 Tagen keinerlei Wirkung auf Nickel. Gegen neutrale Natriumhydrosulfitlösungen ist Nickel ebenfalls beständig.

Pharmazeutische Produkte: Von *Wester* stammt folgende Tabelle der Verluste für Reinnickelplättchen mit 70 cm² Oberfläche bei vierstündigem Kochen:

Angriff in g/m² · Tag

Probe	Cascararinde 10 Proz.	Aloe	Pulpa tamarindorum Cruda	Fructus Myrtilli
I	5,74	7,20	0,86	2,91
II	6,86	11,66	1,20	2,83

Phenol: Nickel ist recht beständig. Nickelkessel finden mit Vorteil Verwendung bei der Kondensation von Phenolen mit Formaldehyd (s. Nickel-Ber. 1934, S. 117).

Salpetersäure: Nickel wird stark angegriffen.

Salzsäure: Greift namentlich in Gegenwart von Sauerstoff stark an.

Sauerstoff: Gegen Oxydationen, auch bei höheren Temperaturen, ist Nickel ziemlich beständig. *Chevenard* findet bei vierstündigem Erhitzen auf 1000° eine Gewichtszunahme von 30 g/m². Trägt man die Gewichtszunahmen bei hohen Temperaturen in Abhängigkeit von der Zeit graphisch auf, so erhält man fast eine parabolische Kurve. *Tammann* und *Schröder* studierten die Geschwindigkeit der Sauerstoffaufnahme an Hand der Anlauffarben und fanden, daß innerhalb ziemlich weiter Grenzen die Anlaufgeschwindigkeit von dem herrschenden Sauerstoffdruck abhängig ist. Sie ziehen daraus den Schluß, daß an der Oberfläche Sauerstoff adsorbiert wird.

Schwefeldioxyd: Das Maximum des Angriffes liegt bei 800°. Vorher ist Nickel recht resistent. Bei 1000° geht der Angriff fast auf 0 zurück.

Schwefelsäure: Von Schwefelsäure wird Nickel nur sehr langsam angegriffen. Eine $^1/_5$ normale Säure löst in 28 Tagen 40 g/m². *Hatfield* gibt an, daß Nickel in 10 proz. Säure bei 15° überhaupt kaum löslich ist. Auch hier zeigt sich wiederum Sauerstoff als ein stark korrosionsfördernder Faktor, so daß in seiner Gegenwart eine 2 proz. Säure 108 mal so stark und eine 20 proz. 57 mal so stark angreift wie bei Ausschluß von Sauerstoff.

Schwefelwasserstoff: Durch Gemisch von Schwefelwasserstoff mit Luft wird Nickel fast nicht angegriffen.

Tetrachlorkohlenstoff:

Temperatur	Beschaffenheit des Tetrachlorkohlenstoffs	Angriff in g/m² · Tag	Bemerkungen
Zimmertemperatur	trocken	keine Korrosion	—
76—77°	„	„ „	—
Zimmertemperatur	feucht	0,28	ganz schwache blaue und gelbe Flecken.
67°	„	1270	leichter schwarzer Belag.

Wasser: Nickel ist ihm gegenüber sehr beständig.

Nickelüberzüge.

Mehr als seiner guten chemischen Widerstandsfähigkeit dankt das Nickel seine vielfache Anwendung als Überzugswerkstoff seinem Glanz, seiner Härte und guten Polierfähigkeit.

Die verschiedenen Methoden zur Erzeugung von Nickelniederschlägen sind:

1. Aufspritzen von Nickel nach dem Verfahren von *Schoop*.
2. Aufbringen der Nickelschicht durch Aufwalzen oder Aufgießen von Nickel.
3. Vernickeln mit Hilfe des elektrischen Stromes.

Die erste Methode tritt aber gegen die beiden anderen sehr zurück.

Die Dicke der Nickelniederschläge beträgt im allgemeinen nicht über 0,0076 mm, manchmal nur 0,0025. *Thomas* und *Blum* halten 0,006 mm schon für recht gut, während das Bureau of Standards, Washington, für eine gute Vernickelung 0,015 mm (bei Vorverkupferung 0,01 mm) fordert. Durch Temperaturerhöhung des Bades können auch bedeutend dickere Schichten hergestellt werden. Die besten Überzüge werden aber durch Aufwalzen erzielt. Die so gewonnenen plattierten Werkstoffe, die sich auch schweißen lassen, gewinnen immer mehr an Bedeutung (s. z. B. *R. Müller*, Chem. Apparatur 1932, Beil. Korr., S. 37; 1937, S. 19).

Korrosion der Vernickelung. Die elektrolytische Vernickelung bietet keinen einwandfreien Rostschutz, da die Erzeugung völlig porenfreier Niederschläge großtechnisch vorläufig noch nicht möglich ist, wenn auch gewisse Anzeichen bestehen, die auf Fortschritte in dieser Richtung hindeuten. Für die Korrosionsfestigkeit vernickelter Gegenstände ist die Vorverkupferung oder die in gleicher Weise wirkende anodische Vorbehandlung von Eisenblechen mit Chromsäure von großem Wert.

Nach Versuchen von *Thomas* und *Blum* geben beschleunigte Korrosionsversuche keinen Anhaltspunkt über die Widerstandsfähigkeit von Vernickelungen. Dagegen kann aus den Porositätsmessungen mit Ferricyankaliumlösungen (s. Stichwort Korrosion, Abschn. Messung) ein gewisser Schluß auf das Verhalten einer Vernickelung bei atmosphärischer Korrosion gezogen werden.

Die nickelplattierten Werkstoffe sind porenfrei und zeigen demgemäß das gleiche Verhalten wie reines Nickel.

Lit.: Circular of the Bureau of Standards Nr. 100, Nickel and its Alloys, herausg. v. *G. K. Burgess* (Washington 1924). — *Deutsche Gesellschaft für Metallkunde*, Werkstoffhandbuch (Nichteisenmetalle), herausg. v. *Masing, Wunder* u. *Groeck* (Berlin 1928, Beuth-Verlag). — *E. Rabald*, Werkstoffe und Korrosion I (Berlin 1931, Julius Springer); Dechema-Werkstoffblätter 1935, 1936, 1937 (Berlin, Verlag Chemie). — *Calcott, Whetzel* u. *Whittaker*, Monograph on Corrosion Tests and Materials of Construction (New York 1923, van

Nostrand). — Nickel-Informationsbüro G. m. b. H., Frankfurt a. M., Nickel-Handbuch, Bd. Nickel (1934). — *Price* u. *Davidson*, Bull. Amer. Inst. Mining Eng. 1919, S. 3040. — *R. J. McKay*, Trans. Amer. electrochem. Soc. Bd. 51; Chem. Zbl. 1927 II, S. 629. — Das Verhalten von Berndorfer Reinnickel (Achema-Jahrbuch 1925, S. 126). — *Hale* u. *Foster*, J. Soc. chem. Ind. 1915, S. 464. — *P. D. Merica*, Chem. metallurg. Engng. 1921, S. 197. — *Tammann* u. *Siebel*, Z. anorg. allg. Chem. Bd. 152, S. 149 (1926). — *Tammann* u. *Köster*, Z. anorg. allg. Chem. Bd. 123, S. 196 (1922). — *Vuk*, Z. Nahrungs- u. Genußmittel 1914, S. 103. — Verein. Deutsche Nickel-Werke A.-G., Schwerte, Nickel und seine Legierungen (Werbeschrift). — *G. Charpy*, Comptes rendus Bd. 148, S. 560 (1909). — *D. H. Wester*, Arch. Pharm. u. Ber. Dtsch. Pharm. Ges. 1927, S. 62. — *P. Chevenard*, Comptes rendus du Congrès de Chauffage Industriel Bd. I, S. 172. — *G. Tammann* u. *E. Schröder*, Z. anorg. allg. Chem. Bd. 128, S. 179 (1923). — *W. H. Hatfield*, Engineering 1923, S. 415. — *Whitman* u. *Russell*, Ind. Engng. Chem. 1925, S. 348. — *Parkes*, Korrosion u. Metallschutz 1926, S. 266. — *Thomas* u. *Blum*, Met. Ind., Lond. 1925, S. 461; Trans. Amer. electrochem. Soc. 1925, S. 69. — *M. Schlötter*, Korrosion u. Metallschutz 1925, S. 30.

Rabald.

Lit. Chem. Apparatur: *R. Müller*, Nickel- und Monel-Metall plattierte Flußstahlbleche als wirtschaftliche Werkstoffe im chemischen Apparatebau (1932, Beil. Korr., S. 37); Grundlagen der monel- und nickelplattierten Flußstahlbleche, Bearbeitung und wirtschaftliche Bedeutung für die Rohstoffgestaltung im chemischen Apparatebau (1937, S. 19, 50). — *R. W. Müller*, Das Nickel und seine Legierungen in der Petroleumraffinerie (1936, Beil. Korr., S. 9).

Nickel-Chrom-Eisen-Legierungen *(s. auch Chrom-Nickel-Stähle).* Zu ihnen gehört eine Reihe von mechanisch und korrosionschemisch wichtigen Legierungen. Der Eisengehalt, der in ziemlich weiten Grenzen schwankt, macht die Legierungen zäher als die binären. Ohne eine scharfe Grenze ziehen zu wollen, können die hierher gehörigen Legierungen unterteilt werden in solche, die ihrer Hitzebeständigkeit, und solche, die ihrer Säure-

Name	Proz. Ni	Proz. Cr	Proz. Fe	Sonstige Zusätze	Bemerkungen
Chroman B . . .	61	15	20	4 Proz. Mn	
„ C . . .	65	20	10	4 Proz. Mn + 1 Proz. Mo	
„ D . . .	60	25	9	3 Proz. Mn + 2 Proz. Mo	
„ E . . .	50	33	13	2 Proz. Mn + 2 Proz. Mo	
Contracid B2,5M	61	15	19,5	2 Proz. Mn + 2,5 Proz. Mo	Heraeus-Vakuumschmelze A.-G., Hanau
„ B4M .	61	15	18	2 Proz. Mn + 4 Proz. Mo	
„ B7M .	60	15	16	2 Proz. Mn + 7 Proz. Mo	
„ B6W .	61	15	16	2 Proz. Mn + 6 Proz. W	
„ B10W .	61	15	12	2 Proz. Mn + 10 Proz. W	
„ BWMC	58	15	14	2 Proz. Mn + 3 Proz. Co + 3 Proz. Mo + 5 Proz. W	
Cekas 1	?	?	?	?	Kuhbier u. Sohn, Dahlerbrück
Inconel	80	14	6	unter 0,2 Proz. C	In Amerika entwickelt, jetzt auch in Deutschl. hergestellt
Nichrome (Guß) .	67	16	12	1 Proz. Mn	
„ (Draht)	60	12	26	2 Proz. Mn	
„ II (Draht)	66	22	10	2 Proz. Mn	
Nichrome	65,54	10,16	20,7	0,28 Proz. C + 3,16 Proz Mn + 0,207 Proz. Si + 0,047 Proz. S + 0,013 Proz. P	Amerikanische Legierungen
Chromel C . . .	54	11	25	—	
Calido	59	16	25	—	
Calorite	65	12	15	8 Proz. Mn	

beständigkeit wegen geschätzt werden. Die letzteren enthalten außer Mangan häufig noch Zusätze von Molybdän, Wolfram, Kobalt. Die vorstehende Tabelle gibt die ungefähre Zusammensetzung einer Anzahl gebräuchlicher Legierungen wieder.

Von diesen Legierungen werden die Contracide und Inconel hauptsächlich wegen ihrer Säurefestigkeit, die anderen wegen ihrer Zunderbeständigkeit benutzt.

Physikalische Eigenschaften.

Farbe: Weiß, häufig durch äußere Oxydschicht grau-schwarz.
Dichte: 7,7—8,9.
Schmelzpunkt: 1350—1400°.
Wärmeleitfähigkeit: Etwa 0,04 cal/cm · sek · Grad; bei Inconel beträgt sie 3,5 Proz. von der des Kupfers.
Linearer Ausdehnungskoeffizient: 0,000013—0,000016.
Elektrischer Widerstand in Ohm · mm^2/m:

Chroman B	1,13	Contracid B7M	1,16
„ C	1,10	Nichrome (Draht)	1,10
„ D	1,14	Chromel C	1,09
„ E	1,12	Calido	1,10
Cekas 1	0,90	Calorite	1,10

Bei längeren Belastungen für elektrische Heizelemente gelten folgende Höchsttemperaturen:

Chroman B	1000°	Cekas 1	1000°
„ C	1050°	Contracid B7M	1050°
„ D	1100°	Chromel C	750°
„ E	1150°	Calido	1000°

Bezüglich des Temperaturkoeffizienten s. Abb. 1521.

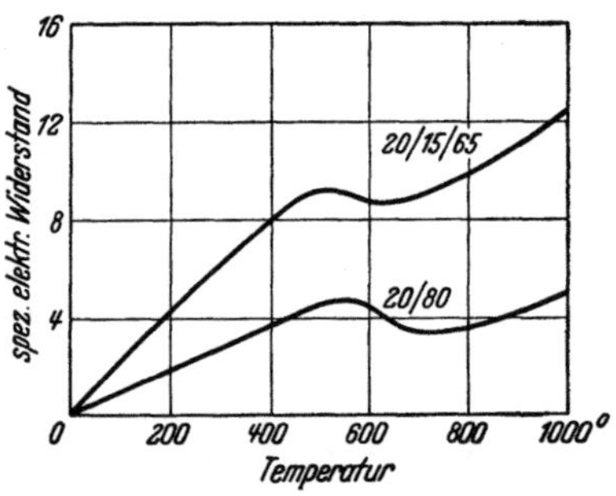

Abb. 1521. Änderung des spezif. elektr. Widerstandes mit der Temperatur von zwei Legierungen, die 20 Proz. Cr + 80 Proz. Ni bzw. 20 Proz. Cr + 15 Proz. Fe + 65 Proz. Ni enthalten.

Zugfestigkeit: Je Zusammensetzung und Vergütungszustand 60—80 kg/mm^2; federharter Inconeldraht erreicht eine Zugfestigkeit von 115—140 kg/mm^2.

Härte: Für eine geschmiedete Legierung mit 66 Proz. Ni werden 195 Brinell angegeben.

Bearbeitbarkeit: Die Legierungen lassen sich gießen, schmieden, walzen und mit spanabhebenden Werkzeugen bearbeiten. Sie sind auch autogen (neutrale Flamme) und elektrisch schweißbar. Zu beachten ist bei der Verarbeitung und Verwendung die schlechte Wärmeleitfähigkeit, die ein vorsichtiges und gleichmäßiges Anwärmen erforderlich macht. Aus dem gleichen Grunde sollen auch starke Unterschiede der Wandstärken vermieden werden. Bei Inconel muß die Verformung zwischen 650° und 870° unterbleiben, da die Legierung in diesem Bereich spröde ist. In Amerika sind inconel-plattierte Bleche im Gebrauch.

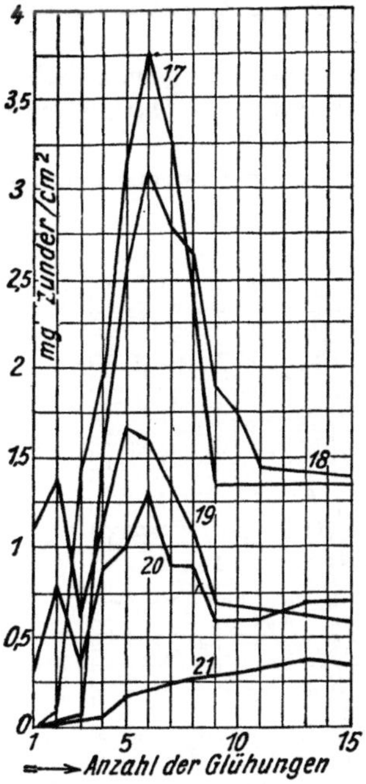

Abb. 1522. Verhalten von Legierungen gleicher Zusammensetzung, aber verschiedener Herkunft, nach *W. Rohn*.

Korrosion.

Für die Legierungen bedeutet der Eisenzusatz nur eine Verbesserung in mechanischer Hinsicht, in chemischer muß man zufrieden sein, wenn das Material dadurch keine erhebliche Verschlechterung der Beständigkeit erfährt.

Beachtlich sind die von *Rohn* gemachten Beobachtungen, daß sich Werkstoffe von fast gleicher Zusammensetzung je nach der Herstellungsweise recht verschieden verhalten (s. Abb. 1522). Bei diesen Versuchen wurden deutsche, englische und amerikanische Legierungen auf ihre Beständigkeit gegen Verzunderung geprüft. Auch von *Sutton* wird angegeben, daß sich die hitzebeständigen Legierungen recht unterschiedlich verhalten. Dieser Autor hält ungleichmäßige Zusammensetzung, schmutzigen Guß und die Anwesenheit von Aluminium (Desoxydans) für schädlich. Für Inconel gilt die folgende Tabelle:

Beständigkeit von Inconel gegen einige Säuren (nach *Hanel*).

○ > 10 Jahre/mm, ◑ 1—10 Jahre/mm, ● < 1 Jahr/mm, R.-T. = Raumtemperatur.

Säure	Konz. in Proz.	Temperatur	Bewegung	Belüftung	Beständigkeit in Jahre/mm
Essigssäure					
Speiseessig	5	R.-T.	5 m/min	mit Luft	20 ○
roh	80	R.-T.	ruhig		300 ○
rein	80	R.-T.	ruhig		1 ◑
	80	R.-T.		mit Luft	0,4 ●
Ameisensäure	90	heiß			2 ◑
	Dampf	heiß			3 ◑
	90	R.-T.	ruhig		9 ◑
	90	R.-T.		teilw. eingetaucht	7 ◑
Milchsäure	5—48	heiß		unter Vakuum	10 ○
Salzsäure	5	R.-T.	5 m/min	mit Luft	0,3 ●
Salpetersäure	5	R.-T.	5 m/min		0,2 ●
	25	R.-T.	5 m/min		20 ○
	45	R.-T.	5 m/min		40 ○
	65	R.-T.	5 m/min		10 ○
Fettsäuren (Stearinsäure und Ölsäure)		siedend		unter Vakuum	40 ○
Schwefelsäure	5	R.-T.	5 m/min	luftfrei	4 ◑
	5	R.-T.	5 m/min	mit Luft	0,3 ●
	5	heiß	5 m/min	mit Luft	0,2 ●
Saure Kupfersulfatlösung		70°		mit Luft	50 ○

Ammoniak: *Claude* benutzt für den Ammoniakprozeß Legierungen mit 60 Proz. Ni + 12 Proz. Cr + 28 Proz. Fe.

Atmosphärische Korrosion: Die Legierungen sind bei gewöhnlicher Temperatur völlig beständig (erhöhte Temperatur vgl. unten bei Oxydierende Gase).

Essigsäure: Die Legierungen sind gegen Essigsäure aller Konzentrationen und Temperaturen beständig.

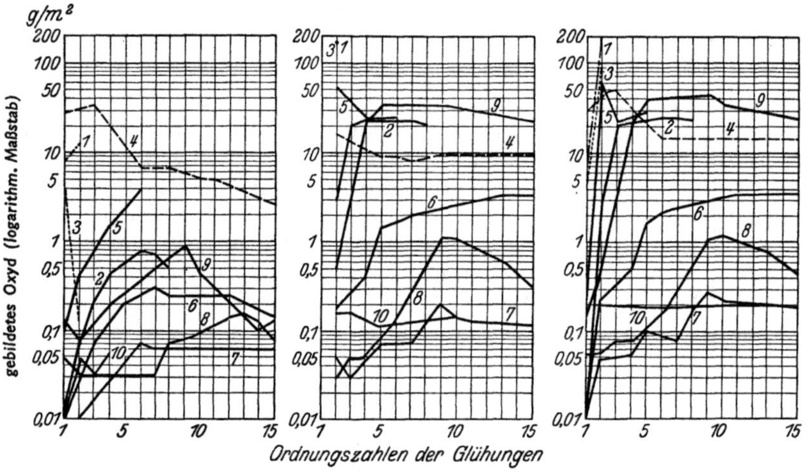

	1	2	3	4	5	6	7	8	9	10
Fe	100	—	75	62	50	22	17	15	—	—
Ni	—	100	—	22	35	63	50	63	89	80
Cr	—	—	25	16	15	15	33	15	11	20
Mo	—	—	—	—	—	—	—	7	—	—

Abb. 1523. Zunderverluste verschiedener Nickellegierungen, nach *W. Rohn.*

Hydrierungen: Bei Hydrierungen von Rohpetroleum, Teerölen u. dgl., die bei 450° und 200 at vor sich gehen, bewähren sich Legierungen mit 60 Proz. Ni + 15 Proz. Cr + 25 Proz. Fe.

Kaliumhydroxyd: 33proz. Lauge greift Legierungen mit über 50 Proz. Ni und 12 Proz. Cr, Rest Eisen, nicht an.

Natriumhydroxyd: In 33proz. Ätznatronlösung zeigt Nichrome (65,54 Proz. Nickel) keinerlei Angriff. Als besonders resistent, auch gegen geschmolzenes Natriumhydroxyd, unter oxydierenden Bedingungen bezeichnet *Hybinette* eine Legierung mit 35 Proz. Ni + 35 Proz. Fe + 30 Proz. Cr.

Natriumsalze: 10proz. Natriumsulfatlösung ist ohne Einwirkung auf Nichrome (65,54 Proz. Nickel); vgl. auch unten bei Oxydierende Gase.

Oxydierende und reduzierende Gase bei hoher Temperatur: Für diese Beanspruchung sind von *Rohn* größere Versuchsreihen ausgeführt worden (s. auch Nickel-Chrom-Legierungen), deren Ergebnisse die Abb. 1523 zeigt.

Bei der Verwendung als Glühkästen bei der Einsatzhärtung ist noch zu vermerken, daß die Nichrome-Legierungen durch Natriumcarbonat und Bariumcarbonat etwas angegriffen werden.

Salpetersäure, Salzsäure, Schwefelsäure: Siehe die nachfolgenden Tabellen.

Salpetersäure:

Material		Konzentration	Temperatur	Dauer std	Angriff
Chroman B	ungeglüht	10 Proz.	gewöhnlich	24	0,6 g/dm²
	geglüht				0,19 ,,
,, B	ungeglüht	10 ,,	heiß	1	0,12 ,,
	geglüht				0,02 ,,
,, C	ungeglüht	10 ,,	gewöhnlich	24	0,01 ,,
	geglüht				
,, C	ungeglüht	10 ,,	heiß	24	0,01 ,,
	geglüht				0,28 ,,
,, D	ungeglüht	10 ,,	gewöhnlich	24	0,0 ,,
	geglüht				
,, D	ungeglüht	10 ,,	heiß	24	0,06 ,,
	geglüht				0,02 ,,
,, E	ungeglüht	10 ,,	gewöhnlich	24	0,0 ,,
	geglüht				0,01 ,,
,, E	ungeglüht	10 ,,	heiß	1	0,0 ,,
	geglüht				0,0 ,,
Contracid B2,5M	ungeglüht	10 ,,	gewöhnlich	24	0,018 ,,
	geglüht				0,02 ,,
,, B2,5M	ungeglüht	10 ,,	heiß	24	0,003 ,,
	geglüht				0,004 ,,
,, B4M	ungeglüht	10 ,,	gewöhnlich	24	0,003 ,,
	geglüht				0,013 ,,
,, B4M	ungeglüht	10 ,,	heiß	24	0,005 ,,
	geglüht				0,005 ,,
,, B7M	ungeglüht	10 ,,	gewöhnlich	24	0,05 ,,
	geglüht				0,01 ,,
,, B7M	ungeglüht	10 ,,	heiß	24	0,056 ,,
	geglüht				0,056 ,,

Salzsäure (s. auch Abb. 1526, S. 1170 unter Nickel-Chrom-Legierungen):

Material		Konzentration	Temperatur	Dauer std	Angriff
Chroman B	ungeglüht	10 Proz.	gewöhnlich	24	0,12 g/dm²
	geglüht				0,14 ,,
,, B	ungeglüht	10 ,,	heiß	24	38,4 ,,
	geglüht				40 ,,
,, C	ungeglüht	10 ,,	gewöhnlich	24	1,44 ,,
	geglüht				0,08 ,,
,, C	ungeglüht	10 ,,	heiß	1	1,66 ,,
	geglüht				1,72 ,,
,, D	ungeglüht	10 ,,	gewöhnlich	24	0,42 ,,
	geglüht				0,13 ,,
,, D	ungeglüht	10 ,,	heiß	1	3,84 ,,
	geglüht				2,65 ,,

Fortsetzung.

Material		Konzentration	Temperatur	Dauer std	Angriff
Chroman E	ungeglüht	10 Proz.	gewöhnlich	24	0,36 g/dm²
	geglüht				0,09 „
„ E	ungeglüht	10 „	heiß	1	4,2 „
	geglüht				3,51 „
Contracid B 2,5 M	ungeglüht	10 „	gewöhnlich	24	0,05 „
	geglüht				0,05 „
„ B 2,5 M	ungeglüht	10 „	heiß	24	2,7 „
	geglüht				8,2 „
„ B 4 M	ungeglüht	10 „	gewöhnlich	24	0,03 „
	geglüht				0,043 „
„ B 4 M	ungeglüht	10 „	heiß	24	2,9 „
	geglüht				1,8 „
„ B 7 M	ungeglüht	10 „	gewöhnlich	24	0,07 „
	geglüht				0,01 „
„ B 7 M	ungeglüht	10 „	heiß	24	9,6 „
	geglüht				3,1 „

Schwefelsäure:

Material		Konzentration	Temperatur	Dauer std	Angriff
Chroman B	ungeglüht	10 Proz.	gewöhnlich	23	0,12 g/dm²
	geglüht				0,03 „
„ B	ungeglüht	10 „	heiß	24	5,5 „
	geglüht				4,3 „
„ C	ungeglüht	10 „	gewöhnlich	24	0,14 „
	geglüht				0,02 „
„ C	ungeglüht	10 „	heiß	1	0,09 „
	geglüht				0,06 „
„ D	ungeglüht	10 „	gewöhnlich	24	0,03 „
	geglüht				0,02 „
„ D	ungeglüht	10 „	heiß	1	0,12 „
	geglüht				0,06 „
„ E	ungeglüht	10 „	gewöhnlich	24	0,03 „
	geglüht				0,02 „
„ E	ungeglüht	10 „	heiß	1	0,31 „
	geglüht				0,01 „
Contracid B 2,5 M	ungeglüht	10 „	gewöhnlich	24	0,024 „
	geglüht				0,04 „
„ B 2,5 M	ungeglüht	10 „	heiß	24	0,08 „
	geglüht				0,12 „
„ B 4 M	ungeglüht	10 „	gewöhnlich	24	0,015 „
	geglüht				0,02 „
„ B 4 M	ungeglüht	10 „	heiß	24	0,08 „
	geglüht				0,06 „
„ B 7 M	ungeglüht	10 „	gewöhnlich	24	0,06 „
	geglüht				0,01 „
„ B 7 M	ungeglüht	10 „	heiß	24	0,12 „
	geglüht				0,05 „

Schweflige Säure und Schwefeldioxyd: Gegen wäßrige Schweflige Säure sind die Legierungen beständig, dagegen ist heißes Schwefeldioxyd genau wie bei den binären Nickel-Chrom-Legierungen (s. d.) nicht ohne Einwirkung.

Wasser: Gegen Wasser und Wasserdampf sind die Legierungen sehr beständig.

Lit.: Circular of the Bureau of Standards Nr. 100, Nickel and its Alloys, herausg. v. *G. K. Burgess* (Washington 1924). — *Deutsche Gesellschaft für Metallkunde*, Werkstoffhandbuch (Nichteisenmetalle), herausg. v. *Masing, Wunder* u. *Groeck* (Berlin 1928, Beuth-Verlag). — *W. Rohn*, Z. Metallkde. 1926, S. 387. — Vakuumgeschmolzenes Chromnickel (Ausgabe 1929), Werbeschrift der Heraeus Vakuumschmelze A.-G., Hanau. — *E. Rabald*, Werkstoffe u. Korrosion I (Berlin 1931, Julius Springer); Dechema Werkstoffblätter 1935, 1936, 1937 (Berlin, Verlag Chemie); Dechema Werkstoff-Tabelle (Berlin 1937, Verlag Chemie). — Kuhbier u. Sohn, Dahlerbrück, Formeln u. Tabellen für Cekas 1. — *K. Grotewald*, Z. Metallkde. 1926, S. 399. — *W. H. Hatfield*, Engineer 1922, S. 639. — *W. Rohn*, Korrosion u. Metallschutz 1927, S. 233; 1928, S. 26. — *R. Sutton*, Trans. Amer. Soc. Stl. Treat. Bd. 12, S. 221; Chem. Zbl. 1927 I, S. 1890. — *Hybinette*, Brit. P. 236931, Franz. P. 600239. — Nickel-Informationsbüro G. m. b. H., Frankfurt a. M., Nickel-Chrom I (Korrosionsbeständige Nickellegierungen), II (Hitzebeständige Nickellegierungen) (1933 bzw. 1934). — *R. Hanel*, Chem. Fabrik 1936, S. 217; Z. VDI 1936, S. 1255. — *R. W. Müller*, Chem. Apparatur 1936, Beil. Korr., S. 10.

Rabald.

Nickel-Chrom-Legierungen zeichnen sich durch hohen elektrischen Widerstand, gute Formbeständigkeit und gute Korrosionsfestigkeit, besonders gegen heiße oxydierende Gase, aus. Ein Hauptverwendungsgebiet dieser Legierungen ist deshalb das der elektrischen Öfen und der hohen Temperaturen.

Die folgende Tabelle gibt die ungefähre Analyse verschiedener handelsüblicher Legierungen wieder:

Bezeichnung		Proz. Ni	Proz. Cr	Sonstige Zusätze in Proz.	Bemerkungen
Chroman A		87	11	2 Mn	Heraeus Vakuumschmelze A.-G., Hanau
Chroman B_0		83	15	2 Mn	
Chroman C_0		73,5	20	3 Mn + 2 Mo + 1,5 Fe	
Chronin		80(?)	20(?)	—	Ver. Deutsche Nickel-Werke A.-G., Schwerte (Ruhr)
Cekas 2		80(?)	20(?)	—	Kuhbier & Sohn, Dahlerbrück
Nichrome III	Amer. Erzeugnisse	85	15	—	Gleiche Zusätze haben die Legierungen Rayo und Brightray
Nichrome IV	Amer. Erzeugnisse	80	20	—	Gleiche Zusätze haben die Legierungen Karma und Redray
Chromel A	Amer. Erzeugnisse	80	20	—	—
Chromel P	Amer. Erzeugnisse	90	10	—	—
Illium	Amer. Erzeugnisse	66,6	18	8,5 Cu + 3,3 W + 2 Al + 1 Mn + 0,2 Ti, Si, B	—

Die Legierungen haben darnach Chromgehalte, die zwischen 10 und 20 Proz. liegen, wodurch die günstigste Beeinflussung der Eigenschaften des Nickels erzielt wird. Die Zusätze von Mangan sind aus Gründen einer guten Desoxydation und zur Erhöhung der Oxydationsbeständigkeit gemacht. Zusätze von geringen Mengen Eisen und Molybdän erhöhen die Zähigkeit.

Physikalische Eigenschaften.

Farbe: Silberweiß, meist aber durch Oxydschicht grauschwarz.
Dichte: 8,3—8,5.
Schmelzpunkt: 1400—1435°, Illium 1300°.

Wärmeleitfähigkeit: 0,04 cal/cm · sek · Grad für Cekas 2.

Linearer Wärmeausdehnungskoeffizient: 0,000014—0,000017.

Elektrischer Widerstand: 0,9—1,1 Ohm · mm²/m. Über die Änderung des Widerstandes mit der Temperatur s. Abb. 1524.

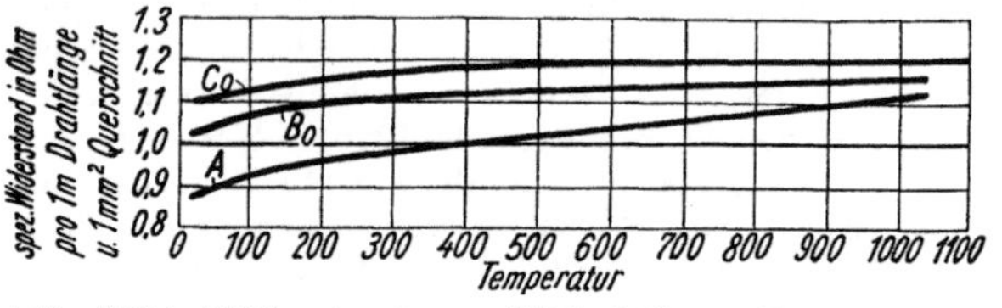

Abb. 1524. Widerstand von Nickel-Chrom-Legierungen.

Als Maximaltemperaturen für elektrisch beheizte Nickel-Chrom-Drähte gelten die nachstehenden Zahlen, zu denen noch zu bemerken ist, daß die Werte für die Chromane Dauerversuchen entnommen sind, während für die anderen Legierungen derartige Angaben nicht gemacht worden sind. Der Wert für Chromel P erscheint für den geringen Chromgehalt reichlich hoch.

Material	Höchsttemperatur
Cekas II	1100°
Brightray	1100°
Chroman A	950°
„ B_0	980°
„ C_0	1100°
Nichrome III . . .	1100°
„ IV . . .	1150°
Chromel A	1100°
„ P	1250°

Es hat sich ferner gezeigt, daß es vorteilhaft ist, bei Verwendung von Gleichstrom den Ofen des öfteren umzupolen.

Zugfestigkeit:

80—100 kg/mm² bei 20° für gewalzte Legierungen,

35—50 kg/mm² bei 20° für gegossene Legierungen.

Bearbeitbarkeit: Die Legierungen lassen sich gießen und unter Zuhilfenahme von Zwischenglühungen (900—1050°) auch schmieden. Beim Acetylenschweißen ist Rücksicht darauf zu nehmen, daß die Legierungen durch Kohlenstoffaufnahme ihre günstigen Eigenschaften einbüßen.

Korrosion.

Die Korrosionsbeständigkeit hängt nicht nur von der prozentualen Zusammenstellung, sondern auch wesentlich von der Herstellungsweise ab. Schon geringe Verunreinigungen können die Lebensdauer stark verkürzen. Vakuumgeschmolzene Legierungen haben deshalb große Vorteile (s. Abb. 1522).

Ameisensäure: Siehe Abb. 1525.

Atmosphärische Korrosion: Die Legierungen sind völlig beständig.

Essigsäure: Bei den Chromanen beträgt der Angriff bei 10 proz. Säure 0,002 bis 0,004 g/dm² · Tag bei Zimmertemperatur (s. auch Abb. 1525).

Königswasser: Die Legierungen sind nicht brauchbar.

Kohlenoxyd: Durch katalytischen Zerfall des Kohlenoxydes nehmen die Nickel-Chrom-Legierungen Kohlenstoff auf, wodurch aus Chromnickel gefertigte Thermoelemente gefährdet sind.

Kohlenwasserstoffe: Der Fall liegt hier ähnlich wie bei Kohlenoxyd. Durch Kohlenstoffaufnahme werden die Legierungen brüchig, und ungeschützte Thermoelemente aus Nickel/Nickelchrom zeigen dann Abweichungen in ihrer Spannung.

Milchsäure: Siehe Abb. 1525

Mischsäuren ($H_2SO_4 + HNO_3 + H_2O$): Illium ist beständig (Chem. Apparatur 1932, Beil. Korr., S. 47).

Natriumhydroxydlösungen: In 16 proz. Lösung entstand bei 25° nach 142 std keine Gewichtsabnahme, bei 95—98° lösten sich 0,07 g/m²·std bei einem vierstündigen Versuch. Zu den gleichen Ergebnissen der Alkalibeständigkeit kommen *Haynes* und *Portevin*. Für Mischungen von Ätznatron + Natriumsuperoxyd + Wasser wird Illium empfohlen.

Oxydierende und reduzierende heiße Gase: Dem Angriff von Gasen, wie sie bei der Verbrennung und ähnlichen Vorgängen entstehen, setzen die Nickel-Chrom-Legierungen guten Widerstand entgegen. — Namentlich in oxydierender Atmosphäre bildet sich bei hochprozentigen (20 proz. und darüber) Legierungen eine gut schützende elastische Oxydschicht, die einen dem Metall sehr ähnlichen Ausdehnungskoeffizienten hat. — Bei vierstündigem Glühen bei 1000° erleidet eine 10 proz. Nickel-Chrom-Legierung nach *Chevenard* eine Gewichtszunahme von 0,3—0,5 mg/cm². Von *W. Rohn* (Z. Metallkde. 1927, S. 196; s. auch Abb. 1523, S. 1163 unter Nickel-Chrom-Eisen-Legierungen) wurden Drahtspiralen eine Stunde bei 1000° geglüht, dann gestreckt und der Zunder gewogen. Es wird dabei zwischen abgesprühtem, abgerecktem und gesamtem Zunder unterschieden. Der abgesprühte Zunder setzt sich aus den Oxydationsprodukten zusammen, die beim Erhitzen von selbst abspringen, während der abgereckte Zunder sich erst unter dem Einfluß der Reckspannungen löst. Dieser Zunder hat natürlicherweise nicht die Bedeutung für die Bewertung der Legierungen, da er während des Betriebes eine Schutzhaut bildet.

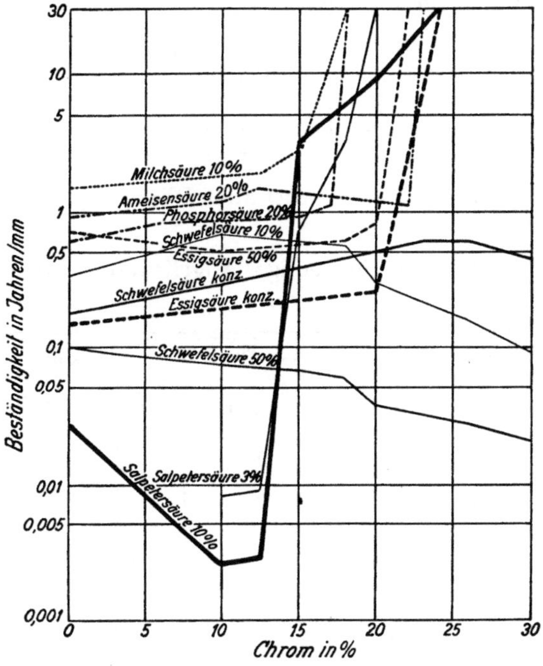

Abb. 1525. Korrosion von Nickel-Chrom in Säuren.

Von *Rohn* (Elektrotechn. Z. 1927, S. 227; Z. VDI. 1927, S. 1478) wurde dabei gefunden, daß sich Legierungen gleicher chemischer Zusammensetzung, aber verschiedener Herstellung, sehr unterschiedlich verhielten (s. Abb. 1522, S. 1162 unter Nickel-Chrom-Eisen-Legierungen). — Die Nickel-Chrom-Legierungen finden Verwendung für Ventile, Glühöfen, Pyrometerschutzrohre, in der Glasindustrie und werden nur von den Edelmetallen in ihrer Beständigkeit übertroffen.

Phosphorsäure: Über den Angriff s. Abb. 1525 und nachfolgende Tabelle:

Material		Temperatur	Konzentration	Dauer	Angriff
Chroman A_0 . . .	ungeglüht	Zimmertemp.	10 Proz.	24 std	0,4 g/m² · Tag
	geglüht				0,4 „
„ A_0 . . .	ungeglüht	heiß	10 „	1 „	43 „
	geglüht				72 „
„ B_0 . . .	ungeglüht	Zimmertemp.	10 „	24 „	0,6 „
	geglüht				0 „
„ B_0 . . .	ungeglüht	heiß	10 „	1 „	82 „
	geglüht				77 „
„ C_0 . . .	ungeglüht	Zimmertemp.	10 „	24 „	0,2 „
	geglüht				0,4 „
„ C_0 . . .	ungeglüht	heiß	10 „	1 „	26 „
	geglüht				122 „
Nickel-Chrom		15—20°	75 „	144 „	0,84 „
„		100°	75 „	5 „	1,9 „
Chromel A		Zimmertemp.	85 „	24 „	8,7 „
„ A		90°	85 „	2 „	391 „

Als beständig wird von *Calcott, Whetzel* u. *Whittacker* auch Illium angegeben.

Salpetersäure: Die folgende Tabelle gibt einige Angriffsdaten wieder (s. auch Abb. 1525):

Material		Temperatur	Konzentration	Dauer	Angriff
Chroman A_0 . .	ungeglüht	Zimmertemp.	10 Proz.	24 std	276 g/m² · Tag
	geglüht				237 „
„ A_0 . .	ungeglüht	heiß	10 „	1 „	5184 „
	geglüht				2160 „
„ B_0 . .	ungeglüht	Zimmertemp.	10 „	24 „	4 „
	geglüht				4 „
„ B_0 . .	ungeglüht	heiß	10 „	1 „	0 „
	geglüht				480 „
„ C_0 . .	ungeglüht	Zimmertemp.	10 „	24 „	1 „
	geglüht				2 „
„ C_0 . .	ungeglüht	heiß	10 „	1 „	0 „
	geglüht				0 „
Nickel-Chrom		15—20°	Dichte 1,20	144 „	19 „
„		100°	„ 1,20	5 „	120 „
„		15—20°	50 Proz. Säure v. d. Dichte 1,2 + 50 Proz. Wasser	144 „	0,8 „
Nichrome		25°	70 Proz.	142 „	43 „
„		95—98°	70 „	4 „	4272 „
„		25°	25 „	142 „	33 „
„		95—98°	25 „	4 „	3864 „
Illium		20—30°	10 „	1 Monat	0,009 „
„		20—30°	70 „	1 „	0,1 „

Salzsäure: Die Legierungen werden von 10 proz. Säure langsam angegriffen; s. Abb. 1526.

Schwefel: Durch Schwefeldämpfe werden Thermoelemente aus Nickel-Chrom nachteilig beeinflußt.

Schwefelsäure: Siehe die nachfolgende Tabelle und Abb. 1525.

Material	Temperatur	Konzentration	Dauer	Angriff
Chroman A ungeglüht . .	Zimmertemp.	10 Proz.	24 std	0,03 g/dm²
Chroman A geglüht . . .				0,02 „
„ A ungeglüht . .	heiß	10 „	1 „	0,12 „
„ A geglüht . . .				0,05 „
„ B_0 ungeglüht . .	Zimmertemp.	10 „	24 „	0,07 „
„ B_0 geglüht . . .				0,01 „
„ B_0 ungeglüht . .	heiß	10 „	1 „	0,10 „
„ B_0 geglüht . . .				0,02 „
„ C_0 ungeglüht . .	Zimmertemp.	10 „	24 „	0,01 „
„ C_0 geglüht . . .				0,01 „
„ C_0 ungeglüht . .	heiß	10 „	1 „	0,11 „
„ C_0 geglüht . . .				0,14 „

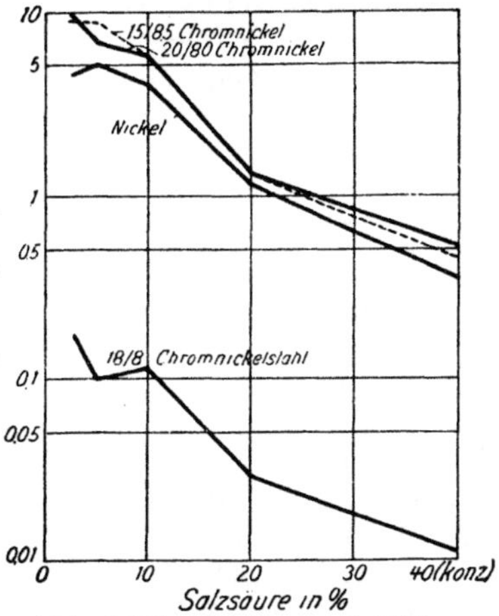

Abb. 1526. Widerstandsfähigkeit einiger Nickellegierungen gegenüber Salzsäure.

Schweflige Säure und Schwefeldioxyd: In Wasser gelöste Schweflige Säure hat bei 15—20° nur einen geringen Einfluß auf Nickel-Chrom-Legierungen (0,056 g/m² · std Verlust). Heißes Schwefeldioxyd greift dagegen diese Legierungen erheblich an. Ein Gehalt von $1^1/_2$ Proz. Schwefelverbindungen in Ofengasen wirkt sehr zerstörend auf Nickel-Chrom-Legierungen.

Trichloressigsäure: Die Legierungen sind nicht beständig.

Überschwefelsäure: Illium ist beständig (Chem. Apparatur 1933, Beil. Korr., S. 15).

Wasser: Gegen Wasser ist Nickel-Chrom völlig beständig. *Askenasy* verwendete Nickel-Chrom-Rohre zur Umwandlung von Eisen in Magnetit durch Dampf von 1000°.

Lit.: Circular of the Bureau of Standards Nr. 100, Nickel and its Alloys, herausg. v. *G. K. Burgess* (Washington 1924). — Vakuumgeschmolzenes Chromnickel (Ausgabe 1929, Werbeschrift der Heraeus Vakuumschmelze A.-G., Hanau). — *W. Rohn*, Z. Metallkde. 1926, S. 387; 1932, S. 127; Elektrotechn. Z. 1927, S. 227, 317; Z. angew. Chem. 1927, S. 1189; Korrosion u. Metallschutz 1927, S. 233; 1928, S. 26. — Nickel-Informationsbüro G. m. b. H., Nickel-Handbuch, Nickel-Chrom I (Korrosionsbeständige Nickellegierungen), Nickel-Chrom II (Hitzebeständige Nickellegierungen) (1933). — Verein. Deutsche Nickel-Werke A.-G., Schwerte, Nickel und seine Legierungen (Werbeschrift). — *K. Grotewold*, Z. Metallkde. 1926, S. 399. — *P. Reinglass*, Chemische Technologie der Legierungen (2. Aufl., Leipzig 1926, Spamer). — *S. I. Tungay*, Acid-Resisting Metals (London 1925, Benn). - *E. Rabald*, Werkstoffe u. Korrosion I (Berlin 1931, Julius Springer); Dechema-Werkstoffblätter 1935, 1936, 1937 (Berlin, Verlag Chemie). — *Deutsche Gesellschaft für Metallkunde*, Werkstoffhandbuch (Nichteisenmetalle), herausg. v. *Masing*, *Wunder* u. *Groeck* (Berlin 1928, Beuth-Verlag). — *W. S. Calcott*, *I. C. Whetzel* u. *H. F. Whittaker*, Monograph on Corrosion Tests and Materials of Construction (New York 1923, van Nostrand). — *A. Portevin*, Rev. Métallurg. 1927, S. 697. — *E. Haynes*, Ind. Engng. Chem. 1910, S. 397. — *C. I. Smithells* u. *I. W. Avery*, J. Inst. Met., Lond. 1928, S. 269.

Rabald.

Nickel-Chrom-Stähle, s. Chrom-Nickel-Stähle.

Nickelin, s. Kupfer-Nickel-Legierungen.

Nickel-Kupfer-Legierungen *(s. auch Kupfer-Nickel-Legierungen).*

Von ihnen haben die mit 60—80 Proz. Nickel die technisch günstigsten Eigenschaften. Praktisch hergestellt werden nur Legierungen mit 60—70 Proz. Nickel. Sie kommen unter den Namen Monelmetall, Corronil, Nicorros (s. d.), Silverin, MMM-Metall, S.M.L.-Alloy in den Handel.

Das am besten bekannte Monelmetall verdankt seinen Namen *A. Monel,* dem Präsidenten der International Nickel Co., Amerika. — Da in Canada (Sudbury District) Erze gefunden werden, die beim Erschmelzen gleich die fertige Legierung ergeben, hat man Monelmetall als Naturlegierung bezeichnet. Von *Gaines* wird behauptet, daß synthetisch hergestelltes Monelmetall nicht die gleichen guten Eigenschaften zeigt wie das aus oben angegebenem Erz gewonnene, was von anderer Seite angezweifelt wird.

Die Zusammensetzung der verschiedenen Legierungen ist, wie die Tabelle zeigt, sehr ähnlich:

Werkstoff	Proz. Ni	Proz. Cu	Proz. andere Metalle
Monelmetall	67	29	1,9 Mn, 1,7 Fe, 0,2 C, 0,2 Si
Corronil.	70	28,9	1 Fe
Silverin	67—70	27—32	1—3 Mn
MMM-Metall	60,5	26,6	10,2 Sn, 1,9 Fe, 0,5 Mn, 0,2 Si

Vom Monelmetall werden verschiedene Sorten geliefert: Monelmetall, Monelmetall R (geringer Schwefelgehalt; *O. B. I. Fraser,* Iron Age 1936, S. 36) bzw. Monelmetall K (geringer Aluminiumgehalt; *W. A. Mudge* u. *P. D. Merica,* Japan. Nickel-Rev. 1935, S. 305, Chem. Zbl. 1936 I, S. 3744; *R. W. Müller,* Korrosion u. Metallschutz 1935, S. 253), von denen sich die beiden letzteren vom gewöhnlichen Monelmetall in ihren physikalischen Eigenschaften (gute maschinelle Bearbeitbarkeit bzw. Härtbarkeit) unterscheiden.

Physikalische Eigenschaften.

Die nachfolgend aufgeführten Zahlenwerte beziehen sich auf gewöhnliches Monelmetall, gelten aber größenordnungsmäßig auch für die anderen genannten Nickel-Kupfer-Legierungen.

Farbe: Weiß, platinähnlich.

Dichte: 8,82—8,87 (gegossen), 8,95 (gewalzt).

Struktur: Nickel und Kupfer bilden sowohl im festen als auch flüssigen Zustand eine lückenlose Mischkrystallreihe. Das Strukturbild des gewalzten oder angelassenen Monelmetalles ist dem des Nickels außerordentlich ähnlich. Völlig anders ist die Struktur des gegossenen Monelmetalles, die ausgesprochen dendritisch ist.

Schmelzpunkt: 1300—1360°, je nach dem Kohlenstoffgehalt.

Spez. Wärme: 0,128.

Wärmeleitfähigkeit: 0,06 cal/cm · sek · Grad.

Linearer Wärmeausdehnungskoeffizient: $10{,}9 \cdot 10^{-6}$ (von 0—700°).

Elektrischer Widerstand: 0,42 Ohm · mm^2/m.

Reflexionsvermögen: 60 Proz. von dem des Silbers.

Zugfestigkeit und Dehnung:

Temperatur	Zugfestigkeit	Dehnung
20°	65,2 kg/mm²	51 Proz.
320°	60,6 ,,	48 ,,
410°	53,2 ,,	49,5 ,,
500°	45,2 ,,	45 ,,
630°	25,5 ,,	33 ,,
700°	16,2 ,,	27 ,,
905°	4,4 ,,	27 ,,

Aus der Tabelle und aus Abb. 1527 ist die gute Warmfestigkeit von Monelmetall klar ersichtlich (s. dazu auch *R. Müller*, Chem. Apparatur 1937, S. 316, 329). Bei tiefen Temperaturen sind die Festigkeitseigenschaften gleichfalls günstig (s. dazu *H. W. Russell*, Symposium on Effect of Temperature on the Properties of Metals, S. 658, New York 1931).

Kerbzähigkeit und Wechselfestigkeit (s. dazu auch *R. Müller*, Chem. Apparatur 1937, S. 316, 329): Siehe Abb. 1528.

Härte: Siehe Abb. 1528. Die Härte wechselt mit dem Verarbeitungszustand.

Monelmetall	gegossen	120—140 Brinell
,,	warm gewalzt	150—190 ,,
,,	kalt gezogen	200—217 ,,

Bearbeitbarkeit: Monelmetall läßt sich feilen, bohren, lochen, stanzen, schmieden (zwischen 1040 und 1100°), gießen, polieren. Beim Kaltziehen wird Material mit niedrigem Kohlenstoffgehalt verwendet, während beim Heißwalzen ein höherer Kohlenstoffgehalt bevorzugt wird. — Das Löten (s. dazu auch *R. W. Müller*, Melliand Textilber. 1931, S. 73) von Monelmetall wird genau so vorgenommen wie bei Kupfer. Am besten verzinnt man die Lötstellen vorher.

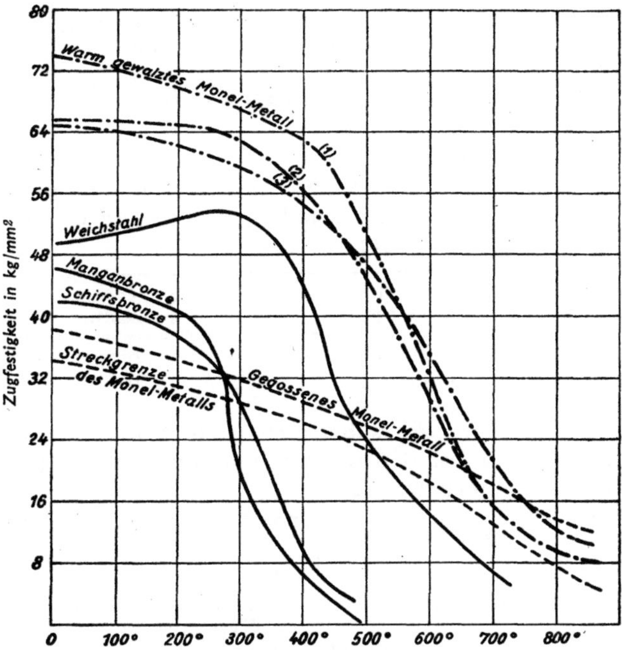

Abb. 1527. Einfluß der Temperatur auf die Festigkeit auf Monelmetall.

Die Sauerstoff-Acetylen-Schweißung wird mit schwach reduzierender Flamme durchgeführt, die nicht zu klein sein darf, sondern die zu schweißende Stelle völlig bedeckt halten soll. Bei der metallischen Lichtbogenschweißung müssen die Schweißdrähte mit einer Desoxydationsmischung überzogen sein. Als eine solche wird empfohlen:

2 Teile einer Legierung aus 14—16 Proz. Magnesium + 27—33 Proz. Mangan + Rest Silicium,
2 ,, pulverisierter Borax,
0,5 ,, Kohlepulver.

Diese Mischung wird mit einer Schellacklösung (50 g Schellack auf 1 l Alkohol) angefeuchtet aufgetragen. Das Werkstück ist als negativer Pol zu schalten (im Gegensatz zu Stahl!). — Es sind aber auch die Hammerschweißung, die Widerstandsschweißung und die Arcatomschweißung möglich. Die Festigkeit des geschweißten Werkstoffes ist sehr gut. Nähere Einzelheiten über das Schweißen s. *R. W. Müller*, Chem. Fabrik 1931, S. 310, Chem. Apparatur 1937, S. 330; Power 1929, S. 1063; *I. Picard*, Métaux 1935, S. 324; *M. Waehlert*, Mitteil. D 1 des Nickel-Informationsbüros G. m. b. H. (Frankfurt a. M.); *C. Canzler*, Z. Metallkde. 1932, S. 16.

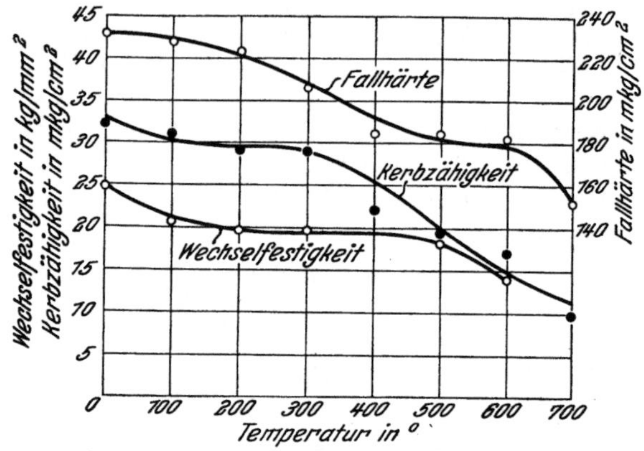

Abb. 1528. Wechselfestigkeit, Kerbzähigkeit und Fallhärte von Monelmetall.

Korrosion.

Monelmetall und ähnliche Legierungen sind sehr korrosionsbeständige Werkstoffe. Wichtig bei der Säurekorrosion ist der Gehalt an Sauerstoff, der wie die steigende Temperatur den Angriff erhöht:

Angreifende Säure	Proz.	Angriff in mm/Jahr bei Raumtemperatur luftfrei	luftgesättigt
Schwefelsäure	10	0,1	0,75
Essigsäure	20	unter 0,25	0,5

Ähnlich liegt der Fall bei Salzsäure, Phosphorsäure (Gehalt an Nitraten, Eisen, Chloriden ist schädlich) und bei den organischen Säuren. Weiteres kann der folgenden Tabelle entnommen werden:

Angreifendes Mittel	Beständigkeit	Verwendung
Acetylen	beständig	Ventile
Alaunlösungen	beständig	Ventile, Pumpenwellen, Krystallisierapparate
Aluminiumchloridlösungen	beständig gegen verdünnte Lösungen	Textilindustrie
Aluminiumsulfatlösungen .	beständig	Krystallisierwannen, Filtergewebe
Ammoncarbonatlösungen .	beständig	Rohrleitungen
Ammonchloridlösungen . .	5proz. Lösung verursacht einen Verlust von 3—4 g/m²·Tag	Filtergewebe, Rohrleitungen

Fortsetzung

Angreifendes Mittel	Beständigkeit	Verwendung
Ammoniak, gasförmig . .	beständig	Ventile, Pumpen, Filter
Ammoniak, wäßrige Lösung	Verlust 0,028 mm/Jahr für Lösungen 16° Bé	Ventile, Pumpen, Filter
Ammonnitratlösungen . .	fast völlig beständig	Keine Verwendung, weil schon Spuren von Kupfersalzen die Zersetzung katalysieren können
Ammonsulfatlösungen . .	beständig (auch wenn schwach schwefelsauer)	Schleuderkörbe, Filtergewebe
Äthylalkohol	beständig	Destillierapparate, Pumpenbehälter
Äthyläther	beständig	Extrakteure, Filtergewebe
Äthylidendichlorid	beständig	Destillierapparate, Pumpen
Atmosphäre	beständig	Beschläge, Armaturen
Benzol	beständig	Filtergewebe, Rührer
Blausäure	beständig	Rohrleitungen, Ventile
Bleiacetatlösungen	weitgehend beständig	Rührer
Bleichlösungen.	begrenzt beständig	Behälter für Lösungen mit nicht über 3 g aktivem Chlor
Calciumchloridlösungen . .	beständig	Armaturen, Ventile
Chlor (trockenes Gas) . .	beständig	Ventile, Armaturen
Cumarin	unbeständig	
Düngesalze	beständig	Auskleidung von Trockentrommeln
Essigsäure	beständig (33proz. Säure 1 g/m²·Tag bei 20°)	Behälter, Rohrleitungen, Filtergewebe, Abfüllmaschinen; Kupfergehalt in d. Essigsäure ist schädlich
Essigsäureanhydrid. . . .	beständig	Armaturen, Schleudern bei der Acetylcelluloseherstellung
Farbstoffe.	begrenzt beständig (beständig gegen saure und Küpenfarbstoffe, nicht beständig gegen Schwefelschwarz und basische Farbstoffe)	Behälter, Rührwerke, Filtergewebe
Glycerin	beständig	Ventile, Pumpenteile, Filtergewebe, Behälter
Kaliumhydroxyd.	beständig	Filtergewebe, Pumpen, Rohre
Magnesiumchloridlösungen	beständig	Darren, Rohrleitungen
Natriumchloridlösungen (Salzsolen)	beständig	Schleuderkörbe, Transportschnecken, Salzdarren, Filtergewebe, Verpackungsmaschinen
Natriumhydroxyd	beständig	Filtergewebe, Pumpen, Rohrleitungen
Natriumnnitratlösungen .	beständig	Elevatorenbecher, Pumpenteile, Filtergewebe
Natriumsulfitlösungen . .	beständig	Rohrleitungen
Öle.	beständig	Destillationsanlagen für Leinöl
Ölsäure	beständig	Destillierapparate, Pumpenteile, Rohrleitungen, Mischer
Palmitinsäure	beständig	(wie oben)

Fortsetzung

Angreifendes Mittel	Beständigkeit	Verwendung
Petroleum (s. dazu auch *R. W. Müller*, Chem. Apparatur 1936, Beil. Korr., S. 9)	beständig	Ventil- und Pumpenteile, Schleudern, Rohrleitungen
Quecksilbersalzlösungen. .	unbeständig	
Salpetersäure	nicht beständig	
Salzsäure	nur sehr begrenzt beständig	Pumpen, Rohrleitungen bei Konzentrationen nicht über 25 Proz. und nicht über 25°
Saure Gase	beschränkt beständig	Turmfüllungen für Gase, die HCl, H_2SO_4, Essigsäure enthalten; nicht brauchbar bei Gehalten an HNO_3
Schwefeldioxyd (trockenes Gas)	beständig	Ventile
Schwefelsäure (s. dazu auch *Fraser*, *Ackermann* u. *Sands*, Ind. Engng. Chem. 1927, Nr 3)	begrenzt beständig	Ventile, Rohrleitungen, Rührer, Pumpenteile für Säure bis 60 Proz. und nicht über 70°
Wasser, flüssig	beständig	Rohre; stark eisenchloridhaltiges Wasser greift an
Wasser, Dampf	beständig	Ventile, Dampfmesserteile, Heizschlangen, Turbinenschaufeln
Xanthogenate	beständig	Filtergewebe in Viscoseindustrie
Zinkschmelzen	unbeständig	
Zinnschmelzen	beständig	Pyrometerrohre
Zitronensäure	beständig	Rohrleitungen, Krystallisierwannen
Zucker	beständig	Schleudern, Rohre, Pumpen, Filtergewebe

Erhebliche Bedeutung hat auch die Verwendung von Monelmetall-Filtergewebe. Gute Erfahrungen liegen vor bei der Aluminiumoxydgewinnung aus Bauxit, bei der Zellstoffgewinnung (Hypochloritbleiche), in der Zuckerfabrikation, Lackindustrie (hellere Öle), Gummiindustrie, Färberei (Hydrosulfitküpe) und Nahrungsmittelindustrie (*R. Müller*, Chem. Apparatur 1936, S. 177).

Da Monelmetall ein ziemlich teurer Werkstoff ist, hat man in neuerer Zeit auch (durch Aufwalzen) monelmetallplattierte Eisenbleche hergestellt, die sich in der Praxis bewährt haben (s. dazu *R. Müller*, Chem.-Apparatur 1932, Beil. Korr., S. 37, 1936, S. 9, 1937, S. 19; *B. Trautmann*, Masch.-Bau 1936, Beil. Der Betrieb, S. 295).

Lit.: *E. Rabald*, Werkstoffe und Korrosion I (Berlin 1931, Julius Springer); Dechema Werkstofftabelle (Berlin 1937, Verlag Chemie); Dechema-Werkstoffblätter 1935, 1936, 1937 (Berlin, Verlag Chemie). — Nickel-Informationsbüro G. m. b. H., Frankfurt a. M., Nickel-

Handbuch, Teil Nickel-Kupfer mit über 50 Proz. Nickel. — *S. F. Tungay*, Acid Resisting Metals (London 1925, Benn). — Circular of the Bureau of Standards Nr. 100, Nickel and its Alloys, herausg. v. *G. K. Burgess* (Washington 1924). — *I. Desmurs*, Aciers spéc. 1929, S. 363. — *H. Winkelmann*, Chem. Apparatur 1929, S. 64. — *H. C. Robson*, Iron Coal Trad. Rev. 1935, S. 1017. — *M. Tsunekawa*, Japan. Nickel-Rev. 1935, S. 625; Chem. Zbl. 1936 I, S. 3745. — *R. H. Gaines*, Ind. Engng. Chem. 1912, S. 354. — Chem. Apparatur 1925, S. 56.

Rabald.

Lit. Chem. Apparatur: *R. Müller*, Nickel- und Monel-Metall plattierte Flußstahlbleche als wirtschaftliche Werkstoffe im chemischen Apparatebau (1932, Beil. Korr., S. 37). — *R. W. Müller*, Das Nickel und seine Legierungen in der Petroleumraffinerie (1936, Beil. Korr., S. 9). — *R. Müller*, Unkostensenkung beim Filtrieren und Trennen chemischer und technischer Stoffe durch Monelmetall-Filtererzeugnisse (1936, S. 177); Grundlagen der monel- und nickelplattierten Flußstahlbleche, Bearbeitung und wirtschaftliche Bedeutung für die Rohstoffgestaltung im chemischen Apparatebau (1937, S. 19, 50); Geschweißter Salzwascher aus Monel in einer Saline (1937, S. 300); Festigkeitseigenschaften von Monelmetall im chemischen Apparatebau bei verschiedenen Temperaturen (1937, S. 316, 329); Säurebeständige Schutzvorrichtungen aus Monel-Blech in Beizereien (1937, S. 380); Zur Werkstofffrage bei der technischen Anwendung von Fluorwasserstoffsäure (1938, S. 6).

Nickellegierungen, s. Chrom-Nickel-Stähle, Gußeisenlegierungen u. legierter Stahlguß, Nickelstähle, Nickel-Kupfer-Legierungen, Kupfer-Nickel-Legierungen, Chrom-Nickel-Legierungen, Nickel-Chrom-Eisen-Legierungen, Nickel-Chrom-Legierungen.

Nickelstähle sind ihrer Anwendung nach älter als die Chromstähle, (s. d.), durch die sie teilweise verdrängt worden sind. Für die chemische Technik haben hauptsächlich die hochlegierten Nickel-Stähle Bedeutung.

Physikalische Eigenschaften. Wärmeausdehnungskoeffizient: Die Wärmeausdehnungskoeffizienten von Nickelstählen weisen bemerkenswerte Zahlen auf. Invarstahl (etwa 36 Proz. Ni) hat einen bei gewöhnlichen Temperaturen außerordentlich kleinen Ausdehnungskoeffizienten, und derjenige von Platinit (46 Proz. Nickel) ist fast genau der des Glases (0,0000073—0,0000080); daher dient Platinit als Einschmelzdraht.

Die Wärmeleitfähigkeit von hochprozentigen Nickelstählen ist gleichfalls sehr gering. Besonders niedrig ist die von Frigidal (33 Proz. Ni + 1 Proz. Cr + Rest Fe) mit 0,026 cal/cm · sek · Grad. Stäbe dieser Legierung können an einem Ende mit der Hand gehalten werden, während das andere rotglühend ist. Die Legierung wird deshalb für Zwischenstücke benutzt, wenn der Wärmeabfluß von hocherhitzten Teilen vermieden werden soll.

Festigkeitseigenschaften:

Proz. Ni	Zustand	Streckgrenze kg/mm²	Festigkeit kg/mm²	Dehnung Proz.	Verwendung
25 (weich)	geglüht	25—30	55—60	40—30	Ventilkegel
	gehärtet	25—30	50—60	50—40	
25 (hart)	geglüht	25—30	55—70	45—35	Ventilkegel
	gehärtet	25—30	65—70	55—40	
30	geglüht	25—30	50—60	40—30	Teile, die bei hoher Temperatur nur geringe Ausdehnung haben dürfen
	gehärtet	25—30	50—60	50—40	
30	geglüht	25—30	55—60	40—30	
	gehärtet	25—30	55—60	50—40	

Korrosion. Die Nickelstähle sind wesentlich korrosionsfester als Kohlenstoffstähle und Gußeisen. In bezug auf die Chromstähle sind sie diesen in manchen Fällen (Schwefelsäure, Salzsäure) überlegen, in anderen (Salpetersäure, Salzwasser) unterlegen. Der chemische Widerstand steigt erheblich mit der Erhöhung des Nickelzusatzes. Namentlich die 30- und höherprozentigen austenitischen Stähle stellen sehr resistente, natürlich auch schon kostspielige Werkstoffe dar. Im Gegensatz zu den Chromstählen sind die Nickelstähle nach Versuchen von *Duffek* im geglühten Zustand wesentlich beständiger als im gehärteten.

Atmosphärische Korrosion: Nach Versuchen der Friedr. Krupp A.-G. ergeben sich folgende relative Werte für Rosten an der Luft (Flußeisen = 100):

Flußeisen	100
9 proz. Nickelstahl	70
25 proz. Nickelstahl	11

Die noch höheren Nickelstähle sind noch beständiger.

Chlor: *Pollit-Creutzfeldt* empfehlen 33—36 proz. Nickelstähle für stark beanspruchte Teile an Chlorkompressoren.

Natriumhydroxyd: Ein Stahl mit 3 Proz. Nickel bleibt in 33 proz. Lauge völlig unangegriffen. Auch gegen geschmolzenes NaOH sind Nickelstähle sehr beständig.

Salpetersäure: Auch hochlegierte Stähle sind nicht brauchbar.

Schwefelsäure:

Material	$^1/_1$ normale Schwefelsäure
3 proz. Ni-Stahl	0,0331 g/cm²·Tag
30 proz. Ni-Stahl	0,0006 „

30 proz. Nickelstahl ist also recht beständig gegenüber etwa 10 proz. Säure ($^1/_1$ normal). Kohlenstoffarme (aus Carbonyleisen hergestellte) Nickel-Eisen-Legierungen sind besonders widerstandsfähig (I. G. Farbenindustrie, Franz. P. 629521, Chem. Zbl. 1928 I, S. 1579).

Lit.: *P. Oberhofer*, Das technische Eisen (Berlin 1925, Julius Springer). — *G. Mars*, Die Spezialstähle (Stuttgart 1922, Enke). — *E. Rabald*, Werkstoffe u. Korrosion I (Berlin 1931, Julius Springer); Dechema-Werkstoffblätter 1935, 1936 (Berlin, Verlag Chemie). — Nickel-Informationsbüro G. m. b. H., Frankfurt a. M., Nickel-Handbuch, Teil Nickelstähle (Baustähle, Stahlguß). — *Verein Deutscher Eisenhüttenleute*, Werkstoffhandbuch (Stahl u. Eisen), bearb. von *K. Daeves* (Düsseldorf 1927, Stahleisen). — *A. A. Pollitt*, Ursachen u. Bekämpfung der Korrosion, übers. u. bearb. von *H. Creutzfeld* (Braunschweig 1926, Vieweg). — *H. Hatfield*, Engineer 1922, S. 639; Chem. Zbl. 1923 II, S. 680. — Fried. Krupp A.-G., Werbeschrift X, Nr. 1680. — *V. Duffek*, Chem. Apparatur 1927, Beil. Korr., S. 15, 17, 38.

Rabald.

Nicorros ist eine Nickel-Kupfer-Legierung, die praktisch die gleiche Zusammensetzung und die gleichen Eigenschaften hat wie das unter Nickel-Kupfer-Legierungen (s. d.) beschriebene Monelmetall.

Lit.: Chem. Apparatur 1934, Beil. Korr., S. 19. Ra.

Nimol, s. Gußeisenlegierungen u. legierter Stahlguß.

Niob (Niobium) ist ein dem Tantal verwandtes Metall, das erst seit neuester Zeit in größerem Maßstabe (Siemens-Röhrenwerke, Berlin) hergestellt wird. Es kommt in Form von Drähten und Stäben (0,1—40 mm ∅), Blechen (150 mm breit, 0,05—10 mm dick) und nahtlosen Rohren (3—40 mm ∅, bis zu 3 m Länge) in den Handel. Dichte 8,4, Schmelzpunkt bei 2500°. — Die chemische Widerstandsfähigkeit ist ausgezeichnet, wie untenstehende Tabelle (nach *Kreuchen*) zeigt, Bei gewöhnlicher Temperatur greifen weder Luft noch Gase, wie Schwefeldioxyd, Schwefelwasserstoff, Halogene, Kohlendioxyd, an. Gefährlich ist Wasserstoff in statu nascendi und in der Wärme, der unter Bildung von Hydriden zur Versprödung des Metalls führt. Bei Temperaturen über 300° greift Luft Niob an. Gegen Alkalischmelzen und alkalisch wirkende Salze ist Niob so empfindlich, daß der Angriff unter Feuererscheinung verlaufen kann. — Der Preis von Niob erlaubt seine Verwendung nur für Sonderzwecke.

Angreifendes Mittel	Temp. Grad	Angriff in g/m² · Tag	Blecheigenschaften nach dem Versuch
2 n-HCl	20	0	unverändert
2 n-HCl	100	0	unverändert
Konz. HCl 1,16	20	0	unverändert
Konz. HCl 1,16	100	13,53	gegen Biegen unverändert, leichte Ätzstruktur
Rauchende HCl 1,19	20	0	unverändert
Rauchende HCl 1,19	100	8,32	spröde, Oberfläche unverändert
2 n-HNO_3	20	0	unverändert
2 n-HNO_3	100	0	unverändert
Konz. HNO_3	20	0	unverändert
Konz. HNO_3	100	0,22	gegen Biegen unverändert
Rauchende HNO_3	20	0	unverändert
Rauchende HNO_3	100	0,22	gegen Biegen unverändert, Oberfläche leichte Ätzstruktur
2 n-H_2SO_4	20	0	unverändert
2 n-H_2SO_4	100	0,13	unverändert
Konz. H_2SO_4	20	0	unverändert
Konz. H_2SO_4	100	17,00	gegen Biegen unverändert, Oberfläche Ätzstruktur
Rauchende H_2SO_4	20	31,97	Ätzstruktur, gegen Biegen unverändert
Perchlorsäure, 70proz.	20	0	unverändert
Perchlorsäure, 70proz.	100	0	unverändert
Flußsäure, 10proz.	20	8,00	Oberfläche blauviolett angelaufen, wenig spröder
Flußsäure, 30proz.	20	14,31	Oberfläche violett angelaufen, Ätzstruktur, sehr spröde
Königswasser	20	0	unverändert
Königswasser	100	0,47	unverändert
Chromschwefelsäure	20	0,34	unverändert
Chromschwefelsäure	100	0,56	unverändert
Konz. Essigsäure	20	0	unverändert
Konz. Essigsäure	100	0	unverändert
Oxalsäure, gesättigt	20	0,09	unverändert
Oxalsäure, gesättigt	100	8,07	Oberfläche silberglänzend geätzt, gegen Biegen unverändert
2 n-KOH	20	0,25	Oberfläche leicht braun angelaufen, gegen Biegen unverändert
2 n-KOH	100	1,22	Oberfläche braun, durchlöchert, spröde
KOH, 25proz.	20	0,56	unverändert
KOH, 25proz.	100	155,31	äußerst spröde

Fortsetzung

Angreifendes Mittel	Temp. Grad	Angriff in $g/m^2 \cdot Tag$	Blecheigenschaften nach dem Versuch
KOH, 50proz. . . .	20	0,85	Oberfläche blau angelaufen, noch gut biegefähig
KOH, 50proz. . . .	100	152,72	äußerst spröde
2 n-NaOH	20	0	unverändert
2 n-NaOH	100	0,34	Oberfläche braun angelaufen, sonst unverändert
NaOH, 25proz. . . .	20	1,28	Oberfläche braun angelaufen, gegen Biegen unverändert
NaOH, 25proz. . . .	100	59,63	äußerst spröde
NaOH, 50proz. . . .	20	0,03	unverändert
NaOH, 50proz. . . .	100	4,34	Oberfläche graublau angelaufen, wenig spröder
Ammoniak, 13proz. .	20	0	unverändert
Ammoniak, 13proz. .	100	0	unverändert
Ammoniak, 25proz. .	20	0	unverändert
Ammoniak, 25proz. .	100	0	unverändert
Bromwasser, gesättigt	20	0	unverändert
Bromwasser, gesättigt	100	0	unverändert
NaCl, gesättigt . . .	20	0	unverändert
NaCl, gesättigt . . .	100	0,09	Oberfläche schwach braun angelaufen, sonst unverändert

Lit.: *K. H. Kreuchen*, Chem. Fabrik 1937, S. 434. — Mineral Ind. 1934, S. 614. — *C. W. Balke*, Ind. Engng. Chem. 1935, S. 1166.

Ra.

Niresist, s. Gußeisenlegierungen u. legierter Stahlguß.

Nitrocelluloselacke, s. Schutzüberzüge.

Normung. Für eine sich oft wiederholende Aufgabe wird häufig die gleiche Lösung, mit zweckbewußter Absicht oder auch unbewußt, gefunden, in gleicher Ausführungsweise zur Anwendung gebracht und allgemein als Norm bezeichnet. Hierbei braucht es sich nicht nur um tatsächlich vorhandene Gegenstände zu handeln, die Normung kann sich vielmehr auch auf Vorschriften, Verfahren, Eigenschaften und andere nicht greifbare Sachen erstrecken. Das größte Anwendungsgebiet der Normung ist die Festlegung von oft verwendeten Teilen, von Werkstoffeigenschaften und von Vorschriften, nach denen derartige genormte oder ungenormte Teile hergestellt werden. Die Vereinheitlichung bezweckt und erreicht: leichtere Beschaffung der Rohstoffe und Halberzeugnisse, Verringerung der Zahl verschiedener Teile, größere Zahl gleicher Teile, Ausgleich der Saisonarbeit, Ermöglichung der Herstellung großer Stückzahlen, Vergrößerung des Genauigkeitsgrades und der Herstellungsgüte, Austauschbarkeit der Teile, Verringerung der Zahl der Modelle zur Herstellung von Gußteilen und aller anderen Werkzeuge und Geräte, Ermöglichung der Herstellung mit den wirtschaftlichsten Arbeitsverfahren, Vereinfachung der Lagerhaltung und der Ersatzteilbeschaffung, Verbilligung oder Verbesserung bei gleichem Preis gegenüber nicht genormten Erzeugnissen. Die Vorteile der Normung sind schon frühzeitig erkannt worden. Die erste größere Normungsarbeit war die Schaffung eines einheitlichen Gewindesystems durch *Whitworth* im Jahre 1841. Die Normungsbestrebungen wurden durch die großen Vereine und Verbände von Interessenten unterstützt. Auf diese Weise entstanden z. B.: Normen für Blech- und Drahtleeren, Normalprofile für Walzeisen, Einheitsfarben zur Kennzeichnung von Rohrleitungen, Normaltabellen für gußeiserne Muffen- und Flanschrohre, Vorschriften und Leitsätze des Vereins Deutscher Elektrotechniker. Fördernd wirkten ferner die Bedingungen von Großabnehmern, wie Eisenbahn, Heeresverwaltung, Post und private, große Unternehmungen. In Erkenntnis der wirtschaftlichen Vorteile schufen sich ferner einzelne Werke besondere Betriebsnormen. Immerhin bezogen sich diese Normungsarbeiten meist nur auf einzelne Industriezweige. Eine die gesamte Technik umfassende Normung wurde erst durch die Erfordernisse des Weltkrieges hervorgerufen. Im Mai 1917 wurde der Normalienausschuß für den deutschen Maschinenbau gegründet, der am 22. Dezember 1917 in den Normenausschuß der Deutschen Industrie umgewandelt wurde. Dieser hat sein Tätigkeitsgebiet ständig auch auf Gegenstände erweitert, die nicht mehr zum Bereich der Industrie zu rechnen sind, und nennt sich dementsprechend seit dem 6. November 1926 Deutscher Normenausschuß. Er ist ein reiner Zweckverband in Form eines eingetragenen Vereins, der nach bestimmten Grundsätzen in gemeinsamer Arbeit mit allen interessierten Gruppen, vorbereitet durch zahlreiche Ausschüsse, einzelne Normblätter herausgibt, die als Kennzeichen das gesetzlich geschützte Zeichen DIN tragen (Abkürzung für „Deutsche Industrie-Norm“ oder auch für „Das ist Norm“).

Der Deutsche Normenausschuß faßt die gesamte, im Deutschen Reich geleistete Normungsarbeit nach einheitlichen Gesichtspunkten zusammen. Die von ihm herausgegebenen Normen sind das Ergebnis freiwilliger Gemeinschaftsarbeit der Erzeuger, der Verbraucher des Handels und unter Mitwirkung der Behörden und der Wissenschaft. Es wird nur dort vereinheitlicht, wo die technische Entwicklung als abgeschlossen gelten kann und persönliche Ansichten nicht mehr ausschlaggebend sein können. Sämtliche Normentwürfe unterliegen der Überwachung durch eine besondere Prüfstelle, die die äußere Form, den Aufbau und die Abhängigkeit der Normen voneinander prüft. Der jeweilige Stand der Normung auf allen Gebieten wird durch ein halbjährlich herausgegebenes Normblattverzeichnis bekanntgegeben. Der Alleinverkauf der Normblätter erfolgt durch die Beuth-Vertrieb G. m. b. H. (früher Beuth-Verlag), Berlin SW 19. Der Deutsche Normenausschuß hat in seinem Normblattverzeichnis die Normblätter und Normblattgruppen nach der Dezimalklassifikation geordnet und damit diese allgemein als Ordnungsgrundlage für das deutsche Normensammelwerk eingeführt.

Die DIN-Normen kann man etwa in folgender Weise einteilen:

I. Normen von allgemeiner Bedeutung.
   A. Grundnormen:
      1. Allgemeine Grundnormen (Formate, Einheiten und Formelgrößen, Bezeichnungen),
      2. technische Grundnormen (Normaltemperaturen, Bezugstemperaturen, Normungszahlen, Normaldurchmesser, Kegel, Rundungen, Passungen, Gewinde);
   B. Werkstoffnormen;
   C. Maßnormen (Bedienungselemente, Paßstifte, Niete, Schrauben, Muttern, Keile, Zahnräder, Triebwerke).

II. Fachnormen (Armaturen, Rohrleitungen, Apparatewesen, Dampfkessel, Kältetechnik, Feuerwehrwesen usw.).

Der Arbeitsbereich umfaßt daher nicht nur die Festlegung von Formen, Abmessungen, Stoffeigenschaften, die Vereinbarung von Grenzen, innerhalb deren eine ausgeführte Größe von einem vorgeschriebenen Wert abweichen darf, die Vereinheitlichung von Prüfverfahren, Leistungsregeln und Gütenormen, sondern auch die Festlegung des Inhalts von Begriffen, Bezeichnungen, Kennzeichen, Typen, Lieferarten, Herstellungsverfahren, Betriebs- und Bedienungsvorschriften, Bau- und Sicherheitsvorschriften.

Als Träger der Normungsarbeiten sind die zahlreichen Fachnormenausschüsse zu betrachten, von denen hier der Fachnormenausschuß für Armaturen, der Fachnormenausschuß für chemisches Großapparatewesen der Dechema, der Fachnormenausschuß für Gasflaschen, der Fachnormenausschuß für Rohrleitungen und der Fachnormenausschuß für Nichteisenmetalle erwähnt seien.

Mittelbar haben zahlreiche weitere Normungsarbeiten für das Gebiet des chemischen Apparatewesens, wie beispielsweise die Normung der Dampftechnik durch Festlegung einer einheitlichen Druckreihe mit dem Genehmigungsdruck als Bezugsdruck entsprechend der Reihe der Nenndrücke für Rohrleitungen und die Normen des allgemeinen Maschinenbaus, Bedeutung.

Im chemischen Apparatewesen wurden zuerst Normen von der Fachgruppe für chemisches Apparatewesen (Fachema) des Vereins Deutscher Chemiker, allerdings nur für Laboratoriumsgeräte, aufgestellt, die als Fachnormen mit der Bezeichnung Denog veröffentlicht sind. Im Mai 1926 ist diese Fachgruppe selbständig gemacht und in die Deutsche Gesellschaft für Chemisches Apparatewesen e. V. (Dechema) umgewandelt worden, welche die Normung unter Mitarbeit aller beteiligten Kreise auch auf das Großapparatewesen ausgedehnt hat. Allerdings liegen die Verhältnisse im Großapparatewesen für die Normung schwieriger, da die technische Entwicklung hier zum Teil noch gar nicht abgeschlossen ist und die Anforderungen an die Apparate je nach den Betriebsverhältnissen sehr verschieden sind. Während die Normung ganzer Großapparate im allgemeinen heute noch nicht angängig sein dürfte, kann die Vereinheitlichung einzelner oft verwendeter Teile, wie Böden, Rohre, Stutzen, Schaugläser, Mannlöcher, säurefeste Ausfütterungen usw., erhebliche Vorteile erbringen. Bisher hat sich die Normung im Apparatebau für die chemische Industrie besonders auf Stutzen und Tragpratzen auf säurefestes Steinzeug, auf Kessel, Standgefäße, Turmteile, Lochplatten, Turills, Rohre, Formstücke für Rohrleitungen und Hähne ausgedehnt. — Auf dem Gebiete der Korrosionsermittelung sind gleichfalls Normungsarbeiten im Gange; s. *W. Wiederholt,* Chem. Fabrik 1936, S. 179; *F. Tödt,* Chem. Fabrik 1936, S. 178; *M. Werner,* Chem. Fabrik 1937, S. 494; *E. Rabald* in *Eucken-Jakob,* Der Chemie-Ingenieur, Bd. III, 2. Teil (Leipzig 1938, Akad. Verlagsges.).

Alle oben erwähnten Normen sind rechtlich rein privater Natur und sichern ihre Verbreitung nur durch die großen wirtschaftlichen Vorteile, die ihre Anwendung mit sich bringt. Neben diesen privaten Normen stehen die öffentlich-rechtlichen Normen, die teils auf dem Gesetzgebungs-, teils auf dem Verwaltungswege durch staatliche oder vom Staat eingesetzte Organe erlassen sind. Diese Normen sind zwingende Vorschriften, deren Nichtbefolgung mit Strafe bedroht ist. Derartige öffentlich-rechtliche Normen enthalten in Deutschland: die Dampffaßverordnung (s. Dampffässer), Polizeiverordnung über den Verkehr mit verflüssigten und verdichteten Gasen

(s. Gasflaschen), Mineralölverkehrsordnung (s. Behälter), Werkstoff- und Bauvorschriften für Landdampfkessel, Errichtungsvorschriften für Landdampfkessel, Acetylenverordnung, die Unfallverhütungsvorschriften der Berufsgenossenschaften und sonstige auf Grund der Arbeiterschutzgesetzgebung erlassene Vorschriften. Es können naturgemäß auch einzelne Normen privater Natur zu solchen des öffentlichen Rechts durch den Erlaß einer entsprechenden Vorschrift eines staatlichen Organs gemacht werden. So sind z. B. die DIN-Anschlußgewinde für Gasflaschen durch eine Polizeiverordnung zwingend vorgeschrieben.

Lit.: *W. Zimmermann, F. Brinkmann, E. Böddrich,* Einführung in die DINormen (4. Aufl., Leipzig 1936, Teubner). — DIN-Normblatt-Verzeichnis (Berlin, Beuth-Verlag). — *N. F. Harriman,* Standards and Standardisation (New York 1928. — *H. von Renesse,* Die Deutsche Werkstoffnormung (Berlin, Beuth-Verlag). — DIN-Bücher, (Berlin, Beuth-Verlag). — DIN-Taschentücher (Berlin, Beuth-Verlag). — *K. Gramenz,* Grenzen der Normung (Z. VDI 1927, S. 181).

Thormann.

Nutschen, s. Filter.

O

Oberflächenkondensatoren *(s. auch Kondensatoren, Mischkondensatoren, Kühler, Röhrenapparate).* Die Oberflächenkondensatoren verflüssigen Dämpfe aller Art durch Heranführen des Dampfstroms an gekühlte, zum Wärmeübergang geeignete Flächen, Übertragung der in den Dämpfen enthaltenen Wärme durch dünne Wandungen hindurch auf ein Kühlmittel und Sammlung der entstandenen Flüssigkeit auf dem Boden des Apparats. Man wendet sie dann an, wenn es sich darum handelt, aus anderen Apparaten kommende Dampfmengen oder einen Teil von ihnen zu gewinnen oder in einem dicht geschlossenen Raum eine Luftleere zu erzeugen und aufrechtzuerhalten. Gegenüber den Mischkondensatoren zeigen sie einige Nachteile, da sie teurer sind, mehr Kühlwasser verbrauchen und die großen Kühlflächen durch die Wirkung der Gase, die sich oft in den Dämpfen befinden, wie Ammoniak, Schweflige Säure und Kohlensäure, leicht beschädigt werden können. Bei der Wahl des Kondensationsverfahrens gibt man ihnen immer dann den Vorzug, wenn das Kondensat nicht mit dem Kühlwasser vermischt, sondern getrennt von ihm gewonnen werden soll, ferner wenn ein sehr hohes Vakuum erhalten werden soll, was mit den Misch- oder Einspritzkondensatoren schwerer möglich ist, da das Kühlwasser Gase gelöst enthält, die frei werden, wenn es unter Luftleere gebracht wird. Ferner werden alle wasserlöslichen, flüchtigen Stoffe, wie z. B. Lösungsmittel, in Oberflächenkondensatoren niedergeschlagen. Die Destillierapparate sind daher immer, die Verdampfer selten mit Oberflächenkondensatoren versehen. Da der Raum, in dem die Kondensation stattfindet, durch die Wärmeaustauschfläche vom Kühlwasserraum getrennt ist, können die Oberflächenkondensatoren unter jedem Druck (Vakuum als auch Überdruck) arbeiten.

Die Kühlfläche wird in Form von Schlangen, Rohrbündeln (s. Röhrenapparate), zylindrischen Zargen, Doppelrohren oder von Gebilden ausgeführt, die aus ebenen Elementen zusammengesetzt sind. Die Aufgabe, in einem kleinen

Raum möglichst große Kühlflächen unterzubringen, läßt sich mit Rohren am besten lösen. Mit Rohren ausgestattete Oberflächenkondensatoren findet man daher am häufigsten. Bei der Kondensation von Stoffen mit niedriger Verdampfungswärme haben sich besonders verschiedene andere Bauarten bewährt. In den Röhrenapparaten kann sowohl der Dampf durch die Rohre gehen und das Kühlwasser außerhalb derselben fließen, als auch der Dampf außerhalb der Rohre strömen und das Wasser durch die Rohre gehen. Läßt man den Dampf durch und das Kühlwasser um die Rohre strömen, so ist der Wärmeübergang besser. Bei der umgekehrten Anordnung wird die Reinigung leichter ermöglicht.

Die Oberflächenkondensatoren können so betrieben werden, daß sie nur die Dämpfe niederschlagen und daß das Kondensat sofort nach seiner Entstehung abfließt, wobei nur die Verdampfungswärme abzuführen ist, oder auch so, daß ein Teil des Kondensators noch mit Kondensat gefüllt ist, so daß dieses unter die Siedetemperaturen gekühlt wird, wobei außer der Verdampfungswärme auch noch ein Teil der Flüssigkeitswärme abgeführt werden muß.

Da die Dämpfe stets Luft enthalten, so reichert sich diese infolge der Kondensation der Dämpfe auf ihrem Weg durch den Kondensator an. Der Teildruck der Luft wird bei dem Durchgang der Dämpfe durch den Kondensator allmählich größer, da diese durch die Kondensation an Menge abnehmen. An der kältesten Stelle, wo der Teildruck der Luft am größten ist, muß die Luft, wenn der Apparat mit Überdruck arbeitet, ins Freie gelassen oder, wenn er unter Vakuum arbeitet, von einer Luftpumpe (s. d.) abgesaugt werden. Um diesen Vorgang möglichst günstig zu gestalten, wird meist Gegenstrom (s. Gegenstromapparate) angewendet. Man läßt z. B. bei Kondensatoren mit senkrechten Kühlrohren die Dämpfe oben eintreten, zieht unten das Kondensat ab, läßt dort das kalte Wasser eintreten und führt es oben erwärmt ab.

Der Wärmeübergang ist dem Unterschied zwischen der Temperatur des kondensierenden Dampfes und der des Kühlwassers proportional. Während die Dampftemperatur unveränderlich und durch den Druck gegeben ist, verändert sich die Kühlwassertemperatur, indem sie auf dem Wege des Wassers durch den Kondensator zunächst schnell, dann langsamer ansteigt. Da die Wassertemperatur nicht linear im Kondensator ansteigt, ist auch der mittlere Temperaturunterschied nicht durch das arithmetische Mittel zwischen Eintritts- und Austrittstemperatur, sondern durch

$$\vartheta_m = \frac{\vartheta_a\left(1 - \frac{p}{100}\right)}{\ln\frac{100}{p}}$$

gegeben, worin ϑ_a den größten und p den kleinsten Temperaturunterschied in Prozent des größten bedeutet.

Die Kühlwassereintrittstemperatur ist in der Regel durch das vorhandene Wasser gegeben, die Kühlwasseraustrittstemperatur muß um den geringsten Temperaturunterschied an der Wärmeaustauschfläche kleiner sein als die Temperatur des kondensierenden Dampfes. Dadurch ist die Gesamtwärme q, die 1 kg Wasser im Kondensator aufnehmen kann, gegeben. Kennt man die in der Zeiteinheit niederzuschlagende Dampfmenge G, so kann man die Kühlwassermenge W berechnen, die notwendig ist, um diese Dampfmenge niederzuschlagen. Beträgt der Wärmeinhalt des Dampfes i, bezogen auf die Kondensataustrittstemperatur, so ist: $W = Gi:q$.

Kennt man auch die Wärmedurchgangszahl α in kcal/m²·Grad·std, so kann man die notwendige Kühlfläche F in m² berechnen, die zum Niederschlagen der Dampfmenge G notwendig ist. Es ergibt sich: $F = Gi:\alpha\vartheta_m$ in m². Hierin ist α von der Wasser- und Dampfgeschwindigkeit abhängig. Für Schlangen- und Röhrenapparate, durch die der Dampf strömt, kann man für kondensierenden Dampf nach *Hausbrand* setzen: $\alpha = 750 \sqrt[2]{v_d}\sqrt[3]{0{,}007 + v_f}$, worin v_d die Geschwindigkeit des Dampfes beim Eintritt in den Kondensator (Eintrittsgeschwindigkeit) und v_f die mittlere Geschwindigkeit des Kühlwassers ist. Die hieraus errechneten Werte gelten für Messingrohre; für Eisenrohre sind die Werte um etwa 10 Proz. geringer anzunehmen. In den meisten Fällen wird man im Mittel etwa mit einem Wert von $\alpha = 500 - 1000$ für Kupferrohre sicher rechnen können. Für Stahlrohre ist ein Zuschlag von 10—20 Proz. notwendig. Für organische Flüssigkeiten sind die Wärmedurchgangszahlen niedriger. Sie betragen teilweise nur 25 Proz. der für die Kondensation von Wasserdampf geltenden Werte. Unter günstigen Umständen, wie hohen Geschwindigkeiten, lassen sich bei der Kondensation von Wasserdampf mit kupfernen Rohren Zahlen bis zu etwa 5000 und mit eisernen Rohren bis zu 3000 kcal/m²·Grad·std erreichen. Für waagerechte Rohre ist die Wärmedurchgangszahl größer als für senkrechte, wobei angenommen ist, daß der kondensierende Dampf die Rohre außen umspült. In großen Kondensatoren macht sich der Druckabfall infolge der zahlreichen Strömungswiderstände bemerkbar, so daß die Temperatur nicht überall gleich ist (s. auch *K. Hoefer*, Messung der Dampftemperatur in einem Oberflächenkondensator [Z. VDI 1937, S. 1284]). Die technisch höchsten Werte für die Wärmedurchgangszahl lassen sich nur erreichen, wenn die Austauschflächen rein sind, wie es bei einem neuen Apparat der Fall ist. Im Betrieb wird sich oft ein Belag einstellen, der den Wärmedurchgang stark vermindert und im voraus kaum bei der Berechnung eines Kondensators berücksichtigt werden kann. Durch höheren Luftgehalt im Dampf wird die Wärmedurchgangszahl stark herabgedrückt.

Einen kleinen Oberflächenkondensator, wie er an Vakuumtrocknern angewendet wird, zeigt Abb. 1529 (Devine, Vernon). Der Dampf tritt oben, das Kühlwasser unten ein. Die Luft wird unten abgesaugt. Das Kondensat wird auf einem Querboden unter dem Röhrenkörper gesammelt und fließt durch ein nach außen geführtes, absperrbares Rohr in den darunter liegenden Kondensationsbehälter. Durch ein Schauglas kann man an der ausfließenden Kondensatmenge den Verlauf des Trocknungsvorganges beobachten.

Einen Röhrenkondensator, wie er an Destillierapparaten zur Erzeugung des Rücklaufes angewendet wird, zeigt Abb. 1530. Hier strömt das Kühlwasser durch die Rohre, der Dampf außerhalb derselben. Der Dampf tritt oben ein, Kondensat und Restdampf mit den nicht kondensierbaren Gasen werden unten abgeführt. Das Wasser tritt unten ein und verläßt oben den Kondensator. Ein derartiger Apparat, der oben offen bleiben kann, läßt sich sehr leicht reinigen.

Um die Ausdehnung des Röhrenbündels zu ermöglichen und Wärmespannungen von ihm fernzuhalten, wird oft ein Rohrboden nicht mit der

Kühlerzarge verbunden, sondern für sich in Form einer besonderen Kammer angeordnet, wie Abb. 1531 zeigt. Hier fließt das Kühlwasser außerhalb der Rohre. Der niederzuschlagende Dampf tritt oben in die Rohrkammer ein. Das Kühlwasser fließt von unten zwischen den Rohren hindurch nach oben.

Größere Kondensatoren werden vielfach mit waagerechten Rohren ausgeführt. Das Kühlwasser geht dann in zwei oder mehr Gängen durch die Rohre; der Dampf strömt außen um die Rohre (s. auch die Darstellung eines derartigen Apparates bei Vorwärmer [s. d.], wobei es sich um einen mit

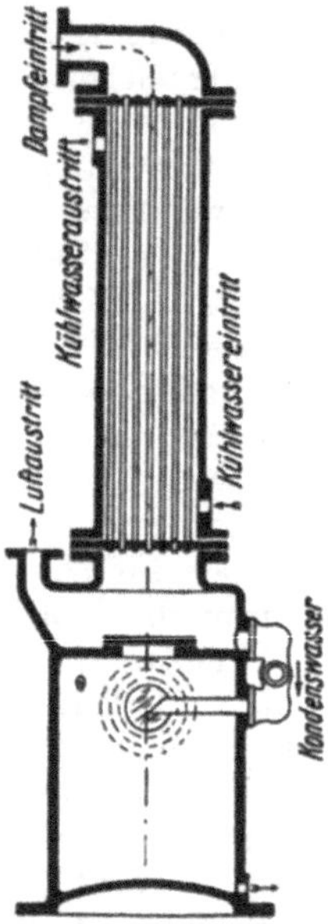

Abb. 1529. Oberflächenkondensator mit Kondensatbehälter (Devine).

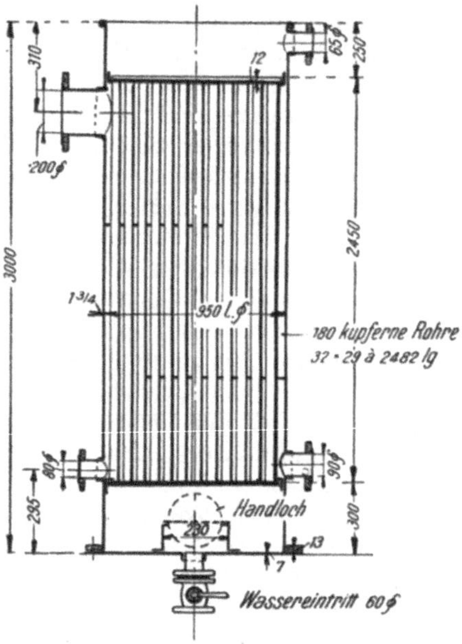

Abb. 1530. Kondensator (40 m² Kühlfläche).

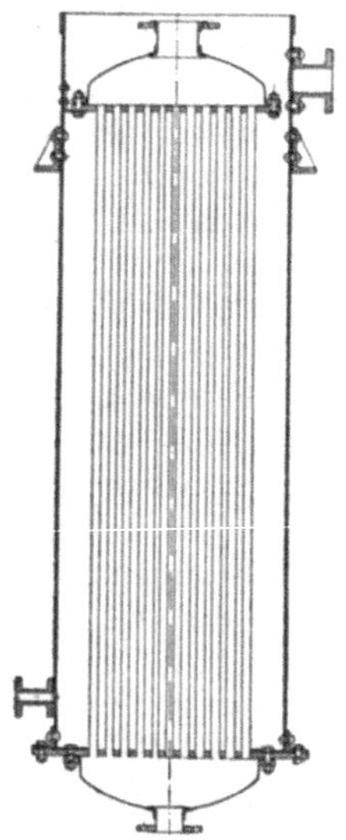

Abb. 1531. Röhrenkondensator mit beweglicher Rohrkammer.

Dampf beheizten Vorwärmer handelt, der jedoch in seiner Bauweise einem Kondensator sehr ähnlich ist).

An Kondensatoren mit waagerechten Kühlrohren werden diese bisweilen so versetzt, daß das abtropfende Kondensat nicht auf die Mitte des darunterliegenden Rohres, sondern auf dessen Seitenfläche fällt, wobei dann drei Viertel der Rohroberfläche von dem niederrieselnden Kondensat freibleiben (*Ginabat*-Kondensator). Um den Dampf auf die Rohre möglichst gleichmäßig zu verteilen, macht man durch Schaffung von Gassen den Weg des Dampfes überall möglichst gleich lang, wobei man Wärmedurchgangszahlen über 4000 kcal/m² · std · Grad erhalten hat.

Einen Oberflächenkondensator, der nicht nur die Aufgabe hat, Dämpfe niederzuschlagen, sondern der auch das Kondensat kühlt, zeigt Abb. 1532 (Christoph & Unmack, Niesky O.-L.). Die Kühlfläche wird hier durch zwei Zylinder gebildet, die von den Dämpfen bzw. dem Kondensat in Schraubenlinien durchströmt werden, wobei es zweckmäßig ist, die Steigung der Schraubenlinien

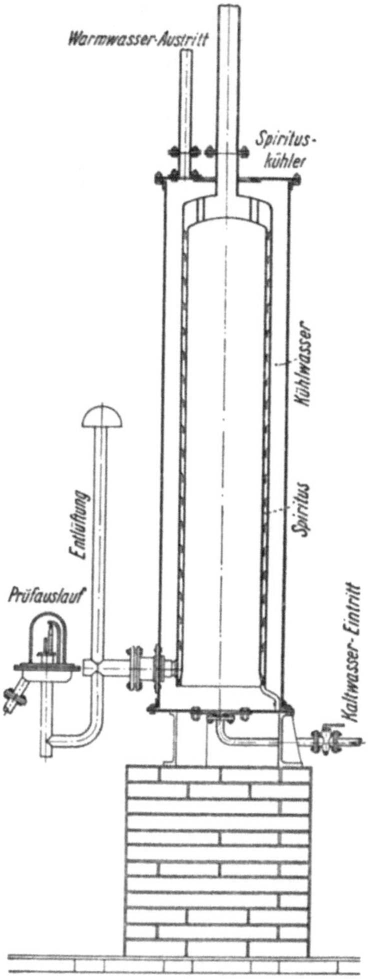

Abb. 1532. Zargenkondensator (Christoph & Unmack).

nach unten abnehmen zu lassen. Diese sog. Zargenkühler sind als Destillatkühler an Maische-Destillierapparaten in der Spiritusindustrie sehr beliebt, was teilweise wohl an ihrem großen Wasserinhalt liegen mag, der Schwankungen der ausströmenden Dampfmengen bei dem Kondensationsvorgang leicht aufnehmen kann. Das Kondensat fließt unten durch einen Prüfauslauf ab, an dem auch das Entlüftungsrohr angeschlossen ist. Derartige Kühler werden nach Erfahrungsdaten überaus reichlich bemessen, da sonst bei vorübergehenden Zunahmen der eintretenden Dampfmenge leicht Destillatdämpfe durch das Entlüftungsrohr ins Freie gelangen und so verlorengehen könnten. So rechnet man für derartige Spirituskühler mit etwa 5—6 m^2 Kühlerfläche auf 100 l/std erzeugten Sprit von 95—96 Vol.-Proz. und mit 8—10 m^2 für die Fläche des Rücklaufkondensators (s. Destillierapparate).

Für kleine Leistungen führt man vielfach die Kondensatoren als Schlangenkondensatoren aus, indem man eine Rohrschlange in einen vom Kühlwasser durchflossenen Behälter setzt. Die Schlangen können mit mehreren ineinanderliegenden Windungen von verschiedener Größe ausgeführt werden. Im Kühlwasserbehälter ist unten ein Schlammablaß vorzusehen. Damit die Windungen in gleicher Lage bleiben, werden sie an besonderen Haltern befestigt, wobei zu beachten ist, daß weiche Rohrbaustoffe nicht zerdrückt werden.

Besteht die Möglichkeit, daß sich in den Schlangen hochsiedende Bestandteile festsetzen, so können die Rohre gerade durch den Behälter geführt und die Rohrenden außerhalb des Flüssigkeitsbehälters angeordnet werden, wie Abb. 1533 mit einem Beispiel für einen Kondensator zum Niederschlagen von Teerdämpfen zeigt.

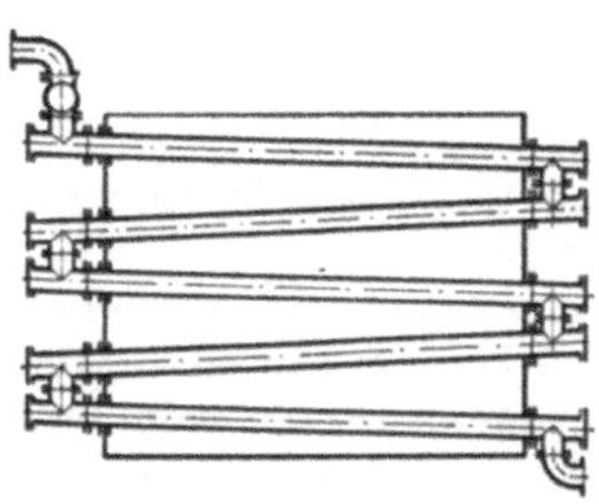

Abb. 1533. Kondensator für Teerdämpfe.

Für Stoffe, die zu Verstopfungen neigen, eignen sich Kondensatoren, die aus Doppelrohren (s. d.) zusammengesetzt sind. Die auf Abb. 1534 dargestellte Ausführung (Opitz & Kloz, Leipzig) ist für die Kondensation von Dämpfen bestimmt, die bei der Destillation von Lackrohstoffen, Harzen, Firnis usw. entstehen. Die Dämpfe treten bei *A* ein und durchströmen die vier wassergekühlten Rohrschenkel. Ein Gebläse *C* saugt die nichtkondensierbaren Bestandteile ab und drückt sie in eine Vorlage *E*. Die verflüssigten Bestandteile laufen bei *H* ab und sammeln sich in dem Gefäß *D*. Das bei *F* zufließende Kühlwasser strömt durch die Außenräume der vier Doppelrohre (s. d.) und verläßt warm bei *G* den Kondensator.

Ein in der Benzol-, Kokerei- und Ammoniak-Industrie besonders als Rücklaufkondensator von Kolonnen viel angewendeter Apparat ist der Wärmeaustauscher nach *Uhlmann*, Abb. 1535. Er besteht aus einer Anzahl übereinandergesetzter gußeiserner Platten, in denen Hohlräume angeordnet sind, durch die das Kühlwasser geleitet wird. Dieses wird durch außenliegende Krümmer von Platte zu Platte geleitet, während die Dämpfe außerhalb der Kühlelemente im Zickzackweg durch den Apparat gehen.

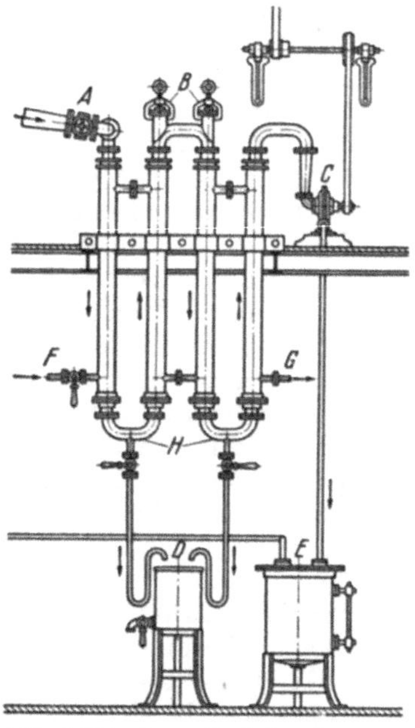

Abb. 1534. Doppelrohrkondensator für hochsiedende Flüssigkeiten (Opitz & Kloz).

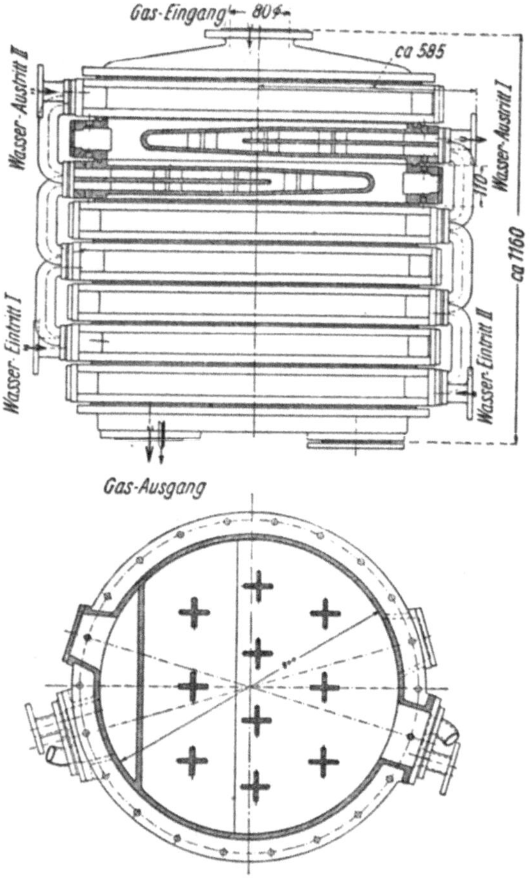

Abb. 1535. Kondensator nach *Uhlmann*.

Dämpfe von hohen Temperaturen und von Stoffen mit geringen Verdampfungswärmen werden oft ganz oder teilweise in Luftkondensatoren niedergeschlagen, die meist aus einer Anzahl hintereinandergeschalteter, von Luft bespülter Rohre oder Behälter bestehen. Sie werden besonders bei der Destillation von Erdöl, Teeren, Glycerin, Fettsäuren und anderer hochsiedender Stoffe verwendet (s. auch Destillierapparate).

Lit.: *E. Hausbrand* u. *M. Hirsch*, Verdampfen, Kondensieren, Kühlen (7. Aufl., Berlin 1931, Julius Springer). — *J. F. Weiß*, Kondensation (Berlin 1910, Julius Springer). — *J. Sim*, Steam Condensing Plant in Theory and Practice (London 1925, Blackie & Sons). — *A. Wright*, Modern Practice in Steam Condensing (London 1925, Cockwood & Son). — *Robinson*, Condensing Plant (London 1926, Pitman). — *L. Heuser*, Eine neue Bauart von Oberflächenkondensatoren (Z. VDI 1924, S. 1121). — *M. Jakob*, Der Wärmeübergang an Kondensatorrohren (Z. VDI 1924, S. 423). — *L. Heuser*, Neue Versuche an Ginabat-Kondensatoren (Z. VDI 1925, S. 81). — *L. Richter*, Eigenschaften der Wasserstrahlluftpumpen für das Entlüften von Oberflächenkondensatoren (Z. VDI 1923, S. 1042).

Thormann.

Öfen *(s. auch Keramische Werkstoffe, Feuerungsanlagen, Beheizungsvorrichtungen, Einmauerungen, Röstvorrichtungen, Gasreaktionsapparate, Gasverbrennungsapparate).* Im allgemeinen erfolgt eine Verdoppelung der Geschwindigkeit chemischer Reaktionen bei einer Steigerung der Reaktionstemperatur um 10 Grad. Manche Vorgänge benötigen nur für ihren Beginn eine erhöhte Temperatur, andere Arbeitsweisen der industriellen Chemie brauchen eine Erhitzung während des ganzen Verlaufs oder nur für ihre Beendigung. Außer zur Durchführung chemischer Verfahren dient die Steigerung der Temperatur auch zahllosen physikalischen Arbeitsmethoden der gesamten Technik, wie Sinterung, Schmelzung, Lösung, Entglasung, Rekrystallisation usw. Der Umfang der Temperaturerhöhung und ihre Dauer hängt vom Einzelzweck ab und erfordert daher die verschiedensten Mittel. Handelt es sich um eine Erhitzung bis 100°, so dient im allgemeinen der Wasserdampf zur Erreichung dieses Zieles. Kann man aus Gründen des chemischen oder technischen Vorgangs Wasserdampf nicht direkt in das Reaktionsgemisch einblasen, so benutzt man das gleiche Erhitzungsmittel auf indirektem Wege, indem man seine Wärme durch geeignete Wandungen überträgt. Die grundsätzlich gleiche Methode dient auch der Technik, wenn die zu erreichende Temperatur über 100° liegt, und man daher als Wärmeträger gespannten Wasserdampf, hochsiedende Öle, niedrigschmelzende Metalle und Legierungen oder Sand benutzt. Auf diese Weise kann man Arbeitsprozesse bis zu etwa 400° ausführen. Handelt es sich um höhere Temperaturen, so muß man für die prinzipiell gleichen Zwecke graduell andere Mittel und Wege gehen. Vor allem muß als Hitzeträger in allererster Linie die Flamme selbst wirken, die bisher im allgemeinen nur indirekt der Erwärmung des Dampfes, des Metall-, Öl- oder Sandbades diente oder die zu kochende Flüssigkeit durch die Gefäßwandung erhitzte. Auch bei Erwärmung auf höhere Temperaturen unterscheidet man grundsätzlich, wie beim Kochen von Flüssigkeiten usw., direkte und indirekte Beheizung. Bei vielen Vorgängen kommt es nur auf die Erreichung bestimmter Temperaturen an; in diesen Fällen wird die Erhitzung nach der billigsten direkten Methode vorgenommen, die Feuergase durchstreichen das zu brennende Gut, bzw. man bringt dasselbe mit dem Brennstoff in direkte Berührung. Hierbei können außerdem noch chemische Vorgänge eintreten, die in gewissen Fällen mit Absicht herbeigeführt werden. Für andere Zwecke muß jede Einwirkung des Brennstoffs, der Flamme und der Verbrennungsgase ausgeschlossen sein. Man erhitzt dann, ebenso wie beim Kochen, indirekt und schützt das Brenngut durch „Muffeln" bzw. durch Durchleiten eines Schutzgases. Eine weitere Entwicklung dieser letzten

Methode ist die Kombination der Erhitzung mit der Reaktion eines chemisch wirksamen Gases.

Von ausschlaggebender Wirkung für die zweckmäßigste Wahl der Erhitzungsvorrichtung, des „Ofens", ist auch die Form des Brenngutes und sein chemisches und physikalisches Verhalten bei der Temperatursteigerung. Wird der Brennprozeß einer Ware vorgenommen, die nach dem Brande die ursprüngliche bzw. die gleiche ihr vor der Erhitzung gegebene Form beibehalten soll, so wird man grundsätzlich andere Ofenkonstruktionen zu wählen haben als bei einem Produkt, dessen Gestalt nach der Erhitzung gleichgültig ist, bzw. das nach erfolgtem Brande vermahlen oder sonstwie formlos weiter verarbeitet wird.

Nicht nur von dem chemischen oder physikalischen Prozeß an sich, sondern auch von der Fabrikationsdisposition hängt die Wahl eines periodisch oder eines kontinuierlich arbeitenden Ofensystems ab. Bei den periodisch wirksamen Öfen besteht eine jahrtausendalte Entwicklung und Erfahrung, die jedoch bis zum heutigen Tage nicht abgeschlossen ist, während die kontinuierlich betriebenen Öfen sich erst seit einigen Jahrzehnten — mit dem in allen Industrien in gleicher Weise auftretenden Wunsche nach Rationalisierung, der Einführung der Fließarbeit — entwickelten. Heute gilt nicht mehr die Trennung der Benutzung der periodisch arbeitenden Öfen in Klein- und der kontinuierlichen in Großbetrieben, die eine Zeitlang die Entwicklung des Gaskammer-, Drehrohr- und Tunnelofens beherrschte; es ist vielmehr technisch sehr gut möglich, für jede, auch die kleine, regelmäßige Fabrikation stetig arbeitende Öfen zu schaffen, d. h. die Normalkonstruktion den Sonderbedürfnissen anzupassen.

Die Wahl der Ofeneinzelheiten für jeden Sonderzweck, wie direkte oder indirekte Beheizung, periodischer oder kontinuierlicher Betrieb, Reduktion, Oxydation bzw. chemisch reagierendes Gas usw. hängen ebensosehr von den besonderen Bedingungen der Fabrikation ab, wie von dem Produktionsumfang des Brenngutes, der Brenndauer und den Kosten des billigsten Brennstoffes, sowie von den übrigen örtlichen Bedingungen, so daß ganz allgemeingültige Regeln für die Ofenauswahl nicht zu geben sind. Man kann jedoch sagen, daß die heutige Ofenbautechnik alle zur Zeit auftretenden technischen Forderungen zu erfüllen vermag. Hierbei sind die Einzelarbeitsbedingungen von besonderer Wichtigkeit für den Ofenbauer, weil davon nicht nur die Ofenkonstruktion, sondern auch das Ofenbaumaterial abhängen.

Während bei niedriger Temperatur die Zahl der verwendbaren Werkstoffe relativ groß ist und zunächst nur durch die Forderung der Sicherheit gegen chemische Korrosion eine Einschränkung erfährt, wird die Auswahl bei steigender Temperatur immer kleiner und begrenzter, bis schließlich — außer Platin, Iridium usw. — nur noch die keramischen Fabrikate zur Verfügung stehen. Unter dem Gesichtspunkt der Verwendung keramischen Baumaterials sind eine Anzahl von Öfen bereits in dem Abschnitt Keramische Werkstoffe (s. d.) behandelt worden, und zwar Kiesröstöfen (S. 812, 813), Chromiröstöfen (S. 817), Wasserstoffgeneratoren (S. 812), Zellstoffkocher (S. 818), Öfen zur Herstellung von Blausäure (S. 812), Schwefel (S. 812), Schwefelkohlenstoff (S. 813), Salzsäure (S. 813, 814, 815), Soda (S. 815, 816), Schwefelnatrium (S. 816).

Für den Ausfall üblicher Gerätebaumaterialien bei höherer Temperatur spielt nicht nur die Unbeständigkeit vieler Werkstoffe bei Erhitzung an

Physikalische Eigenschaften

Masse	Spez. Gewicht	Raumgewicht	Porenraum Proz.	Porosität durch Wasseraufnahme Proz.	Druckfestigkeit kg/cm²	Zugfestigkeit kg/cm²	Biegefestigkeit kg/cm²	Elastizitätsmodul kg/mm²	Torsionsfähigkeit kg/cm²
Baumaterialien:									
Ziegel, normal	1,4—1,6	1,85	—	8	—	—	—	—	—
Ziegelmauerwerk	1,6	—	—	—	—	—	—	—	—
Klinker	1,7—2,0	—	—	5	—	—	—	—	—
Hartbrandziegel	—	—	—	5—12	—	—	—	—	—
Klinkerplatten	2,4—2,5	2,1—2,2	—	—	—	—	—	—	—
Feuerfeste Produkte:									
Schamottemasse	—	—	—	—	—	—	—	—	—
Schamottehafenmasse	—	—	—	—	—	—	—	—	—
Spezialmasse	2,765	1,962	29,1	10,8	—	94	—	—	117
Magnesit	3,44—3,60	2,663	24—30	—	1037	122	246	8919	—
Kohlenstoffsteine	etwa 3	—	etwa 40	—	etwa 535	—	—	—	—
Norm. Schamottesteine	2,5—2,7	1,9	15—35	—	325	—	—	—	—
Spezialmasse	2,655	2,021	23,9	10,4	—	87	—	—	157
Silit	2,67—2,83	2,2	17,6	—	—	—	800—1200	—	—
Alundum	3,91	—	—	—	—	120	1085	—	—
Silicasteine	2,32—2,5	—	18—43	—	100	—	—	—	—
Siliciumcarbidsteine	3,1—3,2	—	etwa 30	—	—	—	—	—	—
Chromitsteine	etwa 4	—	etwa 10	—	—	—	—	—	—
Marquardtsche Masse	—	—	—	—	—	—	—	—	—
Spezialqualitäten:					Kaltdruckfestigkeit				
Supermullit	—	2,3	—	9,5	1000—1200	—	—	—	—
Edelmullit	—	2,2	—	12,2	750—1000	—	—	—	—
Sillimanit	—	2,0	—	16,0	650—800	—	—	—	—
Ba-Al-Silicatsteine	—	2,2	—	14,5	230	—	—	—	—
Sinterkorund	—	—	—	0	6000	—	—	—	—
Quarzglas	2,0—2,21	—	—	—	19800	üb. 700	700	7200	300

[1]) Zwischen 17° und 200°. [2]) Bei 200°. [3]) Mittel zwischen 0 und 1000°.

sich die ausschlaggebende Rolle, sondern auch die eingangs geschilderte Reaktionsbeschleunigung bei Temperatursteigerung. Daher kommt es, daß Metalle, die gegen gewisse Reagenzien bei gewöhnlicher Temperatur eine außerordentlich große Widerstandsfähigkeit besitzen, von den gleichen Chemikalien bei erhöhter Temperatur in längerer oder kürzerer Frist völlig zerstört werden. Stoffe, die der Oxydation oder Reduktion unter Normalbedingungen beliebig lange widerstehen, reagieren häufig auf das Intensivste bei entsprechenden Temperatursteigerungen. Auch bei den keramischen Ofenbauwerkstoffen ist je nach Zweck und Temperaturhöhe eine entsprechende sorgfältige Auswahl zu treffen. Ganz allgemein pflegt man für chemische Reaktionen, bei denen die zu erhitzende Ware mit dem Ofenbaumaterial in direkte Berührung kommt, basische Schamottesteine für basische Vorgänge zu wählen, während für saure Operationen saure Steine am widerstandsfähigsten sind. Gutes keramisches Ofenbaumaterial darf, entsprechend richtig vermauert, weder wachsen, noch nachschwinden; ist jedoch dieser Vorgang durch die sonstigen Umstände bedingt, so muß hierauf bei der gebräuchlichsten keramischen Ofenbauwerkstoffe.

Kugeldruckfestigkeit	Schlagbiegefestigkeit $\frac{cm \cdot kg}{cm^2}$	Zähigkeit Trommelprobe Gew.-Verl. in Proz.	Härte: Sandstrahl-abnutzbarkeit Verl. in cm³	Härte: Skleroskop	Kegelschmelzpunkt SK.	Erweichungstemperatur unter Belastung Grad	Linearer Ausdehnungskoeffizient	Wärmekapazität spez. Wärme zwischen 17 und 100°	Wärmeleitfähigkeit kcal/m · std · Grad	Temperaturleitfähigkeit $= \frac{\text{Wärmeleitfähigkeit}}{\text{Dichte} \cdot \text{spez. Wärme}}$	Isolationswiderstand in Megohm (= 1000000 Ohm)
—	—	—	—	—	—	—	—	0,189 bis 0,241	0,45	—	—
—	—	—	—	—	—	—	—	—	0,60	—	—
—	—	—	—	—	—	—	—	0,19	—	—	—
—	—	—	—	—	—	—	—	—	—	—	—
—	—	—	—	—	—	—	—	—	—	—	—
—	0,33	—	—	—	33	—	—	0,205	—	—	—
—	0,34	—	—	—	33	—	—	—	—	—	—
—	1,75	13,4	26,5	30	30	—	$5{,}5 \cdot 10^{-6}$	—	—	—	—
748	—	13,9	10,3	23—25	> 36	etwa 1400	—	0,253[1])	0,396[2])	—	< 137
—	—	—	—	—	> 42	—	—	0,312[1])	—	—	—
—	1,7	—	—	—	32—35	1300	$1{,}6$—$5{,}7 \cdot 10^{-6}$	0,190	0,432[2])	—	< 137
—	—	7,2	—	—	28	—	$6{,}7 \cdot 10^{-6}$	0,1850	—	—	—
—	—	—	5,5	—	—	—	—	0,19	—	—	—
—	—	—	—	—	—	—	$7{,}1 \cdot 10^{-6}$	—	—	etwa 1,44	—
—	—	—	—	—	33—35	1600—1700	—	0,219[1])	0,684[2])	—	< 175
—	—	—	—	—	> 42	> 1700	$4{,}7 \cdot 10^{-6}$	—	8,64[3])	—	< 127
—	—	—	—	—	—	etwa 1300	—	—	—	—	—
—	—	—	—	—	1820°	—	$5{,}2 \cdot 10^{-6}$	0,229	—	—	—
—	—	—	—	—	über 40	—	—	—	—	—	—
—	—	—	—	—	39	—	—	—	—	—	—
—	—	—	—	—	38—39	—	—	—	—	—	—
—	—	—	—	—	31	—	—	—	—	—	—
—	—	—	—	—	über 42	—	—	—	—	—	—
—	—	—	—	—	1725°	1500	$0{,}55 \cdot 10^{-6}$	0,18	0,26	—	—

der Konstruktion und im Aufbau in geeigneter Weise Rücksicht genommen werden. Die gleiche Berücksichtigung verlangt die normale Wärmedehnung des Ofenbaumateriales während des Brandes.

Nicht nur der Schmelzpunkt des keramischen Ofenbaumaterials ist von Wichtigkeit, sondern auch der Erweichungspunkt unter Druck, d. h. die Druckfeuerbeständigkeit. Alle diese physikalischen Eigenschaften der gebräuchlichsten keramischen Ofenbauwerkstoffe sind in der obenstehenden Tabelle zusammengestellt.

Zu den nicht allgemein gebräuchlichen, aber doch in steigendem Maße benutzten Materialien gehören eine Reihe von Oxyden, Carbiden und Nitriden, deren Schmelzpunkte wesentlich über den entsprechenden Ziffern von Schamotte, Dinas, Quarzglas usw. liegen.

Diese Verbindungen sind heute noch verhältnismäßig teuer. Sie finden daher nur dort Verwendung, wo andere Stoffe nicht mehr ausreichen. Handelt es sich nicht nur um den hohen Schmelzpunkt dieser Verbindungen, sondern auch um ihre besondere chemische Widerstandsfähigkeit im Einzelfall, so pflegt man auch hochwertige feuerfeste Steine vor dem Brande mit einer dünnen Engobeschicht aus diesen Schutzstoffen zu überziehen oder den fertigen Ofenbau mit einem Schutzanstrich zu versehen. In beiden Fällen — und auch unter zahlreichen anderen Ofenbaubedingungen — ist es zweckmäßig, die Steinfugen so dünn und schmal wie nur möglich zu gestalten. Dies erfordert häufig ein besonderes Nachschleifen oder eine geeignete Nacharbeit der Steine am Bauplatz.

Der zu verwendende Mörtel nähert sich im allgemeinen in seiner chemischen Zusammensetzung dem zu vermauernden Stein und wird zweckmäßig mit dem feuerfesten Material gemeinsam bezogen. Benutzt man hochwertige Anstrichmassen (Al_2O_3, ZrO_2, SiC usw.) zum Schutze der Schamottesteine, so ist es im allgemeinen auch zweckmäßig, die gleichen hochwertigen Schutzstoffe dem Mörtel einzuverleiben.

Als Brennstoff werden alle Brennmaterialien benutzt, und zwar neben Holz, Torf, Rohbraunkohle, Braunkohlenbriketts, Steinkohle in allen Formen, Naturgas, Gas, Öl usw. selbstverständlich in großem Umfange der elektrische Strom. Die Wahl des Brennmaterials hängt zunächst von einem technischen und einem lokalwirtschaftlichen Moment ab. Je höher die zu erreichende Brenntemperatur ist, eine um so bessere Qualität muß der verwendete Brennstoff haben, und um so rationeller muß seine Ausnutzung erfolgen. Die höchsten Temperaturen sind schließlich nur im elektrischen Widerstands- oder Induktionsofen erreichbar. Das lokalwirtschaftliche Moment ist die Preisfrage: Was kosten die Kilowattstunde bzw. 1000000 WE aus Briketts, Nußsteinkohlen, Steinkohlenstaub, Gas usw. frei Verbrauchsstelle? Hierbei ist jedoch die Ausnutzungsmöglichkeit der Wärmeeinheit für den gedachten Zweck zu berücksichtigen, da es durchaus in dem Bereich der Möglichkeit liegt, daß der auf die WE umgerechnete billigere Brennstoff praktisch wirtschaftlich ungünstiger arbeitet als ein pro WE etwas teurerer, wenn sich dieser unter den gegebenen Verhältnissen besser verwerten läßt. In diesem Zusammenhang sei auf die Möglichkeiten der weitgehenden Ausnutzung der Abhitze, also Verringerung der hierdurch sonst bedingten Wärmeverluste durch Vorwärmung der Verbrennungsluft oder auch der Verbrennungsgase in Regeneratoren und Rekuperatoren, hingewiesen.

Nach diesen grundsätzlichen Feststellungen hat sich dann die Konstruktion der Feuerung zu richten, d. h. den Wünschen des Verbrauchers anzupassen. Die Zahl der Gas- und Ölbrenner, der Staubkohlenfeuerungen und Feuerungsbauten für Kohlen usw. ist daher außerordentlich groß. Sie sind bei Feuerungsanlagen (s. d.) beschrieben. Ferner sei zur Ergänzung des nachfolgenden auf die unter Gasreaktionsapparate und Gasverbrennungsapparate gebrachten Angaben verwiesen.

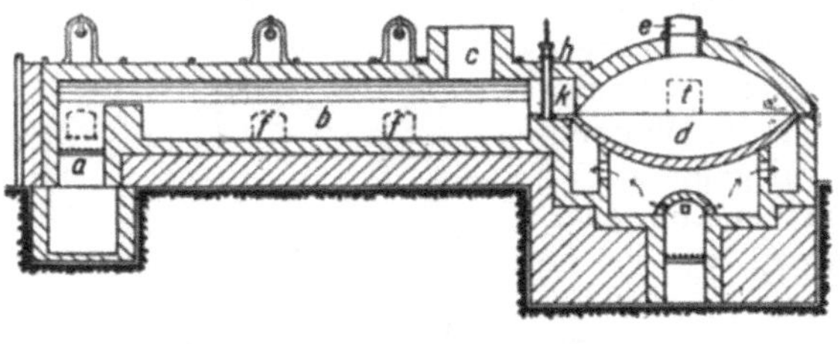

Abb. 1536. Pfannenofen.

Die nun folgende Beschreibung charakteristischer **Ofentypen** ist in periodisch und in kontinuierlich arbeitende Systeme gegliedert.

Ein typisches Beispiel für periodisch arbeitende Öfen ist der Pfannenofen (Abb. 1536), der z. B. in der Salzsäurefabrikation Verwendung findet.

Bei diesem Ofen erfolgt die Erhitzung des umzusetzenden, in einer aus feuerfestem Material bestehenden Pfanne befindlichen Gutes durch eine besonders unter der Pfanne angeordnete Feuerung; zum Auffangen der entweichenden Gase wird die Pfanne durch eine Schamottekappe überdeckt. Unmittelbar mit ihr zusammengebaut ist ein getrennt beheizter Calcinierherd, der allseitig mit Schamottesteinen ausgefüttert und mit Türen für die Bearbeitung des Herdgutes, das in bestimmten Zwischenräumen aus der Pfanne auf den Herd herübergestoßen wird, versehen ist. Bei der Bearbeitung des Calciniergutes von Hand auf der Herdplatte wird die Innenmauerung des ganzen Ofens stark mechanisch beansprucht, so daß hierfür ein auch mechanisch sehr hochwertiges Schamottematerial, in neuerer Zeit fast ausschließlich Siliciumcarbid-Steine, zur Verwendung gelangt.

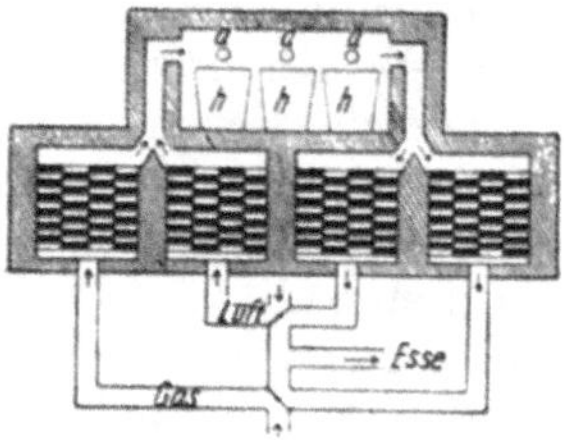

Abb. 1537. Hafenofen mit Regenerativheizung.

Ein absatzweise betriebener Ofen mit Gasbeheizung ist z. B. der in der Glasindustrie verwendete, aus tonerdereichem und daher besonders hochfeuerfestem Material bestehende Hafenofen, in dem das Niederschmelzen des eingebrachten Gemengesatzes für die Glasherstellung erfolgt. Bei dem in der Abb. 1537 dargestellten Beispiel handelt es sich um einen Ofen, bei dem das bei Koksöfen übliche und allgemein bekannte Regenerativbeheizungssystem angewandt ist. Unter den eigentlichen Ofenkammern ist ein Gitterwerk aus feuerfesten Steinen angeordnet, das von den Ofenabgasen durchstrichen und von ihnen erwärmt wird. Hierbei sind immer mindestens zwei solcher Regenerativkammern vorhanden, von denen die eine von den Abgasen, die andere von der Frischluft durchstrichen wird. Man erreicht dadurch eine weitgehende Vorwärmung der Verbrennungsluft und eine verhältnismäßig gute Ausnutzung der Abwärme. In bestimmten Perioden werden der Gas- und der Luftstrom von einer Kammer auf die andere umgestellt, so daß die Kammern immer auf annähernd gleicher Temperatur gehalten werden.

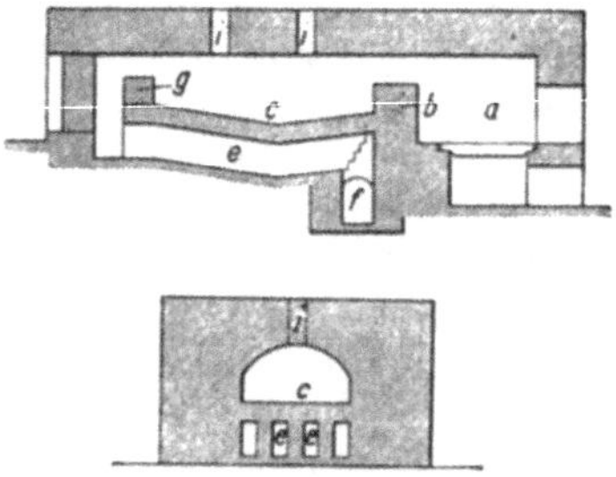
Abb. 1538. Wannen-Fritteofen für Glasuren.

a Feuerstelle, *b* Feuerbrücke, *c* Wanne, *e* Abzugskanäle, *f* Rauchkanal, *g* Abschlußmauer der Wanne, *i* Schütt löcher.

Ein typischer, absatzweise arbeitender Ofen ist auch der in der Abb. 1538 dargestellte Wannen-Fritteofen. Er besteht im vorliegenden Fall als Spezial-Glasurfritteofen aus einer aus feuerfesten Steinen gemauerten Wanne, über welche die Feuergase hinwegstreichen und hierbei das in die Wanne durch Löcher im Gewölbe eingeschüttete Gemenge zum Schmelzen bringen.

Abb. 1539. Kasseler Ofen ohne Rost für Holzfeuerung mit rückwärtsbrennender Flamme.

Ein älterer Vertreter des absatzweise arbeitenden Ofens ist der früher für keramische Zwecke viel verwendete Kasseler oder deutsche Ofen. Er besteht in seiner einfachsten, in der Abb. 1539 gezeigten Form aus einer rechteckigen, langgestreckten, durch ein Gewölbe, abgewölbten Kammer, die durch eine vorgeschaltete Plan-,

Schräg- oder Treppenrostfeuerung beheizt wird. Die auf den Feuerungen entwickelten Heizgase durchstreichen das eingesetzte Brenngut von einer Seite des Ofens zur anderen in horizontaler Richtung und werden durch horizontale Rauchgaskanäle zu dem außerhalb des Ofens angeordneten Schornstein abgeführt. Der Ofen arbeitet nie gleichmäßig, da die Temperaturen in unmittelbarer Nähe der Feuerung höher sind als im entgegengesetzten nach dem Fuchs zu gelegenen Ende. Für manche Zwecke hat dies Vorteile. Im allgemeinen werden jedoch gleichmäßige Temperaturen des Brenngutes gewünscht. Daher wurden die Kasseler Öfen in steigendem Umfange, besonders in der keramischen und Ultramarinindustrie, durch runde und viereckige Öfen mit überschlagender Flamme ersetzt, und es wurden damit ausgezeichnete Ergebnisse erzielt. Solche Öfen werden entweder ein- oder zweistöckig gebaut und sehr verschieden benutzt. Bei ihnen steigen die Heizgase aus den Feuerungen in den äußeren Ofenteil durch sog. Flammschirme oder Feuerwächter rings im Ofenmantel nach der Mitte des Deckengewölbes zu auf und werden gezwungen, von hier nach der Ofensohle, die mit zahlreichen kleinen Öffnungen versehen ist,

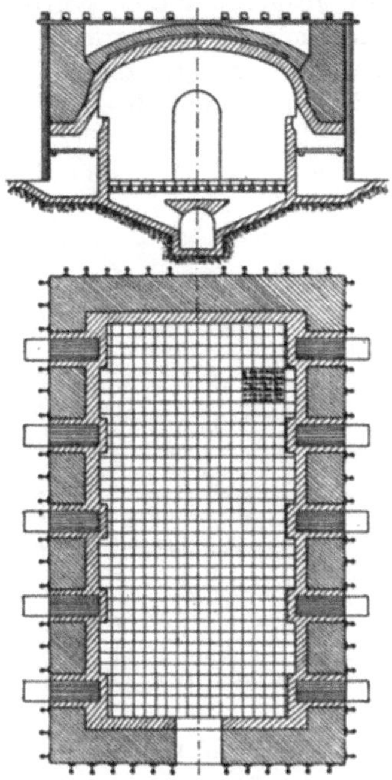

Abb. 1540. Ofen mit überschlagender Flamme.

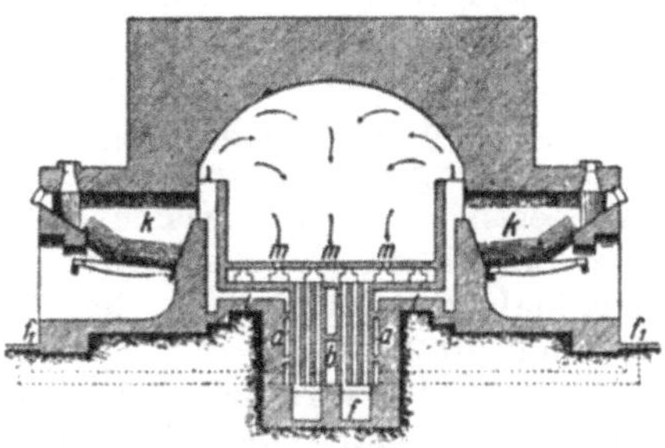

Abb. 1541. *Mendheim*-Ofen mit Abhitze-Verwertung.

abzuströmen. An diese Öffnungen ist ein Kanalsystem angeschlossen, durch das die Gase nach dem Schornstein oder durch Ventilatorzug abgesaugt werden. Die Beheizung dieser Öfen mit überschlagender Flamme erfolgt wie die des Kasseler Ofens durch Plan-, Schräg- oder Treppenroste. Ein typischer, viereckiger Ofen mit überschlagender Flamme ist in der Abb. 1540 gezeigt. Die Wirtschaftlichkeit der Betriebsweise dieser Öfen wird verbessert, wenn man Möglichkeiten zur Ausnutzung der Abhitze schafft. Dies geschieht entweder durch Einbau von Rekuperatoren, wie sie z. B. in der Abb. 1541 dargestellt sind, oder durch den Bau von zwei oder drei Öfen etagenartig übereinander bzw. kammerartig nebeneinander. Hierbei kuppelt man die einzelnen Kammern derart, daß die heißen Abgase des einen im Brande stehenden Ofens zum Vorwärmen des Einsatzes in dem zweiten Ofen benutzt werden. Derartige Öfen werden in zahlreichen Industrien verwendet, wobei die Einzelausführung stets dem Sonderzwecke angepaßt wird.

Ein speziell in kleinen Abmessungen besonders häufig benutztes Ofensystem ist das des M u f f e l o f e n s, bei dem der Brennraum aus einem geschlossenen Raum, der sog. Muffel, besteht, der von den Feuergasen nur außen umspült wird, so daß das Brenngut mit den Feuergasen nicht in unmittelbare Berührung kommt (Abb. 1542). Derartige Muffelöfen werden in den verschiedensten Abmessungen, von der kleinsten Versuchsmuffel für Laboratoriumszwecke bis zum Großrundmuffel- und Tunnelofen, verwendet. Außer Schamotte verwendet man als Werkstoff für Muffeln von kleinen Abmessungen auch geschmolzenen Quarz wegen seiner hohen Temperaturwechselbeständigkeit und Schwerschmelzbarkeit. Daneben werden, wegen ihrer ausgezeichneten Wärmeleitfähigkeit, in steigendem Maße Muffeln aus Siliciumcarbid erfolgreich benutzt. Das Prinzip eines großen Muffelofens einfachster Art zeigen die Abb. 1542 und 1543 im Quer- und Längsschnitt. Die Muffel selbst besteht aus einzelnen mit Federn und Nuten ineinandergreifenden Schamotteplatten und ruht auf unmittelbar über der Feuerung liegenden Gurtbögen. Die Feuergase umstreichen die Muffel von allen Seiten; sie beheizen hierbei sowohl den Boden, die Seitenwände wie auch die Decke der Muffel und ziehen durch eine Anzahl von Öffnungen im Deckengewölbe ab. Um die bei direkter Feuerung eintretenden hohen Wärmeverluste durch die Abgase zu vermeiden, erfolgt die Beheizung vorzugsweise mit Gasfeuerung oder Halbgasfeuerung, wobei man die Abhitze vorteilhaft zur Vorwärmung der Sekundärluft benutzt.

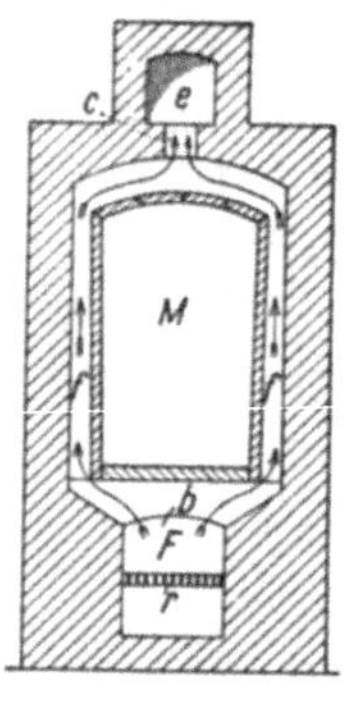

Abb. 1542. Muffelofen (Querschnitt).

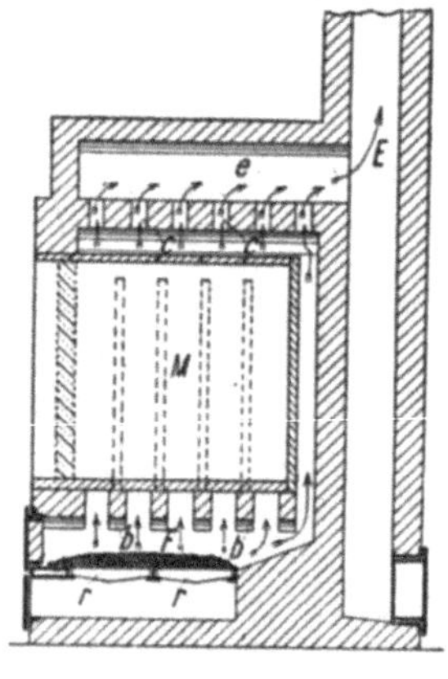

Abb. 1543. Muffelofen (Längsschnitt).

S c h a c h t ö f e n verwendet man insbesondere zum Brennen von Bauxit, Kalk, Magnesit, Dolomit, Gips, Zement usw. Sie bestehen im Prinzip aus einem mit feuerfestem Material ausgekleideten senkrechten Schacht von entsprechender Höhe und geeignetem Querschnitt, der entweder durch außerhalb angeordnete Feuerungen verschiedenster Art oder in der Weise beheizt wird, daß man den Ofen mit Brenngut und Brennstoffen in abwechselnden Schichten beschickt. Hierbei besteht allerdings der Nachteil, daß das Brenngut unmittelbar mit der Kohle in Berührung kommt und leicht durch Brennstoffrückstände verunreinigt werden kann.

Das fertig gebrannte Material wird bei periodisch betriebenen Öfen nach Beendigung des Brennprozesses durch in dem unteren sich verengenden Ende angeordnete Ziehtüren ausgetragen.

Der Schachtofen wird bei geeigneter Konstruktion und Bedienung auch stetig betrieben. Hierbei wird die in der Abb. 1544 argestellte Schachtform angewendet. Es wird in der Weise gearbeitet,, dad das Brennmaterial und Brenngut schichtweise in den Schacht aufgegebenßwird, während das fertig gebrannte Material am unteren Ende des Ofens laufend und im allgemeinen mechanisch ausgetragen wird. Um bei solchen Öfen Betriebsstörungen zu vermeiden, bringt man rings um den Brennschacht herum Schau- und Stoßlöcher an, durch die man den Brennprozeß beobachten und ein etwaiges Hängenbleiben des Brenngutes im Ofen beseitigen kann.

Das Innere eines stetig betriebenen Schachtofens läßt sich in drei Zonen teilen. Zu oberst ist die Vorwärmezone, die Brennzone in der Mitte und die Kühlzone in dem untersten Teil des Schachtes. Sämtliche Teile werden allmählich von dem den Ofen durchrutschenden Material passiert. Selbstverständlich lassen sich Schachtöfen auch vorteilhaft mit Halbgasfeuerungen ausstatten, noch besser mit Vollgasfeuerung betreiben, wobei eine unmittelbare Berührung von Brenngut und festem Brennstoff vermieden wird. Das Gas wird in diesem Falle zweckmäßig in einem kleinen, direkt am Fuße des Schachtofens eingebauten Festrostgenerator erzeugt, von dem aus es auf kürzestem Wege ohne nennenswerten Wärmeverlust den Brennstellen zugeführt wird.

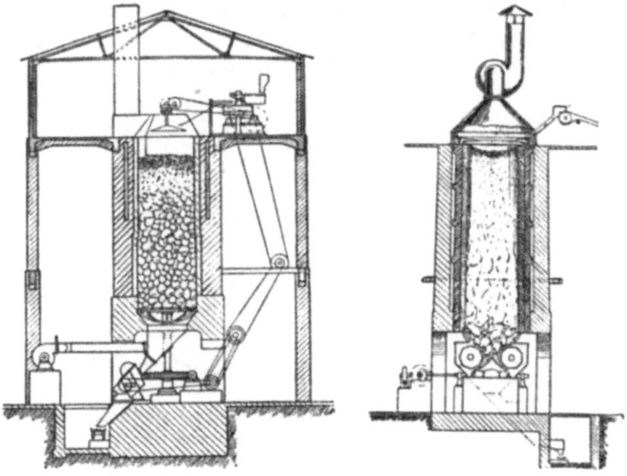

Abb. 1544. Schachtofen mit mechanischer Austragung für ununterbrochenen Betrieb.

Gegebenenfalls wird auch der Gang des Ofens durch die Anwendung künstlichen Zuges gesteigert.

Die zur Zeit noch am meisten verbreiteten Vertreter der stetig betriebenen Öfen sind die Kammeröfen und die Ringöfen, von denen insbesondere die Ringöfen durch ihre Verwendung in Ziegeleien ganz allgemein bekannt sind.

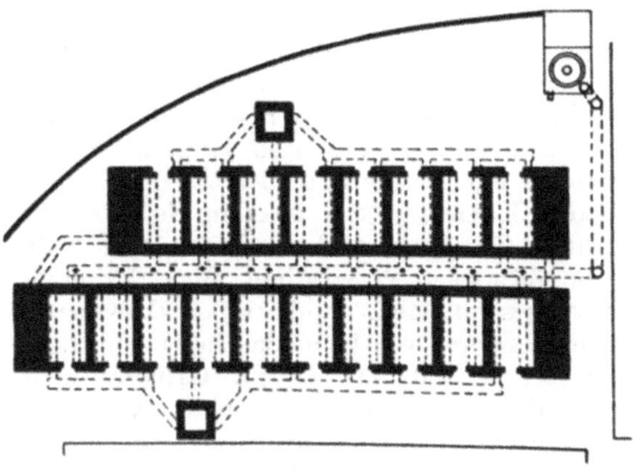

Abb. 1545. *Shaw*-Gaskammerofen (Grundriß).

Beide Arten von Öfen sind stetig arbeitende Öfen mit wandernder Brennzone, in denen von dem eingesetzten Brenngute immer nur der mittlere Teil der Höchsttemperatur ausgesetzt wird, während in dem hinter der Brennzone liegenden Teil die Vorwärmung der Verbrennungsluft erfolgt und in dem davorliegenden Teil die Vorwärmung des Brenngutes durch die heißen, aus der Scharffeuerzone kommenden Verbrennungsgase stattfindet.

Der Kammerofen entsteht durch Aneinanderreihung von Einzelöfen, die durch Zwischenwände voneinander getrennt sind und in der Regel durch Gas beheizt werden. Die einzelnen Kammern sind durch Kanäle derartig miteinander verbunden, daß das Feuer von Kammer zu Kammer wandern kann. Zu beiden Seiten des Ofens sind im Erdboden die in der Regel aus Mauerwerk hergestellten Hauptgaskanäle angeordnet, die einerseits mit den Generatoren, andererseits durch Ventile mit jeder einzelnen Kammer in Verbindung gesetzt werden können. Der Rauchkanal befindet sich in der Regel in der Mitte des Ofens zwischen den beiden Kammerreihen. Ein moderner Gaskammerofen dieses Prinzips von sehr vorteilhafter Arbeitsweise ist der in den Abb. 1545, 1546, 1547 dargestellte *Shaw*-Ofen.

Abb. 1546. *Shaw*-Gaskammerofen (Ansicht).

Im allgemeinen befindet sich beim Kammerofen jeweils nur eine Kammer im Vollfeuer, die Sekundärluft durchzieht zunächst die bereits abgebrannten Kammern und wird hier vorgewärmt. Die die Brennkammer verlassenden heißen Abgase dienen wieder zur Vorwärmung der davorliegenden Kammern und des eingesetzten Gutes.

Abb. 1547. *Shaw*-Gaskammerofen (Schnitt).

Man kann stetig arbeitende Kammeröfen auch analog den oben beschriebenen Muffelöfen durch Einbau von Muffeln in die einzelnen Kammern so ausbilden, daß das eingesetzte Gut nicht unmittelbar mit dem Feuer in Berührung kommt. Die Betriebsweise ist hierbei die gleiche wie bei Kammeröfen ohne Muffeleinbau.

Im Prinzip ebenso wie die Kammeröfen arbeiten die stetigen Ringöfen (Abb. 1548), bei denen ebenfalls eine verhältnismäßig gute Ausnutzung der Abwärme und gute Vorwärmung der Verbrennungsluft durch den abkühlenden Einsatz und das Ofenmauerwerk stattfindet. Den ganzen Ringofen unterteilt man durch jeweils vorübergehend eingesetzte Schieber aus Blech oder Papier in einzelne Abteilungen oder Kammern, die man in der gleichen Weise wie beim Gaskammerofen durch Gas beheizen kann. Die größte Zahl der gebrauchten Ringöfen findet in Ziegeleien Verwendung und wird hierbei meist durch den von oben eingeschütteten, feinkörnigen Brennstoff beheizt, da bei der Ziegelbrenntemperatur die Kohlenasche noch nicht mit dem Brenngut zu reagieren pflegt und aus diesem Grunde nicht störend wirkt. Hierbei durchwandert das Feuer wie bei den Gaskammeröfen je nach fortschreitendem Abbrande den Ofen, so daß nach dem Garbrande der Brennzone die Feuerung an die Stelle der bisherigen Vorwärmezone rückt und die Garbrandzone zur Kühlzone wird. Die Verbrennungsluft tritt durch die für den Einsatz frischer Ware offenstehende Einsatztür der letzten Abkühlkammer ein und erwärmt sich vor ihrer Wirkung an dem heißen Brenngut, indem sie dieses abkühlt.

Abarten des Ringofens sind der stetig arbeitende Zickzackringofen (Abb. 1549) und der nur halbstetig betriebene Teilringofen.

Ein Nachteil der Ringöfen ist bei unmittelbarer Einstreuung des Brennstoffes die häufige Verunreinigung der Ware durch Anhaften und Festbrennen von Flugasche, ganz besonders bei höheren Temperaturen. Man verwendet in dieser Weise beheizte Ringöfen daher vor allem für Ziegel, Verblendsteine und gelegentlich für Klinker mittlerer Qualität. Dagegen rüstet man Ringöfen zum Brennen von Gut höherer Qualität im allgemeinen ebenfalls mit Gas-

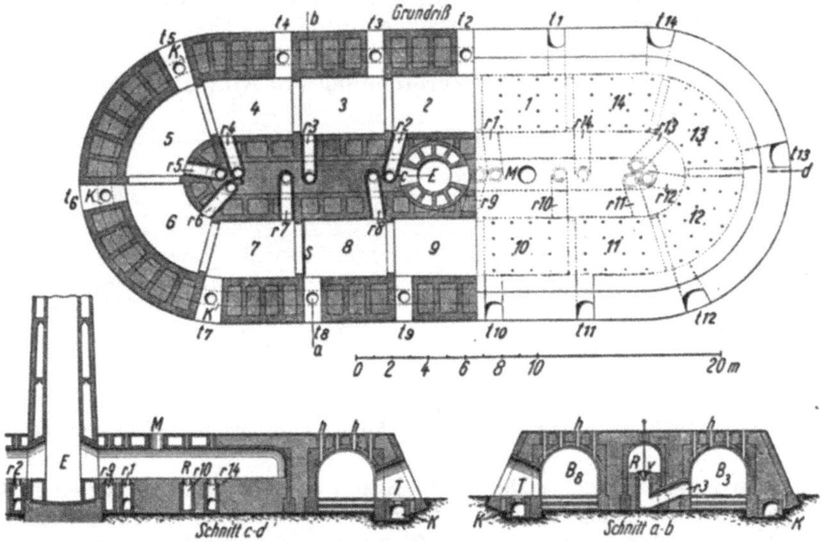

Abb. 1548. Ringofen.

B Brennkanal, aus den Abteilungen *1—14* bestehend, deren jede durch Türen *T* bzw. t_1 bis t_{14} von außen zugänglich ist und durch den Rauchkanal *r* bzw. r_1 bis r_{14} mit dem Rauchsammler *R* durch Hebung des Ventils *v* verbunden werden kann. *E* Schornstein. *S* Schieber zur Trennung der Abteilungen. *h* Heizröhren zum Einwerfen des Brennstoffs.

feuerung aus, wobei allerdings der Vorteil des Gaskammerofens, der es ermöglicht, mit einer einheitlich oxydierenden oder reduzierenden Feueratmosphäre zu arbeiten, nicht ebenso zuverlässig erzielt werden kann. Man verwendet den Gasringofen für den Brand von Dachziegeln aller Art, Fußbodenplatten, Schamottesteinen und zum Glühen zahlreicher Chemikalien, Kalk, Magnesia usw.

Abb. 1549. Zickzackringofen.

Die modernste und rationellste Form aller stetig arbeitenden Öfen stellt der Tunnelofen (Kanalofen) dar, welcher im Gegensatz zum Kammer- bzw. Ringofen nicht in der Weise arbeitet, daß das Feuer den Ofen durchwandert, wobei das Einsatzgut feststeht, sondern bei dem umgekehrt die Feuerzone des Ofens konstant an der gleichen Stelle bleibt und das Brenngut durch den Ofen bzw. die Feuerungszone hindurchbefördert wird. Abb. 1550 zeigt einen solchen Tunnelofen in Verbindung mit einer durch die Abhitze beheizten Trockenanlage im Grundriß.

Die Arbeitsweise des Tunnelofens ähnelt in dieser einen Beziehung der eines Schachtofens. Das Gut wandert durch den horizontalen Brennkanal in entgegengesetzter Richtung zu den Feuergasen. Man stapelt hierbei das Brenngut auf besonders konstruierte Wagen, die in gewissen Zeitabständen oder stetig durch den Brennkanal gefahren werden, hierbei zunächst die Vorwärmzone passieren und nach und nach in immer heißere Teile des Ofens gelangen, bis sie in die eigentliche Brennzone kommen, die im allgemeinen durch seitlich des Ofenkanals angebrachte Feuerungen für Kohle, Gas oder Öl, neuerlich auch elektrisch, beheizt wird. Gelegentlich benutzt man auch für Spezialzwecke wie beim Ringofen Schüttlochfeuerungen durch das Gewölbe. Nach Verlassen der Brennzone passiert das Einsatzgut Zonen abnehmender Temperatur und wärmt hierbei gleichzeitig die Verbrennungsluft vor, kühlt hierbei langsam

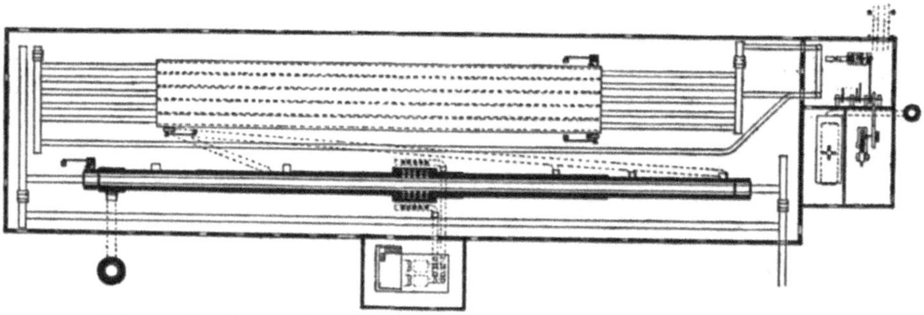

Abb. 1550. Tunnelofen mit durch Abhitzen beheizter Trockenanlage.

ab und gelangt ins Freie. Der ganze Kanal ist ständig mit beladenen Wagen gefüllt. Einen Querschnitt des Ofenkanals zeigt Abb. 1551. Für die Konstruktion des Tunnelofens von großer Wichtigkeit ist die Trennung des eigentlichen Brennkanals oberhalb der Wagensohle von dem unterhalb desselben liegenden Teile, in dem sich die Achsen und Räder des Wagens sowie die Schienen, auf denen die Wagen laufen, befinden, da sonst das Gestell der Wagen leicht durch das Feuer zerstört wird.

Abb. 1551. Tunnelofen (Querschnitt).

Ebenso wie alle anderen stetig arbeitenden Ofentypen läßt sich auch der Tunnelofen mit besonderem Vorteil mit Gasfeuerung ausrüsten, wobei man zur Vorwärmung der Sekundärluft die von den Wandungen des Ofens und des abkühlenden Brenngutes abgeleitete Wärme nutzbar zu machen pflegt. Der größte Vorzug des Tunnelofens, abgesehen von dem stetigen Betrieb, ist seine vorzügliche Wärmeausnutzung, die sich in einem äußerst geringen Brennstoffverbrauch im Vergleich zu anderen Ofensystemen auswirkt. Der Brennstoffverbrauch ist meist nur ein Viertel bis ein Drittel so groß wie beispielsweise bei periodischen Ofensystemen. Ein besonderer Vorteil des Tunnelofens gegenüber allen bisher beschriebenen Ofensystemen ist die Art der Beschickung mit Brenngut. Während bei allen geschilderten Öfen die zu brennende Ware im Innern des häufig noch heißen Brennraumes gestapelt wird und die Entleerung fast stets bei höheren Temperaturen erfolgt, vollzieht sich Einsatz und Aussatz des Brenngutes beim Tunnelofen stets bei normaler Raumtemperatur. Man kann den Tunnelofen für alle Spezialzwecke entsprechend ausbilden; beispielsweise läßt es sich durch Einbau einer in oder hinter der beheizten Zone liegenden Schleuse ermöglichen, das Brenngut hier der Einwirkung einer andersartigen Gasatmosphäre auszusetzen, eine Möglichkeit, von der man für die Erzielung besonderer chemischer Reaktionen oder beispielsweise zum Aufbringen der Salzglasur beim Brennen von Steinzeug Gebrauch macht. Ebenso ist es möglich, durch Ersatz des Ofengewölbes durch eine heb- und senkbare Hängedecke die Möglichkeit zu schaffen, den Querschnitt des Tunnelofens an den hierfür erwünscht erscheinenden Stellen der Brennzone zu verändern und hierdurch eine besonders vorteilhafte Feuerführung zu erzielen. Ebenso wie die anderen stetig betriebenen Öfen kann man natürlich auch den Tunnelofen mit einer Muffel ausrüsten, um eine unmittelbare Berührung zwischen Flamme und Brenngut zu vermeiden. Der Tunnelofen läßt sich bezüglich seiner Leistung und vielseitigen Verwendbarkeit weitgehend den verschiedensten Betriebsverhältnissen anpassen, wobei es häufig vorteilhaft sein wird, statt eines großen, mehrere Tunnelöfen kleinerer Abmessungen zu bauen, um den Betrieb etwaigen Konjunkturschwankungen gegenüber elastischer gestalten zu können. Als Transportmittel für das Brenngut durch den Ofen dienen je nach der Eigenart des zu behandelnden Gutes und der in Frage kommenden Leistung Brennwagen, die auf Schienen fahren, oder Brennschlitten, die entweder auf Kugeln laufen oder als endloses Transportband ausgebildet sind.

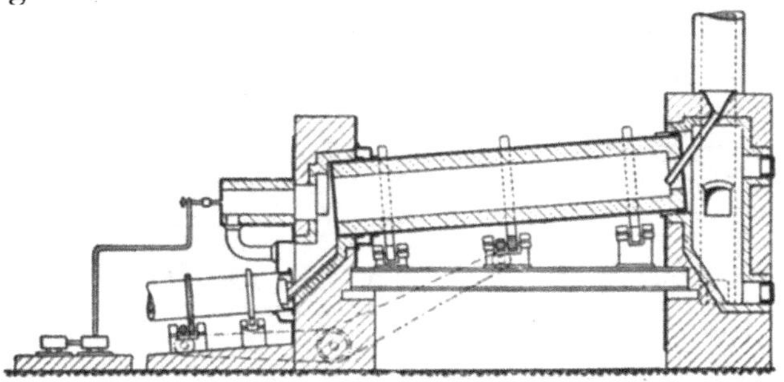

Abb. 1552. Drehrohrofen.

Auch der Drehrohrofen ist ein vollkommen kontinuierlich arbeitender Ofen, der in der Zementindustrie, Tonerdeindustrie und bei zahlreichen chemischen Vorgängen Anwendung findet (Abb. 1552). Der Drehrohrofen besteht aus einem eisernen Mantel, der mit Schamottefutter versehen und auf einer Reihe von Rollen gelagert ist. Er wird mit Hilfe eines Zahnkranzes und eines Getriebes in langsame Drehung versetzt, wobei das formlose Brenngut infolge der geneigten Lage des Rohres dem tiefer liegenden Austrag zuwandert. Die Beheizung des Ofens erfolgt auch hier im Gegenstrom, so daß also im unteren Teile des Ofens die höchste Temperatur vorhanden ist. Das durch die Drehung des Rohres selbsttätig ausgetragene, fertig gebrannte Material fällt in ein davorliegendes, ebenfalls rotierendes Kühlrohr. Die Beheizung erfolgt in den meisten Fällen durch Kohlenstaubfeuerung, gegebenenfalls auch durch Gas oder Öl. Besonders wichtige Anwendungsgebiete des Drehrohrofens sind die Portlandzement-Industrie, die Tonerdeindustrie (pyrogener Aufschluß von Bauxit, Calcinieren von Tonerde), Aufschluß von Chromerz usw.

In der Glasindustrie haben die Bestrebungen zur Schaffung eines stetig arbeitenden Ofens an Stelle des alten Hafenofens zur Konstruktion eines Glaswannenofens geführt, einer aus Schamottesteinen bestehenden Wanne, in die auf der einen Seite das Rohgemisch in kurzen Zeitabschnitten eingetragen wird und auf der anderen Seite der fertige Schmelzfluß stetig den Arbeitsöffnungen entnommen wird. Der in der Abb. 1553 gezeigte Ofen wird nach dem Rekuperationssystem beheizt, das vor der Regenerativheizung den Vorteil hat, daß eine Umschaltung der Kammern von Abhitze auf Frischluft und umgekehrt überflüssig wird. Bei der Rekuperation werden die Abgase in einem Röhrensystem im Zickzackwege dem Schornstein zugeführt, während kalte Luft in umgekehrter Richtung an den Röhren vorbeistreicht und so die Wärme aus den Abgasen aufnimmt.

Elektrische nichtmetallurgische Öfen. Elektrische Öfen, deren umfangreiche metallurgische Anwendung außerhalb des Rahmens dieses Werkes fällt, sind sehr wichtig auch auf anderen Gebieten, insbesondere in der chemischen Industrie. In gewissen Fällen ist die für die Reaktion erforderliche hohe Temperatur gar nicht anders als mittels des elektrischen Ofens erzielbar, in anderen Fällen bietet die elektrische Beheizung für die Ofenkonstruktion oder

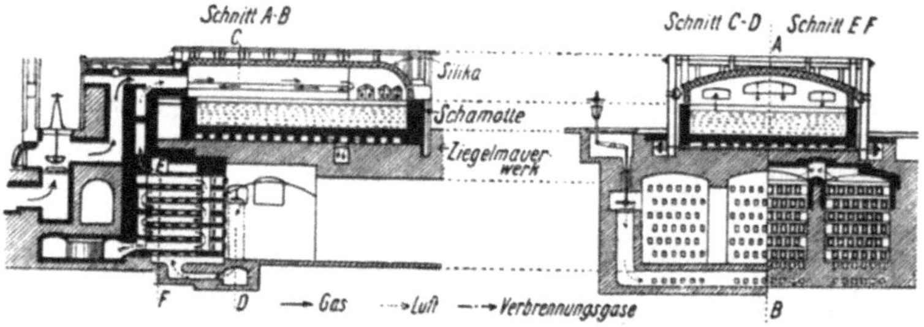

Abb. 1553.
Wannenofen für Flaschengas nach dem Rekuperationssystem (Bauart *Nehse-Dralle*).

für die Durchführung der Reaktion besonders günstige Möglichkeiten. Zu den Vorzügen des elektrischen Ofens gehört die genaue und einfache Regelbarkeit der Temperatur, der Ausschluß von Beeinflussung durch die Verbrennungsprodukte sowie die Möglichkeit, auch den Einfluß der Atmosphäre auszuschließen. Die erreichbare Temperatur ist eigentlich nur durch die Eigenschaften des Ofenbaumaterials begrenzt. Als obere Grenze kann man, in Lichtbogenöfen, etwa 4000° annehmen.

Das Anwendungsgebiet ist weit mehr durch wirtschaftliche Erwägungen, d. h. durch den Strompreis, als durch konstruktive Schwierigkeiten begrenzt. Es gibt Fälle, in denen technisch aussichtsreiche Vorschläge sich aus wirtschaftlichen Gründen nicht durchsetzen konnten; manchmal sind, z. B. für die Herstellung von Schwefelkohlenstoff, elektrische Öfen nur in Ländern mit billigem Strompreis in Betrieb, während man in anderen Ländern eine andere Beheizung vorzieht. In anderen Fällen, z. B. bei der Herstellung von Phosphor und Phosphorpentoxyd, tritt in demselben Land (in USA.) ein Wettbewerb zwischen dem elektrischen Ofen und dem Hochofen auf.

Die Umsetzung der elektrischen Energie in Wärme erfolgt durch den Widerstand, den ein leitender Körper dem Stromdurchgang entgegensetzt; es handelt sich also immer um eine Widerstandsheizung. Diese kann jedoch in sehr verschiedener Weise erfolgen:

A. Der Widerstand wird durch ein anderes als das zu beheizende Material gebildet:

1. Der Widerstand umgibt das Material (indirekte Wärmeübertragung, Röhrenöfen).

2. Der Widerstand ist in das Material eingebettet (direkte Wärmeübertragung).

B. Das zu beheizende Material bildet selbst den Widerstand; Zufuhr des Stromes durch Elektroden:

3. Das Material ist fest bzw. flüssig (sog. Elektrodenöfen).

4. Das Material ist gasförmig (Lichtbogenöfen; Glimmentladungen).

C. Das zu beheizende Material bildet selbst den Widerstand; Zufuhr des Stromes durch Induktion:

5. Das Material ist fest bzw. flüssig (Induktionsöfen).

Über die anzuwendende Stromart ist folgendes zu sagen: Ausschließlich Gleichstrom kommt in Betracht bei der Schmelzelektrolyse, wobei der Strom zugleich für die Beheizung und für die Elektrolyse dient. Ausschließlich Wechselstrom kommt in Betracht bei den Induktionsöfen, bei denen der hochgespannte Primärstrom, in der primären Wicklung eines Transformators fließend, in dem als sekundäre Wicklung angeordneten Gut den Sekundärstrom induziert. Bei allen anderen Konstruktionen ist prinzipiell sowohl Gleichstrom als auch Wechselstrom anwendbar. Gleichstrom hat jedoch den Nachteil, daß er nicht wie Wechselstrom in einfacher und wirtschaftlicher Weise auf beliebige Spannungen transformiert und aus dem gleichen Grunde nur mit größeren Verlusten auf weitere Entfernungen zum Verbrauchsort geleitet werden kann. Daher findet ganz überwiegend Wechselstrom (Ein- oder Mehrphasenstrom) Anwendung.

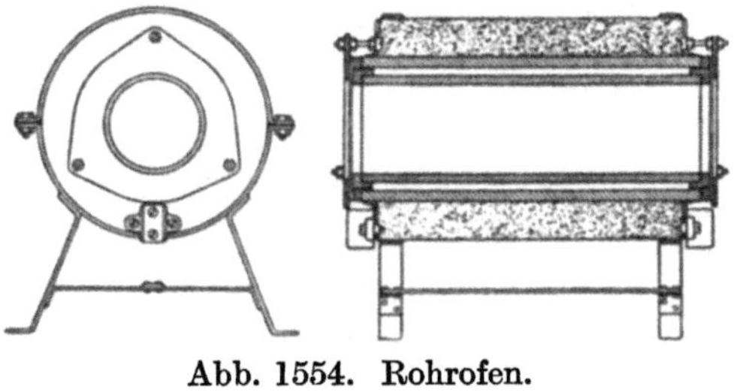

Abb. 1554. Rohrofen.

Nach der Spannung unterscheidet man Niederspannungs- und Hochspannungsöfen. Die ersteren reichen von etwa 40 V bis zu 140—180 V. Bei Hochspannungsöfen, die nur für Gasreaktionen verwendet werden, kann man bis zu 10000 V gehen. Für Glimmentladungen kommen sogar mehrfach höhere Spannungen in Betracht.

Je nach der angewandten Stromart, der Spannung, der Art des Betriebs (Blockbetrieb oder Abstichbetrieb, d. h. periodisch oder kontinuierlich), dem Ofenbaumaterial und der Größe, d. h. der Belastung der Öfen, ergibt sich eine große Mannigfaltigkeit von Konstruktionen. Ferner sind Einzelheiten, wie z. B. Elektrodeneinführungen, Beschickungs- und Entleerungsvorrichtungen, oft von entscheidender Bedeutung für den Wert des Ofens. Im folgenden können, ohne daß es möglich wäre, auf Konstruktionseinzelheiten einzugehen, nur einige typische Konstruktionen als Beispiele schematisch angedeutet werden.

1. Indirekte Widerstandsöfen werden für nichtmetallurgische Zwecke meist als Rohröfen ausgebildet und finden hauptsächlich Verwendung als Laboratoriumsöfen bzw. für Produktion in kleinem Maßstab. Der Widerstand kann in Drahtform auf keramischen Rohren aufgewickelt sein, wobei man bis 1000° mit Chrom-Nickel-Legierungen in oxydierender Atmosphäre, bis 3000° mit Molybdän oder Wolfram in reduzierender oder indifferenter Atmosphäre bzw. im Vakuum arbeiten kann. Abb. 1554 zeigt einen Rohrofen von Heraeus, Hanau, mit Wolfram- bzw. Molybdändrahtwicklung und Schutzgaszufuhr, der bis 1500° brauchbar ist.

2. Öfen, bei denen der Widerstand aus fremdem Material (Kohle, Graphit) in das zu beheizende Material eingebettet ist, dienen z. B. zur Herstellung von Siliciumcarbid aus Kieselsäure und Kohle. Ein solcher Ofen nach *F. A. J. Fitzgerald*, der in Abb. 1555 im Querschnitt und in Abb. 1556 im Längsschnitt dargestellt ist, ist aus am Boden gasdicht und isolierend ausgeführtem Mauerwerk hergestellt und z. B. 6 m lang und 3 m breit bei einer Kapazität von 1000 kW. In das Reaktionsgemisch aus Kohle, Sand, Koch-

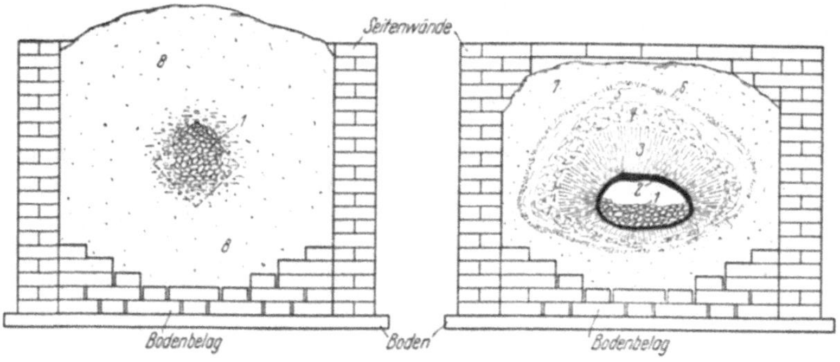

Abb. 1555.

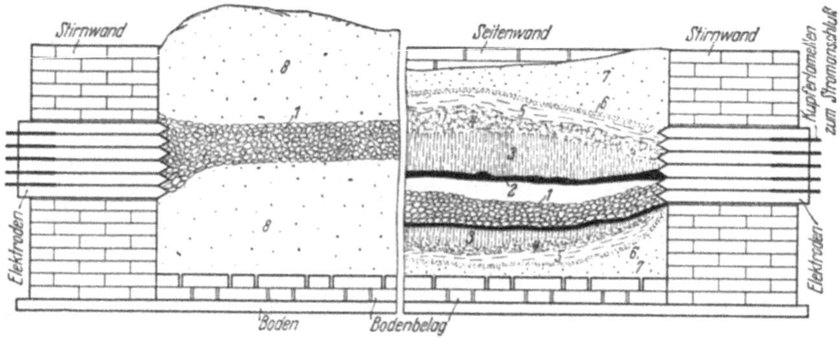

Abb. 1556.

Abb. 1555, 1556. Siliciumcarbidofen nach *Fitzgerald* (Abb. 1555 Querschnitt; Abb. 1556 Längsschnitt. Links: vor dem Beschick, rechts: nach dem Beschick). (Nach *Ullmann*, Enzyklopädie der techn. Chemie, 2. Aufl., Bd. 9 [1932].)

1 Kern; *2* Graphit; *3* SiC grobkrystallinisch; *4* SiC feinkrystallinisch; *5* Siloxikon; *6* Kruste; *7* Mischung unverbraucht; *8* frische Mischung.

salz und Sägemehl ist ein aus Nußkohle bestehender Kern eingebettet, der seinerseits wieder eine Seele von graphitierten Kohlestückchen, die aus einer früheren Ofencharge stammen, enthält. Diese Öfen werden chargenweise betrieben, wobei man die Spannung von etwa 220 V auf 100—75 V herabregulieren muß, weshalb die Verwendung von Wechselstrom angezeigt ist.

Nach einem ganz ähnlichen Prinzip erfolgt die Herstellung von Elektrographit durch Erhitzen von Kohle und — in kleinerem Maßstab — von Quarzglas durch Schmelzen von Quarzsand.

3. Elektrodenöfen haben ein sehr vielseitiges Anwendungsgebiet. Abb. 1557 zeigt einen zur Erzeugung von Phosphor dienenden Ofen, der kontinuierlich

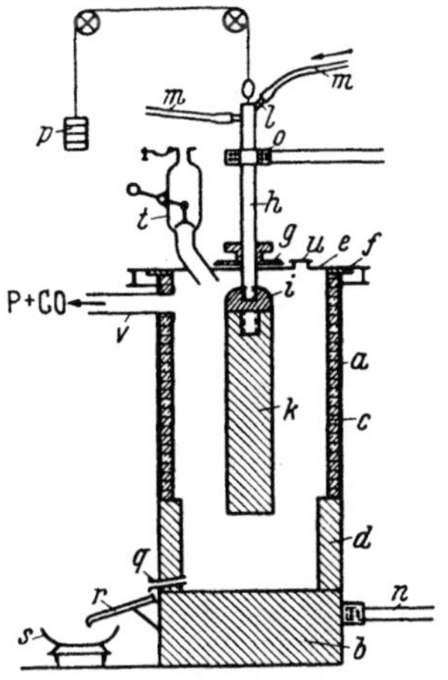

Abb. 1557. Phosphorofen. (Nach *Ullmann*, Enzyklopädie, 2. Aufl., Bd. 8 [1931].)

a Eisenmantel; *b* Boden; *c* feuerfeste Mauerung; *d* Elektrodenblöcke; *e* Dekkel; *f* Asbestdichtung; *g* Helm und Stopfbüchse; *h* wasserdurchflossenes Kupferrohr; *i* Elektrodenkopf und Nippel; *k* Elektrode; *l* Wasserzuführung; *m* Gummischläuche; *n*, *o* Stromzuführung; *p* Gegengewicht; *q* Abstichöffnung; *r* Ablaufschnauze; *s* Pfanne, *t* Füllvorrichtung; *u* Schauloch; *v* Abzugsrohr.

betrieben wird, wobei man die Beschickung von Calciumphosphat, Sand und Kohle absatzweise zuführt und die Silicatschlacke, ebenfalls von Zeit zu Zeit, entfernt, während Phosphordampf und Kohlenoxyd oben entweichen. Ein solcher Ofen mittlerer Größe besteht aus einem Mantel aus Eisenblech mit äußerem Durchmesser 2 m und Höhe 4 m. Er ist mit feuerfesten Steinen ausgemauert, der Boden besteht aus gestampfter Elektrodenmasse. Die Elektrode ist an einem Gegengewicht beweglich angeordnet. Der Ofen arbeitet z. B. bei 60—90 V und gibt bei einer Belastung von 400 kW etwa 4000 kg Phosphor in 24 std.

Ein Elektrodenofen einfachster Bauart dient im Blockbetrieb zur Herstellung von Korund durch Schmelzen von Bauxit. Er besteht einfach aus einem Eisenmantel mit Kohleboden, in den die Elektroden eingesenkt und in dem Maße hochgezogen werden, in dem durch den entstehenden Lichtbogen die in Absätzen eingeführten Bauxitmengen zum Schmelzen kommen. Nach Beendigung wird der Mantel, der sich von der erstarrten Schmelze leicht loslösen läßt, hochgezogen und der auf Rädern laufende Herd mit dem geschmolzenen Block abgefahren.

Ein Elektrodenofen zur Herstellung von Schwefelkohlenstoff siehe Keramische Werkstoffe, Abb. 1079 (S. 813).

Sehr zahlreich sind die Konstruktionen von Elektrodenöfen, die zur Herstellung von Calciumcarbid durch Erhitzen von gebranntem Kalk und Kohle bestimmt sind. Auch hier handelt es sich wesentlich um ein Schmelzen, nämlich des Kalks, der dann mit Kohle unter Bildung von Carbid und Entwicklung von Kohlenoxyd reagiert. Die Entwicklung dieser Öfen hat vom Blockbetrieb zum Abstichbetrieb und ferner zur Herausbildung immer größerer Öfen geführt. Ursprünglich waren nur kleinere Einheiten im Betrieb, und vor nicht vielen Jahren galten Öfen von 8000 kW als groß. Heute sind Öfen mit 18000—27000 kW in Betrieb. Die Ofenspannung ist etwa 150 V und man erhält etwa 8,5 kg Carbid je kW/Tag. Abb. 1558 zeigt das Schema einer neueren Konstruktion, deren Einzelheiten aus der beigefügten Legende leicht zu verstehen sind.

4. Lichtbogenöfen. Auch bei den beschriebenen Elektrodenöfen spielt der Lichtbogen, wie dort angedeutet, eine Rolle. Lichtbogenöfen zur Erhitzung von Gasen sind in erster Linie zur Oxydation des Luftstickstoffs ausgebildet worden. Diese Fabrikation ist jedoch heute aufgegeben, da Salpetersäure wirtschaftlicher durch Oxydation von synthetischem Ammoniak erhalten wird. Es erübrigt sich daher, auf diese Konstruktionen einzugehen.

Glimmentladung dient zur Herstellung von Ozon (O_3) bzw. zur Ozonisierung von Sauerstoff oder Luft. Bei dem Vorgang handelt es sich jedoch nicht um eine Wärmewirkung, und die Einrichtungen sind daher nicht als elektrische Öfen anzusehen.

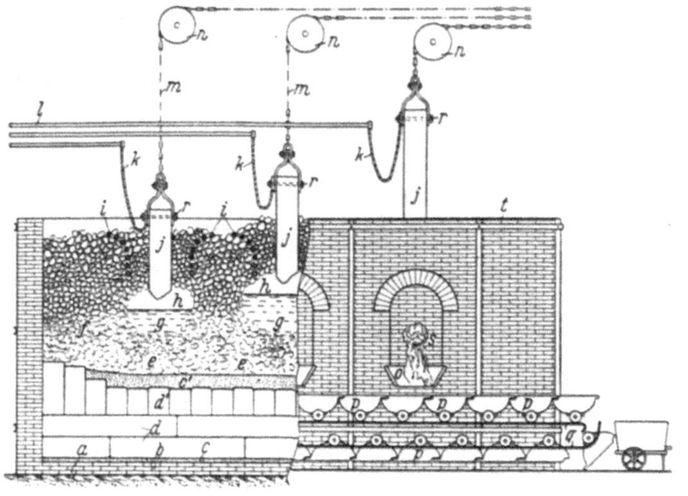

Abb. 1558. Schema eines Carbidofens. (Nach *Ullmann*, Enzyklopädie, 2. Aufl., Bd. 2 [1928].)

a Schicht sehr schlecht leitender feuerfester Steine, z. B. Diatomit; *b* 2 Schichten feuerfester Steine, z. B. Schamotte; *c* und *c'* Kohlestampfmasse aus zerkleinerten Elektroden, Teer und Pech; *d* gute Elektroden, längs gelegt; d' Elektrodenstumpen, kann auch Kohlestampfmasse sein; *e* ist geschmolzenes und wieder erstarrtes Carbid, oft sehr rein; *f* gesinterte Mischung; *g* der Sumpf von geschmolzenem Carbid, aus dem abgestochen wird; *h* der Raum, in dem der Lichtbogen zwischen Elektrode *j* und dem Sumpf spielt; *i* quer durch den Ofen verlaufende Kühlschlangen; *k* bewegliche Stromzuleitung, aus vielen biegsamen Kupferlamellen; *l* wasserdurchflossene starre Stromzuleitung; *m* und *n* Höhenregulierung der Elektroden; *o* eiserne Abflußrinne; *p* Pfannen zum Auffangen des Abstiches, auf Schienen *q* laufend; *s* Abstichloch; *r* gekühlter Bolzen zum Festschrauben der Elektrodenfassung; *t* Eisenarmatur des Ofens.

5. Der Induktionsofen ist für nichtmetallurgische Zwecke, soweit bekannt, nur zur Herstellung von Calciumcarbid vorgeschlagen worden (DRP. 206175), wurde aber wohl kaum aufgenommen und dürfte sich für größere Einheiten nicht eignen.

Lit.: *F. Ullmann*, Enzyklopädie der techn. Chemie, Bd. 2, 8 und 9 (2. Aufl., Berlin 1928—1932, Urban & Schwarzenberg). — *H. von Jüptner*, Wärmetechnische Grundlagen der Industrieöfen (Leipzig 1927, Spamer). — *W. Trinks*, Industrielle Öfen (Berlin 1931, VDI-Verlag). — *J. Billiter*, Elektrische Öfen (Halle a. S. 1928, Knapp). — *F. Singer*, Die Keramik im Dienste von Industrie und Volkswirtschaft (Braunschweig 1923, Vieweg); Der Tunnelofen (Berlin 1933, Tonind.-Ztg.). — *A. Bräuer, J. Reitstötter, H. Alterthum*, Fortschritte des Chemischen Apparatewesens, Bd. 1: Elektrische Öfen (Leipzig 1936, Akad. Verlagsges.). — *Koppers*, Handbuch der Brennstofftechnik (2. Aufl., Essen 1937, Koppers).

Singer.

Lit. Chem. Apparatur: *Löwenstein*, Elektrische Hochtemperatur-Öfen (1924, S. 146). — *J. Becker*, Elektrische Öfen zur Herstellung von Kalziumkarbid (1924, S. 164). — *C. Ritter*, Die Salzsäure-Industrie und Drehofen zur Salzsäuregewinnung (1924, S. 181). — *G. Haenisch*, Der Verschleiß an Gußeisenböden bei den mechanischen Mennigeöfen (1926, Beil. Korr., S. 6). — *A. Bresser*, Ein neuer Ofen zur Holzkohlenerzeugung (1928, S. 14). — *W. Jaekel*, Neuzeitliche Elektroschmelzöfen (1937, S. 81).

Olivite, s. Gummi.

P

Packfong, s. Kupfer-Nickel-Legierungen.

Packungen, s. Dichtungen.

Palorium ist eine Platin-Gold-Legierung, die gegen Schwefelsäure beständiger als Platin angegeben wird. (Palo Co., Chem.-Ztg. 1927, S. 142.)
Ra.

Papier, Pappe und verwandte Erzeugnisse *(s. auch Hartpapiere).* Papier ohne chemische Weiterbehandlung (z. B. mit Chlorzink; s. Vulkanfiber) oder Imprägnation wird im chemischen Apparatewesen nicht verwendet. Über die mit Kunstharzen imprägnierten Hartpapiere s. d. Mit Bitumen imprägnierte Papierrohre zeigen selbst nach 100jähriger Lagerung im Erdboden keinerlei Angriff oder Beschädigung. Gegen Leuchtgas und Wasser völlig beständig sind die Cellasa-Rohre (Cellulosepapier mit Asphalt imprägniert; *A. Lutz*, Z. VDI 1933, S. 1303). Diese Rohre sind bei innerem Durchmesser von 100 mm und einem Außendurchmesser von 120 mm für Drücke von 4 at in jeder Weise brauchbar (20fache Sicherheit). Aus Papier hergestellte Gefäße können durch Tränken mit Öl, Paraffin, Wachs u. dgl. gegen Wasser und Salzlösungen widerstandsfähig gemacht werden (*Hoyer*, Tschechoslowak. Papier-Ztg. 1934, Nr. 35, S. 3; Nr. 36, S. 3). Mit Kittmassen oder hydraulichen Bindemitteln gemischte Papiermasse dient zum Dichten von Wasserrohren. — Die Verwendung von Pappe als Werkstoff für Dichtungsringe ist bekannt.

Lit.: *E. Rabald*, Werkstoffe und Korrosion II (Berlin 1931, Julius Springer); Dechema Werkstoffblätter 1935—37 (Berlin, Verlag Chemie).
Ra.

Parsons Manganbronze, s. Messinge.

Pendelmühlen, s. Fliehkraftmühlen.

Pergut, s. Schutzüberzüge.

Perkinsrohre, s. Rohrleitungen.

Perkolatoren. Um die wertvollen, teils flüchtigen, teils nichtflüchtigen Stoffe aus Drogen, bes. Kräutern, Früchten, Wurzeln, Blüten, Rinden, Hölzern usw., zu gewinnen, zieht man diese mit Hilfe eines flüssigen Lösungsmittels in Macerationsgefäßen (s. d.), in Digestoren (s. d.) oder auch in Perkolatoren aus. Sollen lediglich leichtflüchtige Bestandteile aus den Drogen entfernt werden, so verwendet man bes. in der Getränkeindustrie einfache Blasendestillierapparate (s. Destillierapparate, Abschn. 2 D, S. 185). Dabei bleiben die nicht- und schwerer flüchtigen Stoffe zurück, während die leichtsiedenden Bestandteile und der angereicherte Spiritus übergeht. Die Apparaturen zum Auslaugen großer Mengen bezeichnet man in der Regel nicht als Perkolatoren, sondern als Extraktionsapparate (s. d.) oder als Auslaugeapparate (s. d.).

Bei der Perkolation fließt das meist aus Alkohol, Sprit oder auch Äther bestehende Lösungsmittel langsam und stetig durch die in den Perkolator gebrachten Drogen. Damit das Lösungsmittel in gleicher Verteilung durch die Füllung des Apparates strömt, müssen großstückige Drogen in kleine Teilchen zerkleinert werden, bevor sie in den Perkolator gegeben werden. Man feuchtet sie bisweilen auch vor dem Einsatz an, damit sie schnell und gleichmäßig das eintretende Lösungsmittel im Apparat aufnehmen. Die Art des Lösungsmittels und die anzuwendende Menge richtet sich nach dem Verwendungszweck des Auszugs. Bei der Herstellung von Likören z. B. ist etwa die 2—5fache Menge Sprit von etwa 40—60 Proz. erforderlich.

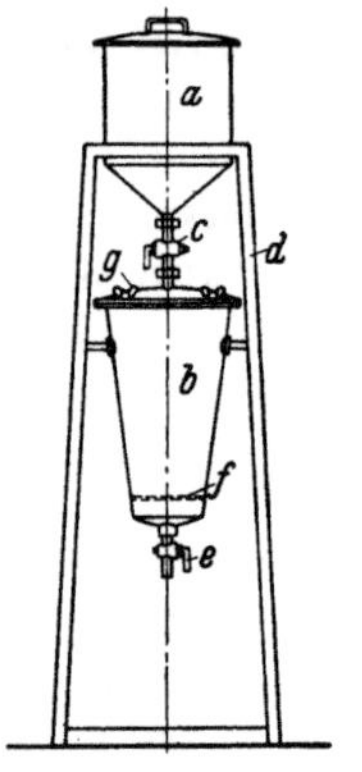

Abb. 1559. Perkolator.

Ein Perkolator (Abb. 1559) besteht aus dem eigentlichen, meist aus Kupfer oder verzinntem oder emailliertem Stahlblech hergestellten Perkolationsgefäß *b*, einem darüber angeordneten Vorratsgefäß *a* oder einer Glasflasche zur Speisung des Perkolationsgefäßes und einem Gestell *d*, das die beiden Gefäße trägt. Das meist mit einem kegeligen Mantel ausgeführte Gefäß enthält über dem mit einem Ablaufhahn *e* versehenen Boden ein Sieb *F*, das den Drogeneinsatz trägt. Oben ist das Gefäß mit einem Deckel *g* verschlossen, der durch ein Rohr über einen Zulaufhahn *c* mit dem Vorratsgefäß verbunden ist. Das Gefäß ist in der Regel in dem Gestell kippbar angeordnet, um es leichter entleeren und reinigen zu können. Um die Luft schnell aus dem Gefäß entfernen zu können, wird auf dem Deckel oft ein Entlüftungshahn vorgesehen. Damit sich der Ablaufhahn nicht durch sich absetzende Drogenteile verstopft, legt man vor die Ablauföffnung noch ein engmaschiges Sieb, etwas Glaswolle oder ein kleines Filter. Damit sich die eingefüllten Drogen bei dem Zufließen des Lösungsmittels nicht auflockern, legt man oben in der Regel noch ein Metallsieb oder eine Lochplatte auf. — Perkolationsgefäße werden für die Verarbeitung empfindlicher Drogen auch aus Steinzeug hergestellt (s. auch Keramische Werkstoffe, S. 848).

Die Perkolation geht so vor sich, daß man das Perkolationsgefäß, wenn es gefüllt und geschlossen ist, zunächst voll mit Lösungsmittel beschickt und dann einige Zeit stehen läßt, da das Eindringen des Lösungsmittels in die Zellen der Drogen und die Sättigung des Lösungsmittels mit den auszuziehenden Stoffen nur langsam vor sich geht. Ist ein ausreichender Gleichgewichtszustand erreicht, so läßt man durch Öffnung des Ablaufhahns das Vorperkolat langsam ablaufen. Entsprechend dem Abfluß läßt man dann frisches Lösungsmittel aus dem Vorratsgefäß zuströmen. Während dieses Vorgangs wird das Perkolat immer ärmer an den auszuziehenden Stoffen. In Abhängigkeit von der Zeit ergibt sich für den Gehalt an auszuziehenden Stoffen im Lösungsmittel etwa die auf Abb. 1560 dargestellte Kurve. In der durch die Strecke *A*—*B* gegebenen Zeit ruhte das Lösungsmittel, in der durch *B*—*C* dargestellten Zeit fand die eigent-

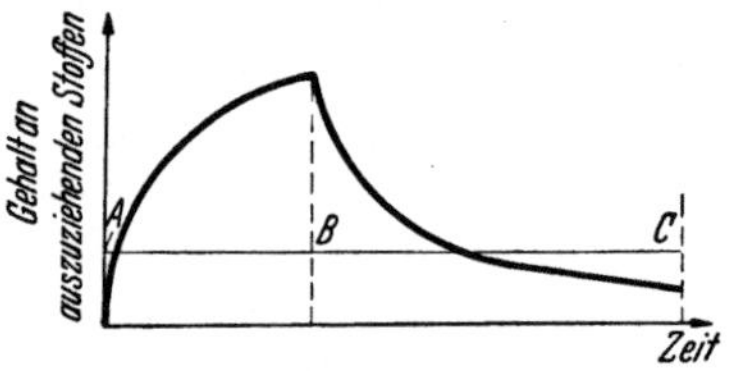

Abb. 1560. Verlauf der Perkolation in Abhängigkeit von der Zeit.

liche Perkolation statt. Wenn auch die Gesamtmenge der auszuziehenden Stoffe etwa nach der in Abb. 1560 gezeigten Kurve verläuft, so ist damit über die Zusammensetzung des Auszugs an einzelnen Stoffen noch nichts festgelegt. In der Regel werden die am leichtesten löslichen Stoffe zuerst, die schwerer löslichen später ausgezogen.

Um eine bessere Anreicherung zu erhalten, kann man mehrere Perkolatoren nach Art einer Extraktionsbatterie hintereinanderschalten. Die einzelnen Perkolatoren sind durch absperrbare Leitungen miteinander verbunden. Da der Strömungswiderstand beim Durchdrücken des Lösungsmittels durch die Hintereinanderschaltung größer ist, muß das Zulaufgefäß entweder hoch auf-

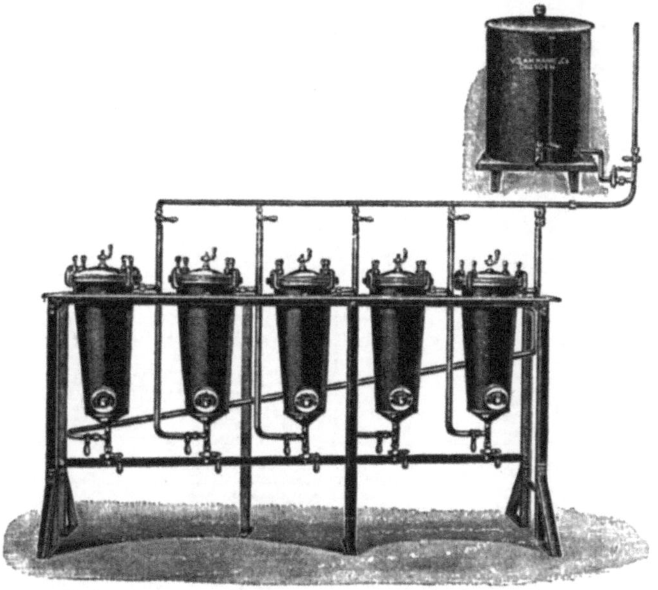

Abb. 1561. Perkolationsbatterie (Hänig).

gestellt oder durch eine Pumpe ersetzt werden. Eine solche Perkolationsbatterie mit 5 Gefäßen zeigt Abb. 1561 (Volkmar Hänig & Co., Dresden-Heidenau).

Bisweilen bezeichnet man den Auslaug- und Extraktionsbatterien ähnliche Großapparate auch als Perkolatoren (s. Auslaugapparate, Extraktionsapparate), so z. B. die Reaktionsgefäße für die Holzverzuckerung nach dem Verfahren von *Scholler*, wie es schematisch auf Abb. 1562 dargestellt ist (Aus der Welt der Technik 1935, Nr. 1). Dabei fließt mit Schwefelsäure schwach angesäuertes Wasser bei etwa 170 bis 180° bei einem Druck von etwa 8—10 at durch die Holzfüllung der mit kleinem Durchmesser ausgeführten Perkolatoren und nimmt den sich bildenden Zucker auf. In der Holzverzuckerungsanlage in Tornesch haben die Perkolatoren einen Gesamtinhalt von 65 m³, womit täglich bis zu 20000 t Holz bei Vollbetrieb verarbeitet werden können. Für größere Anlagen hat der einzelne Perkolator einen Rauminhalt von etwa 50 m³ bei einem Durchmesser von etwa 2,4 m und bei einer Höhe von etwa 14 m. Dabei kann er je nach der Feuchtigkeit des Holzstoffes 12—18 t Späne entsprechend etwa 10 t Holztrockenstoff aufnehmen. Der Stoff wird zunächst lose von oben in den Behälter geschüttet. Nachdem die Füllöffnung verschlossen ist, wird die Beschickung durch einen Dampfstoß zusammengedrückt. Dann wird ein- bis dreimal nachgefüllt und -gepreßt. Die Wärme des Preßdampfes geht dabei nur zu einem kleinen Teil verloren, da er, sich niederschlagend, die Füllung anwärmt. Bei trockenem und leichtem Stoff sind oft vier Füllungen erforderlich. Die Preßdrücke betragen dabei für feinen Stoff bis 2,8 at und für groben Stoff bis 4 at. Werden die Preßdrücke zu hoch gewählt, so wird der Strömungswiderstand der Füllung zu groß, so daß die Zuckerwürze zu langsam abläuft, wobei die Verluste durch Zersetzung von Zucker steigen. Zur Erleichterung des Entleerens sind die Perkolatoren im

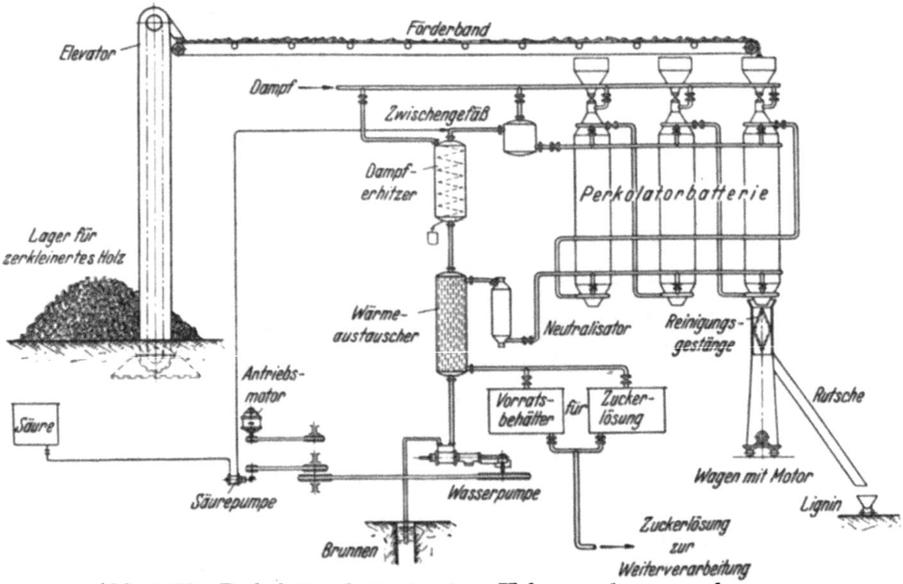

Abb. 1562. Perkolationsbatterie einer Holzverzuckerungsanlage.

unteren Teil stark verjüngt und mit einer weiten, durch eine Klappe verschlossenen Öffnung versehen. Zum Schutz gegen chemische Angriffe sind die Perkolatoren verbleit und mit säurefesten Steinen ausgemauert. — Ist die Füllung auf die Anfangstemperatur gebracht und der Perkolator ausreichend entlüftet, wird die Perkolierflüssigkeit schubweise eingelassen und dabei die Temperatur allmählich bis auf die Reaktionstemperatur gebracht. Um Zersetzungsverluste zu verhindern, darf eine Temperatur von 180° nicht überschritten werden. Die austretende Zuckerlösung strömt in Entspannungsgefäße, wobei sie sich stark abkühlt. Das als Rückstand im Perkolator übrigbleibende Lignin wird durch plötzliches Öffnen des unteren Verschlusses entleert, wobei der sich entspannende Wassergehalt den Stoff auseinanderreißt und in geräumige Zyklone oder Kammern geleitet, die unterhalb der Perkolatoren angeordnet sind. — Die Menge der anzuwendenden Perkolierflüssigkeit liegt bei Anlagen zur Herstellung von Futterhefe höher als bei den Anlagen zur Alkoholerzeugung. (Siehe auch *Krumbein*, RDT 1938, Nr. 12, S. 1.)

Lit.: *H. Wüstenfeld*, Trinkbranntweine und Liköre (Berlin 1931, Parey).

Thormann.

Perlit, s. Eisen-Kohlenstoff-Legierungen.

Pertinax, s. Hartpapiere.

Pfannen, s. Krystallisierapparate, Abdampfschalen.

Pferdehaare, s. Textilien.

p_H-Meßvorrichtungen. **Allgemeines.** Unter dem Wasserstoffexponenten (Säurestufe, Säuregrad, abgekürzt p_H) einer wässerigen Lösung versteht man den negativen (Zehner-) Logarithmus ihrer Wasserstoffionenkonzentration, d. h. der Anzahl Grammatome Wasserstoffionen in 1 *l* Flüssigkeit. Eine Lösung, die, wie reinstes Wasser, bei 22° 1,008 g Wasserstoffionen (1 Grammäquivalent H˙) in 10^7 *l* enthält, d. h. eine Wasserstoffionenkonzentration von 10^{-7} ($p_H = 7$) besitzt, heißt neutral. Ist die Wasserstoffionenkonzentration größer als 10^{-7}, der p_H-Wert also kleiner als 7, so spricht man von saurer, ist sie kleiner als 10^{-7}, der p_H-Wert größer als 7, von alkalischer Lösung. Da die meisten in wässeriger Lösung stattfindenden chemischen Reaktionen in ihrem Verlauf stark von der Wasserstoffionenkonzentration der Lösung beeinflußt werden, ist die Ermittlung des p_H-Wertes sowie seiner Änderung für die Erforschung und Leitung solcher Vorgänge von großer Wichtigkeit. Viele technische Arbeiten, z. B. Gerben, Brauen, Färben, Bleichen, die Gewinnung von Papier, Zellstoff, Zucker, Wein usw., die Galvanotechnik, laufen unter genauer Beobachtung und Regelung der p_H-Größen günstiger ab bzw. machen eine solche geradezu notwendig. Letzteres gilt besonders für physiologische und Fermentvorgänge, bei Wasser- und Bodenuntersuchungen.

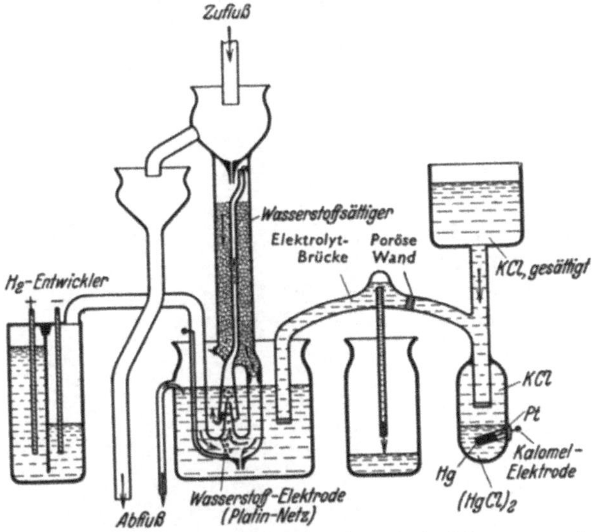

Abb. 1563. Siemens-Meßgerät für Aufzeichnung und Regelung des p_H-Wertes.

Die zu untersuchende Flüssigkeit wird mit Wasserstoff gesättigt und erzeugt an einer Platin-Wasserstoffelektrode ein Potential, das gegen eine Kalomelelektrode (unter Verwendung des Siemens-Kompensographen als besonders stromempfindliches Nullinstrument) gemessen wird. Die Anzeigeverzögerung beträgt etwa 1 min; das Gerät ist für sämtliche p_H-Werte verwendbar.
(Nach *Berl*, Chem. Ingenieur-Technik I [Berlin 1935, Julius Springer].)

Zur Ermittlung des p_H-Wertes können alle von der Wasserstoffionenkonzentration meßbar abhängigen Vorgänge dienen. Grundsätzlich beanspruchen zwei Verfahren Bedeutung für die Praxis: A. Das elektrometrische (potentiometrische) p_H-Meßverfahren und B. das kolorimetrische p_H-Meßverfahren (Indikatormethoden). Beide Verfahren sind meßtechnisch für Einzelbestimmungen weitgehend durchgearbeitet; die zur laufenden p_H-Ermittlung (und -steuerung) vorgeschlagenen Verfahren und Einrichtungen stehen noch im Entwicklungsstadium (*Splittgerber*, Ergebnisse der angew. physik. Chem., Bd. IV (1936), S. 169; *Tödt*, Chem. Fabrik 1937, S. 121). — Es sei besonders hervorgehoben, daß ein p_H-Wert nicht etwa durch Titration einer (sauren oder alkalischen) Lösung bestimmbar ist. Denn beim Titrieren greift man in ein Dissoziationsgleichgewicht ein, verschiebt es dauernd in der Weise, daß die Dissoziationsprodukte vom zugesetzten Titriermittel verbraucht werden, wieder nachdissoziieren und so fort: wir ermitteln also auf diese Weise (etwa in einer Säure) die Menge der sämtlichen, überhaupt verfügbaren Wasserstoffionen (die „potentielle“ Acidität). Im p_H-Wert messen wir aber nur die jeweils gerade herrschende Wasserstoffionenkonzentration der Lösung (die „aktuelle“ Acidität), wobei wir sehr darauf bedacht sein müssen, die zu messende Größe durch den Messungsakt selbst unangetastet zu lassen.

Abb.1564. Pehavi-Meßgerät (Hartmann & Braun).

Die einzelnen Meßeinrichtungen. A. Die elektrometrischen p_H-Bestimmungsverfahren laufen auf eine Messung elektromotorischer Kräfte (Potentialdifferenzen) hinaus; sie sind für klare, farbige, trübe oder breiige Untersuchungsmedien verwendbar. Der Grundgedanke ist folgender: Man bringt in die zu untersuchende Lösung eine („richtig ansprechende“) Elektrode (die Meßelektrode), und verbindet dieses „Halbelement“ aus Lösung und Meßelektrode elektrolytisch mit einer zweiten, stets unverändert bleibenden, der sog. „Bezugs- oder (Vergleichs-)Elektrode“. Die Pole dieser einem galvanischen Element vergleichbaren Anordnung (der sog. „Meßkette“) liefern eine Spannungsdifferenz, aus der nach der *Nernst*schen Grundgleichung der Elektrochemie die Wasserstoffionenkonzentration (also auch p_H) der zu untersuchenden Lösung berechnet wird. Grundsätzlich bestehen also alle elektrometr. p_H-Meßeinrichtungen aus zwei Teilen: 1. aus der Elektrodenanordnung zur Erzeugung der vom p_H bestimmten Potentialdifferenz (vgl. Abb. 1563), 2. aus der Vorrichtung zum Messen derselben (vgl. Abb. 1564). Als Meßelektroden kommen besonders die Wasserstoff- und die Chinhydronelektrode (vgl. Abb. 1565) in Betracht, für Einzelmessungen im Laboratorium sowohl als für fortlaufende p_H-Messungen im Betriebe. Die Wasserstoffelektrode, als Beispiel einer Gaselektrode, kommt folgendermaßen zustande (vgl. Abb. 1563): Ein Platinblech (oder -stift), das an seiner Oberfläche mit Platinschwarz (sehr fein verteiltem Platin) bedeckt ist, wird in die wasserstoffionenhaltige Lösung gebracht und mit reinstem Wasserstoffgas bespült. Das Wasserstoffgas löst sich im Platinschwarz auf, wobei eine teilweise Spaltung der Wasserstoffmolekeln in Wasserstoffatome eintritt. Eine derartige Elektrode verhält sich so, als bestünde sie aus einer metallischen Form des Wasserstoffs. Als „Normalwasserstoffelektrode" definiert man eine Elektrode, bei der das Platinblech von Wasserstoff von 1 at abs bespült wird und in eine an H-Ionen 1-normale Lösung taucht; man erteilt ihr willkürlich das Potential Null. Die Anwendung der Wasserstoff- und Chinhydronelektroden erfordert dauernde Zusätze (Zuleiten von reinem Wasserstoff bzw. Zugabe von Chinhydron), liefert aber recht gute Werte (auf 0,02—0,01 p_H-Einheiten genau). Gleichfalls gute Ergebnisse lassen sich mit der (allerdings am meisten temperaturabhängigen) Antimonelektrode, zumal auch im (schwach) alkalischen Gebiet und bei Anwesenheit von „Elektrodengiften" (Cyaniden, Sulfiten usw.), erreichen; die hierbei erzielte Genauigkeit (0,1 p_H-Einheiten) ist für Betriebsmessungen vollauf genügend. Die Antimonelektrode bedarf keiner Zusätze, jedoch guter Wartung (öfteres Erneuern der Oberfläche). Für starke Oxydations-, Reduktionsmittel oder Elektrodengifte enthaltende Lösungen kann die Glaselektrode verwendet werden; notwendig ist hierzu jedoch ein hochempfindliches Galvanometer als Nullinstrument. Namentlich bei kleinem Schwankungsbereich des zu messenden p_H liefert die Glaselektrode genaue Werte. — Als Bezugselektrode dient fast stets eine Kalomelelektrode (die Anwendung einer Wasserstoffelektrode gestaltet sich in der Praxis zu umständlich).

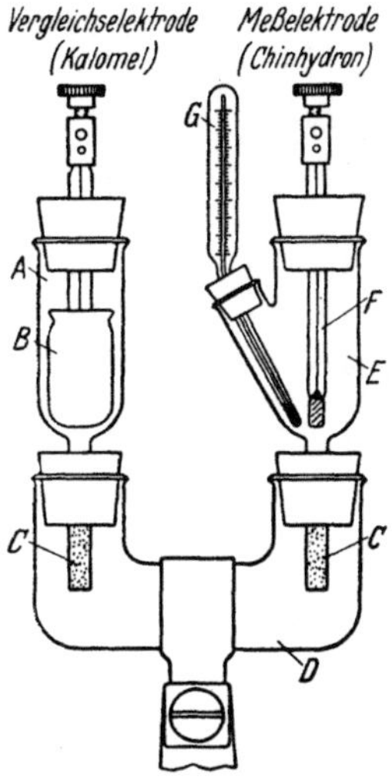

Abb. 1565. Pehavi-Meßgerät (Hartmann & Braun).

A, E Schutzgefäße; *B* gesättigte Kalomel-Elektrode; *C* poröse Tonstifte; *D* Verbindungsbrücke, mit gesättigter Kaliumchloridlösung gefüllt; *F* Chinhydronelektrode in der zu untersuchenden Flüssigkeit; *G* Thermometer.

Die Potentialmeßanordnung selbst hat zur Grundlage:

1. die allgemein bekannte Kompensationsschaltung nach *Poggendorf*;

2. Spannungsmessung mit Elektronenröhren (zuerst *K. A. Goode*, J. Amer. chem. Soc. 1922, S. 26; 1925, S. 2483) in zahlreichen Abwandlungen und Verfeinerungen (Röhrenvoltmeter), z. B. *F. Tödt* u. *W. Thrun*, Z. Elektrochem. 1928, S. 594;

3. Lichtelektrische Spannungskompensation (*Wulff*, Physik. Z. 1936, S. 269).

Die Spannungsmesser sind vielfach auf p_H-Werte geeicht. Bei Anordnungen zur laufenden Messung und Steuerung des p_H betätigen die Anzeigegeräte mechanische oder elektrische Übertragevorrichtungen, die in den Arbeitsgang (z. B. zuflußregelnd) eingreifen. Abb. 1563 zeigt das nach der Kompensationsmethode arbeitende Siemens & Halske-p_H-Meßgerät für laufende p_H-Messung und -Regelung. Zur Registrierung dient z. B. der Siemens-Kompensograph (ähnliche Registrierapparate bauen die Firmen Pyrowerk Dr. Rudolf Hase, Hannover; Leeds u. Nortrup Co., Philadelphia). Ein Gerät zur Einzelmessung von p_H-Werten, das „Pehavi" der Hartmann & Braun A.-G., Frankfurt a. M., zeigen die Abb. 1564 und 1565; dieses Gerät arbeitet gleichfalls nach dem Kompensationsverfahren, mit Wasserstoff- oder Chinhydronelektrode als Meßelektrode und einer Kalomelelektrode als Bezugselektrode. Eine p_H-Meßeinrichtung zur laufenden Betriebsüberwachung mit Antimonelektrode und unmittelbarer p_H-Wertablesung ist das Kontroll-Ionometer nach *Kordatzki* (F. & M. Lautenschläger G. m. b. H., München). Gleichfalls als p_H-Meßgerät zur selbsttätigen, stetigen Betriebsüberwachung dient der mit Elektronenröhren (Röhrenvoltmeter) arbeitende Ionograph nach *Kordatzki* u. *Wulff* (Lautenschläger, Abb. 1566).

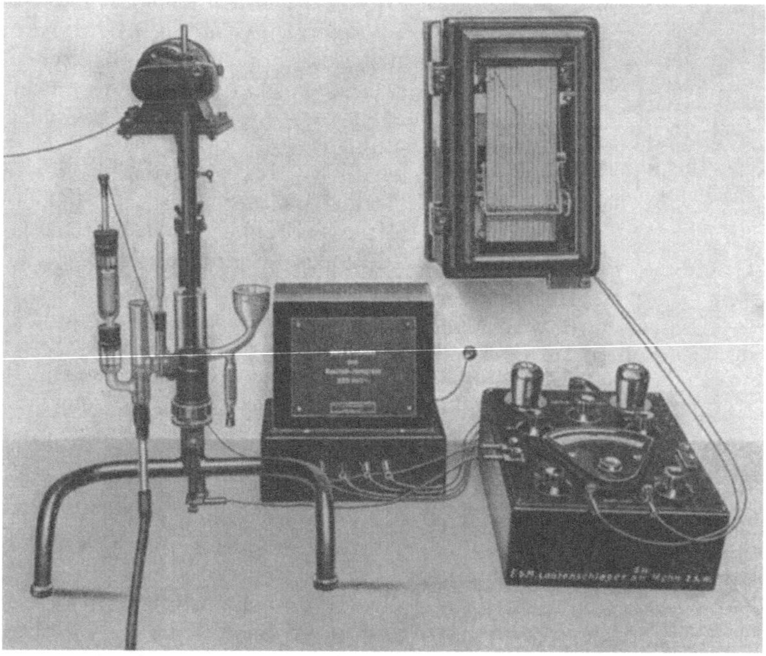

Abb. 1566. Ionograph nach *Kordatzki* u. *Wulff* (Lautenschläger). Links Gefäß mit Elektrodenanordnung, rechts Spannungsmesser.

B. Die kolorimetrischen p_H-Meßverfahren (Indikatormethoden) beruhen auf der Eigenschaft gewisser organischer Verbindungen, ihren Farbton bei Erreichung bzw. Überschreitung bestimmter p_H-Grenzen zu ändern. Der Farb-„Umschlag" dieser „Indikatoren" (Anzeiger) genannten Stoffe vollzieht sich zumeist innerhalb eines mehr oder weniger breiten p_H-Bereiches. Zur Bestimmung des p_H-Wertes werden Papierstreifen (besser Folien aus Reincellulose), die mit den betreffenden Indikatoren getränkt sind, in die zu prüfende Lösung gebracht und dann ihr Farbton mit dem gleicher Folien, die in Standardlösungen von bekanntem p_H tauchen, verglichen. Dieses einfache Verfahren genügt für geringere Genauigkeitsansprüche (0,2 p_H-Einheiten); möglichste Farblosigkeit der zu untersuchenden Lösung ist Voraussetzung, will man nicht zeitraubende Vorbehandlungen (Abstimmung der Vergleichslösung auf die Eigenfarbe der zu untersuchenden) in Kauf nehmen. Auch sind bei allen kolorimetrischen Verfahren Salz- und Eiweißfehler (namentlich bei gepufferten Lösungen) zu berücksichtigen. Ein handliches Gerät für diesen Zweck ist das Folienkolorimeter nach *Wulff*. Auf derselben Grundlage ist das Doppelkeilkolorimeter nach *Bjerrum-Arrhenius* (Lautenschläger, Abb. 1567) aufgebaut: Eine planparallele, diagonal durch eine Glaswand unterteilte Küvette enthält die Indikatorvergleichslösung; je eine Hälfte enthält eine der beiden Umschlagsfarben. Blickt man (vgl. die Abb. 1567) ganz links im Sinne des Pfeiles, so sieht man nur die „saure" Farbe, blickt man ganz rechts durch die Küvette, so sieht man nur die „alkalische" Farbe des Indikators. Dazwischen lassen sich alle Übergangsfarben erkennen. Kennt man nun die p_H-Werte der Übergangsfarben genau, so läßt sich durch Verschieben einer oberhalb der Doppelkeilküvette angebrachten Küvette mit der zu prüfenden (mit Indikator versetzten) Lösung und Einstellen auf gleiche Farbe der p_H-Wert messen. Der Meßbereich liegt z. B. zwischen p_H-Werten von 1,2—11,7; die Genauigkeit wird mit 0,05 p_H-Einheiten angegeben. Ein Gerät für laufende Kontrolle strömender Flüssigkeiten auf dieser Grundlage ist das Dauerkolorimeter nach *Kordatzki*. Unter Verwendung von Photozellen (besonders Selensperrschichtzellen) lassen sich laufende Kontrollen durchführen oder auch durch Farbuntüchtigkeit des Beobachters verursachte Fehler ausschalten; der Farbvergleich ist dabei auf das Ablesen eines elektrischen Meßgerätes zurückgeführt. Ein solches p_H-Meßgerät für Einzelmessungen und, in Sonderausführung, als Durchflußkolorimeter für laufende Untersuchung ist das lichtelektrische Kolorimeter nach *B. Lange*.

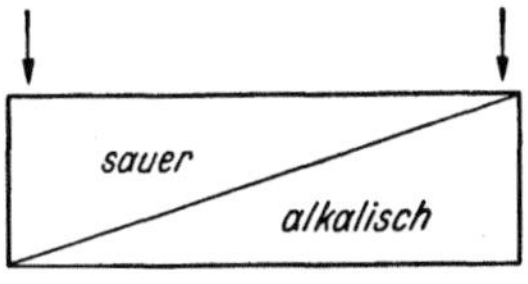

Abb. 1567. Doppelkeilkolorimeter nach *Bjerrum-Arrhenius* (Lautenschläger).

Lit.: *J. Kolthoff*, Säure-Basen-Indikatoren (Berlin 1932, Julius Springer). — *L. Michaelis*, Die Wasserstoffionenkonzentration (Berlin 1922, Julius Springer). — *G. Lehmann*, Die Wasserstoffionenmessung (Leipzig 1928, Barth). — *W. Kordatzki*, Taschenbuch der praktischen p_H-Messung (München 1934, Müller & Steinicke). — *W. M. Clark*, The Determination of Hydrogen Ions (Baltimore 1920, Williams & Wilkins). — *P. Gmelin* in *Eucken-Jakob*, Der Chemie-Ingenieur, Bd. 2, Teil 4 (Leipzig 1933, Akad. Verlagsges.). — *E. Berl*, Chemische Ingenieur-Technik, Bd. 1 (Berlin 1935, Julius Springer). — *E. Mislowitzer*, Die Bestimmung der Wasserstoffionenkonzentration (Berlin 1928, Julius Springer). — *H. Jörgensen*, Die Bestimmung der Wasserstoffionenkonzentrationen (p_H) und deren Bedeutung für Technik und Landwirtschaft (Dresden 1935, Steinkopff).

Bähr.

Piliermaschinen, in der Seifenfabrikation verwendete Walzenreibmaschinen; s. Verreibmaschinen.

Planetenrührwerke, s. Rührvorrichtungen.

Planolith, s. Steinholz.

Plansiebe, s. Siebvorrichtungen.

Plastische Massen zeichnen sich, wie schon ihr Name sagt, durch besondere Bildsamkeit aus; diese Bildsamkeit kommt nicht immer dem endgültigen Werkstoff zu, sondern kann auch nur während einer gewissen Spanne der Herstellung vorhanden sein. Die Plastischen Massen werden am besten auf Grund ihrer Rohstoffbasis eingeteilt (S. 1216):

Preßstoff-„Typen“ 1922. (Nach Elektrotechn. Z. 1932, S. 709.)

Type	k_b kg/cm²	k_s cmkg/cm²	A_m Grad	G.-S.	λ
T	600	12	125	2	3
S	700	6	125	3	3
0	600	5	100	2	3
1	500	3,5	150	4	3
2	350	2	150	4	3
3	200	1,7	150	4	3
4	150	1,2	150	4	3
7	250	1,5	65	1	3
8	150	1	45	3	3
K	600	5	100	2	4
A	300	15	45	1	3
N	300	4	40	2	3
Y	1000	5	400	5	4
X	150	1,5	250	5	—

k_b = Biegefestigkeit.
k_s = Schlagbiegefestigkeit.
A_m = Wärmebeständigkeit nach *Martens*.
G.-S. = Glutsicherheit nach *Schramm*.
λ = Isolationsvermögen nach 24 std Liegen im Wasser. Vergleichszahl 3 = 10^2—10^4 MΩ, „ 4 = 10^4—10^6 MΩ

Bestandteile und Verarbeitungstechnik der Plastischen Massen. (Nach *W. Röhrs*, Z. VDI 1932, S. 1233.)

Type	Plastisches Bindemittel	Füllstoff, Faserstoff	Verarbeitungstechnik
T	Phenol-Aldehyd-Kunstharz	Textilabfälle	Heißpressen (Härtung)
S	Phenol-Aldehyd-Kunstharz	Holzmehl u. a. Zellstoff	Heißpressen (Härtung)
0	Phenol-Aldehyd-Kunstharz	Holzmehl u. a. Zellstoff	Heißpressen (Härtung)
1	Phenol-Aldehyd-Kunstharz	Asbestfaser und mineralische Stoffe	Heißpressen (Härtung)
2	Phenol-Aldehyd-Kunstharz	Asbestfaser und mineralische Stoffe	Kaltpressen mit Nachhärtung
3	Phenol-Aldehyd-Kunstharz	Asbestfaser und mineralische Stoffe	Kaltpressen mit Nachhärtung
4	Asphalt	Asbestfaser und mineralische Stoffe	Kaltpressen
7	Naturharz, Asphalt	Asbestfaser und mineralische Stoffe	Heißpressen (keine Härtung)
8	Asphalt	Asbestfaser und mineralische Stoffe	Heißpressen (keine Härtung)
K	Carbamidharz	Zellstoff	Heißpressen (Härtung)
A	Acetylcellulose	mineral. Stoffe	Spritzen
N	Nitrocellulose	Gips, mineral. Stoffe	Heißpressen ohne Härtung
Y	Bleiborat	Glimmer	Heißpressen ohne Härtung
X	Zement, Wasserglas	Asbest, mineral. Stoffe	Kaltpressen

a) Plastische Massen auf der Basis von Cellulose. Zu ihnen gehört der Prototyp der Plastischen Massen: das Celluloid (s. d.), ferner die Acetylcellulosemassen (s. Acetylcellulose) und die Äthylcellulosemassen.

b) Kunstharze mit und ohne Füllstoff oder Gewebeeinlagen (s. Kunstharze- u. Kunstharzmassen, Hartpapiere), die durch Kondensation oder Polymerisation hergestellt worden sind. — Durch Kondensation entstanden sind die Phenoplaste (Phenole + Formaldehyd, z. B. Haveg, Vigorit, Silasit), Aminoplaste (Harnstoff, Thioharnstoff + Formaldehyd), Alkydale (Phthalsäure + Glycerin) und andere. — Durch Polymerisation gewonnen sind die Styrole, Cumaronharze, Acrylsäurepolymerisate und andere Erzeugnisse. — Teils durch Kondensation und teils durch Polymerisation entstanden sind z. B. die Vinylprodukte (z. B. Mipolam [s. d.]), Methacrylsäureprodukte usw.

c) Plastische Massen auf der Basis von Eiweiß, z. B. Galalith (Casein mit Formaldehyd gehärtet).

d) Plastische Massen auf der Basis von trocknenden Ölen, wie Leinöl und Holzöl.

e) Plastische Massen auf der Basis von Naturharzen, wie Schellack, Kopal.

f) Plastische Massen auf der Basis von Asphalt, Bitumen usw.

g) Im weiteren Sinne gehören zu den Plastischen Massen neben den verschiedenen Kautschukerzeugnissen auch viele keramische Massen und die Gläser.

Aus der gegebenen Übersicht geht schon die große Vielfältigkeit der Plastischen Massen hervor, deren Entwicklung in den letzten zehn Jahren außerordendlich stürmisch vorangegangen ist und auch heute noch nicht abzusehen ist. Im chemischen Apparatewesen haben diese Werkstoffe noch nicht die ausgedehnte Anwendung gefunden wie in anderen Industrien (z. B. in der Elektrotechnik), obwohl sie sich in den allermeisten Fällen durch sehr gute Beständigkeit gegenüber nichtoxydierenden nichtwasserentziehenden Säuren, Laugen, Salzlösungen und anderen Chemikalien (Vorsicht bei organischen Lösungsmitteln) auszeichnen. Es ist jedoch mit einer zunehmenden Verwendung zu rechnen.

Ihre Verarbeitung erfolgt vielfach spanlos durch Pressen oder Spritzen. Die Preßstoffe werden seit neuerer Zeit nicht nach ihrer chemischen Zusammensetzung, sondern nach ihren physikalischen Eigenschaften in die Typen nach Tabelle S. 1215 eingeteilt.

Lit.: *W. Mehdorn*, Kunstharzpreßstoffe. Eigenschaften, Verarbeitung und Anwendung (Berlin 1934, VDI-Verlag). — *H. Blücher*, Plastische Massen (Leipzig 1924, Hirzel). — *O. Pabst*, Kunststoff-Taschenbuch (2. Aufl., Berlin 1937, Verlag Physik). — *I. Scheiber*, Kunststoffe (Leipzig 1934, Akad. Verlagsges.). — *A. Sommerfeld*, Plastische Massen. Herstellung, Verarbeitung und Prüfung (Berlin 1934, Julius Springer). — VDI, Kunst- und Preßstoffe (Berlin 1937, VDI-Verlag). — *O. Kausch*, Handbuch der künstlichen Plastischen Massen (München 1931, Lehmann). — *R. Houwink*, Physikalische Eigenschaften und Feinbau von Natur- u. Kunstharzen (Leipzig 1934, Akad. Verlagsges.). — *E. Rabald*, Werkstoffe und Korrosion II (Berlin 1931, Julius Springer); Dechema-Werkstoffblätter 1935—37 (Berlin, Verlag Chemie). — *W. Röhrs*, Z. VDI 1932, S. 1233. — *H. E. Riley*, Ind. Engng. Chem. 1936, S. 919. — Zeitschr.: Kunststoffe (München); British Plastics (London); Modern Plastics (New York); Revue gén. des matières plastiques (Paris); Materie Plastiche (Mailand).

Ra.

Platin und Platinlegierungen. Es können folgende fünf Reinheitsstufen für Platin unterschieden werden:

1. Physikalisch reines Platin, Reinheitsstufe 4, höchstens 0,01 Proz. Verunreinigungen;
2. Chemisch reines Platin, Reinheitsstufe 3, höchstens 0,1 Proz. Verunreinigungen;
3. Geräteplatin, Reinheitsstufe 2, höchstens 0,3 Proz. Iridium und 0,1 Proz. andere Metalle;
4. Technisch reines Platin, Reinheitsstufe 2, mindestens 99,5 Proz. Platinmetalle, davon 99 Proz. Platin;
5. Bijouterieplatin, Reinheitsstufe 1, mindestens 95 Proz. Platin.

Reines Platin ist sehr weich, so daß in der Technik meist Platin, das geringe Mengen Iridium enthält, verwendet wird (s. Tabelle).

Werkstoff	Brinellhärte des geglühten Werkstoffes in kg/mm²	Zugfestigkeit des geglühten Werkstoffes in kg/mm²	Dehnung des geglühten Werkstoffes in Proz.
99proz. Platin	55	24	35
Platin mit 5 Proz. Iridium	100	30	15
Platin mit 10 Proz. Iridium	140	48	13

Physikalische Eigenschaften. Farbe: Weiß. — Dichte: 21,4. — Schmelzpunkt: 1764°. — Flüchtigkeit: Im Hochvakuum verflüchtigt sich Platin bei 540°, bei 1000° ist der Dampfdruck auch bei gewöhnlichem Druck schon merklich. — Elektrische Leitfähigkeit: 6,7 m/Ohm · mm² bei 0°.

Korrosion. Platin ist einer der beständigsten Werkstoffe. Da es aber mit einer Anzahl von Elementen (Blei, Zinn, Wismut, Antimon, Arsen, Schwefel, Phosphor, Silicium u. a.) leicht schmelzende bzw. spinale Legierungen bildet, so ist es vor diesen Stoffen zu schützen; namentlich ist auch acht zu geben, ob die Möglichkeit besteht, daß sich unter den gegebenen Bedingungen diese Elemente bilden können (z. B. greifen geschmolzene Sulfate nicht an, wohl aber, wenn reduzierende Stoffe, wie Kohle, dabei sind). Ferner greifen Superoxyde in der Hitze an. Benutzt wird Platin in der elektrochemischen Industrie, bei der Schwefelsäurefabrikation und als Werkstoff für hochbeanspruchte Thermoelemente.

Anodischer Angriff: In verdünnter Schwefelsäure werden reine Platinanoden nur wenig, solche aus Platin-Iridium etwas stärker angegriffen. Stark salzsaure Lösungen greifen Platin anodisch beträchtlich an. Platin-Iridiumanoden sind in der Chloralkali-Elektrolyse im Gebrauch (s. Elektrolyseure, S. 356, 379, 381, 384, 389, 395).

Chlor: Von den Halogenen greift Chlor am stärksten an, namentlich löst nascierendes Chlor, wie es beim Angriff von Königswasser entsteht, Platin und die meisten Platinlegierungen auf. Durch Legieren mit 20 Proz. Iridium (s. oben bei Anodischer Angriff) wird die Beständigkeit auch in sauren Lösungen außerordentlich erhöht.

Königswasser: Siehe oben bei Chlor.

Schwefelsäure (s. oben bei Anodischer Angriff): 95proz. Säure greift erst bei 250° an. Legierungen mit Iridium und Gold sind gegen hochprozentige heiße Säure beständiger als Platin. — Konzentrierung auf 97 Proz.: 2,0 g Metallverlust je Tonne Säure bei Reinplatin, 0,2 g bei Platin-Gold-Legierung.

Lit.: *Deutsche Gesellschaft für Metallkunde,* Werkstoffhandbuch (Nichteisenmetalle), herausg. v. *Masing, Wunder* u. *Groeck* (Berlin 1928, Beuth-Verlag). — *E. Rabald,* Werkstoffe und Korrosion I (Berlin 1931, Julius Springer); Dechema-Werkstoffblätter 1935—1937 (Berlin, Verlag Chemie). — *A. Fürth,* Die Werkstoffe für den Bau chemischer Apparate (Leipzig 1928, Spamer). — *G. Bauer,* Über Korrosionserscheinungen an Platingeräten (Chem.-Ztg. 1938, S. 257). Ra.

Lit. Chem. Apparatur: *H. Rabe,* Platingeräte (1927, S. 157, 183, 209). — *Hutter,* Die Zerstörungsursachen von Platin-Platinrhodium in Thermoelementen (1929, Beil. Korr., S. 49; 1930, Beil. Korr., S. 5).

Platin-Gold-Legierungen, Platin-Iridium-Legierungen, s. Platin und Platinlegierungen.

Platinit, s. Nickelstähle.

Platinoid, s. Kupfer-Nickel-Legierungen.

Plattenerhitzer, s. Wärmeaustauscher, Zellenapparate.

Plattenfedermanometer, s. Druckmesser.

Plattenfilter, s. Metallfilter.

Plattensiebe, s. Siebvorrichtungen.

Plattentrockner bestehen aus langen Kanälen, die mit Doppelböden versehen sind, durch welche die Heizgase geführt werden. Sie dienen besonders zum Trocknen von Salzen, die mit Schaufeln allmählich durch den Kanal bewegt werden. Die Kanäle können auch in mehreren Stockwerken übereinander angeordnet werden. Das nasse Salz geht dann zuerst in das oberste Stockwerk, wird langsam durch den obersten Kanal geschaufelt und fällt dann in den daruntergelegenen Kanal usw.

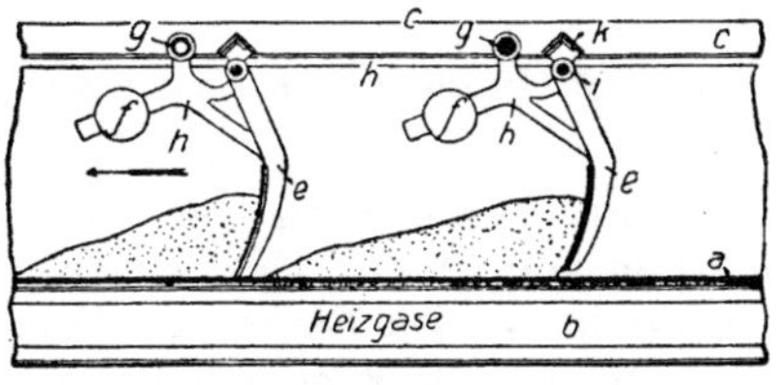

Abb. 1568. Steinsalztrockner (Paßburg).

Eine Schaufelvorrichtung für einen derartigen Trockner zeigt Abb. 1568. Die um i drehbar angeordneten Schaufeln e fördern das Gut auf den Platten a um den Hub der Fördervorrichtung nach links weiter, wobei sie durch die Ausschläge g gehalten werden. Die Größe des Hubes hängt von der Länge des Kurbelmechanismus ab. Der Hub wird so gewählt, daß er gleich dem Schaufelabstand ist. Beim Rückgang gehen die Schaufeln über die Salzhaufen hinweg, indem sie sich unter deren Gegendruck um die Zapfen i drehen. Durch die auf den Hebeln h gelagerten Belastungsgewichte f werden die Schaufeln nach unten auf die nach vorwärts geförderten Salzhaufen gedrückt, so daß das Trockengut auseinandergestrichen wird. Die Drehpunkte i

bestehen aus Zapfen, die in kleinen, auf den Querwinkeleisen k angenieteten Böcken gelagert sind. Die Quereisen k sind an den Längseisen c befestigt, die mit dem Kreuzkopf der Kolbenstange des Antriebs verbunden sind.

Th.

Pochwerke (**Stampfmühlen, Stampfwerke**) sind Zerkleinerungsmaschinen (s. auch diese), die auf der Schlagwirkung frei herabfallender Stempel beruhen. Sie eignen sich vorwiegend zur Zerkleinerung harter, spröder Stoffe und dienen

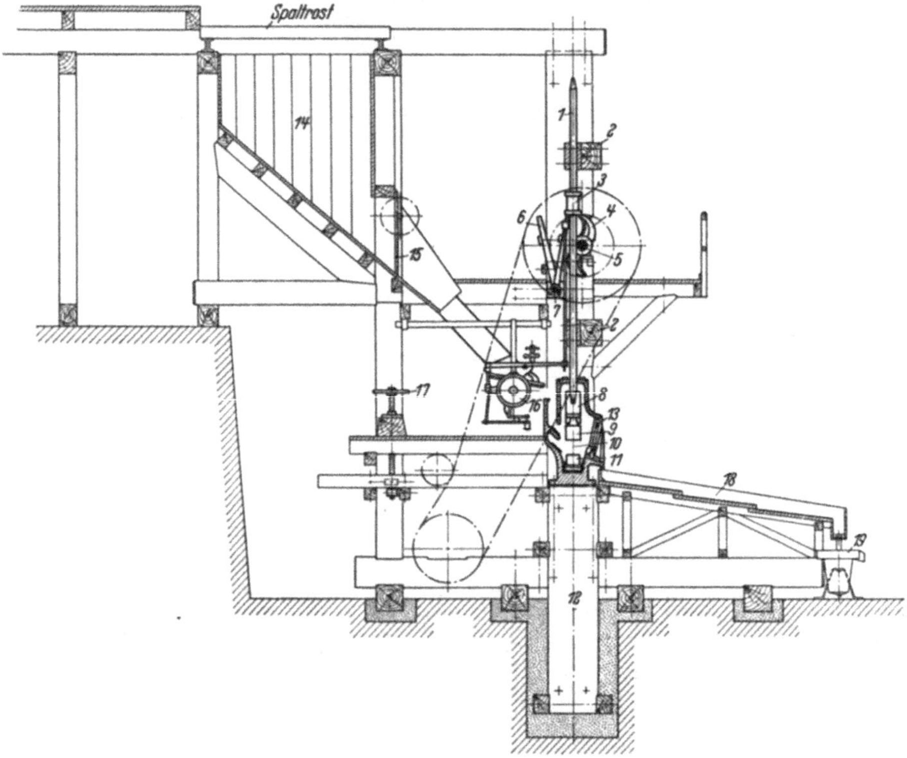

Abb. 1569. Schematische Darstellung einer Pochwerksanlage (Humboldt-Deutzmotoren).

demgemäß zur Herstellung von Knochenschrot aus gedämpften sowie zum Zerstampfen roher Knochen, zur Feinzerkleinerung von Chemikalien, Drogen usw., sowie — in schwererer Bauart — zum Zerkleinern von Erzen (aus dem Rahmen des Handbuchs fallend), wofür sie sich besonders eignen, da sie wegen ihrer einfachen, kräftigen Bauart und Billigkeit in Anschaffung, Betrieb und Unterhaltung, namentlich in entlegenen Gegenden, wo man auf die Hilfe ungeübter Leute angewiesen ist, angewendet werden. Man kann die Pochwerke mit Körnungen bis zu 50 mm aufwärts beschicken und das zerkleinerte Gut mit Sieben von 20—35 Maschen je Zoll aufschließen. Siebe von größeren Maschenfeinheiten verstopfen sich leicht und beeinträchtigen die Leistungsfähigkeit. Diese richtet sich auch nach der Beschaffenheit des Pochgutes und nach der Anzahl der Stempel. So verarbeiten (nach den Angaben der Joseph Vögele AG., Mannheim) 2 Stempel bei 50 Hüben je min und 1 PS von gedämpften Knochen 250 kg/std, 4 Stempel bei 50 Hüben je min und 2 PS 500 kg/std, 6 Stempel bei 50 Hüben je min und 3 PS 750 kg/std und 8 Stempel bei 50 Hüben je min und 4 PS 1000 kg/std; beim Zerstampfen roher Knochen vermindert sich die Leistung um je ein Drittel.

Bei stationären Anlagen verwendet man durchweg Pochwerke mit je fünf Stempeln in einem Pochtrog; auch können zwei solcher Pochtröge zu einer Batterie vereinigt werden, die aber je einen Antrieb für sich erhalten. Die

Abb. 1570. Pochwerksbatterie (Krupp-Gruson).

Einrichtung und Arbeitsweise eines Pochwerks geht aus Abb. 1569 (Humboldt-Deutzmotoren A.-G., Köln)[1]) hervor. Die runden Stempelstangen *1* sind in Hartholzführungen *2* geführt und tragen Hebeköpfe *3*, die von den Hebedaumen *4* angehoben und nach Vorbeigang der Daumenspitze frei fallen gelassen werden. Die Hebedaumen sind auf der Daumenwelle *5* aufgekeilt und versetzt angeordnet, um die Anlage gleichmäßig zu belasten. Sie betätigen die Stempel in der Reihenfolge 1, 3, 5, 2, 4. Finger *6* sind auf der Fingerwelle *7* drehbar gelagert und tragen Handgriffe, um sie unter die Hebeköpfe legen zu können,

[1]) Diese Maschine bzw. Pochwerksanlage ist wohl in erster Linie zur Zerkleinerung von Erzen bestimmt; sie läßt aber Einrichtung und konstruktive Einzelheiten, die auch für die Pochwerke zur Zerkleinerung anderer Materialien gültig sind, deutlich erkennen.

wenn die Pochstempel in der angehobenen Lage verbleiben, also nicht arbeiten sollen. Am unteren Ende der Stempelstangen *1* sind die mit Beschwerern *8* belasteten Pochschuhe *9* konisch eingesetzt und verkeilt. Der Pochtrog *10* trägt die Pochsohle *11* mit auswechselbarem Stahlboden und seitlichen Schleißplatten. Mit Gummiunterlagen ruht der Pochtrog *10* auf dem Holzfundament *12*. Der Siebrahmen *13* ist mit Keilen in der Vorderwand des Pochtroges befestigt, der mit Staublöcken (Vorsatzstücken) versehen ist, um eine gewisse Schichthöhe (Austraghöhe) des Pochgutes zu sichern. Die von der Grube kommenden Erzstücke werden durch einen Spalt- oder Grubenrost aufgegeben, der die über 50 mm großen Stücke zurückhält, während das geeignete Pochgut in den Bunker *14* fällt und bei geöffnetem Abschlußschieber *15*, der regelbar ist, der ebenfalls regelbaren Aufgabevorrichtung *16* zugeleitet wird. Die Aufgabevorrichtung wird von dem mittleren Stempel der Pochwerksbatterie betätigt, und zwar wenn sich zwischen Pochsohle und Pochschuh kein Pochgut mehr befindet. In diesem Falle fällt der Pochstempel tiefer als sonst und wirkt mit dem Hebekopf stoßartig auf den Bewegungsmechanismus der Aufgabevorrichtung ein. Der Antriebsriemen für die Daumenwelle wird durch eine Spannrolle straff gehalten; zur Riemenspannung bzw. Verstellung der Spannrolle dient das Handrad *17*. Der Amalgationstisch *18* (nur für Erzaufbereitung vorhanden) ist hier fest gelagert (er kann auch als Rütteltisch ausgeführt sein) und leitet das genügend gefeinte Erz dem Amalgamfänger *19* zu. Von der Hauptwasserleitung führt eine besondere Leitung das Wasser dem Pochtrog zu. Die Gesamtansicht einer Pochwerksbatterie aus zwei Aggregaten mit je fünf Stempeln zeigt Abb. 1570 in einer Ausführung vom Fried. Krupp-Grusonwerk.

Abb. 1571. Hebedaumen (Humboldt-Deutzmotoren).

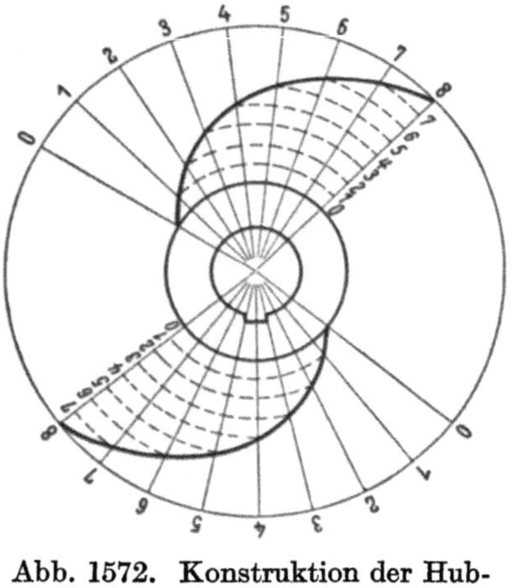

Abb. 1572. Konstruktion der Hubkurven der Hebedaumen.

Die Hebedaumen sind in der Regel für gleichmäßige Aufwärtsbewegung der Pochstempel konstruiert, und zwar (nach Abb. 1571) in Links- oder Rechtsausführung. Die gleichmäßige Hubbewegung wird (nach Abb. 1572) dadurch erzielt, daß die Radien der Hubkurven für gleiche Drehwinkel um gleichviel wachsen. Die Stempelstangen sind als drehbare Wellen hergestellt, damit die Hebeköpfe durch die Hebedaumen mitgedreht werden können, um die Hebeköpfe und die Pochschuhe sowie die Pochsohle gegen einseitige Abnutzung und vorzeitigen Verschleiß zu schützen.

Portlandzement, s. Mörtel.

Porzellan, s. Keramische Werkstoffe.

Prallvorrichtungen **(Prellvorrichtungen, Stoßabscheider).** In der chemischen Technik wird häufig die Aufgabe gestellt, Gase oder Dämpfe in enge Berührung mit einer Wandung zu bringen, um entweder den Wärmeübergang zu verbessern oder um in den Gasen oder Dämpfen fein verteilte feste oder flüssige Teilchen durch das Auftreffen und die damit verbundene Prallwirkung zum Ausschleudern und Festhaften an der Wandung zu bringen. Bei dem zur Verbesserung der Wärmeübertragung dienenden Prallverfahren wird der Heizdampf durch gelochte Rohre gegen die Heizflächen geblasen (s. auch Beheizungsvorrichtungen). Der auftreffende Dampf kondensiert infolge der hohen Geschwindigkeit während der Berührung schnell, wobei der Niederschlag und die nichtkondensierbaren Gase durch die nachströmenden Gase fortgeblasen werden. Bei der Ausscheidung von Tröpfchen oder sonstigen fein verteilten Stoffen läßt man die Gase durch Lochplatten gegen eine parallele, dicht dahinter angeordnete Prallplatte strömen. In der Prallfläche sind Löcher oder Schlitze vorgesehen, die zu den Ausströmöffnungen in der Lochplatte versetzt liegen. Die Loch- oder Schlitzreihen in den Wandungen haben je nach Bauart und Verwendungszweck die verschiedensten Formen und Größen. Statt der Platten verwendet man auch nebeneinander angeordnete Lamellen. Derartige Prallvorrichtungen arbeiten nur bei bestimmten Gas- oder Dampfgeschwindigkeiten am günstigsten. Schwanken die durchgehenden Mengen erheblich, so ist es erforderlich, die wirksame Prallfläche entsprechend zu vergrößern oder zu verkleinern. Hierzu taucht man die Flächen meist mehr oder weniger tief in ein Flüssigkeitsbad ein, indem man zur Regelung dieses Vorgangs den beim Durchgang entstehenden Druckabfall benutzt. Die wichtigsten Anwendungsgebiete sind die Abscheider (s. d.), die Stoßreiniger (s. d.) und die Teerabscheider (s. d.).

Neben diesen, mit flächenartiger Verteilung arbeitenden Prallvorrichtungen gibt es auch Apparate, welche die zusammengefaßte Strömung gegen eine verhältnismäßig kleine Fläche richten. Derartige Vorrichtungen eignen sich besonders zum Abscheiden von Flüssigkeitsteilchen, die von der Strömung mitgerissen wurden. (Siehe Abscheider.)

Den Aufprall eines Flüssigkeitsstrahls benutzt man, um diesen in Tropfen zu zerlegen. Derartige Geräte geben im Vergleich zu den die Flüssigkeit in feinste Teilchen zerlegenden Zerstäubungsvorrichtungen (s. d.) verhältnismäßig große Tropfen und werden z. B. in Berieselungsvorrichtungen (s. d.) angewendet.

Th.

Prellvorrichtungen, s. Prallvorrichtungen.

Pressen. **A. Allgemeines.** Dem Rahmen des vorliegenden Werkes entsprechend werden hier nur die zur Scheidung der festen und flüssigen Bestandteile einer Masse dienenden Pressen (auch als Scheidepressen bezeichnet) behandelt; besonders scheiden also Pressen, die der Formgebung dienen, aus.

Genau genommen handelt es sich bei dem Scheidevorgang um eine Art Filterung (daher auch die Bezeichnung: Preßfilter), wobei jedoch das Preßgut selbst mit seiner eigenen Masse das Filter darstellt; Preßkörper, Seiher u. dgl. dienen nur dazu, das Mitreißen grober Teilchen durch die Flüssigkeit oder das Entweichen der mehr oder weniger plastischen Rückstände zu verhindern bzw. den Preßdruck auf das Preßgut zu übertragen.

Das charakteristische Merkmal aller Scheidepressen ist die sich beim Preßvorgang ergebende Verkleinerung des vom Filterkörper umschlossenen Hohlraumes, der das Preßgut enthält. Diese Verkleinerung nimmt mit der Entflüssigung des Preßgutes allmählich zu, und am Ende des Preßvorganges sind im Preßraum nur noch die stark verdichteten Rückstände, Preßkuchen genannt, vorhanden, die möglichst wenig Flüssigkeit enthalten sollen. Es kann sowohl die Gewinnung der Preßkuchen (z. B. bei der Stearin- oder Paraffinverarbeitung) als auch die Gewinnung des Filtrates (z. B. bei der Pressung von Ölsaaten) das Hauptziel des Verfahrens sein. Häufig liegt heute der Fall jedoch so, daß außer dem Haupterzeugnis auch die Nebenerzeugnisse wirtschaftlich verwertet werden.

Von grundlegender Bedeutung für die Verwendung von Scheidepressen ist die Tatsache, daß flüssigkeitshaltige Masse nur dann erfolgreich abgepreßt werden kann, wenn der feste Anteil ganz oder teilweise plastisch verformbar ist und durch Zusammenpressen die Flüssigkeit aus der Form verdrängt werden kann. So läßt sich z. B. aus sandigen, nicht verformbaren Fettsubstanzen die zähe Flüssigkeit durch Abpressen nur bis zu einem Teile, und zwar bis zur gegenseitigen Berührung der festen Teilchen, entfernen. Weiter ist für den Erfolg des Pressens noch besonders wichtig: die Höhe des angewandten Druckes sowie die Dauer bzw. der Verlauf desselben. Abhängig sind diese Größen von der Art des zu verarbeitenden Preßgutes und der gewünschten Qualität des Enderzeugnisses. Diesen Umständen muß daher bei der Wahl der richtigen Pressenkonstruktion Rechnung getragen werden.

Die Pressen finden Verwendung zur Gewinnung von Öl aus verschiedenen Saaten (Baumwollsamen, Hanf, Mohn, Oliven, Raps, Lein, Kopra, Palmkerne, Erdnüsse, Sesam, Ricinus usw.), zur Gewinnung von Fett aus Grieben, Tran aus Fischen, zur Trennung der Oleine von Fettsäuren, zur Entwässerung von Lohe oder Rübenschnitzeln, zur Gewinnung des Zuckersaftes aus Zuckerrohr, zur Gewinnung von Obstsäften und Wein (Pressen für diese Zwecke werden auch Keltern genannt), zum Behandeln von Celluloseplatten mit Natronlauge und nachfolgendem Abpressen der überschüssigen Lauge (Mercerisieren), zum Abpressen von Rohnaphthalin usw. — Zum Auspressen, besonders von Ölsaaten, werden sehr erhebliche Drücke (bis 500 kg/cm² Kuchenfläche) angewendet. Früher wurden hierzu hauptsächlich hydraulische Pressen benutzt, in neuerer Zeit finden jedoch mechanische, selbsttätig arbeitende Pressen in steigendem Maße den Vorzug.

Eine Einteilung der Pressen ist möglich nach

1. dem Scheidegut in: Öl-, Fett-, Stearin-, Schnitzelpressen usw.;
2. dem Filterkörper in: Beutel-, Trog-, Seiherpressen usw.;
3. der Arbeitsart in: stetig und unstetig arbeitende Pressen;
4. der Arbeitstemperatur in: Kalt- und Warmpressen;
5. der Bauweise in: stehende und liegende bzw. einfache und doppelte Pressen usw.;

6. der Art der Druckerzeugung in: Keil-, Hebel-, Spindel-, Schnecken-, hydraulische Pressen usw.;

7. der Verwendungsart in: Vor-, Fertig-, Füllpressen usw.

B. Ausführungsbeispiele. I. Unstetig arbeitende Pressen: Bei diesen Pressen wird der eigentliche Preßvorgang durch das Füllen und Entleeren der Pressen unterbrochen. Wenn es auch im Laufe der Zeit gelungen ist, durch entsprechende Vorrichtungen und Kombinationen diese Betriebsunterbrechungen stark zu vermindern, so bleiben sie doch störend. Gleichwohl sind die unter diese Gruppe fallenden Apparate für viele Anwendungsgebiete zur Zeit noch unentbehrlich.

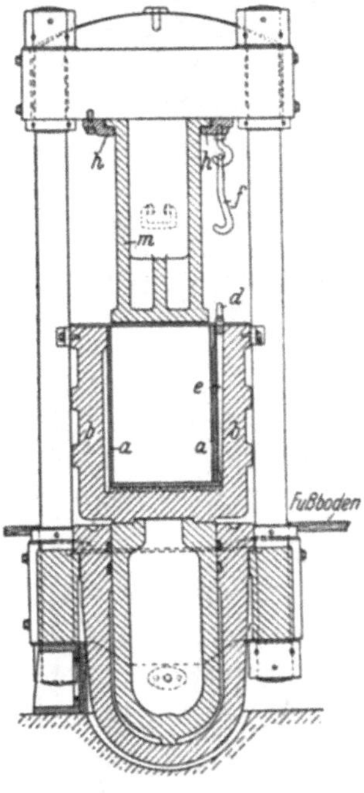

Abb. 1573. Kastenpresse. (Nach *Ubbelohde*, Handbuch.)

1. Geschlossene Pressen: Kennzeichnend für diese Ausführung ist, daß das Preßgut an allen Seiten von festen Wänden eingeschlossen ist. Zur Erleichterung des Abflusses der flüssigen Bestandteile des Preßgutes und um gleichmäßig geformte Rückstände zu erhalten, wird das Preßgut durch durchlässige Preßdeckel und Stahlplatten in mehrere Schichten von solcher Dicke geteilt, daß die Kuchen nach dem Pressen die gewünschte Stärke haben. Die Preßdeckel bestehen ebenso wie die später genannten Preßtücher gewöhnlich aus Roß-, Kuhschweif-, Kamelhaar, Wollgarn oder entsprechenden Gemischen. — Die Kastenpresse, eine der ältesten hydraulischen Pressen für die Ölgewinnung, wurde zuerst in England benutzt, fand aber später auch in Deutschland Eingang. Heute findet man sie in älteren kleineren Betrieben für verschiedene Zwecke; für große Betriebe kommt sie jedoch wegen der verhältnismäßig geringen Leistungsfähigkeit kaum mehr in Frage. Trotzdem ist die Bauart in diesem Zusammenhang aus technischen Gründen von Interesse.

Die Abb. 1573 zeigt die grundsätzliche Ausführung einer Kastenpresse. Der Siebkasten a, dessen Wandungen an zwei zusammenstoßenden Seiten direkt an den kannelierten Preßkastenwänden liegen, an den beiden anderen Seiten aber durch kannelierte oder kammartig geschlitzte Keile e gegen die Preßkastenwände gestützt sind, wird von dem gußeisernen Preßkasten b umgeben. Zum Herausziehen der Keile dienen die Haken f und die Ösen d. Der Preßstempel m ist auf den Schienen h herausschiebbar; hierdurch wird ungehindertes Füllen des Preßkastens ermöglicht. Beim Pressen wird der Kasten durch den Preßkolben hochgedrückt, wobei der Stempel m in den Kasten eindringt. Sobald der Kolben die obere Endstellung erreicht hat, hängen sich die Haken f selbsttätig in die Ösen d ein und ziehen die Keile e beim Niedersinken des Kolbens heraus. Hierdurch gehen die Siebkastenwände auseinander und erleichtern so das Entfernen des Preßkuchens. Wegen des nur oben offenen Preßkastens ist das Füllen und Entleeren nur von Hand möglich und erfordert daher viel Zeit und Bedienung. Dies ist ein Hauptnachteil dieser Bauart.

Man hat daher Pressen mit oben und unten offenem Kasten gebaut, bei denen das Hängestück (manchmal auch Gegenkolben genannt) nur noch als eine Art Widerlager beim Pressen dient, während das Preßgut durch den von unten eindringenden Preßstempel zusammengepreßt wird. Durch diese Bauart wird die Kastenpresse jedoch eigentlich zur Seiherpresse, der Bauart, die am vielseitigsten auf den verschiedensten Gebieten Verwendung gefunden hat.

Seiherpressen: Unter einem „Seiher" versteht man einen offenen Stahlblechzylinder mit durchlöcherter Wand (z. B. bis zu 70000 Löchern bei 470 mm Durchmesser und 1500 mm Höhe des Seihers), in dem das Preßgut durch Eindringen eines Stempels zusammengedrückt wird. Das Zusammendrücken kann erstens von oben, zweitens von unten, drittens gleichzeitig von oben und unten erfolgen. Dementsprechend steht der Seiher im ersten Falle auf einem Preßtisch und wird mit diesem hochgehoben, wobei das Hängestück von oben eindringt. Im zweiten Falle liegt der Seiher fest gegen den Preßholm, und der Kolben dringt von unten ein. Wenn, wie im dritten Falle, gleichzeitig ein Gegenkolben von oben und ein Preßstempel von unten eindringen, wird das Preßgut in der Mitte des Seihers zusammengeschoben und der Seiher ein Stück nach oben mitgenommen (je nach den Reibungsverhältnissen an den Seiherwandungen), so daß er zwischen Gegenkolben und Preßkolben „schwebt"; daher bezeichnet man diese Ausführung als schwebenden oder auch steigenden Seiher. — Da von der richtigen Wahl der Seiher die Leistung einer Presse in weitem Umfange abhängig ist, ist der Bauart derselben besonderes Augenmerk zu schenken. Es werden unterschieden: Seiher mit einfacher, mit doppelter (Mantel-, Ringseiher) Wandung und Sonderausführungen, wie z. B. Stabseiher.

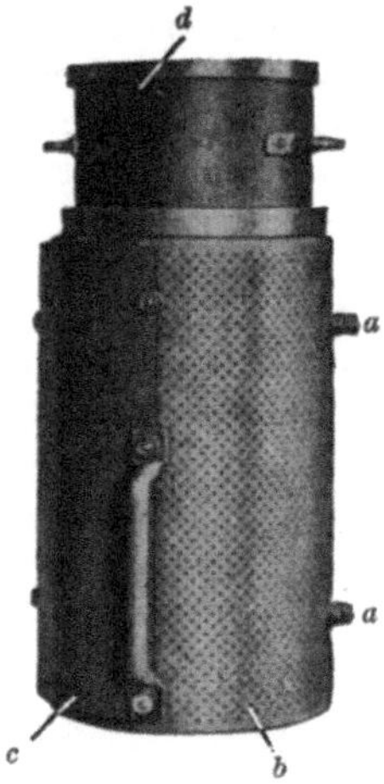

Abb. 1574. Massiver Seiher mit Seiherhut und Mantel. (Nach *Ubbelohde*, Handbuch.)

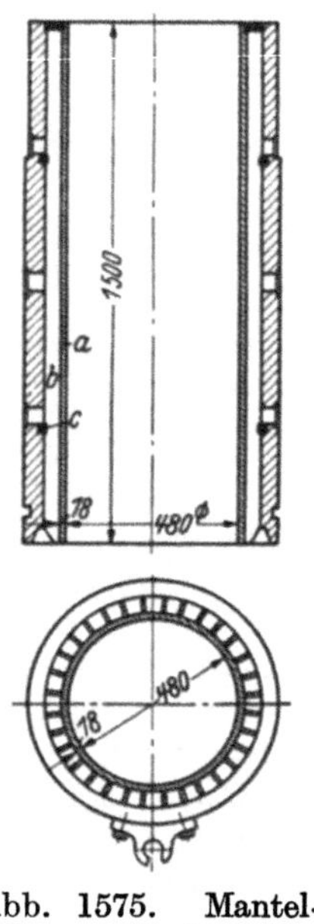

Abb. 1575. Mantelseiher. (Nach *Ubbelohde*, Handbuch.)

Der Querschnitt der Seiher ist meist rund, quadratisch oder rechteckig; aber auch trapezförmiger Querschnitt kommt vor. Je nach den Betriebsverhältnissen und der Größe der Apparate können die Seiher heizbar und auch fahrbar eingerichtet sein. — Abb. 1574 zeigt einen kleinen sog. massiven Seiher, das ist ein Seiher mit einfacher Wandung. Um ein Umherspritzen der ausgepreßten Flüssigkeit zu vermeiden, wird der Seiher *b* mit einem Blechmantel *c* umgeben, der durch Doppelschrauben *a* gehalten wird. Da das Preßgut, besonders wenn es sich um Ölsaat handelt, beim Einfüllen sehr locker im Seiher liegt, läßt sich dieser bei direkter Füllung nur sehr unvollständig ausnutzen. Es wird daher ein kurzer Blechzylinder (Seiherhut *d*, Seiheraufsatz, je nach Ausführung auch Füllkorb, Füllbrille genannt) von demselben Durchmesser wie der Seiher auf diesen aufgesetzt (oder bei Füllung von unten untergesetzt), gefüllt, das Material darinnen niedergepreßt und dann nochmals nachgefüllt. Seiher der letztgenannten Art werden aus nahtlosem Stahlrohr gefertigt. Sie haben den Nachteil, daß man, um eine zu starke Verminderung der Festigkeit zu vermeiden, die Öffnungen für den Austritt der Flüssigkeit nur in verhältnismäßig beschränkter Zahl anbringen kann. Massive Seiher werden heute bis zu den größten Abmessungen und für Drücke bis zu 500 at hergestellt und hauptsächlich bei der Verarbeitung stark treibenden Preßgutes verwendet.

Abb. 1576.
Mantelseiher mit quadratischem Querschnitt (Harburger Eisen- und Bronzewerke).

Die Abb. 1575 zeigt einen Mantelseiher. Er besteht aus einem einfachen Seiher, der durch einen kräftigen Mantel gestützt ist; die Wandungen des Seihers können daher wesentlich schwächer gehalten werden als bei der massiven Ausführung. Aus der Abbildung ist ersichtlich, daß um den inneren Seiher *a* eine Reihe vertikaler, schwach eingenuteter Längsrippen *b* gelegt sind, die ihrerseits durch einige schmale, in den Längsrippen eingenutete Ringe *c* verbunden sind, damit sie sich nicht verschieben können. Das Ganze umgeben dann noch stärkere, heiß aufgezogene Stahlringe. Die Abführung der ausgepreßten Flüssigkeit erfolgt durch die Löcher des inneren Zylinders und durch die Längskanäle zwischen den Rippen. — Eine Ausführung eines Mantelseihers, wie sie von den Harburger Eisen- und Bronzewerken A.-G., Hamburg-Harburg, mit runden oder schlitzförmigen Löchern gebaut wird, geben die Abb. 1576 und 1577 wieder. Der eigentliche innere Seihermantel wird von einem einteiligen Stahlgußkörper mit angegossenen Rippen umgeben. Dieser Rippenkörper wird außen mit warm aufgezogenen S.M.-Stahlbandagen versehen.

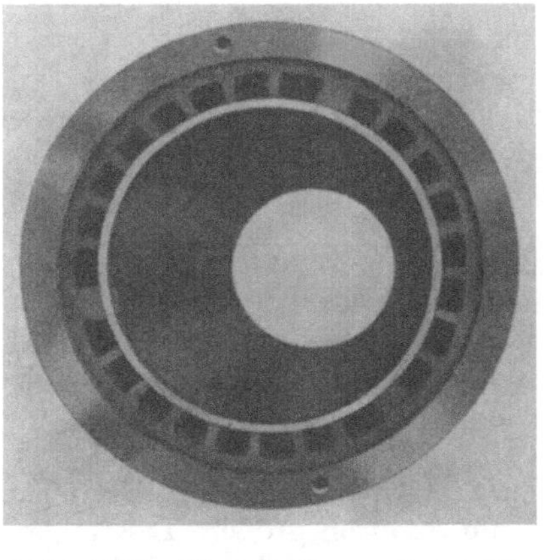

Abb. 1577. Mantelseiher mit rundem Querschnitt (Harburger Eisen- und Bronzewerke).

Grundsätzlich anders wie die vorgenannten Ausführungen sind die Stabseiher gebaut. Sie bestehen (wie schon der Name besagt) aus dicht aneinandergesetzten Stäben, die so ausgebildet sind, daß an Stelle der bei den einfachen Seihern vorgesehenen Löcher schmale Schlitze gebildet werden. Dem Vorteil dieser Seiherart, d. h. dem großen Durchtrittsquerschnitt, steht der Nachteil gegenüber, daß sich die Schlitze bei starker Pressung erweitern und z. B. bei Pressung von treibenden Saaten (Raps, Lein) durch Austreten von großen „Trub"-Mengen Schwierigkeiten machen. Immerhin sind die Meinungen geteilt, ob die Stabseiher mit ihren längsschlitzartigen Öffnungen günstiger sind als die gewöhnlichen perforierten Siebbleche.

Zur Verarbeitung eines Preßgutes, das nur bei höherer Temperatur gepreßt werden kann, verwendet man heizbare Seiher. Die Heizung erfolgt durch um den Seiher gelegte Heizschlangen, die meist unter dem Schutzmantel angebracht und mit Rohr oder Schlauch an die Dampfleitung angeschlossen werden.

Beim Pressen wird der Seiherinhalt durch Eisenplatten (sog. Zwischenplatten) von etwa 7 mm Dicke und die bereits genannten Preßdeckel in mehrere Schichten geteilt, und zwar in der Weise, daß zwischen je zwei Kuchen zwei durch eine Zwischenplatte getrennte Preßdeckel liegen. Auf die Größe der Platten ist besonders zu achten, da sie, wenn sie zu groß sind, die Seiherwandungen beschädigen, wenn sie zu klein sind, Gratbildung an den Kuchen verursachen, was das Ausdrücken der Kuchen erschwert.

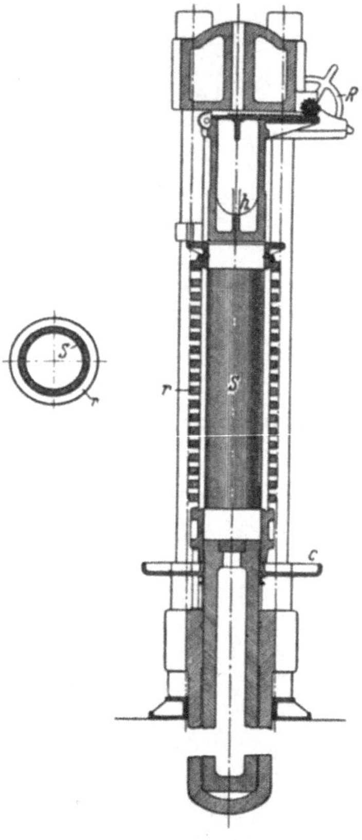

Abb. 1578. Presse mit schwebendem Stabseiher (Greenwood & Batley).

Ein Beispiel für eine Presse mit schwebendem Seiher, und zwar eine Ausführung von Greenwood & Batley, Leeds, bei welcher der Seiher nicht aus der Presse entfernt werden kann, zeigt Abb. 1578. Der Seiher *S* ist hier besonders lang und aus Stäben zusammengesetzt (Stabseiher). Als Widerlager beim Ausdrücken der Kuchen dient das Hängestück *h*, das auf Gleitschienen durch Handrad *R* herausgeschoben werden kann; die Seiherstäbe werden durch Stahlringe *r* in ihrer Lage gehalten. Unterhalb des Seihers befindet sich eine Schale *c* zum Auffangen des Öles.

Um die durch das Füllen und Entleeren der Pressen entstehenden Betriebsunterbrechungen möglichst abzukürzen und um dadurch größere Leistungen zu erzielen, werden Pressen mit auswechselbarem Seiher gebaut. Bei dieser Bauart wird der Seiher außerhalb der Presse gefüllt und entleert, so daß sich die Unterbrechung der tatsächlichen Preßzeit auf die geringe Zeit, die für das Auswechseln der Seiher erforderlich ist, beschränkt. Handelt es sich um kleinere Anlagen, so wird an die Presse ein fester Tisch angebaut, auf dem die Seiher gefüllt und entleert werden. Bei größeren Anlagen verwendet man auf Rollen laufende Seiher, oder die Seiher werden auf besondere Wagen (Seiherwagen) geschoben und zu den Füll- und Entleerungsvorrichtungen, sog. Füllpressen bzw. Ausdrückpressen, gefahren. Hier werden die Seiher gefüllt und die abgepreßten Kuchen ausgestoßen. Die Füll- und Ausdrückpressen arbeiten also in Verbindung mit den Hauptpressen und sind, ähnlich wie diese, nur etwas leichter ausgeführt. Gewöhnlich bedient eine Füllpresse mehrere (drei bis fünf) in einer Reihe aufgestellte Hauptpressen (Pressenbatterie). Wesentlich ist dabei natürlich die Preßdauer der Hauptpressen. Wenn diese etwa $^1/_2$—1 Stunde beträgt, wie z. B. bei der Verpressung von Speiseölsaaten (Mohn, Sesam usw.), so ist die erwähnte Anordnung von Vorteil; handelt es sich je doch um kürzere Preßdauer, so sind Drehpressen vorzuziehen. Eine Füllpresse kann dann bis zu zwei Hauptpressen bedienen. Die Seiher sind an Säulen schwenkbar angeordnet, so daß es nicht notwendig ist, die Seiher auf Rollen oder Tischen zu verschieben. Bei den **Seiherdrehpressen**, bei denen zwei Seiher schwenkbar um eine Säule angeordnet sind, wird so gearbeitet, daß, während ein Seiher in der Presse unter Druck steht, der zweite ausgeschwenkt, von Hand oder durch die angebaute Füllausdrückpresse gefüllt bzw. entleert wird. Diese Ausführung nennt man auch kombinierte Drehpresse. Gewöhnlich hat hierbei jede Hauptpresse ihre eigene Füllpresse, wobei diese jedoch, besonders bei längerer Preßdauer, nur schlecht ausgenutzt wird. Infolgedessen geht man in solchen Fällen dazu über, die Füllpressen als Vorpressen zu benutzen, indem man den Seiher, anschließend an das Füllen, teilweise auspreßt und ihn erst dann unter die Hauptpresse nimmt, wo er in kürzester Zeit fertig gepreßt werden kann. In dieser Weise arbeitende Pressen werden **Verbunddrehpressen** genannt. Abb. 1579 zeigt eine solche Verbunddrehpresse der Harburger Eisen- und Bronzewerke mit heizbaren Seihern. Auf der Abbildung befindet sich links die Hauptpresse, rechts die Füllpresse. Der Teil *k l* unter der Brille der Füllpresse (Füllbrille) ist um die Säule S_1 drehbar. Der durchbrochene Teil *l* wird während des Kuchenausdrückens und beim Füllen und Vordrücken unter die feststehende Füllbrille *m* gedreht und bildet sozusagen

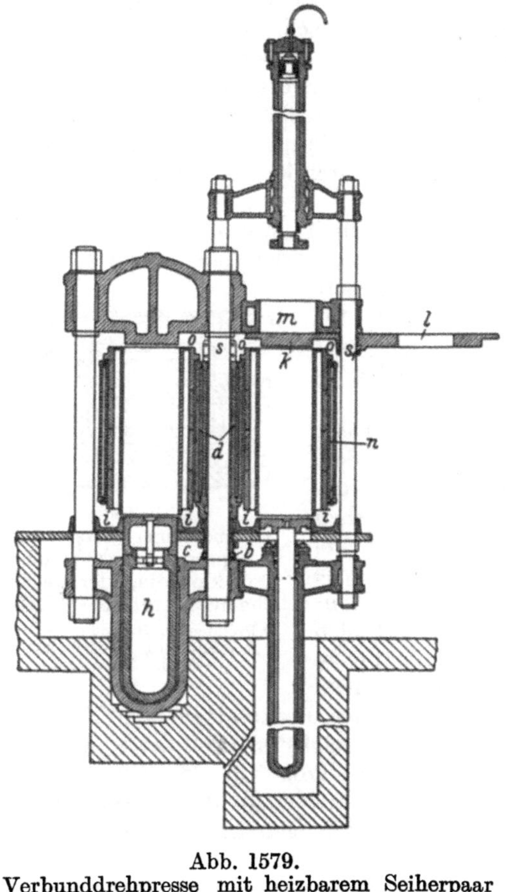

Abb. 1579.
Verbunddrehpresse mit heizbarem Seiherpaar (Harburger Eisen- und Bronzewerke).

ihre Verlängerung. Wenn der untere Ausdrückkolben zum Auspressen von Öl verwendet werden soll, so wird der Teil *k* so gedreht, daß er einen Pressenholm mit einem kurzen Hängestück bildet. Beide Seiher drehen sich um die mittlere Preßsäule *S* und sind durch eine gußeiserne Traverse *d* verbunden, die den Preßtisch durchsetzt und auf einem Spurkranz von gehärteten Stahlkugeln *b* läuft. Die Drehung erfolgt durch einen horizontal liegenden Schneckentrieb, der an dem Zahnrad *c* angreift; sie kann jedoch auch durch hydraulische Kraft erfolgen. Der Kolben *h* durchdringt den Tisch und wird unterhalb der Ölfangschale *i* abgedichtet. Die Heizrohre für die Seiher sind in den Doppelwänden *n* untergebracht. Diese Konstruktion wird besonders da angewandt, wo große Saatmengen mit kurzer Preßdauer verarbeitet werden sollen. — Bei sog. Drehpressenbatterien werden zwei Hauptpressen von einer Füllpresse, die zwischen beiden steht, bedient, wodurch letztere auch bei längerer Druckdauer besser ausgenützt wird.

Die Trogpressen kann man sich grundsätzlich entstanden denken durch mehrfache Unterteilung einer Seiherpresse durch horizontale Schnitte, wobei über jedem Schnitt ein Hängestück eingesetzt wird. Solche Pressen werden in erster Linie für die Kakaobutterfabrikation verwendet, gelegentlich wohl auch zum Auspressen von Bleicherdeschlamm und zur Ölgewinnung aus Saaten. — Eine schematische Darstellung zeigt Abb. 1580. Aus dieser ist ersichtlich, daß eine Anzahl Tröge, gewöhnlich vier bis acht Stück, mit einem Durchmesser von etwa 250—600 mm übereinanderstehen und durch Zwischenstücke (Preßplatten) *P* getrennt sind. Nach unten abgeschlossen werden sie durch die auf den Vorsprüngen der Tröge ruhenden Siebplatten *S*. Zum Entleeren und Füllen können die Tröge auf Schienen, die an der Presse angebracht sind, herausgezogen werden. Beim Preßvorgang hebt der kannelierte Oberteil der Preßplatten das Sieb und drückt das Preßgut *C* gegen die Unterseite der nächsten Preßplatte, wodurch es ausgepreßt wird. Während die gefüllten Tröge in der Presse unter Druck stehen, wird die gleiche Anzahl Tröge außerhalb der Presse entleert und gefüllt, so daß die Betriebsunterbrechungen sich auf die Zeit für das Auswechseln der Tröge beschränken.

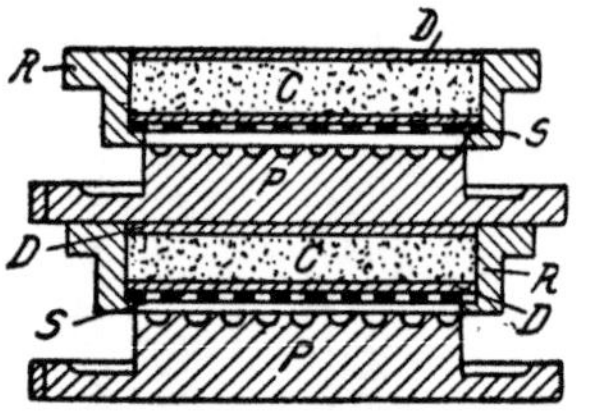

Abb. 1580. Schema einer Trog- oder Ringpresse. (Nach Ullmann, Enzyklopädie, der techn. Chemie, 2. Aufl. Bd. V [1930].)
D Preßdeckel, *R* Ring oder Trog, *P* Preßplatte, *S* Siebplatte (-boden), *C* Preßgut.

Wenn runde Kuchen hergestellt werden, erhalten die Tröge Ringform; die Presse wird in diesem Falle Ringpresse genannt. Bei Verpressung hochschmelzender Fette sieht man Dampfheizung vor. Allgemein ist über die Trogpressen zu sagen, daß sie leicht gleichmäßig heizbar sind, bei relativ niedrigem Druck eine gute Ölausbeute geben und daß der Preßdeckelverbrauch ziemlich niedrig ist. Demgegenüber steht aber der Nachteil, daß diese Pressen verhältnismäßig geringe Leistungsfähigkeit besitzen und viel Wartung erfordern.

2. Die offenen Pressen sind dadurch gekennzeichnet, daß das Preßgut an einer oder an mehreren Seiten nicht eingeschlossen ist. Hierher gehören die Packpressen (auch unter dem Namen Marseiller Pressen bekannt). Dies ist eine der ältesten Ausführungsformen der hydraulischen Pressen, die

bereits im Jahre 1819 in Betrieb war und in der Margarine- und Stearinfabrikation auch heute noch zur Trennung fester und flüssiger Fette bzw. Fettsäuren verwendet wird. Zur Gewinnung von Öl aus Saat sind sie jedoch nur noch vereinzelt für Olivenölgewinnung im Gebrauch. Bei den Packpressen hängen mehrere starke Eisenplatten an Kettenringen in bestimmten Abständen untereinander (bzw. bei liegender Ausführung hintereinander). Das Preßgut füllt man mittels Schiebmaß von Hand in Preßtücher bzw. Preßsäcke und stellt auf diese Weise (oder im Großbetrieb durch besondere Kuchenformmaschinen) runde, rechteckige oder quadratische 2—3 cm dicke Preßpakete her, von denen immer mehrere, durch dünnere Eisenbleche getrennt, zwischen zwei Platten eingelegt werden.

Abb. 1581. Scourtin (Kreuztuch). (Nach *Ubbelohde*, Handbuch.)

Mit Rücksicht auf die Haltbarkeit der Preßtücher wird mit verhältnismäßig geringem Druck gepreßt. Trotzdem ist die Ausbeute bei Verarbeitung von Ölsaat recht gut, besonders wenn das Preßgut weitergehend zerkleinert wird,

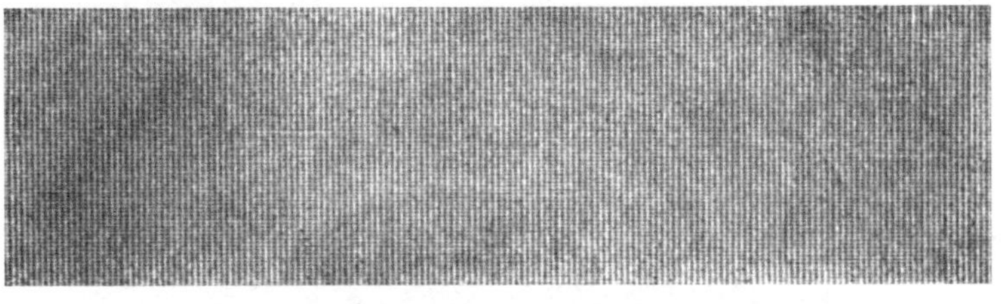

Abb. 1582. Preßband für Etagenpressen. (Nach *Ubbelohde*, Handbuch.)

als dies bei Verwendung von Pressen anderer Art erforderlich und üblich ist. Da die Kuchen in ihren Rändern noch hohen Ölgehalt aufweisen, müssen diese

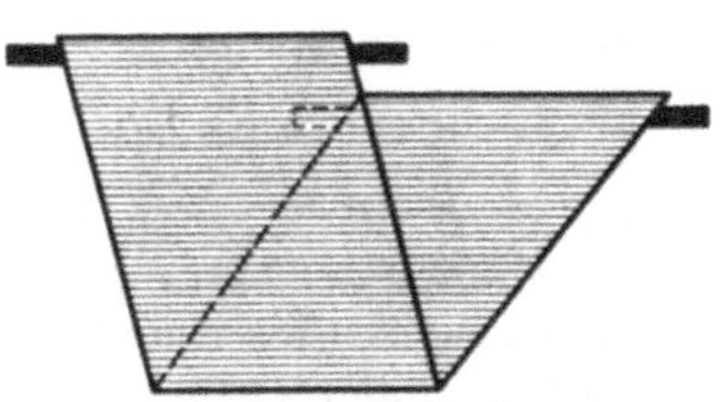

Abb. 1583. Preßsack für hydraulische Warmpressen mit Stabeisen. (Nach *Ubbelohde*, Handbuch.)

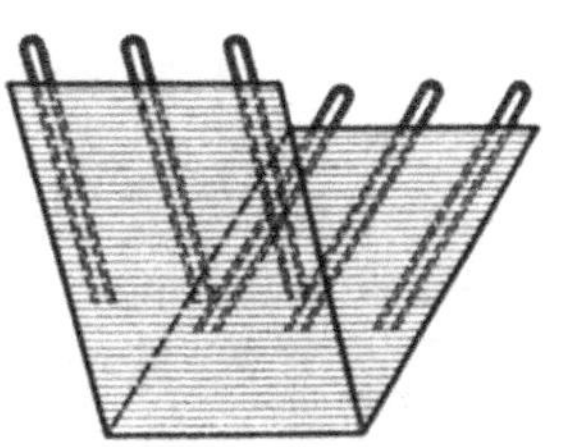

Abb. 1584. Preßsack für hydraulische Warmpressen mit Ösen. (Nach *Ubbelohde*, Handbuch.)

abgeschnitten und nochmals gepreßt werden. Die Kosten hierfür und der verhältnismäßig hohe Preßtuchverbrauch verteuern den Betrieb der Marseiller

Pressen sehr. Von großer Wichtigkeit für den Betrieb dieser Pressen sind die Preßtücher (Scourtins, Kreuztücher); sie müssen die Flüssigkeit leicht durchlassen, dabei feste Teilchen zurückhalten, auch unter hohem Druck porös bleiben und möglichst wenig Haare (Fasern) an den Preßkuchen zurücklassen. Hergestellt (gewebt oder geflochten) werden sie aus Schaf- oder Baumwolle, Roß- und Kuhschweifhaaren, Aloefasern usw.; auch Preßtücher mit Metallzwischenlagen findet man. Für Kastenpressen verwendet man kreuzförmige Preßtücher (Abb. 1581), für Etagenpressen längliche (Bänder, Preßbänder;

Abb. 1585. Stearinkaltpresse (Harburger Eisen- und Bronzewerke).

Abb. 1582). Für Stearinwarmpressen werden statt der Tücher Preßsäcke (Étreindelles; Abb. 1583 und 1584) verwendet. — Ähnlich den Marseiller Pressen ist die von den Harburger Eisen- und Bronzewerken gebaute stehende hydraulische Kaltpresse, die man in der Stearinindustrie findet (Abb. 1585).

Eine liegende (horizontale) Warmpresse ebenfalls für die Scheidung von Stearin und Olein zeigt Abb. 1586. Die Preßplatten werden hier mit Dampf oder Heißwasser geheizt, wobei die Zuführung des Dampfes oder Wassers von unten (wie in der Abbildung) oder von oben erfolgen kann.

Zum Behandeln von 100, neuerdings 200 kg und mehr Celluloseplatten mit Natronlauge und nachfolgendem Abpressen des Laugenüberschusses werden heute in der Kunstfaserindustrie liegende, hydraulisch wirkende Pressen (Mercerisier-, Tauchpressen) für 150—250 at Druckleistung benutzt, welche die Mercerisierungswannen und die senkrechten Pressen ersetzen und dadurch eine bedeutende Ersparnis an Raum, Zeit, Lauge und Handarbeit bewirken (vgl. La soie artificielle, DRP. 270618; Z. angew. Chem. 1912, S. 2382). — Die Maschinenfabrik M. Häusser, Neustadt a. d. Haardt (Häusser; DRP. 440017, 445688), baut in bezug auf die Entleerung der ausgepreßten Cellulosetafeln drei Typen, und zwar: mit aushebbarem Sammelkorb, mit Bodenausstoßklappe und mit Rückzugentleerung (Abb. 1587; vgl. *H. Schmidt*, Chem. Apparatur 1930, S. 205). Die mit Rohranschlüsen versehene Wanne *A* ist mittels durch Zugketten verbundene Zwischenbleche *Z* zur Verhinderung des Ausknickens und des Herausquetschens der einzelnen Cellulosestapel in kleine Zellen unterteilt. Das nach dem Ablassen der Lauge erfolgende Aus-

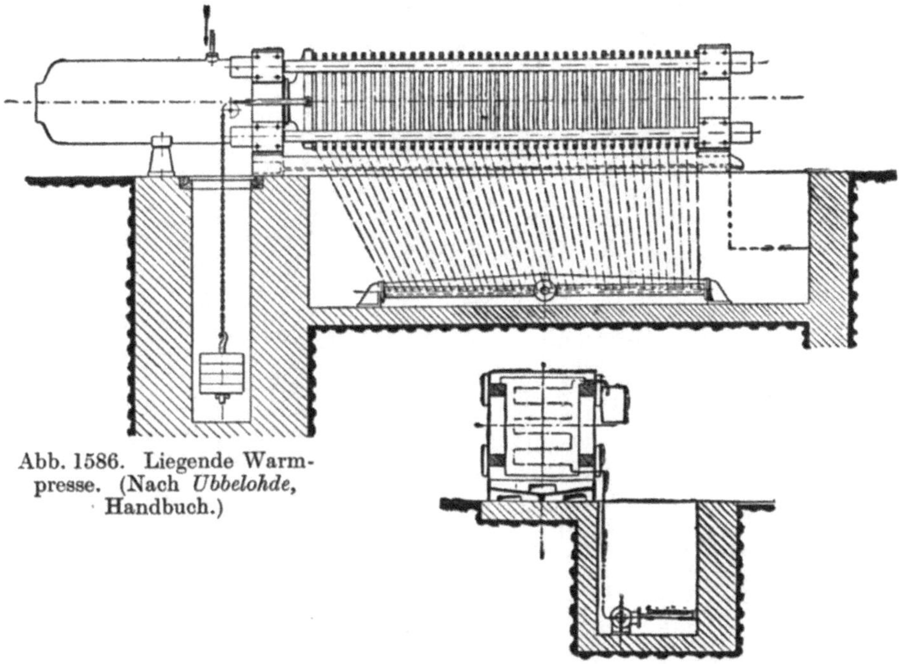

Abb. 1586. Liegende Warmpresse. (Nach *Ubbelohde*, Handbuch.)

pressen geschieht durch den Zylinderkopf des Druckkolbens *G*, der flüssigkeitsdicht durch die Stirnwand hindurchgeführt ist und die Bleche mit den Cellulosetafeln über den geschlossenen Entleerungsschlitz *K* hinweg gegen das Druckwiderlager *E* preßt, beim Zurückgehen wieder zurückzieht, so daß die einzelnen Stapel nach und nach durch den mittlerweile geöffneten Schlitz und die Bodenöffnung in den darunter befindlichen Zerfaserer fallen und dessen Festlaufen vermeiden. Diese Entleerungsart dauert nur 3—4 Minuten und ist anderen Arten bei weitem vorzuziehen. Die meisten anderen Pressen, z. B. die der Maschinenbaugesellschaft Karlsruhe, der Dobson & Barlow Ltd., Bolton/Lancs., und der Firma Ezio Pensotti, stoßen die Celluloseplatten durch die Hinterwand aus, die jedoch nur schwierig flüssigkeitsdicht

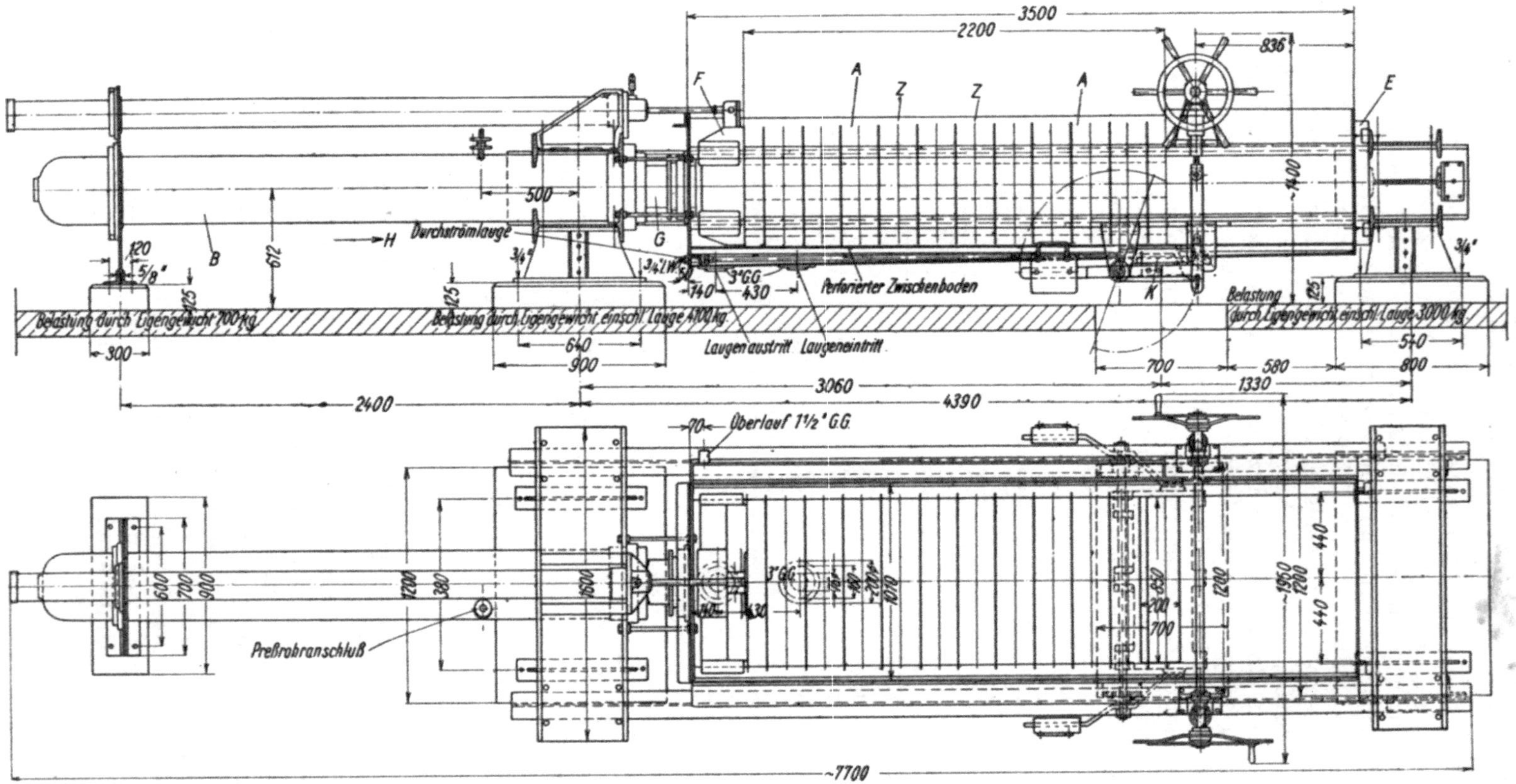

Abb. 1587. Mercerisierpresse mit Rückzugentleerung durch einen Bodenschlitz (Häusser).

zu bauen ist; sie wird nach dem Auspressen hochgehoben (Abb. 1588), worauf die Zellen auf aus der Maschine hinauslaufende Schienen geschoben und daselbst mittels eines mit einem S-förmigen Flügel versehenen Handrades auseinander gedrückt werden. Abb. 1589 zeigt eine Anlage mit vier Pressen, von denen für je zwei der Druck durch eine Dreikolbenpumpe so erzeugt wird, daß deren erster Kolben von stärkstem Durchmesser im Bereich bis zu 30 kg Druck arbeitet, der zweite von 50—100 kg und der kleinste von 100—200 kg (vgl. DRP. 513863).[1]

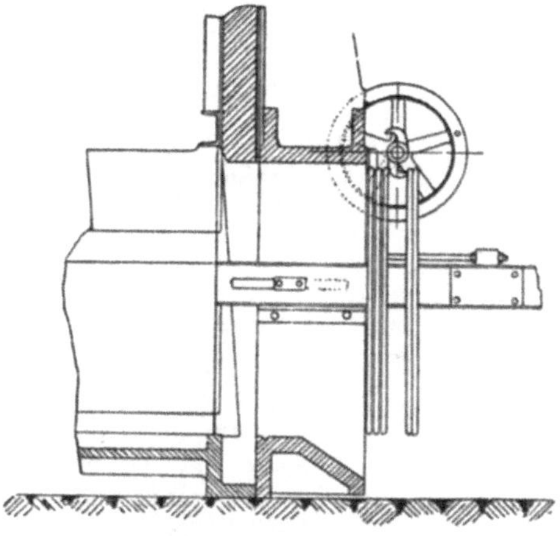

Abb. 1588.
Hinterwandentleerung an Mercerisierpressen (Pensotti).

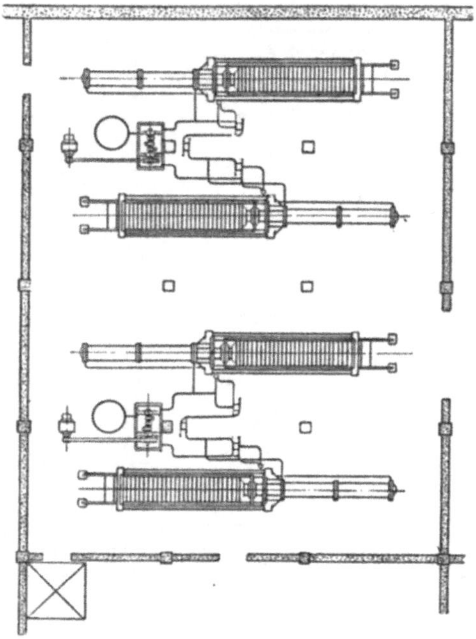

Abb. 1589. Mercerisieranlage (Pensotti).

Aus den vorerwähnten Marseiller Pressen haben sich die Etagenpressen (auch anglo-amerikanische Pressen genannt) entwickelt. Sie unterscheiden sich von den erstgenannten in der Hauptsache durch die größere Zahl der in der Presse eingebauten Preßplatten, die außerdem so gestaltet sind, daß das Preßgut nicht allseitig in Preßtücher eingeschlagen werden muß. Bei den Etagenpressen ist auch die Anwendung eines höheren Druckes als bei den Packpressen üblich; allerdings geht man nicht über 300 kg spez. Druck (bei 350 at Betriebsdruck) hinaus. Wegen des freien Ölablaufes ist die Ölausbeute sehr gut.

Die Ausführung einer allseitig offenen Etagenpresse zeigt Abb. 1590. Die mit Drainage versehenen Platten werden an den Preßsäulen geführt und beim Niedergang durch verschiedenartige Aufhängungen (Abb. 1591—1593) in gewisser Entfernung voneinandergehalten. Sie legen sich auf seitlich zwischen den Säulen angebrachte Leitern oder hängen mittels Kettengliedern *i* oder

[1]) Dieser Absatz über Mercerisierpressen ist ein Beitrag von H. Schmidt.

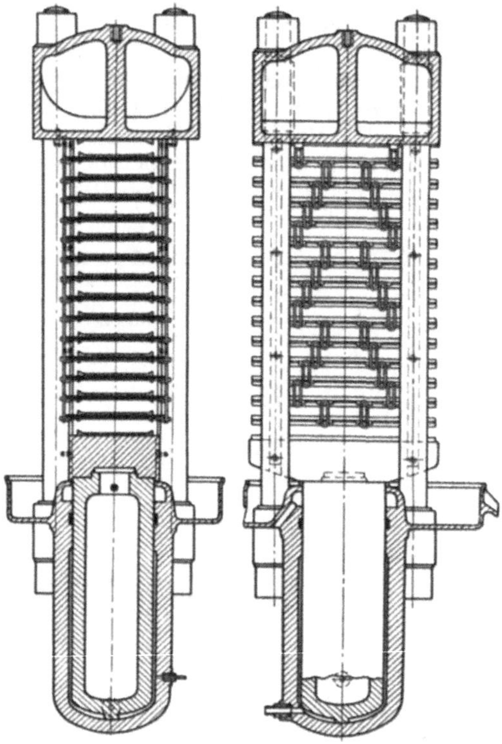

Abb. 1590. Etagenpresse mit Drainageplatten und Ölschale (Längs- und Querschnitt) (Harburger Eisen- und Bronzewerke).

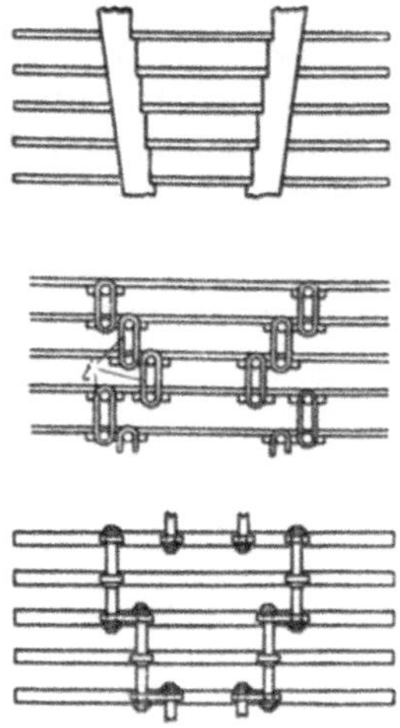

Abb. 1591—1593. Plattenaufhängungen. (Nach *Ubbelohde*, Handbuch.)

Bolzen aneinander. Gewöhnlich wird die Presse mit 17—18 Platten gebaut, da sich bei größerer Plattenzahl die Beschickung ohne besondere Hubvorrichtungen zu schwierig gestaltet. (Krupp-Grusonwerk, Harburger Eisen- und Bronzewerk und einige andere Firmen liefern aber neuerdings auch Pressen mit 25 Platten). Eine Presse mit 21 Platten, die eine derartige Hubvorrichtung enthält, bauen die Harburger Eisen- und Bronzewerke (Abb. 1594). Hier sind die obersten 14 Platten so weit voneinander aufgehängt, daß die untersten 7 Platten bei dem tiefsten Stand des Kolbens dicht aufeinanderliegen. Nach Beschickung der oberen 14 Platten werden diese dann mit einem kleinen, auf dem Preßkolben sitzenden Hilfskolben und durch vier Zugstangen nach aufwärts gezogen, wobei die untersten 7 Platten so weit aus-

Abb. 1594. Etagenpresse mit Hubvorrichtung (Harburger Eisen- und Bronzewerke).

einandergehen, daß auch sie beschickt werden können. Das Entleeren erfolgt in umgekehrter Reihenfolge.

Von besonderer Bedeutung für die Wirtschaftlichkeit des Betriebes und die Leistungsfähigkeit der Etagenpressen ist die Ausführung der Preßplatten; diese sollen bei der Ölgewinnung aus Saaten das Treiben der Saat verhindern, den Ölablauf erleichtern und eine Erhöhung der Drucksteigerungsgeschwindigkeit ermöglichen. Abb. 1595, 1596, 1597 (Harburger Eisen- und Bronzewerke) zeigen drei häufig verwendete Ausführungen von Preßplatten. Die Platten bestehen aus Stahl und werden aus einem Stück gewalzt (Abb. 1595), oder sie bestehen aus einem Zwischenblech mit beiderseitig aufgenieteten Gußplatten (Abb. 1596 u. 1597), auch Verbund- oder Compoundplatten genannt, oder sie sind aus einem Stück gegossen. Es ist eine große Zahl von Vorschlägen gemacht worden, und die verschiedensten Ausführungen wurden patentiert. — Beim Pressen unter Verwendung von Preßplatten geht das Öl vom Kuchen in das Pressentuch und in diesem an der Platte entlang bis zum Rand. Indem man die Platten mit gut durchlässigen Matten aus Wolle, Tierhaaren u. dgl. belegt, kann der Ölablauf verbessert werden. Über der Matte wird dann noch ein glattes, perforiertes Blech angebracht, das mit Nieten auf der Preßplatte befestigt ist.

Abb. 1595. Massive gewalzte Platte.

Abb. 1596. Nasenplatte.

Abb. 1597. Gewöhnliche Verbundplatte.

Abb. 1595—1597. Ausführungsformen von Preßplatten (Harburger Eisen- und Bronzewerke).

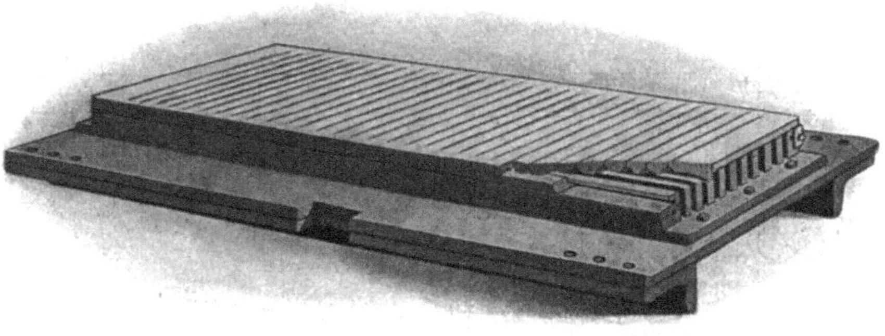

Abb. 1598. Drainageplatten für Schachtelpressen (Bushnell Press Co).

Sehr wirksam sind auch die sog. Drainageplatten, die besonders bei Schachtelpressen (s. unten) Verwendung finden; Abb. 1598 und 1599 zeigen solche Platten. Bei der erstgenannten Ausführung sitzt die Stahlplatte auf zwei unter 90° gekreuzten Stahlrosten. Das Öl tritt durch die schmalen, konischen Schlitze des oberen Rostes in die weiteren Schlitze des unteren und läuft in ihnen ab; die beiden unteren Randleisten sind angenietet. Diese Drainageplatten können auch für Beheizung eingerichtet werden, besitzen dann aber erhebliche Dicke. Abb. 1599 gibt eine Bauart der Fa. Joh. Reinartz, Neuß, wieder. Manchmal wird die Platte auch aus Bronze hergestellt, was beim Verpressen von Saaten für die Farbe des gewonnenen Öles günstiger sein soll.

Schachtelpressen (sog. halboffene Etagenpressen) unterscheiden sich von den Etagenpressen lediglich durch die Form der Preßplatten. Sie haben sich besonders bei der Verarbeitung von Baumwoll- und Sonnenblumensaat bewährt. Ein Nachteil dieser Bauart besteht darin, daß sie im Vergleich mit einer Etagenpresse bei gleicher Höhe wegen der wesentlich dickeren Platten geringere Leistungsfähigkeit besitzen wie jene; sie bieten jedoch den Vorteil,

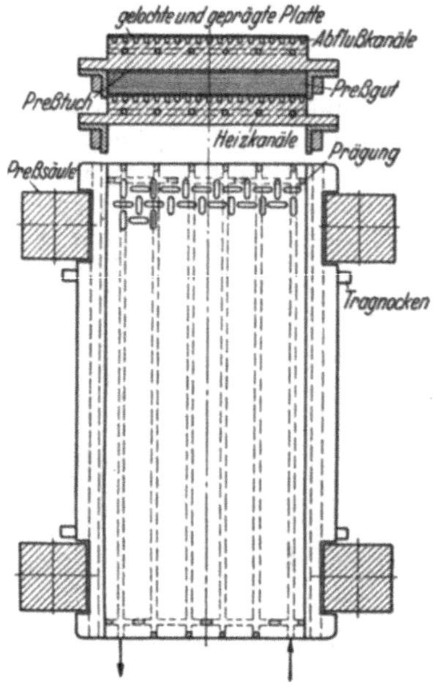

Abb. 1599.
Drainageplatte für Schachtelpressen (Joh. Reinartz, Neuß).

Abb. 1600. Schachtelpresse (Krupp-Gruson).

daß der Abschluß der Kuchen an der Längsseite besser ist. Die Kuchen brauchen daher an den Längsrändern nicht beschnitten zu werden. — Eine Schachtelpresse der Fried. Krupp-Grusonwerk-A.-G., Magdeburg, zeigt Abb. 1600. Sie besitzt 14 Platten von besonderer Ausführung, die eigentlich Preßkästen ähneln. Der Boden eines solchen Kastens wird durch eine mit feiner Lochung versehenen Platte mit darunterliegendem Ölablaufkanal gebildet und ist auf einer mit Ölfangschale versehenen Stahlgußplatte befestigt. Die ebenfalls aus feingelochten Platten bestehenden Längsseiten sind, ebenso wie der aus einer gewellten Platte bestehende Deckel, am Unterteil des darüber liegenden

Kastens befestigt. Diese Bauart ermöglicht ein leichtes Auswechseln und Reinigen, und da das Öl auf Bodenfläche, Breitseite und auch Längsseiten austreten kann, ist ein schnelles und leichtes Arbeiten gewährleistet. Das abfließende Öl wird allseitig durch Ölschalen aufgefangen und hinten nach der untersten Schale geleitet, von wo es nach einem Sammelbehälter abfließt.

II. Stetig arbeitende Pressen: Die stetig arbeitenden Pressen haben gegenüber den anderen Pressenbauarten den Vorteil, daß sie sehr leistungsfähig sind und verhältnismäßig billig arbeiten, da die Bedienungskosten gering sind und, soweit es sich um Schneckenpressen und verwandte Konstruktionen

Abb. 1601. *Meinberg*-Presse (Ansicht) (Harburger Eisen- und Bronzewerke).

handelt, die Kosten für Preßtücher, Preßdeckel u. dgl. ganz fortfallen. Bei der Ölgewinnung werden die stetig arbeitenden Pressen zum Vor- und Nachpressen sowie zur einmaligen Pressung vorteilhaft benutzt; sie finden auch vielfach Verwendung in der chemischen Industrie zum Entwässern von pflanzlichen und faserigen, griffigen Stoffen.

1. Automatische Pressen. Eine sehr leistungsfähige Ausführung dieser Art ist die von den Harburger Eisen- und Bronzewerken gebaute *Meinberg*-Presse (Abb. 1601, 1602). Es handelt sich hier um eine vollständig selbsttätig arbeitende, liegende Seiherpresse, die sich bei der Verarbeitung ölreicher Früchte (Palmkerne, Babassunüsse, Kopra, Sonnenblumenkerne) besonders bewährt hat. Sie preßt in 4—6 Minuten das Gut auf die Hälfte des Ölgehaltes aus. Der Preßkasten faßt etwa 300 kg. Bedienungskosten sind sehr niedrig, da für 2—3 Maschinen nur ein Mann zur Aufsicht während des Betriebes erforderlich ist.

Der Preßraum wird durch die feststehenden Seitenwände *a* und durch die hydraulisch betätigten oberen und unteren Schieber *b* und *c* sowie durch den Holm *d* und den Kolbenkopf *e* gebildet. Gesteuert wird die Presse selbsttätig durch einen Hebel am Ventil, wobei zuerst die untere Schieberplatte die Ausfallöffnung des Preßraumes schließt und kurz vor ihrer Endstellung die mechanisch betätigte Füllvorrichtung einrückt. Der hin- und hergehende Füllkasten *f* geht über den Preßraum hinweg, indem er ihn hierbei füllt. Kurz vor Rückführung des Füllkastens in seine Ausgangsstellung wird von ihm das Ventil zur Betätigung der oberen Schieberplatte *c* eingeschaltet. Diese schiebt sich über den Preßraum, schließt ihn vollständig ab und bewegt gleichzeitig das Anlaßventil für den Hauptkolben, wodurch die Pressung beginnt. Das abgepreßte Öl fließt durch die gelochten Seiherwände ab und wird von der unteren, mit einer Ölrinne versehenen Schieberplatte aufgefangen und abgeleitet. Nach Beendigung des Pressens wird durch Rückbewegung des Ventilhebels die Entleerung der Presse veranlaßt, indem der Preßraum durch Rückzug der Schieberplatte geöffnet wird. Hierbei wird auch der Preßkolben durch die Schiene *h* zurückgezogen. Unterhalb der Presse ist ein Brecher *i* angeordnet, auf den der Kuchen fällt, und von wo aus er durch Schnecken oder Elevator abtransportiert wird.

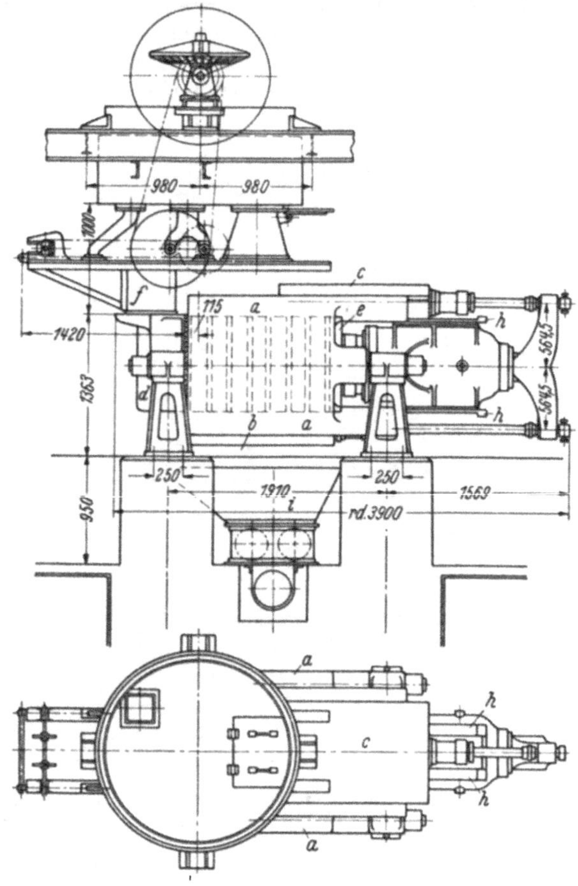

Abb. 1602.
Schnittzeichnung einer *Meinberg*-Presse (Harburger Eisen- und Bronzewerke).

2. Schneckenpressen, auch Schraubenpressen genannt, haben den unstetig arbeitenden und besonders allen hydraulischen Pressen gegenüber bedeutende Vorteile. Sie arbeiten vollkommen selbsttätig. Die Zeit und Arbeit, die sonst für das Füllen und Entleeren erforderlich ist, fällt hier fort. Preßdeckel, Preßtücher wie auch besondere Füll- und Ausstoßvorrichtungen, Kuchenformmaschinen usw. sind nicht nötig. Als weitere Vorteile sind zu nennen: die verhältnismäßig einfache Konstruktion; der geringe Platzbedarf;

die Möglichkeit, die Pressen ohne besondere Fundamente aufzustellen; die geringe Bedienung während des Betriebes (ein Mann genügt für bis zu zehn Pressen) und, durch alle diese Umstände bedingt, verhältnismäßig niedrige Anlage- und Betriebskosten. Soweit es sich um Verwendung der Schneckenpressen zur Ölgewinnung aus Saatgut und Früchten handelt (und das ist heute wohl überwiegend der Fall), ergeben sich aber auch Nachteile: wenn z. B. die Ölgewinnung in einem einzigen Preßgang möglichst vollkommen durchgeführt werden soll, so muß der Presse das Preßgut in weitgehend zerkleinerter Form zugeführt werden. Dies hat aber zur Folge, daß man einen ungewöhnlich großen Trubanteil erhält, was unerwünscht ist, da dieser sowohl bei der Filtration als auch bei späterer Raffination Schwierigkeiten bereitet. Dementsprechend verwendet man heute Schneckenpressen häufig in solchen Fällen, wo es nicht darauf ankommt, den gesamten Ölgehalt einer Saat in einem einzigen Arbeitsgang zu gewinnen; die Pressen verarbeiten dann als Vorpressen vorzerkleinertes Gut, wobei der Betrieb so geführt werden kann, daß eine übermäßige Trubbildung vermieden wird. Das unvollkommen entfettete Material, das die Presse verläßt, geht dann nach nochmaliger Zerkleinerung zu den hydraulischen Pressen oder zur Extraktion.

Abb. 1603. Schneckenpresse (Krupp-Gruson).

Eine vom Krupp-Grusonwerk gebaute Schneckenpresse zeigt Abb. 1603. Diese Presse besteht aus dem Gestell mit den Antriebsteilen, einem waagerechten Seiher, einer Preßwelle mit Preßschnecken und gegebenenfalls einer ein- oder mehrfachen Wärmpfanne mit Rührwerk (oder Wärmtrog). Der Preßdruck wird durch mehrere auf einer Welle (Preßwelle, Schneckenwelle) sitzende stählerne Preßschnecken, die in der Größe allmählich abnehmen, erzeugt. Form, Abmessungen und Gewindesteigung der Schnecke richten sich nach dem zu verarbeitenden Material. Den Axialdruck der Schneckenwelle nimmt ein Sonderlager für hohen Druck auf. Unter dem Seiher liegt ein Ölfangblech, von dem das Öl in eine seitlich angebrachte Ölsammelrinne geleitet wird, in der ein Sieb zur teilweisen Abscheidung des Trubs vorgesehen ist. Im Gestell liegt der aus Stahlstäben zusammengesetzte, geteilte Seiher, in dem sich die

Abb. 1604. Entwässerungspresse (Krupp-Gruson).

Schneckenwelle bewegt. Um eine Radialbewegung des Preßgutes im Seiher zu vermeiden, sind an den Seiherteilstellen zwei sog. Führungsmesser eingelegt. Mit einer durch Stellrad einstellbaren Vorrichtung an der Austrittsöffnung des Seihers kann man den Austrittsspalt für die Rückstände (etwa handgroße schalenförmige Kuchenstücke) verringern oder erweitern und dadurch den Druck im Seiher nach Bedarf regeln. Im Einlauftrichter der Presse befindet sich eine selbsttätige, senkrecht angeordnete Stopfvorrichtung, durch die eine gleichmäßige Beschickung erzielt und das eingefüllte Gut bereits etwas vorgepreßt wird. Wenn sich der Widerstand zu stark erhöht, bleibt die Stopfschnecke so lange stehen, bis der Druck im Seiher wieder abgenommen hat; auf diese Weise wird der Zulauf des Gutes selbsttätig geregelt. Der Antrieb der Presse erfolgt durch Riemen oder über ein Untersetzungsgetriebe direkt vom Motor aus. Zur Verarbeitung eines Gutes, dessen Erwärmung erforderlich ist, sind über der Presse mit Dampf geheizte und einem Rührwerk versehene, doppelte, drei- oder mehrfache Wärmpfannen angebracht.

Die beschriebene Presse ist zum Vor-, Nachpressen und zu einmaliger Pressung

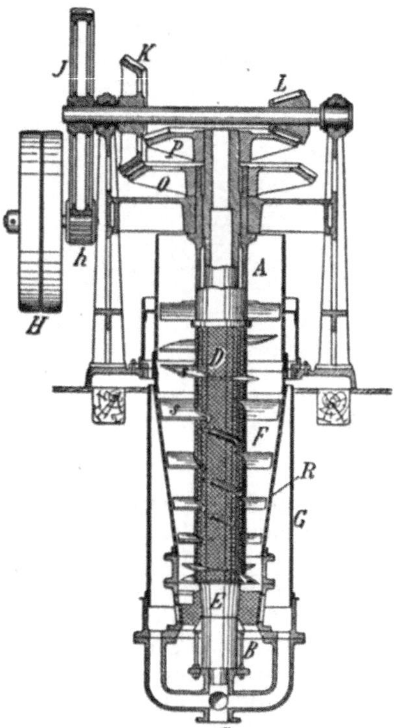

Abb. 1605. Entwässerungspresse für Rübenschnitzel (Sangerhäuser Maschinenfabrik).

von Ölsaat, Früchten und anderen öl- und fetthaltigen Stoffen (mit geringer Änderung aber auch als Entwässerungspresse) geeignet. Sie zeichnet sich durch besondere Einfachheit im Aufbau und im Betriebe aus und erfordert daher auch nur verhältnismäßig geringe Instandhaltungs- und Betriebskosten. Dadurch wird es auch möglich, daß ein Mann unter Umständen 10 Pressen bedienen kann, da sich die Bedienung ja lediglich auf eine Beaufsichtigung des Zu- und Ablaufes und der Erwärmung des Preßgutes erstreckt. Für große Leistung bei hoher Ölausbeute sind die mit Stufenseiher versehenen Pressen des Krupp-Grusonwerkes geeignet. Sie ähneln grundsätzlich der vorbeschriebenen Ausführung. Nur ist der Seiher nicht über die ganze Länge von gleichem Durchmesser, sondern von der Einlaufseite nach dem Auslauf hin stufenförmig abnehmend. Der Preßdruck wächst daher mit abnehmendem Seiherdurchmesser und ist am Auslauf am höchsten. Auf diese Weise wurde besonders die Leistung beim Vorpressen von Ölsaat gesteigert. — Die Ansicht einer Entwässerungspresse (Krupp-Grusonwerk) zeigt Abb. 1604. Auch hier wird der Druck im Seiher durch Verstellung des Austrittsspaltes nach Bedarf geregelt. Die Leistung der Presse, d. h. die Menge des zu verarbeitenden Aufgabegutes, steigt und fällt mit der Umdrehungszahl der Schnecke.

Die Sangerhäuser Aktien-Maschinenfabrik, Sangerhausen, baut (nach *Klusemann-Berggreen*) zur Entwässerung ausgelaugter Zuckerrübenschnitzel eine Schneckenpresse, die in Abb. 1605 wiedergegeben ist. Die oben bei A aufgegebenen Schnitzel gelangen in den Raum F, der sich nach unten zu konisch verjüngt und mit einem Blech G umgeben ist. Hier wird auf das Preßgut durch die auf der Welle D schraubenförmig angeordneten Druckmesser S ein zunehmender Druck ausgeübt. Die ausgepreßten Schnitzel werden bei B ausgestoßen. Um eine zu starke Zerreißung der Schnitzel zu vermeiden, ist in die Welle D eine langsamer laufende Welle E eingesteckt; der Antrieb beider Wellen erfolgt durch die Zahnradpaare OK und PL (von HhJ) aus, wobei E und D in entgegengesetzter Richtung gedreht werden und E langsamer läuft als D. Das ausgepreßte Wasser fließt durch den mit Löchern versehenen Mantel R und die gelochte Welle nach C ab.

Lit.: *L. Ubbelohde*, Handbuch der Chemie u. Technologie der Öle u. Fette (Leipzig 1929, Hirzel). — *Ost-Rassow*, Lehrbuch der Chemie u. Technologie (Leipzig 1936, Jänecke). — *E. Berl*, Chemische Ingenieur-Technik (Berlin 1935, Julius Springer). — *O. Dammer*, Chemische Technologie der Neuzeit (Stuttgart 1923, Enke). — *M. Dolch*, Betriebsmittelkunde für Chemiker (Leipzig 1929, Spamer). — *H. Fischer*, Technologie des Scheidens, Mischens u. Zerkleinerns (Leipzig 1920, Spamer).

Hirschbrich.

Preßzell, s. Hartpapiere.

Probenehmer. Aus offenen Gefäßen kann eine Probe von flüssigen oder festen Stoffen mit einem Löffel oder einer Kelle ohne Schwierigkeiten entnommen werden, wobei es jedoch nicht möglich ist, eine Probe aus den unteren Schichten des Gefäßes zu erlangen. Soll dies ermöglicht werden oder soll eine Probe aus einem geschlossenen Gefäß entnommen werden, so müssen besondere Vorrichtungen an den betreffenden Apparaten dazu angebracht werden.

Die einfachste Vorrichtung ist der Probenehmerhahn nach Abb. 1606, der aus einem an die Gefäßwand genieteten Gehäuse und einem auf der einen Seite mit einer Vertiefung versehenen Küken besteht. Durch eine Drehung des Hahns gelangt die in der Vertiefung befindliche Flüssigkeit nach außen. Eine größere Flüssigkeitsmenge kann mit der auf Abb. 1607 dargestellten, für Verdampfer vorgesehenen Vorrichtung entnommen werden. Ein zylindrisches Gefäß, das oben und unten mit Hähnen zur Entleerung versehen ist (Abb. 1608), ist durch zwei absperrbare Leitungen mit den Räumen über und unter der Heizkammer verbunden. Führt man die untere Leitung in das Innere des Verdampfkörpers hinein, so kann man auch Proben aus dem Inneren entnehmen.

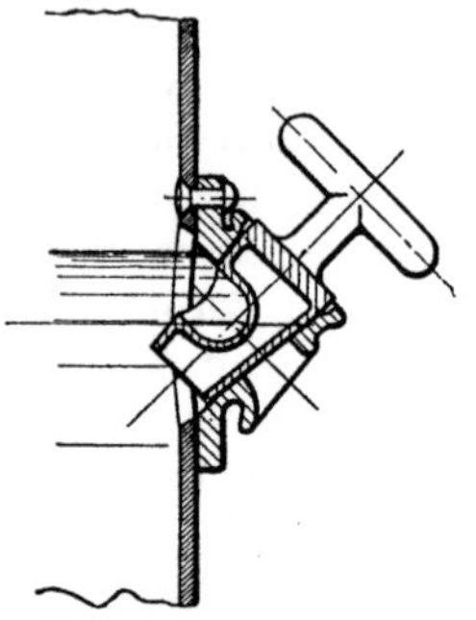

Abb. 1606. Probenehmerhahn.

Einen von *Kummer* angegebenen Probenehmer (Chem. Apparatur 1927, S. 2) zeigt Abb. 1609. Ein in die zu untersuchende Masse hineinragendes Rohr *a*, das an den Stellen, wo die Probenahme erfolgen soll, mit Öffnungen *b* versehen ist, umgibt ein zweites Rohr mit entsprechenden Öffnungen *d*. Durch Drehen des inneren Rohres mit Hilfe der Griffe *i*—*k* können die Löcher geöffnet oder verschlossen werden. In dem Innenrohr *c* ist eine mit Scheiben *e* versehene, zur Entlüftung beim Niedergang als Rohr ausgebildete Kolbenstange *f* angeordnet, mit der durch Anheben des Handrades *l* die an einer beliebigen Stelle entnommene Probe herausgezogen werden kann.

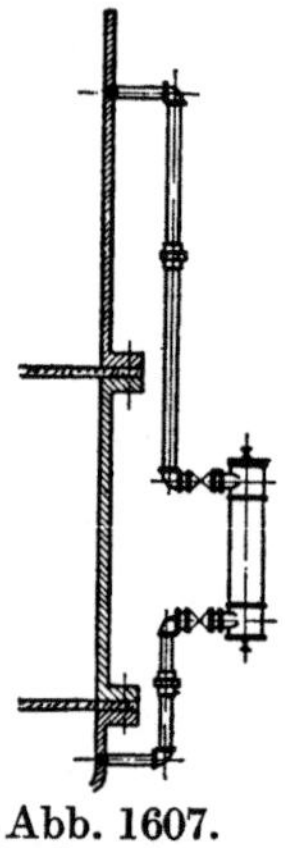

Abb. 1607. Probenehmer an einem Verdampfer.

Neben diesen von Hand zu betätigenden Probenehmern gibt es auch selbsttätig wirkende Geräte, die sich besonders bewähren, wenn es sich darum handelt, aus großen Mengen von Flüssigkeiten laufend Proben zu nehmen. Einen derartigen Apparat (Feinmechanische Werkstatt „Proba", Bremen) zeigt Abb. 1610 (Chem. Fabrik 1931, S. 160). Die Flüssigkeit durchfließt zwei übereinander angeordnete Trichter, von denen der obere regelmäßig einen Teil des Stromes abzweigt und dem unteren Trichter zuführt, der über einer Reihe von Auffanggefäßen kreist. Das für den Betrieb des Gerätes erforderliche Gefälle beträgt 50 cm.

In der auf Abb. 1610 dargestellten Ausführung strömt die Flüssigkeit im Ruhezustand durch Rohr *15* in den oberen Trichter *17* und über die Rinne *16* unmittelbar in den Ablauf *22* des unteren Trichters, der zwei Rinnen *18* und *34* enthält und mit der Mutter *9* auf der inneren Achse *8* befestigt ist, und durch den mittleren Ablauf *33* der Segmentplatte ins Freie. Während der Probenahme dreht sich der Trichter *17* einmal um seine Achse und gießt während der Drehung die Flüssigkeit in die äußere Rinne *34* des unteren Trichters, von wo sie durch Ablauf *23* sowie Segment *14* der Segmentplatte in die Flaschen *32* gelangt. Durch Verstellung zweier Wehre in der Rinne *34* kann die Probe beliebig verkleinert

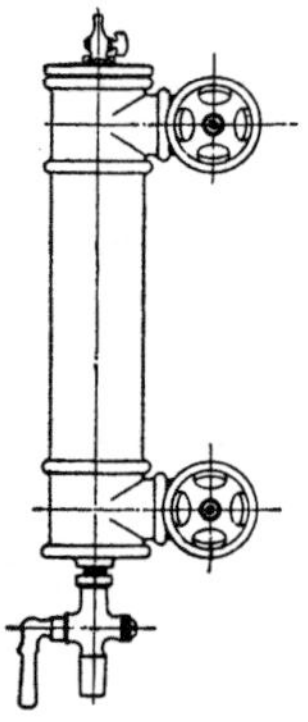

Abb. 1608. Probenehmergefäß für Flüssigkeiten.

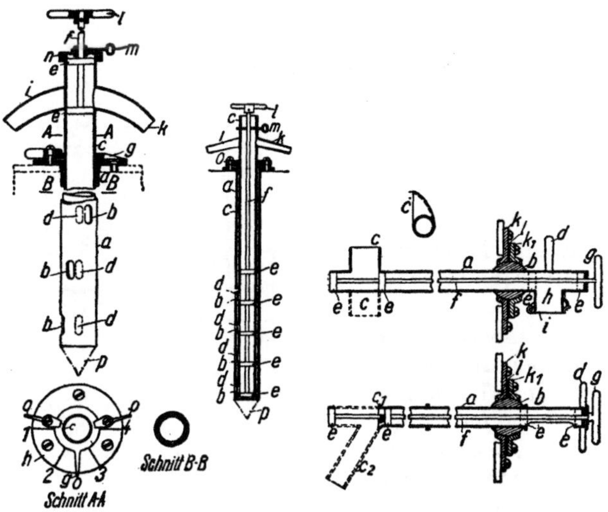

Probenehmer für geschlossene Apparate. — Probenehmer mit Löffel oder Sauger.

Abb. 1609. Probenehmer.

Linke Ausführung

a Außenrohr	*e* Scheiben	*l* Handrad
b Öffnungen im Rohre	*f* Kolbenstange	*m* Feststellstift
c Innenrohr	*g* Zeiger	*n* Deckel
d Öffnungen im Rohr *c*	*h* Flansch	*o* Halter
	i Griff	*p* Spitze
	k Griff mit Auslauf	

Rechte Ausführung

a Rohr	*e* Scheiben	*k* Flansch
b Gelenkkugel	*f* Kolbenstange	*l* Dichtung
c Öffnung mit Schaufel	*g* Handrad	k^1 Außenflansch
d Griff	*h* Öffnung	
	i Deckel	

werden, indem ein Teil durch die Öffnung *20* in den Auslauf *22* gedrängt wird. Wenn eine bestimmte Probemenge in die Flasche *32* gelangt ist, dreht sich der untere Trichter bis zum nächsten Segment und zur folgenden Flasche weiter. Im Regelfall sind 24 Flaschen vorhanden. Der Porzellandeckel *12* und der Glaszylinder *13* schließen die einzelnen Teile nach außen dicht ab. Die beiden Achsen *7* und *8* sind auf zwei ineinandersteckenden Buchsen befestigt, die mit dem Triebwerk in Verbindung stehen. Das Triebwerk ist in einem Gehäuse *10* untergebracht, das auf der vom Gestell *1* getragenen Platte *2* aufgebaut ist. Es besteht aus dem Laufwerk *A* für den unteren Trichter, dem Laufwerk *B* für den oberen Trichter und dem Uhrwerk *C* für die Regelung. Das Uhrwerk dreht über ein auswechselbares Getriebe w_1, w_2 die beiden Regelschnecken *a* und *e* und bestimmt so den Ablauf der Werke *A* und *B*. Das Uhrwerk läßt sich um die Achse *D* zurückschwenken und durch die Muttern *m* auf der Achse *D* verschieben, so daß die Räder w_1 und w_2 sich leicht auswechseln lassen. Die verstellbare Scheibe *S* setzt nach Füllung der Flaschen in der gewünschten Zahl über *b* den Hebel *H* in Bewegung, hält die Unruhe fest und setzt das ganze Triebwerk still. Durch Auswechseln der Räder w_1 und w_2 läßt sich die Laufzeit von einem Tag bis zu einer Woche verändern. — Da eine Kraftzufuhr nicht erforderlich ist, kann das Gerät überall aufgestellt werden. Durch Zugabe von Indikatoren in die Flaschen können kolorimetrische Anzeigen verschiedener Art mit der Probenahme verbunden werden. (Nach *H. Gehle,* Chem. Fabrik 1931, S. 159.) Thormann.

Prodorit, s. Sonderbeton.

Propellerrührwerke, s. Rührvorrichtungen.

Propellerventilatoren, s. Schraubenradgebläse.

Prüfflansche, s. Meßflasche.

Prüfvorrichtungen, s. Kontrollapparate, Meßvorrichtungen.

Psychrometer, s. Feuchtigkeitsmesser.

Pulsometer sind kolbenlose Vorrichtungen zur Förderung von Flüssigkeiten mit ein oder zwei Kammern, die periodisch gefüllt und durch Verdrängen mit Druckluft oder Dampf (Dampfdruckpumpen) selbsttätig entleert werden.

Die Dampf-Pulsometer, die meistens mit zwei Kammern arbeiten, müssen mit einer Dampfspannung betrieben werden, die immer 1—1,5 kg/cm², besser 2 kg/cm², höher ist als der Druck der zu hebenden Wassersäule. Mit 1 kg Dampf erzielt man ungefähr eine Leistung von 3000—5000 mkg gehobenen Wassers. Der Dampf tritt durch ein Verteilungsorgan in die eine Kammer ein und drückt die darin befindliche Flüssigkeit in das Steigrohr. Das Steuerorgan, das den Dampf wechselweise auf die beiden Kammern verteilt, besteht aus einem Kugel- oder Klappenventil oder einer sog. Dampfzunge, die jedoch den Nachteil hat, daß der Pulsometer genau senkrecht aufgestellt werden muß. Kugelventile sind besonders geeignet, wenn die zu fördernden Flüssigkeiten stark verunreinigt sind. Nach Entleerung der Kammer tritt ein Teil des gehobenen Wassers durch die Einspritzvorrichtung in die Kammer zurück und verdichtet den darin befindlichen Dampf, wonach das Steuerorgan den Dampfeintritt absperrt. Durch diese Umsteuerung wird die andere Kammer geöffnet und die darin befindliche Flüssigkeit herausgedrückt, während die andere Kammer sich infolge der Luftleere aus dem Saugrohr füllt. Um die Wasseroberfläche zu beruhigen und Stöße zu vermeiden, wird durch Luftventile während der Ansaugzeit etwas Luft eingezogen. Durch die Kondensation des Dampfes erwärmt sich das Wasser, so daß sich die Dampfpulsometer zur Förderung von Kühlwasser weniger eignen als die mechanisch wirkenden Pumpen (s. d.). Die Erwärmung beträgt bei einer Förderhöhe bis zu 10 m 1,5—2°, von 10 bis zu 20 m 2,0 bis 3,5°, von 20 bis zu 30 m 3,5—5,0°, von

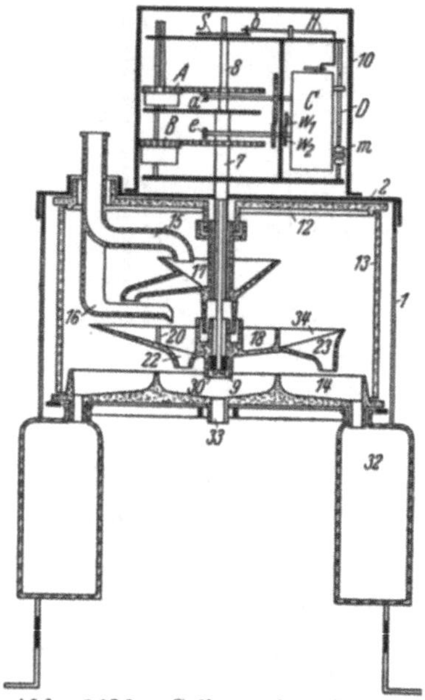

Abb. 1610. Selbsttätiger Probenehmer für Flüssigkeiten (Proba).

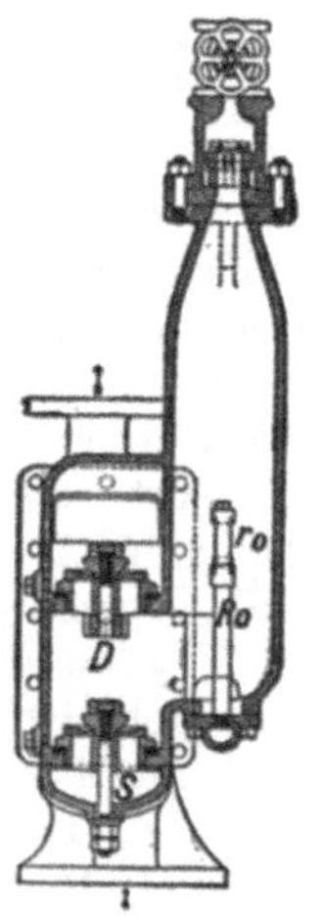

Abb. 1611. Zweikammerpulsometer, Seitenriß (Schäffer & Budenberg).

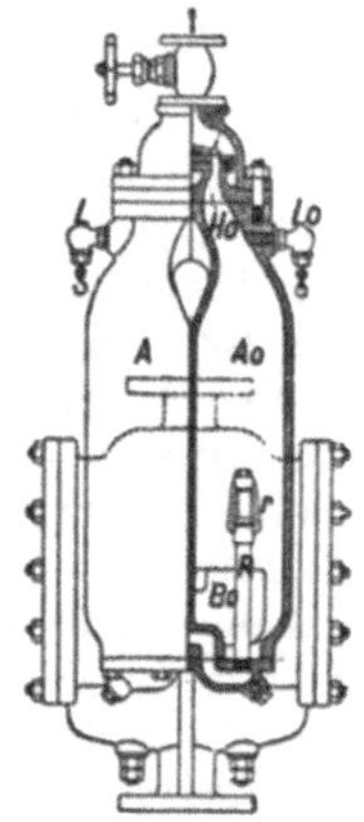

Abb. 1612. Zweikammerpulsometer, Aufriß (Schäffer & Budenberg).

30 bis zu 40 m 5,0—7,0°, von 40 bis zu 50 m 7,0—9,0°. Erhebliche Dampfschwankungen können sich auf den Betrieb der Pulsometer ungünstig auswirken. Dampfpulsometer werden meist in Gußeisen, die Armaturen aus Bronze hergestellt. Für die Förderung von Säuren werden sie auch aus Hartblei gebaut.

Einen mit Dampf betriebenen Zwei-Kammer-Pulsometer zeigen Abb. 1611 und 1612. Durch periodisches Öffnen und Schließen des Dampfventils wird der Apparat zunächst mit Wasser gefüllt. Öffnet man dann vorsichtig das Dampfventil, so tritt der Dampf in eine der Kammern *A*—*Ao*, während die andere Kammer durch die Klappe *i* geschlossen ist, und drückt das Wasser durch das Ventil *D* fort. Sinkt nun in der Druckkammer der Wasserstand unter die Oberkante der Öffnung *B* oder *Bo*, so vergrößert sich plötzlich die Wasseroberfläche. Dadurch entsteht zugleich eine bedeutend gesteigerte Kondensation. Diese bewirkt ein schnelleres Zuströmen des Dampfes. Dadurch wird die Klappe *i* mitgerissen, so daß der Dampf, dem hierdurch der Eintritt in die bisher arbeitende Druckkammer abgeschnitten wird, Zutritt zu der anderen Kammer erhält. Während sich diese in der beschriebenen Weise entleert, füllt sich die erste Kammer infolge der Kondensation des abgesperrten Dampfes wieder. Um ein gutes und regelmäßiges Arbeiten des Apparates zu erzielen, müssen Druck- und Saugperiode in beiden Kammern gleichzeitig abschließen. Man läßt deshalb durch die mit Ventilen r und r_0 versehenen Rohre R und R_0 aus der Druckkammer Wasser in die Kondensationskammer einspritzen. Je stärker der Druck ist, d. h. je schneller sich eine Kammer entleert, desto stärker ist Einspritzung und Kondensation in der anderen und desto schneller füllt sich diese. Bisweilen arbeitet man auch ohne äußere Einspritzung, also lediglich mit Kondensation durch das angesaugte Wasser. Zum Abschwächen der Kondensationsstöße dienen die lufteinsaugenden Ventile L und L_0. Die Saughöhe richtet sich nach der Druckhöhe und ist um so größer, je höher die letztere ist. Dampfpulsometer werden ungefähr für Druckhöhen bis zu 30 m und bis zu 2000—3500 l/min Leistung, in Einzelausführungen auch bis 7000 l/min und bis 80 m Förderhöhe gebaut. Bei Hubhöhen über 50 m Höhe wendet man meist mehrere hintereinandergeschaltete Pulsometer an.

Die Dampfpulsometer der beschriebenen Bauart haben in chemischen Betrieben den Nachteil, daß wasserlösliche Flüssigkeiten durch den kondensierenden Dampf verdünnt und, soweit organische Flüssigkeiten in Betracht kommen, infolge der geringen Verdampfungswärmen höher erwärmt werden als es bei Wasser nach den oben aufgeführten Zahlen der Fall ist. Man kann sich helfen, indem man den Dampfraum durch eine Membran (s. d.) wie bei den Membranpumpen (s. Pumpen) von dem Flüssigkeitsraum trennt. Da der Hub der Membran begrenzt ist, fällt der Flüssigkeitsraum dieser kolbenlosen Membrandampfpumpen, wie man sie auch bezeichnet, sehr klein aus. Wie bei den oben genannten Dampfpulsometern wird auch bei diesen Geräten das Hin- und Herschwingen der Membran durch Einleiten von gespanntem Dampf und nachfolgender Verflüssigung durch Kühlwasser in stetigem Wechsel erzeugt. Eine derartige Membrandampfpumpe, System *Hausmann* (Richard Frühling, Burg bei Magdeburg), zeigt Abb. 1613 (Chem. Apparatur 1936, S. 16). An das eigentliche Förderrohr, das oben mit einem Druck- und unten mit einem Saugventil verbunden ist, ist die Membrankammer angegossen. Auf der anderen Seite der Membran befindet sich der Steuerapparat. Man erkennt auf der Abbildung oben das Dampfeinlaßventil, unten den Kühlwassereinlauf und darüber den Warmwasserablauf. Die notwendige Kühlwassermenge, die ungefähr ein Fünftel der zu hebenden Flüssigkeitsmenge beträgt, kann durch die Pumpe selbsttätig wieder hochgedrückt werden. Die Pumpe eignet sich besonders auch zur Förderung von Lutterwasser an Destillierapparaten zur Erzeugung von hochprozentigem Sprit. Das Lutterwasser läuft dabei mit 80—90° der Pumpe zu und ist dann 8—10 m hoch zu drücken.

Abb. 1613. Kolbenlose Membrandampfpumpe (Frühling).

Handelt es sich um die Förderung von Säuren, Laugen usw., so verwendet man meist zur Förderung **Druckluft**. Diese wird selbsttätig durch den Flüssigkeitsstand im Fördergefäß mit Hilfe eines Schwimmers gesteuert. Bei dem auf Abb. 1614 dargestellten *Kestner*-Säurepulsometer erhält der Schwimmer, sobald sich das Druckgefäß mit der durch das Speiseventil aus dem Speisebehälter selbsttätig zufließenden Säure bis zum Rande gefüllt hat, einen plötzlichen Auftrieb, durch den mit Hilfe der Schwimmerstange die Steuerung im Druckverteilungskasten umgeschaltet und das Drucklufteintrittsventil gelüftet wird. Die einströmende Druckluft, deren Spannung nach der zu überwindenden Säuresäule bestimmt wird, tritt durch das Rohr in den Druckkörper und fördert die Säure durch das Steigrohr in den Hochbehälter. Ist fast alle Säure hochgedrückt, so entweicht etwas Druckluft durch das Steigrohr, wodurch ein Druckabfall eintritt. Dadurch fällt der Schwimmer von neuem, schließt das Drucklufteintrittsventil unter gleichzeitiger Öffnung des Druckluftaustrittsventils. Die im Druckkörper vorhandene Luft wird durch die nachströmende Säure verdrängt und entweicht durch den Druckverteilungskasten ins Freie. Die Steuerung befindet sich immer oberhalb des höchsten Säurespiegels des Speisebehälters, so daß die Säure niemals, auch bei einem Stillstand nicht, dorthin gelangen kann.

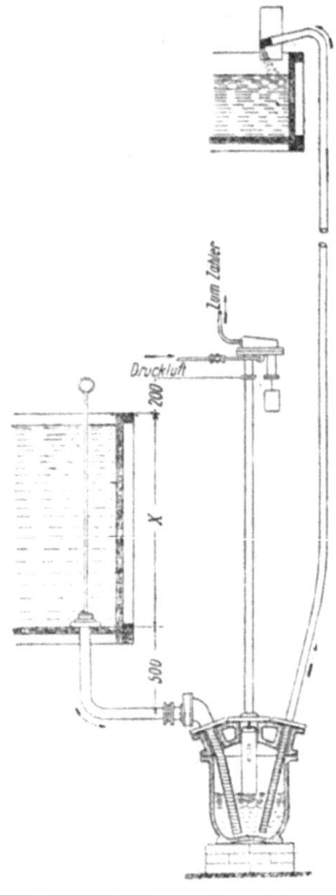

Abb. 1614. Säurepulsometer (*Kestner*).

Die Bauart der Pulsometer für Druckluftbetrieb eignet sich besonders auch zur Herstellung aus keramischen Werkstoffen (s. d., Abschnitt 4). Geräte dieser Art aus Steinzeug bezeichnet man auch als Druckbirnen oder Druckautomaten.

Die Pulsometer zeichnen sich durch geringen Raumbedarf, geringe Ansprüche an Wartung, niedrigen Anschaffungspreis und durch Fehlen von

Schmierstellen aus, so daß die zu fördernde Flüssigkeit sich nicht durch Öle oder Fette verunreinigen kann. Die begrenzte Förderhöhe und, soweit sie mit Dampf betrieben werden, der verhältnismäßig hohe Dampfverbrauch und die Erwärmung der Förderflüssigkeit beschränken oft ihren Anwendungsbereich.

Zur Förderung von Kondenswasser dienen die den Pulsometern in ihrer Wirkungsweise ähnlichen, mit einer Kammer arbeitenden Rückleiter (s. d.).

Thormann.

Pumpen *(s. auch Keramische Werkstoffe [Abschn. 4, S. 835], Mammutpumpen, Pulsometer, Strahlpumpen, Luftpumpen)* arbeiten entweder mit einem hin- und hergehenden Körper, z. B. mit einem Kolben, der die Flüssigkeit in den Pumpenraum einsaugt und wieder verdrängt, oder benutzen die Fliehkraftwirkung, indem ein sich schnell drehendes Schleuderrad die zu fördernde Flüssigkeit unter Druck setzt. Dieser Wirkungsweise entsprechend unterscheidet man Kolben- und Schleuderpumpen.

Alle Pumpen arbeiten in der Weise, daß der äußere Überdruck oder der Druck in dem Behälter, aus dem die Flüssigkeit gefördert werden soll, diese in den Pumpenraum hineindrückt; von dort wird die Flüssigkeit durch Kolben oder Schleuderrad in die Druckleitung gefördert. Der äußere Überdruck hat nicht nur die eintretende Flüssigkeit selbst zu heben, sondern auch alle, infolge der Strömung in der Saugleitung bis in den Pumpenraum auftretenden Widerstände zu überwinden. Dadurch ist, um ein Abreißen der in die Pumpe führenden Flüssigkeitssäule zu verhüten, die Saughöhe für Pumpen, die eine unter dem Druck der Atmosphäre stehende Flüssigkeit ansaugen, auf etwa 4—8 m WS beschränkt. Ist die Flüssigkeit heiß, so wird die höchstmögliche Saughöhe durch die von der jeweiligen Temperatur abhängige Dampfspannung weiter vermindert. Ist die Flüssigkeit so heiß, daß die Dampfspannung dem Druck, der über der anzusaugenden Flüssigkeit herrscht, nahezu gleich ist, so muß diese der Pumpe zulaufen. Ein Ansaugen ist in diesem Fall nicht möglich. Bei der Förderung von Wasser läßt man meist schon von etwa 50° an das Wasser mit Gefälle in die Pumpe laufen. Die Druckhöhe ist nur durch bauliche Anforderungen in gewissen Grenzen nach oben beschränkt. Für die Förderung auf sehr hohe Drücke eignen sich nur die Kolbenpumpen.

Die Eigenschaften der Förderflüssigkeit, insbesondere ihr chemisches Angriffsvermögen, bestimmen entscheidend die Wahl der Werkstoffe für alle Teile, die das Fördergut berührt. Angriffe auf die Werkstoffe zeigen sich in Pumpen, die unter den besonderen Verhältnissen der chemischen Industrie arbeiten, infolge der hohen Strömungsgeschwindigkeiten, die an einzelnen Stellen mit einem unmittelbaren Auftreffen auf Wandungsteile verbunden sind, öfters in größerem Umfang als bei Korrosionsversuchen im Laboratorium oder im Betrieb mit ruhender Flüssigkeit. Sind angreifende Flüssigkeiten zu fördern, so kann oft nur die Erfahrung die Eignung eines Werkstoffs für eine derartige Pumpe entscheiden. Sind erhebliche Temperaturschwankungen nicht vorhanden, so kommen für stark angreifende Flüssigkeiten keramische Werkstoffe (s. d., S. 836) in Betracht. Blei und Gummi werden als Schutzüberzüge für die inneren Pumpenteile oft verwendet, die so geformt und geteilt sein müssen, daß das Aufbringen des Belags in der Werkstätte und die Zugängigkeit im Betrieb keine Schwierigkeiten bereitet. Kleinere Pumpen stellt man auch vollständig aus Hartblei her, wobei die geringe Festigkeit dieses Werkstoffs jedoch große Wandstärken bedingt. Für Pumpen zur Förderung angreifender Flüssigkeiten hat sich Siliziumgußeisen sehr bewährt, es verträgt jedoch keinen großen Temperaturwechsel und läßt sich nur durch Schleifen bearbeiten. Ähnlich wie die Pumpen aus keramischen Werkstoffen gestaltet man die Pumpen aus Siliziumgußeisen so, daß der Werkstoff möglichst nur Druckspannungen erhält und besondere Gestelle oder entsprechende Teile aus Stahl oder Gußeisen die Zugspannungen aufnehmen. Die Emaillierung hat sich im Pumpenbau wegen der oft verwickelten Formen, die an vielen Stellen kleine Krümmungshalbmesser erfordern, wenig eingeführt. Die Kunststoffe, die sich durch eine günstige Widerstandsfestigkeit gegen chemische Angriffe auszeichnen, ergeben im Pumpenbau einige Schwierigkeiten, da sich die einzelnen Teile nur durch Pressen in Formen, was sehr große Serien voraussetzt, oder durch Herausarbeiten aus dem vollen Werkstoff herstellen lassen. Sind die korrosionsfesten Werkstoffe teuer oder haben sie ungünstige Festigkeitseigenschaften, so führt man nur die Teile aus ihnen aus, die mit den angreifenden Flüsssigkeiten in Berührung kommen.

Da im Pumpenbau stets eine mechanische Bewegung von außen in den Flüssigkeitsraum zu übertragen ist, sind mindestens an einer Stelle Gleit- und Dichtflächen erforderlich, die leicht zu Störungen im Betrieb durch Austreten von Förderflüssigkeit Anlaß geben können. Man führt daher diese Flächen möglichst klein aus, stellt sie aus besonders beständigen Werkstoffen her und gestaltet sie so, daß die Teile leicht auswechselbar sind. Zur Dichtung des Spaltes zwischen dem angetriebenen Pumpenteil und dem Pumpenkörper dient in der Regel eine Stopfbüchse, die mit einer mehr oder weniger elastischen Packung aus Gummi, gummiertem Gewebe, Asbest, Metalldraht, Graphit, Kohle usw. den Zwischenraum schließt. Für schwierige Betriebsverhältnisse führt man auch Doppelstopfbüchsen aus, indem man vor die innere Stopfbüchse eine zweite Stopfbüchse vorsetzt und die aus dem inneren Spalt noch austretende Flüssigkeit in den Vorratsbehälter ableitet. Bei der Förderung stark angreifender Flüssigkeiten wird bisweilen in einen Stopfbüchsenvorraum eine die Förderflüssigkeit neutralisierende Lösung zugesetzt. Einzelne Sonderbauarten, von denen die wichtigsten im folgenden erwähnt sind, kommen ohne Stopfbüchse aus oder entlasten diese mehr oder weniger weitgehend.

Die zum Betrieb der Pumpe erforderliche Antriebsleistung ergibt sich, wenn Q die Leistung in l/sek, H die Förderhöhe in m und γ das spezifische Gewicht der Flüssigkeit ist, aus der Beziehung:

$$N = \frac{Q\gamma H}{75\eta}.$$

Hierbei liegt der Wirkungsgrad η im allgemeinen zwischen 0,5 und 0,8. Die höheren Werte gelten für Kolben-, die niedrigeren für Kreiselpumpen. Für kleinere Pumpen ist der Wirkungsgrad niedriger als für größere.

Die Wirkungsweise der Kolbenpumpen bedingt die Verwendung von Ventilen, und zwar von mindestens je einem Saug- und einem Druckventil, durch deren Spalte die Flüssigkeit mit einer Geschwindigkeit von 1—3 m/sek strömt. Vielfach wird auch eine größere Zahl von Ventilen in einer Platte vereinigt. Die Ventile werden in der Regel durch eine Feder belastet. Für reine und dünne Flüssigkeiten werden meist Tellerventile, für dicke und verunreinigte Flüssigkeiten Kegel- und Kugelventile ausgeführt. Der ruhige Gang der Ventile ist von der Drehzahl abhängig. Schlagen der Ventile kann durch Vergrößerung der Ventilbelastung vermindert werden. Die Ventile schließen immer erst, nachdem der Kolben umgekehrt ist. Die zulässige Hubhöhe der Ventile ist um so geringer, je schneller die Pumpe läuft, so daß die Ventile schnellaufender Pumpen bei gleicher Pumpenleistung größer ausgeführt werden müssen als die von langsam gehenden Pumpen. Die Saugventile können durch Anordnung von Schlitzen entbehrlich gemacht werden, die von dem Kolben kurz vor Erreichung der Totlage freigelegt werden.

Je nachdem ob beide Seiten des Kolbens zur Flüssigkeitsförderung verwendet werden, sich also auf jeder Seite des Pumpenzylinders Saug- und Druckventile befinden, unterscheidet man doppel- oder einfachwirkende Pumpen. Größere Kolbenpumpen, besonders solche zur Förderung von Wasser, werden meist doppelwirkend in liegender Anordnung, kleine Pumpen meist einfachwirkend in stehender Anordnung gebaut. Um bei Doppelpumpen ein Saug- und Druckventil zu ersparen, und dabei gleiche Druckverteilung bei Hin- und Rückgang zu erzielen, wird bei den sog. Differentialpumpen der Druckraum der einen Seite durch ein Rohr mit der anderen Kolbenseite verbunden und so eine gleichmäßige Förderung der Flüssigkeit bewirkt.

Die hin und her gehende Bewegung des Kolbens oder des entsprechenden, die Flüssigkeit verdrängenden Körpers (Plungers, Tauchkolbens) wird entweder durch einen Kurbeltrieb erzeugt, wobei ein auf die Kurbelwelle gesetztes Schwungrad für die notwendige Gleichförmigkeit sorgt, oder durch einen unmittelbar auf die Kolbenstange gesetzten zweiten Kolben, der sich in einem mit gespanntem Dampf betriebenen Zylinder bewegt (Dampfpumpen). Man unterscheidet demnach: Schwungrad- und schwungradlose Pumpen.

Die schwungradlosen Pumpen kann man auf jede Hubzahl einstellen. Den Schwungradpumpen können Absperrorgane in der Druckleitung, falls diese versehentlich geschlossen werden, gefährlich werden; man sieht daher an Pumpenkörpern bei größeren Ausführungen dieser Bauart meist Sicherheitsventile vor.

Die Bewegung des Kolbens bedingt hohe Beschleunigungen, die sich auf die ganzen Flüssigkeitssäulen in Saug- und Druckleitung übertragen würden. Um die zu beschleunigenden Flüssigkeitsmengen so gering wie möglich zu halten, ordnet man vor den Ventilen möglichst dicht am Pumpenzylinder Windkessel an, die die Geschwindigkeitsschwankungen in Saug- und Druckleitung ausgleichen. Die Anordnung von Windkesseln ist um so notwendiger, je schneller die Pumpe läuft und je größer ihr Hub ist. Der Rauminhalt des Saugwindkessels beträgt ungefähr das Fünf- bis Zehnfache des Hubraums, der des Druckwindkessels das Sechs- bis Zwölffache des Hubraums, und zwar müssen die Windkessel um so größer ausgeführt werden, je länger die angeschlossenen Leitungen sind. — Um die Flüssigkeitsbewegung in den Leitungen möglichst gleichmäßig zu gestalten, kann man auch mehrere Pumpen mit versetzten Kurbeln auf einer gemeinsamen Welle antreiben.

Vielfach ist es nicht erwünscht, daß die zu fördernde Flüssigkeit mit dem Kolben und dessen Stopfbüchse in Berührung kommt. Man vermeidet dieses durch Anwendung einer Membrane oder einer Sperrflüssigkeit im Pumpenraum, deren Flüssigkeitsspiegel entsprechend dem Kolbenhub sich hebt und senkt.

Die Förderleistung einer Kolbenpumpe kann in folgender Weise berechnet werden. Es sei:

F = Querschnitt des Pumpenkolbens in m^2,
s = Hub des Pumpenkolbens in m,
n = Zahl der Doppelhübe oder Drehzahl der Antriebswelle in der Minute,
i = Zahl der arbeitenden Kolbenseiten,
η_v = volumetrischer Wirkungsgrad der Pumpe (je nach Größe der Pumpe, Drehzahl, Bauart der Ventile usw. = 0,75—0,95).

Hiermit ergibt sich:

$$Q = i\, F\, s\, n\, \eta_v \quad \text{in } m^3/\text{min}.$$

Eine kleine Plungerpumpe aus Thermisilid ist auf Abb. 1615 dargestellt (Amag-Hilpert-Pegnitzhütte, Nürnberg). Die Verbindungen der einzelnen Teile sind durch kegelige Stutzen mit Hilfe aufgelegter Schellen hergestellt. Vor der eigentlichen Stopfbüchse befinden sich Bohrungen, durch welche die an dem Kolben durchtretende Flüssigkeit in eine Sammelschale fließt. Der mechanische Wirkungsgrad einer derartigen Pumpe wird mit etwa 65 Proz., der volumetrische mit etwa 92 Proz. angegeben. (Chem. Apparatur 1926, S. 105.)

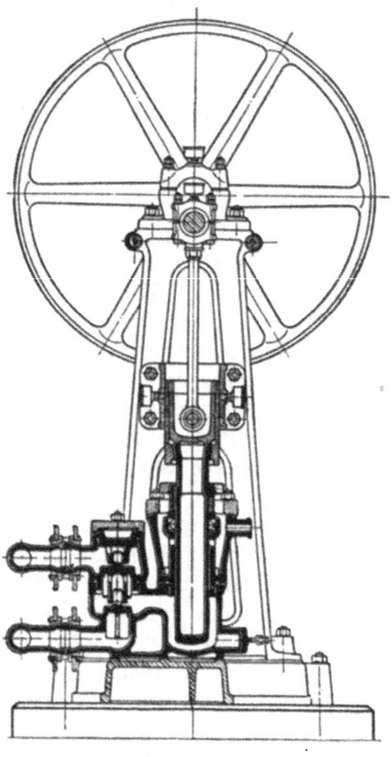

Abb. 1615. Thermisilid-Plunger-Pumpe für Säuren (Amag-Hilpert).

Um die Leistung einer Kolbenpumpe regeln zu können, wird vielfach, etwa nach Abb. 1616, der Hub verstellbar eingerichtet, indem die Lage des Kurbelzapfens auf einer Hubscheibe verändert wird. Die dargestellte Pumpe arbeitet mit zwei Kolben, deren Kurbeln um 180° versetzt sind.

Das Bedürfnis, die Kolbenpumpen bei gleichbleibender Drehzahl des Antriebs entsprechend der verlangten Fördermenge regeln zu können, hat noch andere Bauarten entstehen lassen, die meist mit besonderen Hebelwerken arbeiten. Als Beispiel zeigen Abb. 1617 und 1618 das Schema einer Balcke-Schwinghebelpumpe (Chem. Apparatur 1937, S. 68), die eine Verstellung des Hubes von Null bis zum Höchstwert ermöglicht (Maschinenbau A.-G. Balcke, Frankenthal). Durch Drehen eines Handrades wird der innerhalb des gabelförmigen Schwinghebels *S* verschiebbare Gleitschuh *G* verstellt. Der Drehpunkt *D* des Schwinghebels *S* liegt ebenso wie der Gleitschuh *G* im Plungermittel, wenn die Förderung auf Null vermindert wird, wie es auf Abb. 1617 dargestellt ist. Abb. 1618 veranschaulicht die Verhältnisse bei höchster Pumpenleistung. Der Schwinghebel *S* liegt mit seinem Drehpunkt *D* in der höchsten Stellung über Plungermittel und nimmt bei seiner schwingenden Bewegung um den Drehpunkt *D* den am Gleitschuh befestigten Plunger mit. Da der Plunger gerade geführt wird und daher keine kreisförmige Bahn beschreiben kann, ist der Drehpunkt D um den Festpunkt F schwingbar angeordnet. Der Schwinghebel S

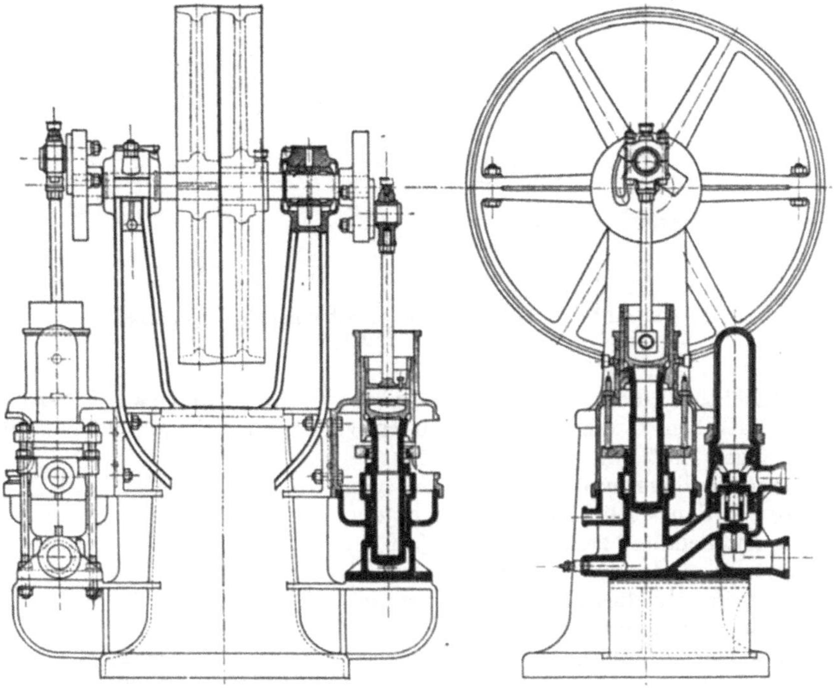

Abb. 1616. Thermisilid-Säure-Plungerpumpe mit verstellbaren Kurbelzapfen (Amag-Hilpert).

wird also bei höchster Förderung nicht nur um den Drehpunkt D schwingen, sondern außerdem noch um den Festpunkt F. Pumpen dieser Bauart sind be-

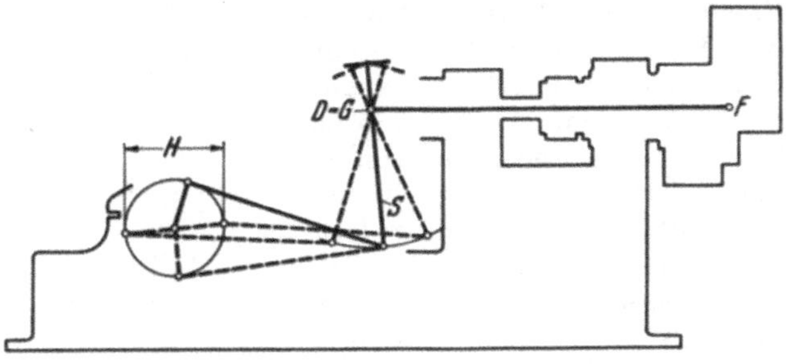

Abb. 1617. Arbeitsweise einer Schwinghebelpumpe bei Leerlaufeinstellung (Balcke).

sonders geeignet, wenn es darauf ankommt, die Flüssigkeit genau zu dosieren. (Vgl. *R. Hanika*, Chem. Apparatur 1937, S. 68.)

Eine stopfbüchsenlose Tauchkolbenpumpe aus Dioxsil (Quarzgut) der Jenaer Glaswerke Schott & Gen. zeigt Abb. 1619 (Chem. Apparatur 1934,

S. 204). Das Pumpeninnere besteht aus Quarzgut. Zwischen diesem und dem Gußeisenmantel befindet sich eine verbindende Weichmetall-Zwischenschicht.

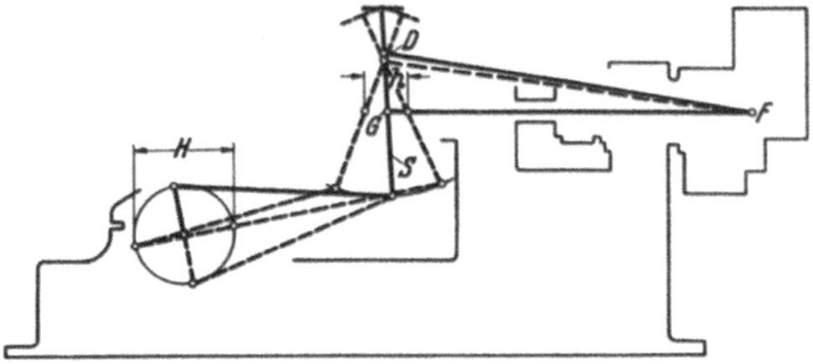

Abb. 1618. Arbeitsweise einer Schwinghebelpumpe bei Vollast (Balcke).

Zur Abdichtung dienen mehrere Ringnuten in der Zylinderwand. Der hochgehende Kolben B nimmt bei jedem Hub in dünner Schicht kleine Flüssigkeitsmengen mit, die sich oben im erweiterten Kolbenraum sammeln und von dort durch den seitlichen Ablauf c in den Flüssigkeitsbehälter zurückfließen. Auf der Saugseite a und der Druckseite b sitzen Kugelventile. In dieser Pumpe lassen sich infolge der Unangreifbarkeit und der Temperaturwechselbeständigkeit des Quarzguts heiße und kalte Säuren, Salzlösungen aller Art und auch Salzschmelzen fördern. Eine besondere Schmierung ist nicht erforderlich, da die Förderflüssigkeit selbst mit Hilfe der Ringnuten die Schmierung zwischen Kolben und Zylinderwand besorgt.

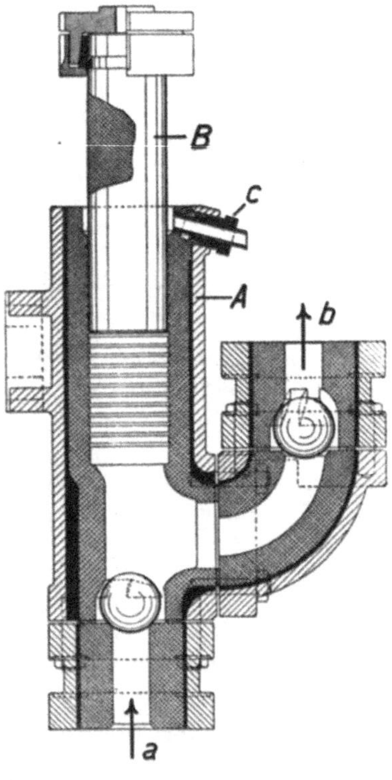

Abb. 1619. Kolbenpumpe aus Dioxsil (Schott).

Bei der Bauart nach Abb. 1620 ist durch eine Reihe von Hohlkehlen im Kolben eine besondere Stopfbüchse entbehrlich gemacht. Die Ventile können leicht ersetzt werden, ohne daß Rohranschlüsse entfernt werden.

Um die zu fördernde Flüssigkeit von Kolben und Stopfbüchse vollständig fernzuhalten, trennt bei der auf Abb. 1621 dargestellten Bauart eine Gummi- oder Ledermembran den mit den Ventilen verbundenen Raum von dem Pumpenkolbenraum. Die Membran legt sich zur Begrenzung der Durchbiegung gegen entsprechend gewölbte Wandungen, die mit Bohrungen zum Durchtreten der Flüssigkeit versehen sind. Zur Bewegung der Membran dient ein Tauchkolben, der in einem mit Wasser gefüllten Zylinder durch einen Kurbeltrieb auf- und abbewegt wird.

Eine kleine Säure-Membranpumpe (Franz Gerhardt, Schönebeck a. d. E.) zeigt Abb. 1622. Zwischen den beiden Scheiben *a* ist die Dichtung *d* mit den Klappenventilen d_1 und d_2 eingebaut. Sowohl die von außen bewegliche

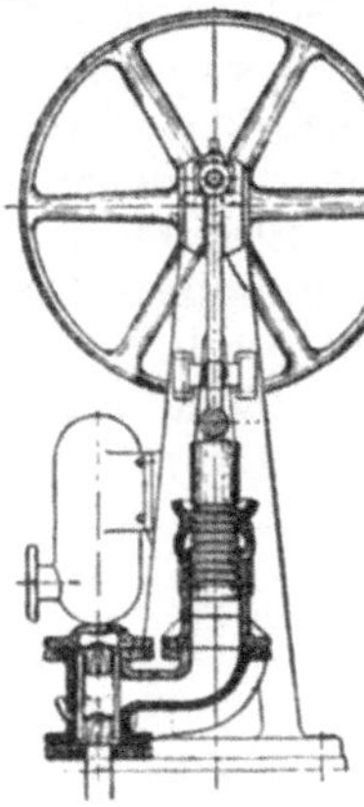

Abb. 1620. Plungerpumpe ohne Stopfbüchse.

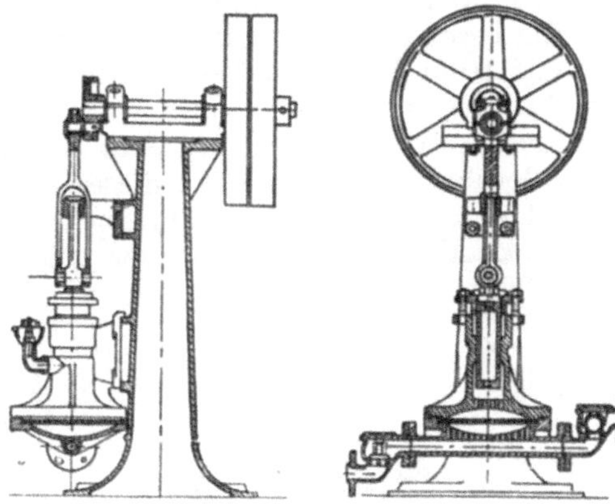

Abb. 1621. Membranpumpe.

Membran *b* wie auch die Ventilklappen bestehen aus einem besonders geeigneten Gummi. Die einzelnen Teile können aus Steinzeug oder aus gummiertem Eisen hergestellt werden. Die Membran *b* ist mit einem Ansatz *k* versehen, an der die Schubstange *h* befestigt ist. Zum Anschluß von Saug- und Druckleitung dienen die Stutzen *g* und *f*.

Für eine weitere Möglichkeit, die Förderflüssigkeit von dem Kolben fernzuhalten, ist auf Abb. 1623 ein Ausführungsbeispiel dargestellt (A. Borsig, Berlin-Tegel). Förder-

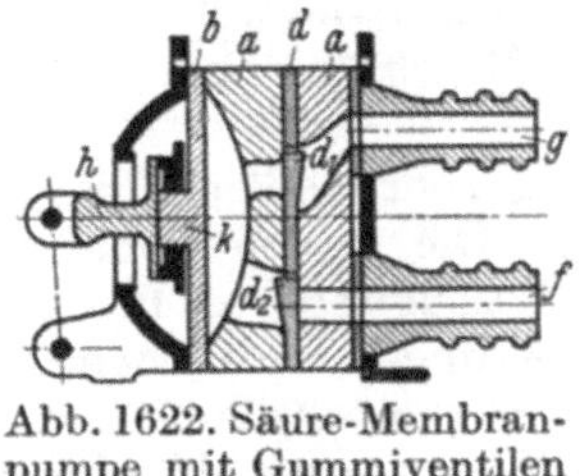

Abb. 1622. Säure-Membranpumpe mit Gummiventilen (Gerhardt).

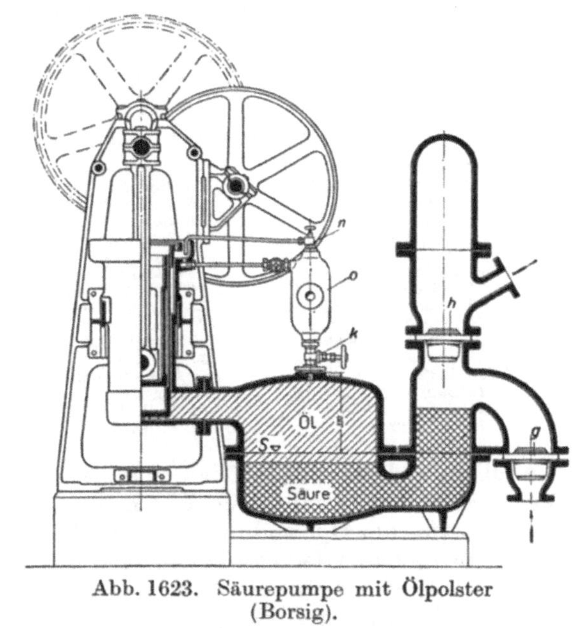

Abb. 1623. Säurepumpe mit Ölpolster (Borsig).

flüssigkeit und Pumpenkolben sind durch eine aus Öl bestehende Zwischenschicht getrennt. Die zu fördernde Säure tritt bei *g* ein, durchströmt das Saugvéntil und wird durch das Druckventil *h* in einen Behälter gedrückt.

Das Vaselinöl, welches das Polster zwischen Triebwerk und Säure bildet, wird nach Abschrauben der Gasflasche *o* eingefüllt. Die Gasflasche *o* dient dazu, um das sich unter Umständen abscheidende Gas abzulassen. Der Hahn *k* steht im Betrieb offen. Bildet sich Gas, so wird der Hahn *k* geschlossen und *n* geöffnet. Ein besonderer Hahn dient dazu, nach Entweichen des Gases die Gasflasche mit Hilfe des in der Tasse befindlichen Öles nachzufüllen. Die Stopfbüchse besteht aus 10—13 Gummiringen, die nur leicht zusammengepreßt werden dürfen. Da die Säure mit dem Triebwerk (Kolben, Stopfbüchse usw.) nicht in Berührung kommt, kann dieses aus nichtsäurebeständigem Grauguß hergestellt werden, während die übrigen Teile aus einem entsprechenden Werkstoff, z. B. Hartblei, hergestellt werden müssen. (Chem. Apparatur 1926, Beil. Korr., S. 33.)

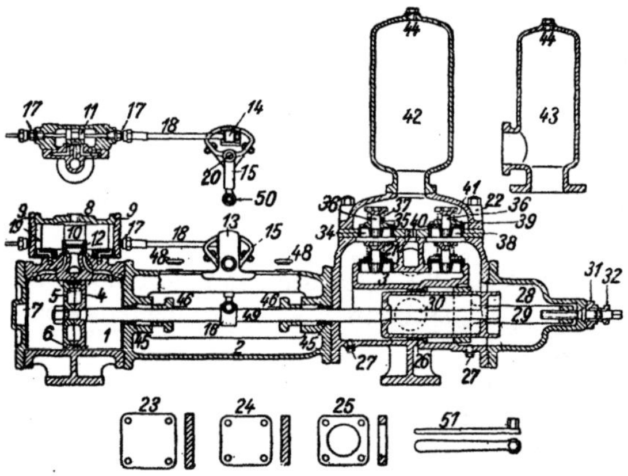

Abb. 1624. *Voit*-Dampfpumpe (Schäffer & Budenberg).

1 Dampfzylinder
2 Verbindungsstück
3 Pumpenzylinder
4 Dampfkolben
5 Verschlußschraube
6 Kolbenring
7 Zylinderdeckel
8 Schieberkasten
9 Schieberkastendeckel
10 Schieberführung
11 Schieberspindel
12 Steuerschieber
13 Lager
14 Zapfen
15 Hebel
16 Mitnehmer
17 Stopfbüchse
18 Steuerstange
19 Dampfeintritt
20 Bolzen
21 Saugraum
22 Pumpendeckel
23—25 Deckel
26 Dichtungsbüchse
27 Verschlußschrauben
28 Deckel
29 Stopfbüchsenbügel
30 Plunger
31 Schraubbüchse
32 Mutter
33 Stellspindel
34 Ventilplatte
35 Druckventil
36 Ventilbolzen
37 Ventilfeder
38 Ventilsitz
39 Ventilsteller
40 Ventilplatte
41 Ventilfeder
42 Druckwindkessel
43 Sangwindkessel
44 Verschlußschraube
45 Büchse
46 Stopfbüchse
48 Deckel
49 Kolbenstange
50 Bolzen
51 Schlüssel

Ähnlich wirkende Bauarten dienen zur Förderung sehr heißer Flüssigkeiten, z. B. zum Umpumpen der heißen Teere und Öle in den Kontaktsystemen für die Hydrierung dieser Stoffe bei der Erzeugung von Benzin. Der Kolben ist mit der Ventilkammer durch lange Leitungen verbunden, in denen sich lediglich eine hin- und herschwingende Flüssigkeitssäule befindet. In diesem Flüssigkeitsgestänge vermindert sich die Temperatur allmählich bis zum Kolbenraum, so daß dort nur kalte Flüssigkeiten vorhanden sind.

Die schwungradlosen Pumpen zeichnen sich durch gute Regelbarkeit aus. Die Umsteuerung des Dampfkolbens besorgt die Kolbenstange selbst. Eine *Voit*-Dampfpumpe ist auf Abb. 1624 als Ausführungsbeispiel dargestellt

(Schäffer & Budenberg, Magdeburg). Der auf der linken Seite befindliche Antrieb mit dem zugehörigen Steuerwerk ist unmittelbar mit der Pumpe gekuppelt. Die Wirkungsweise ergibt sich aus den angeführten Bezeichnungen der einzelnen Teile.

Zur Vornahme von Wasserdruckproben werden besondere Probierpumpen (Abdruckpumpen) gebaut, die meist auf dem zugehörigen Wasserkasten aufgebaut werden (Abb. 1625) und für Handbetrieb eingerichtet sind. Ähnliche Preßpumpen, jedoch mit Kraftantrieb durch Kurbelwelle, werden zum Betrieb von Druckwasserpressen verwendet. Hier vereinigt man meist mehrere Pumpen an einer gemeinsamen Kurbelwelle.

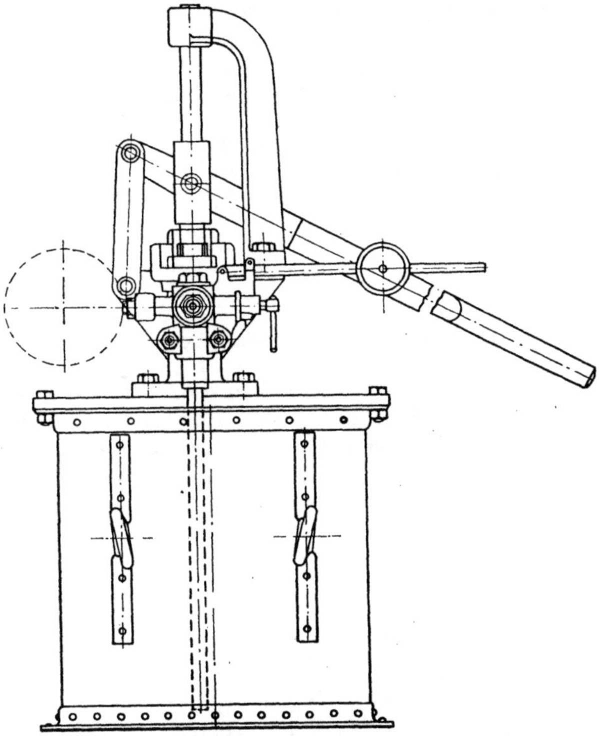

Abb. 1625. Probierpumpe für 200—800 at (Schäffer & Budenberg).

Der Kolben kann statt in Form einer Scheibe oder eines Zylinders (Plunger) auch in Gestalt eines in einem zylindrischen Gehäuse drehbaren Flügels ausgeführt werden. Der Flügel wird durch einen Hebel pendelnd hin- und herbewegt. Die Ventile werden oft unmittelbar in dem Flügel angeordnet. Derartige Flügelpumpen werden besonders für kleine Leistungen und Handbetrieb gebaut.

Die Kreiselpumpen (Zentrifugalpumpen, Schleuderpumpen, Turbopumpen) benutzen ein Schleuderrad, das die Flüssigkeit durch seine Drehung auf höheren Druck bringt. Die erzeugte Druckhöhe ist angenähert dem Quadrat der Umfangsgeschwindigkeit oder bei gegebenem Durchmesser dem Quadrat der Drehzahl des Laufrades verhältnisgleich. Die Umfangsgeschwindigkeit des Laufrades beträgt bis zu 30 oder 35 m/sek. Eine Kreiselpumpe erzeugt bei einer bestimmten Fördermenge den höchstmöglichen Druck. Bei kleineren oder größeren Mengen ist der Druck geringer. Fällt der Druck zu weit, so kann die Förderung ganz aufhören.

Der Leistungsbereich einer Kreiselpumpe läßt sich am besten an Hand eines *Q-H*-Schaubildes übersehen. Abb. 1626 zeigt die Kennlinien einer Hochdruckzentrifugalpumpe vierstufiger Bauart von Gebr. Sulzer A.-G., Ludwigshafen, für 2900 U/min. Die Kennlinien einer zweistufigen Mitteldruck-Kreiselpumpe für n = 2900 U/min (Gebr. Sulzer A.-G.) sind auf Abb. 1627 dargestellt. Hier sind in Abhängigkeit von der Fördermenge auf den Ordinaten Förderhöhen, Wirkungsgrade und der Kraftbedarf aufgetragen. Die Wirkungsgradkurven (Kurven gleichen Wirkungsgrades) bilden bei weiterer

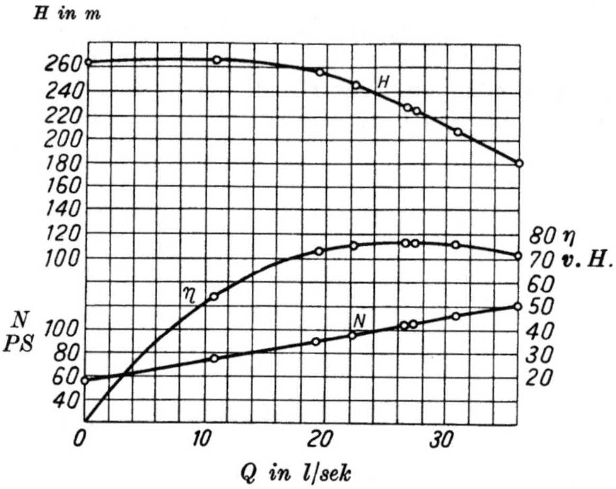

Abb. 1626. Kennlinien einer vierstufigen Hochdruck-Kreiselpumpe (Sulzer).

Fortsetzung des Schaubildes nach oben geschlossene Kurven. Für jeden Betriebszustand lassen sich aus zwei der fünf Größen die drei übrigen bestimmen. Da die Kennlinien der verschiedenen Bauarten neuzeitlicher Kreiselpumpen sehr ähnlich verlaufen, kann man aus dem Schaubild einer Pumpe auf das

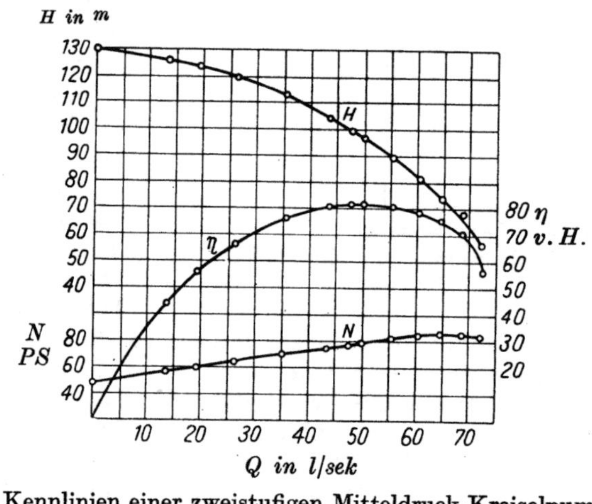

Abb. 1627. Kennlinien einer zweistufigen Mitteldruck-Kreiselpumpe (Sulzer).

Verhalten ähnlicher Pumpen mit derselben Schaufelform schließen. Bei einer bestimmten Fördermenge und einer bestimmten Förderhöhe werden die höchsten Wirkungsgrade erreicht. Da sich die Fördermenge in einfachem Verhältnis mit der Drehzahl ändert, können die Kreiselpumpen für beliebige Fördermengen ausgeführt werden.

Je nach der Förderhöhe unterscheidet man Niederdruck-, Mitteldruck- und Hochdruck-Kreiselpumpen. Die Niederdruckpumpen werden für kleine und mittlere Förderhöhen und -mengen gebaut; für größere Höhen sieht man Mitteldruckpumpen und für die höchsten Drücke Hochdruckpumpen vor. Bei gleicher Leistung ist die Kreiselpumpe billiger als die Kolbenpumpe und erfordert geringeren Platzbedarf. Sie ist besonders für große Fördermengen geeignet, insbesondere dann, wenn die zu überwindende Druckhöhe unveränderlich ist. Bei großer Förderhöhe oder stark schwankender Fördermenge sind Kreiselpumpen weniger zweckmäßig.

Zum Antrieb der Kreiselpumpen dienen meist unmittelbar gekuppelte Elektromotoren, Dampfturbinen oder in Einzelfällen auch Riementriebe.

Schwierigkeiten können die Stopfbüchsen bereiten, welche die Abdichtung zwischen Welle und Gehäuse bewirken. Um das Eintreten von Luft in die Pumpe zu verhindern, kann die Stopfbüchse mit Druckwasser abgedichtet werden. Zur Förderung von Säuren, Laugen usw., wo die Abdichtung besonders schwierig ist, führt man Pumpen ohne Stopfbüchsen aus. Der Betrieb ohne Stopfbüchse wird entweder mit Hilfe eines Standrohres erreicht, indem man die Welle senkrecht stellt, oder dadurch, daß vor dem Stopfbüchsenraum mit Hilfe eines besonderen, kleinen Laufrades oder in anderer Weise, z. B. durch Rückenschaufeln, ein Unterdruck erzeugt wird, so daß keine Flüssigkeit austreten kann. Kleine Laufräder werden oft fliegend auf der Welle angeordnet, damit man mit einer Stopfbüchse auskommen kann.

Die Schaufeln des Schleuderrads sind etwa 3—7 mm stark und werden meist rückwärts gekrümmt ausgeführt. Die Schaufelzahl beträgt etwa 6—12; bei größeren Rädern ordnet man am äußeren Umfang vielfach noch Zwischenschaufeln an. Um die hohe Geschwindigkeitsenergie beim Austritt der Flüssigkeit aus dem Laufrad möglichst in Druckenergie umzusetzen, kann im Gehäuse noch ein besonderer feststehender Schaufelkranz, der sog. Leitapparat, vorgesehen werden, aus dem die Flüssigkeit in das Gehäuse tritt. Derartige Leitapparate werden besonders in mehrstufigen Pumpen und bei hohen Flüssigkeitsgeschwindigkeiten vorgesehen.

Bei großen Wassermengen und geringen Förderhöhen genügen glatte Leitringe, die eine Fortsetzung der Laufradwände bilden. Bei einstufigen Pumpen legt man um das Leitrad ein Spiralgehäuse, das bei guter Ausführung auch das Leitrad ersetzen kann. Auch die letzte Stufe von mehrstufigen Pumpen erhält wegen der günstigen Strömungsverhältnisse oft ein Spiralgehäuse. Hochdruckpumpen erhalten stets Leiträder. Wegen des besseren Wirkungsgrades führt man aber meist auch die Mitteldruckpumpen mit Leiträdern aus.

Besondere konstruktive Maßnahmen sind zur Aufnahme des Achsialdrucks notwendig, der das Laufrad zur Saugseite drückt, da auf der dem Wassereinlauf entgegengesetzten Seite ein höherer Druck herrscht als auf der Einlaufseite. Bei geringen Drücken genügt ein Kugellager. Größere Drücke nehmen Entlastungsscheiben auf, denen auf der einen Seite Druckwasser zugeführt wird. Man ordnet auch zwei Räder mit entgegengesetzt liegenden Einläufen an oder führt ein Rad mit zwei Einläufen aus, oder man gleicht den Druck durch Bohrungen im Laufrad aus.

Um die Saugleitung, die vollständig luftdicht sein muß, bei der Inbetriebsetzung anfüllen zu können, muß an der tiefsten Stelle ein Fuß- oder Rückschlagventil (s. d.) vorhanden sein. Ebenso muß am Druckstutzen möglichst ein Rückschlagventil und ein Schieber vorgesehen werden, der auch zur Regelung der Pumpe dient. Das letztere ist besonders wichtig beim Antrieb mit Elektromotoren, da diese sonst leicht überlastet werden können. Um dies zu vermeiden, werden für kleinere Pumpen auch Ausgleichsdüsen eingebaut, die selbsttätig Belastungsschwankungen verhindern.

Die Stellung der Anschlußstutzen ist beliebig. Meist wird der Saugstutzen waagerecht, und zwar seitlich oder achsial, der Druckstutzen schräg oder senkrecht nach oben führend angeordnet. Zur Inbetriebsetzung muß die Pumpe entweder von der Druckleitung aus oder mit Hilfe einer Ansaugevorrichtung oder durch einen an der höchsten Stelle vorgesehenen Trichter vollständig gefüllt werden. Dann läßt man die Pumpe anlaufen, wobei der Schieber in der Druckleitung zunächst geschlossen bleibt und nach dem Anlauf allmählich geöffnet wird.

Kreiselpumpen regelt man am günstigsten durch Ändern der Drehzahl. Die Flüssigkeitsmenge kann bei unveränderlicher Drehzahl auch mit Hilfe

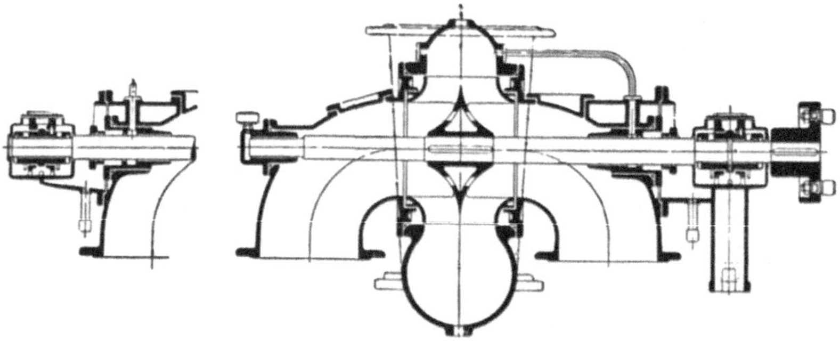

Abb. 1628. Niederdruck-Kreiselpumpe mit zweiseitigem Flüssigkeitseintritt (Sulzer).

des in die Druckleitung eingeschalteten Schiebers geregelt werden. Bei geschlossenem Schieber vermindert sich der Kraftverbrauch auf die Leerlaufsarbeit, die ungefähr $^1/_2$—$^1/_3$ des normalen Kraftbedarfs beträgt.

Die Pumpen können einstufig nur mit einem oder bei größeren Leistungen (von etwa 30—40 m^3/min an) mit zwei parallel geschalteten Rädern, oder mehrstufig mit mehreren hintereinander geschalteten Rädern arbeiten. Die einstufigen Niederdruckpumpen werden bis etwa 20 m Förderhöhe mit einem Spiralgehäuse ohne Leitschaufeln ausgeführt. Die größte Druckhöhe, die man mit einem Rad erzeugen kann, beträgt etwa 150 m. Meist geht man jedoch je nach der Bauart nicht über 30—60 m. Hochdruckpumpen erhalten mehrere, hintereinandergeschaltete Stufen. Jede Stufe erzeugt dabei einen Druck von etwa 10—60 m W.S. Meist wählt man etwa 20 m/Stufe.

Eine Kreiselpumpe für große Fördermengen (Gebr. Sulzer A.-G.) mit zweiseitigem Eintritt der Flüssigkeit zeigt Abb. 1628. Zwei große Saugbogen führen das Wasser in leichter Krümmung dem Laufrad zu. Dieses hat mit Rücksicht auf die große Schluckfähigkeit bei verhältnismäßig kleiner Förderhöhe nur eine kurze radiale Ausdehnung. In den Saugbogen und im Gehäuse sind reichlich bemessene Putzlochdeckel vorgesehen, um den Laufradeintritt und -austritt reinigen zu können. Sind die zu fördernden Flüssigkeiten schmutzhaltig, so kann das linke Lager, wie links dargestellt ist, auch als außenliegendes Ringschmierlager ausgebildet werden. Da das Laufrad hydraulisch ausgeglichen ist, kann ein wesentlicher Schub nicht auftreten.

Die einstufige Hochdruckpumpe der Maschinenfabrik A. Borsig (Abb. 1629) besitzt nur ein Schaufelrad, das mit einem Kranz von Leitkanälen umgeben ist. Das Wasser tritt in das Schaufelrad auf der Antriebsseite ein, so daß Aus- und Einbau des letzteren ohne Abbau von Rohrleitungsteilen möglich ist. Nach Wegnahme des hinteren Deckels sind Schaufelrad und Leitrad zur Besichtigung freigelegt. Die Welle ist durch eine am Schaufelrad angebrachte, selbsttätige Entlastungsvorrichtung geführt.

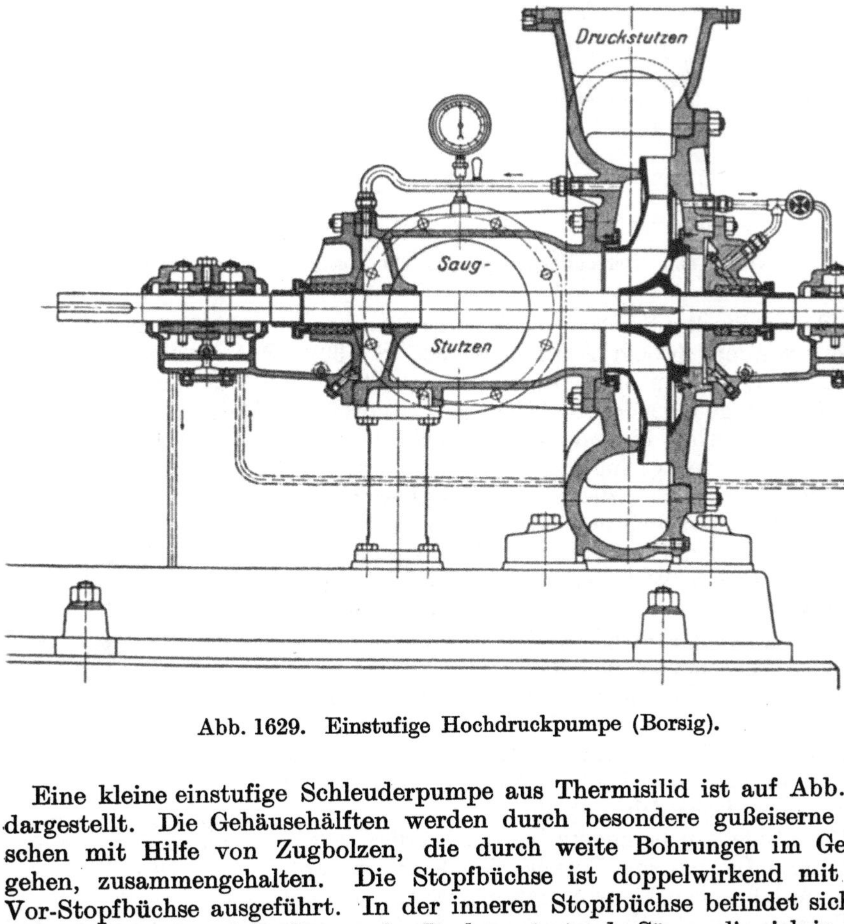

Abb. 1629. Einstufige Hochdruckpumpe (Borsig).

Eine kleine einstufige Schleuderpumpe aus Thermisilid ist auf Abb. 1630 dargestellt. Die Gehäusehälften werden durch besondere gußeiserne Flanschen mit Hilfe von Zugbolzen, die durch weite Bohrungen im Gehäuse gehen, zusammengehalten. Die Stopfbüchse ist doppelwirkend mit einer Vor-Stopfbüchse ausgeführt. In der inneren Stopfbüchse befindet sich eine Bohrung, durch welche die aus der Packung tretende Säure, die sich in einem Hohlraum der Stopfbüchse an der Welle sammelt, durch einen im Gehäuse eingegossenen Kanal abgeführt wird. Die Abdichtung des Hohlraums nach außen übernimmt eine zweite Stopfbüchse mit Hilfe der äußeren Brille. Die Stopfbüchse ist nach Abb. 1631 in folgender Weise entlastet: An der Nabe des Laufrades *L* ist ein Ansatz *A* mit Achsialbohrungen angeordnet, welche Flüssigkeit von dem Raum *1* in den Raum *2* treten lassen, so daß ein Unterdruck im Raum *2* gegen den Raum *1* erzielt wird. Je nach Drehzahl und Größenabmessung der Pumpen beträgt der Druckunterschied 0,5—1 m W.S. Wird die meist gebräuchliche Anordnung gewählt, daß die Säure der Pumpe mit etwa 1 m Gefälle zuläuft, so wird durch diese Anordnung in dem Raum *1* gerade der Atmosphärendruck erzeugt, so daß während des Betriebes keine

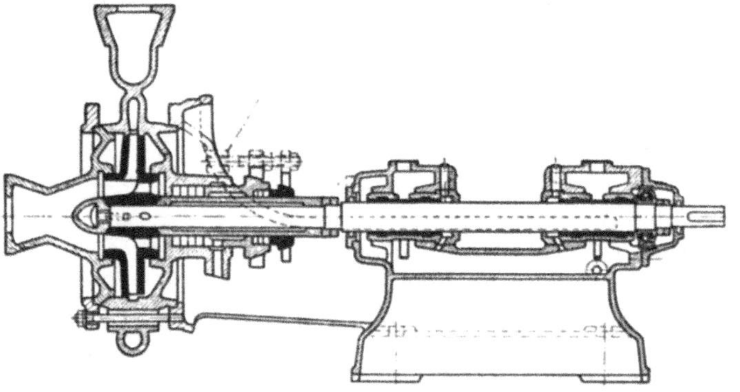

Abb. 1630. Schleuderpumpe aus Thermisilid (Amag-Hilpert).

Säure durch die Stopfbüchsen treten kann und so Stopfbüchse und Packung geschont werden. (Chem. Apparatur 1926, S. 139.) Hat die Pumpe eine erhebliche Saughöhe zu überwinden, so besteht bei dieser Bauart die Gefahr, daß bei nicht genügender Dichtheit der Stopfbüchse Luft eingesaugt wird.

Mit der auf Abb. 1631 dargestellten Entlastung der Stopfbüchse erzielt man lediglich einen geringeren Flüssigkeitsdruck auf die Spaltdichtung. Soll die Förderflüssigkeit im Betrieb von der Spaltdichtung ferngehalten werden, so ordnet man auf der Rückenseite des Läufers, also auf der nach dem Wellenspalt zu gelegenen Wand, besondere, schmale Schaufeln an, die allein die Aufgabe haben, einen Flüssigkeitsring in einiger Entfernung vom Wellenspalt zu bilden. Um besonders bei hohem Druck in der Zulaufleitung mit Sicherheit zu verhindern, daß die innere Fläche des Flüssigkeitsringes in den Rückenschaufeln bis an den Spalt gelangt, kann man die Rückenschaufeln auch länger als die Laufradschaufeln ausführen.

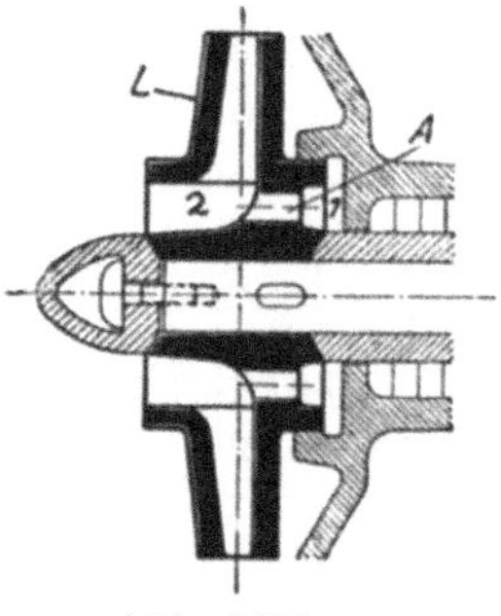

Abb. 1631. Stopfbüchsenentlastung für die Pumpe nach Abb. 1630.

Da Stopfbüchsen besonders bei der Förderung von Säuren und Laugen im Dauerbetrieb leicht zu Störungen Anlaß geben können, hat man stopfbüchsenlose Pumpen entwickelt, indem man die Wandungsteile von Gehäuse und Laufrad am Spalt als gegenseitig wirkende Dichtungsflächen ausbildet, die im Stillstand nach Art eines Ventils aufeinandersitzen und so den Zwischenraum schließen. Läuft die Pumpe an, so heben sich die Dichtungsflächen infolge einer kleinen Längsbewegung des Läufers voneinander ab. Diese Längsbewegung kann durch hydraulische Kräfte, die durch den niedrigen Druck auf der Seite des Saugstutzens entstehen, oder durch mechanische Kräfte bewirkt werden, die beim Anlaufen durch die Fliehkraft mit Hilfe besonderer beweglicher, auf der Welle sitzender Einrichtungen ausgelöst werden. Die Laufräder sind dabei mit Rückenschaufeln versehen, welche die Förderflüssigkeit von dem Spalt fernhalten. Die Rückenschaufeln kann man bei dieser Bauart auch zweistufig ausführen, indem man hinter den Spalt noch ein Hilfslaufrad auf die Welle setzt, das einen zweiten Flüssigkeitsring erzeugt, wenn Flüssigkeit aus den Rückenschaufeln des Förderlaufrades durch den Spalt durchtritt, oder indem man diese durch einen besonderen Kanal ableitet. Derartige stopfbüchsenlose Pumpen eignen sich besonders für den Dauerbetrieb. Sind oft Betriebsunterbrechungen erforderlich, so bevorzugt man meist Pumpen mit Stopfbüchsen.

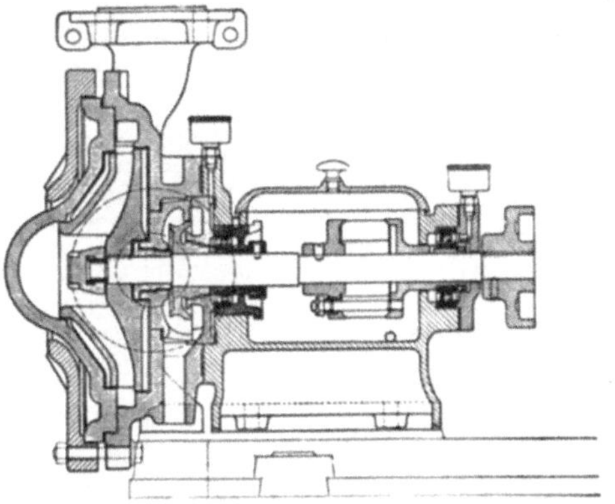

Abb. 1632. Säurekreiselpumpe ohne Stopfbüchse (Weise & Söhne).

Die auf Abb. 1632 dargestellte Säurekreiselpumpe (Weise & Söhne, Halle a. d. S.) arbeitet ohne Stopfbüchse. Während des Betriebes erfolgt die Abdichtung der Welle vollkommen selbsttätig durch die hydrodynamische Wirkung der Förderflüssigkeit; die vom Radumfang zurückströmende Spaltflüssigkeit wird einerseits in den Saugmund zurückgeleitet und andererseits durch die im Laufrad eingegossenen Rückenschaufeln wieder bis an die Schaufelspitzen des Laufrades geführt. Die Abdichtung im Stillstand bewirkt eine im Lagerbock eingebaute Zentrifugalabhebevorrichtung, welche die Welle mit dem Laufrad bei Inbetriebsetzung um einige Millimeter achsial verschiebt bzw. selbsttätig von dem Ventilsitz abhebt und im Stillstand durch Federkraft wieder anpreßt, so daß die Pumpe auch im Stillstand dichthält.

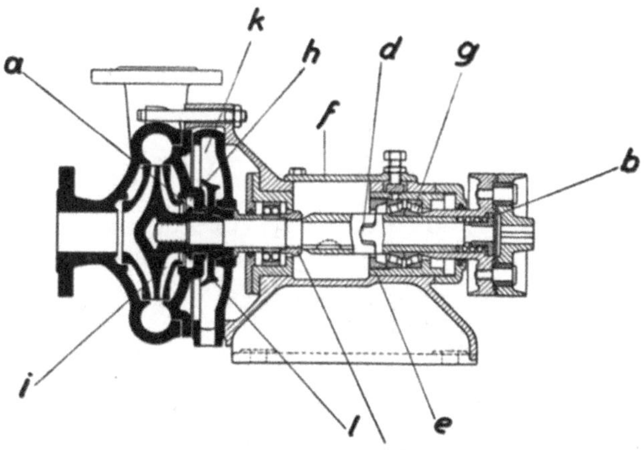

Abb. 1633. Stopfbüchsenlose Kreiselpumpe mit Hilfsförderrad (Mackensen).

Eine ähnliche stopfbüchsenlose Kreiselpumpe, die vorwiegend für die Förderung von Säuren und Laugen bestimmt ist und sich durch einfachen und kräftigen Bau auszeichnet, zeigt Abb. 1633 (Chem. Apparatur 1934, S. 42). Das wesentliche Merkmal dieser von der Maschinenfabrik A. W. Mackensen, Magdeburg-N., entwickelten Bauart ist die Wellenspaltabdichtung. Die Ventilflächen *a* sind beim Stillstand der Pumpe durch die Feder *b* belastet. Beim Anlauf, und zwar bevor sich das Laufrad mitdreht, wird die an diesem befindliche Dichtungsfläche etwas abgerückt, so daß die Ventilflächen während des Betriebes nicht gegeneinander schleifen können. Hierzu dienen die Schrägflächen *d*, die in beiden Richtungen arbeiten, so daß die Flächen auch beim Auslauf der Pumpe erst dann zum Anliegen kommen, wenn das Laufrad stillsteht. Die während des Laufes entstehende Spaltbildung zwischen den Ventilflächen wird in einfacher Weise durch Drehen der Büchse *e*, die von außen nach Abnahme des Deckels *f* zugänglich ist, eingestellt. Durch Drehen dieser Büchse werden die Lager *g* in der Achsrichtung eingestellt. Die schon gedrosselt in den Raum *h* eintretende Flüssigkeit wird durch das Hilfsförderrad *i* in den Druckraum zurückgeschleudert, so daß normalerweise keine Flüssigkeit durch den Wellenspalt durchtreten kann. Um jede Berührung der nichtsäurebeständigen Teile mit Säure zu verhindern, ist als zusätzliche Sicherung noch hinter den Ventilflächen eine Kammer *k* angeordnet, in der ein Schleuderrad *l* arbeitet. Falls beim An- und Auslauf Flüssigkeit durchtritt, wird diese in der Kammer aufgefangen und nach unten abgeleitet. Um die Pumpe auseinanderzunehmen, ist es lediglich erforderlich, die Schrauben des Pumpengehäuses und die Gegenmutter *m* zu lösen.

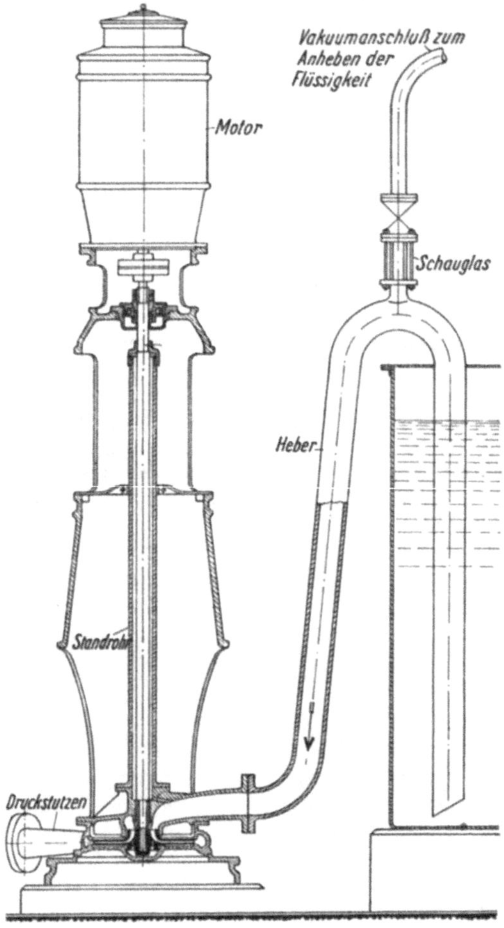

Abb. 1634. Kreiselpumpe mit Standrohr (Wegelin & Hübner).

In einfacher Weise kann man eine Stopfbüchse durch Anwendung eines Standrohres etwa nach Abb. 1634 vermeiden (Wegelin & Hübner, Halle a. d. S.). Die Flüssigkeit wird mit Hilfe eines Hebers aus dem Vorratsbehälter in die Pumpe geleitet. Ein Austreten von Flüssigkeit ist bei dieser Bauart nicht möglich.

Bei der auf Abb. 1635 dargestellten Bauart ist man von der Erkenntnis ausgegangen, daß die Eignung einer Pumpe zum Fördern von Säuren oder Laugen mit dem Vorhandensein oder Fehlen einer Stopfbüchse an sich nichts zu tun hat, und daß eine einfache und zweckmäßige Lösung lediglich zwei Bedingungen erfordert: Man muß ein Laufrad verwenden, bei dem keine

Luft in den Saugmund eintreten kann, z. B. ein Laufrad mit Rückenschaufeln oder mit einem Hilfsförderrad, und muß außerdem verhindern, daß die Stopfbüchsenpackung im Betrieb durch die Reibung an der Welle nicht zerstört wird. In der Ruhestellung liegt die konische Büchse, die auf der Welle in Höhe der Stopfbüchsenpackung mitläuft, unter Einwirkung einer großen Feder an der Dichtfläche an, die unmittelbar gegen den äußeren Ring eines auf der Welle befestigten Kugellagers wirkt, so daß der Wellenspalt vollkommen abgedichtet ist. Beim Anlaufen der Pumpe verschiebt sich die Welle selbsttätig durch den vom Flüssigkeitsdruck erzeugten Achsialschub einige Millimeter in Richtung zur Saugseite. Die auf der Welle sitzende

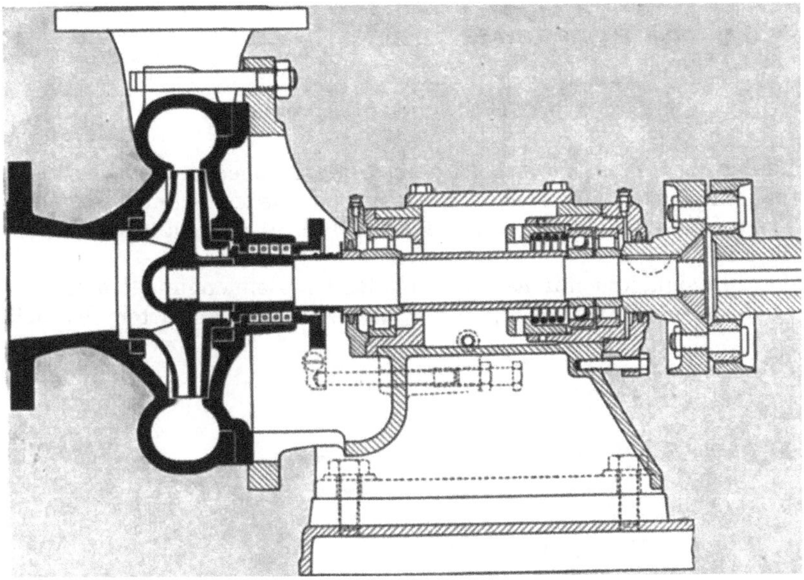

Abb. 1635. Kreiselpumpe mit Stopfbüchse und achsial verschiebbarer Welle. (Mackensen).

konische Büchse wird dabei aus der Packung herausgehoben. Während des Betriebs ist daher jede Reibung an den Packungsringen und daher auch jede Erwärmung und mechanische Abnutzung vermieden. Die Packung hat lediglich die Aufgabe, den Pumpenraum im Stillstand abzudichten. Es wird die gleiche Wirkung erreicht wie bei den oben beschriebenen stopfbüchsenlosen Pumpen, ohne daß man auf die Möglichkeit, die Dichtungsflächen leicht auswechseln zu können, verzichtet. Im Betrieb verhindert ein Hilfsförderrad, wie bei der oben beschriebenen Bauart, durch Rückförderung der Leckflüssigkeit das Austreten von Flüssigkeit durch den Wellenspalt. Die Wellenverschiebung wird also ohne besondere mechanische Vorrichtungen erreicht. Diese von der Maschinenfabrik A. W. Mackensen herausgebrachte Pumpe vereinigt in sich die Vorteile einer Pumpe mit und einer solchen ohne Stopfbüchse, ohne aber die Nachteile einer dieser Bauarten zu übernehmen.

Eine Sonderbauart für angreifende Flüssigkeiten mit doppelseitig wirkendem Laufrad ist die Duriron-Pumpe (Abb. 1636). Das Kreiselrad ist mit einem zylindrischen, hohlen Schaft, der mit dem Rad ein Stück bildet, auf der Welle geführt und durch eine eingegossene Mutter befestigt. Die beiden

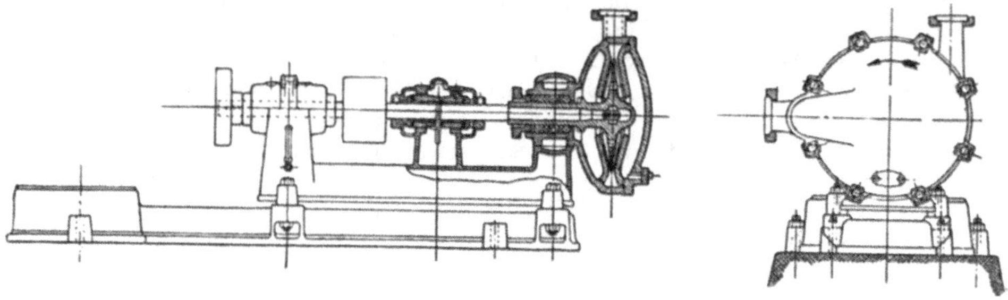

Abb. 1636. Duriron-Schleuderpumpe.

Anschlußstutzen befinden sich in dem drehbar angeordneten Gehäuse. Das Innere kann durch einen leicht zu öffnenden Deckel schnell freigelegt werden. Die Flüssigkeit tritt von beiden Seiten in das Laufrad. (Chem. Apparatur 1926, S. 140.)

Sollen Flüssigkeiten mit harten, schleifenden Beimengungen gefördert werden, so kann man auch Pumpen mit besonderem Stahlfutter, das den Ver-

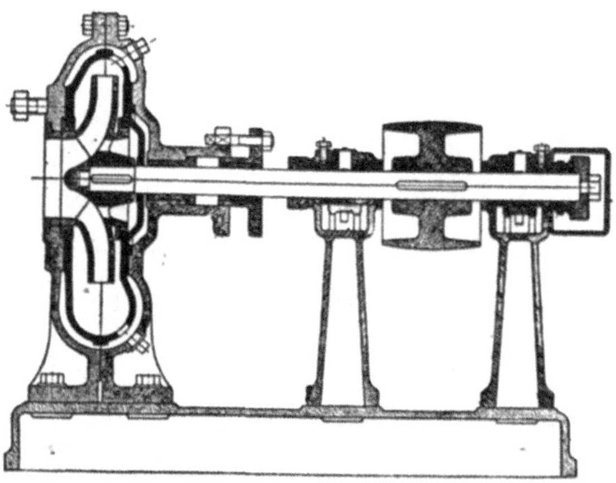

Abb. 1637. Kreiselpumpe mit auswechselbarem Stahlfutter (Gröppel).

schleiß des Pumpengehäuses verhüten soll, nach Abb. 1637 (Bauart Fr. Gröppel, Bochum) verwenden. (Chem. Apparatur 1925, S. 63.)

Den einstufigen Kreiselpumpen ähnlich sind die Propellerpumpen, die sich besonders zur Förderung großer Flüssigkeitsmengen auf geringe Druckhöhen eignen. Zu ihrem Antrieb können schnellaufende Motoren verwendet werden. Den Aufbau einer Propellerpumpe der Gebr. Sulzer A.-G. zeigt Abb. 1638. Durch ein nach unten erweitertes Saugrohr gelangt die

Flüssigkeit in das mit wenigen Schaufeln besetzte Laufrad, das meist aus Bronze hergestellt wird. Die einfache Strömung ergibt geringe Verluste. Die weiten Querschnitte verhüten die Gefahr von Verstopfungen. Die Welle ist unten in einem besonderen Lager unterhalb des Laufrades geführt. Bei größeren Höhen schaltet man auch zwei Propeller hintereinander und ordnet das Führungslager dazwischen an. Das Leistungs- und Wirkungsgradfeld einer Propellerpumpe der Gebr. Sulzer A.-G. ist auf Abb. 1639 mit den wichtigsten Kennlinien dargestellt. Die Propellerpumpen sind gegen Schwankungen der Höhe unempfindlich. Der Antriebsmotor wird in der Regel auf einem Boden über der Pumpenkammer aufgestellt. Die Propellerpumpen eignen sich besonders auch für Umwälzzwecke (s. Rührvorrichtungen).

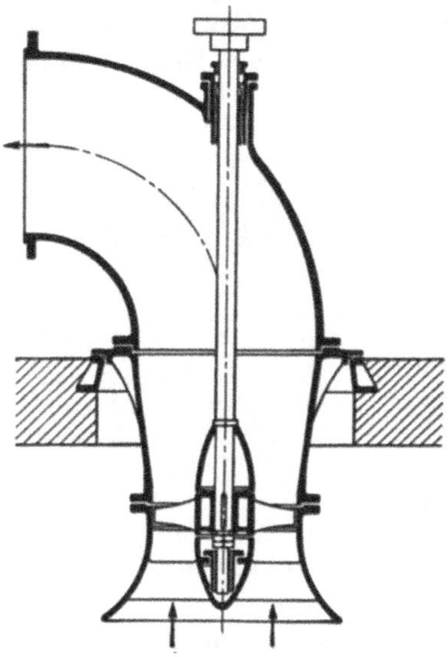

Abb. 1638. Propellerpumpe (Sulzer).

Mit den Propellerpumpen verwandte Eigenschaften haben die Schraubenpumpen, die besonders für Förderhöhen von 3—15 m und auch zum Umwälzen benutzt werden. In der Förderflüssigkeit enthaltene Verunreinigungen werden ohne Schaden mitgeführt, da das Laufrad sehr große Durchgangsquerschnitte hat. Das Laufrad einer Schraubenpumpe der Gebr. Sulzer A.-G. ist auf Abb. 1640 dargestellt.

Ähnliche Kreiselpumpen verwendet man zum Fördern von Dickstoffen,

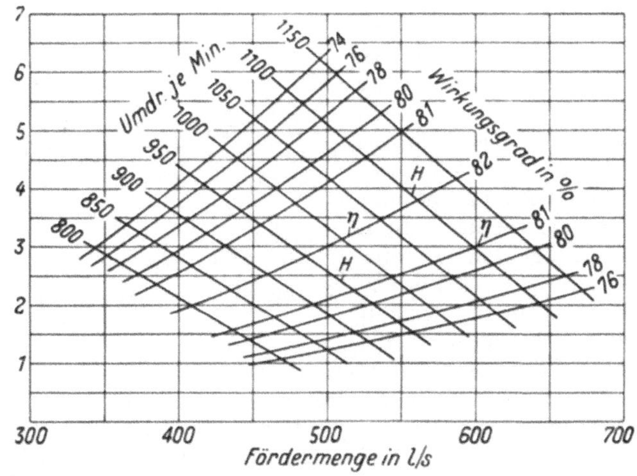

Abb. 1639. Förderhöhen und Wirkungsgrade einer Propellerpumpe in Abhängigkeit von der Fördermenge (Sulzer).

Schlämmen und von anderen, feste Stoffe enthaltenden Flüssigkeiten. Allen diesen Pumpen sind folgende Merkmale gemeinsam: Reichlich bemessene Gehäuse, Fehlen von Leiträdern, geringe Laufschaufelzahl, große Laufradkanäle, Fehlen von Rippen und Verengungen, fliegende Anordnung des Laufrades, Reinigungsöffnungen am Saugstutzen und am Gehäuse. Bisweilen sieht man in ähnlicher Weise wie bei dem auf Abb. 1637 dargestellten Beispiele besondere Schleißwände vor, die schnell und mit geringen Kosten ausgewechselt werden können und das Gehäuse selbst vor dem Angriff des Förderguts schützen. Besonders haben sich für die genannten Zwecke die Zweischaufelräder bewährt. Oft findet man in diesen Laufrädern die einfache S-Schaufel. Da mit kleiner werdender Laufschaufelzahl auch die erreichbare Saughöhe fällt, ordnet man Schlammpumpen dieser Art meist so tief an, daß das Fördergut von oben zuläuft. (Vgl. auch *R. Dziallas*, Kreiselpumpen zum Fördern von Schlamm und Abwasser, Z. VDI 1937, S. 258.)

Abb. 1640. Läufer einer Schraubenpumpe (Sulzer).

Auch die meist als Luftpumpen (s. d.) verwendeten Wasserringpumpen kann man zur Förderung von Flüssigkeiten benutzen. Ein Wasserring, der ständig in der Pumpe bleibt, wird durch die Fliehkraft abwechselnd in die Kanäle der Pumpenwand und in die Zellen des Laufrades gedrängt, die durch die radial zur Welle angeordneten Schaufeln gebildet werden. Die Zellen füllen und entleeren sich bei jeder Drehung einmal. Diese Pumpen haben nicht so hohe Wirkungsgrade wie die Kreiselpumpen, sie haben jedoch den Vorteil, daß sie die Förderflüssigkeit selbst ansaugen können. Sie arbeiten daher auch dann betriebssicher, wenn die Saugleitung undicht ist oder das Rückschlagventil in der Saugleitung nicht schließt.

Eine Sonderbauart, die das Fördergut bei der Inbetriebsetzung von selbst ansaugen kann, ist die von Siemen & Hinsch G. m. b. H., Itzehoe, entwickelte Sihi-Pumpe (Abb. 1641), die als Vakuumpumpe, als Flüssigkeitspumpe oder als Luftpresser verwendet werden kann. Während bei den gewöhnlichen Kreiselpumpen das Fördergut sämtlichen Schaufeln oder Zellen des Rades zuströmt, wird bei der Sihi-Pumpe das flüssige oder auch luftförmige Fördergut durch eine begrenzte Saugöffnung d_1 nur einer bestimmten Anzahl Radzellen zugeführt, die in der üblichen Weise von einem spiralförmigen Gehäuse umgeben sind. Die übrigen Radzellen sind durch ein konzentrisches Gehäuse *b* dicht umschlossen und somit unter sich voneinander getrennt. Der beaufschlagte Teil der Pumpe stimmt mit einer gewöhnlichen Kreiselpumpe völlig überein. Der mit der Spirale *e* verbundene Diffusor *f* ist im Gegensatz dazu nicht unmittelbar mit dem Druckstutzen, sondern durch eine besondere Eintrittsöffnung d_2 mit den unbeaufschlagten Radzellen verbunden, die sich gleichzeitig an einer oder

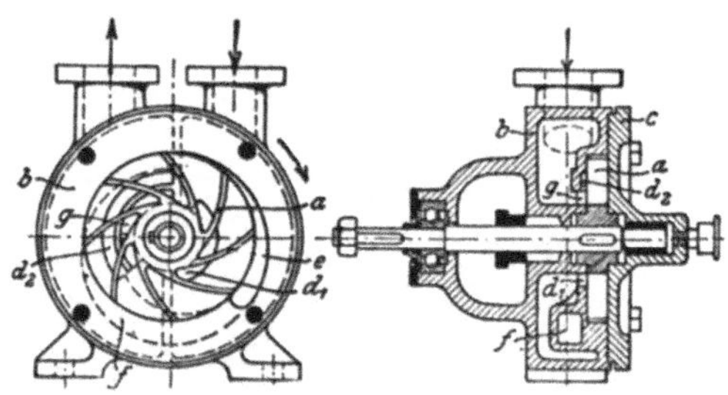

Abb. 1641. Selbstansaugende Kreiselpumpe (Siemen & Hinsch).

mehreren, mit dem Druckstutzen verbundenen Drucköffnungen *g* vorbeibewegen. Der beaufschlagte und der unbeaufschlagte Teil der Sihi-Pumpe bilden also zwei hintereinandergeschaltete Pumpenstufen, wobei die zweite Stufe jedoch keine Druckerhöhung bringt, weil die vorhererwähnten Eintritts- und Drucköffnungen etwa die gleiche radiale Lage haben. Die Druckflüssigkeit tritt also aus dem beaufschlagten Teil der Pumpe durch den Diffusor zunächst in die durch den konzentrischen Gehäuseteil voneinander getrennten Radzellen und erzeugt hinter sich einen Unterdruck. Dieser bewirkt ein Ansaugen von Luft oder Flüssigkeit. Dabei wird das etwa in den letztgenannten Radzellen befindliche Fördermittel zusammengedrückt und durch die Drucköffnungen verdrängt, wobei die Radzellen stets mit Flüssigkeit gefüllt zur

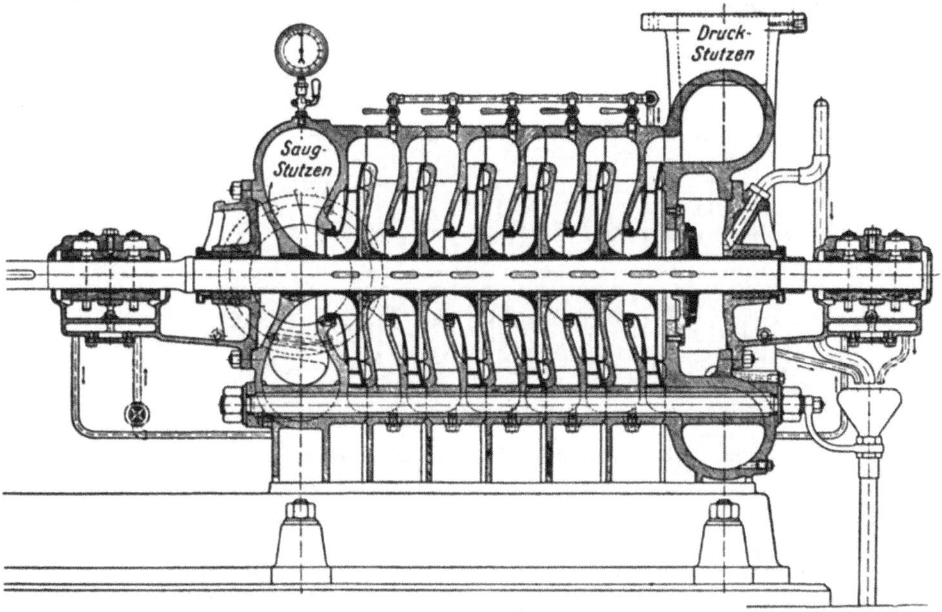

Abb. 1642. Sechsstufige Hochdruckpumpe (Borsig).

Saugöffnung zurückkehren. Damit ergibt sich der erstrebte Abschluß zwischen Saug- und Druckseite. Es ist infolgedessen eine zwangsläufige Förderung auch eines luftförmigen Fördermittels möglich, wobei der erreichbare Unterdruck und die erreichbare Verdichtung von dem Druck der umlaufenden Flüssigkeit abhängen. Die Sihi-Wasserpumpe wird gewöhnlich für Förderhöhen von 1—80 m und für Fördermengen von 6—300 l/min gebaut. (Chem. Apparatur 1924, S. 153.) (Siehe auch Luftpumpen.)

Eine sechsstufige Hochdruckpumpe der Maschinenfabrik A. Borsig ist auf Abb. 1642 dargestellt. Diese Pumpen werden je nach Lage der Betriebsverhältnisse mit 3—8 Schaufelrädern, von denen jedes seine besondere Leitvorrichtung besitzt, ausgeführt. Die Pumpenkörper werden mit getrennten Deckeln und abgeteilten Radgehäusen gebaut, wodurch bei einer notwendig werdenden Vergrößerung der Förderhöhe die Möglichkeit des Anbaues weiterer Stufen, sowie eines leichten und mit verhältnismäßig geringen Kosten verbundenen Austausches der Hauptteile gegeben ist. Schaufelräder, Leiträder, Schleifringe, Schutzringe, Dichtungsbüchsen und Lagerteile sind genau gleich ausgeführt, um geringe Stückzahlen für Vorratszwecke erforderlich zu machen.

Eine achtstufige Hochdruckkreiselpumpe (Gebr. Sulzer A.-G.) zeigt Abb. 1643. Die Laufräder sind hier ebenfalls mit einseitigem Eintritt und schmalem Austritt ausgeführt. Die Pumpen dieser Bauart sind demnach besonders für hohe Drücke bei kleinen Wassermengen geeignet. Umströmkanäle leiten das Wasser von einer Stufe in die nächstfolgende. Eine hydraulische Entlastung nimmt den Achsialschub auf. Kräftige Schrauben halten die einzelnen Gehäuseteile zusammen. Der Zulauf ist hier in der Achsrichtung angeordnet, so daß ein Lager im Wasser arbeitet.

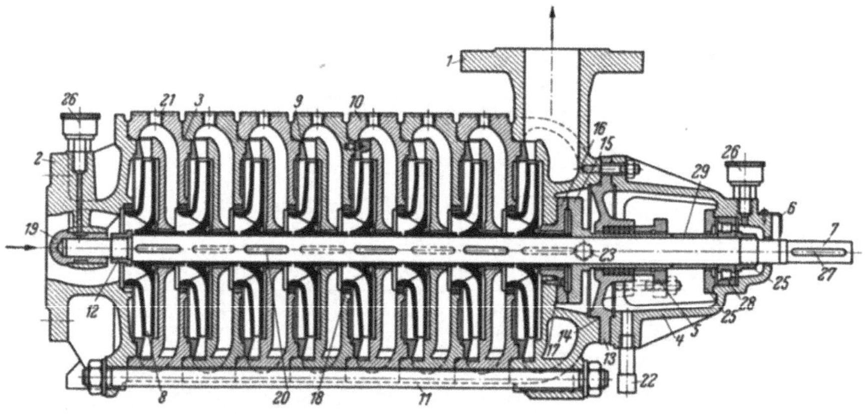

Abb. 1643. Achtstufige Hochdruckkreiselpumpe (Sulzer).

1 Druckstück
2 Saugstück
3 Gummiring dazu
4 Lagerbügel
5 Stopfbüchsenbrille
6 Zeigervorrichtung
7 Welle
8 Laufrad
9 Leitrad
10 Zwischenstück
11 Gehäuseschraube
12 Mutter zum Laufrad
13 Stopfbüchsendeckel
14 Gummiring dazu
15 Entlastungsscheibe
16 Einsatzbüchse
17 Papierdichtung dazu
18 Dichtungsring zum Laufrad
19 Lagerbüchse im Saugstutzen
20 Keile zu den Laufrädern
21 Entlüftungshähne
22 Tropfwasserablauf
23 Abwasserleitung der Entlastung
25 Lagerhaltering
26 Staufferbüchse
27 Keil zur Kupplung
28 Rollenlager
29 Distanzbüchse

Außer den durch die Fliehkraft wirkenden Schleuderpumpen werden umlaufende Pumpen in zahlreichen Ausführungsformen für kleine Leistungen gebaut, welche die Flüssigkeit ununterbrochen zwangsläufig dadurch fördern, daß durch die Drehung eines besonderen Teils ein sich vergrößernder und dann sich verkleinernder Raum geschaffen wird, der die Flüssigkeit ansaugt und verdrängt. Sie arbeiten ebenso wie die Kreiselpumpen ohne Windkessel und ohne Ventile, da infolge ihrer Bauart die geförderte Flüssigkeit nicht zurückströmen kann. Diese Pumpen eignen sich besonders für kleine Leistungen, für die Schleuderpumpen wegen der hohen Verluste in diesem Bereich nicht mehr brauchbar sind.

Die einstufige Kreiselpumpe ist für die Förderung kleiner Mengen bis 2—6 m^3/std auf Höhen bis 30—40 m unwirtschaftlich (vgl. *F. R. Lorenz*, Z. VDI 1934, S. 287). Eine derartige Pumpe müßte vielstufig ausgeführt, also teuer werden oder mit schlechtem Wirkungsgrad arbeiten. Das Bedürfnis nach einer kleinen, billigen Pumpe, die ähnlich wie die Kreiselpumpen mit einem schnellaufenden Elektromotor gekuppelt werden kann, hat die hier beschriebenen, mit Zahnrädern, Dreh- oder Wälzkolben oder mit Schlitzschiebern ausgestatteten Pumpen geschaffen. Pumpen für verschiedene Fördermengen lassen sich dabei durch Ausführung mit verschiedenen Längen bei gleichen Durchmessern leicht herstellen.

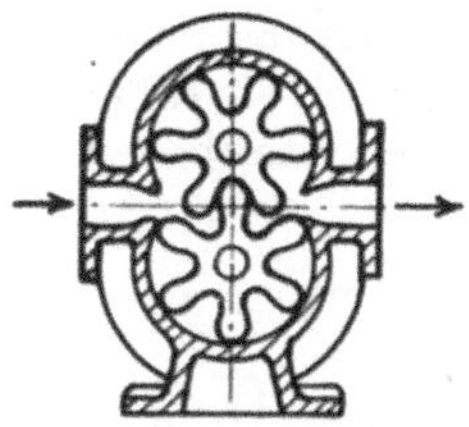

Abb. 1644. Zahnradpumpe.

Abb. 1645. Kapselrad-(Drehkolben-)Pumpe.

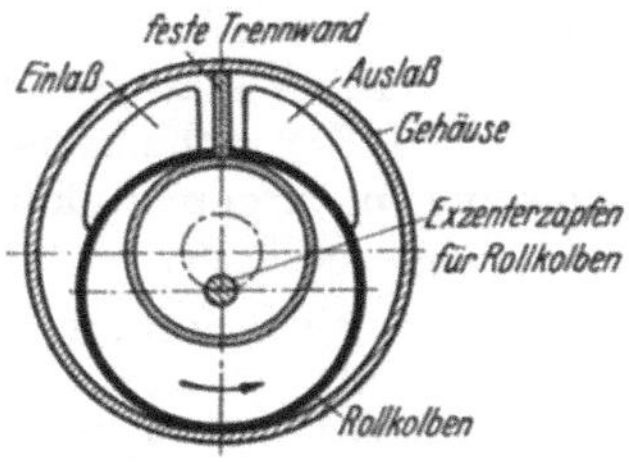

Abb. 1646. Pumpe mit Rollkolben.

Derartige Pumpen werden besonders zur Förderung dicker Flüssigkeiten, Schlämmen, Ölen, Milch, Bier, Fetten, Lacken, Lösungen usw. für Druckhöhen bis etwa 50 m, in manchen Fällen auch bis auf 100 m verwendet.

Am bekanntesten sind die Zahnradpumpen (Abb. 1644), die aus zwei ineinander kämmenden Zahnrädern bestehen. Die Flüssigkeit wird von den Zwischenräumen erfaßt und bei dem Eingriff der Zähne verdrängt. Derartige Pumpen werden für Leistungen bis zu 9000 l/std für Handbetrieb und bis zu 20000 l/std für Kraftbetrieb gebaut. Der Lieferungsgrad beträgt etwa 0,9 und ist bei dicken Flüssigkeiten höher als bei dünnflüssigen. Zahnradpumpen kann man auch für sehr hohe Drücke (bis zu 25 at und bei besonders sorgfältiger Ausführung bis 100 at) ausführen.

Abb. 1647. Schlitzschieberpumpe.

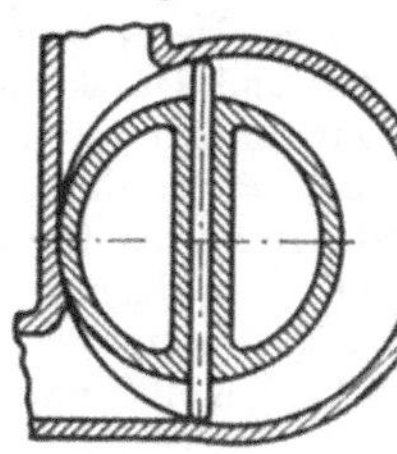

Abb. 1648. Schieberpumpe.

Das Hauptanwendungsgebiet der Zahnradpumpen ist die Förderung von dickflüssigen Stoffen, Ölen usw. sowie die Zuführung von Flüssigkeiten in genau dosierten Mengen. Ihre Vorteile sind einfacher Aufbau, große Betriebssicherheit und hohe Lebensdauer.

Ähnlich arbeitet die auf Abb. 1645 dargestellte Pumpe, wo zwei Drehkolben in einem Gehäuse umlaufen. Derartige, auch Kapselradpumpen genannte Vorrichtungen werden bis zu 40000 l/std gebaut (Sonderbauarten bis zu 800 m^3/std).

Die auf Abb. 1646 dargestellte Pumpe arbeitet mit einem als Rollkolben ausgebildeten Einsatz, der eine schwingende Bewegung ausführt, dabei abwechselnd die Ein- und Auslaßöffnung freigibt und so die zu fördernde Flüssigkeit durch die Pumpe schiebt (nach *F. R. Lorenz*, Z. VDI 1934, S. 290). Pumpen dieser Bauart dürften jedoch gegen Verunreinigungen empfindlich sein.

Für die gleichen Zwecke, besonders also zur Förderung dicker, zäher Flüssigkeiten, werden auch Schlitzschieberpumpen angewendet (Abb. 1647). In einem runden Gehäuse ist außermittig ein mit Schlitzen versehener Zylinder angeordnet. In diesem befinden sich plattenartige Schieber, die sich gegen die zylindrische Bohrung des Gehäuses legen und in ihren Zwischenräumen die zu fördernde Flüssigkeit mitnehmen und darauf verdrängen. Derartige Pumpen werden bis zu Leistungen von 100 m^3/std ausgeführt. Statt mehrerer Schieber führt man bisweilen auch nur ein einziges Schieberstück nach dem auf Abb. 1648 schematisch dargestellten Beispiel aus, wobei die Gehäusebohrung naturgemäß kein Kreiszylinder ist, sondern aus Kreisbögen zusammengesetzt ist.

Siehe auch Spinnpumpen.

Lit.: *L. Quantz*, Kreiselpumpen (3. Aufl., Berlin 1930, Julius Springer). — *H. Matthiessen* u. *E. Fuchslocher*, Die Pumpen (4. Aufl., Berlin 1938, Julius Springer). — *C. Pfleiderer*, Die Kreiselpumpen (2. Aufl., Berlin 1932, Julius Springer). — *H. Berg*, Kolbenpumpen (Berlin 1926, Julius Springer). — *H. Bethmann*, Kolbenpumpen und Zentrifugalpumpen (2. Aufl., Leipzig 1923, Leiner). — *M. Vidmar*, Theorie der Kreiselpumpen (Braunschweig 1924, Enke). — *A. Budau*, Vorlesungen über Pumpenbau (Wien 1921, Fromme). — *F. Neumann*, Die Zentrifugalpumpen (2. Aufl., Berlin 1922, Julius Springer). — *R. Stückle*, Die selbsttätigen Pumpenventile in den letzten 50 Jahren (Berlin 1925, Julius Springer). — Regeln für Abnahmeversuche an Kreiselpumpen, herausgeg. vom VDI (Berlin 1928, VDI-Verlag). — *K. Ritter*, Selbstansaugende Kreiselpumpen und Versuche an einer neuen Pumpe dieser Art (2. Aufl., Leipzig 1931, Jänecke). — *W. Schulz*, Das Förderhöhenverhältnis der Kreiselpumpen (Berlin 1928, VDI-Verlag). — *W. Spannhake*, Kreiselräder als Pumpen und Turbinen (Berlin 1931, Julius Springer). — *F. Lawaczek*, Turbinen und Pumpen (Berlin 1932, Julius Springer). — *H. Schaefer*, Die Kreiselpumpen (Berlin 1930, Julius Springer). — *M. Heath*, The Centrifugal Pump and its Applincation (1928). — *G. Higgins*, Centrifugal Pumps (London 1926, Lockwood). — *N. Swindin*, The Modern Theory and Practice of Pumping (London 1924, Benn Brothers). — *G. F. Westcott*, Pumping Machinery (London 1932, His Majesty's Stationary Office). — *K. Grün*, Dampfkessel-Speisepumpen (Wien 1934, Julius Springer). — Abwasserpumpwerke und Druckrohre, herausgeg. von der Abwasserfachgruppe der Deutschen Gesellschaft für Bauwesen (München 1934, Oldenbourg). — *Y. Sherwell* u. *R. Pennington*, Centrifugal Pump Characteristics (London 1932, Inst. Mec. Engrs.). — *F. R. Lorenz*, Pumpen und Armaturen für angreifende Flüssigkeiten (Z. VDI 1938, Beiheft Verfahrenstechnik, S. 1). — *L. Zappa*, Le pompe centrifughe (Mailand 1932, Ulrico Hoepli). — *K. Ritter*, Flüssigkeitspumpen. Eine Einführung in Bau, Berechnung und Verwendung der Kreiselpumpen, Kolbenpumpen und Sonderbauarten (Leipzig 1938, Jänecke).

Thormann.

Lit. Chem. Apparatur (s. auch bei Luftpumpen): *P. Hirschfelder*, Der Transport von Dickschlamm, Säure, Lauge usw. mittels Druckluft oder -gas und Vakuum (1914, S. 148, 168). — *F. W. Horst*, Über einige Pumpen für die chemische Industrie, besonders solche mit selbsttätiger Regulierung (1916, S. 125, 135). — *Ritter*, Selbstansaugende Kreiselpumpen und ventillose Luftpumpen (1924, S. 153). — *F. Hahn*, Stopfbüchsenlose Schleuderpumpe zum Fördern von Säuren, Laugen und Ölen (1924, S. 193). — *Th. Hoffmann*, Eine Kreiselpumpe zum Fördern von Flüssigkeiten mit harten, schleifenden Beimengungen (1925, S. 62). — *W. Meinecke*, Die Säureförderung durch stopfbüchslose Kreiselpumpen (1926, S. 114). — *G. Maaß*, Eine Kolbenpumpe als Säurepumpe (1926, Beil. Korr., S. 33). — *P. Elz*, Neuzeitliche Kolbenpumpen und ihr Verwendungsbereich gegenüber Kreiselpumpen (1929, S. 176). — *R. Hanika*, Schwinghebelpumpen (1937, S. 68).

Pyrometer *(s. auch Thermometer)* dienen zur Messung von hohen Temperaturen, und zwar von etwa 500° an bis zu den höchsten, die in der Technik vorkommen. Der Meßbereich der Vorrichtungen, bei denen das Meßelement mit dem erhitzten Stoff in Berührung kommt, ist nach oben durch die Beanspruchungsmöglichkeit des Baustoffes begrenzt. Die Pyrometer benutzen die thermoelektrische Wirkung oder die Strahlung des erhitzten Stoffes zur Betätigung einer elektrischen Meßeinrichtung.

Ein Thermoelement, wie es die thermoelektrischen Pyrometer benutzen, besteht aus zwei Drähten aus verschiedenen Metallen, die miteinander durch Lötung verbunden sind. Beim Erhitzen der Lötstelle entsteht eine Spannung, die durch ein Galvanometer mit Temperaturskala unmittelbar zur Messung benutzt wird. Als Thermoelemente haben sich besonders Eisen-Konstantan bis 800°, Nickel-Nickelchrom bis 1100° und Platin-Platinrhodium bis etwa 1600° bewährt. Neben diesen Thermoelementen verwendet man Zusammenstellungen von Drähten aus Silber-Konstantan, Kupfer-Konstantan, die bis etwa 600° brauchbar sind, und aus verschiedenen Edelmetallegierungen, die teilweise auch für höhere Temperaturen als 1100° geeignet sind. Die Werkstoffe für die Elemente werden so ausgewählt, daß jedes Thermoelement einer bestimmten Art bei einer gegebenen Temperatur immer die gleiche Thermokraft erzeugt, so daß die Elemente ohne weiteres ausgetauscht werden können, ohne daß das angeschlossene Meßgerät neu geeicht werden muß.

Das Verfahren der Messung veranschaulicht Abb. 1649. Die Größe der von einem Drehspulgerät gemessenen Thermospannung hängt von dem Temperaturunterschied zwischen der Verbindungsstelle der beiden Drähte (Meßstelle oder warme Lötstelle) und den freien Enden des Thermoelements (Vergleichsstelle oder kalte Lötstelle) und von dem Werkstoff der Drähte ab. Eine besondere Stromquelle ist daher für die Messung nicht erforderlich.

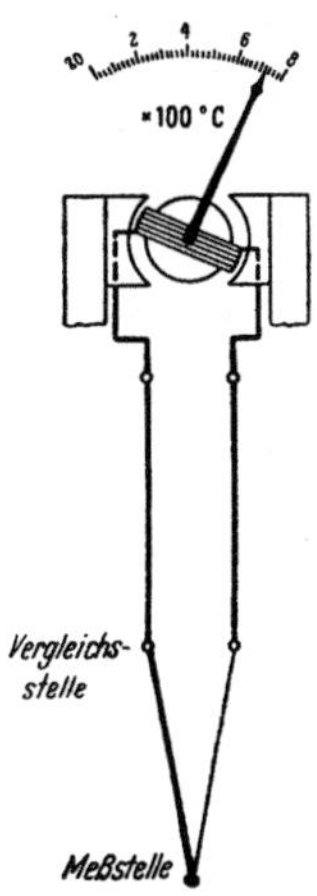

Abb. 1649. Schema eines thermoelektrischen Pyrometers.

An der Kaltlötstelle, die das eigentliche Thermoelement mit den Fernleitungen verbindet, entstehen zwei neue Thermoelemente. Sind diese Stellen Temperaturschwankungen ausgesetzt, so werden hier zusätzliche Thermokräfte erzeugt, die das Meßergebnis beeinträchtigen. Um diese Fehler auszuschalten, arbeitet man meist mit Kompensationsleitung, indem man das Element mit Hilfe einer solchen Leitung bis zu einer Stelle verlängert, an der die Temperatur nicht mehr schwankt. Die Kompensationsleitung besteht aus dem gleichen Werkstoff wie das Thermoelement. Lediglich bei Platin-Platinrhodium-Elementen benutzt man eine besondere Legierung, deren elektromotorische Kraft im unteren Bereich mit der des Elements übereinstimmt. Ist ein Ort mit gleichbleibender Temperatur nicht vorhanden, so kann man die Kaltlötstellen in einem kleinen, elektrisch beheizten Thermostaten anordnen. Für einen Meßbereich bis 800° gibt es auch besondere Thermoelemente, die ohne Kompensationsleitung (OKL-Elemente der Siemens & Halske A.-G., Berlin) arbeiten. Sie haben den Vorteil, daß Temperaturänderungen bis 150° die Messung nicht beeinflussen.

Als Isolation der Schenkel des Elementes gegeneinander benutzt man bei den unedlen Metallen kurze Röhrchen aus Steatit oder ähnlichen keramischen Massen, beim Platin-Platinrhodium-Element z. B. ein keramisches Rohr mit zwei Bohrungen und einer halbkugelförmigen Ausbohrung am unteren Ende zur Aufnahme der Lötstelle.

Erhitzt man einen Körper, so wird er zunächst dunkelrotglühend, bei 900° gelbglühend und mit zunehmender Temperatur immer hellglühender. Mit steigender Temperatur kommen dabei Strahlen immer kürzerer Wellenlängen hinzu. Gleichzeitig mit der Farbe ändert sich auch die Stärke der Licht- und Wärmestrahlung. Die Helligkeit des glühenden Körpers kann daher zur Messung der Temperaturen verwendet werden. Hierbei ist jedoch zu berücksichtigen, daß die Körper je nach der Beschaffenheit ihrer äußeren Fläche verschieden strahlen. Am stärksten strahlen schwarze Körper. Ist der Körper, dessen Temperatur mit Hilfe seiner Strahlung bestimmt werden soll, nicht schwarz, so erhält man bei der Messung eine zu niedrige Temperatur. Die wirkliche Temperatur läßt sich dann aus der gemessenen berechnen, wenn die Strahlungseigenschaften des betreffenden Körpers bekannt sind, oder sie kann aus Tabellen entnommen werden.

Zur Temperaturmessung kann man entweder die Wärmewirkung der gesamten Strahlung benutzen oder man kann die Flächenhelligkeit mit einem anderen glühenden Körper vergleichen. Bei den Pyrometern, welche die Gesamtstrahlung zur objektiven Temperaturmessung benutzen, den sog. Ardometern (Gesamtstrahlungspyrometern), läßt man von der glühenden Fläche ausgestrahlte Energie auf ein empfindliches Thermometer, z. B. ein Thermoelement oder ein elektrisches Widerstandsthermometer, wirken und schließt aus der von diesem Thermometer angegebenen Temperatur auf die der strahlenden Fläche. Die ausgestrahlte Energie und damit die Temperaturerhöhung des Meßgeräts ist nach dem *Stefan-Boltzmann*schen Gesetz proportional der vierten Potenz der Temperatur.

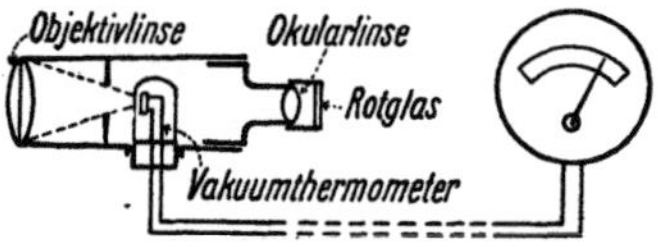

Abb. 1650. Gesamtstrahlungsmesser (Ardometer).

Die Strahlungspyrometer arbeiten zur Konzentration der Strahlung entweder mit Hilfe eines Hohlspiegels oder mit Hilfe von Glaslinsen, die naturgemäß einen Teil der Strahlung absorbieren. Ein derartiges Pyrometer, das als Ardometer von Siemens & Halske gebaut wird, zeigt schematisch Abb. 1650. Die Strahlung wird durch eine Linse auf ein Vakuumthermoelement geleitet, das einen Strommesser zur Wirkung bringt. Zum Auffangen der Strahlen dient ein geschwärztes Platinplättchen, dessen Erwärmung ein Maß für die Temperatur des strahlenden Stoffes gibt. Die das Thermoelement enthaltende Glasglocke ist mit Argon gefüllt. Durch die Wärmeleitfähigkeit des Argons, die unabhängig von der Temperatur ist, wird der wesentliche Teil des Einflusses der Gehäuseerwärmung und damit der Kaltlötstellentemperatur ausgeglichen. Ardometer werden besonders für Dauermessungen benutzt und an der Meßstelle fest eingebaut, wobei das angeschlossene Millivoltmeter in beliebiger Entfernung aufgestellt werden kann. Zum Einstellen des Ardometers auf den zu messenden Körper dient die Okularlinse. Das Ardometer folgt Temperaturschwankungen sehr schnell. Die Entfernung zwischen Strahler und Ardometer ist praktisch ohne Einfluß auf die Messung, solange der Strahler eine der Entfernung entsprechende Größe hat. Wird die Meßstelle sehr heiß, so muß das Gerät zum Schutz gegen zu starke Bestrahlung in einem doppelwandigen Gehäuse mit Wasserkühlung angeordnet werden. Die Gehäuse sind aus Leichtmetall hergestellt. Den Einbau eines Ardometers von Siemens & Halske in einem wassergekühlten Schutzgehäuse zeigt Abb. 1651. Die Ardometerlinse kann durch einen dauernd eingeblasenen Luftstrom staubfrei gehalten werden. Das dargestellte Gerät ergibt auch bei teerhaltigem und feuchtem Gas gute Messungen.

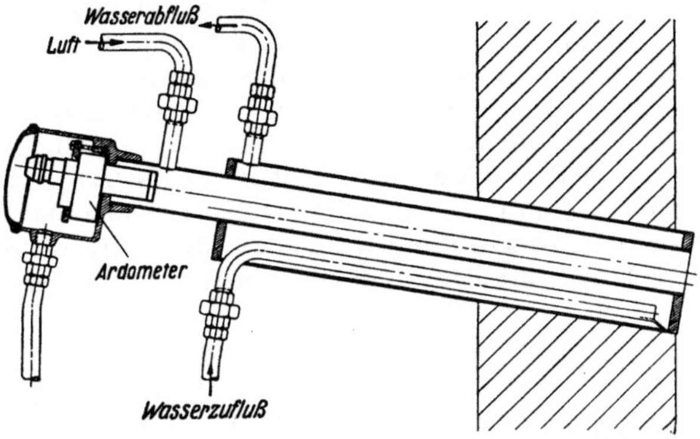

Abb. 1651. Einbau eines Ardometers in ein Schutzgehäuse (Siemens & Halske).

Die Pyrometer, welche die Temperatur durch Vergleich von Flächenhelligkeiten bestimmen (Teilstrahlungspyrometer), ergeben gegenüber den Ardometern einen geringeren Fehler, wenn die strahlende Fläche nicht vollkommen schwarz ist. Bei diesen Pyrometern wird eine glühende Fläche, z. B. ein Glühlampenfaden, zum Vergleich mit der zu messenden Strahlung verwendet (subjektive Messung). Um die Abstimmung der Strahlenfläche zu erreichen, wird die Temperatur des Glühfadens durch Regelung der Stromstärke verändert, so daß der Lampenstrom ein Maß für die gesuchte Temperatur ist. Man vergleicht also bei einer bestimmten Wellenlänge, die durch ein Farbglas (Rotglas) herausgefiltert wird. Man bezeichnet die Geräte dieser Art als Glühfadenpyrometer. Ihre Wirkungsweise beruht auf dem *Planck*schen Gesetz, das angibt, wie die Strahlungsenergie für eine beliebige Wellenlänge von der Temperatur abhängt.

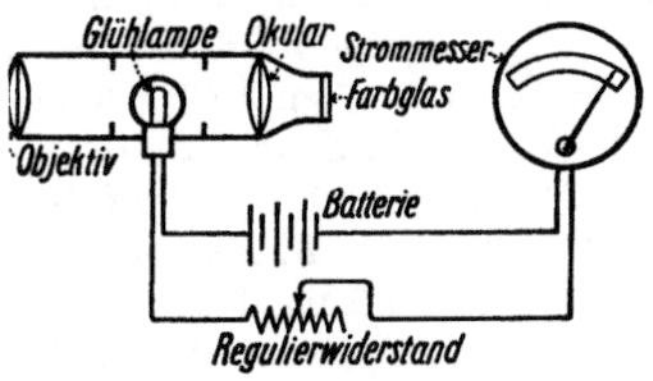

Abb. 1652. Glühfadenpyrometer nach *Holborn-Kurlbaum*.

Bei dem auf Abb. 1652 schematisch dargestellten Pyrometer nach *Holborn-Kurlbaum* wird der durch die Glühlampe gehende Strom mit Hilfe eines Widerstandes so lange verändert, bis die Mitte des Glühlampenfadens auf der Bildfläche des glühenden Körpers unsichtbar wird. Der Strommesser zeigt dann unmittelbar die Temperatur an, die der zu messende Körper hätte, wenn er vollständig schwarz wäre. Für Temperaturen über 1400° kann die Strahlung durch Vorschalten von Rauchglasplatten geschwächt werden. — Andere Pyrometer sind ähnlich wie die Photometer gebaut und mit entsprechenden Linsen- und Prismensystemen eingerichtet.

Diese Glühfadenpyrometer benutzt man im Betrieb besonders für genaue, kurzzeitige Messungen von 600° an für Öfen aller Art. Soll an einem Ofen gemessen werden, in den man nicht ohne weiteres hineinvisieren kann, so stellt man in den Strahlengang zwischen Ofen und Pyrometer ein vollkommen reflektierendes Prisma, das den Strahl um einen rechten Winkel ablenkt, wobei man die Meßwerte nach einer Berichtigungstafel verbessern muß.

Die Strahlungspyrometer beider Bauarten können bis zu den höchsten Temperaturen, die im Betrieb vorkommen, benutzt werden, da sie mit keinem Teil hohen Temperaturen ausgesetzt sind. Bei geringeren Temperaturen zieht man sie vor, wenn Thermoelemente wegen angreifender Gase einem starken Verschleiß unterliegen.

Alle Strahlungspyrometer eignen sich besonders zur Temperaturmessung in Öfen. Alle geschlossenen, auf gleichmäßige Temperatur gebrachten Öfen sind als schwarze Hohlraumstrahler anzusehen. Durch vielfache Emission und Reflektion im Innern eines solchen Hohlkörpers kann nur eine schwarze Strahlung entstehen, die bei jeder Temperatur die Höchstmenge an Strahlungsenergie aussendet. Alle freistrahlenden Körper, z. B. offene Schmelzen, auslaufende Flüssigkeitsstrahlen usw., sind nicht als schwarze Körper anzusehen. Gemessen wird aber bei ihnen die schwarze Temperatur, d. h. die Temperatur, die ein Körper, der die gleiche Intensität strahlt, haben würde, und die daher tiefer liegt.

Jeder Stoff besitzt ein bestimmtes, von der Spektralwellenlänge abhängiges Emissionsvermögen. Wenn man auch für die verschiedenen Stoffe durch Umrechnung die richtige Temperatur feststellen kann, so sind doch für Messungen an freistrahlenden Körpern die Glühfadenpyrometer gegenüber den Ardometern vorzuziehen.

Bei der Messung der Temperaturen von Schmelzen können erhebliche Fehler dadurch entstehen, daß sich auf der Schmelze Decken von Schlacken, Oxyden, Verunreinigungen, Schaum usw. bilden. Man kann sich helfen, indem man künstlich dadurch eine schwarze Hohlraumstrahlung schafft, daß man ein einseitig geschlossenes Rohr, z. B. aus Graphit, in die Schmelze taucht und dessen Bodenfläche mit dem Pyrometer anvisiert. Ein derartiges Tauchrohr nimmt in kurzer Zeit die Temperatur der Schmelze an.

Lit. (s. auch bei Thermometer): *K. Wheel* u. *H. Ebert*, Fernthermometer (2. Aufl., Halle a. d. S. 1925, Knapp). — *A. Schack*, Geräte und Verfahren zu Temperaturmessungen (Düsseldorf 1929, Stahleisen). — *Keinath*, Temperatur-Meßgeräte (München 1923, Oldenbourg). — Druckschriften der Firma Siemens & Halske A.-G., Berlin-Siemensstadt. — *S. Held*, Théorie des pyromètres optiques (Chaleur et Ind. 1930, S. 403). — Merkblatt zur Messung hoher Temperaturen (Stahl u. Eisen 1925, S. 1850). — *F. Knoops*, Die modernen Temperaturmeßgeräte (Met. u. Erz 1924, S. 270). — *Fry*, Optische Temperaturmessung in der Praxis (Stahl u. Eisen 1924, S. 1398). — *U. Retzow*, Optische Pyrometer als Temperaturmesser (Z. VDI 1923, S. 179). — *H. O. Meyer*, Elektrisches Messen und Regeln der Temperatur (Elektrotechn. Z. 1936, S. 1417). — Arch. techn. Messen (München 1933—1936, Oldenbourg). — *R. Hase*, Temperaturmessung an flüssigen und festen Metallen (Z. VDI 1935, S. 1351). — *F. Stanek*, Stechpyrometer zum Messen der Verarbeitungstemperatur von Leichtmetallen (Masch. Bau/Betrieb 1937, S. 505). — *H. Jebsen-Marwedel*, Beitrag zur betrieblichen Überprüfung von Teilstrahlungspyrometern (Arch. Wärmewirtsch. 1936, S. 189).

Thormann.

Q

Quarzgut und Quarzglas *(s. auch Keramische Werkstoffe).* Die Entwicklung dieser beiden Werkstoffe ist in den letzten 20 Jahren sehr weit fortgeschritten. Für die chemische Technik ist allerdings nur das Quarzgut von Bedeutung. Dieses kommt in Deutschland unter den Namen Vitreosil, Rotosil, Dioxsil in den Handel.

Quarzgut und Quarzglas sind beide chemisch gleich, nämlich geschmolzenes Siliciumdioxyd, das mineralogisch auch als Quarz bezeichnet wird. Verschieden ist bei ihnen nur das Ausgangsmaterial. Quarzglas wird durch Verschmelzen von Bergkrystall erhalten und ist dementsprechend teuer, während der Rohstoff für Quarzgut der viel wohlfeilere reine Quarzsand ist. Das Quarzgut ist im Gegensatz zum Quarzglas undurchsichtig, weil es auf Grund seines Herstellungsvorganges mit vielen, ganz kleinen Gasbläschen durchsetzt ist. Durch Oberflächenverschmelzen kann das Quarzgut, das nach dem Formen eine rauhe Oberfläche aufweist, eine glasglatte Oberfläche erhalten; es ist dann auch gasdichter und spannungsfreier, jedoch dürfte dieses Verfahren nur für Sonderfälle in Frage kommen.

Die physikalischen Eigenschaften von Quarzgut gibt die nachfolgende Tabelle (nach *Beaulieu-Marconnay* und *Frantz*) wieder:

Physikalische Eigenschaften von Quarzgut.

Spez. Gewicht[1]		2,23
Druckfestigkeit	kg/cm²	19800
Zugfestigkeit[2]	kg/cm²	700—8000
Biegefestigkeit	kg/cm²	700
Elastizitätsmodul	kg/mm²	7200
Torsionsfestigkeit	kg/cm²	300
Härte nach *Mohs*		7
Schmelzpunkt	Grad	1725
Erweichungstemperatur unter Belastung	Grad	1500
Linearer Ausdehnungskoeffizient zwischen 0 und 1000°		$0{,}54 \cdot 10^{-6}$
Wärmekapazität, spez. Wärme zwischen 17 und 100°		0,18
Thermischer Widerstandskoeffizient		145,7
Wärmeleitfähigkeit kcal/m · std · Grad		1,08
Temperaturleitfähigkeit $= \frac{\text{Wärmeleitfähigkeit}}{\text{Dichte} \cdot \text{spez. Wärme}}$		3,161
Oberflächenleitfähigkeit[3]	A/cm	$2{,}1 \cdot 10^{-11}$
Dielektrizitätskonstante		3,5—3,6
Dielektrischer Verlust		$57—94 \cdot 10^{-8}$
Dielektrischer Leistungsfaktor 1000 Per.		$1{,}5 \cdot 10^{-4}$
Spez. Widerstand (bei 25°)	MΩ/cm	$10 \cdot 10^{12}$
Durchschlagsfestigkeit[4]	kV/cm	100—5000

[1]) Die Dichte schwankt zwischen 2,07 und 2,22, je nach der Menge der eingeschlossenen Blasen.
[2]) Höchstwert für feinste Fäden.
[3]) T = 25°; 500 V Gleichstrom; 1 cm Elektrodenabstand; 50% Luftfeuchtigkeit.
[4]) Für undurchsichtiges 100—200 kV/cm, für durchsichtiges 360—5000 kV/cm, Höchstwert für sehr dünnwandige Kugeln.

Bearbeitungs- und Anwendungsmöglichkeiten. Die Kaltbearbeitung des Quarzgutes ist auf Schleifen, Ziehen und Bohren beschränkt. Geeignet für die Bearbeitung sind infolge der großen Härte des Quarzgutes nur Diamant-,

Siliciumcarbid- und Korundwerkzeuge. Unter Anwendung von Hitze können bei vorgeformten Behältern u. dgl. Stutzen aufgeschweißt und Verbindungen hergestellt werden. Die Verbindung (s. Abb. 1653—1655) mit anderen Werkstoffen ist nur dann möglich, wenn ganz besonders darauf geachtet wird, daß geschmolze-

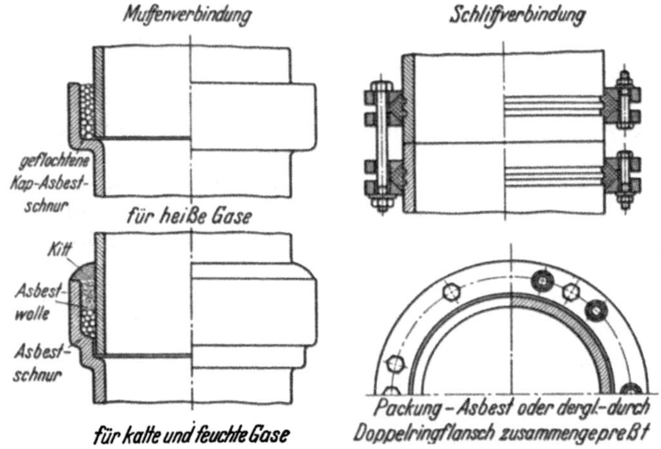

Abb. 1653. Muffen- und Schliffverbindungen.

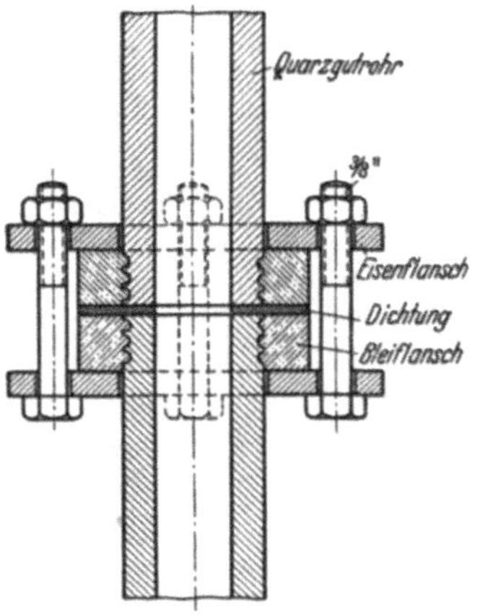

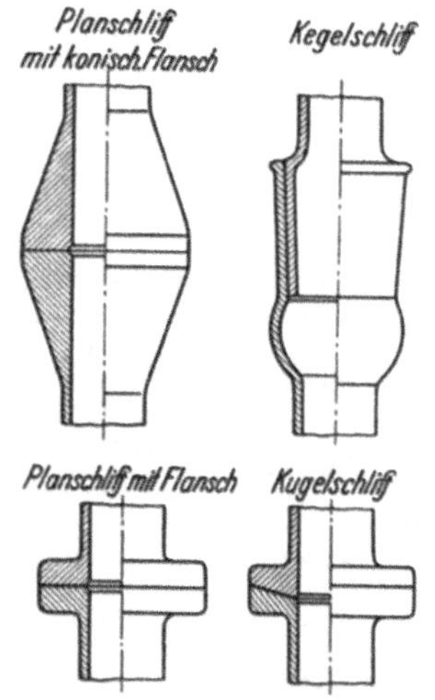

Abb. 1654. Flanschverbindung. Abb. 1655. Schliffverbindung.

Abb. 1653—1655. Rohrleitungsverbindungen.
(Nach *Beaulieu-Marconnay* und *Frantz.*)

ner Quarz einen extrem niedrigen Ausdehnungskoeffizienten hat. Verbindungskitte müssen daher eine genügende Elastizität besitzen. *Z. v. Hirschberg* empfiehlt folgende Mischungen: 1. Quarzgutmehl + Asbestpulver + Wasserglaslösung 1 : 10; 2. 40 Tl. Asbestpulver + 8 Tl. Asbestfaser + 20 Tl. Schwerspat oder Quarzgutmehl + 2,5 Tl. Talk, mit 21 Tl. Leinöl verkocht.

Obgleich der Schmelzpunkt von Quarz erst bei 1725° liegt, soll Quarzgut im Dauerbetrieb nicht Temperaturen über 1100° ausgesetzt werden, weil bei 1130° bereits eine Modifikationsänderung in α-Christobalit erfolgt, und dabei eine Auflockerung des Gefüges eintritt. Ist eine Dauererhitzung auf so hohe Temperaturen nicht zu umgehen, so muß darauf gesehen werden, daß beim Abkühlen Temperaturen unter 300° vermieden werden, damit nicht durch Umwandlung von α- in β-Christobalit (dichtere Form) eine Zermürbung eintritt.

Es werden heute Gefäße bis zu 500 l und Rohre bis zu 500 mm Durchmesser aus Quarzgut hergestellt (s. Abb. 1656). Hauptsächlich verwendet wird

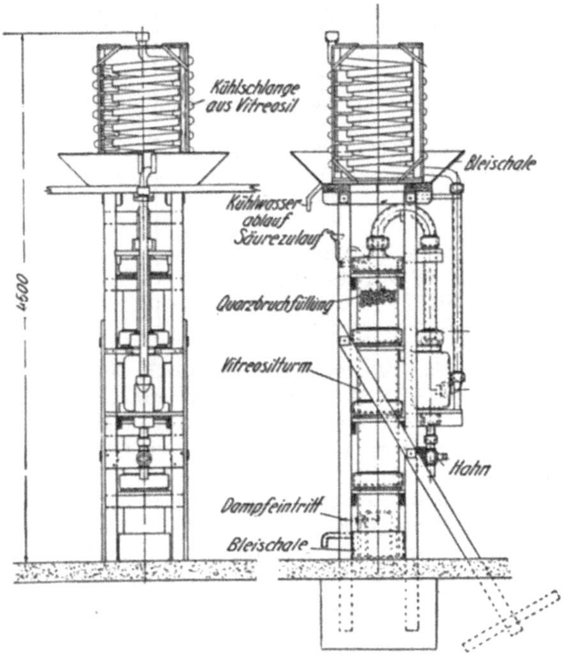

Abb. 1656. Denitrieranlage.
(Nach *Beaulieu-Marconnay* und *Frantz.*)

Quarzgut bei der Chlorwasserstoffsynthese aus den Elementen, bei der Herstellung von Chlorwasserstoff aus Chloriden mit Hilfe von Schwefelsäure, bei Denitrierungs- und Salpetersäurekondensationsanlagen und bei der Konzentration von Schwefelsäure.

Korrosion. Die chemische Beständigkeit von Quarzgut ist ausgezeichnet. Bis zu Temperaturen von etwa 150° greifen nur Flußsäure, Phosphorsäure und starke Alkalien an. Die nebenstehende Tabelle (nach *Beaulieu-Marconnay* und *Frantz*) zeigt nähere Einzelheiten in dieser Hinsicht.

Bei höheren Temperaturen greifen Metalloxyde und Salze, die alkalisch reagieren oder in der Hitze alkalisch reagierende Bestandteile abspalten, an. Bei neutralen Salzen ist ein Probeversuch notwendig, da z. B. geschmolzenes Bariumnitrat korrodiert.

Chemische Widerstandsfestigkeit von Quarzgut.

Gegen	Konzentration	Temperatur Grad	Gewichtsabnahme von Quarzgut g/m²·24 std	Im Vergeich zu Kunststein (säuref.) g/m²·24 std	Granit (weißer) g/m²·24 std	Granit (roter) g/m²·24 std
I. Säuren:						
Salzsäure	33%	20	0,010	0,570	14,700	6,400
	33%	90	0,700	2,960	54,600	30,000
Schwefelsäure . . .	98%	20	0,001	0,080	0,265	0,160
	98%	90	0,188	1,220	2,970	2,530
Salpetersäure . .	65%	20	0,010	0,570	3,060	1,890
	65%	90	0,520	3,060	25,200	12,550
II. Basen:						
Natronlauge . . .	10%	18	0,022			
	2 n	100	29,300			
Kalilauge	30%	18	0,067			
	2 n	100	27,500			
Natriumcarbonat .	n	18	0,003			
	2 n	100	8,870			
III. Salze:						
Natriumchlorid . .	100%	900	0,300			
Zinkchlorid. . . .	95—98%	350—360	10,370			
Bariumchlorid . .	100%	1350	4,822			
Kaliumcyanid . .	100%	850	15,772			

Lit.: *A. Freiherr von Beaulieu-Marconnay* u. *Th. Frantz*, Chem. Fabrik 1936, S. 299. — *Z. von Hirschberg*, Z. angew. Chem. 1924, S. 99; Chem. Apparatur 1929, Beil. Korr., S. 25. — *A. Eucken* u. *M. Jakob*, Der Chemie-Ingenieur III, 2. Abhandl. v. *G. Schott* (Leipzig 1938, Akad. Verlagsges.). — *A. Freiherr von Beaulieu-Marconnay*, Chem. Fabr. 1936, S. 541. — *H. Griffiths*, Materials of Chemical Plant Construction (London 1922, Benn Brothers). — *Alexander Katz*, Quarzglas und Quarzgut (Braunschweig 1919, Vieweg). — *E. Rabald*, Werkstoffe u. Korrosion II (Leipzig 1931, Spamer); Dechema-Werkstoffblätter 1935 bis 1937 (Berlin, Verlag Chemie). — *F. Singer*, Die Keramik im Dienste von Industrie u. Volkswirtschaft (Braunschweig 1923, Vieweg).

Rabald.

Quarzit, Quarztrachyt, s. Bausteine.

Querstromapparate, s. Kreuzstromapparate.

Quetschmaschinen (**Quetschwerke, Quetschen**) sind Zerkleinerungsmaschinen, die durch ruhigen Druck glatter, geriffelter oder gezahnter, ebener oder zylindrischer Flächen wirken. Danach unterscheidet man Backenquetschen (s. Backenbrecher) und Walzenquetschen, bei denen die Quetschwalzen gleiche Umfangsgeschwindigkeit haben (s. Walzwerke); auch die Kollergänge (s. d.) können zu den Quetschmaschinen gerechnet werden.

Quetschventile (**Quetschschalter, Quetschabsperrungen, Quetschen**). Ein einfaches Absperrorgan, das sich nicht nur in den Laboratorien, sondern auch in der Betriebspraxis eingeführt hat, erhält man durch Absperren eines Gummischlauchs mit Hilfe einer Drahtzwinge oder einer Schraubschelle. Diese Schlauchquetsche findet sich besonders in Betrieben, in denen viel mit Schläuchen gearbeitet wird, und in ortsfesten Apparaturen an

Stelle eines Auslaufhahns (s. Hähne). Besonders dort, wo die üblichen Ventile, Schieber oder Hähne chemischen Angriffen ausgesetzt sind, hat sich die Schlauchquetsche gut bewährt. Sie ist jedoch in ihrer einfachsten Ausführung grundsätzlich nur für geringste Überdrücke brauchbar. Ihre Handhabung ist außerdem unbequem und nicht immer betriebssicher. Eine Regelung läßt sich im Betrieb mit der gewöhnlichen Schlauchquetsche nur in beschränktem Umfang vornehmen.

Abb. 1657.
Ansicht eines Quetschventils (Goodrich).

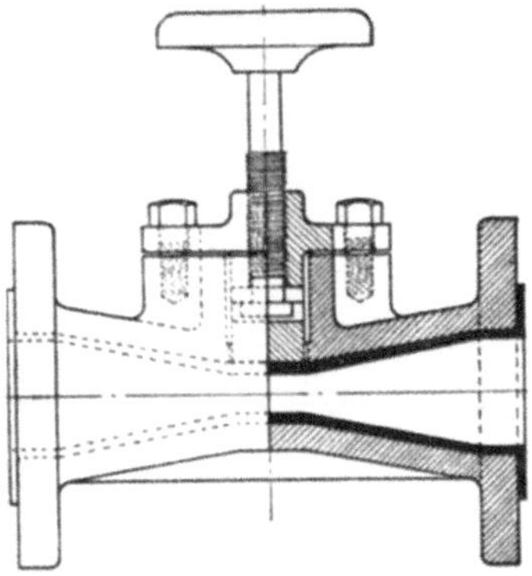

Abb. 1658.
Schnitt durch ein Quetschventil (Goodrich).

Diese Nachteile sind bei dem auf Abb. 1657 und 1658 dargestellten Quetschventil (Chem. Apparatur 1929, S. 132), das von der Goodrich Rubber-Gesellschaft, New York, ausgeführt wird, vermieden. Die Flüssigkeit fließt ohne Krümmungen durch einen in der Mitte erweiterten und im übrigen den inneren Wandungen des Ventilgehäuses angepaßten Gummikörper, auf den mit einer Schraubspindel ein Druckstück gepreßt werden kann, wobei sich der Gummikörper flach zusammendrückt. Der Gummikörper (Abb. 1659) ruht in dem alle Drücke aufnehmenden Gehäuse und ist beiderseits mit Dichtungsringen versehen, die sich an die Anschlußflächen der Flansche anlegen. Das Quetschventil läßt sich wie jedes andere Absperrorgan in Rohrleitungen oder Apparaturen einbauen. Für Saugleitungen ist das Ventil nur bedingt brauchbar. Die elastische Dichtung ergibt große Sicherheit gegen Störungen durch Undichtheiten.

Abb. 1659.
Gummikörper des auf Abb. 1657 und 1658 dargestellten Quetschventils (Goodrich).

Eine andere Bauart mit auswechselbarem Gummifutter (Franz Dürholdt, Wuppertal), die auch für geringe Unterdrücke brauchbar erscheint, ist auf Abb. 1660 dargestellt. In geöffnetem Zustand fließt die Strömung, ohne Widerstände zu finden, in gerader Richtung durch das Ventil. Beim Niederschrauben der Spindel nähern sich die beiden inneren Flächen *e* und *f*, wobei der Durchfluß der Flüssigkeitsmenge beliebig eingestellt werden kann. Auch bei dieser Bauart ist der Gummikörper in der Mitte verbreitert. Oben und unten trägt das Gummifutter *c* Vorsprünge *k* und *l*. Der obere Ansatz *k* ist mit einem fest einvulkanisierten Metallring *i* versehen, der vom Kopf der Ventilspindelmutter *m* umfaßt wird. Der gegenüberliegende Ansatz *l* ist konisch und mit Wülsten ausgebildet. Der an der Verschraubung *r* ange-

Abb. 1660. Quetschventil (Dürholdt).

brachte Zapfen *n* drückt den unteren Ansatz des Gummifutters gegen die entsprechend geformten Wandungen des Gehäuses.

Ventile dieser Bauarten werden besonders für Säuren und Laugen und dann empfohlen, wenn die bei den üblichen Absperrorganen notwendigen Stopfbüchsen Schwierigkeiten bereiten, wie es bei Lösungsmitteln oft der Fall ist. Die Gummiart muß entsprechend dem Betriebsmittel, für welches das Ventil vorgesehen wird, gewählt werden.

Th.

R

Rätter, s. Siebvorrichtungen.

Rayo, s. Nickel-Chrom-Legierungen.

Reaktionsapparate (Umsetzapparate; *s. auch Gasreaktionsapparate)* sollen eine chemische Umwandlung mit geringstem Aufwand an Apparaturen und baulichen Anlagen, kleinsten Betriebskosten, mit höchster Ausbeute an Enderzeugnissen von bestimmter physikalischer und chemischer Beschaffenheit unter größter Betriebssicherheit möglichst selbsttätig nach einem gegebenen und gleichbleibenden Verfahren mit Hilfe eines geeigneten Reaktionsraumes durchführen. Nach den chemischen Veränderungen kann man Aufbaureaktionen, Oxydationen, Reduktionen, Substitutionen, Kondensationen, Zersetzungsreaktionen, Polymerisationen usw. unterscheiden. Die verschiedenen Arten dieser Reaktionen geben jedoch keinen Anhalt für die Art der zu verwendenden Apparate, da z. B. mit einem einfachen Behälter, der mit einer Rührvorrichtung versehen ist, verschiedene chemische Umwandlungen ausgeführt werden können.

Für die Gestaltung der Apparaturen kommt es zunächst darauf an, in welchem Zustand sich die reagierenden Stoffe während des Umwandlungsvorganges befinden, ob sie also in fester, flüssiger oder gasförmiger Form vorhanden sind. Dabei kann es vorkommen, daß die Stoffe gleichzeitig in festem, flüssigem und in gasförmigem Zustand im Reaktionsraum nebeneinander bestehen, oder daß die Reaktion z. B. zunächst in festem Zustand verläuft, dann infolge von Schmelzvorgängen in flüssiger Form weiterläuft usw. Entsprechend dem Zustand der Bestandteile spricht man auch von der Durchführung eines Verfahrens auf nassem oder auf trockenem Wege oder von Gasreaktionen. — Das nasse Verfahren setzt immer günstige Löslichkeitsverhältnisse voraus. Es hat den Vorteil, daß man die Stoffe durch Pumpen in einfacher Weise durch Rohrleitungen oder Rinnen fördern kann, und daß mit ihm Trennungen der Stoffe auf Grund der verschieden spezifischen Gewichte oder der Löslichkeitsverhältnisse, z. B. mit Krystallisierapparaten (s. d.), Dekantierapparaten (s. d.), Filtern (s. d.), Destillierapparaten (s. d.), verbunden werden können. — Oft kann dasselbe Ergebnis mit beiden Verfahren erhalten werden. Jedoch ist meist ein Weg wirtschaftlicher als der andere, so daß sich fast immer nur ein Verfahren in der Praxis durchzusetzen pflegt.

Laufen in dem gleichen Erzeugungsvorgang mehrere Reaktionen teils nebeneinander, teils nacheinander ab, so stellt man derartig verwickelte Vorgänge dieser Art meist durch einen Reaktionsplan dar. — Die ein- und ausgehenden Stoffmengen, also die stoffliche Umwandlung, werden durch Stoffgleichungen (Stoffbilanzen) wiedergegeben. Die theoretischen, mit reagierenden Molen errechneten Stoffwerte vervollständigt man entsprechend den tatsächlichen Verhältnissen, indem Verluste, unvollständige Reaktionen usw. berücksichtigt werden. Je genauer der theoretische Verlauf der Reaktion bekannt ist, um so besser wird es möglich sein, die richtigen Formen und Abmessungen für die einzelnen Reaktionsapparate zu finden und den Wirkungsgrad der Anlage durch Vergleich der theoretischen mit der praktischen Ausbeute festzulegen.

Die Reaktionsapparate haben von der Stoffseite gesehen meist eine bestimmte, sich nicht ändernde Aufgabe zu erledigen, für die sie von vornherein gebaut sind. Nur in Einzelfällen kommt es vor, daß sich die Zusammensetzungen der Rohstoffe oder die Anforderungen an die Erzeugnisse während des Betriebes ändern. Solchen Verhältnissen muß dann beim Entwurf der Apparate oder der Anlagen Rechnung getragen werden. So kann es erforderlich sein, etwa die Temperaturen den jeweiligen Rohstoffen anzupassen, wie es z. B. bei den Röstvorrichtungen (s. d.) je nach der Art des Röstgutes der Fall sein kann.

Die Durchführung einer Reaktion läßt sich oft in mehrere Arbeitsvorgänge zerlegen, die man teilweise gleichzeitig, aber auch nacheinander ausführen kann. So sind z. B. oft zunächst mehrere Stoffe miteinander zu mischen und dann zu erhitzen. Hier kann die Möglichkeit bestehen, die einzelnen Vorgänge in getrennten Apparaten durchzuführen, oder alle Arbeitsvorgänge in einem einzigen Apparat zu vereinigen. Um die einzelnen Vorgänge besser in der Hand zu haben, trennt man oft die einzelnen Arbeitsvorgänge und führt jedes Verfahren für sich in einem besonderen Gerät durch.

Nach den Wärmeverhältnissen unterscheidet man Umlagerungen, die unter Wärmeentwicklung verlaufen, die sog. exothermen Reaktionen, bei denen also Energiemengen frei werden, und Vorgänge, die Wärme verbrauchen, die endothermen Reaktionen. Ein grundsätzlicher Unterschied zwischen diesen beiden Reaktionen besteht jedoch nicht. Wenn z. B. die Bildung eines Stoffes endotherm vor sich geht, verläuft der Zerfall dieses Stoffes exotherm.

Die Wärmemenge, die frei wird, wenn sich bei der Reaktion ein Mol des Ausgangsstoffes ändert, bezeichnet man als Wärmetönung. Für die Durchführung einer Reaktion im Betrieb, für die Gestaltung der Reaktionsapparate und insbesondere für die wärmewirtschaftliche Ausbildung ist die Wärmetönung von größtem Einfluß, wenn es sich um den Durchsatz größerer Mengen handelt. Sie kann durch geeignete Gestaltung der Apparatur dazu dienen, die Wärmeverluste nach außen zu decken und damit das Wärmegleichgewicht während der Umwandlung im Reaktionsraum aufrechtzuerhalten, oder, wenn sie ausreichend groß ist, darüber hinaus die Ausgangsstoffe vor dem Eintritt in den Reaktionsraum durch Übertragung mittels Wärmeaustauschflächen (s. Wärmeaustauscher) auf die Reaktionstemperatur vorzuwärmen.

Müssen entstehende Wärmemengen unmittelbar oder durch Austauschflächen auf andere Stoffe übertragen werden, so bestimmt die umzusetzende Wärmemenge, also die Wärmetönung für ein Mol Umsatz, auch die Größe des Apparateraumes, da die von der Flächeneinheit zu übertragende Wärme für bestimmte Stoffe und gegebene Verhältnisse in gewissen Grenzen festliegt. Zur Übertragung einer gegebenen Wärmemenge ist immer eine bestimmte Fläche erforderlich, die einen Mindestraum zur Unterbringung bedingt. Nur in beschränktem Umfang läßt sich der Wärmeübergang und -durchgang durch entsprechende Gestaltung der Strömungsverhältnisse und durch die Wahl der Werkstoffe beeinflussen. Die Verwertung der entstehenden Wärme ist besonders einfach, wenn die Reaktion in gasförmigem oder flüssigem Zustand abläuft, da dann die bekannten Wärmeaustauscher (s. d.), besonders auch Röhrenapparate (s. d.), für die Wärmeübertragung eingesetzt werden können.

Verlaufen Wärmezu- und -abfuhr so, daß sich die Temperatur nicht ändert, so spricht man von einer isothermen Reaktion. Bei vielen Reaktionen ist man bestrebt, nach Möglichkeit die Bedingungen für einen isothermen Vorgang durch geeignete Bemessung der Wärmeaustauschflächen zu schaffen. Es ist jedoch immer dabei zu berücksichtigen, daß sich die eigentliche Reaktionszone immer nur auf einen Teil des gesamten Reaktionsraumes beschränkt. — Wird bei der Reaktion weder Wärme von außen zugeführt noch entzogen, so verläuft die Reaktion adiabatisch. Entsteht also bei der Umwandlung Wärme, so steigt die Temperatur im Apparat entsprechend bis zu einem bestimmten Gleichgewichtszustand an.

Bei solchen Vorgängen hat man oft die Möglichkeit, durch eine örtliche Überhitzung, die bisweilen auch als Initialzündung bezeichnet wird, die für den Weiterlauf der Umwandlung notwendigen Bedingungen in einfacher Weise für die Hauptmasse des Reaktionsgutes zu schaffen. Als Beispiel sei die Einleitung der Reaktion zwischen Carbid und Stickstoff zur Herstellung von Kalkstickstoff mit Hilfe eines elektrisch beheizten Kohlestabes, der sich in der Mitte des Azotierofens befindet, genannt. Der Zündstrom wird dabei nur kurze Zeit eingeschaltet, bis die Reaktion in der Carbidmasse von selbst weiterläuft.

Für größere Apparaturen stellt man den Strom der Wärme durch Wärmeflußschaubilder dar, die den Wärmefluß auf Grund des Gesetzes über die Erhaltung der Energie nach Größe, Richtung und Aufteilung in den einzelnen Apparaturen durch Flächenstreifen zeigen.

Je höher die Reaktionstemperaturen liegen, um so schwieriger werden die Durchführung der Reaktion und die Möglichkeit einer Wiedergewinnung der Wärme. Während im Bereich bis etwa 200° Dampfbeheizung und bis etwa 350° Heißwasserheizung möglich ist, muß bei höheren Temperaturen elektrische und Feuergasbeheizung vorgesehen werden (s. auch Beheizungsvorrichtungen). Eine weitere Temperatursteigerung läßt sich durch Vorwärmung der Verbrennungsluft und der Heizgase mit Hilfe von Regeneratoren und Rekuperatoren erreichen.

Die Zeit, in der eine gegebene Umwandlung bis zum Gleichgewicht, also bis zu dem Zustand abläuft, bei dem die verschiedenen Stoffe in bestimmte Verhältnisse zueinander gelangt sind, die ohne Eingriffe von außen beliebig lange bestehen bleiben, wird wesentlich von der Reaktionsgeschwindigkeit, also dem Stoffumsatz in der Zeiteinheit, beeinflußt. Sie erfordert meist die Einhaltung einer bestimmten Temperatur oder von Temperaturgrenzen und läßt sich für homogene Reaktionen nach dem Massenwirkungsgesetze erfassen. Die Temperaturabhängigkeit ist besonders bei homogenen Reaktionen hoch. Die Reaktionsgeschwindigkeit hängt wesentlich von den Konzentrationsverhältnissen und den Bewegungsvorgängen in der Apparatur ab. Oft kann man die Reaktion nicht bis zur vollständigen Umsetzung durchführen, da die Zeitdauer dann zu groß werden würde. Man muß also die Reaktion zu einer gegebenen Zeit, bei der noch eine ausreichende Ausbeute erzielt wird, abbrechen. Bei ununterbrochen arbeitenden Apparaten bestimmt die Strömungsgeschwindigkeit die Aufenthaltszeit im eigentlichen Reaktionsraum. In Gasreaktionsapparaten ist daher z. B. die Ausbeute eine Funktion der Strömungsgeschwindigkeit. — Die Reaktionsdauer beeinflußt wesentlich den notwendigen Apparateraum. Je länger die Zeit ist, die eine Reaktion braucht, um so größer müssen bei gleicher Leistung die in der Apparatur befindlichen Stoffmengen und damit die Abmessungen der Anlage werden. Bei den Reaktionen mit festen Stoffen ist die Reaktionsdauer im allgemeinen um so kleiner, je feiner diese verteilt sind, je feinkörniger sie also in die Apparatur gelangen.

Eine ausreichende Reaktionsgeschwindigkeit setzt eine bestimmte Aktivierungsenergie voraus, die dem System zuzuführen ist. Betrachtet man also die vorhandene Energie in Abhängigkeit von der Zeit, so erfordert die Reaktion zwischen Ausgangs- und Endzustand, die sich energiemäßig durch die Wärmetönung unterscheiden, eine zusätzliche Energiemenge als Aktivierungsenergie.

Eine besondere Bedeutung haben die katalytischen Reaktionen erlangt, bei denen sich die Stoffe in Gegenwart eines Katalysators umwandeln, der den Vorgang auslöst, in bestimmte Richtung lenkt und die Reaktionsgeschwindigkeit beeinflußt, ohne sich selbst wesentlich dabei zu ändern. Die Reaktion läuft dabei nur an der Oberfläche des Katalysators ab (Kontaktverfahren), so daß für die Geschwindigkeit des Umsatzes die Diffusion der Ausgangsstoffe an die aktiven Stellen, die Art der Reaktion an den aktiven Flächen, insbesondere die chemische Affinität für Reaktionen am Katalysator und die Fortdiffusion der entstandenen Stoffe maßgebend sind. Die wesentliche Wirkung eines Katalysators besteht in einer Vergrößerung der Reaktionsgeschwindigkeit. Aus der Wirkungsweise ergibt sich, daß der Katalysator eine möglichst große Oberfläche erhalten muß, weshalb man ihn in möglichst fein verteilter Form einsetzt. Dementsprechend wendet man die Katalysatoren meist in Form feinkörniger Massen oder kleiner Preßlinge oder, wenn sie aus Metall bestehen, in Gestalt feiner Bleche oder Siebe an. Die Lebensdauer des Katalysators und die Kosten für seinen Ersatz oder für die Wiederherstellung nach dem Verbrauch bestimmen wesentlich die Wirtschaftlichkeit eines katalytischen Verfahrens. Die größte Bedeutung haben die Katalysatoren für die Gasreaktionsapparate (s. d.) erlangt.

Das chemische Gleichgewicht, die Reaktionsgeschwindigkeit, die Wärmetönung folgen chemisch-physikalischen Gesetzmäßigkeiten. Die Voraussetzungen für ihre Geltung sind in den im Betriebe für die Durchführung erforderlichen Apparaturen nicht immer gegeben, da die Stoffe in diesen nicht ruhen, die Wärmeverhältnisse örtlich in den Apparaturen verschieden sind und andere Erscheinungen eintreten. So können z. B. entstehende Reaktionserzeugnisse neu an Grenzschichten auftreten, die den Weiterlauf der Reaktion wesentlich beeinflussen. Im Betriebe sind daher meist die Ausbeuten geringer, die Reaktionsgeschwindigkeiten kleiner und die Reaktionszeiten für den Ablauf der Reaktion größer, als es z. B. im Laboratorium für den Idealfall ermittelt wurde oder sich rechnerisch aus physikalisch-chemischen Gesetzmäßigkeiten ergibt. Insbesondere sind dabei der Einfluß der Diffussion der einzelnen Teilchen, die Strömungsverhältnisse und die Bedingungen für die Wärmeübertragung zu berücksichtigen.

Die Diffusion beeinflußt den Stoffaustausch, indem sie die Konzentrationsunterschiede in den reagierenden Stoffen selbsttätig ausgleicht. Für die Größe der Diffusion ist der für zahlreiche Vorgänge bekannte Diffusionskoeffizient grundlegend. Ist die Diffusionsgeschwindigkeit kleiner als die Reaktionsgeschwindigkeit, so hängt die Reaktionsdauer von ihr ab. Würde man den Reaktionsablauf in diesen Fällen lediglich den Diffusionserscheinungen der einzelnen Teilchen überlassen, so würde die Zeitdauer bis zum Gleichgewicht zu groß werden. Man unterstützt daher in der Technik die Diffusion durch geeignete Strömungs- und Bewegungsvorgänge. Hierzu dienen Vorrichtungen, die mit geeigneten Bewegungselementen ein Mischen oder Rühren der zu verarbeitenden Massen herbeiführen, wie die Mischvorrichtungen (s. d.), Rührvorrichtungen (s. d.), Kreiselmischer (s. d.), Aufschließapparate (s. d.), Drehtrommelapparate (s. d.) usw. Bei festen Körpern wird die Diffusion durch eine feine und gleichmäßige Aufteilung der Stoffe, also durch eine weitgehende Zerkleinerung, gefördert.

Die Lenkung des Reaktionsverlaufes in eine bestimmte Richtung erfordert meist eine genaue Zuteilung der Ausgangsstoffe. Hierzu dienen Dosiervorrichtungen (s. d.), Teilmaschinen (s. d.) und Meßvorrichtungen (s. d.) verschiedenster Art. Man kann die zu verarbeitenden Stoffe mit einem Mal in die Apparatur bringen und sich dort umsetzen lassen. Die Beherrschung der Reaktion macht es jedoch oft erforderlich, die umzusetzenden Stoffe allmählich und gleichmäßig zulaufen zu lassen, so daß jeweils nur geringe Mengen miteinander reagieren. Dies ist besonders wichtig, wenn bestimmte Temperaturgrenzen nicht überschritten werden sollen, wie es z. B. bei Nitriervorgängen der Fall ist. Bei der Herstellung von Nitroglycerin z. B. fließt wasserfreies Glycerin langsam in dünnem Strahl in das mit Mischsäure gefüllte Reaktionsgefäß, das meist aus einem mit Blei ausgeschlagenen Holzgefäß besteht. Dabei wird, um auch örtliche Überhitzungen zu vermeiden, durch Einblasen von Luft gerührt und durch Kühlschlangen aus Blei gekühlt.

Soll die Menge des Reaktionserzeugnisses selbsttätig gesteuert werden, so kann man eine geeignete Zustandsgröße eines entstehenden Stoffes, wie z. B. den jeweiligen Gasdruck, wenn sich bei der Reaktion Gase bilden, zur Regelung des Reaktionsvorganges ausnutzen, wie es bei den Entwicklern (s. d.) zur Erzeugung von Acetylen der Fall ist. Die Bestimmung der jeweiligen Regelgröße muß im übrigen dem Einzelfall überlassen bleiben. (Siehe auch Regler.)

Für die Durchführung der Reaktion ist es von praktischer Wichtigkeit, ob die Enderzeugnisse völlig rein sein sollen, oder ob sie in beschränktem Umfang verunreinigt sein können. Die unmittelbare Befeuerung mit Rauchgasen z. B. macht die Herstellung reiner Erzeugnisse unmöglich, weil die Rauchgase immer Verunreinigungen mit sich führen. Oft machen es die Anforderungen an Reinheit erforderlich, Fremdstoffe abscheidende Vorrichtungen, z. B. Gasreiniger für Gase (s. Gas- und Luftreiniger), Entstaubungsvorrichtungen (s. d.), Filter (s. d.) für Flüssigkeiten usw., vor die eigentlichen Reaktionsapparate zu schalten. — Sind die Verunreinigungen in den Ausgangsstoffen enthalten, so liegen die Verhältnisse günstig, wenn die zu überwindenden Affinitäten zwischen den zu gewinnenden Stoffen und den Beimengungen gering sind, wenn diese sowie die bei der Reaktion benutzten Hilfsstoffe in den zu gewinnenden Stoffen nicht löslich sind und wenn die in den Enderzeugnissen verbleibenden Verunreinigungen die Eigenschaften nicht schädlich verändern.

Gelingt es nicht, die Reaktion in einem einmaligen Durchgang zu vollenden, so führt man Kreisläufe ein, indem man die austretenden Stoffe nach Abscheidung eines Teils des Enderzeugnisses wieder in den Reaktionsapparat zurückführt. Derartige Kreisläufe wendet man z. B. bei Hydriervorgängen an. Kreisläufe sind ferner erforderlich, wenn der Gang zum Enderzeugnis auf Umwegen über Zwischenstoffe mit Hilfe eines zusätzlichen Stoffs führt, der vor Beendigung des Verfahrens zurückgewonnen wird. In solchen Fällen kommt es meist auf hohe Ausbeuten bei den Zwischenreaktionen an, da die Verluste an dem umlaufenden Stoff sonst das Verfahren verteuern würden.

Soweit es möglich ist, sucht man eine Reaktion so durchzuführen, daß die End- und Nebenerzeugnisse eine für die Weiterverarbeitung oder Verwendung günstige Beschaffenheit erhalten. Hierzu gehört z. B. die Bildung von Krystallen von bestimmter Größe in Sättigern (s. d.), die Herstellung von Synthesegasen in einer für die weiteren Reaktionen geeigneten Zusammensetzung, wie z. B. bei der Vergasung von Braunkohle oder Schwelkoks im *Winkler*-Generator unter Zuführung von Sauerstoff, die Herstellung von Acetylen mit geringem Wasserzusatz aus Carbid, um den Kalk in einer günstigen Beschaffenheit zu erhalten, das Erstarrenlassen zu festen Massen in einer für die weitere Zerkleinerung und Mahlung vorteilhaften Weise oder die Gewinnung fester Stoffe in einer Schlammform, die auf einfachem, mechanischen Wege ein Trennen durch Absetzen gestattet.

Die Ausführung der Apparatur ist wesentlich davon abhängig, ob sie stetig oder absatzweise betrieben wird. Sind große Mengen zu verarbeiten, so ist man stets bestrebt, die Apparaturen ununterbrochen zu betreiben. Ist der Vorgang schwer lenkbar, oder handelt es sich um kleine Mengen, so bevorzugt man den absatzweisen Betrieb. Dabei ist jedoch in der Regel erheblich mehr Handarbeit oder Bedienung erforderlich als im stetigen Betrieb. Die Durchführung der stetigen Arbeitsweise ergibt oft große Schwierigkeiten in der gleichbleibenden Beherrschung der Reaktionsvorgänge, so daß man für zahlreiche Reaktionen ununterbrochen arbeitende Apparaturen noch nicht entwickeln konnte. Für Gasreaktionen bevorzugt man den stetigen Betrieb, für Reaktionen, bei denen die flüssige Phase überwiegt, ist der satzweise Betrieb oft vorteilhafter, weil in diesen Fällen die stetige Arbeitsweise meist geringere Ausbeuten bringt oder übermäßig verwickelte Apparaturen erfordert.

Bei dem absatzweisen Betrieb ändern sich die physikalischen und chemischen Verhältnisse, insbesondere die Zusammensetzungen und Temperaturen, in der Apparatur örtlich und zeitlich entsprechend den jeweiligen Gleichgewichtsbedingungen. Im stetigen Betrieb sucht man örtlich gleichbleibende Verhältnisse in der Apparatur zu erhalten, um Schwankungen in den Ausbeuten zu verhindern. Hierzu müssen in der Apparatur mit ausreichender Feinheit wirkende Vorrichtungen vorhanden sein, die Eingriffe von außen zur Regelung des Ablaufes der Reaktion gestatten. Bei Oxydationsvorgängen muß z. B. die Luftzuführung nach Ort und Menge eingestellt werden können, damit der gewünschte, günstigste Temperaturverlauf entsteht und Abweichungen auf die normalen Werte zurückgeregelt werden können. (Siehe auch Kontrollapparate, Regler.)

Sind die umzusetzenden Stoffmengen sehr groß, so wird man sie nicht in einem Einzelapparat bewältigen, sondern in mehreren parallelgeschalteten Apparaten gleicher Art verarbeiten. In diesen Fällen entsteht die Frage nach der günstigsten Größe eines einzelnen Apparates, die zur Berechnung der Zahl der parallelzuschaltenden Einheiten dienen kann. Oft ergibt sich die im Höchstfall ausführbare Größe durch Rücksichten auf die anzuwendenden Baustoffe, wie es besonders bei den keramischen Werkstoffen der Fall ist, da hier die Kosten mit der Größe stark anwachsen, so daß es billiger ist, mehrere kleinere Einheiten nebeneinander vorzusehen. Ähnliche Rücksichten machen sich oft bei Apparaturen aus gegossenen Werkstoffen und dann geltend, wenn die Apparate in fertigem Zustand auf der Eisenbahn zu befördern sind. Entstehen bei der Reaktion große Wärmemengen, so können die Bedingungen der Wärmeübertragung die Größe der einzelnen Apparatur begrenzen. Die entstehende Wärmemenge ist etwa der dritten Potenz der Hauptabmessung proportional, während die unterzubringende Wärmeübertragungsfläche oft nur etwa der zweiten Potenz der entsprechenden Hauptabmessung des Apparates verhältnisgleich ist. Auch die Wärmeleitfähigkeit der umzusetzenden Stoffe kann dabei eine Rolle spielen. So kann man z. B. Azotieröfen für die Herstellung von Kalkstickstoff aus Carbid und Stickstoff nicht beliebig groß bauen, da die Azotierung mit zunehmender Größe des Reaktionsraumes immer langsamer fortschreitet und die Ausbeute in der Zeiteinheit, bezogen auf die Raumeinheit des Azotierofens, geringer wird. — Oft müssen die Reaktionsapparate auch eine bestimmte Mindestgröße haben. Dies ist besonders der Fall, wenn Schwankungen in den Reaktionsbedingungen möglichst zu vermeiden sind. Je größer ein Apparat ist, um so träger und unempfindlicher ist er gegenüber Veränderungen in den einwirkenden Größen. (Siehe auch Regler.)

Grundsätzlich ist man bemüht, Reaktionen bei Atmosphärendruck auszuführen. Ist man gezwungen, unter Druck zu arbeiten, so verwendet man Druckgefäße, Autoklaven (s. d.) oder Kocher (s. d.), die absatzweise betrieben werden. Der Druckbetrieb führt in der Regel zur Überwachungspflicht und zu allen damit verbundenen Anforderungen und Einschränkungen durch gesetzliche Bestimmungen (s. Dampffässer). Sind aus chemischen Gründen niedrige Temperaturen einzuhalten, oder muß die Anwesenheit von Gasen über der Reaktionsmasse ausgeschlossen werden, so ist man in Sonderfällen gezwungen, die Apparate unter Luftleere zu setzen, wozu Luftpumpen (s. d.) dienen.

In der gas- oder dampfförmigen Phase lassen sich chemische Reaktionen besonders leicht durchführen, so daß Gasreaktionen in der chemischen Großindustrie ein weites Anwendungsgebiet erhalten haben. Bei den Gasreaktionen kommt es besonders auf die Wahl der Drücke an. Das Arbeiten bei Atmosphärendruck ergibt drucklose Apparate, also große Räume, weite Querschnitte, dafür aber geringe Wandstärken. Der Betrieb unter Druck erfordert große Wandstärken, ergibt jedoch kleinere Apparateräume und Querschnitte. (Siehe auch Gasreaktionsapparate.)

Muß die Reaktion in flüssigem Zustand durchgeführt werden, so ist die Lenkung und Gestaltung des Vorganges meist schwieriger als bei den Gasreaktionen. Bei den Reaktionen mit Flüssigkeiten kann man Reaktionen mit Lösungen und Reaktionen mit Schmelzen unterscheiden. Zu den zuerst genannten Umwandlungen gehören die zahlreichen Sättigungs- und Neutralisationsreaktionen, wie die Herstellung von Ammonnitrat durch Neutralisieren von Salpetersäure mit Ammoniak, die Herstellung von Natriumacetat aus Soda mit verdünnter Essigsäure, die Herstellung von Monochloressigsäure durch Einleiten von Chlor in heißen Eisessig bei Gegenwart von Essigsäureanhydrid und die Erzeugung von Ammonsulfat durch Einleiten von Ammoniak in Schwefelsäure. Sind Gase oder Dämpfe in die Flüssigkeit einzuleiten, so bedient man sich besonderer Sättiger (s. d.) von verschiedener Bauart.

Auch die Kolonnenapparate (s. d.) eignen sich zur Durchführung chemischer Reaktionen von Flüssigkeiten mit Gasen oder Dämpfen. Voraussetzung dafür ist, daß die Umwandlung so geführt werden kann, daß Verstopfungen nicht eintreten können. Als Beispiele seien die Gewinnung von Brom aus den Endlaugen der Kaliindustrie durch Einleiten von Chlorgas in kolonnenähnliche Türme aus keramischen Werkstoffen (s. d., S. 854) oder aus Granit (s. Granittürme) und die Kolonnen zur Gewinnung von Ammoniak aus Ammonsalzen, die im Gaswasser oder in den Ablaugen der Ammoniaksodaindustrie vorhanden sind (s. auch Destillierapparate, S. 223), genannt.

Sind lediglich Flüssigkeiten zur Reaktion zusammenzubringen, so genügen einfache Behälter (s. d.), die erforderlichenfalls mit Rührvorrichtungen (s. d.) ausgerüstet oder als Dekantierapparate (s. d.) ausgebildet sind, wenn feste Stoffe abzutrennen sind. Bleiben die reagierenden Bestandteile in Lösung, so kann man verhältnismäßig hohe Behälter benutzen. Scheiden sich feste Stoffe aus, so beeinflußt die Art des Austragens der Stoffe auch die Bauform der Behälter. Sind die festen Stoffe von Hand aus dem Reaktionsbehälter auszutragen, so haben die Behälter oft die Form von flachen Kästen oder Schalen. Bei selbsttätigem Austrag paßt sich die Gestaltung des Reaktionsapparates der Art des Verfahrens zur Entleerung für die festen Stoffe an (s. auch Dekantierapparate). Besonders für kleine Leistungen können Kippgefäße (s. d.) empfohlen werden.

Soweit es möglich ist, sucht man bei den Reaktionen mit Flüssigkeiten mit offenen Apparaten auszukommen. Besteht einer der reagierenden Stoffe aus Gasen oder Dämpfen, so sind immer geschlossene Gefäße erforderlich. Nur wenn die Mengen der entweichenden Dämpfe verhältnismäßig gering und diese unschädlich und nicht wertvoll sind, kann man mit offenen Gefäßen unter Benutzung von Dunstabzügen (s. d.) arbeiten.

Müssen die zu behandelnden Flüssigkeiten erhitzt werden, so kann man die Wärme entweder unmittelbar im Reaktionsapparat zuführen, wozu Beheizungsvorrichtungen (s. d.) verschiedener Art, Gefäße mit Doppelböden (s. d.) oder mit Doppelmänteln (s. d.), oder für höhere Temperaturen Frederking-Apparate (s. d.) zur Verfügung stehen, oder man kann die Wärme außerhalb des eigentlichen Reaktionsraumes, z. B. durch einen stetigen Flüssigkeitsumlauf, über entsprechende Wärmeaustauschflächen übertragen. Oft genügt es, wenn die Stoffe vor dem Eintritt in den eigentlichen Reaktionsapparat in besonderen Wärmeaustauschern (s. d.) oder Vorwärmern (s. d.) auf entsprechende Temperaturen gebracht werden.

Sind höhere Temperaturen erforderlich, wie es bei Reaktionen mit Schmelzen meist der Fall ist, so geht man zur Beheizung mit Feuergasen über (s. Feuerungsanlagen). Der eigentliche Reaktionsraum kann dabei durch Wandungen gegen die Feuergase und ihre Einwirkungen abgetrennt werden. Man baut hierzu die aus metallischen oder keramischen Werkstoffen (s. d.) bestehenden Apparate in geeignete Einmauerungen (s. d.) fest ein oder benutzt zur Reaktion ortsveränderliche Tiegel, Häfen (s. d.) oder ähnliche Gefäße, die nach Beendigung der Reaktion herausgenommen, entleert und wieder frisch beschickt werden.

Für die Aufnahme großer Stoffmengen, wie sie besonders für Zersetzungsreaktionen in Betracht kommen, dienen geschlossene, von außen mit Feuergasen beheizte Muffeln, Kammern und Retorten. Als Beispiele seien die Reaktionsräume für die Zersetzungsdestillation von Steinkohle, von Fichtenharz, von Schlempe und von Holz genannt.

Von den weniger häufig vorkommenden Reaktionen im festen Zustand seien die Röstreaktionen (s. Röstvorrichtungen), die Reaktionen bei der Herstellung von Zement und von keramischen Waren erwähnt. Bei den Reaktionen in der festen Phase kommt es besonders auf die Größe und Verteilung der Teilchen und auf die Reaktionstemperatur an. Die Möglichkeit, durch Zerkleinern der Stoffe große Oberflächen für die Reaktionen zu schaffen und diese in einfacher Weise, z. B. in Drehtrommelapparaten (s. d.), fortbewegen zu können, ist ein Vorteil der Reaktionen mit festen Stoffen.

Lit.: *E. Berl*, Chemische Ingenieur-Technik, Bd. I (Berlin 1935, Julius Springer). — *A. Eucken* u. *M. Jakob*, Der Chemie-Ingenieur, Bd. III (Leipzig 1937, Akad. Verlagsges.). — *R. Kremann*, Anwendung physikalisch-chemischer Theorien auf technische Prozesse und Fabrikationsmethoden (2. Aufl., Halle/Saale 1932, Knapp). — *P. H. Groggins*, Unit Processes in Organic Synthesis (New York 1935, McGraw Hill). — *G. Dammköhler*,

Einfluß von Strömung und Diffusion auf die Ausbeute chemischer Reaktion (Z. VDI 1936, Beiheft Verfahrenstechnik, H. 2, S. 7); Einflüsse der Strömung, Diffusion und des Wärmeüberganges auf die Leistung von Reaktionsöfen (Z. Elektrochem. 1936, S. 846; 1937, S. 18). — *H. Brückner*, Katalytische Reaktionen (Dresden 1930, Steinkopff). — *W. Jander*, Reaktionen in festem Zustande (Z. VDI 1936, S. 506). — *G. Schwab*, Physikalisch-chemische Grundlagen der chemischen Technologie (Leipzig 1927, Spamer). — *Bader*, Die Technik der chemischen Operationen (Basel 1934, Wepf). — *H. Schwerdtfeger*, Zur Berechnung der Dauer von chemischen Reaktionen (Chem. Apparatur 1927, S. 273).

Thormann.

Redray, s. Nickel-Chrom-Legierungen.

Reduzierventile, s. Druckminderventile.

Regeneratoren, s. Wärmeaustauscher.

Registrierapparate, s. Kontrollapparate, Meßvorrichtungen.

Regler (**Regelvorrichtungen, Regelanlagen**; *s. auch Dosiermaschinen, Druckregler, Kontrollapparate, Temperaturregler)* haben die Aufgabe, den Beharrungszustand veränderlicher Betriebsgrößen (Druck, Temperatur, Gewichtsmengen, Zusammensetzungen usw.) innerhalb vorgeschriebener, durch den Sollzustand bestimmter Grenzen zu halten, und bei Abweichungen den Ausgleich innerhalb anderer Grenzen in bestimmter Zeit durch einen stetigen Einfluß auf die Steuerung der Betriebsgrößen herzustellen.

Schwankungen in den Apparaturen und Geräten der chemischen Technik lassen sich, besonders in kleineren, einfachen Einrichtungen, oft durch Regelung von Hand vermeiden und in den gewünschten Werten halten. Die Handregelung hat jedoch immer den Nachteil, daß jede Änderung des Sollzustandes erst nach dem Erkennen berichtigt werden kann, da sie nach der Anzeige von Meßvorrichtungen oder Kontrollapparaten oder in Einzelfällen nur nach der Erfahrung der Bedienung nachträglich vorgenommen wird. Sie ist außerdem teuer und im Dauerbetrieb von der Zuverlässigkeit der Bedienung abhängig. Die Handregelung findet man z. B. bisweilen bei der Einstellung des Druckes hochverdichteter Gase, wo man sich oft mit einfachen Feineinstellungsventilen behilft. Im Großbetrieb, besonders in stetig arbeitenden Anlagen, und in solchen Fällen, in denen die Betriebswerte häufig oder plötzlich schwanken, ebenso dann, wenn zahlreiche, veränderliche Betriebsgrößen in einer zusammenhängenden Anlage zu regeln sind, wird die Regelung von Hand auch bei großer Aufmerksamkeit und Geschicklichkeit der Bedienung unvollkommen sein. Außerdem werden in derartigen Anlagen mit zahlreichen Meßinstrumenten oft falsche Schlüsse für die Einstellung der Steuerungsschalter gezogen. In diesen Fällen müssen selbsttätige Regler eingesetzt werden. Sie wirken mit Kräften, die durch Änderungen der Betriebsgrößen ausgelöst, durch Meßinstrumente erfaßt werden, und die durch geeignete Mittel unmittelbar selbst die Steuerungsorgane betätigen. Selbst dann, wenn nur einzelne Betriebsgrößen selbsttätig geregelt werden, wirkt sich die damit erreichte Stetigkeit oft auf alle Teile der Gesamtanlage aus, so daß auch alle übrigen Einrichtungen gleichmäßiger arbeiten.

Voraussetzung einer jeden Regelung ist, daß der Regler jede Abweichung vom Sollzustand ihrer Größe nach feststellen und weitergeben kann. Es muß daher jedem Zustand der Meßgröße eine bestimmte eindeutige Stellung des Reglers zugeordnet und dabei Gleichgewicht vorhanden sein. Die Kurve, die angibt, wie der Zustand des Reglers von der Reglerstellung abhängt, heißt die Kennlinie des Reglers (*W. Schmidt*, Z. VDI 1937, S. 1425). Ein Regler wird nur einwandfrei arbeiten, wenn er Rückstellkräfte erzeugen kann, die ihn auf einen der Kennlinie entsprechenden Wert zurückzustellen suchen, wenn sich sein Zustand oder seine Stellung ändern. Im allgemeinen steigen diese Kräfte mit der vorhandenen Abweichung von der Kennlinie. — Der Sollwert jeder Regelvorrichtung muß während des Betriebes in einfacher Weise verstellt werden können. Meist ist auch die Bedingung zu stellen, daß der Regler sofort ausschaltbar ist, wenn man von Hand regeln will.

Wiederholen sich bestimmte Größen im Betrieb in regelmäßigen Zeitabständen, so kann der Regler auf diese Bewegungen nach einem gewünschten Programm eingestellt werden (Programmregler). Dabei benutzt man oft als Steuergeber beispielsweise eine Programmkurvenscheibe, die sich mit bestimmter Geschwindigkeit dreht. Auf dieser Kurvenscheibe gleitet eine Rolle, die den Regler beeinflußt. (Siehe auch Kontrollapparate.)

Eine Regelanlage besteht aus dem Fühler oder Geber, der meist in seiner Bauart den Meßgeräten für die gleichen Betriebsgrößen entspricht, und der die jeweiligen Zustandsänderungen aufnimmt, einem Stell-, Steuerwerk oder Kraftgetriebe, das die vom Fühler übertragenen Impulse an den Reglerantrieb weitergibt, und dem eigentlichen Regler- oder Steuerorgan, durch dessen Verstellung die Vorrichtung die gewünschte Regelung vornimmt. Das Stell- oder Steuerwerk hat oft die Aufgabe eines Umformers, der z. B. mechanische Werte in elektrische Energie-Impulse verwandelt oder den entstehenden Hub durch ein Hebelwerk vergrößert.

Reicht die vom Geber gelieferte Energie für die Betätigung der notwendigen Verstellkraft nicht aus, so muß außerdem zwischen Geber und Regler eine Verstärkungseinrichtung eingeschaltet werden. Man kann demnach Regler mit Hilfskraft (mittelbare Regelung) und Regler ohne Hilfskraft (unmittelbare Regelung) unterscheiden. Bei unmittelbarer Regelung entnimmt der Fühler die zur Verstellung des Steuerorgans notwendige Energie aus der zu regelnden Anlage. Bei einem Druckregler z. B. müssen die Schwankungen des zu regelnden Druckes die notwendige Verstellkraft liefern, die um so größer ist, je stärker die Abweichungen vom Sollwert sind. Bei den Reglern mit Hilfskraft steuert der Geber irgendeinen geeigneten Kraftschalter oder eine Verstärkungseinrichtung, die entweder elektrische Energie, z. B. einen Elektromotor, oder Druckflüssigkeit oder Druckluft auf eine Verstelleinrichtung oder auf einen Kolben zur Betätigung des Regelorgans einwirken läßt. Die Verstärkungseinrichtung kann dabei ihre Energie aus der Anlage selbst oder auch aus einer fremden Energiequelle beziehen.

Nach der Art der Einwirkung kann man die Auf- und Zu-Regelung (Zeitsteuerung), die mit Unterbrechungen arbeitet, und die stetige Regelung unterscheiden. Das Auf- und Zu-Verfahren ist einfacher und wird meist bei kleineren Öfen, Heizgeräten, Apparaturen usw. verwendet.

Die gewünschte Regelgenauigkeit hängt wesentlich von den Eigenschaften des Gebers ab, der den Kraftschalter des eigentlichen Reglers mit mehr oder weniger weiten Abweichungen vom Sollwert beeinflußt. — Jeder Regler wird für bestimmte Regelgrenzen gebaut, die nicht zu weit gewählt werden sollen. Im Bereich kleiner Belastungen, also in der Nähe der unteren Regelgrenze, werden beispielsweise bei Durchflußreglern die Meßkräfte sehr klein, so daß dabei auch der Regler ungünstiger, d. h. ungenauer arbeitet. — Im Betrieb chemischer Apparaturen muß die Regelgeschwindigkeit den auftretenden Veränderungen angepaßt sein. Je kürzer die Zeit ist, in der sich solche Störungen im Betrieb abwickeln, um so schneller muß auch der Regler arbeiten. Je größer die Leistungen und je größer die Pufferwirkung der zu regelnden Anlage sind, um so geringere Regelgeschwindigkeiten werden meist ausreichend sein. In großen Ofenanlagen, wie sie z. B. die Glasindustrie betreibt, bevorzugt man daher meist langsam arbeitende Regler. Besonders in kleineren Anlagen, wo sich durch Verstellen oder Abstellen eines Ventils oder eines Hahns plötzliche Änderungen unangenehm bemerkbar machen können, muß die Regelgeschwindigkeit etwas größer sein als die Störgeschwindigkeit. (*G. Wünsch*, Z. VDI 1937, S. 1057.)

Jede Änderung der Meßgröße würde langandauernde Schwingungen auslösen, wenn nicht eine ausreichende Dämpfung in der Regelvorrichtung vorhanden wäre. Ein guter Regler soll möglichst dann, wenn er den eingestellten Wert erreicht hat, zum Stillstand kommen. Andernfalls tritt ein Überregeln ein, das ein Hin- und Herpendeln verursacht. Bei voller Dämpfung, die man auch als aperiodisch bezeichnet, schwingt der Regler nicht über, sondern erreicht langsam den Sollwert. Bei geringer Dämpfung ergeben sich allmählich abklingende Schwingungen. Bei zu starker Dämpfung, die man auch als überaperiodisch bezeichnet, erreicht der Regler ganz langsam, also in sehr langer Zeit, den gewünschten Sollwert. Meist wählt man die Dämpfung so, daß sich der Regler mit wenigen Schwingungen schnell einstellt, was meist bei etwa 75 Proz. Dämpfung besonders günstig zu erreichen ist. Wo größere Massen zu bewegen und große Verstellwege zurückzulegen sind, kann man das Überregeln und Pendeln durch Dämpfen mit Hilfe von Federn und hydraulischen Bremsen mildern, welche die Regelgeschwindigkeit verringern.

Die in einer Regelvorrichtung auftretende Dämpfung hängt wesentlich von dem Ausgleichsgrad des ganzen Systems ab, in das die Regelvorrichtung eingebaut ist. Der Ausgleichsgrad eines Systems ist gleichbedeutend mit dem Wert, um den das Regelglied verstellt werden muß, damit sich die zu regelnde Größe nach wiedereingetretener Beharrung um 1 Proz. ändert (*G. Wünsch*, Z. VDI 1937, S. 1057). Je größer der Ausgleichsgrad ist, desto stärker ist auch die Eigendämpfung des ganzen Systems. In einzelnen Fällen, beispielsweise unter besonderen Bedingungen bei der Dampfdruckregelung, ergibt sich, daß die Eigendämpfung ausreicht. In anderen Fällen ist unter allen Umständen eine zusätzliche Dämpfung erforderlich.

Die zu regelnden Apparaturen oder sonstigen Einrichtungen zeigen ein mehr oder weniger großes Speichervermögen. Wird z. B. der Dampfdruck und damit die Temperatur in dem Heizkörper eines Verdampfers erhöht, so steigt der Dampfdruck in dem Verdampfraum nur ganz allmählich an. Wird dagegen der Durchfluß einer Flüssigkeit durch ein Ventil geregelt, so ändert sich bei einer Verstellung des Ventils auch die durchströmende Menge sehr schnell. Diese Abhängigkeit der Regelung von der Zeit wird durch die sog. Anlaufzeit des Systems gekennzeichnet.

Vor dem Einbau eines Reglers muß man sich über Ausgleichsgrad und Anlaufzeit Klarheit verschaffen, da diese Größen das Verhalten des ganzen

Systems bestimmen. Bei einem Ausgleichsgrad von etwa 1 Proz. und einer Anlaufzeit unter 0,5 sek ist die Eigendämpfung des ganzen Systems nach *G. Wünsch* (Z. VDI 1937, S. 1058) fast immer so groß, daß auf eine zusätzliche Dämpfung verzichtet werden kann. Reicht die Eigendämpfung nicht mehr aus und ist eine künstliche Dämpfung erforderlich, so muß die Verstellgeschwindigkeit erhöht werden, was meist den Einbau eines größeren Reglers erforderlich macht.

Große Schwierigkeiten bereiten Impulsverzögerungen. Man muß daher grundsätzlich bestrebt sein, die Impulse für die Regelung dort aufzufangen, wo die Wirkung am schnellsten eintritt. Soll z. B. eine Flüssigkeit durch Dampf angewärmt und die Temperatur der angewärmten Flüssigkeit durch einen Regler an einer bestimmten Stelle gleichbleibend gehalten werden, so wird es sehr auf die Wahl der Meßstelle ankommen. Ist die Meßstelle von dem Vorwärmgerät weit entfernt, so treten erhebliche Verzögerungen auf, bis sich eine Verstellung des Reglers am Wärmefühler bemerkbar macht. Die Trägheit des Wärmefühlers an der Meßstelle vergrößert die Verschleppung der Impulse weiter. In diesen Fällen muß das Regelorgan übersteuert werden, so daß Schwingungen entstehen. Man hilft sich, indem man die Dauer der einzelnen Schwingungen möglichst verlängert, z. B. durch Einstellen des Steuerwerks auf geringe Geschwindigkeit. Auch durch Anwendung von Unterbrechern kann man den Schwierigkeiten, die infolge Verzögerungen entstehen, begegnen. In die Steuerleitungen eingebaute Unterbrecher schalten dabei die Steuerung in Abständen für längere Zeit ab. Die Verzögerungen, die durch die Trägheit des Fühlers entstehen, lassen sich leicht ausschalten. Sie entstehen besonders in den Fühlern der Temperaturregler (s. d.).

Kommt es auf genaue Regelung und möglichst geringe Verluste durch die Regelung an, so kann es zweckmäßig sein, mit zwei Steuerorganen zu arbeiten. Eine durch Ventilatoren erzeugte Strömung kann man z. B. so regeln, daß die Feineinstellung mit einer Drosselklappe und die Grobeinstellung durch stufenweise Änderung der Drehzahl des Ventilator-Antriebsmotors vorgenommen wird. Die Drosselklappe bewegt sich dabei zwischen zwei Endausschlägen. Ist ihre äußere Stellung erreicht, so schaltet sie die nächste Stufe des Elektromotors ein und kehrt selbst in die Ausgangsstellung zurück. Damit das Umschalten der Drehzahlstufen möglichst beschränkt wird, muß der Regelbereich der Drosselklappe größer sein als der Bereich einer Grobstufe.

Soll ein Regler den Durchfluß von Gasen oder Flüssigkeiten steuern, so benutzt man als Meßwert den Druckunterschied an einer Blende oder einer Düse (s. Meßflansche), wobei eine einstellbare Feder oder ein Gewicht den Wirkdruck ausgleicht. Steigt der Wirkdruck, so beginnt der Regler das eigentliche Reglerorgan, z. B. eine Klappe oder ein Ventil, zu schließen, bis sich wieder Gleichgewicht einstellt. — Bei der Regelung eines Durchflusses wachsen die den Regler beeinflussenden Wirkdrücke quadratisch mit den Flüssigkeits- oder Gasmengen. Soll z. B. die zu regelnde Menge um ein Viertel der Normalmenge heruntergestellt werden, so fällt der Wirkdruck auf $^1/_{16}$ des Normalwertes, wobei der Regler entsprechend an Empfindlichkeit nachläßt. Durch Wahl einer geeigneten Feder lassen sich diese Schwierigkeiten mildern.

Der Geber oder Fühler wird dort eingebaut, wo die zu regelnde Betriebsgröße meßbar ist und gut erfaßt werden kann. Die auf den Fühler wirkende

Meßstelle ist so zu wählen, daß sich gegenüber der Tätigkeit des Steuerorgans möglichst geringe zeitliche Verzögerungen ergeben. Bei Druckreglern (s. d.) dienen die als Druckmesser (s. d.) benutzten Vorrichtungen als Geber oder Fühler, bei Temperaturreglern (s. d.) entsprechend die Thermometer (s. d.) oder Pyrometer (s. d.), bei Mengenmessern die Flüssigkeitsmesser (s. d.), Gasmesser (s. d.), Dampfmesser (s. d.), die Meßflansche (s. d.) und die Venturimesser (s. d.). Sollen Feuchtigkeit oder Dichte geregelt werden, so besteht der Geber aus einem Feuchtigkeitsmesser (s. d.) oder einem Dichtemesser (s. d.). Den Stand in einem Flüssigkeitsbehälter oder einem Bunker regelt man mit einem Flüssigkeitsstandanzeiger (s. d.) oder einer Vorrichtung, die nach Art eines Bunkerstandanzeigers (s. Bunker) gebaut ist. Drehzahlen kann man mit Fliehkraftpendeln oder kleinen Geberdynamos regeln. Man kann aber auch die Stromaufnahme von elektrischen Antriebsmotoren zur Regelung verwerten, wenn diese beispielsweise von der Zähigkeit der zu verarbeitenden Stoffe abhängt, wie es in Rührvorrichtungen oft der Fall ist. — Soll ein elektrischer Regler benutzt werden, so muß die Größe, die geregelt werden soll, in einen elektrischen Wert umgewandelt werden. Wenn also z. B. der Druck in einem Behälter auf elektrischem Wege geregelt werden soll, so muß eine Vorrichtung verwendet werden, die eine vom Druck abhängige Spannung oder auch einen verhältnisgleichen Widerstand zur Verfügung stellt.

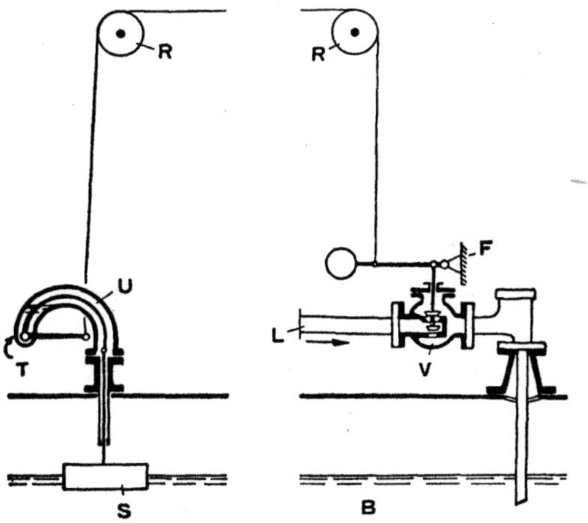

Abb. 1661. Flüssigkeitsstandregler mit mechanischer Übertragung.

Die Art der zu wählenden Steuerübertragung hängt von der verfügbaren Energieform und den gegebenen Entfernungen ab. Oft beeinflußt die Notwendigkeit einer Steuerverstärkung die anzuwendende Übertragungsform. Die Impulse können dabei einmal oder mehrfach verstärkt werden. Die Möglichkeit der Erzeugung großer Regelkräfte durch mehrfaches Verstärken gestattet es, den Geber selbst sehr klein zu halten. — Innerhalb des Übertragungssystems werden oft Zwischengetriebe erforderlich, da die Änderungen der Geber nicht immer in linearem Verhältnis zu den Bewegungen der Regelgrößen stehen, sondern irgendeinem anderen Gesetz folgen. Man muß dann ein geeignetes Hebelwerk, eine Kurvenscheibe oder eine ähnliche Vorrichtung zwischenschalten.

Für einfache Regelaufgaben und kurze Strecken eignet sich die mechanische Übertragung, die sich durch Betriebssicherheit und Billigkeit auszeichnet, jedoch keine Fernregelung oder zentrale Ausgleichung auf verschiedene Regelstellen ermöglicht. Als Ausführungsbeispiel zeigt Abb 1661 die Regelung eines Flüssigkeitsstandes mit Hilfe einer mechanischen Übertragung (Chem. Apparatur 1935, S. 165). Der Schwimmer *S* stellt sich nach dem Flüssigkeitsstand im Behälter *B* ein. Die Stopfbüchse *T* im U-Rohr befindet sich ständig unter einer Sperrflüssigkeit. Ein über Rollen *R* geführtes Metallband überträgt die Impulse auf den Absperrkegel des Ventils *V*. Die zu steuernde Flüssigkeit strömt durch die Leitung *L* zu. Der Übersetzungshebel ist im Punkt *F* festgelagert.

Die Übertragung mit Preßluft arbeitet sehr weich und völlig stetig. Sie gestattet beliebige Lastverteilung und schnelles Ein- und Ausschalten, wenn man zur Handeinstellung übergehen will. Die als Betriebsmittel benutzte Luft kann man frei abblasen lassen. Die Anlage wird jedoch teurer als eine mechanische Übertragung, besonders dann, wenn ein Luftpresser nur für die Regelanlage angeschafft werden muß. — Bei der hydraulischen Übertragung verwendet man meist Öl oder Glycerin. Ein Beispiel für eine hydraulische Übertragungsanlage zeigt Abb. 1662 (Chem. Apparatur 1935, S. 165). Der in einem Festpunkt *F* gelagerte Steuerhebel betätigt die Steuerzylinder *SC*; diese sind durch Leitungen mit den Empfängerzylindern *EC* verbunden, die über eine Ausgleichsvorrichtung *A* auf den in einem Festpunkt *P* gelagerten Reglerhebel einwirken. Die Steuerleitungen müssen möglichst kurz verlegt werden.

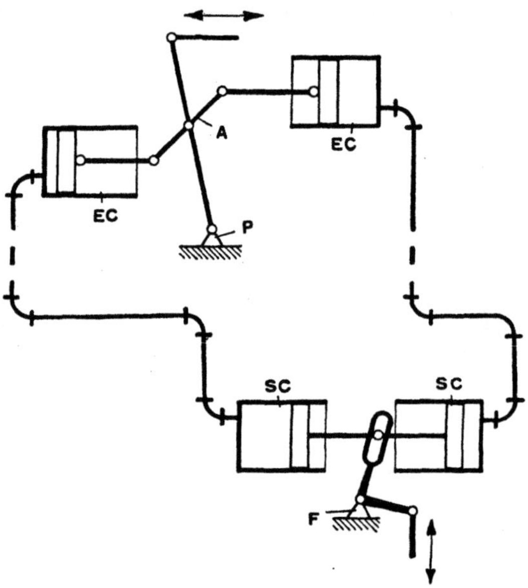

Abb. 1662. Hydraulische Übertragung.

Bei den mit einer Flüssigkeit oder mit Luft arbeitenden Reglern läßt sich der Steuerimpuls in einfacher Weise durch eine Strahldüse oder durch ein Strahlrohr verstärken. Bei der Strahldüse steuert der Geber die Austrittsöffnung einer Düse. Dadurch ändert sich der Druck in der angeschlossenen Steuerleitung. — Das Strahlrohr, das durch den Steuergeber um eine Achse bewegt wird, läßt den mit hohem Druck austretenden Luft- oder Flüssigkeitsstrahl auf nebeneinanderliegende Öffnungen wirken, die mit Steuerkolben verbunden sind. Die Drehung des Strahlrohres ist auch bei größerem Ausschlag so klein, daß die Steuerung und Verstärkung durch Reibungs- und Trägheitskräfte nicht gestört wird. Die kinetische Energie des Strahls wird an den Öffnungen in statische Druckenergie umgewandelt. In der Mittelstellung heben sich die Drücke auf den beiden Seiten des Steuerkolbens auf. Je mehr das Strahlrohr infolge Einwirkungen des Gebers ausschlägt, um so mehr ändern sich die auf die Steuerkolben wirkenden Drücke. Bei entsprechender Wahl des Vordruckes und der Strahlaustrittsöffnung lassen sich mit dem Strahlrohr als Kraftumsetzer ohne weitere Hilfsmittel fast alle Regelaufgaben bewältigen. Nur wenn besonders hohe Regelgeschwindigkeiten oder ungewöhnlich große Verstellkräfte benötigt werden, betätigt das Strahlrohr nicht unmittelbar das Stellwerk, sondern erst einen als Kolbenschieber ausgebildeten Kraftverstärker; dies kann auf verschiedene Weise durchgeführt werden.

Ein besonderer, kleiner Stellzylinder z. B. bewegt entweder unmittelbar (Abb. 1663) oder über ein Gestänge (Abb. 1664) den Kolbenschieber, über den dann das Stellwerk des Regelorgans gesteuert wird. Die Bewegungen des Stellwerks werden mittels Gestänge auf den Kolbenschieber zurückgeführt, damit die Regelung zur Ruhe gebracht wird, bis ein neuer Regelanstoß eintritt. Dadurch wird jeder Stellung des kleinen Steuerzylinders eine bestimmte Stellung des großen Steuerzylinders (Stellwerk) zugeordnet. Hierbei kann der kleine Stellzylinder bei gleichem Regelwert jede beliebige Lage einnehmen. Eine Rückführung auf das Strahlrohr selbst ist nicht vorhanden. — Die gleiche Wirkung läßt sich durch die auf Abb. 1665 gezeigte Schaltung eines Hilfsschiebers erzielen. Das Rückführgestänge ist hierbei durch zwei Federn ersetzt, die den Kolbenschieber bei Druckgleichheit zu beiden Seiten des Kolbens K in Überdeckung mit den Ölleitungen zum Stellwerk halten. Der Weg des Schiebers in beiden Richtungen und die Verstellgeschwindigkeit des Stellwerks entsprechen dem Druckunterschied am Kolben und damit der Auslenkung des Strahlrohres, d. h. der Abweichung vom Regelsollwert.

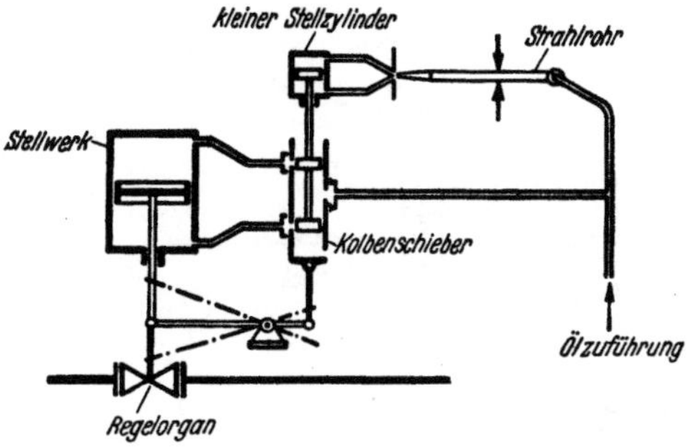

Abb. 1663. Kraftverstärker mit unmittelbar durch Stellzylinder gesteuertem Kolbenschieber (Askania).

Am einfachsten ausgeführt ist die Betätigung des Hilfsschiebers in der in Abb. 1666 gezeigten Ausbildung zum Folgekolben der Askania-Werke A.-G., Bambergwerk, Berlin-Friedenau. Hilfsschieber S und Kolben K sind aus einem Stück gearbeitet. Der Kolben K ist mit zwei sich kreuzenden Bohrungen versehen. Die Eintrittsöffnungen für das Drucköl liegen dicht beieinander. Die Austrittsöffnungen in Richtung der Kolbenachse stehen entgegengesetzt. Der Kolben K steht dann in Ruhe, wenn zu beiden Seiten desselben gleicher Druck herrscht, d. h. wenn das Strahlrohr genau in der Mitte vor den beiden Eintrittsöffnungen steht. Wird das Strahlrohr z. B., in Richtung des Ölstromes gesehen, nach links abgelenkt, so beaufschlagt es die linke Eintrittsöffnung stärker, wodurch der Druck auf der rechten Seite des Kolbens K steigt. Der Kolben muß sich ebenfalls nach links bewegen, bis die beiden Eintrittsöffnungen zu gleichen Teilen wieder genau vor der Strahlrohrmündung stehen. Bei einer Bewegung des Strahlrohrs nach rechts findet der umgekehrte Vorgang statt. Der mit dem Kolben aus einem Stück gefertigte Steuerschieber S wird gleichlaufend, und zwar mit erheblicher Kraft verstellt und steuert in bekannter Weise Stellwerk und Regelorgan. — Im Folgeschieber kann eine Feder eingebaut werden, die den Schieber in eine Endlage stellt, falls das

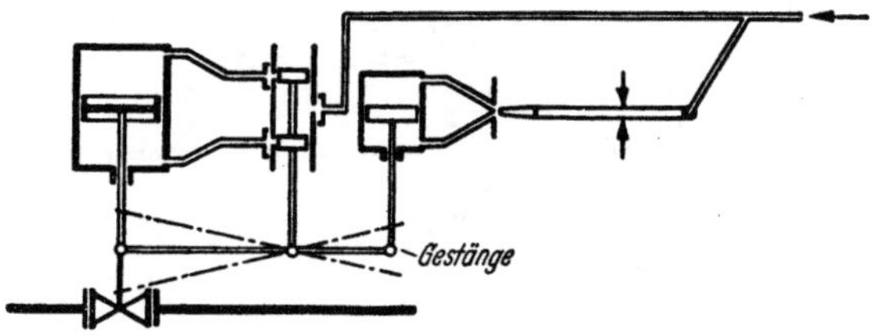

Abb. 1664. Kraftverstärker mit einem durch Gestänge betätigten Kolbenschieber (Askania).

Drucköl aus irgendeinem Grunde wegbleibt, um so schnelles Schließen oder Öffnen eines gewichtsbelasteten Regelorgans zu ermöglichen. — Am Kolben K ist eine Begrenzung des Strahlrohrausschlages in Form eines kleinen Trichters angebracht, damit das Strahlrohr auch bei plötzlichen Ablenkungen äußerstenfalls nur bis zur vollen Überdeckung der einen Öffnung ausschwenken kann. Der Kolben K ist auf diese Weise gezwungen, dem jeweiligen Ausschlag des Strahlrohres zu folgen, ohne daß eine mechanische Verbindung oder Berührung zwischen diesen Bauteilen besteht.

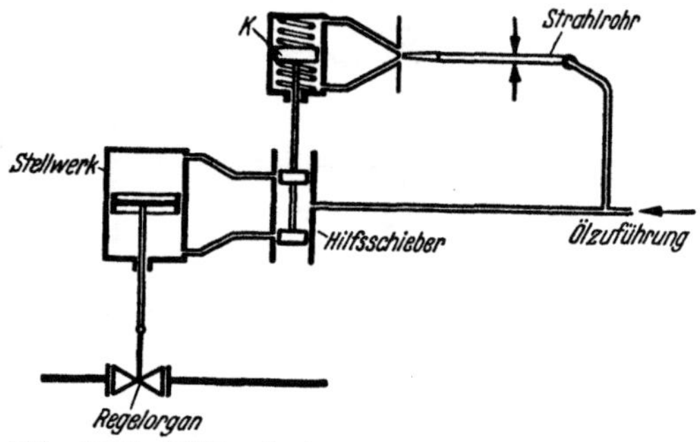

Abb. 1665. Hilfsschieber ohne Rückführgestänge (Askania).

Ist die Eigendämpfung des Systems nicht ausreichend, so muß man, wie bereits erwähnt wurde, zusätzliche künstliche Dämpfungen einbauen. Hierbei wendet man Rückführungen der verschiedensten Art an. Unter Rückführung versteht man im allgemeinen eine mittelbare oder unmittelbare Verbindung zwischen Verstellmotor und dem Impulssystem in der Art, daß die Höhe des Regelwertes von der Stellung des Kraftgetriebes abhängig wird. Die dadurch bedingte Änderung des Regelwertes mit der Belastung nennt man Ungleichförmigkeit des Reglers. Diese Ungleichförmigkeit bewegt sich in Abweichungen vom Sollwert (Druck, Temperatur, Drehzahl usw.) um etwa 1—5 Proz. — Die Rückführung wird im allgemeinen so ausgeführt, daß durch Übertragung der Bewegung des Verstellmotors auf das Einstellsystem die Spannung der Einstellfeder verändert wird.

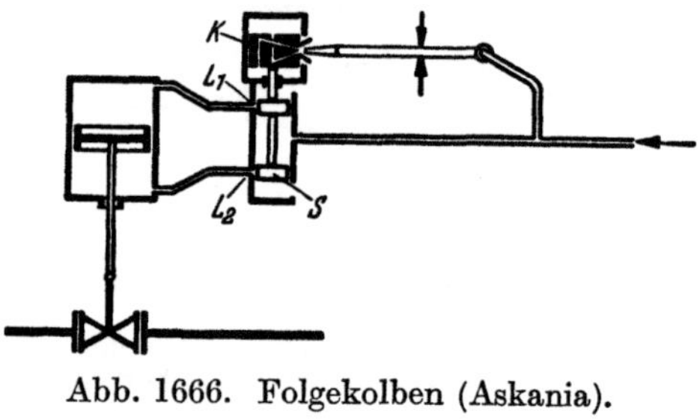

Abb. 1666. Folgekolben (Askania).

Die Übertragung der Stellung des Regelorgans auf das Steuerwerk durch Seilzug oder Gestänge bezeichnet man als mechanische Rückführung. Durch eine starre Rückführung wird der Regelwert in gewissen Grenzen von der Stellung des Regelorgans bzw. der Belastung abhängig; der Unterschied des Regelwertes zwischen ganz geöffneter und Schließstellung, bezogen auf den Sollwert, ergibt die Ungleichförmigkeit des Reglers. — Im folgenden wird die meist übliche Ausführungsart der Seilrückführung am Strahlrohrregler als mechanische Rückführung näher erläutert.

In Abb. 1667 ist schematisch die Anordnung der Rückführung nach einer Bauart der Askania-Werke A.-G. dargestellt. Die Wirkungsweise ist folgende: Wird der Impulsdruck größer, so gibt die Einstellfeder *1* nach, das Strahlrohr macht einen Ausschlag und steuert den Kolben des Kraftzylinders nach links. Durch das mit der Kolbenstange verbundene Drahtseil wird der Hebel *2*, der mit der Rückführschraubenspindel *3* verbunden ist, um die Schraubenachse gedreht, so daß die Rückführschraube, die Rechtsgewinde hat, in das

Gehäuse hineingeschraubt wird. Durch die dabei entstehende Verkürzung der Einstellfederlänge ändert sich die Einstellfederkraft, so daß das Strahlrohr bei einer anderen, größeren Impulskraft in der Mittelstellung ins Gleichgewicht kommt. Der Grad der so erzielten Rückführung läßt sich durch Verlegen des Seilangriffs am Rückführhebel verändern. Der Regelwert wird unabhängig durch den in der Rückführspindel geführten und feststellbaren Einstellschieber *4* eingestellt. Die durch die Rückführung bedingte Ungleichförmigkeit beträgt etwa 2—5 Proz. vom Nennwert. Ist eine solche Abweichung nicht zulässig, so läßt sich in den meisten Fällen die nachgiebige, hydraulische Rückführung verwenden. Auch dann, wenn eine mechanische Verbindung zwischen Regelorgan und Steuerwerk durch Gestänge oder Seilzug nicht möglich ist, kann man eine hydraulische Rückführung anwenden, wie sie im folgenden nach Angaben der Askania-Werke A.-G. beschrieben ist.

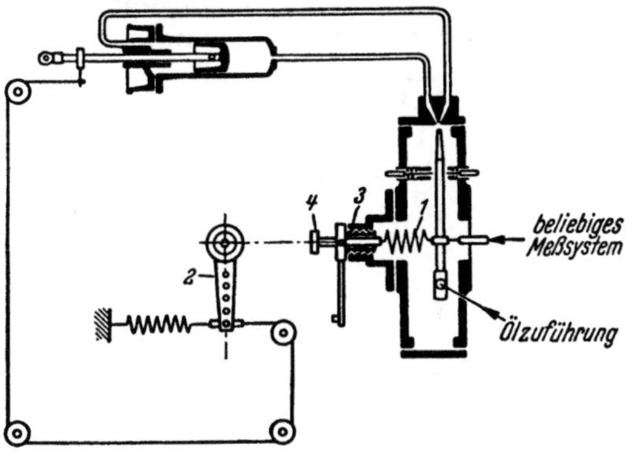

Abb. 1667. Strahlrohrsteuerwerk mit mechanischer Rückführung durch Drahtseil (Askania).

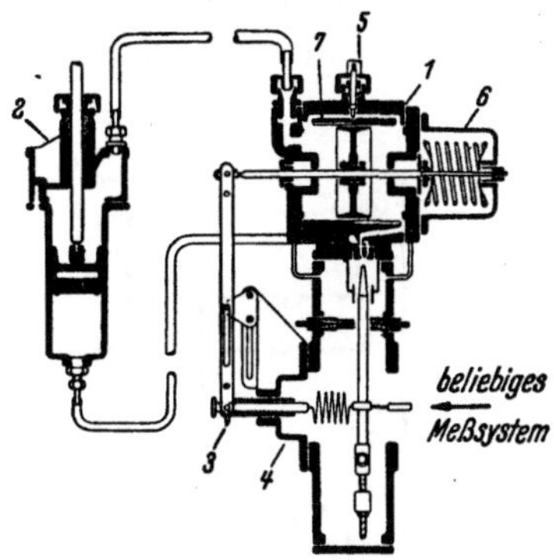

Abb. 1668. Strahlrohrsteuerwerk mit hydraulischer Rückführung (Askania).

Ein derartiges Strahlrohrsteuerwerk mit hydraulischer Rückführung der Askania-Werke A.-G. ist schematisch in Abb. 1668 dargestellt. Der Rückführkolben *1* ist mit dem Arbeitskolben *2* hintereinandergeschaltet, so daß sich bei Steuervorgängen beide Kolben gleichzeitig bewegen. Die Bewegung des Rückführkolbens wird durch eine Hebelübersetzung *3* mit einstellbarem Übersetzungsverhältnis auf die Einstellfeder *4* des Steuerwerkes übertragen. Dadurch läßt sich jeder gewünschte Rückführungsgrad erreichen. Die beiden Seiten des Rückführkolbens sind durch einen einstellbaren Umlauf *5* miteinander verbunden, so daß der Rückführkolben nach einer bestimmten Zeit, je nach der Größe der Auslenkungen und Einstellungen des Umlaufs, unter Einwirkung der an der Kolbenstange angreifenden Rückholfeder *6* wieder in seine Mittelstellung zurückgeht. Die Rückholfeder ist so eingebaut, daß die Federteller in der Mittelstellung des Kolbens *1* unter einer bestimmten Vorspannung beiderseits am Gehäuse anliegen. Bei Auslenkungen des Kolbens wird dann der eine Federteller von der Kolbenstange mitgenommen, während der andere am Gehäuse anliegt. Ist das Volumen des Rückführzylinders kleiner als das des Steuerzylinders, so geben die Überlaufnuten *7* den Öldurchtritt frei, wenn der Rückführkolben in eine Endstellung gelangt ist. Die Rückführung wird in diesem Falle unterbrochen, während der Steuerzylinder bzw. das Regelorgan weiter verstellt werden kann. Die günstigsten Verhältnisse zwischen Rückführ- und Steuerzylindervolumen liegen zwischen 1:1 und 1:4.

Eine weitere Möglichkeit zur Übertragung der Bewegung des Kraftgetriebes auf das Impulssystem und zu einer Rückführung beruht auf der Verwendung von gas- oder flüssigkeitsgefüllten Membrandosen. In den Abb. 1669 u. 1670 ist schematisch die Wirkungsweise einer derartigen Rückführung mit hydraulischem Gestänge dargestellt, und zwar in Abb. 1669 als starre und in Abb. 1670 als nachgiebige Rückführung. Bei der Ausführung nach Abb. 1669 wird durch einen Hebel die Bewegung des Steuerkolbens auf eine Membrandose übertragen. Der Innenraum dieser z. B. mit Öl gefüllten Dose steht mit dem Innenraum einer zweiten Dose, die mit der Einstellfeder des Steuerwerkes gekuppelt ist, durch eine Rohrleitung in Verbindung. Die Volumenänderungen der ersten Dose beim Arbeiten des Steuerkolbens werden von der zweiten Dose aufgenommen, so daß zwangsläufig zu jeder Steuerkolbenstellung eine bestimmte Stellung der beiden Dosen und damit eine bestimmte Einstell-

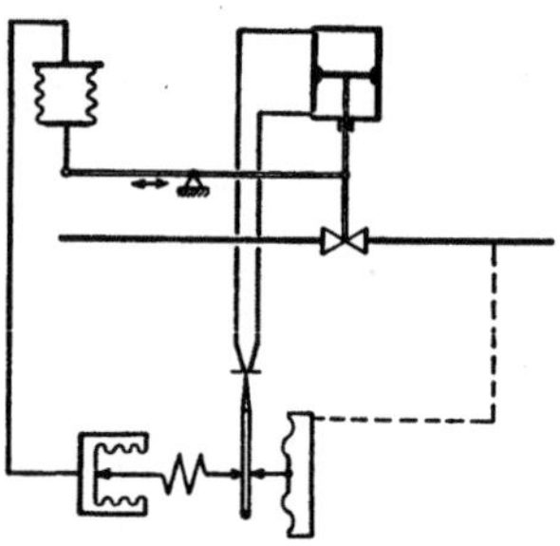

Abb. 1669. Starre hydraulische Rückführung (Askania).

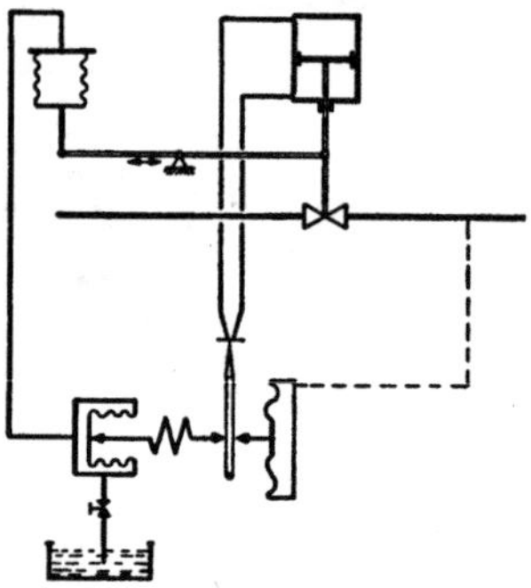

Abb. 1670. Nachgiebige hydraulische Rückführung (Askania).

federspannung gehört. — Bei der Ausführung nach Abb. 1670 ist die zweite Dose mit einem einstellbaren Überlauf ausgebildet, dessen Ausfluß bei Flüssigkeitsfüllung in einen kleinen Flüssigkeitsbehälter mündet. Der Überlauf wird so eingestellt, daß bei den durch die Steuerkolbenbewegungen bedingten Volumenänderungen der ersten Dose die zweite Dose die Volumenänderungen zunächst aufnimmt und die Einstellfederspannung verändert; durch den Überlauf tritt aber allmählich in der zweiten Phase ein Ausgleich ein, so daß die zweite Dose wieder in ihre neutrale Stellung zurückgeht. Im Gleichgewichtszustand ist der eingestellte Regelwert unabhängig von der Stellung des Steuerkolbens und der ersten Membrandose immer der gleiche; diese Rückführung arbeitet also ohne bleibende Ungleichförmigkeit.

Häufig wird die Forderung gestellt, daß mehrere Regelorgane von einem einzigen Strahlrohrregler in einer bestimmten Abhängigkeit voneinander, z. B. gleichlaufend, betätigt werden sollen. Die naheliegende Lösung, mehrere Steuerzylinder an ein Steuerwerk parallel anzuschließen, würde zu keiner Zwangsläufigkeit in den Bewegungen führen, weil die Widerstände der Regelorgane, Stoffbüchsenreibung usw. bei den einzelnen Steuerzylindern verschieden sind. Die Kolben der Steuerzylinder würden sich bei gleichen Druckunterschieden, aber unterschiedlichen Widerständen zeitlich unabhängig voneinander in Bewegung setzen, so daß der Steuerzylinder mit geringerer Reibung schon die Endlage erreicht haben könnte, ehe der Kolben eines zweiten Steuerzylinders mit größerem Widerstand aus seiner Ruhelage herausgeht. Eine Stellungsabhängigkeit ist also auf diesem Wege nicht mit Sicherheit zu erreichen. Eine einwandfreie Lösung wird nur dadurch erzielt, daß die Stellungen der einzelnen Steuerzylinder in Abhängigkeit von dem durch das Strahlrohr erzeugten Öldruck gebracht werden. Der einfachste Weg wäre, Federn in die Steuerzylinder einzusetzen, welche die Stellungscharakteristik festlegen. Aber auch hierbei würde der Einfluß der Gegenkräfte am Steuerzylinderkolben nicht ausgeschaltet werden, so daß sich trotzdem Ungenauigkeiten ergeben würden.

Um diese Nachteile zu vermeiden, haben die Askania-Werke A.-G. eine Hilfssteuerung entwickelt, deren Wirkungsweise an Hand der Abb. 1671 dargestellt ist. Der vom Regler je nach den Impulsschwankungen erzeugte Öldruck wird über den Anschluß *1* auf den kleinen Kolben *K* geleitet. Dieser Kolben ist durch eine von außen durch Schraube *S* einstellbare Feder F_1 belastet. An der Kolbenstange greift ein Gestänge *G* an, von dem ein Hilfsschieber *H* betätigt wird. Am anderen Ende des Gestänges sitzt die Gleitrolle *R*, die durch die Feder F_2 gegen den auf dem Kurbelarm befestigten Rückführnocken *N* gedrückt wird. Dem Hilfsschieber wird über Anschluß *2* Drucköl zugeführt; über die Verbindungsleitungen *3* und *4* wird dieses je nach Stellung des Hilfsschieberkolbens auf den Steuerzylinder weitergeleitet und über die gemeinsame Leitung *5* weggeführt. — Der Regelvorgang ist folgender: Steigt der Öldruck, so bewegt sich der Kolben *K* nach links; damit wird auch der Hilfsschieber nach links geschoben, wobei die Rolle *R* zunächst als Festpunkt dient. Über Leitung *3* wird das Drucköl auf die linke Seite des Steuerzylinders gedrückt; das von der rechten Seite zurückkommende Öl fließt über Verbindungsleitung *4* und Abflußleitung *5* ab. Der Kurbelarm dreht sich hierbei im Uhrzeigersinne. Die Rolle *R* gleitet auf dem Rückführnocken *N* nach rechts, wobei nunmehr der Punkt *P* Festpunkt ist, und zwar so lange, bis der Hilfsschieberkolben die Ölzuführungskanäle wieder überdeckt. Auf diese Weise werden die Stellungsänderungen des federbelasteten Kolbens *K* je nach Wahl der Federcharakteristik und der Ausbildung des Rückführnockens in beliebiger Abhängigkeit kraftschlüssig in Bewegungen des eigentlichen Steuerzylinders umgesetzt. Dessen verschiedene Arbeitsleistungen fallen hierbei nicht ins Gewicht, da der Kolben *K* von jeder Arbeitsleistung entlastet, und seine Stellung nur von der Federspannung und dem Öldruck abhängig ist.

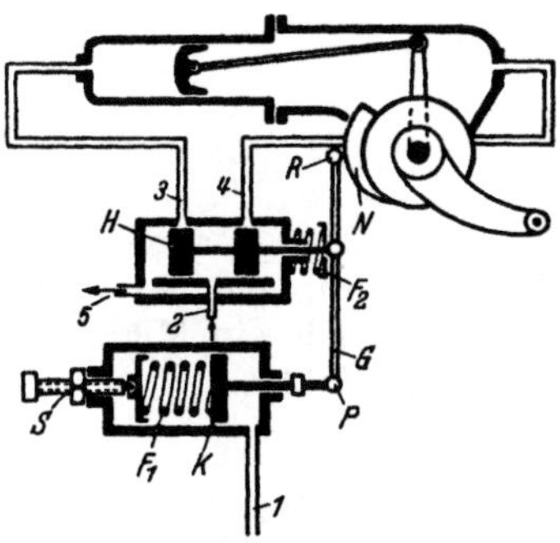

Abb. 1671. Steuerzylinder mit Hilfssteuerung (Askania).

Die elektrische Übertragung ist sehr anpassungsfähig und kann beliebig weite Entfernungen überbrücken. Anforderungen für Sonderaufgaben lassen sich dabei leicht erfüllen. Die elektrische Regelung hat ferner den Vorteil, daß viele Antriebe für das Steuerorgan in zweckmäßiger Weise mit Elektromotor ausgestattet werden können, daß zur Verbindung von Regler und geregeltem Organ Drähte genügen, und daß die Rückführung sehr einfach zu gestalten ist. Als einfachstes Beispiel zeigt Abb. 1672 schematisch eine elektrische Übertragung (Chem. Apparatur 1935, S. 166), bei der Geber und Sender aus je einem permanenten Magneten *M* und je einer Drehspule *D* bestehen. Mit Hilfe des Schalters *A* wird die Anlage in oder außer Betrieb gesetzt.

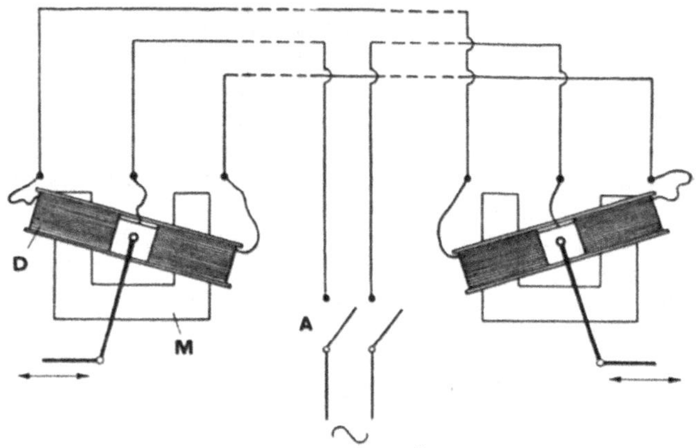

Abb. 1672. Elektrische Übertragung.

Die elektrische Übertragung läßt zahlreiche brauchbare Verstärkungsmöglichkeiten zu, wobei man rein elektrische Vorrichtungen, wie Kreuz- oder Drehspulapparate, Meßbrücken, Relais, Spannungsteiler, Schütze, oder elektropneumatische Vorrichtungen unterscheiden kann. Kreuzspulapparate sind von der Spannung unabhängig; auch Spannungsteiler arbeiten unbeeinflußt von Spannungsschwankungen. — Relais und Schütze wirken nur ein- und ausschaltend, wobei sich ein Mittelwert durch die Dauer der einzelnen Ein- und Ausschaltzeiten bildet.

Relais mit Fallbügelkontakten öffnen in Abständen für kurze Zeit, ohne das Spiel des Gebers zu behindern. Statt der Fallbügelvorrichtungen verwendet man auch Schalthebelregler, die einen schwachen, stetigen Steuerstrom in Schaltimpulse umwandeln. Dabei werden Quecksilberkontakte durch eine motorgetriebene Umlaufscheibe gesteuert, sobald sich der Regelwert ändert. (Siehe auch Kontrollapparate.)

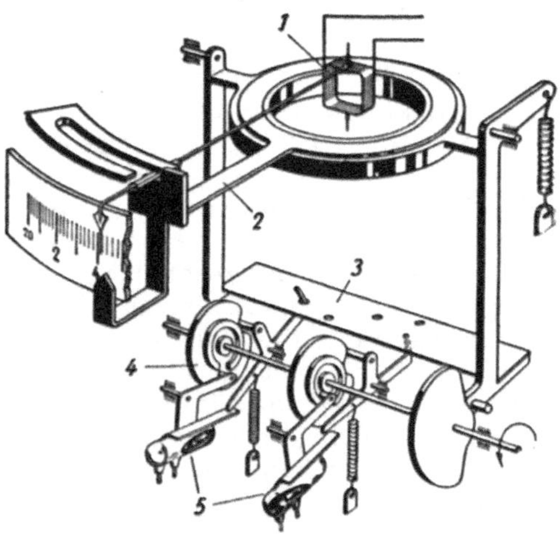

Abb. 1673. Druckbügelregler (Siemens & Halske).

Von den zahlreichen elektrischen Übertragungsmöglichkeiten ist als Ausführungsbeispiel die Wirkungsweise eines Druckbügelreglers der Siemens & Halske A.-G., Berlin, auf Abb. 1673 dargestellt (Chem. Apparatur 1937, S. 266). Es bedeuten dabei: *1* Meßwerk, *2* Tasthebel, *3* Lochblech, *4* Steuerscheiben, *5* Kippschalter. Der Motor bewegt einen verstellbaren Tasthebel in bestimmten, auch einstellbaren Zeitabständen auf und nieder. Je nachdem, ob der Tasthebel dabei gegen den Zeiger des Meßwerkes gedrückt wird oder nicht, führt das am Tasthebel angebrachte Lochblech eine mehr oder weniger große Kippbewegung aus. Dementsprechend können auch die Schalthebel mit den Quecksilberschaltern, die ebenfalls vom Motor bewegt werden, in die Löcher des Lochbleches einfallen oder nicht. Die Steuerscheiben halten dabei die Schalter so lange in der Einschaltung fest, bis sich der Abtastvorgang wiederholt. Das Druckblech am Tasthebel ist treppenförmig abgestuft, um die Kippbewegung des Lochbleches größer oder kleiner zu machen, und um damit die Zahl der einfallenden Quecksilberschalter abzustufen. Bei größerer Abweichung des Zeigers vom Sollwert können also z. B. alle vier Schalter einfallen, bei geringerer Abweichung nur einer. Man kann also mit einem derartigen Regler die Regelung in vier Stufen vornehmen.

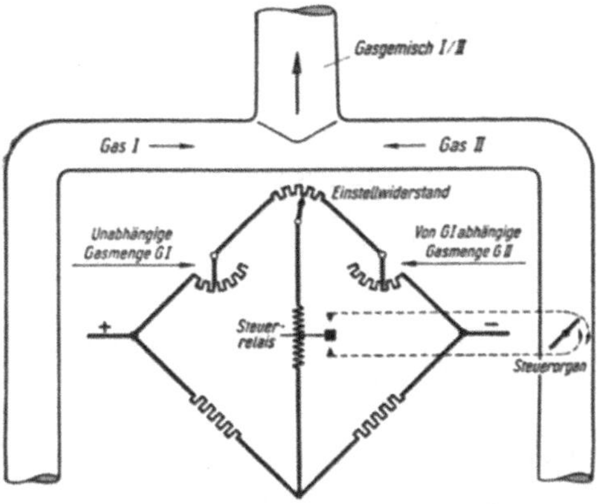

Abb. 1674. Wirkungsweise eines Siemens-Brückenreglers für die Regelung von Gasgemischen.

Neigt das Regelsystem zum Pendeln, so ergibt die elektrische Übertragung günstige Möglichkeiten für eine Rückführung. Dabei setzt man die Stellung des Steuerorgans in eine elektrische Größe um und führt diese zum Regler zur Auswertung zurück. Der Regler vergleicht dann die vom Fühler gegebene Größe und die Stellung des Steuerorgans. Zum Abstimmen der beiden elektrischen Größen benutzt man eine *Wheatstone*sche Brücke, in deren Zweige man die Meßgrößen einschaltet. Bei Veränderungen des Gleichgewichtes kommt das in der Brücke liegende Meßinstrument zur Wirkung und regelt den abhängigen Wert, so daß die Brücke in die neue Gleichgewichtslage kommt.

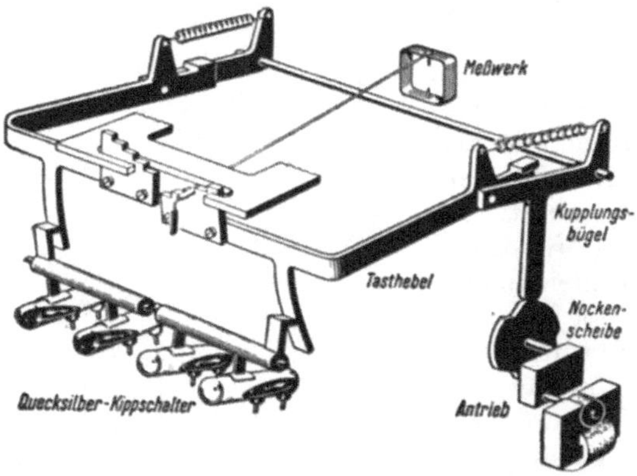

Abb. 1675. Steuerwerk eines Siemens-Brückenreglers.

Mit einem derartigen Brückenregler kann man in einfacher Weise ein Gemisch von zwei Stoffen nach einem vorgeschriebenen Verhältnis regeln. Das Brückengleichgewicht wird durch Rückmelden der vom Regler gesteuerten, abhängigen Größe wiederhergestellt, wie Abb. 1674 (Chem. Apparatur 1937, S. 267) schematisch für das von Siemens & Halske entwickelte Gerät zeigt. Der Aufbau des Geräts ist auf Abb. 1675 dargestellt (Chem. Apparatur 1937, S. 267). Der Zeiger des Drehspulmeßwerks bewegt sich zwischen Tasthebeln, die auf einem gemeinsamen Kupplungsbügel gelagert sind. Dieser wird über eine Nockenscheibe von einem wartungsfreien, kollektorlosen Asynchronmotor angetrieben. Auf der Vorderseite trägt jeder Tasthebel ein treppenförmig abgestuftes Blech. In einem Spalt der über dem Zeiger liegenden Druckplatte gehen diese Bleche bei der Tasthebelbewegung auf und ab. Solange sich der Zeiger in der Nullage befindet, können sich beide Tasthebel ungehindert aufwärtsbewegen. Schlägt jedoch der Zeiger ungehindert aus, so stellt er sich einem Stufenblech in den Weg und hemmt dessen Aufwärtsgang. Dies tritt infolge der treppenförmigen Abstufung um so früher ein, je größer der Zeigerausschlag ist. Hierdurch ist die Ausschlagabhängigkeit des Steuerrelais bedingt. Der in seiner Aufwärtsbewegung gehemmte Tasthebel knickt in seinen Gelenken gegen den Kupplungsbügel ein und betätigt über eine Hebelanordnung die auf der betreffenden Seite liegenden beiden Quecksilberschalter für den Steuerstromkreis. Beim Abwärtsgehen des Tasthebels werden die Schalter in ihre ursprüngliche Lage zurückgedrückt. Gehen die Tasthebel wieder hoch, so wiederholt sich dieses Spiel, bis der Zeiger in die Nullage zurückgekehrt ist.

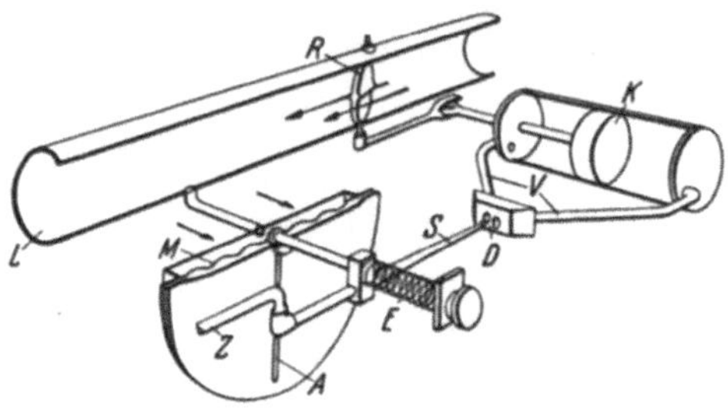

Abb. 1676. Strahlrohrregler (Askania).

Im folgenden seien einige Ausführungsbeispiele noch näher beschrieben: Einen einfachen Strahlrohrregler der Askania-Werke A.-G. für eine Durchflußregelung zeigt schematisch Abb. 1676. Je mehr der Geber das Strahlrohr nach der einen oder anderen Seite bewegt, schiebt sich der Stellkolben entsprechend vor oder zurück und betätigt damit die Drosselklappe *R*. Das Strahlrohr *S* ist in der Achse *A* schwenkbar gelagert; über den Zulauf *Z* strömt eine Hilfskraft, die aus der verengten Spitze des Strahlrohrs in die beiden nebeneinander liegenden Öffnungen des Druckaufnehmers *D* tritt. Dieser ist durch die Leitungen *V* mit dem Kraftkolben *K* verbunden, der seinerseits das Regelorgan *R* steuert. Im Ruhezustand steht das Strahlrohr in Mittellage, so daß die beiden Kolbenseiten gleichhohen Druck erhalten. Steigt nun z. B. der Druck in der Leitung *L*, so bewirkt die Membran *M* eine Ablenkung des Strahlrohres nach rechts; dadurch wird der Druck der Hilfskraft in der rechten Leitung höher, und der Kolben verstellt das Regelorgan, bis an der Meßstelle der Sollwert erreicht ist, worauf auch das Strahlrohr wieder in die Mittellage zurückkehrt. Die dabei gegenläufig wirksame Einstellfeder *E* gestattet, den Regelwert in gewissen Grenzen beliebig zu verändern.

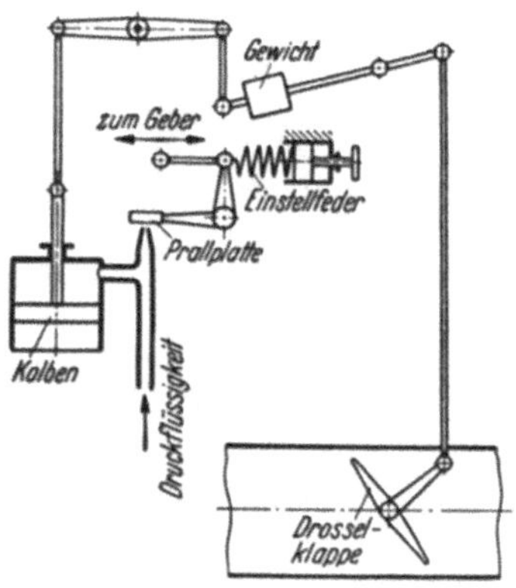

Abb. 1677. Hydraulischer Regler mit Prallplatte und Strahldüse.

Ähnlich wie das Strahlrohr arbeitet die hydraulische Regelung mit Strahldüse und Prallplatte, die auf Abb. 1677 schematisch dargestellt ist. Der Fühler oder Geber wirkt auf einen Hebel, den auf der einen Seite die Einstellfeder belastet, auf der anderen Seite der auf die Prallplatte wirkende Druck der aus der Düse tretenden Druckflüssigkeit. Steigt der vom Fühler ausgeübte Druck, so hebt der Hebel die an seinem Ende angebrachte Prallplatte hoch, so daß die Düse mehr Flüssigkeit austreten läßt und der Druck über dem Kolben des Reglerzylinders sinkt. Wirkt der Fühler nach der anderen Seite, so verschließt die Prallplatte zunehmend die Austrittsöffnung der Düse, und der Druck der Flüssigkeit im Arbeitskolben steigt, so daß der abwärtsgehende Kolben die Regelvorrichtung in umgekehrter Richtung verstellt.

Einen rein elektrisch arbeitenden Regler von Gentrup & Petri, Halle a. d. S., mit Fühler, Regelautomat und Regler zeigt Abb. 1678. Der Regelautomat setzt die vom Fühler übertragenen Kräfte dadurch in Stromstöße um, daß diese auf ein Stahlpendel wirken, das am unteren Ende mit einem keilförmigen Schleifkontaktträger versehen ist, der durch eine sich dauernd drehende Nockenwelle angehoben und in der obersten Lage zum Abfallen gebracht wird. Befindet sich das zu regelnde System im Sollzustand, so berühren sich die Gegenkontakte und das Stahlpendel beim Anheben der Kontakte nicht. Bei einer Abweichung vom Sollzustand schlägt das Pendel aus, wodurch sich einer

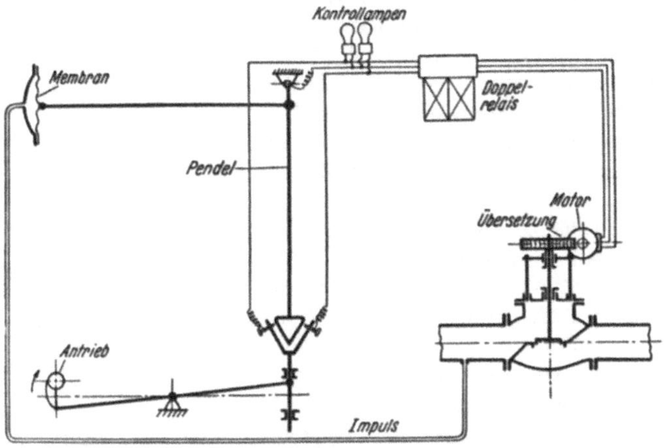

Abb. 1678. Elektrisch arbeitender Regler (Gentrup & Petri).

der beiden Stromkreise für kurze Zeit entsprechend dem Pendelausschlag schließt und auf ein Doppelrelais wirkt, das den Kraftstrom für den umsteuerbaren Motor des Regelorgans betätigt. Farbige Kontrollampen zeigen die Drehrichtung und die Länge der Stromstöße an.

In den Anlagen der chemischen Technik hängen meist mehrere für den Betrieb gleich wichtige Größen gegenseitig voneinander ab. Würde man nur eine Größe regeln, so müßten jeweilig die anderen von Hand nachgeregelt werden. Um solche Anlagen selbsttätig zu regeln, hat man Verhältnisregler geschaffen, die mehrere Größen gleichzeitig in bestimmten Verhältnissen zueinander regeln können. — Oft tritt die Aufgabe auf, zwei in verschiedenen Leitungen strömende Gas- oder Flüssigkeitsmengen mit Hilfe eines Reglers so einzustellen, daß beide Mengen in einem bestimmten Verhältnis zueinander stehen (Durchflußverhältnis-Regler). Die Meßflansche (s. d.) werden dann mit je einer Membrandose verbunden, die beide auf den Kraftschalter wirken, an dem das Verhältnis der Wirkdrücke eingestellt werden kann. Die Meßflansche kann man, wenn das Verhältnis der durchfließenden Mengen beliebig geändert werden soll, auch durch Drosselvorrichtungen ersetzen.

Das wichtigste Anwendungsgebiet ist die Regelung der Gasmengen und Verbrennungsluftmengen für Feuerungen (s. Feuerungsanlagen) in richtigem Verhältnis zueinander, um wirtschaftliche Verbrennung und einen gleichmäßigen Ofenzustand zu erreichen. Dem auf Abb. 1679 dargestellten, von den Askania-Werken A.-G. entwickelten Gemischregler liegt ein Arbeitsverfahren zugrunde, das, unabhängig von Schwankungen des Gas-, des Luft- oder des Unterdruckes im Ofen, stets das richtige Mengenverhältnis von Gas und Luft einhält. Die Vorrichtung beruht darauf, daß auf den Strahlrohrregler die tatsächlichen Mengenwerte einwirken, die mit Hilfe der Druckunterschiede an je einer Stauscheibe in der Gas- und Luftleitung gewonnen werden. Durch die Leitung *1* strömt das Erstgas (z. B. Mischgas), das mengenmäßig durch die eingebaute Stauscheibe *4* erfaßt und am Mengenmesser *6* abgelesen wird. Durch die Leitung *2* strömt das Zweitgas (z. B. Verbrennungsluft), das mengenmäßig durch die eingebaute Stauscheibe *5* ermittelt und am Mengenmesser *7* angezeigt wird. Die beiden Druckunterschiede beeinflussen je ein Membransystem am Gemischregler. Wird der Ofenbetrieb gesteigert und dadurch die durch *1* strömende Gasmenge vergrößert, so steigt der Druckunterschied an, die Membran *9* biegt sich nach innen durch und überträgt diese Bewegung mittels des Druckstiftes *11* auf das Strahlrohr *13*. Das Strahlrohr bewegt sich nach links, das Drucköl strömt über das Verteilerstück *14* durch die linke der beiden Leitungen *15* zum Steuerzylinder und bewegt den Kolben *16* so, daß die Drosselklappe *3* geöffnet wird. Im gleichen Augenblick strömt mehr Luft durch die Leitung *2*, und der Druckunterschied an der Stauscheibe *5* wird größer; er bewirkt eine Durchbiegung der Membran *10* nach innen, die über den Druckstift *12* auf das Strahlrohr übertragen wird. Das Strahlrohr wird hierdurch wieder in seine Mittellage zurückgeführt, und der Regelvorgang ist zur Ruhe gekommen, sobald sich die Differenzdrücke an den Stauscheiben *5* und *4* das Gleichgewicht halten. Die Folge ist, daß in jedem Falle das vorgeschriebene Verhältnis der beiden Gase genau aufrechterhalten bleibt. — Beim Verbrennungsvorgang ist es mitunter notwendig, den Luftüberschuß zu verändern; ebenso muß bei der Mischung von zwei Gasen zeitweilig das Mischungsverhältnis je nach dem Heizwert der einzelnen Gase geändert werden. Hierzu dient der Gemischschieber *19*, der folgende Wirkung hat: Der Sekundär-Differenzdruck wird nicht unmittelbar auf das Strahlrohr übertragen, sondern unter Zwischenschaltung eines Gegenhebels *17* und eines Zwischenstückes *18*, das durch den Gemischschieber *19* am Gehäuse *8* verschoben werden kann. Man kann so das Kräftegleichgewicht der Druckunterschiede h_1 u. h_2, die auf das Strahlrohr einwirken, verändern. Steht z. B. das Zwischenstück genau in der Mitte am Angriffspunkt der Druckstifte *11* und *12*, so ist der Regler in Ruhe, wenn beide Differenzdrücke h_1 und h_2

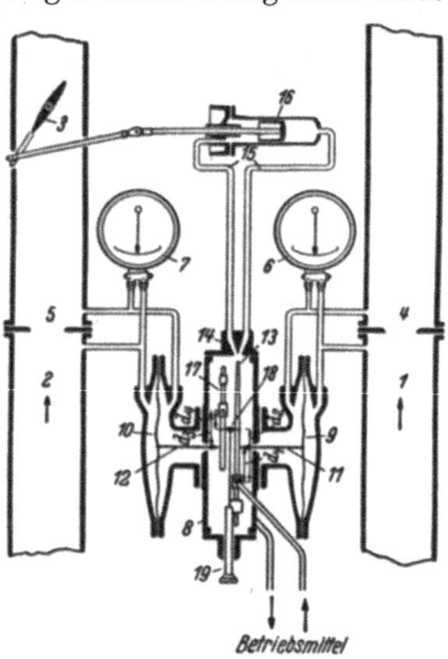

Abb. 1679. Durchflußverhältnisregler (Gemischregler) (Askania).

gleich groß sind. In der gezeichneten, durch die Strecken d_1, d_2, d_3 und d_4 gegebenen Stellung des Mittelschiebers wird infolge der Hebelwirkung des Gegenrohres ein Druckunterschied h_2 benötigt, der kleiner als der Differenzdruck h_1 ist. Es muß also eine um das eingestellte Verhältnis kleinere Luftmenge durch die Leitung *2* gehen, um das Gleichgewicht aufrechtzuerhalten. — Diese Einrichtung gestattet, das Verhältnis der Differenzdrücke in den Grenzen von 0,5—3,5 zu verändern. Diese Werte haben sich als praktisch ausreichend erwiesen.

Eine besondere Aufgabe liegt dann vor, wenn das eine dieser beiden Gase nicht in reiner Form, sondern in Verbindung mit einem dritten Gas auftritt, und der Anteil dieses dritten Gases so starken Schwankungen unterliegt, daß die einfache Verhältnisregelung nicht ausreicht, und diese durch eine von der Zusammensetzung des Gasgemisches abhängige Zusatzsteuerung ergänzt werden muß. Die Gasmenge a soll beispielsweise im Verhältnis der Gasmenge b gesteuert werden, wobei b ein Teil des Gasgemisches $b+c$ ist. Die Regelaufgabe läßt sich also in der Form darstellen: a verhältnisgleich $b+c$ und $a/2$ verhältnisgleich $b/2+c$. Verringert sich der Anteil b um die Hälfte, so hat der Regler demnach auch a in diesem Verhältnis zu vermindern. Jeder hochwertige Verhältnisregler besitzt eine Vorrichtung, an der das erwünschte Gasgemisch einstellbar ist. Es gilt nun, diese Einstellvorrichtung mit einem Gasdichtemesser zu verbinden, mit dem der Anteil des Gases b erfaßt und das Verhältnis der Gasmengen diesem Anteil b gemäß berichtigt werden kann. In regeltechnischer Hinsicht entspricht dies der Forderung, jeder Zeigerstellung des Gasdichtemessers einen bestimmten Punkt auf der Skala der Verhältniseinstellung zuzuordnen.

Die Entschwefelungsanlage eines Ammoniakwerkes bietet einen praktischen Fall für diese Regelung (Abb. 1680; Askania-Werke A.-G.), wobei einem Gasgemisch von $(H_2S + CO_2)$ eine bestimmte Menge Sauerstoff O_2 zugesetzt werden muß, um den Schwefel S möglichst verlustlos zu gewinnen. Den chemischen Vorgang gibt folgende Gleichung wieder:

$$(2\,H_2S + CO_2) + O_2 = 2\,H_2O + CO_2 + 2\,S\,.$$

Jedem m^3 H_2S entspricht ein Sauerstoffbedarf von etwa 0,5 m^3 bzw. ein Luftbedarf von 2,5 m^3. Da der H_2S-Anteil dieses Gasgemisches bei allen Belastungen um etwa 40 Proz. schwanken kann, muß auch die Einstellung des Luftzusatzes in entsprechenden Grenzen zu berichtigen sein. — Der Verhältnisregler nach dem Strahlrohrverfahren übernimmt zunächst das mengenmäßige Abstimmen des Luftzusatzes zum $(CO_2 + H_2S)$-Gemisch, und zwar unabhängig von dem Anteil des H_2S-Gases an der Zusammensetzung des Gasgemisches. Für die Erfassung der $(CO_2 + H_2S)$-Menge und des Luftbedarfs wird das übliche Strömungsmeßverfahren angewendet. Der Stauranddruckunterschied liefert die auf die Reglermembran wirksame Meßgröße. Ist das gewünschte Mengenverhältnis erreicht, so befindet sich das Strahlrohr in der Mittellage und der Kraftzylinder in Ruhe. Für die Korrektur des Luftzusatzes steht der Kolbenschieber zwischen den beiden Membranen zur Verfügung. Befindet sich der Angriffspunkt des Schiebers in Mittelstellung, d. h. in der Verbindungslinie der gegeneinander wirkenden Membrankräfte, so ist er wirkungslos.

Als Meß- und Regelgerät für die Gasdichte eignet sich in der auf Abb. 1680 dargestellten Anordnung besonders der Ranarex-Apparat (s.

Dichtemesser), weil seine Verstellkräfte ausreichen, um das angebaute Hilfsstrahlrohr zu betätigen, ohne daß Meßgenauigkeit und Anzeigegeschwindigkeit darunter leiden. Ein Hebelwerk hat die Bewegung des Schiebers auf das Hilfsstrahlrohr am Gasdichteprüfer zurückzumelden, um die Übereinstimmung von Zeiger- und Schieberstellung zu gewährleisten. Zwischen dem Hub des Verhältnisschiebers und dem Weg der Rückführung am Hilfsstrahlrohr besteht eine Übersetzung von etwa 32:1. Die lineare Änderung des Zeigerausschlages wird mit der quadratischen Charakteristik des Verhältnisschiebers durch geeignete Ausbildung der Rückführübertragung in Übereinstimmung gebracht. — Mit den Schwankungen des H_2S-Anteiles ändert sich naturgemäß auch das spezifische Gewicht γ des Mischgases. Dieser Unterschied von γ, übertragen auf den Stauranddruckunterschied bei größtem und kleinstem H_2S-Gehalt, ergibt 1,5 mm und entspricht unter den vorliegenden Betriebsverhältnissen ungünstigstenfalls einem Meßfehler von etwa 2 Proz. (Siehe auch *Mayer-Witten*, Chem. Fabrik 1933, S. 61.)

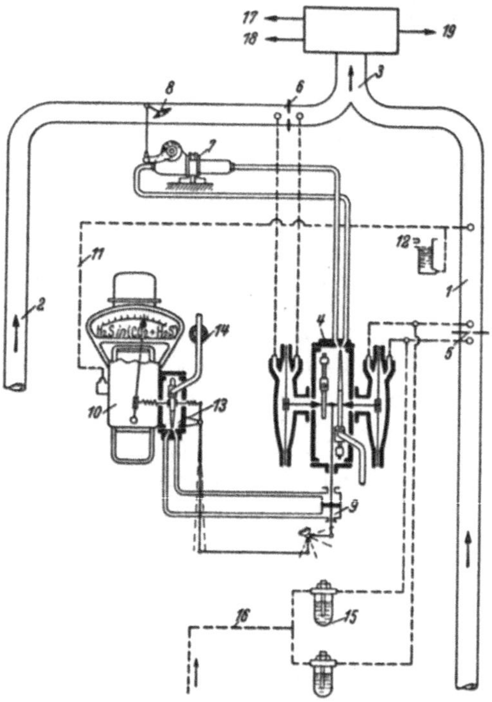

1 (CO_2+H_2S)-Leitung
2 Luftleitung
3 Gasgemischleitung
4 Verhältnisregler
5 Meßstaurand für (CO_2+H_2S)
6 Meßstaurand für Luft
7 Steuerzylinder
8 Regelklappe
9 Verhältnisschieber
10 Gasdichteprüfer
11 Meßleitung
12 Überdruckbegrenzer
13 Hilfsstrahlrohr
14 Zeitsteuerhahn (nicht in Betrieb)
15 Schutzgasarmatur
16 Schutzluft
17 Wasser
18 Kohlendioxyd
19 Schwefel

Abb. 1680. Mengen- und Dichteregler für ein Gasgemisch (Askania).

Ähnlich der Durchflußverhältnisregelung arbeitet die V e r t e i l u n g s r e g e l u n g, bei der es darauf ankommt, eine bestimmte Menge fortlaufend in bestimmten Verhältnissen aufzuteilen, z. B. Gas- oder Flüssigkeitsmengen von einer Leitung auf parallelgeschaltete Apparaturen zu verteilen. Ist beispielsweise ein Gasstrom auf zwei Apparate zu verteilen, so baut man in beide Leitungen Drosselklappen ein, die entgegengesetzt geschaltet sind, so daß sich die eine Klappe öffnet, wenn sich die andere schließt. Zur Messung der durchgehenden Mengen befinden sich außerdem in beiden Leitungen Meßflansche (Blenden), die ihre Impulse auf den Regler übertragen. Der Regler ist nur dann im Gleichgewicht, wenn die Wirkdrücke an beiden Meßflanschen gleich sind oder in dem eingestellten Verhältnis stehen. (*G. Wünsch*, Z. VDI 1937, S. 1060.)

Sind die strömenden Mengen auf mehr als zwei Leitungen aufzuteilen, so setzt man ein Hauptsteuerwerk (H a u p t r e g l e r oder K o m m a n d o g e b e r) ein, das eine Anzahl von Nebenreglern steuert. Als Beispiel zeigt Abb. 1681 die

Steuerung einer Kesselbatterie mit besonderem Kommandoregler nach einem von den Askania-Werken A.-G. entwickelten Verfahren. Sinngemäß läßt sich diese Regelung auch auf andere parallelgeschaltete Apparaturen, beispielsweise Destillationseinrichtungen, Ofenanlagen usw., anwenden.

Nach Abb. 1681 wird das Hauptsteuerwerk A mit Druckluft betrieben, die entweder einer vorhandenen Luftleitung entnommen oder durch ein kleines Hilfsgebläse erzeugt wird. Die Druckluft wird dem Strahlrohr 3 zugeführt. Stellt sich das Strahlrohr infolge der Belastung mitten vor die Öffnung 5

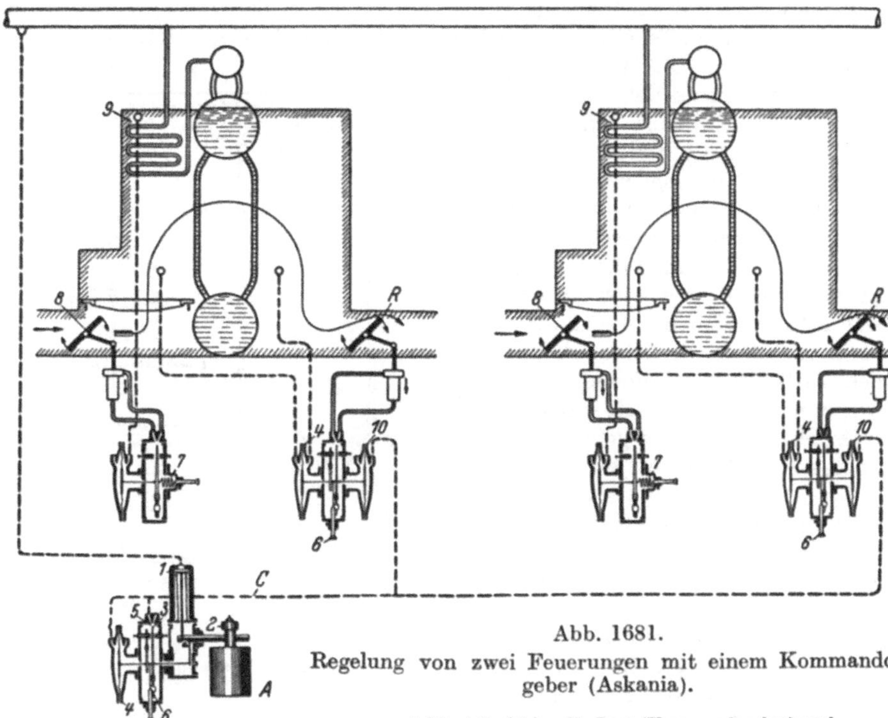

Abb. 1681.
Regelung von zwei Feuerungen mit einem Kommandogeber (Askania).

1 Kommandomeßsystem
2 Solldruck-Gewicht
3 Strahlrohr
4 Rückführmembran
5 Anschluß der Steuerleitung
6 Einstellschieber für Last (Kommandogeber) und für Luftüberschuß (Verbrennungsregler)
7 Einstellsystem des Feuerraumdruckreglers
8 Luftklappe mit Steuerzylinder
9 Entnahmestelle für Feuerraumdruck
10 Meßsystem für den Kommandoimpuls

(die zweite Steueröffnung wird nicht benutzt), dann wird annähernd der volle Luftdruck auf die Steuerleitung C übertragen; entfernt sich das Strahlrohr von der Steueröffnung bei abnehmender Belastung, so vermindert sich auch der Druck in der Steuerleitung. Jeder Belastung ist damit eine bestimmte Stellung des Strahlrohres und ein bestimmter Druck in der Leitung C zugeordnet. Dem jeweiligen Steuerdruck, der auf die Membranen 10 der Belastungsregler wirkt, steht der Rauchgas-Differenzdruck der Meßsysteme 4 an den gleichen Reglern gegenüber und beeinflußt somit mittelbar auch das Meßsystem 4 des Hauptsteuerwerkes. Dessen Strahlrohr kommt also zur Ruhe, wenn der Steuerdruck dem Belastungsmaß das Gleichgewicht hält. Der auf die Belastungssteuerwerke einwirkende Steuerdruck verstellt die Rauchgasklappe *R* jedes Kessels so weit, bis die Rauchgasmenge am gegenüberliegenden Meßsystem dem Belastungswert entspricht. Die Verbindung von Kommandogeber und den davon gesteuerten Belastungsreglern hat zur Folge, daß Wärmebedarf und Wärmezufuhr dauernd im Gleichgewicht gehalten werden, wodurch ständig gleichbleibender Dampfdruck erzielt wird. Außerdem ist auch die planmäßige Lastverteilung auf alle der Regelung unterliegenden Kessel herbeigeführt.

Die Regelung einer Feuerung durch Verstellen der Rauchgasklappen nach der Belastung mit Rückführung durch den Rauchgasdruckunterschied nach einem Verfahren der Askania-Werke A.-G. wird in Abb. 1682 gezeigt. Der Regler muß so arbeiten, daß das Gleichgewicht zwischen Wärmezufuhr und Dampfabströmung nicht gestört wird. Den Ausgangspunkt hierfür bildet die Meßgröße, die den Belastungswechsel anzeigt, bevor sich der Kesseldruck zu ändern beginnt. Bei gleichbleibendem Kesseldruck zeigt der Dampfdruck der Sammelleitung sofort die Last an. Dieser Druck ist um den Strömungsabfall zwischen Kessel und Meßstelle in der Sammelleitung kleiner als der Kesseldruck. Läßt man auf die Membran *4* nicht den Sammelleitungsdruck selbst, sondern den Druckunterschied gegenüber dem Sollwert des Kesseldruckes wirken, dann beeinflußt die Belastung unmittelbar die Steuerung. Der wirksame Druckunterschied wächst quadratisch mit der Belastung. Um alle fehlerhaften Einflüsse auf den Regelvorgang auszuschalten, wird der Askania-Feuerregler mit einer Membranrückführung ausgestattet, auf die der Druckunterschied der Rauchgase wirkt. Die Steuerung kommt sofort zur Ruhe, sobald Dampfbelastung und gesteuerte Menge übereinstimmen.

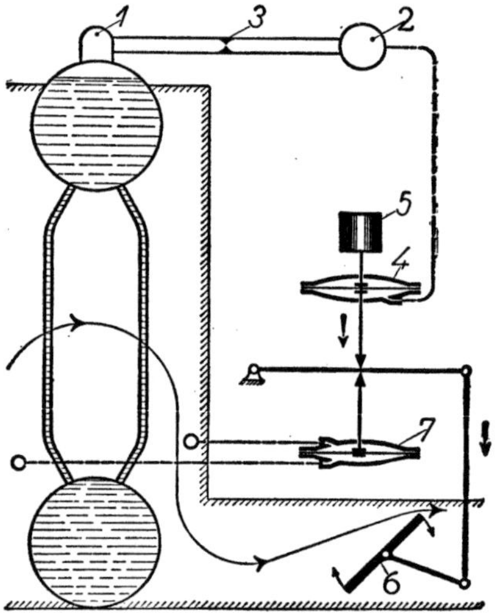

1 Dampfraum *2* Dampfsammler *3* Rohrleitung *4* Belastungsmeßsystem *5* Gewicht *6* Rauchgasklappe *7* Rückführmeßsystem

Abb. 1682. Feuerungsregler (Askania).

Ein Steuerwerk der Askania-Werke A.-G. zur Regelung der Brennstoffzufuhr nach Maßgabe der Dampferzeugung zeigt Abb. 1683. Bei gleichbleibender Schütthöhe und Brennstoffgüte ist die Vorschubgeschwindigkeit des Rostes ein Maß für die zugeführte Brennstoffmenge. Mit der dargestellten Regeleinrichtung wird die Vorschubgeschwindigkeit des Rostes von Null bis zu einem Höchstwert stetig und feinstufig geändert. Bei der Entwicklung dieses Reglers war die Überlegung maßgebend, daß es in der Wirkung auf dasselbe hinauskommt, ob ein Wanderrost im Verlaufe von beispielsweise einer halben Stunde in ununterbrochener Bewegung 1 m vorgeschoben oder ob diese Bewegung in etwa 30 Phasen unterteilt wird, wobei der Rost in einem bestimmten Teil jeder Phase stillsteht und im anderen Teil mit gleichbleibender Geschwindigkeit vorwärtsbewegt wird. Es mußte also eine Einrichtung geschaffen werden, die in gewünschter Abhängigkeit vom Dampfbedarf oder einem anderen Regelwert das Verhältnis von Lauf- zu Stillstandszeit von Null bis Unendlich verändert, so daß alle Abstufungen der Vorschubgeschwindigkeit möglich sind. Die Abb. 1683 zeigt die Lösung dieser Aufgabe: Der Strahlrohrregler erhält seinen Regelimpuls von der am Membransystem *1* gemessenen Luftmenge, die nach Maßgabe des Dampfbedarfs entweder durch einen zweiten Regler oder von Hand gesteuert wird. An Stelle der Verbrennungsluft kann auch die Meßgröße für den Dampfbedarf unmittelbar auf den Regler zur Einwirkung gebracht werden. In diesem Fall wird die Ledermembran *1* durch ein Wellrohrsystem ersetzt. Steigt die dem Kessel zugeführte Luftmenge, d. h. der auf die Membran *1* wirkende Druckunterschied der Rauchgase, so wird das Strahlrohr *4* nach links bewegt. Es steuert den Kolben *2* ebenfalls so weit nach links, bis die über das Rückführgestänge *3* gespannte Einstellfeder der Membrankraft das Gleichgewicht hält. Da der Differenzdruck an der Membran quadratisch mit der Luftmenge steigt, weist auch der ausgesteuerte Kolbenweg eine quadratische Abhängigkeit von der Luftmenge auf. Mit dem Kolben *2* ist die Nockenwalze *5* verbunden. Diese wird von dem Ölmotor *6* über das Zahnradgetriebe *7* mit einer Drehzahl von etwa einer Umdrehung/min angetrieben. Die Übersetzung am Zahnradgetriebe beträgt etwa 60:1, d. h. der Ölmotor wird auf 60 Umdrehungen/min eingestellt, wenn sich die Nockenwalze mit 1 Umdrehung/min bewegen soll. Die dem Ölmotor zugeführte Ölmenge kann zur Regelung der Motordrehzahl an dem Nadelventil *8* eingestellt werden. Die unvermeidlichen Drehzahlschwankungen des Ölmotors sind für die einwandfreie Wirkung des Reglers belanglos, weil bei einer bestimmten Stellung des Nockens das Verhältnis von Stillstandszeit zu Laufzeit immer das gleiche bleibt, unabhängig davon, ob sich der Nocken z. B. in 50 oder 70 Sekunden einmal herumdreht. Aus der Stellung der Nockenwalze, die ein längs der Achse sich stetig änderndes Profil trägt, ergibt sich die Schaltzeit für die als Quecksilberrelais ausgebildete Kontaktvorrichtung *9*. Das Verhältnis der Laufzeit zur Stillstandszeit kann durch Längsverschieben der Schaltwalze von Null bis Unendlich verändert werden, so daß alle Abstufungen der Rostgeschwindigkeit möglich sind. Da die Nockenabwicklung die Form einer Hyperbel trägt, wird erreicht, daß trotz der quadratischen Wegcharakteristik der Nockenwalze das Verhältnis von Lauf- zu Stillstandszeit linear zur Luftmenge verläuft. — Die Kontaktvorrichtung *9* steuert eine zwischen Elektromotor *10* und Rostgetriebe *12* eingesetzte elektromagnetische Kupplung *11*. Den für den Be-

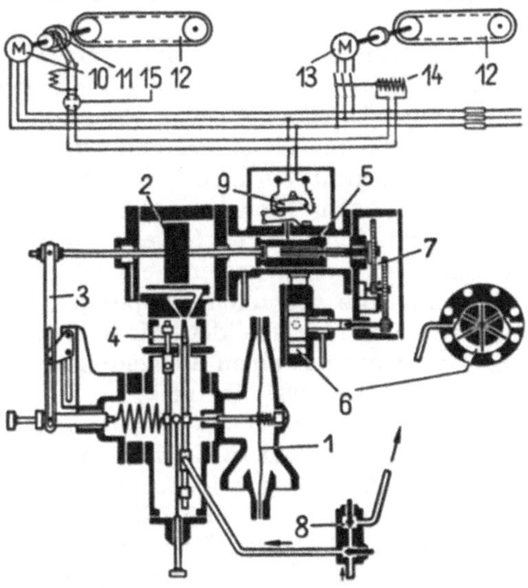

Abb. 1683. Steuerwerk zur Regelung der Brennstoffzufuhr für Kesselfeuerungen (Askania).

trieb der Kupplung erforderlichen Gleichstrom von 110 V liefert ein Trockengleichrichter *15*. Obwohl der Rostmotor dauernd mit gleichbleibender Drehzahl läuft, wird also der Rost nur in der Zeit vorgeschoben, in welcher der Regler die elektromagnetische Kupplung schließt. Noch einfacher ist es, in den Steuerstromkreis einen dreipoligen Fernschalter *14* zu legen, der den Drehstromrostmotor *13* selbsttätig ein- und ausschaltet. Bei dem heutigen Stand im Bau geeigneter Relais und Elektromotoren liegt hierin keinerlei Schwierigkeit mehr, wie es das jahrelang einwandfreie Arbeiten ähnlicher Anlagen beweist. Kurzschlußläufermotoren bis zu 5 kW Einzellast können ohne Bedenken unmittelbar ein- und ausgeschaltet werden. Unabhängig vom Regler kann das Quecksilberrelais *9* unmittelbar von Hand ein- oder ausgeschaltet werden. Außerdem kann der Stromkreis über besondere Schalter von beliebiger Stelle aus ein- oder ausgeschaltet werden, um jederzeit in den Regelvorgang eingreifen zu können.

In der chemischen Technik tritt bisweilen auch die Aufgabe auf, die Summe verschiedener Meßwerte auf den Regler wirken zu lassen. Bei geradliniger Abhängigkeit der einzelnen Meßwerte kann der Regler selbst die Summe bilden. Bei quadratischer oder nach einem anderen Gesetz verlaufender Abhängigkeit erzeugt man Hilfsströme mit Druckluft, Drucköl oder auf elektrischem Wege, die den einzelnen durchfließenden Mengen verhältnisgleich sind. Die Summe des von mehreren Apparaten gelieferten Gutes kann man z. B. so regeln, daß man jede Dosier- oder Teilvorrichtung mit einer kleinen Meßpumpe versieht. Die gesamte Strömung, die von allen Meßpumpen geliefert wird, geht durch einen Meßflansch. Der hier gebildete Meßwert entspricht der zu regelnden Gesamtmenge und kann auf einen Mengenregler geschaltet werden. (Siehe auch *G. Wünsch*, Z. VDI 1937, S. 1060.)

In einfacher Weise läßt sich mit Hilfe der beschriebenen Regelverfahren die Aufgabe lösen, die Stellung eines Regelgliedes stets in einer bestimmten gesetzmäßigen Abhängigkeit von einem Meßwert zu bringen. Man kann hierzu z. B. eine Kurvenscheibe einschalten, die je nach ihrer Stellung verschieden die Kraft einer gegen den Meßdruck wirkenden Feder beeinflußt. Das Steuerorgan verstellt die Kurvenscheibe, wobei die Abhängigkeit der Größen voneinander durch die Form der Kurven gegeben ist.

Eine andere Aufgabe, die bei der Regelung oft auftritt, besteht darin, daß der gleiche Regler mehrere Steuerorgane nacheinander einschaltet, und das nächstfolgende erst einsetzt, wenn das vorhergehende voll geöffnet ist, und entsprechend wieder ausschaltet, wenn der Abstrom vermindert werden muß. Hier sind Lösungen auf mechanischem, hydraulischem und auf elektrischem Wege möglich. Man kann z. B. eine Reihe von Kurvenscheiben auf einer Welle anordnen, welche die einzelnen Steuerorgane betätigen. Ein Stellmotor dreht die Welle entsprechend den vom Regler gegebenen Anstößen. Die hydraulische Lösung für diese Aufgabe verwendet mehrere hintereinandergeschaltete Steuerkolben entsprechend der Zahl der Steuerorgane. Der vordere Teil eines Steuerzylinders ist mit dem hinteren Teil des nächsten Zylinders durch eine Leitung verbunden. Wenn der Stellkolben des ersten Zylinders in seine Endstellung gelangt ist, gibt er die Öffnung mit dem Anschluß zum nächsten Zylinder frei, so daß sich der nächste Kolben zu bewegen beginnt. Bei der Rückwärtsregelung kehrt sich die Reihenfolge in der Bewegung der einzelnen Kolben entsprechend um.

Lit.: *G. Wünsch,* Regler für Druck und Menge (München 1930, Oldenbourg). — *G. Keinath,* Arch. techn. Messen (München 1933—1936, Oldenbourg). — *R. Stohn,* Temperaturregler (Halle a. d. S. 1933, Marhold). — *Th. Stein,* Regelung und Ausgleich in Dampfkraftanlagen (Berlin 1926, Julius Springer). — *W. Schmidt,* Unmittelbare Regelung (Berlin 1938, VDI-Verlag). — Druckschriften der Siemens & Halske A.-G., Berlin-Siemensstadt, und der Askania-Werke A.-G., Berlin-Friedenau. — *A. Watzinger* u. *L. J. Hanssen,* Der Regelvorgang bei Kraftmaschinen (Berlin 1923, Julius Springer). — *G. Wünsch,* Aufgaben der Regelung in der Verfahrenstechnik (Z. VDI 1937, S. 1057). — *W. Schmidt,* Gesetze der unmittelbaren Regelung (Z. VDI 1937, S. 1425). — *W. Jaekel,* Elektrische Regler für die chemische Industrie (Chem. Apparatur 1937, S. 265). — *M. Wülfinghoff,* Allgemeines über den Aufbau automatischer Regelanlagen (Chem. Apparatur 1935, S. 133); Die Konstruktionselemente für automatische Regelanlagen (Chem. Apparatur 1935, S. 145); Die Steuerübertragung und Verstärkung in automatischen Regelanlagen (Chem. Apparatur 1935, S. 165); Die Impulsempfänger in automatischen Regelanlagen (Chem. Apparatur 1935, S. 175). — *H. J. Velten,* Automatic Mixing and Proportioning of Gases and Liquids (Ind. Engng. Chem. 1937, S. 1214). — *J. Grebe,* Elements of Automatic Control (Ind. Engng. Chem. 1937, S. 1225).

Thormann.

Lit. Chem. Apparatur (s. auch oben): *F. W. Horst,* Vorrichtung zum genauen Einstellen des Zufließens von Flüssigkeiten (1916, S. 29). — *E. Krahnen,* Leistungsregler für Luft- und Gaspresser (Kompressoren) (1923, S. 112). — *H. Söffge,* Flüssigkeits-Zulauf-Regler für selbsttätige, ununterbrochene Mischung von mehreren Flüssigkeiten jeglicher Art (1923, S. 87). — *G. Lehner,* Ausrückvorrichtung für Kolbenluftpresser (1924, S. 98). — *J. Hennig,* Zuflußregler für Flüssigkeiten (1938, S. 373).

Reibmaschinen (Reiben; *s. auch Verreibmaschinen, Walzwerke, Zerkleinerungsmaschinen)* sind im allgemeinen Zerkleinerungsmaschinen, deren Arbeitsflächen sich zueinander bewegen und das Zerkleinerungsgut zwischen sich durch Reibung einziehen und mahlen. Wenngleich sie also keine Druck- oder Quetschwirkung ausüben, so spielt doch der Druck, mit dem die Arbeitsflächen aneinandergepreßt werden, insofern eine bestimmende Rolle, als die Reibung (R) vom Preßdruck (P) und von der Reibungszahl (μ) abhängig ist: $R = \mu \cdot P$. Diese Wirkungsweise bestimmt auch die Form und Beschaffenheit der Reibflächen, die sonach weder gezähnt oder geriffelt, noch glatt (poliert) sein dürfen, sondern mehr oder weniger rauh sein müssen. Zur Erzielung einer stetigen Arbeitsweise ist eine in sich zurückkehrende, also drehende Bewegung erforderlich; dieser Bedingung entsprechen am besten zylindrische Flächen (Walzen) oder Scheiben (Teller). Aber auch die hin- und hergehende Bewegung, wie z. B. bei den Längsreibmaschinen (Konchen), wird angewendet. Über Einrichtung und Arbeitsweise s. Verreibmaschinen, Walzwerke.

Außer diesen eigentlichen Reibmaschinen gibt es noch solche, die mit schneidenden oder scherenden Werkzeugen arbeiten, wie z. B. die Kartoffelreiben, bei denen eine mit Sägeblättern besetzte Trommel die in den Fülltrichter eingeworfenen Kartoffeln an einem anstellbaren Reibklotz zu einem sehr feinen Reibsel zerreibt. — Auch nach Art der Kegelmühlen werden Reibmaschinen, z. B. zur Zerkleinerung der bei der Kartoffelstärkegewinnung anfallenden Pülpe, ausgeführt, in denen ein geriffelter Mahlkegel in einem ebenfalls geriffelten kegelförmigen Gehäuse rasch umläuft, und zum Zwecke der Einstellung der Reibwirkung durch eine Schraube mit Handrad axial verstellbar ist (s. auch Glockenmühlen). Das wesentliche Merkmal dieser Reibmaschinen besteht darin, daß die Fasern des Rohstoffes (Kartoffeln) zerrieben, also nicht zerschnitten werden, und die für die Weiterverarbeitung wichtige Größe behalten.

Lit.: *M. Dolch*, Betriebsmittelkunde für Chemiker (Leipzig 1929, Spamer).

Rektifizierapparate *(s. auch Destillierapparate)* dienen zur möglichst vollständigen Trennung eines Gemischs gegenseitig löslicher Flüssigkeiten durch gegenseitige Einwirkung von Flüssigkeit und Dämpfen in Kolonnenapparaten. Im besonderen bezeichnet man als Rektifizierapparate die Einrichtungen zur Reinigung des Rohsprits von den bei der Gärung entstandenen Stoffen. Hierbei handelt es sich um die vollständige Entfernung der leichter siedenden Bestandteile, der Aldehyde, und der höher siedenden Bestandteile, der Fuselöle. Die Verwendung zur Reinigung des Rohsprits hat den Apparaten auch den Namen gegeben, da Rektifikation Reinigung bedeutet. Die vollständige Abtrennung der Nebenbestandteile der Gärung verlangt gegenüber den gewöhnlichen Destillierapparaten eine besondere Ausbildung, um die notwendige Reinheit des Erzeugnisses zu erzielen. Die Wirkungsweise der Apparate an sich ist jedoch die gleiche wie die der unter Destillierapparate (s. d.) beschriebenen Kolonnenapparaturen. Die Rektifizierapparate kann man daher auch als Destillierapparate ansehen, die für eine besonders weitgehende oder nahezu vollständige Trennung eines Gemischs von Flüssigkeiten durch Gegenstromführung zwischen Flüssigkeit und Dampf in feinster Verteilung gebaut sind. Es können daher auch alle unter „Destillierapparate" gebrachten Ausführungen über die Wirkungsweise der Kolonnenapparate auf die Rektifizierapparate übertragen werden. Man hat später die ursprüngliche Beschränkung der Bezeichnung Rektifizierapparate auf die Apparate zur Reinigung des Rohsprits auf alle Einrichtungen erweitert, mit denen eine nahezu vollständige Trennung eines gegenseitig löslichen Gemischs von Flüssigkeiten erzielt werden soll. Die Bezeichnung als Destillier- oder Rektifizierapparat wird nicht immer einheitlich angewendet.

Die Rektifizierapparate arbeiten stets mit einer sehr hohen Kolonne, da die Trennung eines Gemischs um so vollständiger ist, je größer die Bodenzahl einer Säule ist, wenn der Wärmebedarf nicht über ein bestimmtes Maß hinausgehen soll. Es werden entweder absatzweise betriebene oder stetig arbeitende Apparate angewendet.

Die absatzweise arbeitenden Apparate bestehen aus einer Blase, die mit der zu rektifizierenden Flüssigkeit gefüllt wird, einer Kolonne, die entweder mit Glocken- oder mit Siebböden oder mit Füllkörpern ausgefüllt ist, einem Rücklaufkondensator, in dem durch Kondensation des aus der Kolonne kommenden Dampfs der notwendige Rücklauf erzeugt wird, und dem Destillatkühler, in dem der Restdampf niedergeschlagen wird. Die Blase wird in der Regel durch eine Dampfschlange beheizt. Gegen Ende des Abtriebs wird dann, wenn die schwersiedende Komponente des Gemischs Wasser ist, noch Wasserdampf unmittelbar mit einer gelochten Schlange eingeblasen.

Die zu rektifizierenden Stoffe bestehen meist aus einem Gemisch von mehreren Flüssigkeiten mit verschiedenem Siedepunkt. Bei der Rektifikation in einem absatzweise arbeitenden Apparat steigt zunächst ein Dampfgemisch aus der Blase auf, in dem der Gehalt an leicht siedenden Stoffen am höchsten ist. In der Kolonne wird dieses Gemisch dann weiter derart zerlegt, daß nach oben zu der Gehalt an leicht siedenden Stoffen immer höher wird. Das zuerst gewonnene Destillat, der sog. Vorlauf, hat daher den höchsten Gehalt an Leichtsiedendem. In dem Maße, wie die leichtsiedenden Stoffe in der Blase abnehmen, wird auch der Anteil dieser Stoffe in dem Destillat geringer. Es ist so mit einer genügend hohen Säule möglich, die einzelnen in dem Gemisch vorhandenen Stoffe in der Reihenfolge ihrer Siedepunkte nacheinander nahezu rein oder, wenn die beigemischten Stoffe, wie beim Spiritus, nur als Verunreinigungen in verhältnismäßig geringen Mengen vorhanden sind, diese in starker Konzentration als Vor- und Nachlauf zu erhalten. Hat das Gemisch einen Minimumsiedepunkt, so nähert sich die Destillatzusammensetzung immer der diesem Punkt entsprechenden Zusammensetzung, da die Destillation immer so verläuft, daß die Temperatur geringer wird.

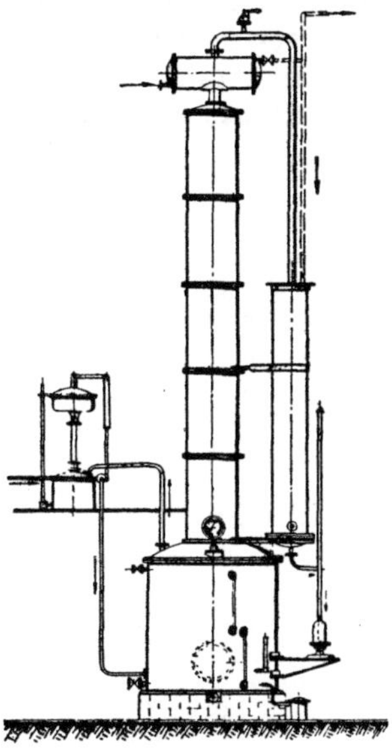

Abb. 1684. Alkoholrektifikationsanlage.

Mit einem absatzweise arbeitenden Apparat läßt sich in der Regel eine Trennung eines aus mehreren Stoffen bestehenden Gemischs nur unvollständig erreichen, da sich die Destillatzusammensetzung im Verlauf eines Abtriebs dauernd ändert, und die einzelnen Stoffe daher nicht immer rein übergehen, sondern in bestimmten Zeitabschnitten kleine Mengen von den anderen Bestandteilen enthalten, die von der jeweiligen Zusammensetzung des Gemischs in der Blase abhängen.

Die Trennung der Bestandteile eines Gemischs voneinander ist im allgemeinen um so einfacher, je mehr ihre Siedepunkte auseinander liegen. Je enger die Siedepunkte liegen, je vollständiger die Trennung des Gemischs werden soll, um so größer muß die anzuwendende Bodenzahl, um so höher muß die Kolonne werden. Auch für die Rektifizierapparate gilt, ähnlich wie für die Destillierapparate, der Satz, daß der Wärmeverbrauch für den die Kolonne hinunterströmenden Rücklauf und damit der Wärmebedarf der gesamten Anlage um so größer wird, je kleiner die Bodenzahl ist, und je weitergehend die Trennung der Bestandteile des Gemischs erfolgen soll.

Einen einfachen, absatzweise arbeitenden Rektifizierapparat normaler Bauart zeigt Abb. 1684. Die verhältnismäßig klein ausgeführte Blase ist als stehender Zylinder ausgebildet. Die Kolonne ist unmittelbar auf die Blase gesetzt. Über der Kolonne befindet sich der Rücklaufkondensator, der als waagerechtes Röhrenbündel ausgebildet ist. Neben der Kolonne ist der als Zargenkühler ausgeführte Destillatkühler angebracht, aus dem das Destillat in den Prüfauslauf gelangt. Der Druck in der Blase wird durch einen Dampfdruckregler unveränderlich gehalten (s. Druckregler, Regler).

Der Apparat auf Abb. 1685 ist mit einer liegenden Blase versehen (vgl. auch *Eckelt-Gassner*, Projektierungen und Apparaturen für die chemische Industrie, I. Gruppe [Leipzig 1926, Spamer]).

Man beheizt die Blasen meist mit Dampf durch Rohrschlangen oder durch Röhrenheizkörper, bei kleinen Apparaten auch durch Dampfmäntel, weil die

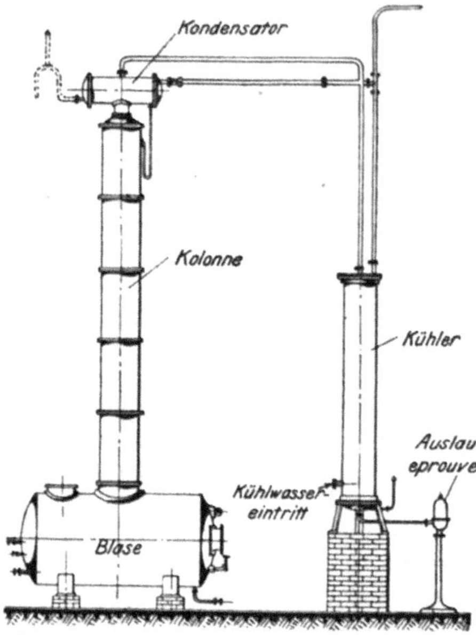

Abb. 1685. Rektifizieranlage mit liegender Destillierblase (Heckmann).

Dampfbeheizung am leichtesten abstell- und regelbar ist. Zur Ableitung des Kondenswassers aus der Heizschlange dient ein Kondenstopf (s. d.). Zum unmittelbaren Einblasen von Dampf baut man meist eine gelochte Schlange, die sog. Schnatterschlange, in die Blase ein. Diese wird z. B. bei Spiritusrektifizierapparaten stets vor der Beendigung des Abtriebs längere Zeit in Tätigkeit gesetzt. Sowohl die Heizschlange als auch die Schnatterschlange sind stets so tief wie möglich anzuordnen, damit die entstehenden Dampfblasen die Blasenfüllung in voller Höhe durchdringen.

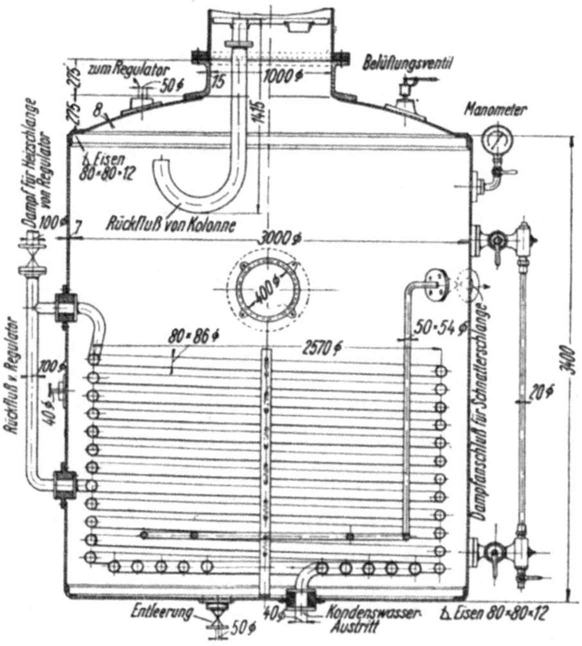

Abb. 1686. Rektifizierblase.

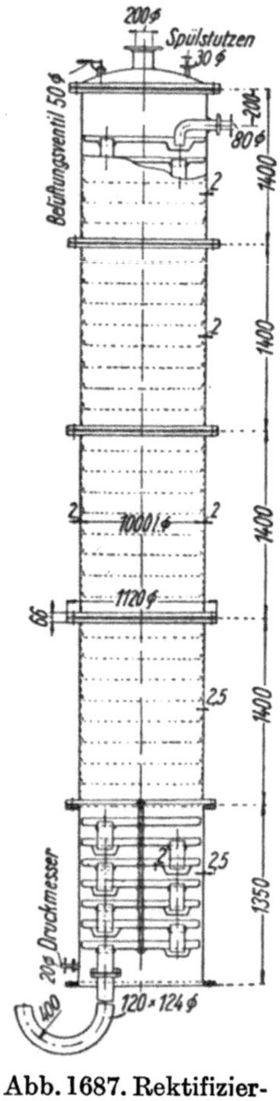

Abb. 1687. Rektifizierkolonne zu Abb. 1686.

Die Einzelheiten und das Zubehör einer Rektifizierblase sind in einem Beispiel auf Abb. 1686 ersichtlich. Die zugehörige Kolonne (Abb. 1687) ist aus Kupferzargen gebildet und mit Siebböden versehen. Die Flüssigkeit wird von Boden zu Boden durch Fallrohre geleitet, während der Dampf durch die Löcher quer durch die Flüssigkeitsschicht nach oben tritt. (Siehe auch *Schröder*, Chem. Apparatur 1914, S. 283.)

Einen Apparat, der auch zur Rektifikation unter Vakuum anwendbar ist, zeigt Abb. 1688. Unter dem Destillatkühler befindet sich eine Vorlage, an welche die Luftpumpe angeschlossen ist.

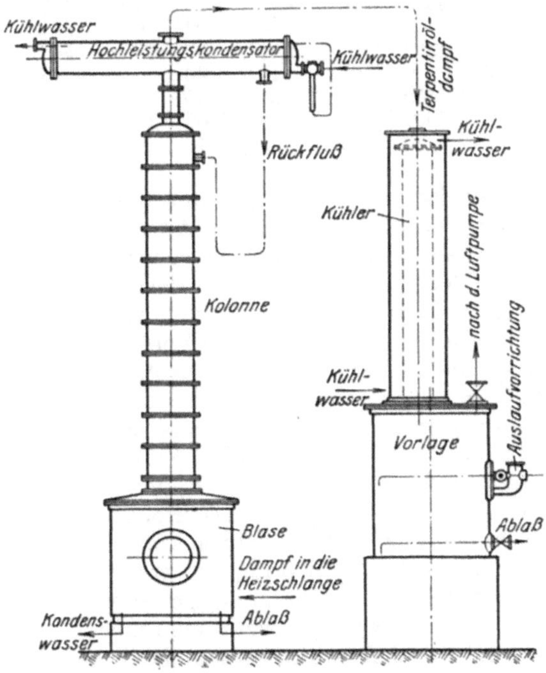

Abb. 1688. Vakuum-Rektifizierapparatur (Heckmann).

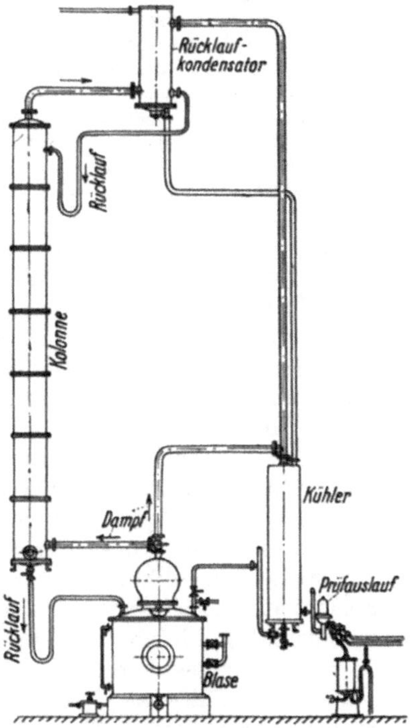

Abb. 1689. Umschaltbarer Rektifizierapparat.

Ein umschaltbarer Rektifizierapparat ist auf Abb. 1689 dargestellt. Durch einen Dreiwegehahn können die aus der Blase aufsteigenden Dämpfe unten in die Kolonne oder unmittelbar in den Kühler geschickt werden, so daß die Einrichtung sowohl als Rektifizierapparat als auch als einfacher Blasen-Destillierapparat verwendet werden kann.

Die Abmessungen von absatzweise arbeitenden Spiritus-Rektifizierapparaten, wie sie meist angenähert ausgeführt werden, sind in der nebenstehenden Tabelle angegeben.

Die Bodenzahl derartiger Apparate beträgt meist etwa 40—45, wird jedoch im Bedarfsfall noch größer ausgeführt. Ein Abtrieb dauert etwa bei kleinen Apparaten 12, bei den größten Apparaten bis zu 48 Stunden. — Bei der Zerlegung von Steinkohlenteeren in die einzelnen Bestandteile arbeitet man mit

Blasenrektifizierapparaten von etwa 50—70 t Fassungsinhalt und mit einer Rektifizierkolonne, die aus etwa 30—35 Böden besteht. Dabei verwendet man eine Luftleere von etwa 700 mm Q. S. an. Vorher wird der Teer in einer besonderen Blase entwässert.

Stdl. Leistung bei Erzeugung von Spiritus von 95—96 Vol.-% in l/std.	50	100	150	200	300	400	500
Durchmesser der Blase in mm	1200	1600	2000	2200	2500	2900	3000
Höhe der Blase in mm	1200	1600	2100	2300	2600	3000	3200
Heizfläche in der Blase in m²	2,5	5	7,5	10	14	18	22
Kolonnendurchmesser in mm	390	460	600	650	750	900	1000
Höhe der Kolonne in mm	5500	5500	5800	6000	6500	6500	6800
Durchmesser des Kondensators in mm	500	600	650	700	800	850	850
Höhe des Kondensators in mm	1500	1500	1800	2000	2200	2300	2500
Kühlfläche des Kondensators in m²	5	10	14	18	26	34	40
Durchmesser des Kühlers in mm	450	450	500	550	550	550	600
Höhe des Kühlers in mm	2500	2600	3200	3400	4000	4200	4400
Kühlfläche in m²	3	6	9	12	18	23	28

Soll ein Gemisch in stetiger Arbeitsweise vollständig getrennt werden, so sind hierzu mehrere Säulen nötig, von denen jede aus einer Abtriebs- und einer Verstärkungssäule besteht (s. auch Destillierapparate). Das zu trennende Gemisch wird auf den zwischen den beiden Säulen liegenden Boden, also den obersten Boden der Abtriebssäule, geführt. In den beiden Säulen wird dann das Gemisch in zwei Teile getrennt, von denen der oben aus der Verstärkungssäule aufsteigende die leichtsiedenden und der unten aus der Abtriebssäule gehende die schwersiedenden Anteile des Gemisches enthält. Die Vorteile einer stetigen Arbeitsweise sind besonders bei großen Leistungen so erheblich, daß man diesen Apparaten möglichst den Vorzug geben sollte. — Ganz besonders sind die ununterbrochen arbeitenden Apparate zur Reinigung des Rohsprits vervollkommnet worden. Bei der Reinigung des Rohsprits in absatzweise arbeitenden Apparaten entsteht bei jedem Abtrieb nur ein verhältnismäßig kleiner Teil hochgrädigen, besten Feinsprits, der etwa 70 bis 75 Proz. der gesamten, dem Apparat zugeführten Alkoholmenge entspricht. Der Rest müßte also nochmals aufgearbeitet werden, wenn eine möglichst große Menge besten Feinsprits erzeugt werden sollte. Auch dann bleibt immer noch ein erheblicher Teil von nicht genügend reinem Spiritus übrig. Die stetig arbeitenden Apparate wirken gleichzeitig so, daß der verunreinigte Spiritusrest möglichst gering und die zugeführte Alkoholmenge möglichst ganz im Feinsprit enthalten ist.

Am schwierigsten ist die vollständige Entfernung der Vorlaufbestandteile. Hierzu wird meist eine besondere Vorlaufkolonne verwendet, die den Spiritus mehrfach aufkochen läßt, um die Vorlaufbestandteile im Destillat stark anzureichern. Die aus der Vorlaufkolonne abgezogene, verunreinigte Spiritusmenge beträgt bei guten Apparaten nur wenige Prozent der zugeführten Maische- oder Rohspritmenge. Der aus dem Unterteil der Vorlaufkolonne ablaufende, nahezu vorlauffreie Spiritus wird der aus Abtriebs- und Verstärkungssäule bestehenden Hauptkolonne zugeführt. Die Verstärkungssäule wird meist neben die Abtriebssäule gesetzt, um unterhalb der Verstärkungssäule noch Platz für einen Rücklaufvorratsbehälter, den sog. Akkumulator, zu erhalten, der Belastungsschwankungen, die im Betrieb vorkommen, ausgleichen soll. Oft wird auch die Vorlaufkolonne auf die Abtriebssäule der Hauptkolonne gesetzt. In der Hauptkolonne wird der Spiritus auf einen Alkoholgehalt von über 94 Proz. gebracht, so daß das Destillat fuselölfrei wird. Um die letzten Reste von Vorlaufbestandteilen und diejenigen, die sich bei der Destillation vielleicht noch gebildet haben, zu entfernen, wird das Destillat, bevor es in den Alkoholkühler und in den Prüfauslauf gelangt, in eine kleine Nachrektifiziersäule geschickt. Das aus dem Rücklaufkondensator der Hauptkolonne kommende Destillat wird etwa in der Mitte dieser Säule eingeführt. Aus ihrem Oberteil wird eine geringe, durch Vorlaufbestandteile verunreinigte Spiritusmenge abgezogen und zweckmäßig in die Vorlaufkolonne zurückgeführt. Aus ihrem Unterteil wird der

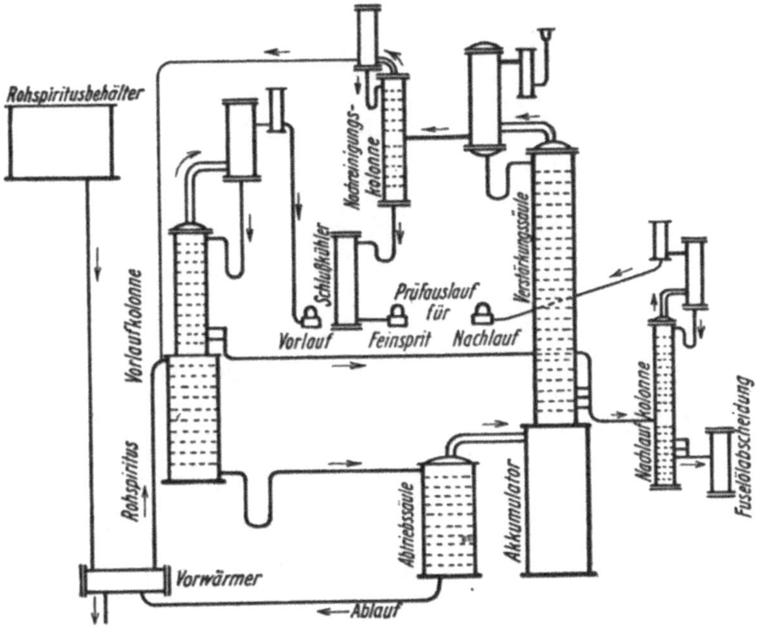

Abb. 1690. Schema eines Spiritusrektifizierapparats.

vollständig gereinigte Alkohol in den Schlußkühler geleitet. Aus dem unteren Teil der Verstärkungssäule der Hauptkolonne und auch der Vorlaufkolonne wird das Fuselöl abgezogen und in eine besondere Nachlaufkolonne geführt. Aus ihrem unteren Teil läuft das Fuselöl ab, ihrem Oberteil wird der durch Fuselölbestandteile verunreinigte Spiritus — der Nachlauf — entnommen. Ein vollständiger Rektifizierapparat arbeitet also in der Regel mit vier Kolonnen, von denen jede mit einem besonderen Rücklaufkondensator versehen sein muß. Da alle Apparate mit Atmosphärendruck arbeiten, sind an die Kondensatoren noch besondere Luftkühler angeschlossen, die mit der Außenluft in Verbindung stehen und Alkoholverluste verhüten. Zur Reinigung allein genügen oft Apparate, die nicht mit Nachreinigungs- und Nachlaufkolonne versehen sind und also nur eine Vorlauf- und Hauptkolonne besitzen. Soll auch unmittelbar Maische verarbeitet werden, so muß noch eine besondere

Maischesäule vorgesehen werden, in der die Maische entgeistet wird. Die festen Bestandteile der Maische verlassen dann die Apparatur aus dem unteren Teil der Maischesäule als Schlempe. Die Vorwärmung der Maische oder des Rohsprits erfolgt bei den vielteiligen Apparaten meist durch den heißen Ablauf aus der Maische- bzw. Abtriebssäule der Hauptkolonne, während bei den üblichen Spiritusdestillierapparaten hierzu ein Teil der im Rücklaufkondensator entzogenen Rücklaufwärme benutzt wird. Zur Kondensation des Dampfs für den Rücklauf wird bei den vielteiligen Apparaten meist Wasser, nicht Maische oder Rohsprit, verwendet.

Für einen vollständigen Spiritusrektifizierapparat ergibt sich demnach, wenn man alles Nebensächliche der Übersichtlichkeit wegen wegläßt, das in Abb. 1690 dargestellte Bild.

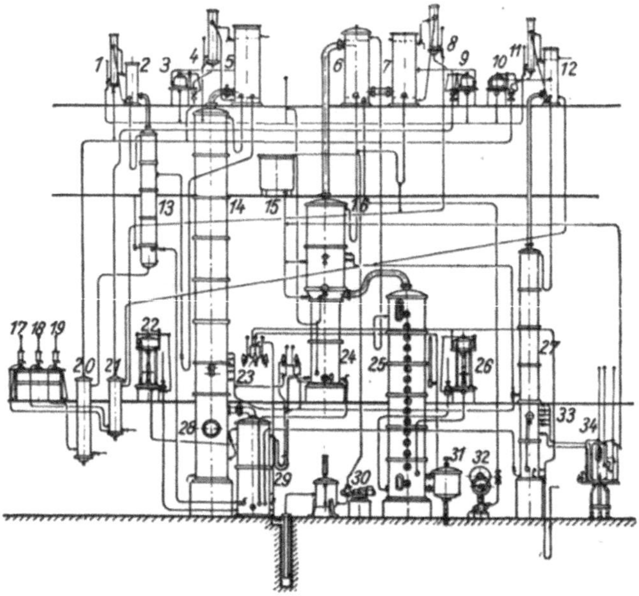

Abb. 1691. Maische-Destillier- und Rektifizierapparat (Strauch & Schmidt).

Einen mehrsäuligen Rektifizierapparat von Strauch & Schmidt (Neisse-Neuland), der den Sprit unmittelbar aus der Maische erzeugen kann, zeigt Abb. 1691. Die rohe Maische wird durch die Pumpe *32* in den Röhrenkondensator *6* gefördert und hier durch die von dem obersten Boden der Vorlaufkolonne *16* aufsteigenden Dämpfe kostenlos vorgewärmt, da das hierbei niedergeschlagene Kondensat in die Kolonne *16* als Rücklauf zurückgeht. Aus der oberen Kammer des Kondensators *6* gelangt die Maische vorgewärmt auf den obersten Boden der Maischesäule *25*. Sie wird, über die Böden der Säule *25* laufend, durch den in das Unterteil dieser Säule eingeblasenen, durch den Regler *26* auf unveränderlichen Druck gehaltenen Wasserdampf vollständig entgeistet. Die Schlempe verläßt alkoholfrei den Apparat durch den Abflußregler *31*. Aus dem Schlemperegler kann Dampf in einen Probekühler *23* gelassen werden, um den Alkoholgehalt der Maische beobachten zu können. Der von dem obersten Boden der Maischesäule *25* aufsteigende Dampf gelangt zur Ausscheidung der Vorlaufbestandteile in eine aus der Verstärkungssäule *16* und der Abtriebssäule *24* bestehende Kolonne, und zwar wird er in die Mitte dieser beiden Säulen eingeführt. Auf den Böden der Säule *16* reichern sich die Vorlaufbestandteile nach oben an. Der vorlaufhaltige Dampf wird teilweise in dem Kondensator *6* niedergeschlagen. Das Kondensat wird durch ein U-Rohr auf den obersten Boden von *16* zurückgeleitet, um als Rücklauf über die einzelnen Böden hinabzusteigen. Die Kolonne *24* wird durch Dampf beheizt, der dem Unterteil der Abtriebssäule *29* entnommen und mittelbar durch den Regler *22* auf unveränderlichem Druck gehalten wird. Auf die Einlaufböden der Säulen *24* und *16* wird ferner das Kondensat aus den Gaskühlern *1,4* und *11*, das immer verunreinigt ist, und das aus den Kühlwasserreglern *3,9* und *10* zurückgeführt. Der den Kondensator *6* verlassende Restdampf wird in dem Kondensator *7* niedergeschlagen, der durch den Regler *9* mit Kühlwasser versorgt wird. Die freiwerdenden Gase werden von den noch enthaltenen Alkoholdämpfen durch den Kühler *8* befreit und treten dann in das Freie. Der in dem Kühler *7* gewonnene Vorlauf verläßt den Apparat über den Kühler *21* und den Prüfauslauf *18*. Ein etwaiger Vorlaufüberschuß kann durch ein U-Rohr auf den obersten Boden der Säule *16* zur Erhöhung des Rücklaufs zurückgeleitet werden. Der von dem größten Teil der Vorlaufbestandteile befreite Spiritus gelangt durch ein U-Rohr aus dem Unterteil der Säule *24* auf den obersten Boden der Abtriebssäule *29*. In dieser wird der Alkoholgehalt nach unten zu immer geringer. Das Lutterwasser läuft aus dem Unterteil der Säule *29* ständig ab und wird teilweise durch die Pumpe *30* in den Lutterwasserbehälter *15* befördert. Von hier wird es zur Verdünnung in die Säule *16* bzw. auf den obersten Boden der Säule *24* zurückgeleitet. Die Säule *29* wird durch Dampf beheizt, der durch den Regler *22* auf unveränderlichem Druck gehalten und unmittelbar in das Unterteil der Säule eingeblasen wird. Aus dem Unterteil der Säule *29* können ebenfalls Dämpfe in den Probierkühler geleitet werden. Der von dem obersten Boden der Abtriebssäule *29* aufsteigende Dampf wird unter den untersten Boden der Hauptverstärkungssäule geführt, dort von Boden zu Boden nach oben zu angereichert und so auf den höchstmöglichen Alkoholgehalt gebracht. Der oben aus der Säule *14* tretende Dampf, der über 94 Proz. Alkohol enthält, wird in dem Kondensator *5* niedergeschlagen und durch ein U-Rohr teilweise auf den obersten Boden als Rücklauf zurückgeleitet. Dieser durchläuft, von Boden zu Boden herabsteigend, die ganze Kolonne, sammelt sich in dem als Vorratsbehälter (Akkumulator) dienenden Unterteil *28* an und wird von hier auf den obersten Boden der Abtriebssäule *29* geführt. Der Kühler *4*, in dem den übrigbleibenden Gasen die letzten Alkoholreste entzogen werden, und der Kondensator *5* werden durch den Regler *3* mit Kühlwasser versorgt. Soweit die Flüssigkeit aus dem Kondensator *5* nicht als Rücklauf verwendet wird, gelangt sie über ein von Hand einstellbares Regelorgan auf den Einlaufboden der Nachreinigungskolonne *13*, welche die letzten Vorlaufreste entfernen soll und vielfach auch als Schlußkolonne bezeichnet wird. Im Gegensatz zu allen anderen Säulen wird diese durch eine Dampfschlange, also nicht durch unmittelbar eingeblasenen Dampf, beheizt, weil hier eine Verdünnung des hoch angereicherten Sprits nicht eintreten darf. Der von dem obersten Boden der Nachreinigungssäule *13* aufsteigende Dampf wird in dem Kondensator *2* niedergeschlagen und das Kondensat zum größten Teil auf diesen Boden als Rücklauf zurückgeführt. Die Restdämpfe gelangen in den Kühler *1*. Das hier erhaltene Kondensat wird auf den Einlaufboden der Vorlaufkolonne *16, 24* geleitet. Der in dem unteren Teil der Säule *13* erhaltene, vollständig von Vorlaufbestandteilen befreite Sprit verläßt über den Kühler *20* aus dem Prüfauslauf *19* als hochprozentiger Feinsprit die Apparatur. Die Nachlaufbestandteile, die das Fuselöl bilden, sammeln sich in den über den Einlaufböden befindlichen Teilen der Verstärkungssäulen *14* und *16* an. Diese Böden sind mit Anzapfungen versehen, durch die ein Teil des mit Fuselöl stark angereicherten Sprits ständig entfernt wird. Der aus den unteren Teilen der Säulen *14* und *16* entfernte Nachlauf wird in die Nachlaufkolonne *27* geführt, die den Zweck hat, diesen in Form von hochkonzentriertem Spiritus und das Fuselöl möglichst rein zu gewinnen. Die Nachlaufkolonne wird durch eingeblasenen Dampf beheizt, der dem Unterteil der Abtriebssäule *29* entnommen wird. Der oben aus der Säule *27* austretende Dampf wird in dem Kondensator *12* niedergeschlagen. Das Kondensat geht teilweise als Rücklauf durch ein U-Rohr zurück, teilweise verläßt es über den Kühler *21* aus dem Prüfauslauf *17* als konzentrierter Nachlauf die Apparatur. Das Fuselöl wird durch Anzapfungen der Säule *27* entnommen und in dem Fuselölabscheider *34* vollständig unter Zusatz von Wasser infolge seiner Unlöslichkeit getrennt. Die aus dem Kondensator *12* austretenden Restdämpfe werden in dem Kühler *11* niedergeschlagen. Das Kondensat wird auf den Einlaufboden der Vorlaufkolonne *24* zurückgeführt. Das Kühlwasser geht zum Teil zuerst durch den Kühler *20*, verteilt sich dann auf die Gaskühler *1, 4* und *11* und tritt aus diesen in die Kondensatoren *2, 5* und *12*. Zum Teil geht es zuerst in den Kühler *21*, tritt dann in den Kühler *8* und darauf in den Kondensator *7*.

Ein ähnlicher Apparat zur Verarbeitung von Rohsprit, also ohne Maischesäule, ist auf Abb. 1692 dargestellt. Seine Wirkungsweise wird durch die vorher gegebene und die folgende Beschreibung eines ähnlichen Apparates genügend klar sein.

Einen Spiritusrektifizierapparat mit drei Säulen zeigt Abb. 1693. Der zu reinigende Rohsprit läuft aus dem Spritbehälter *1* durch den Zuflußregler *2* und den Flüssigkeitsstandregler *8* in den Vorwärmer *20*, der durch die Leitung *21* mit dem heißen Ablauf aus der Abtriebssäule *23* beheizt wird, und gelangt dann durch die Leitung *18* auf den Einlaufboden der Vorlaufkolonne *15, 16*. Gleichzeitig wird zur Verdünnung des Rohsprits heißes Lutterwasser aus dem Behälter *14* in die Mitte der Vorlaufkolonne *15, 16* geleitet. In der Kolonne *16* werden die niedriger als Alkohol siedenden Vorlaufbestandteile, besonders also auch die Aldehyde, vom Rohsprit getrennt und darauf in der Kolonne *15* angereichert. Der aus der Kolonne *16* ablaufende, vom Vorlauf befreite Rohsprit geht auf den obersten Boden der eigentlichen Abtriebssäule *23*, in welcher der Hauptteil des Wassers abgetrennt wird. Der Rücklauf für die Vorlaufkolonne *15, 16* wird in dem Kondensator *11* erzeugt und geht nach unten bis in das Unterteil der Kolonne *23*, wo der Alkoholgehalt nach unten zu von Boden zu Boden abnimmt. Die im Kondensator *11* nicht niedergeschlagenen Dämpfe gelangen in den Kühler *12*. Der dort niedergeschlagene Vorlauf fließt durch die Leitung *9* zum Prüfauslauf *41*. Der Auslauf wird hier durch einen Hahn so geregelt, daß nur der zur Reinigung des Sprits mindestens notwendige Vorlauf abfließt, der Rest, der sich im Kühler *12* ansammelt, wird in die Kolonne *15* als Rücklauf zurückgegeben. An den bei *10* liegenden Böden der Kolonne *15* befindet sich eine Entnahmestelle für hochsiedende Verunreinigungen des Rohsprits (Fuselöle), die in die Nachlaufkolonne *32* geleitet werden. Die Abtriebssäule *23* wird bei *22* durch unmittelbar eingeblasenen Wasserdampf beheizt, dessen Druck durch den Regler *17* gesteuert wird. Hierzu befindet sich im Unterteil von *23* ein gelochtes Dampfverteilrohr. Der aus dem obersten Boden der Abtriebssäule *23* aufsteigende Dampf wird durch das Rohr *25* in die Verstärkungssäule *27* geführt, wo die eigentliche Feinspritdestillation vor sich geht. Entsprechend der Lage des Siedepunkts und den Löslichkeitseigenschaften der höher siedenden Bestandteile sammeln sich diese auf den unteren Böden der Säule bei *28* an. Sie werden dort

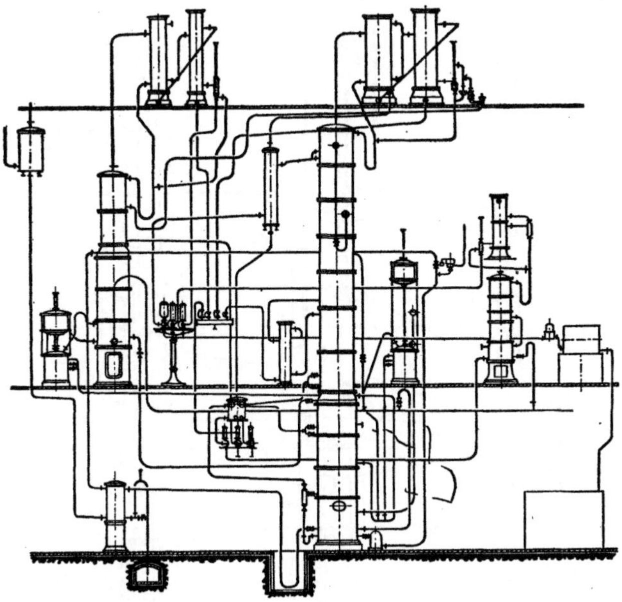

Abb. 1692. Rektifizierapparat (Aders).

durch Anzapfungen abgeleitet und durch die Leitung *29* in die Nachlaufkolonne *32* geführt. Auf den höheren Böden der Säule *27* nimmt der Gehalt an hochsiedenden Verunreinigungen ab, so daß nur reine Spritdämpfe in den Rücklaufkondensator *7* gelangen. In dem Kondensator *7* werden die vom obersten Boden der Säule *27* aufsteigenden Spritdämpfe niedergeschlagen und als Rücklauf zurückgegeben. Ein Teil des Kondensats, der dem fertigen Feinsprit entspricht, wird durch die Leitung *5* in den Feinspritkühler *30* geführt. Aus dem Prüfauslauf *40* fließt der fertige Feinsprit in die Vorlage. Die aus dem Kondensator *7* austretenden Restdämpfe gehen in den Kühler *6* und werden hier niedergeschlagen. Dabei bleiben die nichtkondensierbaren Gase übrig, die durch ein Entlüftungsrohr in das Freie gelangen. Das Kondensat aus dem Kühler *6* kann entweder in die Verstärkungssäule *27* zurückgeleitet werden oder, da sich in den Restdämpfen noch Spuren von Vorlaufbestandteilen vorfinden können, durch die Leitung *45* aus dem Auslauf *43* die Apparatur verlassen. Die Nachlaufkolonne *32* verarbeitet die bei *10* aus der Vorlaufkolonne *15* und die bei *28* von den untersten Böden der Verstärkungssäule *27* entnommenen nachlaufhaltigen Spritmengen. Der Rücklauf für die Nachlaufkolonne wird durch den Kondensator *3* erzeugt. Das sich in der Nachlaufkolonne abscheidende Fuselöl wird durch die Leitung *33* abgezogen und dem Mischapparat *34* zugeführt. Gleichzeitig wird Wasser durch die Leitung *39* aus dem Behälter *14* eingeleitet. Das Gemisch geht

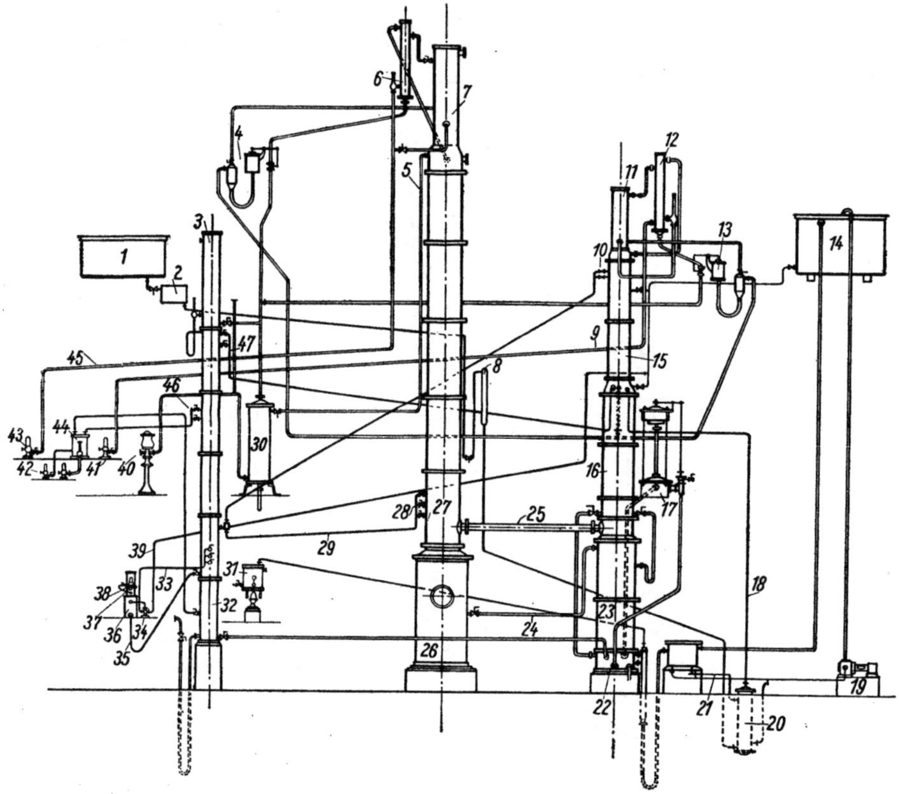

Abb. 1693. Rektifizierapparat mit drei Säulen.

dann in das Scheidegefäß *36*, wo sich das leichtere Fuselöl infolge seiner Unlöslichkeit von dem verdünnten Alkohol trennt und nach oben steigt, wonach dieser durch die Leitung *35* in die Nachlaufkolonne *32* zurückgeleitet wird. Das im Scheidegefäß die obere Schicht bildende Fuselöl wird in dem Kühler *38* gekühlt und fließt durch den Auslauf *37* in die Vorlage. Der Rücklaufkondensator *3* dient in dem Beispiel gleichzeitig auch zur Entlüftung der Nachlaufkolonne, um einen besonderen Luftkühler zu ersparen. Ein Teil des Kondensats aus dem Kühler *3* wird durch die Leitung *47* auf den Einlaufboden der Vorlaufkolonne *15*, *16* zurückgeführt, damit sich die Flüssigkeit auf den obersten Böden der Nachlaufkolonne nicht mit Vorlaufbestandteilen anreichert. Einige Böden tiefer wird durch die Anzapfungen *46* der Nachlaufsprit entnommen und dem Kühler *44* zugeführt. Durch den Auslauf *42* läuft er dann in die Vorlage. Der Rücklauf aus der Verstärkungssäule *27* sammelt sich in dem meist als Akkumulator bezeichneten Behälter *26* und fließt von dort durch die Leitung *24* in die Abtriebssäule *23*. Hier vereinigt er sich mit dem aus der Kolonne *16* kommenden Rohsprit. Das aus der Abtriebssäule *23* unten ablaufende, heiße Wasser wird durch die Leitung *21* in den Vorwärmer *20* geführt, zur Erwärmung des Rohsprits benutzt und zum anderen Teil durch die Pumpe *19* in den Behälter *14* gefördert, um zur Verdünnung des Rohsprits auf dem Einlaufboden der Vorlaufkolonne *15*, *16* und zur Verdünnung des aus der Nachlaufkolonne durch *33* abgezogenen, fuselölhaltigen Sprits zu dienen. Der eintretende Heizdampf wird durch *17*, das Kühlwasser durch *4* und *13* geregelt. Zur Prüfung des Alkoholgehalts des Ablaufwassers dienen die Probierkühler *31* und *44*.

Derartige Spritrektifizierapparate werden im Mittel für Leistungen von etwa 5—250 hl Feinsprit/24 std gebaut. Die notwendigen Kühlflächen und Kolonnenquerschnitte sind ungefähr der Feinspritleistung proportional. Die Kolonnenhöhen wachsen langsam mit zunehmender Leistung, weil man bei größerem Kolonnendurchmesser den Abstand von Boden zu Boden etwas größer nimmt. Es sollen daher hier nur Angaben für eine Leistung, und zwar für 3000 l Feinspriterzeugung in 24 std für einen Apparat nach Abb. 1693, gemacht werden:

Gesamthöhe der Verstärkungssäule *27* einschl. Akkumulator *26* und daraufgesetztem Kühler *7* = 12—13 m;

Durchmesser der Verstärkungssäule *27* = 580—600 mm;

Kühlfläche des Rücklaufkondensators *7* = 12 m^2;

Durchmesser des Akkumulators *26* = 900—1000 mm;

Höhe der eigentlichen Verstärkungssäule *27* vom untersten bis zum obersten Boden = 6,5—7 m;

Kühlfläche der Luftkühler *6* und *12* = 0,6—0,8 m^2;

Durchmesser der Vorlaufkolonne *15*, *16* etwa 400—550 mm;

Durchmesser der Abtriebssäule *23* = 700 mm;

Kühlfläche des Rücklaufkondensators der Vorlaufkolonne *11* = 5 m^2;

Heizfläche des Vorwärmers *20* für den Rohsprit = 3 m^2;

Kühlfläche für den Feinspritkühler *30* = 1,8—2 m^2;

Gesamthöhe der Kolonne *23*, *16*, *15* = 10 m;

Durchmesser der Nachlaufkolonne *32* = 300 mm;

Kühlfläche des Rücklaufkondensators *3* für die Nachlaufkolonne *32* = 2,5 bis 3 m^2.

Die Durchmesser der Vor- und Nachlaufkolonne werden entscheidend beeinflußt von der Menge der Verunreinigungen, die im Rohsprit enthalten sind. Je größer diese sind, um so größere Durchmesser müssen die Kolonnen erhalten, um so größer müssen auch entsprechend die Kühlflächen der Rücklaufkondensatoren der Vor- und Nachlaufkolonnen bemessen werden. Auf die Größe der Kolonnendurchmesser kommt es dabei nicht so sehr an, da die Dampfgeschwindigkeit in den Grenzen von 0,3—0,6 m/sek schwanken kann. Wichtig ist vor allem eine reichliche Bemessung der Kühlflächen der Rücklaufkondensatoren. Man kann dann, wenn der Sprit stärker verunreinigt ist, in die Unterteile der Kolonnen mehr Dampf einlassen und dadurch den Rücklauf zur Erhöhung der rektifizierenden Wirkung vermehren. Wird der Rücklauf vermehrt, so kann man eine entsprechend größere Menge Vorlauf bzw. Nachlauf in die zugehörigen Vorlagen ablaufen lassen, so daß man auch dann, wenn der Rohsprit stärker verunreinigt ist, guten Feinsprit aus dem Apparat erhalten kann. Die aus einer bestimmten Rohspritmenge erhaltene Feinspritmenge ist dabei von dem Gehalt an Verunreinigungen im Rohsprit abhängig, und zwar beträgt die Feinspritausbeute 70—90 Proz. Entsprechend schwankt auch der Dampfverbrauch zwischen 220 und 250 kg, auf 100 l reinen Alkohol gerechnet.

Die Rektifikation von Rohsprit läßt sich mit Hilfe der azeotropen Destillationsverfahren auch mit einer völligen Entwässerung zur Gewinnung von Treibsprit oder absolutem Alkohol verbinden. Da ein Gemisch von Alkohol und Wasser bei etwa 95,6 Gewichtsproz. einen konstanten Siedepunkt besitzt, ist eine Trennung über diesen Punkt hinaus durch Rektifikation nicht möglich. Setzt man aber zu einem derartigen Gemisch eine dritte Flüssigkeit, die mit einem der beiden Bestandteile unmischbar oder nur wenig löslich ist, wie z. B.

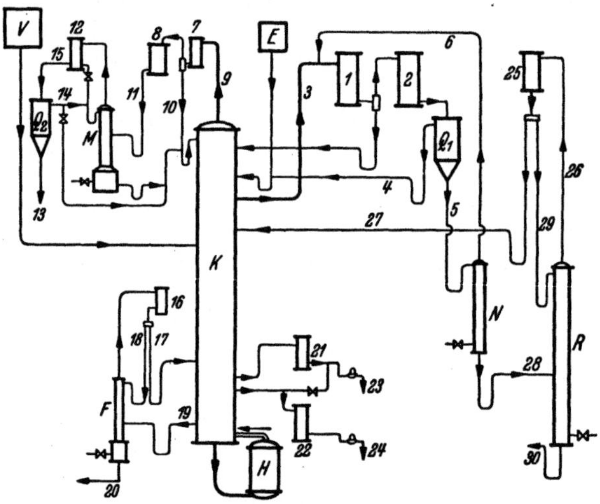

Abb. 1694. Entwässerungsapparatur für Rohsprit nach dem DDS-Verfahren.

Benzol, Benzin-Benzol oder Trichloräthylen, hinzu, so bildet sich ein Dreistoffgemisch mit einem Siedepunkt, der niedriger als der des Alkohols ist. Mit einem derartigen Verfahren, das man auch nach der Benennung dieser Gemische als azeotrop bezeichnet, kann man das gewünschte Dreistoffgemisch in der Spitze einer Kolonne erhalten. (Siehe auch Destillierapparate.)

Die beiden wichtigsten Rektifizierverfahren, die eine gleichzeitige Entwässerung und Reinigung von Rohsprit gestatten, sind das von *Guinot* entwickelte Verfahren der Distillerie des Deux Sèvres (DDS-Verfahren) und das von *R. Fritzweiler* und *K. R. Dietrich* angegebene und von der Reichsmonopolverwaltung in großem Umfang eingeführte Drawinol-Verfahren. Daneben wird auch das von E. Merck, Darmstadt, eingeführte Druckverfahren nach *von Keußler* (s. Destillierapparate, Abschn. 5, B) zur gleichzeitigen Reinigung und Entwässerung von Rohsprit benutzt. Über das Hiag-Verfahren vgl. S. 1328.

Zur Rektifikation und Entwässerung von flüssigem Rohsprit von 94 Gewichtsproz., der neben den üblichen Verunreinigungen auch Methanol enthält, wird eine Apparatur benutzt, die in Abb. 1694 dargestellt ist, und die nach dem DDS-Verfahren mit Benzin-Benzol (35 Proz. Benzin, 65 Proz. Benzol) arbeitet. Der Rohsprit fließt aus dem Vorratsbehälter *V* in den oberen Teil der Kolonne *K*. Zur Speisung mit dem aus Benzin und Benzol bestehenden Entziehungsmittel dient der Behälter *E*. Die Wärme für die in der Kolonne *K* aufsteigenden Dämpfe führt der Röhrenheizkörper *H* zu. Im obersten Drittel der Kolonne *K* bildet sich das Dreistoffgemisch. Nach unten zu nimmt der Wassergehalt stark ab, der Gehalt an Entziehungsmittel vermindert sich allmählich, und der Alkoholgehalt steigt entsprechend. Auf den untersten Böden findet sich wasserfreier Alkohol, der jedoch noch Nachlaufbestandteile enthalten kann, insbesondere die sog. Fuselöle. Zur Abscheidung der Fuselöle kann die Nebenkolonne *F* dienen, der fortlaufend durch die Leitung *19* nachlaufhaltiger Alkohol aus dem untersten Teil der Kolonne *K* zuläuft. Der im Kondensator *16* erzeugte Niederschlag geht teilweise als Rücklauf in die Kolonne *F* durch Leitung *18* zurück, teilweise wird er über *17* wieder der Kolonne *K* zugeführt. Die abgeschiedenen Nachlaufbestandteile verlassen bei *20* die Apparatur. Der wasserfreie Alkohol wird der Kolonne dampfförmig oder flüssig entnommen und fließt über die Kühler *21* oder *22* in die Prüfausläufe *23* oder *24*. Soll der Alkohol völlig frei von nichtflüchtigen Bestandteilen sein, so kann noch ein Nachverdampfer vor die Kühler geschaltet werden.

Das in der Kolonne *K* gebildete Dreistoffgemisch strömt durch die Leitung *3* in den Kondensator *1*, der den Rücklauf für die Kolonne *K* liefert. Der Restdampf geht in den Kondensator *2*. Das hier verflüssigte Dreistoffgemisch gelangt in den Dekantierapparat Q_1. Die obere, wasserarme Schicht fließt aus Q_1 durch die Leitung *4* in die Kolonne *K* zurück. Die untere Schicht, die sich im Dekantierapparat Q_1 bildet, besteht aus Wasser, das noch Alkohol und Benzol enthält. Zur Entfernung des Benzolanteils fließt die im unteren Teil des Dekantierapparats gebildete Lösung durch die Leitung *5* in die Hilfskolonne *N*, die durch Einblasen von Dampf geheizt wird. Die oben aus der Kolonne *N* aufsteigenden Dämpfe strömen durch die Leitung *6* in den Kondensator *1*, wo sie sich gemeinsam mit den aus der Kolonne *K* kommenden Dämpfen verflüssigen.

Der aus dem Unterteil der Kolonne *N* austretende Sprit strömt durch die Leitung *28* in die Rektifizierkolonne *R*, die den Wassergehalt abtrennt und bei *30* ablaufen läßt. Den auf 94 Gewichtsproz. verstärkten Alkohol bringt die Leitung *26* in den Kondensator *25*. Der Niederschlag, der sich in *25* bildet, fließt teilweise als Rücklauf durch *29* in die Rektifizierkolonne *R*, teilweise durch *27* in die Hauptkolonne *K* zurück.

Die sich auf den obersten Böden der Kolonne *K* findende Flüssigkeit besteht neben den in der Ausgangsflüssigkeit vorhandenen Vorlaufstoffen vorwiegend aus einem Methanol und Entziehungsmittel (Benzol-Benzin) enthaltenden Gemisch. Durch die Leitung *9* gelangt es in den Kondensator *7*, von dem ein Teil über die Leitung *10* als Rücklauf in die Kolonne *K* zurückströmt, und in den Kondensator *8*. Den dort gebildeten Niederschlag führt die Leitung *11* in das Mittelteil der Kolonne *M*, die nach oben zu den Methanolgehalt anreichert, die vom obersten Boden mit einer Temperatur von etwa 58° aufsteigenden Dämpfe in den Kondensator *12* entläßt und einen bei etwa 65° siedenden Ablauf im unteren Teil bildet, der in die Kolonne *K* zurückströmt. Das vom Kondensator *12* niedergeschlagene, alkoholfreie Destillat fließt durch die Leitung *15* in den Dekantierapparat Q_2, der es unter Zusatz von kaltem Wasser in eine obere, vorwiegend Entziehungsmittel enthaltende Schicht und in eine unten sich sammelnde, wässerige Methanollösung zerlegt, die auch alle sonstigen im Rohsprit vorhandenen Vorlaufbestandteile mit sich führt. Diese Lösung wird bei *13* abgelassen, um in absatzweise arbeitenden Rektifizierapparaten aufgearbeitet zu werden. Steht kein ausreichend kaltes Wasser zur Verfügung, so kann man die aus dem Kondensator *12* austretende Flüssigkeit über die Leitung *15* in eine weitere Kolonne leiten, die oben Benzin-Benzol-Wasser und im Unterteil Methanol-Wasser abtrennt. Dieses Gemisch wird in einer anschließenden Methanolkolonne in Wasser und Methanol zerlegt. In diesem Fall besteht die gesamte Entwässerungsapparatur aus einer Haupt- und fünf Nebenkolonnen.

Eine nach dem Drawinol-Verfahren arbeitende Apparatur zur Rektifikation und Entwässerung von methanolhaltigem Rohsprit von 94 Gewichtsproz. zeigt Abb. 1695. Das spezifische Gewicht des Drawinols ist größer als das des Dreistoffgemischs Alkohol-Wasser-Drawinol. Das Entziehungsmittel sammelt sich beim Drawinol-Verfahren daher im unteren Teil des Dekantierapparates an, während sich beim DDS-Verfahren die das Entziehungsmittel enthaltende Schicht oben findet.

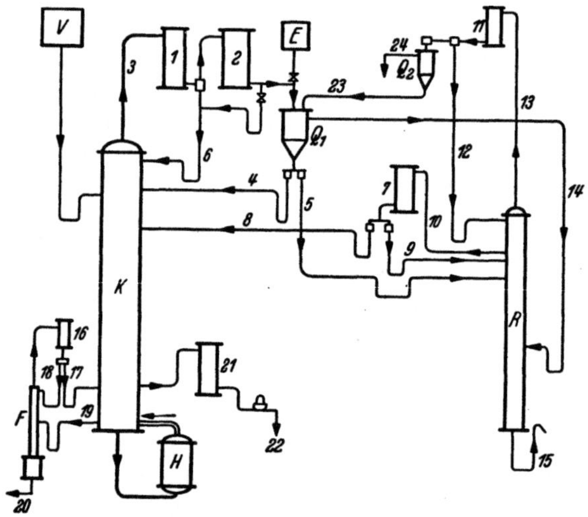

Abb. 1695. Entwässerungsapparatur für Rohsprit nach dem Drawinol-Verfahren.

Der Rohsprit gelangt aus dem Vorratsgefäß *V* in den oberen Teil der Kolonne *K*, der die notwendige Wärme durch den Heizkörper *H* zugeführt wird. Der gewonnene Alkohol verläßt nach Kühlung im Röhrenkühler *21* bei *22* die Apparatur. Nichtflüchtige Bestandteile, insbesondere Kupferverbindungen, können in einem nachgeschalteten Nachverdampfer abgetrennt werden. Ähnlich wie bei dem oben beschriebenen DDS-Verfahren kann noch vorhandenes Fuselöl in der Kolonne *F* abgeschieden werden, die mit dem Rücklaufkondensator *16* ausgerüstet und durch die Leitungen *17* und *19* mit der Hauptkolonne *K* verbunden ist. Die Nachlaufbestandteile werden bei *20* abgezogen.

Die Leitung *3* führt die aus der Kolonne *K* aufsteigenden Dämpfe des Dreistoffgemisches in den Kondensator *1*, der den dort gebildeten Rücklauf durch *6* in die Kolonne *K* zurückfördert, und in den Kondensator *2*, von wo es in den Dekantierapparat Q_1 gelangt. Hier zerlegt sich das Gemisch in eine untere Drawinolschicht und in eine obere Schicht, die aus Wasser, Drawinol, Alkohol und Methanol besteht. Der größere Teil der unteren Schicht fließt durch die Leitung *4* in den oberen Teil der Kolonne *K* zurück. Der Rest geht durch *5* in den oberen Teil der Rektifizierkolonne *R*, die den Methanolgehalt abtrennt.

Die wasserhaltige obere Schicht strömt aus dem Dekantierapparat Q_1 über die Leitung *14* in den mittleren Teil der Kolonne *R*, die insgesamt etwa 55 Böden enthält und den Alkohol auf 94 Proz. verstärkt. Die Kolonne *R* ist durch die Leitungen *10* und *13* mit den Kondensatoren *7* und *11* verbunden. Der Kondensator *7* erhält Dämpfe von dem Boden der Kolonne *R*, auf dem der Alkoholgehalt eine Stärke von etwa 94 Gewichtsproz. erreicht hat, was ungefähr auf dem 36. Boden (von unten gerechnet) der Fall ist.

Das Methanol, das im Rohsprit enthalten und über Q_1 in die Kolonne *R* gelangt ist, steigt dort infolge seines geringen Siedepunkts und des erheblich höher liegenden Siedepunkts des Spiritus von 94 Gewichtsproz. auf die obersten Böden. Das gleiche gilt für den in die Kolonne *R* gelangten Drawinol-Anteil. Das Zweistoffgemisch Methanol-Drawinol strömt durch die Leitung *13* in den Kondensator *11*. Ein Teil des im Kondensator *7* niedergeschlagenen Sprits geht durch die Leitung *9* als Rücklauf in die Kolonne *R*. Der größere Teil fließt durch die Leitung *8* in die Kolonne *K* zurück.

Das im Kondensator *11* niedergeschlagene Destillat kehrt teilweise durch *12* als Rücklauf in die Kolonne *R* zurück, zum Teil wird es in den Dekantierapparat Q_2 geleitet. Hier schichten sich die Bestandteile derart, daß sich die vorwiegend Drawinol enthaltende Flüssigkeit unten sammelt und sich darüber eine Methanol führende, wässerige Lösung bildet. Diese Schicht wird bei *24* abgeführt, um in besonderen Apparaturen auf Methanol verarbeitet zu werden. Das Entziehungsmittel kehrt durch *23* in den Dekantierapparat Q_1 zurück. Das im Rohsprit vorhandene Wasser verläßt, nachdem die letzten Alkoholreste im unteren Teil der Kolonne *R* abgetrennt worden sind, durch *15* die Apparatur. — (Siehe auch *M. Klar*, Fabrikation von absolutem Alkohol zwecks Verwendung als Zusatzmittel zu Motortreibstoffen [2. Aufl., Halle a. d. S. 1937, Knapp].)

Das ebenfalls zur Alkoholentwässerung dienende Hiag-Verfahren (Hiag-Verein, Frankfurt a. M.), das nicht mit einem flüssigen Entziehungsmittel, sondern mit Salzen, und zwar einer alkoholischen Lösung von Natrium- und Kaliumacetat, arbeitet, geht von gereinigtem Sprit aus. Soll daher ungereinigter Rohsprit oder Maische verarbeitet werden, so schaltet man vor die Entwässerungsapparatur einen Rektifizierapparat. Die Besonderheit dieses Verfahrens ist ein geringer Dampfverbrauch und damit hohe Wirtschaftlichkeit.

Wie sich aus den Beschreibungen der Apparaturen ergibt, lassen sich Spritrektifizierapparate leicht auch zur vollständigen Entwässerung umbauen (s. auch *R. Fritzweiler* u. *K. R. Dietrich*, Z. Spiritusind. 1931, S. 155). Hierzu eignet sich besonders die Anwendung des DDS-Verfahrens.

Zur Aufarbeitung des aus dem Entziehungsmittel, Alkohol und Wasser bestehenden Dreistoffgemischs sind im einfachsten Fall (vgl. Abb. 1697) erforderlich:

1. ein Kühler D_1,
2. ein Dekantierapparat *H*,
3. eine Rektifizierkolonne (Benzolaufarbeitungskolonne) *B* mit etwa 14 Böden, Kondensator und Kühler,
4. eine Rektifizierkolonne (Spiritusaufarbeitungskolonne) *C* mit etwa 30 Böden, Kondensator und Kühler.

Das im Kondensator niedergeschlagene Gemisch wird in den Dekantierapparat geleitet, wo es sich in zwei Schichten trennt. Die obere, vorwiegend aus dem Entziehungsmittel bestehende Schicht wird in die Entwässerungskolonne zurückgeleitet; die sich unten sammelnde Flüssigkeit fließt stetig in die Benzolaufarbeitungskolonne, die das Entziehungsmittel von dem wässerigen Spiritus trennt. Im folgenden ist der Umbau eines Rektifizierapparates nach *Barbet* (Abb. 1696) entsprechend den von *R. Fritzweiler* und *K. R. Dietrich* angegebenen Vorschlägen (vgl. oben) zur Entwässerung von Rohsprit beschrieben.

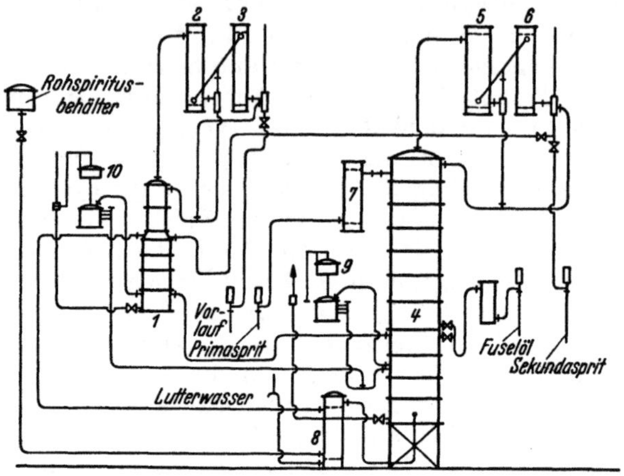

Abb. 1696. Rektifizierapparat (Bauart *Barbet*).

Auf Abb. 1696 bedeuten:

1 Vorlaufkolonne, *2* Kondensator für Vorlaufkolonne, *3* Kühler für Vorlauf, *4* Rektifizierkolonne, *5* Kondensator für Rektifizierkolonne, *6* Kühler für Sekundasprit, *7* Kühler für Primasprit, *8* Vorwärmer für Rohsprit, *9* und *10* Dampfregler.

Die Umstellung ist auf Abb. 1697 dargestellt.

Die Rektifizierkolonne *4* wird dabei als Entwässerungskolonne *A* verwendet.

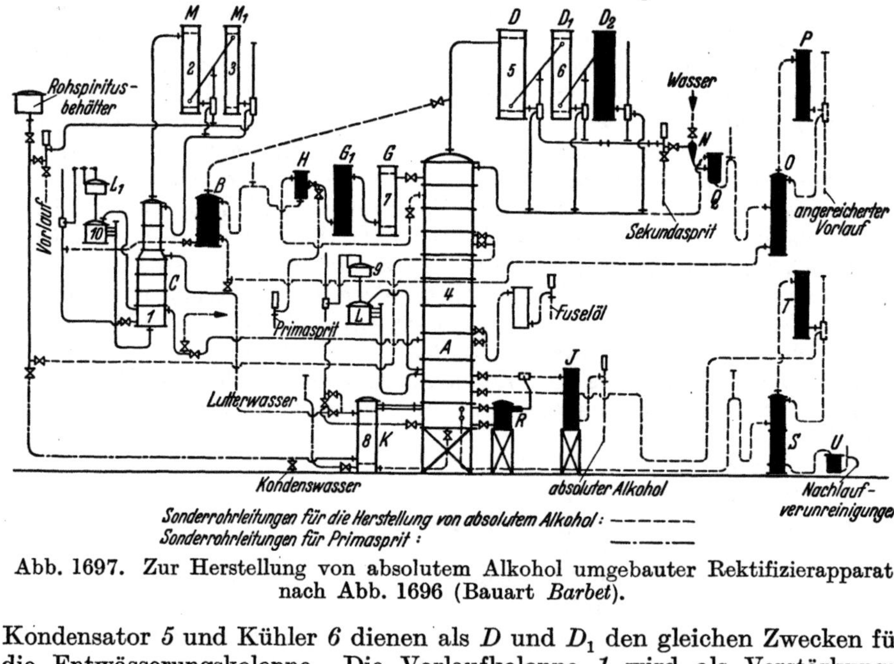

Abb. 1697. Zur Herstellung von absolutem Alkohol umgebauter Rektifizierapparat nach Abb. 1696 (Bauart *Barbet*).

Kondensator *5* und Kühler *6* dienen als *D* und D_1 den gleichen Zwecken für die Entwässerungskolonne. Die Vorlaufkolonne *1* wird als Verstärkungskolonne *C* für den Alkohol benutzt, der aus der kleinen Kolonne *B* kommt.

Der frühere Kondensator *2* mit dem Kühler *3* dient als Kondensator M mit dem Kühler M_1 der Vers ärkungskolonne C. Der Vorwärmer *8* wird als Heizkörper K für die Kolonne A verwendet. Die Regler *9* und *10* bleiben als L und L_1 den gleichen Zwecken erhalten.

Neu sind der Apparatur hinzuzufügen: der Dekantierapparat H zur Trennung des Dreistoffgmischs, das aus dem Kondensator G und dem Kühler G_1 kommt; die kleine Kolonne B, in der die untere Schicht aus dem Dekantierapparat H weiterverarbeitet wird; der Kühler J zur Entnahme des wasserfreien Alkohols; der Flüssigkeitsregler R; der Zusatzkühler G_1, der an den Kondensator G angeschlossen wird; der Zusatzkühler D_2, der zur Ergänzung des Kühlers D_1 erforderlich ist; Einrichtungen für die Entfernung der Vorlaufverunreinigungen, nämlich Mischgefäß N, Scheidegefäß Q, kleine Kolonne O, Kondensator und Kühler P; Einrichtungen zur Entfernung der Nachlaufverunreinigungen, nämlich die kleine Kolonne S, der Kondensator und Kühler T und Kühler U.

Lit. (s. auch bei Destillierapparate): *W. Badger* u. *W. McCabe*, Elemente der Chemie-Ingenieurtechnik (Berlin 1932, Julius Springer). — *E. Berl*, Chemische Ingenieur-Technik, Bd. 3 (Berlin 1935, Julius Springer). — *M. Klar*, Fabrikation von absolutem Alkohol zwecks Verwendung als Zusatzmittel zu Motortreibstoffen (2. Aufl., Halle a. d. S. 1937, Knapp). — *Eckelt-Gassner*, Projektierungen und Apparaturen für die chemische Industrie, I. Gruppe (Leipzig 1926, Spamer). — *H. Guinot*, Herstellung von absolutem Alkohol (Chim. et Ind. 1926, Sondernummer); Absoluter Alkohol und seine Herstellung unmittelbar aus Maische (Chim. et Ind. 1932, S. 768); Unmittelbare Gewinnung von absolutem Alkohol aus Maischen nach dem azeotropen Verfahren (Chem.-Ztg. 1932, S. 176); Neuester Stand der azeotropen Herstellung von absolutem Alkohol mit Benzol-Benzin aus Maischen (Int. Sug. Ind. 1934, S. 24). — *R. Fritzweiler*, Absoluter Alkohol (Z. Spiritusind. 1927, S. 260). — *E. Szilagyi*, Absoluter Alkohol nach dem DDS-Verfahren (Z. Spiritusind. 1929, S. 199). — *H. Kirmreuther*, Absoluter Alkohol aus Sulfitlaugen (Papier-Fabrikant 1929, S. 102). — *W. Schlage*, Reinigung von Rohspiritus und Herstellung von absolutem Alkohol (Z. Spiritusind. 1930, S. 49). — *F. Wagner*, Zusammenstellung der Verfahren, Apparate und Patente zur Herstellung von absolutem Alkohol (Z. Spiritusind. 1930, S. 260). — *K. R. Dietrich*, Neuzeitliches Verfahren zur Herstellung von wasserfreiem Alkohol (Z. angew. Chem. 1930, S. 40); Absoluter Alkohol aus Rohsprit (Z. Spiritusind. 1932, S. 27); Absoluter Alkohol unmittelbar aus Sulfitmaische mittels Drawinols (Z. Spiritusind. 1934, S. 25). — *R. Fritzweiler* u. *K. R. Dietrich*, Umbau von Spiritusapparaten für die Herstellung von absolutem Alkohol (Z. Spiritusind. 1931, S. 155); The Transactions of the Chem. Engg. Congress of the World Power Conference London, Bd. 2, S. 78 (London 1937, Lund, Humphries & Co.). — *E. Lühder*, Die Entwässerung des Rohsprits nach dem Drawinol-Verfahren (Z. Spiritusind. 1934, S. 252). — *E. Kirschbaum*, Über den Wirkungsgrad von Rektifizierböden (Chem. Fabrik 1933, S. 431); Wirkung, Verkrustung und Druckverlust von Rektifizierböden (Z. VDI 1937, Beiheft Verfahrenstechnik, S. 139); Untersuchungen über die Wirkung von Austauschböden (Z. VDI 1936, Beiheft Verfahrenstechnik, S. 1); Die Verstärkung durch Teilniederschlag (Chem. Fabrik 1934, S. 109); Die Theorie der Rektifikation in Füllkörpersäulen (Chem. Fabrik 1931, S. 38).

Thormann.

Lit. Chem. Apparatur: Siehe bei Destillierapparate.

Rekuperatoren, s. Wärmeaustauscher.

Reservoire, s. Behälter, Gasbehälter.

Resistin ist eine Kupfer-Mangan-Legierung mit etwa 15 Proz. Mangan. Ihre Bedeutung liegt hauptsächlich auf elektrotechnischem Gebiet, da der Temperaturkoeffizient der elektrischen Leitfähigkeit praktisch 0 (0,000008) ist.

Lit. P. Reinglass, Chemische Technologie der Legierungen (Leipzig 1926, Spamer).

Ra.

Respiratoren, s. Atemschutzgeräte.

Retorten dienen zur Erhitzung fester Stoffe in einem durch die Retortenwände gebildeten, abgeschlossenen Raum, insbesondere zur trockenen Destillation. Um eine möglichst große Wärmeübertragungsfläche zu erzielen, erhalten sie in der Regel die Form langer zylindrischer Gefäße, die stehend oder waagerecht in einem von Rauchgasen durchströmten Raum eingebaut werden (s. Einmauerungen). Zur Füllung mit dem zu erhitzenden Gut und zur Leerung sind sie in der Regel an beiden Enden mit Verschlüssen versehen. Retorten zur Destillation von Holz sind nur nach einer Seite zu öffnen, da die Entladung der gebildeten Holzkohle nach nur einer Seite keine Schwierigkeiten bereitet, und der Platz auf der anderen Seite für die Weiterverarbeitung der flüchtigen Destillationserzeugnisse gebraucht wird. Um die Wärmedurchgangsfläche weiter zu erhöhen, ist man vom kreisrunden Querschnitt auf die elliptische Form übergegangen. Wegen der notwendigen Zeiten zum Füllen und Entleeren ist man bestrebt, den Fassungsinhalt einer Retorte möglichst groß zu wählen, um so die Ausnutzung wirtschaftlicher zu gestalten.

Zylindrische Retorten oder Retorten mit elliptischem Querschnitt kann man nicht beliebig lang ausführen, da in diesem Fall die Wärmeübertragung durch Heizgase ungleichmäßig vor sich geht, und die Temperaturen im Innern der Retorte, auf deren gesamte Länge bezogen, ungleich werden. Dies würde eine längere Erhitzungsdauer bedingen. Andererseits läßt sich auch der Durchmesser nicht beliebig vergrößern, da die Wärmeübertragung auf die zu erhitzenden, meist dicht eingeschütteten Stoffe nahezu nur auf Wärmeleitung beruht und daher sehr langsam vor sich geht. Man ist daher bei der Trockendestillation von Stoffen teilweise zu schmalen Kammern von rechteckigem Querschnitt übergegangen, die man jedoch nicht in der Regel als Retorten, sondern, um sie von diesen zu unterscheiden, als Kammern zu bezeichnen pflegt.

Um die Erhitzung in der Retorte zu beschleunigen, hat man einen Gaskreislauf einzuführen versucht. Die umlaufenden Gase werden in einem Gaserhitzer erwärmt und durch ein Gebläse in den Retortenraum zurückgeführt.

Die Werkstoffe der Retorten müssen sich dem Temperaturgebiet und den Eigenschaften der entstehenden Erzeugnisse anpassen. Kleine Retorten für niedrige Temperaturen stellt man aus Gußeisen her; Stahlbleche werden für alle Größen, z. B. für Holzverkohlungsretorten, verwandt. Für hohe Temperaturen kommen nur keramische Baustoffe in Betracht.

Die zu erhitzenden Stoffe müssen vorher möglichst getrocknet sein, da ein Wassergehalt den Erhitzungsvorgang infolge der hohen Verdampfungswärme des Wassers erheblich verzögert. Soweit flüchtige Stoffe während des Erhitzungsvorganges entweichen, sind in der Regel oben an den Enden der Retorten Abzugsstutzen vorgesehen.

Retorten, die unter Druck arbeiten, bezeichnet man meist als A u t o k l a v e n (s. d.). Große Erhitzungsräume mit Wärmeübertragung durch Wände, die aus keramischen Baustoffen errichtet sind, werden in der Regel als M u f f e l n (s. auch Keramische Werkstoffe, S. 814) bezeichnet. Die mit Retorten durchzuführenden Aufgaben hat man oft auch durch Drehtrommeln (s. Drehtrommelapparate) zu lösen gesucht. Th.

Retortengraphit, Retortenkohle, s. Kohlenstoff.

Rezistal, s. Chrom-Nickel-Stähle.

Rheotan, s. Kupfer-Nickel-Legierungen.

Rieseltrockner *(s. auch Trockner).* Zum Trocknen von feinkörnigen Stoffen, deren Teilchen so wenig gegenseitige Reibung miteinander besitzen, daß sie rieselfähig sind, benutzt man senkrechte, schmale Schächte, durch die das trocknende Gut langsam auf Grund seines eigenen Gewichtes fällt. Dabei tritt die Heißluft, die in einem Lufterhitzer (s. d.) erzeugt wird, durch das Gut und nimmt die in ihm enthaltene Feuchtigkeit mit. Da das Gut durch den Schacht rieselt, bezeichnet man diese Trockner in der Regel als Rieseltrockner. Ihr wichtigstes Anwendungsgebiet ist die Getreidetrocknung.

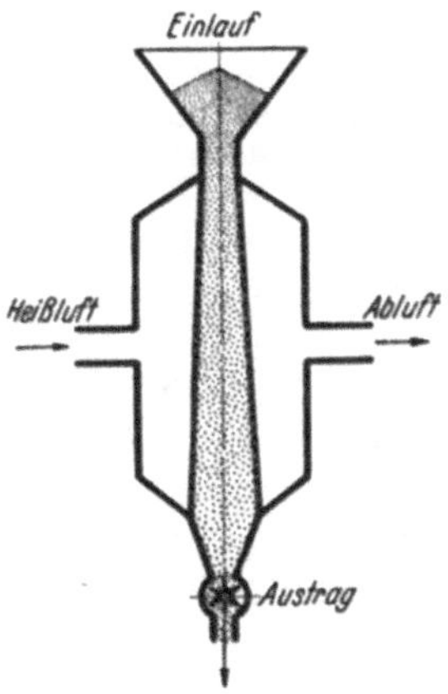

Abb. 1698. Rieseltrockner mit glattem Schacht.

Man kann zwei Grundbauarten unterscheiden: Das Gut rutscht entweder in d i c h t e r S c h ü t t u n g durch einen mehr oder weniger mit Einbauten ausgefüllten Schacht selbsttätig entsprechend dem Austrag am unteren Ende des Schachtes, oder es rieselt in f r e i e m F a l l entsprechend der Aufgabe am oberen Ende des Schachtes durch diesen.

Bei der Bauart nach Abb. 1698 rutscht das Gut langsam durch einen schmalen, glatten Schacht von rechteckigem Querschnitt, der keine Einbauten aufweist. Zwei gegenüberliegende Wandungen, und zwar die an der breiten Seite des Schachtes liegenden Flächen, sind für den Luftdurchtritt eingerichtet und bestehen aus Sieben oder mit schrägen Öffnungen versehenem Mauer- oder Balkenwerk. Damit die Reibung an den Wandungen nicht durch Brückenbildung im Gut stellenweise das Nachrutschen verhindert, wird der Querschnitt nach unten zweckmäßig erweitert. Die Trocknungsluft kann nur im Querstrom durch das Gut strömen, da bei Gleich- oder Gegenstrom zu hohe Förderdrücke erforderlich wären. Den Gutdurchgang durch den Trockenschacht regelt eine Austragsvorrichtung am unteren Ende des Schachtes. Entsprechend dem Abgang rutscht das Naßgut von oben selbsttätig nach. — Durch Bildung von Abteilungen mit Hilfe von Querwänden in der Luftzuleitungskammer kann man auch Luft von verschiedener Temperatur, z. B. durch entsprechende Frischluftzumischung, zuführen. Verstellbare Klappen geben die Möglichkeit, den Luftdurchtritt auf die ganze Schachtlänge verschieden zu verteilen. Das Sieb als Wandung für einen derartigen Trockner hat den Nachteil, daß es sich leicht verstopft, und daß es einen nicht unerheblichen Strömungswiderstand für die durchtretende Luft ergibt. Der Druck, den das Gut auszuhalten hat, nimmt nach unten hin zu. Das Gut wird also auch unten stärker zusammengedrückt, so daß dort der Luftdurchtritt geringer ist als in den oberen Teilen.

Diese Nachteile vermeidet teilweise die auf Abb. 1699 schematisch dargestellte Bauart, bei der die Wände des Schachtes in eine Anzahl schräger Flächen aufgelöst sind, die stufenartig übereinander angeordnet sind und das Gut tragen. Das aus jeder Stufe austretende Gut bildet auf der nächsten unteren Abteilung einen Schütthaufen, dessen Höhe durch den natürlichen Böschungswinkel des Gutes gegeben ist. Die Trocknungsluft sucht sich den Weg des kleinsten Widerstandes und geht in der Nähe des Auslaufs jeder Stufe durch das Gut. Von der Gesamthöhe des Apparates wird daher nur ein Teil zur Trocknung ausgenutzt. Man hat deshalb durch besondere Einbauten verschiedener Art, insbesondere mit Hilfe von Siebflächen oder von anderen im Gut unmittelbar angeordneten Luftverteilungseinrichtungen, versucht, die Luft durch die Schüttung in breitem Strom zu leiten, um so eine bessere Trockenwirkung zu erreichen.

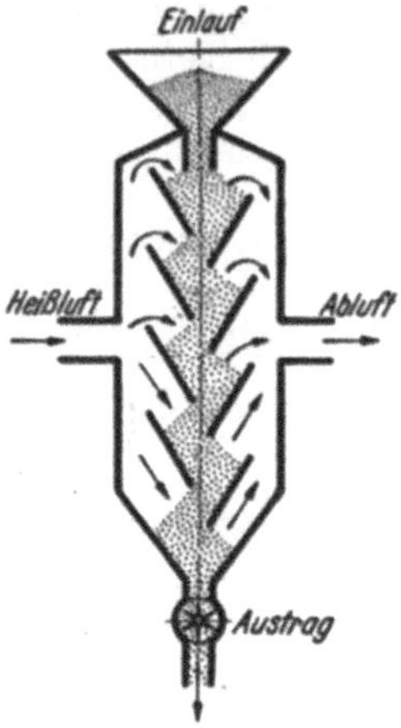

Abb. 1699. Rieseltrockner mit Stufen.

Bei der Bauart nach Abb. 1700 befinden sich in den einzelnen Schüttungen große Siebkästen, welche die von außen eingesaugte Luft abführen. Auch bei diesem Trockner rutscht das Gut selbsttätig entsprechend dem Austrag am unteren Ende von oben nach. Die Heißluft strömt durch einen seitlichen Kanal in die Räume oberhalb der einzelnen Stufen ein, tritt durch die Schüttungen von oben auf beiden Seiten des Gutauslaufs in die Luftaustrittskästen und verläßt durch einen Sammelkanal den Apparat. Die Höhe der einzelnen Schüttung in jeder Stufe läßt sich durch verstellbare Schieber an den Ausläufen für das Gut regeln. Jedes Trocknerelement hat also eine besondere Lufteintritts- und -austrittsöffnung, so daß im ganzen Apparat Querstrom vorhanden ist. Statt der Siebkästen kann man zur Verteilung der Heißluft auch einfache Haubenkästen einbauen, in welche die abgehende Trockenluft von unten eintritt.

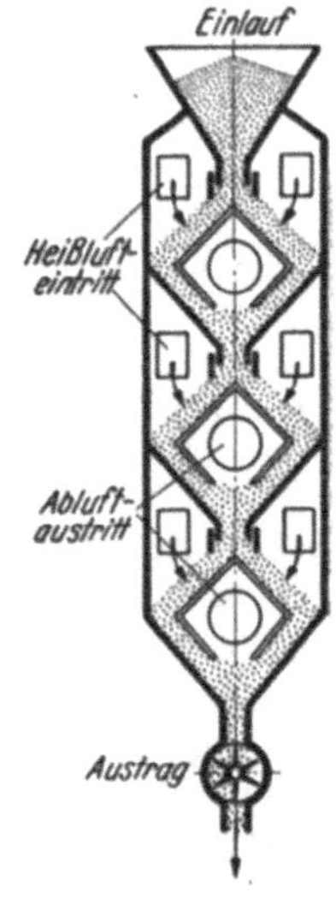

Abb. 1700. Rieseltrockner mit Einbauten für den Abluftaustritt.

Der Vorteil aller dieser Bauarten besteht darin, daß sie ohne bewegte Teile im Trockner auskommen, so daß sich der Kraftbedarf auf die Ventilatorleistung und den Bedarf für die Fördervorrichtung zum Heben des Gutes auf den Einlauftrichter über dem Trockenschacht beschränkt, und daß kein Verschleiß in den Einrichtungen eintritt.

Gleich- oder Gegenstrom läßt sich in Rieseltrocknern durchführen, wenn das Trockengut nicht in voller Schüttung, sondern schleierartig in dünner Schicht, also in feiner Verteilung durch den Trockenschacht fällt. Diese Bauart hat daher trocknungstechnisch besondere Vorzüge aufzuweisen.

Die aufzugebende Gutmenge muß dabei gleichmäßig beim Zulauf am oberen Ende des Schachtes geregelt werden, wozu eine Dosierungsvorrichtung (s. Dosiermaschinen) über dem Schacht angebracht wird. Die Trockner dieser Bauart sind in ihrer Wirkungsweise den Stromtrocknern (s. d.) ähnlich. Würde das Gut frei durch den Schacht fallen, so würde die Geschwindigkeit nach unten entsprechend den Fallgesetzen zunehmen, so daß sich nur eine kurze Aufenthaltszeit im Trockner ergäbe. Durch stufenartige Einbauten etwa nach Abb. 1701 läßt sich die Rieselgeschwindigkeit vermindern und die Trockenzeit erhöhen. Die Neigung der Auftreffflächenfür das Gut an den Schachtwandungen muß dem natürlichen Böschungswinkel entsprechen.

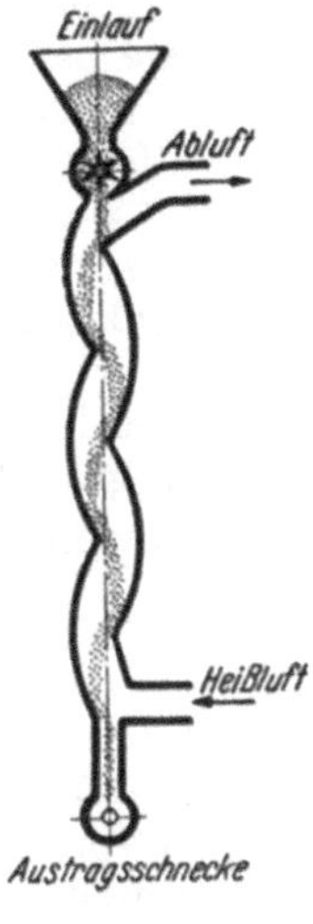

Abb. 1701. Rieseltrockner mit freiem Durchfall des Trockengutes über Stufen.

Eine längere Trockendauer erhält man, wenn man das Gut in jeder Stufe auffängt und zwangsläufig durch eine besondere Dosierungsvorrichtung, z. B. ein Zellenrad oder eine Zellentrommel, zur nächsten Stufe weitergibt, wie Abb. 1702 schematisch mit einem Beispiel zeigt. Hier sind versetzt zueinander mehrere Zellenräder übereinander angeordnet. Die Trocknungsluft streicht im Gegenstrom durch das in dünnem Schleier von Stufe zu Stufe herabrieselnde Gut. Die Zellenräder drehen sich sämtlich mit gleichmäßiger Geschwindigkeit abwechselnd gegenläufig zueinander, so daß das Gut langsam zur nächsten Stufe weiterläuft. Ein einwandfreies Arbeiten der über dem Schacht angeordneten Aufgabevorrichtung ist bei dieser Bauart erforderlich, damit das Gut gleichmäßig, und zwar zeitlich in gleichbleibenden Mengen und örtlich auf die ganze Länge des Schachtes verteilt, durch den Trockner rieselt. Ist der Gutdurchfall z. B. an einer begrenzten Stelle zu groß, so wird hier das Gut weniger von Luft durchströmt, da diese den Weg des kleinsten Widerstandes bevorzugt. Die an dieser Stelle größere Menge an Naßgut wird also weniger getrocknet, und die geringeren Mengen im übrigen Teil des Schachtes werden übertrocknet. — Die Trockenwirkung ist infolge des freien Falls gut, da die einzelnen Teilchen in vollkommenster Weise von der Warmluft umspült werden, und sich dieser Vorgang entsprechend der Zahl der Zellenräder mehrfach wiederholt. In ihrer Wirkungsweise sind sie also auch mit den Trommeltrocknern (s. d.) verwandt. Für leicht zerbröckelnde Stoffe, die nicht zerkleinert werden sollen, ist diese Bauart jedoch weniger geeignet. Die zahlreichen Weitergabevorrichtungen (Zellenräder) bedingen einen laufenden, nicht unerheblichen Kraftbedarf. Damit man die Trocknungsdauer ändern kann, empfiehlt es sich, die Drehzahl der Zellenräder veränderlich vorzusehen, z. B. durch die Verwendung regelbarer Antriebsmotoren. Die Trockenluftgeschwindigkeit läßt sich nur in bestimmten Grenzen verändern, da kleine Teilchen fortgetragen werden, wenn sie zu groß ist, und sich ungleichmäßig über den Querschnitt des Trockenschachtes verteilt, wenn sie zu

Abb. 1702. Rieseltrockner mit Zellenrädern.

gering ist. Da die Zellenräder jeweils nur eine geringe Gutmenge aufnehmen, ist die im Trockner befindliche Gewichtsmenge geringer als bei den vorher beschriebenen Bauarten, was bei leicht brennbaren Gütern von Wichtigkeit ist.

Da sich die Rieseltrockner aus einzelnen, untereinander auswechselbaren Elementen von gleicher Bauweise zusammensetzen, könnte man den Trockenschacht in einfacher Weise durch Aufsetzen weiterer Elemente verlängern, wenn die Trockenwirkung nicht ausreichen sollte. Der Ventilator wird zweckmäßig in die Abluftleitung geschaltet, so daß er saugend wirkt. Man kann durch Klappen in den Schachtwandungen nach Bedarf Frischluft einlassen, z. B. um im unteren Teil eine Kühlung des Gutes herbeizuführen.

Alle Rieseltrockner haben den Vorteil, daß sie nur eine geringe Grundfläche erfordern. Dafür ist jedoch der Platzbedarf nach der Höhe erheblich größer.

Thormann.

Rieselwascher s. Skrubber.

Ringwalzenmühlen (Federrollenmühlen; *s. auch Mühlen, Zerkleinerungsmaschinen)* sind Zerkleinerungsmaschinen, die nach Art der Kollergänge (s. d.) arbeiten, d. h. die arbeitenden Teile sind Walzen mit glatter Oberfläche, die mit einer ringförmigen, kegelförmigen oder ebenen Mahlbahn zusammen arbeiten. Während aber bei den Kollergängen die Walzen (Läufer) durch ihr Eigengewicht auf der Mahlbahn aufruhen, wird bei den Ringwalzenmühlen der Arbeitsdruck durch kräftige Federn bewerkstelligt. Dies hat den Vorteil eines ruhigen Druckes und eines nahezu geräuschlosen Ganges der Mühlen sowie eines geringen Raumbedarfs, da die Walzen kein großes Gewicht zu haben brauchen und demnach geringen Durchmesser haben können. Die Walzen können in einer lotrechten Ebene (Vertikalringwalzenmühlen, auch kurz Ringmühlen genannt) oder in einer waagerechten Ebene (*Loesche*-Mühle) angeordnet sein.

Die erste Art ist das ältere System, das zuerst von der Kent Mill. Comp., New York, gebaut wurde und danach *Kent*-Mühle heißt. Sie hat im Laufe der Zeit mannigfache Abwandlungen erfahren, ohne daß aber die grundsätzliche Ausführungsform verlassen worden wäre. Ihre Einrichtung und Arbeitsweise soll hauptsächlich in der neuesten Bauart, der *Maxecon*-Mühle von Curt von Grueber, Berlin-Teltow, besprochen werden. Wie aus Abb. 1703 hervorgeht, sind drei Mahlkörper (Walzen mit bombierter Umfläche) a vorhanden, die von der ringförmigen Mahlbahn (Mahlring) b umschlossen werden. Die obere der drei Walzen (a_1) ist im Gehäuse c fest gelagert und angetrieben (vgl. Abb. 1704; ältere Ausführungsform einer Ringwalzenmühle der Rheinischen Masch.-Fabrik [Rema], Neuß a. Rh.); die beiden unteren Walzen (a_2 und a_3) sind in Hebeln d gelagert und stehen unter der Einwirkung der Druckfedern e, die auf die Lagerbügel der Hebel d wirken und durch die Schrauben f einstellbar sind, um den Arbeitsdruck dem Mahlgut anpassen zu können. Nach der in Abb. 1703 dargestellten Ausführung ist auch die obere Walze in einem Hebel gelagert und mit Federdruck belastet, wodurch der Mahlring vollkommen frei beweglich ist und nach allen Seiten, entsprechend der Materialschicht zwischen Ring und Walzen, ausweichen kann. Der Antrieb der oberen Walze erfolgt durch Riemen, der wegen der geringen Beweglichkeit der Walzenlager waagerecht oder unter 45° laufen soll. Die Bombierung der Mahlkörper und die hohlkugelförmige Innenfläche des Mahlringes ist aus Abb. 1704 zu ersehen. — Das Mahlgut wird von beiden Seiten durch die Aufgabevorrichtung g (Abb. 1703) an der Innenfläche des Mahlringes dicht oberhalb der in der Umlaufrichtung zunächst liegenden Walze zugeführt, hier gebrochen und gemahlen und durch Fliehkraft am Mahlring gehalten, von dem es den anderen Walzen zur Weiterverarbeitung zugeleitet wird. Das fertig gemahlene Gut fällt zu beiden Seiten des Mahlringes in das Gehäuse und aus der Bodenöffnung heraus, von wo es je nach seinem Feinheitsgrad einer Sichtvorrichtung oder zur Wiederholung des Mahlvorganges mit Hilfe eines Becherwerks der Mühle wieder zugeführt wird; auch kann natürlich eine Absackvorrichtung unten angeschlossen werden. Das Mahlgut soll in der Regel mit einer Stückgröße von

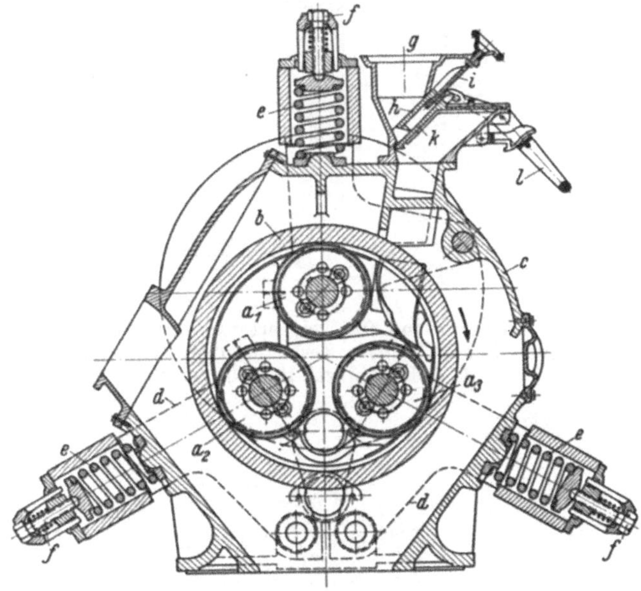

Abb. 1703. Schnitt durch die neue *Maxecon*-Mühle (Grueber).

nicht mehr als 30 mm aufgegeben werden. Die Stärke der Beschickung wird durch den oberen Schieber *h* mittels der Spindel *i* eingestellt, während der untere Schieber *k* durch den Handhebel *l* das schnelle An- und Abstellen der Beschickung gestattet. Hervorzuheben ist noch, daß die Federdrücke sich gegenseitig ausgleichen und keine nachteiligen Stöße auf das Gehäuse und den Unterbau ausüben.

Die Leistung einer *Maxecon*-Mühle beträgt für mittlere Feinmahlung zwischen 3000 und 9000 kg, für Granulierung bis zu 15000 kg stündlich. In Deutschland erfolgt die Verarbeitung der Rohphosphate fast ausschließlich auf *Kent*- bzw. *Maxecon*-Mühlen; außerdem hat sich diese für Zementrohmaterialien, Brannt- und Löschkalk, Magnesit, Erze (hier auch zur Granulierung von Zinkblende), sowie für die sehr schwierige Verarbeitung von Schmirgelmaterialien sehr gut bewährt.

Die äußere Ansicht einer Ringwalzenmühle in der Bauart der Büttner-Werke A.-G., Uerdingen (Niederrhein), zeigt Abb. 1705, welche die doppelseitige Zuführung des Mahlgutes und die gegenseitige Abfederung der drei Mahlwalzen

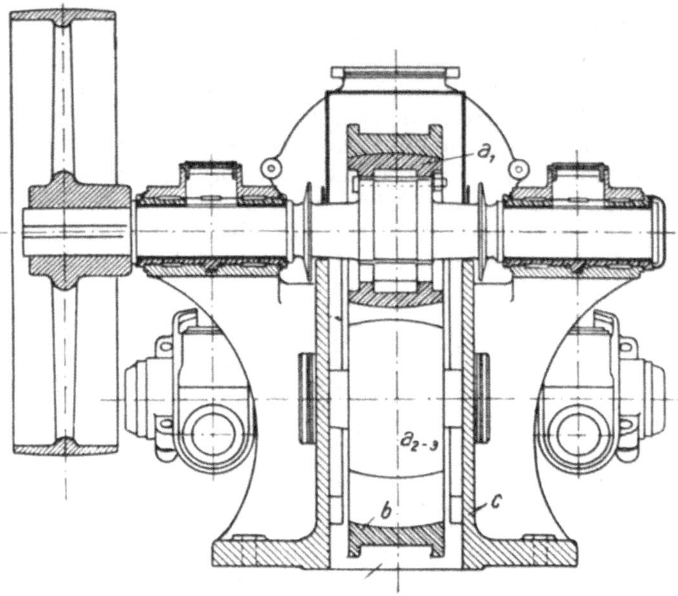

Abb. 1704. Ringwalzenmühle mit fest gelagerter oberer Mahlwalze; Längsschnitt (Rhein. Maschinenfabrik). (Nach *C. Naske*, Zerkleinerungsvorrichtungen und Mahlanlagen, 4. Aufl., Leipzig 1926, Spamer.)

Abb. 1705. Büttner-Rema-Ringmühle mit Aufgabeapparat.

erkennen läßt; man sieht ferner den Riemenscheibenantrieb der oberen, fest gelagerten Walze. Bezüglich der inneren Einrichtung und Arbeitsweise sei auf die Mahlanlage Abb. 1474 (S. 1116) verwiesen.

Die Horizontalringwalzenmühle, nach dem Erfinder *Loesche*-Mühle (Abb. 1706; Grueber) genannt, besitzt zwei Mahlrollen *a*, die mit Federdruck an die von unten angetriebene Mahlbahn (Mahlschüssel) *b* angepreßt werden. Sie gehört zu den Langsamläufern, da die Umfangsgeschwindigkeit der Mahlrollen 3—3,5 m/sek beträgt. Diese sind auf Bolzen *c* drehbar, die je einen Arm der Hebel *d* bilden. Mit Stellschrauben *e* stützen sich diese Hebel gegen das Gehäuse, wodurch der Abstand der Mahlrollen von der Mahlbahn bestimmt und eine Berührung der Mahlflächen beim Leerlauf verhindert wird, damit keine Abnützung (Verschleiß) stattfindet. Federn *f*, deren Spannung mit Hilfe der durchgehenden Schraubenspindeln *g* eingestellt werden kann, pressen die Mahlrollen an die Mahlgutschicht; die Federspannung richtet sich nach der Härte des Mahlguts. (Die *Loesche*-Mühle ist für mittelharte und weiche Stoffe bestimmt.) Zur Erleichterung der Erneuerung der Mahlflächen bei Abnützung erhält die Mahlschüssel eine auswechselbare Panzerung; die Mahlrollen haben ebenfalls auswechselbare Mäntel über den Rollenkörpern. Diese Panzerung ist von einer geringen Stärke und darum aus einem hochwertigen Stoff, z. B. aus Manganhartstahl, hergestellt. Die Drehzapfen *h* der Hebel *d* sind im Gehäuse gelagert. Die Mahlschüssel *b* wird durch Kegelräder von der Achse *i* aus mit einer Übersetzung von etwa 1:5 ins Langsame angetrieben. Der Kupplungsflansch *k* dient zur Verbindung der Achse *i* mit der Transmission oder einem Elektromotor. In einem Aufsatz auf dem Gehäuse ist der Rotierrostsichter *l* auf einer kurzen, von oben angetriebenen Achse befestigt, der das Feinmehl, dem Luftstrom eines Gebläses folgend, bei *m* in einen Zyklon entweichen läßt, die gröberen Rückstände jedoch zur Weitervermahlung zurückwirft. Bei *n* erfolgt die Aufgabe des Mahlguts von einem Aufgabebunker oder Vorratsilo mit Zuteilvorrichtung, bei *o* die Absaugung der Staubluft durch ein Gebläse. Da die Mahlrollen *a* kegelförmig gestaltet sind, die Mahlbahn *b* aber eben ist, findet kein Abwälzen, sondern eine gleitende Bewegung zwischen den Mahlflächen und demnach eine reibende anstatt der bei den Vertikalringwalzenmühlen sich ergebenden quetschenden Wirkung statt, weshalb die *Loesche*-Mühle in der Feinmahltechnik verwendbar ist. Ihr An-

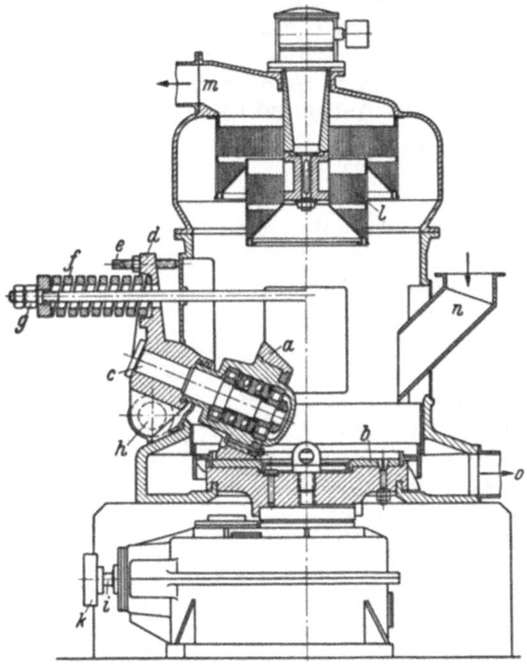

Abb. 1706. Schnitt durch eine *Loesche*-Mühle, Baujahr 1935 (Grueber).

wendungsgebiet ist darum hauptsächlich die Kohlenstauberzeugung für Kesselfeuerungen und Industrieöfen (als sogenannte Einblasmühlen), die Verarbeitung der Zementrohstoffe in der Zementindustrie; auch Schwerspat, Kalk, Feldspat, Talkum, Graphit, Farben, Zucker und allerlei Mineralien und Gesteine können auf *Loesche*-Mühlen, allenfalls nach Vorbrechung (etwa auf Hammerbrechern), bis auf Unfühlbarkeit (restlos durch ein Sieb von 10000 Maschen/cm^2) in einmaligem Durchgang gemahlen werden. Durch Zuführung von heißen Gasen in die Mühle kann man eine Mahltrocknung bewerkstelligen, und zwar bei Feuchtigkeitsgehalten bis zu 25 Proz. und mehr, selbst bei Ton und anderen bildsamen (plastischen) Stoffen sowie in Verbindung mit sonstiger Wärmebeeinflussung während der Mahlung (Gipskochen). Für etwa 4 t/std Stückgips oder 2,5 t allerfeinsten Modellgips benötigt eine solche Anlage 50 PS Antriebsleistung.

Rippenrohre, s. Beheizungsvorrichtungen, Lufterhitzer.

Rodhoid, s. Acetylcellulose.

Rohrbruchventile (**Selbstschlußventile**) sollen eine Leitung dadurch, daß in ihr durch einen Rohrbruch größere Dampfgeschwindigkeiten als die normalen auftreten, selbsttätig abschließen. Zur Steuerung benutzt man den damit verbundenen Druckabfall vor und hinter dem Ventilsitz zur Mitnahme des Ventils in der Strömungsrichtung. In Betrieben mit stark schwankender Dampfentnahme ergibt sich dabei die Möglichkeit, daß sich diese Ventile auch unbeabsichtigt und zwecklos bei vorübergehenden, starken Dampfentnahmen schließen und dadurch eine Betriebsstörung verursachen. Damit die Selbstschlußvorrichtungen jederzeit geprüft werden können, müssen besondere Einrichtungen zur Untersuchung des leichten Ganges der einzelnen Teile vorhanden sein. Meist werden die Selbstschlußventile so gebaut, daß sie auch als normale Absperrventile mit Betätigung von Hand dienen können. — Ein als Eckventil ausgebildetes Rohrbruchventil von Borsig (Berlin-Tegel) zeigt Abb. 1707. Steigt die Dampfgeschwindigkeit über ein gewisses Maß, so hebt sich der untere Ventilteller und sperrt dadurch die Leitung ab. Der untere Ventilteller sitzt auf einem

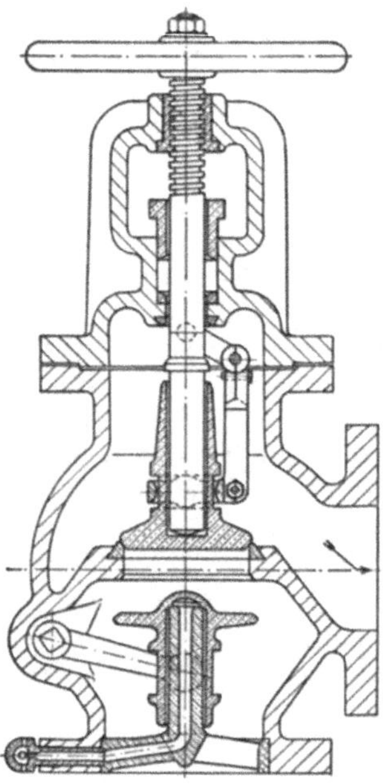

Abb. 1707. Rohrbruchventil (Borsig).

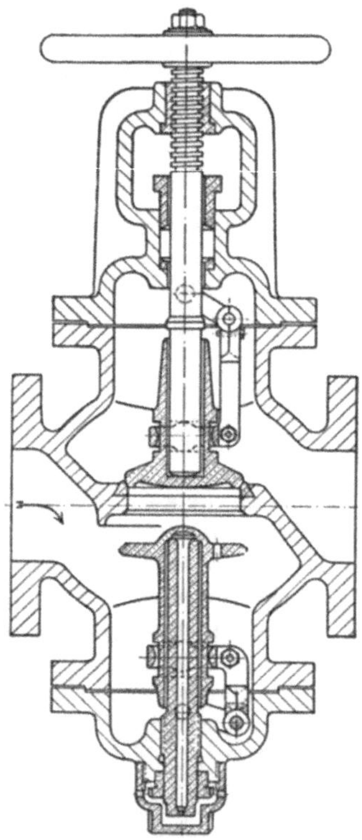

Abb. 1708. Rohrbruchventil (Borsig).

durchbohrten Zapfen, der dann, wenn sich das Ventil geschlossen hat, Dampf in das Freie strömen läßt, so daß sich der Schluß des Ventils sofort bemerkbar macht. Der obere Teller kann durch die Spindel niedergedrückt werden, so daß das Ventil auch als Absperrventil dienen kann. Durch Hebel kann der leichte Gang der Teller jederzeit von außen geprüft werden. — Eine ähnliche Ausführung, jedoch als Durchgangsventil, zeigt Abb. 1708. Der untere Teller ist hier in seiner Höhe verstellbar eingerichtet, um die Empfindlichkeit so einstellen zu können, daß das Ventil bei den höchsten, im normalen Betrieb vorkommenden Dampfgeschwindigkeiten nicht von selbst schließt. — Ein Rohrbruchventil, das nur einen geringen Druckverlust ergibt, zeigt Abb. 1709 (Herweg A.-G., Hersfeld). Das Ventil besitzt nur einen Kegel mit zwei Dicht-

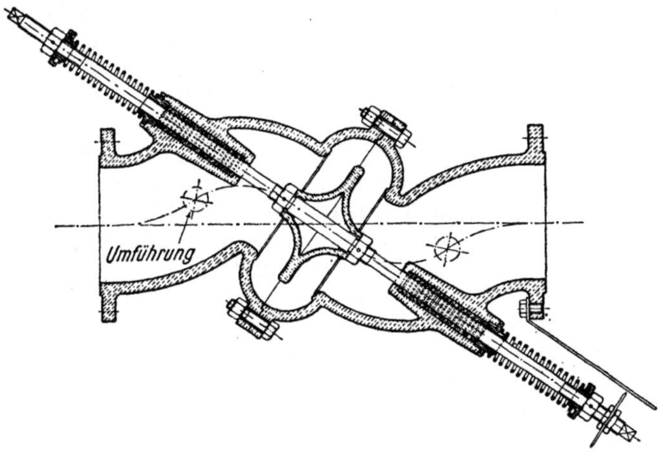

Abb. 1709. Rohrbruchventil (Herweg).

flächen und wirkt somit nach beiden Seiten, also sowohl als Kessel- wie auch als Rohrbruchventil. Die außerhalb des Ventils liegenden Federn ermöglichen ein bequemes Ein- und Nachstellen. Zur Abdichtung der Spindel dienen Labyrinthdichtungen. Die Federn sowie die Durchflußöffnungen am Ventilteller sind so bemessen, daß normale Druckschwankungen nicht in der Lage sind, das Ventil frühzeitig zu schließen. Durch die wesentlich höhere Dampfgeschwindigkeit, die bei Rohrbrüchen od. dgl. eintritt, wird der schrägstehende Ventilteller mitgerissen und schließt sofort vollkommen dicht ab. Nachdem die Schäden behoben sind, wird die außenliegende Umführung geöffnet. Durch den hierdurch hervorgerufenen Druckausgleich wird der Ventilteller wieder in die alte Lage gebracht.

Ähnlichen Zwecken wie die Rohrbruchventile können die von Hand gesteuerten Schnellschlußschieber (s. Schieber) dienen. Th.

Rohre, s. Beheizungsvorrichtungen, Dampffässer, Dampfkessel, Dekantierapparate, Doppelrohre, Einblasrohre, Rohrleitungen, Verdampfer, Wärmeaustauscher.

Röhrenapparate *(s. auch Wärmeaustauscher)*. Die Aufgabe, zwischen zwei Stoffen bestimmte Wärmemengen laufend auszutauschen, ohne daß die Stoffe sich selbst unmittelbar berühren, wird bei ausreichenden Mengen dieser

Stoffe mit Vorteil so gelöst, daß man die beiden Strömungen in eine große Zahl paralleler Wege auflöst, indem man einen der beiden Stoffe durch eine Gruppe von Rohren fließen läßt, während der andere an den Außenseiten der Rohre vorbeigeführt wird. Die in Reihen nebeneinander angeordneten Rohre bilden ein Röhrenbündel, das zusammen mit dem umschließenden Mantel als Hauptbestandteil der Röhrenapparate anzusehen ist.

Die durch den Röhrenapparat gehenden Stoffe können fest, gasförmig oder flüssig sein. Ist einer der beiden Stoffe fest, so läßt man diesen in der Regel durch die Rohre gehen, wie es bei den Röhrentrocknern (s. d.) der Fall ist. Die gleiche Regel gilt auch, wenn Flüssigkeiten oder Dämpfe feste Stoffe ausscheiden, da die Reinigung des Rohrinnern leichter ist als die Reinigung der Zwischenräume außerhalb der Rohre. —Die beiden am Wärmeaustausch beteiligten Stoffe strömen im Röhrenapparat zueinander in entgegengesetzter oder in gleicher Richtung oder quer zur Richtung der Rohre. Man unterscheidet danach Gegen- (s. d.), Gleich- (s. d.) und Kreuzstromapparate (s. d.).

Die einzelnen Rohre werden in der Regel in Kammern, Böden oder besonderen Sammelrohren zusammengehalten, die gleichzeitig den Zu- und Abstrom der durch die Rohre gehenden Stoffe übernehmen. Damit die Rohre den Wärmedehnungen folgen können, kann eine Kammer oder ein Boden beweglich angeordnet werden. Das gleiche Ziel erreicht man, wenn die Rohre mit einer oder mit mehreren Krümmungen zum gleichen Boden zurückgeführt werden. — Erfordert der Wärmeaustausch sehr lange Rohre, wie es z. B. der Fall ist, wenn ein kleines Temperaturgefälle möglichst vollständig ausgenutzt werden soll, oder wenn gashaltige Dämpfe niederzuschlagen sind, so unterteilt man oft die gesamte Rohrlänge und schaltet mehrere Rohrgruppen eines Bündels hintereinander. Dabei werden diese in der Regel zusammen in einem gemeinsamen Gehäuse vereinigt (s. auch Vorwärmer). Diese Ausführung hat jedoch den Nachteil, daß der Strömungswiderstand des Apparates stark steigt, was besonders bei der Kondensation zur Erzeugung einer Luftleere unerwünscht ist.

Für die Wahl der Rohrdurchmesser sind neben den physikalischen Eigenschaften der Stoffe, die oft allein schon größere Rohrweiten erfordern, die durch den Wärmeaustausch gegebenen Verhältnisse, die durch den Betrieb im Rahmen der Gesamtapparatur gestellten Bedingungen, die durch Druck innerhalb oder außerhalb der Rohre, durch Zugkräfte in der Achsrichtung oder durch Biegungskräfte auftretenden Beanspruchungen, die Reinigungsmöglichkeiten und die durch Rücksichten auf billige Herstellung bestimmten Erfordernisse maßgebend. Im allgemeinen ergeben geringere Rohrdurchmesser für eine bestimmte Leistung besonders billige Apparate. Hohe Strömungsgeschwindigkeiten haben gute Wärmeübergangsverhältnisse zur Folge und erfordern meist etwas längere Rohre. Dabei vermindert sich für eine gegebene Leistung die Zahl der Rohre und entsprechend die Anzahl der Dichtungsstellen. Sollen die Rohre eingewalzt werden, so lassen sich Rohre unter etwa 12 mm lichte Weite nicht verwenden. Sind mehrere Rohrsysteme eines Bündels hintereinandergeschaltet, so wählt man bisweilen für die hinteren Rohre kleinere Rohrweiten als für die vorderen.

Ähnliche Gesichtspunkte gelten für die Wahl des Abstandes der Rohre voneinander. Meist wählt man gleichen Abstand der Rohre voneinander, so daß die Rohrmittelpunkte auf den Ecken gleichseitiger Dreiecke liegen.

Kommt es auf geringe Strömungswiderstände in dem Raum außerhalb der Rohre an, wie es z. B. bei Oberflächenkondensatoren für tiefe Luftleeren der Fall sein kann, so wird man quer zur Richtung der Strömung außerhalb der Rohre etwas größere Rohrabstände wählen. Sind Dämpfe zu kondensieren, so vermindern sich die durchströmenden Raummengen mit zunehmender Verflüssigung in der Strömungsrichtung. Kondensieren die Dämpfe in dem Raum außerhalb der Rohre, so empfiehlt es sich, die Rohre in der Nähe des Dampfeintrittes weiter voneinander zu setzen als im übrigen Teil des Röhrenbündels. Es bildet sich so in der Nähe des Eintritts der Strömung eine freie Gasse, die die Ausbreitung und Verteilung der Dämpfe erleichtert.

Für den Apparatebau ist kennzeichnend, daß die Rohre nicht nur gerade, sondern auch in den verschiedensten Formen gekrümmt oder spiralig eingebaut werden. Die jeweilige Bauart richtet sich nach dem Verwendungszweck und dem zur Verfügung stehenden Raum, in dem das Rohrsystem unterzubringen ist. Die spiralige Anordnung gestattet große Rohrlängen in einem kleinen Raum anzuordnen. Man findet sie häufig dann, wenn kleine Wärmedurchgangszahlen große Rohrlängen erforderlich machen. — Gebogene Rohre haben immer den Nachteil, daß sich das Innere schwer reinigen läßt.

Die von einem Röhrenapparat zu erwartende Leistung wird dann besonders hoch sein, wenn die Gesamtleistung sich auf alle Rohre des Bündels gleichmäßig verteilt. Der Apparat wird den höchsten Wirkungsgrad zeigen, wenn jedes einzelne Rohr die mit dem am günstigsten arbeitenden Rohr erzielbare Höchstleistung aufweist. Dies ist in der Regel nicht der Fall. Auch wenn z. B. eine Flüssigkeit zwangsläufig durch die Rohre gedrückt wird, kann sich die Strömung ungleichmäßig auf die einzelnen Rohre verteilen, was beispielsweise in der Anordnung von Zu- und Abfluß liegen kann. Die Strömung außerhalb der Rohre ist besonders schwierig zu beherrschen. Da man die Rohre des Bündels nicht beliebig eng aneinander stellen kann, ergeben sich in dem Raum außerhalb der Rohre große Querschnitte und damit geringe Strömungsgeschwindigkeiten, die eine ungleichmäßige Verteilung begünstigen. Bei großen Rohrbündeln sucht man daher oft die Strömung außerhalb der Rohre durch Leitbleche zwangsläufig zu lenken. Sie stehen bei Querströmung senkrecht oder nahezu senkrecht zu den Rohren oder sind bei Längsströmung zwischen den Rohrreihen angeordnet. Von der Strömung nicht erfüllte Toträume werden immer zu einer Leistungsverminderung führen.

In Apparaturen für Verfahren mit zeitlich veränderlichen Vorgängen oder zur Verarbeitung verschiedener Stoffe oder auch dann, wenn z. B. die Kühlwassertemperatur Schwankungen unterliegt oder ähnliche Änderungen zu erwarten sind, verwendet man statt eines Röhrenapparates zwei oder mehrere, die nach Bedarf parallel- oder hintereinandergeschaltet oder auch teilweise ausgeschaltet werden.

Um einen Leistungsabfall zu verhindern, muß das Röhrenbündel in bestimmten Zeitabständen, die von der Art des Betriebes und den Eigenschaften der durchströmenden Stoffe abhängen, gereinigt werden; hierzu muß es durch Deckel, Klappen, abnehmbare Böden usw. in weitem Umfang zugängig gemacht werden. In waagerechten Röhrenkörpern von Verdampfern (s. d.) sind die Rohre in Stopfbüchsen gehalten, so daß sie leicht herauszunehmen sind. In anderen Apparaten ist das Röhrenbündel so eingebaut, daß es im ganzen herausgenommen werden kann.

Ausführungsbeispiele von Röhrenapparaten s. unter: Beheizungsvorrichtungen, Dephlegmatoren, Gasreaktionsapparate, Kühler, Lufterhitzer, Oberflächenkondensatoren, Röhrentrockner, Vorwärmer, Verdampfer.

Th.

Lit.: Siehe bei den angegebenen Stichwörtern.

Röhrenkondensatoren, s. Oberflächenkondensatoren.

Röhrentrockner bestehen aus einer sich langsam um eine schräge Achse drehenden zylindrischen Trommel, in der Röhrenbündel gelagert sind. Das Gut wandert allmählich von dem Einlaufende auf die andere Seite, wo es in einem Ausfallgehäuse gesammelt wird (Abb. 1710; Büttnerwerke A.-G., Uerdingen). Die Trommel wird durch Dampf beheizt, der durch die Achsen zugeführt wird. Die Speisung erfolgt meist durch einen Drehteller, der die Rohre bei der Drehung allmählich füllt. Die Aufgabevorrichtung, die auch in anderer Weise ausgeführt werden kann, muß eine gleichmäßige Füllung der Rohre sicherstellen. Die Länge der Rohre beträgt etwa 5—7 m, der Durchmesser der Trommel 2,5—3 m, wobei man darin etwa 250—350 Rohre mit einer Heizfläche bis zu 1200 m² unterbringen kann. In Einzelfällen hat man Röhrentrockner bis zu 1800 m² Heizfläche ausgeführt. Röhrentrockner werden besonders zum Trocknen von Rohbraunkohlen verwendet.

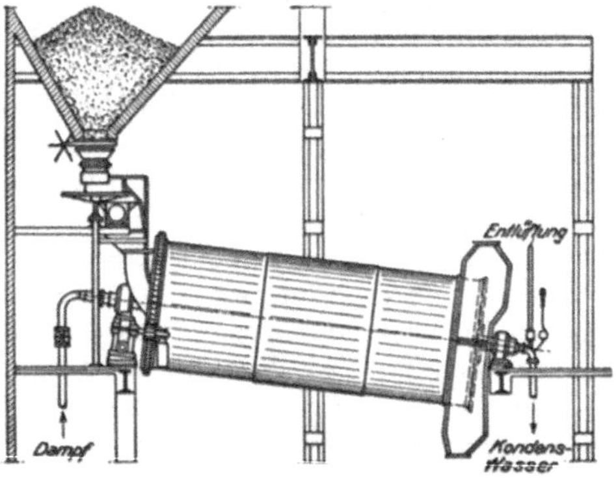

Abb. 1710. Röhrentrockner (Büttner).

Das im Heizraum niedergeschlagene Wasser sammelt sich im tiefsten Punkt der Heiztrommel. Schöpfkammern heben es hoch und lassen es durch Rohre über den hohlen Lagerzapfen der Austragsseite ausfließen. Die mit Wasserdampf hoch beladenen Schwaden verlassen über einen Schacht, der an das Oberteil des Austragsgehäuses angeschlossen ist, die Anlage. Schwankt der Feuchtigkeitsgehalt des Guts, so sollte eine Möglichkeit zum Ändern der Drehzahl gegeben sein. Neigt das Gut zur Staubentwicklung, so kann man die Ausfallenden der Rohre mit Kapseln versehen, die eine Ausfallöffnung enthalten und das Gut nur dann austreten lassen, wenn sich die Rohre unten befinden.

Die Bauart der Röhrentrockner gestattet es, große Trockenleistungen mit kleinstem Raumbedarf zu erzielen.

Th.

Rohrleitungen *(s. auch Dichtungen, Doppelrohre, Flansche, Muffen, Keramische Werkstoffe [Abschn. 4])* dienen zur Fortleitung von Flüssigkeiten, Dämpfen und Gasen mit Hilfe eines Druckgefälles. Da sie alle Maschinen, Apparate und Behälter untereinander verbinden, bilden sie einen wichtigen Bestandteil jedes Betriebes, so daß von ihrer richtigen Anlage und ihrem zweckentsprechenden Bau die Sicherheit der ganzen Betriebsführung in hohem Maße abhängt. Für die Wirtschaftlichkeit und Betriebssicherheit einer Rohrleitungsanlage ist die richtige Anordnung der Leitungen von größter Bedeutung. Da der Entwurf eines Rohrleitungssystems von den jeweiligen Verhältnissen, der Art und der Zahl der Apparate usw. abhängt, die in jedem Fall verschieden sind, lassen sich nur einige allgemeine Regeln und Gesichtspunkte aufstellen, deren Beachtung in den meisten Fällen notwendig sein wird. Die anzuwendenden Druckstufen sind durch Normung festgelegt. Dabei sind für ganz bestimmte Nenndrücke die größten zulässigen Betriebsüberdrücke für Flüssigkeiten, Gase und Dämpfe und die zugehörigen Probedrücke für die Prüfung der Einzelteile der Leitung angegeben.

Der Druckabfall. In allen Leitungen, in denen Flüssigkeiten und Dämpfe strömen, tritt ein Druckabfall ein, d. h., der in der Rohrleitung vorhandene Druck wird in Richtung der Strömung geringer. Der Grund dieser Erscheinung liegt in den Widerständen, welche die Strömung im Rohr beeinflussen. Sie hat zur Folge, daß man bei einer gegebenen Durchflußmenge den Durchmesser der Leitung nicht beliebig weit verringern darf, wie es mit Rücksicht auf niedrige Anlagekosten erwünscht wäre. Der Druckabfall in einer Leitung wird meist aus der Beziehung: $h = \frac{C \gamma l w^2}{d}$ errechnet. Hierin ist h der Druckabfall in der Leitung von dem Durchmesser d und der Länge l, γ das spezifische Gewicht und w die Geschwindigkeit der Flüssigkeit oder der Dämpfe in der Leitung. C hängt, abgesehen von den für die Werte γ, l, d, w eingesetzten Dimensionen, von der inneren Beschaffenheit der Rohrleitung und der Art der durchströmenden Flüssigkeiten oder der Dämpfe ab und ist in geringem Maß auch von dem Durchmesser und der Geschwindigkeit abhängig. Setzt man γ in kg/m³, w in m/sek, d in m, l in m ein, so ergibt sich, wenn man den Druckabfall h in Atmosphären erhalten will, für Dampfleitungen der Wert $C = 0{,}000000105$. Für Wasser erhält man den Druckabfall h in m W. S. aus der Gleichung $h = \left(0{,}02 + \frac{0{,}0018}{\sqrt{w d}}\right) \frac{l}{d} \frac{w^2}{2g}$. — Zusätzliche Widerstände in den Rohrleitungen entstehen durch Verengungen, Erweiterungen, Krümmer und Ventile. Auch diese Widerstände sind für eine bestimmte Flüssigkeit proportional dem Quadrat der Geschwindigkeit. Für Ventile kann man überschläglich in Dampfleitungen von etwa 100 mm Durchmesser den Druckverlust = 26 m Rohrlänge, für Krümmer = 12 m Rohrlänge annehmen. Die Ventilwiderstände sind jedoch bei Leitungsdurchmessern über 100 mm erheblich größer. — Je größer die Geschwindigkeit ist, um so höher ist der gesamte Druckverlust, um so größer ist das verlorengehende Temperaturgefälle oder der Verlust an Wärmegefälle, das in mechanische Arbeit oder in kinetische Energie umwandelbar wäre, wenn es sich um Dampfleitungen handelt. Andererseits sind die Anlagekosten und die Wärmeverluste nach außen um so geringer, je kleiner der Rohrdurchmesser genommen wird. Es gibt daher im allgemeinen für jede Rohrleitung einen bestimmten Durchmesser, bei dem diese am günstigsten arbeitet. Da alle Druckverluste in den Leitungen dem Quadrat der Geschwindigkeit proportional sind, und diese daher von allen Größen für die richtige Bemessung der Rohrleitungen entscheidend ist, berechnet man den notwendigen Leitungsquerschnitt oft nicht nach dem Druckverlust, sondern nimmt für die Geschwindigkeit der Flüssigkeiten und Dämpfe in den Leitungen Erfahrungswerte an. Dies ist um so eher möglich, je kürzer die Leitung ist. Leitungen, die länger als etwa 30 m sind, berechnet man zweckmäßig immer auf Druckverlust. Bei Dampfleitungen mit einem Durchmesser bis zu 50 mm nimmt man etwa Geschwindigkeiten bis zu 10 m/sek an, bei 100 mm 15 m/sek, bei 150 mm etwa 20 m/sek und bei 400 mm etwa 30 m/sek. In ähnlicher Weise wählt man z. B. für die Dampfgeschwindigkeiten in den Brüdenleitungen von Mehrkörperverdampfanlagen: bei kleinen Anlagen $w = 15$ m/sek, bei großen Anlagen $w = 20-30$ m/sek, beim letzten Körper von Mehrfachverdampfanlagen $w = 40-50$ m/sek. Für Luftleitungen kann man bis 80 mm Durchmesser bis zu 10 m/sek und bei 150 mm Durchmesser etwa Geschwindigkeiten bis zu 20 m/sek wählen. Bei hohen Drücken müssen die Geschwindigkeiten für Gase und Dämpfe vermindert werden. Die Flüssigkeitsgeschwindigkeit in Leitungen von kleinem Durchmesser nimmt man etwa mit 0,5 m/sek, in Leitungen mit großem Durchmesser mit etwa 1—2 m/sek an. Bei Förderung durch Zentrifugalpumpen und bei Benutzung kurzer Leitungen können aber auch höhere Geschwindigkeiten angewendet werden, wenn es sich um Wasser handelt. Zähe Flüssigkeiten verlangen entsprechend geringere Geschwindigkeiten. Hat man einen bestimmten Wert für die Geschwindigkeit w in m/sek gewählt, so ergibt sich der Durchmesser d derLeitung aus der Beziehung:

$\frac{\pi}{4} d^2 w = Q$, worin Q das durch die Leitung in 1 sek durchgehende Volumen in m^3 ist. Setzt man w in m/sek ein, so ergibt sich d in m.

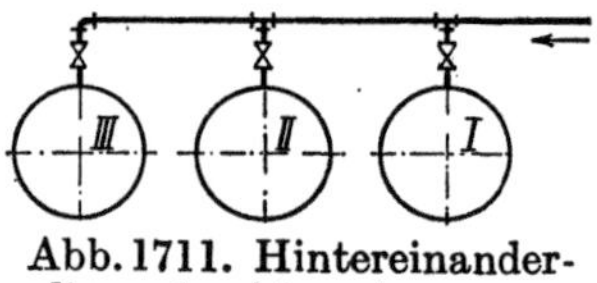

Abb. 1711. Hintereinanderliegende Abzweigungen.

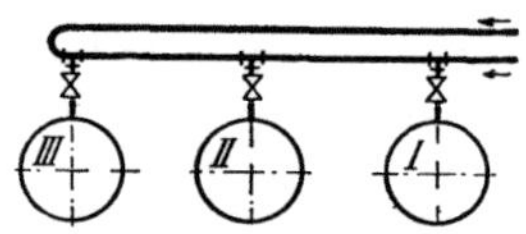

Abb. 1712. Ringleitung.

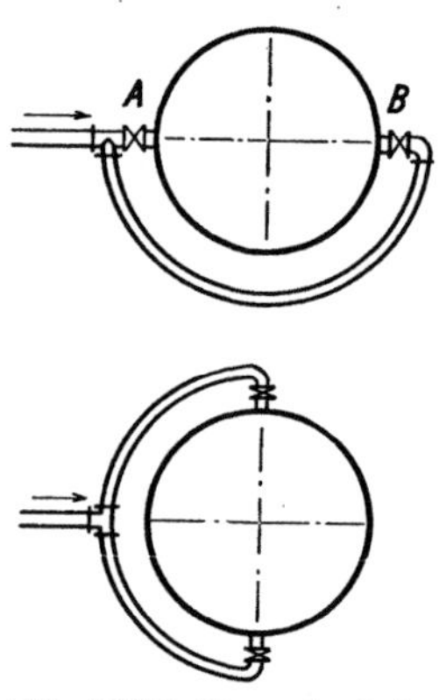

Abb. 1713. Dampfzuführung an einem Gefäß.

Der Druckabfall in den Leitungen kann sich, wenn diese beispielsweise zu eng bemessen sind, störend im Betrieb einzelner Apparate bemerkbar machen.

Werden z. B. mehrere Gefäße von einer gemeinsamen Leitung mit Flüssigkeit, z. B. Kühlwasser, versehen, wie Abb. 1711 zeigt, so geht, wenn der Druck beim Austritt und die Strömungswiderstände in den Gefäßen I, II, III die gleichen sind, in den Behälter I am meisten Flüssigkeit, in den Behälter III am wenigsten Flüssigkeit. Die Flüssigkeitsmengen verteilen sich also ungleich auf die drei Behälter. Soll sich die Flüssigkeit auf alle Behälter gleichmäßig verteilen, so muß das Ventil in der Zuleitung zum Behälter I stark, das von II etwas weniger gedrosselt werden.

Die in dem Beispiel dargestellte Anordnung der Leitung hat gleichzeitig zur Folge, daß bei einer Störung in der Zuleitung alle Apparate außer Betrieb gesetzt werden. Soll dieses vermieden werden, so kann die in Abb. 1712 dargestellte Ringanordnung angewendet werden, die gleichzeitig den Druckverlust stark herabmindert.

Ein anderes Beispiel (Abb. 1713) zeigt oben ein dampfbeheiztes Gefäß mit zwei gegenüberliegenden Dampfeintrittsstellen und einer unzweckmäßigen Dampfzuführungsleitung. Sind die beiden Ventile an den Dampfeintrittsstellen gleich weit geöffnet, so strömt der größte Teil des Dampfes durch A, der kleinere Teil durch B, da der Druck in der Heizkammer nahezu überall gleich ist und in dem Umführungsrohr zu B ein Druckabfall eintritt. Die richtige Anordnung ist darunter dargestellt.

Ein weiteres Beispiel zeigt Abb. 1714, wo der Anschluß eines Kondenswasserrückleiters (Rückleiter) an einen Dampfkessel unzweckmäßig angeordnet ist. Das in dem Kondenswasserrückleiter angesammelte Wasser soll durch eigenes Gefälle dem Dampfkessel zufließen, wozu jener höher gestellt ist und durch eine Leitung mit dem Dampfkessel verbunden wird; das Zufließen bewirkt die Steuerung im Rückleiter selbsttätig. Die Verbindungsleitung ist jedoch fälschlich hinter dem Überhitzer angeschlossen, wo der Druck infolge des Druckabfalles im Überhitzer geringer ist als im Kessel. Steht der Kondenswasserrückleiter also nicht sehr hoch, so kann das Wasser nicht in den Kessel zurückfließen. Ordnet man die Verbindungsleitung wie gestrichelt an, so wird das Wasser sofort in den Kessel laufen können.

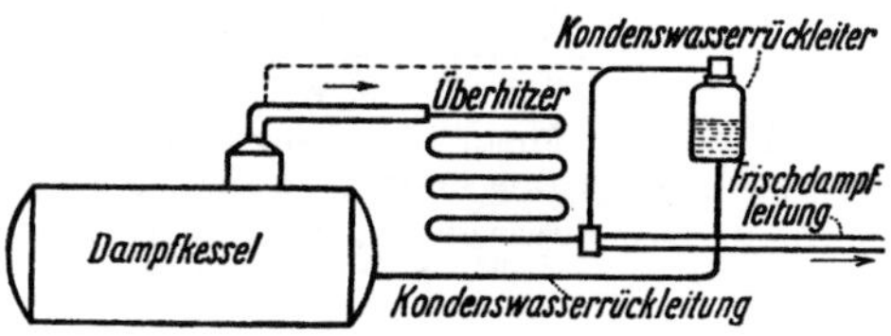

Abb. 1714. Leitungsanordnung an einem Dampfwasserrückleiter.

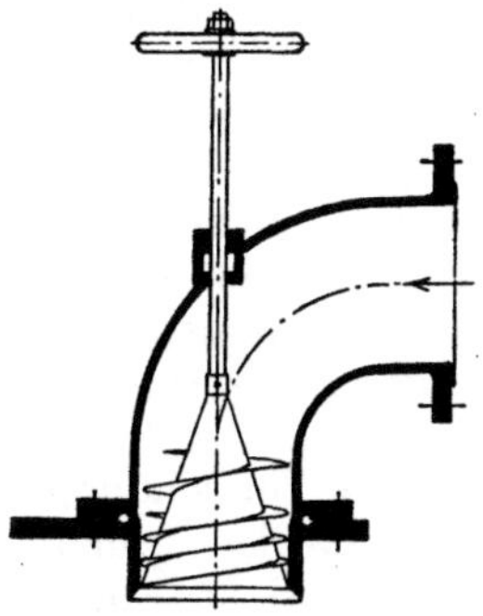
Abb. 1715. Strömungsregler (Bamag).

In Gas-, Dampf- oder Flüssigkeitsleitungen, die mit Kolbenmaschinen in Verbindung stehen, können infolge der von diesen erzeugten, regelmäßigen Impulse Schwingungen auftreten, die zu Störungen Veranlassung geben können. Derartige Schwingungen werden am besten durch Einbau von Widerständen, z. B. Stauscheiben, gedämpft. In Gasleitungen verwendet man auch einstellbare Strömungsventile, wie Abb. 1715 (Bamag, Berlin) mit einem Beispiel zeigt, mit denen ein einstellbarer Widerstand in der Leitung erzeugt werden kann. Es handelt sich hier um eine Leitung, die in einen Behälter mündet.

Anordnung der Rohrleitungen. Für einen Neuentwurf einer Anlage wird ein besonderer Rohrleitungsplan entworfen, wenn die notwendigen Apparaturen, Maschinen, Behälter usw. feststehen, und zwar zunächst schematisch, um die Gesamtanordnung der Leitungen, Ventile, Ausdehnungsstücke usw. zu bestimmen. Man zeichnet hierzu die Apparate so, wie sie im Betrieb zueinander in Wirklichkeit stehen sollen, jedoch auseindergezogen, auf. Man denkt sich alle Arbeitsvorgänge, die bei der Inbetriebsetzung der Anlage, im Betrieb, bei der Außerbetriebsetzung und bei besonderen Vorfällen, wie z. B. bei der Reinigung, nötig sind, ausgeführt und trägt alle hierzu notwendigen Leitungen ein.

Die Leitungen, die zusammen verlegt werden, z. B. in einen gemeinsamen Kanal oder in eine Brücke oder an der gleichen Wand, zeichnet man zweckmäßig auch in den schematischen Plan zusammen ein. Dasselbe macht man dann mit den Rohrleitungsschaltern und anderen Zubehörteilen, wobei zu beachten ist, daß diese immer an leicht zugängigen Stellen angeordnet sein müssen. Sind viele Leitungen auf einer Strecke oder an einer Stelle des Betriebes gemeinsam zu führen, so sieht man besondere Gestelle, Brücken und Kanäle vor, um eine übersichtliche Anordnung zu erhalten. Mit Rücksicht auf die Anlagekosten, den Druckverlust, die Möglichkeit der Entstehung von Undichtheiten und die Übersichtlichkeit der Betriebsführung baue man Absperrorgane so wenig wie möglich ein.

Als Beispiel sei hier die Anwendung von Wechselventilen bei der in der chemischen Technik häufigen Anreicherungsschaltung gezeigt. Diese dient dazu, einen festen Stoff in feststehenden Behältern mit einer Flüssigkeit oder einem Gas im Gegenstrom zu behandeln. Die frische Flüssigkeit bzw. das rohe Gas muß jedem beliebigen Behälter zugeführt werden können; von jedem Behälter muß die angereicherte Flüssigkeit in den nächsten gefördert und aus jedem muß sie angereichert herausgelassen werden können. Man braucht daher für diese Schaltung bei Verwendung von Durchgangsventilen mindestens drei für jedes Gefäß. Bei Verwendung von Wechselventilen erniedrigt sich diese Zahl auf zwei, wie in einem Beispiel für vier Gasreinigungskästen auf Abb. 1716 gezeigt ist. An jedem Kasten ist ein Eingangsventil und ein Ausgangsventil angebracht. Das Eingangsventil leitet entweder das Rohgas oder das aus dem vorhergehenden Kasten kommende Gas ein. Das Ausgangsventil schaltet das austretende Gas entweder in den nächsten Kasten oder in die Austrittsleitung. Im ganzen sind also drei durchgehende Rohrstränge, und zwar für das Rohgas, für das gereinigte Gas die Verbindungsleitung vom Kasten I zum Kasten IV und je eine Leitung zwischen zwei zusammenliegenden Kästen notwendig. Für die Bedienung und Beaufsichtigung ergibt sich dabei die einfache Regel: Die Handräder des Eingangsventiles des jeweilig ersten Kastens und des Ausgangsventiles des jeweilig letzten Kastens stehen immer hoch, alle übrigen tief.

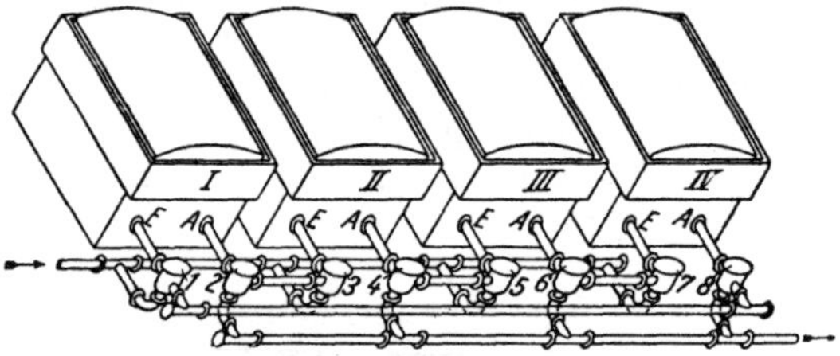

Abb. 1716. Mittels Dreiwegeventile geschaltete Reinigungsanlage (Bamag-Meguin).
E = Eingangsventil, *A* = Ausgangsventil, *1* bis *8* = Wechselventile.

Für alle Rohrformstücke und Armaturen sind Sinnbilder durch Normung festgelegt, die das Entwerfen von Rohrleitungsplänen wesentlich vereinfachen.

Für die Kennzeichnung der strömenden Stoffe sind genormte Kennfarben für die Leitungen selbst vorgesehen, und zwar: rot für Dampf, rot mit weißem Streifen für Heißdampf, rot mit grünem Streifen für Abdampf, grün für Wasser, grün mit weißem Streifen für Warmwasser, grün mit gelbem Streifen für Kondenswasser, grün mit rotem Streifen für Preßwasser, blau für Luft, blau mit weißem Streifen für Heißluft, blau mit rotem Streifen für Preßluft, gelb für Gase, orange für Säure, lila für Lauge, braun für Öl, schwarz für Teer, grau für Vakuum.

Durch verschiedenfarbige Striche oder Streifen können weitere, besondere Eigenschaften der in den Leitungen befindlichen Stoffe hervorgehoben werden. Ein roter Strich in den Grundfarben orange oder lila bedeutet z. B., daß es sich um eine konzentrierte Säure oder Lauge handelt. — Schwache Leitungen werden oft ganz mit der Kennfarbe gestrichen. Starke Leitungen kennzeichnet man durch Anstreichen kurzer Strecken mit den entsprechenden Farben oder durch das Anbringen farbiger Schilder.

Rohrleitungen sollen möglichst geradlinig, und zwar parallel oder in rechten Winkeln zu den Wänden verlegt werden. Oft vereinigt man mehrere Leitungen und führt sie in parallelen Reihen neben- oder übereinander. Ist in dem eigentlichen Fabrikationsraum wenig Platz, so ordnet man einen Teil der Leitungen in besonderen, geräumigen Kanälen an. Stets ist darauf zu achten, daß ausreichend Platz zum Auseinandernehmen der Leitungen vorhanden ist.

Fremde Kräfte, die zusätzliche Beanspruchungen ergeben können, sind von den Leitungen fernzuhalten. Beim Durchführen durch Wände z. B. sind die Rohre durch Schutzrohre oder genügend große Öffnungen vom Mauerdruck zu entlasten.

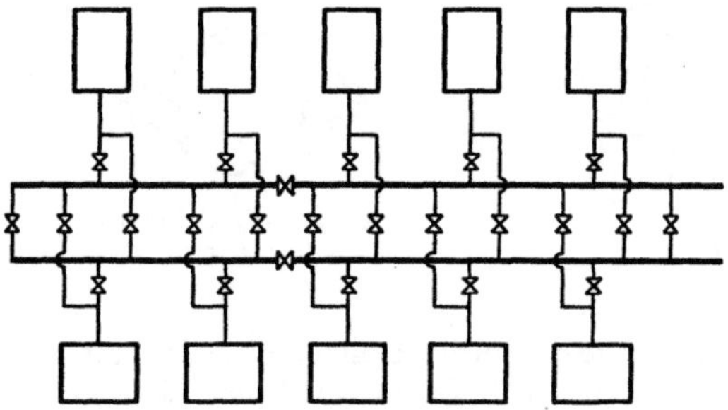
Abb. 1717. Doppelleitung.

In chemischen Fabriken ist oft damit zu rechnen, daß Veränderungen in der Aufstellung und der Einrichtung von Apparaturen und Maschinen erforderlich werden. Dampf- und Wasserleitungen verlegt man in solchen Fällen möglichst so, daß eine nachträgliche Verlegung der ganzen Leitungen nicht erforderlich wird, indem man z. B. ausreichend große Abstände von den einzelnen Apparaturen und Maschinen von vornherein vorsieht.

Besondere Sorgfalt muß der Anordnung der Dampfleitungen gewidmet werden, da von der regelmäßigen Dampfzufuhr und dem gleichbleibenden Dampfdruck die Güte der Erzeugung und die Wirtschaftlichkeit des Betriebes abhängen. Soll eine gleichmäßige Dampfzufuhr für alle Fälle gesichert sein, so verlegt man Dampfleitungen oft doppelt. Es ist dann zweckmäßig, bei größeren Leitungslängen die beiden Parallelstränge nicht nur an ihrem Ende, sondern auch an anderen geeigneten Stellen durch absperrbare Leitungsstücke zu verbinden, um eine noch größere Sicherheit zu erhalten. Eine Doppelleitung dieser Art, bei der jeder Apparat an jede der beiden Leitungen absperrbar angeschlossen ist, zeigt Abb. 1717. Eine derartige Anordnung ist zwar sehr teuer, sie bietet jedoch hohe Sicherheit.

Da infolge der großen Zahl von Apparaten und sonstigen Dampfverbrauchern in einem Betrieb oft sehr zahlreiche Dampfzuführungsstellen vorhanden sind, sieht man meist ein oder mehrere Dampfverteiler in der Nähe der Apparate vor, an die dann alle Dampfleitungen mit je einem Absperrventil angeschlossen sind, wie es schematisch auf Abb. 1718 angedeutet ist. Es ist dann die Dampfverteilung zentralisiert, so daß die Überwachung des Betriebes sehr erleichtert ist. Ein derartiger Dampfverteiler besteht aus einem waagerecht angeordneten Rohrstück, an dem dicht nebeneinander eine Anzahl Anschlußstutzen für die Absperrventile der einzelnen Leitungen angebracht sind. Unten oder an der Seite befinden sich ein oder zwei mit dem Kesselhaus oder einem Hauptverteiler verbundene Dampfanschlüsse.

Alle Dampfleitungen sind sorgfältig zu isolieren (s. Wärmeschutzmittel). — Für Stoffe, die leicht erstarren, müssen die Rohrleitungen heizbar eingerichtet werden. Dies geschieht durch Umlegen eines Heizdampfmantels (s. auch Doppelrohre), bei Stahlrohren durch Anschweißen von Heizleitungen nach Abb. 1719 oder durch Umschlingen mit dünnen Heizleitungen.

Die Rohrwandstärke. Rohre aus Stahl werden nach folgender Formel berechnet: $s = \frac{pd}{2kZ} + C$. Hierin ist: s = Rohrwandstärke in cm, p = Betriebsdruck in kg/cm², d = Rohrdurchmesser in cm, k = zulässige Beanspruchung in kg/cm², Z = Güteverhältnis der Naht (= 1 für nahtlose Rohre,

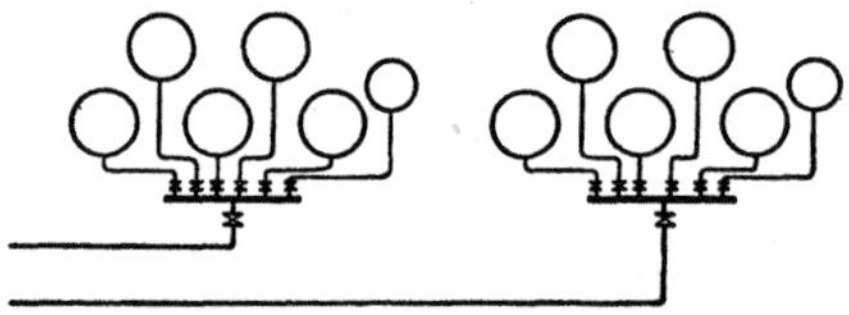

Abb. 1718. Dampfverteiler.

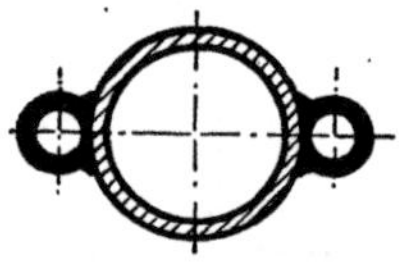

Fig. 1719. Beheizte Leitung.

= 0,7 [und mehr je nach Ausführung] für geschweißte Rohre), C = Zuschlag für Abrosten und Herstellungsungenauigkeiten (für Stahl = 0,1 cm); k kann für Stahlrohre mit 800 kg/cm² angenommen werden. — Für Vakuumleitungen beträgt der Probedruck 1,5 kg/cm².

Bei hohen Temperaturen ist der Berechnung der Rohre nicht die Zerreißfestigkeit, sondern die Dauerstandfestigkeit zugrunde zu legen, d. h. die Höchstbeanspruchung, bei der ein anfängliches Dehnen im Laufe der Zeit noch zum Stillstand kommt. Da die Dauerstandfestigkeit um so mehr unter die Zugfestigkeit sinkt, je höher die Temperatur über 350° steigt, ergibt sich mit wachsender Temperatur ein beträchtliches Ansteigen der Abmessungen der Rohre (vgl. auch *S. Marscheider*, Z. VDI 1935, S. 293). Da die Preise der legierten Stähle nicht erheblich über denen der Kohlenstoffstähle liegen, erhält man im Bereich hoher Temperaturen, wo die Dauerstandfestigkeit der legierten Stähle ein Mehrfaches von der des normalen Kohlenstoffstahles ist, eine erhebliche Überlegenheit der legierten Stähle. Weiterhin ist zu berücksichtigen, daß Rohre mit größeren Wanddicken nur in kleineren Längen ausgewalzt werden. Man erhält daher, wenn bei hohen Temperaturen Rohre aus Kohlenstoffstahl verwendet werden, eine größere Zahl von Verbindungsstellen und damit entsprechend höhere Kosten.

Die Wandstärke gußeiserner Rohre für Drücke bis zu 10 at errechnet man, wenn d der innere Durchmesser in cm ist, aus den Formeln: $s = {}^1/_{60}\, d + 0{,}7$ cm für stehend gegossene Rohre, $s = {}^1/_{50}\, d + 0{,}9$ cm für liegend gegossene Rohre. Für gußeiserne Dampfleitungen wird s um 12,5—25 Proz. vergrößert. Für hohen Druck berechnet man s aus der Formel: $s = 0{,}00238\, pd + 0{,}86$ cm, worin p den Druck in kg/cm² bedeutet.

Kupferne Rohre werden nach der Formel $s = \frac{p\,d}{600} + 1{,}5$ berechnet, worin s und d in mm einzusetzen sind. Werden die Rohre gebogen oder ist eine höhere Sicherheit notwendig, so sind zu diesen Werten etwa 0,5—1 mm zuzuschlagen.

Normen. Die Rohrleitungsteile sind in Deutschland weitgehend genormt. (Siehe DIN-Normblatt-Verzeichnis, Beuth-Vertriebs-G. m. b. H., Berlin.)

Die Rohrwerkstoffe. Folgende Rohrleitungen werden aus Stahl hergestellt:

1. Nahtlose Rohre bis etwa 650 mm Durchmesser, die durch Aufwalzen bis auf 1700 mm gebracht werden können. Sie werden aus Stählen von 35 bis 75 kg/mm² Zugfestigkeit hergestellt. Neben den normalen Röhrenstählen verwendet man nach Bedarf auch verschiedene Sonderstähle, insbesondere auch niedrig- und mittellegierte Stähle mit erhöhter Korrosionsbeständigkeit und hochlegierte, säurebeständige und nichtrostende Stähle.

Zu den nahtlosen Rohren gehören auch die für Heißwasserheizungen verwendeten Perkins-Rohre, die mit 27 und 34 mm Außendurchmesser bei 16 und 22 mm lichter Weite hergestellt werden (s. auch Beheizungsvorrichtungen).

2. Gepreßte, nahtlose Rohre bis etwa 100 mm Durchmesser.

3. Wassergasüberlappt geschweißte Rohre. Sie können in Durchmessern von 375—3000 mm und in Längen bis zu 12 m hergestellt werden. Die unterste Wandstärke, die eine Wassergasschweißung noch zuläßt, beträgt 5—6 mm, während nach oben die größten praktisch vorkommenden Wandstärken (60 bis 70 mm) sich noch zuverlässig schweißen lassen. Sie werden normalerweise aus Stählen von 35—45 kg/mm² Zugfestigkeit hergestellt, können aber auch aus höherwertigen Stählen gefertigt werden.

4. Elektrisch geschweißte Stahlrohre. Die maschinellen Verfahren gestatten, Bleche von 3 mm Stärke an aufwärts zu verschweißen und Rohre bis etwa 1500 mm Durchmesser in Längen bis zu 8 m herzustellen. Sie werden meist aus Stählen von 37—50 kg/mm² Zugfestigkeit, daneben auch aus härteren Sonderstählen und schweißbaren legierten Stählen, z. B. Flußstahl mit Kupferzusatz, hergestellt.

5. Autogen geschweißte Stahlrohre. Sie können bis etwa 1500 mm Durchmesser in Längen bis 8 m und mit Wandstärken von etwa 3 mm an hergestellt werden. Man verwendet dabei die gleichen Stähle wie für die Elektroschweißung.

Stahl als Rohrwerkstoff ergibt infolge seiner großen Festigkeit, günstigen Elastizität und Dehnung geringe Wandstärken und damit geringe Gewichte; weiterhin bietet er folgende Vorteile: glatte Oberflächen, leichte Verarbeitbarkeit, insbesondere einfaches Biegen der Rohre, einfache Herstellung von Formstücken und Abzweigungen, Möglichkeit der Herstellung großer Längen, große Bruchsicherheit, Sicherheit bei Beanspruchungen durch Stöße und Erschütterungen, vollkommene Dichtigkeit, größte Freiheit in Anordnung und Leitungsführung, einfache und billige Verlegung. (Siehe auch *K. Beyer*, Werkstofffragen im Rohrleitungsbau [Arch. Wärmewirtsch. 1937, S. 185]. — *H. Nehlepp*, Betriebseignung verschiedener Rohrarten [Arch. Wärmewirtsch. 1937, S. 13].)

Eine besondere Bedeutung kommt den Stahlrohren mit lösbarer Gewindeverbindung wegen ihrer leichten Verlegung zu. Die sog. Gasrohre werden mit einem Kaltwasserprobedruck von 15 kg/cm² geprüft, in wechselnden Herstellungslängen nach laufenden Metern mit kegeligem Gewinde an beiden

Enden und einer aufgeschraubten Gewindemuffe für Nennweiten von 5 bis 150 mm geliefert. Dickwandige Gasrohre, sog. Dampfrohre, werden für die gleichen Nennweiten für einen Kaltwasserprobedruck von 25 kg/cm² hergestellt.

Gußeiserne Rohre müssen so hergestellt werden, wie sie im Betrieb eingebaut werden sollen. Veränderungen in der Form lassen sich nach der Herstellung nicht mehr vornehmen. Sie sind im allgemeinen bis zu Nenndrücken von 10 kg/cm² verwendbar. Ihr Hauptanwendungsgebiet ist jedoch der Leitungsbau für den Bereich niedrigerer Drücke, insbesondere für die Verlegung unter Erde. Unterirdisch zu verlegende Rohre aus Gußeisen werden normalerweise mit Muffen (s. d.) ausgebildet. Mit Apparaturen verbundene Leitungen aus Gußeisen erhalten in der Regel Flanschverbindungen. Gußeiserne Rohre sind so zu verlegen, daß sie keine wesentlichen Biegungsbeanspruchungen aufzunehmen haben.

Gußeiserne Rohre werden meist asphaltiert geliefert und zeichnen sich durch gute Korrosionsfestigkeit aus. Muß auf völlige Dichtheit Wert gelegt werden, wie es z. B. bei Vakuumapparaten erforderlich ist, so ist ein hochwertiger, fehlerfreier Guß Bedingung.

Für Beanspruchungen durch Säuren stellt man Rohre aus säurefestem Guß, insbesondere aus Siliciumgußeisen, Thermisilit usw., her. Man verwendet dabei meist nur verhältnismäßig kurze Stücke, z. B. bei 80 mm Durchmesser bis 1500 mm Länge und darüber bis etwa 2000 mm Länge. Da der Werkstoff spröde und hart ist, sieht man meist keine Flanschverbindungen vor, sondern preßt die kegelförmig gestalteten Rohrenden mit Schraubschellen aneinander.

Stahlguß verwendet man besonders für hochbeanspruchte Formstücke.

Kupfer-, Bronze- und Messingrohre werden hartgelötet in Längen bis zu etwa 5 m, gezogen in Längen bis zu etwa 8 m hergestellt. Die übliche Wandstärke liegt zwischen 1 und 10 mm. Derartige Metallrohre kommen besonders für kleinere Durchmesser in Betracht.

Für hohe Dampfspannungen dürfen gelötete Kupferrohre nicht verwendet werden. Das Hauptanwendungsgebiet der Kupferrohre ist die Verbindung von Apparaturen in der Gärungs-, Getränke-, pharmazeutischen, Papier-, Pappen- und Zellstoffindustrie. — Weiche Metallrohre sind empfindlich gegen Beschädigungen und lassen sich schlecht verbinden. Man bevorzugt daher harte oder halbharte Rohre.

Bleirohre werden weich und hart verwendet. Für kleine Durchmesser werden die Rohre gezogen, für größere Durchmesser aus Blech gebogen, wobei die Nähte durch Schmelzschweißung gebildet werden. Weichbleileitungen sind nur für geringe Drücke brauchbar. Für Drücke bis etwa 5 at kommen Hartbleirohre in Betracht. Für höhere Drücke bevorzugt man verbleite Stahlrohre.

Bleirohrleitungen verlangen eine besonders sorgfältige und gleichmäßige Unterstützung. Zur Verbindung wird meist das Ende des einen Rohres aufgedornt, das andere Rohrende hineingesteckt und der Zwischenraum verlötet. Das wichtigste Anwendungsgebiet der Bleirohre ist der Säurebau und die Verbindung von Apparaturen für andere angreifende Stoffe.

Zur Fortleitung derartiger Stoffe hat man auch Holzrohre in verschiedenen Bauweisen eingeführt. Sie eignen sich besonders dann, wenn sie dauernd mit Flüssigkeit gefüllt sein können. Weiterhin findet man oft Holzleitungen zur Fortleitung säurehaltiger Abgase eingebaut. Holzrohre sind gegen elektrolytische Einflüsse unempfindlich. Ein Holzrohr für drucklose Leitungen, dessen Teile aus dem vollen Stamm gefräst sind (Weco-Bauart der Gewerkschaft Kleinholz-Weber, Oberhausen), ist auf Abb. 1720 dargestellt (Chem. Apparatur 1928, S. 272). Einfache Rohre mit Winkelflansch werden in Längen bis 3 m mit einem äußeren Durchmesser von 100—330 mm und einem entsprechenden inneren Durchmesser von 50—250 mm geliefert. Die Rohre, die an den Kopfenden mit etwa 60° abgedreht sind, werden mit Winkelflansch verbunden. Die Flanschringe sind in eine Nute eingelassen. Derartige Rohre halten Drücke bis 2 at aus.

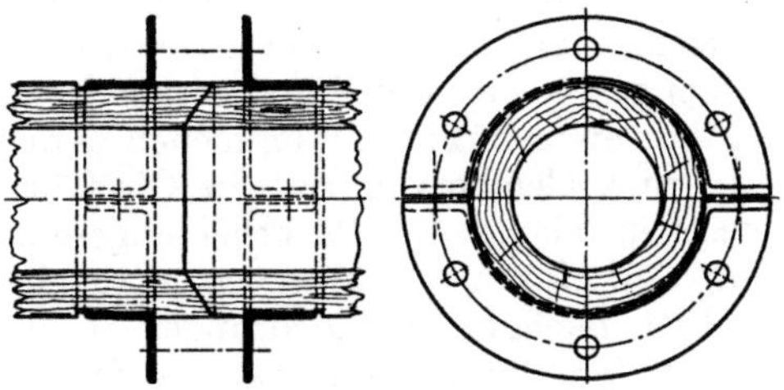

Abb. 1720. Holzrohrverbindung mit Flanschen (Kleinholz-Weber).

Eine einfache Holzrohrverbindung mit einer kegeligen Stoßstelle zeigt Abb. 1721 (Chem. Apparatur 1926, Beil. Korr., S. 5). Das Wipfelende *a* des Stammes ist zugespitzt, während das Stammende *b* konisch ausgebohrt wird. Um das Aufspalten durch das Zusammentreiben der Rohre zu verhindern, erhält das Stammende einen Reifen *c* zur Aufnahme der Zugspannungen.

Bei der auf Abb. 1722 dargestellten Verbindungsart (Chem. Apparatur 1926, Beil. Korr., S. 5) stoßen die Rohrenden flach zusammen. In das Hirnholz sind Ringschlitze eingefräst, in die eine metallische Rohrbüchse eingetrieben wird. Diese Verbindungen können jedoch keine Zugkräfte aufnehmen. Bei größeren Beanspruchungen auf Innendruck werden Stoßüberdeckungen, die aus Holzdauben mit Eisenbügeln bestehen, angebracht. (Vgl. auch *H. Fischer*, Holzrohre und ihre Verwendung [Chem. Apparatur 1926, Beil. Korr., S. 5].)

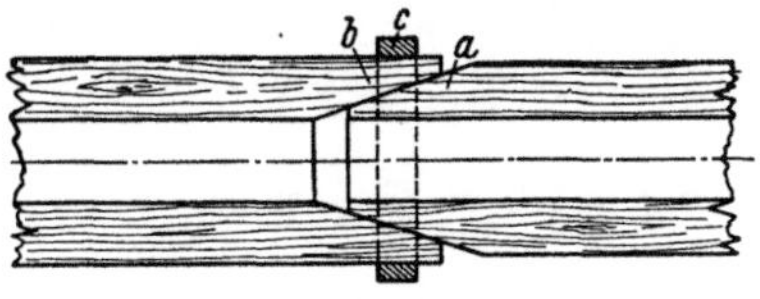

Abb. 1721. Kegelige Holzrohrverbindung.

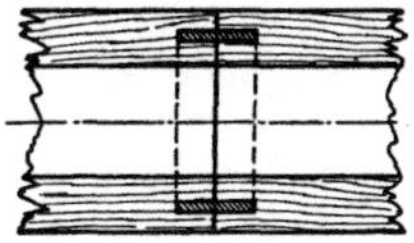

Abb. 1722. Holzrohrverbindung mit Ringschlitzen.

Daneben verwendet die chemische Technik bei besonderen Ansprüchen an die Korrosionsfestigkeit Rohre aus Kunststoffen aller Art, wie Haveg, Mipolam (s. d.) usw. Die isolierenden Eigenschaften dieser Stoffe schützen die Rohre vor elektrolytischen Einwirkungen. — (Vgl. auch: *H. Lutz*, Verarbeitung polymerer Kunststoffe im Rohrleitungsbau [Z. VDI 1937, S. 47]. — Ein neuer Werkstoff im Rohrleitungsbau [Chem. Fabrik 1936, S. 441]. — *P. Wiessner*, Neuartige Werkstoffe für die Herstellung von Rohren [Chem. Apparatur 1938, S. 309].) Auch Rohre aus Papier mit Asphaltschichten zwischen den einzelnen Papierbahnen haben sich für angreifende Flüssigkeiten bewährt (Chem. Fabrik 1934, S. 31).

Neben diesen Rohrbaustoffen haben sich in weitem Umfange keramische Werkstoffe (s. d.) und unter diesen besonders das Steinzeug bewährt. Für kleinere Durchmesser und Sonderzwecke haben sich ferner Glas und Porzellan für den Bau von Rohrleitungen eingeführt. Über Porzellanleitungen s. *G. Jordan*, Rohre aus Hartporzellan (Z. VDI 1938, S. 275). Glasrohrleitungen zeichnen sich durch hohe Widerstandsfestigkeit gegen chemische Angriffe, Hitzebeständigkeit, die unmittelbare optische Beobachtbarkeit aller Vorgänge in den Leitungen, geringe Verschmutzungs- und leichte Reinigungsmöglichkeit aus. Sie werden in Weiten bis zu 150 mm mit Wandstärken bis zu etwa 7 mm geliefert. Die Enden sind kegelig verstärkt und mit einfachen Metallschellen zusammengehalten. Um den Druck gleichmäßig auf die Glasfläche zu verteilen, sind Gummiunterlagen zwischen Schelle und Glaskegel eingesetzt. Zwischen die plangeschliffenen Enden der einzelnen Rohrabschnitte sind dichtende Zwischenscheiben gelegt. Sind nachgiebige Dichtungen in der Leitung nicht erwünscht, wie es in Molkereien, Brauereien usw. der Fall ist,

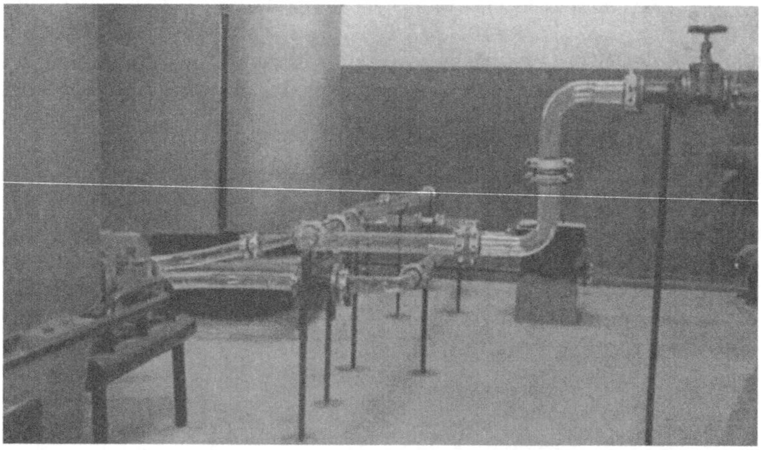

Abb. 1723. Rohrleitung aus Glas (Schott).

so erhalten die Rohre Kugelschliffverbinder. Dabei dichtet Glas auf Glas. Eine Metallkapsel hält die Rohrenden zusammen. Die Anordnung einer Glasrohrleitung, die von den Jenaer Glaswerken Schott & Gen., Jena, für eine chemische Fabrik mit 50 mm lichter Weite ausgeführt wurde, zeigt Abb. 1723. Die einzelnen Rohrenden sind hier mit Schellenverbindern zusammengehalten. Um Biegungsbeanspruchungen zu vermeiden, sind die einzelnen Rohrleitungsteile gut unterstützt. — Für unterirdische, drucklose Leitungen kann man Beton oder zementhaltige Sondermassen, wie Eternit usw., verwenden.

Stahl- und Eisenrohre, die chemischen Angriffen ausgesetzt sind, müssen besonders geschützt werden, indem man die Berührung des Rohrwerkstoffes mit den angreifenden Flüssigkeiten oder Gasen durch Belegung mit Schutzschichten verhindert. Solche Überzüge bringt man durch Anstreichen, Tauchen, Verzinken, Verzinnen usw. auf. Für Rohre, die in der Erde zu verlegen sind, eignen sich besonders folgende Schutzüberzüge: Asphalt mit imprägnierter Jute, Bitumen mit imprägnierter Jute oder imprägniertem Schirting, Bitumen mit imprägnierter Wollfilzpappe, Ausschleuderung mit Sonderbitumen.

Daneben gibt es zahlreiche besondere Schutzschichten, Schutzbinden usw., die z. B. mit Geweben gebildet werden, die mit aus Protoparaffinen bestehenden plastischen Massen getränkt sind. — Anstrichmittel der üblichen Art genügen nur bei Verlegung im Inneren von Gebäuden. Aus Steinkohlenteeren hergestellte Schutzüberzüge werden bisweilen spröde und rissig, so daß angreifende Stoffe zum Rohrwerkstoff gelangen können. Als Schutzmittel eignet sich das aus Erdölrückständen gewonnene Bitumen besser. — Wollfilzpappe zeigt gegenüber Jute und Schirting keine Kapillarwirkung.

In Einzelfällen ist es nicht möglich, die Rohrleitung fest zu verlegen. Dies ist z. B. der Fall, wenn ein Punkt der Leitung im Betrieb seinen Ort wechseln muß. Sind beispielsweise die Elektroden eines Elektroofens zu kühlen, so muß die Kühlwasserleitung entsprechend der Verkürzung der Elektrode folgen. Ist die Längenänderung nur gering, so kann man sich mit einem Ausgleicher oder einem Gelenkrohr helfen. Solche Gelenkrohre werden jedoch leicht undicht. Man bevorzugt daher meist Metallschläuche oder biegsame Metallrohre. Diese verwendet man z. B. auch vorteilhaft dann, wenn sehr zahlreiche zusammen aufgestellte Behälter oder Gefäße zu füllen und zu entleeren sind. Ein fest verlegtes Rohrleitungssystem ist für solche Bedingungen in Anschaffung und Unterhaltung teurer als eine Schlauchleitung. Hanf- und Gummischläuche kommen nur für drucklose, kalte Flüssigkeiten in Betracht. Für heiße Flüssigkeiten, Dämpfe und höhere Drücke benutzt man aus ineinandergefalzten Metallbändern bestehende Metallschläuche oder nahtlose, gewellte und daher biegsame Metallrohre. — Eine Verschraubung für eine derartige biegsame, nahtlose Leitung zeigt Abb. 1724 (Ch. Berghöfer & Co., Kassel). Zum Schutz gegen mechanische Beanspruchungen können derartige Metallschläuche mit Stahldraht umflochten werden.

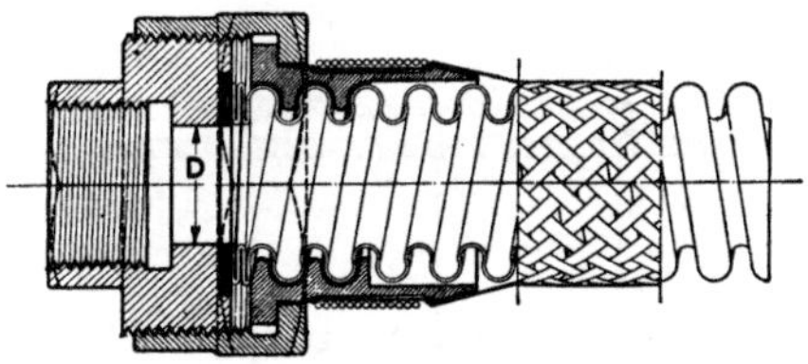

Abb. 1724. Verschraubung für eine biegsame Leitung (Berghöfer).

Rohrleitungsverbindungen (s. auch Flansche Muffen): Man unterscheidet nach der Möglichkeit des Lösens:

1. Feste, nicht lösbare Verbindungen, deren Lösung nur nach Zerstörung des Rohres oder der Verbindung möglich ist, wie die Schweißverbindungen.

2. Bedingt lösbare Verbindungen. Hierzu gehören besonders die Lötverbindungen, bei denen das Lot eine feste Verbindung darstellt, die sich jedoch mit der Lötflamme durch Schmelzen des Lots ohne Zerstörung von Rohr und Verbinder öffnen lassen.

3. Schwer lösbare Verbindungen. Hierzu gehören besonders die Muffenverbindungen (s. Muffen).

4. Leicht lösbare Verbindungen, wie die Flanschverbindungen (s. Flansche) und die verschiedenen Schraubverbindungen.

Nach der Möglichkeit, Zugkräfte aufzunehmen, kann man die Bauarten in zugfeste und nicht zugfeste Verbindungen unterteilen.

Nach der Bauart kann man unterscheiden:

1. Bauweisen ohne besondere Verbinder, bei denen die Rohrenden unmittelbar aneinander oder ineinander gelegt und verbunden werden, z. B. Schweiß- oder Muffenverbindungen oder Verbindungen mit festen Flanschen.

2. Bauweisen mit besonderen Verbindern, wie Fittings, Schraubverbindern, losen Flanschen usw.

In allen Fällen muß die Verbindung völlig dicht sein. Undichtheiten lassen sich bei Gasleitungen schwerer ermitteln als bei Flüssigkeits- und Dampfleitungen. Der Dichtungsdruck der Verbindung soll einem erheblich höheren Druck standhalten, als wie er für die Festigkeit des Rohres angenommen wurde. Um Undichtheiten schnell beheben zu können, müssen die Verbindungen möglichst gut zugänglich sein. (Siehe auch Dichtungen.)

Die Art der Verbindung muß den auftretenden Temperaturen angepaßt sein. Verbindungen mit organischen Dichtungsmitteln (s. auch Dichtungen), wie Hanf, Gummi usw., sind nur für geringe Temperaturen (bis etwa 100°) brauchbar. Verbindungen mit Weichlot halten bis etwa 150°, Verbindungen mit Sonderlot bis etwa 200°. Für höhere Temperaturen kommen nur metallische Verbindungen in Betracht.

Nicht immer ist es möglich, oft auch nicht zweckmäßig, die Leitungen, so wie Abb. 1725 zeigt, stumpf zu verschweißen. Immerhin sollte man bei allen

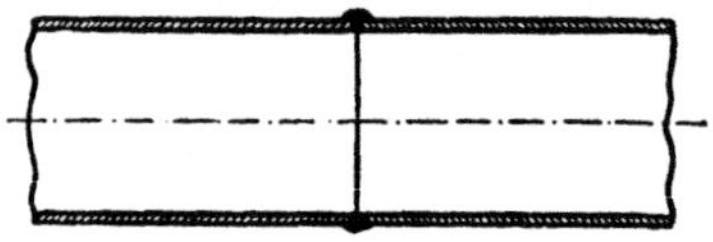

Abb. 1725.
Stumpfgeschweißte Verbindung.

Abb. 1726.
Schweißverbindung.

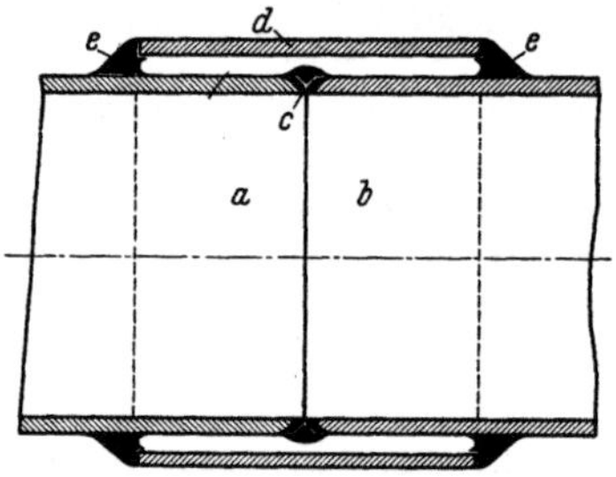

Abb. 1727. Schutzkappe für Schweißverbindung.

Leitungen, besonders bei Gasleitungen und Leitungen für flüchtige Lösemittel, darauf bedacht sein, möglichst wenig lösbare Rohrverbindungen zu erhalten und möglichst einzelne Rohrstücke zu verschweißen. Um zu verhindern, daß dabei Schweißtropfen ins Innere der Leitung gelangen, ist das Einlegen eines Flacheisenringes zu empfehlen. Eine bessere Schweißverbindung ergibt die Anordnung nach Abb. 1726, wo das eine Rohr umgebördelt, das andere ausgemufft ist. Nach Verlegung der Leitung wird der überstehende Rand umgehämmert und verschweißt. Geschweißte Dampf- und Gasleitungen schützt man, wenn die Gefahr unvorhergesehener Beanspruchungen, z. B. bei der Verlegung in der Erde in Bergbaugebieten, besteht, oft durch besondere Maßnahmen. Als Beispiel zeigt Abb. 1727 eine Schutzkappe, die aus einem Rohr *d* besteht, das bei *e* auf die durch die Naht *c* verbundenen Rohre *a* und *b* aufgeschweißt ist.

Für Leitungen bis etwa 100 mm, oft auch für größere Durchmesser, werden Schraubverbindungen viel benutzt. Die Verbindung durch eine Gewindemuffe zeigt Abb. 1728, in einer anderen Ausführung Abb. 1729. Eine teure, aber sehr leicht lösbare Verbindung ist die Überwurfmutter nach Abb. 1730. Für Kupferrohre kleineren Durchmessers kann eine Verschraubung nach Abb. 1731 mit Dichtungskegel verwendet werden, wobei die Rohre in die zugehörigen Gewindestücke eingelötet sind. Einen Schraubverbinder für Metallrohre mit einer kegeligen Anpreßfläche, gegen die das umgebördelte Rohrende durch einen Ring und eine Überwurfmutter gedrückt wird, zeigt Abb. 1732. Es dichtet dabei Metall gegen Metall. Harte Rohre müssen an den Enden weichgeglüht werden.

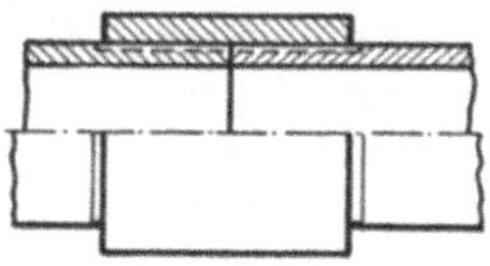

Abb. 1728. Schraubverbindung mit Gewindemuffe.

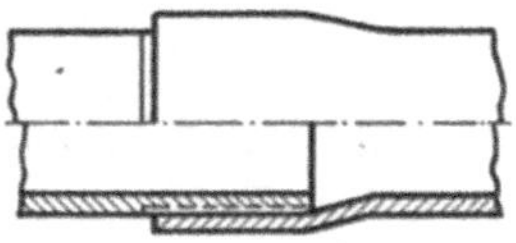

Abb. 1729. Schraubverbindung.

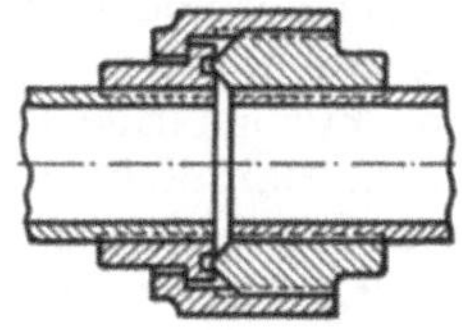

Abb. 1730. Schraubverbindung mit Überwurfmutter.

Sehr schnell lassen sich Rohre mit dem auf Abb. 1733 dargestellten „Ermeto"-Rohrverbinder der Metallwerke Zöblitz A.-G. verbinden (Chem. Apparatur 1934, S. 176). Die rechte Seite zeigt den Verbinder vor dem Anziehen, die

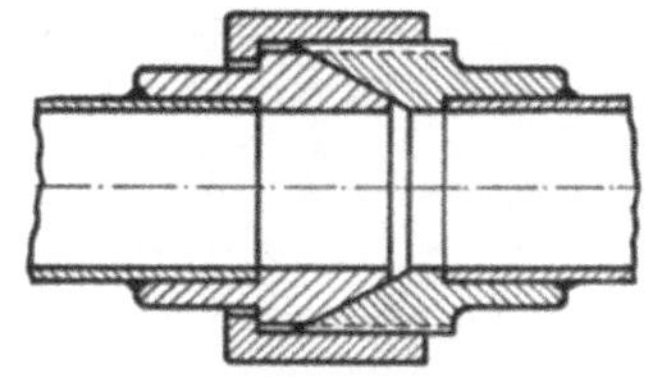

Abb. 1731. Schraubverbindung mit eingelöteten Rohren.

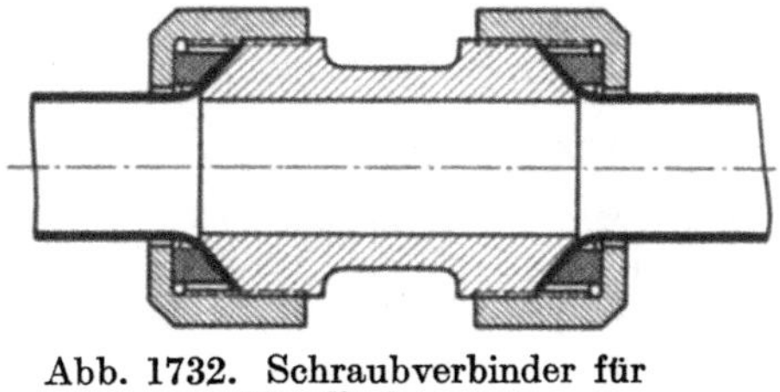

Abb. 1732. Schraubverbinder für Metallrohre.

linke Seite nach dem Anziehen, also in betriebsfertigem Zustand. Der Dichtungsring wird durch das Anziehen einer Überwurfmutter über dem Rohrende derart umgebördelt und verformt, daß eine drucksichere, jederzeit lösbare Verbindung entsteht. Der Dichtungsring drückt sich dabei fest in die Außenwand

Abb. 1733. „Ermeto"-Rohrverbinder (Metallwerke Zöblitz).

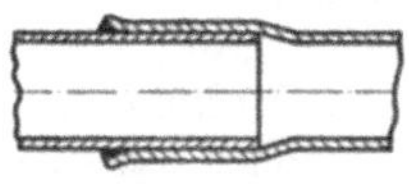

Abb. 1734. Muffenartige Lötverbindung.

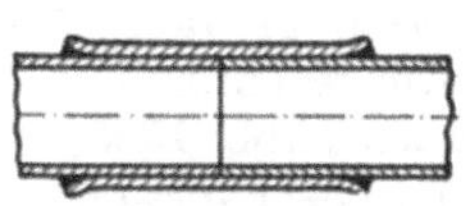

Abb. 1735. Lötverbindung mit Hülse.

des Rohres ein, und zwar um so stärker, je mehr die Überwurfmutter angezogen wird. Der Ring erhält durch das Zusammenziehen eine gewisse Federspannung, die ein Lockern der Überwurfmutter durch Erschütterungen unmöglich macht. Alle Teile bestehen aus Werkstoff mit gleicher Temperaturausdehnungszahl, so daß Temperaturschwankungen die Dichtheit der Verbindung nicht beeinflussen können. Nach Abschrauben der Überwurfmutter läßt sich das Rohr ohne weiteres aus der Verschraubung herausziehen. Die Verbindung hält auch nach mehrmaligem Wiederanziehen einwandfrei fest.

Kupferrohre können auch nach Abb. 1734 ineinandergesteckt oder durch eine Hülse nach Abb. 1735 verbunden werden; die Verbindungsflächen werden in jedem Fall hart verlötet.

Eine einfache Lötverbindung für Metallrohre ist auf Abb. 1736 dargestellt. In dem Verbinder befinden sich Verteilrinnen, in die das Lot durch ein Loch eingebracht wird. Das Rohr muß für diese Verbindung sehr genau gezogen sein. Für niedrige Temperaturen und Dampf bis 4 at verwendet man Weichlot, für Dampf bis 200° und 15 at Sonderlote. Das Lot verteilt sich über die Rinne auf den ganzen Umfang und fließt infolge der Kapillarwirkung auch in den engen Zwischenraum zwischen Rohr und Verbinder. Die Herstellung einer derartigen Verbindung nach Bänninger, Gießen, mit Lötlampe und Lötdraht veranschaulicht Abb. 1737 (Chem. Apparatur 1934, S. 176). — Lötfittings dieser Bauart werden bis zu 50 mm Durchmesser hergestellt.

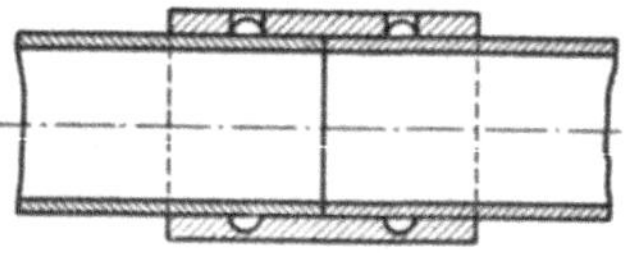

Abb. 1736. Lötverbindung für Metallrohre mit Verteilrinnen für das Lot.

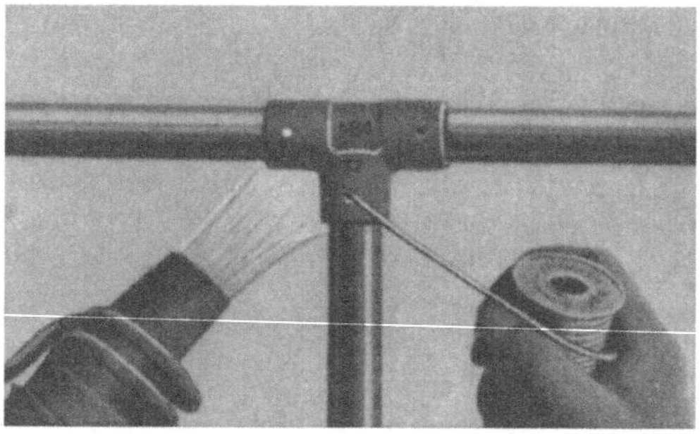

Abb. 1737. Herstellung einer Lötverbindung nach Abb. 1736 nach Bänninger.

Rohre aus Blechen von 0,5—1,5 mm Stärke für Trocknungs-, Entstaubungs- und Absaugungsanlagen usw. werden durch Falzen, Bördeln oder mit Sickenspannschellen verbunden. Bei der Wahl der Rohrleitungsverbindung ist zu berücksichtigen, ob eine Verdrehung des Rohres, etwa bei Krümmern oder Abzweigungen, nachträglich möglich sein soll.

Formstücke verwendet man für Abzweigungen, Änderungen des Durchmessers, Anschluß von Entwässerungsvorrichtungen und für Richtungswechsel in den Rohrleitungen. Man benutzt: Krümmer (Abb. 1738), T-Stücke (Abb. 1739) und Übergangsstücke, die meist als T-Stücke gebaut werden (Abb. 1740). Statt gewöhnlicher T-Stücke werden oft Kugel-T-Stücke (Abb. 1741) verwendet, die in der Beanspruchung des Baustoffes und für die Dampfführung etwas günstiger sind. Gewindeformstücke für kleine Durchmesser, die sog. Fittings, baut man vorwiegend in Leitungen, die aus Gasrohren bestehen, ein.

Krümmer und andere Formstücke in Stahlrohrleitungen für größere Durchmesser werden oft etwa in der auf Abb. 1742 (Chem. Apparatur 1934, S. 25) dargestellten Weise geschweißt. Die Formstücke sind dabei aus einzelnen Blechsegmenten zusammengesetzt.

Stets ist darauf zu achten, daß sich in Dampfleitungen die durch Wärmeverluste niedergeschlagene Flüssigkeit nicht stauen kann; auch bei überhitztem Dampf sind ausreichende Entwässerungsvorrichtungen erforderlich, da sich bei der In- und Außerbetriebnahme Niederschläge bilden. Bei vollständig geradlinig verlaufenden Leitungen ohne Einbauten sind besondere Sammelstellen für die sich bildenden Niederschläge vorzusehen. Man kann dazu einfache T-Stücke nach Abb. 1743 und Abb. 1744 oder besondere Abscheider (s. d.) verwenden. Bei Rohrleitungen, die im Freien liegen, bilden Wasserreste wegen der Frostgefahr eine Schadenquelle. Solche Ge-

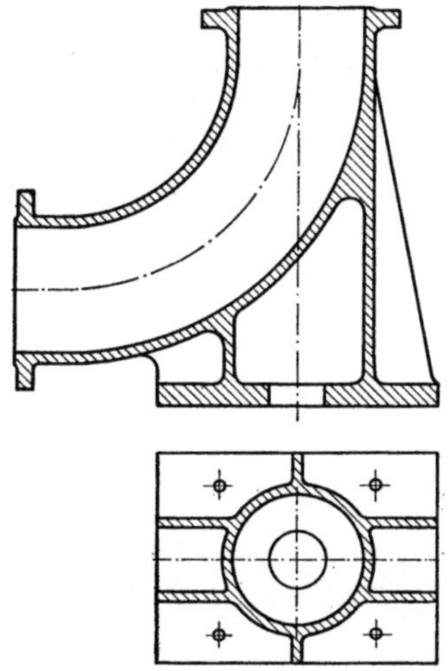

Abb. 1738. Fußkrümmer aus Gußeisen (Borsig).

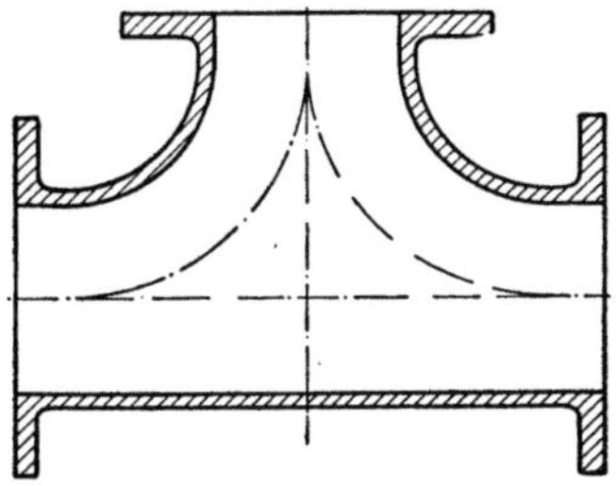

Abb. 1739. T-Stück.

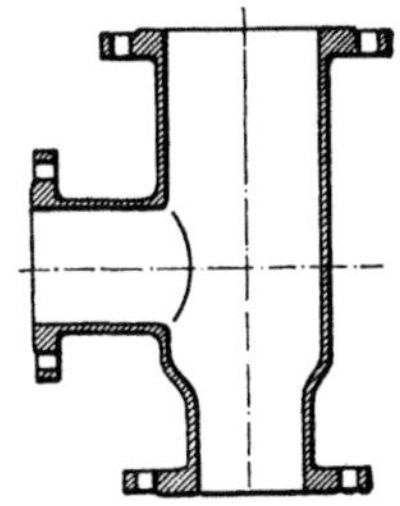

Abb. 1740. T-Stück mit Querschnittsveränderung.

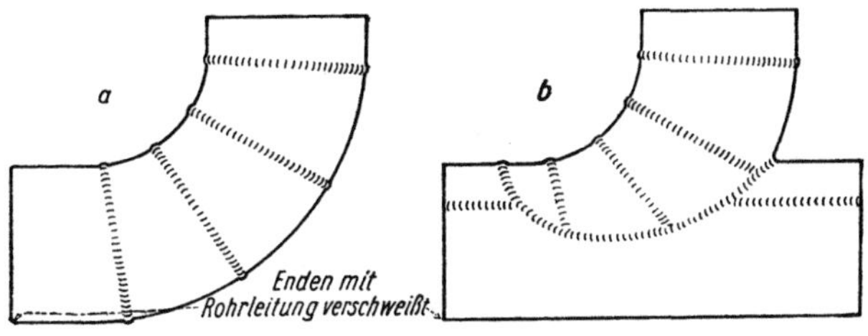

Abb. 1742. Geschweißte Krümmer.

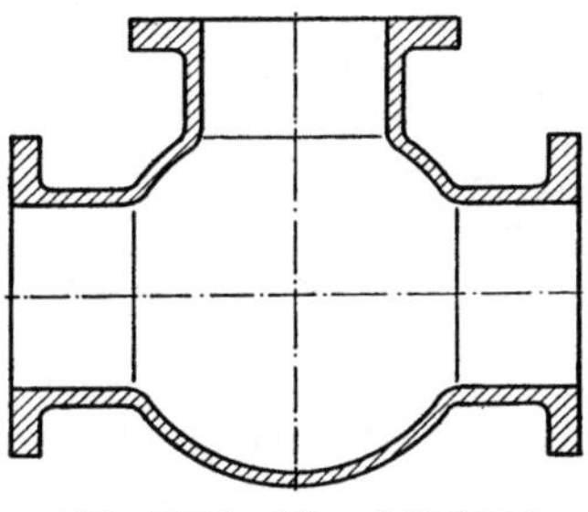

Abb. 1741. Kugel-T-Stück.

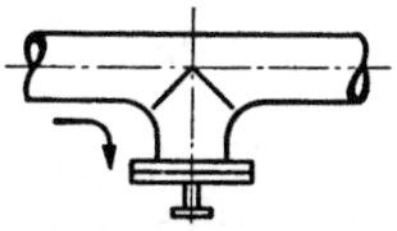

Abb. 1743. T-Stück als Abscheider in einer Rohrleitung.

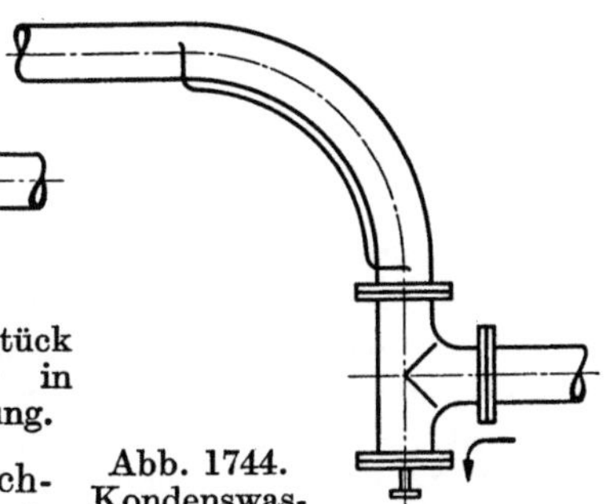

Abb. 1744. Kondenswasserableitung an einem aufsteigenden Rohrstrang mit T-Stück.

fahrenpunkte sind z. B. gleichachsige Flanschübergänge mit Querschnittsveränderung nach Abb. 1745 oder aufsteigende Rohrstränge nach Abb. 1746.

Die Aufnahme von Längenänderungen. Alle Leitungen, besonders die Dampfleitungen, verändern ihre Länge entsprechend den eintretenden Temperaturänderungen. Die Ausdehnung beträgt für Stahlrohre ungefähr 1,2 mm für 1 m Länge und 100° Temperaturunterschied, bei Kupfer 1,8 mm. Den durch die Temperaturunterschiede bedingten Längenänderungen muß die Leitung nachgeben können. Oft kann man die Leitung so führen, daß sie von selbst die Längenänderung aufnimmt, indem man sie mehrmals rechtwinkelig abbiegt. An den Stellen, welche die geringste Verschiebung aufzuweisen haben, sind Festpunkte anzuordnen. Ist eine rechtwinkelige Führung nicht möglich, so müssen an den Stellen, an denen infolge der Anordnung der Festpunkte die Verschiebung am größten ist, Ausgleicher eingebaut werden. Als solche verwendet man Gleit- oder Stopfbüchsenausgleicher, Federbogenausgleicher, die auch Lyrabogen- oder Schleifenausgleicher genannt werden, Feder- oder Wellrohre und Plattenausgleicher.

Die Gleitausgleicher haben immer mindestens eine Stopfbüchse mit ihren Nachteilen notwendig. Einen einfachen Stopfbüchsenausgleicher zeigt Abb. 1747 (A. Borsig, Berlin-Tegel). Bei dem Einbau eines derartigen Aus-

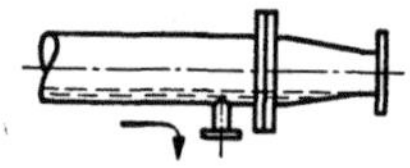

Abb. 1745. Kondenswasserableitung an einem Flanschübergang.

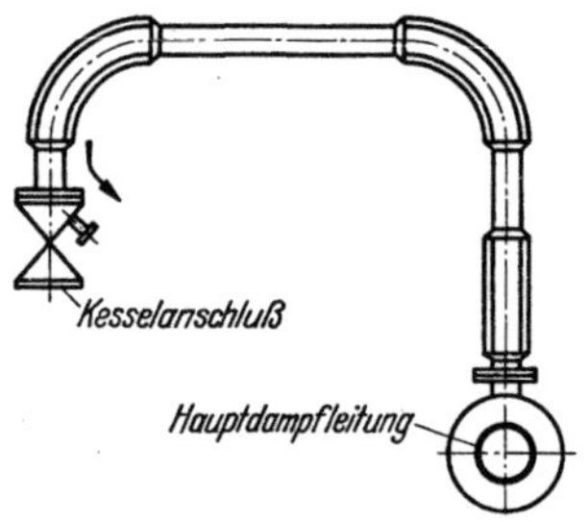

Abb. 1746. Kondenswasserableitung an einem aufsteigenden Rohrstrang.

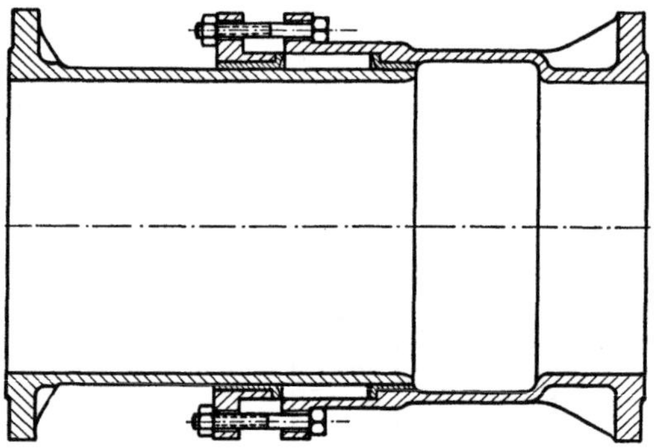

Abb. 1747. Stopfbüchsenausgleicher (Borsig).

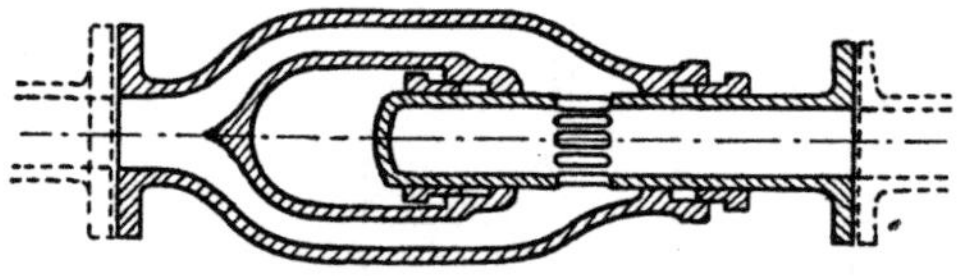

Abb. 1748. Entlasteter Ausgleicher (Dehne).

gleichers muß die Leitung sorgfältig befestigt sein, damit sich das innere Rohrende nicht verklemmt. Um dies auf alle Fälle zu vermeiden, baut man die inneren Rohre oft bedeutend länger, damit eine möglichst gute Führung im Außenrohr vorhanden ist. In der Rohrrichtung tritt ein Druck auf, der die Verbindung auseinanderzureißen bestrebt ist. Um die Entstehung dieses Druckes zu verhindern, sind zahlreiche Bauarten entlasteter Gleitausgleicher entstanden, von denen ein einfaches Beispiel auf Abb. 1748 (Dehne, Halle a. d. S.) dargestellt ist. Die entlasteten Ausgleicher haben zwei Stopfbüchsen notwendig und ergeben einen etwas höheren Druckabfall.

Die Federbogen haben großen Platzbedarf, lassen sich nur in waagerechte Leitungen einbauen und ergeben einen höheren Druckverlust als die Gleitausgleicher, erfordern dafür aber keine Stopfbüchsen. Beim Einbau wird die Schleife in kaltem Zustand um ebensoviel auseinandergezogen, wie sie durch die Erwärmung über den spannungslosen Zustand hinaus zusammengedrückt wird. Sie wird entweder mit dem Bogen nach oben senkrecht oder waagerecht eingebaut.

Einen einfachen Rohrbogenausgleicher zeigt Abb. 1749, eine Ausgleichsschleife Abb. 1750. Die Dehnungsaufnahme eines Rohrbogens kann erheblich vergrößert werden, wenn man die Krümmungen durch Falten herstellt, wie Abb. 1751 zeigt. Für einige Faltenrohrbogen der Allgemeinen Rohrleitung A.-G., Düsseldorf, sind die kennzeichnenden Werte in der nachfolgenden Tafel zusammengestellt:

Lichter Durchmesser mm	Ausladung A mm	Baulänge B mm	Dehnungsaufnahme δ mm	Gewicht kg	Lichter Durchmesser mm	Ausladung A mm	Baulänge B mm	Dehnungsaufnahme δ mm	Gewicht kg
	300	550	20	5,0		750	1050	45	45,6
	360	600	25	5,8		900	1150	65	52,6
	420	650	35	6,6		1050	1250	85	60,3
60	480	650	45	7,3	150	1200	1250	110	67,2
	600	650	70	8,7		1500	1300	180	82,3
	720	750	100	10,3		1800	1500	250	96,7
	840	850	140	11,9		2100	1700	350	111
	350	600	20	6,9		875	1250	50	79,2
	420	650	30	8,1		1050	1300	70	91,0
	490	700	40	9,2		1225	1450	100	104
70	560	700	50	10,2	175	1400	1450	130	117
	700	700	80	12,2		1750	1500	200	142
	840	800	110	14,4		2100	1750	290	167
	980	900	160	16,5		2450	1950	400	191
	400	650	25	10,0		1000	1350	60	120
	480	700	30	11,6		1200	1450	85	137
	560	750	45	13,2		1400	1550	110	156
80	640	750	60	14,7	200	1600	1600	150	176
	800	800	90	18		2000	1650	230	215
	960	900	130	20,9		2400	1900	330	244
	1120	1000	180	23,9		2800	2200	460	302
	450	700	25	12,8		1125	1450	65	148
	540	800	40	15,1		1350	1600	95	173
	630	850	55	17,1		1575	1750	130	197
90	720	850	70	19,1	225	1800	1750	170	221
	900	850	100	22,9		2250	1800	260	268
	1080	1000	150	27,2		2700	2100	380	331
	1260	1100	210	31,0		3150	2400	520	376
	500	800	30	17,4		1250	1600	70	197
	600	850	40	20,1		1500	1750	100	229
	700	950	60	23,1		1750	1850	140	259
100	800	950	75	25,7	250	2000	1900	190	292
	1000	950	110	30,9		2500	1950	290	357
	1200	1100	170	36,5		3000	2300	420	438
	1400	1250	230	42,0		3500	2600	580	500

Gewöhnliche Federbogenausgleicher müssen bei den angegebenen Dehnungsaufnahmen und gleichen Beanspruchungen fast doppelt so groß ausgeführt werden. Um die Dehnungsmöglichkeit zu vergrößern, werden die Schleifen auch aus Wellrohr oder mit elliptischem Querschnitt hergestellt.

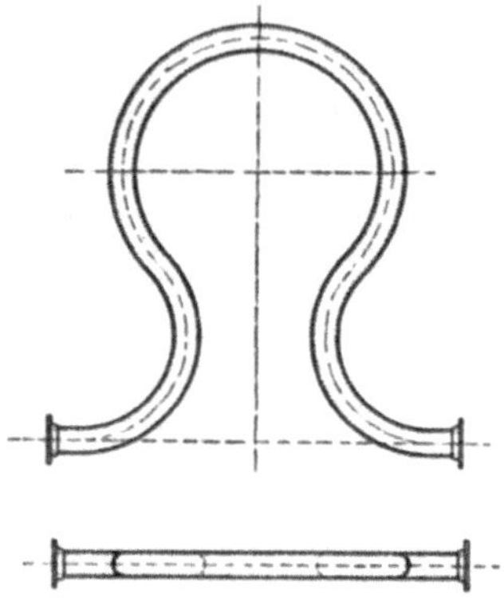

Abb. 1749. Federbogen (Borsig).

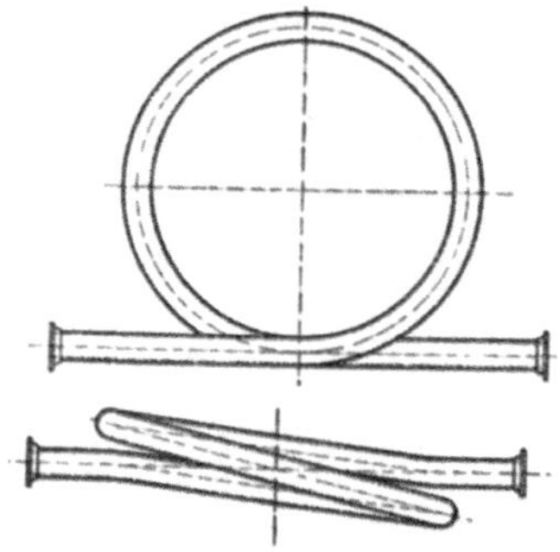

Abb. 1750. Rohrschleife.

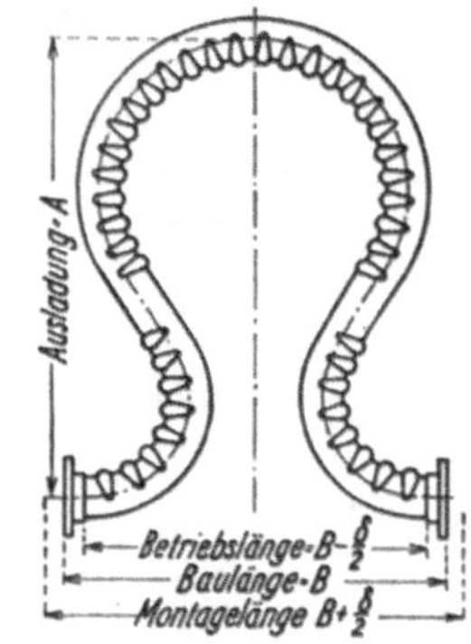

Abb. 1751. Faltenrohrausgleicher (Allgemeine Rohrleitung A.-G.).

Einen einfachen Federrohrausgleicher zeigt Abb. 1752. Hier ist ein Stahlwellrohr zwischen zwei Flanschverschraubungen befestigt. Zur Führung ist innen ein Rohr eingesetzt, das nur in dem einen Endstück befestigt ist und in dem anderen sich verschieben kann. Einen ähnlichen Ausgleicher mit einem

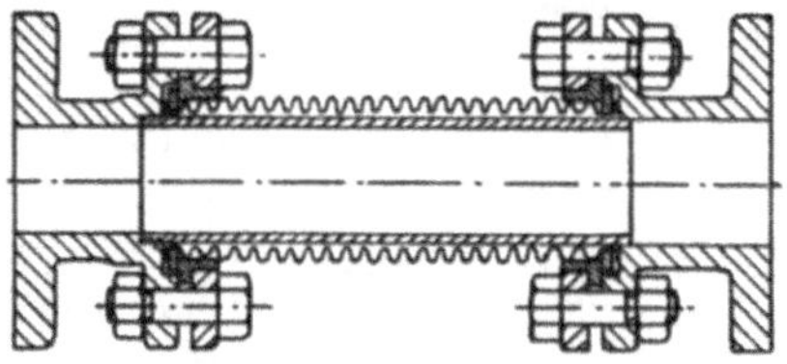

Abb. 1752. Federrohrausgleicher.

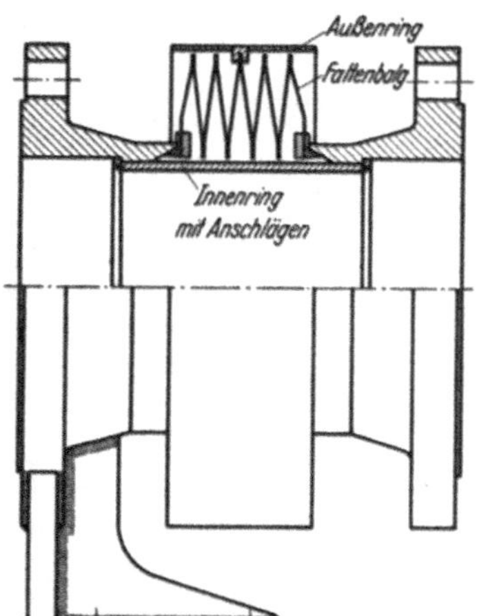

Abb. 1753. Ausgleicher mit Faltenbalg (Foster-Wheeler).

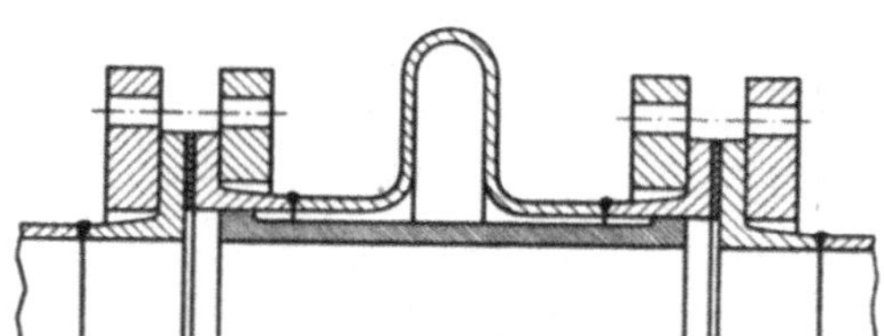

Abb. 1754. Linsenausgleicher mit Leitrohr (Seiffert).

Faltenbalg (Bauart Foster-Wheeler), der ebenfalls geringen Strömungsverlust ergibt, veranschaulicht Abb. 1753 (Chem. Apparatur 1937, S. 353). Mit einer Falte lassen sich Axialbewegungen bis 10 mm ausgleichen. Durch Ausbildung mit mehreren Falten lassen sich Dehnungen bis 200 mm aufnehmen (s. auch Membranen).

Für kleine Längenänderungen genügen die in Dampfleitungen oft zu findenden Linsenausgleicher, die aus dünnem, besonders elastischem Stahlblech bestehen. Einen Linsenausgleicher mit einem Leitrohr aus Gußeisen (Franz Seiffert & Co. A.-G., Berlin), der mit zwei Flanschen in die Leitung eingebaut wird, zeigt Abb. 1754. Ein Krümmer mit zwei eingeschweißten Ausgleichslinsen (Seiffert) ist auf Abb. 1755 dargestellt. In Rohrleitungen, die kupferne Apparaturen verbinden, findet man oft Ausgleicher nach Abb. 1756.

Zur Aufnahme von Längenänderungen kann man in ähnlicher Weise auch die Durchbiegung von größeren Platten benutzen. Ein Plattenausgleicher in schmiedeeiserner, genieteter Ausführung, wie er für große Gasleitungen verwendet wird, ist auf Abb. 1757 dargestellt.

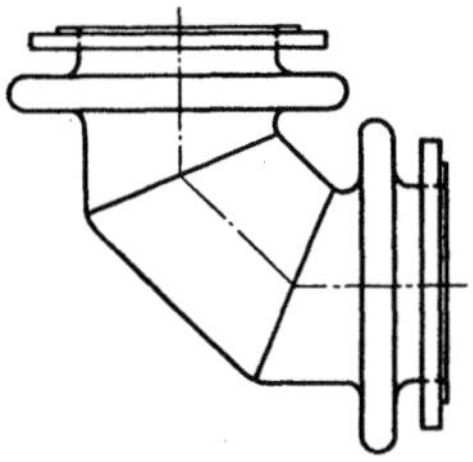

Abb. 1755. Krümmer mit Ausgleichslinsen (Seiffert).

Oft nimmt man die Dehnung auch durch Kugelgelenke auf, die jedoch immer Stopfbüchsen notwendig machen. Sie können an Krümmungen vorteilhaft verwendet werden.

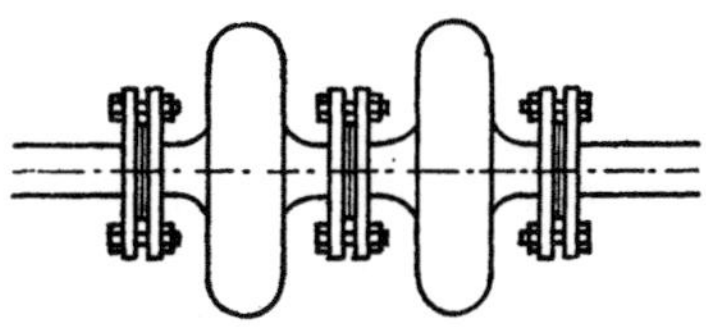

Abb. 1756. Linsenausgleicher in Kupferausführung.

Wird eine Gas- oder Wasserleitung in der Erde verlegt, so sind Ausgleichsvorrichtungen nicht nötig, es sei denn, daß der Boden, wie in Bergbau- oder Erdbebengebieten, unruhig ist.

Die Unterstützung der Leitungen. Alle Rohrleitungen müssen so gehalten sein, daß erhebliche, zusätzliche Beanspruchungen infolge des Eigengewichtes der Leitungen im Rohrbaustoff nicht auftreten und daß jedes Teilstück den Wärmedehnungen folgen kann. Sie werden hierzu entweder von unten unterstützt durch Konsole, Mauern, Brücken, Maste usw., oder aufgehängt, wozu die Deckenträger, die Dachbinder oder andere Tragkonstruktionen verwendet werden können. Alle Unterstützungen, mit Ausnahme der Festpunkte, müssen eine Längenänderung der Leitung zulassen. Senkrechte Leitungen werden zweckmäßig durch einen Fußkrümmer gehalten und festgelegt.

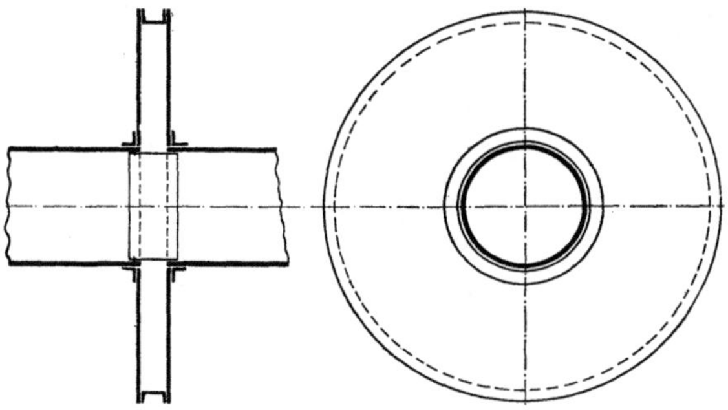

Abb. 1757. Plattenausgleicher.

Einen Festpunkt, der mit Hilfe von U-Eisen in eine Wand eingemauert werden kann, zeigt Abb. 1758, eine ähnliche Ausführung, jedoch mit Konsol, Abb. 1759, wobei um das Rohr eine einfache Schelle gelegt ist. Ein Festpunkt mit Schraubverbindungen (Borsig) ist auf Abb. 1760 dargestellt. Ähnliche Konstruktionen werden auch verwendet, wenn keine Mauern od. dgl. zur Festlegung vorhanden sind.

Eine einfache Auflagerung auf einem Konsol, die eine Längsbewegung der Rohrleitung gestattet, zeigt Abb. 1761, eine bewegliche Unterstützung mit einer Rolle Abb. 1762. Diese Bauart gestattet auch eine Isolierung der Unterstützungsstelle. Eine Kugelunterstützung, die außerdem den Vorzug der Nachstellbarkeit hat, ist auf Abb. 1763 dargestellt.

Die Aufhängungen können in einfacher Weise durch Schraubverbindungen nachstellbar eingerichtet werden. Eine einfache Schellenaufhängung zeigt Abb. 1764 und eine ähnliche

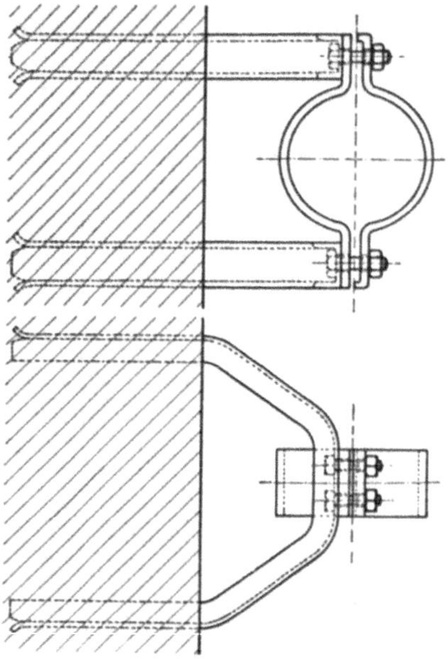

Abb. 1758. Festpunkt.

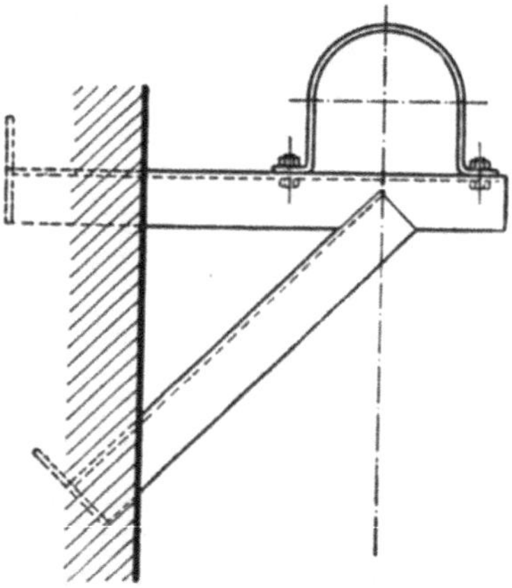

Abb. 1759. Rohrkonsol als Festpunkt.

Bauweise mit einer Rolle zur Aufnahme größerer Längenänderungen Abb. 1765. Sehr beliebt sind auch Aufhängungen in Kettenschlingen.

Läßt sich eine Aufhängung oder ein Aufstützen auf eine Wand nicht ermöglichen, so werden die Leitungen auf besondere Maste oder besser auf Rohrbrücken verlegt (Abb. 1766).

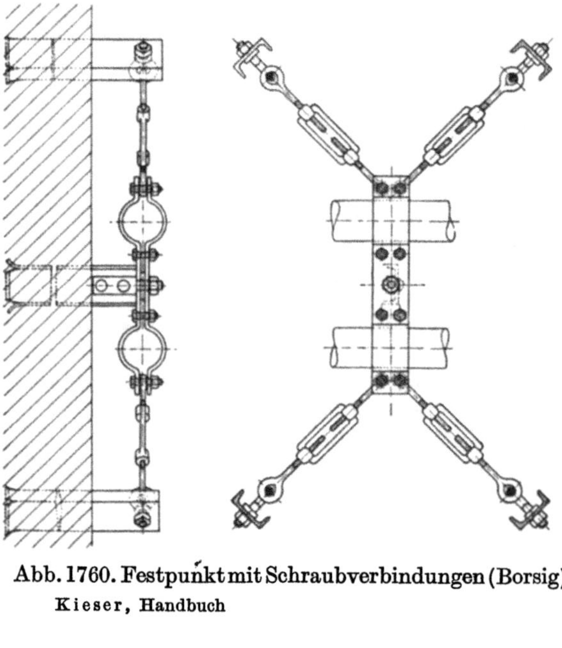

Abb. 1760. Festpunkt mit Schraubverbindungen (Borsig).

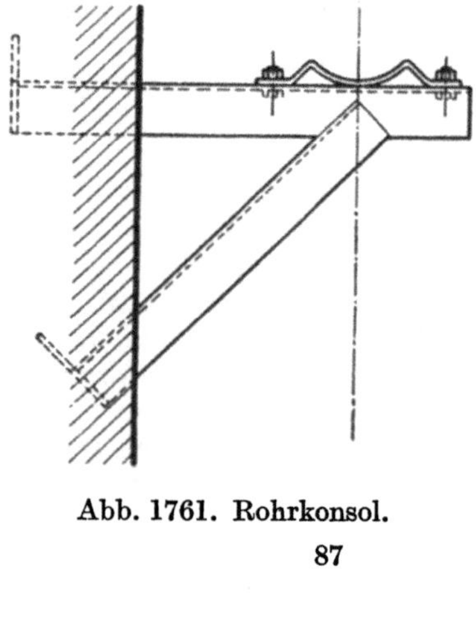

Abb. 1761. Rohrkonsol.

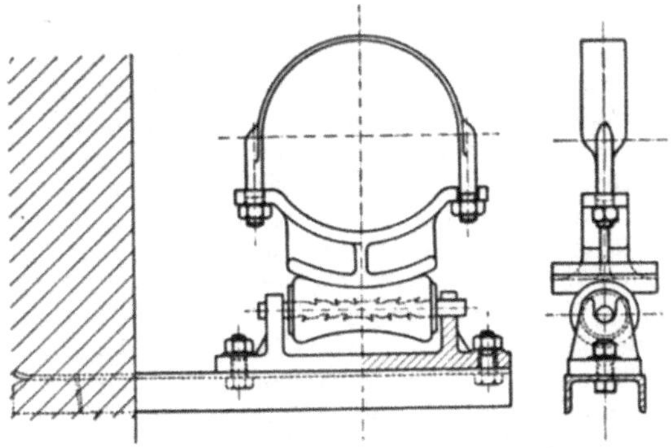

Abb. 1762. Rollenunterstützung (Borsig).

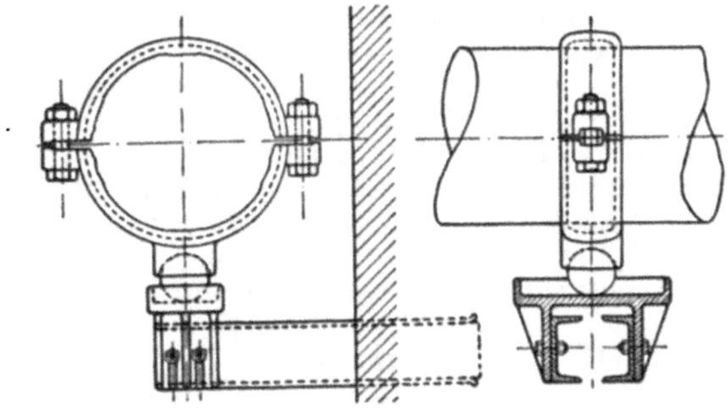

Abb. 1763. Nachstellbare Kugelunterstützung (Borsig).

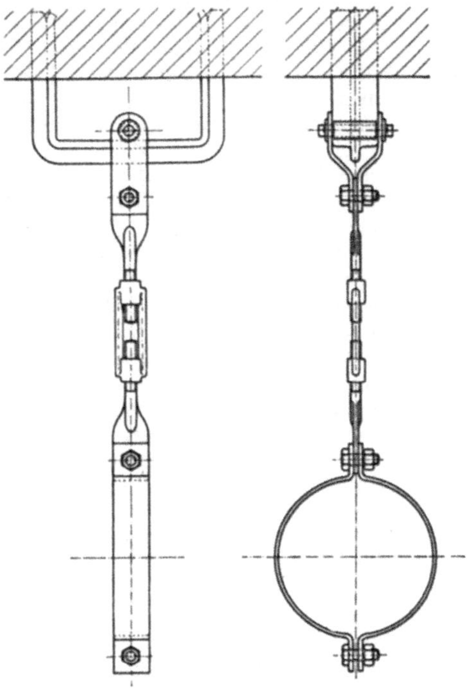

Abb. 1765. Rollenaufhängung (Borsig).

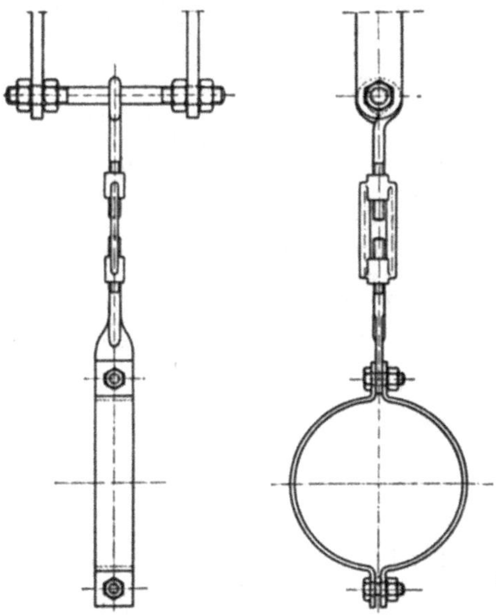

Abb. 1764. Aufhängung mit Schraubverbindung (Borsig).

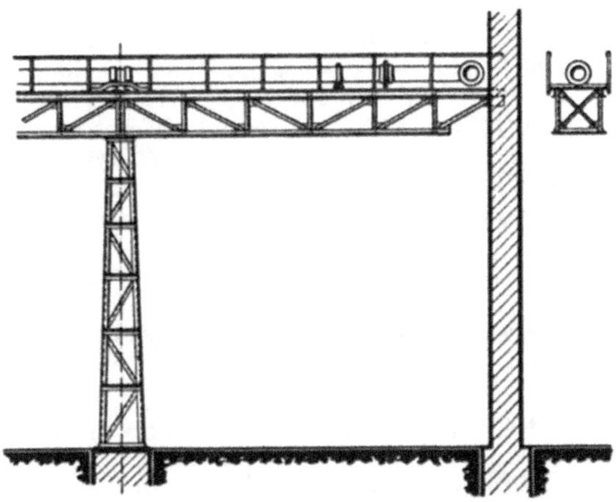

Abb. 1766. Rohrbrücke (Allgemeine Rohrleitung A.-G.).

Lit.: *E. Hausbrand*, Hilfsbuch für den Apparatebau (3. Aufl., Berlin 1924, Julius Springer). — *G. Hönnicke*, Handbuch zum Dampffaß- und Apparatebau (Berlin 1924, Julius Springer). — *H. Karg*, Pneumatische Materialtransporte (München 1927, Oldenbourg). — *Holler* u. *Fink*, Ausgewählte Schweißkonstruktionen, Bd. 3, Rohrleitungs- und Behälterbau (Berlin 1932, VDI-Verlag). — *R. Heym*, Rohrleitungen von Heizungs- und Lüftungsanlagen (Berlin 1937, Julius Springer). — *O. Grunow*, Praktisches Rohrbiegen (Berlin 1935, Julius Springer). — *F. Bundschuh*, Druckrohrleitungen, Berechnungs- und Konstruktionsgrundlagen der Rohrleitungen für Wasserkraft- und Wasserversorgungsanlagen (2. Aufl., Berlin 1929, Julius Springer). — *H. Richter*, Druckabfall in gekrümmten, glatten Rohrleitungen (Berlin 1930, VDI-Verlag). — *R. Biel*, Die wirtschaftlich günstigsten Rohrweiten, ihre Bestimmung für die Fortleitung von Wasser, Wasserdampf und Gas (München 1930, Oldenbourg). — *H. Brinkhaus*, Das Rohrnetz städtischer Wasserwerke, Berechnung, Bau und Betrieb (3. Aufl., München 1930, Oldenbourg). — *F. Schwedler*, Handbuch der Rohrleitungen (2. Aufl., Berlin 1939, Julius Springer). — *V. Mann*, Rohre unter besonderer Berücksichtigung der Rohre für Wasserkraftanlagen (München 1928, Oldenbourg). — Richtlinien für Werkstoff und Bau von Heißdampfleitungen, herausgeg. von der Vereinigung der Großkesselbesitzer (Berlin 1936, Julius Springer). — *H. Rabovsky*, Holzdaubenrohre (Berlin 1926, VDI-Verlag). — *J. Schmitz*, Bestimmung der Rohrweiten von Dampfleitungen, insbesondere von Niederdruck- und Unterdruck- Dampfleitungen (2. Aufl., München 1930, Oldenbourg). — *G. Schinck* u. *H. Schneider*, Der praktische Gas- und Wasserinstallateur (Stuttgart 1928, Moritz). — Richtlinien für geschweißte Gasrohrleitungen, herausgeg. vom VDI-Ausschuß (Berlin 1929, VDI-Verlag). — *J. Kelling*, Bestimmung der Durchmesser für unbekleidete Rohrleitungen (3. Aufl., Halle 1925, Knapp). — *E. Heideck, O. Leppin*, Der Industriebau, Bd. 2 (Berlin 1933, Julius Springer). — Wärmetechnische Arbeitsmappe, herausgegeben vom Archiv für Wärmewirtschaft und Dampfkesselwesen (4. Aufl., Berlin 1937, VDI-Verlag). — Rohrleitungskalender der Firma Franz Seiffert & Co. A.-G., Berlin-Eberswalde.

Thormann.

Lit. Chem. Apparatur: *E. Fritzweiler*, Eine neue Rohrverschraubung für Säureleitungen (1914, S. 261). — *H. Winkelmann*, Die Einwirkung von Wasser auf eiserne Rohrleitungen und deren Rostschutz (1916, S. 30); Metallrohre mit Holzfutter (1916, S. 87). — *W. F. Schauten*, Über Rohrleitungen und Absperrorgane aus Steinzeug (1917, S. 49, 60). — *A. Voigt*, Automatische Entlüftung von Überdruckleitungen (1918, S. 91). — *P. Agger*, Unterirdisch verlegte Rohrleitungen (1918, S. 177). — *H. Kolden*, Mit Hilfe der autogenen Schweißung mit Blechen ausgekleideter Beton für den Behälter- und Rohrleitungsbau (1920, S. 129). — *H. Gonschewski*, Eine neue Rohrverbindung, die Phönix-Schnellkuppelung (1924, S. 26). — *H. Fischer*, Holzrohre und ihre Verwendung (1926, Beil. Korr., S. 5). — *K. Thormann*, Über Phosphorbronze-Rohre. Carobronze (1930, Beil. Korr., S. 17). — *H. Schröder*, Neuzeitliche Schweißkonstruktionen im chemischen Apparatebau (1934, S. 21). — *H. Hille*, Luftverbesserungsanlagen. Austauschstoffe für Klimarohrleitungen (1937, S. 381, 396). — *G. v. Holten*, Holzrohre und ihre Herstellung (1938, S. 36). — *P. Wiessner*, Neuartige Werkstoffe für die Herstellung von Schläuchen und Rohren (1938, S. 309).

Rohrmühlen, s. Kugelmühlen, Kolloidmühlen.

Rohrschlangen, s. Beheizungsvorrichtungen, Oberflächenkondensatoren, Wärmeaustauscher.

Rohrverbindungen, s. Flansche, Muffen, Rohrleitungen.

Rollquetschen, s. Kollergänge.

Rollvorrichtungen, s. Mischvorrichtungen.

Roste, s. Feuerungsanlagen, Röstvorrichtungen, Siebvorrichtungen.

Rostfreie Stähle, s. Nichtrostende Stähle.

Rostschutzfarben, s. Schutzüberzüge.

Röstvorrichtungen *(s. auch Reaktionsapparate, Keramische Werkstoffe [S. 810]).* Unter Rösten versteht man das Austreiben flüchtiger Bestandteile, die in mineralischen Stoffen vorhanden sind, in oxydierter Form durch Erhitzen; insbesondere bezeichnet man so das Abbrennen von Schwefelmetallen und von Gasmassen, wobei sich diese Stoffe in SO_2-haltige Gase und in die festen Abbrände zerlegen. Dabei soll ein guter Abröstungsgrad und meist auch ein bestimmter SO_2-Gasgehalt erzielt werden. Die schwefelreichen Rösterze, z. B. Eisenkiese, entwickeln in der Regel so viel Wärme, daß sie nach einmaliger Erhitzung ohne weiteres von selbst weiter abrösten. Ist dies nicht der Fall, so ist eine zusätzliche Beheizung durch Feuergase zur Aufrechterhaltung des Röstvorganges erforderlich. Die Reaktionen, die dabei ablaufen, sind nach der Art der Ausgangsstoffe und der Führung des Verfahrens verschieden. So kann man sulfatisierende und oxydierende Röstung unterscheiden, wobei entweder Sulfate oder Oxyde entstehen. Bei den Röstverfahren ist immer überschüssiger Sauerstoff vorhanden, der je nach den Gleichgewichtsverhältnissen mit der Schwefligen Säure mehr oder weniger zur SO_3-Bildung führt. In der festen Phase sind verschiedene Reaktionen möglich. Es können Metallsulfid und Metallsulfat sich miteinander zu Oxyd und Schwefeldioxyd umsetzen, aus Sulfat und Sulfid können unmittelbar Metall und SO_2 entstehen, und es können Metalloxyde auf Metallsulfid einwirken.

Beim Rösten kommt es darauf an, das Röstgut in feiner Verteilung bei den notwendigen Reaktionstemperaturen dem Sauerstoff der Luft auszusetzen. Dabei kann man im wesentlichen drei Verfahren unterscheiden: 1. Man leitet die Verbrennungsluft entweder unmittelbar durch das Röstgut, das hierzu auf Rosten lagert; 2. man läßt sie durch eine Drehtrommel gehen, wobei das Gut teilweise durch die Gase rieselt; 3. man läßt sie über das auf einem Herd in verhältnismäßig dünner Schicht ruhende Gut streichen. Gehen die Gase durch die Schüttung oder das in einer Trommel rieselnde Gut, so ist eine innige Berührung der Oberfläche des Gutes mit dem Sauerstoff der Luft von selbst gewährleistet, wenn die Korngrößen nicht zu klein sind. Bei der Herdröstung muß das Gut gerührt und umgeschaufelt werden, damit die unteren Teilchen immer wieder nach oben gelangen und somit die Gesamtmasse des Gutes ausreichend mit den Gasen in Berührung kommt. Der Röstvorgang muß so geführt werden, daß bestimmte Temperaturgrenzen, die von der Art des Röstgutes abhängen, nicht überschritten werden, da dieses sonst zum Anbacken neigt oder sich auch verflüssigen kann.

Bei Röstvorgängen wird meist Wert darauf gelegt, möglichst wenig Staub zu erzeugen, da hierdurch oft Störungen in der nachfolgenden Weiterverarbeitung der Gase zu befürchten sind. Läßt sich die Staubentwicklung nicht ausreichend herabmindern, so werden Staubfilter oder Staubabscheider (s. auch Gas- und Luftreiniger), besonders auch Elektrofilter (s. d.), nachgeschaltet, die jeden beliebigen Reinheitsgrad erreichen lassen.

Schwefelhaltige Kiese verarbeitet man in grobstückiger Form (Stückkiese), in feinstückiger Form (Feinkiese) oder staubförmig (Flotationskiese).

Dementsprechend unterscheidet man auch Stückkiesöfen und Feinkiesöfen. Die Feinkiesöfen sind meist auch für die Röstung der staubartigen Flotationskiese brauchbar. — Zum Rösten eignen sich die verschiedensten Ofenbauarten. Hier sollen jedoch vorwiegend nur die Bauarten behandelt werden, die sich in der chemischen Industrie eingeführt haben. Man verwendet hier vorzugsweise Flamm-, Muffel-, Etagen-, Dreh-, Rostöfen und Saugzugapparate (s. auch Öfen).

Die Flammöfen bestehen aus einem langgestreckten Herd, den ein Gewölbe überdeckt. Von den Seiten ist der Ofenraum durch zahlreiche, dicht über der Herdsole angeordnete Klappen zugänglich. Die von einer besonderen Feuerung (s. Feuerungsanlagen) erzeugten Rauchgase streichen über den

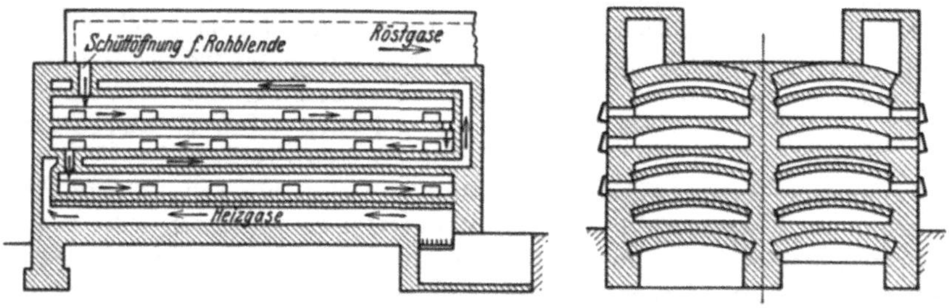

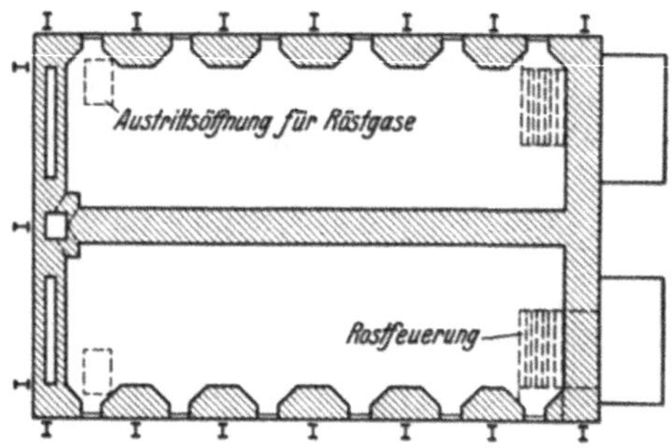

Abb. 1767. Muffelröstofen für Handbetrieb.

ganzen Herd, dem Röstgut entgegen, und mischen sich demnach mit den Röstgasen. Das auf dem einen Ende des Ofens aufgegebene Gut wird von Hand allmählich nach der Feuerseite zu weitergeschaufelt, so daß man diese Öfen auch Fortschaufelungsöfen genannt hat. Sie haben den Vorteil, daß der Grad der Abröstung leicht beobachtet und gelenkt werden kann. Derartige Öfen verwendet man heute noch zum Rösten von schwefelarmem Arsenkies zur Herstellung von Arseniger Säure. Damit das Arsentrioxyd nicht verunreinigt wird, beheizt man den Ofen mit einer Gasfeuerung.

Aus den Fortschaufelungsöfen haben sich die Muffelöfen entwickelt, die dann benutzt werden, wenn die beim Rösten entstehende Wärme zur Aufrechterhaltung der Reaktionstemperatur nicht genügt und die anfallenden Gase getrennt von den Rauchgasen zu führen sind. Das Röstgut ist dabei durch dünne Gewölbedecken von den Zügen für die Heizgase getrennt. Diese Öfen werden für das Abrösten von Zinkblenden, die sich ohne Wärmezufuhr nicht verarbeiten lassen, und von Kupferkiesen benutzt. Die gesamte Röstfläche ist dabei in mehrere, übereinander angeordnete Kanäle zerlegt. Gut und Röstgase bewegen sich im Gegenstrom zueinander. Einen derartigen älteren Muffelofen für Handbetrieb zeigt Abb. 1767. Der dargestellte Ofen entspricht in seiner Bauart auch dem früher viel benutzten *Maletra*-Ofen

(s. auch Keramische Werkstoffe, Abschn. 4, S. 810). Bei dem in Abb. 1767 dargestellten Ofen sind zwei Röstkanäle, die aus je drei übereinander liegenden Muffeln bestehen, in einem gemeinsamen Ofenblock, getrennt durch eine Zwischenwand, nebeneinander eingebaut. Das Innere der Kanäle ist von den Seitenwänden aus durch zahlreiche, mit Deckeln verschlossene Öffnungen zugänglich. Die Luft tritt am untersten Ende durch eine mit Klappen regelbare Öffnung ein. Die auf einer Rostfeuerung erzeugten Heizgase strömen von unten durch die Züge zwischen den Röstkanälen nach oben.

Derartige Röstöfen werden auch für mechanischen Betrieb gebaut. Bei dem auf Abb. 1768 dargestellten Ofen laufen mehrere senkrechte Krählwellen mit ihren Armen auf den einzelnen Herden, wobei das Gut langsam nacheinander über die Röstflächen wandert. Die Rührarme können bei dieser Bauart nicht die gesamte Fläche bestreichen.

Um die gesamte Röstfläche mit sich drehenden Rührwerkzeugen zu erreichen, benutzen die meisten mechanischen Röstöfen kreisrunde, übereinander angeordnete Herde (Etagenöfen). Die Leistung dieser Öfen wird nach der Größe der Röstfläche bemessen. Man kann also die Leistung eines vorhandenen Ofens erhöhen, wenn die Zahl der Stufen vergrößert wird, indem man entsprechend mehrere Herde auf den obersten Herd zusätzlich aufbaut. Die Kiesgeschwindigkeit muß dabei in gleicher Weise erhöht werden. Der Durchmesser, die Zahl der Herde, die Leistung in t/24 std sowie der Kraftbedarf in PS für Herdröstöfen der Lurgi-G. m. b. H., Frankfurt am Main, sind in der folgenden Tafel für die Kiesröstung zusammengestellt:

Äußerer Durchmesser	Anzahl der Herde	Leistung t/24 std	Kraftbedarf des Ofens in PS
4000	5	4,5	1
4000	7	6	1
4000	9	9	1,5
4500	7	8	1,5
4500	9	11	2,2
5000	7	12	2,5
5000	9	15	3,5
5500	7	15	3,5
5500	9	18	4
6000	9	22	4,5
6500	7	20	5
6500	9	25	6,5
7000	9	27	8—10
7000	11	35	12—15

Derartige Röstöfen geben SO_2-Gehalte von 8—10 Proz., unter günstigen Verhältnissen bis 12 Proz. Die Rührarme sind bei diesen Bauarten an einer senkrechten Welle befestigt, die sich in der Mitte des Ofens langsam dreht. Während das Röstgut oben eintritt und von dort langsam nach unten über die einzelnen Herde wandert, strömt die Oxydationsluft unten ein und streicht über die einzelnen Herde nacheinander nach oben. Die Rührarme werden mit Luft oder Wasser gekühlt. Beim Rösten von Schwefelkiesen genügt in der Regel Luftkühlung für Öfen bis zu 10 t Leistung in 24 std. Es werden aber auch größere Öfen mit Luftkühlung ausgeführt. Kleine Öfen arbeiten bisweilen ohne jede Kühlung. In größeren Öfen ist diese Betriebsweise möglich, wenn die

Arme aus feuerbeständigen Metallen hergestellt sind, die im Dauerbetrieb die hohen Temperaturen vertragen. Da die Hauptverbrennung auf den obersten Herden vor sich geht, kühlt man bisweilen lediglich die Rührwerke in den obersten Kammern, damit sich die Temperaturen im gesamten Ofen besser ausgleichen. Der Ofen muß so betrieben werden können, daß an keiner Stelle Überhitzungen auftreten, da die Kiese sonst leicht anbacken, wodurch Störungen im Betrieb verursacht werden. Da die Rührarme auswechselbar sein müssen und der Anschluß der Arme an die Welle dichthalten muß, hat man zahlreiche Bauformen entwickelt, die diese Bedingungen erfüllen.

Zum Durchtritt des Gutes auf die tiefer liegenden Herde sind abwechselnd in der Mitte und am Rande Öffnungen zum Durchfall des Gutes vorgesehen. Der oberste Boden dient meist zur Vortrocknung. Ist der Schwefelgehalt für den Ablauf des Röstvorganges zu gering, so kann eine Vorfeuerung zur Unterstützung der Röstreaktion angeschlossen werden. Röstvorrichtungen

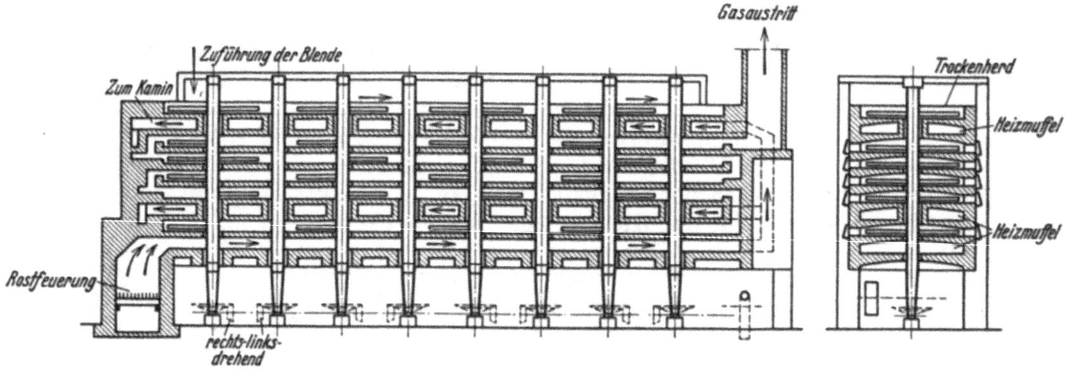

Abb. 1768. Muffelröstofen für mechanischen Betrieb.

müssen mit einer gut regelbaren und sicher wirkenden Aufgabevorrichtung (s. Dosiermaschinen, Teilvorrichtungen) versehen sein, die in allen Teilen nach außen luftdicht abschließt. — Zur Beschickung des obersten Herdes wird meist an einem der obersten Arme ein Abstreifer befestigt, der von dem aus einem Bunker auf eine Platte fallenden Gut bei jeder Umdrehung eine bestimmte Menge abwirft.

Die bekanntesten Bauarten, aus denen sich die heute üblichen Röstöfen entwickelt haben, sind der *Herreshoff*-Ofen (s. auch Keramische Werkstoffe, Abschn. 4, S. 811), der mit etwa 3 m Durchmesser und fünf Röstplatten ausgeführt wurde, und der *Wedge*-Ofen, der Durchmesser von 5—7 m erhält und mit bis sieben Röstflächen arbeitet. — Je größer die Zahl der Röstherde ist, um so höher wird der Ofen und um so leichter können Schwierigkeiten durch ungleichmäßige Längenänderungen zwischen dem Ofen und den Rührwerksteilen infolge verschiedener Erwärmung auftreten.

Der auf Abb. 1769 dargestellte Humboldt-Röstofen (Chem. Apparatur 1926, S. 92), der mit nur fünf Röstherden ausgestattet ist, wird für alle Größen mit luftgekühlten Armen gebaut. Ein besonderes Gebläse fördert die Kühlluft von unten in ein Verteilungsrohr, das in der Mitte der hohlen Rührwelle angebracht ist. Von dort wird die Luft durch Rohre in die einzelnen Rührarme geleitet. Die Rührarme und die Zähne an diesen sind auswechselbar eingerichtet. Ein Zahnradgetriebe mit einem Schneckenradvorgelege treibt die Welle an. Damit das Gut in gleichmäßigem Strom in den Ofen gelangt, wird es mit einer Dosiervorrichtung (s. d.) aufgegeben, die aus an den Rührarmen angebrachten Abstreifblechen besteht. Bei dieser Bauart hat man auf geringe Staubentwicklung Wert gelegt. Damit das Gut bei seinem Gang von einem Herd auf die darunterliegende Stufe möglichst wenig aufwirbelt, sind die Übergänge geneigt ausgeführt. Die Durchtrittsöffnungen sind abwechselnd außen am Herdrand oder in der Mitte angeordnet. In den Antrieb solcher Öfen baut man oft Sicherheitskupplungen ein, um Brüche zu verhindern, die z. B. durch Eindringen von Fremdkörpern zwischen Rührwerk und Ofenteilen entstehen können.

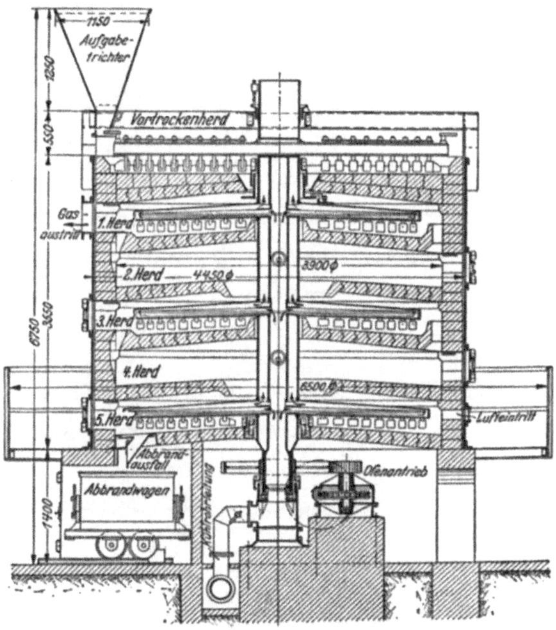

Abb. 1769. Humboldt-Röstofen.

Ein Lurgi-Ofen mit sieben Herden ist auf Abb. 1770 dargestellt (Chem. Apparatur 1926, S. 93). Die kastenförmigen Arme sind auch bei dieser Bauart leicht herauszunehmen. Die Dichtungsflächen an den Anschlüssen für die Arme liegen glatt aufeinander. Die am Mantel angebrachten Klappen sind für die einzelnen Herde versetzt angeordnet, wie es im Grundriß auf Abb. 1770 dargestellt ist.

Einen neueren Röstofen der Lurgi-G.m.b.H. mit Luftkühlung, elf Herden und mit je einem Gasaustritt im ersten, dritten und fünften Herd zeigt Abb. 1771. Solche Öfen werden für Leistungen bis 35 t Schwefelkies mit 48 Proz. Schwefel, mit Durchmessern von 3—7 m und mit drei bis elf Röstherden, in Sonderausführungen bis zu 150 t/Tag und in Größen bis zu 7,6 m Durchmesser gebaut. Der innere, als Armträger dienende Zylinder, der sich aus drei Schüssen zusammensetzt, ist außen nach dem Ofenraum zu mit feuerfesten Platten ausgekleidet. An der Innenseite des Zylinders liegen senkrechte Rohre, die unten an die Kühlluftzuführung und oben an den Heißluftaustritt angeschlossen sind. Die Hohlräume der einzelnen Rührarme sind zur Führung der Kühlluft durch waagerechte Zwischenwände in zwei Hälften geteilt. Die von unten zugeleitete Kühlluft geht zunächst durch die untere Hälfte des Kühlarmes, tritt an der Spitze des Armes in die obere Hälfte und strömt dann heiß durch das obere Rohr zum Heißluftaustritt. Der zylindrische Rührarmträger ist befahrbar eingerichtet. Zur Verbindung des Kühllufteintritts mit der an das Gebläse angeschlossenen Sammelkammer dient ein stoffbüchsenähnliches Anschlußstück.

Bei dem *Brack-Laurent*-Ofen hat der Röstherd die Form einer Schraubenfläche. Das Röstgut wird auf der Herdsohle ähnlich wie bei den vorher beschriebenen Öfen durch Rührarme, die an einem in der Mitte angeordneten Armträger befestigt sind, weiterbefördert. Dieser Armträger wird entsprechend der Steigung der Schraubenfläche je nach der Drehrichtung der Arme durch

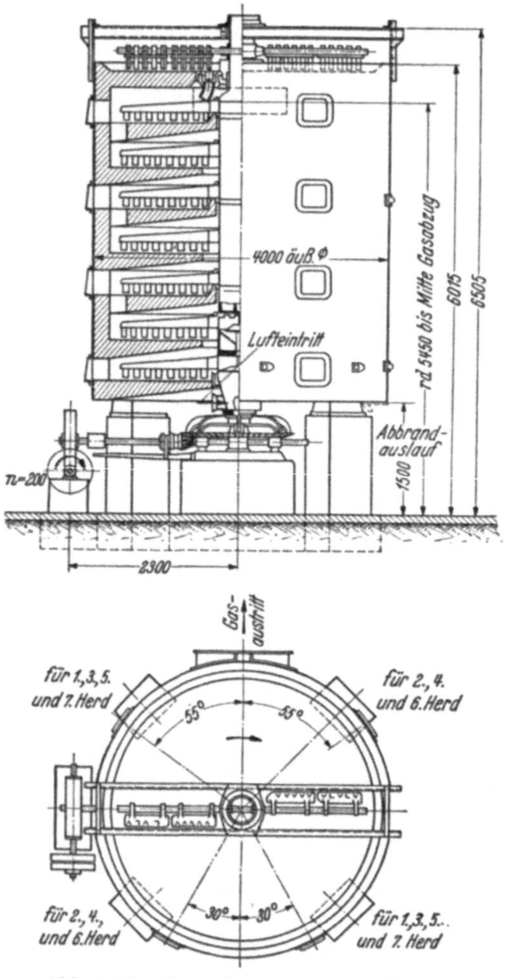

Abb. 1770. Röstofen mit sieben Herden (Lurgi).

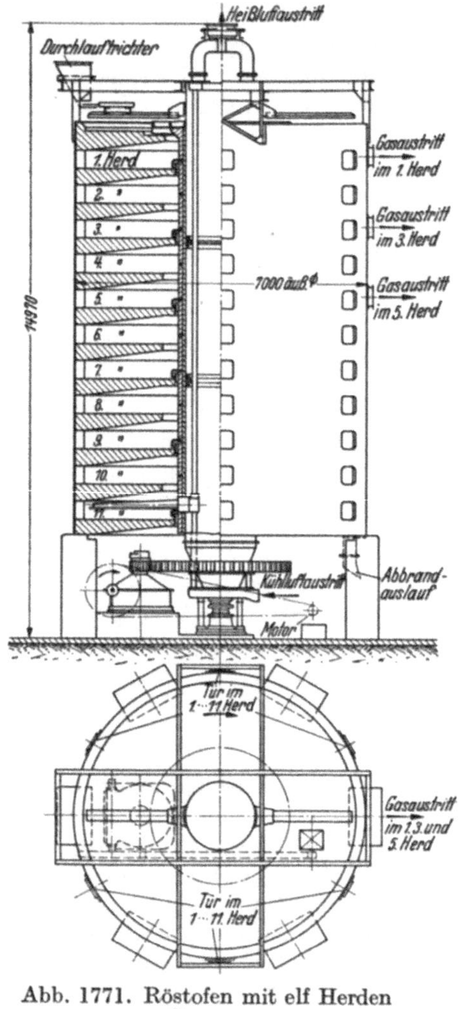

Abb. 1771. Röstofen mit elf Herden (Lurgi).

ein an seinem oberen Ende befindliches Triebwerk gehoben und gesenkt. Außer dieser nach einer Schraubenlinie verlaufenden Hauptbewegung führen die Arme laufend aus kleinen Ellipsen bestehende Nebenbewegungen aus, so daß das Gut gründlich durchgerührt und stückweise weiterbefördert wird. Nach einer Drehung des Armträgers von 240° wird dieser selbsttätig angehoben und in die Ausgangsstellung zurückgeführt. — Neben diesen Öfen gibt es Bauarten, bei denen sich die Röstplatten drehen. Zu diesen gehört der *Spirlet*-Ofen, der beispielsweise vier Röstplatten von etwa 6 m Durchmesser besitzt.

Für Sonderzwecke, z. B. zum Austreiben von Arseniger Säure aus Erzen, zum Reinigen von Arseniger Säure, zum Rösten von Zinnerzen, baut man

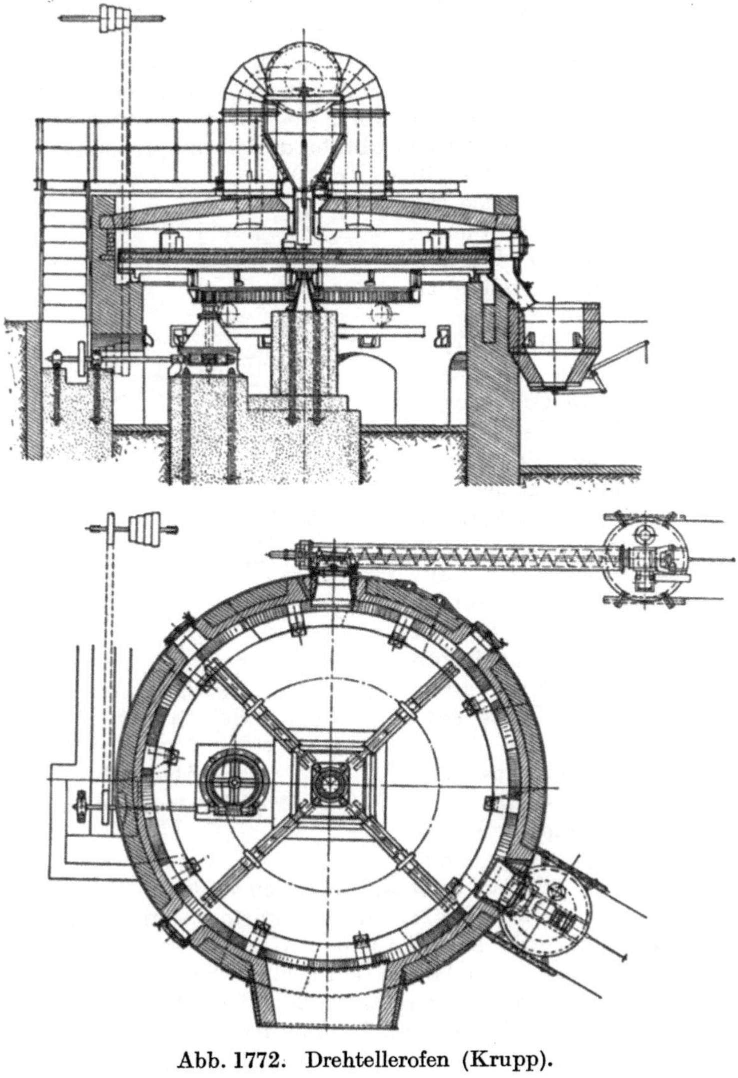

Abb. 1772. Drehtellerofen (Krupp).

einfache Drehtelleröfen, wie etwa Abb. 1772 ein Ausführungsbeispiel der Fried. Krupp A.-G., Essen, zeigt. Ein derartiger Ofen arbeitet mit einer Scheibe, die mit feuerfesten Steinen ausgekleidet ist und sich in einem Gewölberaum langsam dreht (Chem. Apparatur 1926, S. 94). Über dem Teller sind mehrere, feststehende Rührarme angebracht. Für den Einlauf des Gutes ist in der Nähe der Ofenmitte ein Trichter und für den Auslauf am Rande des Tellers eine

Schurre vorhanden. Die von einer Feuerung erzeugten Heizgase streichen über den Teller hinweg zu mehreren, am Ofenrand vorgesehenen Abzügen.

Auch die gewöhnlichen Drehtrommelapparate (s. d.) kann man zum Rösten verwenden. Für die Röstung unterscheiden sie sich jedoch von den übrigen Drehtrommelapparaten durch den gasdichten Abschluß an beiden Enden, durch die auf die Länge und den Umfang der Trommel verteilten, regelbaren Düsen zur Einführung von Frischluft und durch die innere Ausbildung mit Stauringen, Wendern und mit einer feuerfesten Ausmauerung von verschiedener Wandstärke, um dort, wo sich die größten Wärmemengen entwickeln, eine genügende Wärmeabfuhr durch entsprechend dünne Wandungen zu sichern, um ferner in der Zone, in der wenig Wärme frei wird, als Wärmeschutz zu dienen und um im übrigen als Wärmespeicher und Wärmeverteiler zu wirken.

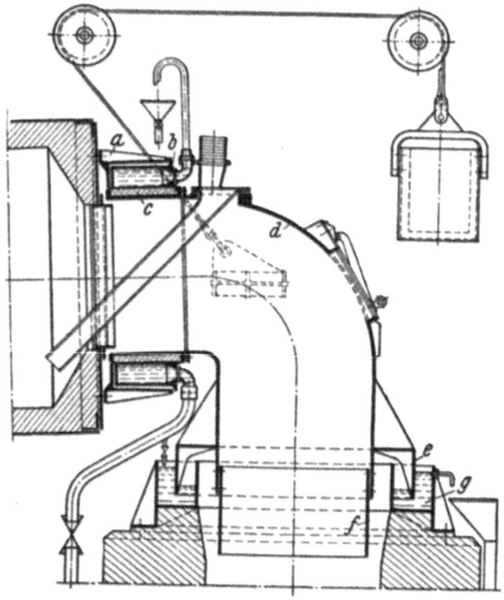

Abb. 1773.
Ofenkopf für Drehofen zum Rösten (Lurgi).

Der Gasaustritt muß bei diesen Drehöfen vollkommen dicht sein, wozu eine besondere Ofenkopfbauart entwickelt wurde. Die Abdichtung bereitet dadurch Schwierigkeiten, daß die Ofenachse am Ende der Trommel Bewegungen verschiedener Art ausführt. Eine von *C. P. Debuch* angegebene Bauart ist auf Abb. 1773 dargestellt (Chem. Apparatur 1928, S. 75). An dem Ofendeckel ist der gußeiserne Ring *a* fest verschraubt, so daß er alle Bewegungen des Ofens mitmacht. Die Innenfläche dieses Ringes ist als Gleitfläche ausgebildet. In diesem Ring befindet sich ein zweiter, doppelwandiger Kühlring *b*, der die Drehbewegungen des Ringes *a* nicht mitmacht, wohl aber den anderen Bewegungen nach oben und unten und nach vorwärts und rückwärts folgen kann. Da der Ofen selbst sehr heiß ist, und da auch die heißen Gase durch den Innenraum des Ringes ziehen, muß die Gleitfläche vor Wärmeeinwirkungen durch Wasser- oder Luftkühlung des Hohlringes *b* geschützt werden. Um Anfressungen durch SO_3-Kondensation zu verhüten, ist der Ring im Innern mit hochwertigen Schamotteformsteinen *c* ausgekleidet. Mit dem gekühlten Hohlring *b* ist ein gußeiserner Krümmer *d* verbunden, der nicht gekühlt wird. Eine besondere Haltevorrichtung bewirkt, daß der Rohrkrümmer allen Bewegungen des Ofenkopfes folgen kann. Gegen den ortsfesten Gasabzug dichtet der Flüssigkeitsverschluß *e*—*g* ab. Er ist so angeordnet, daß nach Möglichkeit kein Staub in den als Tasse wirkenden Flüssigkeitsring *g* gelangen kann. Durch Verlängerung des Stutzens mit einem leichten Blechzylinder *f* wird die Gasberührung weiter vermindert. In dem Flüssigkeitsverschluß gleichen sich alle Bewegungen des Ofenkopfes aus. Das Röstgut wird von der nicht dargestellten Aufgabevorrichtung durch ein gußeisernes, schräges Rohr auf die Ofensohle geführt.

Auch das untere Ofenende der zum Rösten verwandten Drehtrommelapparate, an dem sich die Austragvorrichtung befindet, muß vollkommen gasdicht gestaltet werden. Zur Entleerung dienen einfache Schleusen, die mit umlaufen und eine Klappe öffnen, wenn diese bei der Drehung unten anlangen. Eine andere Austragvorrichtung für einen derartigen Drehrohrofen ist auf Abb. 1774 (Chem. Apparatur 1928, S. 53) dargestellt. Sie besteht aus einem Gehäuse, in dem ein Zellenrad läuft; dieses wird durch einen aus Flacheisen gebildeten Stern bewegt. Ein feststehender Anschlag dreht ihn bei jeder Umdrehung des Ofens um 90 Grad.

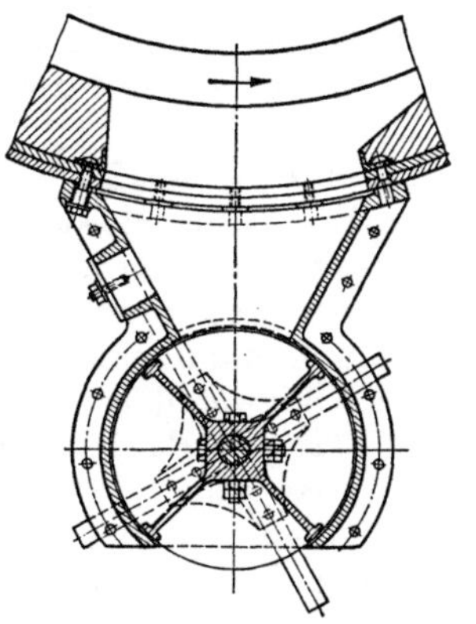

Abb. 1774. Austragvorrichtung für Drehofen zum Rösten (Lurgi).

Die Luftzuführungsvorrichtungen sind als Düsen (s. d.) mit einstellbaren Zuströmquerschnitten ausgebildet. Entsprechend dem Luftverbrauch beim Rösten sind im oberen Teil des Ofens mehr Düsen angebracht als im unteren. Man kann dabei die Temperaturen über den größten Teil des Ofens auf nahezu gleicher Höhe halten. Die Düsen reichen bis in die Mitte des Ofens, so daß brennende Kiese nicht in die Düsenöffnungen eintreten können und die zugeströmte Luft sich gleichmäßig über den Ofenquerschnitt verteilen kann.

Abb. 1775 (Chem. Apparatur 1928, S. 52) zeigt einen Längsschnitt und vier Querschnitte durch einen Drehofen. Die Ausmauerung im ersten Teil des Ofens ist glatt und auf die ganze Länge durch die sog. Stauringe in einzelne Kammern eingeteilt. Die Stauringe bieten ein Mittel, die Stärke der Reaktion zwischen dem Röstgut und den Gasen in gewissen Grenzen zu steigern. Die

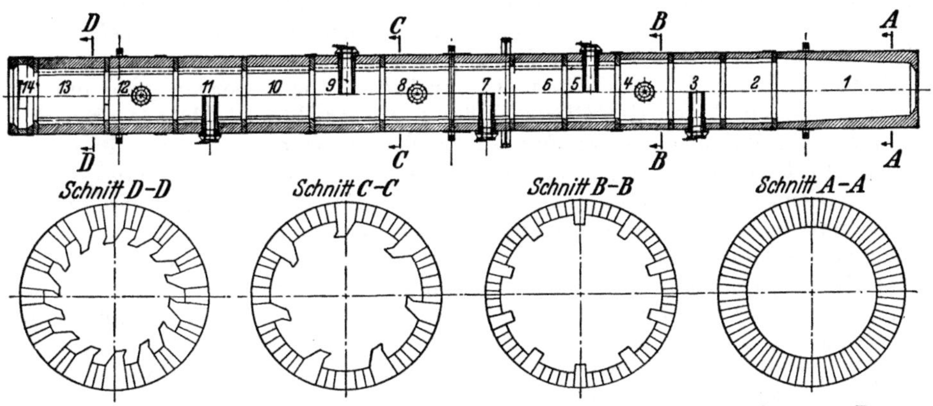

Abb. 1775. Längsschnitt und Querschnitte durch das Rohr eines Drehofens zum Rösten (Lurgi).

Wirkung der Stauringe kommt einer Verlängerung des ganzen Ofens gleich. Die so gebildeten Kammern *2*, *3* und *4* sind mit Balkenwendern, die Abteilungen *5*—*9* mit Schaufelwendern ausgerüstet. Sie heben die zu röstenden

Kiese hoch und lassen sie schleierartig über den ganzen Ofenquerschnitt herabrieseln. Um diese Schleier zu verdichten, sind die Schaufelwender der einzelnen Abteilungen gegeneinander versetzt. Dadurch wird die eigentliche Röstreaktion zu einem erheblichen Teil in den Ofenraum verlegt, was für die Röstung günstig ist, da diese beim freien Fall der Teilchen durch den Gasstrom besonders wirksam verläuft. Der Nachteil, daß sich die SO_2-haltigen Gase im unteren Teil des Ofens infolge ihrer hohen Dichte bevorzugt sammeln und die Oxydationsluft mehr oben entlang streicht, wird dadurch zu einem erheblichen Teile aufgehoben. Das unterste Ende des Ofeninnern ist als tieferliegende Rinne ausgebildet, in der sich die Öffnungen für den Austritt der Abbrände befinden. Der dargestellte Ofen ist mit drei Laufringen ausgestattet. Der besseren Lagerung wegen führt man die Öfen neuerdings nur mit zwei Laufringen aus.

Die Temperaturen im Inneren der zum Rösten verwandten Drehöfen können leicht auf die Bedingungen, welche die zu verarbeitenden Rohstoffe erfordern, eingestellt werden, und zwar durch die Regelung der einzelnen Luftströme in den jeweiligen Düsen und durch geeignete Bemessung der gesamten Gasgeschwindigkeit. Zur Bestimmung der ungefähren Leistung kann eine von *C. P. Debuch* angegebene einfache Formel dienen, die für Schwefelkiese von 1—10 mm Korngröße gilt. Danach ist die Leistung in t/Tag = Radius der Trommel mal Länge in Metern. Für die Größenabmessung ist dabei ein Verhältnis von Durchmesser zu Länge von 1 : 10 am günstigsten. In ähnlicher Weise läßt sich eine günstigste Umfangsgeschwindigkeit angeben. Die Dauer einer Umdrehung in Minuten kann danach gleich dem Durchmesser in Metern gewählt werden. Ein Röstofen von 2 m Durchmesser macht also in 2 min eine Umdrehung.

Von besonderem Interesse ist der Verlauf der Röstung für verschiedene Kornklassen. Die Entschwefelungskurven der verschiedenen Korngrößen von Meggener Kies, die durch einzelne Analysen der von Düsenproben abgesiebten Kornklassen gewonnen wurden, sind auf Abb. 1776 nach *C. P. Debuch* dargestellt (Heft 7 der „Mitteilungen aus dem Arbeitsbereich der Metallgesellschaft, Frankfurt a. M.“). Je feiner die Kornklassen sind, um so größer ist die Abröstung im oberen Teil des Ofens. Die größeren Stücke werden mehr in den tiefer liegenden Teilen des Ofens geröstet. Es ergibt sich daraus, daß die Röstgeschwindigkeit etwa der Feinkörnigkeit proportional ist. Je feiner also das Röstgut ist, um so schneller röstet es ab, und um so größer muß die in diesem Ofenteil einzuleitende Luftmenge sein. Ein Ofen für sehr feinkörnige Kiese muß daher einen größeren Durchmesser und eine geringere Länge haben.

Es macht keine Schwierigkeiten, Gaskonzentrationen bis 9 Proz. SO_2 im Drehofen zu erhalten. Geht man zu dünneren Gasen über, so kann die Leistung des Ofens erheblich gesteigert werden. — Der Drehofen ergibt mehr Staub als die anderen Bauarten. Die Staubgehalte lassen sich jedoch vollständig mit einem Elektrofilter beseitigen. Im übrigen hängt die Staubmenge weitgehend von der Art der Kiese ab.

Stückkiese verarbeitet man in besonderen, von Hand beschickten Öfen, die mit Rosten ausgestattet sind. Beim Abrösten von Stückkiesen in derartigen Öfen entsteht nur wenig Flugstaub. Meist vereinigt man zahlreiche Öfen nebeneinander und schließt sie dann an einen gemeinsamen Abzug an, wie Abb. 1777 mit einem Ausführungsbeispiel zeigt. Die Abbrände fallen durch die Zwischenräume der quadratischen Roststäbe nach unten durch, wobei durch Drehen der Stäbe nachgeholfen werden kann. Der Kanal *a* führt die Röstgase fort. Mit Hilfe der Schieber *b* regelt man den Luftüberschuß.

Das Durchblasen der Luft durch eine Rostfläche findet auch bei den Sinteröfen und Sintermaschinen statt. In der Metallurgie benutzte man zum Rösten

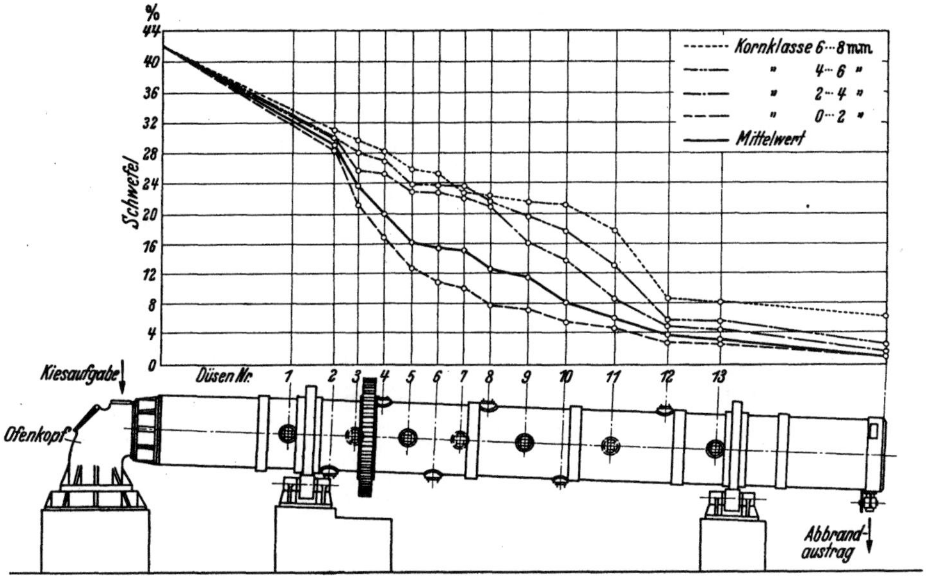

Abb. 1776. Entschwefelungskurven der verschiedenen Korngrößen von Meggener Kies. (Nach *C. P. Debuch.*)

runde Gefäße als sog. Konverter, die im unteren Teil einen Siebboden trugen. Oben war der Konverter offen zum Austritt der Röstgase. Dieses Verblaserösten hatte Nachteile wegen der satzweisen Beschickung und Entleerung, der Not-

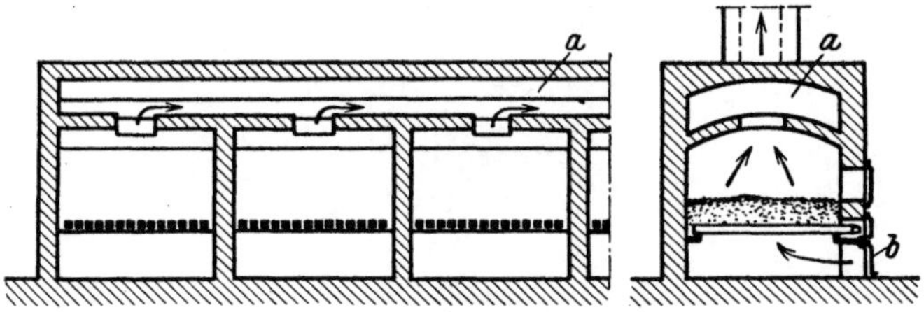

Abb. 1777. Stückkiesofen.

wendigkeit von Handarbeit, der langsamen Wirkung infolge der hohen Schichtung, der hohen Luftdrücke und der Möglichkeit ungleichmäßiger Luftdurchdringung. Das Verblaserösten wurde wesentlich durch die sog. Sinterröstung von *Dwight-Lloyd* verbessert. Das mit Zuschlägen, bei Eisenerz mit Koksgrus, vermischte Gut bewegt sich auf einer Rostfläche in dünner Schicht, ähnlich wie auf einem Wanderrost (s. Feuerungsanlagen), zunächst unter eine Zündvorrichtung, die das Gut zum Glühen bringt. Unter dem Rost sind Saugkästen angebracht, die an einen Ventilator angeschlossen sind, der die Luft durch das Gut hindurch absaugt (Saugzugapparate). Dabei sintert die Masse schnell durch die Wärmeabgabe des beigemischten Brennstoffes oder infolge der Verbrennung des in den Erzen gebundenen Schwefels. Die durch die durchströmende Saugluft erkaltete Masse wird am Ende der Bahn abgestürzt. *Dwight-Lloyd*-Apparate werden mit einer geraden, aus einzelnen Rostschlitten zusammengesetzten Bahn oder mit einer kreisförmigen,

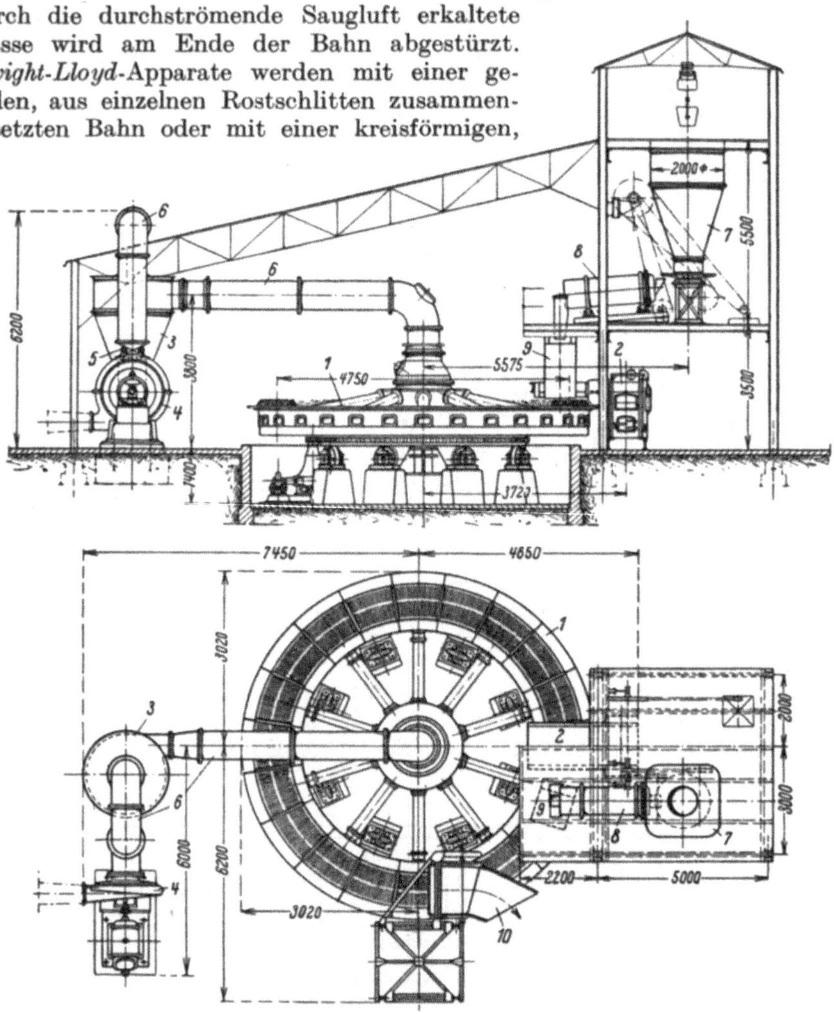

Abb. 1778. *Dwight-Lloyd*-Sinterröstapparat in runder Bauart (Lurgi).

tischartigen Rostfläche ausgeführt, wie Abb. 1778 mit einem Beispiel der Lurgi-G. m. b. H. zeigt.

In Abb. 1778 ist der Rösttisch *1* auf Rollen gelagert und dreht sich langsam unter die Stoffaufgabe. Diese besteht aus dem Bunker *7*, unter dem sich ein Tellerzuteiler befindet, der Mischtrommel *8*, in der sich das Gut mit dem Brennstoff mischt, und dem Aufgabebunker *9*. Unmittelbar nach der Aufgabe gelangt das Gut unter die Zündvorrichtung *2*. Unter den Rostplatten befinden sich dicht mit diesen verbundene Saugkästen, die einzeln mit Rohren an eine Saugkammer angeschlossen sind; diese ist durch die Leitung *6* über den Staubabscheider *3* und den Gasschieber *5* mit dem Gebläse *4* verbunden. Bei diesem Verfahren kann man arme und reiche Gase verschieden abführen, um z. B. reiche Schwefeldioxydgase zur Herstellung von Schwefelsäure zu benutzen. Das abgeröstete und gesinterte Gut schiebt ein Abwurfpflug seitlich von der Rostbahn auf ein Förderband oder in eine andere Transporteinrichtung.

Thormann.

Lit. Chem. Apparatur: *S. Barth*, Der „Bracq-Moritz-Ofen" zum Rösten von Schwefelkies und anderen derartigen Materialien (1915, S. 95, 105). — *B. Schapira*, Neuere mechanische Röstöfen (1921, S. 41, 51). — *C. Ritter*, Pyritröstung und Schwefelsäureherstellung (1923, S. 25, 37). — *B. Schapira*, Über mechanische Röstöfen (1926, S. 92). — *C. P. Debuch*, Der Drehrohrofen für die Pyritröstung (1928, S. 25, 51, 75, 89, 121).

Rotatoren, s. Kugelmühlen.

Rotguß nimmt eine Mittelstellung zwischen Messing und Bronze ein, da er die beiden ausschlaggebenden Metalle, Zink und Zinn, enthält. Als weiteres Legierungsmetall kommt gegebenenfalls noch Blei hinzu. Infolge ihrer guten Gieß- und Verarbeitbarkeit finden die Rotgußlegierungen vielfache Verwendung im Apparatebau als Werkstoff für Armaturen aller Art, Flansche, Lager usw. (In anderen Ländern kennt man den Sammelbegriff Rotguß übrigens nicht, sondern hat für die einzelnen Legierungen Sonderbezeichnungen, wie Admiralty- und Gun-Metal in England und Governementbronce in Amerika.) Gebräuchliche Zusammensetzungen und die ihnen entsprechenden Festigkeitswerte gibt die folgende Tabelle (nach DIN 1705, Blatt 1 u. 2) wieder:

Bezeichnung	Proz. Cu	Proz. Sn	Proz. Zn	Proz. Pb	Zugfestigkeit in kg/mm²	Dehnung in Proz.	Brinellhärte in kg/mm² (10/500/30)
Rg 10	86	10	4	—	20	10	65
Rg 9	85	9	6	—	20	12	60
Rg 8	82	8	7	3	15	6	70
Rg 5	85	5	7	3	15	10	60
Rg 4	93	4	2	1	20	25	50

In den meisten Fällen braucht man nicht die teuren, zinnreichen Legierungen zu benutzen; es genügen vielfach die zinnärmeren (s. dazu DIN E 1705, Chem. Fabrik 1938, S. 377).

Beim Vergießen ist darauf zu achten, daß das Schmelzen rasch und in möglichst schwefeldioxydfreier Atmosphäre erfolgt. Die günstigste Gießtemperatur ist 1150°. Gegossen wird in Trockenformen (größere Stücke), Naßformen (kleinere Stücke) und in metallischen Dauerformen. Über die Porosität von Rotguß und die Entwicklung eines neuen Desoxydations- und Schmelzverfahrens s. unter *Reitmeister*, Gießerei-Ztg., Bd. 23 (1926), Gießerei, Bd. 16 (1929).

Korrosion. Durch Eintritt von Zinn in das Messing verschwindet der β-Bestandteil, es tritt ein korrosionsfesterer Sonderbestandteil auf; so wird Rotguß mit 4 Proz. Zinn + 4 Proz. Zink + 2 Proz. Blei in Wassermessern nicht so leicht entzinkt wie Messing, wenn auch die allgemeine Korrosion etwas größer ist. Über den Angriff von Rotguß durch Flußwässer und gereinigte Kesselspeisewässer s. nähere Einzelheiten in den unten angeführten Arbeiten von *Bauer*, *Vogel* und *Zepf*. — Bei geschmolzenem Rotguß tritt immer eine gewisse Oxydation des Zinks ein. Zinkoxydeinschlüsse sind indes nicht zu befürchten, da das spezifisch leichte Zinkoxyd an die Oberfläche geht. Immerhin sollen Rotgußschmelzen möglichst vor oxydierenden Gasen gechützt werden.

Lit.: *O. Bauer*, *O. Vogel* u. *K. Zepf*, Mitt. Mat. Prüf.-Amt, Sonderheft I (Berlin 1925, Julius Springer). — *Deutsche Gesellschaft für Metallkunde*, Werkstoffhandbuch (Nichteisenmetalle), herausg. von *Masing*, *Wunder* und *Groek* (Berlin 1927, Beuth-Verlag). — *U. R. Evans*, Metallic Corrosion, Passivity and Protection (London 1937, Arnold). — *E. Rabald*, Werkstoffe und Korrosion I (Berlin 1931, Julius Springer); Dechema-Werkstoffblätter 1935—38 (Berlin, Verlag Chemie). — *P. Reinglass*, Chemische Technologie der Legierungen (2. Aufl., Leipzig 1926, Spamer).

Ra.

Rübelbronze, s. Messinge.

Rückflußkühler, s. Destillierapparate, Dephlegmatoren.

Rückgewinnungseinrichtungen **(Wiedergewinnungsanlagen).** Hohe Wirtschaftlichkeit bei der Durchführung chemischer Verfahren setzt die Rückgewinnung aller Werte im Betrieb voraus, die in den verschiedenen Stufen der Erzeugung frei werden und sich mit Nutzen durch einen Kreislauf wieder in den Arbeitsgang einschalten lassen. Es handelt sich dabei insbesondere um die Rückgewinnung von Wärme (mit verschieden hoher Temperatur) und von Stoffen. Man kann daher Einrichtungen zur Rückgewinnung von Wärme und zur Wiedergewinnung von Stoffen unterscheiden. Da die Kreisläufe verschiedenen Zwecken dienen und entsprechend mit den verschiedensten technischen Einrichtungen durchgeführt werden, sollen im folgenden die vorhandenen Möglichkeiten, mit Rückgewinnungseinrichtungen Ersparnisse zu erzielen, kurz zusammengefaßt werden.

Bei der Wiederverwertung von **Wärme** kann man, je nach der Zweckbestimmung, Wärmeaustauscher (s. d.), Einrichtungen zur Ausnutzung der Brüdenwärme einzudampfender Flüssigkeiten und Anlagen zur Rückgewinnung von Wärmeträgern unterscheiden.

Die Wärmeaustauscher sind bei den Kreisläufen der hier beschriebenen Art besonders wichtig für die Rückgewinnung von Wärme zwischen ein- und ausgehenden Stoffen. Die heiß aus einer Apparatur austretenden Stoffe wärmen dabei die kalt eintretenden Stoffe möglichst auf die im laufenden Betrieb erforderlichen Temperaturen vor. Hierzu kann man einen einzelnen Gegenstromapparat (s. d.) oder, wenn verschiedene Stoffströme mit verschiedenen Temperaturen die Apparatur verlassen, auch eine mehrstufige Wärmerückgewinnung vorsehen. Dabei strömt der eintretende Stoff nacheinander durch mehrere, hintereinandergeschaltete Wärmeaustauscher, und zwar zunächst in den Wärmeaustauscher, der die geringste Temperatur hat, und zuletzt in den Wärmeaustauscher, der mit der höchsten Temperatur arbeitet. Bestehen die Stoffe aus Gasen und Flüssigkeiten, so dienen hierzu in erster Linie Röhrenapparate (s. d.), von denen besonders die Vorwärmer (s. d.) und die entsprechend gebauten Kühler (s. d.) in Betracht kommen.

Bei der Rückgewinnung des Wärmeinhaltes heißer Gase, insbesondere der Abgase von Öfen, benutzt man als Wärmeaustauscher zur Vorwärmung der eintretenden, kalten Gase und der Verbrennungsluft die sog. Rekuperatoren, die aus feuerbeständigen Metallen (s. auch Beheizungsvorrichtungen, Lufterhitzer) oder aus keramischen Werkstoffen (s. d.) bestehen. Darüber hinaus läßt sich die in Abgasen enthaltene Wärme noch durch Abhitzekessel (s. Dampfkessel) zur Dampferzeugung wirtschaftlich verwenden.

Während die genannten Einrichtungen die zurückzugewinnende Wärme mittelbar durch Flächen zur Weiterverwendung übertragen, speichern die sog. Regeneratoren die zu verwertende Wärme in bestimmten zeitlichen Abständen in ihren Steinmassen auf und geben sie danach an die vorbeiziehenden Gase oder an die Luft in der regelmäßigen, darauffolgenden Periode wieder ab. Ist ihre Temperatur genügend weit gesunken, so wird der Gasstrom umgeschaltet, so daß sie die auszunutzende Wärme wieder aufspeichern. Nach einem ähnlichen Verfahren arbeiten zahlreiche Ofenbauarten (s. Öfen, S. 1197), so z. B. die Ringöfen, in denen die Feuerungszone allmählich verschoben wird, wobei die eintretende Verbrennungsluft sich an den abkühlenden Steinmassen erwärmt und so die in diesen gespeicherte Wärme aufnimmt. Ein ähnliches Arbeitsverfahren findet sich bei den Mehrkammeröfen, die aus einer Reihe nebeneinanderliegender Kammern bestehen; diese werden entsprechend dem Temperaturanstieg von Zeit zu Zeit umgeschaltet (s. auch Öfen, S. 1196). Nach dem gleichen Grundgedanken der Wärmeausnutzung arbeiten die Schachtöfen, in denen die Feuerungszone jedoch feststeht und die Füllung von oben nachrutscht. Sie entzieht dabei den aufsteigenden Verbrennungsgasen Wärme und erhitzt sich allmählich bis auf die gewünschte Schmelz- oder Reaktionstemperatur. Die unten eintretende Luft erwärmt sich an den abkühlenden Massen (s. Öfen, S. 1195).

Soweit Möglichkeiten dieser Art zur Verwendung der Wärme von Abgasen nicht gegeben sind, sucht man sie für andere Zwecke auszunutzen. So kann man die Abgase von keramischen Brennöfen oder von Kesselfeuerungen zum Trocknen von wasserhaltigem Gut in Trocknern (s. d.), besonders in Trockenkammern (s. Kammertrockner), auf Trockenböden oder in Trommeltrocknern (s. d.) verwerten.

Ein weites Anwendungsgebiet hat in der Industrie die Ausnutzung von Brüdendämpfen gefunden, und zwar in erster Linie durch stufenweise Aufteilung des Druck- und Temperaturgefälles in Mehrkörperverdampfern (s. d.), wobei die aus einem Verdampfer kommenden Brüden in der nächsten Stufe als Heizdampf zur Verdampfung herangezogen werden. Das zweite Verfahren nutzt die aus der einzudampfenden Lösung entstehenden Brüdendämpfe an der gleichen Heizfläche durch Druckerhöhung mit Brüdenverdichtern (s. d.) aus. In den mehrstufigen Vakuumkühlern (s. d.) wird der Wärmeinhalt von Lösungen durch Ausdampfen der warm eintretenden Lösung zur Vorwärmung kalt eintretender Lösung verwendet.

Die Rückgewinnung des Wärmeinhaltes von Dämpfen lohnt sich oft auch dann noch, wenn sie Luft enthalten, wenn es sich also um Dampfluftgemische handelt, wie sie bei Trocknungsvorgängen entstehen. So kann die beim Trocknen anfallende Schwadenwärme durch Wärmeaustauscher (s. d.) zum Vorwärmen von Luft ausgenutzt werden. Ähnliche Aufgaben haben die sog. Umlufttrockner (s. Trockner), in denen ein Teil der warmen Abluft im Kreislauf der kalten Frischluft vor dem Lufterhitzer zur Verringerung der Trockentemperatur und der Trockengeschwindigkeit zugemischt wird.

Soweit es sich um Flüssigkeiten handelt, gewinnt man neben dem Wärmeinhalt aus wirtschaftlichen Gründen auch den Wärmeträger selbst nach Möglichkeit zurück. Besonders wichtig ist die Rückgewinnung des Kondensats aus Dampfbeheizungssystemen zwecks Rückführung zur Kesselspeisung, um Kosten für die Wassergewinnung und für die Reinigung von Rohwasser zu sparen (s. auch Beheizungsvorrichtungen, Kondenstöpfe, Rückleiter). Bei der Rückgewinnung des Kondensats wird vorausgesetzt, daß das Kondensat in den verschiedenen Betriebsapparaturen nicht verunreinigt wurde. Brüdenkondensat, das durch Mitreißen von Staub oder Tröpfchen Fremdstoffe aufgenommen hat, kommt aus diesen Gründen nicht immer zur Rückgewinnung als Kesselspeisewasser in Betracht, sondern wird in solchen Fällen als Fabrikationswasser weiter verwertet. Bereitet die Rückgewinnung in großen Anlagen Schwierigkeiten, so kann der gesamte Heizdampf oder ein Teil in Dampfumformern (einstufigen Verdampfern) durch Kondensation zur Dampferzeugung aus Frischwasser umgewandelt werden, so daß das Kondensat des Frischdampfes vollständig zurückgewonnen und in reinem Zustand den Kesseln zugeführt werden kann. Man erhält dabei einen ununterbrochenen Kreislauf des Wassers zwischen Dampfkessel und Dampfumformer.

Solche Kreisläufe des Wärmeträgers zwischen Wärme aufnehmenden und Wärme abgebenden Einrichtungen haben sich besonders für Heiz- und Kühlanlagen mit flüssigem Wärmeträger bewährt. Hierzu gehören die Heizanlagen mit Umlauf von heißem Wasser unter hohem Druck (s. Beheizungsvorrichtungen, Frederkingapparate) und die Ölumlaufheizungen (s. Beheizungsvorrichtungen). Zur Erzeugung von Kälte läßt man ein Kältemittel, z. B. Salzsole, zwischen Kältemaschine und den zu kühlenden Einrichtungen umlaufen (s. Kältemaschinen). — In Absorptionsanlagen, in denen das Absorptionsmittel gleichzeitig als Kühlmittel wirkt, findet sich der gleiche Kreislauf der Absorptionsflüssigkeit zwischen dem Absorptionsturm und einem Kühler (s. Absorptionsapparate).

Bei Wassermangel lohnt sich auch die Rückgewinnung des Kühlwassers selbst, dem die aufgenommene Wärme in Kühltürmen (s. Kühler) durch Verdunstung entzogen wird. Das gekühlte Wasser geht dann wieder im Kreislauf in die Wärmeaustauscher, z. B. Kondensatoren (s. d.), zurück.

Einrichtungen zur Rückgewinnung von **Stoffen** haben die Aufgabe, Hilfsstoffe, z. B. Lösungsmittel, Katalysatoren, oder zur Durchführung von chemischen Umwandlungen notwendige Stoffe, die nur in die Zwischenstoffe, nicht in die Enderzeugnisse eingehen, zurückzuführen oder auch wertvolles Gut zurückzuerhalten, das durch Unvollkommenheiten der Verfahren sich in Abgängen der Anlagen, wie z. B. in der Abluft, in Abgasen, in Abwässern oder in festen Abfällen, sammelt. Nach der Wirkungsweise kann man Rückgewinnungseinrichtungen unterscheiden, die lediglich physikalische Vorgänge zur Abscheidung der zurückzugewinnenden Stoffe benutzen, und solche, die mit chemischen Umwandlungen arbeiten.

Die Rückgewinnung von Stoffen, die in der dampfförmigen Phase anfallen, ist besonders für alle Betriebe, die mit flüchtigen Lösungsmitteln arbeiten, von wirtschaftlicher Bedeutung. Für diese Zwecke hat man Lösemittel.

rückgewinnungsanlagen (s. d.) entwickelt, die mit Kondensationseinrichtungen, Adsorptionsapparaten (s. d.) oder Absorptionsapparaten (s. d.) arbeiten.

Verfahren, die eine Rückgewinnung in der flüssigen Phase durchzuführen haben, arbeiten meist mit einem flüssigen Entziehungsmittel, das im Kreislauf zwischen der Trägerflüssigkeit und einer Destillations- oder Verdampfeinrichtung umläuft. Hierzu gehören die Extraktionsverfahren mit flüssigen Lösungsmitteln (s. Extraktionspparate). Als Beispiel sei die Phenolgewinnung aus Abwässern mit verschiedenen Entziehungsmitteln genannt. In ähnlicher Weise arbeiten die sog. azeotropen Verfahren zur Trennung von Flüssigkeitsgemischen mit Maximum- oder Minimumsiedepunkt, z. B. die Verfahren zur Entwässerung von hochprozentigem Sprit mit Hilfe eines Entziehungsmittels, das im Kreislauf immer wieder in die Entwässerungskolonne zurückkehrt (s. Rektifizierapparate). Das Entziehungsmittel wird dabei auf Grund der Schichtenbildung des gekühlten Gemisches zurückgewonnen. Gleiche Kreisläufe finden sich bei der Hochkonzentration von Salpetersäure mit Schwefelsäure, die in einer Kolonne oben aufgegeben wird und unten nach Wasseraufnahme die Kolonne verläßt, um wieder entwässert zu werden. — Die Entwässerung von Flüssigkeiten durch Verdampfung spielt auch bei der Rückgewinnung von Lösungen eine Rolle, die bei dem Verfahren Wasser aufnehmen und mit einer bestimmten Zusammensetzung wieder in den Arbeitsgang zurückzuführen sind. Als Beispiel sei die Aufarbeitung der Spinnbäder aus den Spinnmaschinen von Kunstseide- und Zellwollefabriken, die nach dem Viscoseverfahren arbeiten, genannt. Hierzu verwendet man meist verbleite Verdampfer der Bauart *Vogelbusch* (s. Verdampfer).

Die Rückgewinnung wertvoller Stoffe wird besonders einfach, wenn sie sich infolge Unlöslichkeit durch Schichtenbildung abscheiden. Man benutzt z. B. einfache Abscheider zur Gewinnung von Ölen, Fetten aus Abwässern (s. auch Dekantierapparate).

Bei der Extraktion aus festen Stoffen, insbesondere bei der Gewinnung von Ölen und Fetten aus pflanzlichen oder tierischen Rohstoffen, gewinnt man die Lösungsmittelreste, die in den festen Stoffen noch enthalten sind, in der Regel durch Ausdampfen wieder. Die von den Dämpfen mitgenommenen Lösungsmittel werden nach Kondensation durch Schichtenbildung in gekühltem Zustand gewonnen (s. Extraktionsapparate).

Feste Stoffe, die bei einem Trennvorgang in Filtern oder Schleudern abgeschieden werden, enthalten oft noch wertvolle Stoffe, die man durch Auswaschen oder Decken zurückgewinnen kann. Die Filter und Schleudern sind hierzu nach Bedarf mit besonderen Auslaugeeinrichtungen, Auswasch- oder Deckvorrichtungen versehen.

Sind in festen Abfällen noch wertvolle Stoffe vorhanden, so werden diese durch Extraktion oder Auslaugen zurückgewonnen (s. Auslaugapparate, Extraktionsapparate). Beispiele sind die Entfettung von Knochen, die zur Herstellung von Knochenleim gedient haben, oder die Entzuckerung von Melasse. — Einen hohen Wert stellen die als Hilfsmittel zur Durchführung chemischer Reaktionen benutzten Katalysatoren dar, die lediglich zur Einstellung der Reaktionsgeschwindigkeit dienen, sich aber selbst dabei nicht umwandeln. Bei Hydriervorgängen in der flüssigen Phase z. B. führen die Katalysatoren selbst einen Kreislauf aus, wobei sie in einem Abscheider zurückgewonnen und wieder in den Hydrierraum zurückgeführt werden.

Technische Schwierigkeiten bereitet oft die Rückgewinnung von nichtflüchtigen Stoffen, die in feinverteilter Form von Dämpfen oder Gasen mitgeführt werden. Tropfen oder kleine Schaumblasen, die von Dampfströmen mitgerissen werden, sucht man in Abscheidern (s. d.) zurückzuhalten. Zur Gewinnung von Staub dienen Entstaubungsvorrichtungen (s. d.). Bei der Rückgewinnung von Staub handelt es sich oft um erhebliche Werte, wie es bei der Gewinnung von Zinkoxydstaub, Zementstaub, Arsenikstaub usw. der Fall ist.

Bei der Rückgewinnung von Stoffen in Verfahren, die mit chemischen Umwandlungen verbunden sind, kann man zwei besonders wichtige Fälle hervorheben. Ein Kreislauf kann dadurch erforderlich werden, daß die Reaktion unvollständig abläuft und diejenigen Bestandteile, die an der Reaktion nicht teilgenommen haben, zurückzuführen sind. Dies ist z. B. bei den Hydriervorgängen und den Gassynthesen der Fall, wo der Wasserstoff oder die nicht zur Reaktion gekommenen Synthesegemische nochmals mit einer Umlaufpumpe in den Reaktionsraum zurückzuführen sind. Der gleiche Vorgang findet sich bei der Schwefelsäureherstellung in Kammer- oder Turmsystemen, wo die Stickoxyde als gasförmiger Katalysator wieder zur Reaktion im Kreislauf zurückgeführt werden.

Die zweite Notwendigkeit von Kreisläufen ergibt sich, wenn das Verfahren Stoffe als Träger einer Reaktion verwendet. Als Beispiel sei das *Solvay*verfahren zur Herstellung von Soda genannt. Hier führen Ammoniak und Kohlensäure einen Kreislauf aus. Die Kohlensäure entsteht aus Natriumbicarbonat, das in Soda umgewandelt wird. Sie wird wieder zur Herstellung von Ammoniumbicarbonat benutzt. Die vom Bicarbonat abgelaufene Lauge wird zur Wiedergewinnung des Ammoniaks in einem Kolonnenapparat (s. Destillierapparate) destilliert.

Ein ähnlicher Kreislauf findet sich beim *Bayer*-Verfahren zur Herstellung von Tonerde. Ein weiteres Beispiel ist die Gewinnung der Natronverbindungen bei der Herstellung von Natronzellstoff durch Eindicken und Verbrennen der Laugen, wobei die Natronverbindungen als Schmelze gewonnen werden.

Schließlich sei die Rückgewinnung von Stoffen erwähnt, die durch Unvollkommenheiten des Verfahrens in die Enderzeugnisse gelangen. Als Beispiel gelte die Rückgewinnung des Salzes, das bei der Elektrolyse von Kochsalz in die Natronlauge gelangt. Beim Eindampfen wird dieses Kochsalz ausgeschieden und in Salzabscheidern (s. d.) zurückerhalten.

Wie sich aus diesen Beispielen ergibt, ist die Rückgewinnung in der Regel am einfachsten, wenn sie in der flüssigen Phase vorgenommen werden kann, da hier die Förderung der Lösungen in Rohrleitungen die Arbeit vereinfacht, und wenn sich die zu gewinnenden Stoffe aus dem Trägerstoff infolge Unlöslichkeit abscheiden. Weiterhin wird die Rückgewinnung um so leichter, je höher die Konzentration der zurückzugewinnenden Stoffe ist. — Da es sich bei der Rückgewinnung um Kreisläufe handelt, führt man sie in der Regel stetig durch. Während aber die Gewinnung selbst immer ununterbrochen vor sich geht, ist es möglich, die Rückführung auch absatzweise durch Einschaltung von Sammelbehältern vor sich gehen zu lassen.

Die Rückgewinnungsverfahren können Schwierigkeiten ergeben, wenn sich fremde Stoffe, die meist als Verunreinigungen der Rohstoffe in das Verfahren gelangen, in den Kreislaufstoffen anreichern, weil sie infolge des ständigen

Umlaufs nicht aus der Apparatur gelangen können. In solchen Fällen entstehen oft zusätzliche Kosten für die Abscheidung dieser Begleitstoffe. Als Beispiel sei die Reinigung der aus den Tauchpressen anfallenden Natronlauge in den nach dem Viscoseverfahren arbeitenden Kunstseide- und Zellwollefabriken durch Dialyse (s. Dialysatoren) genannt.

Für die wirtschaftliche Beurteilung der Rückgewinnungseinrichtungen müssen alle Kosten, die das Kreislaufverfahren bedingt, zusammengestellt und mit dem Werte der wiedergewonnenen Stoffe oder Energien verglichen werden. Starke Verdünnung der in Betracht kommenden Stoffe, erhebliche Verunreinigungen oder chemische Bindungen von hoher Affinität können oft die an sich erwünschte Rückgewinnung unmöglich machen.

Thormann.

Rückkühlanlagen, s. Kühler.

Rücklaufkondensatoren, s. Destillierapparate, Dephlegmatoren, Kondensatoren, Oberflächenkondensatoren.

Rückleiter *(s. auch Kondenstöpfe, Pulsometer)* können statt einer Pumpe zur Rückführung der in Heizkammern und anderen Apparaten anfallenden Kondenswässer oder zur Förderung anderer Flüssigkeiten dienen. Die Rückleitung wird dadurch erreicht, daß das Wasser zunächst in einen über dem Kessel stehenden Behälter gedrückt wird, der dann durch eine selbsttätige Steuerung nach erfolgter Füllung einen Druckausgleich mit dem Kessel herstellt, so daß das Wasser dem Kessel durch sein eigenes Gefälle zufließt.

Wie Abb. 1779 (Schneider & Helmecke, Magdeburg) zeigt, besteht der Rückleiter aus einem zylindrischen Behälter mit angeschraubtem Steuerungskopf. Die Steuerung wird durch eine im Behälter befindliche Schwimmereinrichtung betätigt, deren Schwimmer so eingerichtet ist, daß er auf der Schwimmerstange auf- und abgleiten kann und so nur beim höchsten oder tiefsten Wasserstand zur Wirkung kommt. Die großen Hebelübersetzungen der Steuerung gestatten auch bei hohen Drücken die Verwendung von verhältnismäßig großen, einsitzigen Dampfventilen, die außer den dadurch erreichten, größeren Leistungen ein störungsfreies Arbeiten gewährleisten. Die Füllung und Leerung des Apparates vollzieht sich in folgender Weise. Das Kondensat tritt unten durch ein Rückschlagventil ein und hebt den lose auf der Schwimmerstange gleitenden Schwimmer. Stößt dieser nun gegen den oberen Schwimmerstangenkloben, so hebt er letzteren und betätigt damit den Steuerungshebel. Dieser besitzt an seinem anderen Ende eine Rollbahn, gegen die durch Federkraft eine Rolle gedrückt wird. Dadurch wird der Hebel in seiner jeweilig höchsten oder tiefsten Stellung so lange festgehalten, bis der Schwimmer seinen vollen Weg auf der Schwimmerstange zurückgelegt hat und dieser nach der einen oder anderen Richtung zur Wirkung kommt. Hebt z. B. der Schwimmer den Hebel an, so wird durch die sich mitbewegende Rollkurve ein Druck auf die Rolle ausgeübt und die Feder zusammengedrückt, bis die Rollkurve eine so schräge Lage erhalten hat, daß die Rolle infolge des Federdruckes nach der anderen Seite der Rollkurve schnellt und nun gemeinsam mit dem Schwimmer den Hebel ganz nach oben drückt. In diesem Augenblick faßt ein Anschlagstift des Hebels einen Mitnehmer und öffnet durch diesen das Dampfeintrittsventil, während sich das bisher geöffnete Dampfaustrittsventil selbsttätig infolge des eintretenden Dampfes schließt. Der einströmende Dampf drückt nun das Wasser durch das andere Rückschlagventil fort, wobei der Schwimmer mit dem fallenden Wasserspiegel nach unten geht und dann durch sein Eigengewicht den Apparat in gleicher Weise nach der anderen Seite umsteuert. Hierbei wird durch den Mitnehmer das Dampfaustrittsventil geöffnet, während sich das Dampfeintrittsventil durch den darauf ruhenden Dampfdruck selbsttätig schließt. Dann entweicht der im Behälter befindliche Dampf, und die neue Füllperiode beginnt. Um den Apparat jederzeit kontrollieren zu können, wird er mit einem Wasserstandsanzeiger und einem Entlüftungshahn versehen. Durch eine Anlüftevorrichtung läßt er sich auch jederzeit von Hand probeweise umsteuern. Da es vielfach erwünscht ist, die geförderte Wassermenge zu messen, können die Rückleiter mit Zähleinrichtungen versehen werden, die entweder durch Dampf oder elektrisch betätigt und an einer leicht zu übersehenden Stelle des Kesselhauses angebracht werden können, oder die mechanisch arbeiten und dann am Rückleiter unmittelbar befestigt sein können.

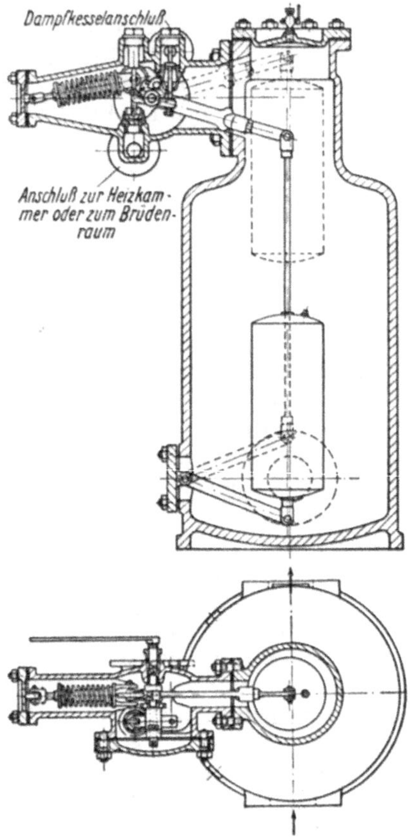

Abb. 1779.
Rückleiter (Schneider & Helmecke).

Die Leistungsfähigkeit derartiger Rückleiter von Schneider & Helmecke ist in der Tabelle (S. 1386) angegeben.

Das Verwendungsgebiet der Rückleiter erstreckt sich nicht nur auf die Kondenswasserrück- oder -ableitung, sondern man kann sie mit Vorteil auch dort verwenden, wo es sich um die Fortschaffung von Säften und ähnlichen Flüssigkeiten handelt. Die Rückleiter bieten weiterhin die Möglichkeit, Flüssigkeiten aus unter Vakuum stehenden Räumen ohne Schwierigkeiten zu fördern.

Der Rückleiter muß ungefähr 3 m über dem höchsten Kesselwasserstand aufgestellt werden, damit das mit seiner eigenen Schwere dem Kessel zulaufende Kondensat die Ventil- und Rohrleitungswiderstände überwinden kann. Das Kondenswasser muß in diesem Fall dem Rückleiter entweder mit natürlichem Gefälle zulaufen, wie Abb. 1780 angibt, oder zugedrückt werden, wie Abb. 1781 zeigt.

In diesem Fall fördert ein tiefstehender Rückleiter, der sog. Heber, das anfallende Kondensat zunächst in den oberen Rückleiter (Speiser). Aus diesem

Rohranschlüsse, Leistungen, Gewichte von Rückleitern.

Rückschlag-ventil-Durch-messer	Dampf-anschluß-Durchmesser in mm		Stundenleistung in Litern etwa				Ge-wicht
			als Heber oder Ableiter	als Kesselspeiser bei			
	Ein-tritt	Aus-tritt		8 at	12 at	15 at	
mm			bis	bis	bis	bis	etwa kg
25	20	25	800	800	600	600	160
30	20	25	1500	1500	1200	1200	180
40	20	25	3000	2500	2400	2200	220
50	25	30	4500	4000	3600	3200	310
60	25	30	7000	6000	5500	5000	380
80	25	30	10000	9000	8500	7500	440
100	30	40	16000	15000	13500	12000	620
125	30	40	24000	22000	20000	18000	775
150	30	40	30000	27000	23000	21000	970
150	40	50	38000	34000	28000	24000	1000
175	40	50	45000	40000	35000	30000	1100
175	40	50	50000	45000	40000	35000	1200

gelangt das Wasser in den Kessel. Der Dampf zur Betätigung des Speisers muß dem Kessel unmittelbar entnommen werden, damit er ohne Druckabfall in den Speiser gelangt und damit dadurch ein vollständiger Druckausgleich zwischen Speiser und Kessel entsteht. Der Abdampf wird irgendeiner Niederdruck-Dampfleitung, einer Heizung usw. zugeführt und somit noch ausgenutzt. Der Dampf für die Betätigung des Hebers kann dagegen der Betriebsdampfleitung an einer beliebigen Stelle entnommen werden.

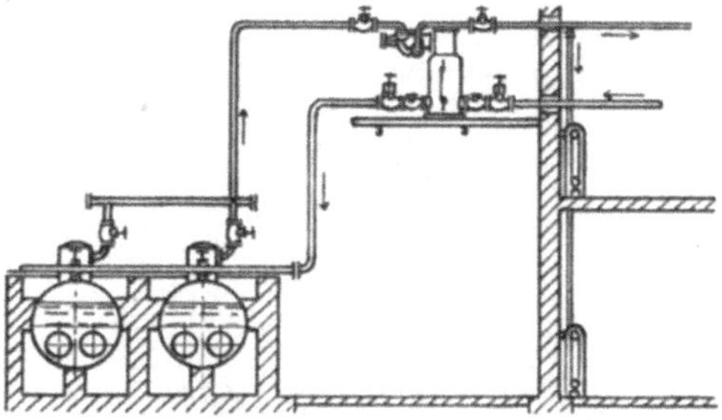

Abb. 1780. Kondenswasserrückleitung mit natürlichem Gefälle (Schneider & Helmecke).

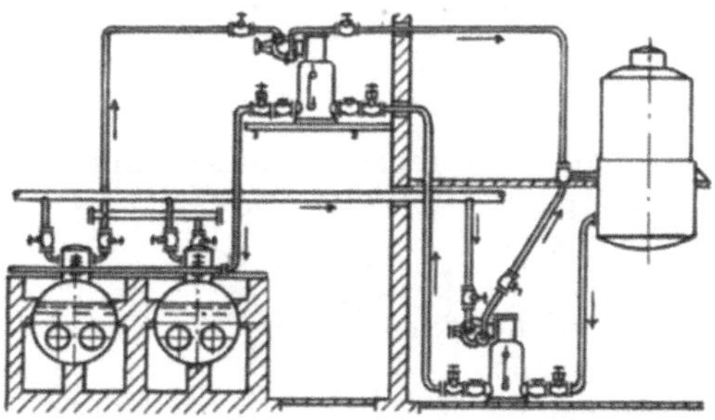

Abb. 1781. Kondenswasserrückleitung mit zwei Rückleitern (Schneider & Helmecke).

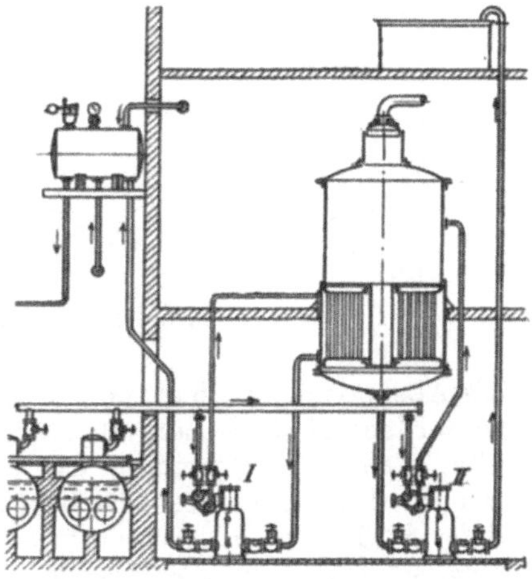

Abb. 1782. Einbau von Rückleitern. *I* Kondenswasser-Heber, *II* Saft-Heber (Schneider & Helmecke).

Die Anordnung zweier Rückleiter als Heber an einem Verdampfer zur Förderung des Kondensates und der eingedampften Flüssigkeit ist auf Abb. 1782 dargestellt.

Rückleiter fallen unter die Dampffaßverordnung, sowohl wenn sie zur Förderung von Kondenswasser, als auch wenn sie zum Heben anderer Flüssigkeiten dienen. Jedoch dürfen Rückleiter bis zu 600 mm Durchmesser und bis zu 400 l Gesamtinhalt abweichend von den Vorschriften der Dampffaßverordnung aus Gußeisen hergestellt werden. Selbsttätige Rückleiter dieser Beschaffenheit und Größe müssen für den zweifachen Betrag der Dampfspannung des zugehörigen Betriebskessels berechnet und mit diesem Drucke vor der Verwendung geprüft werden. Ferner sind diese Apparate, sowie schmiedeeiserne Kondenswasserrückleiter bis 800 mm Durchmesser, von den Bestimmungen der Dampffaßverordnung über Ausrüstung und regelmäßige Untersuchungen ausgenommen. Schmiedeeiserne Kondenswasserrückleiter mit mehr als 800 mm Durchmesser fallen voll unter die Dampffaßverordnung (s. Dampffässer).

Thormann.

Rückschlagklappen *(s. auch Rückschlagventile)* dienen dazu, die Strömung in einer Leitung in einer nicht gewünschten Richtung zu verhindern.

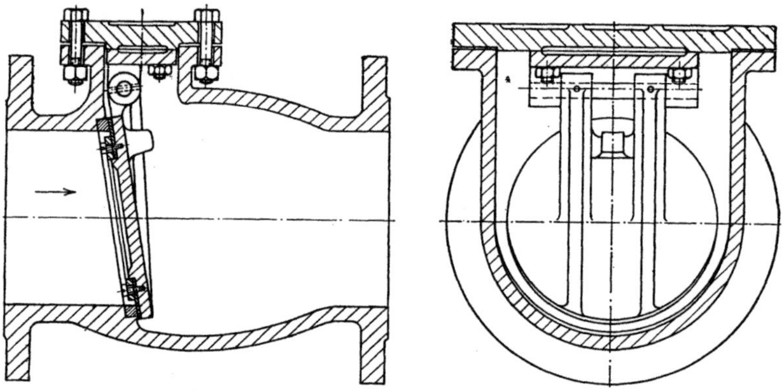

Abb. 1783. Rückschlagklappe (Borsig).

Als Absperrmittel dient eine Klappe, die um eine Achse herausschwingbar angeordnet ist. Eine normale Rückschlagklappe (A. Borsig, Berlin-Tegel) zeigt Abb. 1783. Die Strömung ist nur in der durch den Pfeil angedeuteten Richtung möglich; bei einer Strömung in der entgegengesetzten Richtung schließt sich die Klappe von selbst. Eine schwingbar angeordnete Rückschlagklappe in einer für Gasleitungen vorgesehenen Anordnung ist auf Abb. 1784 dargestellt (Bamag-Meguin, Berlin).

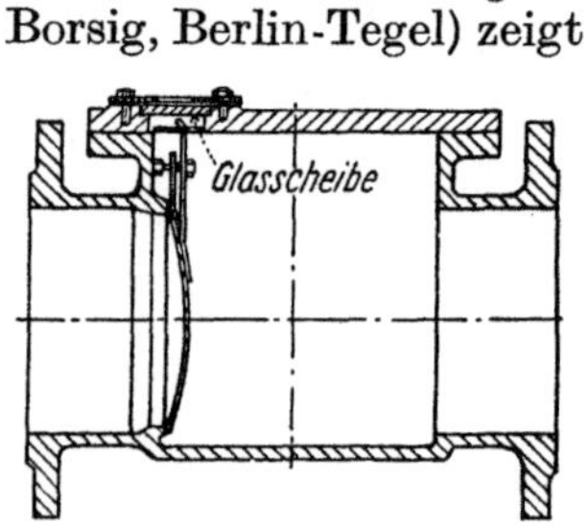

Abb. 1784. Rückschlagklappe für Gasleitungen (Bamag-Meguin).

Da die Klappe aus dem Weg der Strömung herausgedreht wird, haben die Rückschlagklappen den Vorteil eines geringen Druckverlustes. Zur Erzeugung des notwendigen Dichtdruckes belastet man die Klappe bisweilen mit einem Gewicht oder einer Feder. Treten heftige Stöße auf, so kann man eine Bremse zur Dämpfung vorsehen. Wie die Abbildungen erkennen lassen, eignen sich die Rückschlagklappen auch für große Rohrweiten.

Th.

Rückschlagventile *(s. auch Rückschlagklappen)* sind Sicherheitsorgane, die den Zweck haben, das Zurückfluten von Betriebsstoffen (Wasser, Öle, Dämpfe usw.) in Rohrleitungen dadurch zu verhindern, daß sie den Durchfluß nur in einer Richtung freigeben. Bei der Umkehr der Strömungsrichtung sperrt das Ventil selbsttätig ab. Während Absperrventile (s. Ventile) in geschlossenem Zustand den Durchtritt des Betriebsstoffes in beiden Richtungen verhindern, sperren ihn Rückschlagventile immer nur nach einer Seite ab. Für Fälle, in denen zeitweise ein Abschluß nach einer Richtung, zeitweise nach beiden Richtungen erforderlich ist, baut man Vereinigungen von Rückschlagventilen mit Absperrventilen.

Im Rückschlagventilgehäuse befindet sich ein senkrecht zum Sitz frei beweglicher Kegel, den der Staudruck des strömenden Betriebsmittels anhebt, solange das Betriebsmittel in der gewünschten Richtung strömt. Kehrt sich die Strömungsrichtung um, so wird der Kegel durch den Rückdruck des zurückflutenden Betriebsmittels, der durch das Eigengewicht des Kegels und auch durch die Rückstellkraft einer besonderen Schließfeder unterstützt werden kann, selbsttätig auf seinen Sitz gedrückt und das Ventil damit geschlossen. Der Einbau einer Schließfeder ist besonders dann zu empfehlen, wenn der Kegel waagerecht eingebaut wird, wenn bei senkrechter Lage des Kegels das Ventil schon bei geringstem Rückdruck sicher schließen oder die Kegelbewegung mit Hilfe einer besonderen Einrichtung, z. B. eines Dämpfungskolbens, der sich in einem kleinen Zylinder bewegt, zusätzlich gedämpft werden soll.

Für das richtige Arbeiten des Rückschlagventils ist eine genaue Führung mit einem ausreichend bemessenen Zapfen von großer Wichtigkeit. —Schwankt die Strömung stark, so sind besondere Maßnahmen gegen das Schlagen des Ventilkegels erforderlich. Meist kann man den Hohlraum in der Führung des Rückschlagkegels zum Abfangen der Schläge ausnutzen, wobei das dort eingeschlossene Betriebsmittel nur durch ein kleines, seitliches Loch entweichen und eintreten kann, wodurch eine dämpfende Wirkung auf die Kegelbewegungen entsteht. Außerdem kann eine Dämpfungsfeder eingebaut werden. Während die Feder nur das Anschlagen des Kegels beim Öffnen verhindern kann, läßt sich eine weitere Minderung des Schlagens durch Weichdichtungen erreichen, die das Aufsetzen des Kegels beim Schließen wirksam abdämpfen. Als Kegelweichdichtung kommen für Rückschlagventile verschiedene Werkstoffe, besonders auch Ringe aus Gummi, in Betracht. Weichdichtungen sind auch dann zu empfehlen, wenn es auf unbedingtes Dichthalten ankommt. Die Gummidichtung hat sich besonders bei sehr geringem Rückdruck gut bewährt. Weichdichtungen nutzen sich naturgemäß stärker ab und müssen daher häufiger ausgewechselt werden.

Ein einfaches, kleines Rückschlagventil mit eingeschraubtem Deckel (Schäffer & Budenberg G. m. b. H., Magdeburg) zeigt Abb. 1785. In dem hohlen Kegelzapfen ist eine Schließfeder angeordnet. Die Form des Gehäuses (Rhei-Bauart) ergibt geringen Strömungswiderstand. — Ein größeres Ventil (Amag-Hilpert, Nürnberg) ist auf Abb. 1786 dargestellt. Die Strömung ist nur in der durch den Pfeil angedeuteten Richtung möglich. — Ein als Eckventil ausgebildetes Rückschlagventil zeigt Abb. 1787.

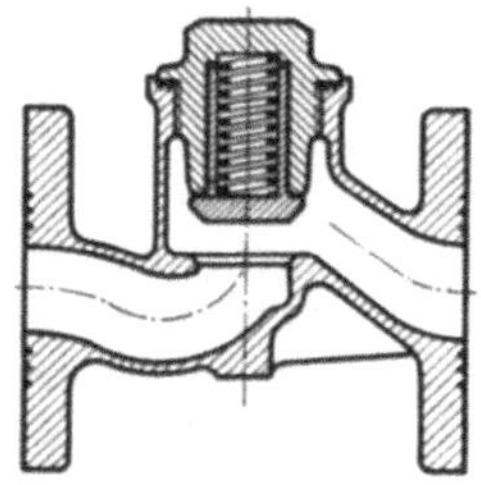

Abb. 1785. Rückschlagventil für kleine Nennweiten (Schäffer & Budenberg).

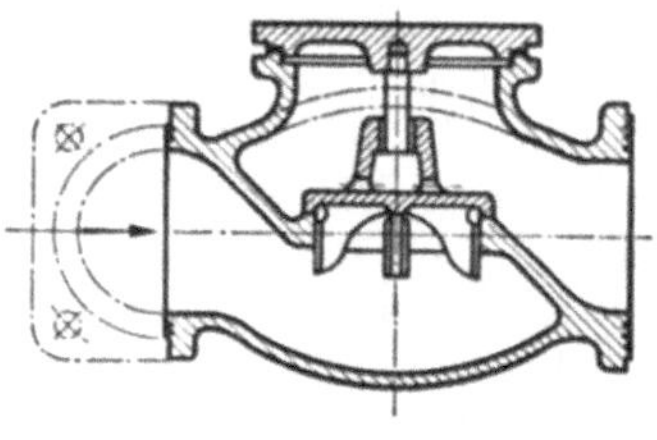

Abb. 1786. Rückschlagventil (Amag-Hilpert).

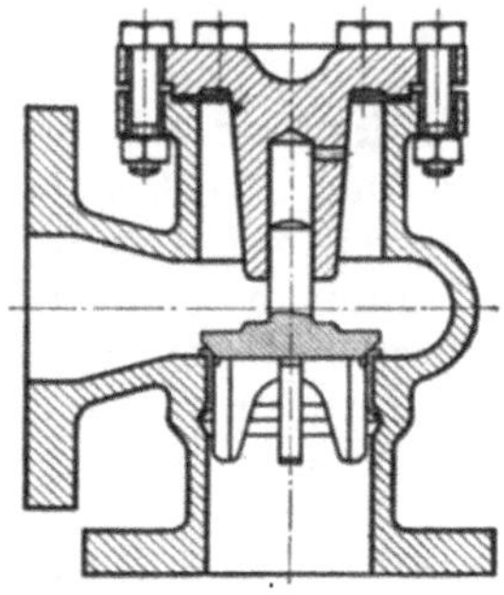

Abb. 1787. Rückschlag-Eckventil.

Ein Rückschlagventil mit Anlüftvorrichtung (Schäffer & Budenberg) nach Abb. 1788 gibt die Möglichkeit, die Sperrung nach Bedarf aufzuheben. Diese besteht aus einer Schraubspindel, mit welcher der Kegel von seinem Sitz entfernt werden kann. Wird die Spindel umgekehrt oben im Deckel angeordnet, so kann das Ventil auch als Absperrventil gebraucht werden.

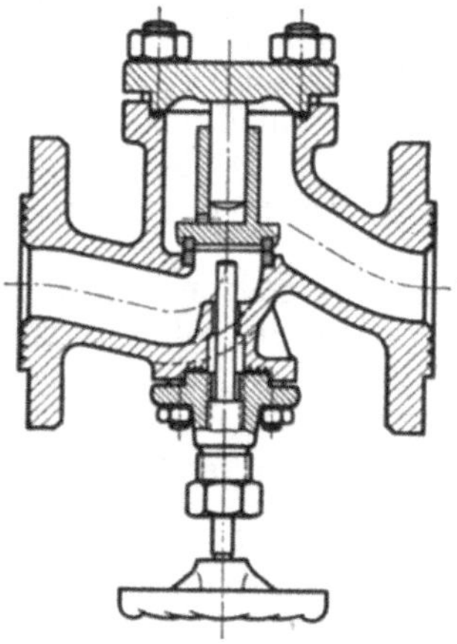

Abb. 1788. Rückschlagventil mit Anlüftvorrichtung (Schäffer & Budenberg).

Ein Rückschlagventil mit starker Dämpfung, wie es der Betrieb von Kolbenpumpen und Kolbenkompressoren erforderlich macht, ist auf Abb. 1789 (Schäffer & Budenberg) dargestellt. Die zusätzliche Dämpfungseinrichtung besteht aus einer Feder und einem großen Dämpfungskolben.

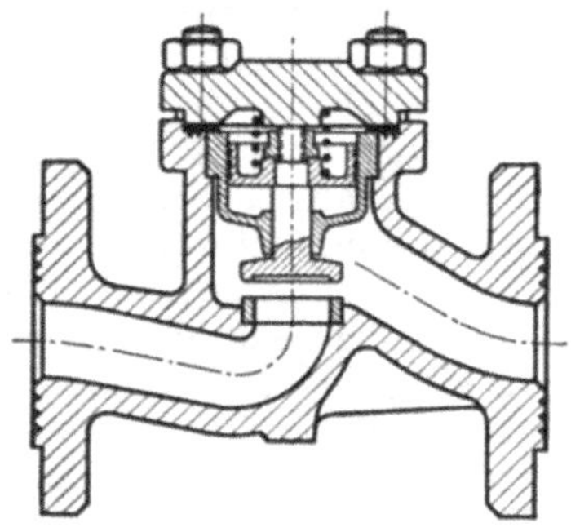

Abb. 1789. Rückschlagventil mit Dämpfungseinrichtung (Schäffer & Budenberg).

Rückschlagventile sind in den behördlichen Vorschriften (s. Dampfkessel) für die Verbindung von Kesseln mit verschiedenen Drücken vorgeschrieben, um die für die geringeren Drücke gebauten Kessel zu schützen.

Neben den Rückschlagventilen dienen noch die Rückschlagklappen (s. d.) zur Sicherung gegen das Zurückströmen in Rohrleitungen. Welchem dieser beiden Organe der Vorzug zu geben ist, muß im Einzelfall entschieden werden. Rückschlagklappen sprechen im allgemeinen leichter an und eignen sich besonders bei geringem Rückdruck. Außerdem haben die Klappen den Vorzug eines geraden und nahezu ungehinderten Durchganges, was z. B. bei zähen Flüssigkeiten sehr erwünscht ist. Rückschlagventile halten dagegen meist besser dicht. Für große Nennweiten (etwa über NW 200) kommen nur Rückschlagklappen in Betracht.

In Leitungen für feuergefährliche Stoffe dienen die Rückschlagventile, ebenso wie die -klappen, auch als Explosionssicherungen (s. d.).

Thormann.

Rührvorrichtungen *(s. auch Kreiselmischer, Mischvorrichtungen, Löseapparate)* dienen dazu, Flüssigkeiten untereinander oder mit festen Stoffen, wenn der Anteil dieser gering ist, durch Bewegen der einzelnen Teilchen gegeneinander und durch Erzeugung eines bestimmten hydrodynamischen Zustandes zu vermischen. Mitunter ist die Mischwirkung nicht der Hauptzweck. So kommt es in vielen Fällen darauf an, der Flüssigkeit eine Bewegung an einer beheizten Fläche zu erteilen, um die Wärmeübertragung zu verbessern und ein Anbrennen fester Stoffe zu verhindern, oder sie in Bewegung zu halten, um das Absetzen fester Teilchen zu verhüten. Beim Destillieren von zähflüssigen Stoffen, z. B. von Teeren in Blasendestillierapparaten (s. Destillierapparate), hat sich das Rühren zur Beschleunigung des Abtriebs der leichtsiedenden Anteile sehr bewährt. Da eine gleichmäßige Verteilung der zu verarbeitenden Stoffe auch bei zahlreichen anderen Arbeitsvorgängen notwendig ist, baut man nach Bedarf Rührvorrichtungen ferner in Autoklaven (s. d.), Aufschließapparaten (s. d.), Extraktionsapparaten (s. d), Frederkingapparaten (s. d.), Löseapparaten (s. d.), Kochern (s.d.), Krystallisierapparaten (s. d.), Schmelzapparaten (s. d.), Verdampfern (s. d., s. auch Einkörperverdampfer) und in verschiedenen Apparaten aus keramischen Werkstoffen (s. d., Abschn. 4) ein.

Die Art der Zuführung der zu mischenden Stoffe hängt von den jeweiligen Umständen ab. Beim Mischen von Flüssigkeiten mit verschiedenem spezifischen Gewicht verfährt man oft so, daß man die spezifisch schwerere Flüssigkeit in die leichtere einlaufen läßt, damit die Flüssigkeit bereits auf ihrem Weg durch die andere Gelegenheit zur Mischung hat. Spezifisch leichtere Flüssigkeiten kann man aus dem gleichen Grund unten einführen. Feste Stoffe, besonders pulverförmige, werden häufig zweckmäßig erst mit der Flüssigkeit etwas angerührt oder in einer Mischmaschine zu einem Brei verarbeitet, damit sich im Rührwerk keine Klumpen bilden.

Die Art und Weise, in der eine Rührvorrichtung ausgebildet werden muß, hängt von den Eigenschaften der zu verarbeitenden Stoffe und dem Zweck des Rührens ab. Je dünnflüssiger das Gut ist, um so einfacher und meist auch in seinen Abmessungen kleiner kann das Rührwerk gestaltet sein, um eine genügende Verschiebung der einzelnen Teilchen zu bewirken. Alle Rührvorrichtungen und die von ihnen hervorgerufenen Bewegungen wirken in zweierlei Weise, von denen bald die eine, bald die andere je nach der Bauart des Rührwerkes mehr oder weniger hervortritt. Diese durch eine Rührvorrichtung erzielten Vorgänge beruhen einmal auf irgendeiner fortschreitenden Bewegung einer Teilströmung, wobei sich die einzelnen Teilchen nahezu parallel verschieben, und dann auf örtlichen Drehbewegungen, bei denen sich besonders an den Grenzflächen der Teilströmungen Wirbel bilden. Um eine gute Rührwirkung zu erhalten, sind beide notwendig, damit sowohl die einzelnen Teile der gesamten, in dem Rührwerk befindlichen und in dieses hineinzubringenden Gutmengen, als auch die kleinsten Teile eines möglichst eng begrenzten Bereiches in dem Flüssigkeitsraum gut durcheinander gemischt werden.

Dreht man ein einfaches Rührwerkzeug, z. B. eine senkrechte Welle mit parallelen Querarmen, in einem mit einer Flüssigkeit gefüllten Gefäß, so hat dies einmal zur Folge, daß sich die Flüssigkeit teilweise in dem Gefäß umdreht, und dann, daß die Flüssigkeit vor den vorderen Flächen der Rührarme ausweicht und hinter ihnen zu starken Wirbelbildungen veranlaßt wird. Bei größeren Drehgeschwindigkeiten kommt hierzu noch die dadurch erzeugte Fliehkraft, welche die vom Rührwerkzeug erfaßte Flüssigkeit nach außen schleudert und so innerhalb der Flüssigkeit eine kräftige Strömung erzeugt. Hierbei sei erwähnt, daß für die mischende Wirkung des sich drehenden Rührflügels die Relativgeschwindigkeit der von dem Rührflügel unmittelbar erfaßten Flüssigkeit gegenüber der Drehgeschwindigkeit der gesamten Flüssigkeit im Behälter maßgebend ist. Die Wirkung der Drehung macht sich also um so mehr bemerkbar, je mehr die mittlere Geschwindigkeit der Flüssigkeit verringert wird, was durch geeignete Wahl der Drehzahl oder auch z. B. durch Strombrecher erfolgen kann.

Grundsätzlich ist zu berücksichtigen, daß bei dem Rührvorgang keine unnützen Bewegungen entstehen, die lediglich Energie verzehren, ohne den gleichmäßigen Fortschritt des Rührvorganges zu fördern. Solche unzweckmäßigen Bewegungen entstehen besonders in toten Räumen, in denen es leicht zu Wirbelbildungen kommt, die mit den Strömungen der Hauptmasse der zu rührenden Flüssigkeit in keinem Zusammenhang stehen. Es kommt dabei nicht nur auf die Form des Rührers, sondern in gleichem Maße auch auf die Form des Behälters und die Art der Einbauten an. Wenn nicht besondere Verhältnisse vorliegen, ergeben ein einfaches Rührwerkzeug und ein Rührbehälter, der diesem Werkzeug möglichst nach Form und Größe angepaßt sein muß, die besten Erfolge. Wenn man auch grundsätzlich mit wenigen einfachen Rührvorrichtungen nahezu jede Aufgabe lösen kann, so haben sich doch auch zahlreiche Sonderbauarten entwickelt, die jedoch zahlenmäßig unter den in der Industrie gebräuchlichen Rührvorrichtungen keine große Rolle spielen.

Da das Rühren durch eine Drehbewegung erzeugt wird, eignen sich grundsätzlich zylindrische Behälter zum Einbau von Rührvorrichtungen besser als Gefäße mit rechteckigem Querschnitt. Soll die gesamte Flüssigkeitsmasse in radialer und achsialer Richtung umlaufen, so empfiehlt es sich oft, den Durchmesser des Behälters etwa gleich der Höhe des Flüssigkeitsraumes zu machen. — Ein schneller Flüssigkeitsumlauf ist besonders von Vorteil, wenn ein Mischvorgang sehr schnell durchzuführen ist, um z. B. örtliche Überhitzungen bei chemischen Reaktionen durch Freiwerden von Wärme zu vermeiden, wenn hohe Geschwindigkeiten über dem Boden oder an den Wänden des Behälters zu erhalten sind, um z. B. ein Absetzen oder Anbacken von festen Stoffen zu verhindern, oder wenn man in stetiger Arbeitsweise mischen will und dabei schnell eine große Gleichmäßigkeit erzeugen muß. — Ein schneller Flüssigkeitsumlauf kann durch das Mitreißen von Luftblasen an der Oberfläche zu Störungen Anlaß geben. Soll dies vermieden werden, muß man in geschlossenen, voll gefüllten Behältern arbeiten.

Oft ist es zweckmäßig, die Rührwirkung nicht durch eine mechanisch wirkende Vorrichtung, sondern durch Einblasen von Luft oder Gasen zu erzielen. Dies ist besonders dann erforderlich, wenn das Gas auf die Flüssigkeit einwirken soll, wie es z. B. bei der Fetthärtung der Fall ist, oder wenn mechanisch bewegte Teile im Reaktionsgefäß vermieden werden sollen. Das Gas wird dann im Kreislauf mit Hilfe eines außerhalb des Gefäßes angeordneten Gebläses durch die Flüssigkeit geführt. Auch Dampf kann zum Rühren angewendet werden, was jedoch teuer wird. Das Einblasen von Dampf ist zweckmäßig, wenn mit dem Rühren eine Vorwärmung der Flüssigkeit verbunden werden soll.

Je nach ihrer Bau- oder Wirkungsweise kann man die am meisten angewendeten Rührvorrichtungen etwa in folgender Weise einteilen:

A. Mechanisch wirkende Rührwerke mit senkrechter oder waagerechter oder schräger Rührwelle.

- I. Langsam laufende Rührwerke:
  1. mit einer Welle,
     a) ohne Strombrecher (schabend oder nichtschabend wirkend),
     b) mit Strombrecher,
  2. mit zwei Wellen mit gemeinsamer Achse (gegenläufiges Rührwerk),
  3. mit zwei oder mehr parallelen Wellen und zwei oder mehr Drehachsen,
  4. mit auf einer Kreisbahn sich bewegenden Wellen.
- II. Schnell laufende Rührwerke (Turborührer, Kreiselrührer, Pumpenrührer, Propellerrührer usw.).

B. Durch Einblasen von Dämpfen oder Gasen wirkende Rührvorrichtungen.

Nach den am häufigsten vorkommenden Formen der Rührwerkzeuge unterscheidet man Balkenrührer, Ankerrührer, Fingerrührer, Blatt- oder Flächenrührer, Schraubflächenrührer, Kreiselrührer und verwandte Rührer. Welche Form im Einzelfall anzuwenden ist, hängt von dem Zweck des Rührens, wie Lösen, Unterstützung des Verlaufs chemischer Reaktionen, Mischen, Verhindern des Absetzens fester Stoffe, Heizen, Kühlen usw., und von den Eigenschaften der zu verarbeitenden Stoffe, insbesondere von ihrer Zähigkeit, Gehalt an festen Stoffen, den Unterschieden im spezifischen Gewicht der einzelnen Phasen usw., ab. Neben diesen einfachen Formen sind durch Vereinigung mehrerer Elemente die verschiedensten Bauformen, wie die Gatterrührer und zahlreiche andere Bauarten, entstanden. Es hat sich jedoch gezeigt, daß man in den meisten Fällen mit den einfachsten Rührerformen auskommen kann. Grundsätzlich besteht die Aufgabe, mit einem möglichst geringen Arbeitsaufwand in dem Rührgefäß einen Bewegungszustand herbeizuführen und aufrechtzuerhalten, der den Arbeitszweck in einfachster Weise und am schnellsten herbeiführt. Oft kann man diese Fragen durch Modellversuche im kleinen klären, indem man z. B. für verschiedene Rührerformen die Reaktionsdauer und den Leistungsverbrauch in Abhängigkeit von der Drehzahl ermittelt. Das Produkt beider ergibt den bezogenen Arbeitsaufwand, dessen Höhe nur noch durch die Rührergeschwindigkeit und die absolute Gefäßgröße bedingt ist und unter Umständen in Abhängigkeit von diesen einen Mindestwert besitzen kann.

Setzt man den Arbeitsaufwand einer Vergleichsbauart gleich A_0, so zeigt sich nach *W. Büche* (Z. VDI 1937, S. 1065) bei der Verwendung verschiedener Rührerformen, daß das Verhältnis des tatsächlichen Arbeitsaufwandes A zur Größe A_0 für jede Bauform unabhängig von der Drehzahl ist. Die Höhe des verhältnismäßigen, auf die Vergleichsbauart bezogenen Arbeitsaufwandes ist bei geometrisch ähnlichen Anordnungen gewöhnlich noch etwas von der Größe des Gefäßes abhängig. Man kann daher für bestimmte Rührerformen unmittelbar Wertigkeitszahlen angeben.

Wenn es auch nicht möglich ist, eine für alle Fälle brauchbare, günstigste Rührerform anzugeben, so lassen sich doch für bestimmte Arbeitsvorgänge Rührer entwickeln, die einen besonders geringen Arbeitsaufwand im Betrieb erfordern, wobei oft geringfügige, bauliche Veränderungen einen großen Einfluß ausüben können. Für dünnflüssige Stoffe z. B. ergibt der einfache Blattrührer bei geeigneter Bemessung besonders geringen Kraftbedarf. So stellten *McLaren White*, *S. D. Summerford* und *E. O. Bryant* an Hand von Versuchen fest, daß bei verschiedenen Drehzahlen ein rechteckiges Blatt von der Breite des halben Gefäßdurchmessers Sand in Wasser am besten aufwirbelt (Ind. Engng. Chem. 1932, S. 1160). Ist also das Verhältnis der Blattbreite d zum Gefäßdurchmesser D größer oder kleiner als 0,5, so ergeben sich geringere Sandgehalte im Wasser (s. auch Abb. 1790). Unabhängig davon fand *R. Hailer* nach Versuchen der I. G.-Farbenindustrie im Werk Ludwigshafen, daß beim Lösen von Steinsalz bestimmter Körnung in glatten Gefäßen von 335 mm Durchmesser für das Füllungsverhältnis $H/D = 0{,}65$ die günstigste Rührerbreite $d \approx 0{,}5\,D$ und die Blatthöhe $h \approx 0{,}45\,D$ beträgt, wobei H die Flüssigkeitstiefe im Rührgefäß bedeutet (Z. VDI 1937, S. 1066). Dabei wurde auch der Nachweis erbracht, daß die genannte Rührerform bei der Verarbeitung dünner Flüssigkeiten einen besonders geringen Arbeitsbedarf erfordert.

Wie groß der Einfluß der Bauarten auf die Wertigkeitsziffern ist, zeigen die von *W. Büche* (Z. VDI 1937, S. 1065) angegebenen Zahlen, wobei der Arbeitsaufwand eines Blattrührers in einem glatten, zylindrischen Gefäß mit ebenem Boden beim Lösen von Steinsalz bestimmter Körnung $A_0 = 1$ gesetzt ist. Es ergeben sich danach für A/A_0:

Blattrührer mit unten abgerundeter Kante in zylindrischem Gefäß mit Kugelboden: $A/A_0 = 0{,}6$;

Blattrührer in quadratischem Gefäß mit ebenem Boden: $A/A_0 = 3{,}0$;

Rechteckiger Blattrührer in zylindrischem Gefäß mit ebenem Boden und außermittiger Rühreranordnung (Abstand der Drehachse von Gefäßmitte $= 0{,}15\,D$): $A/A_0 = 7{,}6$;

Rechteckiger Blattrührer in zylindrischem Gefäß mit ebenem Boden und Strombrechern an den Gefäßwänden: $A/A_0 = 3{,}4$;

Gitterrührer mit oberem Querbalken und Diagonalen auf jeder Rührerseite in zylindrischem Gefäß mit ebenem Boden: $A/A_0 = 28{,}4$;

Ankerrührer in zylindrischem Gefäß mit ebenem Boden: $A/A_0 = 20{,}8$.

Rauhigkeit der Wandungen von eisernen Kesseln oder Holzbottichen vermehrt bei dünnen Flüssigkeiten den Leistungsbedarf um etwa 30 Proz, ein Steig- oder Thermometerrohr vermehrt ihn je nach der Lage um 20—30 Proz., und eine am Boden oder in Wandnähe verlegte Schlange hat eine Steigerung um etwa 300 Proz. zur Folge. Mit zunehmender Zähigkeit der zu verarbeitenden Stoffe werden die Unterschiede, die derartige Einbauten verursachen, geringer. Die Art der Befestigung von Schlangen ist ebenfalls von erheblichem Einfluß auf den Kraftbedarf.

Bezeichnet man mit n die Drehzahl des Rührers in der Minute, mit l eine kennzeichnende Länge der als geometrisch ähnlich vorauszusetzenden Rühreranordnung in Metern, mit γ das Gewicht der Raumeinheit und mit c einen Beiwert, der von der Form des Rührers und des Rührgefäßes sowie von den Strömungsverhältnissen abhängt, so läßt sich die eigentliche Rührleistung L nach *W. Büche* aus folgender Gleichung berechnen:

$$L = 7{,}17 \cdot 10^{-8}\, c\, n^3\, l^5 \gamma \quad (\text{kW}).$$

Der Beiwert c kann aus Modellversuchen ermittelt werden.

Für niedrigviscose Flüssigkeiten kann der Leistungsbedarf eines Blattrührers mit den Abmessungen $d = 0{,}5\,D$, $h = 0{,}45\,D$ und einem Bodenabstand von $0{,}1\,D$ im glatten Gefäß nach *W. Büche* durch folgende Beziehung wiedergegeben werden:

$$L = 7{,}17 \cdot 10^{-10}\,(1{,}4 + 3{,}35\, H/D)\, n^3\, d^4\, h\, \gamma \quad (\text{kW}).$$

Für andere Rührerbauarten ergeben sich ähnliche Beziehungen. Es ist jedoch darauf hinzuweisen, daß sich der Blattrührer für viscose Flüssigkeiten weniger eignet. Für zähe Flüssigkeiten wird man vielmehr den Balken- oder Ankerrührer bevorzugen.

Hat man durch einen Modellversuch den geeigneten Rührer ausgewählt und die zur Durchführung einer Reaktion oder eines anderen Vorganges innerhalb einer bestimmten Zeit erforderliche Drehzahl gefunden, so kann die für die Großausführung vorzusehende Drehzahl ermittelt werden, indem man die Rührergeschwindigkeit so groß annimmt, daß auf die Einheit des Flüssigkeitsinhaltes der Großausführung derselbe Energiebetrag entfällt wie auf das Modell. Die Anwendung der Regel für die Umrechnung der Drehzahl des Modells auf die Hauptausführung ergibt jedoch Unterschiede, je nachdem, ob es sich um zähe oder dünnflüssige Stoffe handelt. Bei zähen Stoffen kann man die Drehzahl des Modells und der Großausführung gleich nehmen. Für die Verarbeitung wenig zäher Stoffe ist die Drehzahl der Hauptausführung groß genug, wenn man die des Modells durch die Wurzel aus dem Maßstabsverhältnis teilt. (Nach *W. Büche*, Z. VDI 1937, S. 1065.)

Bei den einfachen Rührwerken mit senkrechter Welle kann der Antrieb von oben oder von unten erfolgen. Meist treibt man die Welle von oben an, da dann die untere Stopfbüchse fortfällt und Flüssigkeiten durch Undichtheiten infolge Fehlens der unteren Stopfbüchse nicht austreten können. Soll der Deckel öfters entfernt werden, oder muß oben Platz für einen großen Füllstutzen oder andere Einrichtungen sein, so legt man den Antrieb nach unten. Die Rührwerkswelle wird meist nur außerhalb des Gefäßes gelagert. Ist die Welle sehr lang, so kann man noch ein Lager im Gefäß selbst anordnen, das jedoch unter ungünstigen Bedingungen arbeitet und daher möglichst vermieden werden sollte.

Einige Beispiele von ausgeführten Rührvorrichtungen der oben genannten Bauarten sollen die allgemeinen Ausführungen ergänzen. Der Vollständigkeit wegen sind dabei auch einige verhältnismäßig selten zu findende, nur für Sonderzwecke verwendete Ausführungsformen gebracht.

Ein Blattrührer, der sich besonders für nichtzähe Stoffe eignet, ist auf Abb. 1790 dargestellt.

Ein einfaches Rührwerk mit gußeisernem Gefäß, mit einer senkrechten Welle, Beheizung durch Dampfmantel und einem einfachen Rührwerkzeug (Ankerrührer) zeigt Abb. 1791 (Joseph Vögele A.-G., Mannheim), mit einem mehrarmigen Rührwerkzeug, das auch als Rechenrührer oder Fingerrührer bezeichnet wird, Abb. 1792. Manchmal befestigt man an den Armen von Rührwerken dieser oder ähnlicher Bauarten noch Ketten oder an Ketten gehängte Kugeln, um Ansetzen von festen Stoffen zu verhindern.

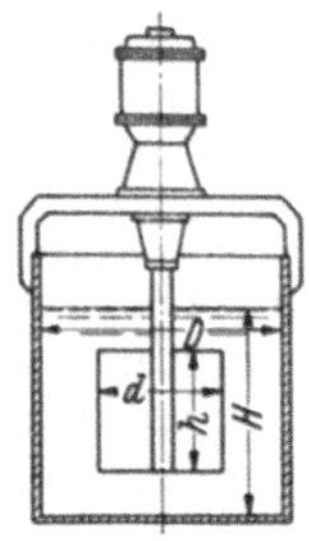

Abb. 1790. Blattrührer.

Wenn geschlossene Gefäße ohne unteren Auslauf, wie z. B. Autoklaven oder Apparate nach Abb. 1791, durch Ausdrücken entleert werden sollen, muß das Rührwerk entweder so angeordnet werden, daß noch Platz für das Ausdrückrohr vorhanden ist, oder dieses muß bei jeder Entleerung neu eingesetzt werden. Das Ausdrückrohr kann auch mit einer Stopfbüchse verschiebbar durch den Deckel geführt und durch einen biegsamen Schlauch mit der Entleerungsleitung verbunden werden. In jedem Fall muß die Stellung des Rührwerkes außen erkennbar sein und leicht um ein Stück verändert werden können. Wenn bei manchen Arbeitsvorgängen ein Aufhören der Rührwirkung, z. B. durch Abbrechen eines Rührflügels, erhebliche Gefahren bringen würde, werden besondere Vorrichtungen eingebaut, welche die durch das Rühren erzeugte Flüssigkeitsbewegung außerhalb des Gefäßes anzeigen.

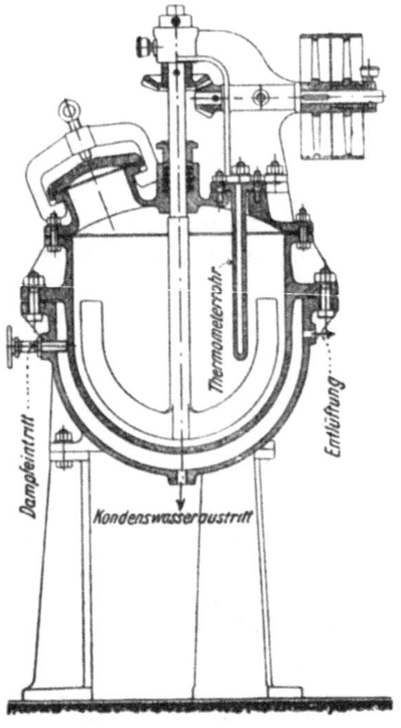

Abb. 1791. Rührwerk mit senkrechter Welle, Doppelboden und Ankerrührer (Vögele).

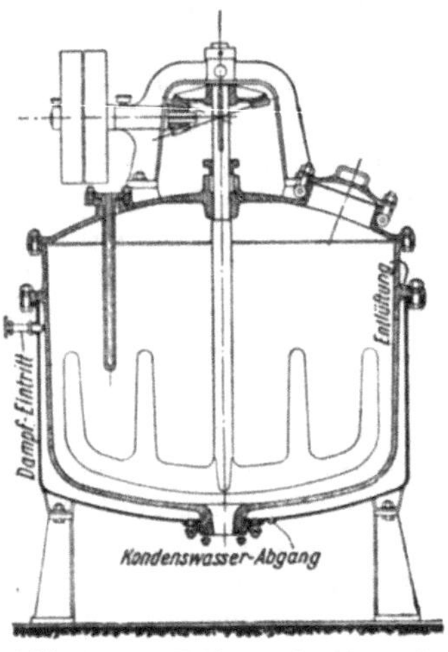

Abb. 1792. Rührwerk mit senkrechter Welle und Fingerrührer (Vögele).

Als Beispiel für eine Rührvorrichtung, bei der es auch auf eine schabende Wirkung an den Gefäßwänden ankommt, seien die in Aufschließapparaten (s. d.) benutzten Rührwerke genannt.

Bei diesen einfachen, oben beschriebenen Bauarten wird die Rührwirkung dadurch beeinträchtigt, daß sich die gesamte Flüssigkeitsmasse im Gefäß im Kreise bewegt, so daß die Wirbelbildung und damit die Durchmischung der einzelnen Teilchen verhältnismäßig gering ist. Man bringt daher bisweilen Widerstände, sog. Strombrecher, im Gefäß an, hinter denen die kreisende Flüssigkeit zu Wirbelbildungen veranlaßt wird, so daß sich die Umlaufgeschwindigkeit verringert. Die Strombrecher sind um so notwendiger, je mehr es auf eine gute Durchmischung der Teilchen ankommt, je geringer die Fläche der Gefäßwand ist, die der kreisenden Flüssigkeit einen Strömungswiderstand bietet, je geringer die Zähigkeit der Flüssigkeit ist und je langsamer das Rührwerk läuft. Kommt es nur darauf an, durch die Bewegung der Flüssigkeit den Wärmeübergang an beheizten oder gekühlten Flächen zu vergrößern oder das Anbacken von Teilchen zu verhindern, so sind Strombrecher überflüssig. Da sie den Kraftbedarf erhöhen, verzichtet man oft auf den Einbau von Strombrechern.

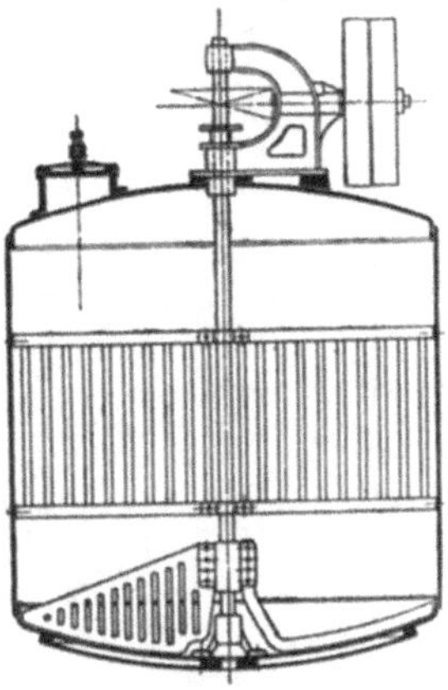

Abb. 1793. Schabendes Rührwerk mit Strombrecher.

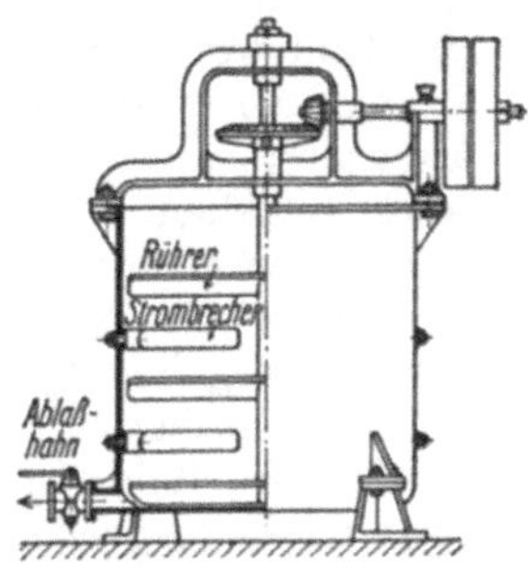

Abb. 1795. Rührwerk mit waagerechten Strombrechern.

Ein schabendes Rührwerk mit einem Strombrecher, der in Form eines Gitters ausgeführt ist, ist auf Abb. 1793 dargestellt. Die große Fläche des Gitters soll die strombrechende Wirkung auch bei veränderlichem Flüssigkeitsstand zur Geltung bringen.

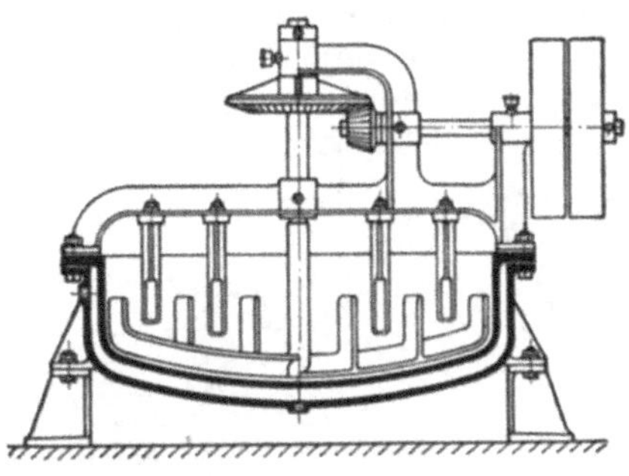

Abb. 1794. Rührwerk mit senkrechten Strombrechern (Vögele).

In größeren, flachen Gefäßen, z. B. Abdampfschalen, werden die Strombrecher meist nach Abb. 1794 (Joseph Vögele A.-G.), in Form von feststehenden, senkrechten, und in tiefen Behältern nach Abb. 1795 mit waagerechten Armen ausgeführt (Arm- oder Balkenrührer). Ist eine größere Zahl von Armen an einer Welle senkrecht zur Achse befestigt, so ordnet man diese oft schräg und in Schraubenlinien versetzt zueinander an, um in dem Gefäß auch eine von oben nach unten gehende Bewegung zu erhalten.

Eine Störung der regelmäßigen Strömung kann man statt durch Strombrecher in einfacher Weise auch dadurch erhalten, daß man die Rührwelle nicht genau in die Mitte, sondern etwas exzentrisch setzt. Auf einem ähnlichen Vorgang beruht teilweise auch die Wirkung von Rührwerken mit waagerechter Welle. Derartige Apparate werden besonders für dickere Flüssigkeiten viel verwendet. Rührwerke mit waagerechter Welle kann man unter sonst gleichen Bedingungen nicht so schnell laufen lassen wie solche mit senkrechter Welle, weil hier die mechanische Beanspruchung des Rührwerkes und der Kraftbedarf zu groß werden würden.

Ein kreisförmiges, langsam umlaufendes Rührwerkzeug mit waagerechter Welle ist auf Abb. 1796, ein schabendes und mit versetzten Schaufeln besetztes auf Abb. 1797 dargestellt. Der Form des Apparates entsprechend kann das Rührwerk auch andere Bewegungen ausführen; so wird der muldenförmige Thelenapparat (s. d.) mit schabendem Pendelrührwerk versehen.

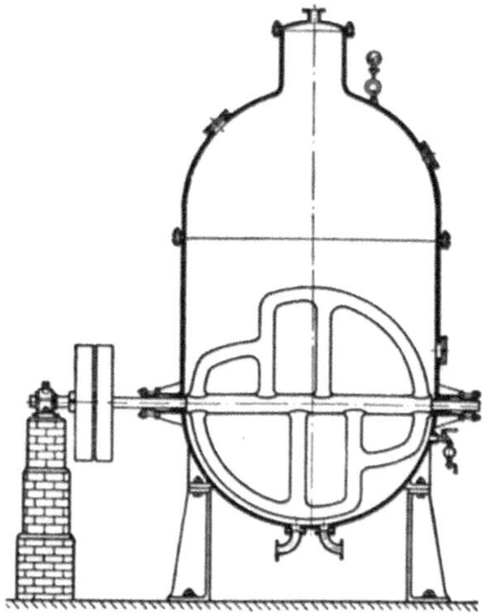

Abb. 1796. Einteiliges Rührwerk mit waagerechter Welle.

Bei dem Rührwerk nach Abb. 1798 sind die Rührwerkzeuge aus elliptisch geformten Flacheisen gebildet, die das Rührgut dauernd hin- und herbewegen.

Die Wirbelbildung der Strombrecher kann man weiter vergrößern, wenn man diese nicht feststehen, sondern sich in entgegengesetzter Richtung drehen läßt. Man erhält so einen Apparat nach Abb. 1799 mit zwei sich gegeneinander drehenden Rührwerkzeugen mit gemeinsamer Achse, der auch **gegenläufiges Rührwerk** genannt wird.

In großen Gefäßen ist die Rührwirkung bei Verwendung einer einzelnen Welle in der Mitte des Gefäßes in den äußeren, mehr nach dem Umfang zu gelegenen Schichten am besten, in der Mitte am schlechtesten, da hier die Geschwindigkeit am geringsten ist. Für größere Gefäße verwendet man daher bisweilen etwa nach Abb. 1800 mehrere parallele Wellen, die sich

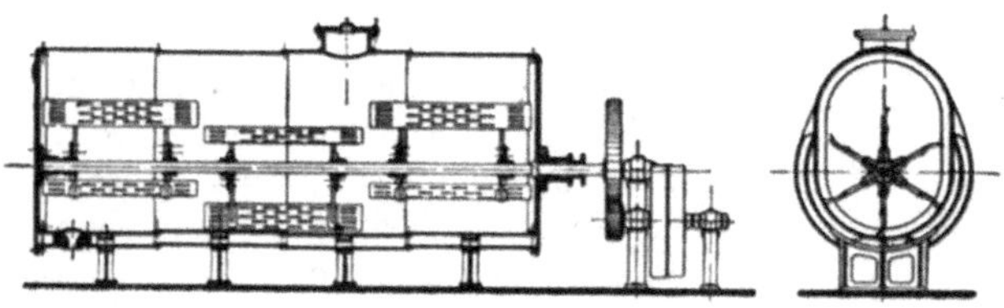

Abb. 1797. Rührwerk mit versetzten Schaufeln auf waagerechter Welle.

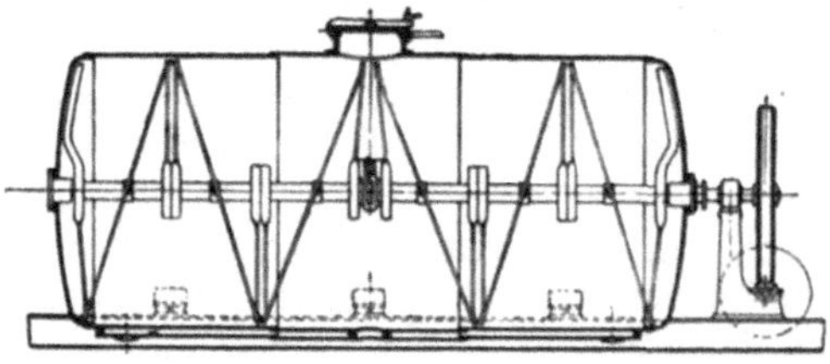

Abb. 1798. Rührwerk mit waagerechter Welle und elliptischen Rührwerkzeugen.

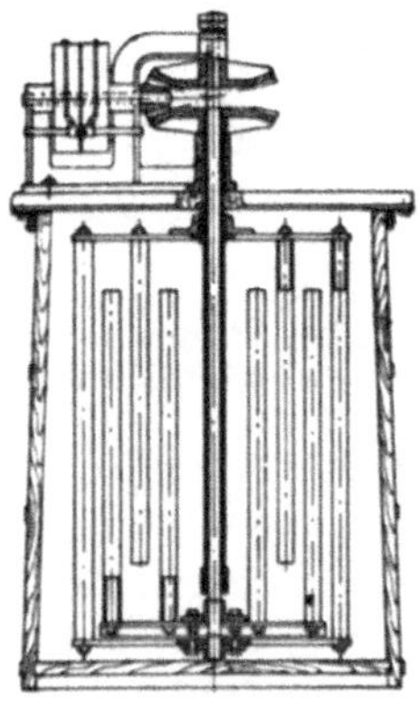

Abb. 1799. Gegenläufiges Rührwerk (Brescius).

zweckmäßig nicht alle in gleicher Richtung drehen. Eine andere Bauart zeigt Abb. 1801, wo neben dem durch die Hauptwelle *a* angetriebenen Bodenrührwerk *b* noch zwei Nebenrührwerke *c* angeordnet sind. Derartige Rührvorrichtungen haben großen Kraftbedarf, so daß sie wenig anzutreffen sind.

Verwendet man mehrere, in einer Reihe angeordnete, feststehende Rührwellen, so erhält man in dem Gefäß immer Räume, die nicht von den Rührwerkzeugen bestrichen werden, in denen daher die Flüssigkeitsbewegung und die Durchmischung sehr gering sind. Eine Verbesserung kann hier nach Abb. 1802 dadurch erreicht werden, daß man die Rührwerke außer ihrer Drehbewegung noch eine Kreisbahn ausführen läßt. Man erreicht dies z. B., indem man sie in einem sich drehenden Arm lagert, an ihren Wellen Zahnräder anordnet und mit diesen sich auf einem feststehenden Zahnrad abrollen läßt. Derartige Vorrichtungen, die verhältnismäßig häufig ausgeführt werden, nennt man auch Planetenrührwerke.

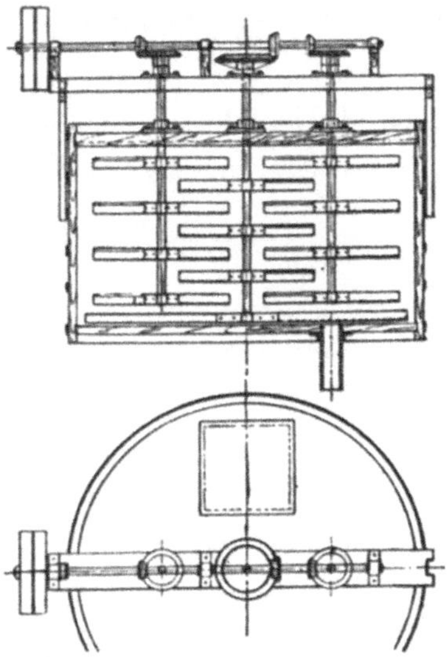

Abb. 1800. Rührwerk mit drei Wellen (Brescius).

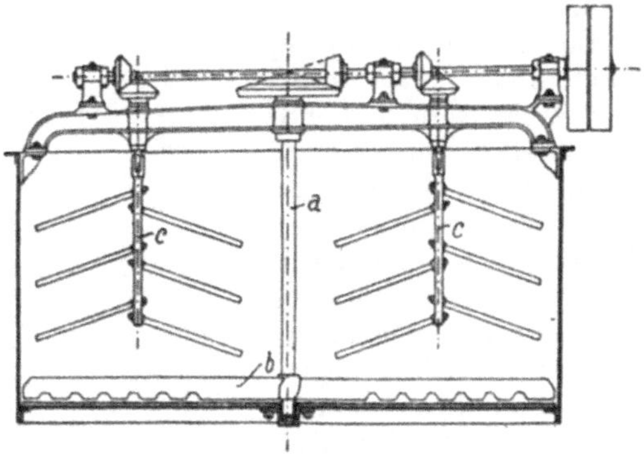

Abb. 1801. Rührwerk mit drei Wellen. (Nach *Fischer-Nachtweh,* Mischen, Rühren, Kneten.)

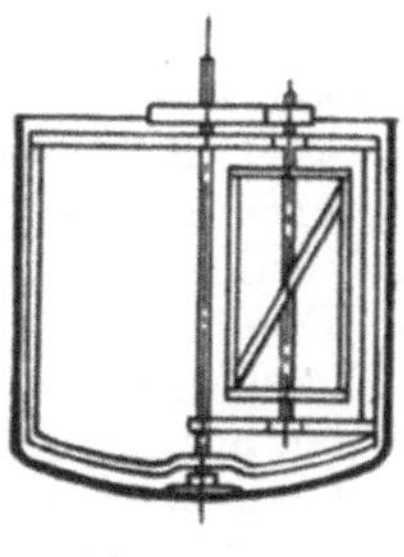

Abb. 1802. Einfaches Planetenrührwerk.

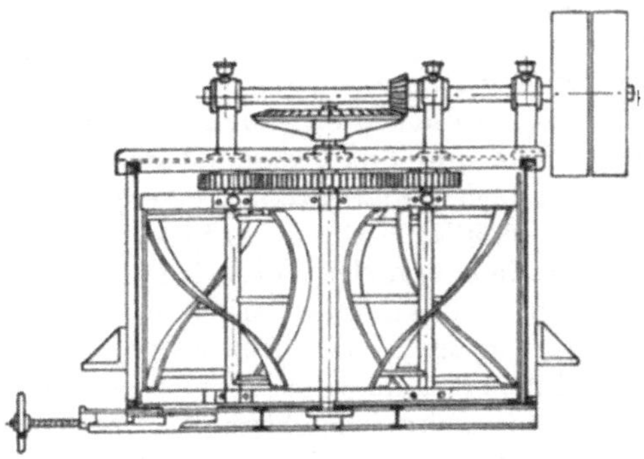

Abb. 1803. Planetenrührwerk mit Bandrührwerkzeugen.

Das auf Abb. 1803 dargestellte, für Sonderzwecke gebaute Rührwerk hat gewundene Bandrührwerkzeuge, auch Schneckenrührer genannt, die mit ihren Zahnrädern auf dem großen, in der Mitte befindlichen, feststehendem Rad laufen.

Ein Planetenrührwerk älterer Bauart mit einer waagerechten und einer senkrechten Welle zeigt Abb. 1804. *h* ist das feststehende Stirnrad zum Antrieb des Zahnrades *i* der senkrechten Welle. Das Kegelrad *e* der waagerechten Welle rollt auf dem feststehenden Kegelrad *f* ab. Die durch den Motor *d* angetriebene Hauptwelle läßt sich mit Hilfe des Hebels *m* auskuppeln. Der Umstand, daß sich das Kegelrad in der Flüssigkeit befindet, macht den Apparat für viele Zwecke unverwendbar. Man bevorzugt daher Planetenrührwerke mit senkrechten oder schrägen Wellen, da bei diesen die Zahnräder außerhalb der Flüssigkeit angeordnet werden können.

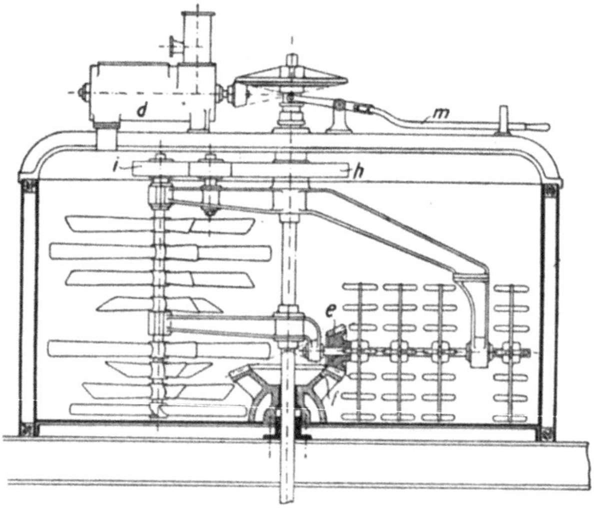

Abb. 1804. Planetenrührwerk mit waagerechter und senkrechter Welle. (Nach *Fischer-Nachtweh*, Mischen, Rühren, Kneten.)

Eine gute Rührwirkung kann man statt durch große, langsam laufende Rührwerke auch durch kleine und schneller laufende Vorrichtungen erhalten. Diese Rührwerke arbeiten mit schrägen, meistens angenähert auf Schraubenflächen liegenden Schaufeln oder benutzen ähnlich wie die Schleuderpumpen (s. Kreiselpumpen) zur Bewegung der Flüssigkeit die Zentrifugalkraft. Rührvorrichtungen dieser Bauarten haben in den letzten Jahren in zunehmendem Maße Anwendung gefunden.

Die schnell umlaufenden Pumpenrührer zeigen rasche und gute Mischwirkungen besonders dann, wenn sie eine sich flach ausbreitende Strömung mit großer Berührungsfläche und mit großem Anteil der bewegten Flüssigkeit im Verhältnis zum ganzen Behälterinhalt erzeugen. Sie eignen sich besonders auch für große Behälter. Die Rührwirkung dieser Vorrichtungen hängt entsprechend wesentlich von der Förderleistung des als Pumpe arbeitenden Rührwerkzeugs ab. Sie kann so arbeiten, daß die Flüssigkeit von der Mitte des Bodens nach außen, von unten an den Wandungen nach oben und unter der Flüssigkeitsoberfläche vom Behälterrand nach innen zur Antriebswelle oder auch in umgekehrter Richtung strömt. Hat das Gefäß einen verhältnismäßig flachen Boden und soll das Niedersinken fester Stoffe, wie z. B. in Fällapparaten, vermieden werden, so hält man in der Regel die zuerst genannte Strömungsrichtung ein. Dabei muß die nach oben gerichtete Strömung in der Nähe der Gefäßwandungen mindestens etwa zwei- bis dreimal so groß sein wie die Sinkgeschwindigkeit der festen Stoffe.

Ein mit einer Schraube arbeitendes Rührwerk älterer Bauart ist auf Abb. 1805 dargestellt. Die Schraube ist, um den Umlauf in dem Gefäß zu regeln, in einem besonderen, feststehenden Zylinder untergebracht. Für

Sonderzwecke wird dieser Zylinder aus Gußeisen in der Frederking-Bauart (s. Frederking-Apparate) mit eingegossenen Rohren zur Heizung oder Kühlung hergestellt.

Ein Propellerrührwerk ist auf Abb. 1806 dargestellt. Die Schraubenflügel erzeugen einen kräftigen Umlauf, sowohl in der Drehrichtung der Welle, als auch in Ebenen, die durch die Wellenachse gehen. Je nach der Drehrichtung geht diese Bewegung z. B. in der Mitte des Gefäßes von oben nach unten, am Boden nach außen, an den Wänden hoch und in die Mitte des Gefäßes zurück oder umgekehrt. Solche Propellerrührer führt man meist mit elektrischem Einzelantrieb aus, wie Abb. 1807 mit einem Ausführungsbeispiel der Maco Maschinen Co., Erfurt, zeigt. Sie werden auch für ortsveränderliche Verwendung zum Anklemmen an die Behälterwand mit schwenkbarer Welle geliefert.

Schnellaufende Rührwerke müssen aus bestem Werkstoff hergestellt werden, da sonst der Verschleiß sehr groß wird. — Sie haben sich besonders auch bei der Durchführung genau zu beherrschender Reaktionen, z. B. von

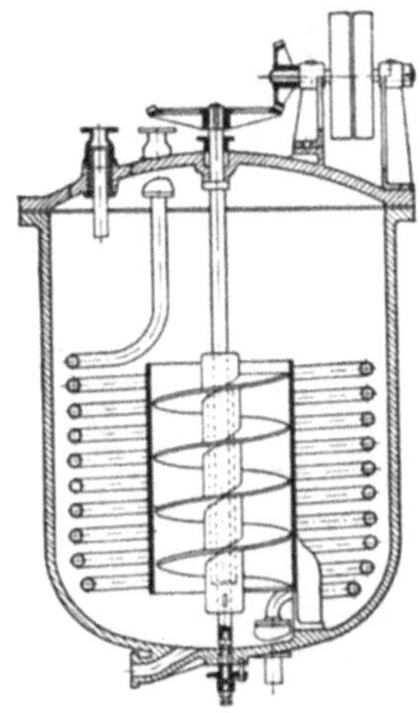

Abb. 1805. Schraubenrührer.

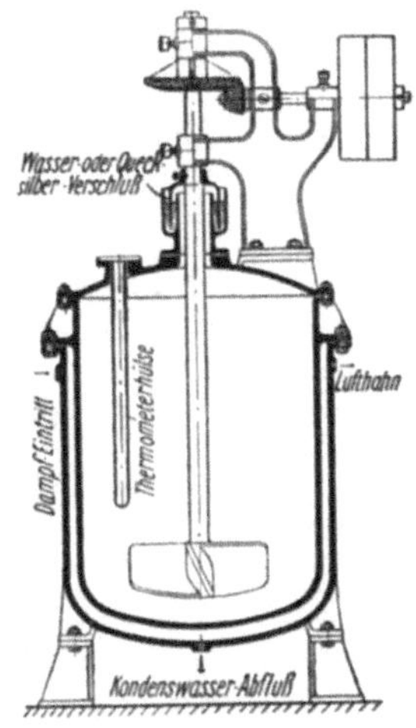

Abb. 1806. Propellerrührwerk.

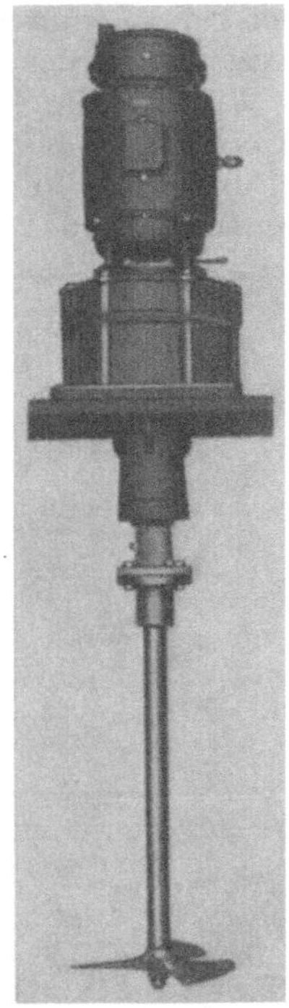

Abb. 1807. Propellerrührer (Maco).

Nitriervorgängen in stetiger Arbeitsweise, bewährt. Zur Kühlung dient dabei ein unmittelbar in das Rührgefäß eingebautes, senkrecht angeordnetes Röhrenbündel mit einem Umlaufrohr in der Mitte. Unterhalb dieses Rohres läuft das von oben angetriebene Rührwerkzeug um und fördert dabei die Nitrierflüssigkeit durch die Kühlrohre nach oben. Die zu nitrierende Flüssigkeit fließt stetig aus einer Meßvorrichtung in der Mitte ein.

Um große Flüssigkeitsmengen gut durchzumischen, kann nach Abb. 1808 ein mittleres Führungsrohr vorgesehen werden, durch das die Flüssigkeit durch einen Schraubenschaufler bewegt wird. Der auf Abb. 1809 dargestellte Schraubenrührer der M.A.N., Augsburg, dient zum Verdünnen von Melasse in stetigem Betrieb. Derartige Apparate zeichnen sich durch große Durchsatzleistungen aus und können in Behälter von beliebiger Form eingebaut werden. Die Wellen sind außerhalb der Behälter oder oberhalb der Flüssigkeit in gekapselten Rollenlagern gelagert. Sind die Behälter in der Höhe wesentlich größer als im Durchmesser, so ordnet man auf der Rührwelle zwei oder mehr Umrührschrauben an. Die Strömungsgeschwindigkeit schwankt je nach den vorliegenden Verhältnissen zwischen 1 und 4 m/sek. Ist eine Regelung der Drehzahl erforderlich, weil verschiedene Umrührleistungen gewünscht werden, so erhalten die Schrauben Drehschaufeln, die während des Betriebes durch ein außerhalb des Behälters angeordnetes Handrad verstellt werden.

Einen ähnlichen Pumpenrührer (Kühnle, Kopp & Kausch, Frankenthal) zeigt Abb. 1810. Eine Kreiselpumpe saugt mit einem langen Rohr aus dem untersten Teil des Gefäßes die Flüssigkeit an. Diese tritt mit hoher Geschwindigkeit aus dem

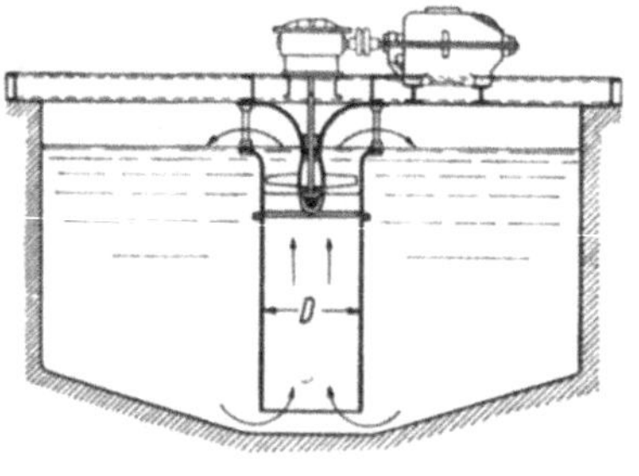

Durchmesser D	600 mm	800 mm	1100 mm
Sekundl. Durchflußmenge	0,5 m³	1 m³	2 m³

Abb. 1808. Schema eines M.A.N.-Schraubenschauflers, in einen Mischbottich eingebaut.

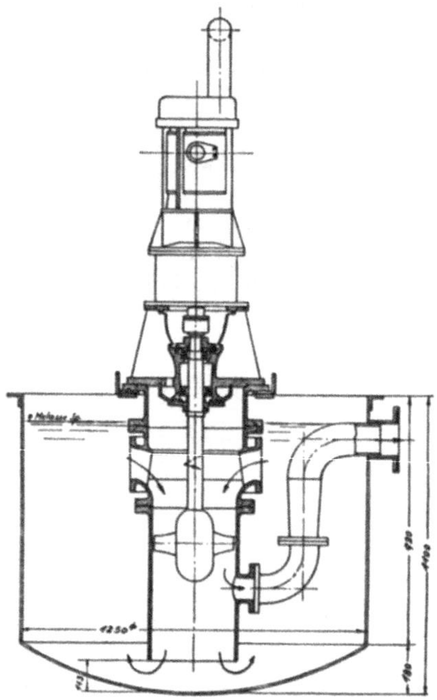

Abb. 1809. Schraubenrührer zum Verdünnen von Melasse (M.A.N).

Flügelrad aus, wird in dem Gehäuse, das dieses umschließt, durchmischt, wobei feste Stoffe zerrieben werden, und tritt dann mit hoher Geschwindigkeit in die umgebende Flüssigkeit.

In manchen Fällen, z. B. zum Durchmischen von zwei schwer löslichen Flüssigkeiten mit verschiedenem, spezifischem Gewicht, wie etwa Schwefelsäure und Leichtöl, werden Flügelräder nach Abb. 1811 verwendet. Das Rad hat zwei durch eine Wand getrennte Schaufelsätze, von denen der eine Flüssigkeit von oben, der andere durch ein Rohr von unten ansaugt. Durch die Wirbelbildung beim Austritt der Flüssigkeit aus dem Schaufelrad werden diese infolge der hohen Geschwindigkeit gut miteinander vermischt. Die Austrittsöffnungen werden in verschiedener Weise, z. B. auch so ausgebildet, daß sie rechtwinklig zueinander liegen, so daß die einzelnen Teilchen gegeneinanderstoßen und fein verteilt und vermischt werden.

Bisweilen ordnet man die Umwälzpumpe auch außerhalb des eigentlichen Mischgefäßes an und verbindet sie durch Rohre mit dem oberen und unteren Teil des Behälters. Diese Bauart kann zweckmäßig sein, wenn es darauf ankommt, während des Rührvorgangs gleichmäßig andere Stoffe, z. B. ein Gas oder eine Flüssigkeit, zuzuführen. Man leitet dann diese Zusätze in das Zulaufrohr der Pumpe ein.

Diese Anordnung empfiehlt sich auch dann, wenn es darauf ankommt, zwei gegenseitig unlösliche Flüssigkeiten in möglichst feiner Verteilung in enge Berührung zu bringen, und wenn die beiden Flüssigkeiten einen erheblichen Unterschied im spezifischen Gewicht aufweisen. Die Umwälzpumpe saugt die spezifisch schwere Flüssigkeit aus dem untersten Teil des Gefäßes

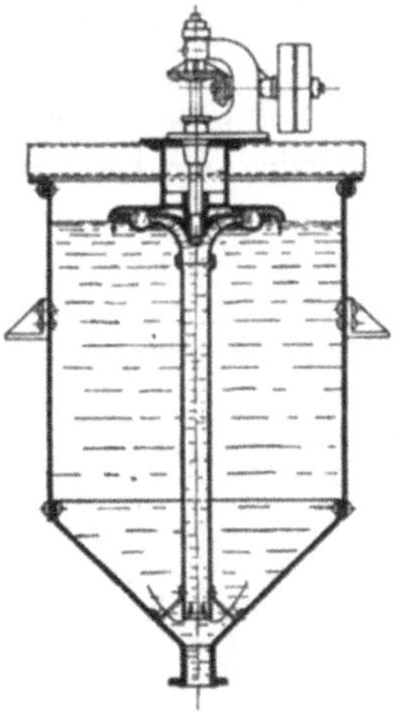

Abb. 1810. Pumpenrührer (Kühnle, Kopp & Kausch).

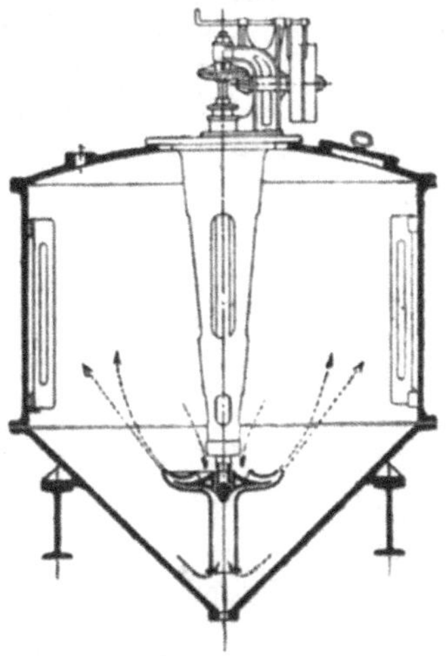

Abb. 1811. Kreiselrührer mit Flügelrad (Kühnle, Kopp & Kausch).

an und drückt sie nach oben in eine Verteil- oder Berieselungsvorrichtung (s. d.), die über dem Flüssigkeitsspiegel im Rührgefäß angeordnet ist, so daß die schwerere Flüssigkeit gleichmäßig verteilt durch die leichtere dringt.

Man kann die Mischung, wenn der Gehalt an festen Stoffen nur so groß ist, daß das Gut noch pumpfähig bleibt, mit einer Pumpe auch ohne Verwendung eines Gefäßes vornehmen, wobei die Mischung unmittelbar in dem Schaufelrad der Pumpe erfolgt (Rühr- oder Mischpumpen). Derartige Pumpen laufen mit Drehzahlen von 1000 bis 6000 U/min.

Ohne mechanisch bewegte Rührvorrichtungen kann in manchen Fällen durch Einblasen von Luft, Dampf oder Gasen eine genügende Rührwirkung erzielt werden. Die Luft wird entweder durch ein als Kolben- oder als Kreiselmaschine ausgeführtes Gebläse oder vielfach der Einfachheit wegen durch einen mit Dampf betriebenen Strahlverdichter (s. d.) auf den dabei erforderlichen höheren Druck gebracht. Sind in dem Rührgut flüchtige Stoffe enthalten, so ist die austretende Luft damit gesättigt. Zur Entfernung der mitgenommenen Dämpfe muß man die Luft, falls es notwendig ist, in eine Absorptionseinrichtung führen, falls man die Luft nicht wieder im Kreislauf zum Rühren zurückfördern kann.

Eine Vorrichtung, die durch Einblasen von Dampf eine Umlaufbewegung in einem Gefäß herbeiführt, zeigt Abb. 1812. Sie ist aus säurefestem Guß hergestellt und besteht aus einer Düse, aus welcher der Dampf mit hoher Geschwindigkeit austritt, wobei er Flüssigkeit durch das mit einer Verengung versehene Rohr durchtreibt.

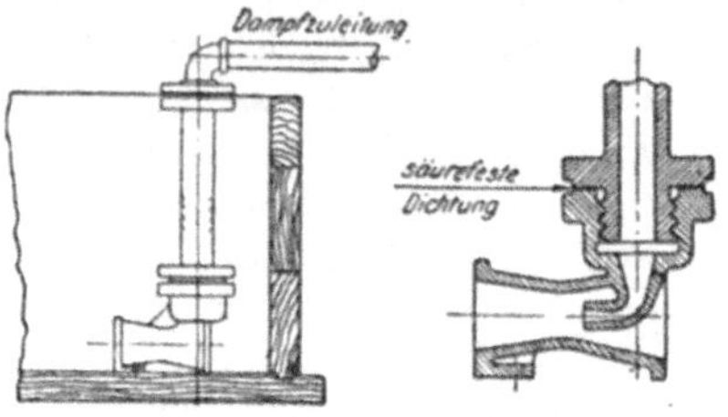

Abb. 1812. Dampfstrahlmischer aus Duriron.

Ein Rührgebläse (Düsenmischer) von Körting, Hannover, ist auf Abb. 1813 dargestellt (s. auch Düsen). Die Luft wird durch ein gelochtes Rohr, das am Boden des Gefäßes angeordnet ist, zugeführt (s. auch Einblasrohre). Wirkt der Sauerstoff der Luft auf das Gut ein, so wird nach Abb. 1814 das Gefäß geschlossen ausgeführt und die Luft für das Rührgebläse dem Gefäß entnommen. Eine gute Rührwirkung ist nur auf eine

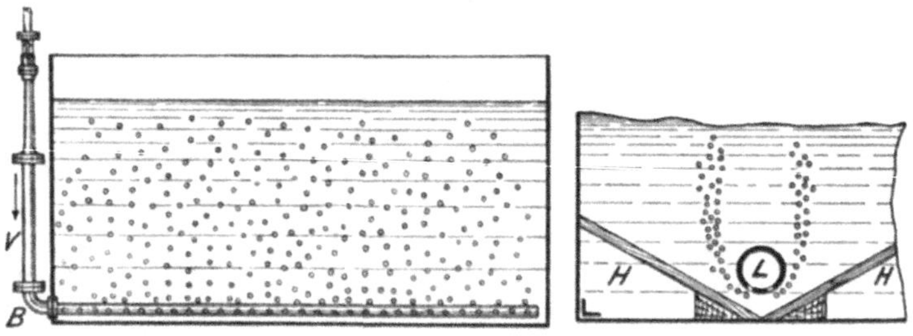

Abb. 1813. Rührgebläse (Körting).

Breite von 70—80 cm zu erzielen. Bei größeren Breiten werden daher mehrere, im Abstand von etwa 50 cm verlegte, parallele Verteilungsrohre ausgeführt.

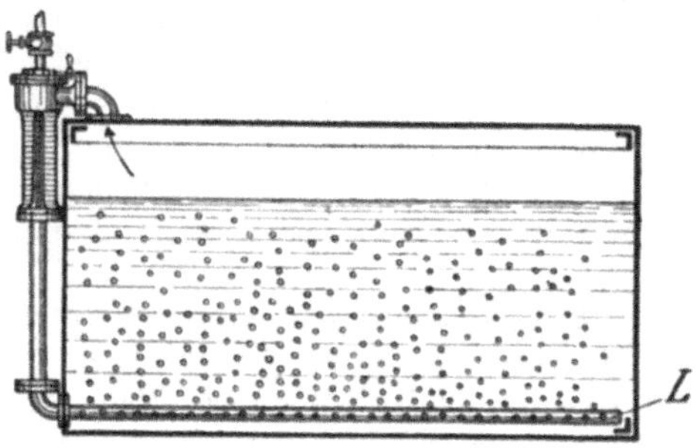

Abb. 1814. Rührgebläse mit Gasumlauf. L = Verteilungsrohr.

Bei der Ausführungsform nach Abb. 1815 ist auf dem Boden des Gefäßes in gleichmäßiger Verteilung ein Rohrsystem angeordnet. E ist der Dampfstrahlapparat, V die Dampfleitung, A die Luft- oder Gasleitung. Die Rührwirkung durch Gasblasen wird bei Reaktionen zwischen Flüssigkeiten und Gasen mit Vorteil verwendet, wobei das aus der Flüssigkeitsoberfläche austretende, nicht verbrauchte Gas meist im Kreislauf zurückgeführt wird. Bei dem diesen Zwecken dienenden Apparat auf Abb. 1816 ist ein sich drehendes Rührwerk zur Unterstützung der Mischwirkung eingebaut, da die Gasblasen in der Hauptsache eine Bewegung und Rührung in senkrechter Richtung erzeugen.

Das Rühren durch Einblasen von Luft kann auch so ausgeführt werden, daß eine Vorrichtung nach Art einer Mammutpumpe (s. d.) eine umlaufende Strömung wie bei den Pumpenrührern erzeugt. Derartige Mammutrührer werden beispielsweise zur Anlagerung von Wasserstoff bei der Fetthärtung angewendet. Der zum Härten und gleichzeitig zum Umrühren dienende Wasserstoff tritt durch einen Stutzen, von dem Gebläse kommend, ein und wird nach unten in den Fuß der Mammutpumpe geleitet. Das aus Öl und Wasserstoffblasen bestehende Gemisch steigt, da es leichter als die Flüssigkeit im Gefäß ist,

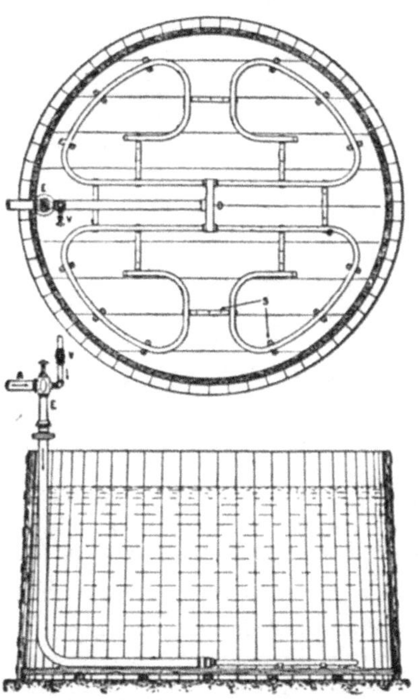

Abb. 1815. Gefäß mit Schlangen zum Einblasen von Gasen oder Dämpfen.

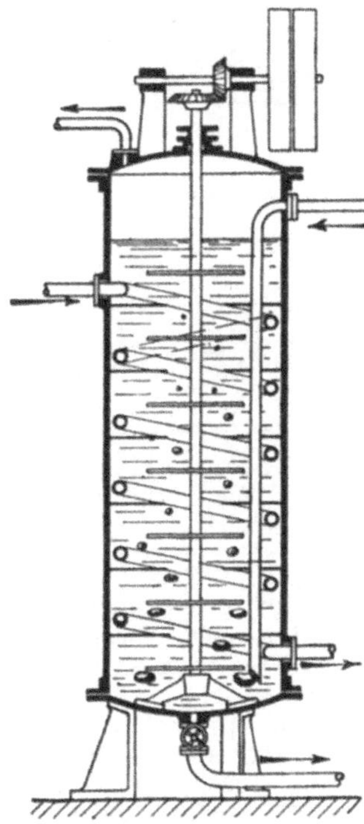

Abb. 1816. Reaktionsapparat.

im Förderrohr, das in der Mitte des Behälters angeordnet ist, hoch und wird oben durch eine Prallplatte getrennt. Ähnliche, mit Gas- oder Luftblasen arbeitende Förder- und Rührvorrichtungen werden auch dann verwendet, wenn ein Ansetzen fester Stoffe an der tiefsten Stelle des Behälters verhindert werden soll. (Siehe auch Mammutpumpen.)

Ein absatzweise arbeitendes Mammutrührwerk zum Mischen von Zementrohschlamm, Kalkmilch usw. zeigt Abb. 1817 (A. Borsig, Berlin-Tegel). Der Behälter ist hier ganz in Eisenbeton ausgeführt. Man erkennt die Luftzuleitung, die in das Ansauggehäuse am unteren Ende des Förderrohres mündet.

Die stetig arbeitende Rührvorrichtung nach Abb. 1818 wird zum Lösen von Salzen verwendet. Es sind hier drei Gefäße hintereinandergeschaltet. Durch

Mammutpumpen wird die Flüssigkeit aus dem Unterteil des einen Behälters in den nächsten gefördert.

Lit.: *Fischer-Nachtweh,* Mischen, Rühren, Kneten (2. Aufl., Leipzig 1923, Spamer). — *W. L. Badger, W. L. McCabe,* Elemente der Chemie-Ingenieur-Technik (Berlin 1932,

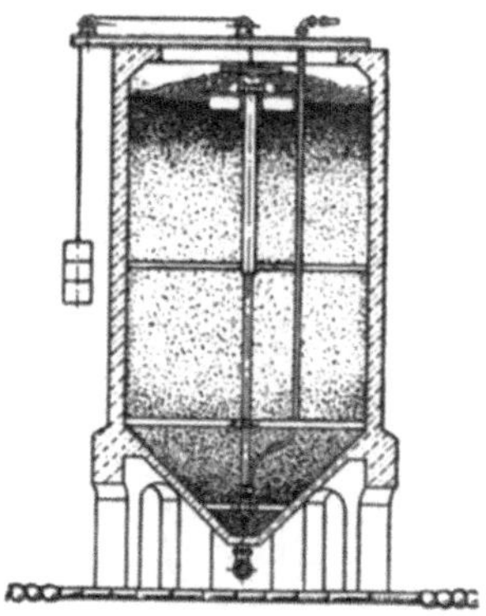

Abb. 1817. Absatzweise arbeitendes Mammutrührwerk (Borsig).

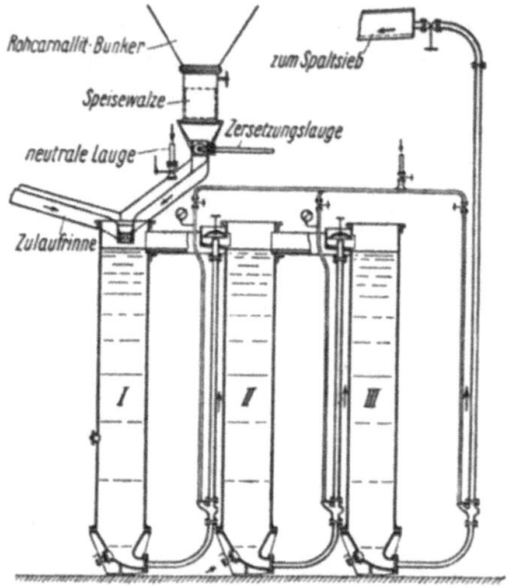

Abb. 1818. Ununterbrochen arbeitendes Mammut-Rührwerk (Borsig).

Julius Springer). — *E. Berl,* Chemische Ingenieurtechnik, Band III (Berlin 1935, Julius Springer). — *W. Büche,* Leistungsbedarf von Rührwerken (Z. VDI 1937, S. 1065). — *S. Schütz,* Über einige Apparaturen zur Herstellung von Maschinenfetten, Ölen usw. (Chem. Apparatur 1917, S. 76).

Thormann.

Lit. Chem. Apparatur: *S. Schütz,* Über Rührwerksformen und deren Wirkung (1917, S. 108, 122, 132). — *B. Block,* Fehler bei der Befestigung von Rührwerksarmen auf der Welle (1926, S. 16). — *E. Wurtz,* Verbesserungen und Ergänzungen der Rührwerks- oder Löseanlage in der Kunstseidenfabrik (1931, S. 25). — *G. Narten,* Spurlager-Schutzvorrichtung für senkrechte Wellen in Rührwerken und Autoklaven (1931, S. 148).

Rundbrecher, s. Kegelbrecher.

Rüssel. Die Übersteigrohre von Blasendestillierapparaten wurden bisweilen mit vergrößerten Oberflächen am Dampfeintritt und mit allmählich zum Kondensator hin sich verminderndem Querschnitt so ausgeführt, daß die Wärmeabgabe an die umgebende Luft in geringem Umfang eine Vorkondensation der Dämpfe herbeiführt. Dabei werden schwerflüchtige Bestandteile teilweise ausgeschieden und die leichtsiedenden Anteile im Dampf in beschränktem Umfang angereichert. Diese Bauart des Übersteigrohres, die als Luftkondensator wirkt, bezeichnet man auch als Rüssel. Im neueren Apparatebau macht man selten von derartigen Ausführungen Gebrauch. Man sieht vielmehr zur Anreicherung besondere Vorrichtungen, wie Kolonnen (s. Destillierapparate) oder Dephlegmatoren (s. d.), vor.

Th.

Rüttelvorrichtungen, s. Faßfüller, Verpackungsmaschinen.

S

Sackfüller (**Sackpackmaschinen, Sackwaagen**). Die Gestaltung und Ausführung von Sackpackmaschinen hängt wesentlich von den Eigenschaften und den Mengen der einzufüllenden Stoffe, von den Arbeitsgängen, die von der Maschine insgesamt verlangt werden, und von den gewählten Sackarten ab. Für hochwertige Güter verwendet man Säcke aus Textilien, besonders aus Jute, daneben für kleinere Rauminhalte Säcke aus Baumwolle und für besonders wertvolle Stoffe auch aus Leinen. Für geringwertigere Güter, insbesondere Zement, Kalk, Gips, künstliche Düngemittel usw., bevorzugt man Papiersäcke, die mit einer oder mit mehreren Lagen Natron-Zellstoffpapier hergestellt werden. Die aus mehreren, und zwar meist aus zwei bis drei, im Höchstfalle aus etwa sechs Schichten bestehenden Papiersäcke sind fester und, bezogen auf gleiche Papierstärke, insgesamt biegsamer als die nur aus einer Papierschicht bestehenden Säcke. Papiersäcke sind empfindlich gegen Feuchtigkeit und Dampf. Sie werden daher auch mit Zwischenschichten aus Asphalt oder Wachs, das auf einer oder auf mehreren Papierbahnen aufgetragen wird, beständiger gemacht. Ein Vorteil der Papiersäcke ist ihre leichte Bedruckbarkeit. Daneben haben sich auch Säcke eingeführt, die aus mit Geweben verbundenem Papier bestehen.

Zur Füllung sind die Säcke entweder an einer Seite offen oder allseitig geschlossen und nur an einer Ecke mit einem Füllventil aus Papier versehen (Ventilsäcke). Die offenen Säcke werden durch Zuziehen der offenen Seite und Zuschnüren mit Kordel oder Draht geschlossen, was den Nachteil hat, daß das Schließen länger dauert und der Sack größer sein muß als der aufzunehmende Rauminhalt. Sie werden dann von Hand mit einer gekrümmten Nadel oder mit einer Maschine zugenäht. Hierzu hat man selbsttätige Sacknähmaschinen entwickelt, welche die Möglichkeit geben, Füllmaschinen von verschiedener Bauart und Leistung im Betrieb einzusetzen. Gute Sacknähmaschinen schließen in der Stunde etwa 500 bis 600 Säcke. Solche Maschinen werden also in der Regel erst in Betracht kommen, wenn die aufgestellten Sackpackmaschinen die gleiche Leistung aufweisen. — Die Füllung der Ventilsäcke erfordert vollselbsttätige Maschinen. Nach Abziehen von der Packmaschine schließt sich das Ventil von selbst durch den Druck des Sackinhalts.

Säcke dürfen nicht voll gefüllt sein, da sie Stöße und Stürze schlecht vertragen, wenn der Inhalt keinen Spielraum zum Verschieben hat. Je größer das Gewicht ist, um so höher muß auch in der Regel der Spielraum sein. Zur Prüfung des Sackes und des Verschlusses dienen in Anpassung an die vorkommenden Beanspruchungen meist Fallproben mit dem gefüllten Sack aus 1 bis 3 m Höhe, die der Sack aushalten soll.

Beim Packen eines Sackes sind nacheinander mehrere Arbeitsgänge auszuführen. Das zu verpackende Gut muß zunächst einer Wiegevorrichtung zugeführt werden, wobei etwaige Stauungen im zulaufenden Gut, Brückenbildungen und Zusammenballungen durch geeignete Schüttel- oder durch Rührvorrichtungen zu verhindern sind. Läuft das Gut nicht gleichmäßig nach, so sieht man zum Vorschieben Schnecken, hin- und hergehende Speiser und ähnliche Vorrichtungen vor. Zur Zuteilung des Gutes aus dem Vorratsbehälter in den Füllrumpf der Sackpackmaschine verwendet man oft umlaufende Zellenräder. — In stetigem Strom muß dann das Gut in den Sack gefüllt und dieser gewogen werden. Dabei wiegt die Sackpackmaschine entweder genau in einem Arbeitsgang, oder sie hat lediglich die Aufgabe, das eingefüllte Gut vorzuwiegen, wobei das genaue Einwiegen später nachgeholt wird. — Offene Säcke müssen an einem besonderen Stoffauslauf entweder von Hand befestigt, z. B. mit einem Riemen angeschnallt, oder selbsttätig mit Greifereinrichtungen angedrückt werden, während Ventilsäcke lediglich auf ein Füllrohr aufgeschoben werden. Beim Einfüllen darf kein Staub entstehen. Stoffe, die sich nicht leicht von selbst setzen, müssen festgerüttelt werden, damit der Sackinhalt möglichst gut ausgenutzt wird. Zum Einschütten sind entweder eine oder mehrere Füllstellen vorhanden. Um hohe Leistungen zu erzielen, muß der Stoffstrom schnell und ununterbrochen in den Sack gelangen.

Bei der Füllung kommt es auf große Geschwindigkeit an, damit der Wiegevorgang schnell abläuft. Wenn der Sack mit dem gewünschten Gewicht richtig gefüllt ist, so muß der Gutstrom ruckartig unterbrochen und der Sack selbsttätig oder von Hand abgenommen werden. Dabei wird der Sack entweder durch eine besondere Vorrichtung durch Kippen auf eine Fördereinrichtung oder auf einen Tisch abgeworfen oder von Hand abgezogen, wobei der bedienende Arbeiter keine Hebearbeit zu leisten hat.

Je nach Bedarf werden die Sackpackmaschinen so ausgeführt, daß sie mehrere oder alle Arbeitsgänge ausführen, so daß man teilweise selbsttätige oder vollselbsttätige Maschinen unterscheiden kann.

Einfache Sackpackmaschinen führen nur das Einfüllen und Vorwiegen aus, während die Bedienungsleute das Befestigen des Sackes, das Nachwiegen, die Abnahme und das Schließen des Sackes von Hand erledigen müssen. Man bezeichnet diese einfachen Maschinen daher auch als Sackwaagen oder Absackwaagen. Sie arbeiten beim Absacken von körnigem, leichtlaufendem Gut bisweilen ohne besondere Zufuhreinrichtungen, wobei das Gut lediglich auf Grund seines Gewichts nachrutscht. Der Stoffstrom wird dabei durch Öffnen oder Schließen von Klappen geregelt.

Die Arbeit einer einfachen Sackwaage geht daher etwa in folgender Weise vor sich: Der zu füllende Sack wird an den Sacktrichter gehängt und festgeschnallt. Die nötigen Gewichte werden auf die Gewichtschale gestellt. Mit einem Handhebel wird die Einlaufklappe geöffnet, und man beobachtet die Annäherung an die Gleichgewichtslage, was durch Anzeigevorrichtungen erleichtert wird. Läuft zuviel Gut in den Sack, so muß es von Hand entfernt werden, wozu an dem Einlauf eine Öffnung vorgesehen ist. Durch Wechseln der Gewichtstücke auf der Waage lassen sich dabei die Sackfüllungen beliebig verändern.

Gute Absackwaagen dieser Art arbeiten mit Regelvorrichtungen so genau, daß ein Nachwiegen nicht mehr erforderlich ist. Sie werden meist für Gewichte bis etwa 100 kg gebaut und ergeben Stundenleistungen von 150 bis 200 Sack. Gegenüber der Dezimalwaage kann die Genauigkeit dieser Absackvorrichtungen dadurch gesteigert werden, daß die Waagebalken gleicharmig ausgeführt werden. — Die Verbindung zwischen dem feststehenden Fülltrichter und dem nach oben und unten schwingenden Waageneinlauf übernimmt meist ein Balgen aus Leder oder aus starkem Gewebe.

Um die Zeit für das Anschnallen des Sackes zu sparen, wird bisweilen der Sack lediglich an den Auslauf von einem Arbeiter gehalten, der gleichzeitig eine Auslösevorrichtung für die Entleerung bedient. Füllmaschinen dieser Art werden auch mit zwei Auslaufstutzen ausgeführt, wobei das Umstellen der Klappe bei einzelnen Bauarten selbsttätig durch den gefüllten Sack vorgenommen wird. Solche einfachen Vorrichtungen arbeiten oft nicht ganz staubfrei.

Eine fahrbare Doppelsackwaage (Amme, Giesecke & Konegen A.-G., Braunschweig) zur Bedienung mehrerer Entnahmestellen zeigt Abb. 1819. Die Waage *a* ist auf einem Fahrgestell *b* befestigt, das auf Schienen läuft, die darüber liegenden Silobehälter in seiner ganzen Länge bestreicht und das Gut aus jeder beliebigen Zelle aufnehmen kann. Eine vom Motor *f* betriebene, in einem Gußgehäuse laufende Förderstrecke *c* teilt das Gut zu. Den beim Absacken entstehenden Staub saugen die Absaugrohre *d* in einen Kanal *e* ab. Gute Doppelabsackvorrichtungen dieser Art leisten etwa 400—500 Sack in der Stunde.

Die vollselbsttätigen Maschinen führen alle Arbeitsgänge aus mit Ausnahme des Aufschiebens der leeren Ventilsäcke auf die Füllrohre. Solche vollselbsttätige Maschinen eignen sich jedoch nicht immer für alle Stoffe. Sie arbeiten in der Regel so, daß ein ständig schnell umlaufendes Flügelrad (Druckturbine) das Gut in das als Sackhalter dienende Füllrohr wirft, wenn der Verschluß in der Leitung zu diesem Rohr offen ist. Die Wiegeeinrichtung umfaßt das Füllrohr und den Rahmen oder Stuhl, auf dem der Sack steht. Bei einzelnen Bauarten hängt der zu füllende Sack lediglich auf dem Füllrohr. Wenn der Sack nahezu das richtige Gewicht erreicht hat, bewegt er sich daher langsam mit dem Füllrohr zusammen nach unten. Die sog. Hauptfüllung ist nun beendet und die Feinfüllung beginnt. Dabei wird der Stoffstrom zunächst durch Drosselung des Füllquerschnitts verlangsamt. Sobald das richtige Gewicht erreicht ist, fällt der Rahmen nach unten und schließt den Stoffstrom ganz, worauf der Sack, z. B. durch Aufheben einer Sperre, abgeworfen wird. Mit einer vollselbsttätigen Maschine mit drei Füllrohren kann ein Arbeiter mit Bandabwurf 700 bis 900 Säcke von 50 kg Gewicht in der Stunde füllen, wobei ein Kraftbedarf von 5 PS erforderlich ist. Sackpackmaschinen mit vier Füllrohren leisten etwa 1200 Säcke in der Stunde.

Das erwähnte schnellaufende Schaufelrad erzeugt infolge der Reibung Wärme und wirkt auf das Gut mahlend. Einzelne feinkörnige Stoffe nehmen dabei außerdem viel Luft auf und bringen diese Luft mit in den Sack, die erst allmählich daraus entweichen muß. Für Stoffe, die diese Behandlung nicht vertragen, führt man daher auch Schaufelräder aus, die nur während der Füllung laufen, wobei sie mit einer abbremsbaren Kupplung an die Antriebswelle geschaltet werden.

Für empfindliche Stoffe, wie Zucker, Salze, Samen usw., hat man zahlreiche andere Bauarten entwickelt. Hierzu gehören z. B. die Riemenpacker. In diesen Maschinen gelangt das Gut von oben auf ein Rad mit einer Rille, gegen die im unteren Teil ein endloser, von Rollen umgelenkter Riemen gedrückt wird, der bei der Drehung des Rades das von oben zugeführte Gut nach unten in waagerechter Richtung schnell in das Füllrohr schiebt. Andere Konstruktionen arbeiten mit Füllschnecken oder ähnlichen vorschiebenden Elementen.

Eine vollselbsttätige Maschine zur Füllung von Ventilsäcken ist auf Abb. 1820 dargestellt. Diese nach ihrem Erfinder als *Bates*-Füllmaschine bezeichnete

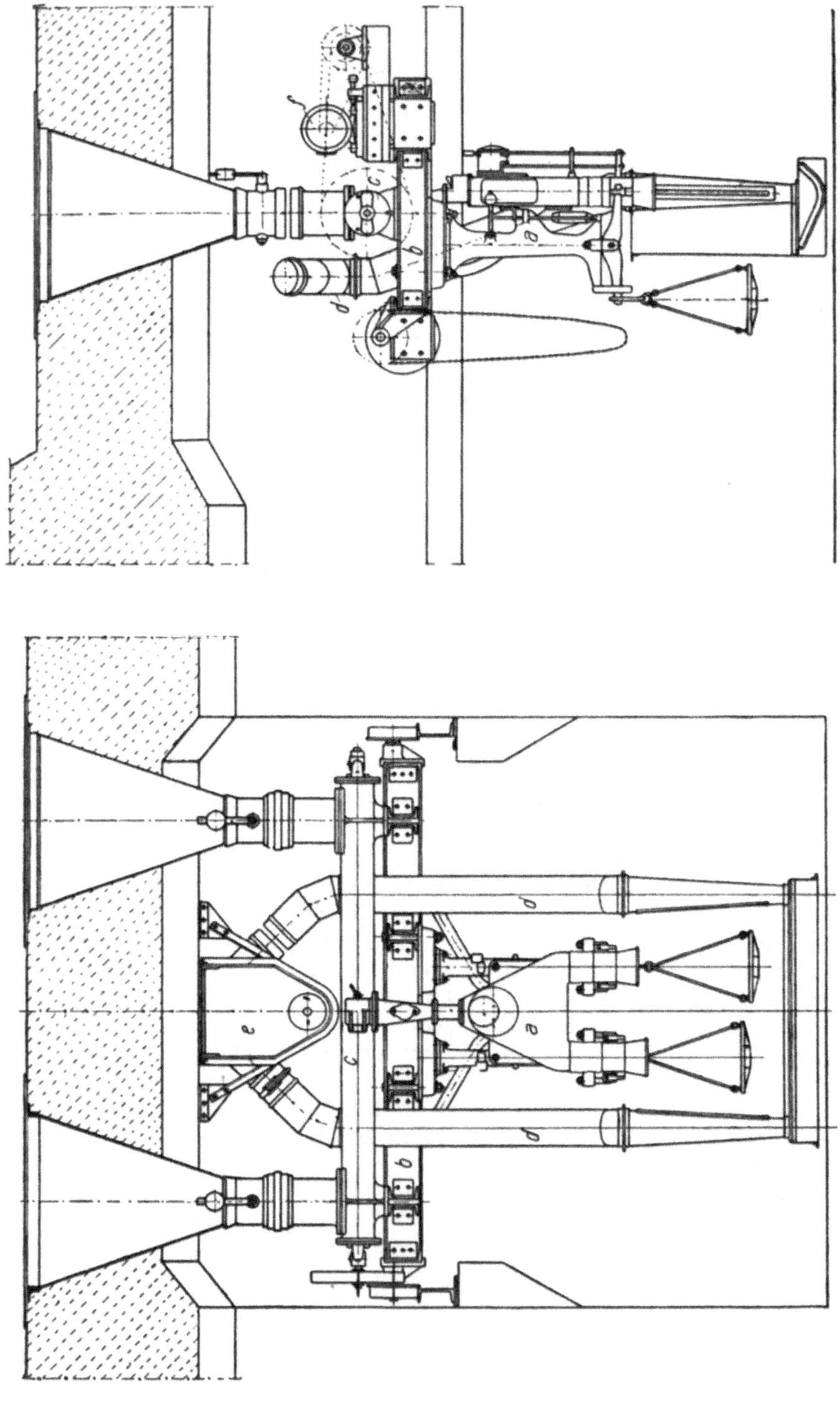

Abb. 1819. Fahrbare Doppelsackwaage (Amme, Giesecke & Konegen). (Nach C. *Naske*, Zerkleinerungsvorrichtungen und Mahlanlagen [4. Aufl., Leipzig 1926, Spamer].)

Einrichtung besteht aus zwei nebeneinander angeordneten Füllapparaten, die mit den zugehörigen, in der Höhe verstellbaren Sackstühlen zwei Waagen bilden. Die Ventilsäcke werden nacheinander von einem Arbeiter auf die Füllrohre geschoben, worauf das schnell umlaufende, vor dem Füllrohr be-

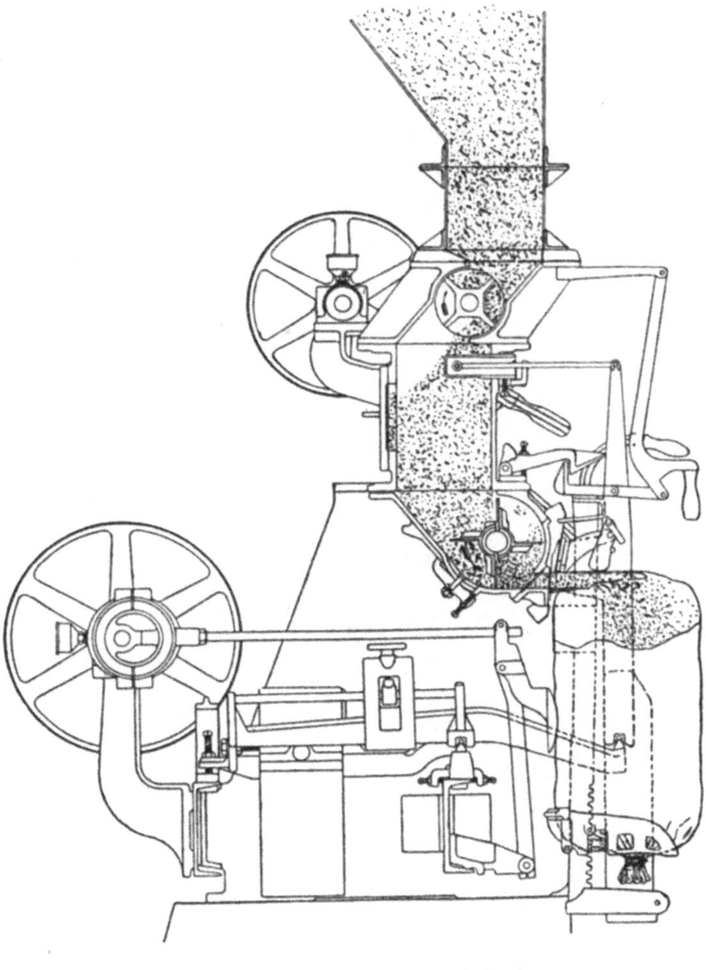

Abb. 1820. Selbsttätige Füllmaschine für Ventilsäcke nach *Bates*. (Nach *C. Naske*, Zerkleinerungsvorrichtungen.)

findliche Flügelrad das Gut zuführt. Das Gut gelangt aus dem über der Maschine angeordneten Vorratsbunker über ein Zellenrad, das als Schleuse wirkt, in einen kleinen, über dem Flügelrad liegenden Füllrumpf. Sobald das richtige Gewicht erreicht ist, wird der Zufluß zunächst langsam abgedrosselt und dann bei der richtigen Füllung ganz gesperrt, worauf der Sack durch eine Hebelbewegung mit Hilfe eines Exzenterantriebs auf eine Rutsche gekippt wird. Dabei schließt sich das Ventil in der Sackecke. Während der Zeit, in welcher der Sack gefüllt wird, hat der Arbeiter den nächsten Sack auf das zweite Füllrohr aufgeschoben.

Eine Sackpackmaschine für größte Leistungen (Flux-Packer der Maschinenfabrik F. L. Smith & Co., Lübeck), die bis zu 1600 Säcke mit einem Arbeiter bewältigt, ist auf Abb. 1821 dargestellt. Während die einfachen Maschinen mit

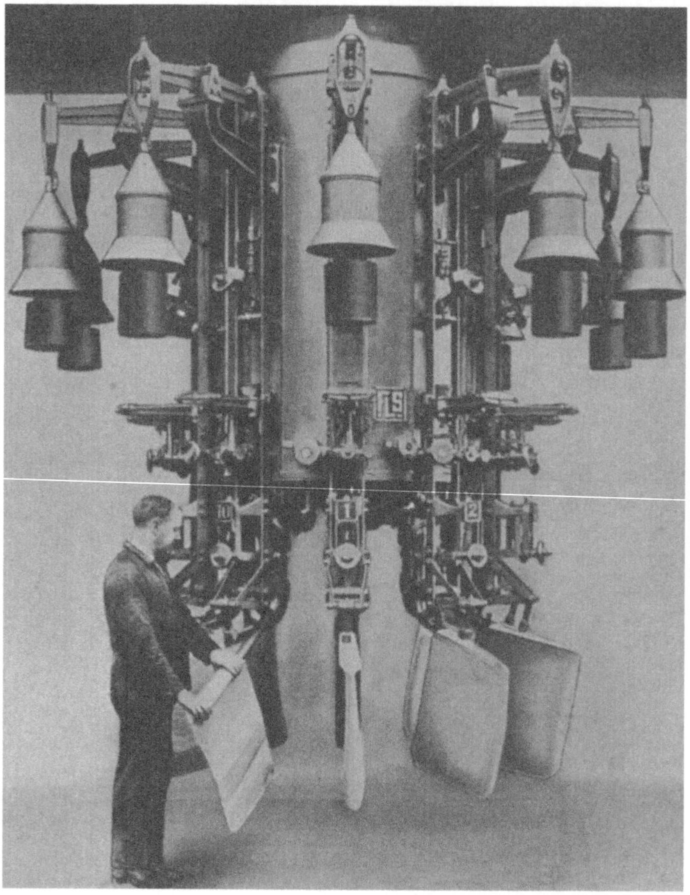

Abb. 1821. Selbsttätige Sackpackmaschine für Ventilsäcke mit kreisenden Füllrohren (Flux-Packer, Smith).

zwei bis vier in einer Reihe nebeneinander angeordneten Füllstellen arbeiten, sind hier zahlreiche Füllrohre radial auf einem Kreise angeordnet. Die ganze Maschine dreht sich um eine senkrechte Achse. Dadurch wird erreicht, daß die Zeit für das Füllen jedes Sackes vergrößert werden kann, so daß das Gut nicht mit übermäßig hoher Geschwindigkeit in den Sack tritt und weniger Luft hereinkommt. Das pulverförmige Gut wird in dem obenliegenden Behälter des Packapparates mit besonderen Einrichtungen (Düsen) mit Hilfe eines kleinen Preßluftzusatzes in einen flüssigkeitsähnlichen Zustand gebracht, so daß es leicht in die Säcke einfließt. Der zylindrische Behälter dreht sich mit den Füllrohren um seine Achse an dem Bedienungsmann vorbei, der die leeren Säcke auf die einzelnen Füllrohre aufschiebt. Die Säcke werden erst dann abgeworfen, wenn die Füllung und Abwiegung vollzogen ist. Die Gewichte hängen oben an langen Hebeln über den Fülleinrichtungen. Säcke, die aus irgendwelchen Gründen nicht das volle Gewicht erhalten haben, werden nicht abgelegt. Maschinen dieser Art haben sich besonders in der Zementindustrie bewährt.

Der Vorteil der Sackpackmaschinen besteht darin, daß man der Notwendigkeit entbunden ist, zur Deckung eines plötzlich auftretenden, gesteigerten Bedarfs eine größere Zahl von fertig gepackten Säcken vorrätig zu halten, da die Sackpackmaschinen infolge ihrer hohen Leistung jederzeit die Füllung großer Sackmengen in kurzer Frist gestatten. Legt man fertig gepackte Säcke als Vorrat auf den Speicher, so ergeben sich zusätzliche Kosten für den zweimaligen Transport zum Speicher und zur Verladung, während bei Anwendung von Sackpackmaschinen das Gut aus den Vorratssilos (s. Silos) unmittelbar über die Packmaschinen zur Verladung gelangt, wobei gleichzeitig die Sackspeicher entbehrlich werden. Die Sackpackmaschinen haben weiter den Vorteil, daß keine Verluste an dem zu packenden Gut durch Verstreuen eintreten, und daß sie mit Zählwerken ausgestattet werden können, so daß eine ständige Überprüfung der abgesackten Mengen möglich ist.

Gute, neuzeitliche Sackpackmaschinen arbeiten nahezu völlig staubfrei, so daß besondere Staubabsaugungseinrichtungen meist entbehrlich sind. Bei älteren Bauarten hat sich oft die Notwendigkeit ergeben, nachträglich Absaugungsanlagen anzubringen, um die bedienenden Arbeiter vor den schädlichen Wirkungen des Staubes zu schützen.

Da der Sack an den Einlaufstellen der Sackpackmaschinen frei hängt und daher mitgewogen wird, entstehen Bruttowiegungen. Dadurch, daß man das durchschnittliche Sackgewicht auf die Gewichtschale oder den Gewichthebel legt, erhält man Nettowiegungen. Thormann.

Saftfänger, s. Abscheider.

Salzabscheider *(s. auch Verdampfer).* In Verdampfapparaten zum Eindampfen von Lösungen sammeln sich die abgeschiedenen Krystalle im Unterteil des Verdampfkörpers an, wenn sie eine ausreichende Größe erreicht haben und daher von der Strömung der umlaufenden Lösung nicht mehr mitgeführt werden. Sie müssen dann stetig oder von Zeit zu Zeit aus dem Verdampfkörper entfernt werden. Zur Sammlung der Salzkrystalle erhält der Verdampfkörper unterhalb der Heizvorrichtung in der Regel ein kegeliges Unterteil, an das der Salzabscheider angeschlossen ist.

Die einfachen Salzabscheider sind in der Regel mit einem Filterboden als Nutschen ausgebildet, um die mit den Salzkrystallen mitgelaufene Lösung ablassen und um gegebenenfalls auch die Krystalle nachwaschen zu können. Die Mutterlauge wird in der Regel durch Luft oder Dampf in den Verdampfer zurückgedrückt. Die Salzabscheidevorrichtung ist mit einem Ventil von großem Durchgang unmittelbar mit dem Unterteil des Verdampfers verbunden. Ist der Salzabscheider gefüllt, so wird das Ventil geschlossen. Zur Entleerung der Salze erhält der Abscheider meist eine seitliche Klappe im Mantel, die mit einem Deckel abgeschlossen ist. In diesem Fall müssen die Salze von Hand mit einer Schaufel hinausgeschoben werden. Bei anderen Ausführungen ist der untere Boden des Salzabscheiders nach unten aufklappbar eingerichtet, so daß der Salzinhalt mit einemmal in eine heruntergefahrene Fördereinrichtung abgeworfen werden kann. Besteht die Möglichkeit, daß die Salze die Rohrleitung zum Abscheider verstopfen, so muß an geeigneter Stelle ein Wasseranschluß zum Lösen vorgesehen werden. Ein Salzabscheider dieser Bauart ist auf Abb. 1822 dargestellt. — Sind die sich ausscheidenden Salzmengen sehr groß, so können sie auch ständig durch ein offenes Fallrohr mit einem Becherwerk herausgehoben werden. An den unteren Boden des Verdampfkörpers schließt sich das Fallrohr an, das die Salze dem Becherwerk zuführt. Hierzu muß der Verdampfkörper so hoch aufgestellt werden, daß die Flüssigkeitssäule im Körper dem Außendruck entspricht. Das Becherwerk ist in einem Gehäuse angeordnet, das so hoch sein muß, daß die Lösung oben nicht überlaufen kann, wenn die Luftleere

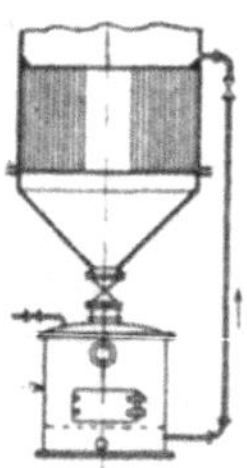

Abb. 1822.
Absatzweise arbeitender Salzabscheider.

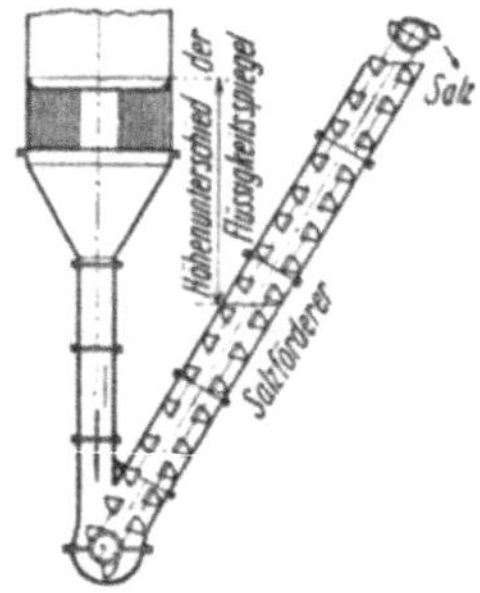

Abb. 1823.
Stetig arbeitender Salzabscheider.

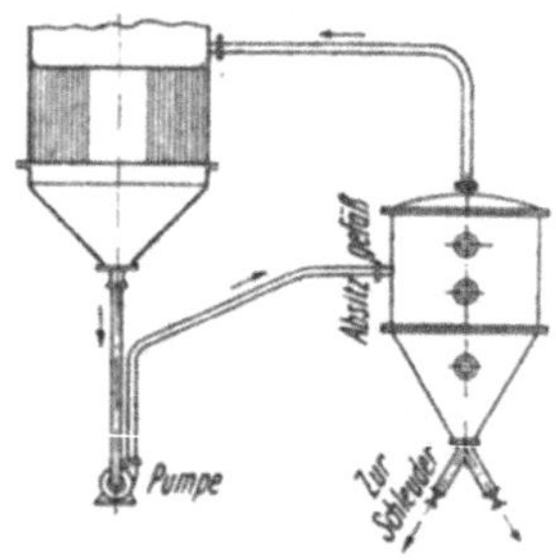

Abb. 1824.
Salzabscheider mit Umlauf der Lösung.

aufgehoben wird. Der Höhenunterschied zwischen dem Flüssigkeitsspiegel im Verdampfer und dem Spiegel im Gehäuse für das Becherwerk entspricht der Luftleere. Die einzelnen Schaufeln des Becherwerks müssen aus gelochten Blechen oder Drahtkörben bestehen, damit die Mutterlauge noch im Gehäuse des Salzabscheiders ablaufen und nicht mit den Salzen bei der Umkehr am oberen Ende des Becherwerkes zum Abwurf gelangen kann. Da die Temperatur in dem Salzabscheider in der Regel geringer sein wird als im Verdampfkörper, besteht die Möglichkeit, daß sich die Schaufeln mit einer Salzschicht bedecken. Die Anordnung eignet sich daher nur für die Salze, deren Löslichkeit sich mit der Temperatur wenig ändert. Eine derartige stetig arbeitende Salzabscheidevorrichtung ist auf Abb. 1823 dargestellt. — Eine dritte Möglichkeit besteht darin, daß man außerhalb des Verdampfkörpers ein besonderes Abscheidegefäß anordnet, in das man ständig mit einer Pumpe aus dem Unterteil des Verdampfkörpers Lösung pumpt (Abb. 1824). Die Salze lagern sich in dem Abscheidegefäß ab. Die Lösung fließt in den Verdampfkörper oberhalb des Heizkörpers zurück. Aus dem Abscheidegefäß gelangt das Salz dann in die Schleudern. Diese Anordnung eignet sich besonders für große Leistungen. Die Abkühlung der Lösung ist daher geringer.

Th.

Sammelbehälter, s. Gasbehälter, Behälter.

Sandbäder benutzte man früher bisweilen, um örtliche Überhitzungen in Gefäßen, die mit Feuergasen beheizt werden, zu vermeiden und um eine gleichmäßige Beheizung des Gefäßes zu sichern. Sandbäder sind in der chemischen Technik heute nicht mehr üblich. Soweit eine gleichmäßige Erhitzung mit Feuerbeheizung erzielt werden soll, verwendet man Bäder mit einer hochsiedenden Flüssigkeit, z. B. Glycerin, Ölen verschiedener Art usw., die eine gleichmäßige Wärmeübertragung auf alle Teile der Gefäßwandung sicherstellen. Für die Aufnahme der wärmeübertragenden Flüssigkeit verwendet man bisweilen auch Doppelböden (s. d.). Th.

Sandsteine, s. Bausteine.

Sättiger *(s. auch Absorptionsapparate, Druckabsorptionsapparate)* sind Reaktionsapparate, in denen Gase auf Flüssigkeiten, z. B. zur Gewinnung von Krystallen oder zum Ausfällen von Stoffen (Fällapparate), einwirken. Die Aufnahme des eingeleiteten Gases durch die Flüssigkeit erfolgt um so leichter, je reiner das Gas ist. Ist das Gas mit einem anderen, an der Reaktion unbeteiligten Gas, z. B. Luft, vermischt, so ist die Reaktionsgeschwindigkeit von dem wirklich vorhandenen Teildruck des Gases, der kleiner als der meßbare Gesamtdruck ist, abhängig.

Je größer die Konzentration des von der Flüssigkeit im Sättiger aufzunehmenden Gases ist, um so kleiner kann die Apparatur insgesamt gestaltet werden. Fallen die im Sättiger zu verarbeitenden Dämpfe oder Gase in einem Gemisch mit inerten Gasen an, die sich an der Reaktion im Sättiger nicht beteiligen und daher ohne Änderung ihres Volumens durch den Sättiger hindurchgehen, so kann man den im Sättiger zu verarbeitenden Stoff vorher aus diesen inerten Gasen in Absorptionsapparaten (s. d.) auswaschen, darauf in Destillierapparaten austreiben und dann in den Sättiger leiten (mittelbares Verfahren). Der größeren Wirtschaftlichkeit wegen leitet man jedoch meist das anfallende Gemisch in dem vorliegenden Zustande in den Sättiger (unmittelbares Verfahren).

Bei dem Bau und dem Betrieb der Sättiger kommt es meist auf folgende Bedingungen an:

1. Die sich bildenden Krystalle sollen eine bestimmte Größe und Form haben. Sie müssen also Gelegenheit zu einem ausreichenden Wachstum haben. Es ist daher ein guter Umlauf der bindenden Flüssigkeit anzustreben.
2. Die Krystalle sind selbsttätig und oft auch laufend aus dem Sättiger zu fördern.
3. Es dürfen sich keine Krusten ansetzen. Hierzu ist eine ausreichende Bewegung des Sättigerinhalts erforderlich.
4. Das Wärmegleichgewicht muß so eingestellt sein, daß ein laufender Betrieb möglich ist.

Je nachdem, ob das Sättigungsgefäß offen oder mit einem Deckel abgeschlossen ist, unterscheidet man offene und geschlossene Sättiger. Zum Durchmischen des Bades benutzt man entweder lediglich die freie Strömung, die beim Einleiten der Gase oder Dämpfe in den Sättiger und durch die sich dabei bildenden Temperatur- und Konzentrationsunterschiede entstehen, oder man sieht besondere mechanische Rührvorrichtungen vor oder bläst Luft zum Zwecke des Rührens ein.

Eine Bewegung des Flüssigkeitsinhaltes der Sättiger ist zweckmäßig, um das Entstehen von Zonen zu vermeiden, die feste Stoffe an den Wandungen ablagern lassen. Aus dem gleichen Grunde darf das Sättigungsgefäß nicht größer sein, als es mit Rücksicht auf den Durchtritt und die Verteilung der Gase unbedingt notwendig ist. Die Strömung muß so sein, daß kleine Krystalle, die in den unteren Teil des Sättigers gelangen, möglichst wieder nach oben gehoben werden, um in den oberen Zonen noch Gelegenheit zum Wachsen zu haben, während die großen Krystalle nach unten zum Austrag zu ausfallen. Um diese Strömung zu erzeugen, hat man an den tiefsten Stellen des Sättigergefäßes auch kleine Propellerrührer (s. Rührvorrichtungen) angeordnet, die in der Gefäßmitte eine nach aufwärts gehende Flüssigkeitsbewegung erzeugen.

Um die Gase möglichst gut in der Flüssigkeit zu verteilen, sind zahlreiche Bauarten für die Einleitungseinrichtungen der Gase in den Sättiger entwickelt worden. Meist bestehen sie darin, daß die Einleitungsrohre (s. auch Einblasrohre) in unten offene Glocken oder Kästen münden, die an den unteren Kanten zahlreiche Ausschnitte zum Durchtritt der Gasblasen in die Flüssigkeit aufweisen. Bisweilen hat man Verteilrohre mit Schlitzen in der Flüssigkeitsfüllung vorgesehen, die eine gleichmäßige Beaufschagung des ganzen Gefäßquerschnittes zulassen. Bei anderen Bauarten befindet sich unmittelbar an der Behälterwand ein Kanalraum, aus dem die Gase durch Schlitze nach der Mitte zu in die Flüssigkeit treten.

Bei der Neutralisation mit Säuren handelt es sich meist um exotherme Reaktionen, wobei die entstehende Wärme ausreicht, überschüssiges Wasser zu verdampfen. Gehen mit den in den Sättiger zur Reaktion eintretenden Dämpfen gleichzeitig große Mengen an inerten, kalten Gasen mit, wie es bei den unmittelbaren Verfahren der Fall ist, so besteht die Möglichkeit, daß der Sättiger zu viel Wasser aufnimmt, der Flüssigkeitsinhalt ansteigt und kein Salz ausfällt. Unter diesen Bedingungen muß Wärme zugeführt werden. Da Röhrenapparate oder Heizschlangen in der Flüssigkeitsfüllung eines Sättigers schnell verkrusten, kann man die eintretenden Gase mit einem besonderen Gaserhitzer (s. Lufterhitzer) vorwärmen. Eine andere Möglichkeit besteht darin, daß man einen Teil des Flüssigkeitsinhaltes mit einer Pumpe durch einen dampfbeheizten Wärmeaustauscher führt, der außerhalb des Sättigers angeordnet ist.

Bei der Bindung von Ammoniak an Schwefelsäure in Sättigern zur Herstellung von Ammonsulfat arbeitet man mit stark verdünnter Säure mit nur 5—7 Proz. Säuregehalt, da das Sulfat erfahrungsgemäß um so gröber und besser wird, je dünner die Säure ist. Damit ist jedoch die Gefahr verbunden, daß das Sulfat mit Ammoniak übersättigt wird, wobei es zur Krustenbildung kommt.

Kleine Sättiger für den Betrieb mit Schwefelsäure, wie sie z. B. in Gasanstalten für die Herstellung von Ammonsulfat verwendet werden, hat man vielfach aus Holz hergestellt, das mit Bleiblech ausgeschlagen wird. Größere Sättiger baut man nur aus Stahlblech, das zum Schutz gegen Korrosionen verbleit oder mit säurefesten Platten ausgekleidet ist. Die Fugen werden dabei mit einem Mörtel gedichtet, der vorwiegend aus kieselsäurereichem Sand und aus Wasserglas besteht. Daneben haben sich für die Abdichtungen von Platten für die Auskleidung von Sättigern bitumenhaltige Massen sehr bewährt.

Die Apparate zur Herstellung von Ammoniumsulfat oder Mischdüngesalzen durch Einleiten von Ammoniak in Schwefelsäure oder in ein Gemisch von Schwefel- und Salpetersäure werden entweder aus Stahlblech mit Bleiauskleidung mit runder Zarge und trichterförmigem Bodenstück oder aus Holz, das mit Blei ausgeschlagen ist, in kasten- oder kofferförmiger Bauart hergestellt. Sättiger für Ammoniumsulfat werden bis zu einer Leistung von 25000—30000 kg Salz täglich gebaut. Einen Ammoniumsulfatapparat mittlerer Leistung aus Stahlblech mit Bleiverkleidung und zwei Gaseintritten zeigt Abb. 1825 (Bamag-Meguin A.-G., Berlin). Durch die freiwerdende Reaktionswärme verdampft ein Teil des Wassers. Das sich im Trichter unten ansammelnde Salz wird durch eine mit Druckluft arbeitende Injektorpumpe herausgefördert. Um die sich ausscheidenden Krystalle grobkörnig zu erhalten, versucht man, sie möglichst lange in der Schwebe zu erhalten, indem man einen guten Umlauf im Apparat erstrebt. Bisweilen verwendet man auch besondere Umlaufpumpen, welche die gesättigte Lösung immer wieder in die Nähe des Säureeintritts zurückführen.

Um die letzten Gasreste, die im Sättiger nicht gebunden worden sind, zu entfernen, werden besondere Tauchglocken, die mit frischer Säure beschickt werden, verwendet. Eine derartige inrichtung, die bei der Ammoniumsulfatherstellung benutzt wird, zeigt Abb. 1826. Das mit Ammoniak beladene Gas tritt durch das Rohr *c* in die Säure unter der Glocke *G* ein, die in das Schwefelsäurebad des Kastens taucht. Die aus dem gezackten Rand des Rohres *c* durch das Bad strömenden Gase treten dann durch eine Öffnung in einem Zwischenboden der Glocke *G* in die obere Glocke *e*, die in das mit frischer Säure beschickte Gefäß *s* taucht. Die unkondensierbaren Gase führt die Leitung *d* ab. Derartige Apparate bezeichnet man auch als Zimpellglocken.

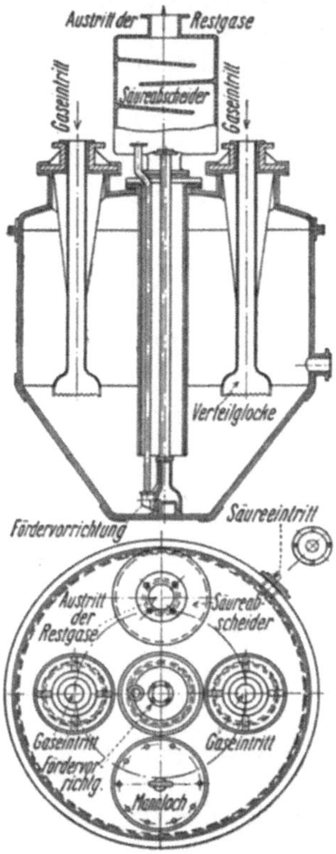

Abb. 1825. Ammonsulfatapparat (Bamag-Meguin).

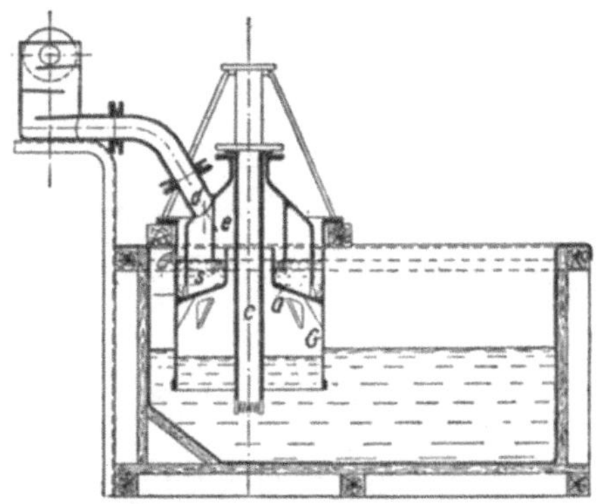

Abb. 1826. Sättigerglocke (Bamag-Meguin).

Einen Apparat zur Sättigung von Natronlauge mit Blausäuregas zeigt

Abb. 1827. Das aus Stahlblech hergestellte Sättigergefäß *a*—*c* ist mit einem Kühlmantel *b* versehen. Oben ist der Apparat durch den Deckel *e* gasdicht verschlossen. Das blausäurehaltige Gas wird durch die Leitung *f* über einen selbstdichtenden Hahn durch das Tauchrohr *g* zugeführt. Gleichzeitig wird in dieses Rohr durch die Leitung *h* die Natronlauge zugeführt. Das Gas verbindet sich schon teilweise mit der Natronlauge in dem Tauch- bzw. Verteilungsrohr *i*. Für gleichmäßige Durchmischung der Lauge sorgt das Rührwerk *k*, das durch die Welle *l* angetrieben wird. Die unkondensierbaren Gase entweichen durch die Leitung *m*. Die fertige Natriumcyanidlösung wird durch die Leitung *n* abgelassen. Durch die Leitung *o* wird das Kühlwasser zugeführt, das bei *p* überläuft. Um den von den Wänden *a* und *b* gebildeten Kühlraum reinigen zu

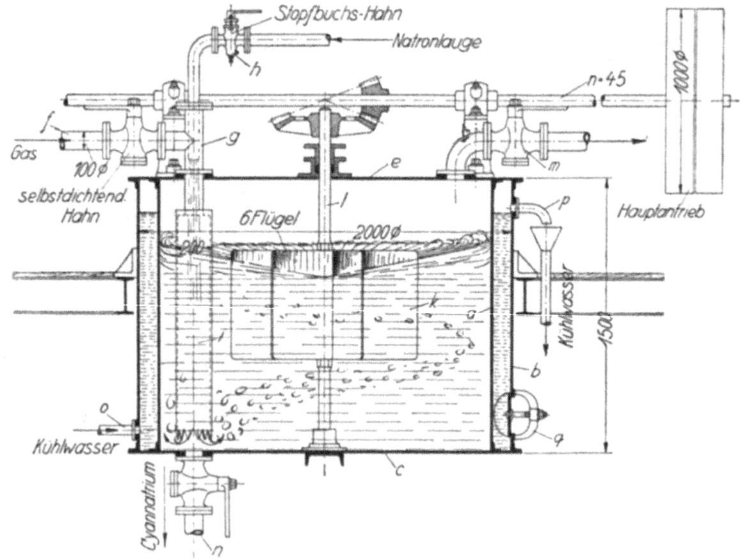

Abb. 1827. Sättiger für Blausäuregas in Natronlauge.

können, ist im Mantel eine durch einen Deckel verschlossene Öffnung *q* vorgesehen. (Chem. Apparatur 1925, S. 190.)

Zu den Sättigern gehören auch die S a t u r a t i o n s a p p a r a t e der Zuckerindustrie, in denen der Kalk aus dem geschiedenen Saft durch Kalkofengase ausgefällt wird. Diese Sättiger sind hohe Gefäße, die entweder ständig oder in bestimmten Zeitabständen mit dem Saft beschickt werden. Eine absatzweise arbeitende Saturationseinrichtung der Maschinenfabrik Sangerhausen zeigt Abb. 1828. Es sind drei Kästen *A* mit rechteckigem Querschnitt vorgesehen. Die Kohlensäuregase treten durch die unter der Bedienungsbühne befindliche Rohrleitung durch das Absperrventil *G* in die Gasverteilungsvorrichtung. Diese besteht aus sternförmig angeordneten Kästen, die unten offen sind und zackige Ränder haben. Gelochte Rohre sind hier nicht brauchbar, weil sich diese durch Steinansatz bald zusetzen würden. Die Verteilungsvorrichtung ist dicht über dem Boden des Gefäßes angebracht, damit die Gasblasen die ganze Flüssigkeitsschicht durchdringen und die Kohlensäure gut ausgenutzt wird.

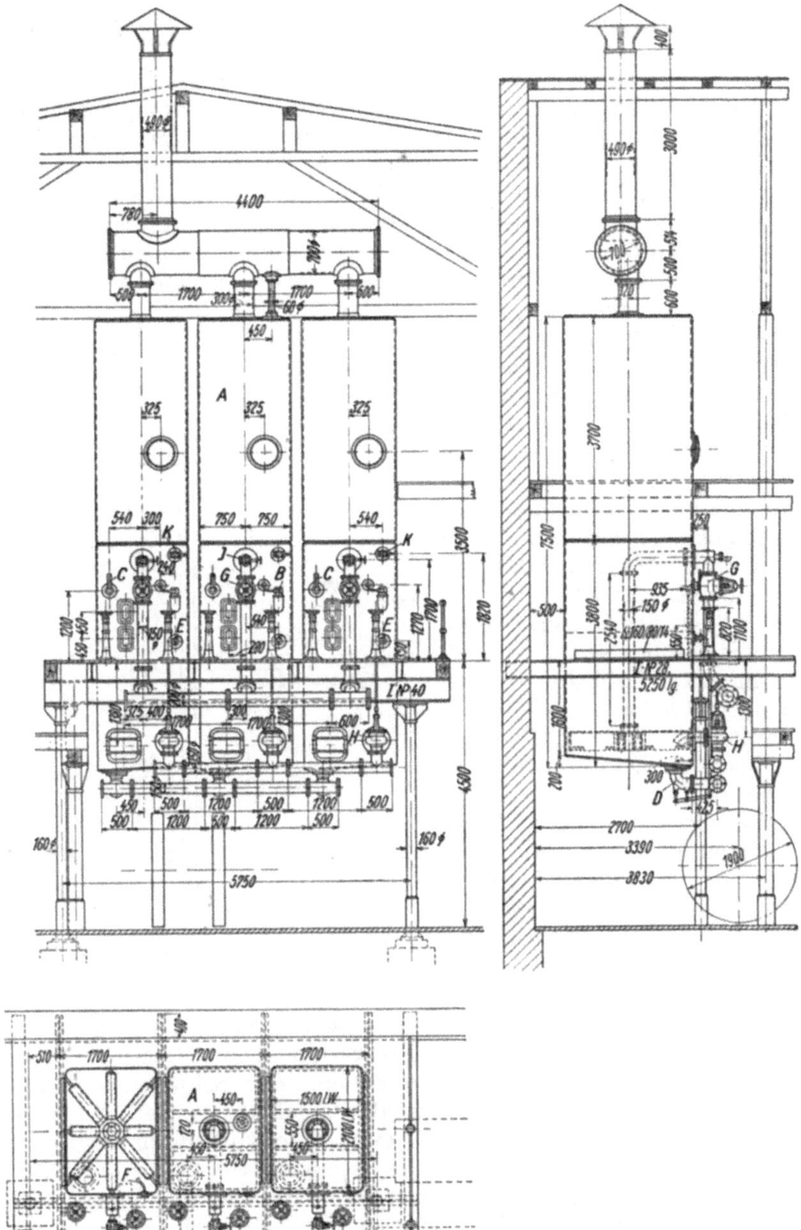

Abb. 1828. Saturationseinrichtung (Maschinenfabrik Sangerhausen).

Der aus der Scheidung kommende Saft wird durch das Ventil *H* eingelassen. Ist der Saft fertig saturiert, was durch Probenahme an dem Hahn *E* festgestellt werden kann, so wird er durch das an der tiefsten Stelle angeordnete

Bodenventil *D* abgelassen. Die Temperatur kann durch das Winkelthermometer *C* beobachtet werden. Durch das Ventil *J* kann Dampf zur Nachwärmung des Saftes eingeblasen werden. Das Schäumen des Zuckersaftes macht einen hohen Steigraum notwendig. Zur Schaumzerstörung ist ferner noch eine Blasvorrichtung *F*, die durch das Ventil *K* betätigt wird, vorgesehen. Außerdem befindet sich über den drei Apparaten ein Saftfänger, der aus einem zylindrischen Behälter besteht, in den die Restgase exzentrisch eingeleitet werden. Bisweilen wird auch noch Fett zur Verminderung der Schaumbildung mit Hilfe einer besonderen Vorrichtung *B* eingeführt. Man kann diese Apparate auch für ununterbrochenes Arbeiten einrichten, indem man den Saft ständig zu- und ableitet. Selbstverständlich muß dann die Anordnung der Zu- und Ableitung der Säfte anders angeordnet sein wie in Abb. 1828, wo eine für absatzweises Arbeiten eingerichtete Apparatur dargestellt ist.

Eine Sonderbauart für ununterbrochen arbeitende Saturation nach *F. Blanke* zeigt Abb. 1829. Der Saft tritt aus der Scheidepfanne in ein Gefäß *A* über, das in Verbindung mit dem Steigrohr *B* steht. Am Fuß des Steigrohres tritt die Kohlensäure ein und hebt den Saft in den Überlauftopf *C*. Der Saft fällt dann durch das Rohr *D* in das Gefäß *E*, während die erschöpften Saturationsgase durch das Gefäß *F* und das Brüdenrohr *G* in das Freie entweichen. Aus dem Kasten *E* fließt der fertig saturierte Saft der Schlammsaftpumpe zu. Wenn der Saftzufluß stockt, dann sinkt der Saftstand in *A*, und der hier angebrachte Schwimmer schließt das Schnellschlußventil *a*, so daß die Kohlensäurezufuhr unterbrochen und die Saturation abgestellt wird. Sobald aus der Scheidepfanne wieder Saft zufließt und der Schwimmer steigt, wird das Kohlensäureventil selbsttätig wieder geöffnet, so daß die Saturation wieder in Gang kommt. Steigt der Saft in *E*, so wird durch den hier befindlichen Schwimmer das Saftzulaufventil *b* geschlossen. Falls der Saft von *E* wieder abgenommen wird, sinkt der Schwimmer, und der Zulauf in *A* wird wieder selbsttätig geöffnet. Die Saturationsanlage wird somit je nach Saftmangel oder Saftzufluß selbsttätig außer Betrieb und wieder in Betrieb gesetzt. Im Überlauftopf *C* wird durch eine Elektrode dauernd die Alkalität des Saftes gemessen; sie kann an Zeigerapparaten, die an beliebiger Stelle und in beliebiger Zahl anzubringen sind, abgelesen werden. Die Zeigerapparate können auch mit Schreibvorrichtung ausgerüstet werden, so daß die Alkalität dauernd aufgezeichnet und nachträglich kontrollierbar wird. Durch Strom-

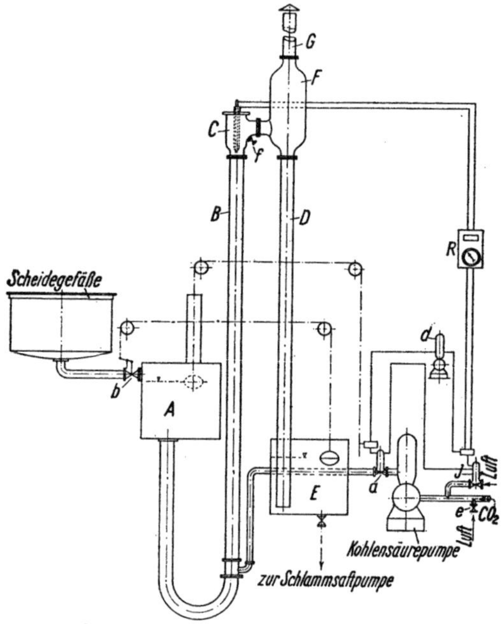

Abb. 1829. Stetige Saturation nach *Blanke* (Maschinenfabrik Sangerhausen).

impulse wird außerdem das Reglerventil *J* beeinflußt, das je nach Bedarf mehr oder weniger Luft in die Saugleitung der Kohlensäurepumpe einläßt, wodurch die der Saturation zugeführte Kohlensäuremenge verändert wird. Der Grad der Alkalität des fertig saturierten Saftes wird hierdurch derart beeinflußt, daß dauernd eine gleiche Endalkalität gehalten wird. Diese Alkalität ist nach Belieben einstellbar. Die Betätigung der Ventile *a* und *J* erfolgt durch Öldruck, der durch die kleine Ölpumpe *d* erzeugt wird. Ein gewöhnliches Ventil *e*, das die Kohlensäuresaugleitung mit der Atmosphäre verbindet, dient zur groben Einstellung der Luftzufuhr für die Kohlensäurepumpe, sofern diese mit gleicher Drehzahl läuft. Im Überlauftopf *C* ist ein Probehahn *f* angebracht. Man entnimmt dort Saftproben, falls man ohne elektrischen Alkalitätsanzeiger und ohne elektrische Kohlensäureregelung arbeiten will. Die bei *f* entnommenen Proben werden titriert; hiernach wird die Luftzufuhr zur Kohlensäurepumpe am Ventil *e* geregelt. Man wird dann zweckmäßig das Ventil *e* so legen, daß man es vom Probenehmerhahn *f* aus leicht erreichen kann. Bei dieser Saturationseinrichtung muß die Kohlensäurepumpe imstande sein, einen Überdruck von 0,9—1 at zu erzeugen.

Zum Sättigen einer Flüssigkeit mit einem Gas werden auch Schleuderpumpen verwendet. Das Gas wird mit Überdruck in den Saugstutzen der Pumpe eingeleitet, so daß es im Kreiselrad der Pumpe in feinster Verteilung mit der Flüssigkeit in Berührung kommt. Bisweilen führt man die Gase, die mit der Flüssigkeit in Reaktion treten sollen, in einen besonderen Mischraum, der durch entsprechende Querschnittsgestaltung Wirbelungen und eine starke Rührwirkung herbeiführt und in die Saugleitung der Kreiselpumpe eingeschaltet ist. Die gesättigte Lösung fließt dann aus dem Druckstutzen der Pumpe durch eine Rohrleitung in ein Sammelgefäß, das als Rührwerk ausgebildet werden kann. Sofern die einmalige Sättigung nicht genügt, kann die Lösung im Kreislauf von der Pumpe nochmals angesaugt werden. Damit die Gase möglichst vollständig gebunden werden und nicht einzelne Gasblasen aus diesem Gefäß nach außen gelangen können, stellt man eine derartige Mischpumpe mehrere Meter unterhalb des genannten Rührgefäßes auf. Derartige Einrichtungen dienen beispielsweise zum Sättigen von Flüssigkeiten mit Chlor oder Phosgen bei der Herstellung organischer Zwischenerzeugnisse.

In einzelnen Fällen lassen sich die zur Gaswaschung oder Absorption benutzten Einrichtungen als Sättiger verwenden (s. auch Schleuderwascher, Skrubber, Gas- und Luftreiniger, Absorptionsapparate). Die in Absorptionskältemaschinen benutzten Absorber werden oft auch als Sättiger bezeichnet (s. Kältemaschinen).

Lit.: Absorptionssättiger (Chem. Apparatur 1928, S. 235). — *A. Thau*, Sättiger zur Herstellung von Ammoniumsulfat, in Nebengewinnung betrieben (Z. VDI 1937, Beiheft Verfahrenstechnik, S. 105).

Thormann.

Sauerstoffgeräte, s. Atemschutzgeräte.

Saugpumpen, s. Luftpumpen, Pumpen.

Säulen, Säulenapparate, s. Absorptionsapparate, Destillierapparate, Kolonnenapparate, Rektifizierapparate.

Säurefester Guß, s. Ferrosilicium.

Säuretürme, s. Granittürme, Absorptionsapparate, Keramische Werkstoffe (Abschn. 4).

Saxoniabronze, s. Zinklegierungen.

Schaugläser, s. Laternen, Schaulöcher.

Schachttrockner, bisweilen Bezeichnung für Rieseltrockner (s.d.).

Schalen, s. Abdampfschalen, Krystallisierapparate.

Schamotte, s. Keramische Werkstoffe.

Schaulöcher (Schaufenster, Schaugläser). Zur Verfolgung bestimmter Vorgänge in geschlossenen Apparaten wird oft ein Einblick während des Betriebes gewünscht. Hierzu dienen Schaulöcher mit einer Verglasung, die in entsprechenden Öffnungen des Mantels, meist mit Hilfe eines angeschraubten Rahmens, angeordnet ist. Die runde Form der Schaugläser findet sich am häufigsten. Ein Einblick ist jedoch nur möglich, wenn der einzusehende Raum ausreichend beleuchtet ist. Man bringt daher entweder besondere elektrische Leuchten an, welche die zu beobachtende Oberfläche belichten, oder man sieht ein zweites Schauloch in der Nähe des Beobachtungsglases vor, das ausreichend Licht auf die zu beobachtende Fläche fallen läßt. Die Lichtquelle muß so liegen, daß das beobachtende Auge nicht geblendet wird. Ist z. B. eine Flüssigkeitsoberfläche zu beobachten, so kann man zwei oder mehrere Schaulöcher übereinander anordnen. In kleineren Verdampfapparaten hat sich die Anordnung eines Lichtglases in dem oberen Boden des Körpers bewährt. Auch zwei Schaulöcher, die gegenüber auf einem Durchmesser des Mantels liegen, geben einen guten Einblick. Die Verglasung des Schaulochs muß möglichst aus Glas bestehen, das gegen Temperaturunterschiede beständig ist. In Apparaturen, die mit leicht entzündlichen Dämpfen gefüllt sind, wie es z. B. in den Kapselungen von Lösemittelrückgewinnungsanlagen (s. d.) der Fall ist, bringt man aus Sicherheitsgründen die elektrischen Leuchten meist außen an und läßt das Licht durch besondere Fenster einfallen.

Da die Schaulöcher im Betrieb leicht verschmutzen, hat man Reinigungsvorrichtungen geschaffen, z. B. in Form eines von außen zu betätigenden Wischers, der eine Stopfbüchse erforderlich macht, oder in Gestalt einer kleinen Spüleinrichtung, mit der man die Innenfläche des Schauglases von Zeit zu Zeit abspülen kann.

Kommt lediglich die Beobachtung eines Flüssigkeitsstandes in Betracht, so verwendet man statt eines Schauloches meist einen Flüssigkeitsstandanzeiger (s. d.). Zur Beobachtung einer Strömung in einer Leitung dienen die sog. Durchflußprüfer (s. d.) oder auch Vorrichtungen, die man meist als Laternen (s. d.) bezeichnet.

Ein elektrisch beleuchtetes Schauglas (System *Wollenberg*) ist auf Abb. 1830 dargestellt (Chem. Apparatur 1931, S. 113). Es besteht aus einer runden Fassung, die an die Behälterwand angeschraubt wird und eine kleine Öffnung zum Durchblicken enthält. An der Innenseite befinden sich zwei elektrische

Leuchtröhren, die einen starken Lichtkegel in den Gefäßraum werfen, ohne daß das Auge geblendet wird. Zwischen der Gefäßwand und der Fassung liegt eine starke Glasscheibe, die beiderseits mit Dichtungsringen abgedichtet ist. Die Leuchtröhren können ohne Betriebsunterbrechung ausgewechselt werden.

In Apparaturen, die mit Überdruck arbeiten, kann ein Bruch des Schauglases die Außerbetriebsetzung der ganzen Anlage erforderlich machen. Eine Bauart, die eine Auswechselung des Glases im Betrieb ermöglicht, zeigt Abb. 1831 (Weigelwerk, Neisse-Neuland) (Chem. Apparatur 1927, S. 65). Im Gehäuse des Schauloches ist eine Ventilklappe angebracht, die an einer von außen mit einem Hebel von Hand betätigten Spindel sitzt. Während des Betriebes liegt die Klappe in der durch gestrichelte Linien angedeuteten Stellung. Bei einem Bruch des Schauglases wird die Klappe von Hand in die Öffnung geschwenkt, so daß sie der Innendruck gegen eine Dichtungsfläche preßt. Das vor der Klappe liegende Glas kann dann nach Abschrauben des Halteringes ausgewechselt werden.

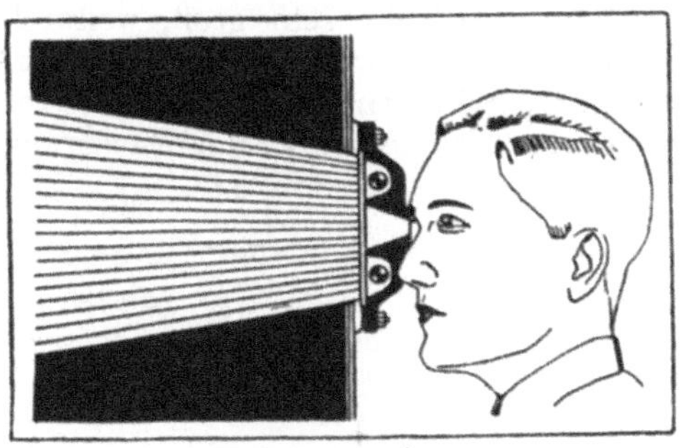

Abb. 1830.
Elektrisch beleuchtetes Schauglas
(System *Wollenberg*).

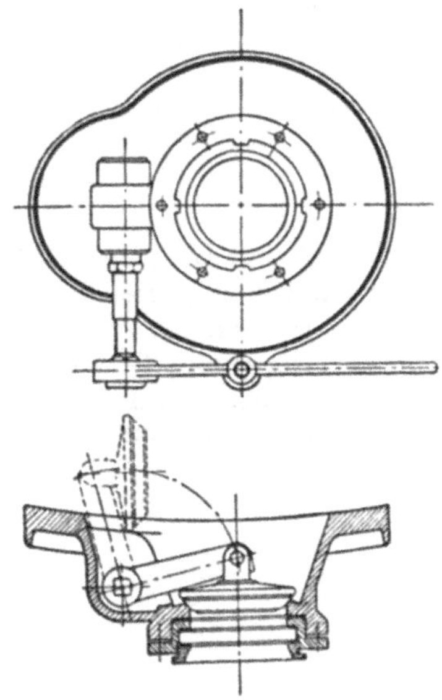

Abb. 1831. Schauglas mit Schutzklappe für Druckverdampfer
(Weigelwerk).

An Einrichtungen, die mit geringen Überdrücken und nicht mit heißen Dämpfen arbeiten, z. B. an Trocknern, Staubfiltern, Staubkammern, kann man große Flächen aus durchsichtigem Werkstoff, z. B. aus Glas, Cellon und ähnlichen Kunststoffen, herstellen, so daß jederzeit ein Einblick möglich ist. Th.

Schaumabscheider, s. Abscheider, Verdampfer.

Schaumlöscher, s. Feuerlöscher.

Scheibenverdampfer sind Apparate zur Verdampfung von Flüssigkeiten, die aus einer Anzahl sich drehender, in einem Gehäuse eingeschlossener Scheiben bestehen. Letztere tauchen etwa zu einem Drittel in die zu verdampfende Flüssigkeit und werden dadurch mit dieser benetzt. An den Scheiben wird Rauchgas oder ein warmer Luftstrom vorbeigeführt, die das Wasser verdampften. Die Wirkungsweise der Scheibenverdampfer ist daher die gleiche wie die der Lufttrockner (s. Trockner).

Ein Scheibenapparat zur Eindampfung von Salzlösungen mit unmittelbarer Beheizung durch Feuergase ist auf Abb. 1832 dargestellt (Balcke, Bochum). Die

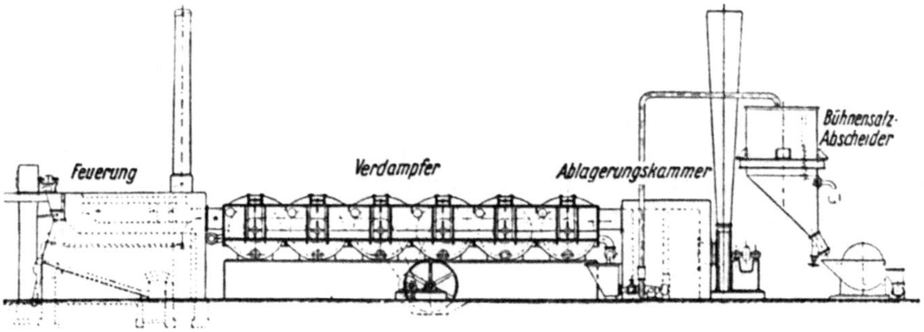

Abb. 1832. Scheibenverdampfer (Balcke).

Scheiben sind auf sechs Wellen angeordnet, die durch außen angeordnete Riemenscheiben angetrieben werden. Durch die dauernde Bewegung der Scheiben ist die tatsächlich zur Verfügung stehende Heizfläche sehr groß, wodurch gleichzeitig eine gute Ausnutzung der Wärme erreicht wird. Die mit Flüssigkeit und meist auch mit Krusten bedeckten Scheiben halten den von der Gasströmung mitgeführten Staub zum größten Teil fest. Bei der Einengung

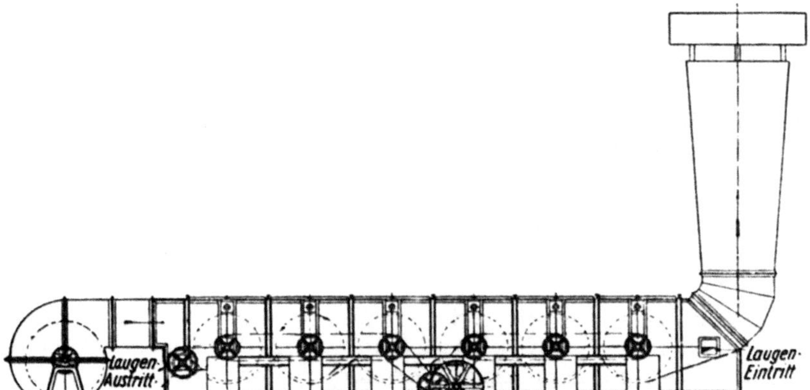

Abb. 1833. Scheibenkühler (Balcke).

der Ablaugen in der Natronzellstoffindustrie ist dies ein Vorteil, da die aus der Verbrennung der Laugen herrührenden Heizgase oft Teile der wiederzugewinnenden Salze mitführen. Bei der Verdampfung anderer Lösungen durch Feuergase wirkt sich dieser Umstand als Nachteil aus, da die Lösung durch Flugasche und Ruß verunreinigt wird.

Die Verdampfung einer Flüssigkeit braucht nicht nur den Zweck der Einengung zu haben, sondern kann auch der Abkühlung (durch teilweise Verdampfung) dienen. Hierzu gehören die **Scheibenkühler** (Abb. 1833), die sich von den Scheibenverdampfern dadurch unterscheiden, daß sie mit kalter Luft betrieben werden. Der dargestellte Apparat, für eine Leistung von 30—40 m^3/std Lauge entworfen, arbeitet ebenfalls mit sechs Scheibenwellen. Die Luft wird mit Hilfe eines großen Ventilators durch die Zwischenräume zwischen den Scheiben gedrückt. Die Lauge fließt im Gegenstrom zur Kühlluft. Die Scheiben sind außen mit Transportschaufeln versehen, welche die sich ausscheidenden Salze im Gehäuse bis zur Austragstelle weiterbefördern. Th.

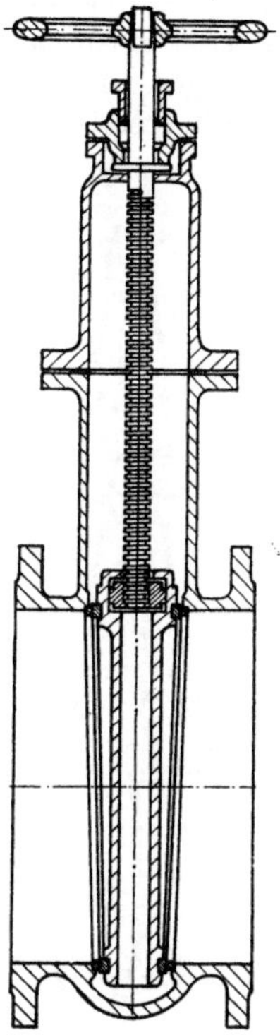

Abb. 1834. Wasserschieber mit feststehender Spindel (Borsig).

Scheideflaschen, Scheidetrichter, s. Dekantierapparate.

Scherenbrecher, s. Backenbrecher.

Schieber *(s. auch Drehventile, Ventile)* sind Absperrvorrichtungen (s. d.), die einen geraden und freien Durchgang haben, in den senkrecht zur Strömungsrichtung das Absperrmittel eingeschoben wird. Der durch sie hervorgerufene Druckverlust ist daher geringer als der der Ventile. Sie werden in größeren Wasserleitungen fast ausschließlich, aber auch für Gas- und Dampfleitungen viel verwendet. Bei den üblichen Ausführungen ist der Durchfluß nach beiden Richtungen möglich.

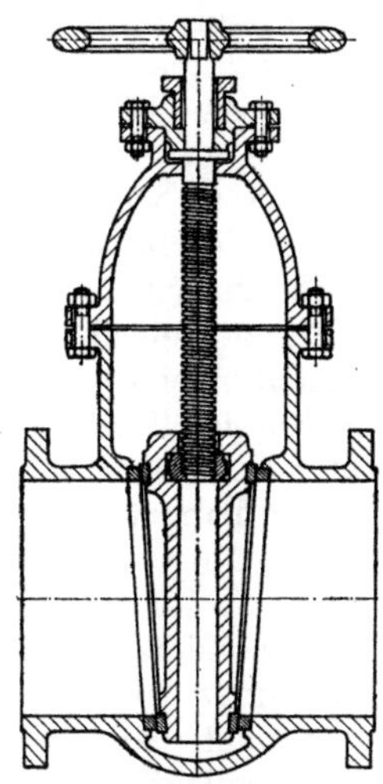

Abb. 1835. Wasserschieber für höhere Drücke (Borsig).

Die normalen Schieber (Keilschieber) haben schräge Dichtungsflächen, zwischen die das eigentliche keilförmige Absperrstück mit seinen entsprechenden Dichtungsflächen gedrückt wird. Einfache Keilschieber werden bei höheren Temperaturen infolge ungleicher Wärmedehnungen leicht undicht. Keilschieber, die in kaltem Zustand geschlossen werden, lassen sich nach Erwärmung schwer öffnen. Oft wird auch nur eine Dichtungsfläche schräg, die andere in einer Ebene senkrecht zur Rohrachse ausgeführt, oder es wird nur eine senkrechte Dichtungsfläche mit einer gegenüberliegenden schrägen, nicht zur Dichtung dienenden Führungsfläche ausgebildet. Bei diesen Schiebern drückt der Dampf- oder der Flüssigkeitsdruck die Schieberplatte gegen die zugehörige Dichtung (selbstdichtende Schieber). Manchmal bringt man auch die Keilflächen nicht an den Dichtungsplatten, sondern an einem besonderen, von der Schieberspindel bewegten Stück an, um so parallele Dichtungsflächen zu erhalten. Durch die mechanische Anpressung der Platten wird eine vom Betriebsmittel unabhängige Abdichtung erreicht. Andere Parallelschieber arbeiten mit Hebeln, Kugeln, Exzentern oder mit Gewinden, um die Platten anzupressen. Bei einzelnen Bauarten werden die Platten während des Öffnens zuerst von der Dichtung abgehoben; dann wird der Platteneinbau hochgezogen.

Die Schieber eignen sich in ihrer normalen Ausführung weniger zum Regulieren und Drosseln, da das Schieberstück nicht festgehalten wird, klappert und dabei die Sitze beschädigen kann. Auch läßt sich die Sitzfläche nicht in so einfacher Weise wie bei Dampfventilen einschleifen, was um so mehr ins Gewicht fällt, als die Dichtungsflächen der Schieber leichter beschädigt werden können. Die Dichtungsflächen werden daher leicht auswechselbar gestaltet. Es lassen sich ferner bei den Schiebern kegelförmige Dichtungssitze, wie sie bei den Ventilen viel verwendet werden, nicht ausführen, ebensowenig wie Dichtungen mit elastischen Stoffen (Hartgummischeiben usw.), die bei niedrigen Drücken in Ventilen sehr beliebt sind. Die Schieber werden entweder mit feststehender oder beweglicher Spindel ausgeführt. Bei der ersten Bauart sitzt die Mutter im Schieberstück, bei der zweiten im Gehäuse oder außerhalb in einer Brücke. Gegenüber den Ventilen zeichnen sich die Schieber durch kurze Baulängen und durch geringere Strömungsverluste aus. Schieber lassen sich ferner für die größten Abmessungen einbauen, während man Ventile nur für die kleineren Durchmesser bevorzugt. Für Dampf verwendet man Keilschieber nur für 1 at und nur für Sattdampf. Für Dampfdrücke bis etwa 20 at werden selbstdichtende Parallelschieber empfohlen, für höhere Dampfdrücke sind Parallelschieber mit mechanischer Anpressung erforderlich.

Abb. 1836. Schieber mit außenliegender Spindel (Amag-Hilpert).

Einen Keilschieber mit feststehender Spindel und mit flachem Gehäuse in gedrungener Bauart zeigt Abb. 1834 (A. Borsig, Berlin-Tegel). Einen für höhere Drücke geeigneten Schieber stellt Abb. 1835 dar (A. Borsig). Bei diesen Normalbauarten liegt die Spindel innen. Sie ist also der Einwirkung der Flüssigkeit ausgesetzt. Die Stellung des Schiebers ist von außen nicht zu erkennen. Bei Schiebern, die besonders in Leitungen für angreifende Flüssigkeiten verwendet werden sollen, wird das Gewinde der Spindel etwa nach Abb. 1836 (Amag-Hilpert, Pegnitzhütte) nach außen gelegt. Derartige Schieber werden aus besonders widerstandsfestem Eisen hergestellt. Um ein schnelles Schließen des Schiebers zu ermöglichen, werden die Spindeln auch nach Abb. 1837 mit Doppelgewinde ausgeführt.

Einen Dampfschieber mit parallelen Sitzflächen (Parallelschieber) zeigt Abb. 1838. Hier werden die Schieberteller durch den Dampfdruck auf ihre Sitze gedrückt. Um den Schieber leicht öffnen zu können, ist an ihm ein selbsttätiges Umgangsventil angebracht (äußere Druckentlastung).

Für hohe Dampfdrücke werden derartige Schieber in ähnlichen Bauweisen meist mit besonderen Übersetzungsvorrichtungen ausgeführt, um einen hohen Dichtungsdruck auf die parallelen Dichtungsflächen zu erhalten. So setzt man z. B. die Teller auf Schraubenspindeln, die durch an dem unteren Spindelende befestigte Hebel betätigt werden, und drückt sie dadurch auf ihre Sitze. Derartige Absperrorgane werden auch als S c h i e b e r v e n t i l e bezeichnet.

Einen Schieber mit Druckentlastung, die zwangsläufig durch die Spindel bewirkt wird, zeigt Abb. 1839. Hier sind die auf parallelen Dichtungsflächen sitzenden Platten durchbohrt. Die Öffnungen werden durch besondere, von der Spindel selbsttätig gesteuerte Voröffnungsventile verschlossen. Eine derartige Anordnung bezeichnet man auch als innere Druckentlastung. (Chem. Apparatur 1928, S. 29.)

Bei der auf Abb. 1840 dargestellten Bauart nach *Fischbach* (Borsig) werden die beiden Schieberplatten *a* und *b* durch zwei Schraubspindeln *c* und *d* betätigt.

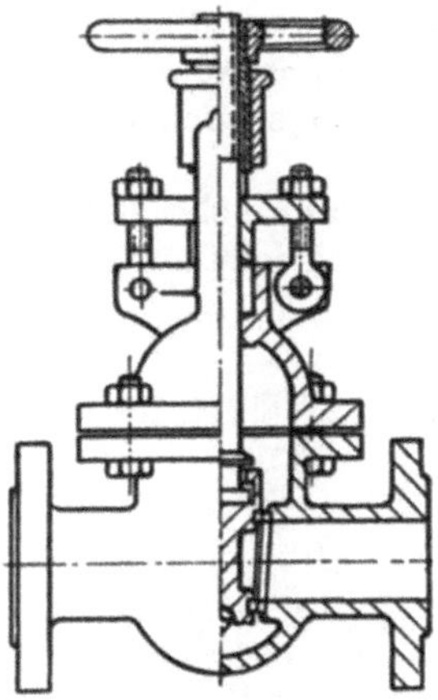

Abb. 1837. Schieber mit Doppelgewinde.

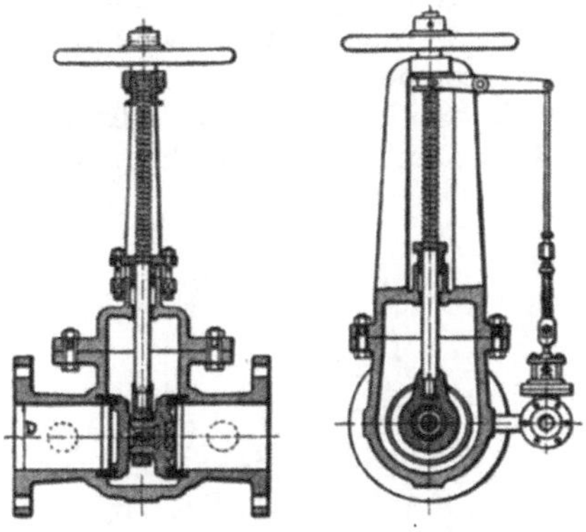

Abb. 1838. Schieber mit parallelen Dichtungsplatten.

An diesen sind Hebel *m* angeordnet, die durch Gabelhebel *k* bewegt werden; diese sind in dem von der Spindel *i* nach oben oder unten geschobenen Querstück *h* gelagert. Die Schieberplatten werden durch Aussparungen, die sich an

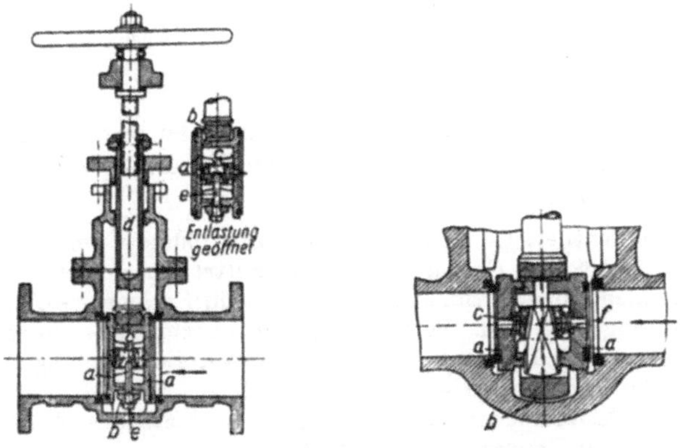

Abb. 1839. Schieber mit Innenentlastung.

a Schieberteller *b* Mitnehmer *c* Voröffnungsventil *d* Spindel *e* Stift *f* Keilstück

Rippen im Gehäuse anlegen, am Drehen gehindert und bewegen sich daher bei der Betätigung der Spindel *i* von der Sitzfläche ab oder auf sie zu. Der Dichtungsdruck zwischen den beiden Schraubspindeln *c* und *d* wird durch ein Kegellängsdrucklager *g* aufgenommen. Zur Druckentlastung dienen die Scheiben *e* und *f*.

Außer diesen Schiebern werden noch Kolben- und Drehschieber gebaut. Bei der ersten Bauart wird ein zylindrischer Kolben in die Durchgangsöffnung geschoben, bei der zweiten Bauart wird eine mit einer Durchtrittsöffnung versehene Scheibe durch einen Schneckentrieb in einem Gehäuse gedreht.

Ein Kolbenschieber (Klinger, Berlin), der jedoch keinen geraden Durchgang aufweist, ist auf Abb. 1841 dargestellt. Diese Sonderbauart kommt ohne Spindelstopfbüchse aus, da die Abdichtung hier unmittelbar am Kolben durch Klingeritringe erfolgt. Dieser Kolbenschieber kann auch zum Drosseln verwendet werden und ist sowohl für Flüssigkeiten als auch für Gase und Dämpfe geeignet.

Für die Sonderzwecke der Abwassertechnik sind zahlreiche Bauarten entwickelt worden, bei denen das Absperrstück mit Rücksicht auf die geringen

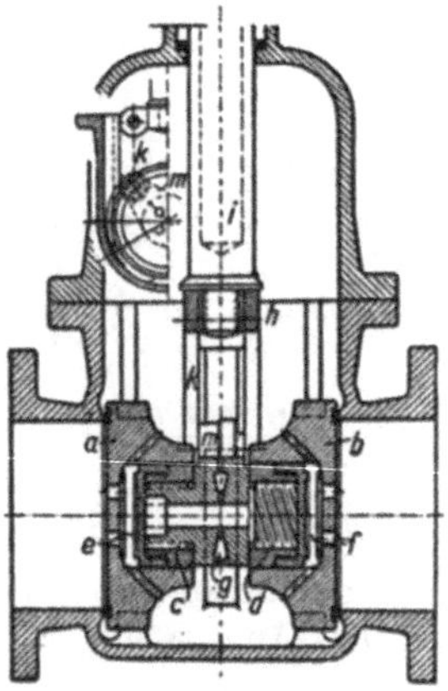

Abb. 1840.
Schieber nach *Fischbach* (Borsig).

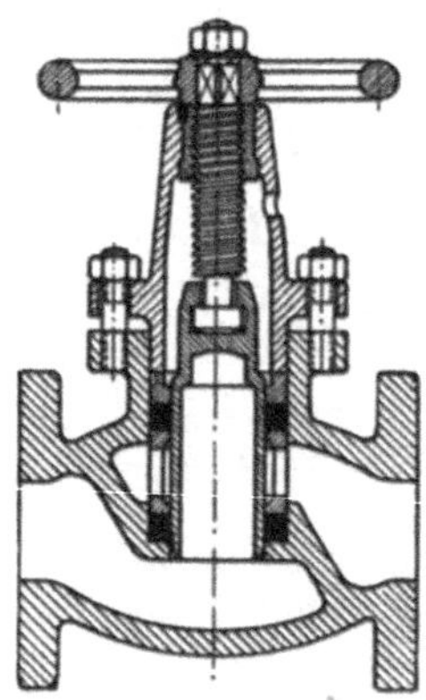

Abb. 1841.
Kolbenschieber (Klinger).

Überdrücke aus einer Tafel aus Holz oder Gußeisen besteht (s. auch *H. Bach*, Die mechanischen Einrichtungen in der neuzeitlichen Abwassertechnik [Chem. Apparatur 1936, S. 102]).

Lit. (s. auch bei Ventile): *G. W. Köhler*, Neuere Heißdampf- und Hochdruckschieber (Z. VDI 1924, S. 95, 468). — *P. Schröder*, Absperrmittel (Charlottenburg 1934, Kiepert). — *Rötscher*, Maschinenelemente, Bd. I (Berlin 1927, Julius Springer). — *F. Schwedler*, Handbuch der Rohrleitungen (2. Aufl., Berlin 1939, Julius Springer). — *Karnath*, Hochdruck-Heißdampfschieber (Z. VDI 1927, S. 1207). — *E. Edler*, Entwicklung eines neuen Heißdampfschiebers (Arch. Wärmewirtsch. 1935, S. 183). — *F. Wiese*, Betriebseignung von Absperrorganen (Arch. Wärmewirtsch. 1936, S. 120). — *Eckelmann*, Absperrvorrichtungen für hohe Drücke (Chem. Apparatur 1928, S. 28).

Thormann.

Schlackenwolle, s. Wärmeschutzmittel.

Schlagmühlen *(s. auch Kolloidmühlen, Zerkleinerungsmaschinen)* zerkleinern das aufgegebene Mahlgut durch die Schlagwirkung rasch umlaufender Stifte (Schlagstifte), Knaggen oder Armkreuze teils gegen andere, ebenfalls rasch umlaufende Stifte, teils gegen feststehende Stifte, Knaggen oder geriffelte Mantelflächen. Das Mahlgut wird bis zu Grießgröße oder, je nach der Umlaufsgeschwindigkeit der schlagenden Teile, auch bis zur Mehlfeinheit zerkleinert. Die Schlagmühlen geben ein gleichmäßiges Korn, so daß das Austragsgut nicht unerwünschterweise mit Staub vermischt geliefert wird.

Die Bauart der Schlagmühlen ist außerordentlich mannigfaltig, weshalb es viele Systeme gibt, die sich sowohl grundsätzlich, als auch in konstruktiver

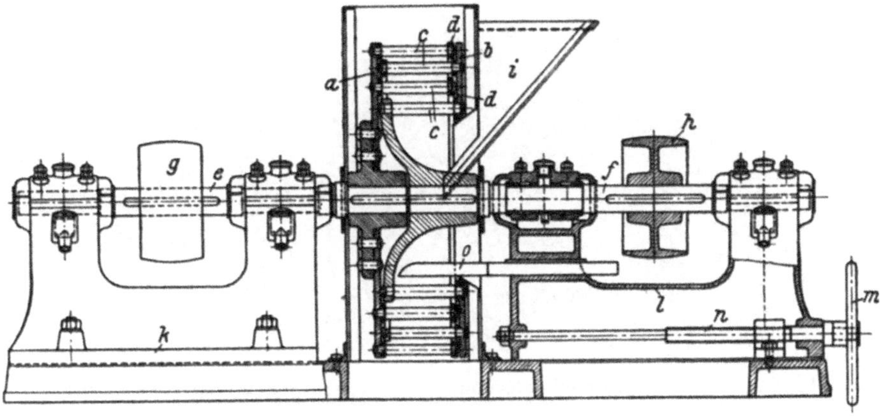

Abb. 1842. Desintegrator. (Nach *C. Naske*, Zerkleinerungsvorrichtungen und Mahlanlagen [4. Aufl., Leipzig 1926, Spamer].)

Hinsicht unterscheiden. Die älteste Schlagmühle ist der von *Th. Carr* um die Mitte des vorigen Jahrhunderts erfundene Desintegrator (Abb. 1842), der aus zwei Trommeln (Schlagkörben) *a* und *b* besteht, die je für sich zwei oder drei mit runden oder prismatischen Schlagstiften *c* besetzte Ringe *d* tragen und so angeordnet sind, daß die Ringe ineinandergreifen und die Stifte aneinander vorbeigehen, ohne sich zu berühren. Die Trommeln sind auf zwei gleichachsigen Wellen *e* und *f* freitragend (fliegend) aufgekeilt und werden von besonderen Riemenscheiben *g* und *h* gegenläufig angetrieben, so daß ihre Schlagwirkung der Summe der Umlaufzahlen entspricht. Das Mahlgut wird durch einen seitlichen Einwurf *i* in der Mitte der einen Trommel aufgeschüttet, von den umlaufenden Stiften des innersten Ringes erfaßt und gegen die Stifte der ersten Stiftreihe der anderen Trommel geworfen, wo die Stücke zerschellen. So schreitet die Zerkleinerungsarbeit, wie Abb. 1843 zeigt, von innen (*a*) nach außen fort, wobei die Schlagwirkung wegen der zunehmenden Umfangsgeschwindigkeit immer heftiger wird und das Mahlgut je nach der Umfangsgeschwindigkeit und der Beschaffenheit der Körner in einer Korngröße von 0—10 mm austritt. Gleichzeitig findet eine innige Mischung der Mahlgutteilchen und eine weitgehende Auflockerung und Durchlüftung derselben statt.

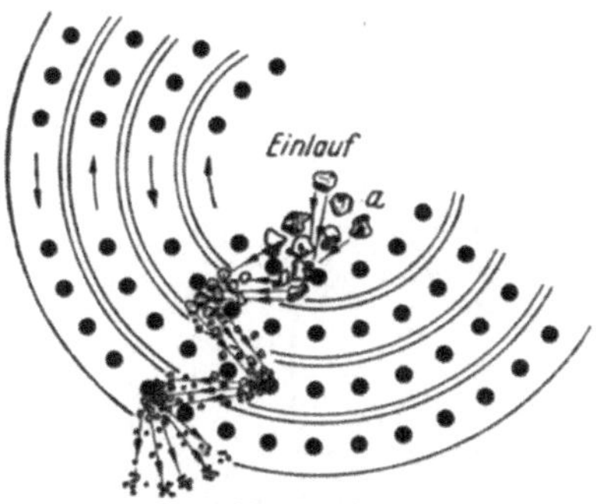

Abb. 1843. Darstellung des Zerkleinerungsvorganges beim Desintegrator. (Nach einer Druckschrift der Klöckner-Humboldt-Deutz A.-G.)

Der Lagerbock *k* (Abb. 1842) ist auf der Grundplatte festgeschraubt, der Lagerbock *l* dagegen schlittenartig geführt und kann mit Hilfe des Handrades *m* und der Schraubenspindel *n* ausgefahren werden, um beide Schlagtrommeln voneinander zu entfernen und reinigen zu können (vgl. Abb. 1844), was insbesondere bei schmierenden Werkstoffen, z. B. Superphosphat, notwendig

Abb. 1844. Desintegrator mit auseinandergezogenen Schlagkörben (Humboldt).

ist. Zu harte und stark schleißende Werkstoffe bringen eine starke Abnutzung der Schlagkörbe mit sich und machen die Schlagmühlen unwirtschaftlich. — Der Desintegrator der Esch-Werke, Duisburg, weist eine gemeinsame Grundplatte auf, auf der beide Lagerböcke schlittenartig geführt sind und je für sich ausgefahren werden können, um die Schlagkörbe leichter und gründlicher

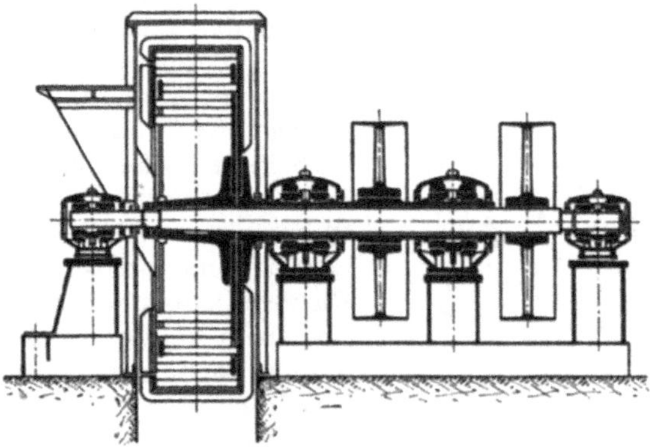

Abb. 1845. Desintegrator mit einseitigem Antrieb (Humboldt).

reinigen zu können. Am äußeren Umfang angebrachte Abstreifer verhindern, daß sich das Mahlgut am Gehäuse festsetzt, ebenso sorgt ein Messer (*o* in Abb. 1842) für die Reinhaltung des innersten Teiles des Schlagkorbes und bewirkt zugleich eine Vorzerkleinerung des aufgegebenen Werkstoffes. — Um die doppelseitige Lagerung und dadurch an Raum zu sparen, baut die Klöckner-Humboldt-Deutz A.-G., Köln-Kalk, die Desintegratoren auch mit einseitigem Antrieb, indem der eine Schlagkorb und die zugehörige Antriebsscheibe auf einer durchgehenden Welle, der zweite Schlagkorb mit seiner

Antriebsscheibe auf einer die durchgehende Welle umfassenden Hülse (Rohrwelle) aufgekeilt ist (Abb. 1845).

Grundsätzlich ähnlich wirken die Dismembratoren, die sich von den Desintegratoren nur dadurch unterscheiden, daß sie nur eine umlaufende Schlagscheibe haben, deren Stifte das Mahlgut gegen einen feststehenden Schlagkorb werfen. Dies bedingt, daß die umlaufende Schlagscheibe mit der doppelten Umlaufzahl angetrieben werden muß, um die gleiche Schlagwirkung zu erhalten. Dagegen haben sie den Vorteil, daß nur eine Welle und eine Antriebsscheibe nötig sind. Ruhiger und gleichmäßiger arbeiten die Doppeldismembratoren, in denen die umlaufende Schlagscheibe beiderseits mit Schlagstiften besetzt ist und mit zwei feststehenden Schlagkörben zusammenarbeitet. — In anderer Weise hat die Maschinenfabrik G. Sauerbrey, Staßfurt, den gleichen Arbeitsgrundsatz verkörpert, indem die umlaufende Schlagscheibe kegelförmig angeordnete Schlagleisten besitzt, die mit entsprechend geformten, feststehenden Schlagkegeln zusammenarbeiten. Auch diese, Dissipatoren genannten Schlagmühlen können einfache oder Doppeldissipatoren sein, je nachdem, ob die umlaufende Schlagscheibe als einfacher oder doppelter Schlagkegel ausgebildet ist. Abb. 1846 zeigt einen Doppeldissipator, der einen umlaufenden, beiderseits mit Schlagleisten besetzten Doppelkegel und zwei feststehende, als Abschlußwände dienende Schlagkegel besitzt, die auch die Aufgabetrichter bzw. Aufgabevorrichtungen für das Einschüttgut enthalten. Für grobstückiges Gut wird an deren Stelle ein Vorbrecher angebaut. Diese Dissipatoren eignen sich zum Mahlen von Salzen, Chemikalien, Kohle, Zucker, Eichenrinde, Fichtenrinde, Chinarinde, Wurzeln usw. und weisen in den Größen 400, 500, 600 und 700 mm Mahlkegeldurchmesser eine Stundenleistung von 2—4, 5—10, 10—20 und 15—30 t auf; die Leistung der einfachen Dissipatoren ist halb so groß. Da die Schlagleisten sich bei einseitigem Drehsinn des Mahlkegels auch nur auf einer Seite abnutzen, kann man durch Umkehrung der Umlaufrichtung die noch unabgenutzte Seite der Schlagleisten arbeiten lassen, wodurch sich deren Lebensdauer verdoppelt.

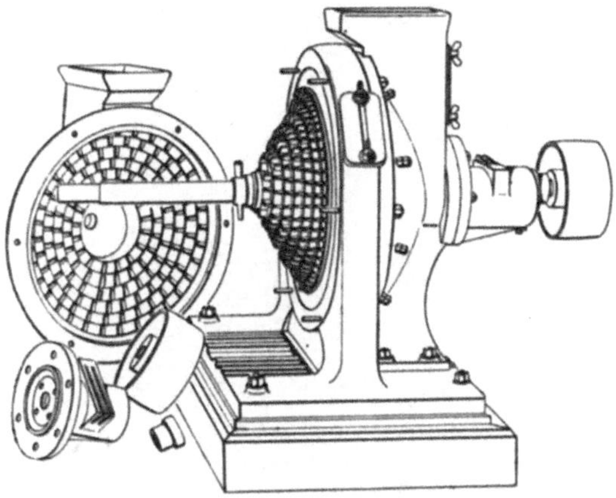

Abb. 1846. Doppeldissipator (Sauerbrey).

Die Stift-Feinmühle der Klöckner-Humboldt-Deutz A.-G. hat zum Unterschied von den vorgenannten Dissipatoren ebene Mahlscheiben, von denen die umlaufende auf einer senkrechten Welle aufgekeilt ist, während die feststehende im Abschlußdeckel des Mahlgehäuses befestigt ist. Das Mahlgut wird durch den im Abschlußdeckel angeordneten Einlaufstutzen aufgegeben, tritt am ganzen Umfang frei heraus und wird am unteren Ende des Auslauftrichters abgezogen. Die nach diesem Grundsatz gebaute „Stift-Feinmühle (Stiftfliehkraftmühle) mit horizontalen Mahlscheiben" (Abb. 1847) kennzeichnet sich durch besonders ruhigen Gang und geringe Beanspruchung des Fundamentes und dient zum Mahlen und Mischen trockner und feuchter Stoffe aller Art in der chemischen, Lack-, Farben-, Leder- und Nahrungsmittel-Industrie, zum Mischen öliger und breiartiger Stoffe sowie zum Emulgieren und Homogenisieren öliger und fetthaltiger Stoffe.

Die Schlagkreuzmühlen arbeiten mit nur wenigen Armen oder Flügeln, die zu einem Schlägerkreuz zusammengesetzt und auf einer rasch umlaufenden Welle befestigt sind. Die Mahlkammer enthält an den Seitenwänden und an der Haube Schlagleisten, gegen die das Mahlgut von den Schlagarmen geworfen wird; der Boden der Mahlkammer ist zu einem Rost ausgebildet, dessen Spaltöffnungen die Feinheit des Erzeugnisses bestimmen. Je nach der Größe der

Abb. 1847. Stift-Feinmühle (Stiftfliehkraftmühle) mit horizontalen Mahlscheiben (Humboldt).

Maschinen kann das Aufschüttgut bis zu Faustgröße aufgegeben werden. Abb. 1848 läßt die Einrichtung und Arbeitsweise einer Schlagkreuzmühle (F. Hoffmann, Finsterwalde N.-L.) erkennen. Auf der Schlägerwelle *a* ist das Schlagkreuz *b* aufgekeilt, welches das durch den Aufschütttrichter *c* in einer der beiden Seitenwände *d* eingebrachte Mahlgut gegen die Schlagleisten *e* (gezahnte Stahlplatten) der Seitenwände und ebensolche Schlagleisten *f* der Haube der Mahlkammer wirft und hierbei durch schlagende und scherende Wirkung soweit zerkleinert, daß das Fertiggut durch die Spalten des Rostes *g* oder Löcher des Siebes bzw. der gelochten Bleche austreten kann. Die lichte Weite der Rostspalten, Maschengröße des Siebes oder Lochweite der Bleche bestimmen die Feinheit des Mahlgutes. Um den durch die rasche Umdrehung des Schlagkreuzes entstehenden Luftüberdruck aufzunehmen, muß die Mühle durch ein Rohr mit einer Staubfilterkammer verbunden werden. Diese Parforce-Mühle genannte Zerkleinerungsmaschine eignet sich sowohl zum Grob- als auch zum Feinmahlen von spröden und faserigen, mittelharten oder weichen, mineralischen, pflanzlichen und tierischen Stoffen, z. B. Kaolin, Kohle, Ton, Gips, Drogen, Holzabfälle, Papier, Stroh, Rinden, Knochen, Klauen, Hörner usw.

Mit verschiedenartig ausgebildeten Schlägern ist die Simplex-Schlagkreuzmühle der Alpinen Maschinen-A.-G., Augsburg (Abb. 1849), ausgestattet, in der zwei gegenüberliegende Schläger *a* geschränkt, zwei nach vorn (*b*) und zwei nach hinten (*c*) gekröpft sind. Das Mahlgut wird von den geschränkten Schlägern gegen den vorderen Mahlring geworfen und von den gekröpften Schlägern weiter verrieben. Der von den geschränkten Schlägern verursachte Luftdruck drückt das genügend Gefeinte durch den Siebkranz. Die übrigen Teile der Maschine sind aus der Abbildung ohne weiteres erkennbar. *d* sind die mit Verschleißplatten besetzten Seitenwände, *e* ist die Haube der Mahlkammer, die das Ringsieb *f* eingesetzt enthält, *g* ist die Antriebsriemenscheibe, *h*—*i* der Antrieb zur Rüttelaufgabevorrichtung *k* und *l* der Aufschütttrichter.

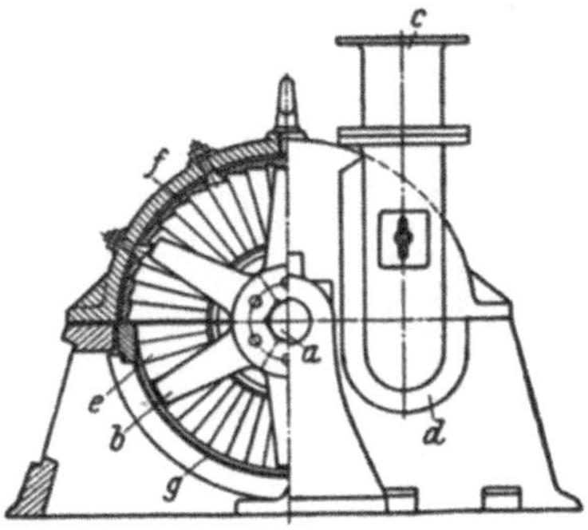

Abb. 1848. Schlagkreuzmühle (Hoffmann).

Die Ideal-Memag-Mühle der Joseph Vögele A.-G., Mannheim, ist eine Schlagmühle, die in verschiedenen Ausführungsformen zusammengestellt werden kann.

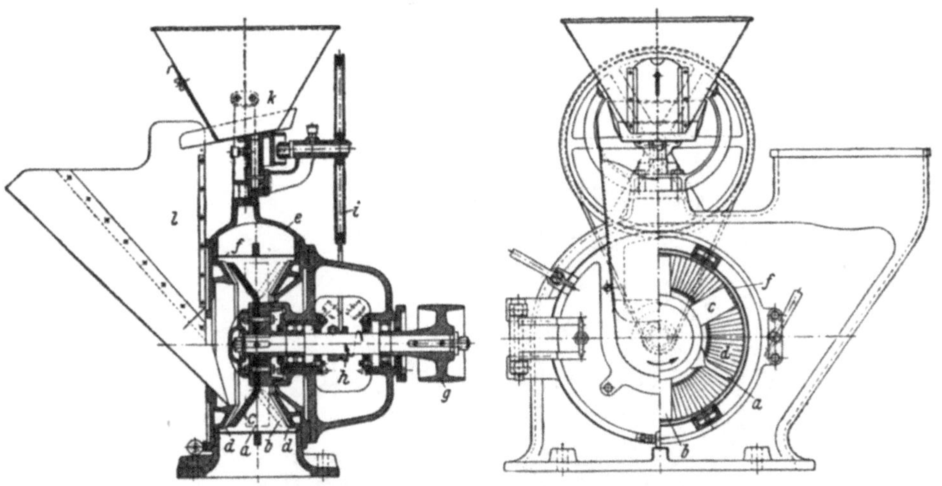

Abb. 1849. Schlagkreuzmühle (Alpine). (Nach *Naske*, Zerkleinerungsvorrichtungen.)

Abb. 1850 zeigt die Ausführung als Schlagnasenmühle. Die Schlagscheibe *a* mit den Schlagstiften *b* ist freitragend auf der Welle *c* aufgekeilt und arbeitet mit der am Gehäusedeckel *d* befestigten Gegenscheibe mit den Stiften *e* zusammen. Das zerkleinerte Mahlgut kann durch das nach Erfordernis auswechselbare Sieb *f* nach unten austreten, das durch die Räumer *g* ständig gesäubert wird. Die Vorzerkleinerung des zentral eintretenden Mahlgutes geschieht durch die Riffelung *h* im Gehäusedeckel *d*. Die Schlagstifte *e*

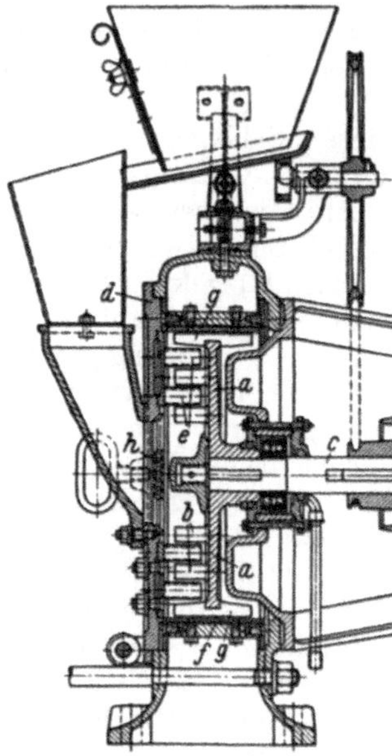

Abb. 1850. Ideal-Memag-Mühle (Schlagnasenmühle) (Vögele).

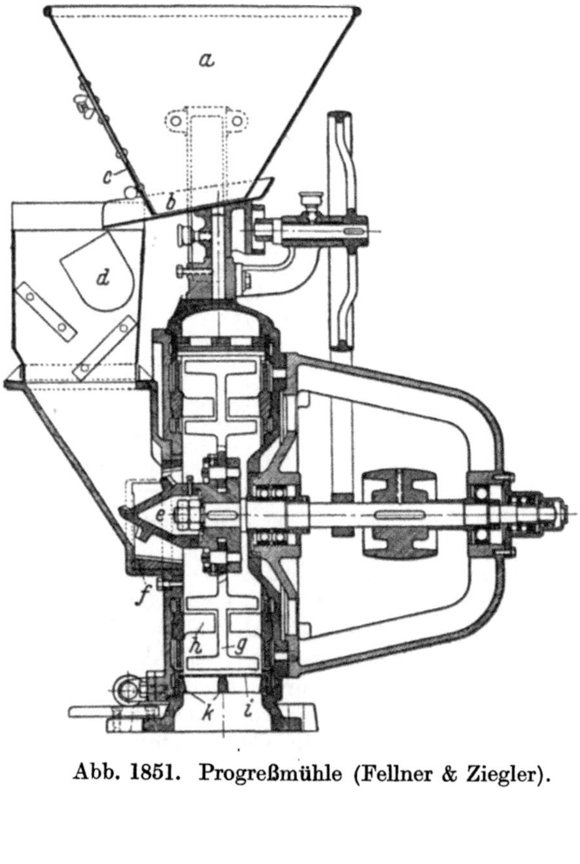

Abb. 1851. Progreßmühle (Fellner & Ziegler).

haben trapezförmigen Querschnitt, der jeweils so ausgeführt wird, daß die Spaltweite zwischen den Stiften *b* und *e* der Art und Stückgröße des aufgegebenen Mahlgutes angepaßt werden kann. Wenn die Mühle als Doppelhammermühle, als Stiftenmühle oder als Schlagkreuzmühle ausgeführt wird, so bleiben das Gehäuse und die übrigen Teile unverändert bestehen, und es werden nur die Schlagscheiben gegen entsprechend konstruierte andere Scheiben ausgewechselt.

In gewissem Sinne sind auch die Hammermühlen (vgl. d.) Schlagmühlen, weil die Hämmer infolge ihrer pendelnden Aufhängung ebenfalls eine Schlagwirkung ausüben, die zudem auf der Überwucht der frei schwingenden Hämmer beruht und auch günstiger ist, weil die Hämmer ausweichen können, wenn ein zu großer Widerstand auftritt, während die starren Stifte, Bolzen oder Nocken

Abb. 1852. Innenansicht der Progreßmühle bei geöffneter Mahlkammer.

leichter zu Brüchen neigen. Auf diesem Grundgedanken beruhen diejenigen Schlagmühlen, die eine Kombination der Hammermühlen mit Schlagnasenmühlen darstellen. Abb. 1851 zeigt die Progreßmühle der Fellner & Ziegler G. m. b. H., Frankfurt a. M., deren Hämmer *g* um Bolzen der Schlagscheibe schwingen können und an den starren Schlagnasen *h* der Seitenwände der Mahlkammer vorbeigehen. Die Schlagscheibe ist freitragend am Kopfende der Schlägerwelle aufgekeilt und trägt einen Brecherkegel *e*, der mit der innen geriffelten Brecherhülse *f* zusammenarbeitet und eine Vorzerkleinerung des durch die Rüttelaufgabevorrichtung *a*—*b* zugeführten Mahlgutes bewirkt. Die einstellbare Türe *c* regelt den Zulauf des Mahlgutes, das vor Einlauf in den Fülltrichter den Magnetabscheider *d* passiert. Die Feinheit des Ausgutes wird durch die Maschengröße des auf dem Rost *k* aufliegenden Siebes *i* bestimmt. Die Inneneinrichtung einer solchen Progreßmühle läßt Abb. 1852 deutlich erkennen. Der Kraftbedarf beträgt bei 1700 U/min der Schlägerwelle 16—20 PS, bei 2200 U/min 7—10 PS, bei 2700 U/min 4—6 PS, bei 2900 U/min 2—3 PS.

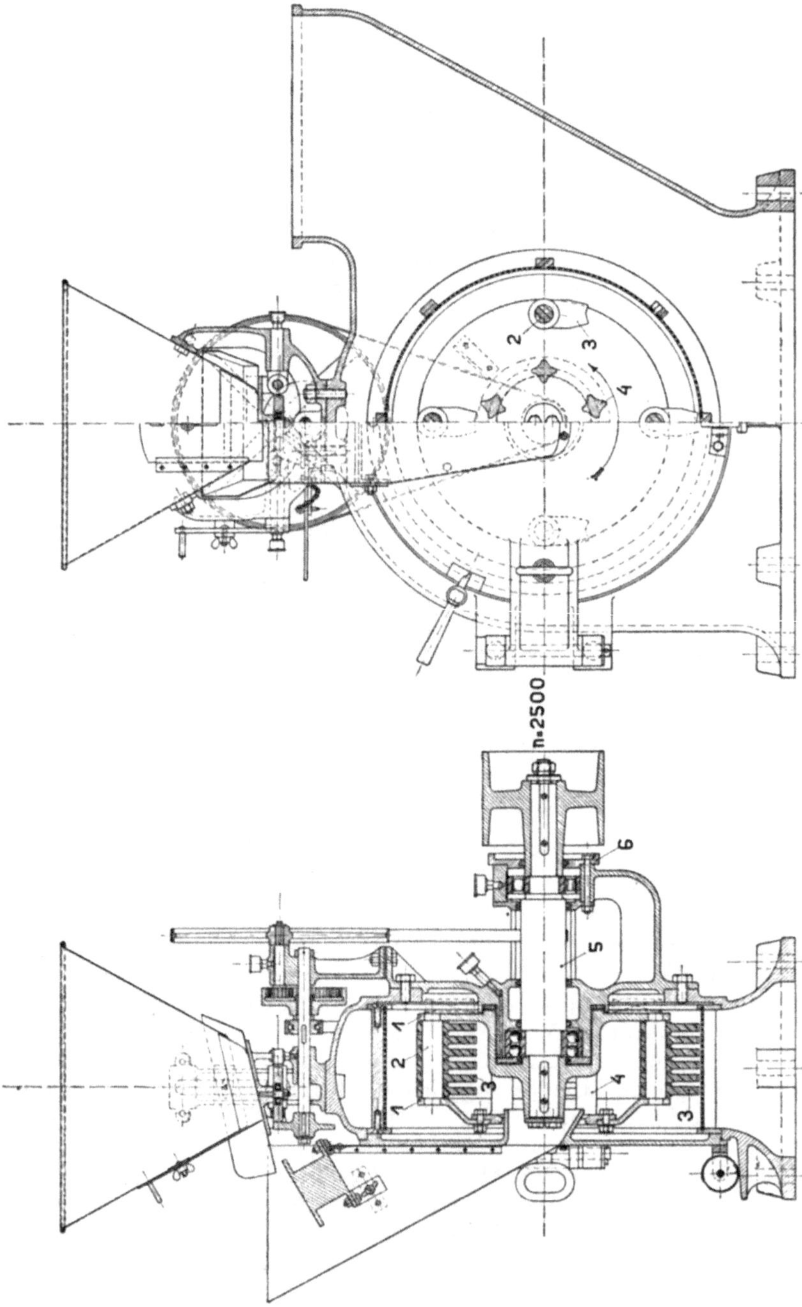

Abb. 1853. Duplex-Mühle (Alpine). (Nach *Naske*, Zerkleinerungsvorrichtungen.)

Grundsätzlich ähnlich arbeitet die Duplex-Mühle (Abb. 1853) der Alpinen. Die auf der Schlägerwelle *5* sitzende Schlagscheibe *1* trägt vier kräftige Bolzen *2*, auf denen die Hämmer *3* aufgereiht sind. Die zweite Schlagscheibe *1* ist mit der ersten durch prismatische Bolzen *4* verbunden, die an der Einlaufseite der Mahlkammer angeordnet sind und die Vorzerkleinerung des Aufschüttgutes besorgen, also als Vorbrecher wirken. Die Mahlkammer ist von einem Ringsieb umschlossen, dessen Feinheit die Vermahlungsfeinheit bestimmt. Zur Vergleichmäßigung der Arbeitsweise sind zwei Gruppen von Hämmern *3* vorhanden, die gegeneinander versetzt angeordnet sind.

Schlämmapparate *(s. auch Dekantierapparate)* dienen entweder zur feinen Zerkleinerung weicher Stoffe, wie Ton, Kaolin, Kreide u. a., oder zur Befreiung des Stoffs von fremden Beimengungen: der Stoff wird ausgewaschen

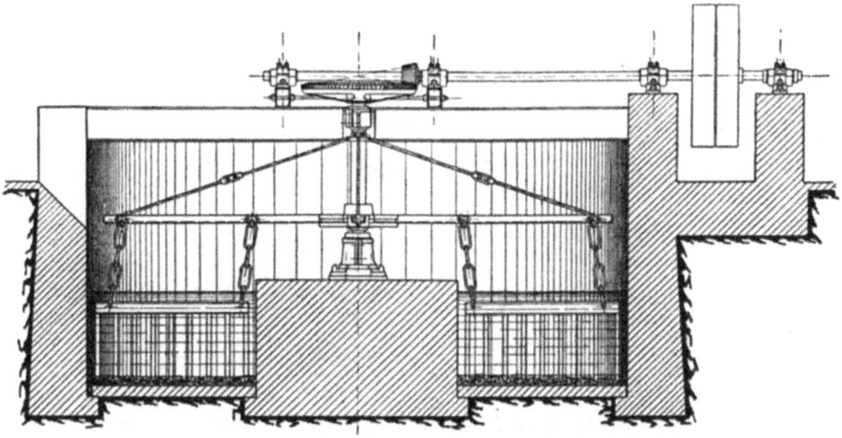

Abb. 1854. Schlämmapparat für Ziegeleien und Zementfabriken. (Nach *Naske*, Zerkleinerungsvorrichtungen.)

(Auswaschvorrichtungen) oder geschlämmt. Im ersten Fall wird nur soviel Wasser zugesetzt, daß ein noch verarbeitungsfähiger, dicker Schlamm entsteht, im zweiten Fall wird der Stoff mit einer reichlichen Wassermenge durchgearbeitet, damit die fremden Beimengungen aus der ruhenden Flüssigkeit ausfallen, während die Nutzstoffe noch schwebend zusammen mit dem Wasser in besondere Klär- und Absetzgefäße abgeleitet werden und in diesen zu Boden sinken. Gegebenenfalls wird der gewonnene Schlamm zur Nachfeinung noch einer Naßmahlanlage (s. d.) zugeführt. Die Schlämmapparate bestehen in der Regel aus einem Rührwerk, das die Durchmischung des Schlämmgutes mit Wasser zu besorgen hat und dessen Rührstäbe meist nicht fest mit den Armen verbunden, sondern gelenkig an diesen befestigt sind, damit sie durch die sich am Boden ansammelnden, groben Verunreinigungen nicht der Gefahr eines Bruches ausgesetzt werden. Abb. 1854 zeigt einen Schlämmapparat von Gebr. Pfeiffer, Kaiserslautern, für Zementfabriken und Ziegeleien, bei dem die in Form einer Egge angeordneten Rührstäbe an den Armen des Rührwerks mit Ketten angehängt sind. Der Schlamm fließt durch einen im oberen Teil des gemauerten Bottichs vorgesehenen Kanal ab, der bei satzweisem Arbeiten durch einen Schieber geschlossen werden kann. Derartige Schlämmapparate werden für Leistungen von 3000—10000 kg/std mit Bottichdurchmessern von 3—7 m bei einer Tiefe von 1,5—2,5 m hergestellt.

Bei der Kaolinschlämmerei in Porzellanfabriken (Abb. 1855) erfolgt die Mischung des Rohkaolins mit dem Wasser in einer drehbaren, aus Holz hergestellten und mit einem Porzellanfutter ausgekleideten Mischtrommel *b* mit Wasserzulauf *a*. Die bei der Auflösung der Kaolinmasse entstehende Trübe fließt zur Abscheidung der groben Verunreinigungen über Siebe *c* in zwei hintereinander angeordnete Vorklärbottiche *d* und *e* und aus diesen in eine der Absetzgruben *f*. Die Verteilung der Trübe auf die einzelnen Absetzgruben erfolgt dabei durch verstellbare Zuführungsgerinne *g*. Die Ableitung des Klärwassers geschieht

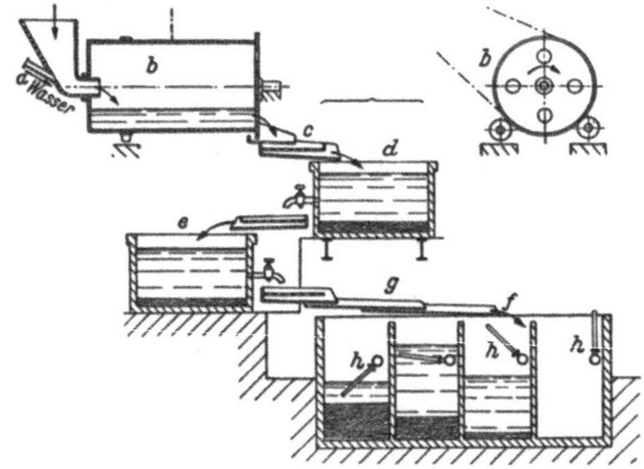

Abb. 1855. Kaolinschlämmerei. (Nach *Fischer*, Technologie des Scheidens.)

durch schwenkbare Heberrohre *h*, die gereinigte Kaolinmasse wird aus der vollständig gefüllten Grube durch Ausstechen entfernt.

Lit.: *H. Fischer*, Technologie des Scheidens, Mischens und Zerkleinerns (Leipzig 1920, Spamer). — *C. Naske*, Zerkleinerungsvorrichtungen und Mahlanlagen (4. Aufl., Leipzig 1926, Spamer).

Mo.

Schlangen, s. Beheizungsvorrichtungen.

Schläuche *(s. auch Rohrleitungen)* werden in der Regel aus Gummi mit ein oder mehreren Gewebeeinlagen oder mit geklöppelten Einlagen aus Hanf, Baumwolle oder Leinwand hergestellt. Für die Förderung von Wasser, insbesondere für Feuerlöschzwecke, werden auch rohe Hanfschläuche, zur Verbindung von Apparateanschlüssen ferner Lederschläuche, die durch Nähte oder durch Kupferniete verbunden sind, geliefert. Die normalen Gummiarten sind gegen Lösungsmittel wenig beständig. Für derartige Zwecke verwendet man Schläuche aus künstlichem Kautschuk (Buna, usw.), Thiokol, Perdurenen, Neopren und anderen Kunststoffen. Zum Schutze gegen mechanische Beanspruchungen erhalten die Schläuche oft Umspinnungen oder Metallumflechtungen oder Schutzspiralen aus Draht. Daneben haben sich Metallschläuche, die aus spiralförmig zusammengerollten Bändern, aus gewellten, nahtlosen Stahlrohren oder aus geschweißten Bändern bestehen, sehr bewährt.

Heizschläuche, die aus hitzebeständigen Gummiarten hergestellt sind, finden in der chemischen Technik kaum Anwendung, da man für derartige Zwecke in der Regel Rohrleitungen aus metallischen Werkstoffen vorsieht. Einfache Gummischläuche eignen sich nur für geringe Überdrücke und für Flüssigkeiten und Gase. Metallschläuche werden dagegen auch für hohe Drücke und für Flüssigkeiten, Gase und Dämpfe geliefert.

Man wendet Schläuche besonders dann an, wenn kleinere, feststehende Gefäße oft umzufüllen und Mischungen von verschiedenen Flüssigkeiten herzustellen sind, da der Betrieb mit Schläuchen für derartige Zwecke einfacher ist als der mit Rohrleitungen. In dieses Gebiet gehört auch die Entleerung von Kesselwagen (s. d.), Tankwagen und ähnlichen Transportbehältern. Weiterhin verwendet man Schläuche für Reinigungszwecke und zur Verbindung von Teilen, die sich während des Betriebes verschieben. Man benutzt sie ferner wegen der billigen und schnellen Erstellung zur Verbindung von Rohrleitungen von kleinen Durchmessern, z. B. zum Anschluß von Gasbrennern, zur Verbindung von Kühlwasserleitungen, zum Anschluß von Meßgeräten und zu ähnlichen, meist untergeordneten Zwecken. Eine größere Bedeutung haben Gummischläuche wegen der guten Beständigkeit dieses Werkstoffs in Säurebetrieben.

Zur Absperrung von Schlauchleitungen dienen meist Schlauchquetschen (s. Quetschventile). Zum Anschluß von Schläuchen erhalten die entsprechenden Anschlußstutzen Schlauchtüllen, auf denen die Schläuche mit Schellen befestigt werden. Zur Kupplung von Schläuchen untereinander dienen besondere Schraubenverbinder, die leicht lösbar sind, oder Schellenverbinder, wenn nur eine gelegentliche Lösung in Betracht kommt.

Lit.: *P. Wiessner,* Neuartige Werkstoffe für die Herstellung von Schläuchen und Rohren (Chem. Apparatur 1938, S. 309).

Th.

Schlauchfilter, s. Stoffgasfilter.

Schleierwascher, s. Schleuderwascher.

Schleudermühlen im engeren oder, besser gesagt, eigentlichen Sinne des Wortes (vgl. Schlagmühlen) sind Zerkleinerungsmaschinen, bei denen das Mahlgut durch die Schleuderwirkung (Zentrifugalkraft) rasch umlaufender Körper gegen feststehende Flächen geworfen wird und hierbei zerschellt. Nach diesem Grundsatz arbeitet die *Vapart*sche Schleudermühle von Neuman & Esser, Maschinenfabrik, Aachen (Abb. 1856). In einem Gehäuse *a* aus schwerem Stahlblech läuft eine rasch umlaufende, mit etwa 500—1500 U/min sich drehende, stehende Welle *b*, auf der mehrere übereinander angeordnete, waagerechte Wurfscheiben *c* aufgekeilt sind, die mit Wurfwinkeln *d* aus verschleißfestem Werkstoff versehen sind. Diese Wurfwinkel schleudern das Mahlgut gegen die mit geriffelten Panzersegmenten *e* ausgekleidete Gehäusewand, wo es zerschellt. Schräge Rutschen *f* leiten das zerkleinerte Mahlgut nach der Mitte der darunterliegenden Scheibe, wo sich das gleiche Spiel wiederholt und das Mahlgut weiter zerkleinert bzw. verfeinert wird. Die unterste Scheibe trägt an der Unterseite die Abstreicher *g*, die das zu Grieß zerkleinerte Mahlgut nach der

Austragsöffnung *h* befördern. Tonstücke von Kopfgröße werden auf dieser Mühle in einem Durchgang zu Grieß vermahlen. Die Mühle wird als Vorzerkleinerungsmaschine für Feinmühlen und zur Erzeugung von Grießen jeden Materials benutzt, wobei sich gezeigt hat, daß sie gegen Feuchtigkeit besonders unempfindlich ist. Sie eignet sich auch als Mischmaschine, z. B. für die Beschickung von Zinköfen und für Kunstdünger von verschiedener Zusammensetzung. Das der Mühle entfallende Korn ist so gleichmäßig, daß in den meisten Fällen auf ein nachheriges Absieben verzichtet werden kann. Durch Wahl der geeigneten Drehzahl läßt sich ein Endprodukt in der Körnung 0—2 bis zu 0—10 mm erzeugen.

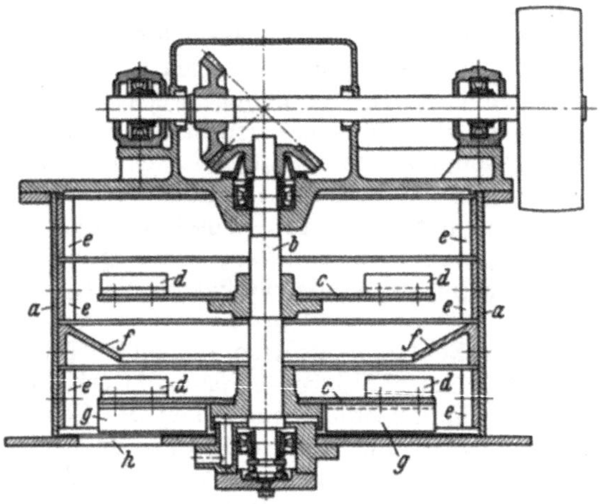

Abb. 1856. *Vapart*sche Schleudermühle (Neuman & Esser).

Da auch die Schlagmühlen (s. d.), wenn auch in anderer Weise, eine Schleuderkraft entwickeln, die an der Zerkleinerungsarbeit beteiligt ist, so findet sich auch für diese, z. B. für die Desintegratoren, Schlagkreuzmühlen, Schlagstiftmühlen usw., die Bezeichnung Schleudermühlen, so daß in der Praxis keine scharfe Unterscheidung zwischen Schlag- und Schleudermühlen eingehalten wird.

Ende des dritten Bandes

Batch number: 10683525

Printed by Printforce, the Netherlands